우영이와 함께하는

전기이론

I권 이론

최우영 저

9급
전기이론
(전기공학)
서울시/국가직/지방직
군무원/공기업
시험대비

current
theory

예문사

우리가 배우고자 하는 회로이론은 전기, 전자, 통신, 컴퓨터, 제어 등의 공학 분야에서 가장 기초가 되는 과목으로 그 응용 분야는 산업의 전반에 걸쳐 매우 광범위하다. 이처럼 전 분야에 걸쳐 각 분야의 응용기기를 이해하는 데 가장 기초가 되는 학문이 회로이론인데, 이 회로이론을 공부함에 있어서 가능한 한 원리 위주로 정확히 숙지하는 것이 아주 중요하다.

이 책은 이런 학문의 기초가 되는 회로이론을 쉽고 정확하게 전달하기 위해 만든 교재로, 회로이론 중에서도 개념적인 내용으로 접근할 수 있는 기본적인 것들을 먼저 다루었다.

전기 분야는 이론 정립만 잘 되면, 공부할 추가 내용이 많지 않기 때문에 이론에 대한 심도 깊은 공부를 할 수 있는 학문이다. 그리고 공무원을 준비하는 수험생들도 반복적으로 공부를 하면, 다른 전공자 못지않게 깊은 지식을 얻을 수 있는 과목이기도 하다. 따라서 처음 공부를 시작할 때 단지 합격만을 위한 공부가 아닌 깊이 있는 공부를 하길 바라는 입장에서 이 교재를 출판하게 되었다.

이 책은 수험생들이 이론서를 참고하는 시간을 줄일 수 있게 구성한 것이 특징이다. 가능하면 많은 기출문제를 예시로 다루고, 10편에는 이미 출제된 기출문제를 각 부분별로 분리하여 수험생들이 문제가 어느 파트와 관련 있는 내용인지 쉽게 접근할 수 있게 만들었다.

■ **이 책의 시리즈 구성**

- 심화된 회로 해석법을 배우는 회로이론
- 발전기/전동기의 동작원리를 배우는 전기기기

본서와 관련하여 다음 카페(우영이집 – 전기공무원)에 접수되는 내용들을 지속적으로 반영하여 미흡한 부분은 계속 보완해갈 예정이다.

이 책이 출간되기까지 수강생 여러분들의 많은 도움이 있었다. 특히 지금은 공무원으로 근무하고 있는 박철현, 이상민 군에게 고마움을 전하고 싶다.

최 우 영

전 기 이 론

수험정보

시험개요

• 전기직 7급 국가직

직렬(직류)	선발예정인원(총 720명)	시험과목	주요 근무 예정기관(예시)
전기직	• 일반 : 14명 • 장애인 : 1명	• 제1차 시험 : 언어논리영역, 자료해석영역, 상황판단영역, 영어(대체), 한국사(대체) • 제2차 시험 : 물리학개론, 전기자기학, 회로이론, 전기기기	고용노동부, 중소벤처기업부, 그 밖의 수요부처

• 전기직 9급 국가직

직렬(직류)	선발예정인원(총 5,326명)	시험과목	주요 근무 예정기관(예시)
전기직	• 일반 : 43명 • 장애인 : 4명 • 저소득 : 1명	국어, 영어, 한국사, 전기이론, 전기기기	중소벤처기업부, 조달청, 그 밖의 수요부처

• 전기직 9급(지방 공무원)

직렬(직류)	선발예정인원	시험과목	주요 근무 예정기관(예시)
전기직	각 지자체별	국어, 영어, 한국사, 전기이론, 전기기기	각 도청, 시청, 구청 등

• 전기직 9급(교육행정 공무원)

직렬(직류)	선발예정인원	시험과목	주요 근무 예정기관(예시)
전기직	각 지자체별	국어, 영어, 한국사, 전기이론, 전기기기	각 교육청, 학교 등

• 전기직(군무원)

직렬(직류)	선발예정인원	시험과목	주요 근무 예정기관(예시)
전기직	각 군별(육군, 해군, 공군, 국방부)	국어, 한국사, 전기공학, 전기기기	각 군별

시험방법

1. 7급 공개경쟁채용 시험

- 제1차 시험 : 선택형 필기시험
- 제2차 시험 : 선택형 필기시험
- 제3차 시험 : 면접시험

2. 9급 공개경쟁채용시험

- 제1 · 2차 시험(병합실시) : 선택형 필기시험
- 제3차 시험 : 면접시험

응시자격 및 응시원서 제출방법(7, 9급 국가직)

1. 응시자격

① 응시결격사유 등 : 「국가공무원법」 제33조(외무공무원은 「외무공무원법」 제9조, 검찰직 · 마약수사직 공무원은 「검찰청법」 제50조)의 결격사유에 해당하거나, 「국가공무원법」 제74조(정년) · 「외무공무원법」 제27조(정년)에 해당하는 자 또는 「공무원임용시험령」 등 관계법령에 의하여 응시자격이 정지된 자는 응시할 수 없습니다.

※ 응시결격사유에 대한 구체적 내용은 '국가공무원 5급 공개경쟁채용시험 및 외교관후보자 선발시험 3. 응시자격'란을 참고바랍니다.

② 응시연령

시험명	응시연령(해당 생년월일)	비고
7급 공개경쟁채용시험	20세 이상(2003. 12. 31. 이전 출생자)	
9급 공개경쟁채용시험	18세 이상(2005. 12. 31. 이전 출생자)	
9급 공개경생채용시험 중 교징 · 보호직	20세 이상(2003. 12. 31. 이전 출생자)	

③ 학력 및 경력 : 제한 없음

④ 지역별 구분모집의 거주기간 제한 및 임용 안내

- 9급 공개경쟁채용시험 중 지역별 구분모집은 2023. 1. 1.을 포함하여 1월 1일 전 또는 후로 연속하여 3개월 이상 해당 지역에 주민등록이 되어 있어야 응시할 수 있습니다.(다만, 서울 · 인천 · 경기지역은 주민등록지와 관계없이 누구나 응시할 수 있음)
- 9급 공개경쟁채용시험 행정직 지역별 구분모집 합격자는 해당 지역에 소재한 각 중앙행정기관의 소속기관에 임용됩니다.
- 지역별 구분모집 응시자격 확인은 필기시험 합격자를 대상으로 실시합니다.

2. 응시원서 제출기간 및 시험일정

- 7 · 9급 공개경쟁채용시험의 선발예정인원, 시험과목, 응시자격 등은 사이버국가고시센터(www.gosi.kr)에 공고하였으니 이를 반드시 확인하시기 바랍니다.
- 시험장소, 합격자 등 시험시행과 관련된 사항은 사이버국가고시센터(www.gosi.kr)에 공고하며, 시험운영상 시험 일정 · 장소 등이 변경될 수 있습니다.
- 시험성적 안내일정은 사이버국가고시센터(www.gosi.kr)에 게시하며, 시험성적은 본인에 한하여 사이버국가고시센터(www.gosi.kr)에서 확인할 수 있습니다.

3. 응시원서 제출(인터넷 제출만 가능)

① 제출방법 및 시간

- 제출방법 : 사이버국가고시센터(www.gosi.kr)에 접속하여 제출할 수 있습니다.
- 제출시간 : 응시원서 제출기간 중 09:00~21:00

※ 응시수수료(7급 7,000원 / 9급 5,000원) 외에 소정의 처리비용(휴대폰 · 카드 결제, 계좌이체비용)이 소요됩니다.

※ 응시원서 제출 당시 「국민기초생활 보장법」에 따른 수급자 또는 차상위계층이거나 「한부모가족지원법」에 따른 지원대상자는 응시수수료가 면제됩니다.

※ 응시원서 제출 시 등록용 사진파일(JPG, PNG)이 필요하며 접수 완료 후 변경이 불가합니다.

② 제출 시 유의사항

- 원서제출기간에는 기재사항(응시직렬, 응시지역, 지방인재 여부 등)을 수정할 수 있으나, 제출기간이 종료된 후에는 수정할 수 없습니다.
- 7급 공개경쟁채용시험(선발예정인원이 10명 이상인 모집단위)에서 지방인재채용목표제를 적용받고자 하는 자는 응시원서에 지방인재 여부를 표기 · 확인하고, 본인의 학력사항을 정확하게 기재해야 합니다.
- 장애인 등 응시자는 본인의 장애유형에 맞는 편의신청을 할 수 있으며, 장애유형별 편의제공 기준 및 절차, 구비서류 등은 사이버국가고시센터(www.gosi.kr)에서 반드시 확인하시기 바랍니다.

  ※ 장애인 편의지원 관련 점자문제지는 2020년 개정된 「한국 점자 규정(문화체육관광부 고시 제2020-38호)」에 따라 제공합니다.

- 응시자는 응시원서에 표기한 응시지역(시 · 도)에서만 필기시험에 응시할 수 있습니다.
- 원서접수 취소마감일 18:00까지 취소한 자에 한하여 응시수수료를 환불해 드립니다.
- 인사혁신처에서 시행하는 동일 계급 공개경쟁채용시험의 경우 다수 직렬 · 직류에 복수로 원서를 제출할 수 없습니다.

⋙ 각 시험별 시험과목

<table>
<tr><td rowspan="2">국가직</td><td>9급</td><td>전기이론
전기기기</td><td rowspan="2">서울시</td><td>9급</td><td>전기이론
전기기기,</td></tr>
<tr><td>7급</td><td>회로이론
전기기기
전자기학
물리</td><td>7급</td><td>회로이론
전기기기
전자기학
물리</td></tr>
<tr><td>지방직</td><td>9급(2과목)</td><td>전기이론
전기기기</td><td>군무원</td><td>9급(전기직)</td><td>전기공학
전기기기</td></tr>
</table>

⋙ 기타 유의사항

① 필기시험에서 과락(만점의 40% 미만) 과목이 있을 경우에는 불합격 처리됩니다. 필기시험의 합격선은 「공무원임용시험령」 제4조에 따라 구성된 시험관리위원회의 심의를 통해 결정되며, 구체적인 합격자 결정 방법 등은 「공무원임용시험령」 등 관계법령을 참고하시기 바랍니다.

② 응시자는 응시표, 답안지, 시험일시 및 장소 공고 등에서 정한 응시자 주의사항에 유의해야 하며 이를 준수하지 않을 경우에는 본인에게 불이익이 될 수 있습니다.

③ 9급 공채 필기시험 응시자는 문제책 표지의 과목순서에 따라 답안지에 인쇄된 순서(제 1 · 2 · 3 · 4 · 5과목)에 맞추어 답안을 표기해야 하며, 과목 순서를 바꾸어 표기한 경우에도 문제책 표지의 과목순서대로 채점되므로 반드시 유의하시기 바랍니다.

※ 원서접수 시 선택한 과목이 아닌 다른 과목을 선택하여 답안을 표기하거나, 선택과목 순서를 바꾸어 표기한 경우에는 응시표에 기재된 선택과목 순서대로 채점되므로 유의하시기 바랍니다.

차례

이론

PART 01 기초전기이론
PART 02 회로해석방법(1)
PART 03 회로해석방법(2)
PART 04 전기장과 자기장
PART 05 교류회로해석(기초)
PART 06 과도현상
PART 07 2포트 회로의 이해
PART 08 라플라스 변환
PART 09 유도 결합 및 3상 회로

문제

PART 01 실전예상문제
PART 02 기출문제

제1편 기초전기이론

CHAPTER 01 전기의 본질 • 3

01 원자핵과 전자 ······ 3
02 전기의 발생 ······ 4
03 전하와 전기량 ······ 4

CHAPTER 02 전기회로의 기본 용어 • 6

01 일반적인 물리현상과 전기회로의 비교 ······ 6
02 옴의 법칙$\left(I=\dfrac{V}{R}\right)$ ······ 6
03 전류(I)와 전하량(Q)의 비교 ······ 7
04 전하량과 정전용량의 관계 ······ 7

CHAPTER 03 저항의 직 · 병렬 연결 • 11

01 저항(Resistor) : $R[\Omega]$ ······ 11
02 직렬회로 ······ 15
03 직렬회로 해석 ······ 15
04 병렬회로 ······ 16
05 병렬회로 해석 ······ 16
06 직렬회로와 병렬회로의 비교 ······ 16

CHAPTER 04 콘덴서의 직 · 병렬 연결 • 22

01 직렬회로 ······ 22
02 직렬회로 해석 ······ 22
03 병렬회로 ······ 23
04 병렬회로 해석 ······ 23
05 직렬회로와 병렬회로의 비교 ······ 23

차례

CHAPTER 05 기본 회로망 정리 • 29

01 전압분배와 전류분배 ······ 29
02 휘스톤 브리지회로 ······ 30
03 키르히호프의 법칙(Kirchhoff's Law) ······ 30
04 전압원과 전류원의 특성 ······ 31
05 전압계와 전류계의 특성 ······ 31
06 배율기와 분류기의 특성 ······ 31
07 중첩의 정리(Superposition Theorem) ······ 32
08 Thevenin과 Norton ······ 32

CHAPTER 06 전력과 전력량 • 39

01 전력과 전력량 ······ 39
02 전류의 발열작용 ······ 39
03 열과 전기 ······ 40

CHAPTER 07 저항과 정전용량 • 45

01 전기저항 ······ 45
02 정전용량과 유전율 ······ 46
03 전류의 화학작용과 전지 ······ 46
04 전지의 접속 ······ 46

CHAPTER 08 보조단위와 그리스문자 • 51

01 SI 접두어 ······ 51
02 그리스 대 · 소문자와 그 명칭 ······ 51

CHAPTER 09 국제 단위계 • 52

01 국제 단위계 ······ 52
02 SI 단위 사용법 ······ 55

제 2 편 회로해석방법(1)

CHAPTER 01 전압/전류/전력의 정의 • 59

01 전하(Electric Charge : Q) ··· 59
02 전압(Voltage : V) ··· 59
03 전류(Current : I) ··· 60
04 전력(Power = 일률) ··· 60

CHAPTER 02 수동부호규정 • 62

01 소자의 전압극성, 전류방향 ··· 62
02 소자의 전력과 수동부호규정 ··· 63
03 RLC 소자의 전압, 전류 관계식과 수동부호규정 ··· 63

CHAPTER 03 전원, 능동소자, 수동소자 • 66

01 이상적인 전원(Ideal Source) ··· 66
02 독립전원(Independent Source) ··· 67
03 종속전원(Dependent Source) ··· 67
04 수동소자 및 능동소자 ··· 67

CHAPTER 04 회로 기본용어 정리 • 68

01 마디(절점 : Node) ··· 68
02 폐회로(Closed Path/Loop), 망로(Mesh) ··· 68
03 가지(지로 : Branch) ··· 69

CHAPTER 05 키르히호프의 법칙 • 71

01 KCL(키르히호프 전류법칙) ··· 71
02 KVL(키르히호프 전압법칙) ··· 72

CHAPTER 06 저항과 그 연결법 • 75

01 전압, 전류 관계식 및 전력 ··· 75
02 컨덕턴스(Conductance, 전도도) ··· 75

03 단락 및 개방상태(단락, 개방회로) 75
04 직렬연결회로와 전압분배법칙 76
05 병렬연결회로와 전류분배법칙 77

CHAPTER 07 휘스톤 브리지 • 78

01 브리지 회로의 평형조건 78
02 저항 구하는 법 78
03 브리지 회로의 다른 형태 78
04 브리지 회로가 평형일 때 등가저항 구하는 법 78

CHAPTER 08 $\Delta - Y$ 변환($\Pi - T$ 변환) • 79

01 a단자 개방($b-c$ 단자에서 바라본 등가저항 동일) 80
02 b단자 개방($a-c$ 단자에서 바라본 등가저항 동일) 80
03 c단자 개방($a-b$ 단자에서 바라본 등가저항 동일) 80
04 상기 ㉠, ㉡, ㉢ 식을 정리하면, ... 81

CHAPTER 09 전압계와 전류계 • 86

01 다르송발 미터기 86
02 전류계 설계방법 86
03 전압계 설계방법 87
04 부하효과 및 이상적인 전압계, 전류계의 조건 87
05 전압계와 전류계 연결방법 87

CHAPTER 10 전압원과 전류원 • 89

01 이상적인 전압원(Ideal Voltage Source) 89
02 이상적인 전류원(Ideal Current Source) 89
03 이상적인 전원에 대한 기호 89
04 대표적인 전압, 전류의 파형 90
05 전원에서의 전력 90
06 실제적인 전원의 등가회로 91
07 전원의 직렬 및 병렬 92

제 3 편 회로해석방법(2)

CHAPTER 01 마디전압과 단자전압의 구별 • 97

01 기준마디(기준절점, Reference Node) ····· 99
02 마디전압(Node Voltage) ····· 99
03 마디전압을 사용하는 이유 ····· 99

CHAPTER 02 마디 전압법 • 100

01 마디 전압법(Node-Voltage Method) ····· 100
02 각 저항을 흐르는 전류표시 ····· 100
03 마디전압법 적용순서 ····· 100

CHAPTER 03 망로전류/단자전류 • 103

01 망로전류(Mesh Current) ····· 103
02 망로전류를 통한 단자전류의 이해 ····· 103
03 망로 전류를 사용하는 이유 ····· 103

CHAPTER 04 망로전류법 • 105

01 망로전류법(Mesh-Current Method) ····· 105
02 각 저항에 걸리는 전압표시 ····· 105
03 망로전류법 순서 ····· 105

CHAPTER 05 1포트 회로의 특성식 • 107

01 1포트 회로의 특성(단자법칙) ····· 107
02 등가회로 ····· 107
03 전원변환(Source Transform) ····· 107

»» 전 기 이 론 **차례**

CHAPTER 06 **전원 합성 • 109**

01 개요 109
02 예외 109
03 합성방법 109
04 예 109
05 특이한 전원 연결 110

CHAPTER 07 **선형회로의 성질(선형성) • 112**

01 비례성 112
02 중첩성(중첩의 원리) 112
03 선형성의 일반적 표현 113

CHAPTER 08 **테브냉/노턴 등가회로 • 114**

01 테브냉(Thevenin) 등가회로 114
02 노턴(Norton) 등가회로 114
03 v_{Th}, R_{Th}의 물리적 의미 114
04 테브냉 등가회로 구하는 법 119

CHAPTER 09 **최대전력 전달조건 • 127**

01 기본전제 127
02 부하에 전달되는 전력 127
03 최대전력 전달조건 128
04 부하에 전달되는 최대전력 128
05 등가 내부저항 R_0를 갖는 전원에 부하저항 R_L을 연결할 때의 부하전력과 효율 128

CHAPTER 10 **중첩의 정리 • 133**

01 중첩의 정리 133

제4편 전기장과 자기장

CHAPTER 01 전기장의 발생 • 143

01 정전기의 발생 ········ 143
02 쿨롱의 법칙 ········ 143
03 전기장 ········ 143
04 전기력선의 성질 ········ 144
05 전기장과 자기장의 비교 ········ 144

CHAPTER 02 전속밀도와 전위 • 149

01 전속과 전속밀도 ········ 149
02 전위 ········ 149
03 등전위면(Equipotential Surface) ········ 150
04 전속밀도와 전계의 관계 ········ 150

CHAPTER 03 콘덴서의 이해 • 155

01 콘덴서 접속과 정전용량 ········ 155
02 콘덴서의 직 · 병렬 연결 ········ 156

CHAPTER 04 정전용량의 물리적 해석 • 160

01 평형판 도체의 정전용량 ········ 160
02 유전율 ········ 160
03 유전체 내의 에너지 ········ 161
04 정전흡입력 : V^2에 비례 ➡ 정전 전압계나 집진장치에 이용 ··· 161
05 유전체에 의한 콘덴서의 정전용량 ········ 161

CHAPTER 05 자기장의 개념 • 170

01 자기현상 ········ 170
02 쿨롱의 법칙 ········ 172
03 자기장(Magnetic Field) ········ 172
04 자속밀도와 자기장의 세기 ········ 173

차례

CHAPTER 06 코일의 특성 · 175

01 자체 인덕턴스 ······ 175
02 상호유도 ······ 175
03 L과 M의 관계 ······ 175
04 전자에너지 ······ 176

CHAPTER 07 자기장 관련 법칙들 · 180

01 전류에 의한 자장 ······ 180
02 전자력의 방향과 크기 ······ 181
03 평형도체 사이에 작용하는 힘 ······ 181
04 전자유도 ······ 181
05 패러데이의 전자유도법칙 ······ 182
06 유도 전압의 방향 ······ 182
07 히스테리시스 곡선과 손실 ······ 182
08 자기 일그러짐 현상 ······ 183
09 맴돌이 전류(와전류) 손 ······ 183
10 홀 효과(Hall Effect) ······ 183
11 핀치 효과(Pinch Effect) ······ 183
12 스트레치 효과(Strech Effect) ······ 183

CHAPTER 08 자기회로의 이해 · 191

01 자화 곡선과 히스테리시스 곡선(Hysteresis loop) ······ 191
02 자화에 필요한 에너지 ······ 194
03 자기회로에 대한 옴의 법칙 ······ 198
04 자기회로와 전기회로의 대응관계 ······ 199
05 전기회로와의 차이점 ······ 199
06 복합자기회로 ······ 199
07 전기회로와 자기회로의 비교 ······ 201

CHAPTER 09 전기장과 자기장의 비교 · 205

제 5 편 교류회로해석(기초)

CHAPTER 01 교류회로의 기초 • 209

01 교류회로 해석 ··· 209

CHAPTER 02 교류 표시법 • 214

01 교류의 표시 ··· 214
02 실횻값, 일그러짐률, 파형률, 파고율 ··· 215

CHAPTER 03 삼각함수의 정리 • 223

01 삼각함수의 이해 ··· 223
02 삼각함수의 주요 공식 ··· 224

CHAPTER 04 정현파의 위상차 및 위상순 • 225

01 전제조건 ··· 225
02 위상의 진상(앞섬, Lead)과 지상(뒤짐, Lag)
➡ (Peak에 도달하는 순서) ··· 225

CHAPTER 05 교류의 벡터 표현법과 복소수 표현법 • 226

01 교류의 벡터 표시 ··· 226
02 복소수 표현형식과 상호 변환 ··· 227
03 오일러 공식(Euler's Formula) ··· 228
04 다음의 복소수 표현법을 상호 변환하시오. ··· 228

CHAPTER 06 Phasor 해석법 • 229

01 Phasor ··· 229
02 페이저의 표현법 ··· 231
03 정현파 전원을 인가할 때 적용 ··· 232
04 Phasor 해석순서 ··· 232

»» 전 기 이 론 **차례**

CHAPTER 07 RLC소자 전압전류 Phasor • 233

CHAPTER 08 임피던스(Impedance) • 234

01 정의 234
02 저항, 리액턴스 234
03 어드미턴스, 컨덕턴스, 서셉턴스 234
04 임피던스의 이점 235
05 주의점 235

CHAPTER 09 RLC 회로의 특성 • 238

01 R, L, C 소자의 특징 238
02 R, L, C 회로의 위상관계 239
03 교류회로의 여러 가지 정수들 239

CHAPTER 10 RLC 직렬회로 • 244

01 R, L, C 직렬회로의 위상 및 리액턴스 특성해석 244

CHAPTER 11 RLC 병렬회로 • 252

01 RLC 병렬회로 위상과 리액턴스 관계 252
02 직렬공진과 병렬공진 254
03 공진회로의 주요 파라미터와 소자 관계식 260

CHAPTER 12 교류의 전력표시법 • 264

01 전압이나 전류에서 유효성분과 무효성분 구별 264
02 전력의 표시 264
03 역률 265
04 3상 교류 265
05 부하의 $Y \leftrightarrows \Delta$ 변환 265
06 3상 전력 265

CHAPTER 13 정현파 정상상태 전력 • 266

01 순간전력 266
02 평균전력 P_{av}(유효전력) 266
03 무효전력 Q 267
04 복소전력(Complex Power) 267
05 복소전력의 다른 표현 268

CHAPTER 14 피상전력과 역률 • 269

01 전력삼각도, 피상전력 269
02 역률 269
03 역률 및 무효율을 이용한 평균전력, 무효전력 표현 270

CHAPTER 15 비정현파 교류 파형들의 해석 • 277

01 비사인파 교류의 발생 277
02 선형회로와 비선형회로 277
03 비사인파 교류의 성분 278

CHAPTER 16 필터의 종류와 특성 • 282

01 필터(Filter) 회로 282
02 필터의 정의 282

CHAPTER 17 이상적 필터(Ideal Filter) • 283

01 이상적인 필터의 특성 283
02 종류(구분기준 : 주파수 응답의 크기 특성) 283

CHAPTER 18 실제 필터(Practical Filter) • 284

01 개요 284
02 필터의 차수와 종류 284
03 종류 285
04 RLC 회로를 이용한 필터 구성 286

차례

제 6 편 과도현상

CHAPTER 01 펄스 파형의 특성 • 295

01 과도현상 1(RC 회로) 295
02 과도현상 2(RLC 회로) 296
03 여러 가지 용어들 296

CHAPTER 02 함수의 연속/불연속 • 298

01 커패시터(C)와 인덕터(L)의 특성 298
02 함수의 극한과 연속 298
03 불연속함수의 유형 299
04 회로이론에서 함수의 연속 및 불연속의 표현 299

CHAPTER 03 정상상태응답 • 300

01 강제응답, 고유응답 300
02 정상상태응답, 과도응답(Steady State Response, Transient Response) 300
03 정상상태의 종류 300
04 회로상 정상상태의 존재 여부 300

CHAPTER 04 RC 직렬회로의 펄스 응답 • 303

01 SW2로 일정시간을 유지한 후 ➡ SW1로 변환할 때(콘덴서 충전) 303
02 SW1로 일정시간을 유지한 후 ➡ SW2로 변환할 때(콘덴서 방전) 303

CHAPTER 05 RL 직렬회로의 펄스 응답 • 309

01 SW2로 일정시간을 유지한 후 ➡ SW1로 변환할 때(코일 충전) 309
02 SW1로 일정시간을 유지한 후 ➡ SW2로 변환할 때(코일 방전) 309

CHAPTER 06 지수함수의 이해 • 314

01 지수함수의 이해 ······ 314

CHAPTER 07 미/적분회로의 이해 • 317

01 다음 회로들을 보고 시정수에 따른 저항(R), 콘덴서(C), 코일(L) 각각의 전압을 파형으로 그려 보시오. ······ 317
02 다음 파형을 미분과 적분으로 나타내시오. ······ 318
03 적분회로(Integral Circuit) ······ 318
04 미분회로(Differential Circuit) ······ 318

CHAPTER 08 시정수(Time Constant) • 324

01 시정수의 정의 및 물리적 의미 ······ 324
02 시정수 구하는 법 ······ 324
03 $\tau > 0$일 때 상수 A, B의 물리적 의미 ······ 325

제 7 편 2포트 회로의 이해

CHAPTER 01 2포트 회로 • 329

01 기본회로도 및 전제조건 ······ 329

CHAPTER 02 2포트 파라미터 • 330

01 z－parameter(임피던스 파라미터) ······ 330
02 y－parameter(어드미턴스 파라미터) ······ 331
03 a－parameter(전송 파라미터, t－parameter 또는 ABCD－parameter) ······ 331
04 h－parameter(하이브리드 파라미터) ······ 332
05 전송 파라미터(ABCD parameter) ······ 332

>>> 전기이론 차례

제 8 편 라플라스 변환

CHAPTER 01 라플라스 변환의 개요 • 343

01 정의 ······ 343
02 역라플라스 변환(Inverse Laplace Transform) ······ 343
03 시간영역 해석 vs. s영역 해석(라플라스 변환 해석) ······ 344

CHAPTER 02 계단함수 및 임펄스함수 • 345

CHAPTER 03 주요 함수의 라플라스 변환 • 346

CHAPTER 04 주요 연산의 라플라스 변환 • 347

CHAPTER 05 부분분수 전개법 • 349

01 기본전제조건 ······ 349
02 전개형태 ······ 349
03 전개방법(계수 A, B, C, D 등의 결정방법) ······ 349

CHAPTER 06 2차식 복소수근 • 352

01 기본형태 ······ 352

CHAPTER 07 초기값 / 최종값 정리 • 354

01 개요 ······ 354

제 9 편 유도 결합 및 3상 회로

CHAPTER 01 유도 결합 회로 • 361

01 인덕터 전압(유도 결합 회로) ········ 361
02 자체유도전압/상호유도전압 ········ 362
03 유도 결합 회로의 해석방법 ········ 364
04 유도 결합 회로의 T형 등가회로 ········ 366
05 T형 등가회로의 응용 ········ 367
06 변압기(Transformer) ········ 368
07 이상변압기 ········ 369
08 등가 임피던스(이상변압기) ········ 371

CHAPTER 02 3교류의 이해 • 372

01 3상 교류 해석 ········ 372
02 3상 회로의 기본용어 ········ 373
03 평형 3상 회로 ········ 375
04 평형 3상 교류의 결선 ········ 376
05 $Y-Y$결선 시 중성선의 ········ 379
06 Y결선, Δ결선(정상순) ········ 381
07 Y결선, Δ결선(역상순) ········ 382
08 임피던스 변환 ········ 383
09 $\Delta-Y$변환(평형 3상 회로) ········ 384
10 소비전력(평형 3상부하) ········ 386
11 대칭좌표법 ········ 389

PART

01

기초 전기이론

CHAPTER 01

CURRENT THEORY

전기의 본질

1 원자핵과 전자

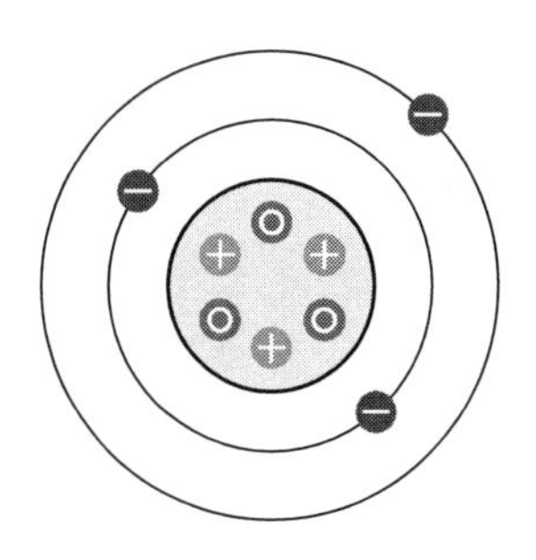

| 원자구조(Atomic Structure) |

① **원자핵**

㉠ 원자핵 : 양성자와 중성자로 구성

㉡ 양성자와 중성자의 질량은 거의 같으며, 전자의 약 1,840배인 입자

㉢ 양성자와 중성자를 한데 합하여 핵자라 함

② 전자, 양성자

③ **질량** : 9.10955×10^{-31}[kg], 1.67261×10^{-27}[kg]

④ **전자의 전하량** : 1.60219×10^{-19}[C]

⑤ 전자의 비전하$\left(\frac{e}{m}\right) = \frac{1.602 \times 10^{-19}}{9.109 \times 10^{-31}}$[C/kg]

2 전기의 발생

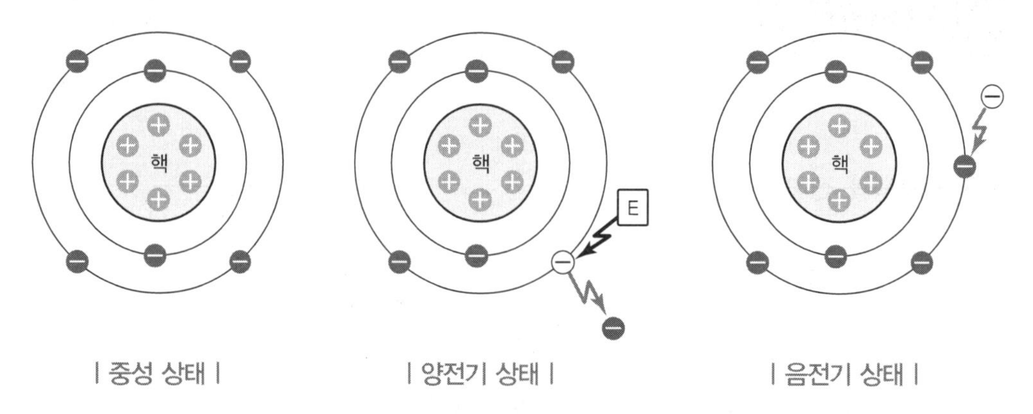

| 중성 상태 |　　| 양전기 상태 |　　| 음전기 상태 |

※ 자유전자의 발생원인과 전하량은 얼마인가?

3 전하와 전기량

① **전하** : 대전된 전기(Electric Charge)

② **전기량** : 전하가 가지고 있는 전기의 양, 단위 : Coulomb[C]

③ **전자 1개의 전기량** : $e = 1.60219 \times 10^{-19}$ [C]

④ **1[C]의 전하량을 만들기 위해 필요한 전하량**

$$\therefore 1[\mathrm{C}] = \frac{1}{1.60219 \times 10^{-19}} \approx 6.24 \times 10^{18} \text{개}$$

⑤ 가전자의 의미는 무엇인가?

실전문제 CURRENT THEORY

01 원자핵에 대한 설명 중 틀린 것은?

① 양자의 전하량과 전자의 전하량은 그 크기가 같다.
② 원자핵이 원자질량의 대부분을 차지한다.
③ 원자핵은 양자와 전자로 구성되어 있다.
④ 원자번호는 양자의 숫자와 같다.

02 전자와 양성자의 성질에 관한 설명으로 옳지 못한 것은?

① 양성자는 (+), 전자는 (−) 전기를 가지며, 같은 종류의 전기는 흡입하고 다른 종류의 전기는 반발한다.
② 전자의 질량은 9.10955×10^{-31}[kg]이고, 양성자는 전자보다 약 1,840배 무겁다.
③ 1개의 전자와 양성자가 가지는 전기량의 절댓값은 1.60219×10^{-19}[C]이다.
④ 원자에서 양성자의 숫자는 원자번호와 같다.

03 〈보기〉는 원자를 이루는 전자에 대한 특성을 나열한 것이다. 〈보기〉에서 옳은 것을 모두 고른 것은?
22년 서울시(고졸) 9급

〈보기〉
ㄱ. 원자핵의 일부분이다.
ㄴ. $e = -1.602 \times 10^{-19}$[C]의 전기량을 가진다.
ㄷ. 원자핵 가장자리를 회전하는 최외각 전자에 에너지가 공급되면 이동이 가능한 상태가 된다.
ㄹ. 질량은 양성자의 약 1,840배에 해당한다.

① ㄱ
② ㄴ, ㄷ
③ ㄴ, ㄹ
④ ㄴ, ㄷ, ㄹ

정답 01 ③ 02 ① 03 ②

CHAPTER 02 CURRENT THEORY

전기회로의 기본 용어

1 일반적인 물리현상과 전기회로의 비교

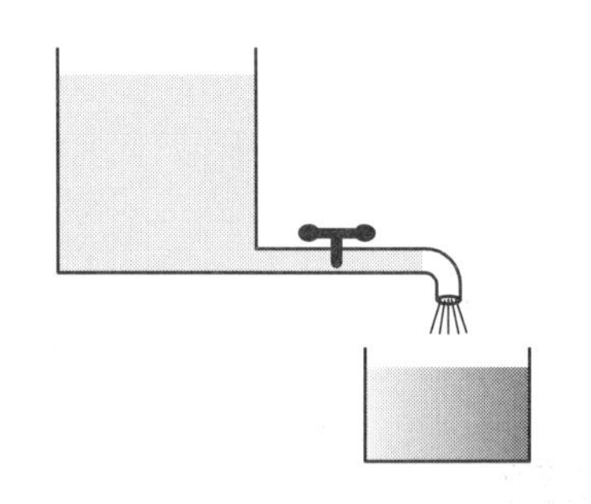

| 일반적인 물리현상 |

수압 ↔ 전압
수도꼭지 ↔ 저항
물의 흐름 ↔ 전류

〈상호 관계〉

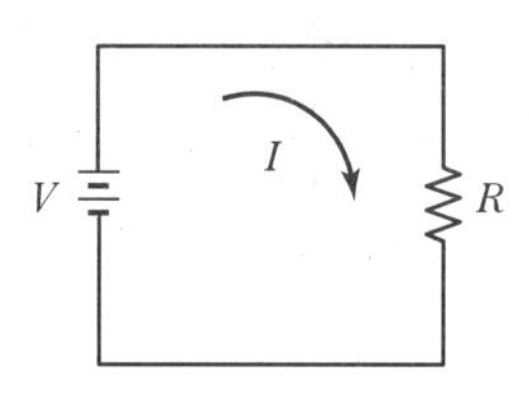

| 일반적인 전기회로 |

전압 : V [V]
전류 : I [A]
저항 : R [Ω]
전하량 : Q [C]
정전용량 : C [F]

2 옴의 법칙 $\left(I=\frac{V}{R}\right)$

① R을 일정하게 유지 $V\uparrow \Rightarrow I\uparrow$, $V\downarrow \Rightarrow I\downarrow$ $I \propto V$ (전류와 전압이 비례)

② V를 일정하게 유지 $R\uparrow \Rightarrow I\downarrow$, $R\downarrow \Rightarrow I\uparrow$ $I \propto \frac{1}{R}$ (전류와 저항은 반비례)

$$I=\frac{V}{R}$$

✱ 옴의 법칙 : 회로에 흐르는 전류는 전압에는 비례하고 저항에는 반비례한다.

3 전류(I)와 전하량(Q)의 비교

$$Q = I \times t, \qquad I = \frac{Q}{t}$$

* 그릇에 물을 담을 수 있는 양 : 100리터
* 10초 동안 물이 흘러 그릇을 채웠다. 1초에 흐른 물의 양은?
* 5초 동안 물이 흘러 그릇을 채웠다. 1초에 흐른 물의 양은?

* 총 흐른 물의 양 : 전하량(Q)
* 단위시간에 흐른 물의 양 : 전류(I)
* $Q = n \cdot e$

여기서, n : 전자의 개수
e : 전자 1개의 전하량

4 전하량과 정전용량의 관계

$$Q = CV$$

여기서, Q : 그릇에 찬 물의 양
C : 그릇의 밑변의 넓이
V : 그릇에 찬 물의 높이

실전문제 CURRENT THEORY

01 옴의 법칙을 바르게 설명한 것은 무엇인가?(단, V : 전압, I : 전류, R : 저항)

① $V = IR$
② $V = \frac{R}{I}$
③ $V = \frac{I}{R}$
④ $I = VR$

02 어떤 도체의 단면을 30분 동안에 5,400[C]의 전기량이 이동했다고 하면, 전류의 크기는 몇 [A]인가?

① 1[A]
② 2[A]
③ 3[A]
④ 4[A]

03 전류를 흐르게 하는 능력을 무엇이라고 하는가?

① 전하량
② 기전력
③ 저항량
④ 전기력

04 옴의 법칙에서 전류의 크기는 다음 중에서 어느 것에 비례하는가?

① 저항
② 자장의 세기
③ 기자력
④ 전압

05 저항이 20[Ω]인 도체에 5[A]의 전류가 흐르고 있다. 이때 이 도체 양단에 몇 [V]의 전압을 인가한 것인가?

① 100[V]
② 20[V]
③ 5[V]
④ 4[V]

정답 01 ① 02 ③ 03 ② 04 ④ 05 ①

06 어떤 저항 R에 1분 동안 100[V]의 기전력을 가했을 때 1,200[C]의 전하가 이동되었다고 한다. 이 저항 R의 값은 몇 [Ω]인가? 12년 국회직 9급

① 5 ② 10
③ 12 ④ 15

07 $i(t) = 2.0t + 2.0$[A]의 전류가 시간 $0 \leq t \leq 60$[sec] 동안 도선에 흘렀다면, 이때 도선의 한 단면을 통과한 총 전하량[C]은? 11년 지방직 9급

① 4 ② 122
③ 3,600 ④ 3,720

08 다음 그림과 같이 전지를 접속하였을 때, 단자 3과 5 사이의 전위차 V_{35} [V]는?

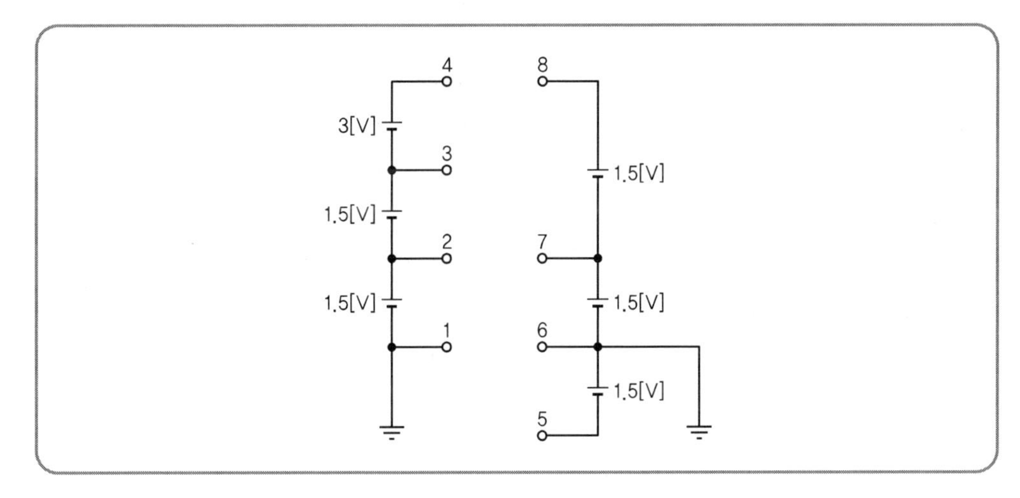

① 0 ② 1.5
③ 3 ④ 4.5

09 도체에서 1초당 도체의 단면을 통과하는 자유전자의 개수를 n[1/sec]이라 했을 때, 도체에 흐르는 전류(I)[A] 값은?(단, e는 도체의 단면을 통과하는 자유전자 1개의 전하량이다.)

① $e \cdot n$[A] ② $e^2 \cdot n$[A]
③ $\frac{e}{n}$[A] ④ $\frac{n}{e}$[A]

정답 06 ① 07 ④ 08 ④ 09 ①

10 반지름 2[mm]인 구리도선에 2[A]의 전류가 흐를 때 1.602[sec] 동안 도선의 단면을 통과하는 자유전자의 개수를 구하면?(단, 전자의 전하량은 -1.602×10^{-19}[C]이고 단위체적당 8.5×10^{28}개의 자유전자가 있다.) 12년 국회직 9급

① 5.3×10^{9}개
② 8.5×10^{9}개
③ 2×10^{19}개
④ 6.7×10^{23}개
⑤ 8.5×10^{47}개

11 그림과 같이 전지가 접속되어 있을 때 단자 a와 단자 e 사이의 전위차 V_{ae}[V]의 값은?

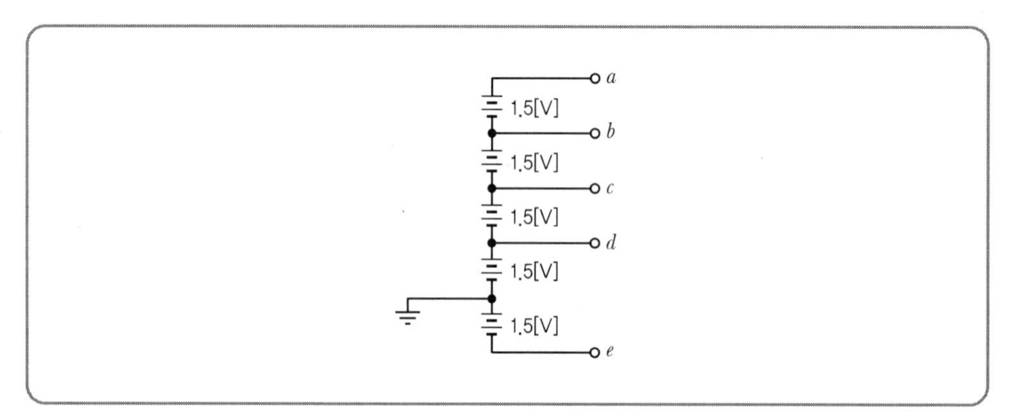

① 1.5
② 3
③ 4.5
④ 7.5

정답 10 ③ 11 ④

저항의 직 · 병렬 연결

1 저항(Resistor) : $R\,[\Omega]$

1) 고정저항의 종류

① 탄소피막저항(일반저항)
② 솔리드 저항
③ 권선 저항
④ 금속피막 저항

2) 저항식별(일반저항)

① 4색띠 저항

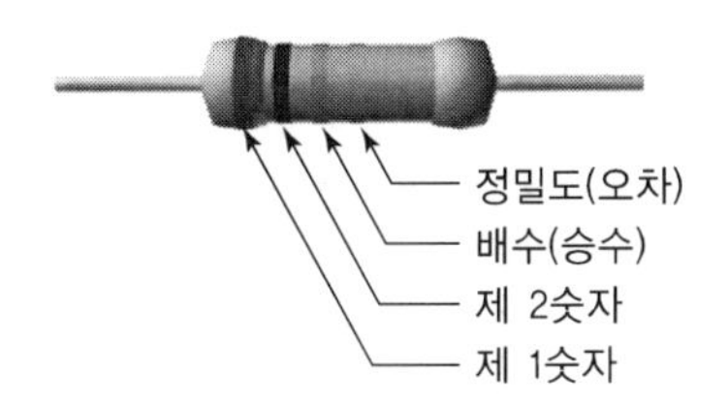

＊ 다음 그림을 보고 저항값을 쓰시오.

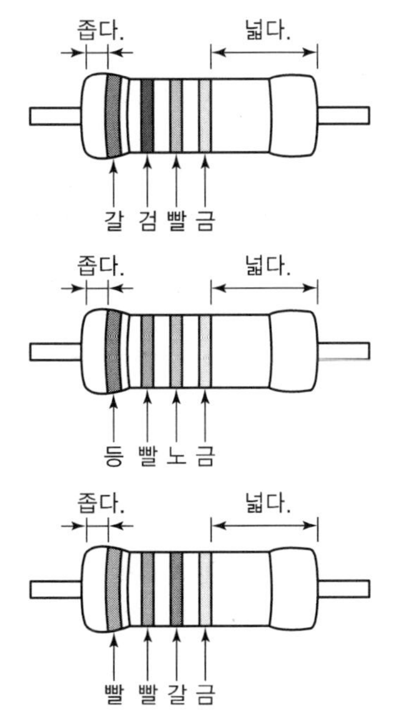

색띠	1 자릿수	2 자릿수	승수	오차(%)
흑색	0	0	10^0	
갈색	1	1	10^1	
적색	2	2	10^2	
등색	3	3	10^3	
황색	4	4	10^4	
녹색	5	5	10^5	
청색	6	6	10^6	
자색	7	7	10^7	
회색	8	8	10^8	
백색	9	9	10^9	
금색			10^{-1}	5%
은색			10^{-2}	10%
무색				20%

✱ 다음 저항값을 보고 색띠를 순서대로 나열하시오.

㉠ 27kΩ±(5%)

㉡ 2Ω±(5%)

㉢ 10MΩ±(5%)

㉣ 3.3kΩ±(5%)

② 5색띠 저항

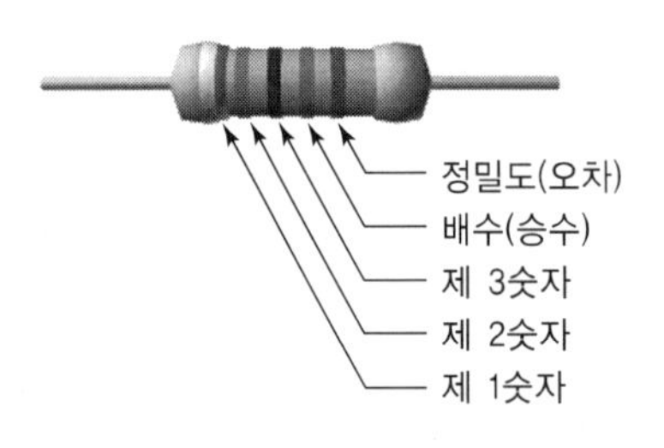

색띠	1 자릿수	2 자릿수	3 자릿수	승수	오차(%)
흑색	0	0	0	10^0	
갈색	1	1	1	10^1	1%
적색	2	2	2	10^2	2%
등색	3	3	3	10^3	
황색	4	4	4	10^4	
녹색	5	5	5	10^5	5%
청색	6	6	6	10^6	
자색	7	7	7	10^7	
회색	8	8	8	10^8	
백색	9	9	9	10^9	
금색				10^{-1}	
은색				10^{-2}	
무색					

✱ 다음 그림을 보고 저항값을 쓰시오.

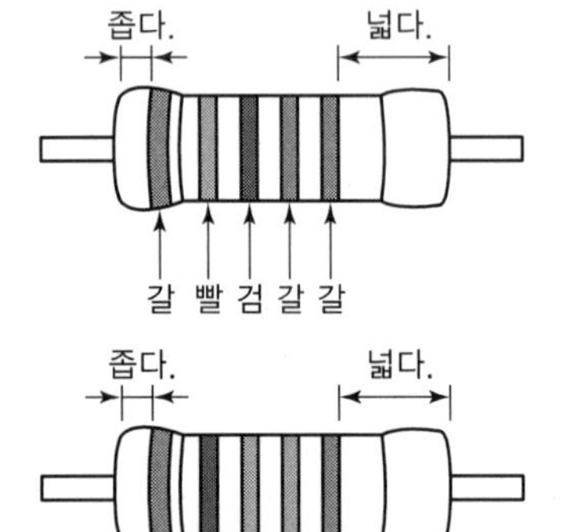

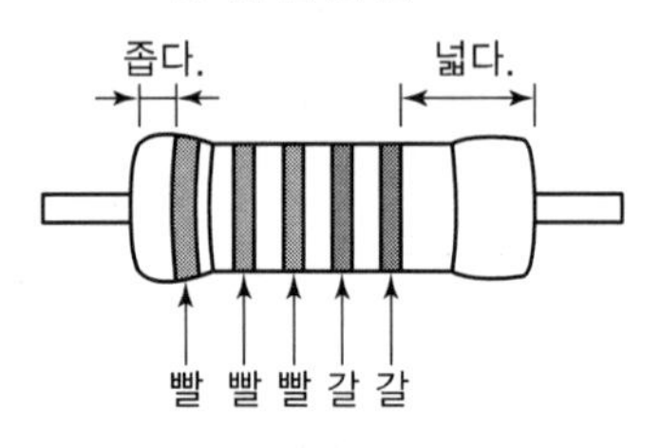

✱ 다음 저항값을 보고 색띠를 순서대로 나열하시오.

㉠ 10.5kΩ±(1%)

㉡ 4.00kΩ±(1%)

㉢ 8.20kΩ±(1%)

㉣ 12.4kΩ±(1%)

3) 가변저항

가변저항

반고정 저항

실전문제 CURRENT THEORY

01 저항기의 색깔에 의한 정격표시(KSC 0802)에서 첫째 띠의 색깔 표시와 숫자의 연결이 옳지 않은 것은?

	색	숫자		색	숫자
①	검은색	0	②	갈색	1
③	노랑색	5	④	파랑색	6

02 그림과 같은 색띠 저항에 10[V]의 직류전원을 연결하면 이 저항에서 5분간 소모되는 에너지[J]는 얼마인가?(단, 금색이 의미하는 저항값의 오차는 무시한다.)

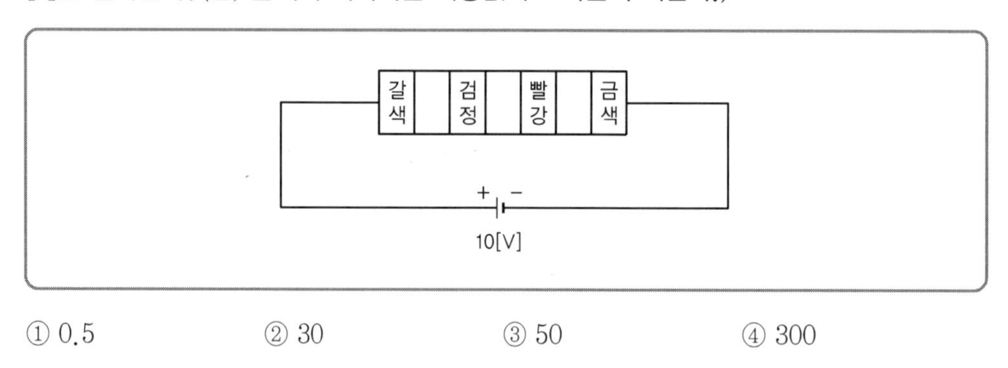

① 0.5 ② 30 ③ 50 ④ 300

03 그림과 같은 색띠 저항에 10[V]의 직류전원을 연결하면 이 저항에서 10분간 소모되는 열량[cal]은?(단, 금색이 의미하는 저항값의 오차는 무시한다.)

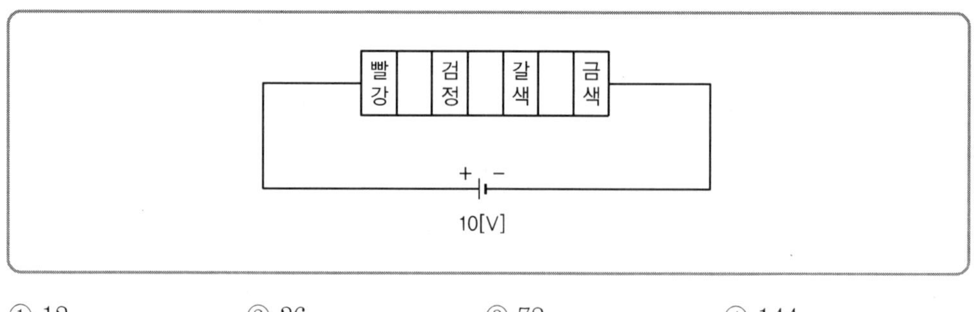

① 12 ② 36 ③ 72 ④ 144

정답 **01** ③ **02** ② **03** ③

2 직렬회로

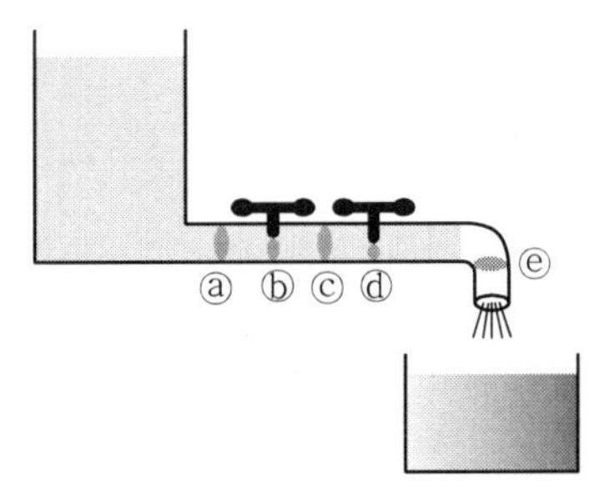

(a) 일반적인 물리현상에서의 특성

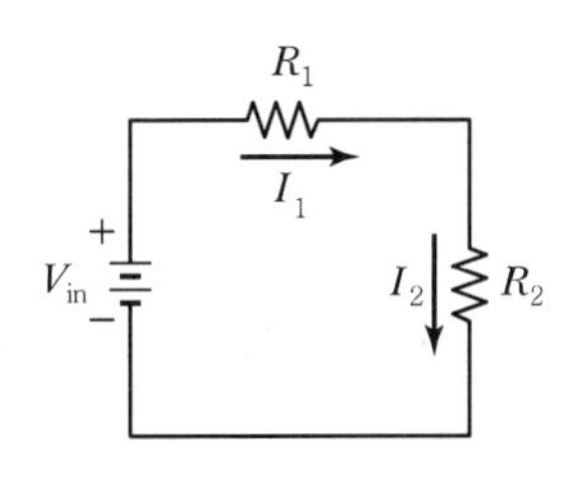

(b) 실제 전기회로에서의 특성

| 직렬회로의 중요 특징 |

※ 위 그림 ⓐ~ⓔ 중에 단위시간에 흐르는 물의 양이 가장 많은 위치는 어디인가?

3 직렬회로 해석

① 등가회로

$+V_1-$, R_1, I_1, V_{in}, I_2, R_2, V_2 ➡ 등가회로 구성 ➡ V, I_t, R_t

② 직렬회로 해석

일반적인 특성	옴의 법칙 적용	R_t 구하는 법	V_1, V_2 구하는 법
$I_t = I_1 = I_2$ (전류 일정) $V_t = V_1 + V_2$ (전압 분배)	$V_1 = I_1R_1,\ I_1 = \frac{V_1}{R_1}$ $V_2 = I_2R_2,\ I_2 = \frac{V_2}{R_2}$ $V_t = I_tR_t,\ I_t = \frac{V_t}{R_t}$	$V_t = V_1 + V_2$에서 (대입) $I_tR_t = I_1R_1 + I_2R_2$ $I_t = I_1 = I_2$ 이므로 I를 제거 $R_t = R_1 + R_2$	$I_t = I_1$에서 (대입) $\frac{V_t}{R_t} = \frac{V_1}{R_1}$가 된다. $V_1 = \frac{R_1}{R_t}V_t = \frac{R_1}{R_1+R_2}V_t$ $V_2 = \frac{R_2}{R_t}V_t = \frac{R_2}{R_1+R_2}V_t$

4 병렬회로

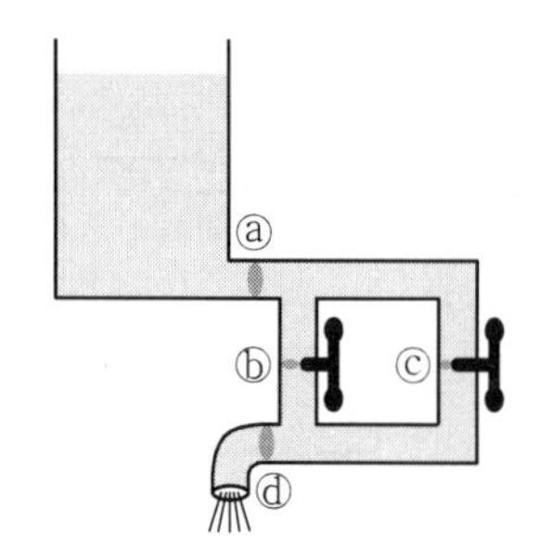

(a) 일반적인 물리현상에서의 특성

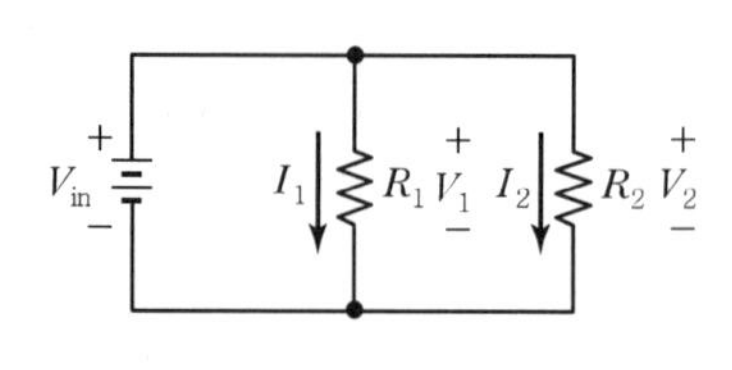

(b) 실제 전기회로에서의 특성

| 병렬회로의 중요 특징 |

5 병렬회로 해석

일반적인 특성	옴의 법칙 적용	R_t 구하는 법	I_1, I_2 구하는 법
$V_t = V_1 = V_2$ (전압 일정) $I_t = I_1 + I_2$ (전류 분배)	$V_1 = I_1R_1$, $I_1 = \frac{V_1}{R_1}$ $V_2 = I_2R_2$, $I_2 = \frac{V_2}{R_2}$ $V_t = I_tR_t$, $I_t = \frac{V_t}{R_t}$	$I_t = I_1 + I_2$ 에서 (대입) $\frac{V_t}{R_t} = \frac{V_1}{R_1} + \frac{V_2}{R_2}$ $V_t = V_1 = V_2$ 이므로 V를 제거 $\frac{1}{R_t} = \frac{1}{R_1} + \frac{1}{R_2}$ $R_t = \frac{R_1R_2}{R_1 + R_2}$	$V_t = V_1$에서 (대입) $I_tR_t = I_1R_1$가 된다. $I_1 = \frac{I_tR_t}{R_1} = \frac{R_2}{R_1+R_2}I_t$ $I_2 = \frac{I_tR_t}{R_2} = \frac{R_1}{R_1+R_2}I_t$

6 직렬회로와 병렬회로의 비교

구분	직렬회로	병렬회로
일정한 값	전류	전압
분배되는 값	전압	전류
저항값에 따른 분배량	$R_1 : R_2 = 1 : 2$일 때 $V_1 : V_2 = 1 : 2$	$R_1 : R_2 = 1 : 2$일 때 $I_1 : I_2 = 2 : 1$

실전문제 CURRENT THEORY

01 입력전압이 10[V]이고, $R_1 = 3[\mathrm{k\Omega}]$, $R_2 = 7[\mathrm{k\Omega}]$인 경우 출력전압, 합성저항, 회로에 흐르는 전류를 각각 구하시오.

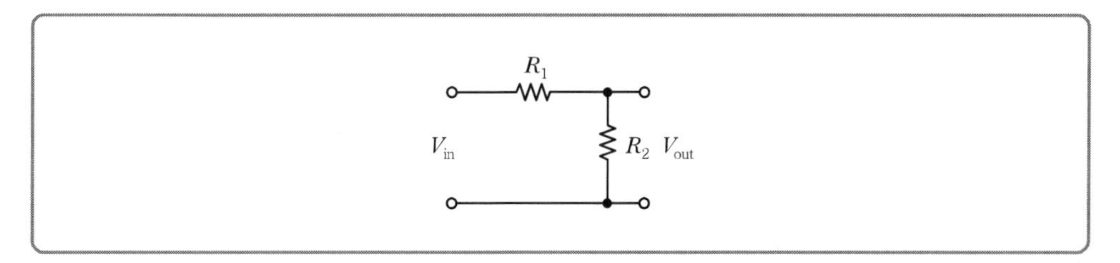

① 출력전압 :

② 합성저항 :

③ 전류 :

02 다음 회로에 흐르는 I_t, I_1, I_2, V_1, V_2 를 각각 구하시오.(단, $V_{IN} = 12[\mathrm{V}]$, $R_1 = 6[\mathrm{k\Omega}]$, $R_2 = 4[\mathrm{k\Omega}]$이다.)

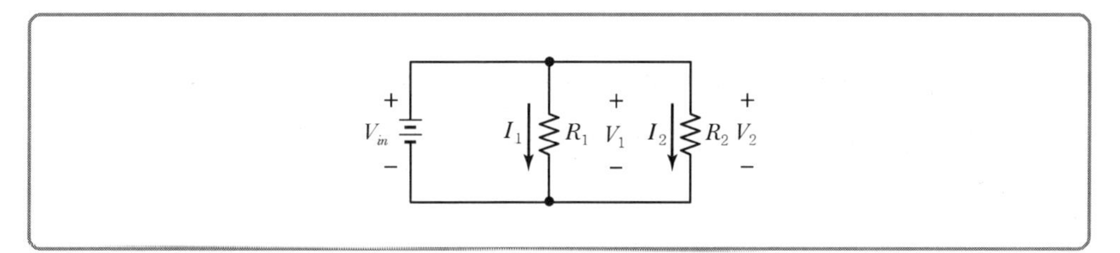

① I_t =

② I_1 =

③ I_2 =

④ V_1 =

⑤ V_2 =

03 아래 회로에서 각 저항에 흐르는 전류량과 분배되는 전압과 합성저항은 각각 얼마인가?

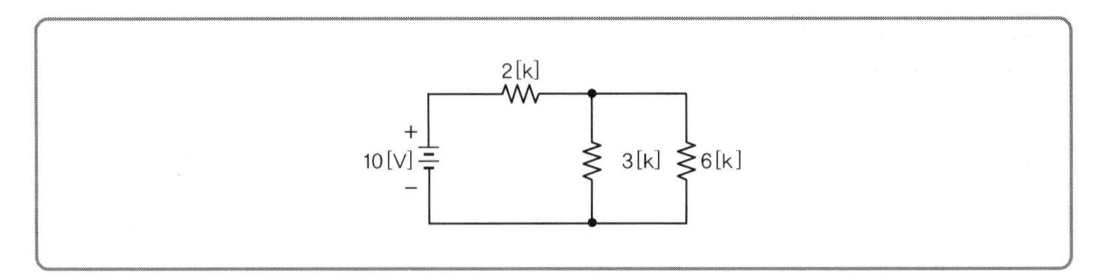

① R_t

② 2[k]에 걸리는 전압과 전류 :

③ 3[k]에 걸리는 전압과 전류 :

④ 6[k]에 걸리는 전압과 전류 :

04 그림과 같은 회로에서 a, b 사이의 단자 전압 E_{ab}[V]는?

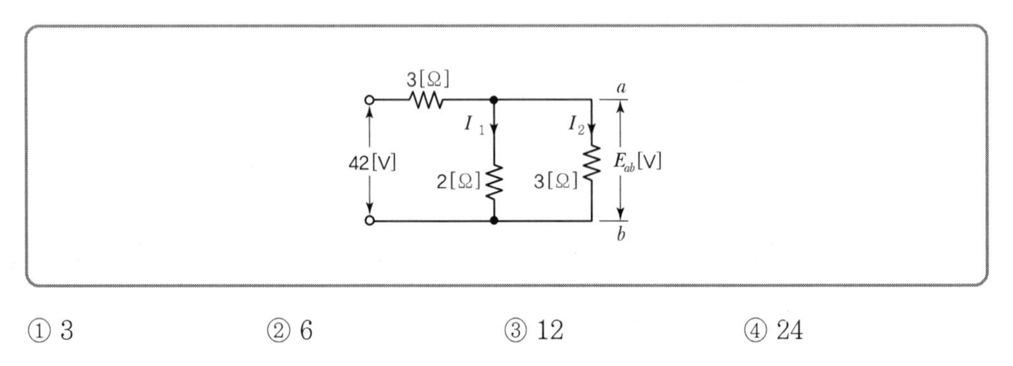

① 3 ② 6 ③ 12 ④ 24

05 서로 다른 저항 R_1과 R_2에 대해 각각 전류−전압 특성을 측정하였을 때 다음과 같은 결과를 얻었다. 동일한 전압일 때 각 저항에서 소모되는 전력의 비 $P_1 : P_2$는?

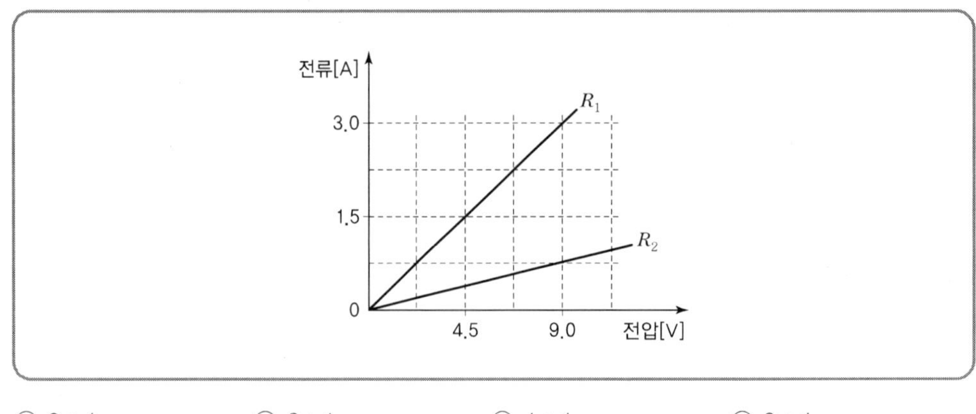

① 2 : 1 ② 3 : 1 ③ 4 : 1 ④ 9 : 1

정답 04 ③ 05 ③

06 그림의 회로에서 I_1에 흐르는 전류는 1.5[A]이다. 회로의 합성저항[Ω]은? 20년 지방직 9급

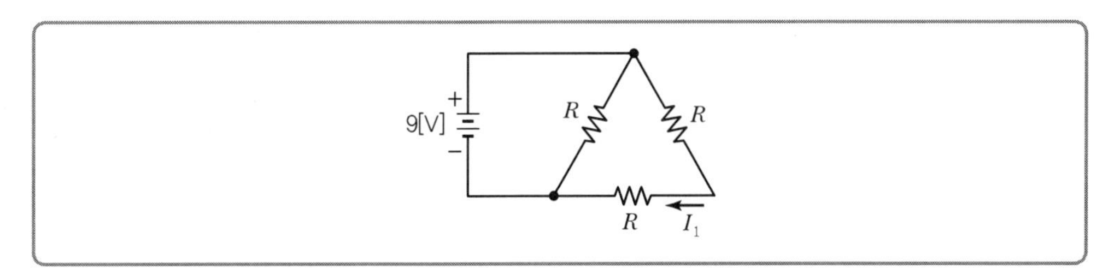

① 2 ② 3

③ 6 ④ 9

07 다음 회로의 합성저항을 구하시오.

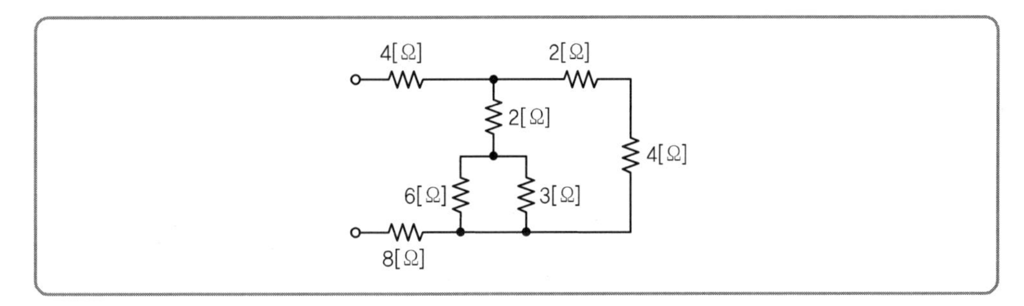

① 10.4 ② 12.4

③ 14.4 ④ 16.4

08 그림의 회로에서 3[Ω]에 흐르는 전류 I[A]는? 20년 지방직 9급

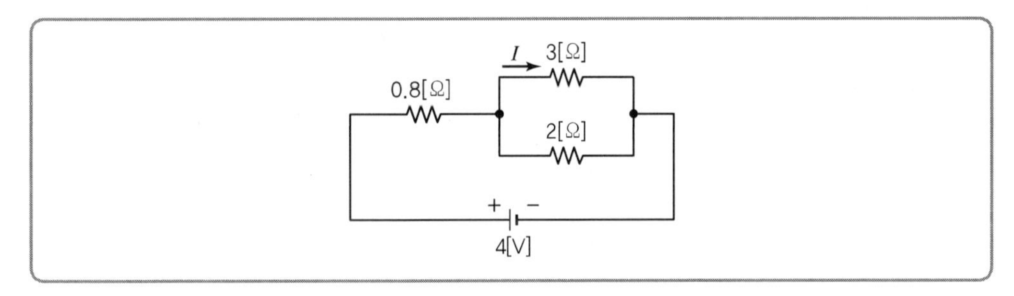

① 0.4 ② 0.8

③ 1.2 ④ 2

정답 06 ① 07 ③ 08 ②

09 다음 회로에서 전압 V가 일정하고, 스위치 SW를 닫은 후 전류 I가 닫기 전 전류의 2배가 되는 저항값 R[Ω]은?

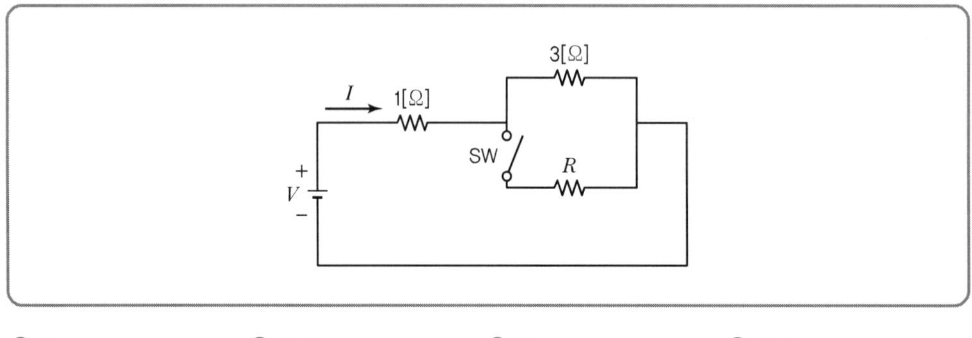

① 1 ② 1.5 ③ 2 ④ 2.5

10 그림과 같은 회로에서 I[A]의 값은?

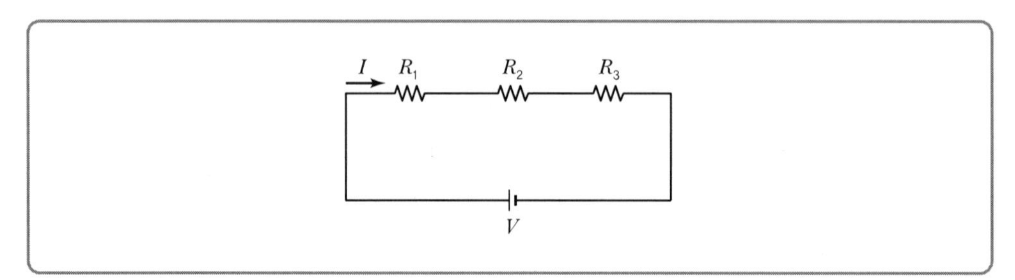

① $\dfrac{V}{R_1 + R_2 + R_3}$

② $\dfrac{V}{\dfrac{1}{R_1} + \dfrac{1}{R_2} + \dfrac{1}{R_3}}$

③ $\left(\dfrac{1}{R_1} + \dfrac{1}{R_2} + \dfrac{1}{R_3}\right) \times \dfrac{1}{V}$

④ $\dfrac{R_1 + R_2 + R_3}{V}$

정답 09 ② 10 ①

11 그림과 같은 회로에서 $E=40[V]$, $R_1=2[\Omega]$, $R_2=12[\Omega]$, $R_3=4[\Omega]$, $R_4=5[\Omega]$일 때 $R_3=4[\Omega]$에 흐르는 전류 $I_3[A]$의 값은?

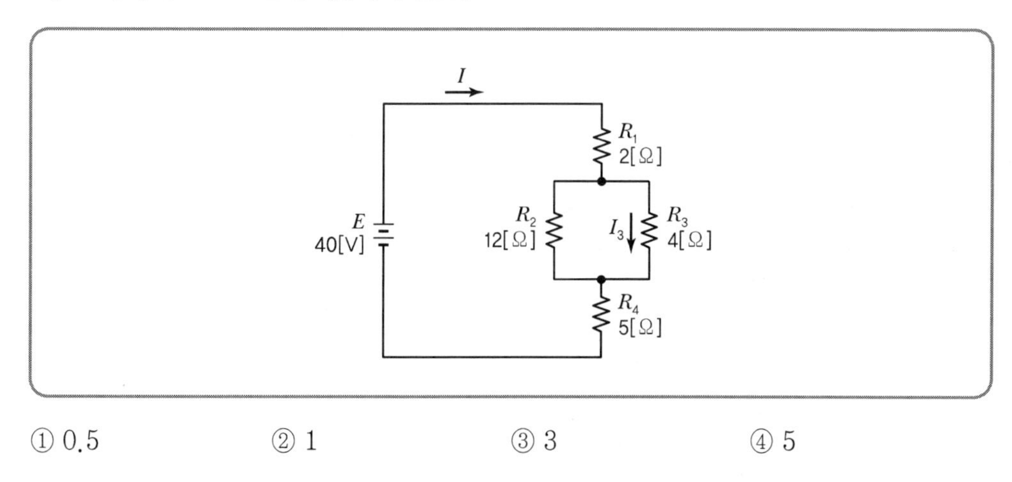

① 0.5 ② 1 ③ 3 ④ 5

12 4[Ω]과 1[Ω]의 저항을 직렬로 접속한 경우는 병렬로 접속한 경우에 비하여 저항이 몇 배인가?

22년 군무원 9급

① 2
② $\frac{15}{4}$
③ 4
④ $\frac{25}{4}$

정답 11 ③ 12 ④

CHAPTER 04 CURRENT THEORY

콘덴서의 직 · 병렬 연결

1 직렬회로

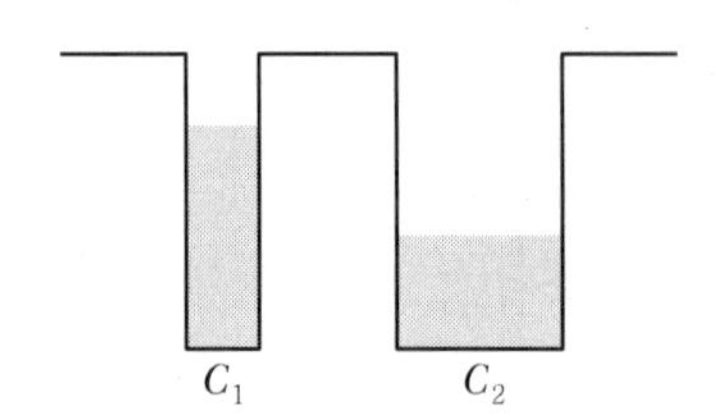

(a) 일반적인 물리현상에서의 특성

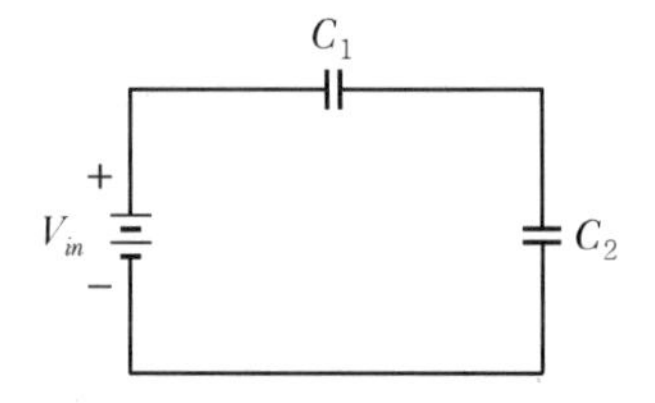

(b) 실제 전기회로에서의 특성

| 직렬회로의 중요 특징 |

2 직렬회로 해석

① 등가회로

C_1, $+\ Q_1\ -$, V_{in}, Q_2, $C_2\ V_2$ ⟹ 등가회로 구성 ⟹ V_{in}, Q_t, $C_t\ V_t$

② 직렬회로 해석

일반적인 특성	옴의 법칙 적용	C_t 구하는 법	V_1, V_2 구하는 법
$Q_t = Q_1 = Q_2$ (전하량 일정) $V_t = V_1 + V_2$ (전압 분배)	$Q_1 = C_1 V_1$, $V_1 = \dfrac{Q_1}{C_1}$ $Q_2 = C_2 V_2$, $V_2 = \dfrac{Q_2}{C_2}$ $Q_t = C_t V_t$, $V_t = \dfrac{Q_t}{C_t}$	$V_t = V_1 + V_2$에서 (대입) $\dfrac{Q_t}{C_t} = \dfrac{Q_1}{C_1} + \dfrac{Q_2}{C_2}$ $Q_t = Q_1 = Q_2$이므로 Q를 제거 $\dfrac{1}{C_t} = \dfrac{1}{C_1} + \dfrac{1}{C_2}$, $C_t = \dfrac{C_1 C_2}{C_1 + C_2}$	$Q_t = Q_1$ 에서 (대입) $C_t V_t = C_1 V_1$ 가 된다. $V_1 = \dfrac{C_t}{C_1} V_t$ $= \dfrac{C_2}{C_1 + C_2} V_t$ $V_2 = \dfrac{C_t}{C_2} V_t$ $= \dfrac{C_1}{C_1 + C_2} V_t$

3 병렬회로

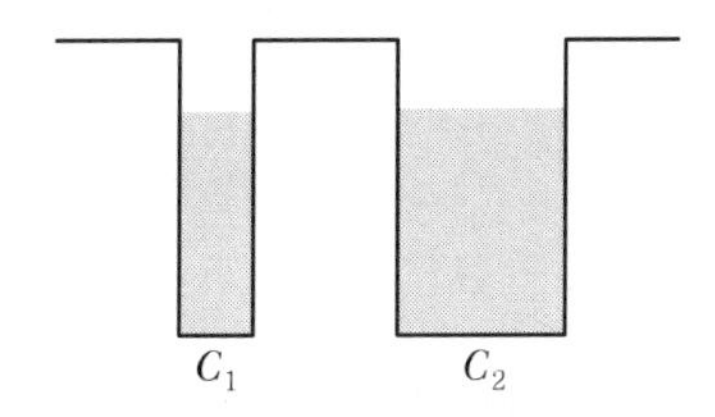

(a) 일반적인 물리현상에서의 특성

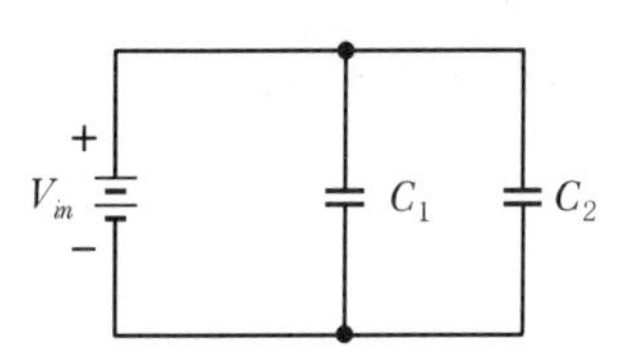

(b) 실제 전기회로에서의 특성

| 병렬회로의 중요 특징 |

4 병렬회로 해석

일반적인 특성	옴의 법칙 적용	C_t 구하는 법	Q_1, Q_2 구하는 법
$V_t = V_1 = V_2$ (전압 일정) $Q_t = Q_1 + Q_2$ (전하량 분배)	$Q_1 = C_1 V_1$, $V_1 = \frac{Q_1}{C_1}$ $Q_2 = C_2 V_2$, $V_2 = \frac{Q_2}{C_2}$ $Q_t = C_t V_t$, $V_t = \frac{Q_t}{C_t}$	$Q_t = Q_1 + Q_2$에서 (대입) $C_t V_t = C_1 V_1 + C_2 V_2$ $V_t = V_1 = V_2$이므로 V를 제거 $C_t = C_1 + C_2$	$V_t = V_1$에서 (대입) $\frac{Q_t}{C_t} = \frac{Q_1}{C_1}$가 된다. $Q_1 = \frac{C_1}{C_t} Q_t = \frac{C_1}{C_1 + C_2} Q_t$ $Q_2 = \frac{C_2}{C_t} Q_t = \frac{C_2}{C_1 + C_2} Q_t$

5 직렬회로와 병렬회로의 비교

구분	직렬회로	병렬회로
일정한 값	전하량	전압
분배되는 값	전압	전하량
콘덴서 값에 따른 분배량	$C_1 : C_2 = 1 : 2$일 때 $V_1 : V_2 = 2 : 1$	$C_1 : C_2 = 1 : 2$일 때 $Q_1 : Q_2 = 1 : 2$

● 실전문제 CURRENT THEORY

01 입력전압이 10[V]이고, $C_1 = 3[\mu F]$, $C_2 = 7[\mu F]$이다. 다음에서 지시하는 값들을 구하시오.

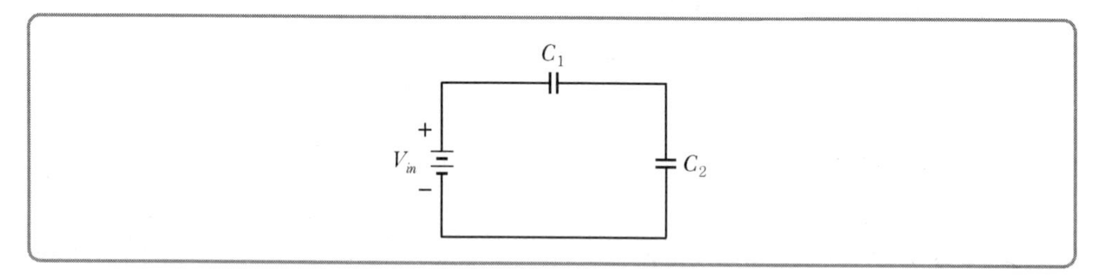

① 합성 정전용량은 얼마인가?

② C_1, C_2 양단전압 V_1, V_2는 각각 얼마인가?

③ C_1, C_2 각각에 충전되는 전하량 Q_1, Q_2는 얼마인가?

02 입력전압이 9[V]이고, $C_1 = 6[\mu F]$, $C_2 = 3[\mu F]$이다. 다음에서 지시하는 값들을 구하시오.

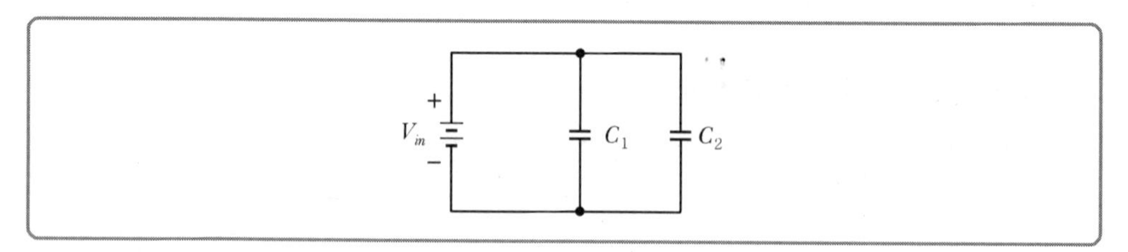

① 합성 정전용량은 얼마인가?

② C_1, C_2 양단전압 V_1, V_2는 각각 얼마인가?

③ C_1, C_2 각각에 충전되는 전하량 Q_1, Q_2는 얼마인가?

03 아래 회로에서 각 콘덴서에 충전되는 전하량과 분배되는 전압은 각각 얼마인가? 그리고, 합성 정전용량은 얼마인가?

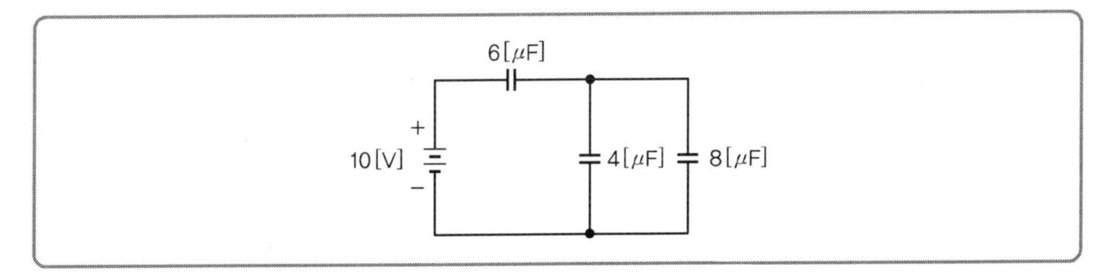

① C_t 는 얼마인가?

② 6[μF]에 걸리는 전하량과 전압 :

③ 4[μF]에 걸리는 전하량과 전압 :

④ 8[μF]에 걸리는 전하량과 전압 :

04 그림과 같은 회로의 합성 정전용량은 5[μF]이다. C_A의 정전용량은 몇 [μF]인가?

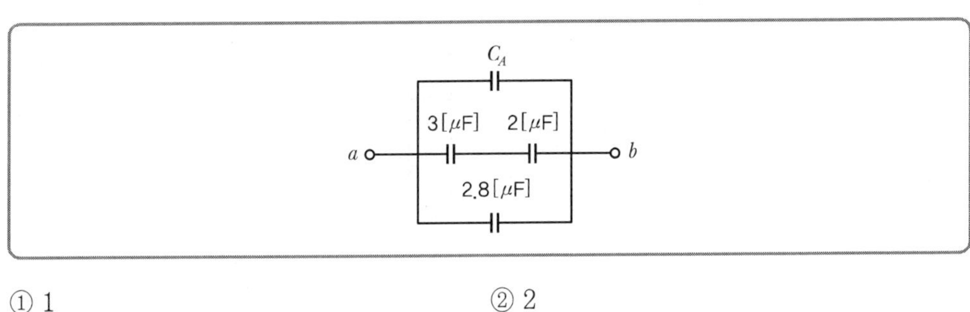

① 1 ② 2
③ 3 ④ 4

05 다음은 정전용량의 특성에 관한 설명이다. 잘못 설명한 것은?

① 전위 1[V]를 올리기 위해 1[C]의 전하가 사용될 때 정전용량은 1[F]이다.
② 유전체의 유전율을 증가시키면 정전용량은 증가한다.
③ 콘덴서 전극의 면적을 증가시키면 정전용량은 증가한다.
④ 콘덴서 전극 사이의 간격을 증가시키면 정전용량은 증가한다.

정답 04 ① 05 ④

06 같은 용량의 3개의 콘덴서 C가 직렬로 접속되어 있는 경우의 합성 정전용량이 $1[\mu F]$일 때, 다음 회로와 같이 3개의 콘덴서 C를 직 · 병렬로 연결했을 때의 합성 정전용량$[\mu F]$은?

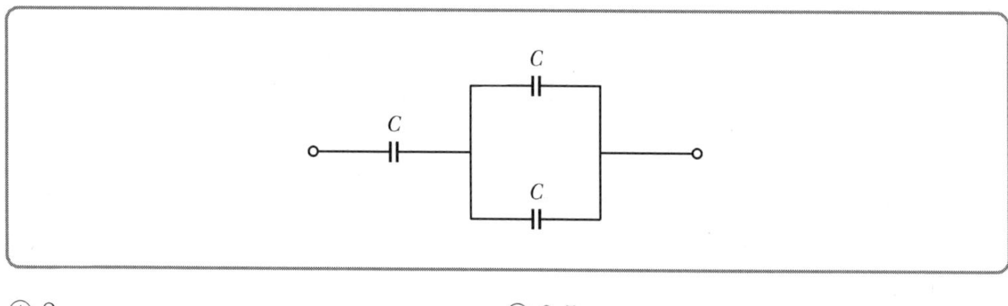

① 2 ② 2.5
③ 3 ④ 3.5

07 다음 회로에서 전압 V_3[V]는?

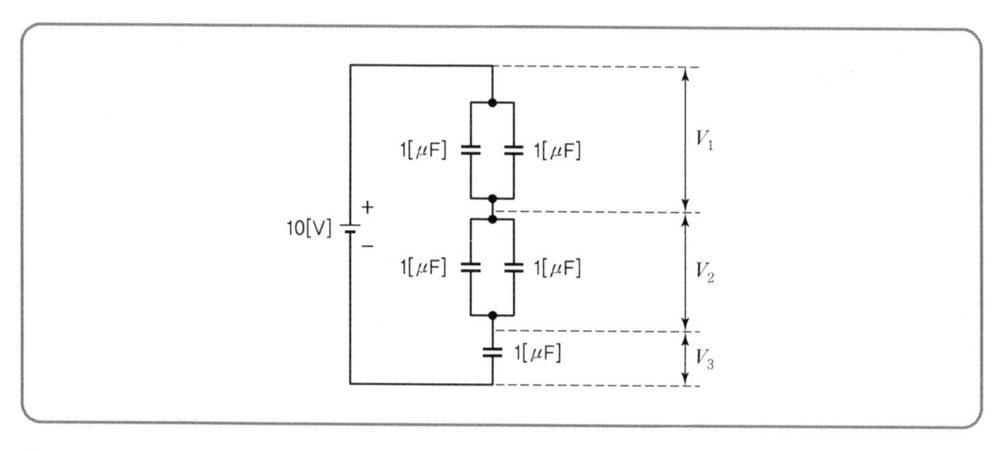

① 5 ② 7
③ 9 ④ 11

08 다음 총 합성용량이 $5[\mu F]$일 때 $C_X[\mu F]$로 알맞은 값은 얼마인가?

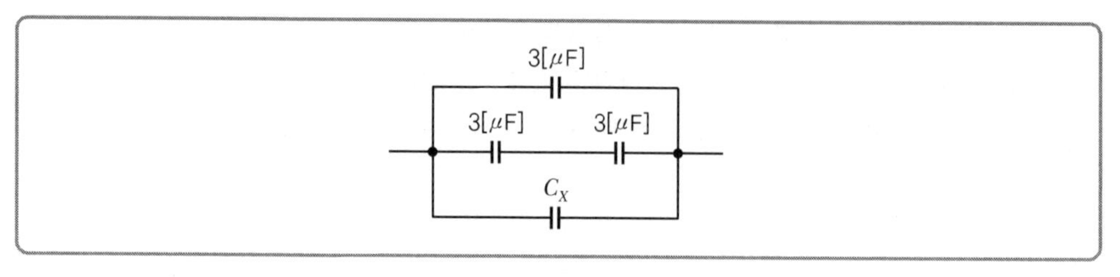

① 0.5 ② 1
③ 1.5 ④ 2

정답 06 ① 07 ① 08 ①

09 다음 회로에서 단자 b와 c 사이의 합성 정전용량[F]은? 19년 지방직 9급

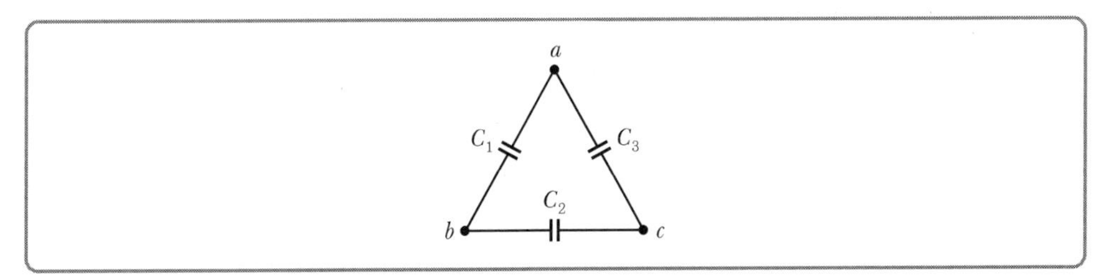

① $C_3 + \dfrac{1}{\dfrac{1}{C_1} + \dfrac{1}{C_2}}$
② $C_2 + \dfrac{1}{\dfrac{1}{C_1} + \dfrac{1}{C_3}}$
③ $C_1 + \dfrac{1}{\dfrac{1}{C_2} + \dfrac{1}{C_3}}$
④ $C_1 + C_2 + C_3$

10 다음 회로에 대한 설명으로 옳은 것만을 〈보기〉에서 모두 고르면?(단, 총 전하량 $Q_T = 400$ $[\mu C]$이고, 정전용량 $C_1 = 3[\mu F]$, $C_2 = 2[\mu F]$, $C_3 = 2[\mu F]$이다.)

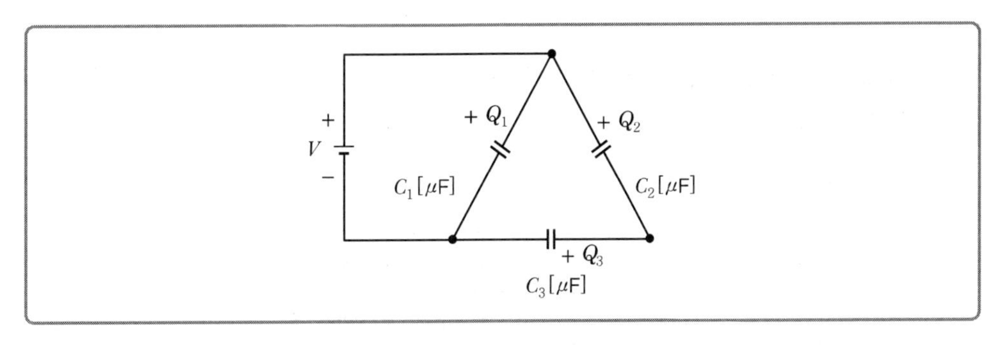

ㄱ. $Q_2[\mu C] = Q_3[\mu C]$
ㄴ. 커패시터의 총 합성 정전용량 $C_t = 4[\mu F]$
ㄷ. 전압 $V = 100[V]$
ㄹ. C_1에 축적되는 전하 $Q_1 = 300[\mu C]$

① ㄱ, ㄴ
② ㄱ, ㄷ, ㄹ
③ ㄴ, ㄷ, ㄹ
④ ㄱ, ㄴ, ㄷ, ㄹ

정답 09 ② 10 ④

11 다음 콘덴서 직병렬회로에 직류전압 180[V]를 연결하였다. 이 회로의 합성 정전용량과 C_2 콘덴서에 걸리는 전압은? 13년 국가직 9급

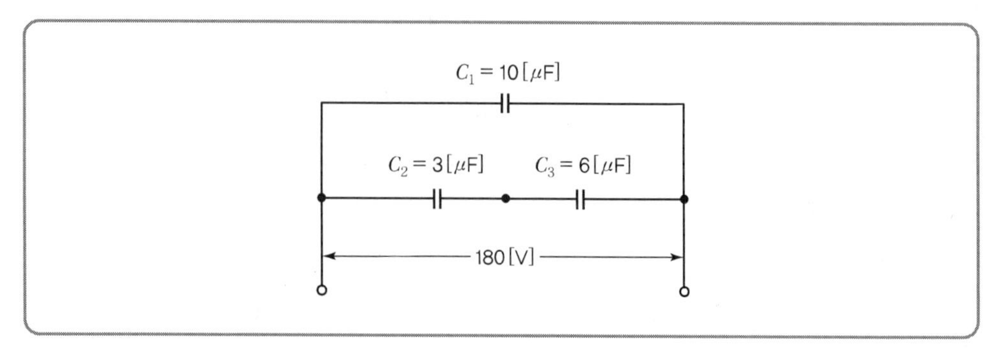

	합성 정전용량[μF]	전압[V]
①	12	60
②	12	120
③	16	60
④	16	120

12 그림의 회로는 동일한 정전용량을 가진 6개의 커패시터로 구성되어 있다. 그림의 회로에 대한 설명으로 옳은 것은?

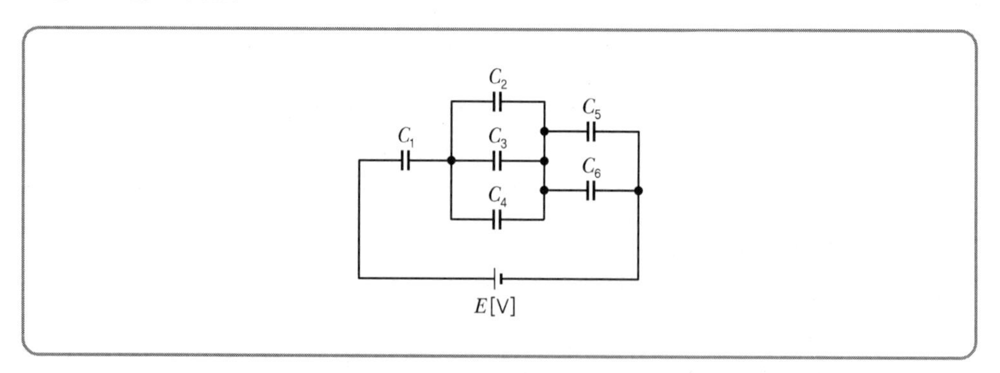

① C_5에 충전되는 전하량은 C_1에 충전되는 전하량과 같다.

② C_6의 양단 전압은 C_1의 양단 전압의 2배이다.

③ C_3에 충전되는 전하량은 C_5에 충전되는 전하량의 2배이다.

④ C_2의 양단 전압은 C_6의 양단 전압의 $\frac{2}{3}$배이다.

정답 11 ② 12 ④

CURRENT THEORY

기본 회로망 정리

1 전압분배와 전류분배

1) 전압분배(직렬회로)

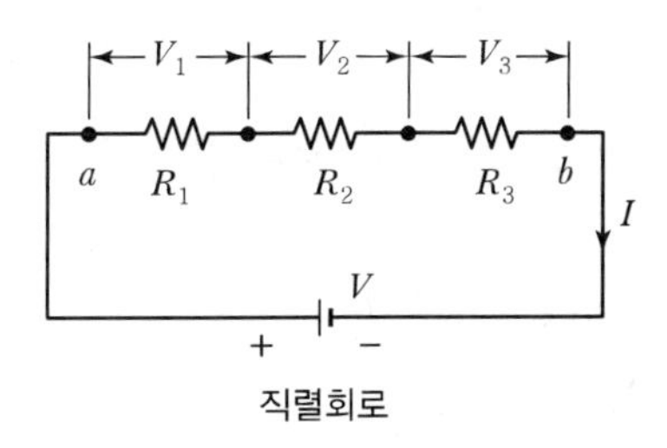

직렬회로

① 전류 분배 : $I = I_1 = I_2 = I_3$ (일정)

② 합성저항(증가) : $R_t = R_1 + R_2 + R_3 = nR$(저항이 같을 때)

③ 전압분배(저항에 비례) : $V = V_1 + V_2 + V_3$

$$V_1 : V_2 : V_3 = R_1 : R_2 : R_3$$

$$V_1 = \frac{R_1}{R_t} \cdot V, \quad V_2 = \frac{R_2}{R_t} \cdot V, \quad V_3 = \frac{R_3}{R_t} \cdot V$$

2) 전류분배(병렬회로)

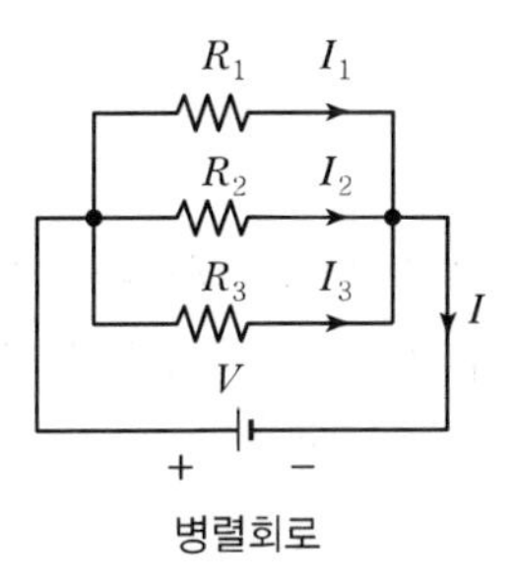

병렬회로

① 전압 분배 : $V = V_1 = V_2 = V_3$ (일정)

② 합성저항(감소) : $\frac{1}{R} = \frac{1}{R_1} + \frac{1}{R_2} + \frac{1}{R_3} = \frac{n}{R}$ (저항이 같을 때)

③ 전류분배(저항에 반비례) : $I = I_1 + I_2 + I_3$

$$I_1 : I_2 : I_3 = \frac{1}{R_1} : \frac{1}{R_2} : \frac{1}{R_3}$$

$$I_1 = \frac{R_t}{R_1} \cdot I, \quad I_2 = \frac{R_t}{R_2} \cdot I, \quad I_3 = \frac{R_t}{R_3} \cdot I$$

2 휘스톤 브리지회로

1) 전위의 평형

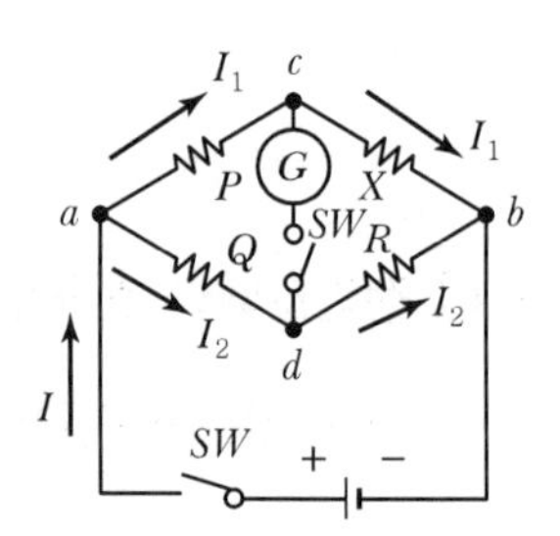

전기회로에서 두 점 사이의 전위차가 없는 것(전위차가 0인 경우)

$V_{21} = V_2 - V_1$[V]

2) 휘트스톤 브리지

① 4개의 저항 P, Q, R, X에 검류계를 접속하여 미지의 저항을 측정하기 위한 회로

② 브리지의 평형 조건 : $PR = QX$(마주보는 변의 곱은 서로 같다.)

3 키르히호프의 법칙(Kirchhoff's Law)

① 키르히호프의 제1법칙(KCL : Kirchhoff's Current Law)

전류법칙 : 회로의 한 접속점에서 접속점에 흘러들어 오는 전류의 합과 흘러나가는 전류의 합은 같다.

Σ유입전류 = Σ유출전류

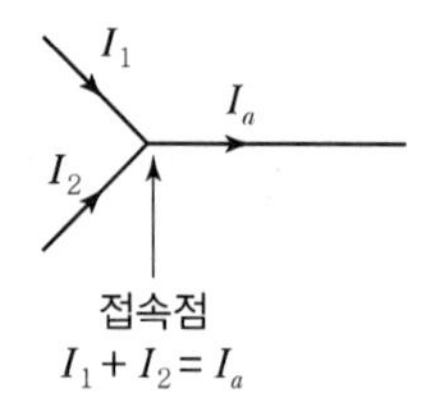

| 키르히호프의 제1법칙 |

② 키르히호프의 제2법칙(KVL : Kirchhoff's Voltage Law)

전압법칙 : 회로망 중의 임의의 폐회로 내에서 일주 방향에 따른 전압강하의 합은 기전력의 합과 같다.

Σ기전력 = Σ전압강하

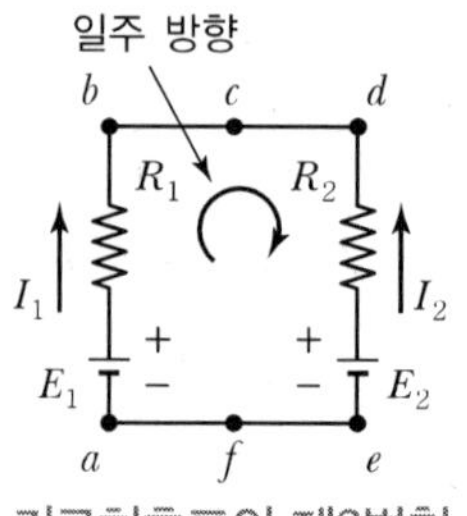

| 키르히호프의 제2법칙 |

4 전압원과 전류원의 특성

구분	전압원	전류원
이상적인 전압원	내부저항이 없다.	내부저항이 무한대이다.
실제적인 전압원	전원과 내부저항이 직렬로 연결	전원과 값이 큰 내부저항이 병렬로 연결
안정 전압원	내부저항이 부하저항보다 1/100 이하인 전압원	내부저항이 부하저항보다 100배 이상 되는 전류원

5 전압계와 전류계의 특성

① 전압계(이상적인 전압계, Voltage Meter) : 내부저항 무한대이다. 회로에 병렬로 연결하여 측정한다. → 측정점 양단을 측정한다.

② 전류계(이상적인 전류계, Current Meter) : 내부저항이 없다. 회로에 직렬로 연결하여 측정한다. → 회로를 끊어서 측정한다.

6 배율기와 분류기의 특성

① 배율기(Multiplier)

전압계의 측정범위를 넓게 하기 위해 전압계와 직렬로 접속하는 저항

$$V_V = r_V I = \frac{r_V V}{r_V + R_m}[\mathrm{V}]$$

$$V = \frac{r_V + R}{r_V} V_V = \left(1 + \frac{R_m}{r_V}\right) V_V = m V_V[\mathrm{V}]$$

배율 : $m = 1 + \frac{R_m}{r_V}$

$R_m = r_V(m-1)[\Omega]$(배율기 저항값)

② 분류기(Shunt)

전류계의 측정범위를 넓게 하기 위해 전류계와 병렬로 접속하는 저항

$$I_a = \frac{R_s}{R_s + r_a} I[\mathrm{A}]$$

$$I = \frac{R_s + r_a}{R_s} I_a = \left(1 + \frac{r_a}{R_a}\right) I_a = n I_a[\mathrm{V}]$$

배율 : $n = 1 + \frac{r_a}{R_s}$

$$R_s = \frac{r_a}{n-1}[\Omega]$$

7 중첩의 정리(Superposition Theorem)

① **중첩의 원리** : 2개 이상의 기전력을 포함한 회로망 중의 어떤 점의 전위 또는 전류는 각 기전력이 각각 단독으로 존재한다고 할 때, 그 점 위의 전위 또는 전류의 합과 같다.

② **전압원과 전류원** : 전원이 작동하지 않도록 할 때, 전압원은 단락회로, 전류원은 개방회로로 대치한다.

③ **중첩의 원리 적용** : R, L, C 등 선형소자에만 적용한다.

8 Thevenin과 Norton

① Thevenin 정리

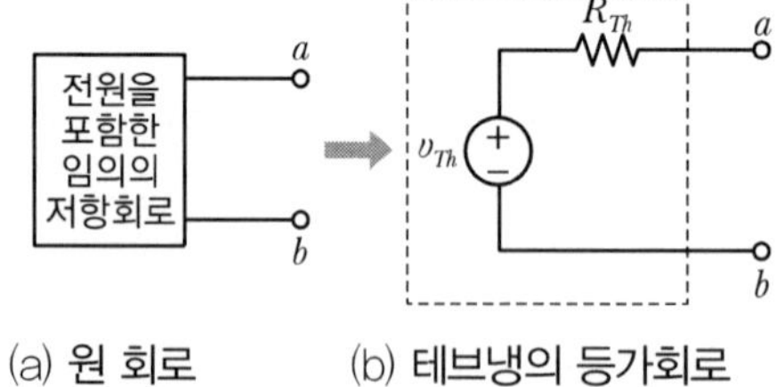

(a) 원 회로 (b) 테브냉의 등가회로

㉠ 테브냉의 정리 : 2개의 독립된 회로망을 접속하였을 때, 전원회로를 하나의 전압원과 직렬저항으로 대치

㉡ R_{Th} : 전압원을 단락하고 출력단에서 구한 합성저항

② Norton 정리

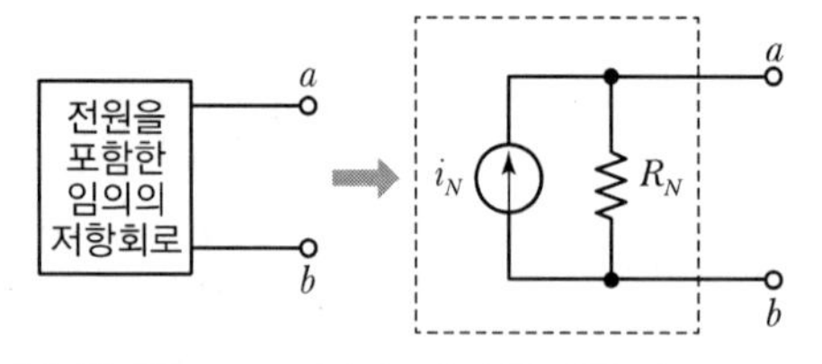

(a) 원 회로 (b) 노턴의 등가회로($R_N = R_{Th}$)

㉠ 노튼의 정리 : 2개의 독립된 회로망을 접속하였을 때, 전원회로를 하나의 전류원과 병렬저항으로 대치

㉡ R_N : 전류원을 개방하고 출력단에서 구한 합성저항

Thevenin과 Norton 값의 비교

과정	Thevenin	Norton	비교
1단계	부하저항 개방	부하저항 단락	
2단계	개방회로 전압 계산 Thevenin 전압(V_{Th})	단락회로 전류 계산 Norton 전류(I_N)	
3단계	전압원 단락과 전류원 개방과 부하저항 개방	전압원 단락, 전류원 개방과 부하저항 개방	
4단계	개방회로 저항 계산 혹은 측정 Thevenin 저항(R_{Th})	개방회로 저항 계산 혹은 측정 Norton 저항(R_N)	$R_{Th} = R_N$

실전문제 CURRENT THEORY

01 다음과 같은 회로에서 휘스톤 브리지가 평형이 되었다. 이때, R_X 값을 구하시오.
(단, $R_1 = 25[\Omega]$, $R_2 = 50[\Omega]$, $R_3 = 40[\Omega]$, $R_a = 10[\Omega]$)

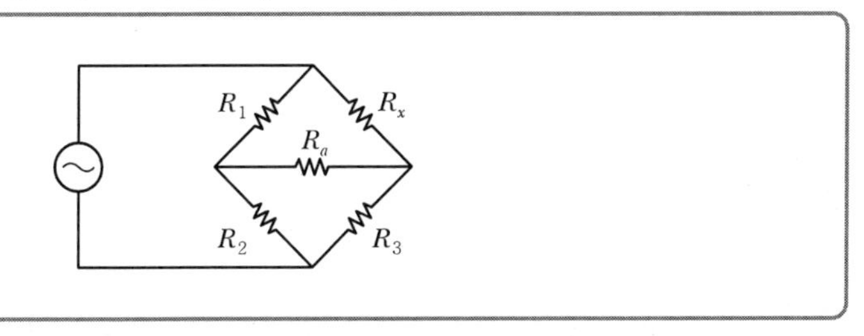

① 5[Ω]
② 10[Ω]
③ 15[Ω]
④ 20[Ω]

02 다음 그림을 키르히호프의 전류법칙을 이용해서 표현하시오.

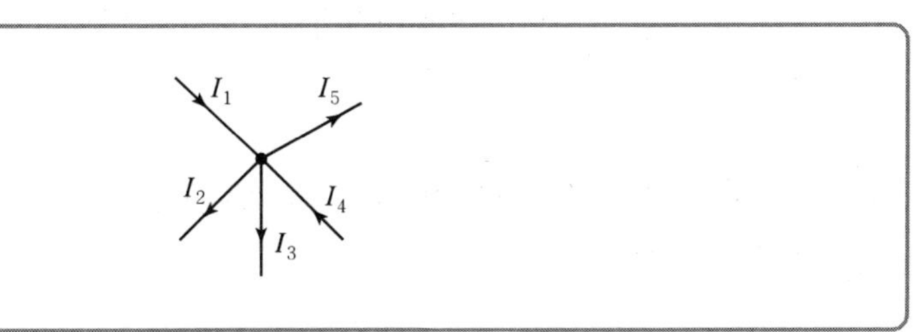

① $I_1 + I_2 = I_3 + I_4 + I_5$
② $I_1 + I_3 = I_2 + I_4 + I_5$
③ $I_1 + I_4 = I_2 + I_3 + I_5$
④ $I_1 + I_5 = I_2 + I_3 + I_4$

정답 **01** ④ **02** ③

03 그림과 같은 회로에서 $I_1 = 5$[A], $I_2 = 3$[A], $I_3 = -2$[A], $I_4 = 4$[A]일 때, I_5[A]는?

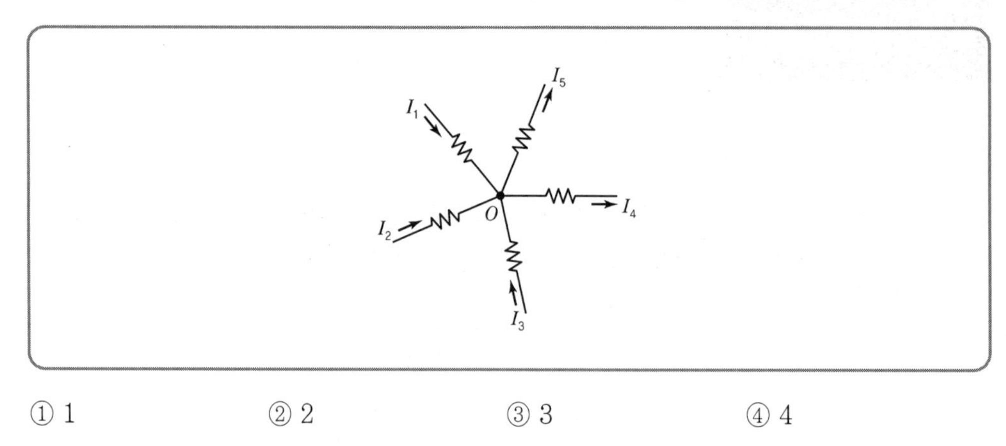

① 1　　② 2　　③ 3　　④ 4

04 어떤 부하에 흐르는 전류와 전압강하를 측정하려고 한다. 전류계와 전압계의 접속방법은?

① 전류계와 전압계를 부하에 모두 직렬로 접속한다.
② 전류계와 전압계를 부하에 모두 병렬로 접속한다.
③ 전류계는 부하에 직렬, 전압계는 부하에 병렬로 접속한다.
④ 전류계는 부하에 병렬, 전압계는 부하에 직렬로 접속한다.
⑤ 부하와 내부저항의 크기에 따라서 접속방법이 달라진다.

05 어떤 전압계의 측정범위를 100배로 하자면 배율기의 저항은 전압계의 내부저항의 몇 배로 하여야 하는가?

① 10　　② 50
③ 99　　④ 100
⑤ 200

06 내부저항이 90[Ω], 최대지시치가 1[mA]의 직류 전류계로 최대치 10[mA]를 측정하기 위한 분류기의 저항치는 얼마인가?

① 9[Ω]　　② 10[Ω]
③ 90[Ω]　　④ 100[Ω]
⑤ 900[Ω]

정답 03 ② 04 ③ 05 ③ 06 ②

07 50[V]의 전압계로 150[V]의 전압을 측정하려면 몇[kΩ]의 저항을 외부에 접속해야 하는가? (단, 전압계의 내부저항은 5[kΩ]이다.)

① 5[kΩ]
② 10[kΩ]
③ 15[kΩ]
④ 20[kΩ]
⑤ 25[kΩ]

08 다음 회로에서 3[Ω]의 저항에 흐르는 전류(I_2)는 얼마인가?

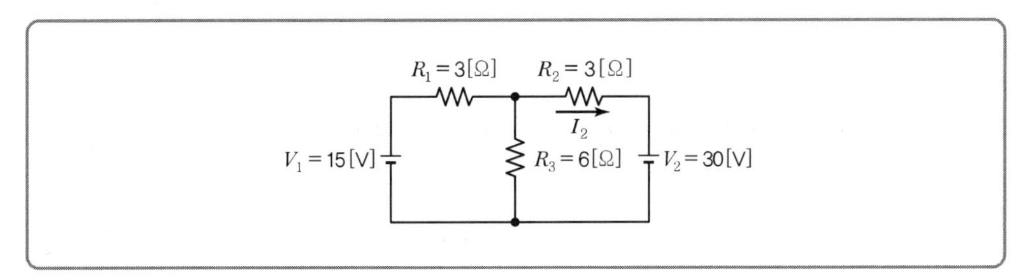

① 2
② −2
③ 4
④ −4

09 분류기를 사용하여 전류를 측정하는 경우 전류계의 내부 저항 0.12[Ω], 분류기의 저항이 0.03[Ω]이면 그 배율은 얼마인가?

① 3배
② 4배
③ 5배
④ 6배
⑤ 7배

10 다음과 같은 회로에서 테브냉 등가회로를 나타내시오.

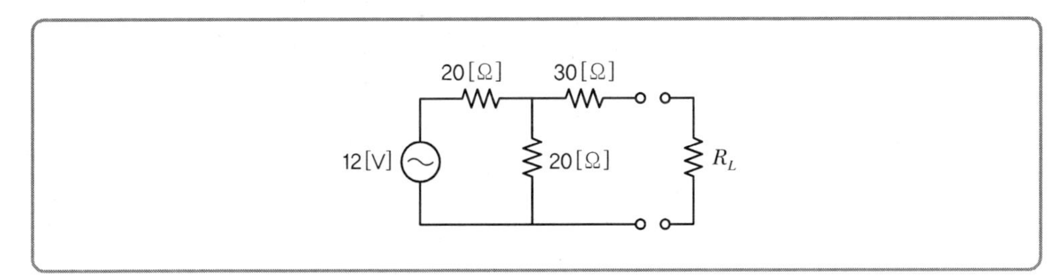

정답 07 ② 08 ④ 09 ③ 10 ②

①

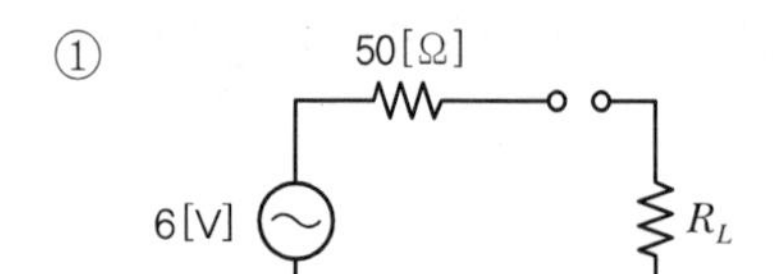

②

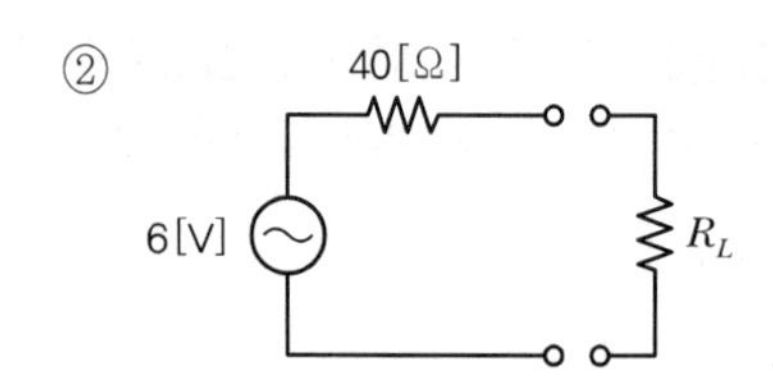

③

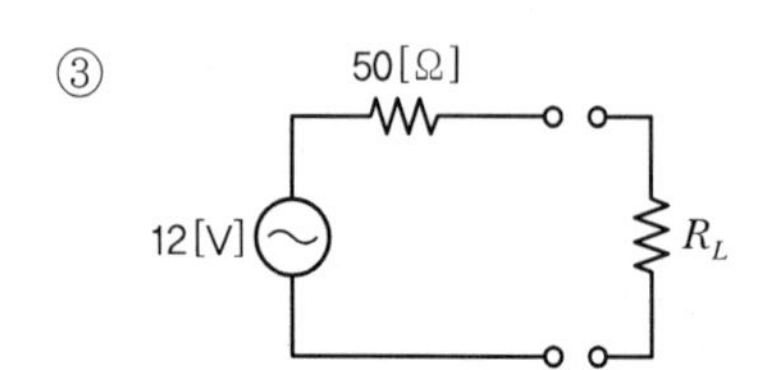

④

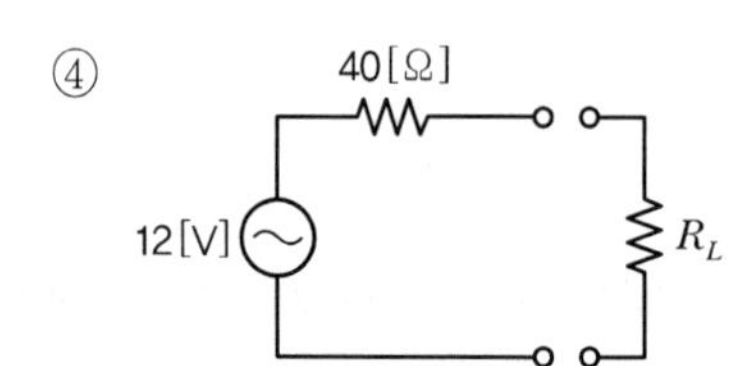

11 다음 회로에서 테브냉 등가전압과 등가저항을 구하시오. 08년 경기도 9급

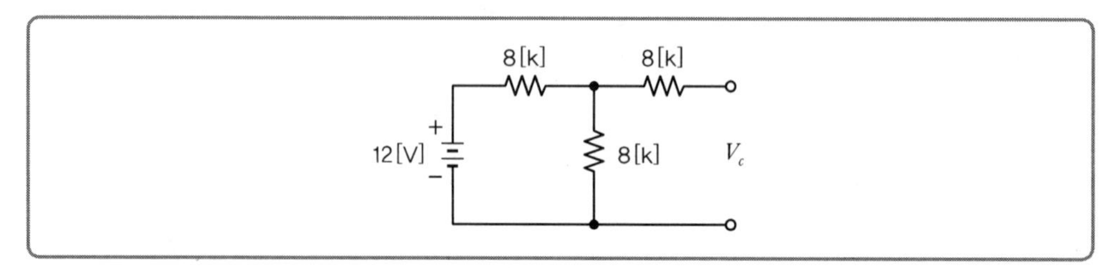

① V_{TH}= 3[V], R_{TH}= 4[kΩ]
② V_{TH}= 4[V], R_{TH}= 12[kΩ]
③ V_{TH}= 6[V], R_{TH}= 12[kΩ]
④ V_{TH}= 12[V], R_{TH}= 4[kΩ]

12 다음 회로에서 4[Ω] 저항 양단의 전압[V]은? 09년 지방직 9급

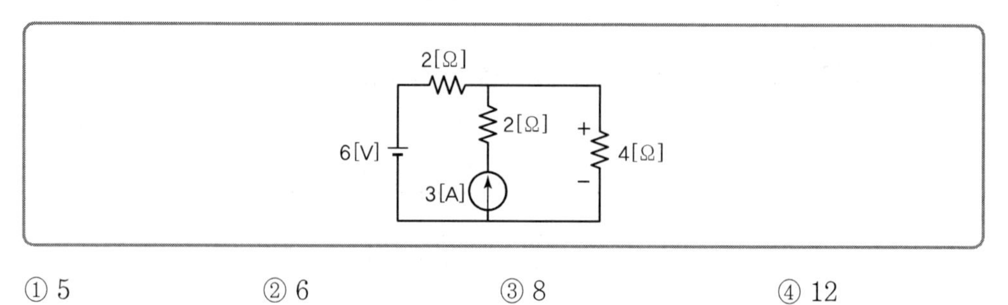

① 5 ② 6 ③ 8 ④ 12

정답 11 ③ 12 ③

13 다음 회로에서 6[Ω] 저항을 통해 흐르는 전류 I[A]는? 07년 국가직 9급

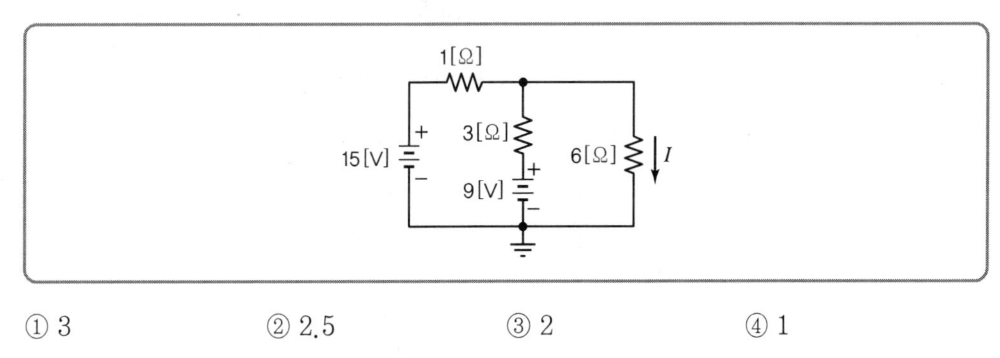

① 3 ② 2.5 ③ 2 ④ 1

14 아래 그림과 같은 회로에 $V_1 = 9$[V]의 직류전압을 인가한 후, 내부저항이 80[kΩ]인 전압계로 저항 R_2 양단의 전압을 측정하였다. 측정 전압과 실제 전압[V]의 차이는?(단, $R_1 =$ 10[kΩ], $R_2 = 20$[kΩ]임)

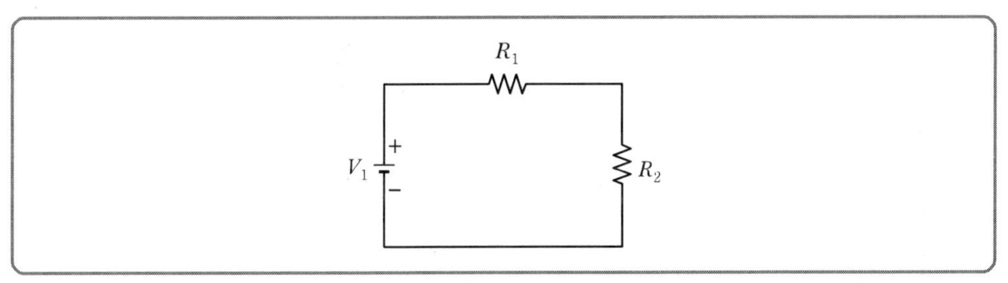

① $\frac{1}{13}$ ② $\frac{5}{16}$ ③ 1 ④ $\frac{1}{2}$
⑤ $\frac{6}{13}$

15 다음 그림과 같은 회로에 직류 전압 100[V]를 인가할 때 저항 10[Ω]의 양단에 걸리는 전압[V] 및 전류 I_1[A]는?

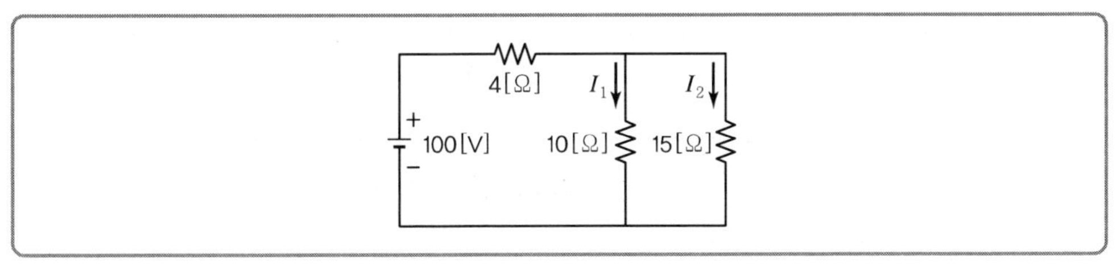

① 40, 6 ② 60, 6 ③ 40, 4 ④ 60, 4
⑤ 60, 10

정답 13 ③ 14 ⑤ 15 ②

16 다음 회로에서 단자 a와 b 사이에 흐르는 전류[A]는?

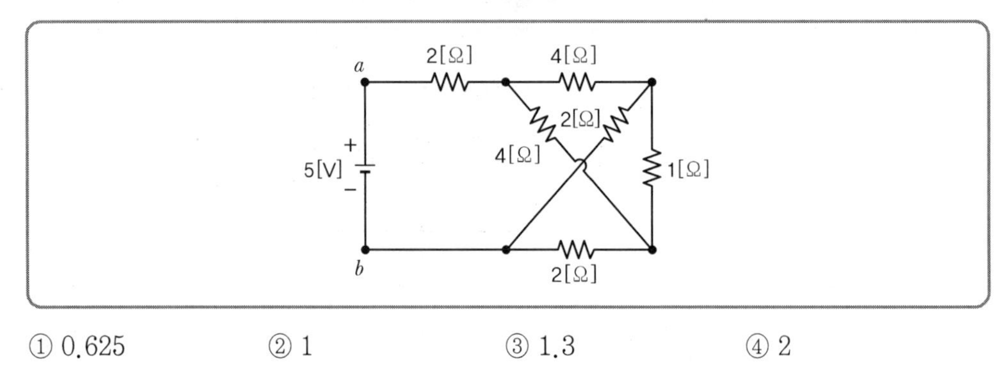

① 0.625 ② 1 ③ 1.3 ④ 2

17 전압계의 측정 범위를 넓히기 위해 내부 저항 R_V인 전압계에 직렬로 저항 R_m을 접속하여 그림의 ab 양단 전압을 측정하였다. 전압계의 지시 전압이 V_0일 때 ab 양단 전압은?

13년 국가직 9급

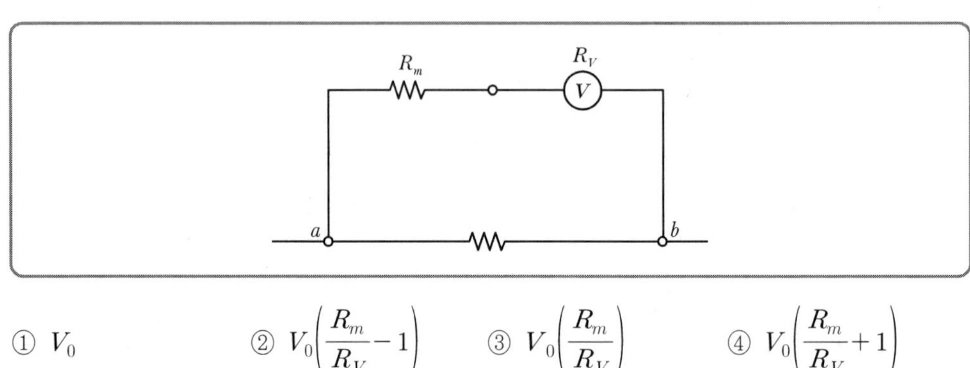

① V_0 ② $V_0\left(\frac{R_m}{R_V}-1\right)$ ③ $V_0\left(\frac{R_m}{R_V}\right)$ ④ $V_0\left(\frac{R_m}{R_V}+1\right)$

18 다음은 10[A]의 최대 눈금을 가진 두 개의 전류계 A_1, A_2에 10[A]의 전류가 흐르는 그림이다. 이때 전류계 A_2에 지시되는 전류[A]는 얼마인가?(단, 최대 눈금에 있어서 전압 강하는 전류계 A_1에서 40[mV], 전류계 A_2에서 60[mV]라 한다.) 22년 군무원 9급

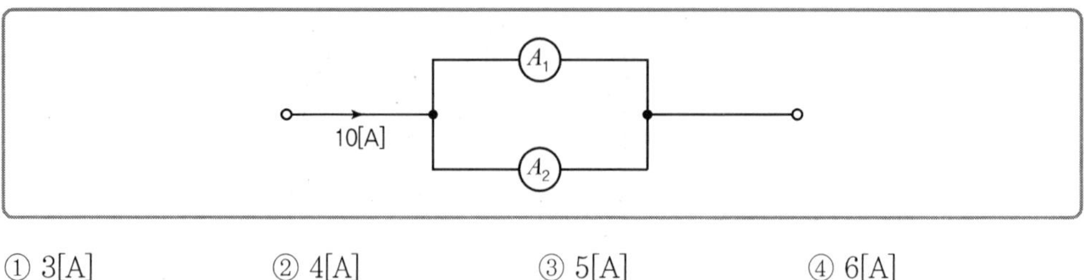

① 3[A] ② 4[A] ③ 5[A] ④ 6[A]

정답 16 ② 17 ④ 18 ②

CHAPTER 06 CURRENT THEORY

전력과 전력량

1 전력과 전력량

① 전력량(Electrical Energy)

전기가 하는 일의 양[J]

$$W = I^2 \cdot R \cdot t = V \cdot I \cdot t\,[\mathrm{J}]$$

② 전력(Electric Power)

전기에너지에 의해 1초 동안 하는 일의 양[W]

$$P = I \cdot V = I^2 \cdot R = \frac{W}{t}\,[\mathrm{W}]$$

※ $1[\mathrm{HP}] = 1[\text{마력}] = 746[\mathrm{W}] \approx \frac{3}{4}[\mathrm{kW}]$

2 전류의 발열작용

① 줄의 법칙

저항 R에 전압 V를 가하여 I의 전류가 t초 동안 흘렀을 때 발생하는 열량은

$H = I^2 R t\,[\mathrm{J}] = 0.24\, I^2 R t\,[\mathrm{cal}]$

② 열량의 단위[cal]

1[cal]=4.18605[J] ≒ 4.2[J]

1[J] ≒ 0.24[cal]

1[kWh] ≒ 860[kcal]

3 열과 전기

1) 제벡 효과(Seebeck Effect)

2종의 금속 또는 반도체를 접속하고, 접속한 두 점 사이에 온도차를 주면 열전류가 흘러 기전력이 발생하는 현상

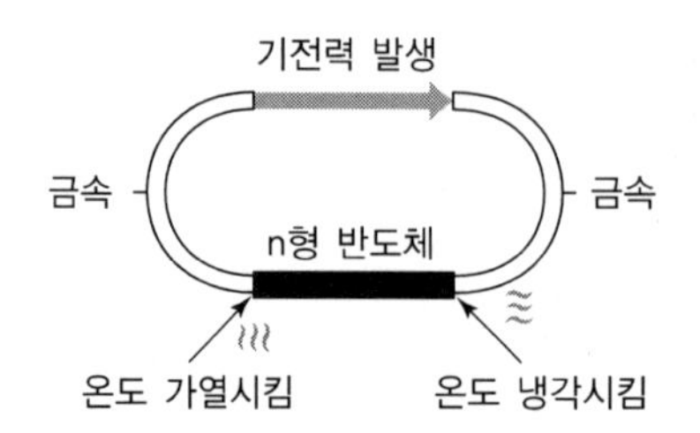

① **열기전력** : 제벡 효과로 인해 발생하는 기전력
② **열전류** : 제벡 효과로 인해 발생하는 전류
③ **열전대(열전쌍, Thermocoupler)** : 2종의 금속 또는 반도체를 둥근 모양으로 접합한 것
※ 열전 온도계, 열전형 계기

2) 펠티에 효과(Peltier Effect) : 전자 냉동 소자

펠티에 효과(Peltler Effect)란, 1834년 프랑스의 펠티에가 발견한 것으로, 아래 그림과 같이 2종류의 금속 또는 반도체를 폐로가 되도록 접속하고, 회로 내에 전류를 흘리면, 한쪽 접속점에서는 열을 발생하고, 다른 쪽 접속점에서는 열을 흡수하는 것을 말한다. 전류의 방향을 바꾸면 뜨거워지는 부분과 차가워지는 부분이 반대가 되며, 스위치를 전환시키는 것으로 간단하게 냉방과 난방을 전환할 수 있다.

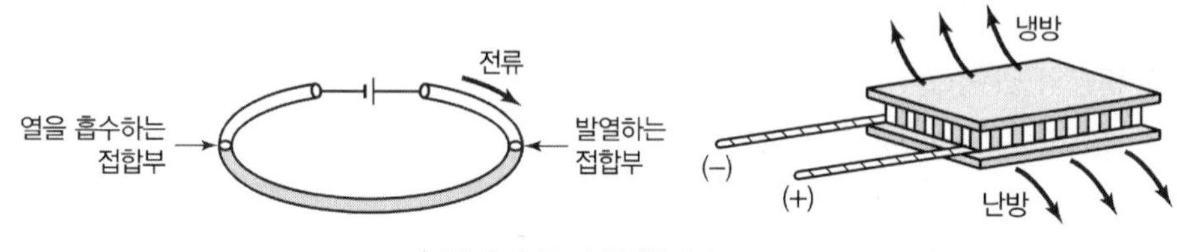

| 펠티에 효과의 원리 |

펠티에 효과의 특징

① 압축기나 응축기 등이 필요 없으므로 소형 · 경량으로 만들 수 있다.
② 액체나 기체를 사용하지 않으므로 가동 부분이 없으며, 소음이나 진동이 없다.
③ 직류 전류를 흘리기만 하면 동작하므로 취급이 간단하다.
④ 전원의 극성을 바꾸어 주는 것만으로 냉방과 난방을 할 수 있다.
⑤ ±0.1[℃]의 높은 정도(精度)의 온도를 조정할 수 있다.
⑥ 프레온가스와 같은 냉매를 사용하지 않으므로 자연에 대한 나쁜 영향이 없다.

(a) 펠티에 모듈

(b) 펠티에 냉장고

| 펠티에 모듈과 펠티에 효과를 이용한 냉장고 |

3) 응용 예

① **업무용** : 호텔이나 병원 등 소음이 없어야 할 곳의 소형 냉장고 등

② **산업용** : 산업 기기의 부분 온도 제어 시스템 반도체, 레이저의 냉각기

③ **가정용** : 침실이나 자동차용 냉장고, 야외 나들이용 보온고 등

실전문제 CURRENT THEORY

01 100[V] 25[W]인 PC를 이용하여 1시간 동안 작업하였다. PC에 흐르는 전류는 얼마인가?

① 2,500[A]
② 5[A]
③ 4[A]
④ 0.25[A]

02 100[V], 500[W]용 전열기에 90[V]를 가했을 때의 전력은 몇 [W]인가?

① 20[W]
② 40.5[W]
③ 45.5[W]
④ 405[W]
⑤ 455[W]

03 100[V], 500[W] 니크롬선이 $\frac{1}{3}$의 길이에서 끊어졌기 때문에 나머지 $\frac{2}{3}$의 길이를 이용하여 사용하였다. 이때의 소비전력은 얼마인가?

① 20[W]
② 333[W]
③ 500[W]
④ 667[W]
⑤ 750[W]

04 열전효과의 역현상으로 두 종류의 금속으로 된 회로에 전류를 통하면 열의 흡수 및 열의 발생이 생기는 현상은 무엇인가?

① 펠티에 효과
② 톰슨 효과
③ 흡열효과
④ 제벡 효과

05 서로 다른 금속선으로 된 폐회로의 두 접합점의 온도를 다르게 하였을 때 열기전력이 발생하는 효과로 가장 옳은 것은? 20년 서울시 9급

① 톰슨(Thomson) 효과
② 핀치(Pinch) 효과
③ 제백(Seebeck) 효과
④ 펠티어(Peltier) 효과

정답 01 ④ 02 ④ 03 ⑤ 04 ① 05 ③

06 1.5[kWh]를 열량으로 환산하면 몇 [kcal]인가?

① 430[kcal] ② 860[kcal]
③ 1,290[kcal] ④ 1,720[kcal]

07 500[W]의 전열기를 사용하여 20[℃]의 물 1.0[kg]을 10분간 가열하면 물의 온도[℃]는? (단, 전열기의 에너지 변환효율은 100%로 가정한다.)

① 62 ② 72 ③ 82 ④ 92

08 $i(t) = 2.0t + 2.0[\mathrm{A}]$의 전류가 시간 $0 \le t \le 60[\mathrm{sec}]$ 동안 도선에 흘렀다면, 이때 도선의 한 단면을 통과한 총 전하량[C]은?

① 4 ② 122 ③ 3,600 ④ 3,720

09 다음 회로에서 3[Ω]의 저항에 흐르는 전류[A]와 소모되는 전력[W]은? 09년 지방직 9급

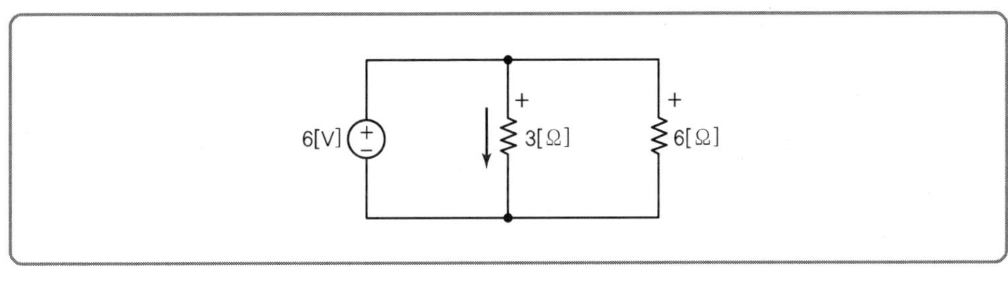

① 1, 3 ② 2, 12 ③ 4, 12 ④ 4, 48

10 그림과 같은 색띠 저항에 10[V]의 직류전원을 연결하면 이 저항에서 5분간 소모되는 에너지[J]는 얼마인가?(단, 금색이 의미하는 저항값의 오차는 무시한다.)

색상	검정	갈색	빨강	주황	노랑	녹색	파랑	보라	회색	흰색
숫자	0	1	2	3	4	5	6	7	8	9

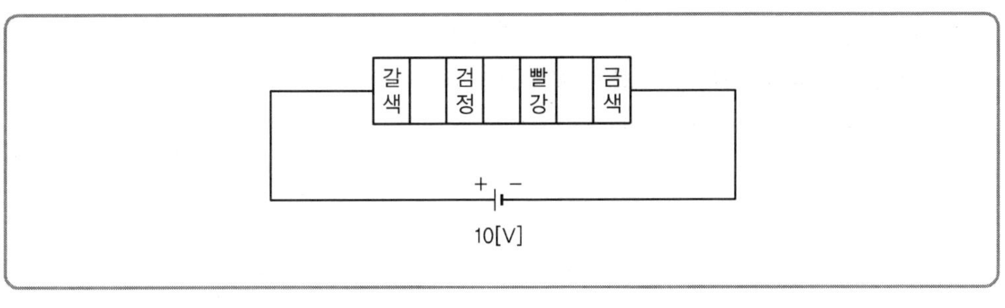

① 0.5 ② 30 ③ 50 ④ 300

정답 06 ③ 07 ④ 08 ④ 09 ② 10 ②

11 그림과 같은 색띠 저항에 10[V]의 직류전원을 연결하면 이 저항에서 10분간 소모되는 열량 [cal]은?(단, 색상에 따른 숫자는 다음 표와 같으며, 금색이 의미하는 저항값의 오차는 무시한다.)

15년 국가직 9급

색상	검정	갈색	빨강	주황	노랑	녹색	파랑	보라	회색	흰색
숫자	0	1	2	3	4	5	6	7	8	9

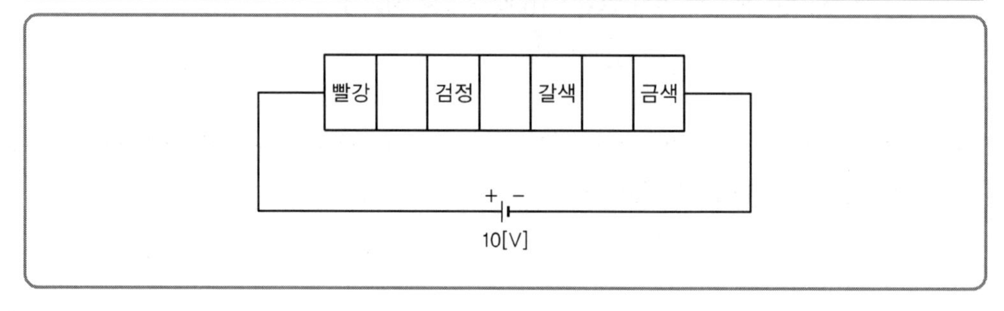

① 12
② 36
③ 72
④ 144

12 다음 그림의 회로에서 열려 있던 스위치(SW)를 닫을 때 저항 1[Ω]에서 일어나는 변화 중 옳은 것은?

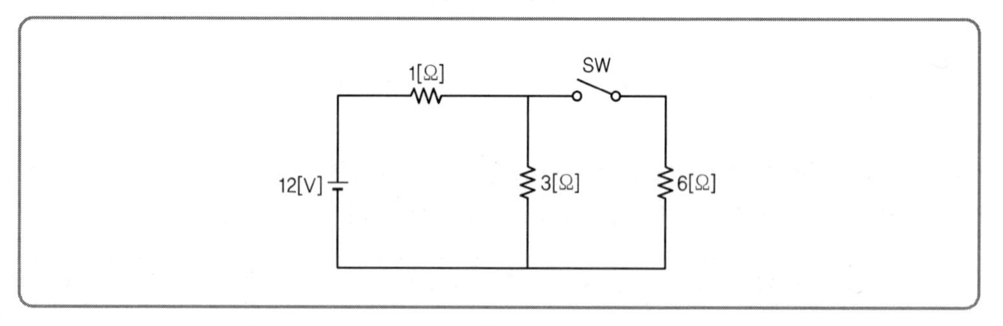

① 회로 전체 저항은 1[Ω] 증가한다.
② 1[Ω]을 흐르는 전류는 1.5[A] 증가한다.
③ 1[Ω]에서 소비되는 전력은 7[W] 증가한다.
④ 1[Ω] 양단의 전압은 3[V] 증가한다.

정답 11 ③ 12 ③

CHAPTER 07 CURRENT THEORY

저항과 정전용량

1 전기저항

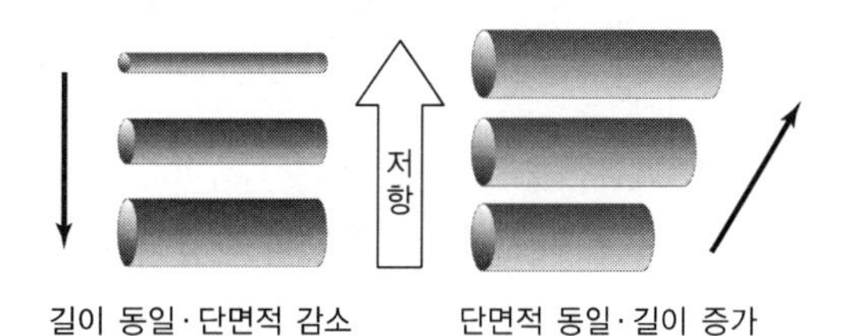

| 전기저항 |

① 고유저항 $\rho[\Omega \cdot \mathrm{m}]\left[\frac{\Omega \cdot \mathrm{mm}^2}{\mathrm{m}}\right]$

$\rho = \frac{RA}{l}$

㉠ 전기저항 : $R = \rho \frac{l}{A}[\Omega]$

㉡ R을 크게 할 수 있는 방법은?

② 전도율(도전율)

고유저항의 역수 → 전류를 통하기 쉬운 정도

$\sigma :: \left[\frac{1}{\Omega \cdot m}\right] = \left[\frac{1}{\Omega} \cdot \frac{1}{m}\right] = [℧/\mathrm{m}] = [\mathrm{S/m}]$

③ 저항의 온도계수(Temperature Coefficient)

㉠ 저항의 온도가 1℃ 올라갈 때 본래의 저항값에 대한 저항의 비율

$R_t = R_0(1 + \alpha_0 t)$

㉡ 구리의 t_0℃에서의 저항 온도계수 : $\alpha_{t_0} = \frac{1}{234.5 + t_0}$

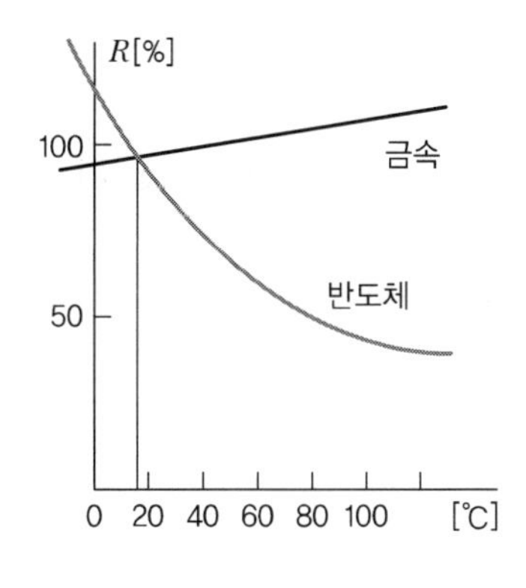

저항－온도 특성

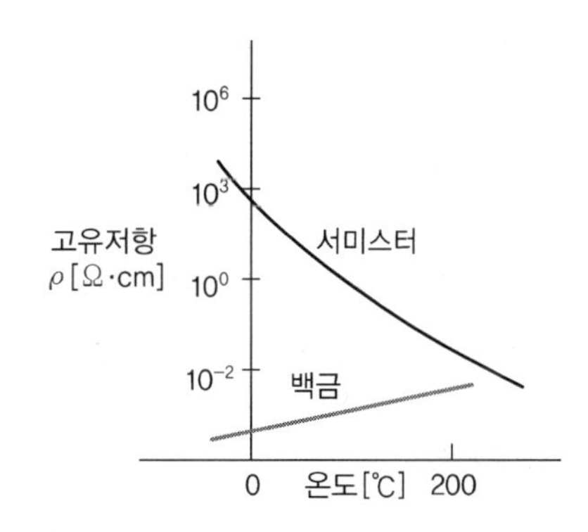

서미스터의 저항－온도 특성

| 반도체의 온도계수 |

2 정전용량과 유전율

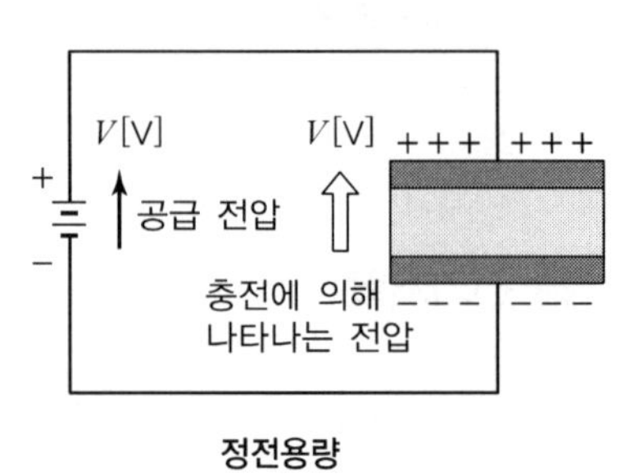

정전용량

① 어느 정도의 전장의 세기일 때, 어느 정도의 전속이 생기는가를 비율로 나타낸 것

$\varepsilon = \dfrac{D}{E}$, $C = \varepsilon\dfrac{A}{L}$, $\rightarrow \varepsilon = \dfrac{C \cdot l}{A}$

$\varepsilon_0 = 8.8554 \times 10^{-12}$[F/m] : 진공에서의 유전율

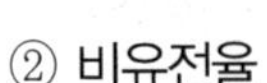

② 비유전율

절연 재료의 유전율 ε와 진공의 유전율 ε_0와의 비율

$$\varepsilon_S = \frac{\varepsilon}{\varepsilon_0}$$

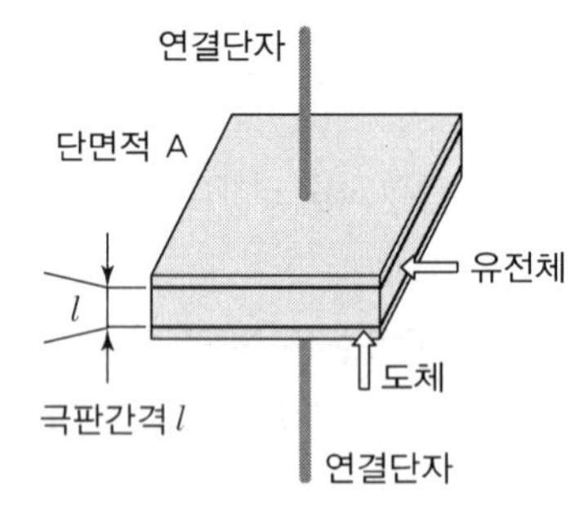

③ 정전용량을 증가시키는 방법

단면적/유전율을 크게, 극판 간격을 작게 하면 정전용량이 증가한다.

3 전류의 화학작용과 전지

① 패러데이의 법칙(Faraday's Law)

㉠ 전기분해에 의해 전극에 석출되는 물질의 양은 전해액 속을 통과한 총 전기량(전하)에 비례한다.($W = klt$[g])

㉡ 총 전기량이 같으면 물질의 석출량은 그 물질의 화학당량(k)에 비례한다.

② 납축전지

㉠ 납, 이산화납을 묽은 황산에 넣은 것으로 기전력은 약 2[V]이다.

㉡ 충전하여 재사용할 수 있으므로 2차 전지라 한다.

㉢ 납축전지의 가역변화

양극		전해액		음극		양극		전해액		음극
PbO_2	+	$2H_2SO_4$	+	Pb	→	$PbSO_4$	+	$2H_2O$	+	$PbSO_4$
					(충전)					

③ 납축전지의 용량은 방전 정지 전압으로 되기까지 전지로부터 얻어낼 수 있는 전기량(방전전류×방전시간)으로서 나타내며 [Ah] 단위를 쓴다.

4 전지의 접속

직렬접속	병렬접속	직 · 병렬접속
$I = \dfrac{nE}{nr+R} = \dfrac{E}{r+\dfrac{R}{n}}$[A]	$\dfrac{r}{m}I + RI = E$에서 $I = \dfrac{E}{\dfrac{r}{m}+R}$	$I = \dfrac{nE}{\dfrac{nr}{m}+R} = \dfrac{E}{\dfrac{r}{m}+\dfrac{R}{n}}$

실전문제 CURRENT THEORY

01 굵기가 일정한 어떤 도체가 있다. 체적은 변하지 않고 지름이 $\frac{1}{2}$로 되게 잡아 늘였다면 저항은 몇 배가 되는가?

① 1/4배
② 2배
③ 4배
④ 8배
⑤ 16배

02 저항의 크기가 20[Ω]인 아래와 같은 원기둥 모양의 저항이 있다. 이 저항의 끝을 잡고 길이를 2배로 늘이면 저항값[Ω]은?(단, 저항을 늘이더라도 부피는 일정하게 유지되며, 늘어난 후에도 원기둥 모양이 되고, 재질의 성질은 변하지 않는다고 가정한다.) 08년 국가직 9급

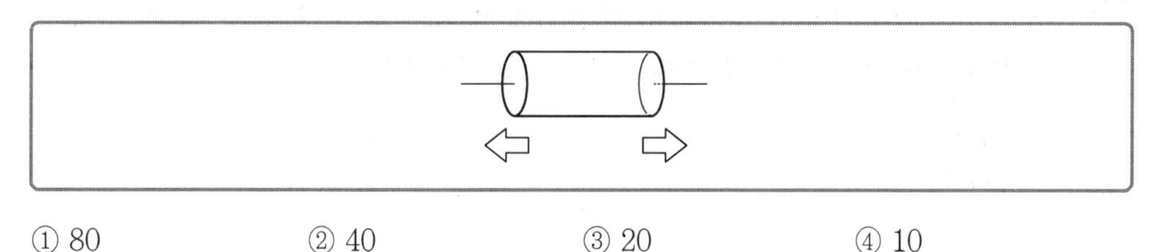

① 80
② 40
③ 20
④ 10

03 단면적은 A, 길이는 L인 어떤 도선의 저항의 크기가 10[Ω]이다. 이 도선의 저항을 원래 저항의 1/2로 줄일 수 있는 방법으로 가장 옳지 않은 것은? 19년 서울시 9급

① 도선의 길이만 기존의 1/2로 줄인다.
② 도선의 단면적만 기존의 2배로 증가시킨다.
③ 도선의 도전율만 기존의 2배로 증가시킨다.
④ 도선의 저항률만 기존의 2배로 증가시킨다.

04 평행판 간격 l, 면적 A, 유전율 ε인 콘덴서의 정전용량은?

① $\frac{l}{\varepsilon A}$[F]
② $\frac{A}{\varepsilon l}$[F]
③ $\frac{\varepsilon A}{l}$[F]
④ $\frac{\varepsilon l}{A}$[F]

정답 01 ⑤ 02 ① 03 ④ 04 ③

05 기전력이 E[V]이고, 내부저항이 r[Ω]인 전지에 부하저항이 R[Ω]을 접속했을 때 흐르는 전류 I는 몇 [A]인가?

① $I=\frac{E}{R+r}$
② $I=\frac{rE}{R+r}$
③ $I=\frac{RE}{R+r}$
④ $I=\frac{E}{R-r}$
⑤ $I=\frac{rE}{R-r}$

06 기전력이 E, 내부저항이 r인 건전지가 n개 직렬로 연결되었을 때 내부 저항과 기전력은 얼마인가?

① $nE,\ r/n$
② $E/n,\ r/n$
③ $E,\ r/n$
④ $nE,\ nr$
⑤ $E/n,\ nr$

07 어떤 전지에 10[Ω]의 저항을 연결하면 5[A]의 전류가 흐르고 15[Ω]의 저항을 연결하면 4[A]의 전류가 흐른다. 이 전지의 내부 저항[Ω] 및 기전력[V]은?

① 5, 100
② 10, 100
③ 5, 200
④ 10, 200
⑤ 550

08 도체의 전기저항 R[Ω]과 고유저항 ρ[Ω · m], 단면적 A[m^2], 길이 l[m]의 관계에 대한 설명으로 옳은 것만을 모두 고르면?

ㄱ. 전기저항 R은 고유저항 ρ에 비례한다.
ㄴ. 전기저항 R은 단면적 A에 비례한다.
ㄷ. 전기저항 R은 길이 l에 비례한다.
ㄹ. 도체의 길이를 n배 늘리고 단면적을 $1/n$배만큼 감소시키는 경우, 전기저항 R은 n^2배로 증가한다.

① ㄱ, ㄴ
② ㄱ, ㄷ
③ ㄷ, ㄹ
④ ㄱ, ㄷ, ㄹ

정답 05 ① 06 ④ 07 ② 08 ④

09 어떤 직류회로 양단에 10[Ω]의 부하저항을 연결하니 100[mA]의 전류가 흘렀고, 10[Ω]의 부하저항 대신 25[Ω]의 부하저항을 연결하니 50[mA]로 전류가 감소하였다. 이 회로의 테브냉 등가전압과 등가저항은? 13년 국가직 9급

	등가전압[V]	등가저항[Ω]		등가전압[V]	등가저항[Ω]
①	1	2	②	1	5
③	1.5	2	④	1.5	5

10 다음 중 고유 저항의 단위로 옳은 것은? 14년 서울시 9급

① [Ω]
② [Ω/m]
③ [Ω · mm^2/m]
④ [Ω · m^2]
⑤ [Ω · m/mm^2]

11 굵기가 일정한 원통형의 도체를 체적은 고정시킨 채 길게 늘여 지름이 절반이 되도록하였다. 이 경우 길게 늘인 도체의 저항값은? 09년 국가직 9급

① 원래 도체의 저항값의 2배가 된다.
② 원래 도체의 저항값의 4배가 된다.
③ 원래 도체의 저항값의 8배가 된다.
④ 원래 도체의 저항값의 16배가 된다.

12 아래 표는 단면의 모양이 같고 밀도가 균일한 두 도선 A와 B에 관한 것이다. 도선 A와 B의 비저항을 각각 ρ_A와 ρ_B라 할 때, $\frac{\rho_B}{\rho_A}$는?

	길이[m]	단면적[mm^2]	저항[Ω]
도선 A	3	2	3
도선 B	5	1	4

① $\frac{2}{5}$
② $\frac{5}{8}$
③ $\frac{9}{10}$
④ $\frac{40}{9}$

13 전력이 1.5[V]인 동일한 건전지 4개를 직렬로 연결하고, 여기에 10[Ω]의 부하저항을 연결하면 0.5[A]의 전류가 흐른다. 건전지 1개의 내부저항[Ω]은?

① 0.5
② 2
③ 6
④ 12

정답 09 ④ 10 ③ 11 ④ 12 ① 13 ①

14 기전력 1.5[V], 내부저항 0.2[Ω]인 전지가 100개 있다. 이것들을 모두 직렬과 병렬을 조합하여 0.8[Ω]의 부하저항을 연결할 경우의 부하에 최대전력을 전달하기위한 건전지 연결방법은?

① 100개 모두 직렬로 연결 ② 50개씩 직렬로 2개 병렬
③ 25개씩 직렬로 4개 병렬 ④ 20개씩 직렬로 5개 병렬

15 12[V] 배터리 용량이 48[Ah]라고 한다. 만약 배터리가 완전 충전되어 있을 때 90[W], 12[V]의 전구를 연결한다면 이론적으로 전구를 켤 수 있는 최대 시간은?

① 36분 ② 60시간
③ 1시간 40분 ④ 6시간 24분

16 충전전압이 4[V]이고, 축전지 용량이 9,000[mAh]인 축전지에서 4[W]의 출력을 발생하는 꼬마전구를 사용 중이다. 이 전구의 사용시간은 얼마인가?

① 2.25시간 ② 4.5시간 ③ 9시간 ④ 18시간

17 다음의 회로에서 $R_1 = 30[\Omega]$, $R_2 = 10[\Omega]$, $R_3 = 15[\Omega]$, $R_4 = 5[\Omega]$일 때 최대전력을 소모하는 저항은?(단, G는 검류계이다.)

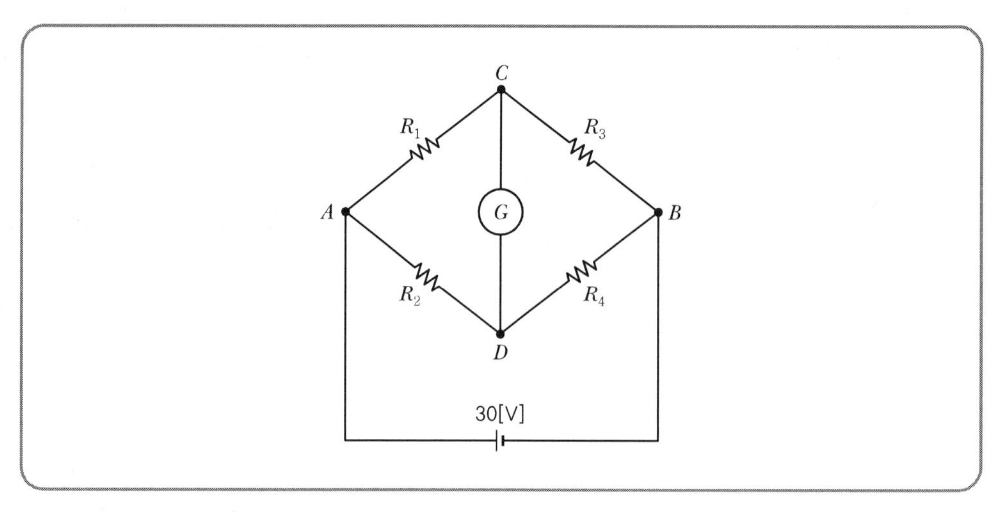

① R_1 ② R_2 ③ R_3 ④ R_4

정답 14 ④ 15 ④ 16 ③ 17 ②

CHAPTER 08 CURRENT THEORY

보조단위와 그리스문자

1 SI 접두어

인자	명칭	기호	인자	명칭	기호
10^1	데카	da	10^{-1}	데시	d
10^2	헥토	h	10^{-2}	센티	c
10^3	킬로	k	10^{-3}	밀리	m
10^6	메가	M	10^{-6}	마이크로	μ
10^9	기가	G	10^{-9}	나노	n
10^{12}	테라	T	10^{-12}	피코	p
10^{15}	페타	P	10^{-15}	펨토	f
10^{18}	엑사	E	10^{-18}	아토	a
10^{21}	제타	Z	10^{-21}	젭토	z
10^{24}	요타	Y	10^{-24}	욕토	y

2 그리스 대 · 소문자와 그 명칭

소문자	대문자	명칭	소문자	대문자	명칭
α	A	alpha	ν	N	nu
β	B	beta	ξ	Ξ	xi
γ	Γ	gamma	o	O	omicron
δ	Δ	delta	π	Π	pi
ε	E	epsilon	ρ	P	rho
ζ	Z	zeta	σ	Σ	sigma
η	H	eta	τ	T	tau
θ	Θ	theta	υ	Υ	upsilon
ι	I	iota	φ	Φ	phi
κ	K	kappa	χ	X	chi
λ	Λ	lambda	ψ	Ψ	psi
μ	M	mu	ω	Ω	omega

CHAPTER 09

CURRENT THEORY

국제 단위계

1 국제 단위계

1) 국제 단위계의 연혁

SI 단위의 시초는 프랑스 혁명 시기인 1790년 무렵 프랑스에서 발명된 '십진미터법'으로, 이 미터법으로부터 하부 단위가 나타나는데, 그 한 예가 1874년 과학 분야에서 도입된 CGS계이며, 이는 센티미터 · 그램 · 초에 바탕을 두고 있다. 1875년 세계 17개국이 '미터협약(Meter Convention, 또는 Meter Treaty라고도 함)'에 조인함으로써 이 미터법이 국제적인 단위 체계로 발전하는 기반이 되었다.

1900년경에는 보다 실용적인 MKS(미터 · 킬로그램 · 초)계가 도입되었다. 1901년에 Giovanni Giorgi가 전기 기본 단위 하나를 새로 도입하면 역학 및 전기 단위들이 통합된 일관성 있는 체계를 형성할 수 있다고 제의하였다. 1939년 국제도량형위원회(CIPM : Comite International des Poids et Mesures) 산하 전기자문위원회가 암페어를 선정하여 MKSA계의 채택을 제안하였고, 1946년 국제도량형위원회(CIPM)에서 승인되었다.

1954년 제10차 국제도량형총회에서 MKSA계의 4개 기본 단위[길이(m) · 무게(kg) · 시간(s) · 전류(A)와 온도 단위 '켈빈도(°K)', 그리고 광도 단위 '칸델라(cd)']의 모두 6개 단위에 바탕을 둔 일관된 단위계를 채택하였다. 1960년 제11차 국제도량형총회(CGPM)에서 실용 단위계의 공식 명칭을 '국제 단위계(Le System International d'Unites)'로 하고 그 약칭을 'SI'로 정하였으며, 유도 단위 및 보충 단위와 그 밖의 다른 사항들에 대한 규칙을 정하여 측정 단위에 대한 전반적인 세부 사항을 마련하였다.

1967년에는 온도의 단위가 '켈빈도(°K)'에서 '켈빈(K)'으로 바뀌고, 1971년에 7번째 기본 단위인 '몰(mol)'이 추가되어 현재의 SI 단위가 완성되었다. 2006년에는 국제 단위계(SI)에 대한 「제8개정판」이 출간되었으며 2014년에 최신 내용으로 수정된 수정판이 발간되었다.

2) SI 기본 단위

모든 SI 기본 단위의 정의는 과학이 발전함에 따라 때때로 수정된다. 각 기본 단위의 정의는 가장 정확하고 재현성 있는 측정이 이루어질 수 있도록 되어 있으며, 단위에 대한 확고하고도 이론적인 기반이 된다. 그리고 단위의 정의와 구현을 구분하는 것은 매우 중요하다. SI 기본 단위의 각 단위별 정의는 다음 표와 같다. 우리나라에서는 「국가표준기본법」 및 「계량에 관한 법률」에서 SI 기본 단위를 포함하여 관련 유도단위, 특수단위 등을 국가 법정단위로 지정 운영하고 있다.

SI 기본 단위의 정의와 표현(예전 표현)

기본량 명칭 (단위 기호, 명칭)	기본량 기호	정의
길이 (m, 미터)	$l,\ x,\ r$	빛이 진공에서 1/299,792,458초 동안 진행한 경로의 길이 (한국은 옥소 안정화 헬륨－네온 레이저 사용)
질량 (kg, 킬로그램)	m	국제 킬로그램 원기의 질량으로 원기는 백금(90%)과 이리듐(10%) 합금의 원통형 분동(지름 높이 각 39mm)
시간 (s, 초)	t	세슘 133 원자의 바닥 상태에 있는 두 초미세 준위 사이의 전이에 대응하는 복사선의 9,192,631,770 주기의 지속 시간
전류 (A, 암페어)	$I,\ i$	무한히 길고 무시할 수 있을 만큼 작은 원형 단면적을 가진 두 개의 평행한 직선 도체가 진공 중에서 1미터의 간격으로 유지될 때, 두 도체 사이에 매 미터당 2×10^{-7}뉴턴(N)의 힘을 생기게 하는 일정한 전류
열역학적 온도 (K, 켈빈)	T	물－삼중점에 해당하는 열역학적 온도의 1/273.16
물질량 (mol, 몰)	n	탄소 12의 0.012kg에 있는 원자의 개수와 같은 수의 구성 요소를 포함한 어떤 계의 물질량, 몰(mol)을 사용할 때에는 구성 요소를 반드시 명시해야 한다.
광도 (cd, 칸델라)	lv	진동수 $540 \times 1{,}012$Hz 인 단색광을 방출하는 광원의 복사도가 어떤 주어진 방향으로 매 스테라디안당 1/638 와트일 때 이 방향에 대한 광도

길이, 질량, 시간, 전류, 열역학적 온도, 물질량, 광도 등의 일곱 개 기본량이 관례상 서로 독립적인 것으로 취급되지만, 그들 각각의 기본 단위인 미터, 킬로그램, 초, 암페어, 켈빈, 몰, 칸델라 등은 많은 경우 서로 종속적임을 인식해야 한다. 그래서 미터의 정의에 초가, 암페어의 정의에는 미터, 킬로그램과 초가, 몰의 정의에는 킬로그램이, 그리고 칸델라의 정의에는 미터, 킬로그램과 초가 포함되어 있다.

3) SI 기본 단위(2019년 변경된 표준)

국제 단위계(SI)는 7가지 기본 측정 단위를 정의하고 있으며, 이로부터 다른 모든 SI 유도 단위를 이끌어낸다. 이들 SI 기본 단위와 그 물리량은 다음과 같다.

- 길이의 단위 : 미터
- 질량의 단위 : 킬로그램
- 시간의 단위 : 초

• 전류의 단위 : 암페어
• 온도의 단위 : 켈빈
• 광도의 단위 : 칸델라
• 물질량의 단위 : 몰

기본량	이름	기호	정의
길이	미터	m	1미터는 빛이 진공에서 1/299,792,458초 동안 진행한 경로의 길이이다.
질량	킬로그램	kg	1킬로그램은 질량의 단위이며 플랑크 상수 h가 정확히 $6.62607015 \times 10^{-34}$[J · s](J = kg · m^2 · s^{-2})이 되도록 하는 값이다.
시간	초	s	1초는 온도가 0K인 세슘-133 원자의 바닥 상태에 있는 두 초미세 준위 사이의 전이에 대응하는 복사선의 9,192,631,770 주기의 지속 시간이다.
전류	암페어	A	암페어는 전류의 SI 단위이다. 암페어는 기본전하 e를 C(쿨롬)단위로 나타낼 때 $1.602176634 \times 10^{-19}$이 되도록 하는 전류로 정의된다. 여기에서 C는 A×s와 같은 유도 단위이다.
온도	켈빈	K	켈빈은 열역학적 온도의 SI 단위이다. 켈빈은 볼츠만 상수 k를 J · K^{-1}(J = kg · m^2 · s^{-2}) 단위로 나타낼 때 1.380649×10^{-23}이 되도록 정의된다.
물질량	몰	mol	1몰은 아보가드로수가 $6.02214129(27) \times 10^{23}$ mol^{-1}이 되도록 정의된다. 몰을 사용할 때에는 구성요소를 반드시 명시해야 하며 이 구성 요소는 원자, 분자, 이온, 전자, 기타 입자 또는 이 입자들의 특정한 집합체가 될 수 있다.
광도	칸델라	cd	1칸델라는 진동수 540×10^{12} 헤르츠인 단색광을 방출하는 광원의 복사도가 어떤 주어진 방향으로 스테라디안당 1/683와트일 때 이 방향에 대한 광도이다.

4) SI 유도 단위

SI 유도 단위는 기본 단위들의 곱으로 이루어진다. 또한 특별한 명칭과 기호를 포함하는 단위로 평면각의 라디안, 입체각의 스테라디안, 주파수의 헤르츠, 힘의 뉴턴, 압력의 파스칼 등을 들 수 있다.

5) SI 접두어

국제 단위계에서는 SI 단위의 십진 배수 및 십진 분수를 만드는 데 사용하는 일련의 접두어를 채택하였고, CGPM의 권고에 따라 이 접두어의 집합을 SI 접두어라고 명명하고 있는데 이는 다음 표와 같다.

SI 접두어

인자	명칭	기호	인자	명칭	기호
10^1	데카	da	10^{-1}	데시	d
10^2	헥토	h	10^{-2}	센티	c
10^3	킬로	k	10^{-3}	밀리	m
10^6	메가	M	10^{-6}	마이크로	μ
10^9	기가	G	10^{-9}	나노	n
10^{12}	테라	T	10^{-12}	피코	p
10^{15}	페타	P	10^{-15}	펨토	f
10^{18}	엑사	E	10^{-18}	아토	a
10^{21}	제타	Z	10^{-21}	젭토	z
10^{24}	요타	Y	10^{-24}	욕토	y

2 SI 단위 사용법

1) 단위의 표시

1. 기호는 대문자로 쓰지 않는다. 그러나 기호의 첫 글자를 대문자로 쓸 수도 있는데, 아래와 같은 경우에 한한다.
   ① 단위의 명칭이 사람의 이름에서 따온 것일 경우, 혹은
   ② 기호가 문장의 첫머리일 경우
   예 : 켈빈 단위는 기호 K로 표기한다.
2. 기호는 복수일 경우라도 표기 방식을 바꾸지 않으며 ‘s’를 붙이지 않는다.
3. 기호는 문장의 끝일 경우 외에는 마침표를 쓰지 않는다.
4. 몇 개의 단위를 곱하여 조합된 단위는 중간점을 넣거나 한 칸 띄운다.
   예 : N · m 혹은 N m
5. 한 단위를 다른 단위로 나누어 조합된 단위는 사선이나 음의 지수로 표기한다.
   예 : m/s 혹은 $m \cdot s^{-1}$

6. 조합하여 얻어진 단위에는 한 개의 사선만이 허용된다. 복잡한 조합에 대해 괄호나 혹은 음의 지수를 사용하는 것은 허용된다.
   예 : m/s^2 혹은 $m \cdot s^{-2}$는 되지만, m/s/s는 안 된다.
   예 : $m \cdot kg/(s^3 \cdot A)$ 혹은 $m \cdot kg \cdot s^{-3} \cdot A^{-1}$은 되지만,
   $m \cdot kg/s^3/A$나 $m \cdot kg/s^3 \cdot A$는 안 된다.
7. 기호와 숫자 사이는 한 칸 띄운다.
   예 : 5 kg은 되지만, 5kg은 안 된다.
8. 단위 기호와 단위 명칭을 혼용하여서는 안 된다.

2) 숫자의 표시

1. 소수점은 마침표 또는 쉼표를 사용하며, 소수점을 기준으로 하여 좌우 양쪽으로 3숫자마다 한 칸씩 뗀다(예 : 15 739.012 53). 네 자리 숫자의 경우, 빈칸을 넣지 않아도 된다. 쉼표를 천 단위 구분 표기로 사용해서는 안 된다.(우리는 일반적으로 천 단위마다 쉼표를 쓰고 있는데, 이는 국제 표기 방법에는 어긋나는 것이다.)
2. 숫자가 어느 단위에 속하는 것인지, 그리고 수학 연산이 어느 양의 값에 적용되는 것인지 분명해야 한다.
   예 : 35cm×48cm 또는 (35×48)cm로 표기하여야 하며, 35×48cm는 안 된다.

출처 : KSA한국표준협회(2004). 스마트 시대와 표준(구 미래 사회와 표준)

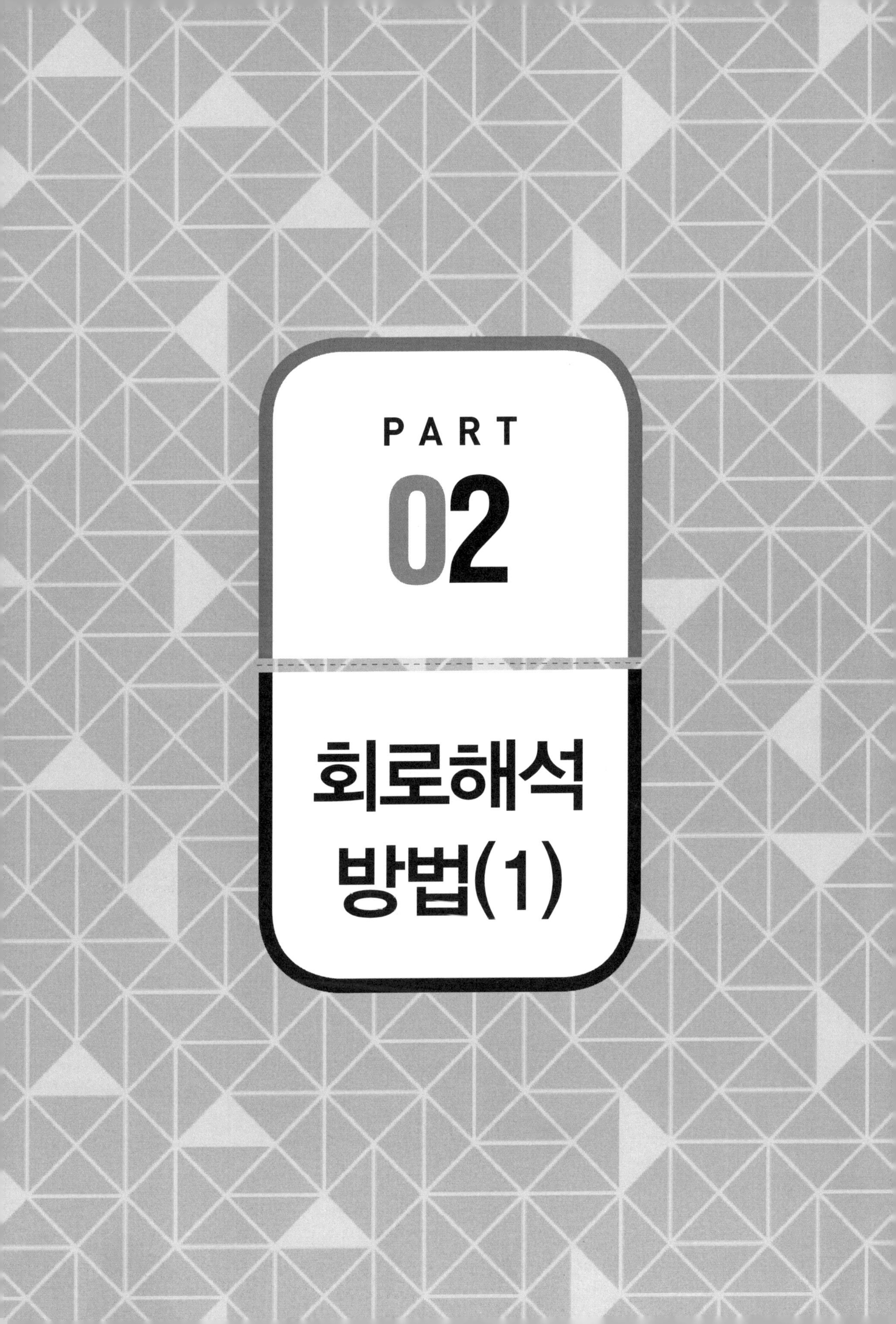

PART

02

회로해석 방법(1)

CHAPTER 01 CURRENT THEORY

전압/전류/전력의 정의

1 전하(Electric Charge : Q)

전하의 개념은 모든 전기 현상을 설명하는 기초가 됨

① 전하는 양극성이며, 이것은 전기적인 효과들이 양전하 및 음전하들에 의해 기술된다는 것을 의미함

② 전하는 별개의 양들로 존재하며, 이는 전자의 전하량 $e=-1.6022\times10^{-19}$[C]의 정수배임

③ 전기 효과는 전하의 분리와 운동 중인 전하에 의해 생김
→ 회로이론에서는 전하가 분리되면 전기적인 힘(전압)이 생기고, 전하가 이동하면 전기적 흐름(전류)이 만들어진다.

2 전압(Voltage : V)

1) 정의

전기장 속의 두 점 a, b가 있을 때 전하량(q)의 전하를 점 a에서 b로 이동시키는 데 필요한 에너지(W)의 전하량 q에 따른 변화율. 단위는 [V]를 사용
→ 전하가 분리되면서 생기는 단위전하당 에너지

$$V=\frac{dW}{dq}$$

2) 표현방법

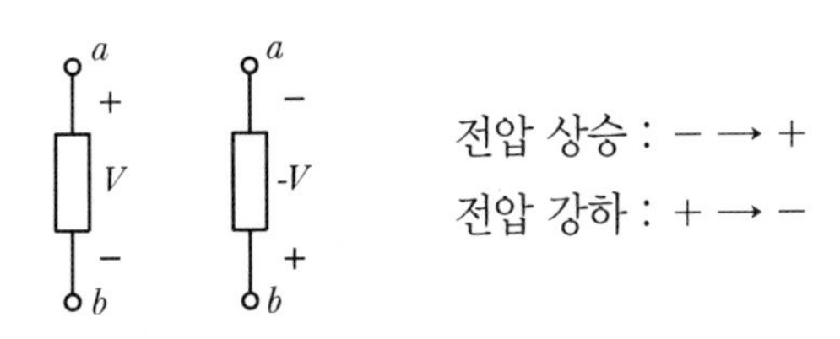

소자의 a단자가 b단자보다 전압 V[V]가 높은 경우 표현방법에는 다음 두 가지가 있다.
① 단자 a가 b보다 V만큼 전압이 높다.
② 단자 b가 a보다 $-V$만큼 전압이 높다.

3 전류(Current : I)

1) 정의

전하량 q의 시간 t에 따른 변화율로 정의하며 단위는 암페어[A]를 사용한다.

$$i = \frac{dq}{dt}$$

2) 표현방법

소자의 a단자에서 b단자로 전류 i[A]가 흐르는 경우 표현방법에는 다음 두 가지가 있다.

① a에서 b로 전류 i가 흐른다.

② b에서 a로 전류 $-i$가 흐른다.

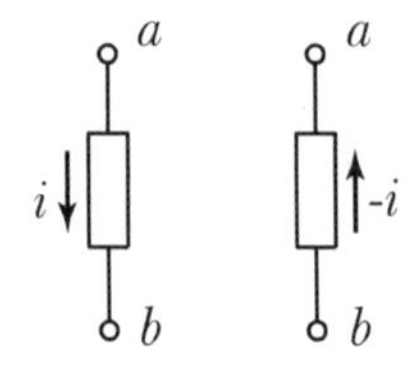

3) 관습적인 전류(Conventional Current)

① 전자가 발견되기 전 전류에 대한 생각(관습적인 전류)=양극에서 음극으로 양의 전하가 흐르는 것으로 생각함

② 전자가 발견된 후 전류에 대한 생각=음극에서 양극으로 음의 전하가 흐르는 것으로 판명됨

③ 실제로 전자의 흐름은 음극에서 양극으로 전자(음의 전하)가 흐르지만, 양극에서 음극으로 양의 전하가 흐른다고 생각하는 것이 편리하므로 회로이론에서는 후자로 사용함

4 전력(Power = 일률)

$$p = \frac{dw}{dt} = \frac{dw}{dq} \times \frac{dq}{dt} = v \times i = vi[\mathrm{W}]$$

실전문제 CURRENT THEORY

01 다음은 각각 무엇의 단위인가?

㉠ [C/s] ㉡ [J/s] ㉢ [C/V] ㉣ [J/C]

	㉠	㉡	㉢	㉣
①	커패시턴스	전류	전압	전력
②	전압	전력	커패시턴스	전류
③	전류	커패시턴스	전력	전압
④	전류	전력	커패시턴스	전압
⑤	커패시턴스	전압	전류	전력

정답 01 ④

CHAPTER 02 CURRENT THEORY

수동부호규정

수동부호규정(Passive Sign Convention)

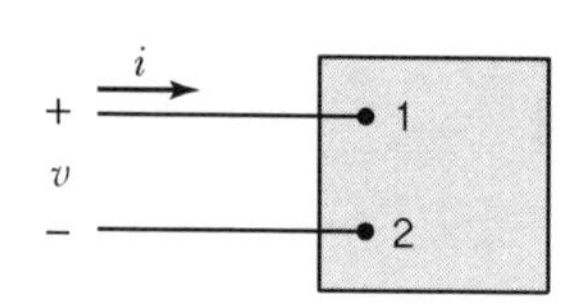

수동부호 규약 : 소자에 흐르는 전류에 대한 기준 방향이 그 소자 양단에서의 기준 전압 강하의 방향과 같을 때는, 전압과 전류가 관계되는 어떤 식에서라도 양의 부호(+)를 사용한다. 만약 그렇지 않으면, 음의 부호(−)를 사용한다.

1 소자의 전압극성, 전류방향

① 소자에 전압, 전류를 잡는 방법으로는 아래의 4가지가 있다.

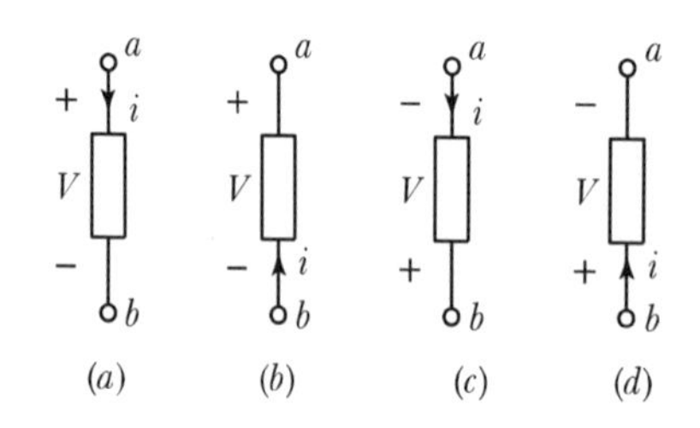

② 위 그림에서 (a)와 (d)는 전류가 소자의 +극으로 흘러들어가 −극으로 흘러나온다. 즉 전류의 방향이 소자의 전압강하 방향과 같다.

③ (a)와 (d)의 경우 소자의 전압, 전류는 소동부호규정을 만족하고, (b)와 (c)는 만족하지 않는다.

* 소자가 전력의 흡수/공급 여부를 결정

2 소자의 전력과 수동부호규정

① 전력은 $p=vi$의 계산과 함께 그것이 소자의 흡수전력인지 공급전력인지 밝혀야 한다.

② 수동부호규정을 만족하는 경우 $p=vi$는 그 소자가 흡수하는 전력이다.
수동부호규정을 만족하게 했을 때
$p=vi$: + 값 → 소자가 흡수하는 전력
$p=vi$: − 값 → 소자가 공급하는 전력

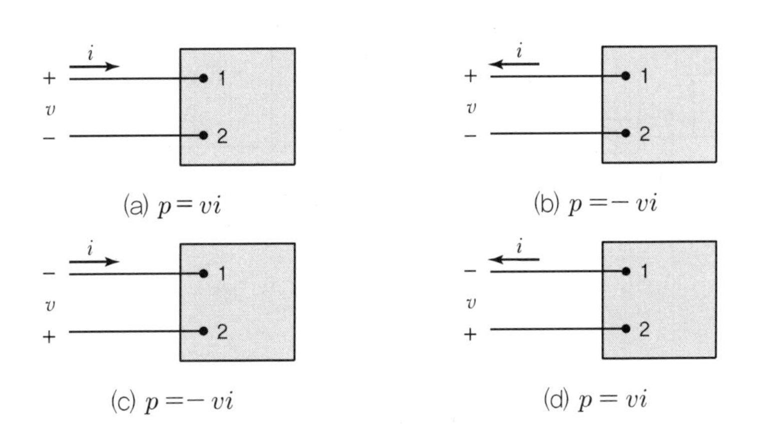

3 RLC 소자의 전압, 전류 관계식과 수동부호규정

① 아래의 RLC 소자 전압, 전류 관계식은 수동부호규정 하에서 성립

$$v = Ri,\quad v = L\frac{di}{dt},\quad i = C\frac{dv}{dt}$$

② 소자에 걸리는 전압, 흐르는 전류는 임의로 잡을 수 있으나 그 전압, 전류 관계식을 쓸 때는 빈드시 수동부호규정을 만족하도록 전압 극성 또는 전류방향을 보정해준다.

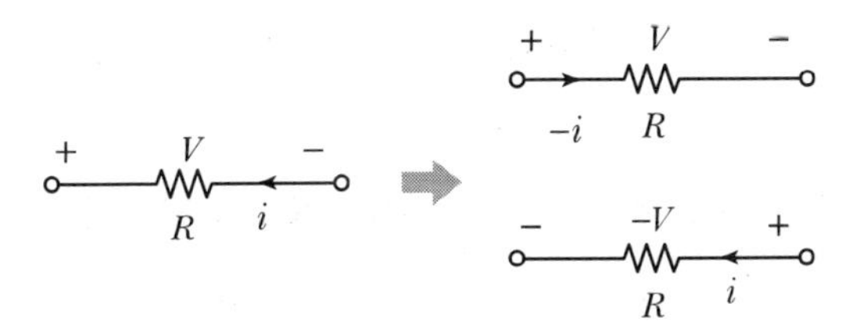

≫ 예제 ❶

문제 **다음 회로에 관한 물음에 답하시오.**

① 네 개의 소자 중에서 전압, 전류가 수동부호규정에 따라 표시된 것은?

② 회로에서 실제 발생하는 총 전력은?

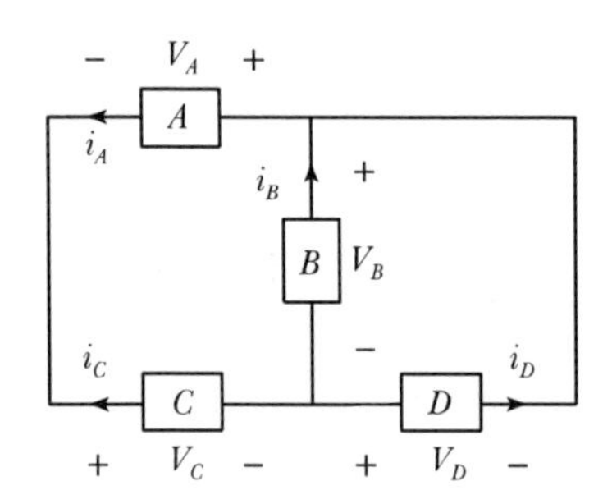

구분	v[V]	i[A]
A	5[V]	−4[A]
B	3[V]	1[A]
C	−2[V]	4[A]
D	−3[V]	−5[A]

풀이

① A, D

② 23[W]

≫ 예제 ❷

문제 **아래 그림에서 소자에 걸리는 전압이 다음과 같다.**

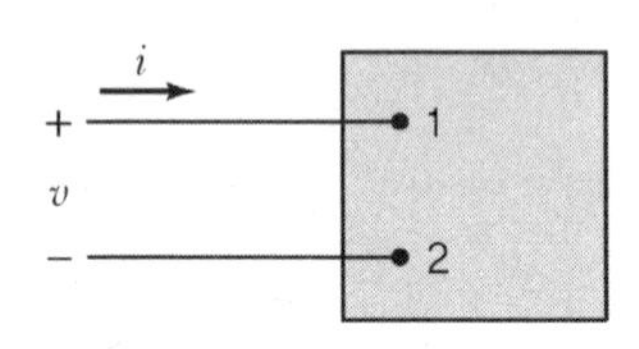

이상적인 기본 회로 소자

이때 소자에 흐르는 전류 전압이 다음과 같다. 물음에 답하시오.

$i = 0,$	$t < 0$	$v = 0$	$t < 0;$
$i = 20e^{-5000t}$[A]	$t \geq 0$	$v = 10e^{-5000t}$[kV]	$t \geq 0$

① 1[ms]의 소자에 공급되는 전력을 계산하라.

② 이 회로 소자에 공급되는 총 에너지를 줄 단위로 계산하라.

풀이

① 전류가 소자에 대해 정의된 전압 강하되는 +단자로 들어가고 있으므로, 전력 계산식에서 '+'부호를 붙여야 한다.

$$p = vi = (10,000e^{-5000t})(20e^{-5000t}) = 200,000e^{-10,000t}[\mathrm{W}]$$
$$p(0.001) = 200,000e^{-10,000t(0.001)} = 200,000e^{-10}$$
$$= 200,000(45.4 \times 10^{-6}) = 0.908[\mathrm{W}]$$

② 총 에너지는

$$w(t) = \int_0^t p(x)dx$$

전달된 총 에너지를 구하기 위해 전력식을 0에서 무한대까지 적분하라.

$$w_{total} = \int_0^\infty 200,000e^{-10,000x}dx = \left.\frac{200,000e^{-10,000x}}{-10,000}\right|_0^\infty$$
$$= -20e^{-\infty} - (-20e^{-0}) = 0 + 20 = 20[\mathrm{J}]$$

따라서 회로 소자에 공급된 총 에너지는 20[J]이다.

CHAPTER 03 CURRENT THEORY

전원, 능동소자, 수동소자

1 이상적인 전원(Ideal Source)

이상적인 전원은 종속전원과 대비하여 독립전원(Independent Source)라 부르기도 하고, 단순히 전압원, 전류원이라 칭하기도 한다.

① **이상적인 전압원(Ideal Voltage Source)** : 전압원에 흐르는 전류가 전압원의 크기와 무관하다. 즉, 전압원에 흐르는 전류는 아무 값이나 가질 수 있다. 독립 전압원과 종속 전압원이 있다. 부하가 있든 없든 관계없이 단자전압의 시간적 변화가 주어진 시간함수 $v(t)$와 같은 전원을 이상적인 전압원이라 한다.

② **이상적인 전류원(Ideal Current Source)** : 전류원에 걸리는 전압이 전류원의 크기와 무관하다. 즉, 전류원에 걸리는 전압은 아무 값이나 가질 수 있다. 독립전류원과 종속전류원이 있다. 부하가 있든 없든 관계없이 출력전류의 시간적 변화가 주어진 시간함수 $i(t)$와 같은 전원을 이상적인 전류원이라 한다.

③ **이상적인 전원에 대한 기호**

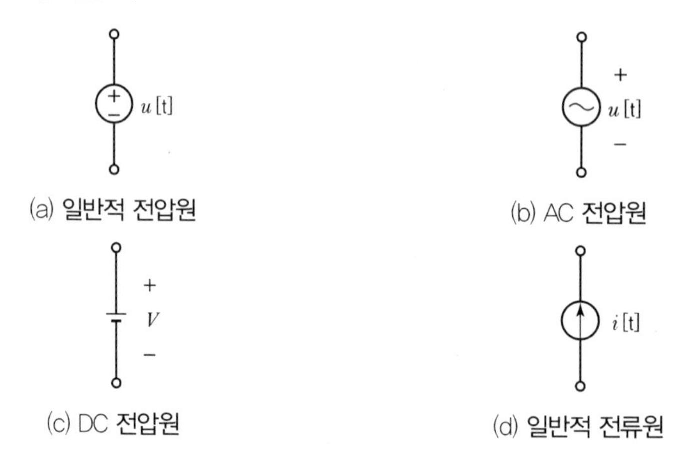

(a) 일반적 전압원 (b) AC 전압원

(c) DC 전압원 (d) 일반적 전류원

2 독립전원(Independent Source)

① 전원의 크기가 회로의 영향을 받지 않고 독립적으로 결정되는 전원

② 종류

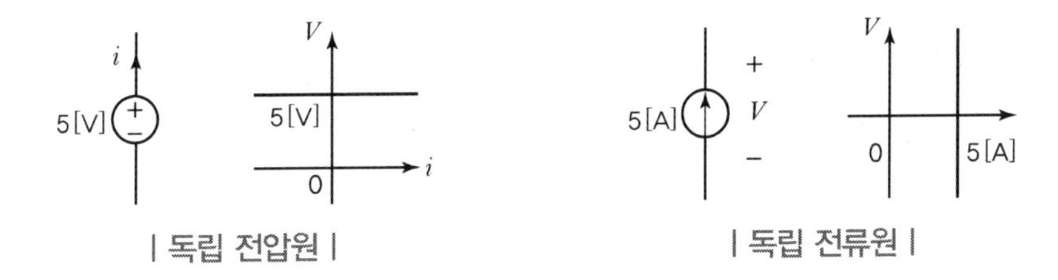

| 독립 전압원 |　　　　| 독립 전류원 |

3 종속전원(Dependent Source)

① 전원의 크기가 회로 내의 다른 소자의 전압, 전류 값에 의해 결정되는 전원

② 종류

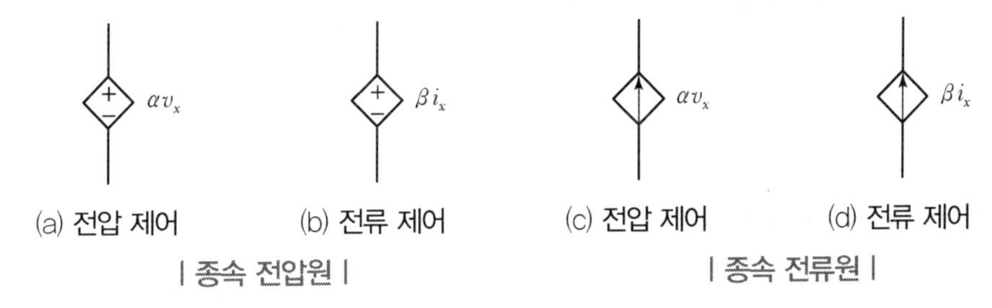

(a) 전압 제어　(b) 전류 제어　(c) 전압 제어　(d) 전류 제어

| 종속 전압원 |　　　　| 종속 전류원 |

4 수동소자 및 능동소자

① 수동소자(Passive Element) : 자신이 외부에서 흡수한 양을 초과하는 에너지를 외부로 전달할 수 없는 소자. 즉 외부의 도움 없이 스스로 에너지(전력)를 만들어 낼 수 없는 소자이다.

② 능동소자(Active Element) : 자신이 외부에서 흡수한 것보다 더 많은 에너지를 외부로 전달할 수 있는 소자. 즉 외부의 도움 없이도 스스로 에너지(전력)를 만들어 낼 수 있는 소자이다.

③ 수동소자의 수학적 정의

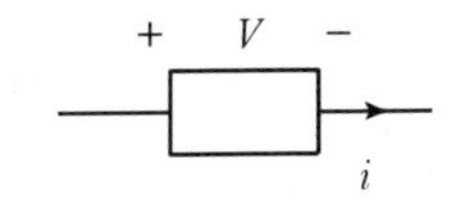

전력 기준	에너지 기준
$p(t)=v(t)i(t)\ge 0$	$E(t)=\int_{-\infty}^{t} v(x)\,i(x)\,dx \ge 0$

CHAPTER 04 CURRENT THEORY

회로 기본용어 정리

1 마디(절점 : Node)

① 둘 이상의 회로소자가 결합하는 점이다.

② 아래의 그림 1 회로의 점선 부분 a, b를 하나의 마디로 보아 그림 2 회로의 a', b'마디와 동일하게 취급할 수 있다.

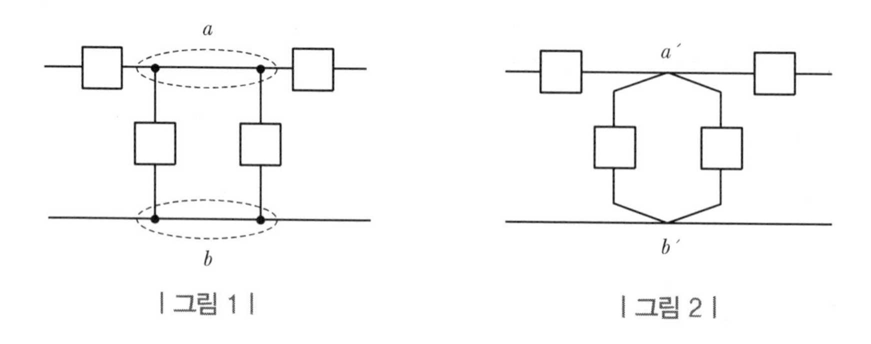

| 그림 1 |　　　| 그림 2 |

2 폐회로(Closed Path/Loop), 망로(Mesh)

① **폐회로의 정의** : 동일 마디를 두 번 이상 통과하지 않으면서 출발절점과 도착절점만이 동일한 회로 내의 이동 경로가 되는 것

② **망로의 정의** : 내부에 다른 폐회로를 포함하지 않는 폐회로

③ 즉, 망로는 폐회로이나 모든 폐회로가 망로는 아니다. 아래 그림에서 경로 P, Q 모두 폐회로이지만 망로는 P만 될 수 있다.

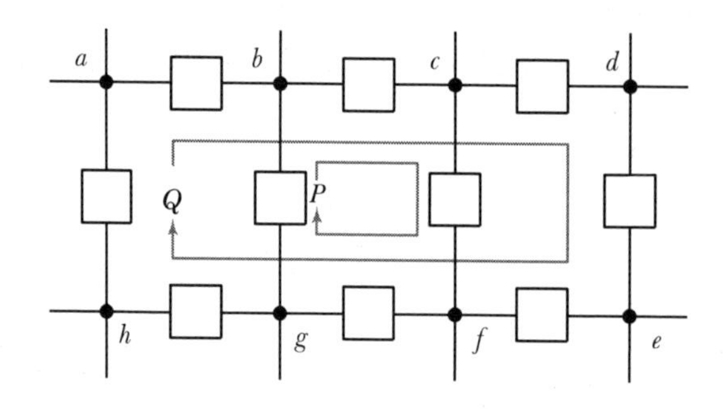

3 가지(지로 : Branch)

두 마디를 연결하는 경로

회로 설명을 위한 용어

명칭	정의	아래 예제 1의 회로 예
마디	둘 또는 그 이상의 회로 소자가 결합하는 점	a
필수 마디	셋 또는 그 이상의 회로 소자가 결합하는 점	b
경로	한 번 이상 포함되는 소자를 갖지 않는 인접한 기본 소자의 추적	$v_1 - R_1 - R_5 - R_6$
가지	두 마디를 연결하는 경로	R_1
필수 가지	1개의 필수 마디도 통과하지 않고, 2개의 필수 마디들을 연결하는 경로	$v_1 - R_1$
폐회로	마지막 마디가 출발 마디와 같은 경로	$v_1 - R_1 - R_5 - R_6 - R_4 - v_2$
망	어떤 다른 폐회로를 에워싸지 않는 폐회로	$v_1 - R_1 - R_5 - R_3 - R_2$
평면회로	교차하는 가지 없이 평면 상에 그려질 수 있는 회로	예제 1의 그림 (a), (b)는 평면 회로이다. 예제 1의 그림 (c)는 비평면 회로이다.

》예제 1

문제 회로에 있는 마디, 가지, 망 및 폐회로 그림에서 다음을 확인하라.

① 모든 마디
② 모든 필수 마디
③ 모든 가지
④ 모든 필수 가지
⑤ 모든 망
⑥ 폐회로 또는 필수 가지가 아닌 2개의 경로
⑦ 망이 아닌 폐회로 2개

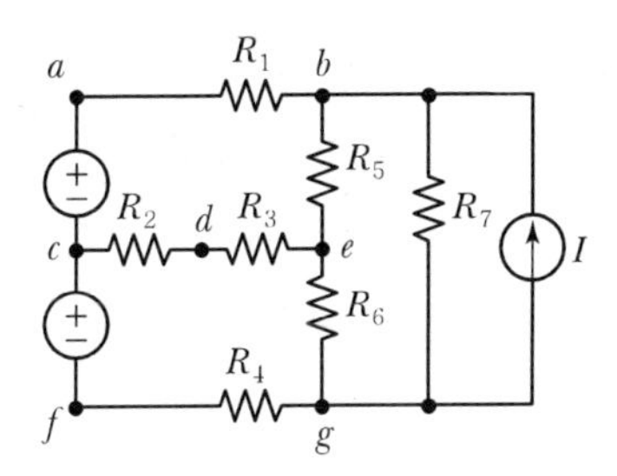

풀이

① 마디는 a, b, c, d, e, f, g이다.
② 필수 마디는 b, c, e, g이다.
③ 가지는 v_1, v_2, R_1, R_2, R_3, R_4, R_5, R_6, R_7, I 이다.
④ 필수 가지는 v_1-R_1, R_2-R_3, v_2-R_4, R_5, R_6, R_7, I 이다.
⑤ 망은 $v_1-R_1-R_5-R_3-R_2$, $v_2-R_2-R_3-R_6-R_4$, $R_5-R_7-R_6$, R_7-I 이다.
⑥ $R_1-R_5-R_6$은 경로이다. 그러나 폐회로는 아니고(같은 시작과 끝나는 마디를 갖고 있지 않기 때문에), 필수 가지도 아니다(2개의 필수 마디를 연결하지 않기 때문에). 또한 v_2-R_2는 경로이지만 같은 이유로 폐회로나 필수 가지는 아니다.
⑦ $v_1-R_1-R_5-R_6-R_4-v_2$는 폐회로이지만 그 안에 2개의 폐회로가 있기 때문에 망은 아니다. $I-R_5-R_6$ 또한 폐회로이지만 망은 아니다.

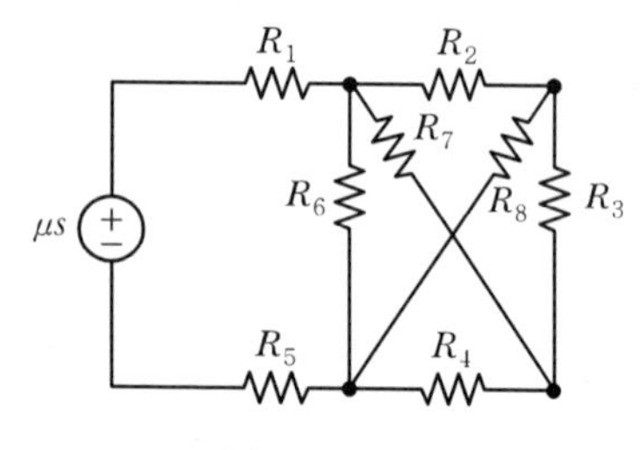

(a) 평면회로

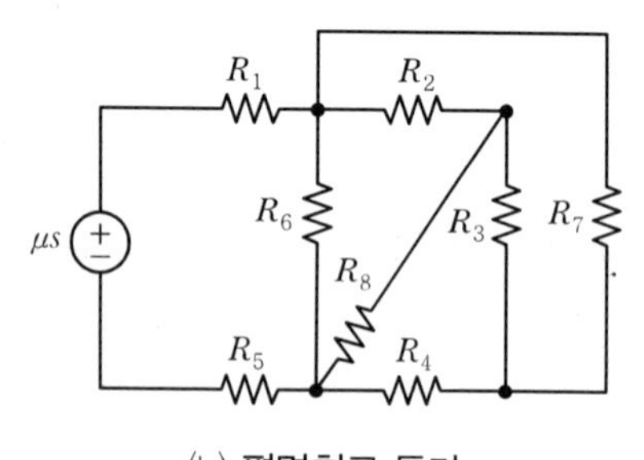

(b) 평면회로 등가

(a) 회로가 평면이라는 것을 증명하기 위해서 다시 그린 같은 회로는 아래 그림 (c)와 같다.

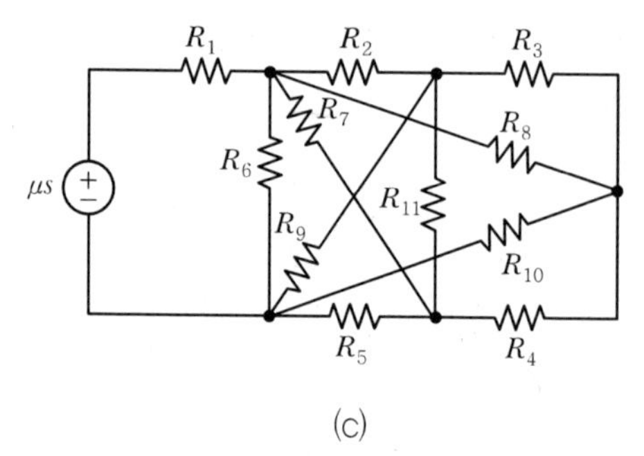

(c)

| 비평면 회로 |

CHAPTER 05 CURRENT THEORY

키르히호프의 법칙

1 KCL(키르히호프 전류법칙)

1) 내용

① 임의의 절점(마디)으로 유입하는 전류의 합과 그 절점에서 유출하는 전류의 합은 같다.

② 임의의 절점(마디)으로 유입하는 총 전류의 대수합은 0이다.

③ 임의의 절점(마디)에서 유출하는 총 전류의 대수합은 0이다.

2) 적용(②, ③번이 자주 사용됨)

① $\Sigma i_{in} = \Sigma i_{out}$ ② $\Sigma i_{in} = 0$ ③ $\Sigma i_{out} = 0$

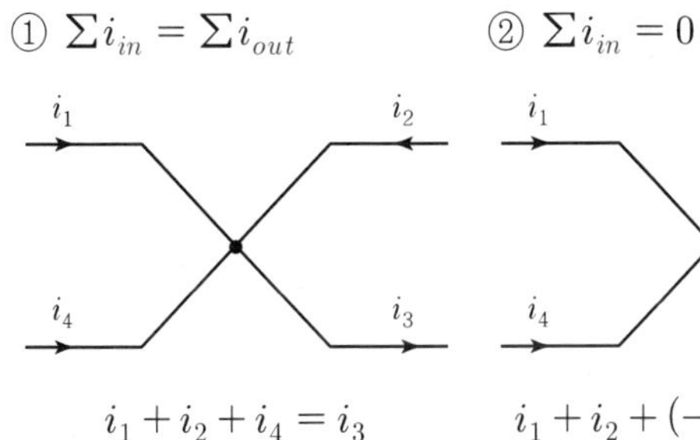

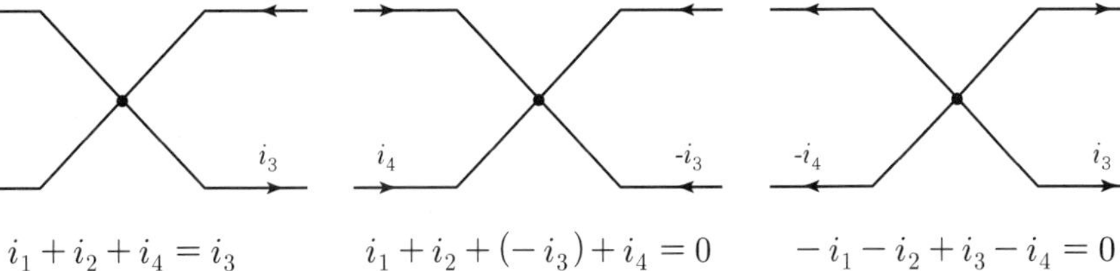
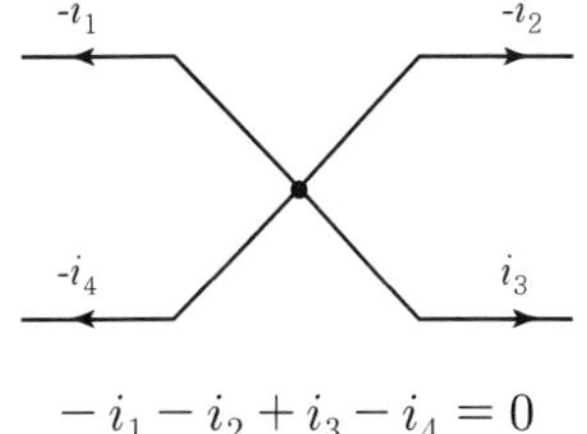

$i_1 + i_2 + i_4 = i_3$ $i_1 + i_2 + (-i_3) + i_4 = 0$ $-i_1 - i_2 + i_3 - i_4 = 0$

≫ 예제 ❶

문제 **키르히호프 전류법칙 이용**

아래 회로 각 node에서 node 방정식을 세워보시오.(KCL 이용)

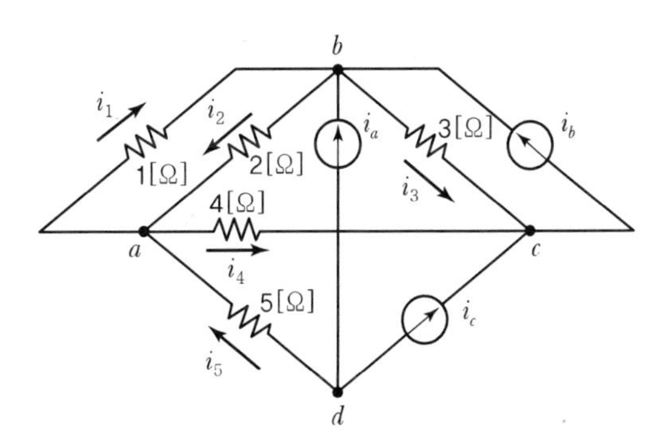

풀이

식을 쓸 때 마디를 떠나는 전류에 대해 양의 부호를 사용한다. 4개의 방정식은 다음과 같다.

마디 a) $i_1 + i_4 - i_2 - i_5 = 0$

마디 b) $i_2 + i_3 - i_1 - i_b - i_a = 0$

마디 c) $i_b - i_3 - i_4 - i_c = 0$

마디 d) $i_5 + i_a + i_c = 0$

2 KVL(키르히호프 전압법칙)

1) 내용

① 임의의 폐회로를 따라 취한 전압 강하의 합과 전압 상승의 합은 같다.

② 임의의 폐회로를 따라 취한 전압 강하의 합은 0이다.

③ 임의의 폐회로를 따라 취한 전압 상승의 합은 0이다.

2) 적용(②를 가장 많이 사용)

① $\Sigma v_{down} = \Sigma v_{up}$

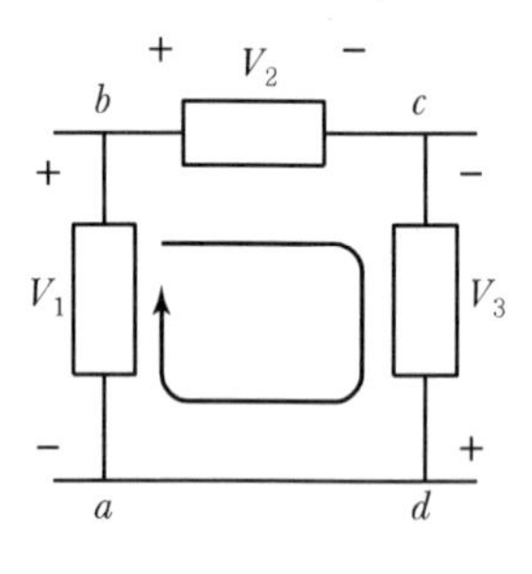

$v_2 = v_1 + v_3$

② $\Sigma v_{down} = 0$

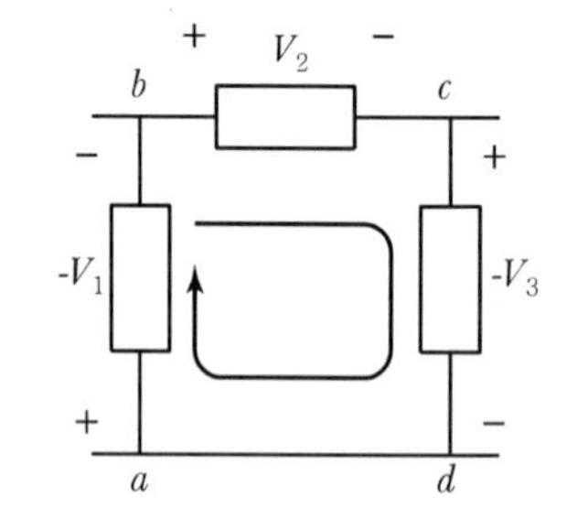

$-v_1 + v_2 - v_3 = 0$

③ $\Sigma v_{up} = 0$

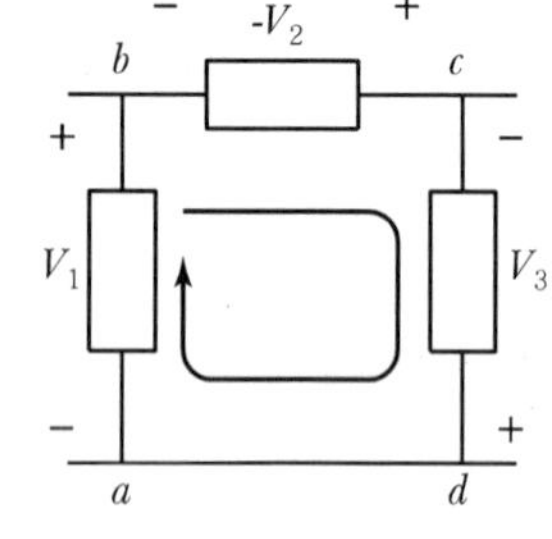

$v_1 - v_2 + v_3 = 0$

예제 ❷

문제 **키르히호프의 전압법칙 사용**

아래 회로의 각 루프(Loop)에서 전압 방정식을 세우시오.(KUL 이용)

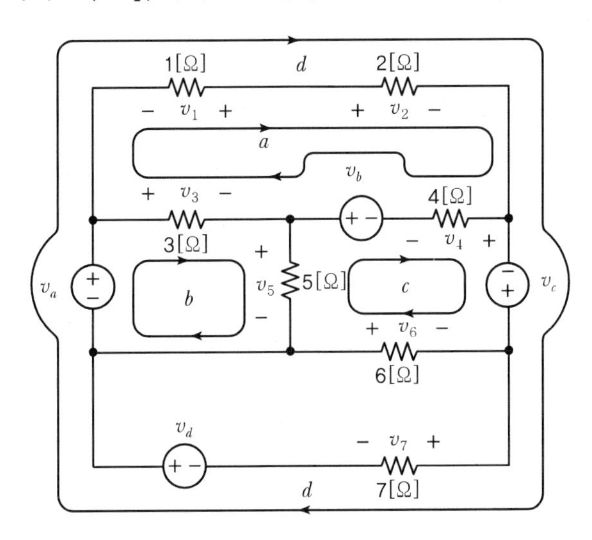

풀이

식을 쓸 때 전압 강하에 대하여 양의 부호를 사용한다. 4개의 방정식은 다음과 같다.

경로 a) $-v_1+v_2+v_4-v_b-v_3=0$

경로 b) $-v_a+v_3+v_5=0$

경로 c) $v_b-v_4-v_c-v_6-v_5=0$

경로 d) $-v_a-v_1+v_2-v_c+v_7-v_d=0$

예제 ❸

문제 **다음 회로에서 전류 i_1, i_2 및 전압 v_3를 구하시오.**

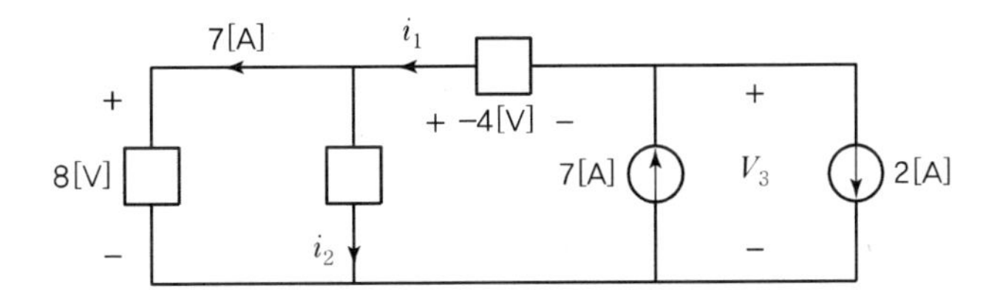

풀이

$i_1=5A,\ i_2=-2A,\ v_3=12[\mathrm{V}]$

실전문제 CURRENT THEORY

01 다음 회로에서 저항에 걸리는 전압 V_1과 V_2의 값[V]은?

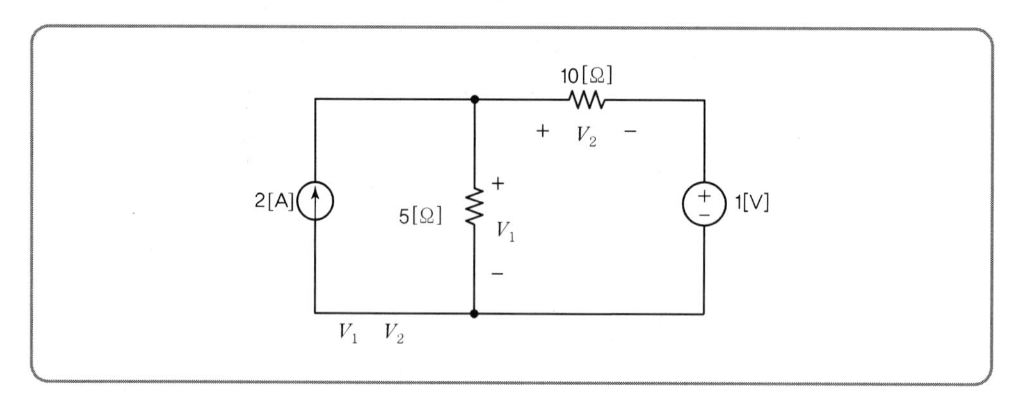

	V_1	V_2		V_1	V_2
①	7	6	②	7	10
③	8	6	④	8	10

02 다음 회로에서 V_{xy}의 값은 얼마인가?

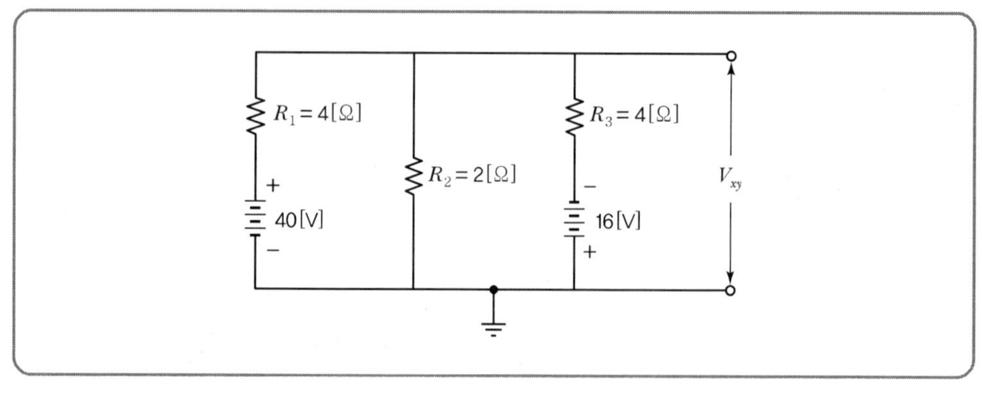

① 6[V] ② 10[V] ③ 14[V] ④ 16[V]
⑤ 20[V]

정답 01 ① 02 ①

CHAPTER 06 CURRENT THEORY

저항과 그 연결법

1 전압, 전류 관계식 및 전력

1) 옴의 법칙

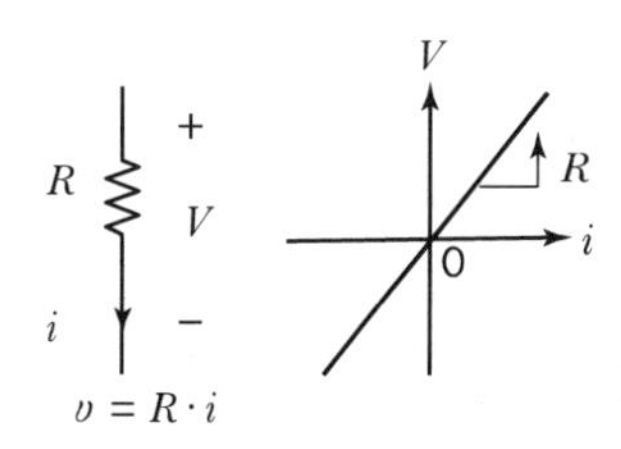

2) 전력(R>0일 때)

$$P = iv = i^2R = \frac{v^2}{R} \geq 0$$ 즉, 저항은 항상 전력을 흡수(소비)한다.

➡ 저항은 전력을 소비해서 없앤다.

2 컨덕턴스(Conductance, 전도도)

① $G = \frac{1}{R}(i = Gv)$

② 단위는 처음에 ℧[mho]를 사용하였으나 요즘은 S[simens, 지멘스]를 사용한다.

3 단락 및 개방상태(단락, 개방회로)

1) 단락상태(Short)

① $v = iR$에서 $R = 0$이면 $i \neq 0$이어도 $v = 0$[V]이다.

② 즉, 전류에 관계없이 전압이 항상 0[V]인 것을 단락상태라 하며 아래와 같이 표시한다.

R　$R = 0$ →　+ 0[V] − i

2) 개방상태(Open)

① $i = \dfrac{v}{R}$에서 $R = \infty$이면 $v \neq 0$이어도 $i = 0$이다.

② 즉, 전압에 관계없이 전류는 항상 0[A]인데 이를 개방상태라 하며 아래와 같이 표시한다.

4 직렬연결회로와 전압분배법칙

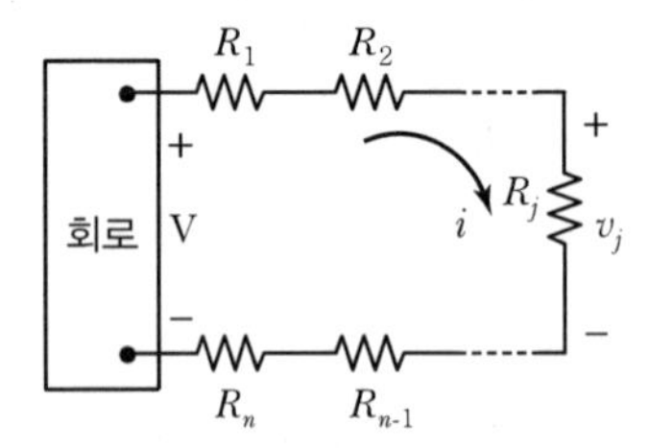

1) 등가저항

$$R_{eq} = R_1 + R_2 + \cdots + R_n = \sum_{i=1}^{n} R_j$$

2) 전압분배법칙

① $v_1 = R_1 i, \ \ v_2 = R_2 i, \ \ \cdots \ \ , v_n = R_n i$

② KVL에 의해

$$V = v_1 + v_2 + \cdots + v_n = (R_1 + R_2 + \cdots \ R_n)i$$

$$\therefore i = \frac{V}{R_1 + R_2 + \cdots + R_n}$$

③ j번째 저항에 분배받는 전압

$$v_j = R_j i = \frac{R_j}{R_1 + R_2 + \cdots + R_n} V$$

5 병렬연결회로와 전류분배법칙

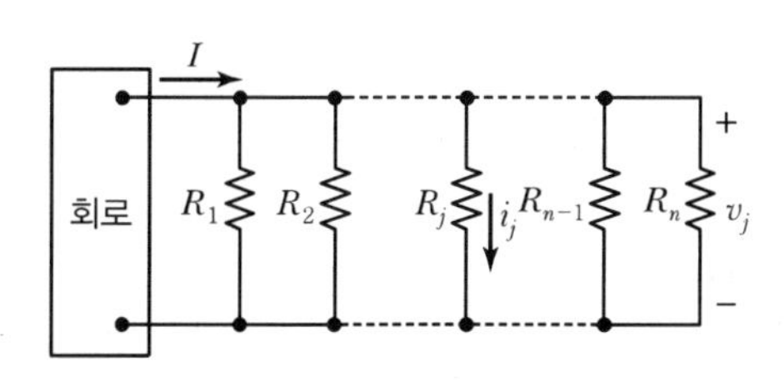

1) 등가저항

$$R_{eq} = \frac{1}{\frac{1}{R_1} + \frac{1}{R_2} + \cdots + \frac{1}{R_n}} = \frac{1}{\sum_{j=1}^{n} \frac{1}{R_j}} = R_1 \parallel R_2 \parallel \cdots \parallel R_n$$

2) 전류분배법칙

① $i_1 = \frac{v}{R_1} = G_1 v$, $i_2 = \frac{v}{R_2} = G_2 v$, $\cdots$ $i_n = \frac{v}{R_n} = G_n v$

② KCL에 의해

$$I = i_1 + i_2 + \cdots + i_n = (G_1 + G_2 + \cdots G_n) v$$

$$\therefore v = \frac{I}{G_1 + G_2 + \cdots + G_n}$$

③ j번째 저항에 분배받는 전류

$$i_j = G_j v = \frac{G_j}{G_1 + G_2 + \cdots + G_n} I$$

CHAPTER 07

CURRENT THEORY

휘스톤 브리지

1 브리지 회로의 평형조건

① $R_1R_4 = R_2R_3$이면 저항 R_5에 전류가 흐르지 않는다.

② 이때 브리지 회로는 평형상태에 있다고 한다.

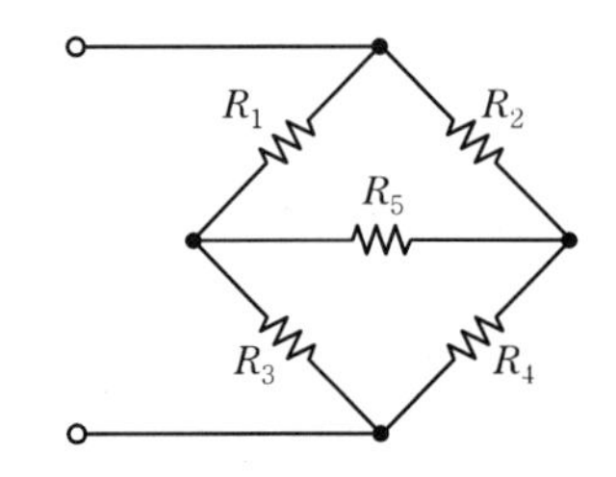

2 저항 구하는 법

가변 저항 R_3를 변화시키면서 검류계 R_5의 눈금이 0이 될 때(브리지 회로의 평형조건)의 R_3값을 찾는다. 이 R_3 값에 대하여 $R_1R_x = R_2R_3$이므로 미지의 저항 $R_x = \dfrac{R_2R_3}{R_1}$이다.

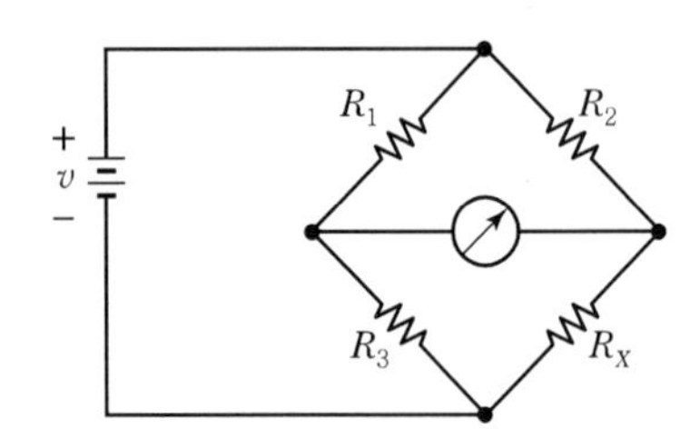

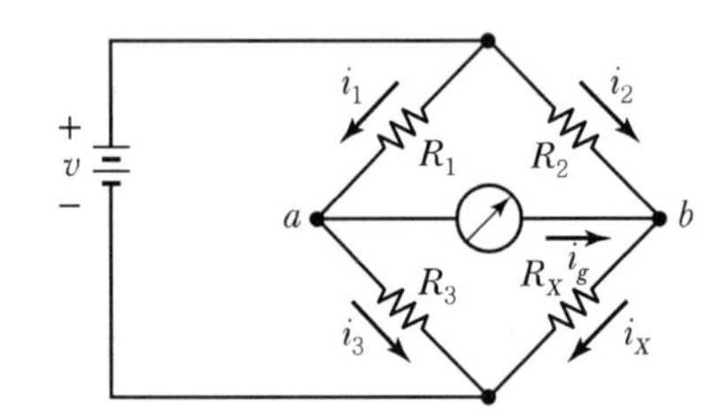

3 브리지 회로의 다른 형태

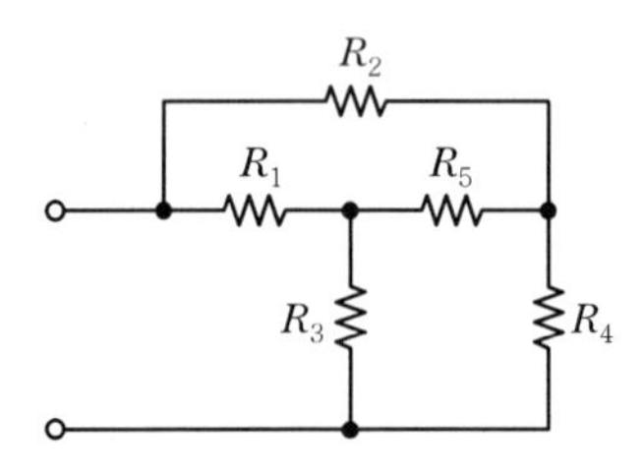

4 브리지 회로가 평형일 때 등가저항 구하는 법

R_5에는 전류가 흐르지 않으므로 R_5를 개방 또는 단락 처리한 다음 등가저항을 구한다. 개방, 단락 어느 방법에 의하여도 결과는 동일하다.

CHAPTER 08 CURRENT THEORY

$\Delta-Y$ 변환($\Pi-T$ 변환)

$\Delta-Y$ 변환($\Pi-T$ 변환)

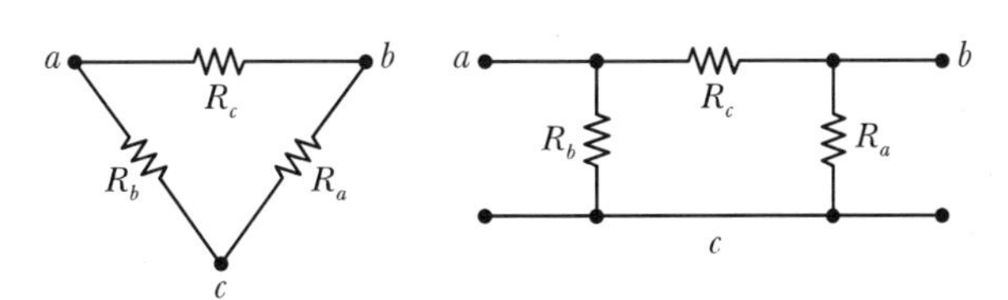

| π형태로 본 Δ형태 |

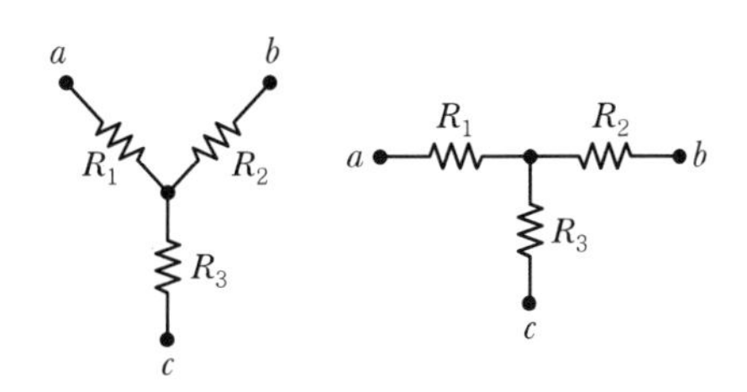

| T 구조로 본 Y 구조 |

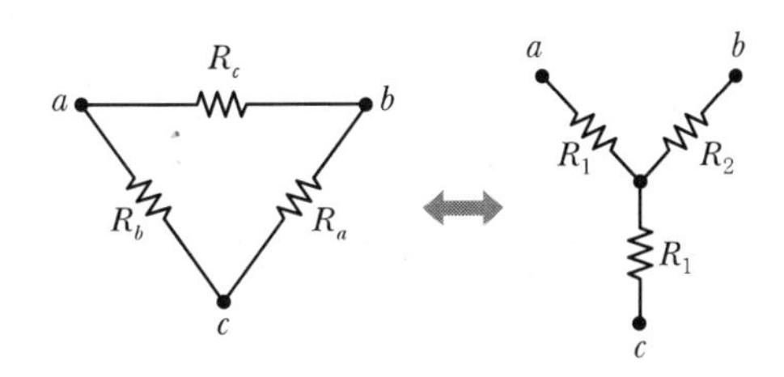

| $\Delta-Y$ 변환 |

다음 두 회로가 서로 등가일 때 저항 R_a, R_b, R_c와 R_{ab}, R_{bc}, R_{ca}의 관계를 특정단자를 개방하고 반대쪽에서 바라본 등가저항이 동일함을 이용하면 구할 수 있다.

1 a단자 개방($b-c$ 단자에서 바라본 등가저항 동일)

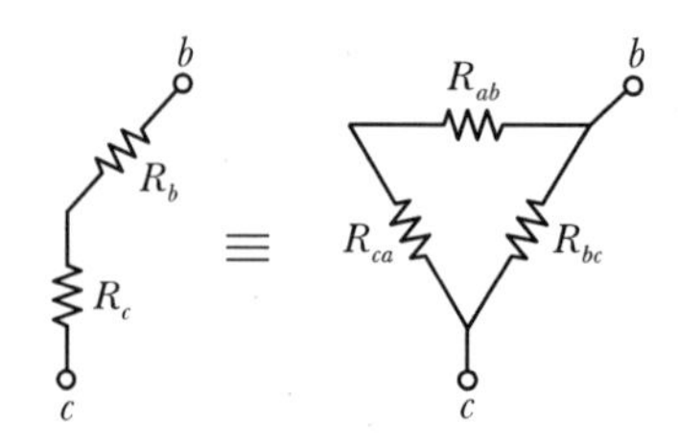

$$R_b + R_c = R_{bc} \parallel (R_{ab} + R_{ca})$$
$$= \frac{R_{ab}R_{bc} + R_{bc}R_{ca}}{R_{ab} + R_{bc} + R_{ca}} \quad \cdots\cdots\cdots\cdots \text{㉠}$$

2 b단자 개방($a-c$ 단자에서 바라본 등가저항 동일)

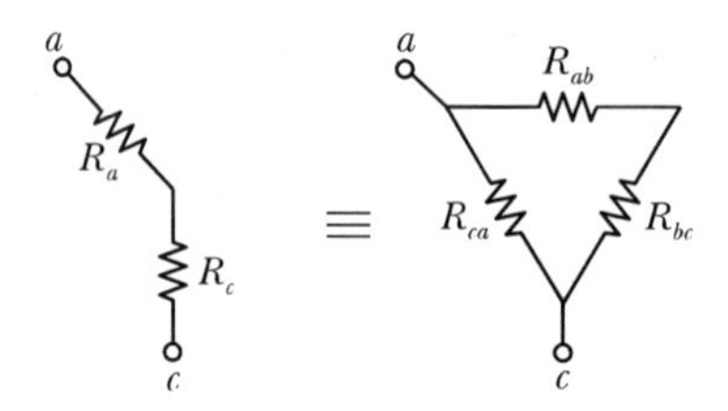

$$R_a + R_c = R_{ca} \parallel (R_{ab} + R_{bc})$$
$$= \frac{R_{ab}R_{ca} + R_{bc}R_{ca}}{R_{ab} + R_{bc} + R_{ca}} \quad \cdots\cdots\cdots\cdots \text{㉡}$$

3 c단자 개방($a-b$ 단자에서 바라본 등가저항 동일)

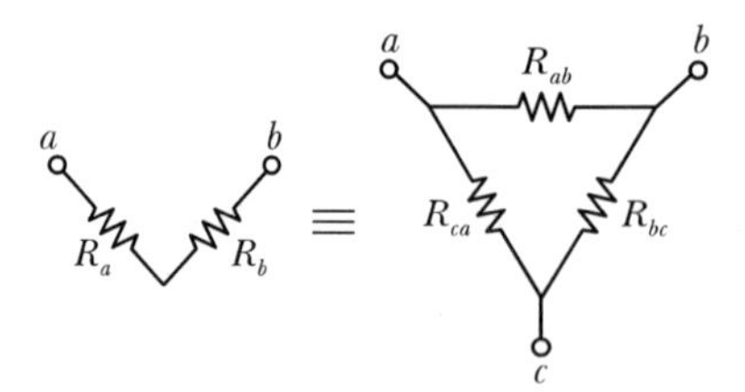

$$R_a + R_b = R_{ab} \parallel (R_{bc} + R_{ca})$$
$$= \frac{R_{ab}R_{bc} + R_{ab}R_{ca}}{R_{ab} + R_{bc} + R_{ca}} \quad \cdots\cdots\cdots\cdots \text{㉢}$$

4 상기 ㉠, ㉡, ㉢ 식을 정리하면,

(㉠ + ㉡ + ㉢) / 2 ➡ $R_a + R_b + R_c = \dfrac{R_{ab}R_{bc} + R_{bc}R_{ca} + R_{ca}R_{ab}}{R_{ab} + R_{bc} + R_{ca}}$ ························· ㉣

① ㉣－㉠를 하면, $R_a = \dfrac{R_{ab}R_{ca}}{R_{ab} + R_{bc} + R_{ca}}$

② ㉣－㉡를 하면, $R_b = \dfrac{R_{ab}R_{bc}}{R_{ab} + R_{bc} + R_{ca}}$

③ ㉣－㉢를 하면, $R_c = \dfrac{R_{bc}R_{ca}}{R_{ab} + R_{bc} + R_{ca}}$

≫ 예제 1

문제 다음 회로에서 R_a에 흐르는 전류가 0이다. 이때 R_X를 구하시오.(단, R_1 =25[Ω], R_2 =50[Ω], R_3 =40[Ω], R_a =10[Ω])

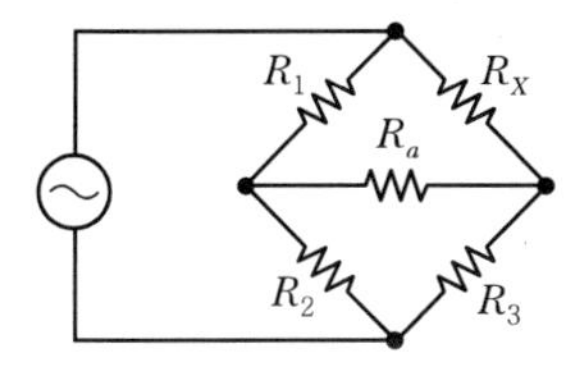

① 5[Ω] ② 10[Ω] ③ 15[Ω] ④ 20[Ω]

풀이

④

≫ 예제 2

문제 아래 회로에서 40[V] 전원에 의해 공급된 전류와 전력을 구하시오.

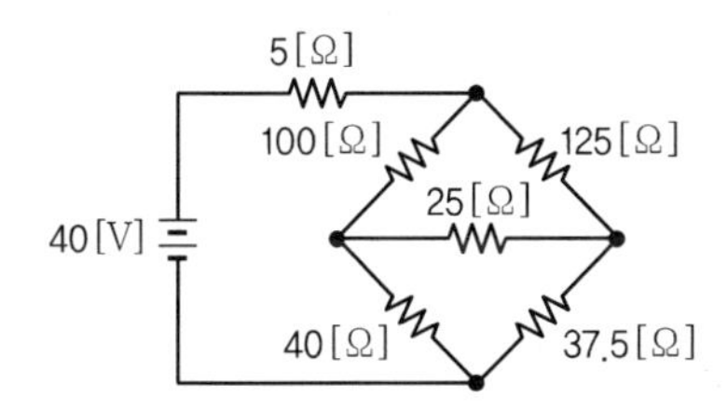

풀이

0.5[A], 20[W]

≫ 예제 ❸

문제 다음 회로에서 단자 a와 b 사이에 흐르는 전류[A]는? 14년 국가직 9급

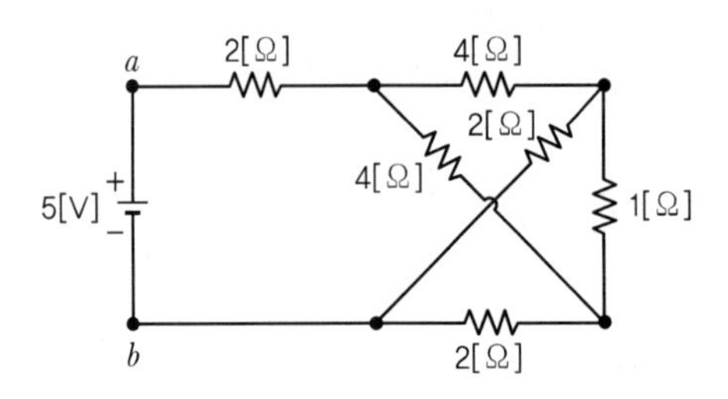

① 0.625
② 1
③ 1.3
④ 2

풀이

②

실전문제 CURRENT THEORY

01 다음 회로에 3[A]의 전류가 흐를 때, 단자 a－b 사이의 전압 V_{ab}[V]는?

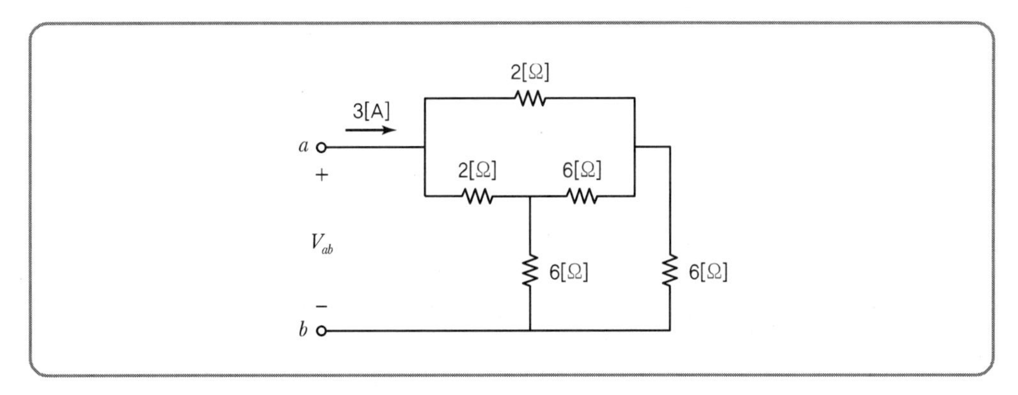

① 6　② 12
③ 18　④ 24

02 다음 회로에서 저항 10[Ω]에 흐르는 전류 I_1이 0 [A]일 때, 저항 R에 흐르는 전류 i [A]는?

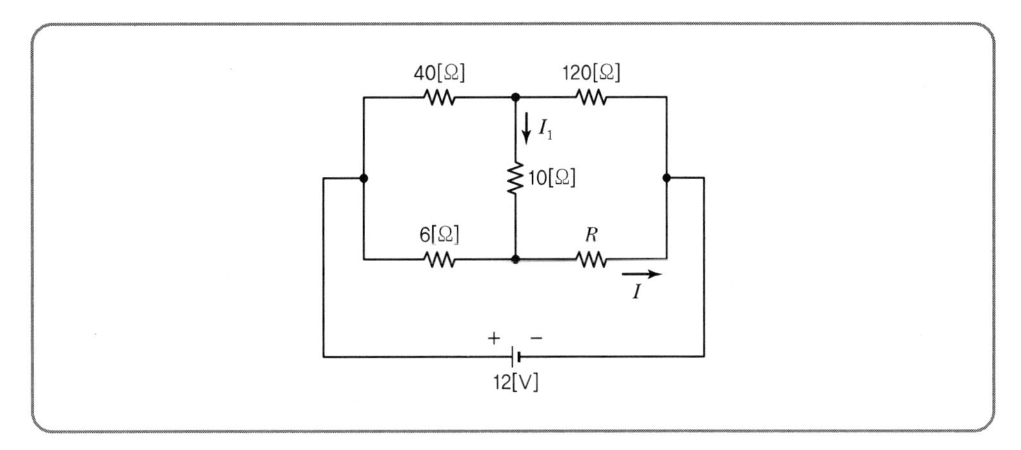

① 0.5　② 1
③ 1.5　④ 2

정답 01 ② 02 ①

03 다음 회로에서 조정된 가변저항값이 100[Ω]일 때 A와 B 사이의 저항 100[Ω] 양단 전압을 측정하니 0[V]일 경우, R_x[Ω]은?

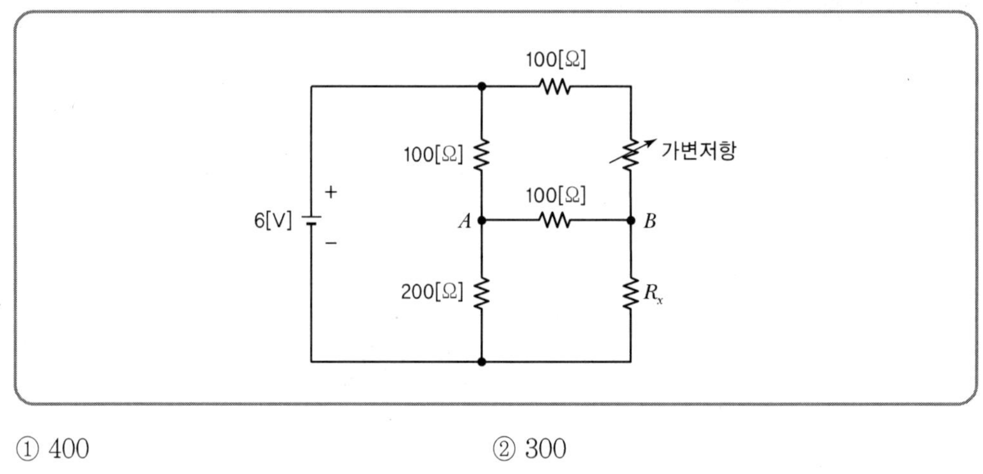

① 400　　② 300
③ 200　　④ 100

04 다음 회로에서 소모되는 전력이 12[W]일 때, 직류전원의 전압[V]은?

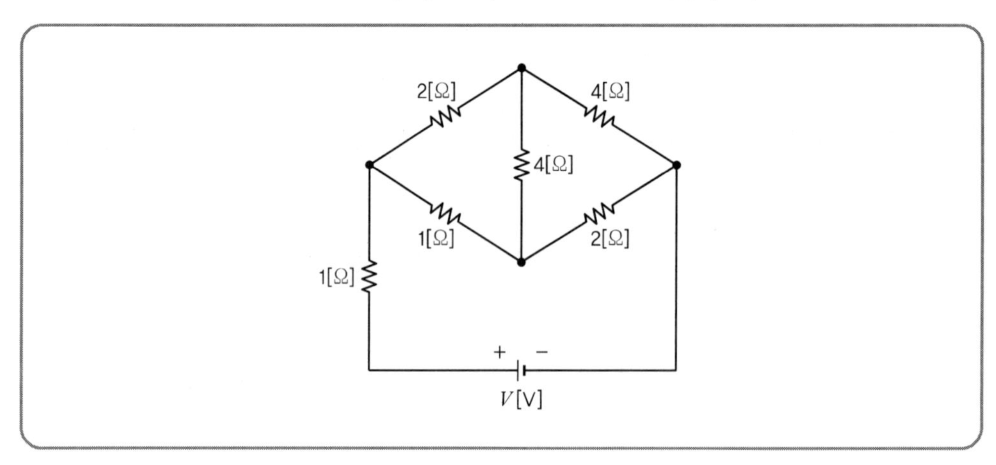

① 3　　② 6
③ 10　　④ 12

정답 **03** ① **04** ②

05 그림의 회로에서 전류 I[A]는?

20년 국가직 9급

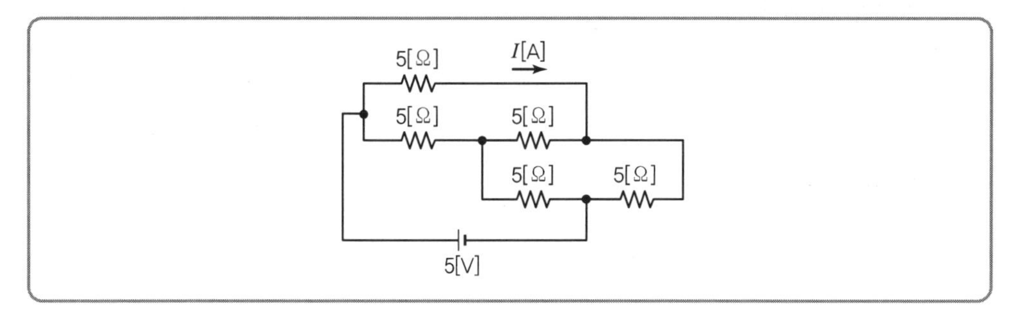

① 0.25　　② 0.5

③ 0.75　　④ 1

06 그림의 회로에서 전원의 전압이 140[V]일 때, 단자 A, B 간의 전위차 V_{AB}[V]는?

20년 서울시 9급

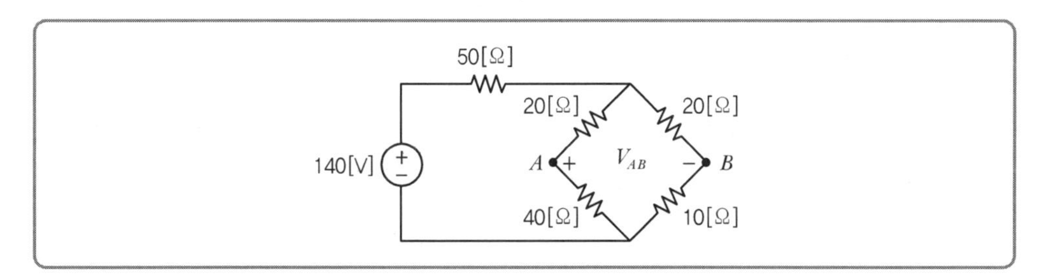

① $\frac{10}{3}$[V]　　② $\frac{20}{3}$[V]

③ $\frac{30}{3}$[V]　　④ $\frac{40}{3}$[V]

정답 05 ② 06 ④

CHAPTER 09 CURRENT THEORY

전압계와 전류계

1 다르송발 미터기

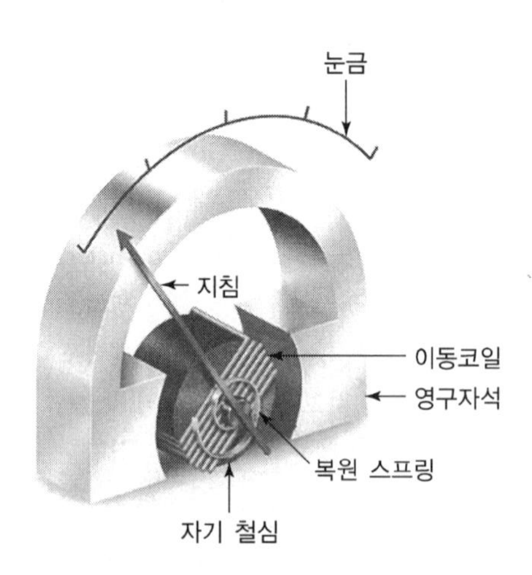

① 공학자 다르송발이 만든 것으로 미터기의 바늘이 흐르는 전류에 비례하여 움직인다.

② 다르송발 미터기의 저항을 적절히 연결하여 전압계 또는 전류계를 만들 수 있다.

③ 미터기는 아주 작은 전류에도 민감하게 반응하는데 미터기가 감당할 수 있는 최대 전류 I_D 및 최대 전압 V_D가 정해져 있다. 전압계, 전류계, 설계 시 미터기를 $r=\dfrac{V_D}{I_D}$인 저항으로 취급하면 편리하다.

2 전류계 설계방법

① 미터기에 흐를 수 있는 전류에 제한이 있으므로 미터기에 저항 R_A를 병렬로 연결하여 전류계에 흘러 들어오는 전류를 나누어 흐르게 한다.

② 측정 가능한 최대 전류 $I_{\max}$가 전류계에 흘러올 때 미터기에도 최대 전류 I_D가 흐르므로 전류분배법칙에 의해 필요한 저항 R_A를 구할 수 있다.

③ $I_D=\dfrac{R_A}{r+R_A}\times I_{\max}$

$$\therefore R_A=\frac{I_D}{I_{\max}-I_D}r=\frac{r}{n-1}[\Omega]\ \left(n=\frac{I_{\max}}{I_D}\right)$$

3 전압계 설계방법

① 미터기에 걸릴 수 있는 전압에 제한이 있으므로 미터기에 저항 R_V를 직렬로 연결하여 전압계에 걸리는 전압이 나누어 걸리도록 한다.

② 측정 가능한 최대 전압 $V_{\max}$가 전압계에 걸릴 때 미터기에도 최대전압 V_D가 걸리므로 전압분배의 법칙에 의해 필요한 저항 R_V를 구할 수 있다.

③ $V_D = \dfrac{r}{r+R_V} \times V_{\max}$

$$\therefore R_V = \left(\frac{V_{\max}}{V_D} - 1\right) = (n-1)r[\Omega] \ \left(n = \frac{V_{\max}}{V_D}\right)$$

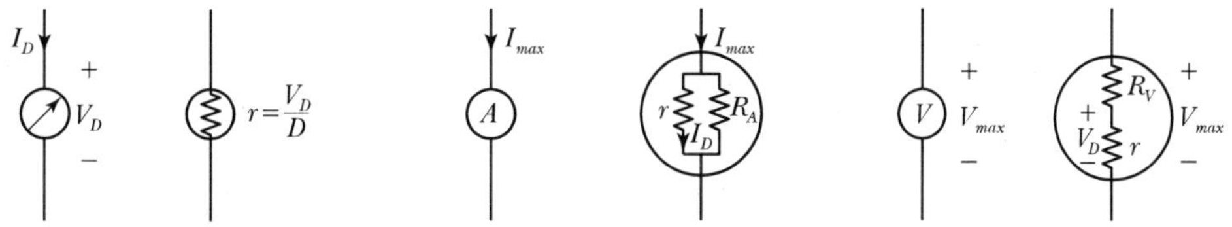

| 다르송발 미터기 |　　| 전류계 설계 |　　| 전압계 설계 |

4 부하효과 및 이상적인 전압계, 전류계의 조건

① 전압, 전류 측정시 전압계, 전류계의 자체저항으로 인해 원래 회로의 구조가 달라지게 되므로 실제값(전압계, 전류계 연결 전 전압, 전류 값)과 측정값 사이에 필연적으로 오차가 발생한다. 부하효과(어느 단자에 부하를 연결하면 연결 전후의 전압, 전류가 서로 달라지는 현상)에 의한 대표적인 현상이다.

② 이상적인 전압계는 그 자신으로는 전류가 흐르지 않으면서 전압만 측정해야 하므로 전압계의 내부저항이 무한대(개방상태)이어야 한다. 즉, $r + R_V = \infty[\Omega]$

③ 이상적인 전류계는 그 자신은 전압이 걸리지 않으면서 전류만을 측정해야 하므로 전류계의 내부저항이 0(단락상태)이어야 한다. 즉, $r \parallel R_A = 0[\Omega]$

5 전압계와 전류계 연결방법

① 전류계(Ammeter)는 전류를 측정하기 위해서 설계된 계측기로, 전류가 측정되고 있는 회로소자와 직렬로 배열된다.

② 전압계(Voltmeter)는 전압을 측정하기 위해서 설계된 계측기로 전압이 측정되고 있는 소자와 병렬로 배치된다.

③ **이상적인 전류계** : 0[Ω](Short)의 등가저항을 갖고 전류가 측정되고 있는 소자와 직렬인 단락 회로로서 기능한다.

④ **이상적인 전압계 :** ∞ [Ω](Open)의 등가저항을 갖고 전압이 측정되고 있는 소자와 병렬인 개방 회로로서 기능한다.

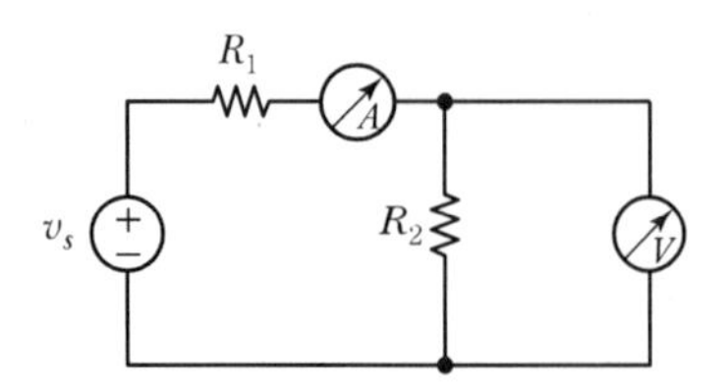

R_1에 흐르는 전류를 측정하기 위해 연결된 전류계와 R_2에 걸린 전압을 측정하기 위해 연결된 전압계

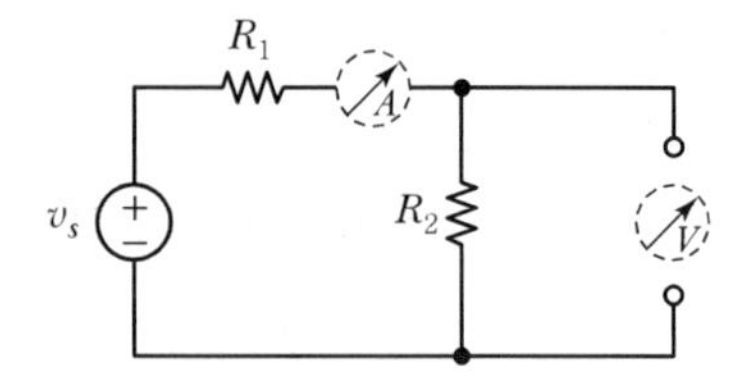

이상적인 전류계를 위한 단락회로모델과 이상적인 전압계를 위한 개방회로모델

㉠ R_1에 흐르는 전류를 측정하기 위해 연결된 전류계와 R_2에 걸린 전압을 측정하기 위해 연결된 전압계

㉡ 이상적인 전류계를 위한 단락회로 모델과 이상적인 전압계를 위한 개방회로 모델

➡ 아날로그 계측기와 디지털 계측기의 특성비교

연속적인 전압과 전류를 측정하기 위해서 두 가지 종류의 계측기, 즉 디지털 계측기와 아날로그 계측기가 사용된다. 디지털 계측기(Digital Meter)는 표본화 시간이라고 불리는 시간의 이산점에서 연속적인 전압 또는 전류 신호를 측정한다. 따라서 그 신호는 시간에 연속적인 아날로그 신호로부터 시간의 이산 순간에만 존재하는 디지털 신호로 변환된다. 디지털 계측기의 동작에 대한 자세한 설명은 이 책의 범위를 벗어난다. 그러나 아날로그 계측기에 비해 여러 가지 이점이 있기 때문이 실험실에서 디지털 계측기를 보고 사용하게 될 것이다. 이들은 연결되는 회로로 보다 적은 저항을 삽입하고, 보다 연결하기 쉬우며, 정보 판독 장치의 특성에 기인하여 측정의 정밀도가 높다.

아날로그 계측기(Analog Meter)는 눈금 판독 구조를 구현한 다르송발(D'Arsonval) 계측기 동작에 기초를 두고 있다. 다르송발 계측기 동작기는 영구자석의 자계에 위치된 이동 코일로 구성되어 있다. 전류가 코일에 흐를 때, 코일에 회전력(Torque)이 생성되고, 이로 인해 회전이 유발되어 지침(Pointer)은 조정된 눈금을 가로질러 움직인다. 설계에 따라서, 바늘의 편향은 이동 코일에 흐르는 전류에 직접적으로 비례한다. 코일은 정격전압과 정격전류 모두에 의해 특징지어진다. 예를 들어 상업적으로 유용한 어떤 계측기 동작이 50[mV]와 1[mA]로 정격이 되어 있다. 이는 코일이 1[mA]를 운반할 때 코일에 걸린 전압 강하는 50[mV]이고 지침은 최대 눈금 위치로 편향된다는 것을 의미한다.

CHAPTER 10

CURRENT THEORY

전압원과 전류원

- 저항은 전기적 에너지를 소비하지만 전기적 에너지를 발생시키는 장치를 전원(Electric Source)이라고 한다. 축전지, 발전기, 태양전지, 발진기 등은 그 예이다. 한편 전원에 연결되는 장치를 부하(Load)라고 하는데, 여기서 두 가지 이상적인 전원을 생각한다.
- 회로도에는 반드시 전원의 극성을 표시해야 한다.
- 이상적인 전원은 종속전원과 대비하여 독립전원(Independent Source)이라 부르기도 하고, 단순히 전압원, 전류원이라 칭하기도 한다.

1 이상적인 전압원(Ideal Voltage Source)

부하가 있든 없든 관계없이 단자전압의 시간적 변화가 주어진 시간함수 $v(t)$와 같은 전원을 이상적인 전압원이라 한다.

2 이상적인 전류원(Ideal Current Source)

부하가 있든 없든 관계없이 출력전류의 시간적 변화가 주어진 시간함수 $i(t)$와 같은 전원을 이상적인 전류원이라 한다.

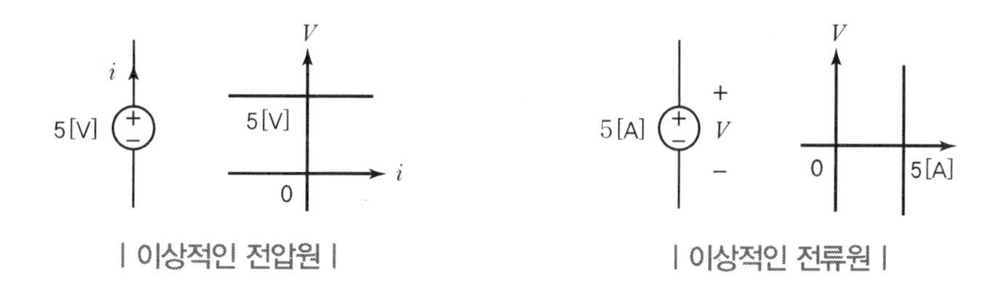

| 이상적인 전압원 | | 이상적인 전류원 |

3 이상적인 전원에 대한 기호

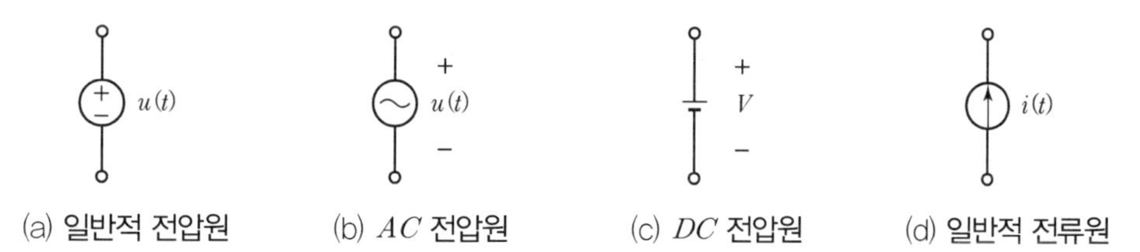

(a) 일반적 전압원 (b) AC 전압원 (c) DC 전압원 (d) 일반적 전류원

4 대표적인 전압, 전류의 파형

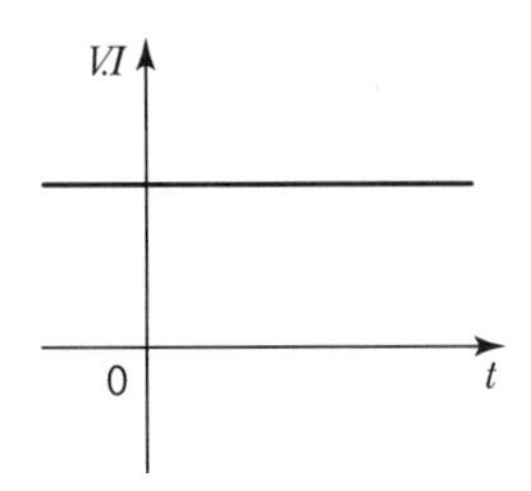

(a) DC

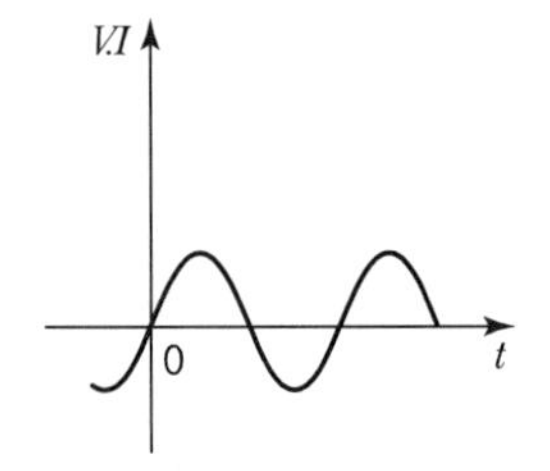

(b) AC(사인파)

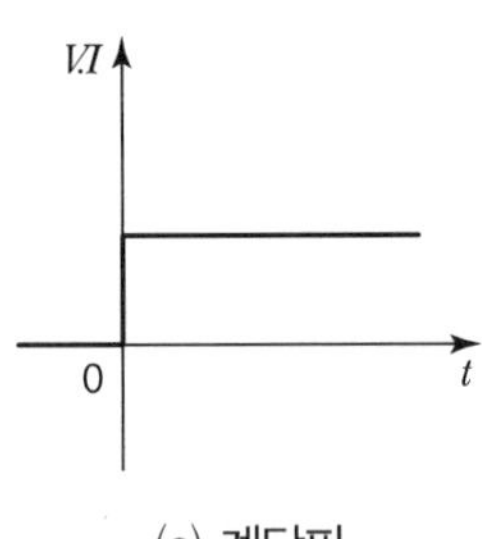

(c) 계단파

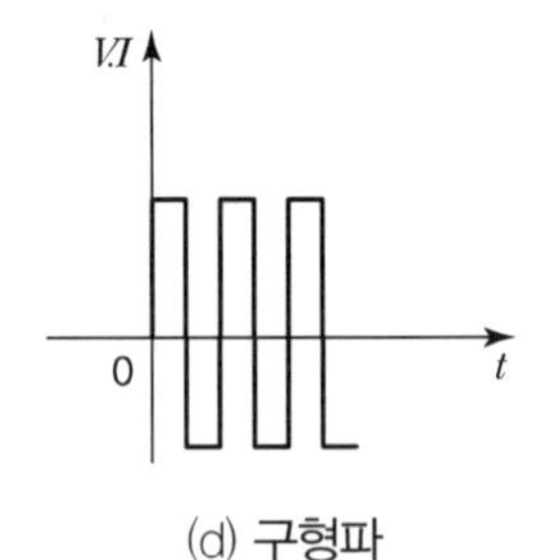

(d) 구형파

5 전원에서의 전력

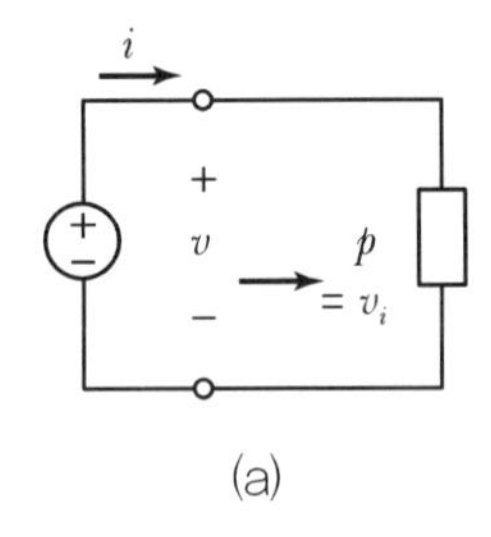

(a)

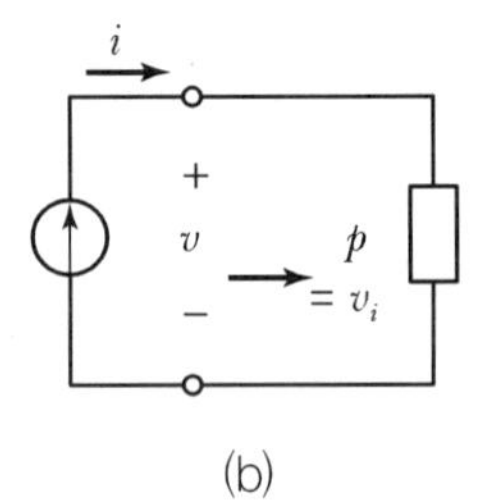

(b)

① 전압원에서 전압상승 v의 방향으로 흐르는 전류 i라 하면 전원이 외부회로에 공급하는 전력은 $P = vi$가 된다.

② 회로의 한부분에서 전압상승의 방향으로 전류가 흐를 때에는 그 부분에서 전력이 발생되어 여타 부분에 공급된다.

③ 반대로 전압강하의 방향으로 전류가 흐를 때에는 그 부분에서 전력이 소비(흡수)된다.

≫ 예제 ❶

문제 **아래 회로에서 각 부품이 공급 또는 흡수되는 전력을 구하시오.**

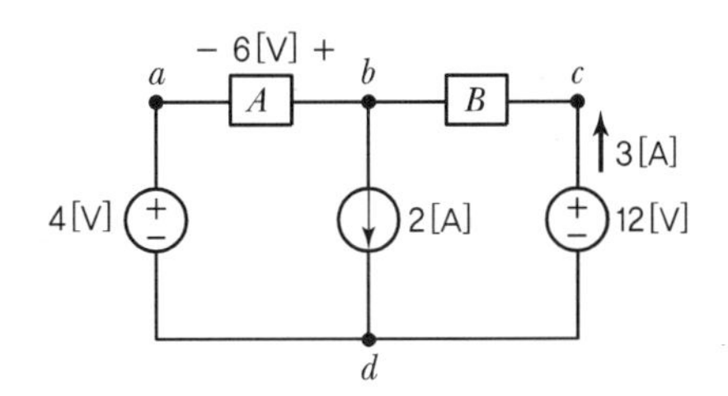

풀이

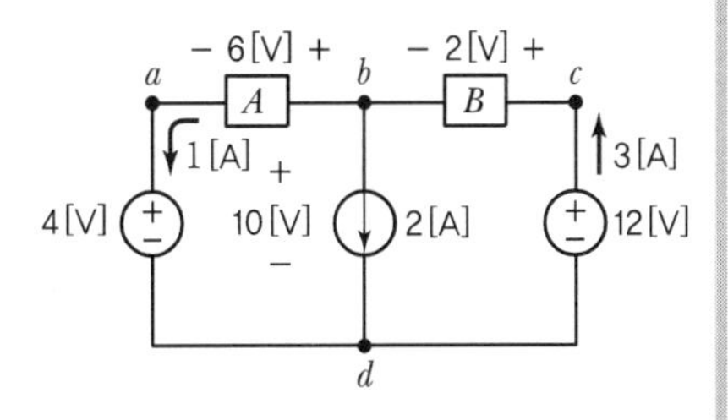

KVL에 의하여

$v_{bd} = 4[V] + 6[V] = 10[V]$,

$v_{cb} + 12[V] - v_{bd} = 2[V]$

KCL에 의하여

$i_{ba} = i_{ad} = 3[A] - 2[A] = 1[A]$

그러므로 회로의 전류, 전압 분포는 풀이의 그림과 같다. 이것으로부터 12[V] 전원에서는 전압상승의 방향으로 3[A]의 전류가 흐르므로 12[V]×3[A]=36[W]의 전력공급(발생)이 있지만 기타의 모든 부품에서는 전압강하의 방향으로 전류가 흐르므로 전력의 흡수(소비)가 있다.

즉, 4[V] 전원에서는 4[V]×1[A]=4[W], 2[A] 전원에서는 10[V]×2[A]=20[W], A에서는 6[V]×1[A]=6[W], B에서는 2[V]×3[A]=6[W]의 전력 흡수가 있다.(체크 : 36[W]=4[W]+20[W]+6[W]+6[W])

6 실제적인 전원의 등가회로

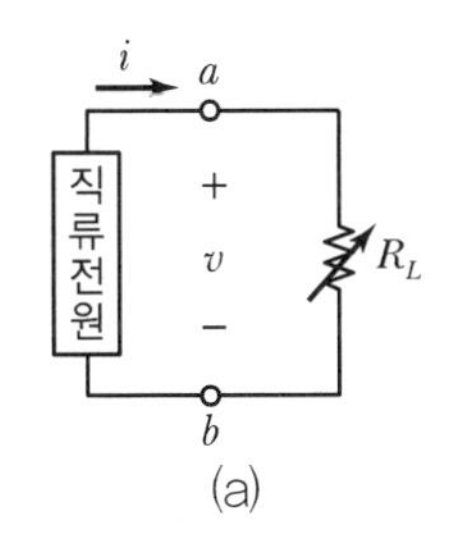

(a)

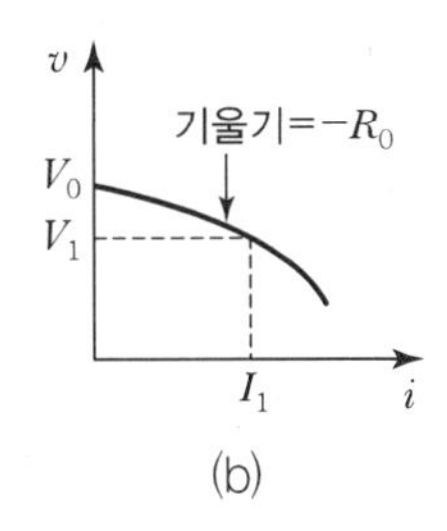

(b)

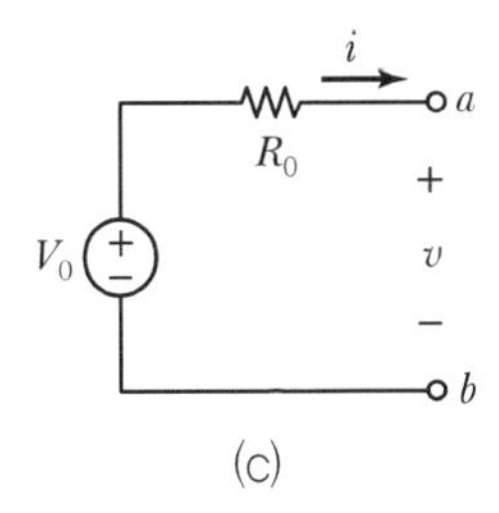

(c)

$v = V_0 - R_0 i$ ($y = b - ax$ 형식)

여기서, V_0 : y축 절편값=단자의 개방전압

R_0 : 직선부분 기울기의 절대치=보통 전원의 내부저항

7 전원의 직렬 및 병렬

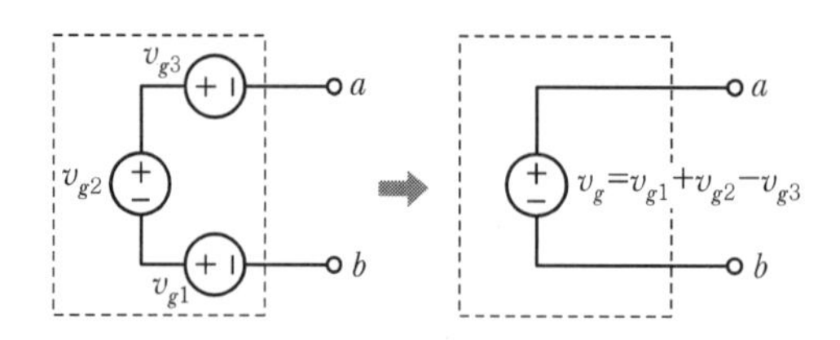

| 전압원의 직렬 |

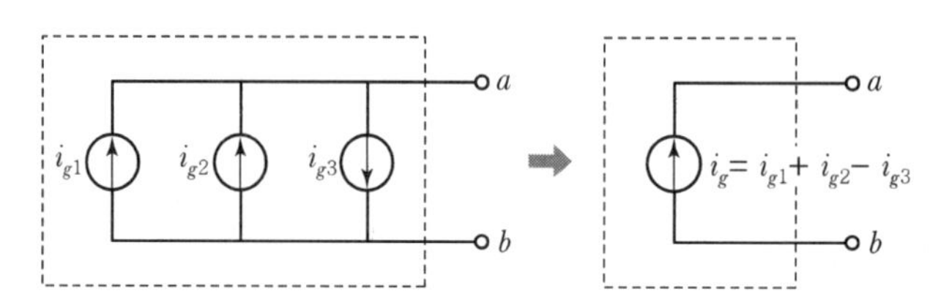

| 전류원의 병렬 |

실전문제 CURRENT THEORY

01 전압계와 전류계를 이용하여 소자의 전압과 전류를 측정하고자 할 때 측정 방법으로 옳은 것은? 14년 국가직 9급

① 전압계는 소자와 병렬, 전류계는 소자와 직렬로 연결한다.
② 전압계는 소자와 직렬, 전류계는 소자와 병렬로 연결한다.
③ 전압계와 전류계 모두 소자와 병렬로 연결한다.
④ 전압계와 전류계 모두 소자와 직렬로 연결한다.

02 전기회로의 측정에 대한 설명으로 옳지 않은 것은? 12년 지방직 9급

① 멀티미터의 선택 스위치를 AC에 두고 정현파 신호를 측정하면, 그 값은 실횻값을 나타낸다.
② 전압계는 측정하고자 하는 회로소자에 병렬로, 전류계는 직렬로 연결해야 한다.
③ 전압계의 내부저항은 매우 커야 하고, 전류계의 내부저항은 매우 작아야 한다.
④ 오실로스코프는 측정하고자 하는 신호가 일정한 주파수를 가질 때 사용하는 전압계/전류계이다.

03 다음은 전류증폭기, 전압계, 분류기, 전압원의 특성을 설명한 것이다. 올바른 것은 무엇인가?

① 전압계는 회로에 직렬로 연결하고 그 내부저항은 무한대이다.
② 이상적인 전압원의 내부저항은 무한대이다.
③ 전류계의 측정 범위를 증가시키기 위해 전류계와 직렬로 연결하는 저항을 분류기라고 한다.
④ 이상적인 전류 증폭기의 출력임피던스는 무한대이다.

정답 01 ① 02 ④ 03 ④

04 그림 (a)와 그림 (b)를 이용하여 그림 (c)의 전류값 I[A]를 구하면?(단, N은 전원을 포함한 임의의 저항회로이다.)

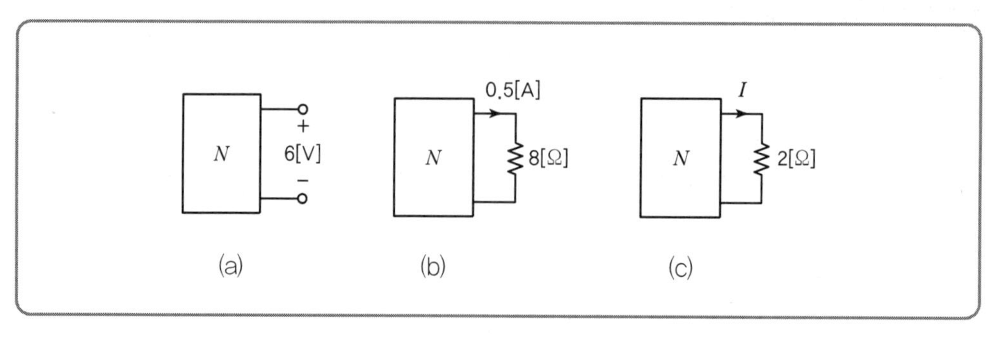

① 0.25
② 0.5
③ 1
④ 2

05 전류의 측정 범위를 확대하기 위하여 전류계와 (가)로 연결하는 저항을 분류기 저항이라 하고, 전압의 측정 범위를 확대하기 위하여 전압계와 (나)로 연결하는 저항을 배율기 저항이라 한다. (가)와 (나)에 들어갈 내용으로 옳게 짝지은 것은?

① 직렬 직렬
② 직렬 병렬
③ 병렬 직렬
④ 병렬 병렬

06 다음 회로에서 부하저항($R_L = 30$[kΩ]) 양단에 전압계를 이용하여 전압을 측정하였더니 5[V]로 측정되었다. 이 전압계 내부저항[kΩ]은 얼마인가?(단, $V_{th} = 10$[V], $R_{th} = 12$[kΩ]이다.)

18년 지방직 9급

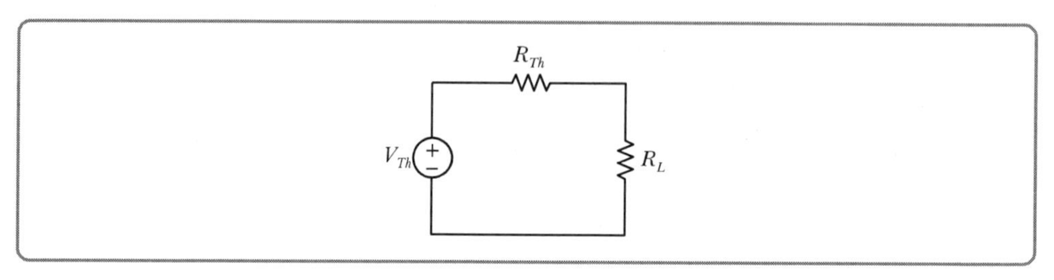

① 10
② 15
③ 20
④ 30

정답 04 ③ 05 ③ 06 ③

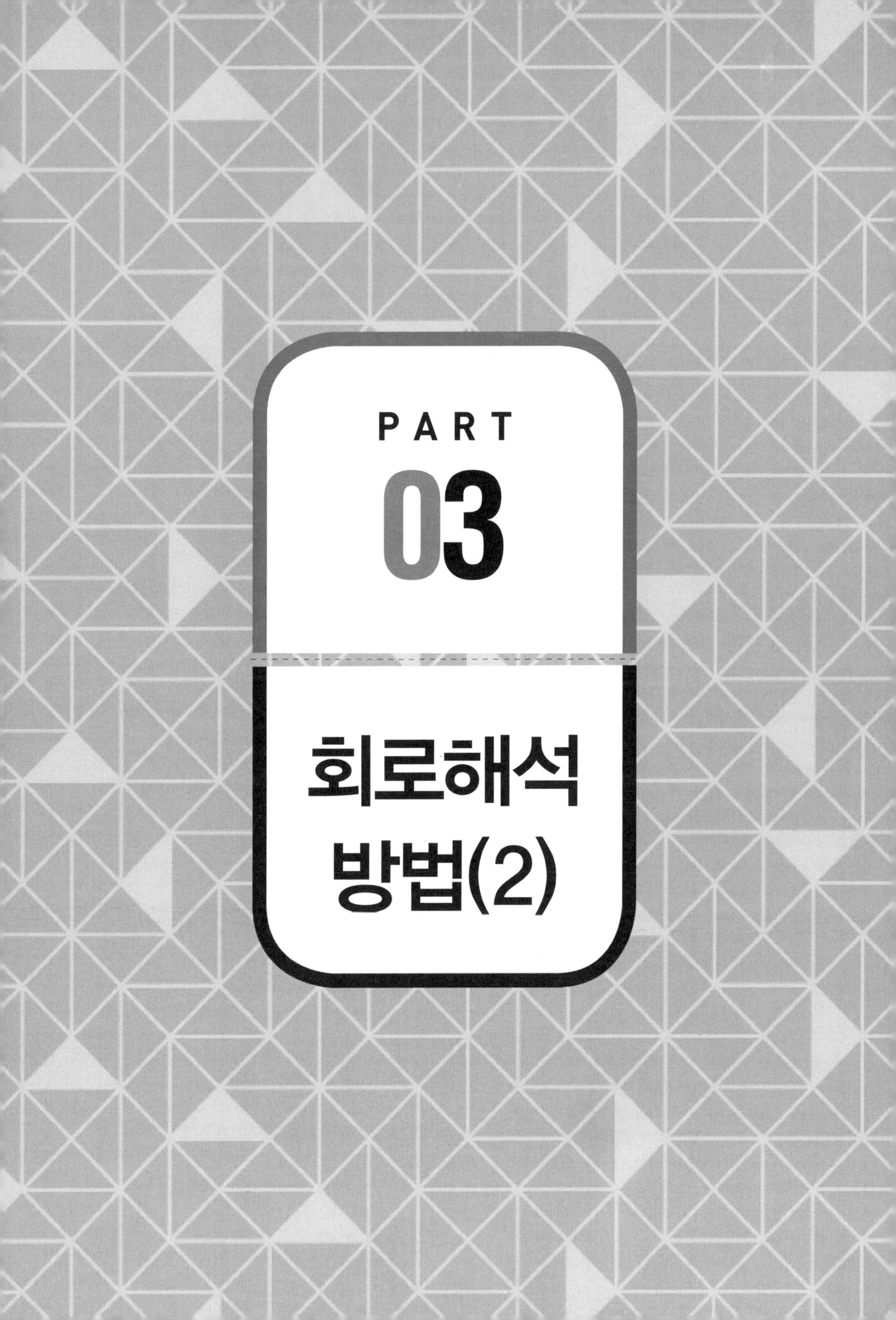

PART 03

회로해석 방법(2)

CHAPTER 01

CURRENT THEORY

마디전압과 단자전압의 구별

회로 설명을 위한 용어

명칭	정의	아래 예제 1의 회로 예
마디	둘 또는 그 이상의 회로 소자가 결합하는 점	a
필수 마디	셋 또는 그 이상의 회로 소자가 결합하는 점	b
경로	한 번 이상 포함되는 소자를 갖지 않는 인접한 기본 소자의 추적	$v_1 - R_1 - R_5 - R_6$
가지	두 마디를 연결하는 경로	R_1
필수 가지	1개의 필수 마디도 통과하지 않고, 2개의 필수 마디들을 연결하는 경로	$v_1 - R_1$
폐회로	마지막 마디가 출발 마디와 같은 경로	$v_1 - R_1 - R_5 - R_6 - R_4 - v_2$
망	어떤 다른 폐회로를 에워싸지 않는 폐회로	$v_1 - R_1 - R_5 - R_3 - R_2$
평면회로	교차하는 가지 없이 평면 상에 그려질 수 있는 회로	예제 1의 그림 (a), (b)는 평면 회로이다.
		예제 1의 그림 (c)는 비평면 회로이다.

» 예제 ❶

문제 회로에 있는 마디, 가지, 망 및 폐회로 그림의 회로에서 다음을 확인하라.

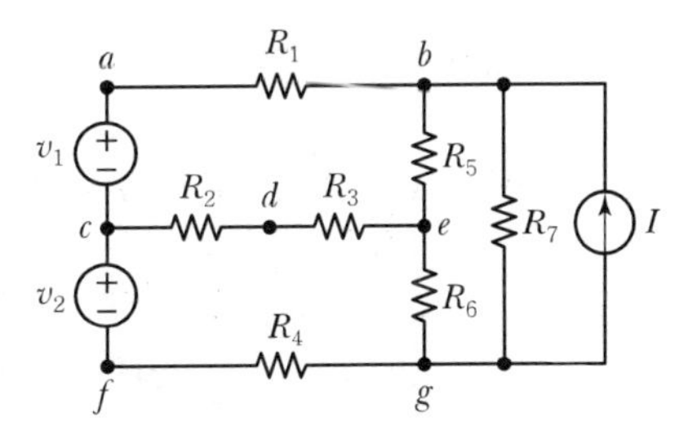

① 모든 마디

② 모든 필수 마디

③ 모든 가지

④ 모든 필수 가지

⑤ 모든 망

⑥ 폐회로 또는 필수 가지가 아닌 2개의 경로

⑦ 망이 아닌 폐회로 2개

풀이

① 마디는 a, b, c, d, e, f, g이다.

② 필수 마디는 b, c, e, g이다.

③ 가지는 v_1, v_2, R_1, R_2, R_3, R_4, R_5, R_6, R_7, I 이다.

④ 필수 가지는 v_1-R_1, R_2-R_3, v_2-R_4, R_5, R_6, R_7, I 이다.

⑤ 망은 $v_1-R_1-R_5-R_3-R_2$, $v_2-R_2-R_3-R_6-R_4$, $R_5-R_7-R_6$, R_7-I 이다.

⑥ $R_1-R_5-R_6$은 경로이다. 그러나 폐회로는 아니고(같은 시작과 끝나는 마디를 갖고 있지 않기 때문에), 필수 가지도 아니다(2개의 필수 마디를 연결하지 않기 때문에). 또한 v_2-R_2는 경로이지만 같은 이유로 폐회로나 필수 가지는 아니다.

⑦ $v_1-R_1-R_5-R_6-R_4-v_2$는 폐회로이지만 그 안에 2개의 폐회로가 있기 때문에 망은 아니다. $I-R_5-R_6$ 또한 폐회로이지만 망은 아니다.

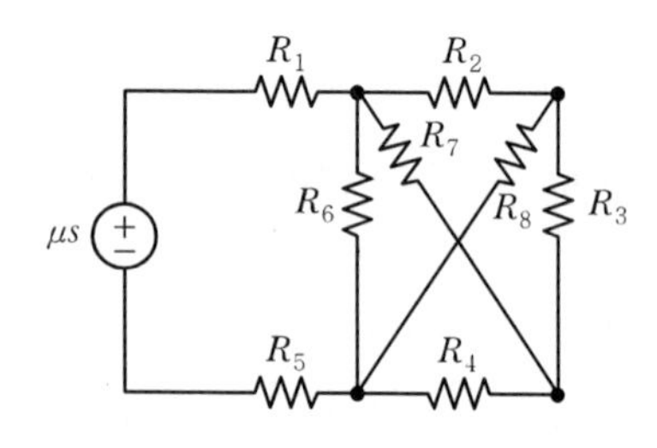

(a) 평면회로

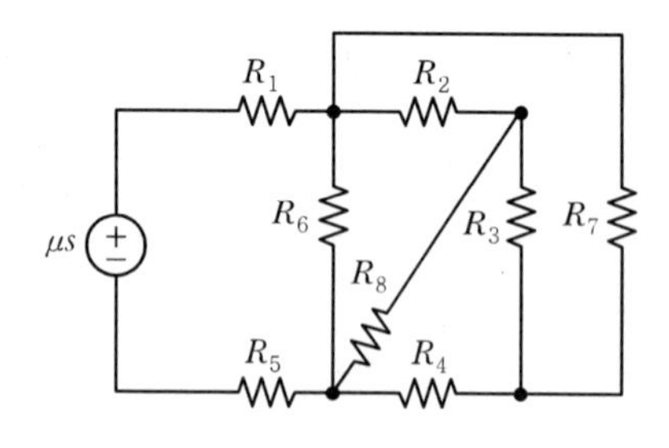

(b) 평면회로 등가

(a) 회로가 평면이라는 것을 증명하기 위해서 다시 그린 같은 회로는 다음과 같다.

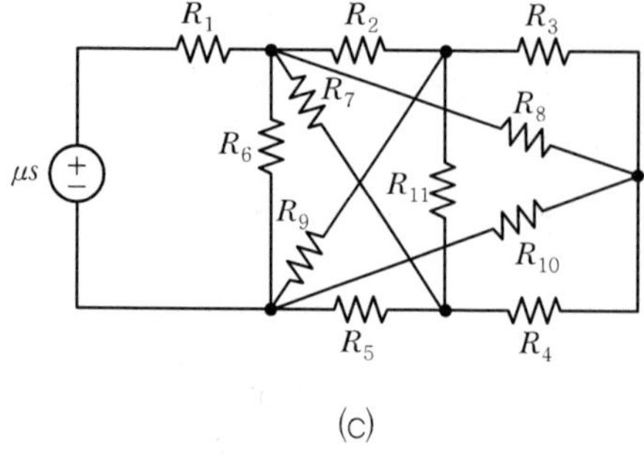

(c)

| 비평면 회로 |

1 기준마디(기준절점, Reference Node)

마디 전압 부여 시 회로의 여러 마디 중에서 하나의 마디를 미리 기준마디(전압이 0[V]인 마디)로 잡는다. 기준마디는 접지 표시 등으로 미리 주어져 있는 경우도 있으나 이러한 기준 마디표시가 없을 때는 임의로 아무 마디나 회로해석에 편리한 마디를 기준마디로 두면 된다.

2 마디전압(Node Voltage)

① 회로의 기준마디(전압이 0[V])로부터 특정 마디까지의 전압

② 마디전압은 기준 마디를 −극으로 두었을 때 기준 마디(−극)에서 해당 마디(+극)까지의 전압을 의미하므로 반드시 단자전압과 개념을 구분해야 한다. 마디전압을 표시할 때는 + − 극 표시를 하지 않는다. 이미 기준마디가 나머지 모든 마디전압에 대해 − 극임을 전제하고 있기 때문이다.

3 마디전압을 사용하는 이유

회로 내의 각 소자에 걸리는 전압(단자전압)을 미지수로 하면 많은 수의 미지수가 필요하다. 그러나 단자전압 대신 마디전압을 이용하면 미지수의 수를 현저하게 줄일 수 있다.

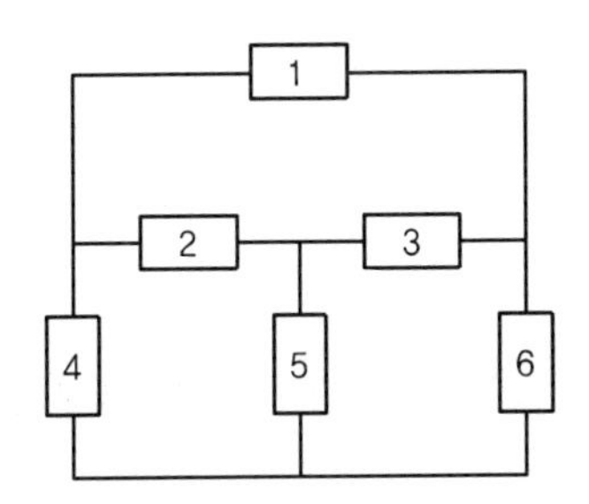

CHAPTER 02

CURRENT THEORY

마디 전압법

1 마디 전압법(Node－Voltage Method)

회로 내의 각 마디전압을 KCL을 이용하여 구하는 방법

2 각 저항을 흐르는 전류표시

① 각 저항을 흐르는 전류를 단자전압이 아니라 마디전압으로 표시해야 한다.

② 단자전류의 표현방법

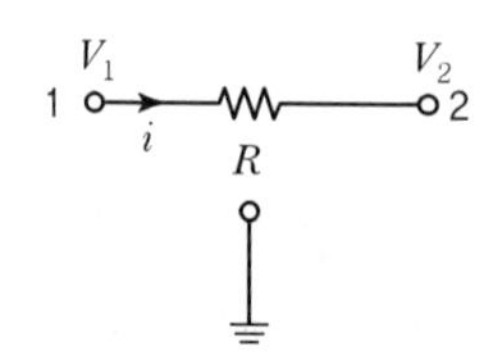

③ 소자값이 저항 대신 컨덕턴스로 주어진 경우

3 마디전압법 적용순서

① 회로의 마디를 표시한다.

② 기준마디를 임의로 잡고 반드시 접지표시를 한다.(문제에 접지표시가 있으면 접지표시가 된 마디를 기준마디로 놓는다.)

③ 마디전압 중 전압을 모르는 마디전압을 미지수로 놓는다.

④ 회로 내에 종속전원이 있으면 종속전원의 제어변수도 미지수로 놓는다.

⑤ 미지수의 개수만큼 필요한 연립방정식을 세운다.(특별한 경우가 아니면 전압 값을 이미 알고 있는 마디에서는 방정식을 세울 필요가 없다.)

⑥ ⑤에서 세운 연립방정식을 정리하고 푼다.

예제 ❶

문제 다음 회로의 각각의 마디전압을 구하시오.

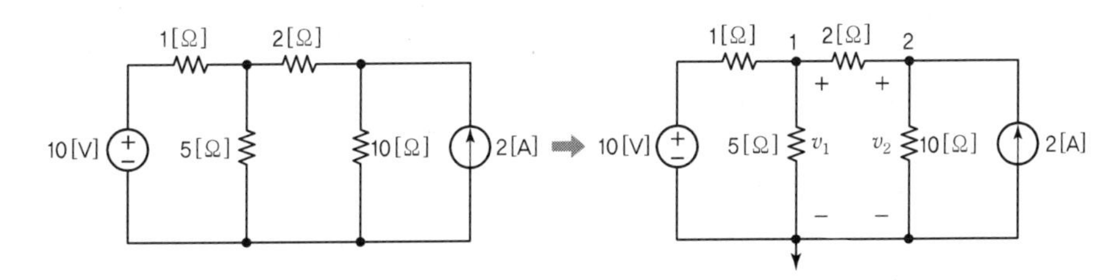

풀이

$$\frac{v_1 - 10}{1} + \frac{v_1}{5} + \frac{v_1 - v_2}{2} = 0$$

$$\frac{v_1 - 10}{2} + \frac{v_2}{10} - 2 = 0$$

$$v_1 = \frac{100}{11} = 9.09[\mathrm{V}]$$

$$v_2 = \frac{120}{11} = 10.91[\mathrm{V}]$$

예제 ❷

문제 아래 회로를 보고 마디 전압법을 이용하여 각 물음에 답하시오.

① i_a, i_b, i_c 각각의 전류를 구하시오.

② 각 전원과 연관된 전력을 구하고 전원이 전력을 전달하는지 흡수하는지를 말하시오.

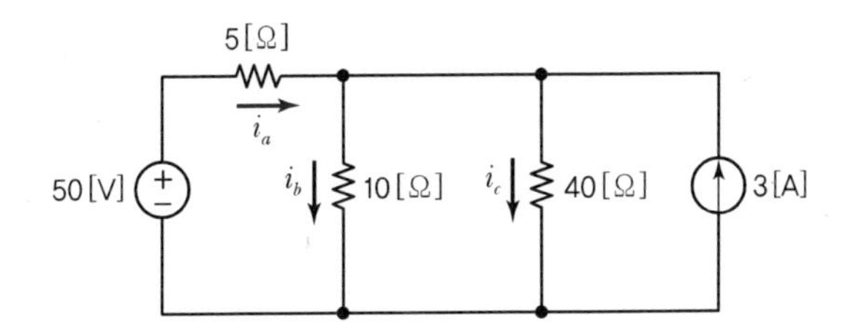

풀이

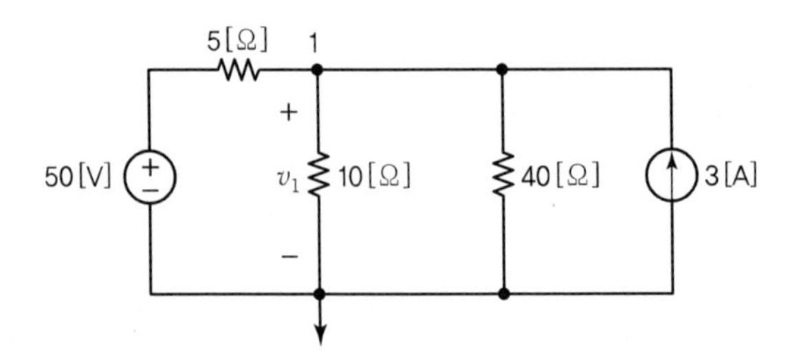

$$v_1 - 550 + \frac{v_1}{10} + \frac{v_1}{40} - 3 = 0$$

v_1에 대해서 풀면

$$v_1 = 40[\text{V}]$$

$$i_a = \frac{50-40}{5} = 2[\text{A}]$$

$$i_b = \frac{40}{10} = 4[\text{A}]$$

$$i_c = \frac{40}{40} = 1[\text{A}]$$

50[V] 전원과 관련된 전력은 다음과 같다.

$$p_{50V} = -50i_a = -100[\text{W}](\text{전달})$$

3[A] 전원과 관련된 전력은 다음과 같다.

$$p_{3A} = -3v_1 = -3(40) = -120[\text{W}](\text{전달})$$

전달된 전체 전력이 220[W]라는 것을 주목함으로써 이들 계산을 확인한다. 세 저항에 의해 흡수된 전체 전력은 계산한 바와 같이, 그리고 그렇게 되어야만 하는 것과 같이 4(5)+16(10)+1(40), 즉 220[W]이고 반드시 그렇게 되어야만 한다.

망로전류/단자전류

1 망로전류(Mesh Current)

회로에서 어느 망로를 따라 흐르는 전류, 소자를 흐르는 전류(단자전류)와 구별해야 한다.

2 망로전류를 통한 단자전류의 이해

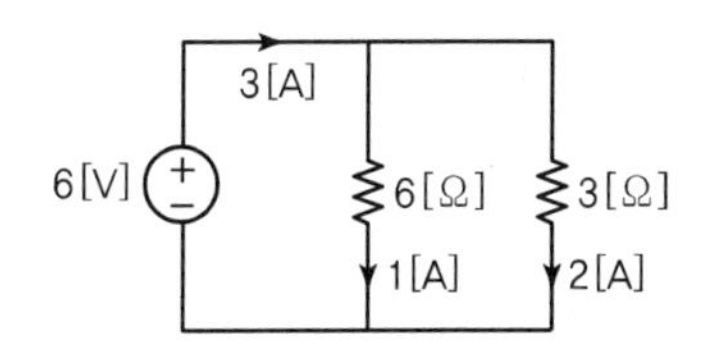

상기 회로에서 좌우측 망로가 겹치는 부분의 전류(6[Ω] 저항 전류)를 망로전류를 이용해 아래와 같이 이해할 수 있다.

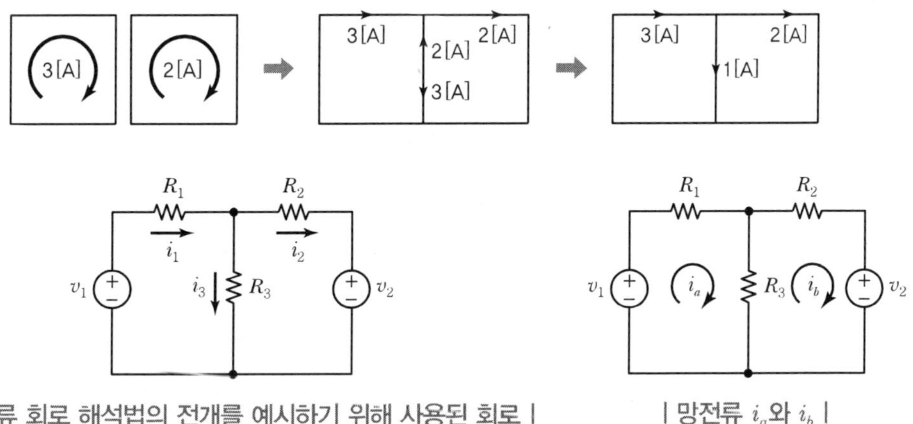

| 망 전류 회로 해석법의 전개를 예시하기 위해 사용된 회로 |

| 망전류 i_a와 i_b |

3 망로 전류를 사용하는 이유

회로 내의 각 소자를 흐르는 전류(단자전류)를 미지수로 하면 많은 수의 변수가 필요하다. 그러나 단자전류 대신 망로전류를 이용하면 미지수의 수를 현저하게 줄일 수 있다.

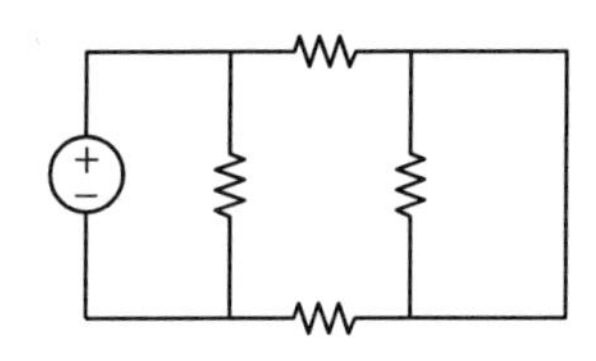

≫ 예제 ❶

문제 다음 회로에서 망로전류 i_1, i_2 및 단자전류 i_3, i_4를 구하시오.

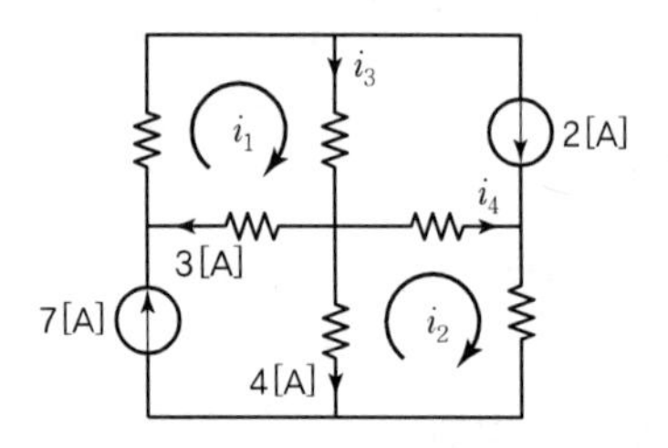

풀이

$i_1 = 10[\mathrm{A}]$, $i_2 = 3[\mathrm{A}]$, $i_3 = 8[\mathrm{A}]$, $i_4 = 1[\mathrm{A}]$

≫ 예제 ❷

문제 그림의 회로에 대한 설명으로 옳지 않은 것은?

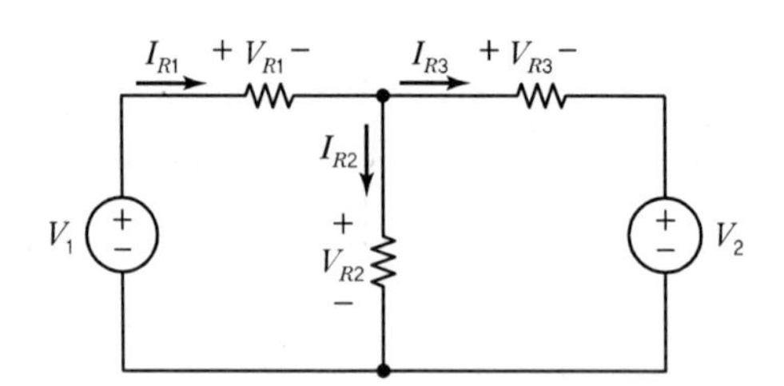

① 회로의 마디(node)는 4개다.

② 회로의 루프(loop)는 3개다.

③ 키르히호프의 전압법칙(KVL)에 의해 $V_1 - V_{R1} - V_{R3} - V_2 = 0$이다.

④ 키르히호프의 전류법칙(KCL)에 의해 $I_{R1} + I_{R2} + I_{R3} = 0$이다.

풀이

④

CHAPTER 04 CURRENT THEORY

망로전류법

1 망로전류법(Mesh－Current Method)

회로 내의 각 망로전류를 KVL을 이용하여 구하는 방법

2 각 저항에 걸리는 전압표시

① 각 저항에 걸리는 전압을 단자전류가 아닌 망로전류로 표시해야 한다.

② 단자전압의 표현방법

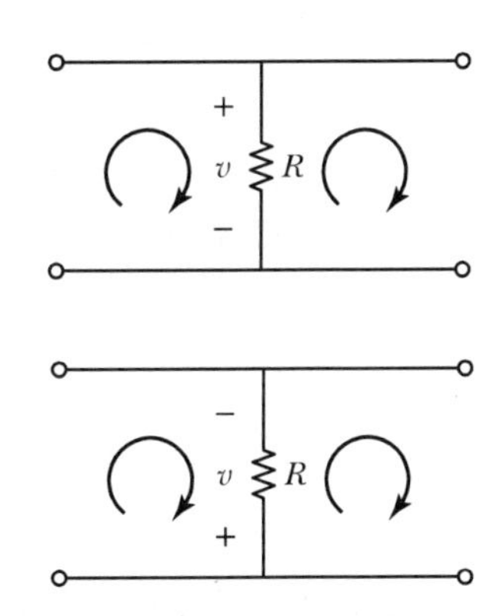

3 망로전류법 순서

① 회로의 망로를 표시한다.

② 구하고자 하는 망로전류를 미지수로 놓는다.
(망로 전류값을 이미 알고 있는 방로의 미지수를 잡을 필요가 없다.)

③ 회로 내의 종속전원이 있으면 종속전원의 제어변수도 미지수로 놓는다.

④ 미지수의 개수만큼 필요한 연립방정식을 세운다.
(특별한 경우가 아니면 전류 값을 이미 알고 있는 망로에는 방정식을 세울 필요가 없다.)

⑤ ④에서 세운 연립방정식을 정리하고 푼다.

예제 1

문제 **망전류법을 사용하여 아래 물음에 답하시오.**

① 각각의 망로전류 i_a, i_b, i_c를 구하시오.

② 두 개의 전압원과 관련된 전력을 구하시오.

③ 8[Ω] 저항에 걸리는 전압 v_0를 구하시오.

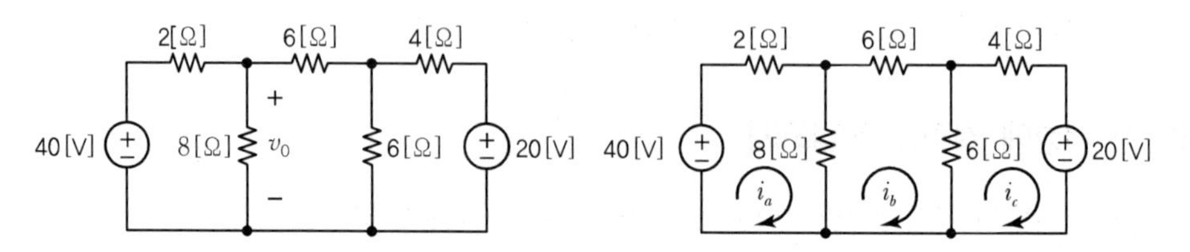

풀이

$-40+2i_a+8(i_a-i_b)=0$

$8(i_b-i_a)+6i_b+6(i_b-i_c)=0$

$6(i_c-i_b)+4i_c+20=0$

➡

$10i_a-8i_b+0i_c=40$

$-8i_a+20i_b-6i_c=0$

$0i_a-6i_b+10i_c=-20$

예제 2

문제 **그림의 회로에서 전류 I_1과 I_2에 대한 방정식이 다음과 같을 때, a_1+a_2의 값은?**

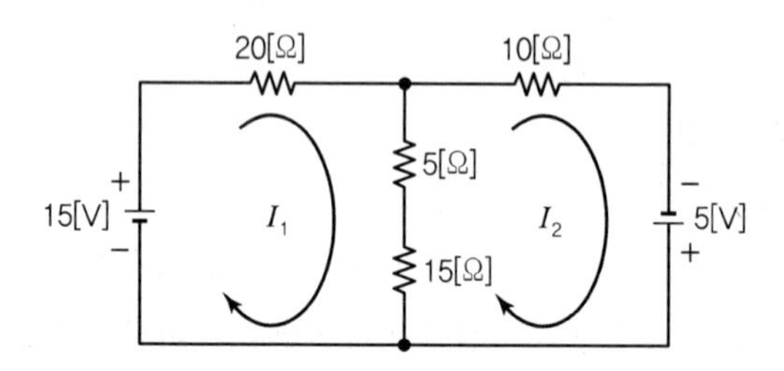

$$a_1 I_1 - 20 I_2 = 15$$
$$-20 I_1 + a_2 I_2 = 5$$

① 40 ② 50

③ 60 ④ 70

풀이

④

CHAPTER 05 CURRENT THEORY

1포트 회로의 특성식

1 1포트 회로의 특성(단자법칙)

임의의 1포트 회로(2단자회로)의 단자전압 v, 단자전류 i의 상호관계를 $v = f(i)$, $i = g(v)$와 같은 함수형태로 나타낸 것으로 주어진 소자가 외부 회로에 대하여 어떤 기능을 수행하는지 살펴볼 수 있다.

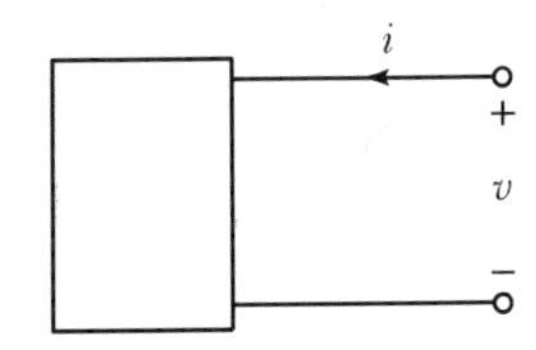

2 등가회로

등가회로 주어진 두 회로의 내부 구조가 서로 동일(Same)하지는 않지만 두 회로의 특성식(단자법칙)이 서로 같으면 이 두 회로는 내부구조가 상이함에도 불구하고 외부회로에 대하여 동일한 기능을 수행하게 된다. 이러한 두 회로를 서로 등가(Equivalent)라고 한다.

3 전원변환(Source Transform)

다음 두 회로가 서로 등가이기 위한 조건을 구한다. 우선 각 회로의 특성식(단자법칙)을 찾는다.

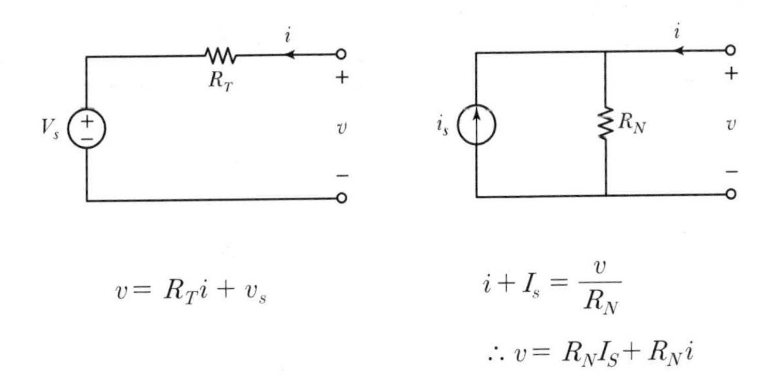

$$v = R_T i + v_s$$

$$i + I_s = \frac{v}{R_N}$$

$$\therefore v = R_N I_S + R_N i$$

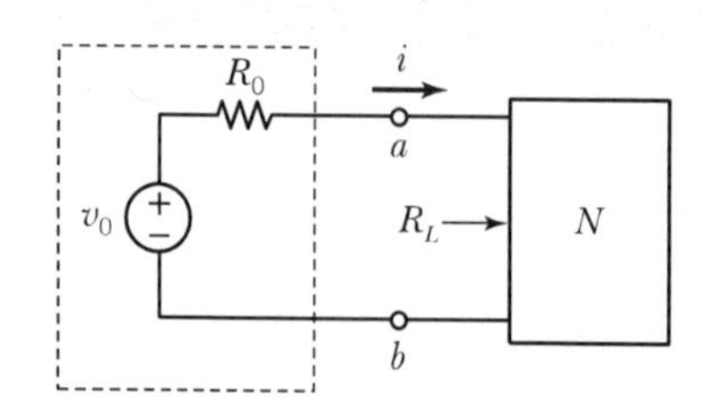

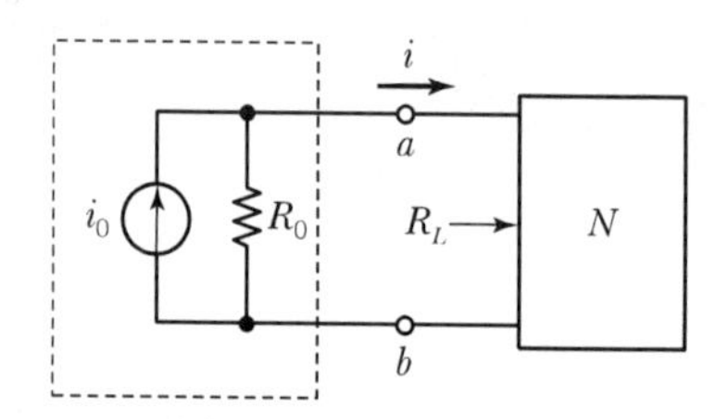

$$i = \frac{v_0}{R_0 + R_L}$$

여기서, v_0 : 단자 $a-b$를 개방했을 때의 전압

$$i = \frac{R_0}{R_0 + R_L} i_0$$

여기서, i_0 : 단자 $a-b$를 단락했을 때의 전류

위 두 전류가 같을 조건은 R_L과 상관없이 $v_0 = R_0 i_0$만 만족하면 성립된다.

예제 1

문제 아래 회로에서 전원 변환을 통해 v_L을 구하시오.

풀이

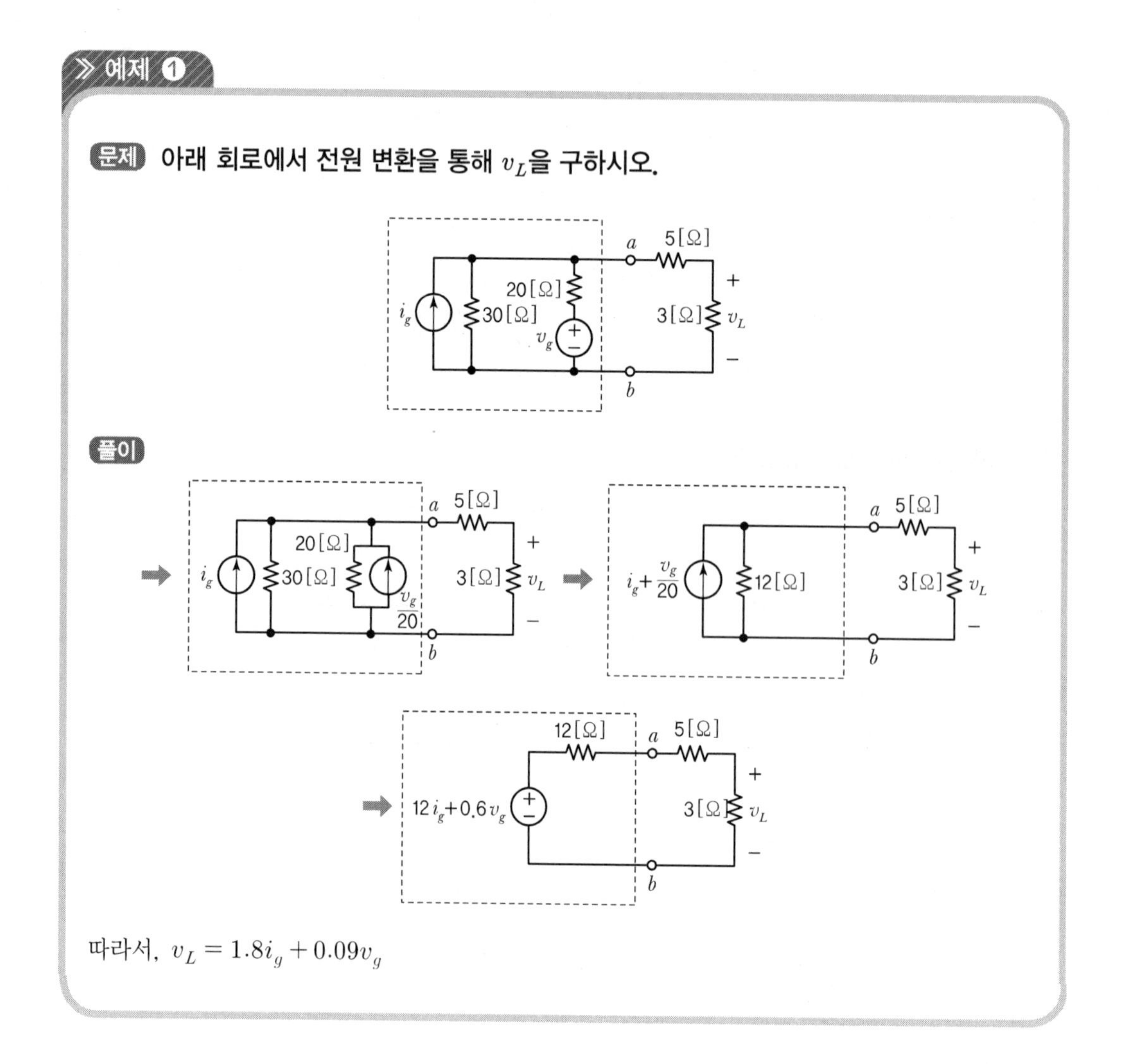

따라서, $v_L = 1.8i_g + 0.09v_g$

CHAPTER 06 CURRENT THEORY

전원 합성

1 개요

구분	전압원	전류원
직렬연결	○	× (예외 있음)
병렬연결	× (예외 있음)	○

2 예외

① 전압원을 병렬연결할 수 있을 때 : 각 전압원의 크기가 동일할 때(KVL)

② 전류원을 직렬연결할 수 있을 때 : 각 전류원의 크기가 동일할 때(KCL)

3 합성방법

① 전압원은 + − 부호가 교대로 반복되도록 바꾼 다음 더해준다.

② 전류원은 전류 방향 화살표를 동일하게 맞추어 준 다음 더해준다.

4 예

① 전압원 합성

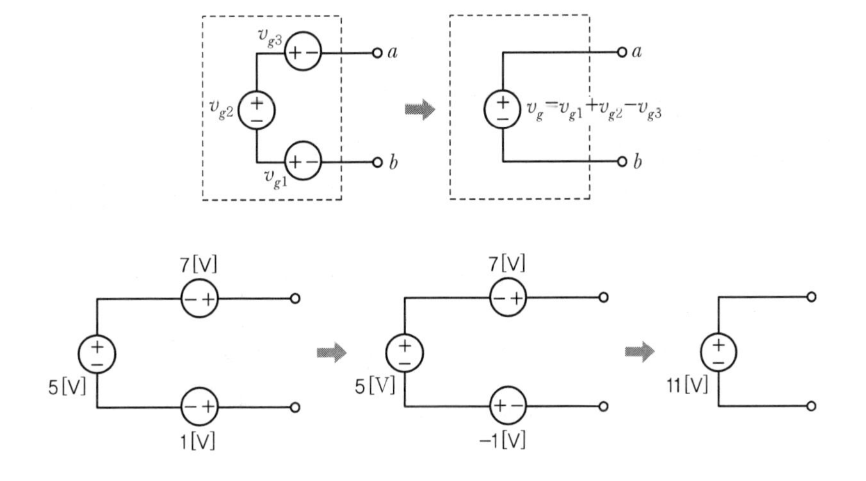

② 전류원 합성

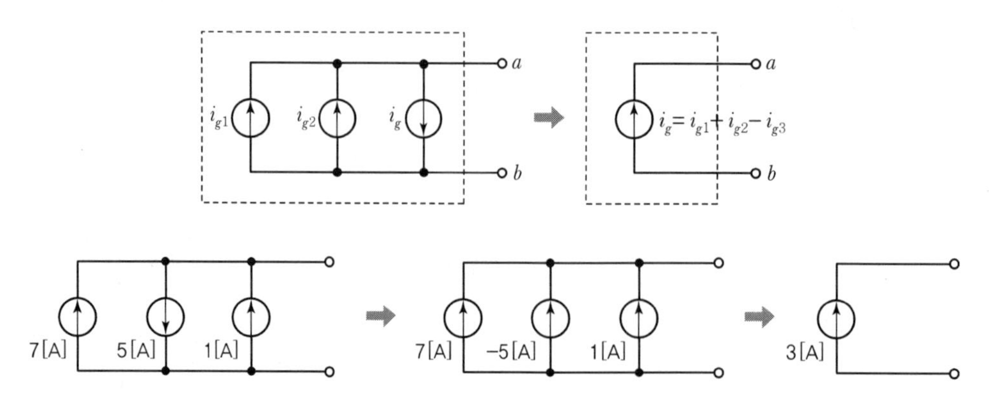

5 특이한 전원 연결

① 전압원과 임의의 소자가 병렬로 연결된 회로는 그 회로의 외부에서 보면 전압원만 있는 회로와 등가이다.

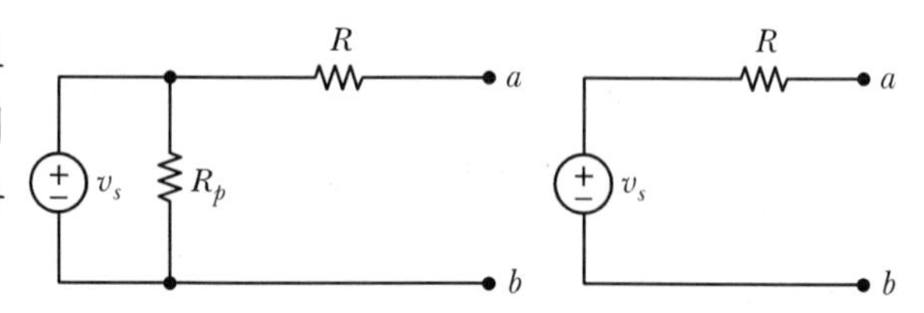

② 전류원과 임의의 소자가 직렬로 연결된 회로는 그 회로의 외부에서 보면 전류원만 있는 회로와 등가이다.

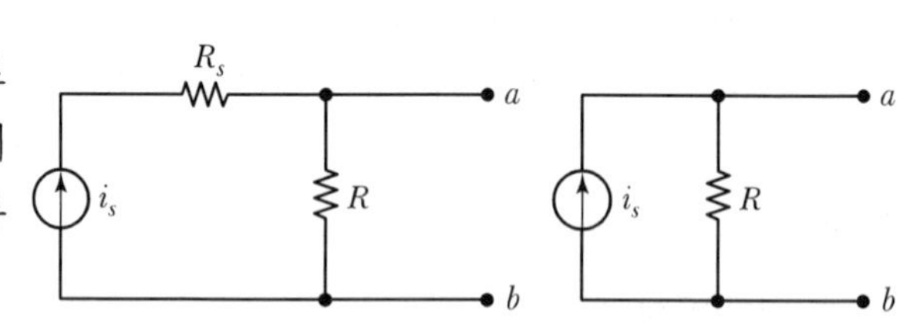

≫ 예제 1

문제 **전원변환법을 이용하여 아래 물음에 답하시오.**

① 회로에서 6[V] 전원과 연관된 전력을 구하시오.

② 6[V] 전원이 ①에서 계산된 전력을 흡수하는지 아니면 전달하는지를 진술하시오.

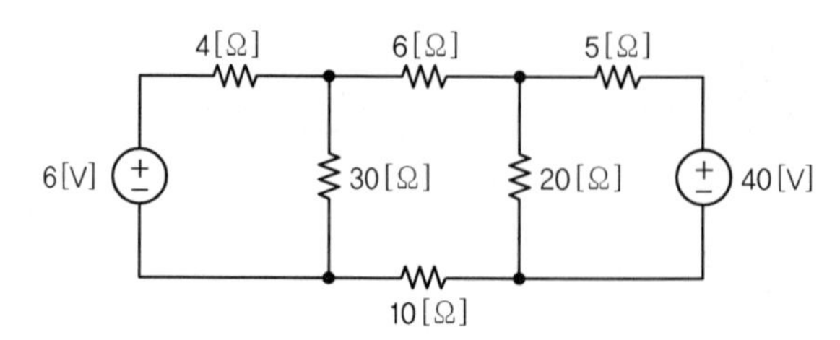

풀이

(a) 첫 번째 단계

(b) 두 번째 단계

(c) 세 번째 단계

(d) 네 번째 단계

- 그림 (d)는 이 마지막 변환의 결과를 나타내고 있다. 6[V] 전원에 걸린 전압 강하의 방향에서 전류는 (19.2−6)/16, 즉 0.825[A]이다. 따라서 6[V] 전원과 연관된 전력은 다음 식과 같다.
  $p_{6A} = (0.825)(6) = 4.95[W]$
- 전압원은 전력을 흡수한다.

≫ 예제 ❷

문제 **특별한 전원변환기법을 사용하여 아래 물음에 답하시오.**

① 다음 회로에서 전압 v_0를 구하시오.

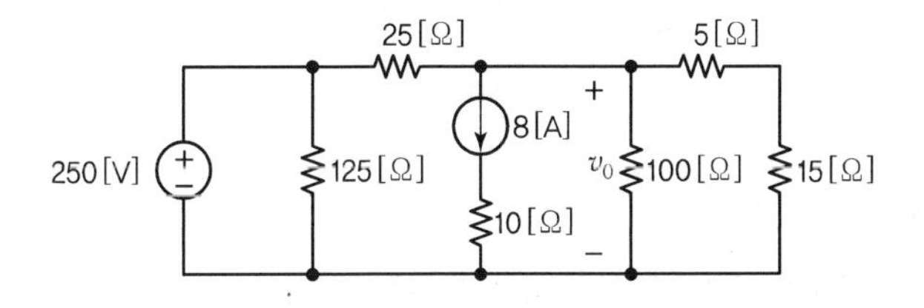

풀이

① 20[V]

선형회로의 성질(선형성)

1 비례성

① 개념

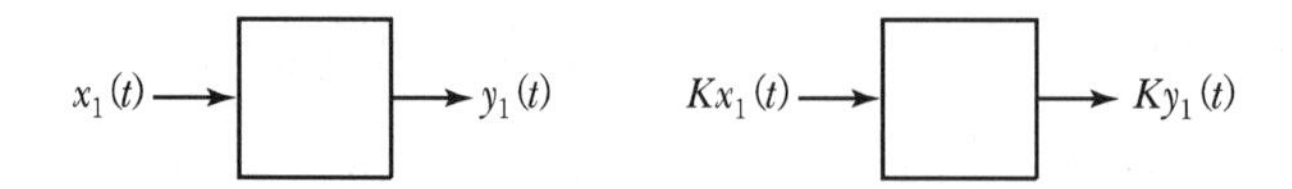

2 중첩성(중첩의 원리)

1) 개념

여러 개의 전원이 있는 회로응답은 각 전원이 단독으로 존재할 때(다른 전원은 제거) 응답을 모두 합한 것이다.

① 개별 입력에 대한 응답

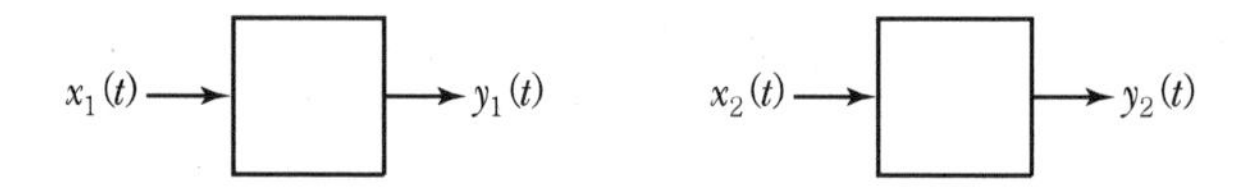

② 모든 입력이 동시에 인가된 경우의 응답

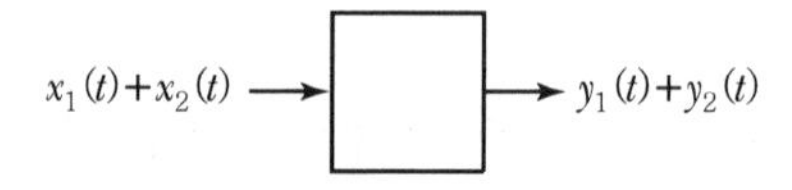

2) 전원의 제거

① **제거대상** : 독립전원(전압원 전류원)만 제거한다.

② **제거방법**

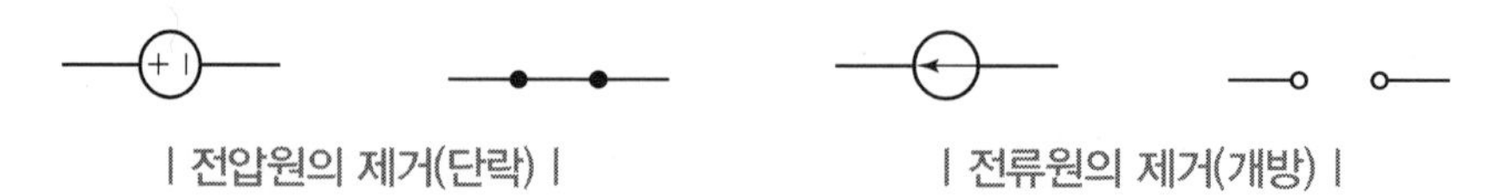

| 전압원의 제거(단락) | | 전류원의 제거(개방) |

* 중첩의 원리는 전압, 전류 계산에만 적용할 수 있다.(전력 계산은 불가능)

3 선형성의 일반적 표현

① 개별 입력에 대한 응답

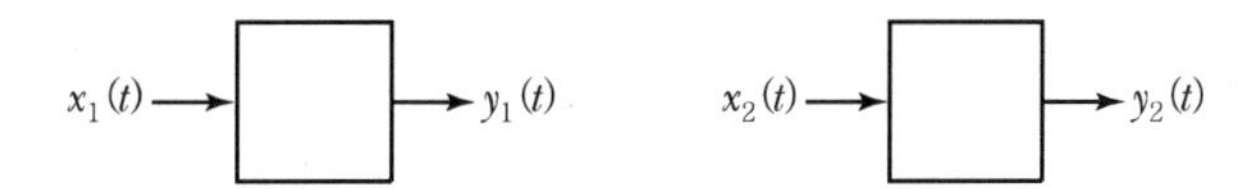

② 모든 입력이 동시에 인가된 경우의 응답

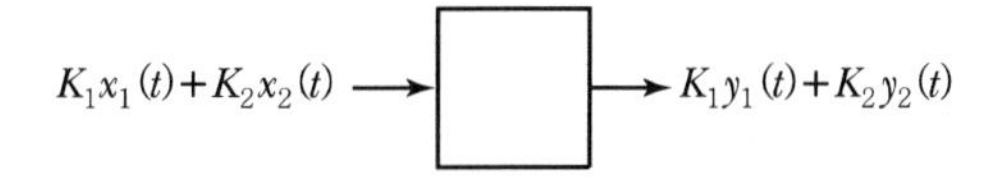

CHAPTER 08

CURRENT THEORY

테브냉/노턴 등가회로

1 테브냉(Thevenin) 등가회로

임의의 선형회로(전원을 포함한 임의의 저항회로)는 (내부구조를 아는지의 여부와 관계없이) 독립전압원 v_{Th}와 저항 R_{Th}가 직렬 연결된 회로로 바꾸어 그릴 수 있다.

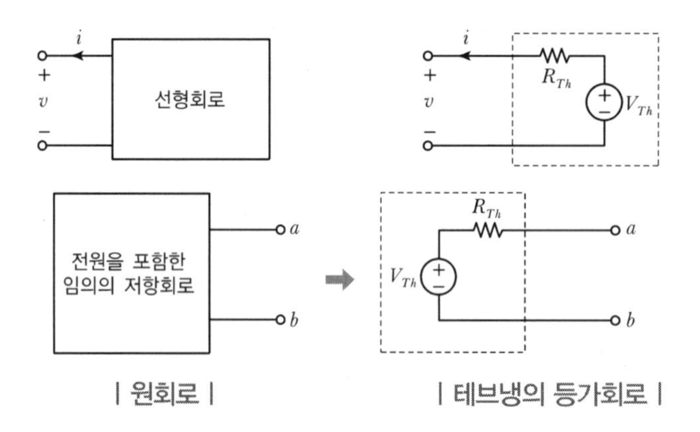

| 원회로 | | 테브냉의 등가회로 |

2 노턴(Norton) 등가회로

임의의 선형회로(전원을 포함한 임의의 저항회로)는 (내부구조를 아는지의 여부와 관계없이) 독립전류원 I_N과 저항 R_N이 병렬 연결된 회로로 바꾸어 그릴 수 있다.

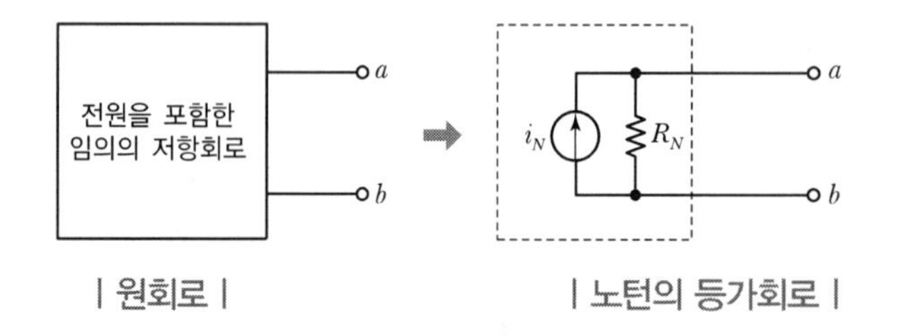

| 원회로 | | 노턴의 등가회로 |

3 v_{Th}, R_{Th}의 물리적 의미

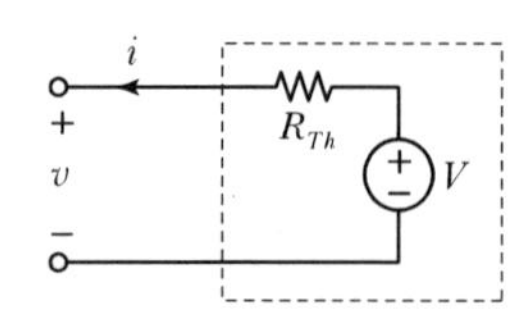

① $v = -R_{Th}i + v_{Th}$의 그래프

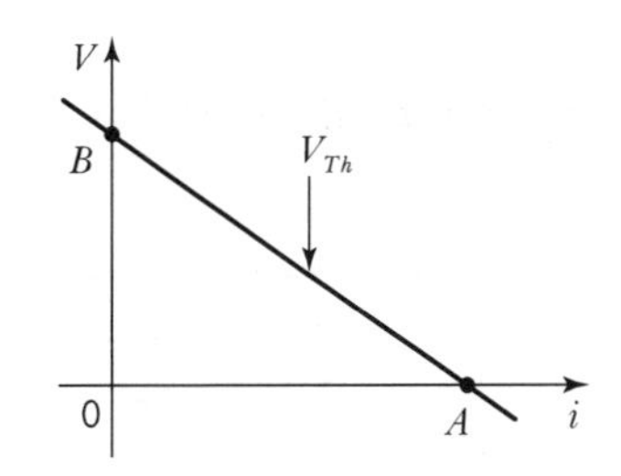

② x절편 A는 단자전압 $v = 0$[V]와 그 때의 단자전류, 즉 단자단락(Short-Circuit) 시 전류 i를 나타내므로 점 A의 좌표 $A(i, v) = (i_{sc}, 0)$

③ y절편 B는 단자전류 $i = 0$[A]와 그때의 단자전압, 즉 단자개방(Open-Circuit) 시 전압 v를 나타내므로 점 B의 좌표 $B(i, v) = (0, v_{oc})$

④ 테브낭 등가전압 v_{Th}는 단자개방 시 전압 v_{oc}와 같다.

즉, $v_{Th} = v_{oc}$

⑤ 직선의 기울기 $-R_{Th} = \dfrac{0 - v_{oc}}{i_{sc} - 0}$ 이므로, $R_{Th} = \dfrac{v_{oc}}{i_{sc}}$

즉, $R_{Th} = \dfrac{\text{단자의 개방전압}}{\text{단자의 단락전류}}$이다.

≫ 예제 ❶

문제 **다음 회로를 테브냉 등가회로로 나타낼 때 등가전압(V_{Th})으로 옳은 것은?**

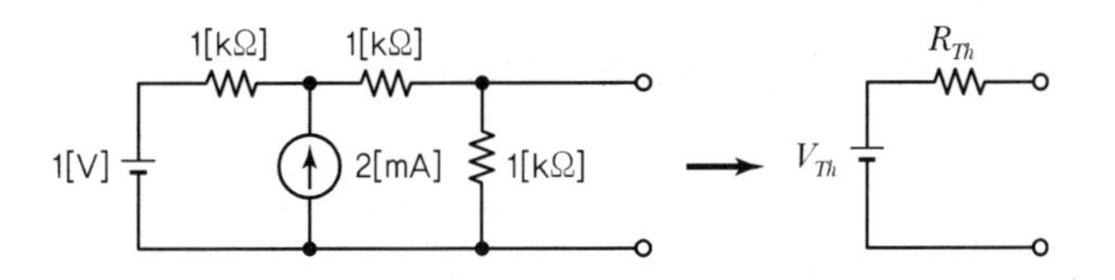

	V_{Th}[V]	R_{Th}[kΩ]
①	1	1
②	1	2/3
③	2	1
④	2	2/3
⑤	2	1/3

풀이

②

≫ 예제 ❷

문제 다음 회로를 테브냉/노턴 등가회로로 표현하시오.

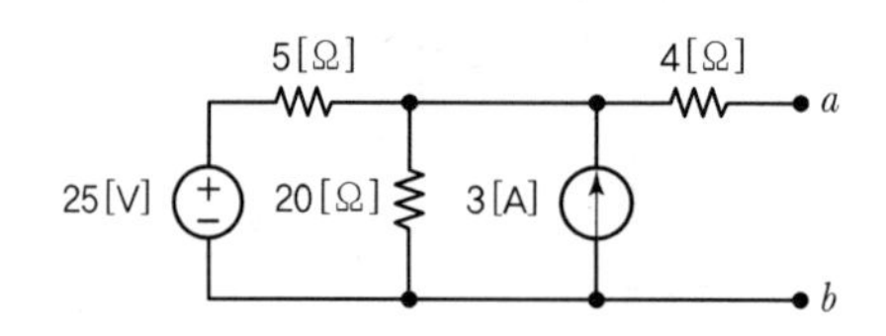

풀이

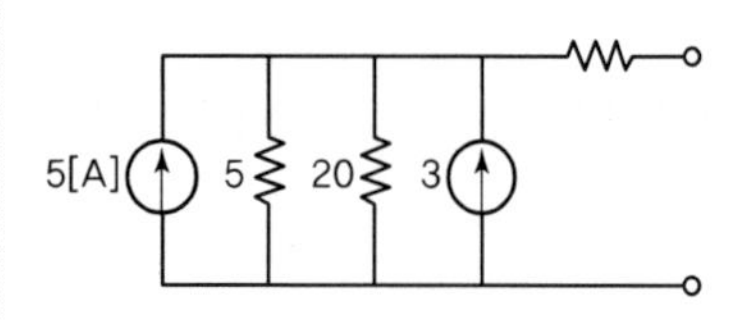

4 4

32

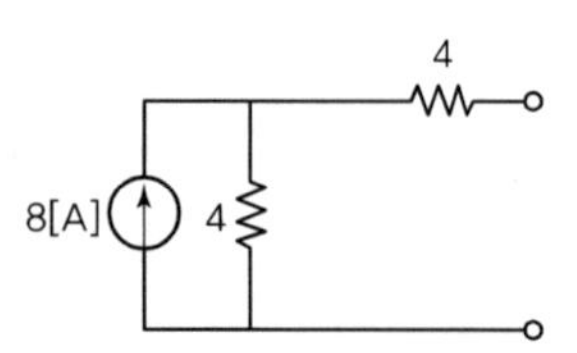

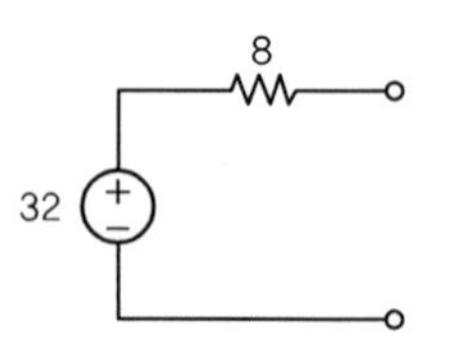

$V_{Th} = 32[\mathrm{V}],\ R_{Th} = 8[\Omega]$

≫ 예제 ❸

문제 다음 회로를 테브냉/노턴 등가회로로 표현하시오.

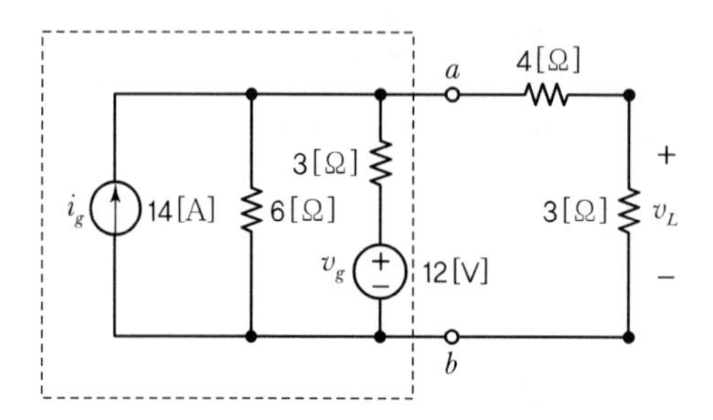

풀이

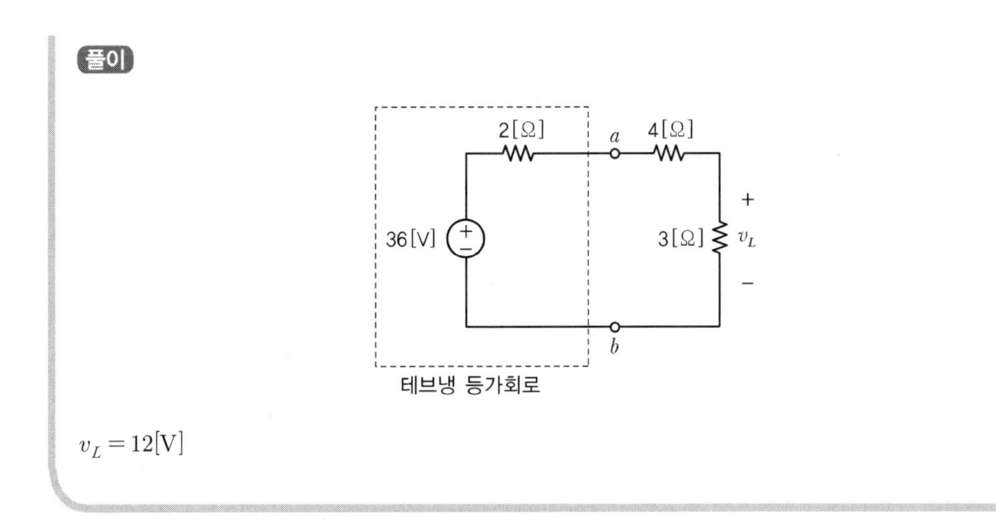

$v_L = 12[\text{V}]$

≫ 예제 ④

문제 **다음 회로에서 v_{cd}를 구하시오.**

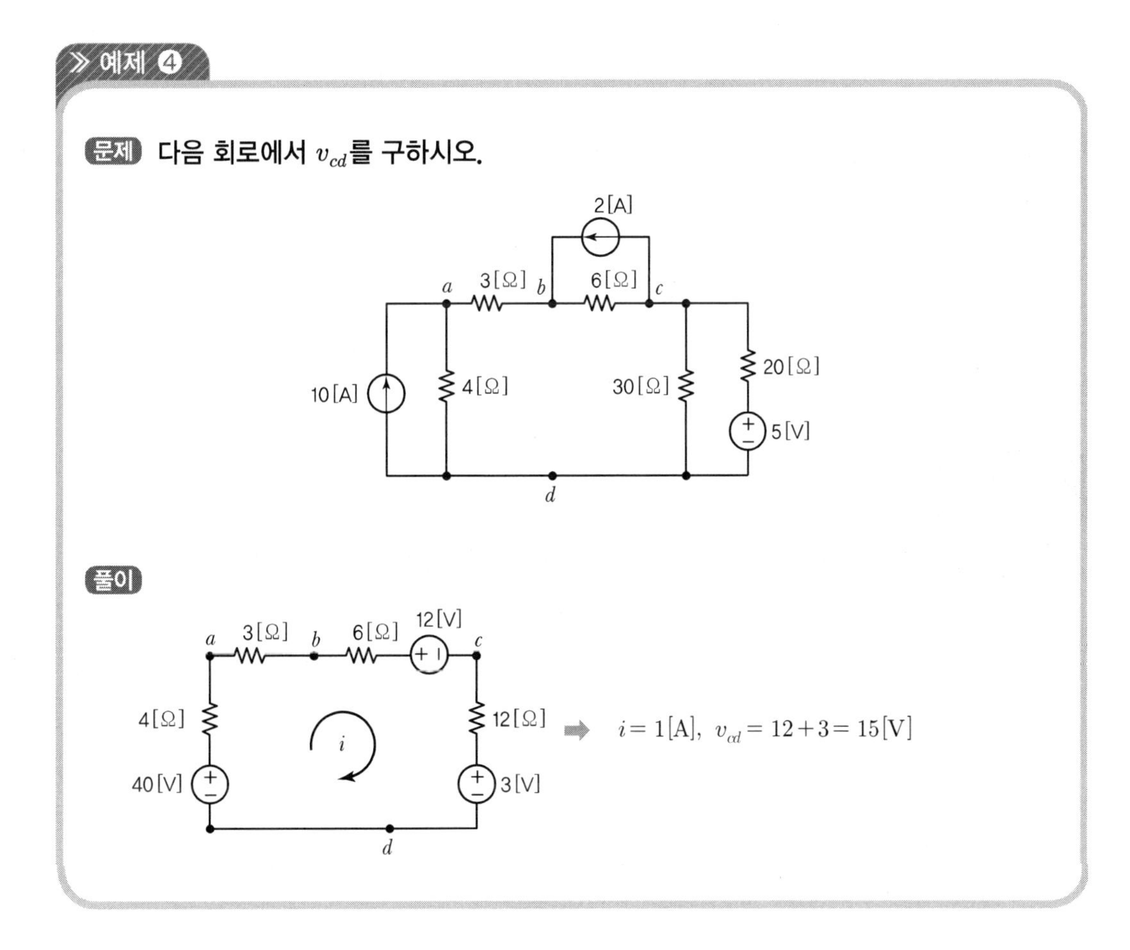

$i = 1[\text{A}],\ v_{cd} = 12 + 3 = 15[\text{V}]$

≫ 예제 ⑤

문제 다음 회로를 테브냉 및 노튼 등가회로로 나타내시오.(v_{oc}, i_{sc}를 이용)

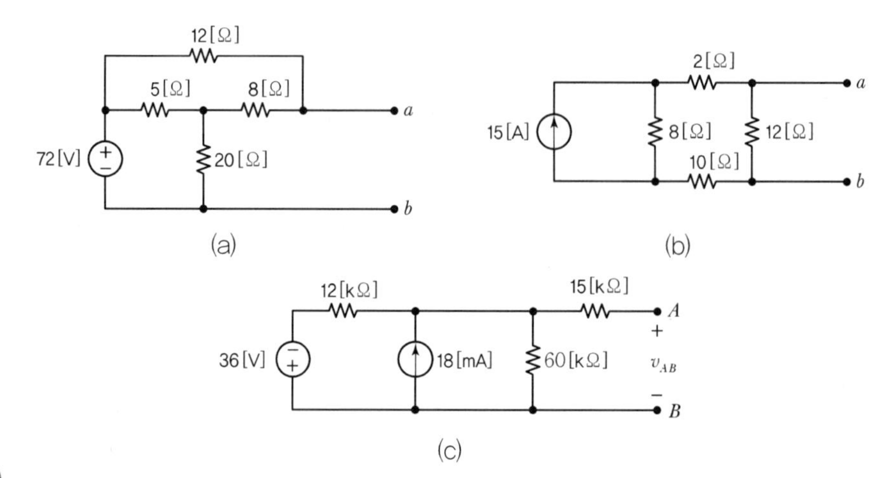

풀이

(a) $V_{oc} = 64.8[\text{V}]$, $I_{sc} = 10.8[\text{A}]$, $R_{Th} = 6[\Omega]$

(b) $V_{oc} = 45[\text{V}]$, $I_{sc} = 6[\text{A}]$, $R_{Th} = \dfrac{15}{2}[\Omega]$

(c) $V_{oc} = 150[\text{V}]$, $I_{sc} = 6[\text{mA}]$, $R_{Th} = 25[\text{k}\Omega]$

≫ 예제 ⑥

문제 다음 그림과 같은 회로에서 저항 0.66[Ω]에 흐르는 전류는 몇 [A]인가?

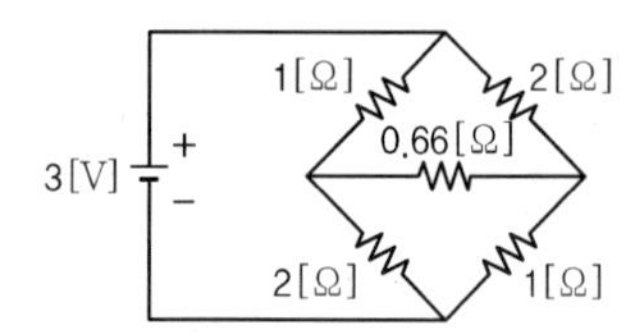

① 0.2[A]　② 0.5[A]

③ 0.66[A]　④ 1.0[A]

⑤ 1.2[A]

풀이

②

4 테브냉 등가회로 구하는 법

① 네 가지 방법

	v_{Th} 계산	R_{Th} 계산
개방전압 – 단락전류법	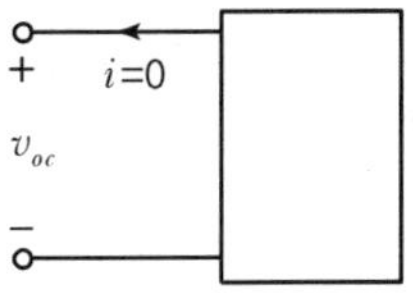 + i=0 v_{oc} –	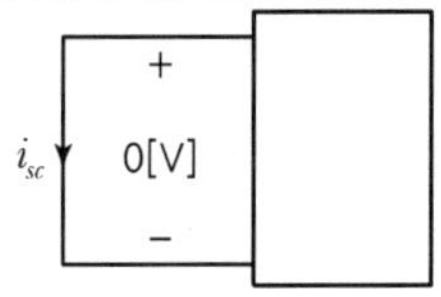 + i_{sc} 0[V] –
	$v_{Th} = v_{oc}$	$R_{Th} = \frac{v_{oc}}{i_{sc}}$
개방전압 – test 전원법	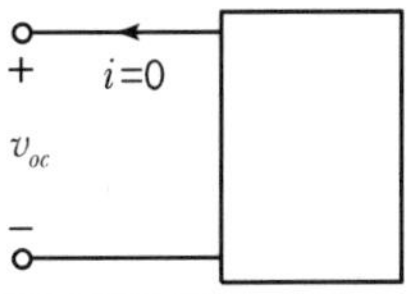 + i=0 v_{oc} –	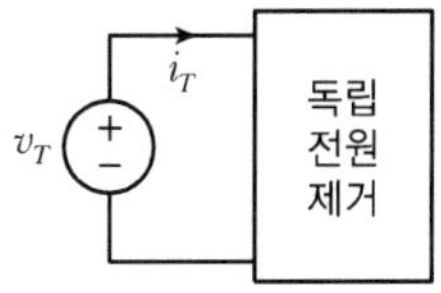 i_T v_T 독립 전원 제거
	$v_{Th} = v_{oc}$	$R_{Th} = \frac{v_T}{i_T}$
test 전원법	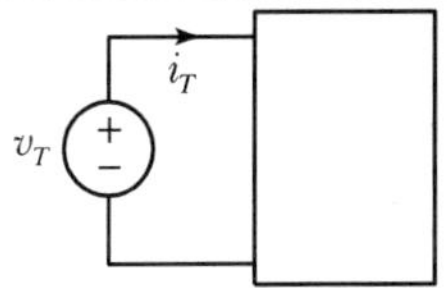 i_T v_T	v_T, i_T의 관계식 $v_T = \alpha i_T + \beta$
	$v_{Th} = \beta$[A]	$R_{Th} = \alpha$[A]
전원변환법	Source Transform을 반복 적용. 종속전원이 없는 경우에만 가능	

② 각 방법의 특징

㉠ 개방전압, 단락전류법

실험적으로 테브냉 등가회로를 구할 때 유용하며, 전압계와 전류계만으로 구할 수 있다.

㉡ 개방전압, test 전원법(내부 독립전원 제거)

$R_{Th} = \frac{v_T}{i_T}$ 에서 $i_T = 1$[A]를 이용하기도 한다.

㉢ test 전원법

회로의 내부구조를 알고 있는 경우에 유용하다(하나의 회로만 그리면 되므로 간단하다).

≫ 예제 7

문제 다음 회로를 위의 방법을 이용하여 테브냉 등가회로로 표현하시오.

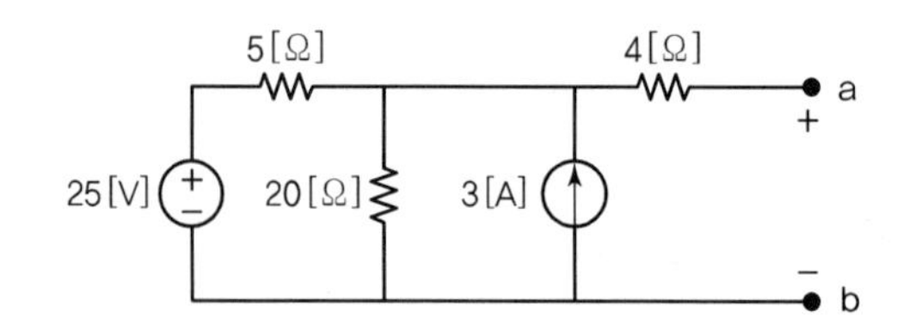

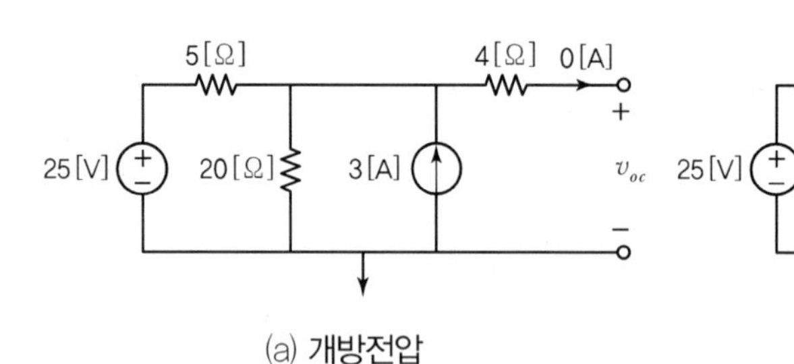

(a) 개방전압

5[Ω] 4[Ω] 0[V] 25[V] 20[Ω] 3[A] i_{sc}

(b) 단락전류

풀이

(a) 개방전압

(1) $\dfrac{v_{oc}-25}{5}+\dfrac{v_{oc}}{20}-3+0=0$

$4v_{oc}-100+v_{oc}-60=0$

$\therefore\ v_{oc}=\dfrac{160}{5}=32[\mathrm{V}]$

(2) $v_{Th}=v_{oc}=32[\mathrm{V}]$

(b) 단락전류

(1) $\dfrac{v-25}{5}+\dfrac{v}{20}-3+\dfrac{v_0}{4}-0$

$4v-100+v-60+5v=0$

$\therefore\ v=\dfrac{160}{10}=16[\mathrm{V}]$

(2) $i_{sc}=\dfrac{v-0}{4}=4[\mathrm{A}]$

$R_{Th}=\dfrac{v_{oc}}{i_{sc}}=\dfrac{32}{4}=8[\Omega]$

≫ 예제 ❽

문제 다음 회로로 테브냉 등가회로를 구하시오.

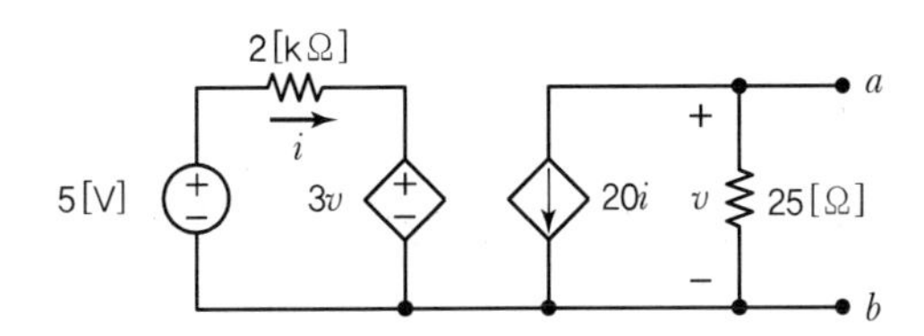

풀이

$V_{Th} = v_{ab} = -5[\mathrm{V}]$

$i_{sc} = -50[\mathrm{mA}]$

$R_{Th} = 100[\Omega]$

≫ 예제 ❾

문제 다음 회로에서 출력전압 $V_0[\mathrm{V}]$는?

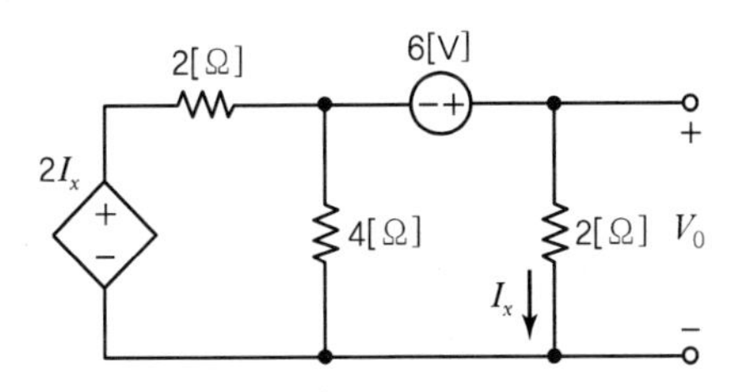

① 4
② 5
③ 6
④ 7

풀이

③

실전문제 CURRENT THEORY

01 다음 회로에서 2[kΩ]에 흐르는 전류 I_o 값으로 옳은 것은? 15년 국회직 9급

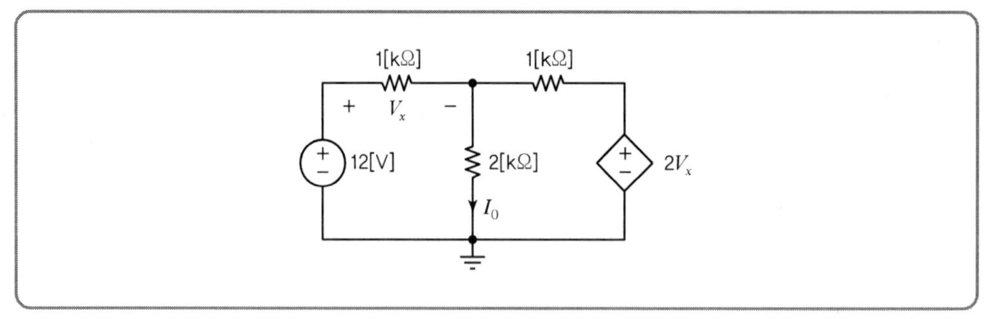

① 4[mA] ② 5[mA]
③ 6[mA] ④ 7[mA]
⑤ 8[mA]

02 다음 회로에서 전압 V_o[V]는?

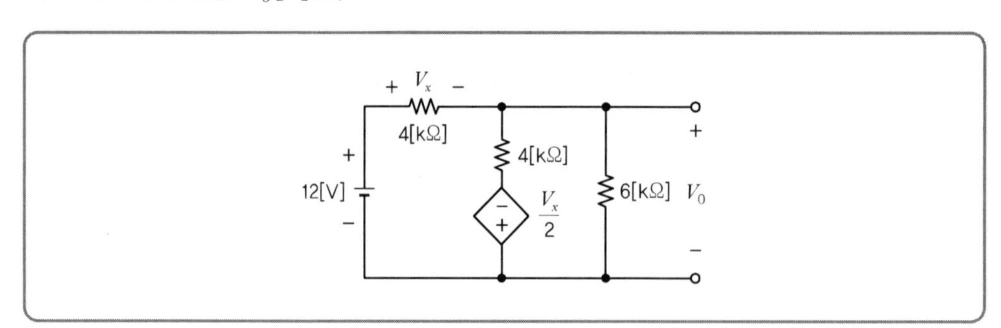

① $\frac{6}{13}$ ② $\frac{24}{13}$
③ $\frac{30}{13}$ ④ $\frac{36}{13}$

정답 01 ① 02 ④

03 다음 회로에서 종속전류원 양단에 걸리는 전압 V[V]는?

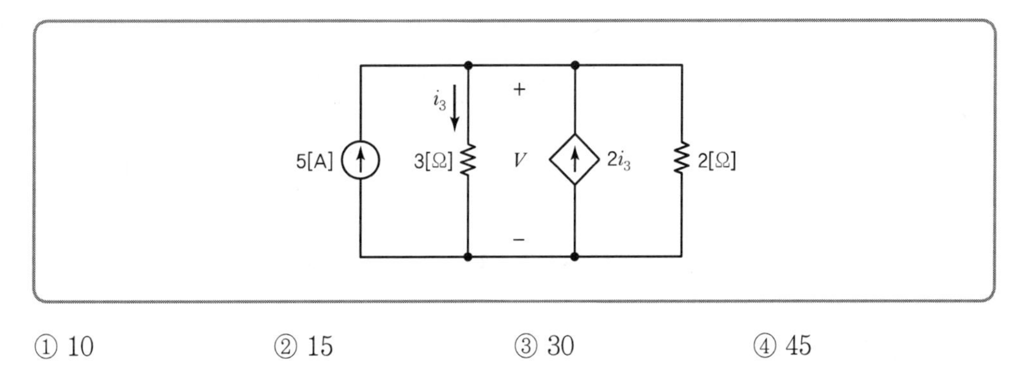

① 10　② 15　③ 30　④ 45

04 다음 회로에서 저항 6[Ω]의 양단 전압이 5[V]일 때, 전압 V_g[V]는?

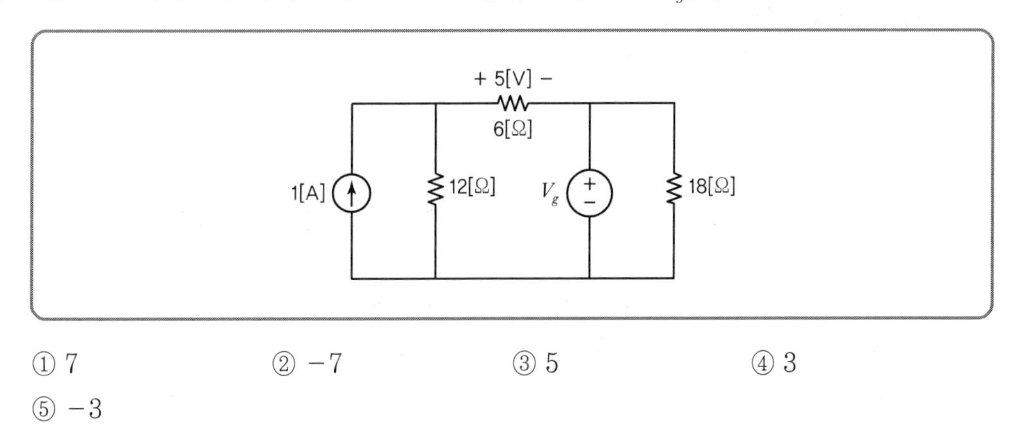

① 7　② −7　③ 5　④ 3
⑤ −3

05 다음 회로에서 테브냉 등가회로로 구성할 때 V_{th}를 구하면 얼마인가?

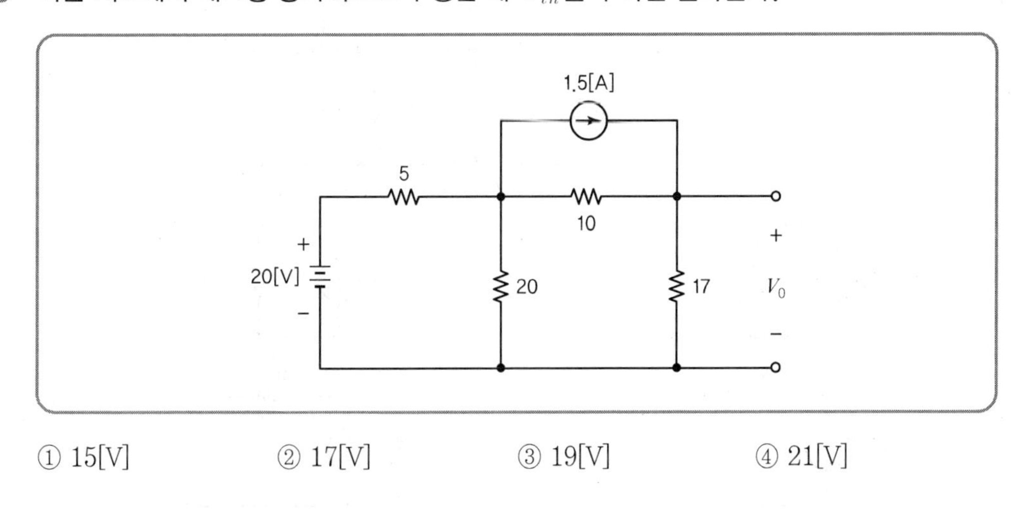

① 15[V]　② 17[V]　③ 19[V]　④ 21[V]

정답 03 ③ 04 ⑤ 05 ②

06 다음 회로에서 3[Ω]에 흐르는 전류 i_o[A]는?

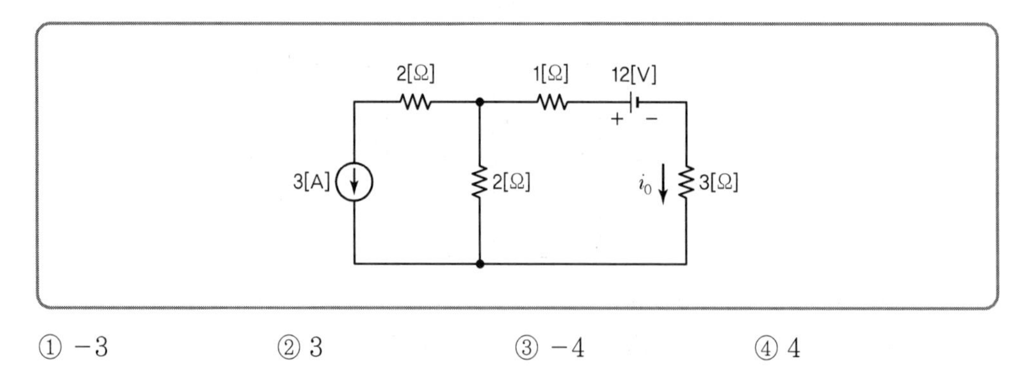

① −3　　② 3　　③ −4　　④ 4

07 그림은 직류 전압원과 전류원이 포함된 회로이다. 5[kΩ] 저항 양단에 걸리는 전압 V_o[V]의 값으로 옳은 것은?

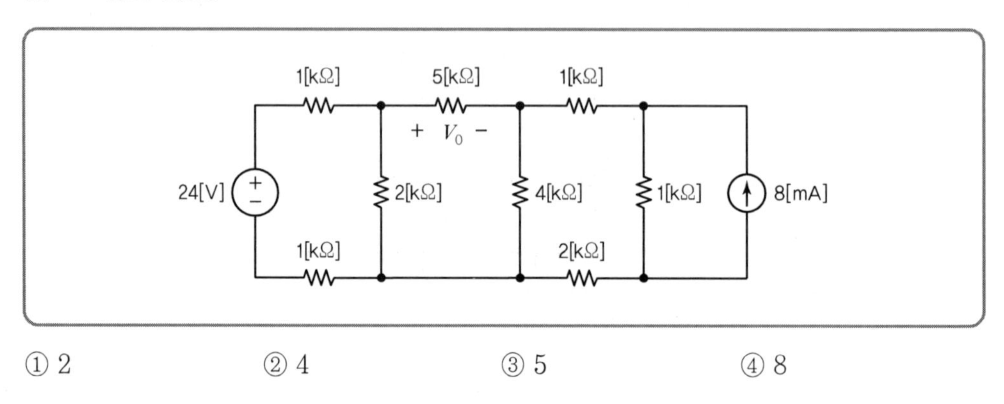

① 2　　② 4　　③ 5　　④ 8

08 다음 회로에 대한 등가회로는?

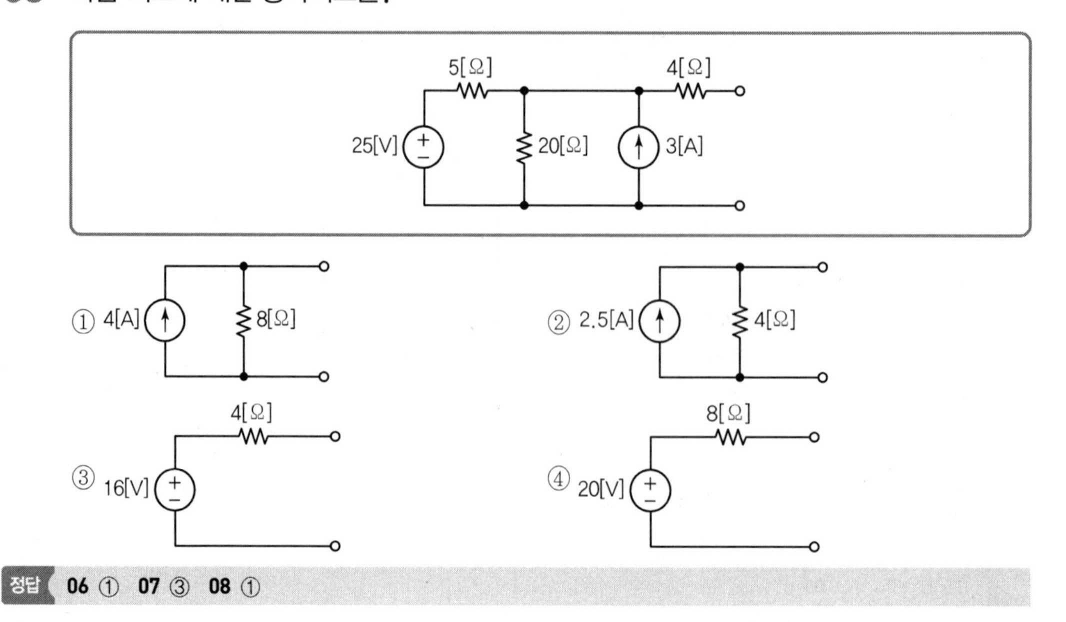

정답 06 ① 07 ③ 08 ①

09 독립전원과 종속전압원이 포함된 다음의 회로에서 저항 20[Ω]의 전압 V_a[V]는?

19년 국가직 9급

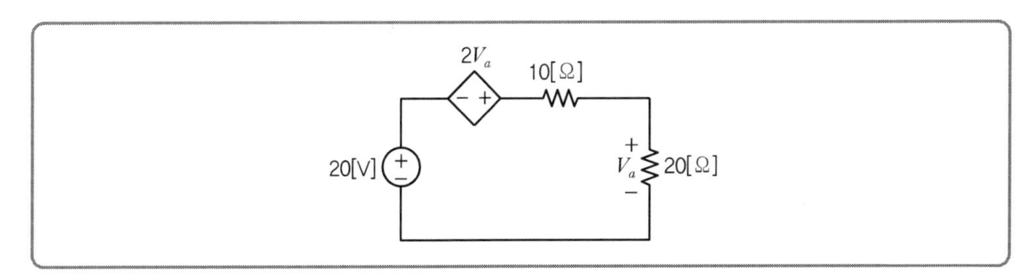

① −40
② −20
③ 20
④ 40

10 다음 직류회로에서 4[Ω] 저항의 소비전력[W]은?

19년 국가직 9급

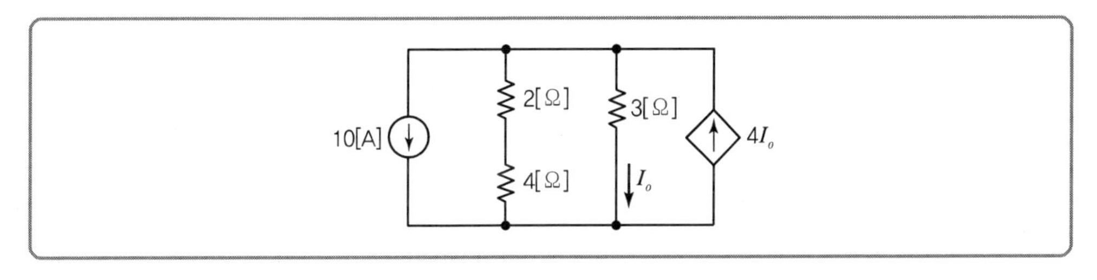

① 4
② 8
③ 12
④ 16

11 그림의 회로에서 단자 A와 B에서 바라본 등가저항이 12[Ω]이 되도록 하는 상수 β는?

19년 지방직 9급

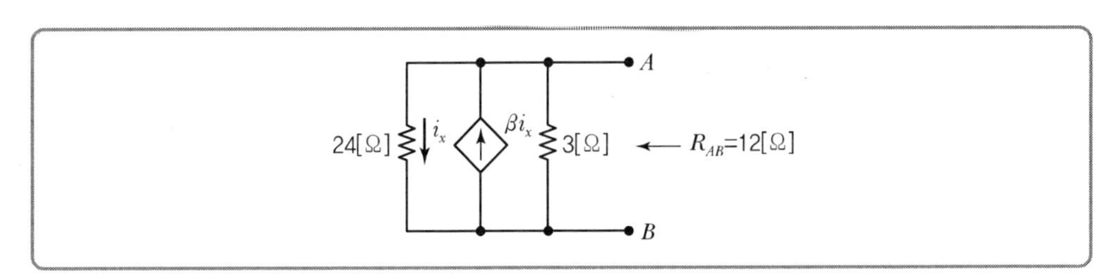

① 2
② 4
③ 5
④ 7

정답 09 ① 10 ④ 11 ④

12 다음 그림과 같은 회로에서 전류 i[A]는? 18년 국회직 9급

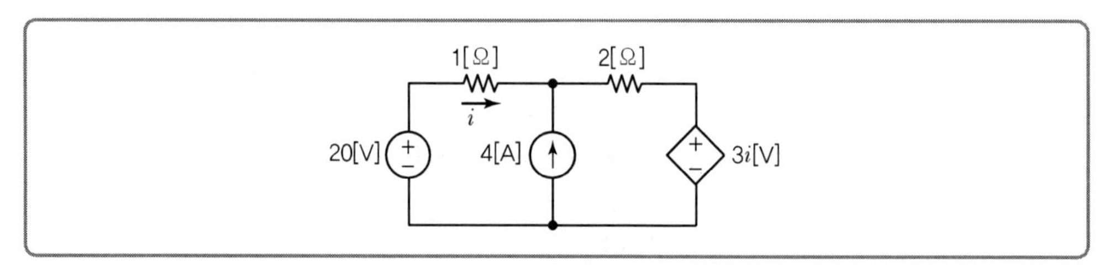

① 1
② 2
③ 4
④ 6
⑤ 8

정답 12 ②

CHAPTER 09 CURRENT THEORY

최대전력 전달조건

1 기본전제

① 다음과 같이 테브냉 등가회로가 주어지고 부하에 가변저항 R_L이 연결된 경우 부하 R_L에 최대전력이 전달될 R_L의 조건을 찾는다.

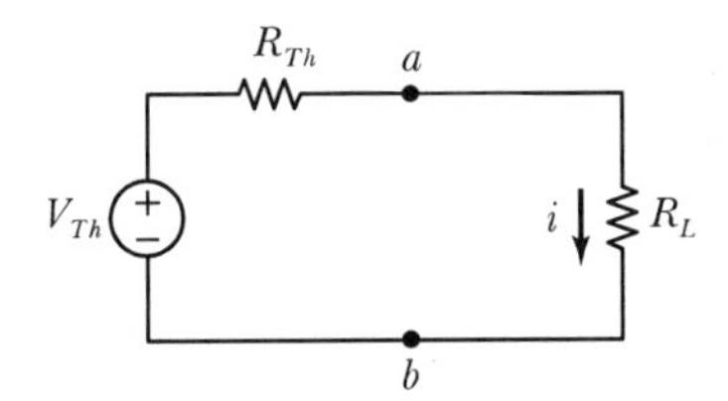

② R_{Th}, v_{Th}는 고정된 상수 값이며 오직 R_L만이 변수이다.

③ ②의 경우 외에는 최대전력 전달 조건을 상황에 맞춰 따로 구해야 한다.

2 부하에 전달되는 전력

① 전류

$$i = \frac{v_{Th}}{R_{Th} + R_L}$$

② 전력

$$P = R_L i^2 = \frac{R_L}{(R_{Th} + R_L)^2} v_{Th}^2$$

3 최대전력 전달조건

1) $$\frac{dP}{dR_L} = \frac{(R_{Th}+R_L)^2 - 2R_L(R_{Th}+R_L)}{(R_{Th}+R_L)^4}v_{Th}^2 = \frac{R_{Th}+R_L-2R_L}{(R_{Th}+R_L)^3}v_{Th}^2$$

$$= \frac{R_{Th}-R_L}{(R_{Th}+R_L)^3}v_{Th}^2$$

2) $\dfrac{dP}{dR_L} = 0$에서 $R_L = R_{Th}$

① $R_L < R_{Th}$ 이면, $\dfrac{dP}{dR_L} > 0$

② $R_L > R_{Th}$ 이면, $\dfrac{dP}{dR_L} < 0$

③ 따라서, $R_L = R_{Th}$일 때 P가 최대가 된다.(최대전력 전달조건)

3) 전력 P의 증감표

R_L	0	…	R_{Th}	…	∞
P'	+	+	0	−	−
P	0	↗	최대	↘	0

4 부하에 전달되는 최대전력

$$P_{\max} = P(R_{Th}) = \frac{R_{Th}}{4R_{Th}^2}v_{Th}^2 = \frac{v_{Th}^2}{4R_{Th}}[\mathrm{W}]$$

5 등가 내부저항 R_0를 갖는 전원에 부하저항 R_L을 연결할 때의 부하전력과 효율

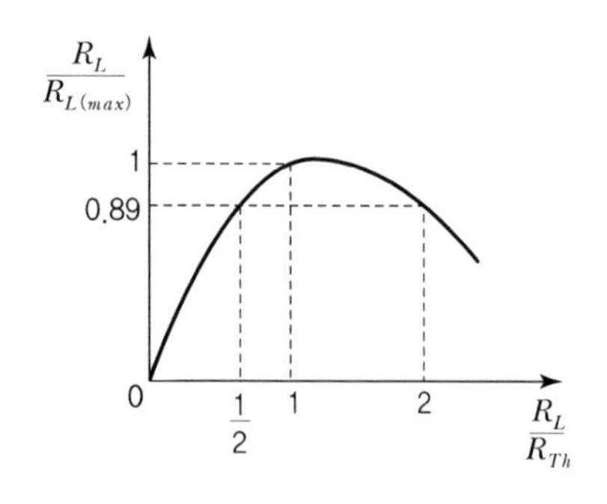

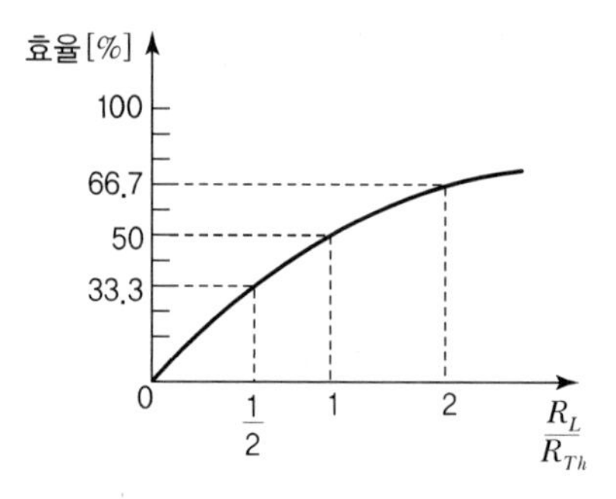

예제 ①

문제 다음 회로에 관한 물음에 답하시오.

① R_L로 전달되는 전력이 최대가 되도록 하는 R_L의 값을 구하시오.

② R_L로 전달될 수 있는 최대 전력을 계산하시오.

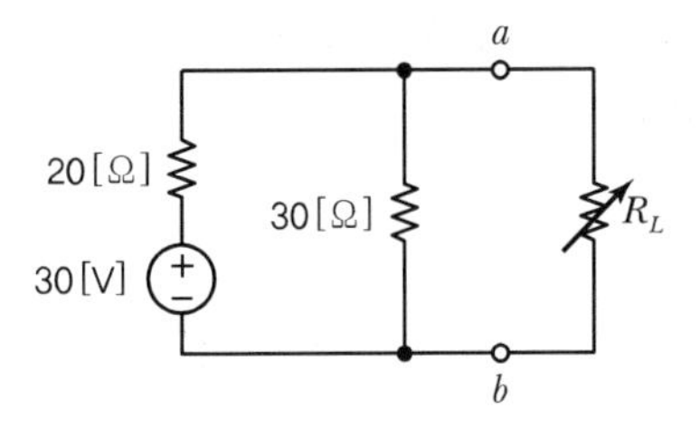

풀이

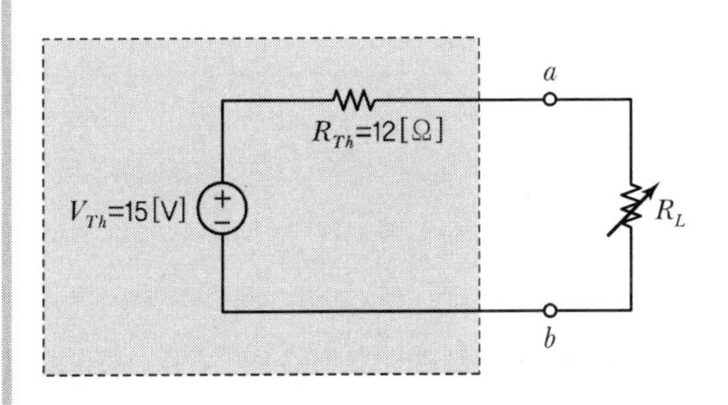

① 단자 a−b 좌측을 테브냉의 등가회로로 대치하면 왼쪽 그림과 같다.
따라서 $R_L = R_{Th} = 12[\Omega]$일 때 최대전력이 R_L에 공급된다.

② 이때의 전력, 즉 최대전력은

$$P_{L(\max)} = \frac{{V_{Th}}^2}{4R_{Th}} = \frac{18}{4\times 12} = 6.75[\text{W}]$$

예제 ②

문제 다음 회로에 관한 물음에 답하시오.

① R_L로 전달되는 전력이 최대가 되도록 하는 R_L의 값을 구하시오.

② R_L로 전달될 수 있는 최대 전력을 계산하시오.

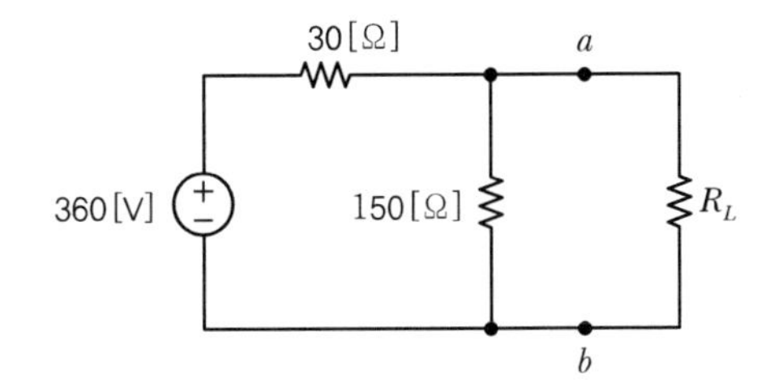

풀이

① 25[Ω], ② 900[W]

실전문제 CURRENT THEORY

01 다음 회로에서 부하저항 R_L이 최대전력 전달조건을 만족하는 저항값을 가질 때 부하저항 R_L에서 소비되는 최대전력[W]은?

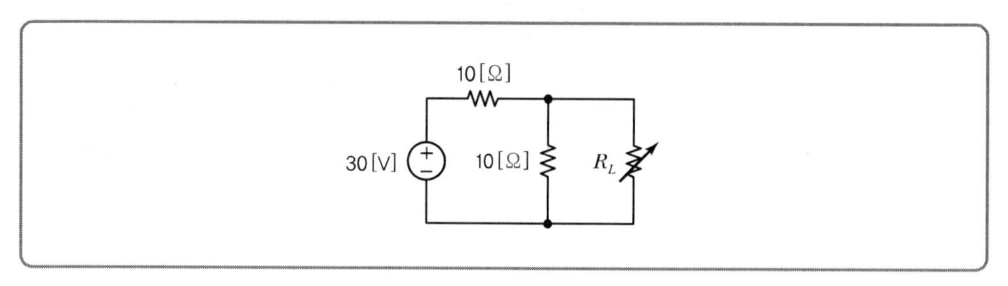

① 8.25
② 9.25
③ 10.25
④ 11.25

02 다음 회로에서 부하로 전달되는 전력이 최대가 되는 최대 전력 전달조건을 만족하는 부하 저항 R_L[Ω]은?

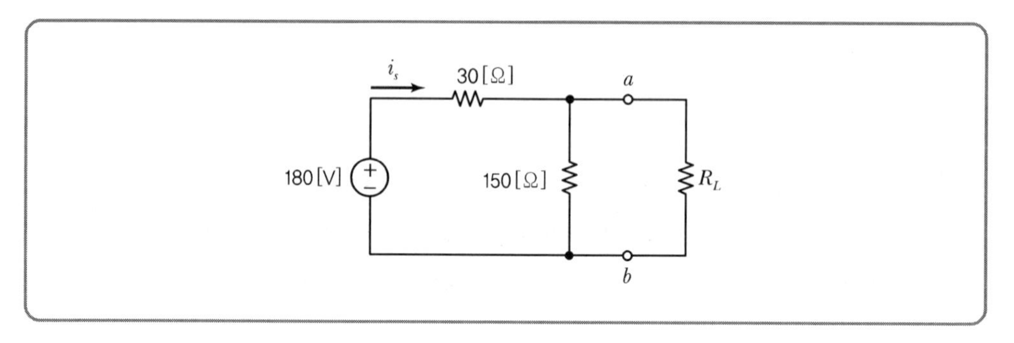

① 25
② 30
③ 50
④ 150
⑤ 180

정답 01 ④ 02 ①

03 다음 회로에서 최대전력을 R_L에 전달하기 위한 R_L의 값과 그 때 R_L에 전달되는 최대전력 P_L의 값으로 옳은 것은? 15년 서울시 9급

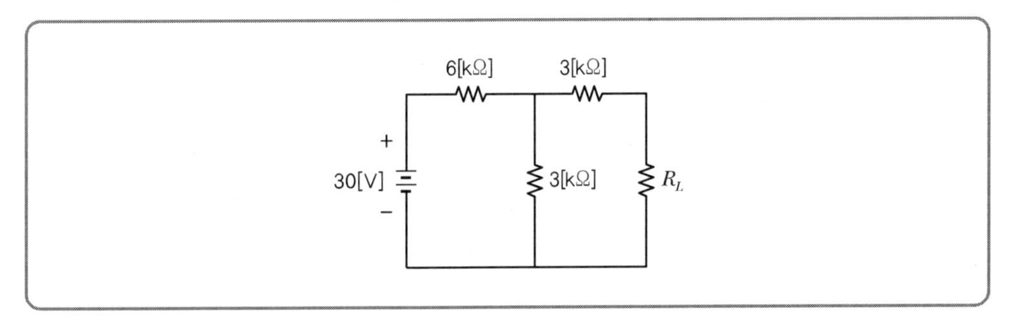

① R_L = 4[kΩ]일 때, P_L = 4[mW]

② R_L = 4[kΩ]일 때, P_L = 5[mW]

③ R_L = 5[kΩ]일 때, P_L = 4[mW]

④ R_L = 5[kΩ]일 때, P_L = 5[mW]

04 다음 회로에서 최대 전력전송을 위한 부하 저항값 R_L[Ω] 및 이때 부하 저항에서 소모되는 최대 전력 P_{max}[W]는? 18년 국회직 9급

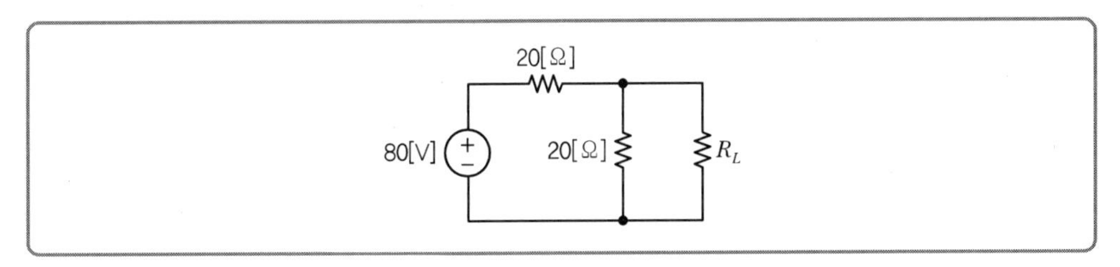

	R_L[Ω]	P_{max}[W]
①	10	20
②	10	40
③	15	20
④	20	20
⑤	20	40

정답 03 ④ 04 ②

05 그림의 회로에서 저항 R_L에 4[W]의 최대전력이 전달될 때, 전압 E[V]는? 20년 국가직 9급

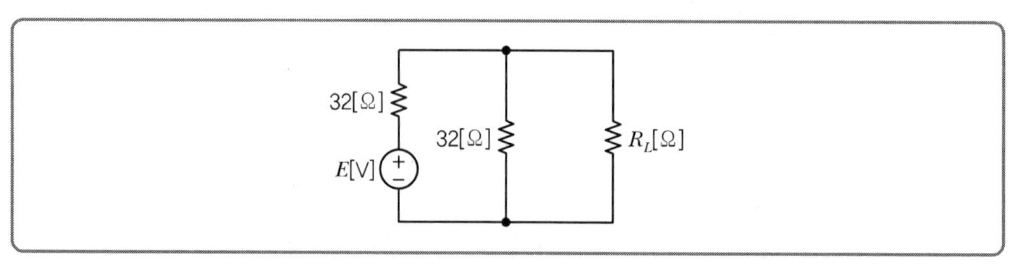

① 32
② 48
③ 64
④ 128

06 그림의 회로에서 저항 R에 최대전력이 전달되기 위한 저항 R[Ω]의 값은? 21년 국회직 9급

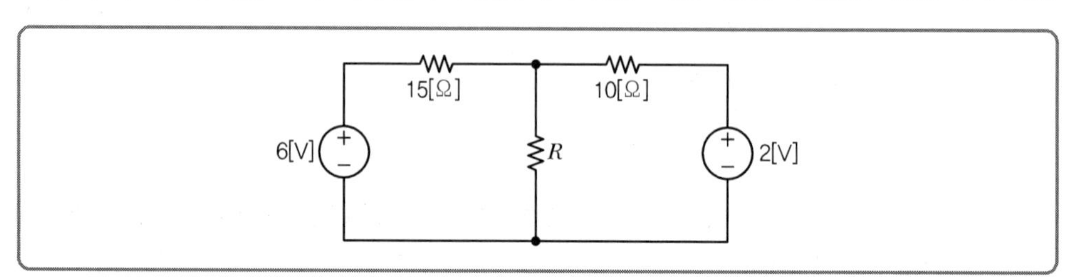

① 3
② 6
③ 12
④ 15
⑤ 27

정답 05 ① 06 ②

CHAPTER 10 CURRENT THEORY

중첩의 정리

- 선형시스템은 중첩(Superposition)의 원리를 따른다.
- 선형시스템이 하나 이상의 에너지 독립 전원에 의해 여기되거나 구동될 때마다 전체 응답은 개별 응답의 합이 된다.

1 중첩의 정리

$v_L = k_1 i_g + k_2 v_g$

여기서, v_L은 $v_g = 0$일 때의 전압(1항)
$i_g = 0$일 때의 전압(2항)

의 합과 같다. v_L뿐만 아니라 다른 응답도 개개의 전원이 개별적으로 작용할 때의 응답을 합한 것과 같다. 이것이 선형회로에서 일반적으로 성립되는 중첩의 원리(Superposition Principle)이다.

≫ 예제 1

문제 아래 회로를 보고 다음 물음에 답하시오.

① 전류원만을 전원 변환하여 회로 (a)에서 전류 i를 구하시오.
② 중첩의 법칙으로 회로에서 전류 i를 구하시오.

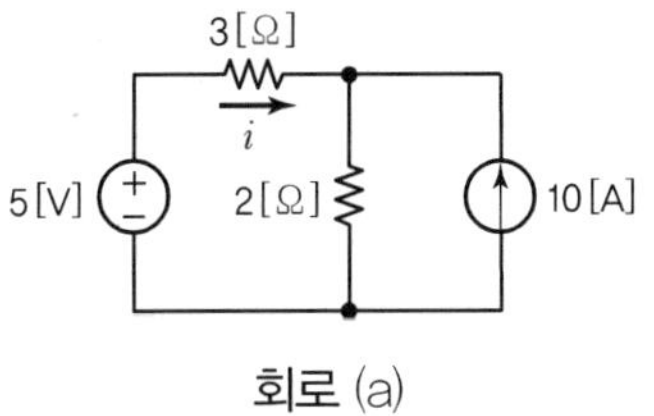

회로 (a)

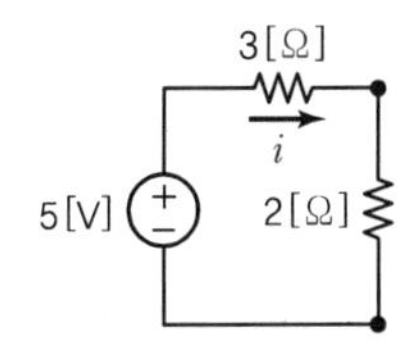

회로 (b)

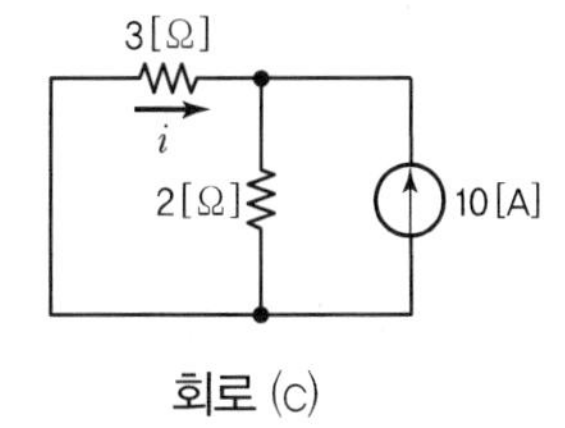

회로 (c)

풀이

총 전류 i는 $i = i' + i''$ 이다.

회로 (a)에서 $i' = \frac{5}{3+2} = 1[A]$

회로 (b)에서 $i'' = -\frac{2}{3+2} \times 10 = -4[A]$

총 전류 : $i = i' + i'' = 1 - 4 = -3[A]$

실전문제 CURRENT THEORY

* 문제 01~04의 회로들을 중첩의 법칙을 이용하여 풀이하시오.

01 다음 회로에서 3[Ω]의 저항에 흐르는 전류(I_2)는 얼마인가?

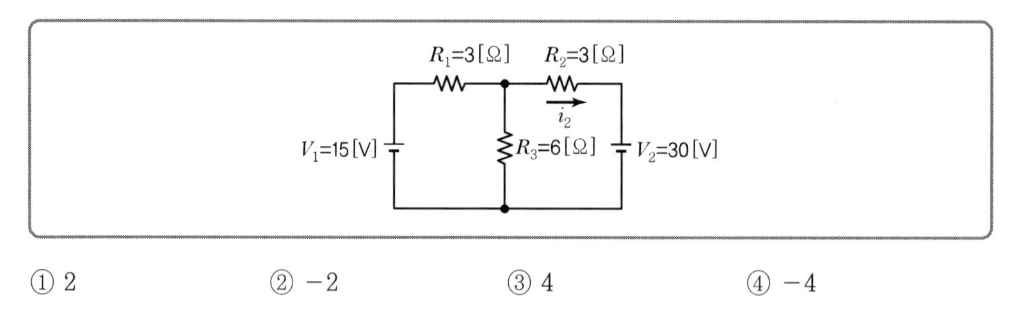

① 2 ② −2 ③ 4 ④ −4

02 다음 회로에서 6[Ω] 저항을 통해 흐르는 전류 I[A]는? 07년 국가직 9급

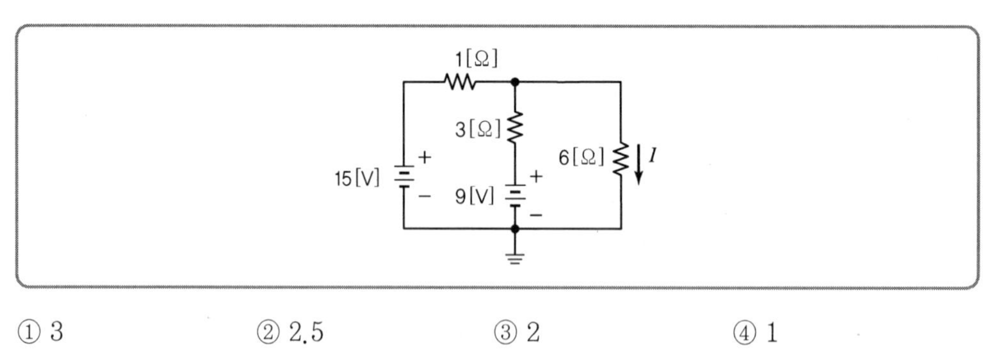

① 3 ② 2.5 ③ 2 ④ 1

03 다음 회로에서 4[Ω] 저항 양단의 전압[V]은? 09년 지방직 9급

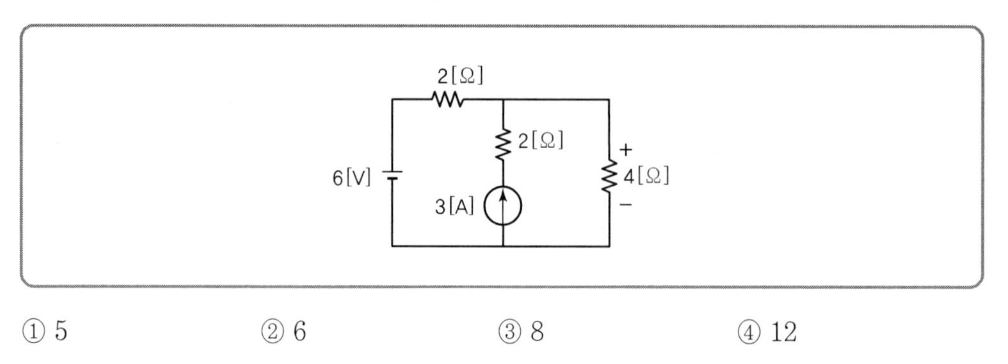

① 5 ② 6 ③ 8 ④ 12

정답 01 ④ 02 ③ 03 ③

04 다음 회로의 60[Ω]에 흐르는 전류 I[A]는?

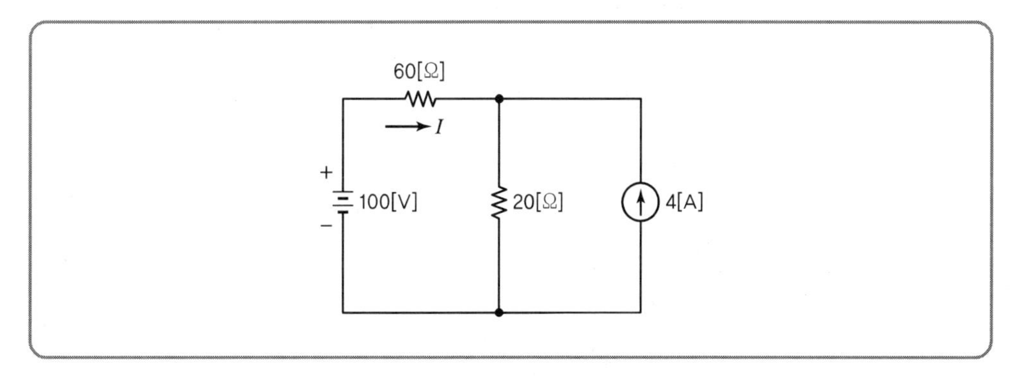

① 0.3 ② 0.2
③ 1.5 ④ 0.25

05 다음 회로의 합성저항을 구하시오.

①
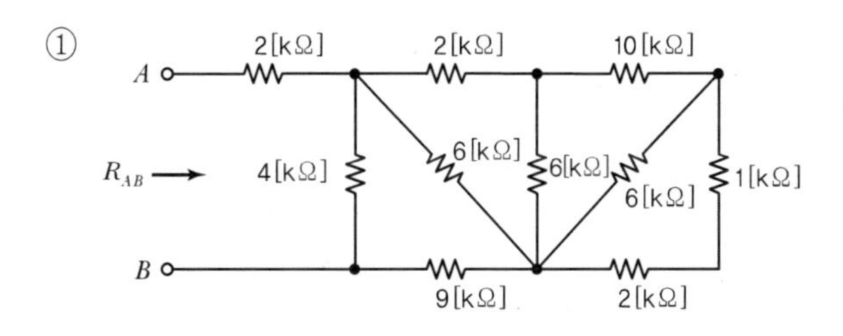

②
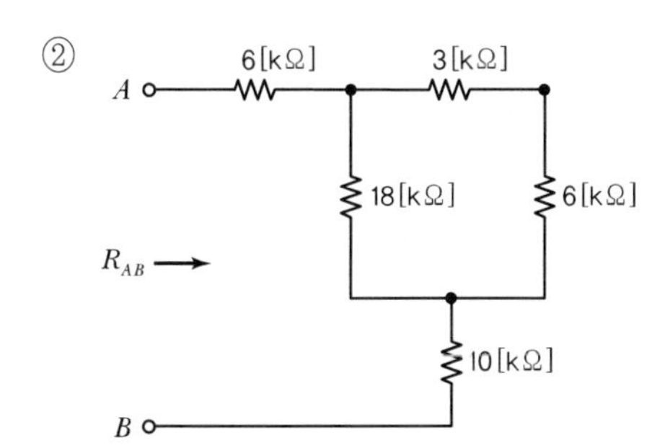

③
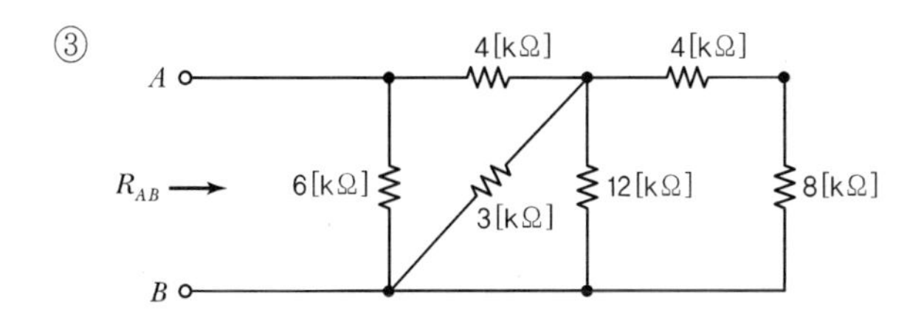

정답 04 ④ 05 ① 5[kΩ] ② 22[kΩ] ③ 3[kΩ]

④

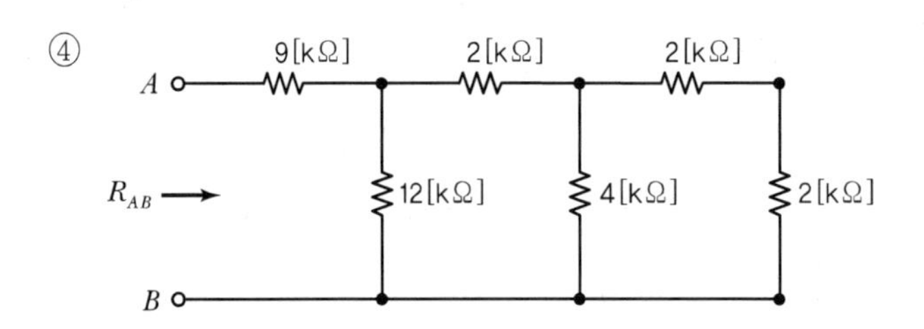

⑤

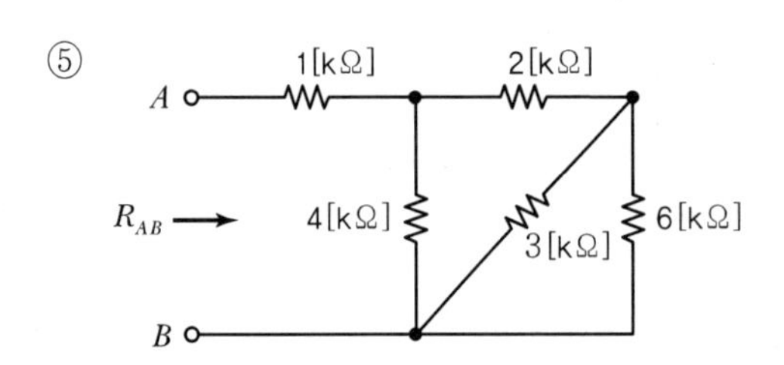

⑥

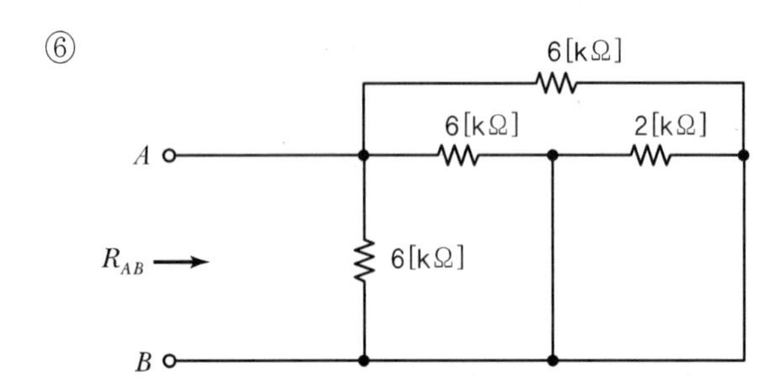

⑦

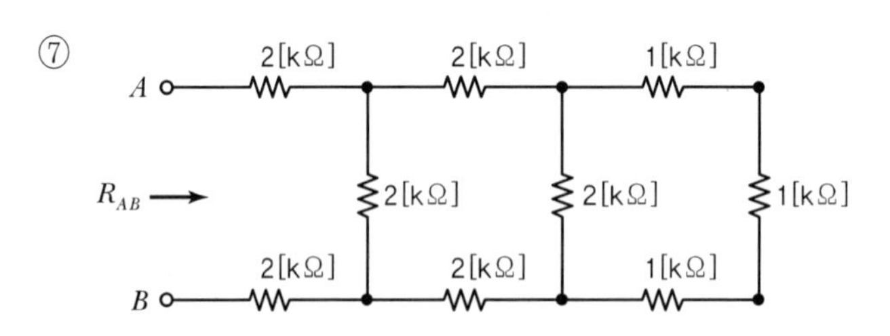

⑧

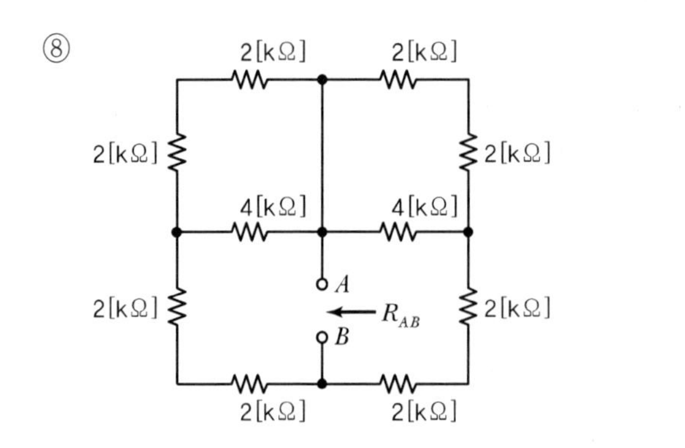

정답 ④ 12[kΩ] ⑤ 3[kΩ] ⑥ 2[kΩ] ⑦ 5.4[kΩ] ⑧ 3[kΩ]

⑨

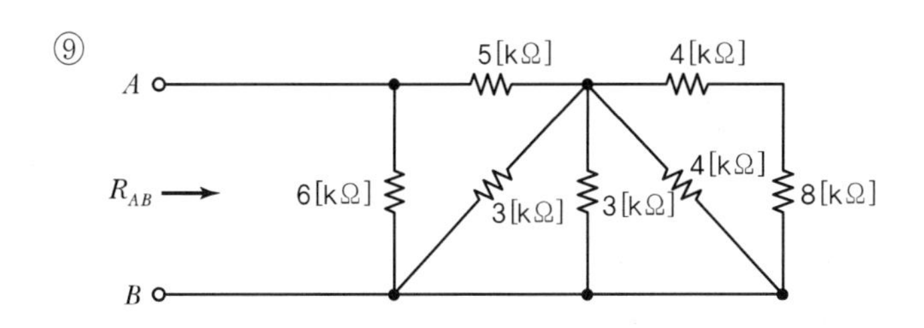

⑩

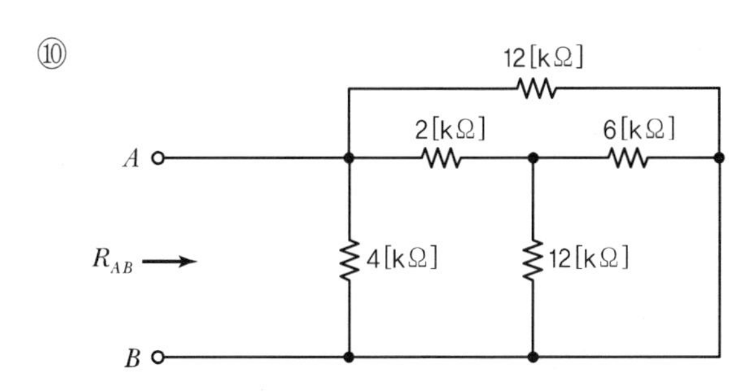

06 다음 회로에서 지시하는 값을 구하시오.

①

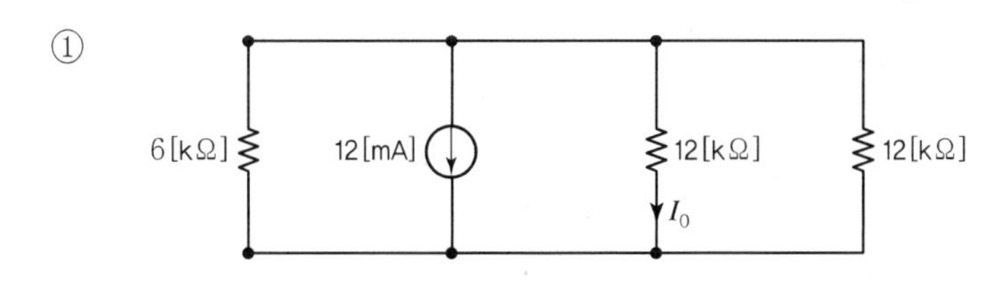

②

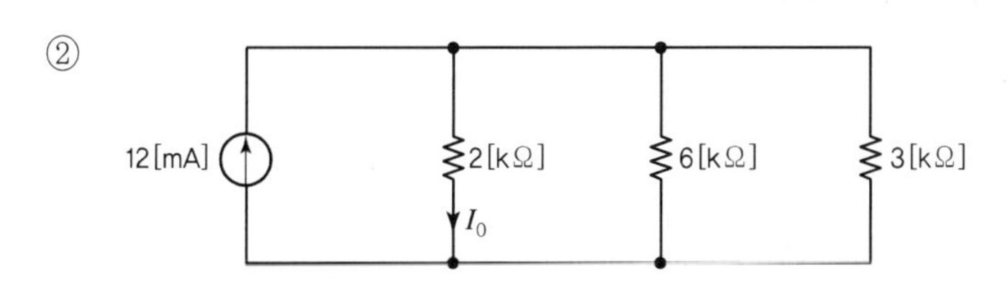

③

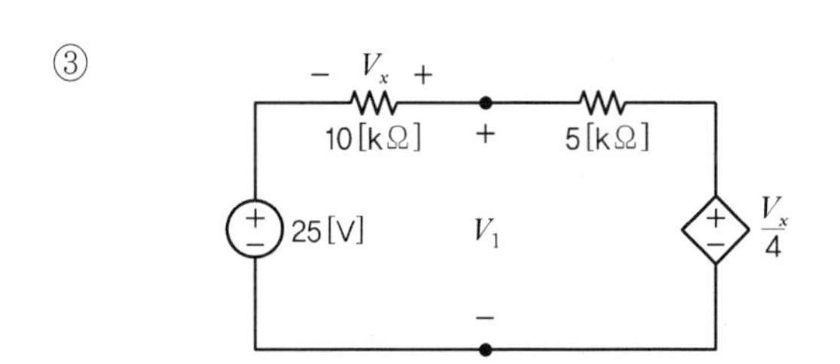

정답 ⑨ 3[kΩ] ⑩ 2[kΩ]

④

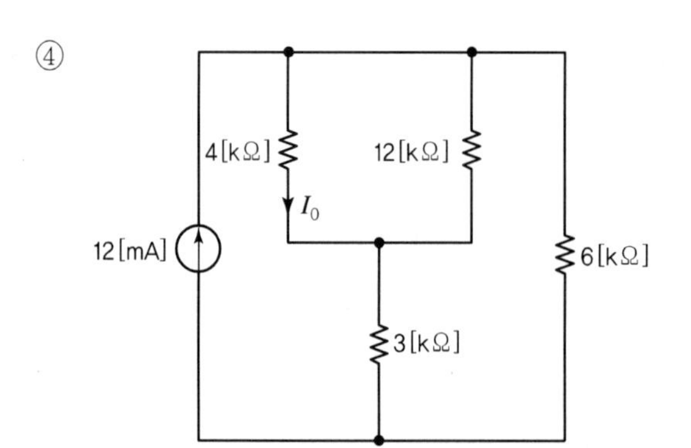
4[kΩ]
12[kΩ]
I_0
12[mA]
6[kΩ]
3[kΩ]

⑤

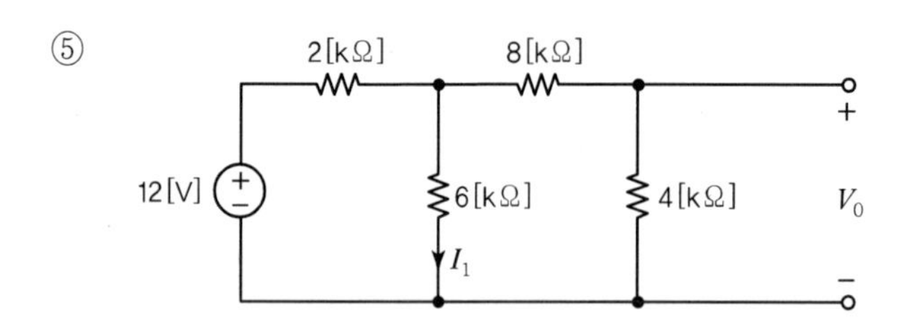
2[kΩ]
8[kΩ]
+
12[V]
6[kΩ]
4[kΩ]
V_0
I_1
−

⑥

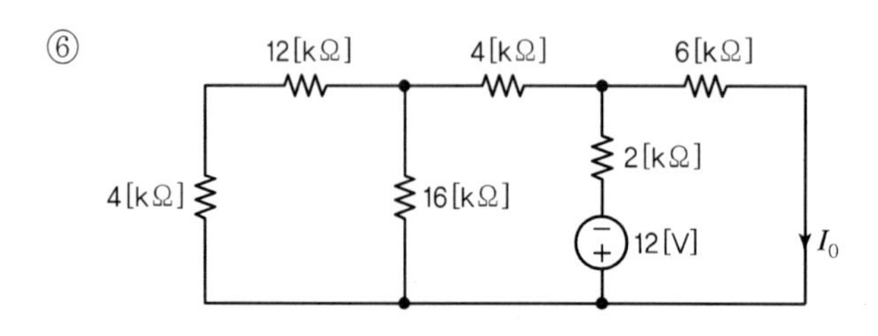
12[kΩ]
4[kΩ]
6[kΩ]
2[kΩ]
4[kΩ]
16[kΩ]
12[V]
I_0

⑦

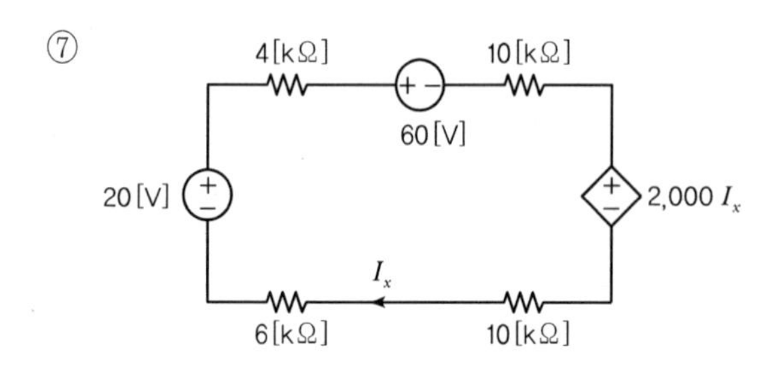
4[kΩ]
10[kΩ]
60[V]
20[V]
2,000 I_x
I_x
6[kΩ]
10[kΩ]

⑧

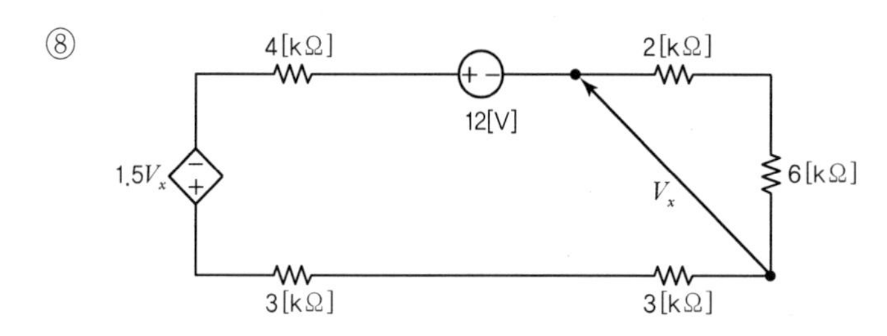
4[kΩ]
2[kΩ]
12[V]
1.5V_x
6[kΩ]
V_x
3[kΩ]
3[kΩ]

⑨

⑩

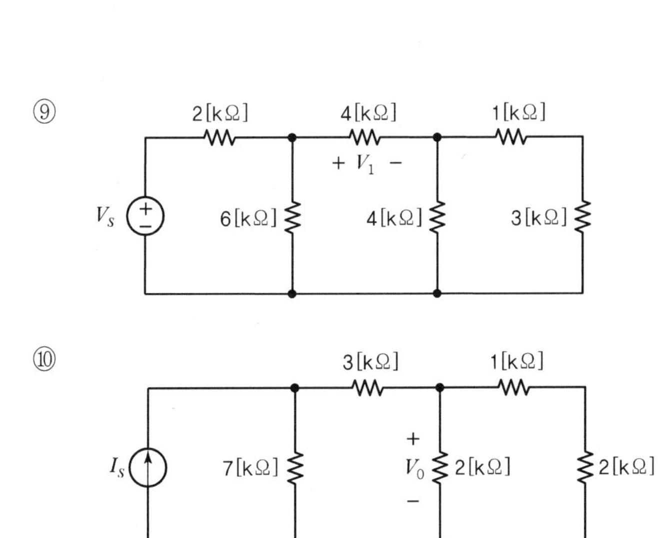
2[kΩ]
4[kΩ]
1[kΩ]
+ V_1 −
V_S
6[kΩ]
4[kΩ]
3[kΩ]
3[kΩ]
1[kΩ]
I_S
7[kΩ]
+
V_0
−
2[kΩ]
2[kΩ]

⑪

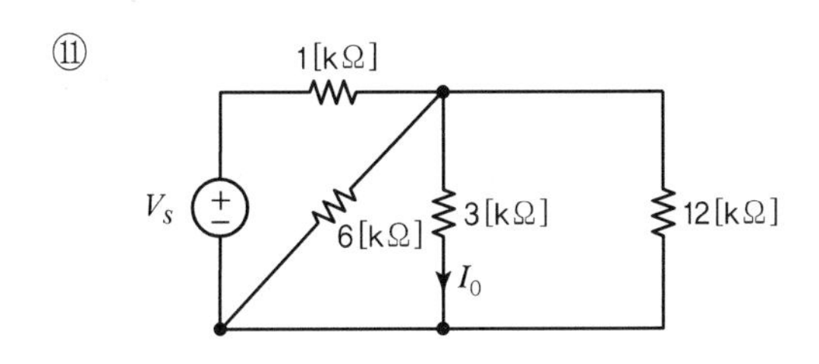
1[kΩ]
V_S
6[kΩ]
3[kΩ]
12[kΩ]
I_0

⑫

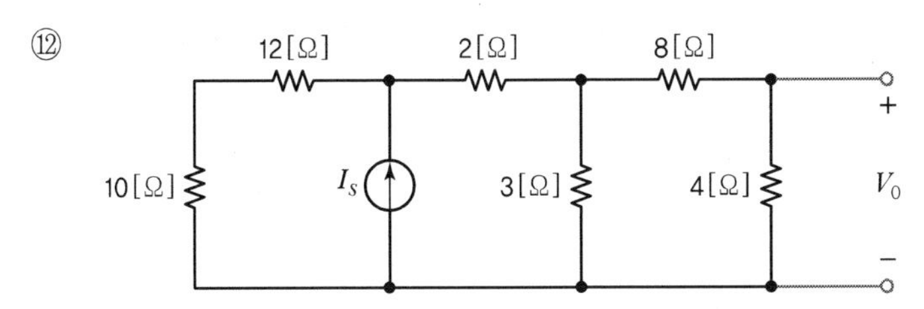
12[Ω]
2[Ω]
8[Ω]
+
10[Ω]
I_S
3[Ω]
4[Ω]
V_0
−

⑬

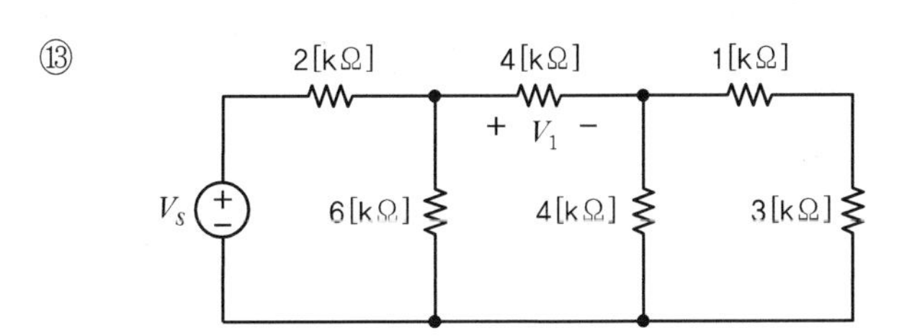
2[kΩ]
4[kΩ]
1[kΩ]
+ V_1 −
V_S
6[kΩ]
4[kΩ]
3[kΩ]

⑭

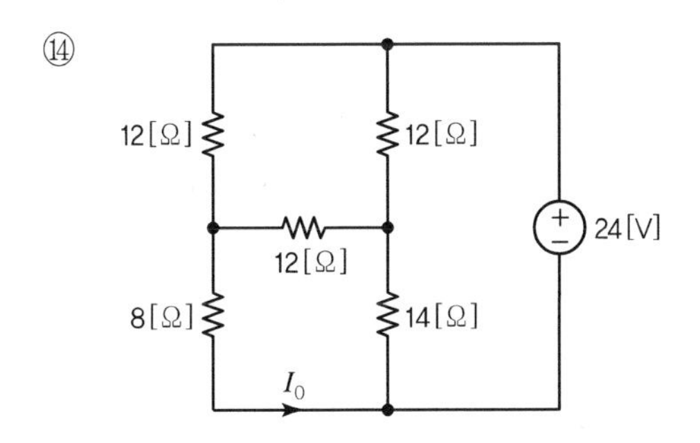
12[Ω]
12[Ω]
24[V]
12[Ω]
8[Ω]
14[Ω]
I_0

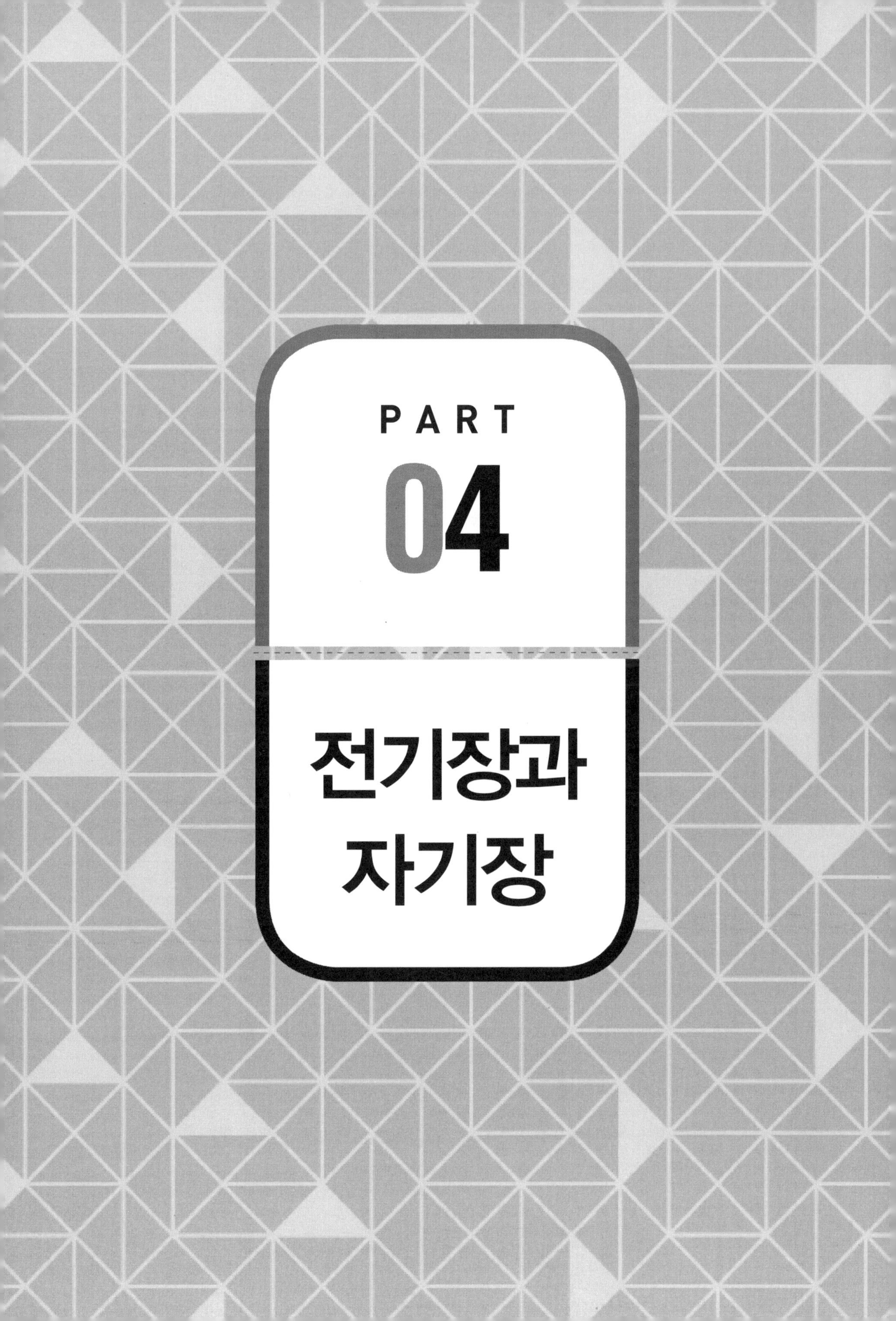

PART

04

전기장과 자기장

CHAPTER 01

CURRENT THEORY

전기장의 발생

1 정전기의 발생

① 성질이 다른 두 물체를 마찰하면 전기를 띤다.

② **정전유도** : 대전하지 않은 물체에 대전체를 가까이 하면 대전체에 가까운 끝에 대전체와는 다른 종류의 전하가 모이고, 먼 끝에는 같은 종류의 전하가 나타나는 현상

2 쿨롱의 법칙

두 대전체 사이에 작용하는 힘을 정전력이라 하며, 그 힘은 전기량의 곱에 비례하고 거리의 제곱에 반비례한다.

R_1[C] R_2[C] F[N] r[m]

| 쿨롱의 법칙 |

$$F = k\frac{Q_1 Q_2}{r^2} = 9\times 10^9 \frac{Q_1 Q_2}{r^2}[\mathrm{N}]$$

$$k = \frac{1}{4\pi\varepsilon_0} = 9\times 10^9$$

$$\varepsilon_0 = 8.8554\times 10^{-12} = \frac{1}{36\pi}\times 10^{-9}[\mathrm{F/m}]$$

3 전기장

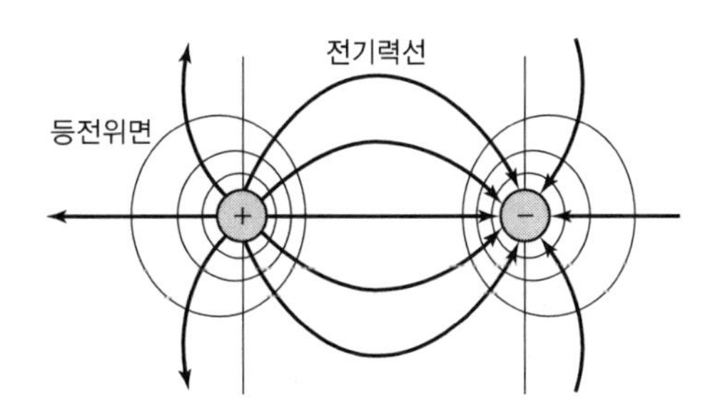

① **전장의 세기** : 단위 양전하가 받는 힘의 세기

$$E = \frac{F}{q} = K\frac{Q}{r^2} = \frac{1}{4\pi\varepsilon_0}\frac{Q}{r^2}\ [\mathrm{V/m}]$$

② **전기장의 방향** : ⊕ → ⊖

③ **전기장의 단위** : [V/m], [N/C]

4 전기력선의 성질

① 전기력선은 양전하의 표면에서 나와서 음전하의 표면에서 끝난다.

② 전기력선은 당기고 있는 고무줄과 같은 성질이 있어서 수축하려고 하며, 같은 전기력선은 반발한다.

③ 전기력선의 접선 방향은 그 접점에서의 전장의 방향을 가리킨다.

④ 전기력선의 밀도는 세기를 나타낸다.(1[V/m]의 전장의 세기는 1[J/m^2]의 전기력선으로 나타낸다.)

⑤ 전기력선은 도체의 표면에 수직으로 출입한다.

⑥ 전기력선은 서로 교차하지 않는다.

5 전기장과 자기장의 비교

전기(Electric)		자기(Magnetic)	
적용소자		적용소자	
사용전원		사용전원	
전하		자하	
유전율		투자율	
쿨롱의 법칙(F)		쿨롱의 법칙(F)	
전기장의 세기(E)		자기장의 세기(H)	
F와 E의 관계		F와 H의 관계	
전속밀도(D)		자속밀도(B)	
E와 D의 관계		H와 B의 관계	
전위(V)			
E와 V의 관계			

실전문제

CURRENT THEORY

01 두 전하의 거리를 3배로 하고 각각의 전하를 2배로 할 때 이 두 전하 사이의 힘은?

① 2/3
② 4/3
③ 2/9
④ 4/9

02 전기력선의 기본 성질에 관한 설명으로 옳지 않은 것은?

① 전기력선의 방향은 그 점의 전계의 방향과 일치한다.
② 전기력선은 전위가 높은 점에서 낮은 점으로 향한다.
③ 전기력선은 그 자신만으로 폐곡선이 된다.
④ 전계가 0이 아닌 곳에서 전기력선은 도체 표면에 수직으로 만난다.

03 $q' = 2q$일 때, 다음 그림과 같은 조건에서 $E : E'$의 비율은 얼마인가? 08년 서울시 9급

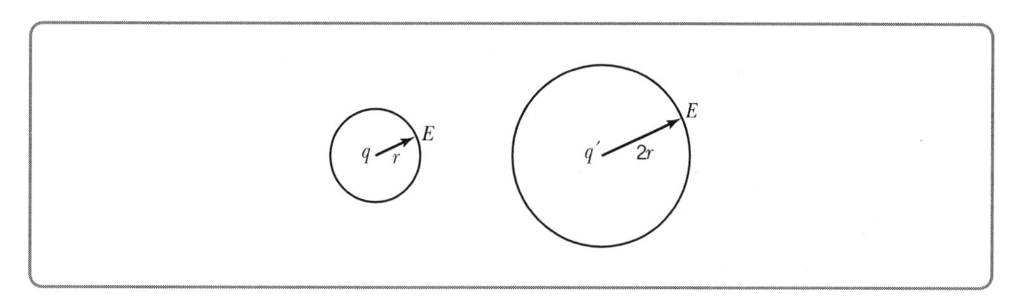

① 1 : 2
② 1 : 4
③ 2 : 1
④ 4 : 1
⑤ $\sqrt{2}$: 1

정답 01 ④ 02 ③ 03 ③

04 자유공간에 $Q_1 = 5[\mu C]$, $Q_2 = 20[\mu C]$ 인 두 점전하가 거리 5[m] 간격으로 떨어져 있다. 이 두 점전하 사이에 작용하는 힘의 세기는 얼마인가?

① 4×10^{-12}[N]
② 36×10^{-12}[N]
③ 4×10^{-3}[N]
④ 36×10^{-3}[N]

05 유전체의 비유전율이 3인 유전체 내에 2[μC]의 전하가 놓여 있다. 이 점에서 1[m] 떨어진 점의 전기장의 세기는 몇 [V/m]인가?

① 6×10^{3}[V/m]
② 1.5×10^{3}[V/m]
③ 6×10^{-3}[V/m]
④ 1.5×10^{-3}[V/m]

06 전기력선의 성질에 대한 설명으로 옳은 것은? 10년 국가직 9급

① 전하가 없는 곳에서 전기력선은 발생, 소멸이 가능하다.
② 전기력선은 그 자신만으로 폐곡선을 이룬다.
③ 전기력선은 도체 내부에 존재한다.
④ 전기력선은 등전위면과 수직이다.

07 전기력선의 성질에 대한 설명으로 옳지 않은 것은? 12년 국가직 9급

① 전기력선은 도체 내부에 존재한다.
② 전속밀도는 전하와의 거리 제곱에 반비례한다.
③ 전기력선은 등전위면과 수직이다.
④ 전하가 없는 곳에서 전기력선 발생은 없다.

08 정전계 내의 도체에 대한 설명으로 옳지 않은 것은?

① 도체표면은 등전위면이다.
② 도체 내부의 정전계 세기는 영이다.
③ 등전위면의 간격이 좁을수록 정전계 세기가 크게 된다.
④ 도체표면상에서 정전계 세기는 모든 점에서 표면의 접선방향으로 향한다.

정답 04 ④ 05 ① 06 ④ 07 ① 08 ④

09 정전계에 관한 설명 중 옳지 않은 것은?

① 정전계는 비보존계이다.
② 정전계는 정지해 있는 전하에 의해 나타나는 현상이다.
③ 전계의 세기를 그 주위 임의의 폐경로를 따라 스칼라 선적분한 값은 0이다.
④ 쿨롱(Coulomb)의 법칙은 두 점전하 사이의 힘이 전하의 곱에 비례하고 떨어진 거리의 제곱에 반비례함을 의미한다.

10 진공 중의 한점에 음전하 5[nC]가 존재하고 있다. 이 점에서 5[m] 떨어진 곳의 전기장의 세기 [V/m]는?(단, $\frac{1}{4\pi\varepsilon_0} = 9\times10^9$이고, ε_0는 진공의 유전율이다.)

① 1.8
② −1.8
③ 3.8
④ −3.8

11 세 개의 양(+)전하와 하나의 음(−)전하가 그림과 같이 정사각형의 꼭짓점 A, B, C, D에 놓여 있다. 정사각형의 중심 O에서 전기장의 방향은?

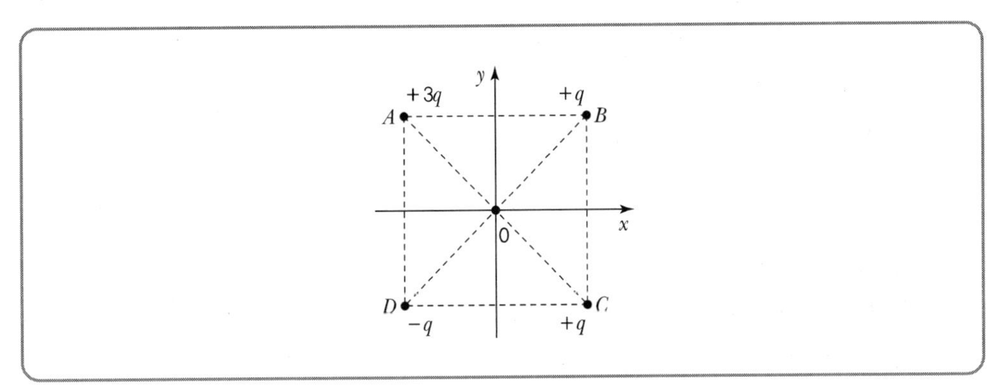

① $+x$방향
② $-x$방향
③ $+y$방향
④ $-y$방향

정답 09 ① 10 ② 11 ④

12 그림과 같이 전하량이 각각 -4[C]과 1[C]인 두 전하가 서로 1[m] 떨어져 있다. 두 전하에 의한 전기장의 합이 0이 되는 지점은?

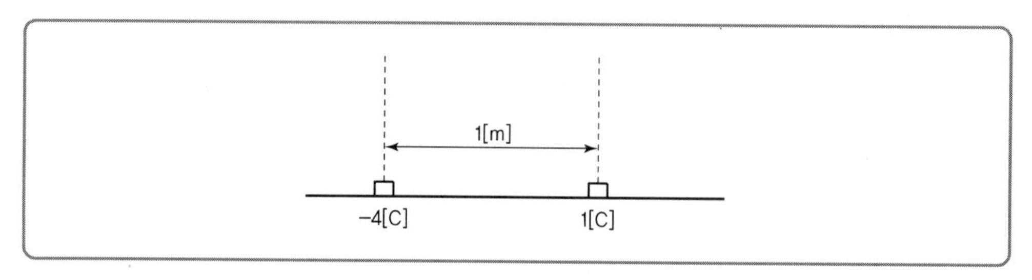

① 1[C] 전하의 왼쪽 2/3[m]
② 1[C] 전하의 왼쪽 1/3[m]
③ 1[C] 전하의 오른쪽 1[m]
④ 1[C] 전하의 오른쪽 1/3[m]

13 그림과 같이 2개의 점전하 $+1[\mu C]$과 $+4[\mu C]$이 1[m] 떨어져 있을 때, 두 전하가 발생시키는 전계의 세기가 같아지는 지점은? 20년 서울시 9급

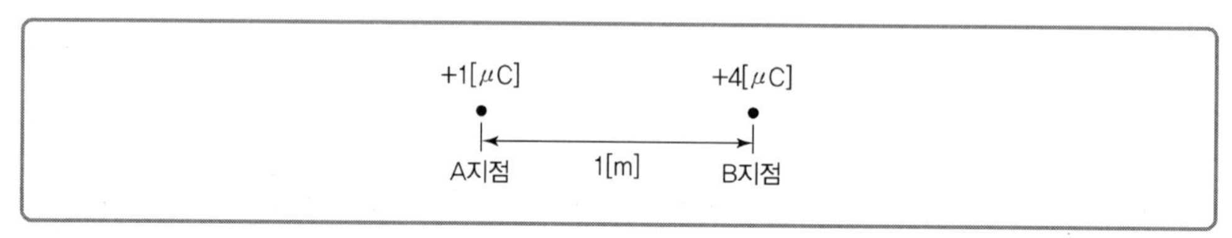

① A지점에서 오른쪽으로 0.33[m] 지점
② A지점에서 오른쪽으로 0.5[m] 지점
③ A지점에서 왼쪽으로 0.5[m] 지점
④ A지점에서 왼쪽으로 1[m] 지점

14 동일한 두 도체구 A와 B가 각각 전하량 $+3Q$와 $-Q$로 대전되어 그림과 같이 r만큼 떨어져 있을 때, A와 B 사이에 작용하는 전기력의 크기는 F이다. A와 B를 접촉시켰다가 다시 r만큼 분리했을 때, A와 B 사이에 작용하는 전기력의 크기는 F의 몇 배인가?

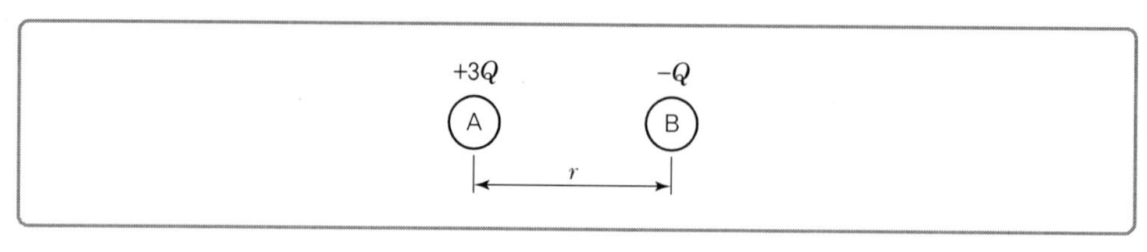

① $\frac{1}{3}$ ② $\frac{1}{2}$ ③ 2 ④ 3

정답 12 ③ 13 ① 14 ①

CHAPTER 02 CURRENT THEORY

전속밀도와 전위

1 전속과 전속밀도

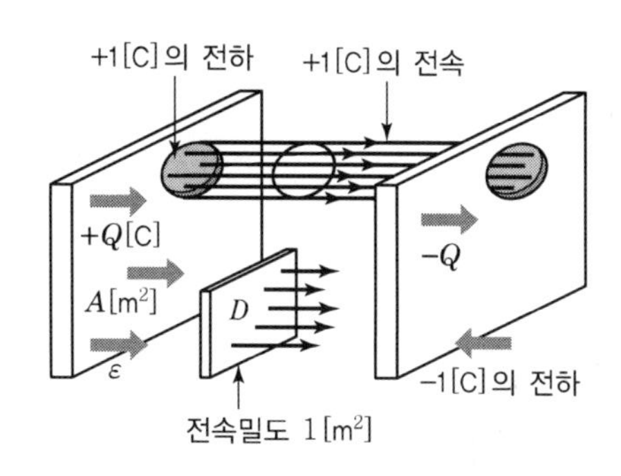

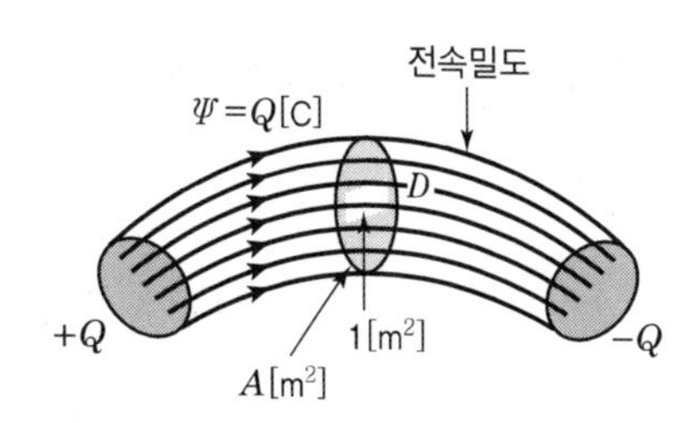

| 전속과 전속밀도(Dielectric Flux, Density) |

① 전속은 양전하에서 나와서 음전하에서 끝난다.

② 전속이 나오는 곳 또는 끝나는 곳에는 전속과 같은 전하가 있다.

③ $+Q$[C]의 전하로부터는 Q개의 전속이 나오며, 전속의 단위는 개수 대신에 [C]을 사용한다.

④ 전속은 금속판에 출입하는 경우 그 표면에 수직이 된다.

㉠ 전속밀도 : $D[\mathrm{C/m^2}]$ → $1[\mathrm{m^2}]$당 몇 [C]의 전속이 나오는가를 나타내는 양$[\mathrm{C/m^2}]$

㉡ 전속밀도와 전기장의 세기의 관계 : $D=\varepsilon E$

2 전위

① **전위** : 단위 양전하(+1[C])를 옮기는 데 필요한 일

$$V=\frac{W}{q}=k\frac{Q}{r}$$

② 1[V] : 1[C]의 전하를 옮기는 데 1[J]의 일이 필요

③ **균일장과 전위** : 평행한 도체판 사이의 전장은 전기력선의 밀도가 균일하므로 균일장을 이룬다.

$$E=\frac{V}{d}[\mathrm{V/m}]$$

④ 균일장에서 전하가 받는 힘

$$F = qE = q\frac{V}{d}[\mathrm{N}]$$

⑤ 전장이 전하에 하는 일

$$W = qV = \frac{1}{2}mv^2[\mathrm{J}]$$

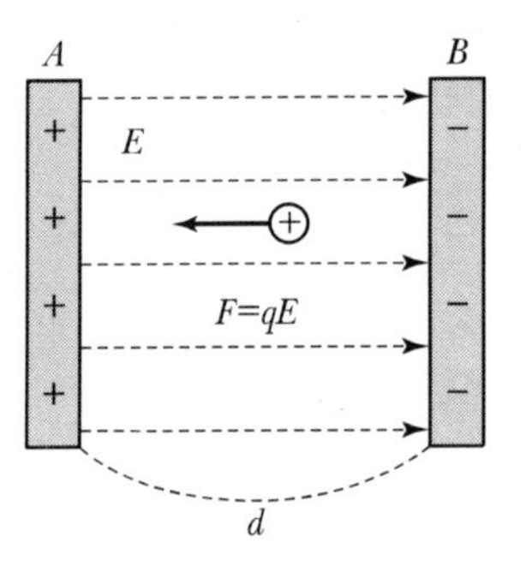

3 등전위면(Equipotential Surface)

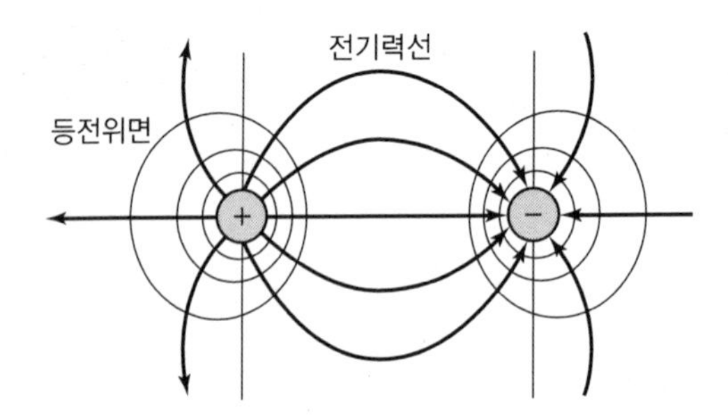

전장 내에서 전위가 같은 점을 연결한 면(전기력선에 수직, 도체 표면은 등전위면)

* 전위의 기울기가 0인 점으로 된 것(도체표면)

4 전속밀도와 전계의 관계

$$D = \frac{Q}{4\pi r^2}[\mathrm{C/m^2}]$$

$$E = \frac{1}{4\pi\varepsilon}\frac{Q}{r^2}[\mathrm{V/m}]$$

$$D = \varepsilon E, \quad E = \frac{D}{\varepsilon}$$

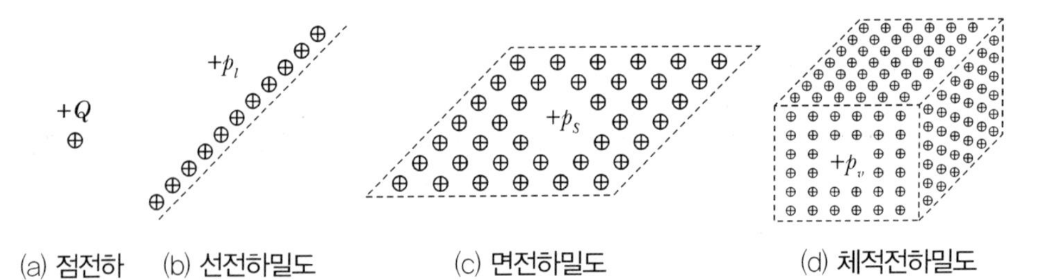

(a) 점전하 (b) 선전하밀도 (c) 면전하밀도 (d) 체적전하밀도

| 다양한 형태의 전하분포 |

상태별 전기장의 세기 산정식

구분	선전하	면전하	체적전하	점(구)전하
면적(S)	$S=2\pi rL$	S	$S=4\pi r^2$	$S=4\pi r^2$
전하량(Q)	$Q=\lambda L$	$Q=\sigma S$	$Q=\rho V$	Q
전속밀도(D) $D=\dfrac{Q}{S}$	$D=\dfrac{\lambda L}{2\pi rL}=\dfrac{\lambda}{2\pi r}$	$D=\dfrac{\sigma S}{S}=\sigma$	$D=\dfrac{Q}{4\pi r^2}$	$D=\dfrac{Q}{4\pi r^2}$
전기장의 세기 $E=\dfrac{N}{S}=\dfrac{Q}{\varepsilon_0 S}$	$E=\dfrac{\lambda L}{\varepsilon_0 2\pi rL}$ $=\dfrac{\lambda}{2\pi\epsilon_0 r}$	$E=\dfrac{\sigma S}{\varepsilon_0 S}=\dfrac{\sigma}{\varepsilon_0}$	$E=\dfrac{Q}{4\pi\varepsilon_0 r^2}$	$E=\dfrac{Q}{\varepsilon_0 4\pi r^2}=\dfrac{Q}{4\pi\varepsilon_0 r^2}$
전위 $V=-\int_{inti}^{final} E\,dL$	$V_{ab}=\dfrac{\rho_L}{2\pi\varepsilon_0}\ln\dfrac{b}{a}$ (b의 원통을 접지시켜 0전위로 잡고 해석)	$V=Ed=\dfrac{\sigma}{\varepsilon_0}d$ (반대쪽 면을 0전위로 잡고 해석)	$V_{AB}=\dfrac{Q}{4\pi\varepsilon_0}\left(\dfrac{1}{r_A}-\dfrac{1}{r_B}\right)$ (r_B를 무한원점으로 잡고 0전위로 해석)	

실전문제 CURRENT THEORY

01 E[V/m]의 전계의 세기에 Q[C]의 전하를 놓았을 때 이에 작용하는 정전력의 크기 F[N]는?

① $Q = E/F$ ② $Q = FE$ ③ $F = E/Q$ ④ $F = QE$

02 정전계 내에 있는 도체 표면에서의 전계의 방향은 어떻게 되는가?

① 임의 방향 ② 표면과 접선 방향 ③ 표면과 45도 방향 ④ 표면과 수직 방향

03 1[V]는 다음 중 어느 값과 같은 값인가?

① 1[Wb/m] ② 1[Ω/m] ③ 1[C/Wb] ④ 1[J/C]
⑤ 1[V/m]

04 거리 r에 반비례하는 전계의 세기를 주는 대전체는 어떤 것인가?

① 점전하 ② 구전하 ③ 선전하 ④ 면전하

05 무한장 직선 전하에 의한 전계의 세기는 거리와 어떤 관계를 가지는가?

① 거리에 비례한다. ② 거리에 반비례한다.
③ 거리의 제곱에 비례한다. ④ 거리의 제곱에 반비례한다.

06 전기력선에 관한 다음 설명 중 틀린 것은?

① 전기력선은 도체 표면에 수직으로 출입한다.
② 도체 내부에는 전기력선이 다수 존재한다.
③ 단위 전하에서는 진공 중에서 $\frac{1}{\varepsilon_0}$개의 전기력선이 출입한다.
④ 전기력선은 전계가 0이 아닌 곳에서 등전위면과 직교한다.

정답 01 ④ 02 ④ 03 ④ 04 ③ 05 ② 06 ②

07

그림은 자유 공간상의 한 점 $P(4,\ 6,\ 0)$[m]를 지나고 z축과 평행한 무한 선전하를 나타낸다. 점 $A(6,\ 8,\ 0)$[m], $B(6,\ 8,\ 5)$[m], $C(8,\ 10,\ 8)$[m]에서 전계의 세기를 각각 E_1[V/m], E_2[V/m], E_3[V/m]라고 할 때, $\frac{E_1}{E_2}$과 $\frac{E_3}{E_2}$의 값으로 옳은 것은?(단, 선전하 밀도 ρ_L[C/m]은 상수이다.)

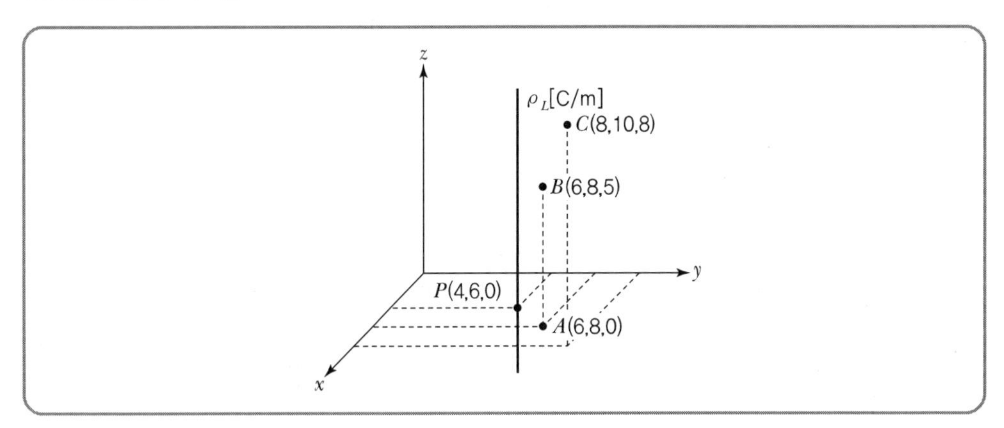

	$\frac{E_1}{E_2}$	$\frac{E_3}{E_2}$		$\frac{E_1}{E_2}$	$\frac{E_3}{E_2}$
①	1	0.5	②	1	2.0
③	2	0.5	④	2	1.0

08

무한하고 균일한 평판전하에 의한 전계의 세기에 대한 설명으로 옳은 것은?

① 전계의 세기는 평판으로부터의 거리에 무관하다.
② 전계의 세기는 평판으로부터의 거리에 반비례한다.
③ 전계의 세기는 평판으로부터의 거리의 제곱에 비례한다.
④ 전계의 세기는 평판으로부터의 거리에 비례한다.

정답 07 ① 08 ①

09 그림과 같이, 두 개의 무한히 큰 절연체 판이 단위면적당 전하밀도가 σ로 균일하게 대전되어 있다. 두 판 사이(영역 II)에서 전기장의 크기와 방향은?

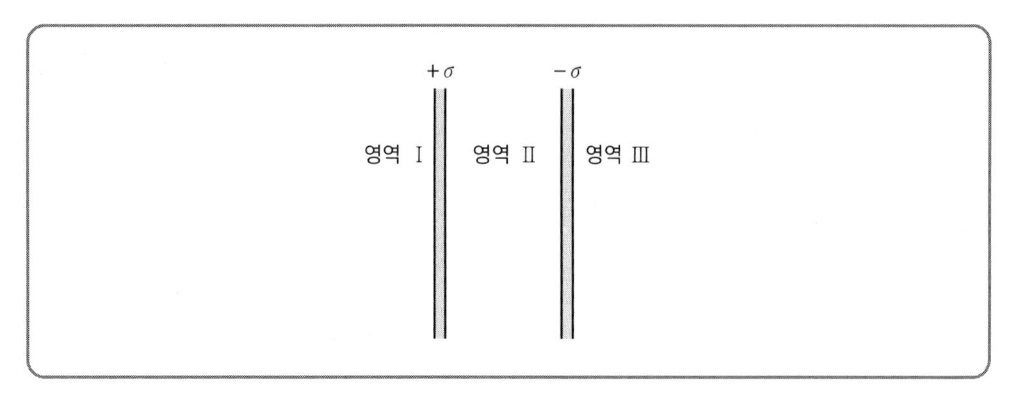

① $\frac{\sigma}{2\varepsilon_0}$, 왼쪽(←)　② $\frac{\sigma}{2\varepsilon_0}$, 오른쪽(→)

③ $\frac{\sigma}{\varepsilon_0}$, 왼쪽(←)　④ $\frac{\sigma}{\varepsilon_0}$, 오른쪽(→)

10 그림과 같이 4개의 전하가 정사각형의 형태로 배치되어 있다. 꼭짓점 C에서의 전계강도가 0[V/m]일 때, 전하량 Q[C]는? 22년 국가직 9급

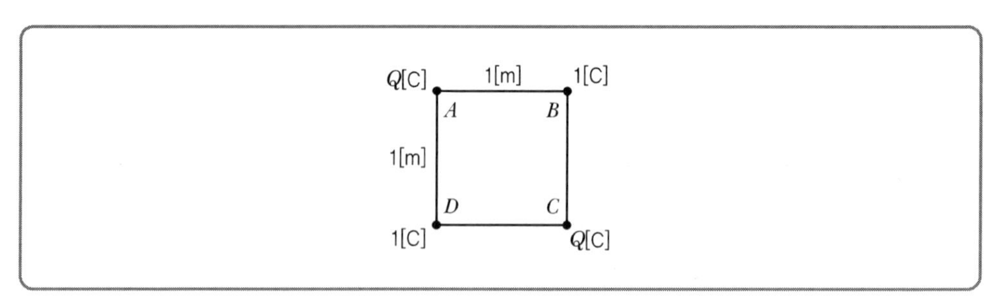

① $-2\sqrt{2}$　② -2

③ 2　④ $2\sqrt{2}$

11 임의의 닫힌 공간에서 외부로 나가는 전기선속과 공간 내부의 총전하량의 관계를 나타내는 것은? 23년 국가직 9급

① 옴의 법칙　② 쿨롱의 법칙

③ 가우스 법칙　④ 패러데이 법칙

정답 09 ④ 10 ① 11 ③

CHAPTER 03 CURRENT THEORY

콘덴서의 이해

1 콘덴서 접속과 정전용량

① 콘덴서 : 전하를 축적하는 전기장치(평행판 콘덴서)

② 정전용량(Capacitance) : 한 도체가 주어진 전위 V에서 전하를 축적하는 능력을 정전용량(Electrostatic Capacity) 또는 커패시턴스(Capacitance, 기호 [F](Farad)라고 한다.

* 정전용량의 단위 [F]의 역수 [1/F]은 Daraf 또는 엘라스턴스(Elastance)라 함)
* 정전용량(Capacitance) : 어떤 구조가 얼마나 큰 정전 에너지를 보유할 수 있는가를 나타내는 물리량

$$Q = CV[\text{C}]$$

$$C = \frac{Q}{V}[\text{F} = \text{C/V}]$$

$$V = \frac{Q}{C}[\text{V} = \text{C/F}]$$

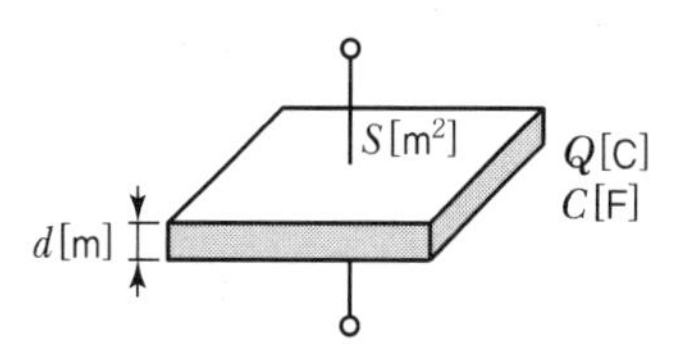

$$C = \frac{Q}{V} = \frac{\oint_s \varepsilon E \cdot dS}{-\int_{M_1}^{M_2} E \cdot dl}$$

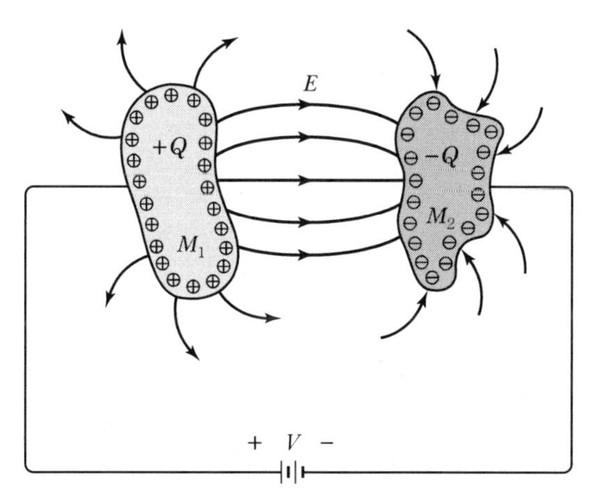

| 임의의 두 도체로 구성된 콘덴서 |

2 콘덴서의 직 · 병렬 연결

1) 직렬 연결

직렬 연결 시 전압이 분배되고 전하량이 일정하다.

전하량 일정 $Q = Q_1 = Q_2 [\mathrm{C}]$

$$V_1 = \frac{Q}{C_1}[\mathrm{V}],\ V_2 = \frac{Q}{C_2}[\mathrm{V}]$$

$$V = V_1 + V_2 = \left(\frac{1}{C_1} + \frac{1}{C_2}\right)Q[\mathrm{V}]$$

$+\ Q_1\ -$ $+\ Q_2\ -$
C_1 C_2
$+\ V_1\ -$ $+\ V_2\ -$
V

① 합성 정전용량 : $C_t = \dfrac{Q}{V} = \dfrac{1}{\dfrac{1}{C_1} + \dfrac{1}{C_2}} = \dfrac{C_1 C_2}{C_1 + C_2}[\mathrm{F}]$

② 전하량 : $Q = C_t V = \dfrac{C_1 C_2}{C_1 + C_2} V$

③ 분배된 전압

$$V_1 = \frac{Q}{C_1} = \frac{1}{C_1} \times \frac{C_1 C_2}{C_1 + C_2} V = \frac{C_2}{C_1 + C_2} V[\mathrm{V}]$$

$$V_2 = \frac{Q}{C_2} = \frac{1}{C_2} \times \frac{C_1 C_2}{C_1 + C_2} V = \frac{C_1}{C_1 + C_2} V[\mathrm{V}]$$

그러므로 전압은 정전용량에 반비례 분배된다.

2) 병렬 연결

병렬 연결 시 전압은 일정하고 전하량이 분배된다.

$Q = Q_1 + Q_2 = C_1 V + C_2 V = (C_1 + C_2) V [\mathrm{C}]$

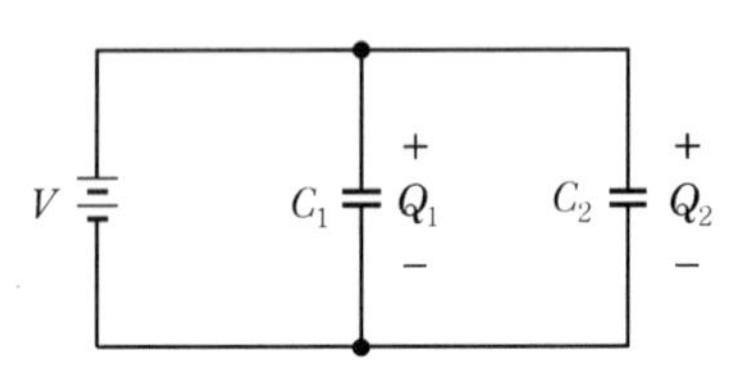

① 합성 정전용량 : $C_t = \dfrac{Q}{V} = C_1 + C_2 [\mathrm{F}]$

② 전체 전압 : $V = \dfrac{Q}{C_t} = \dfrac{Q}{C_1 + C_2} [\mathrm{V}]$

③ 분배된 전하량

$$Q_1 = C_1 V = C_1 \times \frac{Q}{C_1 + C_2} = \frac{C_1}{C_1 + C_2} Q[\mathrm{C}]$$

$$Q_2 = C_2 V = C_2 \times \frac{Q}{C_1 + C_2} = \frac{C_2}{C_1 + C_2} Q[\mathrm{C}]$$

그러므로 전기량은 정전용량에 비례 분배된다.

≫ 예제 ❶

문제 **정전용량 $C[\mathrm{F}]$ 인 콘덴서 10개를 병렬로 접속한 값은 10개를 직렬로 접속한 값의 몇 배인가?**

풀이

$C_{병} = 10C[\mathrm{F}]$ 이고 $C_{직} = \dfrac{C}{10}[\mathrm{F}]$ 이므로 병렬은 직렬의 10^2 배이고 직렬은 병렬의 $\dfrac{1}{10^2}$ 배이다.

≫ 예제 ❷

문제 **내압이 모두 100[V]이고, 용량이 각각 2[F], 3[F], 5[F]인 콘덴서 3개를 직렬 연결하였다. 이때 사용 가능한 직류 입력 전압의 최고값은 얼마인가?**

풀이

콘덴서가 직렬일 때 일정한 값은 전하량이다. 따라서 세 콘덴서에 동시에 인가 가능한 최대 전하량을 구하면,

내압이 100[V]로 모두 걸렸다고 가정했을 때

$Q_1 = 100 \times 2 = 200[\mathrm{C}]$

$Q_2 = 100 \times 3 = 300[\mathrm{C}]$

$Q_3 = 100 \times 5 = 500[\mathrm{C}]$

이때, 각 전하량이 500[C]이 되면, C_1, C_2 콘덴서의 파괴가 일어난다.
그리고, 각 전하량이 300[C]이 되면, C_3는 $300 = V_3 \times 5$, $V = 60[\mathrm{V}]$가 되어 사용 가능한 상태가 된다. 그렇지만, C_1은 파괴된다.

그래서 실제로 직렬연결했을 때, 충전되는 최대 전하량 값은 가장 작은 용량에 충전되는 전하량에 의해 결정된다.

$200 = V_1 \times 2,\ V_1 = 100[\mathrm{V}]$

$200 = V_2 \times 3,\ V_2 = 66.7[\mathrm{V}]$

$200 = V_3 \times 5,\ V_3 = 40[\mathrm{V}]$

이렇게 각 콘덴서에 분배되는 전압이 결정된다.

따라서 사용 가능한 최고 전압은 전하량 200[C]이 충전될 때이며, 이때의 전압은 206.7[V]이다.

실전문제 CURRENT THEORY

01 그림에서 합성 용량 C_t를 구하면?

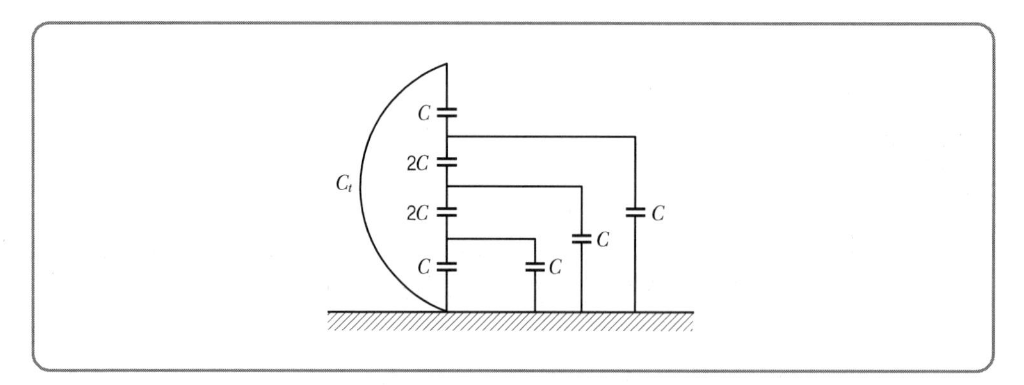

① $\frac{3}{2}C$　　② $\frac{2}{3}C$

③ $\frac{5}{2}C$　　④ $\frac{5}{6}C$

02 정전용량이 1[μF]인 공기 콘덴서가 있다. 이 콘덴서 판 간의 1/2인 두께를 갖고 비유전율이 2인 유전체를 그 콘덴서의 한 전극면에 접촉하여 넣었을 때 전계의 정전용량은 몇 [μF]이 되는가?

① 2　　② 1/2

③ 4/3　　④ 5/3

03 마일러 콘덴서의 표면에 "223J"라고 적혀있다. 이 콘덴서의 용량은 얼마인가?

① 0.22[μF]　　② 0.022[μF]

③ 0.0022[μF]　　④ 0.00022[μF]

정답 01 ② 02 ③ 03 ②

04 다음 그림의 저항값과 코일값이 같다. 용량이 높은 순으로 바르게 나열한 것은?(단, 면적은 A=B, B>C, 도체판의 간격은 A<B, B=C이다.)

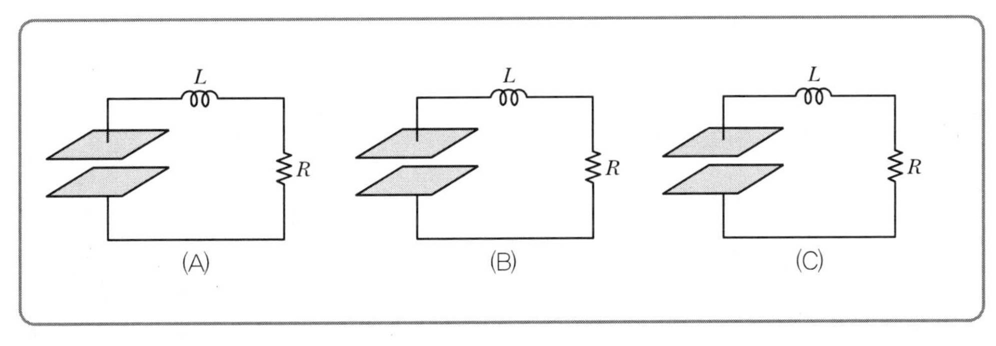

① A−B−C ② A−C−B ③ C−A−B ④ B−A−C
⑤ C−B−A

05 다음 회로에서 콘덴서 C_1 양단의 전압[V]은? 12년 국가직 9급

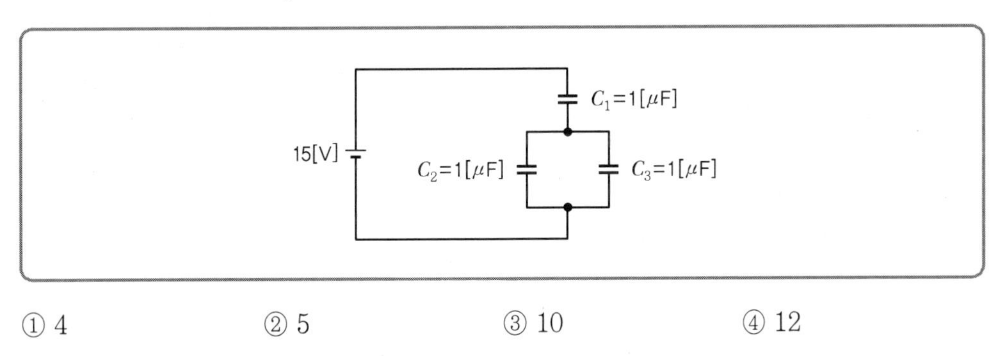

① 4 ② 5 ③ 10 ④ 12

06 그림에서 2[μF]의 콘덴서에 축적되는 에너지[J]는? 12년 국회직 9급

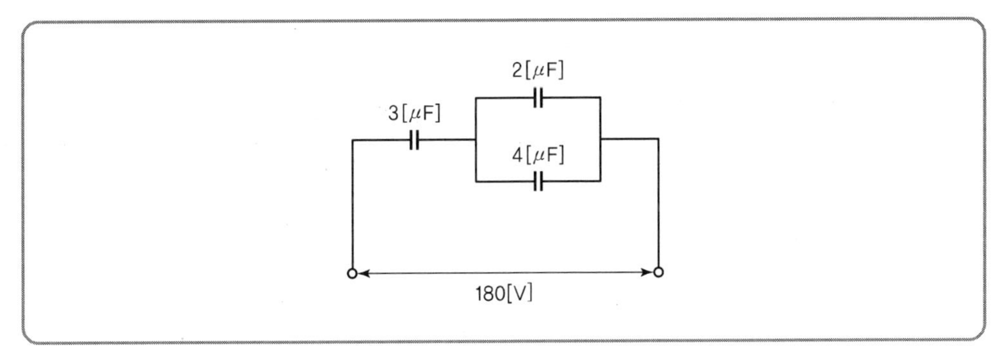

① 6×10^{3} ② 6×10^{-3} ③ 2.8×10^{-3} ④ 3.6×10^{-3}
⑤ 4.2×10^{-3}

정답 04 ① 05 ③ 06 ④

CHAPTER 04 CURRENT THEORY

정전용량의 물리적 해석

1 평형판 도체의 정전용량

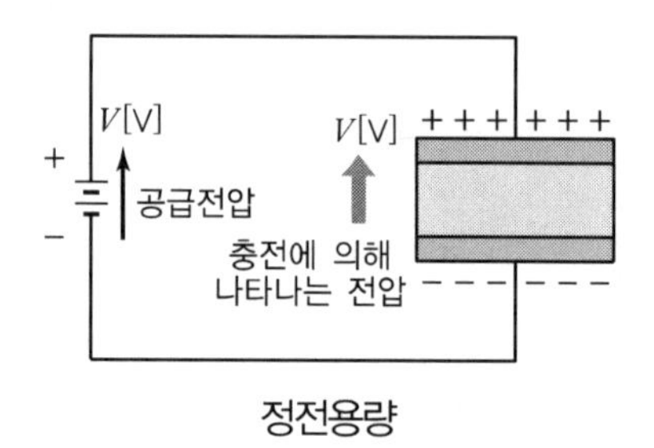

정전용량

① 절연물 내 전장의 세기

$$E=\frac{V}{L}[\mathrm{V/m}]$$

② 절연물 내의 전속 밀도

$$D=\frac{Q}{A}[\mathrm{C/m^2}]$$

③ 콘덴서의 정전용량

$$C=\frac{Q}{V}=\frac{DA}{El}=\frac{D}{E}\cdot\frac{A}{l}$$

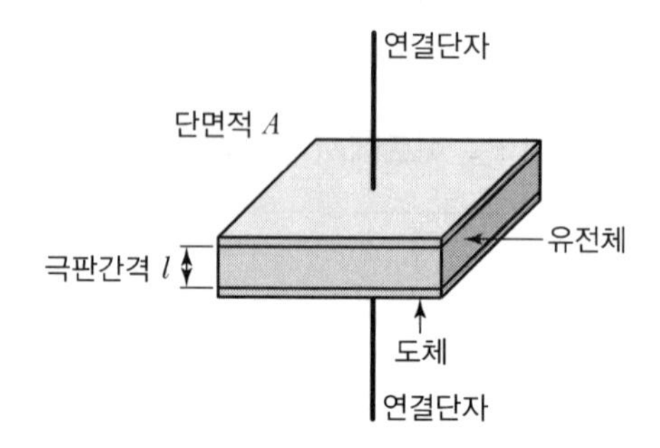

2 유전율

① 어느 정도의 전장의 세기일 때, 어느 정도의 전속이 생기는가를 비율로 나타낸 것

$$\varepsilon=\frac{D}{E},\ C=\varepsilon\frac{A}{L} \Rightarrow \varepsilon=\frac{C\cdot l}{A}$$

* $\varepsilon_0=8.8554\times10^{-12}[\mathrm{F/m}]$: 진공에서의 유전율

② 비유전율 : 절연 재료의 유전율 ε와 진공의 유전율 ε_0와의 비율

$$\varepsilon_S=\frac{\varepsilon}{\varepsilon_0}$$

각종 절연재료의 비유전율

물 질	ε_s	물 질	ε_s
종 이	2.0 ~ 2.1	유 리	5.4 ~ 9.9
파 라 핀	2.1 ~ 2.5	자 기	5.7 ~ 6.8
운 모	2.5 ~ 6.6	셀 렌	6.1 ~ 7.4
에보나이트	2.8	물	81
셀 락	2.9 ~ 3.7	산화 티탄	83 ~ 183

3 유전체 내의 에너지

$$W = \frac{1}{2}QV = \frac{1}{2}CV^2 = \frac{1}{2}\frac{Q^2}{C}[\mathrm{J}]$$

* 단위 체적당 축적된 에너지 $W = \frac{1}{2}ED = \frac{1}{2}\varepsilon E^2 = \frac{D^2}{2\varepsilon}[\mathrm{J/m^3}]$

4 정전흡입력 : V^2에 비례 ➡ 정전 전압계나 집진장치에 이용

$$F = \frac{ED}{2} \cdot A\,[N]$$

5 유전체에 의한 콘덴서의 정전용량

① 직렬 접속

극판 간격이 나뉘면 직렬 접속으로 본다.

유전체를 채워 넣기 전에는 공기 콘덴서이므로 정전용량은

$C_o = \frac{\varepsilon_o}{d}S[\mathrm{F}]$ 이다.

유전체를 평행판 콘덴서의 판에 평행하게 반을 채워 넣으면

$$C_1 = \frac{\varepsilon_1 S}{d_1}[\mathrm{F}]$$

$$C_2 = \frac{\varepsilon_2 S}{d_2}[\mathrm{F}]$$

S, d, d_2, ε_2, d_1, ε_1, $\frac{\varepsilon_2 S}{d_2}$, $\frac{\varepsilon_1 S}{d_1}$

그러므로 합성 정전용량은

$$C = \frac{C_1C_2}{C_1+C_2} = \frac{\frac{\varepsilon_1 S}{d_1}\times\frac{\varepsilon_2 S}{d_2}}{\frac{\varepsilon_1 S}{d_1}+\frac{\varepsilon_2 S}{d_2}} = \frac{\frac{\varepsilon_1\varepsilon_2 S^2}{d_1d_2}}{\frac{\varepsilon_1 d_2 S+\varepsilon_2 d_1 S}{d_1d_2}} = \frac{\varepsilon_1\varepsilon_2 S}{\varepsilon_1 d_2+\varepsilon_2 d_1}[\mathrm{F}]$$

≫ 예제 1

문제 $\varepsilon_s = 4$인 유전체를 공기 콘덴서에 극판 간격이 반이 되도록 채워 넣었다. 이 때 정전용량은 처음 값의 몇 배인가?

풀이

$C = \frac{2\varepsilon_s C_o}{1+\varepsilon_s} = \frac{2\times 4C_o}{1+4} = \frac{8}{5}C_o = 1.6C_o[\mathrm{F}]$ 이므로 1.6배 증가한다.

② 병렬접속

극판 면적이 나뉘면 병렬접속으로 본다.

유전체를 채워 넣기 전에는 공기 콘덴서이므로 정전용량은

$C_o = \frac{\varepsilon_o}{d} S$[F]이다.

유전체를 평행판 콘덴서의 판에 수직으로 채워 넣으면

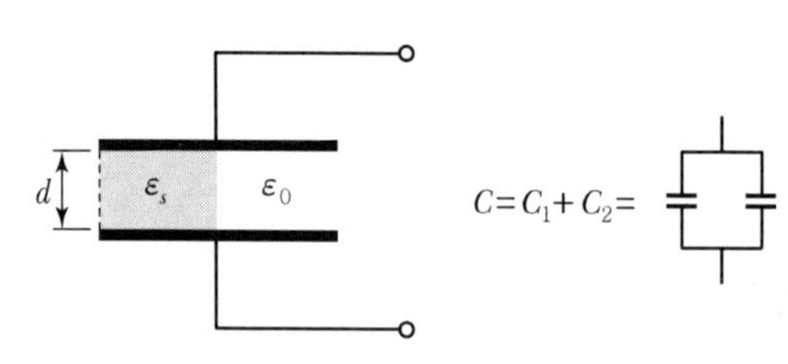

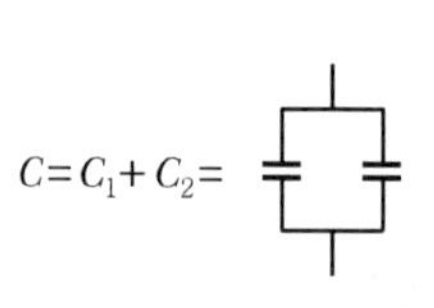

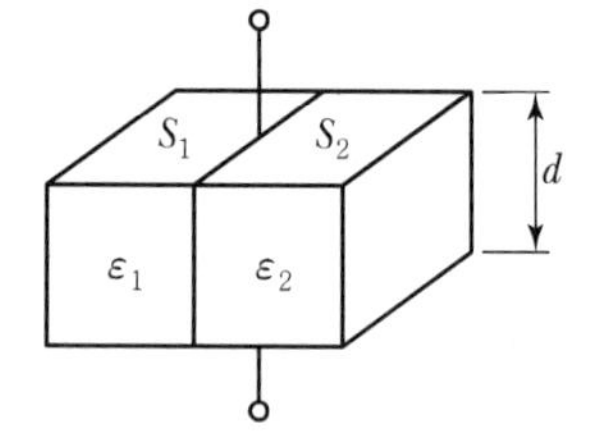

$$C_1 = \frac{\varepsilon_1 S_1}{d} \text{[F]}$$

$$C_2 = \frac{\varepsilon_2 S_2}{d} \text{[F]}$$

그러므로 합성 정전용량은

$$C = C_1 + C_2 = \frac{\varepsilon_1 S_1}{d} + \frac{\varepsilon_2 S_2}{d} = \frac{\varepsilon_1 S_1 + \varepsilon_2 S_2}{d}$$

≫ 예제 ②

문제 **공기 콘덴서에 비유전율이 3인 에보나이트를 극판 면적의 $\frac{2}{3}$ 만큼 채웠다면 이때 정전 용량은 처음 값의 몇 배인가?**

풀이

$$C_1 = \frac{\varepsilon_o}{d} \times \frac{1}{3} S = \frac{\varepsilon_o S}{3d} \text{[F]}$$

$$C_2 = \frac{\varepsilon_o \varepsilon_s}{d} \times \frac{2}{3} S = \frac{2\varepsilon_o \varepsilon_s S}{3d} \text{[F]}$$

그러므로 합성 정전용량은

$$C = C_1 + C_2 = \frac{\varepsilon_o S(1 + 2 \times 3)}{3d} = \frac{\varepsilon_o S \times 7}{3d} = \frac{7}{3} \frac{\varepsilon_o S}{d} \text{[F]}$$

그러므로 처음 값의 $\frac{7}{3}$ 배로 증가한다.

실전문제 CURRENT THEORY

01 다음은 정전용량의 특성에 관한 설명이다. 틀린 것은?

① 전위 1[V]를 올리기 위해 1[C]의 전하가 사용될 때 정전용량은 1[F]이다.
② 유전체의 유전율을 증가시키면 정전용량은 증가한다.
③ 콘덴서 전극의 면적을 증가시키면 정전용량은 증가한다.
④ 콘덴서 전극 사이의 간격을 증가시키면 정전용량은 증가한다.

02 유전율의 단위는 무엇인가?

① [F/m]
② [H]
③ [F]
④ [H/m]

03 콘덴서의 정전용량이 일정할 때 여기에 축적된 에너지를 2배로 하려면 몇 배의 전압으로 충전해야 되는가?

① 2배
② 4배
③ $\sqrt{2}$ 배
④ 1배
⑤ $\frac{1}{4}$

04 비유전률 ε_s에 대한 설명이다. 틀린 것은?

① 진공의 비유전율은 0이다.
② 공기의 비유전율은 약 1 정도 된다.
③ ε_s는 항상 1 이상의 값을 가진다.
④ ε_s는 절연물의 종류에 따라 다른 값을 갖는다.

정답 01 ④ 02 ① 03 ③ 04 ①

05 아래 평판 커패시터의 극판 사이에 서로 다른 유전체를 평판과 평행하게 각각 d_1, d_2의 두께로 채웠다. 각각의 정전용량을 C_1과 C_2라 할 때, C_1/C_2의 값은?(단, $V_1 = V_2$이고, $d_1 = 2d_2$이다.)

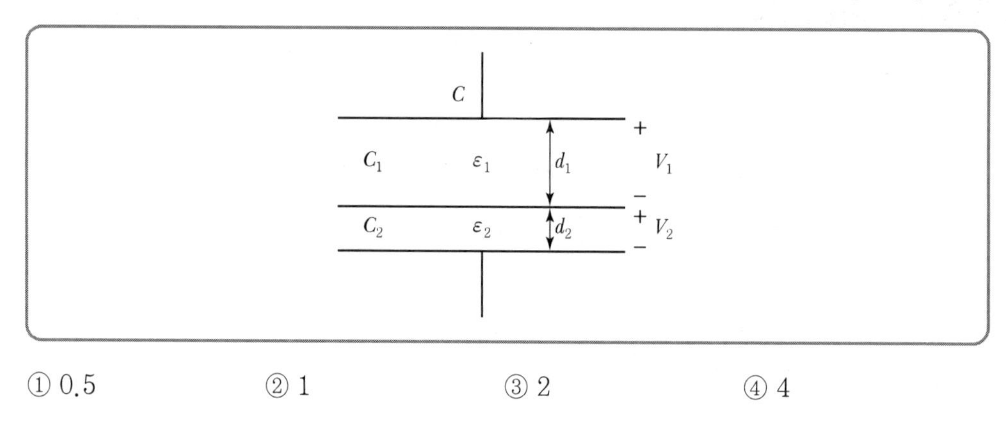

① 0.5 ② 1 ③ 2 ④ 4

06 정전용량이 $6[\mu F]$인 평행판 공기 콘덴서가 있다. 그림에서와 같이 판 면적의 2/3에 해당하는 부분을 비유전율 3인 에보나이트 판으로 채우면 이 콘덴서의 정전용량[F]은?

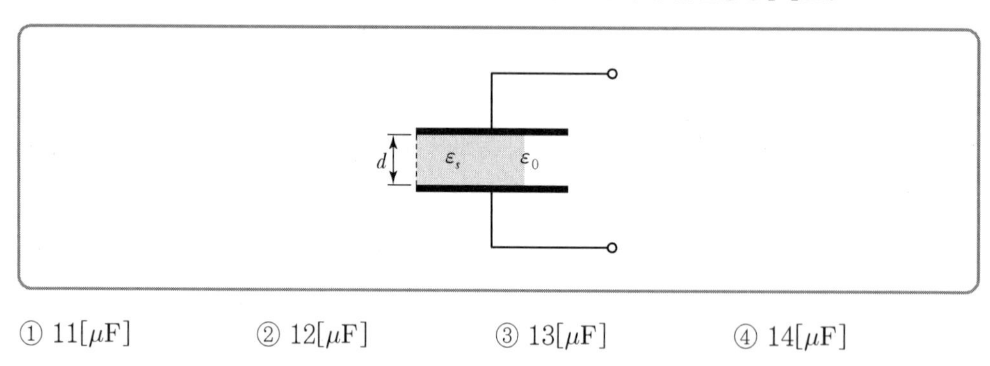

① $11[\mu F]$ ② $12[\mu F]$ ③ $13[\mu F]$ ④ $14[\mu F]$

07 정전용량이 $6[\mu F]$인 평행판 공기 콘덴서가 있다. 그림에서와 같이 판 면적의 1/2에 해당하는 부분을 비유전율 3인 에보나이트 판으로 채우면 이 콘덴서의 정전용량[F]은?

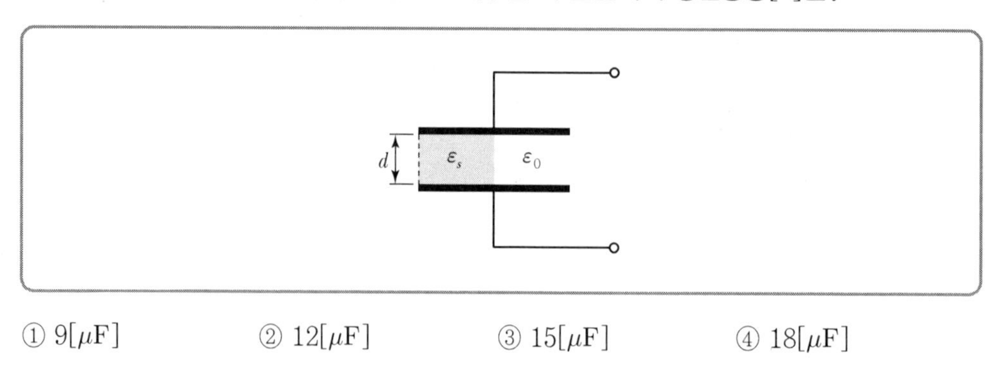

① $9[\mu F]$ ② $12[\mu F]$ ③ $15[\mu F]$ ④ $18[\mu F]$

정답 05 ② 06 ④ 07 ②

08 정전용량이 C_0[F]인 평행판 공기 콘덴서가 있다. 이 극판에 평행으로 판 간격 d[m]의 2/3 두께 되는 비유전율 ε_s인 에보나이트 판으로 채우면 이때의 정전용량[F]은?

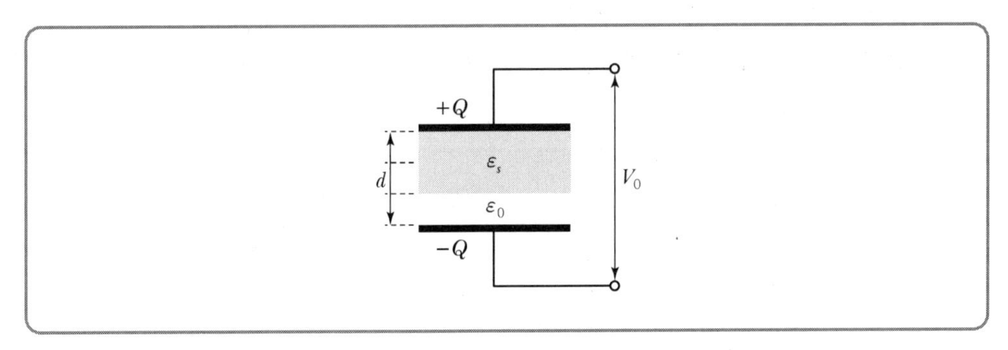

① $\dfrac{3\varepsilon_s}{2+\varepsilon_s}C_0$　　② $\dfrac{3\varepsilon_s}{1+2\varepsilon_s}C_0$

③ $\dfrac{(1+2\varepsilon_s)}{3}C_0$　　④ $\dfrac{(1+\varepsilon_s)}{3}C_0$

09 2[μF]의 평행판 공기콘덴서가 있다. 다음 그림과 같이 전극 사이에 그 간격의 절반 두께의 유리판을 넣을 때 콘덴서의 정전용량[μF]은?(단, 유리판의 유전율은 공기의 유전율의 9배라 가정한다.) 11년 국가직 9급

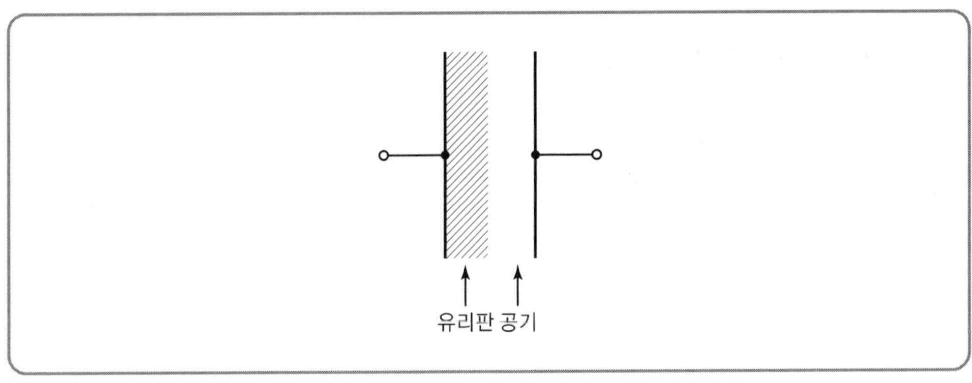

① 1.0　　② 3.6

③ 4.0　　④ 5.4

정답 08 ① 09 ②

10 다음 (a)는 반지름 $2r$을 갖는 두 원형 극판 사이에 한 가지 종류의 유전체가 채워져 있는 콘덴서이다. (b)는 (a)와 동일한 크기의 원형 극판 사이에 중심으로부터 반지름 r인 영역 부분을 (a)의 경우보다 유전율이 2배인 유전체로 채우고 나머지 부분에는 (a)와 동일한 유전체로 채워놓은 콘덴서이다. (b)의 정전용량은 (a)와 비교하여 어떠한가?(단, (a)와 (b)의 극판 간격 d는 동일하다.)

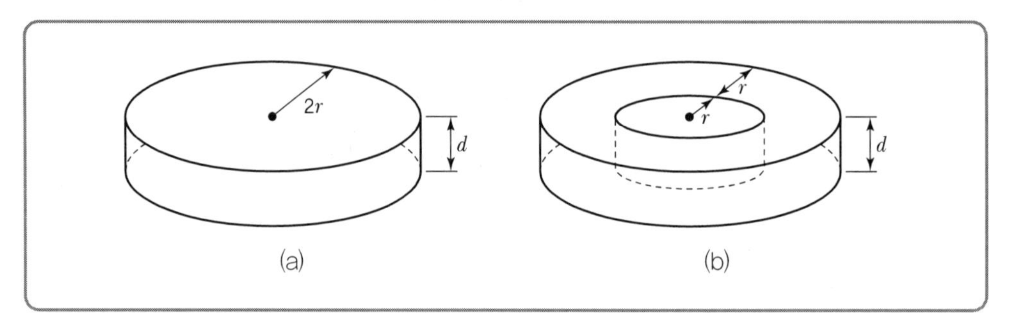

① 15.7[%] 증가한다.　　② 25[%] 증가한다.
③ 31.4[%] 증가한다.　　④ 50[%] 증가한다.

11 평행판 축전기의 두 판 사이가 진공일 때 200[V]의 전위차를 주어 충전시킨 후, 외부 회로와 절연시키고 두 극판 사이를 어떤 유전체로 채웠더니 전위차가 1/5로 감소하였다. 다음 중 옳은 것은?

① 전기용량이 1/5로 감소하였다.
② 극판에 축전된 전하가 5배로 증가하였다.
③ 축전기에 저장된 에너지의 양에는 변화가 없다.
④ 유전체를 채울 때 축전기가 외부에 일을 해주었다.

정답 **10** ② **11** ④

12 공기 중에서 거리가 d만큼 떨어진 면적이 A인 두 도체 판으로 된 축전기의 전기용량은 $C_0 = \varepsilon_0 A/d$이다. 여기에서 ε_0는 공기의 유전율이다. 만일 이 축전기에 그림과 같이 유전 상수(Dielectric Constant)가 $k=2$이고 두께가 $d/3$인 유전체를 삽입하였다면 이 축전기의 전기용량은 C_0의 몇 배인가?(단, 유전체의 유전율은 $\varepsilon = k\varepsilon_0$이다.)

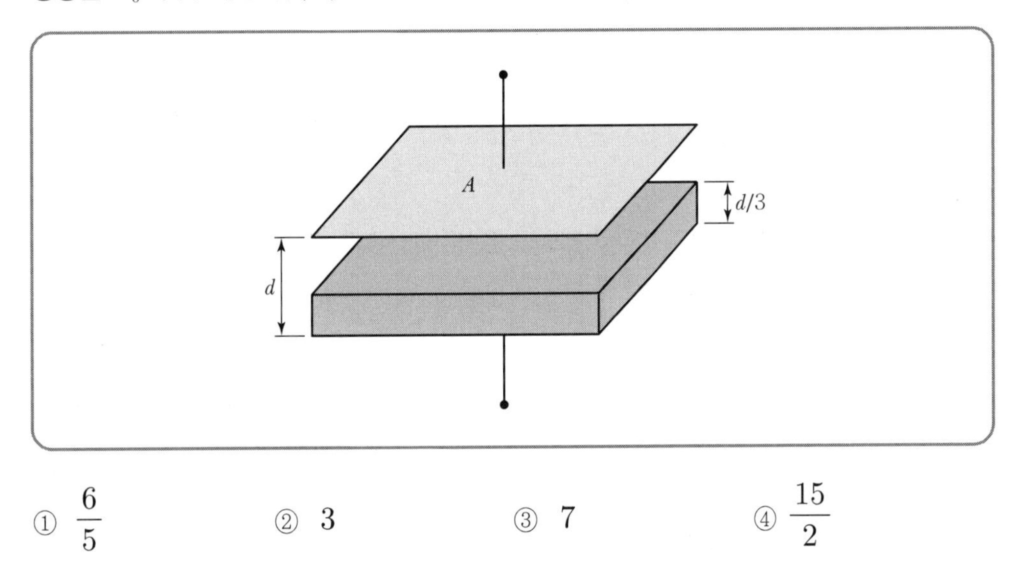

① $\frac{6}{5}$ ② 3 ③ 7 ④ $\frac{15}{2}$

13 그림 (가)는 극판 사이의 간격이 d, 극판 사이 물질의 유전율이 ε, 그리고 극판의 면적이 A일 때 전기용량이 C인 평행판 축전기를 나타낸 그림이다. 그림 (가)의 축전기에서 $\frac{d}{2}$의 간격에는 유전율 2ε의 유전물질로 채우고 나머지 $\frac{d}{2}$의 간격에는 미지의 유전물질을 그림 (나)와 같이 채웠더니 이 축전기의 전기용량이 $\frac{8}{3}$C가 되었다. 미지의 유전물질의 유전율은?(단, 축전기의 평행판과 유전체 모두에서 경계영역 효과는 무시한다.)

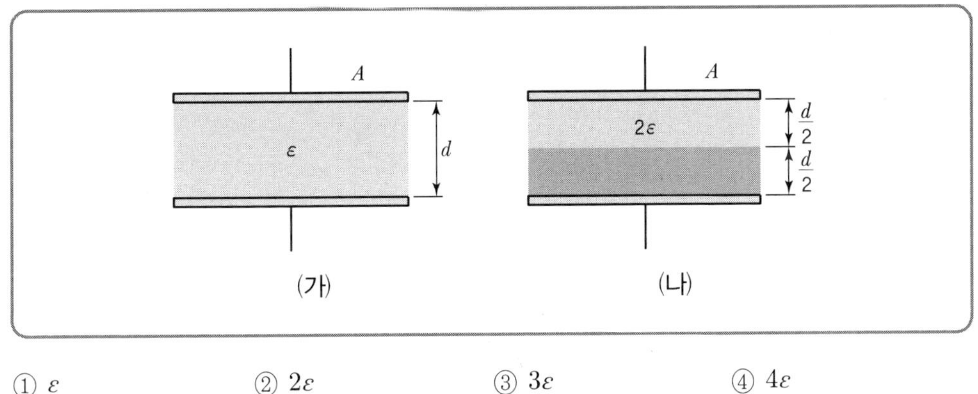

① ε ② 2ε ③ 3ε ④ 4ε

정답 12 ① 13 ④

14 동일한 두 개의 축전기 A, B가 있다. A에는 10[V], B에는 20[V]를 가하여 축전시켰다. 두 축전기에 저장된 전하량의 비(Q_A/Q_B)와 전기에너지의 비(W_A/W_B)는?

	Q_A/Q_B	W_A/W_B		Q_A/Q_B	W_A/W_B
①	$\frac{1}{2}$	$\frac{1}{2}$	②	$\frac{1}{2}$	$\frac{1}{4}$
③	2	2	④	2	4

15 평판 도체 사이의 거리가 d인 평행평판 공기 커패시터가 있다. 다음 그림과 같이 평판 도체 사이에 비유전율이 3, 두께가 $\frac{d}{2}$인 유전체를 삽입할 때 합성 정전용량의 변화는?(단, 가장자리 효과는 무시한다.)

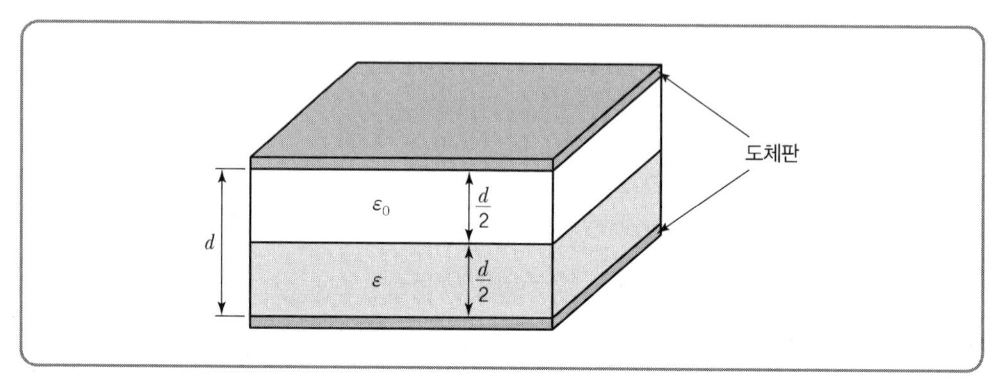

① 변함없다.

② 유전체 삽입 전에 비해 $\frac{1}{2}$배가 된다.

③ 유전체 삽입 전에 비해 $\frac{3}{2}$배가 된다.

④ 유전체 삽입 전에 비해 2배가 된다.

정답 14 ② 15 ③

16 정전용량이 $C_0[\mu F]$인 평행판 공기 콘덴서가 있다. 그림과 같이 판면적의 $\frac{2}{3}$에 해당하는 내부를 비유전율 ε_s인 에보나이트 판으로 채울 경우, 이 콘덴서의 정전용량$[\mu F]$은?

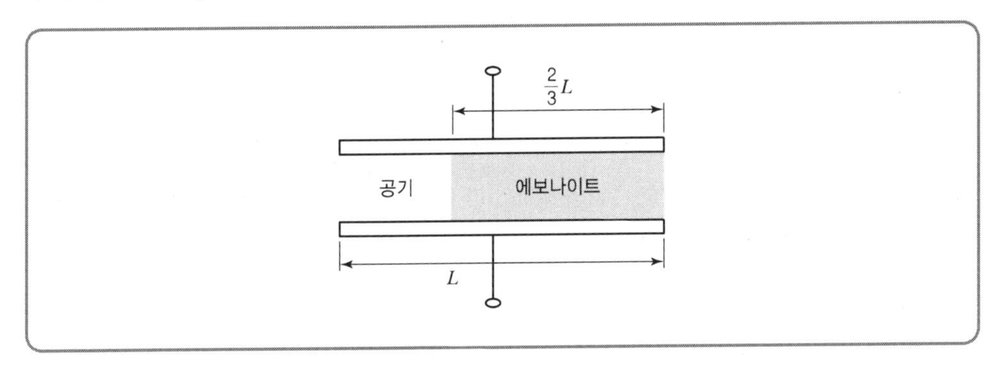

① $\frac{3}{1+\varepsilon_s}C_0$

② $\frac{(1+2\varepsilon_s)}{3}C_0$

③ $\frac{(1+\varepsilon_s)}{3}C_0$

④ $\frac{2\varepsilon_s}{3}C_0$

17 공기로 채워진 평판 커패시터에 건전지가 연결되어 있다. 건전지를 제거한 후 유전체 판 $(\varepsilon_r \neq 1)$을 두 도체판 간격을 유지하면서 조심스럽게 삽입하였을 때 커패시터에서 그 크기가 변하지 않은 양을 모두 고르면?

ㄱ. 전하량 (Q)
ㄴ. 전계 $(\overrightarrow{E})$
ㄷ. 전속밀도 $(\overrightarrow{D})$
ㄹ. 전위차 (V)
ㅁ. 저장된 에너지 (W_E)

① ㄱ, ㄴ

② ㄱ, ㄷ

③ ㄴ, ㄷ, ㄹ

④ ㄷ, ㄹ, ㅁ

정답 **16** ② **17** ②

CHAPTER 05 CURRENT THEORY

자기장의 개념

1 자기현상

자철광(Fe_2O_3)은 철편을 끄는 성질이 있으며 중심을 수평으로 매달면 남쪽과 북쪽을 가리키는데 이러한 성질을 자기(磁氣, Magnetism)라 하며 이러한 성질을 가지고 있는 물체를 자석이라 하며 이 자석의 맨 끝(자기의 성질이 가장 강한 부분)을 자극이라 한다.

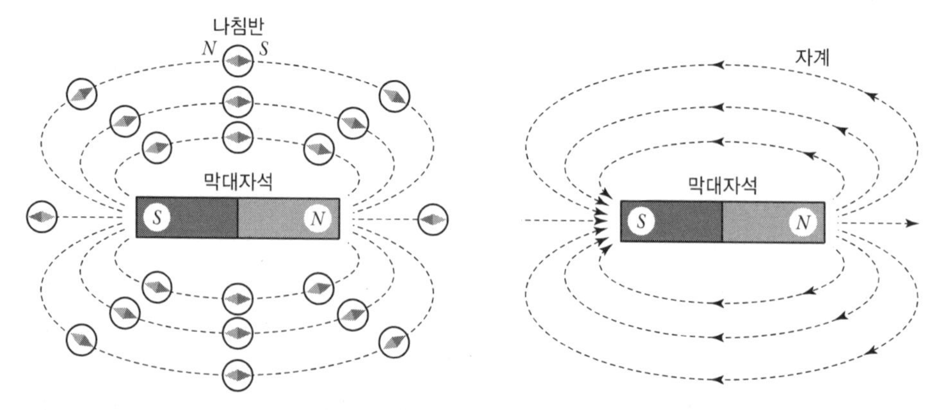

* 자계의 방향 : 자석의 N극에서 나와서 S극으로 들어감

1) 자화의 근원

전자의 자전(Spin 운동)에 의한 자기모멘트의 정렬에 의하여 일정 영역에서 모멘트가 뭉쳐지면 자성이 강하다고 하며 이러한 영역을 자구(Magnetic Domain)라 한다. 이 자구는 강자성체에서만 나타나며 자기 쌍극자로서 작용을 한다. 자성체에 자계를 가하면 모든 자구는 자계방향의 가장 가까운 결정축에 평행이 되도록 회전하는 특성이 있다.

① 자계의 원천

전자스핀=원형 루프를 따라 흐르는 직류전류=막대자석

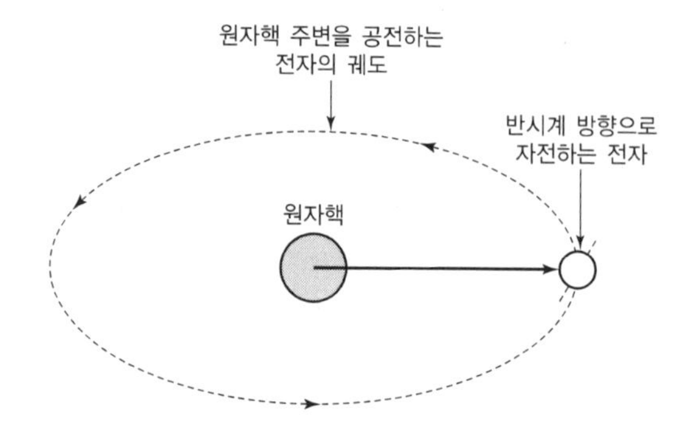

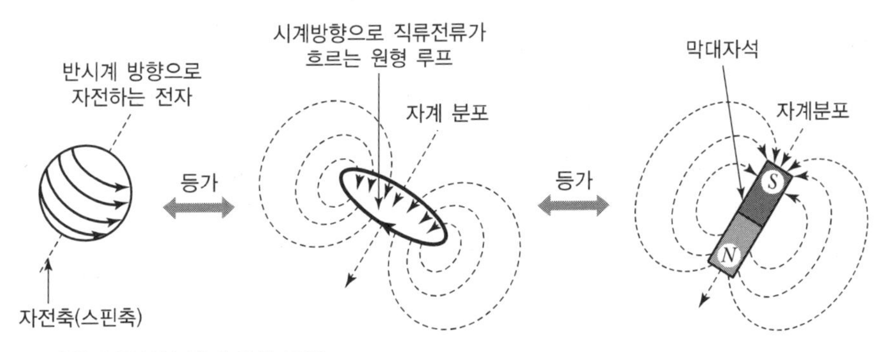

* 자석의 특성을 갖기 위한 조건

- (+)스핀만 있는 불완전한 궤도의 존재
- 원자 내에 있는 (+)스핀들이 같은 방향으로 정렬
- 인접한 원자 내에 있는 (+)스핀들도 모두 동일한 방향으로 정렬

② 원형 도선을 흐르는 전류와 막대자석 간의 등가

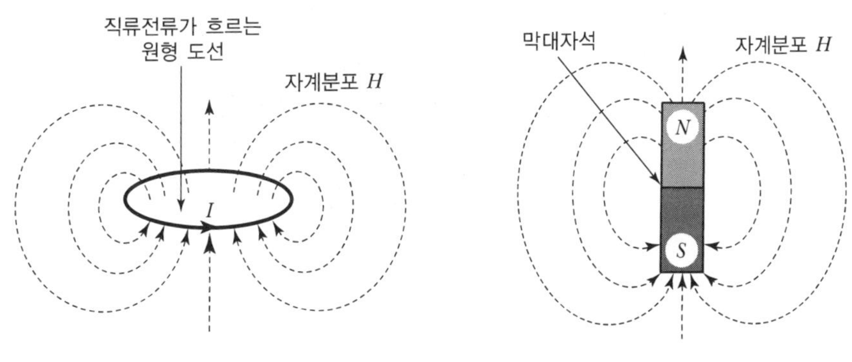

(a) 원형 도선을 따라 흐르는 직류전류에 의한 자계 (b) 막대자석에 의한 자계

| 직류전류와 막대자석의 등가성 |

③ 전류와 자기력

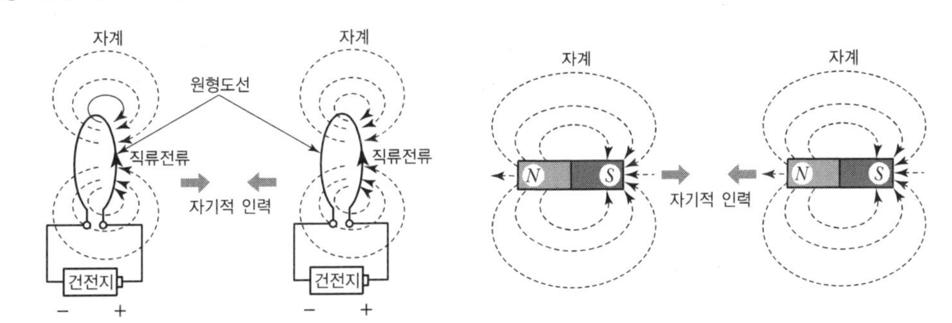

| 직류전류가 흐르는 두 원형 도선 간의 자기력 | | 인접한 두 자석 간의 자기력 |

2 쿨롱의 법칙

두 자극 사이의 자력은 거리의 제곱에 반비례하고, 두 자기량의 곱에 비례

$$F = k\frac{m_1 m_2}{r^2} = 6.33 \times 10^4 \frac{m_1 m_2}{r^2} [\text{N}]$$

$$k = \frac{1}{4\pi\mu_0} = 6.33 \times 10^4$$

| 자기력 |

$\mu_0 = 4\pi \times 10^{-7} [\text{Wb}^2/\text{N} \cdot \text{m}^2] = [\text{Wb/A} \cdot \text{m}] = [\text{H/m}]$: 진공의 투자율(Permeability)

3 자기장(Magnetic Field)

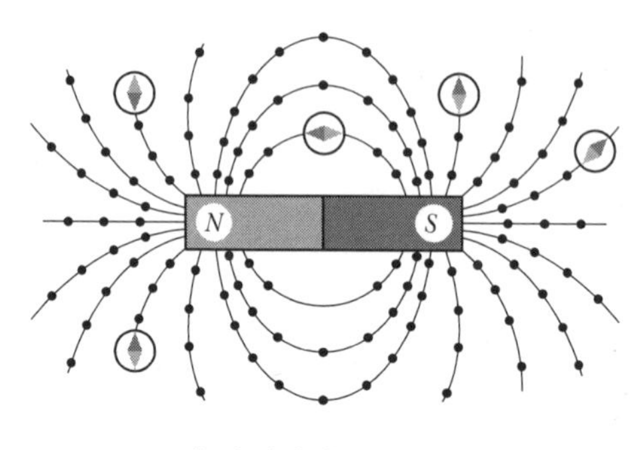

| 자기력선의 작도 |

① **자기장의 세기** : 단위 자하가 받는 힘

$$H = \frac{F}{m} = k\frac{m}{r^2} = \frac{1}{4\pi\mu_0}\frac{m}{r^2} [\text{N/Wb}]$$

② **자기장의 방향** : 자침의 N극이 가리키는 방향(N → S)

③ **자기력선** : 자장의 방향을 따라 이은 선

④ **자기장의 크기와 방향** : 자기장 중의 어느 점에 단위 점 자하를 놓고 이 자하에 작용하는 자력의 방향을 그 점에서의 자기장의 방향으로 하고 자력의 크기를 그 점에서의 자기장의 크기로 한다.

⑤ **자기력선의 특징**

㉠ 자력선은 N극에서 나와 S극으로 들어간다.

㉡ 자력선 그 자신은 수축하려고 하며, 같은 방향의 자력선들 사이에는 서로 반발하려고 한다.

㉢ 자력선은 서로 교차하지 않는다.

㉣ 자력선이 존재하는 영역이 자장이 된다.

㉤ 어떤 점의 자장 방향은 그 점의 자력선의 접선 방향으로 표시된다.

4 자속밀도와 자기장의 세기

① 자속밀도(Magnetic Flux Density ; B : [Wb/m^2] = [T](테슬라, Tesla)

철심단면의 단위 면적에 생기는 자속의 양

* $1[\text{Wb/m}^2] = 1[\text{T}] = 10^4[\text{Gauss}]$

② 자기장의 세기 : $H[\text{AT/m}]$

자기회로의 단위 길이에 대해서 얼마만큼의 기자력이 주어지고 있는가를 나타내는 양

$$H = \frac{N \cdot I}{l}[\text{AT/m}]$$

③ 자속밀도와 자기장의 세기의 관계

$$B = \mu H = \mu \frac{N \cdot I}{l}$$

실전문제 CURRENT THEORY

01 자속 밀도의 단위는 무엇인가?

① [Wb] ② [Wb/m]
③ [Wb/m^2] ④ [AT/m]
⑤ [H/m]

02 진공 중에 놓인 m[Wb]의 자하에서 발산되는 자기력선의 수는 몇 개인가?

① 0 ② m
③ $\frac{m}{u_0}$ ④ $\frac{1}{u_0}$

03 진공 중의 자계 10[AT/m]인 점은 5×10^{-3} [Wb]의 자극을 놓으면 그 자극에 작용하는 힘 [N]은?

① 5×10^{-2} ② 5×10^{-3}
③ 2.5×10^{-2} ④ 2.5×10^{-3}

04 비투자율 μ_s, 자속밀도 B인 자계 중에 있는 m [Wb]의 자극이 받는 힘은?

① $\frac{Bm}{\mu_0\mu_s}$ ② $\frac{Bm}{\mu_0}$
③ $\frac{\mu_0\mu_s}{Bm}$ ④ $\frac{Bm}{\mu_s}$

05 자석의 성질에 대한 설명으로 옳지 않은 것은?

① 같은 극성의 자석은 서로 반발한다. ② 자력이 강할수록 자력선의 수가 많다.
③ 자석은 고온이 되면 자력이 증가한다. ④ 자력선은 N극에서 나와 S극으로 향한다.

정답 01 ③ 02 ③ 03 ① 04 ① 05 ③

CHAPTER 06 CURRENT THEORY

코일의 특성

1 자체 인덕턴스

코일이 있는 회로에서 전류의 변화가 일어남에 따라 자장의 변화가 발생

역기전력이 발생

$v' = -L\frac{di}{dt}$ [V]

여기서, 비례상수 L : 자체 인덕턴스

$L = \frac{\mu A N^2}{l}$: 환상코일에서

2 상호유도

인접한 두 개의 코일에서 한쪽에 전류의 변화가 생기면 다른 쪽 코일에는 자장의 변화를 방해하는 방향으로 유도 전류가 생긴다.

$v' = -M\frac{di}{dt}$

여기서, M : 상호 인덕턴스

$M = \frac{\mu A N_1 N_2}{l}$: 환상코일에서

3 L과 M의 관계

$L_T = L_1 + L_2 \pm 2M$: 직렬연결

$M = k\sqrt{L_1 L_2}$ k : 결합계수 ➡ $k = \frac{M}{\sqrt{L_1 L_2}}$

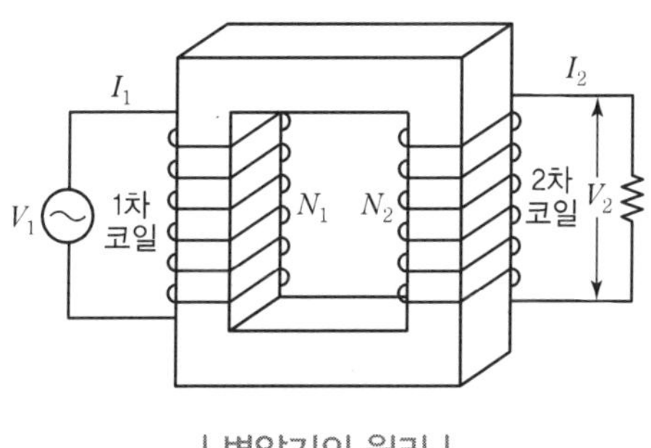

| 변압기의 원리 |

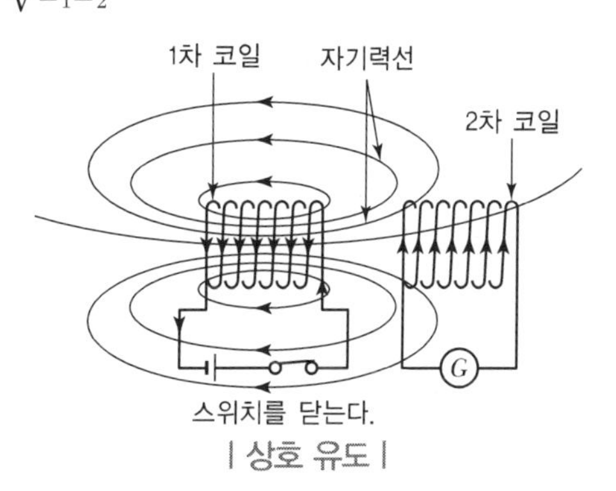

| 상호 유도 |

4 전자에너지

① 코일에 축적되는 에너지

$v' = L\ \dfrac{\Delta I}{\Delta t} = L\ \dfrac{I}{t}$[V]에서

$W = v' \cdot \dfrac{I\ t}{2} = L\ \dfrac{I}{t} \cdot \dfrac{I t}{2} = \dfrac{1}{2} L\, I^2$[J]

② 단위 부피에 축적되는 에너지

$W = \dfrac{W}{A\, l} = \dfrac{1}{2} BH = \dfrac{1}{2} uH^2 = \dfrac{1}{2}\dfrac{B^2}{u}$ [J/m^3]

③ 자기 흡입력

$F = \dfrac{1}{2} \cdot \dfrac{1}{u_0} B^2 A$ [N]

단위 넓이 1[m^2]마다의 흡입력 f는

$f = \dfrac{1}{2} \cdot \dfrac{B^2}{u_0}$ [N/m^2]

실전문제 CURRENT THEORY

01 어떤 코일에 직류 10[A]가 흐를 때, 축적된 에너지가 50[J]이라면 코일의 자기 인덕턴스는 몇 [H]인가?

① 0.5 ② 1 ③ 1.5 ④ 2.0
⑤ 5.0

02 다음 회로의 합성 인덕턴스를 구하시오.

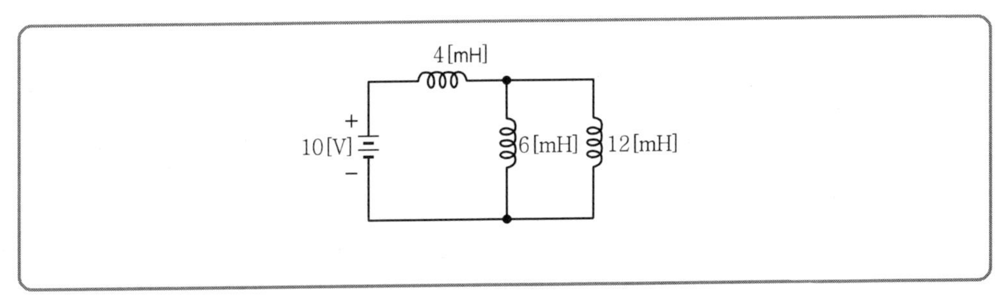

03 다음 회로의 합성 인덕턴스를 구하시오.(단, $L_1 = 6[\text{mH}]$, $L_2 = 8[\text{mH}]$, $M = 3[\text{mH}]$이다.)

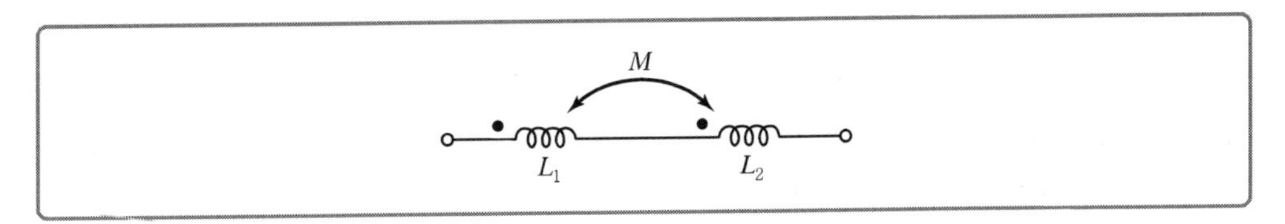

04 1차 코일의 권선 수는 200이고 2차 코일의 권선 수는 600인 변압기가 있다. 1차 코일에 100[V]의 전압이 걸릴 때 소비전력이 600[W]였다면, 2차 코일에 흐르는 전류[A]는?

09년 지방직 9급

① 10 ② 20 ③ 1 ④ 2

05 솔레노이드 코일의 단위길이당 권선 수를 4배로 증가시켰을 때, 인덕턴스의 변화는?

① $\frac{1}{16}$로 감소 ② $\frac{1}{4}$로 감소
③ 4배 증가 ④ 16배 증가

정답 **01** ② **02** 8[mH] **03** 20[mH] **04** ④ **05** ④

06 철심 코어에 권선 수 10인 코일이 있다. 이 코일에 전류 10[A]를 흘릴 때, 철심을 통과하는 자속이 0.001[Wb]이라면 이 코일의 인덕턴스[mH]는?

① 100　② 10　③ 1　④ 0.1

07 자체 인덕턴스가 L_1, L_2인 2개의 코일을 그림 (a), (b)와 같이 직렬로 접속하여 두 코일 간의 상호인덕턴스 M을 측정하고자 한다. 두 코일이 정방향일 때의 합성인덕턴스가 24[mH], 역방향일 때의 합성인덕턴스가 12[mH]라면 상호인덕턴스 M[mH]은?

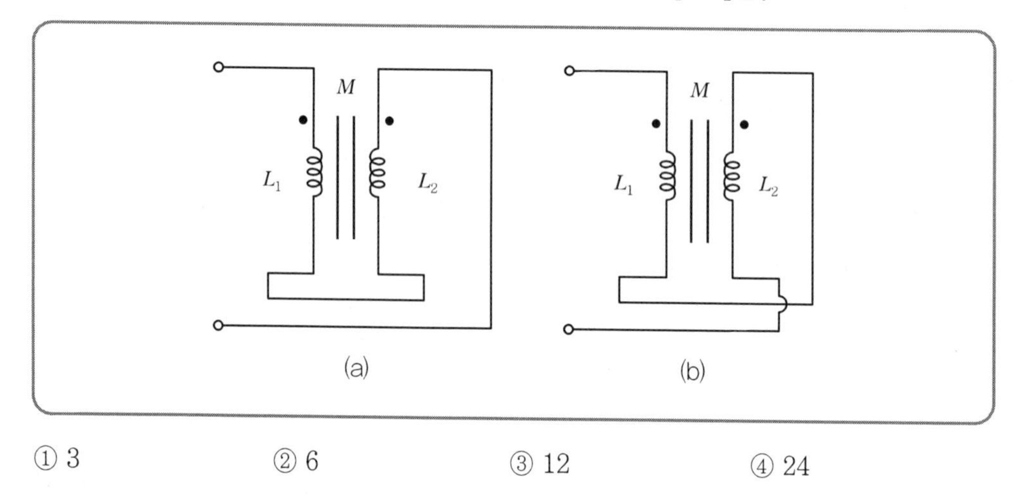

① 3　② 6　③ 12　④ 24

08 환상철심에 두 코일을 감았을 때, 각 코일의 자기인덕턴스는 $L_1 = 10$[mH], $L_2 = 10$[mH]이다. 두 코일의 결합계수 k가 0.5일 때, 두 코일의 직렬접속을 통해서 얻을 수 있는 합성인덕턴스의 최댓값[mH]과 최솟값[mH]은?

	최댓값	최솟값
①	30	10
②	30	5
③	20	10
④	20	5

09 환상 철심에 권선 수 2,000회의 A코일과 권선 수 500회의 B코일이 감겨져 있다. A코일의 자기 인덕턴스가 200[mH]일 때, A와 B 두 코일 사이의 상호 인덕턴스 [mH]는?

① 20　② 30　③ 40　④ 50

정답 06 ③ 07 ① 08 ① 09 ④

10 그림과 같은 권선수 N, 반지름 r[cm], 길이 l[cm]을 갖는 원통 모양의 솔레노이드가 있다. 인덕턴스가 가장 큰 것은?(단, 솔레노이드의 내부 자기장은 균일하고 외부 자기장은 무시할 만큼 작다.) 23년 국가직 9급

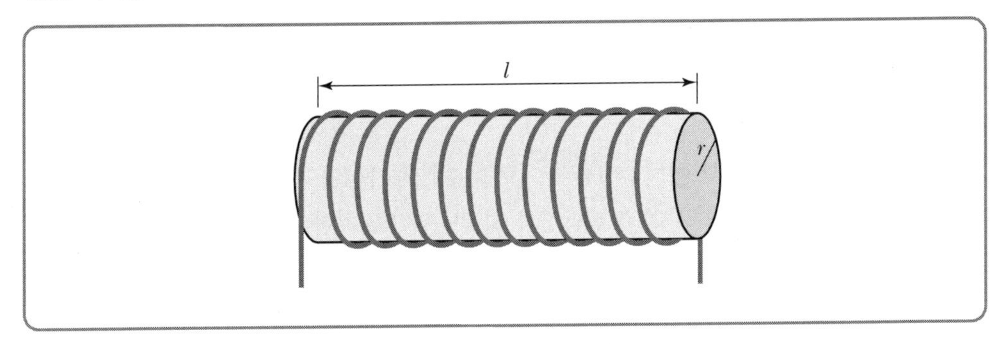

	N	r	l
①	500	0.5	25
②	1,000	0.5	50
③	2,000	1.0	100
④	3,000	0.5	150

정답 10 ③

CHAPTER 07 CURRENT THEORY

자기장 관련 법칙들

1 전류에 의한 자장

① 앙페르의 오른 나사 법칙 : 전류가 흐르면 주위에 자장이 형성되는데, 전류의 방향과 자장의 방향은 각각 오른 나사의 진행방향과 회전방향이 일치한다.

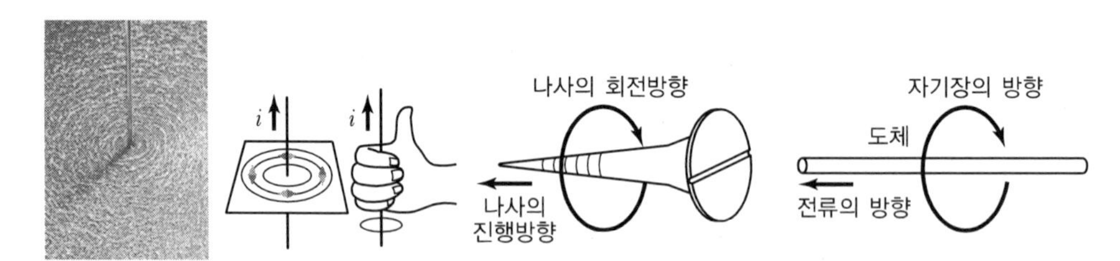

② 비오-사바르의 법칙(Biot-Savart's Law)

$$\Delta H = \frac{I \cdot \Delta l}{4\pi r^2} \cdot \sin\theta [\mathrm{AT/m}]$$

③ 직선 전류에 의한 자기장의 세기

$$H = \frac{I}{2\pi r} [\mathrm{AT/m}]$$

④ 원형 코일 중심점에 생기는 자기장의 세기

$$H = \frac{N \cdot I}{2r}$$

⑤ 솔레노이드에 의한 자기장의 세기

$$H = n \cdot I$$

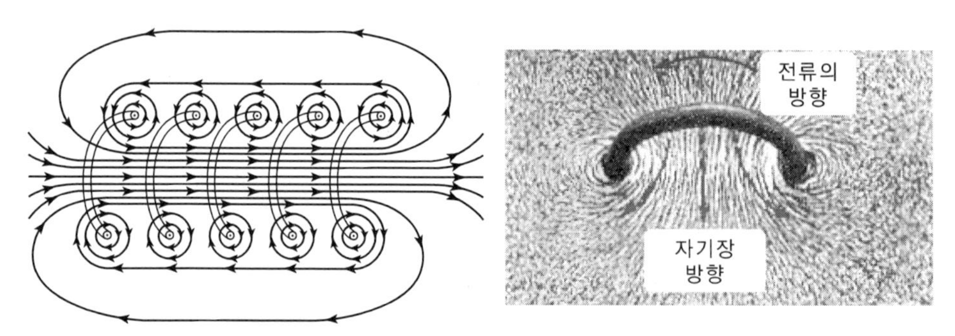

| 원형 전류에 의한 자기장 |

2 전자력의 방향과 크기

① 전자력(Electromagnetic Force) : 자기장 내에 있는 도체에 전류를 흘릴 때 작용하는 힘
② 전자력에 의한 힘의 방향
③ 플레밍의 왼손법칙 : 자기장 안에 놓인 도선에 전류가 흐를 때 도선이 받는 힘의 방향
$F = Bli\sin\theta$ ··············· 전동기 원리

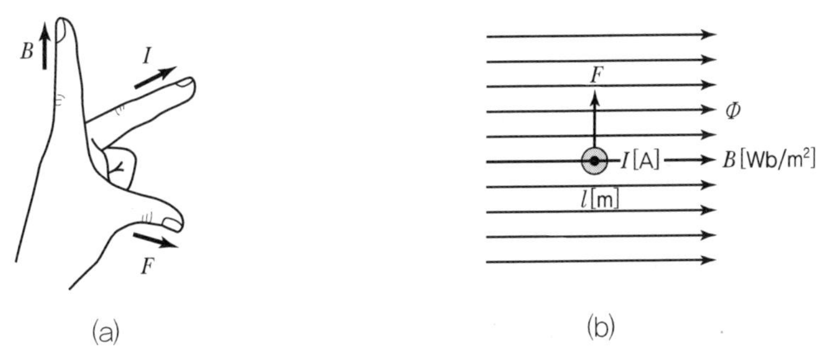

| 플레밍의 왼손법칙 |

3 평형도체 사이에 작용하는 힘

$$F = \frac{2I_1 \cdot I_2}{r} \times 10^{-7}\,[\mathrm{N/m}]$$

→두 평형도체 1m마다 작용하는 힘

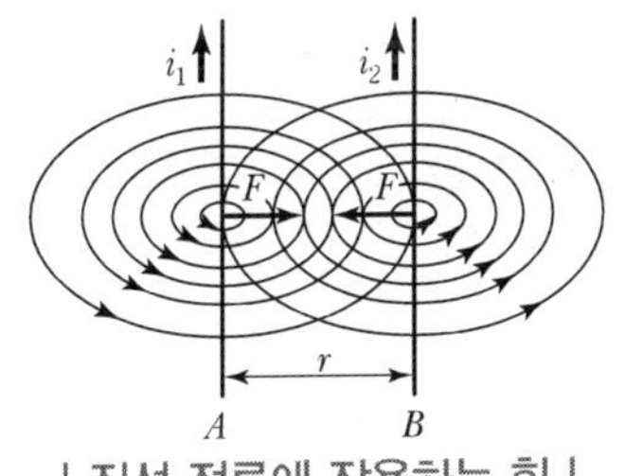

| 직선 전류에 작용하는 힘 |

4 전자유도

자기에 의해서 전기가 유도되는 것으로 코일을 지나는 자속이 변화하면 코일에 기전력이 생기는 현상

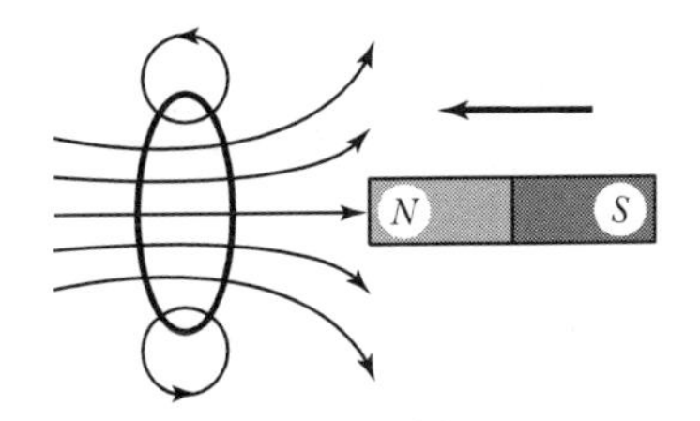

루프 쪽으로 자석을 움직여 들어가면, 위 그림과 같이 들어오는 자석의 운동을 방해하는(밀치는) 방향으로 유도전류가 흐르게 된다.

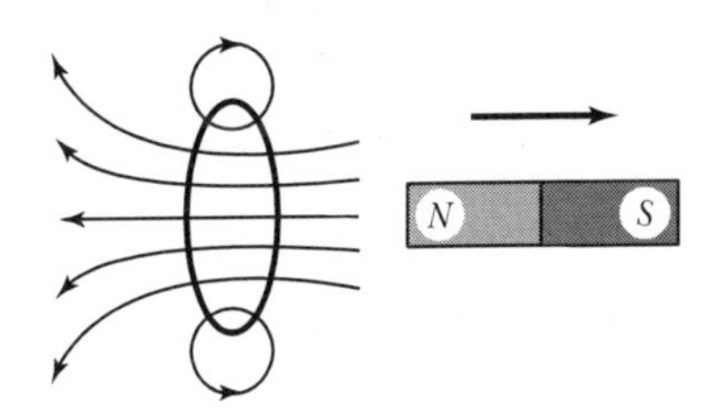

루프에서 자석을 먼 쪽으로 움직이면, 위 그림과 같이 멀어지는 자석을 방해하는(당기는) 방향으로 유도전류가 흐르게 된다.

5 패러데이의 전자유도법칙

전자유도에 의하여 생기는 유도 기전력은 자력선의 증감을 방해하는 방향으로 유도되며, 그 크기는 자속의 시간적인 변화율과 코일의 감은 수에 비례한다.

$$(v\text{의 크기}) = -N\frac{d\phi}{dt}$$

6 유도 전압의 방향

① **렌츠의 법칙** : 전자유도에 의해 생긴 유도기전력의 방향은 그 유도 전류가 만들 자속이 항상 원래 자속의 증가 또는 감소를 방해하는 방향(자속의 변화를 방해하는 방향)

② **플레밍의 오른손법칙** : 유도 기전력의 방향 결정(발전기의 원리)

$\nu = Blu\sin\theta$

여기서, u : 도체의 운동속도

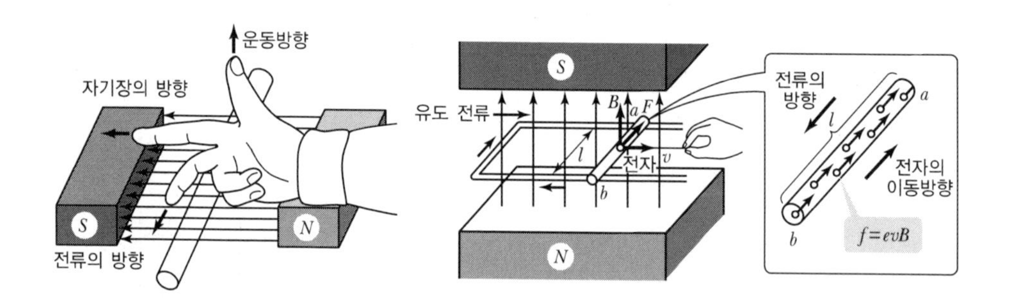

| 플레밍의 오른손법칙 |　　| 자기장 속에서 움직이는 도선에 생기는 유도 기전력 |

7 히스테리시스 곡선과 손실

① **잔류자기** : 철심의 자화 특성에서 전류를 0으로 하여도 남는 자속 밀도 B의 정도
(잔류자기가 큰 재료일수록 강한 영구자석이 된다.)

② **보자력** : 코일을 제거하여도 철심에 남는 자력의 정도

③ **히스테리시스손(P_h)** : 최대 자속 밀도가 +Bm에서 −Bm 사이를 대칭적으로 변화할 때 히스테리시스손은

$P_h = \eta f B_m^{1.6}[\text{W/m}^3]$

여기서, f : 1초 동안에 히스테리시스 곡선을 그리는 횟수
η : 히스테리시스 계수
1.6 : 슈타인메츠 상수(Steinmetz's constant)

8 자기 일그러짐 현상

니켈, 인바, 니켈-크롬 합금, 모넬 메탈, 코발트, 철 합금 등이 자화되면 변형하고, 반대로 외력을 주면 그 자화 상태에 변화를 일으키는 현상

9 맴돌이 전류(와전류) 손

철판이나 구리판 등을 관통하는 자속이 증가하는 경우 금속판은 지름이 다른 많은 금속 고리의 집합이라고 생각되므로 랜츠의 법칙에 따라 점선의 화살표 방향으로 기전력이 생겨 맴돌이 모양으로 유도전류가 흐른다. 이것을 맴돌이 전류라 한다.

10 홀 효과(Hall Effect)

자장 H 안에 도체를 직각으로 놓고 이것에 전류 I를 흐르게 하면, 플레밍의 왼손법칙에 의한 전자력으로 도체의 위와 아랫면 사이에 전위 V가 나타나는 현상

홀 전압 : $V = E_H b = R_H \dfrac{I}{ab} Bb = R_H \dfrac{BI}{a}$[V]

11 핀치 효과(Pinch Effect)

유동 도체에 전류가 흐르면 전류의 방향과 수직 방향으로 원형 자장이 생겨 도체 단면은 수축하여 저항이 커져서 전류의 흐름이 작아지고, 전류가 작아지면 수축력은 감소하여 도체 단면은 원상태로 되고 전류가 증가되므로 수축력이 생기게 되는 현상으로 저주파 유도로, 초고압 수은등 등에 이용된다.

12 스트레치 효과(Strech Effect)

전류와 자장 사이의 힘의 효과에 의한 것으로 구부릴 수 있는 도선에 큰 전류를 통하면 전류 상호 간의 반발력에 의해 도선이 원을 형성하게 되는 현상이다.

● 실전문제 CURRENT THEORY

01 무한도선에서 전류가 다음과 같이 흐르고 있다. 그림 (b)의 자계의 세기는 얼마인가?

08년 서울시 9급

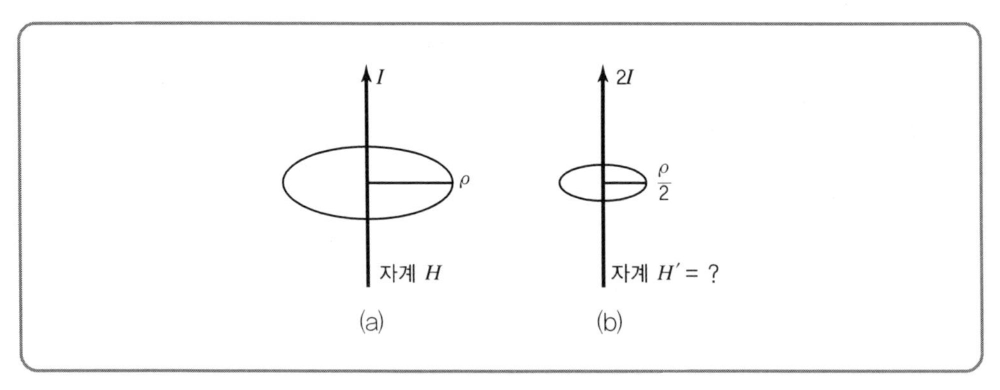

① $H/4$ ② $H/2$
③ H ④ $2H$
⑤ $4H$

02 그림과 같은 환상 솔레노이드 내부에서 자계의 세기는?(단, 단위는 [AT/m]이며, 평균 반경 $r=10$[cm], 권선 수 $N=100$회, 전류 $I=2$[A]라 가정한다.)

09년 국회직 9급

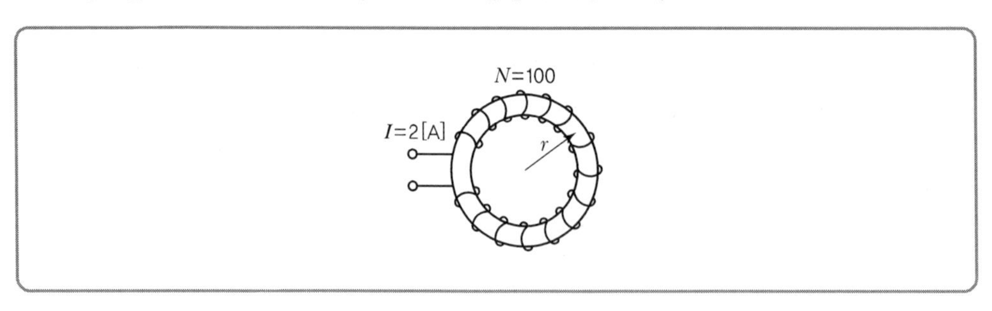

① 159 ② 238
③ 318 ④ 477
⑤ 512

정답 01 ⑤ 02 ③

03 다음 설명 중 고정된 자계 내에 있는 도체를 운동시켰을 때 유도전압이 가장 강한 경우는?

① 도체가 자계와 수직인 경우
② 도체가 자계와 평형인 경우
③ 도체가 자계와 30° 각을 이루는 경우
④ 도체가 자계와 반대방향인 경우
⑤ 운동방향과 상관없고, 속도의 크기에만 상관된다.

04 변압기의 원리는 어느 현상(법칙)을 이용한 것인가?

① 옴의 법칙
② 전자유도 원리
③ 공진현상
④ 키르히호프의 법칙
⑤ 중첩의 법칙

05 무한장 직선 도선에서 50[cm] 떨어진 점의 자장의 세기가 100[AT/m]일 때 이 도선에 흐르는 전류[A]는 얼마인가?

① 63.7
② 157
③ 31.8
④ 314
⑤ 637

06 다음 중에서 유도기전력의 방향을 결정하는 법칙은 어느 것인가?

① 앙페르의 오른나사법칙
② 비오－사바르의 법칙
③ 플레밍의 왼손법칙
④ 렌츠의 법칙

07 다음 중 전류에 의한 자계의 세기와 관계가 있는 것은?

① Ohm의 법칙
② Lenz의 법칙
③ Kirchhoff의 법칙
④ Biot－Savart의 법칙
⑤ 플레밍의 왼손 법칙

정답 03 ① 04 ② 05 ④ 06 ④ 07 ④

08 다음 그림은 자석 또는 코일이 속력 v로 운동하는 경우를 나타낸다. 이때 코일에 흐르는 전류의 방향이 나머지 세 경우와 반대인 것은?

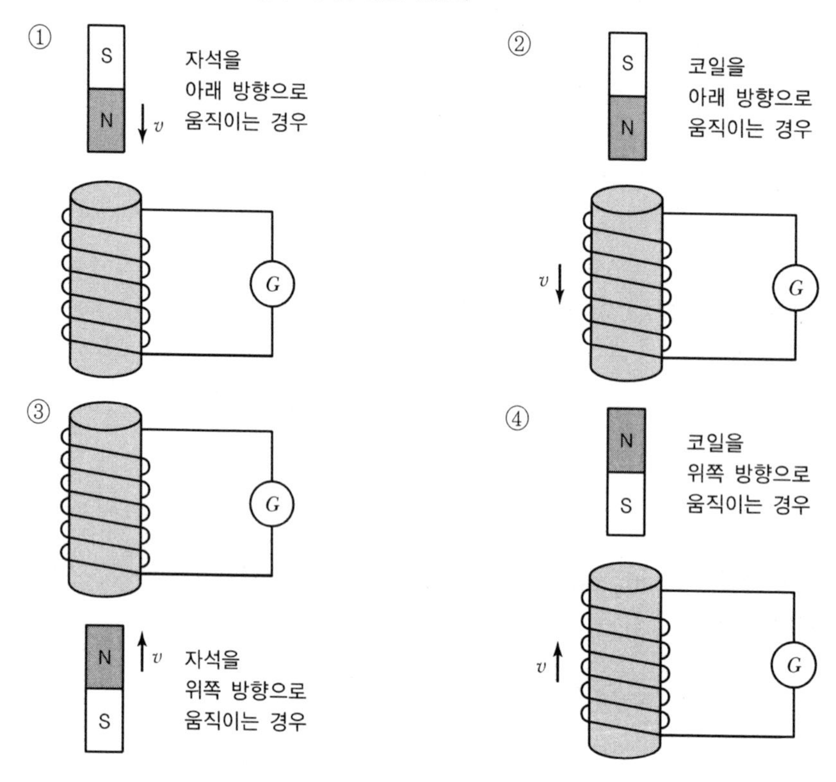

09 그림과 같이 수직 방향으로 균일한 세기의 자기장에 평평한 고리 모양의 도선이 놓여 있다. 자기장과 수직한 고리 모양 도선의 내부 면적은 $1[m^2]$이다. 0.5초 동안 자기장의 세기가 1T에서 2T로 일정한 비율로 증가한다면, 저항이 2[Ω]인 이 도선에 흐르는 유도 전류의 크기[A]와 방향은?

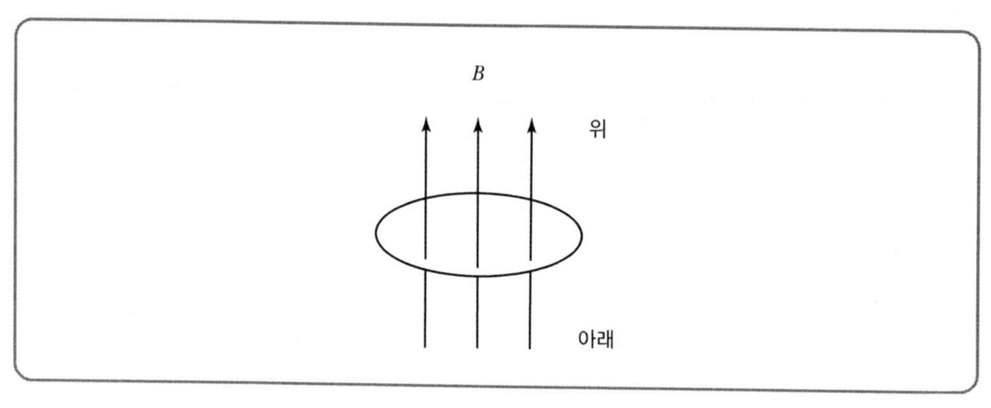

정답 08 ① 09 ③

	전류의 크기[A]	방향
①	1	위에서 볼 때 시계 반대방향
②	2	위에서 볼 때 시계 반대방향
③	1	위에서 볼 때 시계방향
④	2	위에서 볼 때 시계방향

10 다음 그림과 같이 자극(N, S) 사이에 있는 도체에 전류 I[A]가 흐를 때, 도체가 받는 힘은 어느 방향인가?

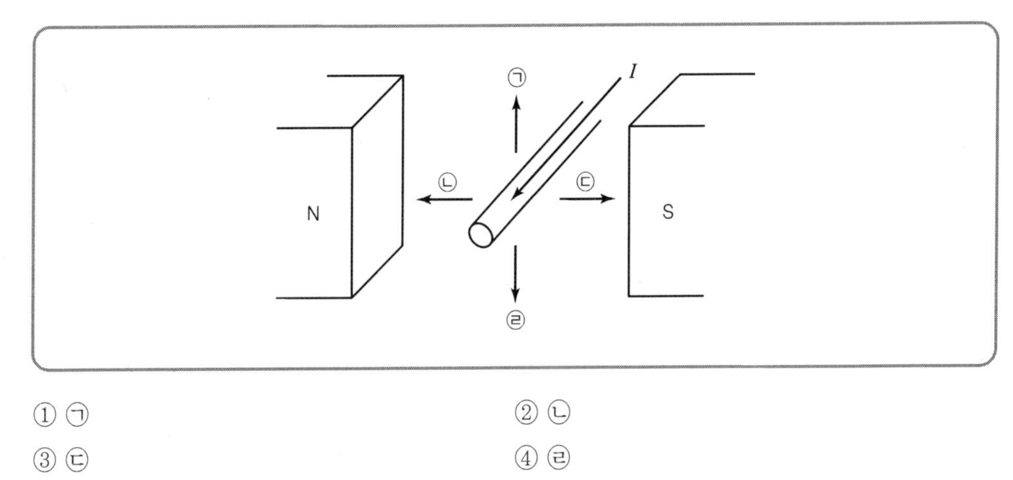

① ㉠ ② ㉡
③ ㉢ ④ ㉣

11 다음 전자기 현상에 대한 설명으로 옳은 것만을 모두 고른 것은?

ㄱ. 코일 속의 자속을 변화시키면 코일 양단에 기전력이 발생하는데 이를 전자유도라고 한다.
ㄴ. 직선도체에 전류가 흐르면 그 도선의 주위에는 동심원 모양의 자기장이 발생한다.
ㄷ. 두 자석 사이에서 발생하는 힘은 두 자석 세기의 곱에 비례하고 두 자석 사이의 거리에 반비례하는데 이를 자기에 관한 쿨롱의 법칙(Coulomb's law)이라고 한다.
ㄹ. 자기력이 미치는 공간을 자기장이라고 한다.
ㅁ. 렌츠의 법칙(Lenz's law)은 전자유도작용에 의해 발생되는 유도기전력의 크기만을 알 수 있는 법칙이다.

① ㄱ, ㄴ ② ㄱ, ㄴ, ㄹ
③ ㄱ, ㄷ, ㅁ ④ ㄴ, ㄷ, ㄹ, ㅁ

정답 10 ① 11 ②

12 무한장 직선 전류 2[A]로부터 $\frac{1}{2\pi}$[m] 의 거리에 있는 점의 자계의 세기 [A/m]는?

① 2π
② $\frac{1}{2\pi}$
③ 1
④ 2

13 반경이 a인 무한히 긴 직선 도체에 전류 I가 균일하게 흐르고 있다. 도체의 중심에서 $\frac{a}{2}$ 떨어진 곳의 자계세기가 H_0일 때, 도체의 중심에서 $2a$ 떨어진 곳의 자계세기는?

① $\frac{H_0}{4}$
② $\frac{H_0}{2}$
③ H_0
④ $2H_0$

14 비투자율 100인 철심을 코어로 하고 단위길이당 권선 수가 100회인 이상적인 솔레노이드의 자속밀도가 0.2[Wb/m^2]일 때, 솔레노이드에 흐르는 전류[A]는?

① $\frac{20}{\pi}$
② $\frac{30}{\pi}$
③ $\frac{40}{\pi}$
④ $\frac{50}{\pi}$

15 '폐회로에 시간적으로 변화하는 자속이 쇄교할 때 발생하는 기전력', '도선에 전류가 흐를 때 발생하는 자계의 방향', '자계 중에 전류가 흐르는 도체가 놓여 있을 때 도체에 작용하는 힘의 방향'을 설명하는 법칙들은 각각 무엇인가? 10년 국가직 9급

① 암페어의 오른손법칙, 가우스법칙, 패러데이의 전자유도법칙
② 패러데이의 전자유도법칙, 가우스법칙, 플레밍의 왼손법칙
③ 패러데이의 전자유도법칙, 암페어의 오른손법칙, 플레밍의 왼손법칙
④ 패러데이의 전자유도법칙, 암페어 왼손법칙, 플레밍의 오른손법칙

정답 12 ④ 13 ③ 14 ④ 15 ③

16 다음은 플레밍의 오른손 법칙을 설명한 것이다. ( ) 안에 들어갈 말을 바르게 나열한 것은?

15년 국가직 9급

자기장 내에 놓여 있는 도체가 운동을 하면 유도 기전력이 발생하는데, 이때 오른손의 엄지, 검지, 중지를 서로 직각이 되도록 벌려서 엄지를 (㉠)의 방향에, 검지를 (㉡)의 방향에 일치시키면 중지는 (㉢)의 방향을 가리키게 된다.

	㉠	㉡	㉢
①	도체 운동	유도 기전력	자기장
②	도체 운동	자기장	유도 기전력
③	자기장	유도 기전력	도체 운동
④	자기장	도체 운동	유도 기전력

17 전자유도(Electromagnetic Induction)에 대한 설명으로 옳은 것만을 모두 고르면?

19년 지방직 9급

ㄱ. 코일에 흐르는 시변 전류에 의해서 같은 코일에 유도기전력이 발생하는 현상을 자기유도(Self Induction)라 한다.
ㄴ. 자계의 방향과 도체의 운동 방향이 직각인 경우에 유도기전력의 방향은 플레밍(Fleming)의 오른손 법칙에 의하여 결정된다.
ㄷ. 도체의 운동 속도가 v[m/s], 자속밀도가 B[Wb/m^2], 도체 길이가 l[m], 도체 운동의 방향이 자계의 방향과 각(θ)을 이루는 경우, 유도기전력의 크기 $e = Blv\sin\theta$[V]이다.
ㄹ. 전자유도에 의해 만들어지는 전류는 자속의 변화를 방해하는 방향으로 발생한다. 이를 렌츠(Lenz)의 법칙이라고 한다.

① ㄱ, ㄴ
② ㄷ, ㄹ
③ ㄱ, ㄷ, ㄹ
④ ㄱ, ㄴ, ㄷ, ㄹ

정답 16 ② 17 ④

18 〈보기〉는 전류에 의한 자기장 발생을 관찰하는 실험이다. 스위치(SW)를 닫았을 때 나침반의 N극이 가리키는 방향은?

22년 서울시(고졸) 9급

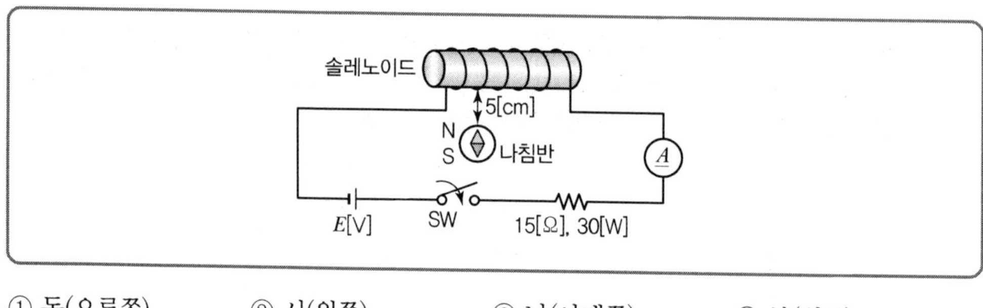

① 동(오른쪽) ② 서(왼쪽) ③ 남(아래쪽) ④ 북(위쪽)

19 그림과 같이 전류와 폐경로 L이 주어졌을 때 $\oint_L \vec{H} \cdot d\vec{l}$ [A]은?

22년 지방직 9급

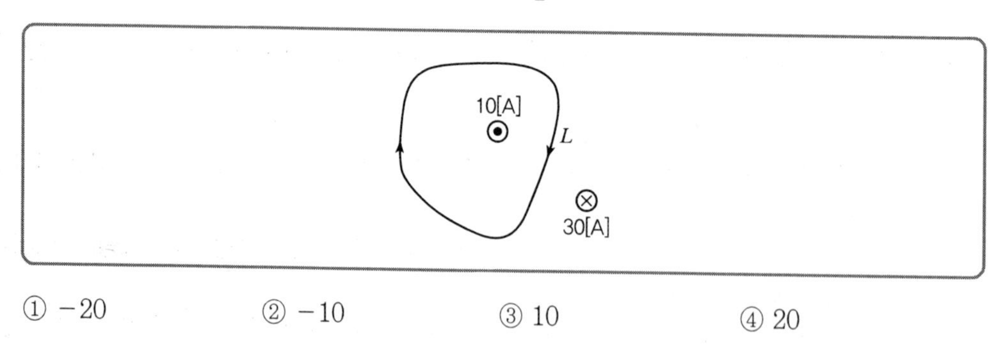

① −20 ② −10 ③ 10 ④ 20

20 그림과 같이 진공 중에 두 무한 도체 A, B가 1[m] 간격으로 평행하게 놓여 있고, 각 도체에 2[A]와 3[A]의 전류가 흐르고 있다. 합성 자계가 0이 되는 지점 P와 도체 A까지의 거리 x[m]는?

22년 지방직 9급

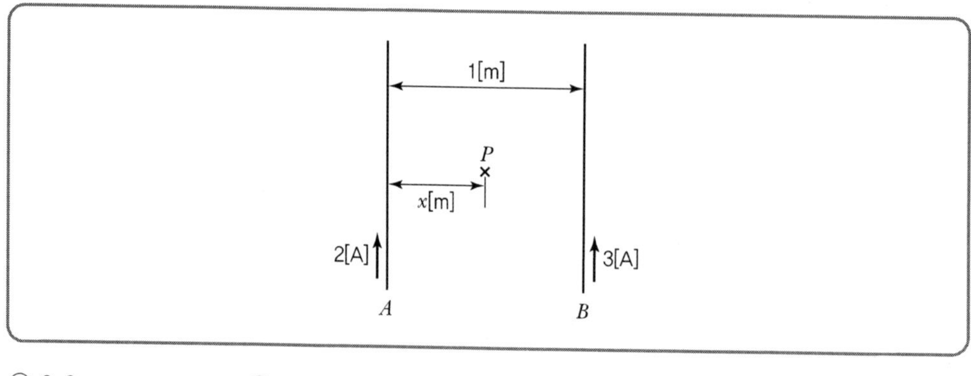

① 0.3 ② 0.4 ③ 0.5 ④ 0.6

정답 18 ① 19 ② 20 ②

CHAPTER 08 CURRENT THEORY

자기회로의 이해

1 자화 곡선과 히스테리시스 곡선(Hysteresis loop)

1) 자화 곡선 및 투자율 곡선

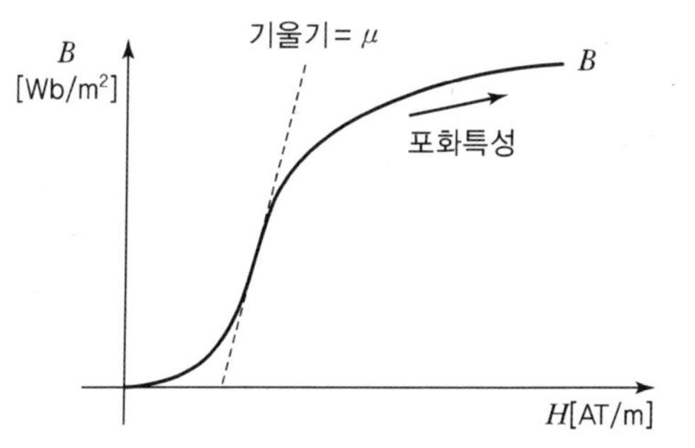

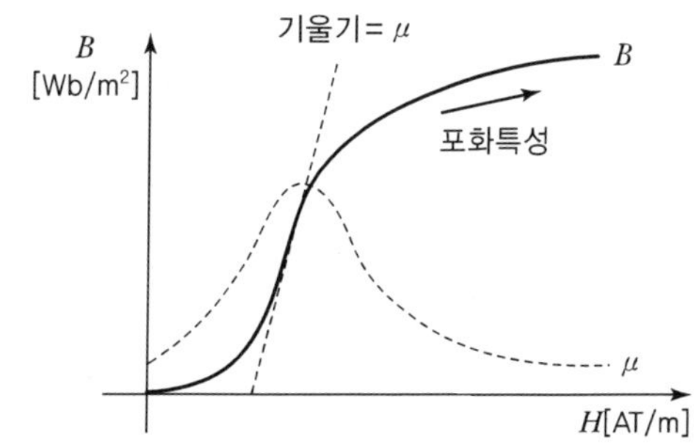

① 자화되지 않은 철이나 코발트 등의 강자성체에 외부 자계 H를 점차 증가시키면 자화 초기에는 자기 모멘트가 자계방향으로 배열될 때 관성에 의한 저항력을 받기 때문에 자화는 서서히 진행되지만, 더욱 자계를 증가시키면 자화는 급속히 진행된다.

② 자성체 내의 자기 모멘트가 모두 자계방향과 일치하면 자화는 더 이상 증가하지 않고 포화현상을 나타낸다. 이러한 특성을 나타내는 곡선을 자화곡선 또는 B-H 곡선이라 한다.

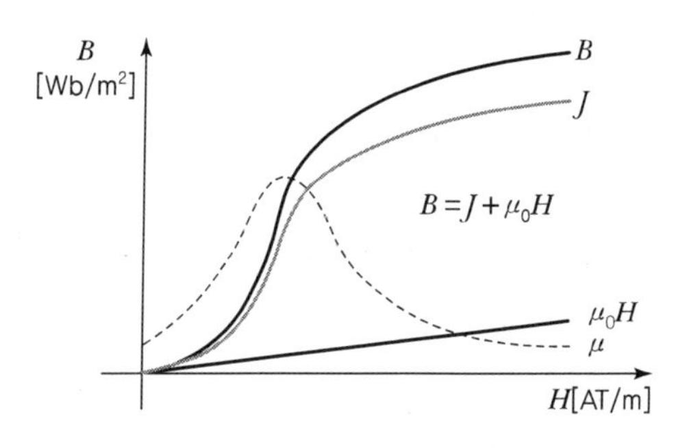

㉠ 강자성체 내의 자속밀도는 $B = J + \mu_0 H$의 관계가 있다. 여기서 μ_0는 매우 작은 값을 가지므로, B는 J보다 약간 큰 값을 가진다.

㉡ 강자성체의 자화현상을 자세히 관찰하면 자화 곡선은 매끈한 곡선이 아니고, 자속밀도가 단계적으로 증가한다. 이것은 강자성체 내의 자구(Magnetic Domain)의 자축이 어떤 순간에 급격히 자계방향으로 회전하여 자속밀도를 증가시키기 때문이다.

㉢ 이러한 현상을 바크하우젠 효과(Barkhausen Effect)라 한다.

2) 히스테리시스 곡선(자기 이력 곡선)

전혀 자화된 적이 없는 자성체에 자계를 가하여 1사이클을 변화시키면 이 자성체의 자화곡선이 Loop를 형성하고 자기적인 늦음이 발생하는 현상

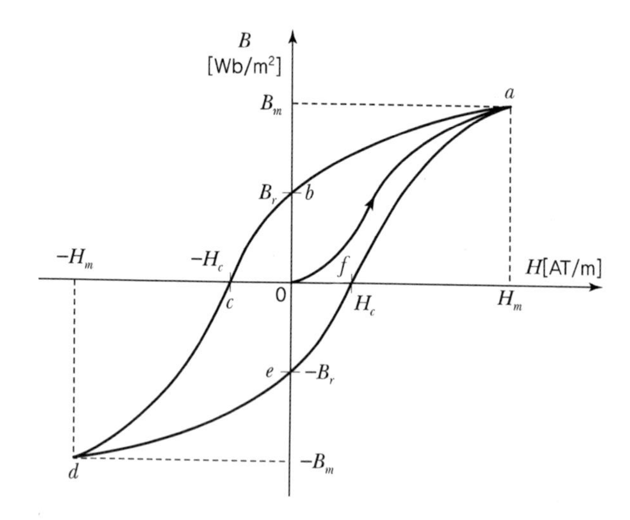

① 히스테리시스 현상 설명

㉠ 자화되지 않은 강자성체에 외부 자계 H를 가해서, 포화점 a까지 자계 H를 증가시킨다. Oa 곡선을 따라서 진행(B_m : 최대 자속밀도, H_m : 최대 자계의 세기)

㉡ a점에서 자계 H를 감소시키면 자속밀도 B는 Oa 곡선을 따라서 감소하지 않고 ab곡선을 따라서 감소한다. 이때 자계 H를 0으로 감소시켜도 자속밀도 B는 0이 되지 않고 b점이 된다. 이 값을 잔류자기(잔류 자속밀도 : Residual Magnetism : B_r)이라 한다.

㉢ 자계 H를 역방향으로 증가시키면 bc와 같은 곡선이 되어 점 c의 $-Hc$값에서 $B=0$이 된다. 이때의 H값을 보자력(Coercive Force) H_c라 한다.

㉣ 자계 H를 역방향으로 더 증가시키면 점 d에서 포화된다.($-B_m$: 최대 자속밀도, $-H_m$: 최대 자계의 세기)

㉤ 다시 자계 H를 감소시키면 ㉡의 경우처럼 $H=0$이 되어도 B는 0이 되지 않고, e점으로 돌아간다. 이 값 역시 잔류자기가 된다.

㉥ 이때 자계를 순방향으로 조금 증가시키면, $B=0$을 만들게 되고, 이 값 역시 보자력이 된다.

㉦ 다시 순방향으로 자계를 계속 증가시키면, a점으로 근접하게 되는 형태가 된다.

㉧ 이렇게 자계 H를 감소시킬 때의 경로와 증가시킬 때의 경로가 서로 다르게 되는데, 이런 류의 곡선을 히스테리시스 곡선(Hysteresis Loop)이라 한다.

② 히스테리시스 곡선의 특성

㉠ 잔류자기(B_r) : H-loop가 종축과 만나는 점

㉡ 보자력(H_c) : H-loop가 횡축과 만나는 점

㉢ 영구자석(강철, 합금) : H－loop가 크다. : 강철, 코발트

→ B_r과 H_c가 크다.

㉣ 전자석(연철) : H－loop가 작다. : 연철, 규소강판

→ B_r은 크고 H_c는 작다.

3) 히스테리시스 손실

① 히스테리시스 루프 면적으로 표시되는 에너지는 자성체를 일순환 후 자성체의 온도를 상승시키는데 소비되므로 일종의 손실이다.

이 곡선을 일주하는데 필요로 하는 단위 체적당 에너지는 이 곡선의 면적과 같다.

즉 루프의 면적이 Hysteresis loss(히스테리시스 손)이다.

체적이 $v[\mathrm{m}^3]$, 주파수 $f[\mathrm{Hz}]$, 잔류자기B_r, 보자력 H_c라면

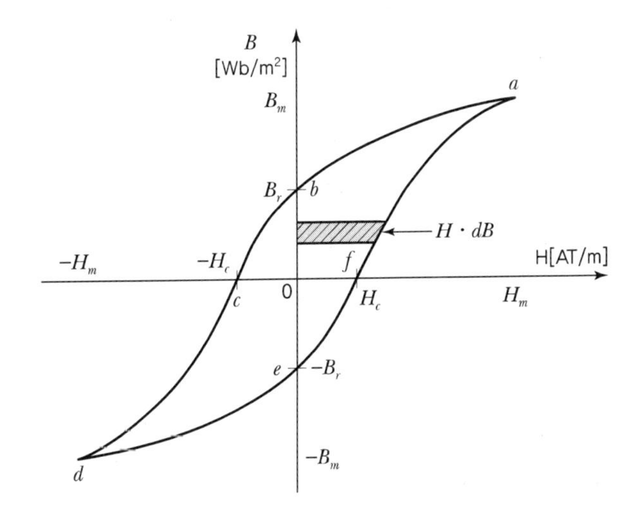

$$w_h = \oint_{abcdef} H \cdot dB\ [\mathrm{J/m^3}]$$

$$= \int_a^b H \cdot dB + \int_b^c H \cdot dB + \int_c^d H \cdot dB + \int_d^e H \cdot dB + \int_e^f H \cdot dB$$

$$+ \int_f^a H \cdot dB$$

=히스테리시스 곡선의 면적$[\mathrm{J/m^3}]$

㉠ 히스테리시스 곡선을 일주시켜도 자성체는 항상 원상태와 동일한 상태가 되는 것은 히스테리곡선의 면적에 해당하는 단위체적당 에너지가 열로 소비되기 때문이다.

㉡ 이 열은 자성체의 온도를 상승시키는데 소비된다. 이것을 히스테리시스 손실(Hysteresis Loss)이라 한다.

㉢ 교류용 기기의 철심이서는 히스테리시스 손실이 온도 상승을 일으켜 절연재료의 성능을 열화시키므로 기기의 수명을 단축시키는 원인이 된다.

㉣ 따라서, 교류기기의 철심에는 히스테리시스 곡선의 면적이 적은 강자성체 재료인 규소강, 퍼멀로이(Permalloy)등이 사용된다.

㉤ 스타인메츠(Steinmetz) 실험식은 단위체적당의 히스테리시스 손실(w_h)과 교번자계에 의하여 자화될 때의 최대 자속밀도 사이의 관계식으로 다음과 같다.

$w_h = \eta B_m^{1.6}\,[\mathrm{J/m^3}]$

여기서, η : 자성체에 따라 정해지는 히스테리시스 상수
$B^{1.6}$에서 1.6 : 스타인메츠 상수

㉥ 자성체의 체적 : $v[\mathrm{m^3}]$, 교류자계의 주파수 : f, P_h : 히스테리시스 전력손실 일 때

$P_h = f\,v\,\eta\,B_m^{1.6}\,[W]$

② 철손＝히스테리시스 손(P_h)＋와류 손(P_e)

히스테리시스 손 $P_h = \eta f B_m^{1.6}[\mathrm{J/m^3}]$ → 철손의 80%

와류손 $P_e = \eta B_m t f^2[\mathrm{J/m^3}]$ → 철손의 20%

철손을 줄이기 위해 H-loop면적이 적은 규소강판을 쓰며P_e를 줄이기 위해 성층하여 쓴다.

2 자화에 필요한 에너지

① 에너지 밀도

$$w = \int_0^B H dB = \int_0^B \frac{B}{\mu} dB = \frac{B^2}{2\mu} = \frac{1}{2}\mu H^2 = \frac{1}{2}BH[\mathrm{J/m^3}]$$

② 자석의 표면에 작용하는 전자석의 흡인력(단위면적당 힘)

$w = \left(\dfrac{J}{m^3}\right) = \left(\dfrac{N \cdot m}{m^2 \cdot m}\right) = \left(\dfrac{N}{m^2}\right) = f$의 관계를 확인하면,

단위 체적당 에너지＝단위 면적당 힘

$$f = \frac{B^2}{2\mu} = \frac{1}{2}\mu H^2 = \frac{1}{2}BH[\mathrm{N/m^2}]$$

③ 자성체에 작용하는 전체 흡인력

단위 면적당 힘 : f, 전체면적 : S에 의해서

$$F = fS = \frac{B^2}{2\mu_0} \times \mathrm{S}[\mathrm{N}]$$

$$F = fS = \frac{B^2 S}{2\mu} = \frac{1}{2}\mu H^2 S = \frac{1}{2}BHS[\mathrm{N}]$$

실전문제 CURRENT THEORY

01 그림의 자기 히스테리시스 곡선에서 가로축(X)과 세로축(Y)에 해당하는 것은?

20년 지방직 9급

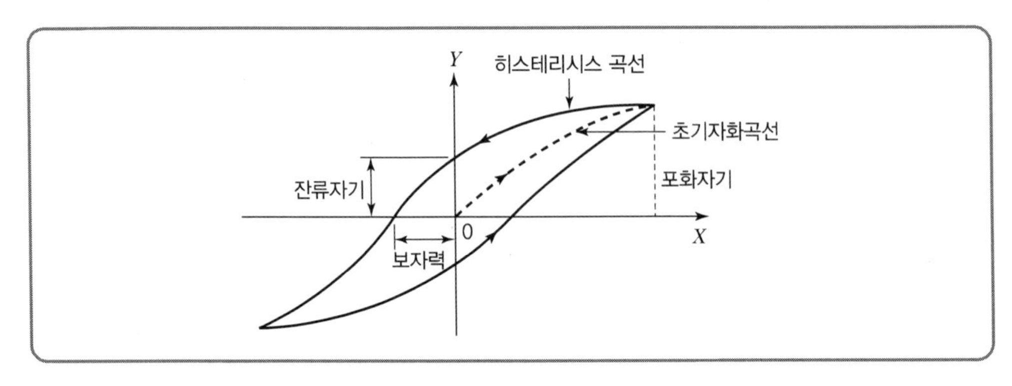

	X	Y		X	Y
①	자속밀도	투자율	②	자속밀도	자기장의 세기
③	자기장의 세기	투자율	④	자기장의 세기	자속밀도

02 영구자석 재료의 조건으로 가장 적당한 것은?

① 잔류자속밀도와 보자력이 모두 커야 한다.
② 잔류자속밀도는 작고 보자력은 커야 한다.
③ 잔류자속밀도는 크고 보자력은 작아야 한다.
④ 잔류자속밀도와 보자력이 모두 작아야 한다.

03 자성체에 대한 설명으로 옳지 않은 것은?

① 영구자석의 재료로는 잔류자속이 크고 보자력이 큰 자성체가 좋다.
② 자기차폐를 하기 위하여 상자성체로 차폐상자를 제작한다.
③ 강자성이 급격히 상자성으로 변하는 온도를 퀴리온도라 한다.
④ 인접한 영구자기쌍극자가 크기는 같으나, 방향이 서로 반대로 배열된 자성체를 반강자성체라 한다.

정답 01 ④ 02 ① 03 ②

04 히스테리시스 특성 곡선에 대한 설명으로 옳지 않은 것은?

① 히스테리시스 손실은 주파수에 비례한다.
② 곡선이 수직축과 만나는 점은 잔류자기를 나타낸다.
③ 자속밀도, 자기장의 세기에 대한 비선형 특성을 나타낸다.
④ 곡선으로 둘러싸인 면적이 클수록 히스테리시스 손실이 적다.

05 자성체에 자기장을 인가할 때, 내부 자속밀도가 큰 자성체부터 순서대로 바르게 나열한 것은?

23년 국가직 9급

① 상자성체, 페리자성체, 반자성체
② 페리자성체, 반자성체, 상자성체
③ 반자성체, 페리자성체, 상자성체
④ 페리자성체, 상자성체, 반자성체

정답 04 ④ 05 ④

3 자기회로에 대한 옴의 법칙

자기회로 : 자속이 통하는 통로(=자로)

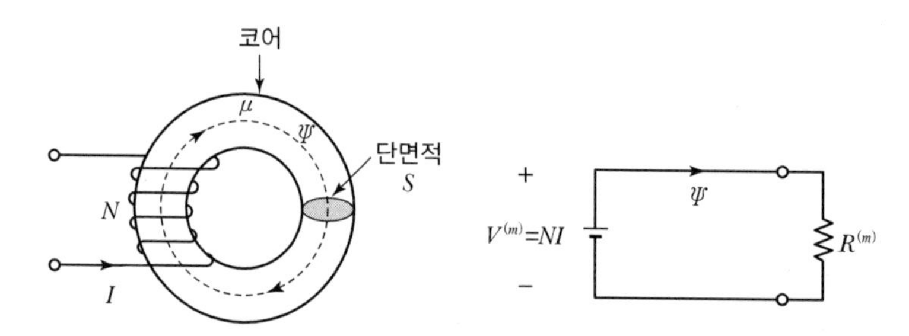

자기회로에 코일 권수 N[T]을 감고 I[A]의 전류를 통할 때 자기회로 내의 자계를 H[AT/m]라 하고 자계 방향 벡터를 dl[m]라 하면

$$\oint_c H \cdot dl = Hl = NI[\mathrm{AT}]$$ ➡ 암페어의 주회적분 법칙

이때 NI는 자기회로의 자속 $\phi = \mu HS$[Wb]를 발생시키는 원천이 되며 $F = NI$[AT]로 표기하고 기자력이라 칭한다.

＊기자력(Magentomotive Force) : 자속이 일어나는 원동력이 되는 힘

① 기자력(F)과 자기저항과의 관계식

$$\phi = \mu HS \Rightarrow H = \frac{\phi}{\mu S}[\mathrm{AT/m}]$$

$$\therefore\ F = \oint H \cdot dl = \oint_c \frac{\phi}{\mu S} ddl = \frac{\phi}{\mu S}\oint_c dl = \frac{\phi}{\mu S} l = \frac{l}{\mu S}\phi[\mathrm{AT}]$$

$\therefore$ 기자력 $F = NI = R\phi$[AT] ➡ 자기회로의 옴의 법칙

② 자기저항(Magnetic Reluctance 또는 Reluctance)

$$R = \frac{NI}{\phi} = \frac{F}{\phi} = \frac{l}{\mu S}[\mathrm{AT/Wb}] \rightarrow \frac{\mathrm{m}}{\mathrm{H/m \cdot m^2}} = [\mathrm{H^{-1}}]$$

자기저항의 역수$=\dfrac{1}{R}$: 퍼미언스[H]

③ 자속

자속밀도 B[Wb/m²] [T] , 자속 ϕ[Wb]의 관계식인 $B = \dfrac{\phi}{S}$로부터 자속에 대한 자기력과 자기저항의 관계를 다음과 같이 유도할 수 있다.

$$\phi = BS = \mu HS = \mu \frac{NI}{l} S = \frac{\mu NIS}{l} = \frac{NI}{\dfrac{l}{\mu S}} = \frac{NI}{R_m}[\mathrm{Wb}]$$

4 자기회로와 전기회로의 대응관계

자기회로	전기회로
• 기자력 $F=NI=R_m\phi$[A]	• 기전력 $E=IR$[V]
• 자속 $\phi=\dfrac{F}{R_m}$[Wb]	• 전류 $I=\dfrac{E}{R}$[A]
• 자기저항 $R_m=\dfrac{l}{\mu S}$[AT/Wb]	• 전기저항 $R=\rho\dfrac{l}{S}=\dfrac{l}{kS}$[Ω]
• 투자율 μ[H/m]	• 도전율 k[℧/m]
• 자속밀도 $B=\dfrac{\phi}{S}$	• 전류밀도 $J=\dfrac{I}{S}$

5 전기회로와의 차이점

전기회로	자기회로
$E=IR$ ➡ 직선	$F=R\phi$[AT] ➡ 포화곡선
누설전류가 거의 0(왜냐하면 도체와 절연체 사이의 전도도의 차가 크므로 약 10^{20}배)	누설자속이 많아서 공극에 의한 자기저항을 고려해야 한다. (자성체와 공기와의 투자율의 비 10^2~10^5배 정도)
저항손실(I^2R)이 발생 직류에서 동손이 없다.	자기저항에 의한 손실은 없다. 히스테리시스손(철손, 와류손)이 있다.
L, C에 의한 전기회로 구성	L, C에 의한 자기회로 구성이 안 된다.

6 복합자기회로

1) 키르히호프 법칙

① 제1법칙 : 임의의 결합점으로 유입하는 자속의 총합은 유출하는 자속의 총합과 같다.

$$\sum \phi_i = \sum \phi_o$$

② 제2법칙 : 임의의 폐 자기회로에서 자기저항과 자속의 곱은 기자력의 대수합과 같다.

$$\sum R\phi = \sum F$$

2) 공극(Air Gap)이 있는 자기회로

① 자기저항

원래(공극이 없을 때의)의 자기저항 : $R=\dfrac{l}{\mu S}$ ······························ ㉠

철심의 자기저항 : $R_c = \dfrac{l-l_g}{\mu S}$

공극의 자기저항 : $R_g = \dfrac{l_g}{\mu_0} S$ ……………… ㉡

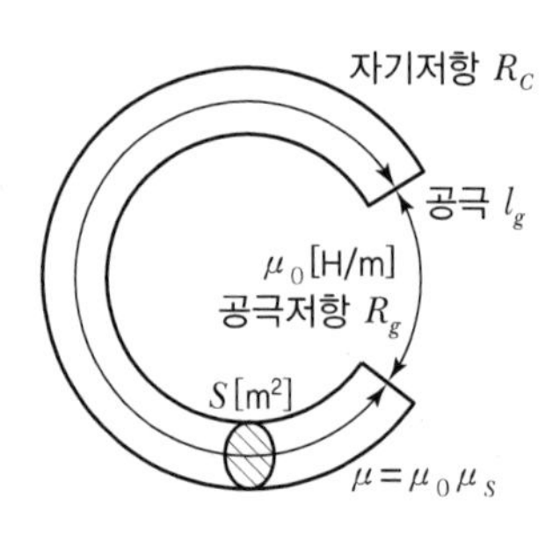

$l \gg l_g$이면 $l-l_g \fallingdotseq l$이므로

$$R' \fallingdotseq R_m + R_g = \frac{l}{\mu S} + \frac{l_g}{\mu_o S}$$

공극이 발생하면 자기저항의 비는

$$\frac{㉡}{㉠} = \frac{\dfrac{l}{\mu S} + \dfrac{l_g}{\mu_o S}}{\dfrac{l}{\mu S}} = 1 + \frac{\dfrac{l_g}{\mu_o}}{\dfrac{l}{\mu}}$$

$$= 1 + \frac{\mu l_g}{\mu_o l}$$

② 기자력

$$F = NI = R\phi = RBS$$

$$= BS \times \left(\frac{l}{\mu S} + \frac{l_g}{\mu_o S}\right) = B\left(\frac{l}{\mu} + \frac{l_g}{\mu_o}\right)$$

$$= \frac{B}{\mu_0}\left(\frac{l}{\mu_s} + l_g\right)$$

③ 전류(I)

$$I = \frac{F}{N} = \frac{B}{N}\left(\frac{l}{\mu} + \frac{\mathrm{lg}}{\mu_0}\right)[\mathrm{A}]$$

④ 자속(ϕ)

$$\phi = \frac{NI}{R} = \frac{NI}{\dfrac{l}{\mu S} + \dfrac{l_g}{\mu_o S}}[\mathrm{Wb}]$$

7 전기회로와 자기회로의 비교

전기회로		자기회로	
기전력	$V = IR[\text{V}] = \int \text{E} \cdot \text{dl}\ [\text{V}]$	기자력	$F = NI = \oint H \cdot dl[\text{AT}]$
전류	$I = \frac{dQ}{dt} = \int J \cdot dS[\text{A}]$	자속	$\phi = \int B \cdot dS[\text{Wb}]$
전류밀도	$J = \frac{I}{S} = \sigma E = nev[\text{A/m}^2]$	자속밀도	$B = \frac{\phi}{S} = \mu H[\text{Wb/m}^2]$
전기저항	$R = \rho \cdot \frac{l}{S} = \frac{l}{\sigma S}[\Omega]$	자기저항	$R_m = \frac{l}{\mu S}[\text{AT/Wb}]$
도전율	$\sigma[1/\Omega \cdot \text{m}]$	투자율	$\mu[\text{H/m}]$
옴의 법칙	$I = \frac{V}{R}[\text{A}]$	옴의 법칙	$\phi = \frac{F}{R_m} = \frac{NI}{R_m}[\text{Wb}]$
정전용량	$C = \frac{Q}{V}[\text{F}],\quad \text{Q} = \text{CV}[\text{C}]$	인덕턴스	$L = \frac{\phi}{I}[\text{H}],\ \phi = LI[\text{Wb}]$
콘덴서에 저장되는 에너지	$W = \frac{1}{2}QV = \frac{1}{2}CV^2 = \frac{Q^2}{2C}[\text{J}]$	인덕턴스에 저장되는 에너지	$W = \frac{1}{2}I\phi = \frac{1}{2}LI^2 = \frac{\phi^2}{2L}[\text{J}]$
전류 발생	$I = \frac{dQ}{dt}[\text{A}]$	기전력 발생	$e = -\frac{d\phi}{dt}[\text{V}]$
KCL	$\sum_{i=1}^{N} I_i = 0$	Kirchhoff 전류 법칙	$\sum_{i=1}^{N} \Psi_i = 0$
KVL	$\sum_{i=1}^{N} R_i I_i = \sum_{j=1}^{N} V_j$	Kirchhoff 전압 법칙	$\sum_{i=1}^{N} R_{m_i} \Psi_i = \sum_{j=1}^{N} V_{mj}$

• 실전문제 CURRENT THEORY

01 전기회로와 자기회로의 대응 관계 중 옳지 않은 것은?

① 전기저항과 자기저항 ② 전류와 자속
③ 기전력과 기자력 ④ 유전율과 투자율

02 솔레노이드 코일의 단위길이당 권선 수를 4배로 증가시켰을 때, 인덕턴스의 변화는?

14년 국가직 9급

① $\frac{1}{16}$로 감소 ② $\frac{1}{4}$로 감소
③ 4배 증가 ④ 16배 증가

03 100[mH]의 자기인덕턴스가 있다. 여기에 10[A]의 전류가 흐를 때 자기인덕턴스에 축적되는 에너지의 크기[J]는?

① 0.5 ② 1 ③ 5 ④ 10

04 그림과 같이 자로 $l = 0.3[\text{m}]$, 단면적 $S = 3\times10^{-4}[\text{m}^2]$, 권선 수 $N = 1,000$회, 비투자율 $\mu_r = 10^4$인 링(ring) 모양 철심의 자기인덕턴스 L[H]은?(단, $\mu_0 = 4\pi\times10^{-7}$이다.)

20년 국가직 9급

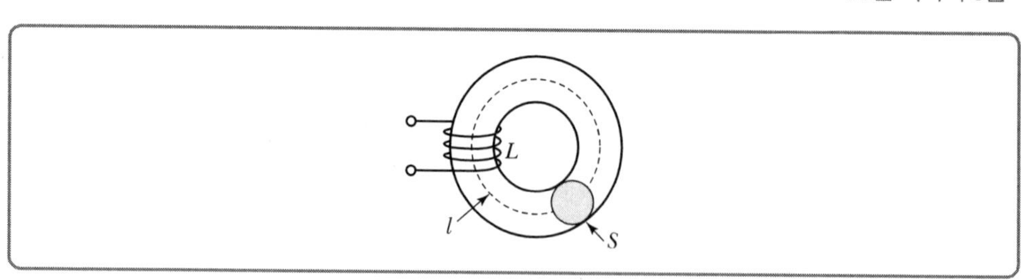

① 0.04π ② 0.4π
③ 4π ④ 5π

정답 01 ④ 02 ④ 03 ③ 04 ③

05 그림과 같이 단면적이 S, 평균 길이가 l, 투자율이 μ인 도넛 모양의 원형 철심에 권선수가 N_1, N_2인 2개의 코일을 감고 각각 I_1, I_2를 인가했을 때, 두 코일 간의 상호 인덕턴스[H]는? (단, 누설 자속은 없다고 가정한다.)

20년 서울시 9급

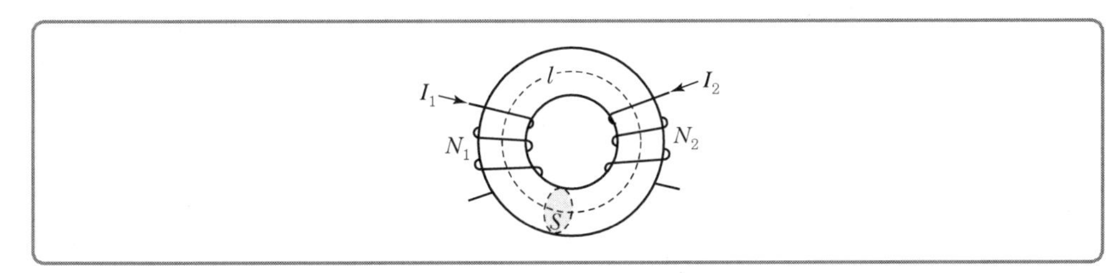

① $\frac{\mu S N_1 N_2}{l}$[H]
② $\frac{\mu S N_1 N_2}{I_1 I_2 l}$[H]
③ $\mu S N_1 N_2 l$[H]
④ $\mu S N_1 N_2 I_1 I_2 l$[H]

06 다음 그림과 같은 자기회로에서 공극 내에서의 자계의 세기 H[AT/m]는?(단, 자성체의 비투자율 μ_r은 무한대이고, 공극 내의 비투자율 μ_r은 1이며, 공극주위에서의 프린징 효과는 무시한다.)

10년 지방직 9급

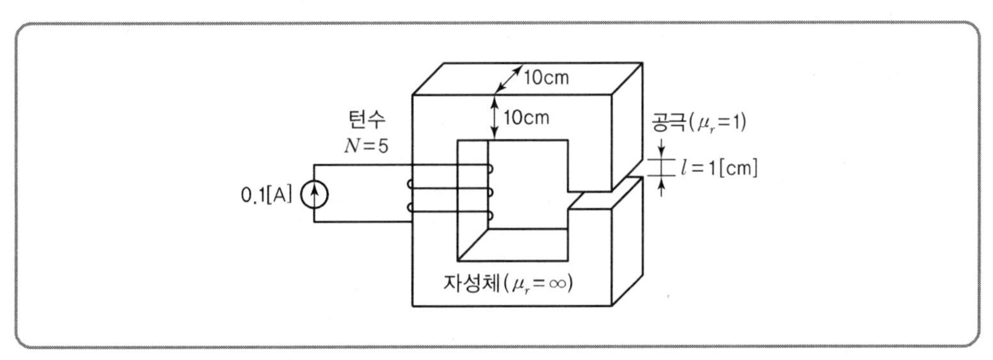

① 30
② 40
③ 50
④ 60

07 다음과 같은 토러스형 자성체를 갖는 자기회로에 코일을 110회 감고 1[A]의 전류를 흘릴 때, 공극에서 발생하는 기자력[AT] 강하는?(단, 이때 자성체의 비투자율 μ_{r1}은 990이고, 공극내의 비투자율 μ_{r2}는 1이다. 자성체와 공극의 단면적은 $1[\mathrm{cm}^2]$이고, 공극을 포함한 자로 전체 길이 $L_c = 1[\mathrm{m}]$, 공극의 길이 $L_g = 1[\mathrm{cm}]$이다. 누설 자속 및 공극 주위의 플린징 효과는 무시한다.) 12년 국가직 9급

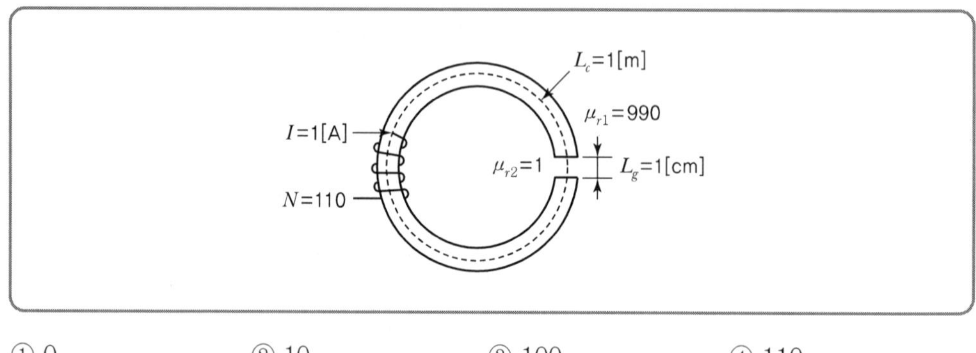

① 0 ② 10 ③ 100 ④ 110

08 그림과 같이 비투자율 μ_r, 평균자로의 길이 $l[\mathrm{m}]$, 단면적 $S[\mathrm{m}^2]$인 환형 강자성체가 있다. 간격 $l_g[\mathrm{m}]$인 미소공극을 만들면 자기저항은 공극이 없을 때의 몇 배인가?(단, $l \gg l_g$, $\mu_r \gg 1$로 가정한다.)

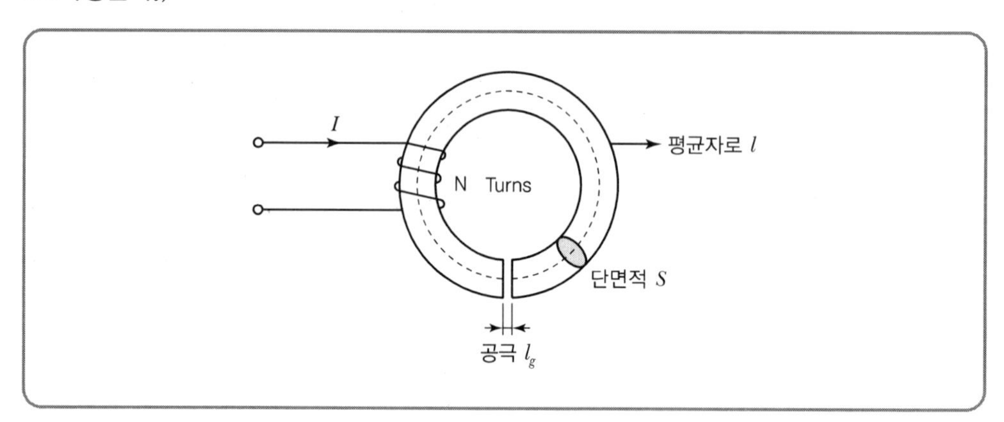

① $1+\dfrac{\mu_r l_g}{l}$ ② $1-\dfrac{\mu_r l_g}{l}$

③ $1+\dfrac{\mu_r l_g}{lS}$ ④ $1-\dfrac{\mu_r l_g}{lS}$

정답 07 ③ 08 ①

전기장과 자기장의 비교

전기(Electric)		자기(Magnetic)	
적용 소자	콘덴서(C)	적용 소자	코일(L)
전하	Q[C]	자하	m[Wb]
유전율	ε[F/m]	투자율	μ[H/m]
쿨롱의 법칙(F)	$F=\frac{1}{4\pi\varepsilon}\frac{Q_1Q_2}{r^2}$[N]	쿨롱의 법칙(F)	$F=\frac{1}{4\pi\mu}\frac{m_1m_2}{r^2}$[N]
전기장의 세기(E)	$E=\frac{1}{4\pi\varepsilon}\frac{Q}{r^2}$[V/m]	자기장의 세기(H)	$H=\frac{1}{4\pi\mu}\frac{m}{r^2}$[AT/m]
F와 E의 관계	$F=QE,\quad E=\frac{F}{Q}$	F와 H의 관계	$F=mH,\quad H=\frac{F}{m}$
전속밀도(D)	$D=\frac{1}{4\pi}\frac{Q}{r^2}$[C/m^2]	자속밀도(B)	$B=\frac{1}{4\pi}\frac{m}{r^2}$[Wb/m^2]
E와 D의 관계	$D=\varepsilon E,\quad E=\frac{D}{\varepsilon}$	H와 B의 관계	$B=\mu H,\ H=\frac{B}{\mu}$
전위(V)	$V=\frac{1}{4\pi\varepsilon}\frac{Q}{r}$[V]		
E와 V의 관계	$E=\frac{V}{r},\quad V=rE$		

전기전자기호(단위) 모음

기초 전기 전자			전 기 장			자 기 장			교 류		
기호	단위	의미	기호	단위	의미	기호	단위	의미	기호	단위	의미
I	[A]	전류	C	[F]	정전 용량	L, M	[H]	인덕턴스	T	[sec]	주기
V	[V]	전압	ε	[F/m]	유전율	μ	[H/m]	투자율	f	[Hz]	주파수
R	[Ω]	저항	E	[V/m]=[N/m]	전기장의 세기	Φ	[wb]	자속	ω	[rad/s]	각속도
G	[1/Ω]	컨덕턴스	D	[C/m^2]	전속 밀도	m	[wb]	자극(자하)	R	[Ω]	저항
Q	[C]=[A.sec]	전하량	F	[N]	힘	H	[AT/m]	자기장의 세기	X	[Ω]	리액턴스
ρ	[Ω · m]	저항률				B	[wb/m^2]	자속 밀도	Z	[Ω]	임피던스
δ	[1/Ω · m]	도전율				F	[AT]	기자력	P	[W]	유효 전력
P	[W]	전력				R	[AT/wb]	자기 저항	Pr	[Var]	무효 전력
W	[J]=[W · sec]	전력량							Pa	[VA]	피상 전력
W, H	[J]=[cal]	에너지							$\cos\theta$		효율

PART

05

교류회로 해석(기초)

CHAPTER 01 CURRENT THEORY

교류회로의 기초

1 교류회로 해석

1) 교류의 순시값 표현식

$v(t) = V_m \sin(\omega t + \theta)$

① 주기(t)와 주파수(f)

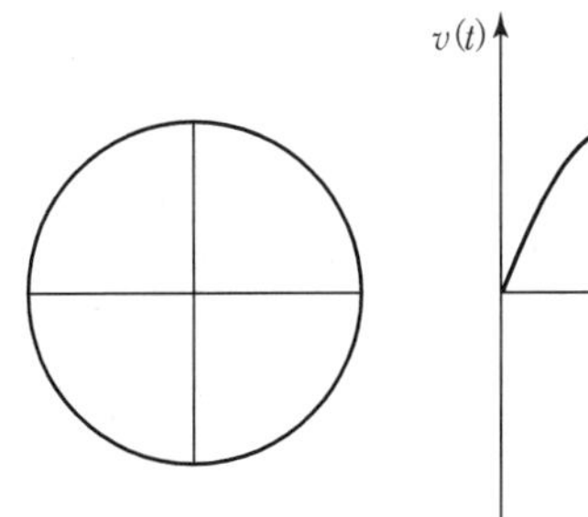
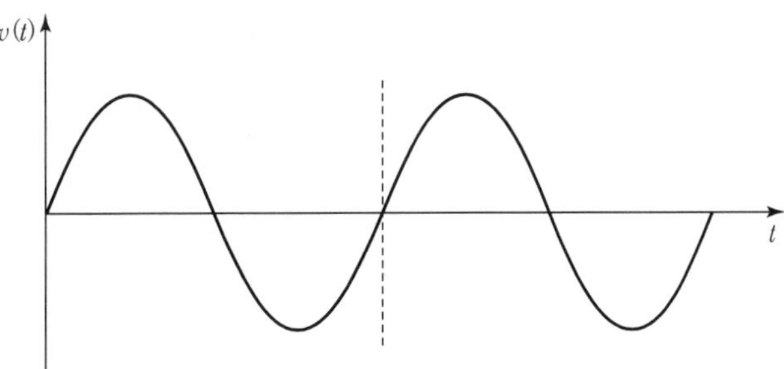

| sin파(정현파) 교류 |

㉠ 주기 : 1사이클의 변화에 요하는 시간 : T[sec]

㉡ 주파수 : 1초 동안에 반복하는 사이클의 수 : f[Hz] : $T = \frac{1}{f}$ ➡ $f = \frac{1}{T}$

㉢ 각속도 : 1초 동안에 회전한 각도 : ω [rad/sec] : $\omega = 2\pi f = 2\pi \frac{1}{T}$

② 각속도(ω)

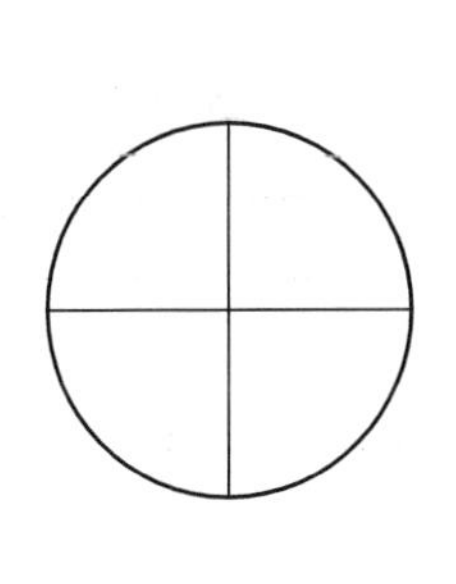
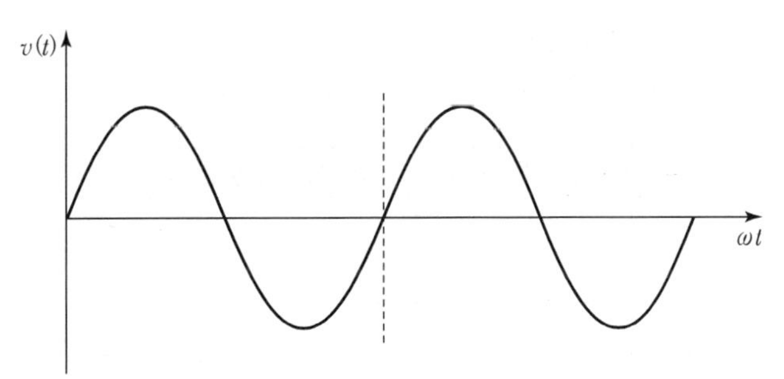

③ 위상각(θ)

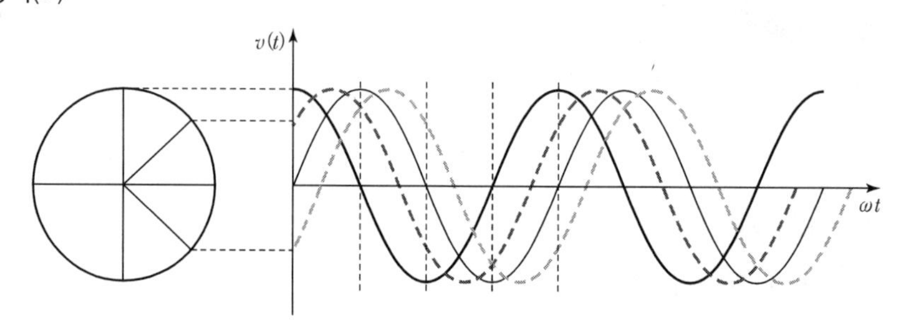

2) 파장(λ)

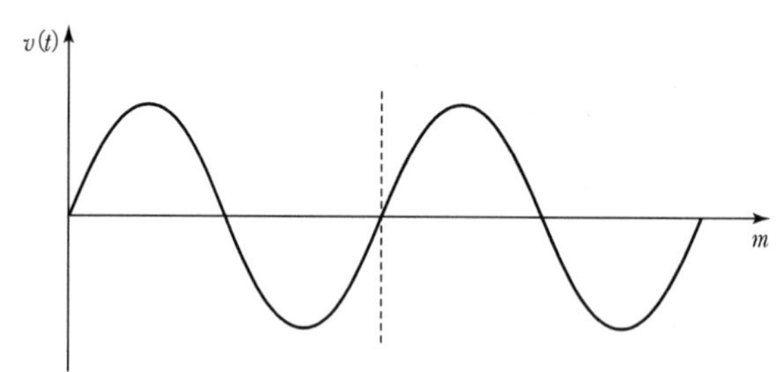

- 주파수가 2[MHz]인 파의 파장은 얼마인가?
- 파장이 5[cm]인 파의 주파수는 얼마인가?

3) 파의 속도

① 가로축이 시간이 아니고 거리라고 생각하면, 그림은 파가 나아가는 거리를 의미하게 된다.

② 파장 : 1사이클의 변화에 나아가는 거리 : λ[m]

③ 주파수 : 1초 동안에 반복하는 사이클의 수 : f[Hz]

$T=\frac{1}{f}$ ➡ $f=\frac{1}{T}$

④ 속도 : 1초 동안에 나아가는 거리 : v[m/sec]

$v=\lambda f=\frac{\lambda}{T}$[m/sec]

✱ 자유공간에서 전파의 속도 : $v=c=3\times10^8$[m/sec]

✱ 파장과 주파수 파의 속도와의 관계 : $f\times\lambda=v=c$(단, $c=3\times10^8$[m/s])

주파수에 따른 분류	파장에 따른 분류	주파수	파장
VLF	장파		
LF			
MF	중파		
HF	단파		
VHF	초단파	30~300[MHz]	10~1[m]
UHF	극초단파		
SHF	마이크로파		
EHF			

실전문제 CURRENT THEORY

01 그림과 같은 정현파에서 $v = V_m \sin(\omega t + \theta)$의 주기 T를 옳게 표시한 것은?

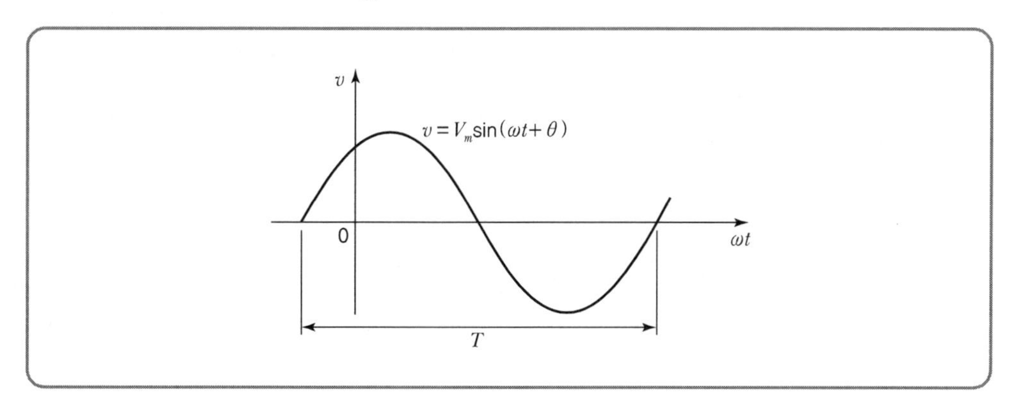

① $2\pi\omega$ ② $2\pi f$ ③ $\dfrac{\omega}{2\pi}$ ④ $\dfrac{2\pi}{\omega}$

02 다음 전압의 순시값 표현에서 주파수는 얼마인가?

$$v(t) = 100\sin(100\pi t - 5\pi)\,[\text{v}]$$

① 100π[Hz] ② 100[Hz] ③ 50π[Hz] ④ 50[Hz]

03 FM 라디오 방송은 88~108[MHz] 범위의 주파수를 사용한다. 이때 100[MHz]의 주파수의 파장은 얼마인가?

① 10[m] ② 30[m] ③ 1[m] ④ 3[m]

04 아래의 순시값의 형태로 전송되는 파가 있다. 이때 전압과 전류의 위상차는 얼마인가?

$$v(t) = V_m \sin(200\pi t - 20°),\ i(t) = I_m \cos(200\pi t + 20°)$$

① 40° ② 50° ③ 110° ④ 130°

정답 01 ④ 02 ④ 03 ④ 04 ④

05 아래의 순시값의 형태로 전송되는 파가 있다. 이때 전압과 전류의 위상차를 시간으로 환산하면 얼마인가?

$$v(t) = V_m \sin(200\pi t - 50°),\ i(t) = I_m \cos(200\pi t + 40°)$$

① 0.0025초 ② 0.005초 ③ 0.01초 ④ 0.02초

06 $10\sqrt{2}\sin 3\pi t$[V]를 기본파로 하는 비정현주기파의 제5고조파 주파수[Hz]를 구하면?

07년 국가직 9급

① 5.5 ② 6.5 ③ 7.5 ④ 8.5

07 진공 중에서 주파수 12[MHz]인 전자파의 파장은 몇 [m]인가? 14년 서울시 7급

① 0.04 ② 0.25 ③ 0.4 ④ 25
⑤ 40

08 다음은 오실로스코프 화면에 나타난 구형파이다. 이파형의 주파수 및 진폭으로 옳은 것은?

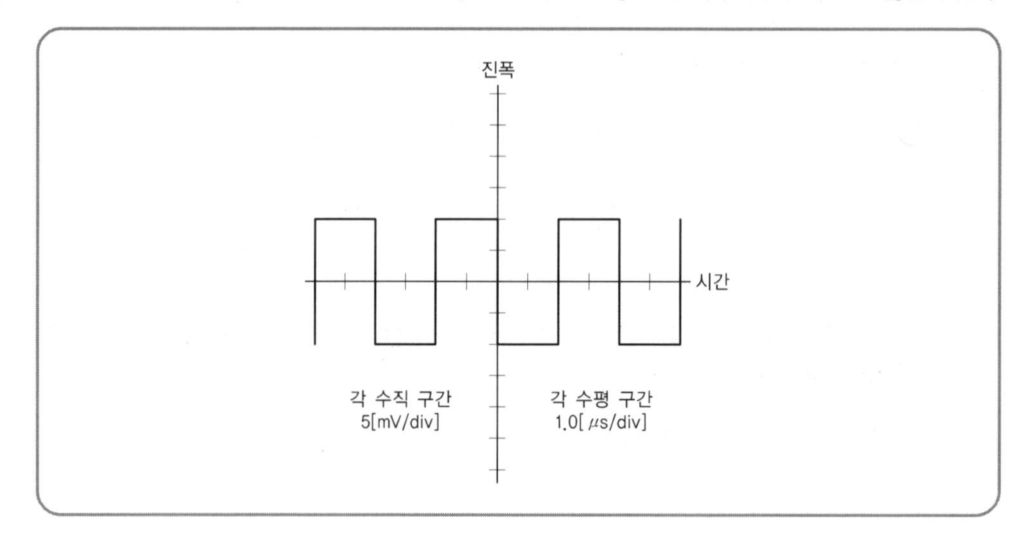

	주파수[kHz]	진폭[mV]
①	200	10
②	200	20
③	250	10
④	250	20
⑤	400	10

정답 05 ② 06 ③ 07 ④ 08 ③

09 오실로스코프상에 나타난 측정 파형이 그림과 같다면 피크 대 피크 전압 V_{p-p}의 값[V]과 주파수 f의 값[Hz]은?

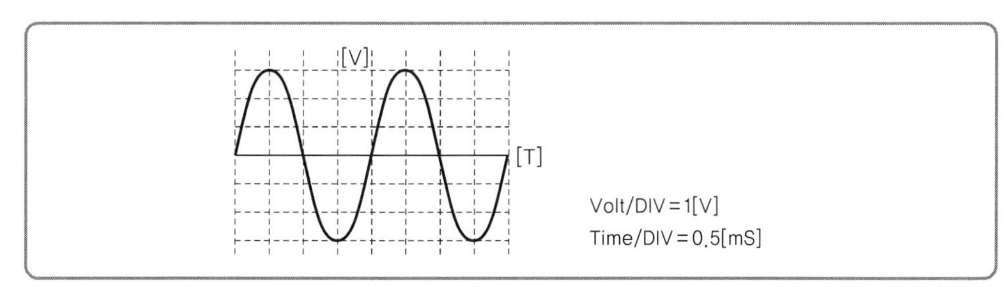

	V_{p-p}	f		V_{p-p}	f
①	3	250	②	3	500
③	6	250	④	6	500

10 그림의 Ch1 파형과 Ch2 파형에 대한 설명으로 옳은 것은? 20년 지방직 9급

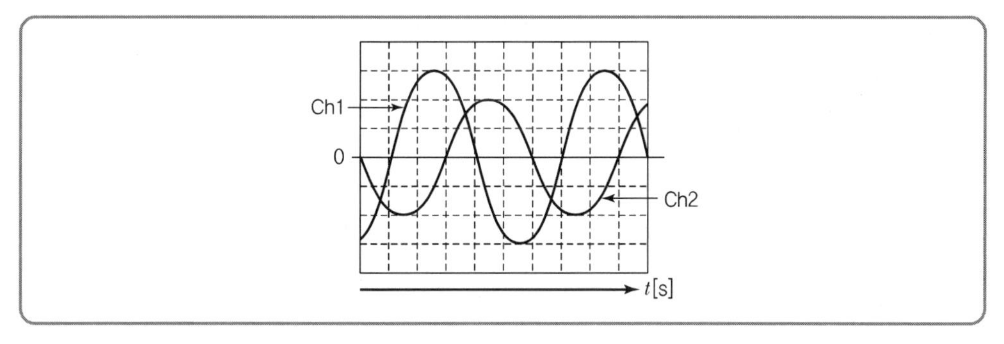

① Ch1 파형이 Ch2 파형보다 위상은 앞서고, 주파수는 높다.
② Ch1 파형이 Ch2 파형보다 위상은 앞서고, 주파수는 같다.
③ Ch1 파형이 Ch2 파형보다 위상은 뒤지고, 진폭은 크다.
④ Ch1 파형이 Ch2 파형보다 위상은 뒤지고, 진폭은 같다.

11 자유공간과 특정 매질 간의 비투자율이 1, 비유전율이 100일 때, 자유공간과 그 특정 매질에서 각각의 파장[m]은?(단, 주파수는 300[MHz]이다.) 21년 국회직 9급

	자유공간	매질		자유공간	매질
①	0.5	0.1	②	1	0.1
③	1	0.2	④	1.5	0.1
⑤	1.5	0.2			

정답 09 ④ 10 ② 11 ②

CHAPTER 02 CURRENT THEORY

교류 표시법

1 교류의 표시

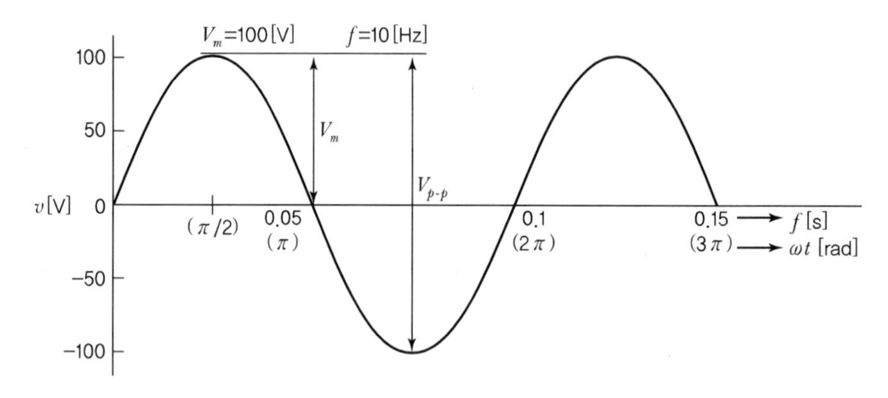

| 사인파 교류 |

① 순시값

$$v = V_m \sin \omega t [\mathrm{V}]$$

여기서, V_m : 최댓값

V_{P-P} : 양의 최댓값과 음의 최댓값 사이의 값

② 실횻값

$$V_s = \frac{V_m}{\sqrt{2}} = 0.707\, V_m$$

$$V_s = \sqrt{\frac{1}{T}\int_0^T v(t)^2 dt}$$

* 교류 전류 i의 기준 크기는 일반적으로 그것과 동일한 일을 하는 직류 전류 I의 크기

③ 평균값

$$V_a = \frac{2}{\pi} V_m = 0.638\, V_m [\mathrm{V}]$$

$$V_a = \frac{1}{T}\int_0^T v(t) dt$$

* 교류 순시값의 1주기 동안의 평균을 취하여 교류의 크기로 나타낸 것을 말한다.

④ 위상에 따른 sin파 작도

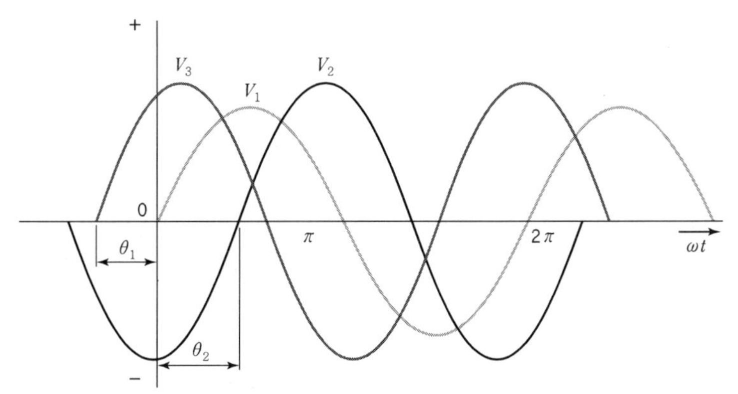

• $V_1 = V_{m1}\sin\omega t$
→ 기준
• $V_2 = V_{m2}\sin(\omega t - \theta_2)$
→ θ_2 뒤짐
• $V_3 = V_{m2}\sin(\omega t - \theta_2)$
→ θ_1 앞섬

| 위상차와 교류 표시 |

2 실횻값, 일그러짐률, 파형률, 파고율

① **실횻값** : $\sqrt{(순시값)^2}$ 의 평균값 $v = \sqrt{v_1^2 + v_2^2 + v_3^2 + \cdots}$

② **일그러짐** : 기본파를 제외한 고조파만의 실횻값 $v = \sqrt{v_2^2 + v_3^2 + v_4^2 + \cdots}$

③ $일그러짐률 = \dfrac{고조파의\ 실횻값}{기본파의\ 실횻값} = \dfrac{\sqrt{v_2^2 + v_3^2 + v_4^2 + \cdots}}{v_1} \times 100\%$

④ $파고율 = \dfrac{최댓값}{실횻값}$

⑤ $파형률 = \dfrac{실횻값}{평균값}$

여러 가지 파형의 파형률과 파고율

파 형	최댓값	실횻값	평균값	파형률	파고율	일그러짐률
사 인 파	V_m	$\dfrac{V_m}{\sqrt{2}}$	$\dfrac{2V_m}{\pi}$	$\dfrac{\pi}{2\sqrt{2}} = 1.1$	$\sqrt{2} = 1.41$	0
전파 정류	V_m	$\dfrac{V_m}{\sqrt{2}}$	$\dfrac{2V_m}{\pi}$	$\dfrac{\pi}{2\sqrt{2}} = 1.1$	$\sqrt{2} = 1.41$	0.2273
반파 정류	V_m	$\dfrac{V_m}{2}$	$\dfrac{V_m}{\pi}$	$\dfrac{\pi}{2} = 1.57$	2	0.4352
직사각형파	V_m	V_m	V_m	1	1	0.4834
삼 각 파	V_m	$\dfrac{V_m}{\sqrt{3}}$	$\dfrac{V_m}{2}$	$\dfrac{2}{\sqrt{3}} = 1.15$	$\sqrt{3} = 1.73$	0.1212

실전문제 CURRENT THEORY

01 두 개의 교류 전압 $v_1 = 150\sin\left(377t + \frac{\pi}{6}\right)$[V]와 $v_2 = 250\sin\left(377t + \frac{\pi}{3}\right)$[V]가 있다. 다음 중 옳게 표현된 것은?

① v_1과 v_2는 동상이다.

② v_1과 v_2의 주파수는 모두 377[Hz]이다.

③ v_1과 v_2의 주기는 모두 $\frac{1}{60}$[s]이다.

④ v_1과 v_2의 실횻값은 각각 150[V], 250[V]이다.

02 다음의 교류전압 $v_1(t)$과 $v_2(t)$에 대한 설명으로 옳은 것은? 20년 국가직 9급

- $v_1(t) = 100\sin\left(120\pi t + \frac{\pi}{6}\right)$[V]
- $v_2(t) = 100\sqrt{2}\sin\left(120\pi t + \frac{\pi}{3}\right)$[V]

① $v_1(t)$과 $v_2(t)$의 주기는 모두 $\frac{1}{60}$[sec]이다.

② $v_1(t)$과 $v_2(t)$의 주파수는 모두 120π[Hz]이다.

③ $v_1(t)$과 $v_2(t)$는 동상이다.

④ $v_1(t)$과 $v_2(t)$의 실횻값은 각각 100[V], $100\sqrt{2}$[V]이다.

03 정현파 교류 전압의 파형률은?

① $\frac{2\sqrt{2}}{\pi}$ ② $\frac{\pi}{\sqrt{2}}$ ③ $\frac{\sqrt{2}}{\pi}$ ④ $\frac{\pi}{2\sqrt{2}}$

04 파형률, 파고율이 다같이 1인 파형은?

① 반원파 ② 3각파 ③ 구형파 ④ 사인파

정답 01 ③ 02 ① 03 ④ 04 ③

05 톱니파에서 파형률은?

① 0.577 ② 1.414 ③ 1.155 ④ 2

06 $i = I_m \sin(\omega t - 25°)$[A]인 정현파에 있어서 ωt가 다음 중 어느 값일 때 순시값이 실횻값과 같은가?

① 20° ② 45° ③ 60° ④ 70°

07 정현파 교류의 평균값에 어떠한 수를 곱하면 실횻값을 얻을 수 있는가?

① $\frac{2\sqrt{2}}{\pi}$ ② $\frac{\sqrt{3}}{2}$ ③ $\frac{2}{\sqrt{3}}$ ④ $\frac{\pi}{2\sqrt{2}}$

08 최댓값 V_m인 정현파 교류의 반파정류된 출력 파형을 직류 전압계로 측정할 때 전압계의 지시값은 몇 [V]인가?

① $\frac{V_m}{\sqrt{2}}$ ② $\frac{V_m}{2}$ ③ $\frac{V_m}{\pi}$ ④ $\frac{2V_m}{\pi}$

09 다음은 교류 정현파의 최댓값과 다른 값들과의 상관관계를 나타낸 것이다. 실횻값 ㉠과 파고율 ㉡은?

파형	최댓값	실횻값	파형률	파고율
교류 정현파	V_m	㉠	$\frac{\pi}{2\sqrt{2}}$	㉡

	㉠	㉡
①	$\frac{V_m}{\sqrt{2}}$	$\frac{1}{\sqrt{2}}$
②	$\frac{V_m}{\sqrt{2}}$	$\sqrt{2}$
③	$\sqrt{2}\,V_m$	$\frac{1}{\sqrt{2}}$
④	$\sqrt{2}\,V_m$	$\sqrt{2}$

정답 05 ③ 06 ④ 07 ④ 08 ③ 09 ②

10 전압 $v(t)=110\sqrt{2}\sin(120\pi t+\frac{2\pi}{3})$[V]인 파형에서 실횻값[V], 주파수[Hz] 및 위상 [rad]으로 옳은 것은?

19년 지방직 9급

	실횻값	주파수	위상
①	110	60	$\frac{2\pi}{3}$
②	110	60	$-\frac{2\pi}{3}$
③	$110\sqrt{2}$	120	$-\frac{2\pi}{3}$
④	$110\sqrt{2}$	120	$\frac{2\pi}{3}$

11 $v_1(t)=100\sin(30\pi t+30°)$[V]와 $v_2(t)=V_m\sin(30\pi t+60°)$[V]에서 $v_2(t)$의 실횻값은 $v_1(t)$의 최댓값의 $\sqrt{2}$ 배이다. $v_1(t)$[V]와 $v_2(t)$[V]의 위상차에 해당하는 시간[s]과 $v_2(t)$의 최댓값 V_m[V]은?

19년 지방직 9급

	시간	최댓값
①	$\frac{1}{180}$	200
②	$\frac{1}{360}$	200
③	$\frac{1}{180}$	$200\sqrt{2}$
④	$\frac{1}{360}$	$200\sqrt{2}$

12 다음은 $v(t)=10+30\sqrt{2}\sin\omega t$[V]의 그래프이다. 이 전압의 실횻값[V]은?

13년 국가직 9급

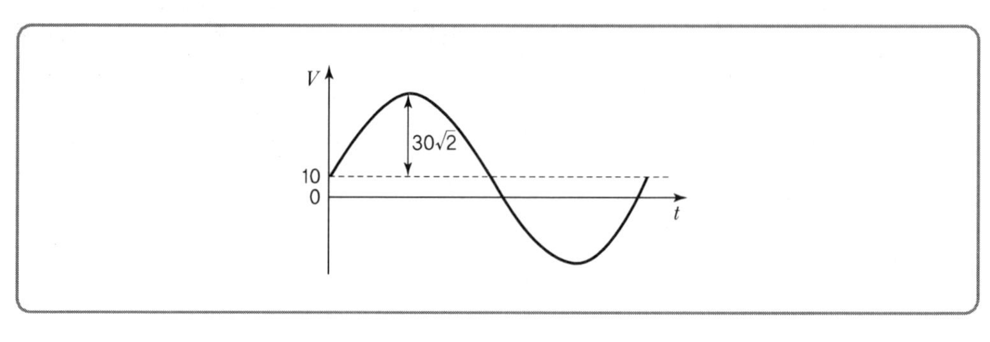

① $10\sqrt{5}$ ② 30 ③ $10\sqrt{10}$ ④ $30\sqrt{2}$

정답 10 ① 11 ① 12 ③

13 다음의 그림과 같은 주기함수의 전류가 3[Ω]의 부하저항에 공급될 때 평균전력[W]은?

10년 국가직 9급

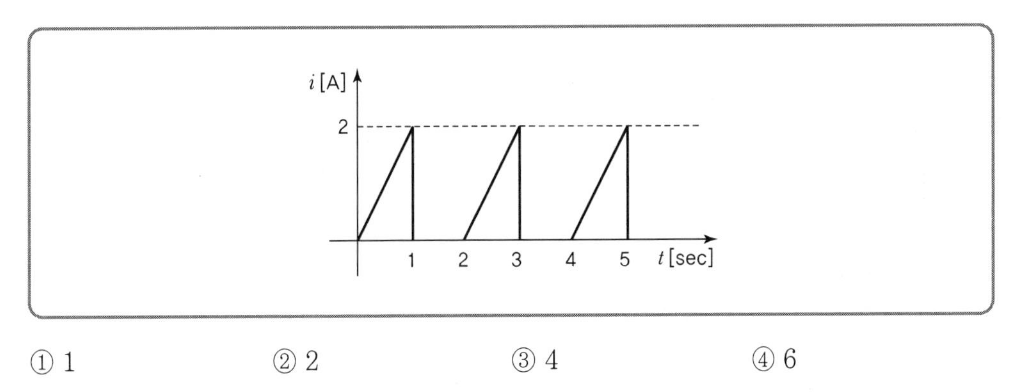

① 1 ② 2 ③ 4 ④ 6

14 다음 전류 파형의 실횻값[A]은?

10년 지방직 9급

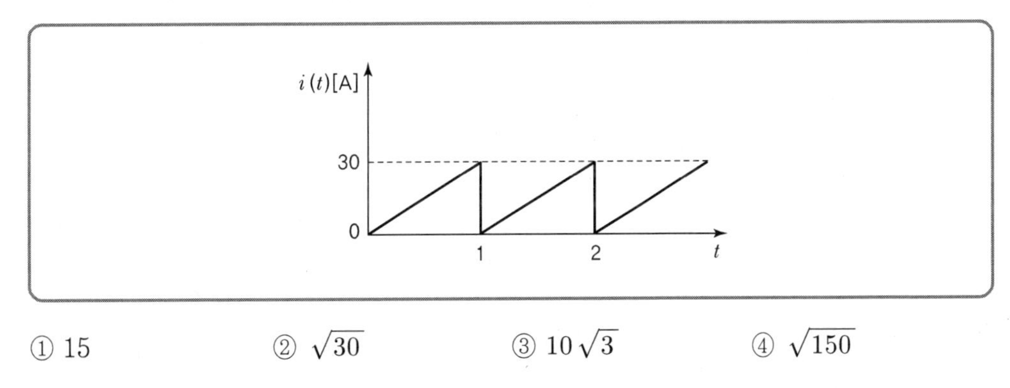

① 15 ② $\sqrt{30}$ ③ $10\sqrt{3}$ ④ $\sqrt{150}$

15 다음과 같은 주기함수의 실효치 전압[V]은?

12년 국가직 9급

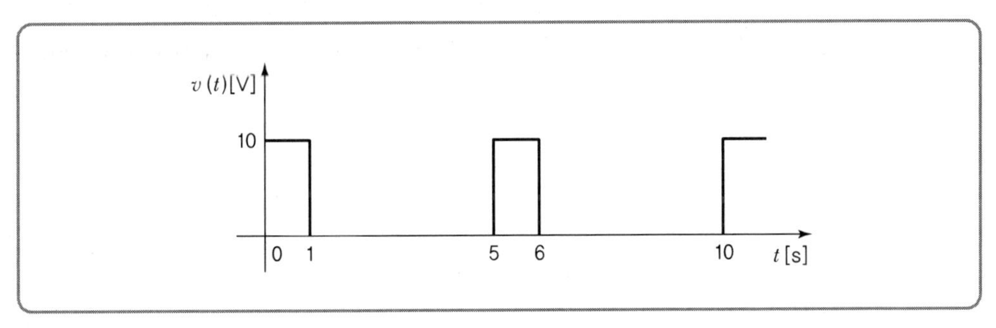

① 1 ② $\sqrt{2}$
③ 2 ④ $\sqrt{20}$

정답 13 ② 14 ③ 15 ④

16 그림과 같은 전압 파형의 실횻값[V]은?(단, 해당 파형의 주기는 16[sec]이다.)

19년 서울시 9급

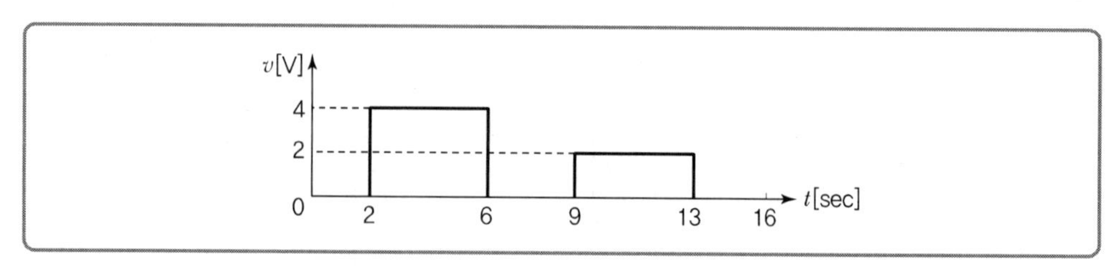

① $\sqrt{3}$ [V]　　② 2[V]
③ $\sqrt{5}$ [V]　　④ $\sqrt{6}$ [V]

17 교류 전압 $v(t) = 200\sin 120\pi t$[V]의 평균값[V]과 주파수[Hz]는?(단, 평균값은 순시값이 0으로 되는 순간부터 다음 0으로 되기까지의 양의 반주기에 대한 순시값의 평균이다.)

	평균값[V]	주파수[Hz]
①	$\frac{200}{\pi}$	50
②	$\frac{200}{\pi}$	60
③	$\frac{400}{\pi}$	50
④	$\frac{400}{\pi}$	60

18 교류전압 $v(t) = 100\sqrt{2}\sin 377t$[V]에 대한 설명으로 옳지 않은 것은?

① 실효전압은 100[V]이다.
② 전압의 각주파수는 377[rad/sec]이다.
③ 전압에 1[Ω]의 저항을 직렬 연결하면 흐르는 전류의 실횻값은 $100\sqrt{2}$ [A]이다.
④ 인덕턴스와 저항이 직렬 연결된 회로에 전압이 인가되면 전류가 전압보다 뒤진다.

정답 16 ③ 17 ④ 18 ③

19 다음과 같은 정현파 전압 v와 전류 i로 주어진 회로에 대한 설명으로 옳은 것은?

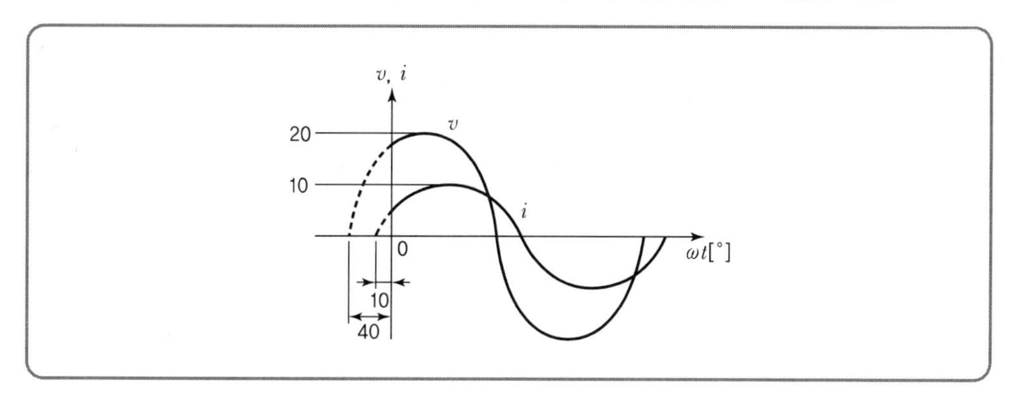

① 전압과 전류의 위상차는 $40°$이다.

② 교류전압 $v = 20\sin(\omega t - 40°)$이다.

③ 교류전류 $i = 10\sqrt{2}\sin(\omega t + 10°)$이다.

④ 임피던스 $\dot{Z} = 2\angle 30°$이다.

20 다음 식으로 표현되는 비정현파 전압의 실횻값[V]은?

$$v = 2 + 5\sqrt{2}\sin\omega t + 4\sqrt{2}\sin(3\omega t) + 2\sqrt{2}\sin(5\omega t)\text{[V]}$$

① $13\sqrt{2}$ ② 11

③ 7 ④ 2

정답 19 ④ 20 ③

21 다음 파형에 대한 설명으로 옳은 것만을 모두 고르면? 21년 지방직(경력) 9급

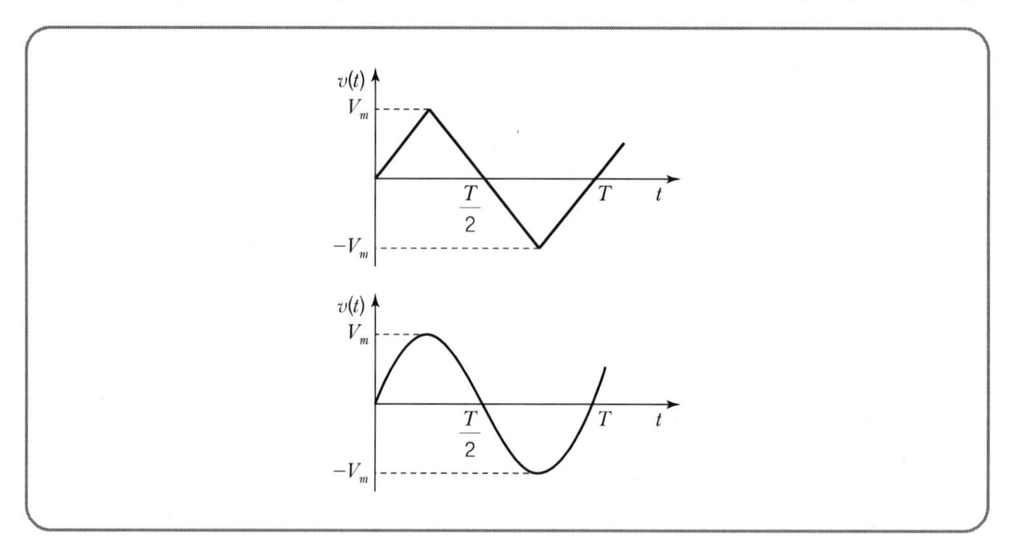

ㄱ. 삼각파의 평균값은 사인파의 평균값보다 크다.
ㄴ. 삼각파의 실효값은 사인파의 실효값보다 크다.
ㄷ. 삼각파의 파형률은 사인파의 파형률보다 크다.
ㄹ. 삼각파의 파고율은 사인파의 파고율보다 크다.

① ㄱ, ㄴ
② ㄱ, ㄹ
③ ㄴ, ㄷ
④ ㄷ, ㄹ

정답 21 ④

CHAPTER 03 CURRENT THEORY

삼각함수의 정리

1 삼각함수의 이해

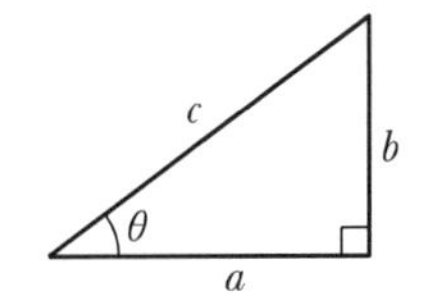

$$\sin\theta = \frac{b}{c}, \; b = c\sin\theta$$

$$\cos\theta = \frac{a}{c}, \; a = c\cos\theta$$

$$\tan\theta = \frac{b}{a},$$

$$c = \sqrt{a^2 + b^2}, \; \theta = \tan^{-1}\frac{b}{a}$$

삼각함수(sin, cos, tan)

θ	$\sin\theta$	$\cos\theta$	$\tan\theta$	관련 삼각형
0°	0	1	0	
30°	1/2	$\sqrt{3}/2$	$1/\sqrt{3}$	
45°	$\sqrt{2}/2$	$\sqrt{2}/2$	1	
60°	$\sqrt{3}/2$	1/2	$\sqrt{3}$	
90°	1	0	∞	
37°	3/5	4/5	3/4	
53°	4/5	3/5	4/3	

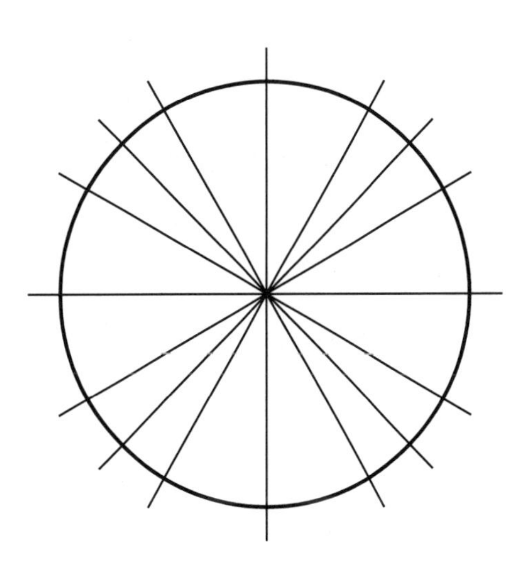

2 삼각함수의 주요 공식

① $\cos(\alpha \pm \beta) = \cos(\alpha)\cos(\beta) \mp \sin(\alpha)\sin(\beta)$

㉠ $\cos(\alpha + \beta) = \cos(\alpha)\cos(\beta) - \sin(\alpha)\sin(\beta)$

㉡ $\cos(\alpha - \beta) = \cos(\alpha)\cos(\beta) + \sin(\alpha)\sin(\beta)$

두 수식을 더하고 빼면,

㉢ $\cos(\alpha + \beta) + \cos(\alpha - \beta) = 2\cos(\alpha)\cos(\beta)$

➡ $\cos(\alpha)\cos(\beta) = \frac{1}{2}\{\cos(\alpha + \beta) + \cos(\alpha - \beta)\}$

㉣ $\cos(\alpha + \beta) - \cos(\alpha - \beta) = -2\sin(\alpha)\sin(\beta)$

➡ $\sin(\alpha)\sin(\beta) = -\frac{1}{2}\{\cos(\alpha + \beta) - \cos(\alpha - \beta)\}$

➡ $\sin(\alpha)\sin(\beta) = \frac{1}{2}\{\cos(\alpha - \beta) - \cos(\alpha + \beta)\}$

② $\sin(\alpha \pm \beta) = \sin(\alpha)\cos(\beta) \pm \cos(\alpha)\sin(\beta)$

㉠ $\sin(\alpha + \beta) = \sin(\alpha)\cos(\beta) + \cos(\alpha)\sin(\beta)$

㉡ $\sin(\alpha - \beta) = \sin(\alpha)\cos(\beta) - \cos(\alpha)\sin(\beta)$

두 수식을 더하고 빼면,

㉢ $\sin(\alpha + \beta) + \sin(\alpha - \beta) = 2\sin(\alpha)\cos(\beta)$

➡ $\sin(\alpha)\cos(\beta) = \frac{1}{2}\{\sin(\alpha + \beta) + \sin(\alpha - \beta)\}$

㉣ $\sin(\alpha + \beta) - \sin(\alpha - \beta) = 2\cos(\alpha)\sin(\beta)$

➡ $\cos(\alpha)\sin(\beta) = \frac{1}{2}\{\sin(\alpha + \beta) - \sin(\alpha - \beta)\}$

CHAPTER 04 CURRENT THEORY

정현파의 위상차 및 위상순

1 전제조건

① 위상차를 구하려는 두 정현파의 각 주파수가 동일하다.

② 두 정현파 모두 sin 또는 cos 함수 중 하나로 통일되어 있다.

2 위상의 진상(앞섬, Lead)과 지상(뒤짐, Lag) ➡ (Peak에 도달하는 순서)

① 두 정현파의 위상차의 부호로 판단한다. 다음의 두 정현파를 고려하자.

$v_1 = V_1 \cos(wt + \theta_1)$, $v_2 = V_2 \cos(wt + \theta_2)$

② $\theta_1 - \theta_2 > 0$인 경우

㉠ V_1이 V_2보다 $\theta_1 - \theta_2$만큼 위상이 앞선다(빠르다).

㉡ V_2이 V_1보다 $\theta_1 - \theta_2$만큼 위상이 뒤진다(느리다).

③ $\theta_1 - \theta_2 < 0$인 경우

㉠ V_1이 V_2보다 $|\theta_1 - \theta_2|$만큼 위상이 뒤진다(느리다).

㉡ V_2이 V_1보다 $|\theta_1 - \theta_2|$만큼 위상이 앞선다(빠르다).

④ 위상의 앞섬과 뒤짐은 상대적이다.

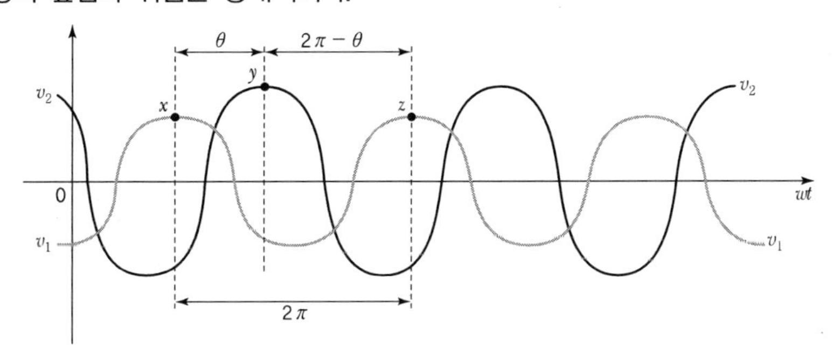

㉠ x점과 y점 비교 :

㉡ y점과 z점 비교 :

⑤ 일반적으로 위상의 앞섬, 뒤짐은 위상차 $\theta_1 - \theta_2$가 $-180° \sim 180°$의 값이 되도록 한 다음 판단한다.($\theta_1 - \theta_2$을 구한 다음 360°를 적당히 더하거나 빼준다.)

㉠ $\theta_1 = 30°$, $\theta_2 = 90°$인 경우 :

㉡ $\theta_1 = 80°$, $\theta_2 = 20°$인 경우 :

CHAPTER 05 CURRENT THEORY

교류의 벡터 표현법과 복소수 표현법

1 교류의 벡터 표시

① 스칼라양 : 크기만으로 표시되는 양(길이, 온도, 속력)

② 벡터양 : 크기와 방향 등 2개 이상의 양으로 표시되는 값(힘, 속도)

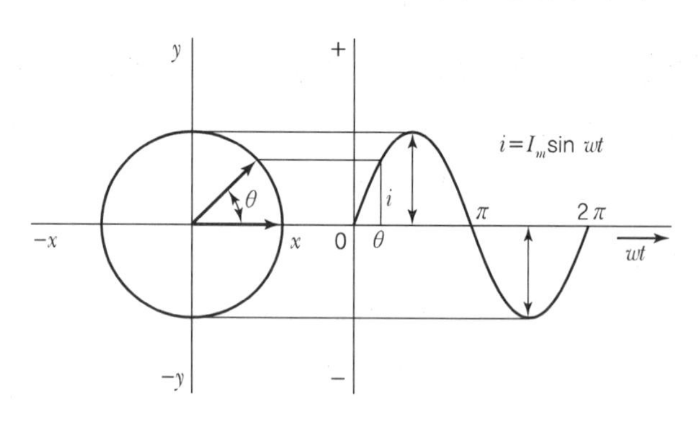

(a) 벡터 표시 (b) 순시값 표시

| 회전 벡터와 사인파 교류 |

③ 위상에 따른 sin파 작도

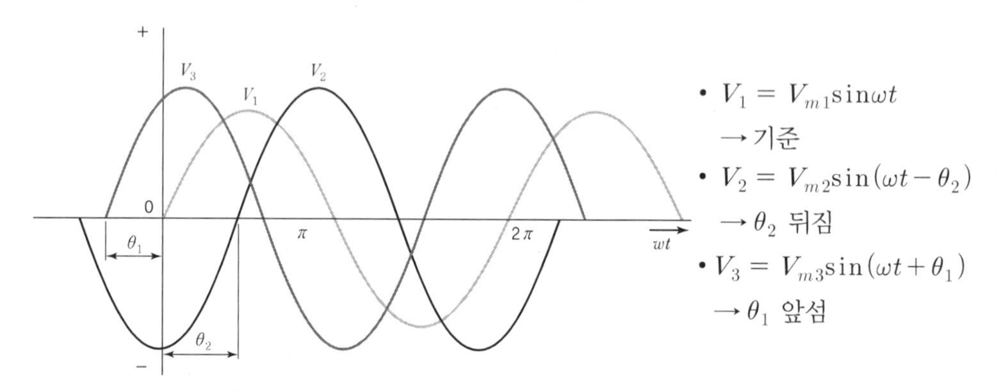

- $V_1 = V_{m1}\sin\omega t$
  → 기준
- $V_2 = V_{m2}\sin(\omega t - \theta_2)$
  → θ_2 뒤짐
- $V_3 = V_{m3}\sin(\omega t + \theta_1)$
  → θ_1 앞섬

| 위상차와 교류 표시 |

④ sin파의 벡터 표시법

$v(t) = 14.14\sin(wt + 45°) = 10\sqrt{2}\ \sin(wt + 45°) = 10\sqrt{2}\ \angle 45°$ ➡ $10\angle 45°$

$v_1(t) = V_{m1}\sin(wt + \theta_1) = V_1\sqrt{2}\ \sin(wt + \theta_1) = V_1\sqrt{2}\ \angle\theta_1$ ➡ $V_1\angle\theta_1$

$v_2(t) = V_{m2}\sin(wt + \theta_2) = V_2\sqrt{2}\ \sin(wt + \theta_2) = V_2\sqrt{2}\ \angle\theta_2$ ➡ $V_2\angle\theta_2$

2 복소수 표현형식과 상호 변환

① 교류회로의 기호법 표시

$Z' = a + jb$ (직각좌표)

$Z' = Z \angle \theta$ (극좌표)

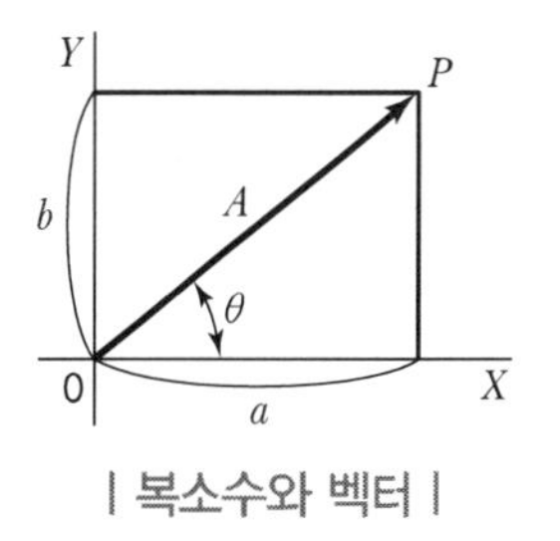

| 복소수와 벡터 |

② 직각좌표를 극좌표

$$Z' = \sqrt{a^2 + b^2}$$

$$\theta = \tan^{-1}\frac{b}{a}$$

③ 극좌표를 직각좌표

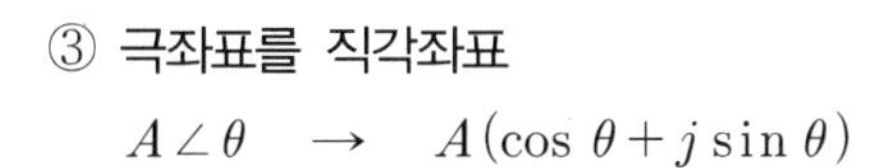

$$A\angle\theta \quad \rightarrow \quad A(\cos\theta + j\sin\theta)$$

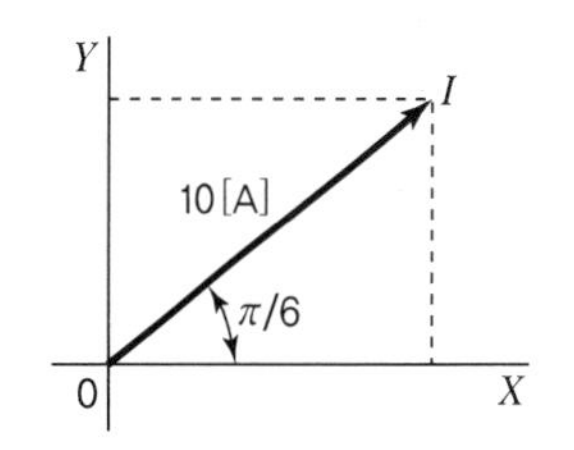

| 사인과 교류의 복소수 표시 |

④ 복소수의 사칙연산

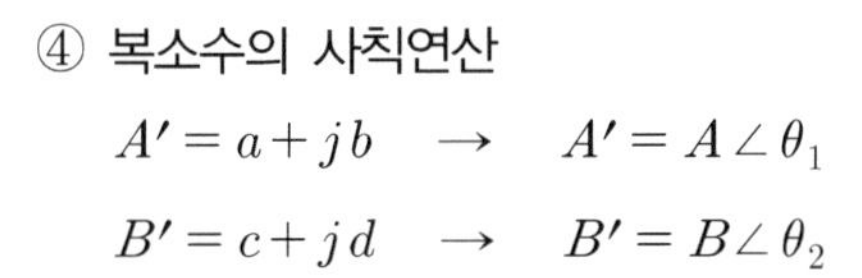

$$A' = a + jb \quad \rightarrow \quad A' = A\angle\theta_1$$

$$B' = c + jd \quad \rightarrow \quad B' = B\angle\theta_2$$

㉠ 복소수의 합 : $A' + B' = (a + jb) + (c + jd) = (a + c) + j(b + d)$

㉡ 복소수의 차 : $A' - B' = (a + jb) - (c + jd) = (a - c) + j(b - d)$

㉢ 복소수의 곱셈 : $A' \times B' = (a + jb) \times (c + jd) = ac + jbc + jad + j^2 bd$

$$= (ac - bd) + j(bc + ad)$$

$$A\angle\theta_1 \times B\angle\theta_2 = A \times B\angle(\theta_1 + \theta_2)$$

㉣ 복소수의 나눗셈 : $\dfrac{A'}{B'} = \dfrac{a + jb}{c + jd} = \dfrac{(a + jb) \times (c - jb)}{(c + jd) \times (c - jd)}$

$$= \frac{ac + jbc - jad - j^2 bd}{c^2 + d^2}$$

$$= \frac{(ac + bd) + j(bc - ad)}{c^2 + d^2}$$

$$= \frac{(ac + bd)}{c^2 + d^2} + j\frac{(bc - ad)}{c^2 + d^2}$$

$$\frac{A'}{B'} = \frac{A\angle\theta_1}{B\angle\theta_2} = \frac{A}{B}\angle(\theta_1 - \theta_2)$$

3 오일러 공식(Euler's Formula)

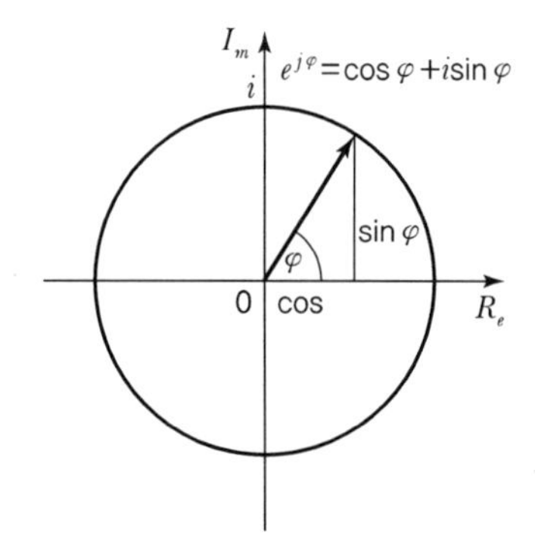

$e^{jw_0t} = \cos w_0t + j\sin w_0 t$

$e^{-jw_0t} = \cos w_0t - j\sin w_0 t$

두 수식을 더하고 빼면,

$e^{jw_0t} + e^{-jw_0t} = 2\cos w_0t$

따라서, $\cos w_0t = \frac{1}{2}(e^{jw_0t} + e^{-jw_0t})$

$e^{jw_0t} - e^{-jw_0t} = j2\sin w_0t$

따라서, $\sin w_0t = \frac{1}{j2}(e^{jw_0t} - e^{-jw_0t})$

4 다음의 복소수 표현법을 상호 변환하시오.

$A = 6 - j8$	$A' =$	$G = 8\angle 45°$	$G' =$
$B = 3\sqrt{3} + j3$	$B' =$	$H = 10\angle -60°$	$H' =$
$C = 5\sqrt{2} - j5\sqrt{2}$	$C' =$	$I = 20\angle 53°$	$I' =$
$D = 6 + j6\sqrt{3}$	$D' =$	$J = 15\angle -37°$	$J' =$
$E = 4 + j3$	$E' =$	$K = 5\angle 30°$	$K' =$
$F = -j10$	$F' =$	$L = 5\angle 90°$	$L' =$

CHAPTER 06 CURRENT THEORY

Phasor 해석법

1 Phasor

1) Phasor의 표현 방법

파동방정식의 일반해는 시간과 공간, 두 변수를 가지는 함수이다. 예를 들면, x축의 방향으로 서있고 z축의 방향으로 진행하는 Electric Wave가 있다면,

$$\vec{E}(z,\, t) = E_0 \cos(wt - kz)\, \widehat{a_x}$$

여기서, 파수(Wave Number)는 $k = \dfrac{2\pi}{\lambda}$ 이고, Wave가 λ만큼 진행하면 2π 만큼의 위상차가 난다. Euler'Sidentity에 따르면 Cosine 함수는 Exponential 함수의 Real Part만 취한 값이다. 그래서,

$$\vec{E}(z,\, t) = E_0 \cos(wt - kz)\, \widehat{a_x} \;=\; Re\left\{ E_0\, e^{j(wt - kz)}\, \widehat{a_x} \right\}$$

라고 쓰고, 약속에 의해서 Real Part를 취하라는 함수를 생략하고서 간단하게 아래와 같이 사용한다.

$$\vec{E}(z,\, t) = E_0\, e^{j(wt - kz)}\, \widehat{a_x} = E_0\, e^{jwt}\, e^{-jkz}\, \widehat{a_x}$$

게다가, 일반적으로 다루는 모든 전자기파 문제는 단일 주파수에서 동작하는 정상상태(Steady State)를 가정한다. 그래서, 이제 e^{jwt}도 약속에 따라 생략해서 사용할 수 있다.

$$\vec{E}(z) = E_0\, e^{-jkz}\, \widehat{a_x}$$

물론 시간의 함수라는 표시인 괄호 안의 t도 생략하고 이렇게 간략화한다. 이것을 Phasor Notation이라고 한다. 이제 $\vec{E}(z)$함수를 보여주고 시간과 공간의 함수로 고쳐 쓰라고 하면 $\vec{E}(z,\, t)$로 고쳐 쓸 수 있어야 한다.

2) Phasor의 이용방법

① 시정현계에서는 스칼라 페이저(Phasor) 표기법을 사용하는 것이 편리

② Phasor : sine이나 cosine 같은 정현함수를 극좌표의 형태로 표현

→ 장점 : 미분 또는 적분의 처리가 용이하고, sine과 cosine의 복합연산이 편리하다.

③ 다음 인가전압을 페이서로 표현

$$v(t) = V_0 \cos \omega t = Re[(V_0 e^{j0}) e^{j\omega t}] = Re[V_s e^{j\omega t}]$$

여기서, V_0 : 진폭

ω : 각 주파수

$$V_s = V_0 e^{j0} = V_0$$

여기서, V_s : 진폭과 위상정보를 포함하고 시간에는 무관한 스칼라페이저

3) 시정현계의 표현방법

① 페이저(Phasor)는 정현함수의 크기와 위상을 나타내는 극좌표 형태로 표현된 복소량

② 위상각은 라디안 또는 각도로 표현함. 각도로 표현할 때는 각도 부호(°)를 꼭 기입

③ j를 포함하는 항을 순시(시간)함수와 함께 섞어 사용하면 안 됨

→ 잘못된 표현 : $j\cos\omega t$, $e^{j\phi}\sin\omega t$, $(1-j)i(t)$

≫ 예제 ❶

문제 **코사인 기준으로 다음 전류 함수의 페이저 표현 I_s를 나타내시오.**

① $i(t) = -I_0 \cos(\omega t - 30°)$

② $i(t) = I_0 \sin(\omega t + 0.2\pi)$

풀이

코사인 기준을 쓰면 $i(t) = Re[I_s e^{j\omega t}]$

① $i(t) = -I_0 \cos(wt - 30°)$

$$= Re[(-I_0 e^{-j30°}) e^{j\omega t}]$$

따라서,

$$I_s = -I_0 e^{-j30°} = -I_0 e^{-j\frac{\pi}{6}}$$

$$= I_0 e^{+j\frac{5\pi}{6}}$$

② $i(t) = I_0 \sin(\omega t + 0.2\pi)$

$$= Re[(I_0 e^{j0.2\pi}) e^{-j\frac{\pi}{2}} \cdot e^{j\omega t}]$$

여기서, $\sin\omega t$의 위상은 $\cos\omega t$보다 $90°$늦기 때문에 $e^{-j\frac{\pi}{2}}$가 필요하다.

$$I_s = (I_0 e^{j0.2\pi}) e^{-j\frac{\pi}{2}}$$

$$= I_0 e^{-j0.3\pi}$$

페이저는 시간의 함수가 아니다. 순시함수는 복소수를 포함할 수 없다.

≫ 예제 ❷

문제 **코사인 기준으로 다음의 페이저를 순시값 표현 $v(t)$로 나타내어라.**

① $V_s = V_0 e^{j\frac{\pi}{4}}$

② $V_s = 3 - j4$

풀이

① $V(t) = Re[V_s e^{j\omega t}] = Re\left[\left(V_0 e^{j\frac{\pi}{4}}\right)e^{j\omega t}\right]$

$= V_0 \cos\left(\omega t + \frac{\pi}{4}\right)$

② $V_s = 3 - j4 = \sqrt{3^2 + 4^2}\, e^{j\tan^{-1}\left(-\frac{4}{3}\right)} = 5e^{-j53.1°}$

따라서,

$V(t) = Re[(5e^{-j53.1°})e^{j\omega t}] = 5\cos(\omega t - 53.1°)$

2 페이저의 표현법

① 정현파를 그 진폭과 위상으로 정의되는 복소수로 나타낸 것

② cos함수 : 복소 지수 함수의 실수부로 파악

$v(t) = V\cos(wt + \theta) = Re[V\cos(wt + \theta) + jV\sin(wt + \theta)]$

$= Re[Ve^{j(wt+\theta)}] = Re[Ve^{j\theta}e^{jwt}] = Re[V\angle\theta e^{jwt}]$

$= Re[Ve^{jwt}]$

③ sin함수 : 복소 지수 함수의 허수부로 파악

$v(t) = V\sin(wt + \theta) = Im[V\cos(wt + \theta) + jV\sin(wt + \theta)]$

$= Im[Ve^{j(wt+\theta)}] = Im[Ve^{j\theta}e^{jwt}] = Im[V\angle\theta e^{jwt}]$

$= Im[Ve^{jwt}]$

$v(t)$의 Phasor ➡ $V = V\angle\theta = V\cos\theta + jV\sin\theta$

④ 정현파의 진폭은 Phasor의 크기이며 정현파의 위상각은 Phasor의 각도이다.

3 정현파 전원을 인가할 때 적용

① 미분방정식의 강제응답을 간단하게 구할 수 있다.(Phasor 해석은 근본적으로 정현파 입력에 대한 강제응답을 구하는 것이다.)

② 고유응답이 0으로 수렴하면 정상상태응답도 구할 수 있다.('강제응답=상태응답'이 성립하기 때문)

4 Phasor 해석순서

① Phasor 회로를 그린다.

㉠ 전원은 Phasor로 표시(대부분 직각좌표형식으로 표시)

㉡ $R \rightarrow R$, $L \rightarrow jwL$, $C \rightarrow \dfrac{1}{jwC}$로 바꾸어준다.

② 절점(Node)전압 또는 망로(Mesh)전류를 미지수로 잡는다.(Phasor는 볼드체로 표시－시간영역과 구별)

③ 절점(Node)해석법 또는 망로(Mesh)해석법과 동일한 방법으로 회로방정식을 세운다.(연립방정식의 계수가 복소수라는 점을 제외하면 저항회로와 아무런 차이 없음)

④ ③의 방정식을 푼다.(방정식을 풀어서 구한 전압, 전류는 직각좌표형식으로 표현됨)

⑤ 시간함수로 복원하기 전 ④의 결과를 극좌표형식으로 변환한다.

⑥ ⑤의 결과를 이용하여 시간함수를 복원한다.(sin, cos에 주의)

CHAPTER 07 CURRENT THEORY

RLC소자 전압전류 Phasor

다음 2단자 소자의 전압, 전류가 정현파일 때 전압, 전류 Phasor V, I의 관계식은?

$$v = V\cos(wt+\phi_V) \Rightarrow V = V\angle\phi_V$$

$$i = I\cos(wt+\phi_I) \Rightarrow I = I\angle\phi_I$$

<table>
<tr><th></th><th>전압/전류의 진폭과 위상관계</th><th>전압/전류의 Phasor 관계</th></tr>
<tr><td rowspan="2">R</td><td rowspan="2">$v=Ri$
$V\cos(wt+\phi_V)=RI\cos(wt+\phi_I)$
$V=RI$
$\phi_V=\phi_I$</td><td>$V=V\angle\phi_V=RI\angle\phi_I$
$=R\cdot I\angle\phi_I$
$=RI$</td></tr>
<tr><td>$V=RI$</td></tr>
<tr><td rowspan="2">L</td><td rowspan="2">① $v=L\dfrac{di}{dt}$
② $V\cos(wt+\phi_V)=-wLI\sin(wt+\phi_I)$
$\rightarrow V\cos(wt+\phi_V)=wLI\cos(wt+\phi_I+90°)$
③ $V=wLI$
④ $\phi_V=\phi_I+90°$</td><td>$V=V\angle\phi_V$ $\quad V=jwLI$
$=wLI\angle(\phi_I+90°)$
$=wLIe^{j(\phi_I+90°)}$
$=wLIe^{j90°}e^{j\phi_I}$
$=jwLI\angle\phi_I$
$=jwL\cdot I\angle\phi_I$
$=jwLI$</td></tr>
<tr><td>$V=jwLI$</td></tr>
<tr><td rowspan="2">C</td><td rowspan="2">① $i=C\dfrac{dv}{dt}$
② $I\cos(wt+\phi_I)=-wCV\sin(wt+\phi_V)$
$\rightarrow I\cos(wt+\phi_I)=wCV\cos(wt+\phi_V+90°)$
③ $V=\dfrac{1}{wC}I$
④ $\phi_V=\phi_I-90°$</td><td>$V=V\angle\phi_V$
$=\dfrac{1}{wC}I\angle(\phi_I-90°)$
$=\dfrac{1}{wC}Ie^{j(\phi_I-90°)}$
$=\dfrac{-j}{wC}I\angle\phi_I$
$=\dfrac{1}{jwC}\cdot I\angle\phi_I$
$=\dfrac{1}{jwC}I$</td></tr>
<tr><td>$V=\dfrac{1}{jwC}I$</td></tr>
</table>

CHAPTER CURRENT THEORY

08 임피던스(Impedance)

1 정의

저항을 복소수 영역까지 확장한 개념

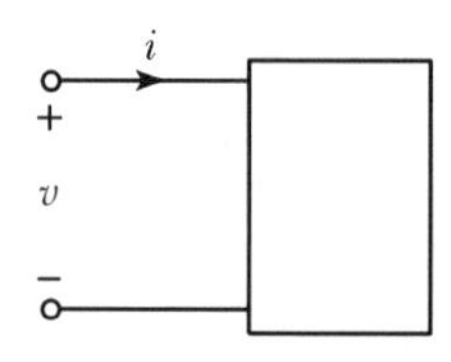

① 임의의 2단자 소자의 단자전압, 전류가 $v = V\cos(wt+\phi_V)$[V], $i = I\cos(wt+\phi_I)$[A] 일 때 그 임피던스 Z는 다음과 같이 정의된다.

$$Z = \frac{\text{단자전압페이저}}{\text{단자전류페이저}} = \frac{V}{I} = \frac{V\angle\phi_V}{I\angle\phi_I} = \frac{V}{I}\angle(\phi_V - \phi_I)[\Omega]$$

② 임피던스의 크기 $|Z| = \frac{V}{I}$, 임피던스의 위상 $\angle Z = (\phi_V - \phi_I)$이다.

③ R, L, C 소자의 임피던스는 다음과 같다.(주파수 ω의 정현파 인가 시)

2 저항, 리액턴스

임피던스를 사각좌표형식으로 표시하면 다음과 같다.

$Z = R + jX[\Omega]$

R을 저항, X를 리액턴스라고 하며 모두 옴[Ω]의 단위를 가진다.

3 어드미턴스, 컨덕턴스, 서셉턴스

① 임피던스의 역수를 어드미턴스라고 하며 Y로 표시한다. 즉 $Y = \frac{1}{Z}$이다.

② 어드미턴스를 사각좌표형식으로 표시하면 $Y = G + jB$[S] 인데 G를 컨덕턴스, B를 서셉턴스라고 하며 모두 지멘스[S]의 단위를 가진다.

4 임피던스의 이점

① 저항, 커패시턴스, 인덕턴스는 그 자체로는 서로 더하거나 뺄 수 없지만 각각의 임피던스끼리는 서로 더하거나 뺄 수 있다. 마치 저항끼리 서로 더할 수 있는 것과 마찬가지이다.

② 따라서 직렬 또는 병렬연결된 저항, 커패시터, 인덕터의 임피던스에 대한 등가임피던스 계산이 가능하다.

5 주의점

직, 병렬연결 커패시터의 합성 임피던스 계산은 직 · 병렬연결 저항처럼 구한다.

* $\frac{v}{i}$ → 시간에 따라 변화를 한다는 의미가 나타남
* $\frac{V}{I}$ → 시간에 무관한 관계를 나타냄
* Phasor 형식으로 표현하면, 표현하기 전의 RLC는 각각 단위가 다른 형식이지만, Phasor 표현식을 적용을 하게 되면, RLC 소자 모두 단위가 [Ω]으로 변경됨

실전문제 CURRENT THEORY

01 전계의 페이저가 $\overrightarrow{E_s} = 5e^{j2x}\overrightarrow{a_z}$[V/m]로 주어질 때, 시간영역에서의 전계 $\overrightarrow{E}$[V/m]는?(단, 전계의 각속도와 시간은 각각 ω와 t로 나타낸다.)

① $5\sin(\omega t + j2x)\overrightarrow{a_z}$
② $5\sin(\omega t + 2x)\overrightarrow{a_z}$
③ $5\cos(\omega t + j2x)\overrightarrow{a_z}$
④ $5\cos(\omega t + 2x)\overrightarrow{a_z}$

02 다음 정현파 전류를 복소수로 표현한 것 중에 옳은 것은? 18년 국회직 9급

$$i(t) = 10\sqrt{2}\cos\left(\omega t + \frac{\pi}{3}\right)$$

① $5\sqrt{2} + j5\sqrt{6}$
② $5\sqrt{3} + j5\sqrt{6}$
③ $5\sqrt{3} + j5$
④ $5\sqrt{6} + j5\sqrt{2}$
⑤ $10 + j10\sqrt{2}$

03 1개의 노드에 연결된 3개의 전류가 다음과 같을 때 전류 I[A]는? 20년 서울시 9급

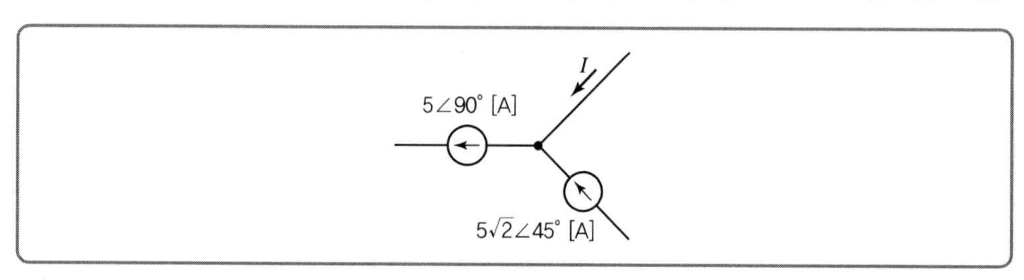

① -5[A]
② 5[A]
③ $5-j5$[A]
④ $5+j5$[A]

정답 01 ④ 02 ① 03 ①

04 교류회로의 전압 $\dot{V}$와 전류 $\dot{I}$가 다음 벡터도와 같이 주어졌을 때, 임피던스 $\dot{Z}$[Ω]는?

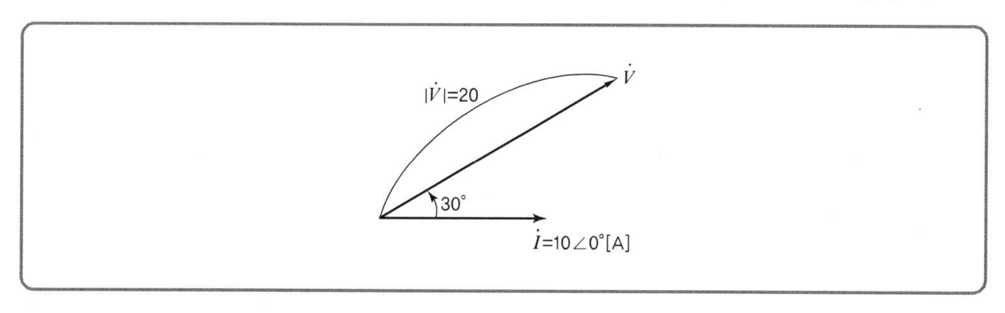

① $\sqrt{3} - j$　② $\sqrt{3} + j$　③ $1 + j\sqrt{3}$　④ $1 - j\sqrt{3}$

05 다음과 같은 회로에서 $v(t) = 10\cos(\omega t + 60°)$[V]이고 $Z = 5\angle 30°$[Ω]이다. 전류 $i(t)$[A]의 식을 시간의 함수로 나타내면 옳은 것은? 15년 국회직 9급

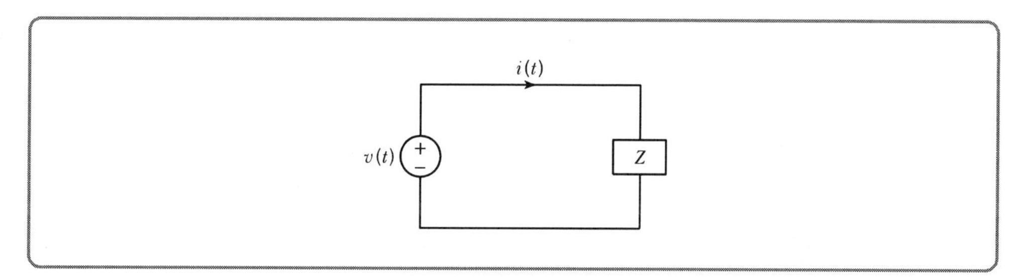

① $i(t) = \frac{1}{2}\cos(\omega t - 30°)$　② $i(t) = 2\cos(\omega t + 30°)$

③ $i(t) = \frac{1}{2}\cos(\omega t - 90°)$　④ $i(t) = 2\cos(\omega t + 90°)$

⑤ $i(t) = \frac{1}{2}\cos(\omega t + 60°)$

06 $I = 5\sqrt{3} + j5$[A]로 표시되는 교류전류의 극좌표로 옳은 것은?

① $10\angle 30°$　② $10\angle 60°$　③ $20\angle 30°$　④ $20\angle 60°$

정답 04 ② 05 ② 06 ①

CHAPTER 09 CURRENT THEORY

RLC 회로의 특성

1 R, L, C 소자의 특징

	직류회로	교류회로
R		
L		
C		

① 순수한 저항만의 회로

(주파수에 따른 임피던스의 변화는 없다. 리액턴스가 없다.)

R : 저항

② 순수한 콘덴서만의 회로

(주파수에 따른 리액턴스 특성곡선)

X_C : 용량 리액턴스

$$X_C = \frac{1}{jwC} = -j\frac{1}{wC} = -j\frac{1}{2\pi f C}[\Omega]$$

$X_C \propto \frac{1}{f}$: 주파수와 용량성 리액턴스는 반비례 관계이다.

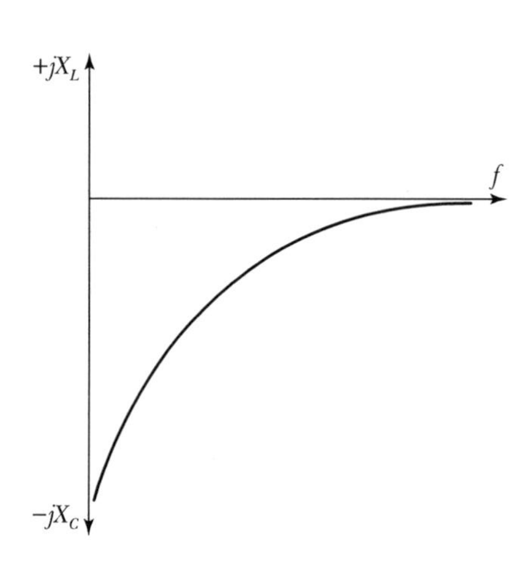

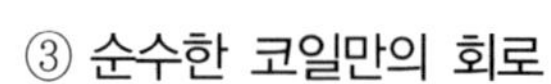

③ 순수한 코일만의 회로

(주파수에 따른 리액턴스 특성곡선)

X_L : 유도 리액턴스

$X_L = +jwL = +j\ 2\pi f L[\Omega]$

$X_L \propto f$: 주파수와 유도성 리액턴스는 비례 관계이다.

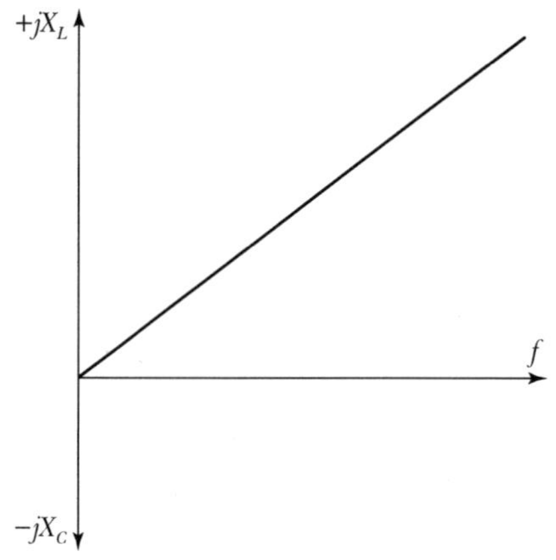

2 R, L, C 회로의 위상관계

$v(t) = 100\sqrt{2}\sin(wt) = 100\angle 0°$

① 순수한 저항만의 회로

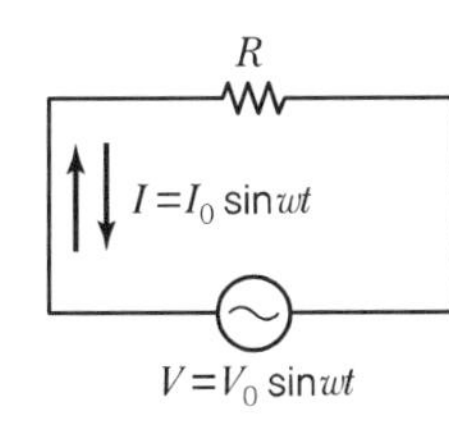

$R = 10[\Omega] = 10\angle 0°$

$i = \dfrac{V}{R} = \dfrac{100\angle 0°}{10\angle 0°} = 10\angle 0°$

→ I, V동상

② 순수한 코일만의 회로

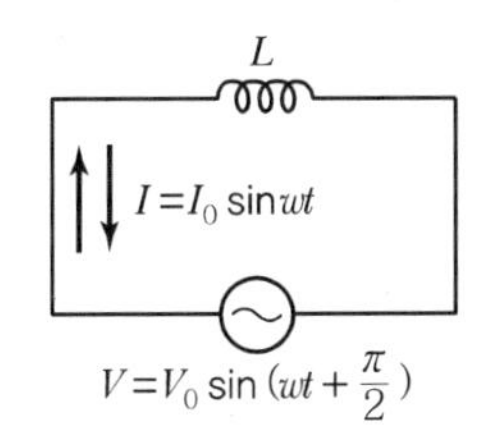

$X_L = 10[\Omega] = 10\angle 90°$

$i = \dfrac{V}{X_L} = \dfrac{100\angle 0°}{10\angle 90°} = 10\angle -90°$

→ I가 V보다 90° 늦다.

③ 순수한 콘덴서만의 회로

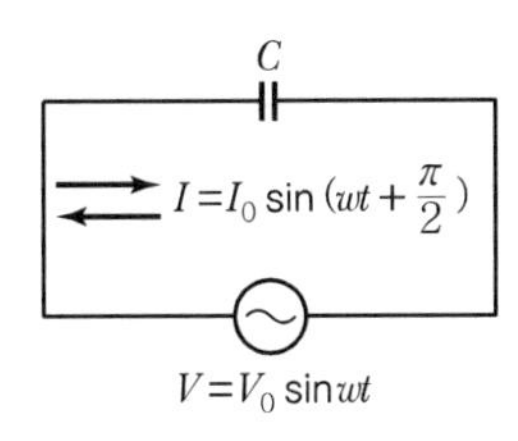

$X_C = 10[\Omega] = 10\angle -90°$

$i = \dfrac{V}{X_C} = \dfrac{100\angle 0°}{10\angle -90°} = 10\angle 90°$

→ I 가 V보다 90° 빠르다.

3 교류회로의 여러 가지 정수들

$Z = R + jX$ :: $Y = G + jB$

Z : 임피던스(Impedance) : $\dfrac{1}{Z} = Y$: 어드미턴스(Admittance)

R : 저항(Resistor) : $\dfrac{1}{R} = G$: 컨덕턴스(Conductance)

X : 리액턴스(Reactance) : $\dfrac{1}{X} = B$: 서셉턴스(Susceptance)

실전문제 CURRENT THEORY

01 $L=20[\mathrm{mH}]$이고 주파수가 1,000[Hz]일 때, L의 리액턴스는 얼마인가?

① $10\pi[\Omega]$
② $20\pi[\Omega]$
③ $30\pi[\Omega]$
④ $40\pi[\Omega]$
⑤ $60\pi[\Omega]$

02 다음 회로가 정상상태에 도달하였을 때, 저항 2[Ω]을 통해 흐르는 전류값[A]은?(단, 10[V]는 직류전원이다.) 09년 지방직 9급

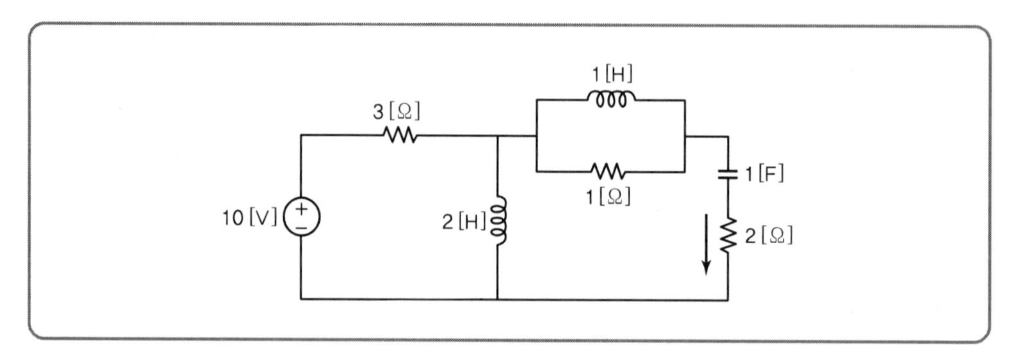

① 2
② 0
③ 1
④ 5

03 저항, 인덕터, 커패시터에 관한 설명 중 옳지 않은 것은? 09년 국회직 9급

① 저항은 전력을 소모하는 소자이다.
② 인덕터는 자기장에 에너지를 저장한다.
③ 커패시터는 전기장에 에너지를 저장한다.
④ 커패시터에 흐르는 전류 파형은 불연속일 수 있다.
⑤ 인덕터에 흐르는 전류 파형은 불연속일 수 있다.

정답 01 ④ 02 ② 03 ⑤

04 저항 $R=2[\Omega]$과 인덕턴스가 $L=2[H]$인 코일이 직렬로 연결된 회로에 각 주파수 $\omega=1[\text{rad/s}]$의 교류전압을 넣었을 때 이 회로에 흐르는 전류 페이저의 위상은?

① $30°$ ② $-30°$ ③ $45°$ ④ $-45°$
⑤ $90°$

05 다음에 설명하는 관계가 잘못된 것은 무엇인가?

① 고유저항(ρ)의 역수는 도전율(σ)이다.
② 임피던스(Z)의 역수는 어드미턴스(Y)이다.
③ 리액턴스(X)의 역수는 서셉턴스(B)이다.
④ 주기(T)의 역수는 주파수(f)이다.
⑤ 인덕턴스(L)의 역수는 컨덕턴스(G)이다.

06 커패시터와 인덕터의 특징을 설명한 것으로 옳지 않은 것은? 09년 국가직 9급

① 커패시터와 인덕터는 전기에너지 저장능력을 가진 소자이다.
② DC 정상상태에서 커패시터는 개방회로처럼 보이고 인덕터는 단락회로처럼 보인다.
③ 실제의 커패시터와 인덕터에는 누설전류가 존재한다.
④ 커패시터 양단의 전압은 커패시터에 흐르는 전류의 변화율에 비례한다.

07 이상적인 코일에 220[V], 60[Hz]의 교류전압을 인가하면 10[A]의 전류가 흐른다. 이 코일의 리액턴스는? 15년 국가직 9급

① 58.38[mH] ② 58.38[Ω] ③ 22[mH] ④ 22[Ω]

08 교류회로에서 커패시터와 인덕터의 특성을 〈보기〉에서 옳은 것을 모두 고르면? 15년 국회직 9급

ㄱ. 커패시터 양단에 걸리는 전압의 시간에 따른 변화가 커지면 커패시터에 흐르는 전류도 비례하여 커진다.
ㄴ. 커패시터의 용량성 리액턴스의 크기는 커패시턴스가 커질수록 증가한다.
ㄷ. 두 개의 인덕터가 병렬로 연결되면 전체 인덕턴스는 각각의 인덕턴스의 합과 같다.
ㄹ. 인덕터의 유도성 리액턴스는 주파수가 높아질수록, 인덕턴스가 증가할수록 증가한다.

① ㄱ, ㄴ ② ㄱ, ㄷ ③ ㄱ, ㄹ ④ ㄴ, ㄷ

정답 04 ④ 05 ⑤ 06 ④ 07 ④ 08 ③

09 교류 전원의 진동수(주파수)가 증가할 때, 회로에 흐르는 실효 전류가 감소하게 되는 것만을 모두 고른 것은?(단, 교류 전원의 실효 전압은 일정하다.)

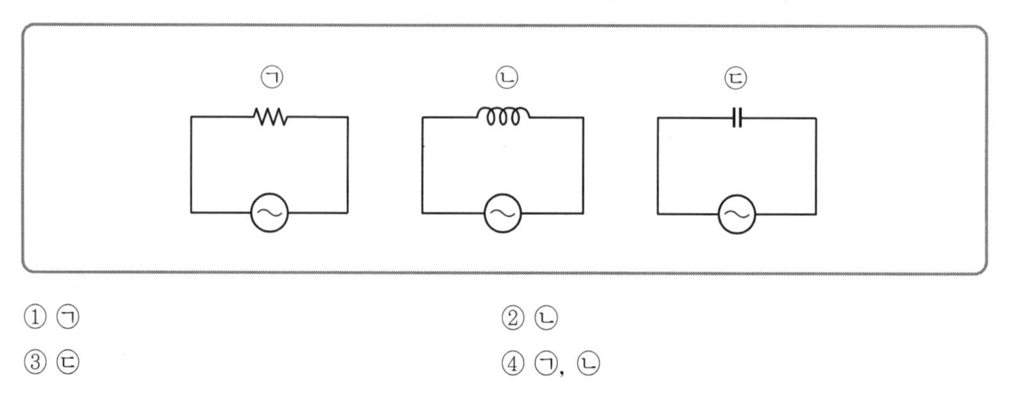

① ㉠　　② ㉡
③ ㉢　　④ ㉠, ㉡

10 다음 설명에서 옳은 것만을 모두 고르면? 23년 지방직 9급

ㄱ. 용량성 리액턴스는 전류에 비례한다.
ㄴ. 용량성 리액턴스는 주파수에 비례한다.
ㄷ. 용량성 리액턴스에는 에너지의 손실이 없다.
ㄹ. 용량성 리액턴스는 커패시턴스에 반비례한다.

① ㄱ, ㄴ　　② ㄱ, ㄹ
③ ㄴ, ㄷ　　④ ㄷ, ㄹ

11 커패시터만의 교류회로에 대한 설명으로 옳지 않은 것은?

① 전압과 전류는 동일 주파수이다.
② 전류는 전압보다 위상이 $\frac{\pi}{2}$ 앞선다.
③ 전압과 전류의 실횻값의 비는 1이다.
④ 정전기에서 커패시터에 축적된 전하는 전압에 비례한다.

정답 09 ② 10 ④ 11 ③

12 정전용량이 C[F]인 커패시터만으로 구성된 회로에 교류 전압 $v(t) = \sqrt{2}\, V\sin\omega t$[V]를 인가하였다. 이에 대한 설명으로 옳은 것은? 22년 지방직(경력) 9급

① 용량 리액턴스는 ωC[Ω]이다.
② 전압과 전류의 위상차는 π[rad]이다.
③ 전압이 전류보다 앞선 파형이 발생한다.
④ 커패시터에 흐르는 전류의 실횻값은 ωCV[A]이다.

13 10[Ω]의 리액턴스 값을 가진 커패시터 C만의 교류 회로에 $i = 5\sin(\omega t + 30°)$[A]의 전류가 흘렀다면 회로에 인가 해준 전압 v[V]는? 22년 서울시(고졸) 9급

① $2\sin(\omega t - 60°)$
② $2\sin(\omega t + 120°)$
③ $50\sin(\omega t - 60°)$
④ $50\sin(\omega t + 120°)$

정답 12 ④ 13 ③

RLC 직렬회로

1 R, L, C 직렬회로의 위상 및 리액턴스 특성해석

① RL 회로

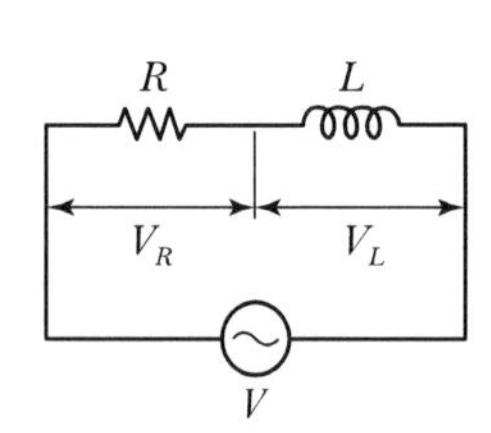

$$Z' = R + jX_L = Z\angle\theta$$

$$|Z| = \sqrt{R^2 + X_L^2} \quad ; \quad \theta = \tan^{-1}\frac{X_L}{R}$$

$$I = \frac{\boldsymbol{V}}{Z'} = \frac{V\angle 0°}{Z\angle\theta} = \frac{V}{Z}\angle(0° - \theta) = \frac{V}{Z}\angle(-\theta)$$

전류는 전압보다 θ만큼 뒤진다.

② RC 회로

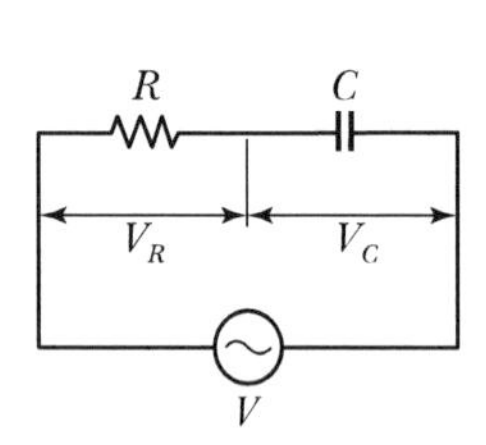

$$Z' = R + jX_C = Z\angle -\theta$$

$$|Z| = \sqrt{R^2 + {X_C}^2} \quad ;; \quad \theta = \tan^{-1}\frac{X_C}{R}$$

$$I = \frac{\boldsymbol{V}}{Z'} = \frac{V\angle 0°}{Z\angle -\theta} = \frac{V}{Z}\angle(0° + \theta) = \frac{V}{Z}\angle(\theta)$$

전류는 전압보다 θ만큼 앞선다.

③ RLC 회로

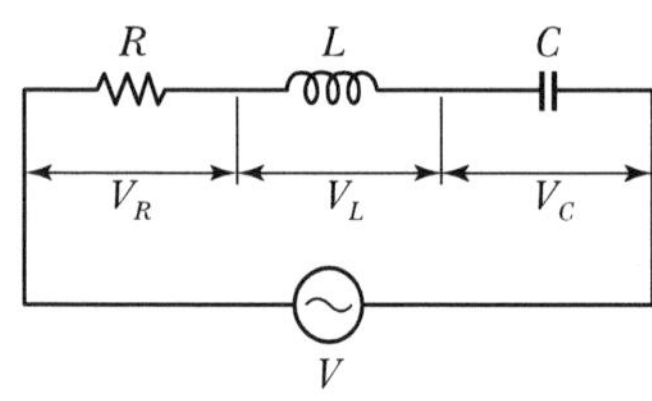

$$Z' = R + j(X_L - X_C) = Z\angle\theta$$

$$|Z| = \sqrt{R^2 + (X_L - X_C)^2} \quad ;; \quad \theta = \tan^{-1}\frac{(X_L - X_C)}{R}$$

$$I = \frac{\boldsymbol{V}}{Z'} = \frac{V\angle 0°}{Z\angle\theta} = \frac{V}{Z}\angle(0° - \theta) = \frac{V}{Z}\angle(-\theta)$$

④ RLC 회로의 전압의 위상관계

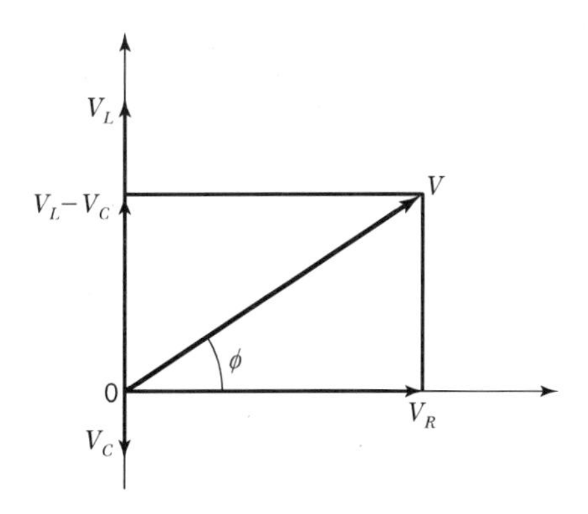

| RLC 회로의 전압 강하 |

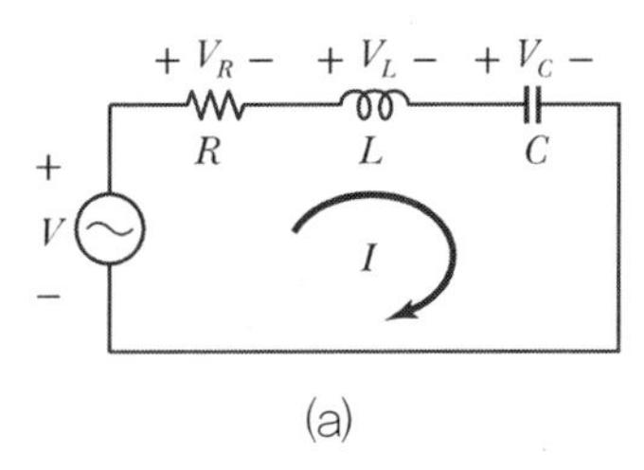

(a)

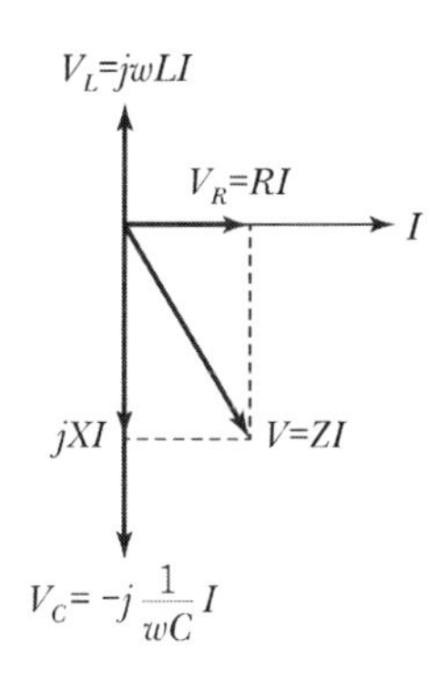

(b) $\omega L < \frac{1}{\omega C}$

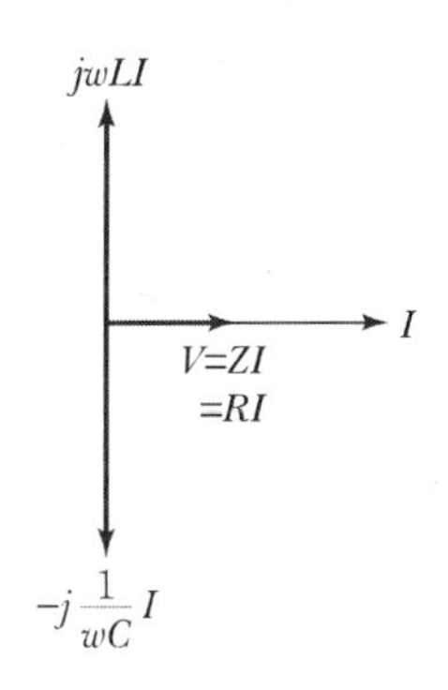

(c) $\omega L = \frac{1}{\omega C}$

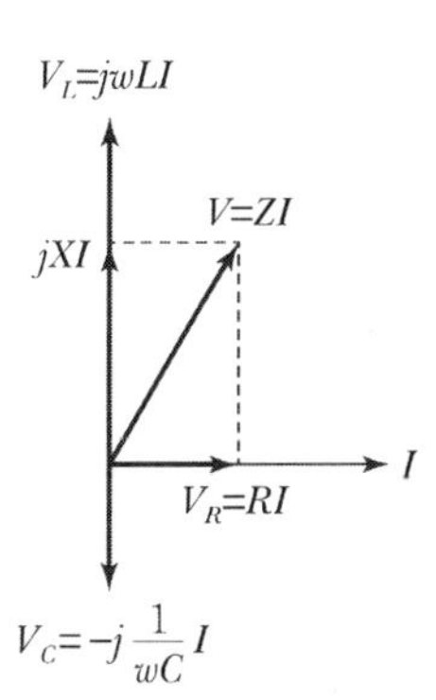

(d) $\omega L > \frac{1}{\omega C}$

| RLC 직렬회로의 페이저도 |

⑤ RLC 직렬회로의 주파수에 따른 리액턴스 특성

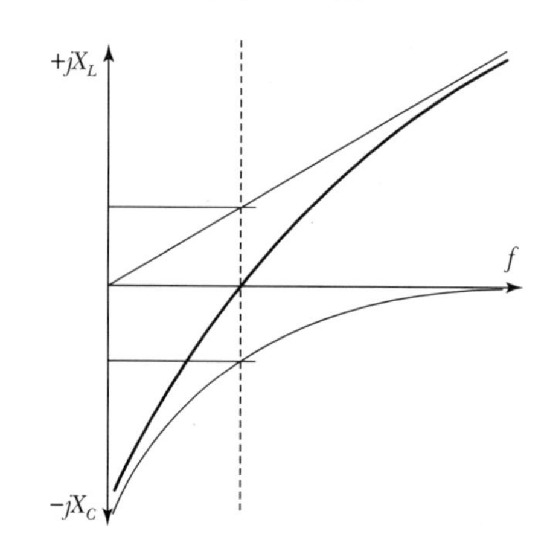

㉠ $X_L = X_C$ :: 순수한 저항성분만 남는다.(R만의 회로)

㉡ $X_L > X_C$ :: 유도성 리액턴스과 저항이 남는다.(RL 회로)

㉢ $X_L < X_C$ :: 용량성 리액턴스과 저항이 남는다.(RC 회로)

따라서 주파수가 변화하면 RLC 직렬회로는 R만의 회로도 될 수 있고, RL 회로가 될 수도 있고, RC 회로가 될 수도 있다. 주파수에 따른 리액턴스 특성을 바르게 이해하는 것이 전자공학을 공부하는 기본이 된다. 정확한 이해가 필요한 부분이다.

실전문제 CURRENT THEORY

01 RL 직렬회로에 $v(t) = 100\sin(10^4 t + \theta_1)$[V]의 전압을 가할 때 $i(t) = 20\sin(10^4 t + \theta_2)$[A]의 전류가 흘렀다. $R = 3[\Omega]$ 일 때 인덕턴스 L의 값은?

① $L = 4$[mH] ② $L = 40$[mH] ③ $L = 0.4$[mH] ④ $L = 0.04$[mH]

02 저항 $R[\Omega]$, 리액턴스 X[Ω]과의 직렬회로에서 $X/R = 1/\sqrt{2}$ 일 때의 회로역률은 얼마인가?

① $\frac{\sqrt{3}}{2}$ ② $\frac{1}{2}$ ③ $\frac{\sqrt{2}}{\sqrt{3}}$ ④ $\frac{1}{\sqrt{3}}$

03 역률이 0.5인 RL 직렬회로에 전압과 전류의 위상차는 몇 도인가?

① 0° ② 45° ③ 60° ④ 90°

04 다음 RLC 직렬회로에서 역률(Power Factor)은?($R = 30[\Omega]$, $X_L = 75[\Omega]$, $X_C = 35[\Omega]$)

① 0.5 ② 0.6 ③ 0.707 ④ 0.8

05 그림과 같은 직렬회로에서 각 소자의 전압이 그림과 같다면 a, b 양단에 인가한 교류전압은 몇 [V]인가?

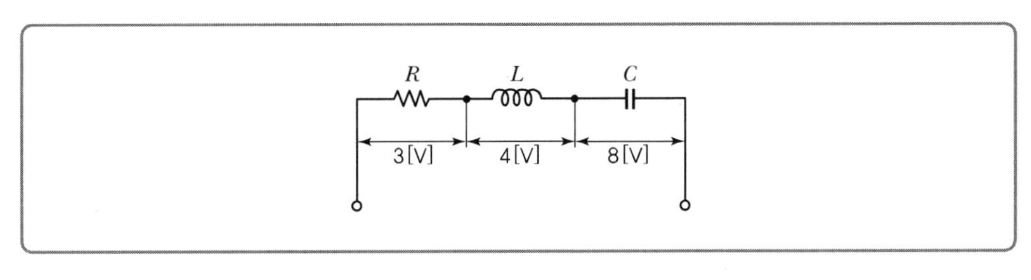

① 2.5 ② 7.5 ③ 5 ④ 10

정답 01 ③ 02 ③ 03 ③ 04 ② 05 ③

06 $Z = 6 - j\,8$[Ω]의 임피던스는 일반적으로 어떤 회로이며, 역률은 얼마인가?

① RL 직렬회로, $\cos\theta = 0.6$
② RC 직렬회로, $\cos\theta = 0.6$
③ RL 직렬회로, $\cos\theta = 0.8$
④ RC 직렬회로, $\cos\theta = 0.8$

07 어떤 소자에 전압 $v = 125\sin 377t$ [V]를 인가하니 전류 $i = 50\cos 377t$ [V]가 흘렀다. 이 소자는 무엇인가?

① 순저항
② 저항과 용량 리액턴스
③ 용량 리액턴스
④ 유도 리액턴스

08 콘덴서만의 회로에서 전압과 전류 사이의 위상 관계는?

① 전압이 전류보다 180° 앞선다.
② 전압이 전류보다 180° 뒤진다.
③ 전압이 전류보다 90° 앞선다.
④ 전압이 전류보다 90° 뒤진다.

09 인덕터 L과 커패시터 C가 직렬로 연결된 회로에 교류전압 $v(t) = V_m \sin\omega t$[V]을 인가할 경우 옳은 설명은? 21년 지방직(경력) 9급

① $\omega L < \dfrac{1}{\omega C}$이면 유도성 회로가 된다.

② $\omega L > \dfrac{1}{\omega C}$이면 전류가 전압보다 위상이 뒤진다.

③ $\omega L = \dfrac{1}{\omega C}$이면 최대의 합성 임피던스 값을 나타낸다.

④ 합성 임피던스의 크기는 ωL과 $\dfrac{1}{\omega C}$를 합한 값에 해당한다.

정답 06 ② 07 ③ 08 ④ 09 ②

10 그림과 같이 실효 전압 $V = 100[\mathrm{V}]$, 저항 $R = 100[\Omega]$이고 코일 $L = 25[\mathrm{mH}]$, 커패시터 $C = 10[\mu\mathrm{F}]$일 때, 전류값이 최대가 되는 조건의 주파수 $f[\mathrm{kHz}]$와 최대 전류 $I[\mathrm{A}]$의 실효치를 순서대로 바르게 나열한 것은?

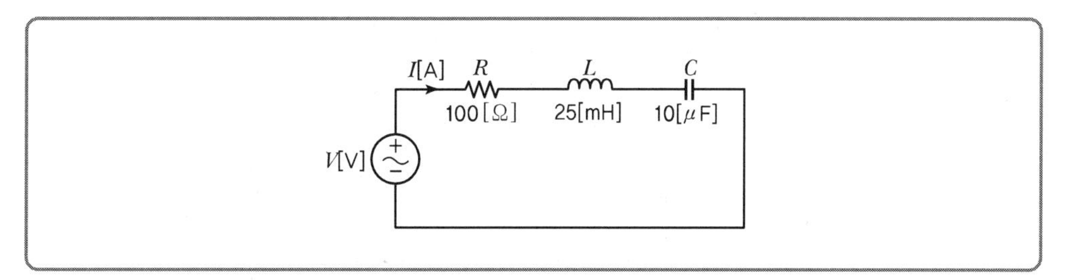

	[kHz]	[A]		[kHz]	[A]
①	$\frac{1}{\pi}$	1	②	$\frac{100}{\pi}$	3
③	$\frac{100}{\pi}$	1	④	$\frac{1000}{\pi}$	3

11 그림과 같은 $R-L-C$ 직렬회로에서 교류전압 $v(t) = 100\sin(\omega t)[\mathrm{V}]$를 인가했을 때, 주파수를 변화시켜서 얻을 수 있는 전류 $i(t)$의 최댓값[A]은?(단, 회로는 정상상태로 동작하며, $R = 20[\Omega]$, $L = 10[\mathrm{mH}]$, $C = 20[\mu\mathrm{F}]$이다.) 22년 지방직 9급

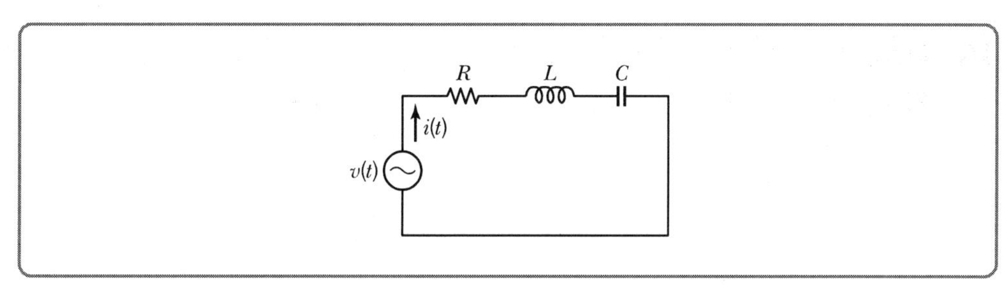

① 0.5 ② 1
③ 5 ④ 10

정답 10 ① 11 ③

12 다음 회로가 정상상태에 도달하였을 때, 2[Ω]의 저항을 통해 흐르는 전류 I[A]는?

08년 국가직 9급

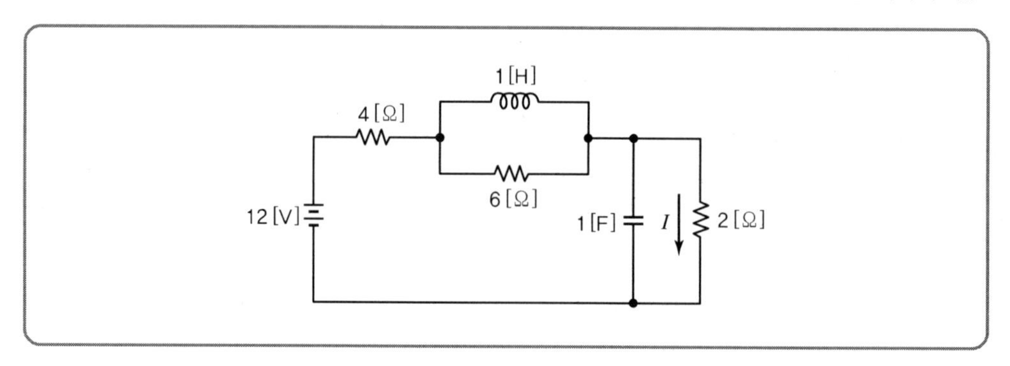

① 1　② 2
③ 3　④ 4

13 $R-L$ 직렬회로에 100[V]의 직류전압을 가하면 2.5[A]의 전류가 흐르고, 60[Hz], 100[V]의 교류전압을 가하면 전류가 2[A]일 때, 유도리액턴스 X_L[Ω]은?

① 10　② 20　③ 30　④ 40

14 다음은 직렬 RL회로이다. $v(t) = 10\cos(\omega t + 40°)$[V]이고, $i(t) = 2\cos(\omega t + 10°)$[mA]일 때, 저항 R과 인덕턴스 L은?(단, $\omega = 2 \times 10^6$ [rad/sec]이다.)

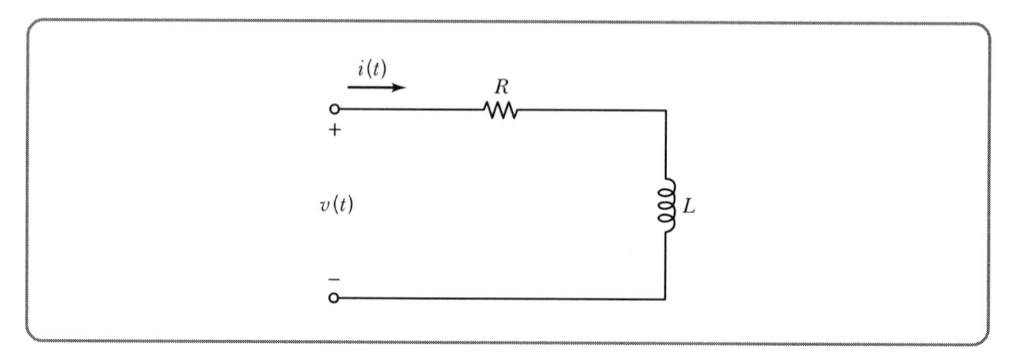

	R[Ω]	L[mH]
①	$2{,}500\sqrt{3}$	1.25
②	2,500	1.25
③	$2{,}500\sqrt{3}$	12.5
④	2,500	12.5

정답 12 ② 13 ③ 14 ①

15 RL 직렬회로에서 전원 $v(t)$를 인가하였을 때 회로에 흐르는 전류 $i(t)$가 그림과 같이 측정되었다. 이 때 $R[\Omega]$ 및 $L[\mathrm{mH}]$의 값으로 가장 가까운 것은?

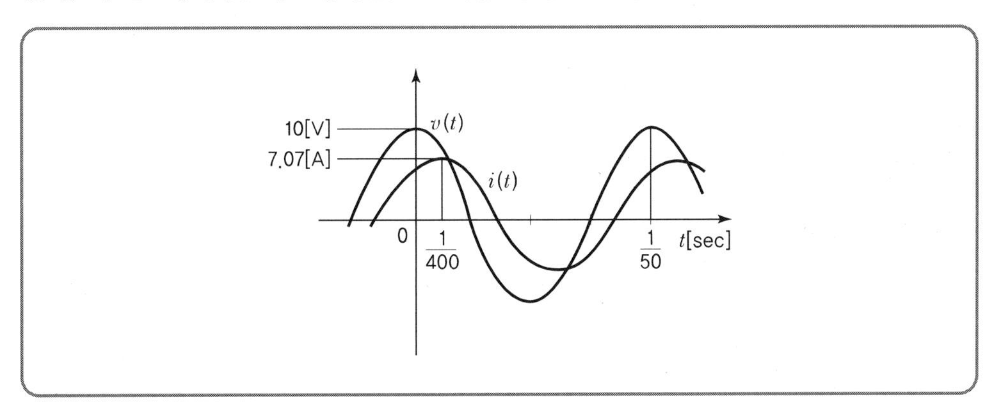

	R	L
①	1	2.2
②	1	3.2
③	1.4	2.2
④	1.4	3.2

16 그림의 회로에서 전류 I[A]의 크기가 최대가 되기 위한 X_o에 대한 소자의 종류와 크기는? (단, $v(t) = 100\sqrt{2}\sin 100t$[V]이다.)

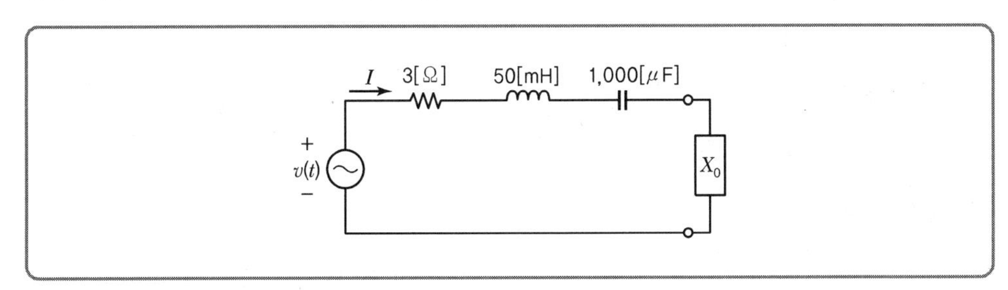

	소자의 종류	소자의 크기
①	인덕터	50[mH]
②	인덕터	100[mH]
③	커패시터	1,000[μF]
④	커패시터	2,000[μF]

정답 15 ② 16 ①

CHAPTER 11 CURRENT THEORY

RLC 병렬회로

1 RLC 병렬회로 위상과 리액턴스 관계

① RL 회로

$$i = i_R + i_L = \frac{V}{R} + \frac{V}{X_L} = V\left(\frac{1}{R} + \frac{1}{X_L}\right) = VY \text{ (여기서, Y=admittance)}$$

$$Y = \frac{1}{R} + \frac{1}{jwL} = \frac{1}{R} - j\frac{1}{wL}$$

$$= \sqrt{\left(\frac{1}{R}\right)^2 + \left(\frac{1}{wL}\right)^2} \angle -\tan^{-1}\left(\frac{\frac{1}{wL}}{\frac{1}{R}}\right)$$

$$= \sqrt{\left(\frac{1}{R}\right)^2 + \left(\frac{1}{wL}\right)^2} \angle -\tan^{-1}\left(\frac{R}{wL}\right)$$

따라서, Y의 위상이 $-$값이므로, 전압보다 전류가 늦다.

<역률>

$$\cos\theta = \frac{\frac{1}{R}}{Y} = \frac{\frac{1}{R}}{\frac{1}{R} + \frac{1}{jwL}} = \frac{R \times jwL}{R(R + jwL)} = \frac{jwL}{R + jwL} = \frac{X_L}{|Z|} = \frac{wL}{\sqrt{R^2 + (wL)^2}}$$

② RC 회로

$$i = i_R + i_C = \frac{V}{R} + \frac{V}{X_C} = V\left(\frac{1}{R} + \frac{1}{X_C}\right) = VY \text{ (여기서, } Y \text{ : Admittance)}$$

$$Y = \frac{1}{R} + \frac{1}{\frac{1}{jwC}} = \frac{1}{R} + jwC$$

$$= \sqrt{\left(\frac{1}{R}\right)^2 + (wC)^2} \angle \tan^{-1}\left(\frac{wC}{\frac{1}{R}}\right)$$

$$= \sqrt{\left(\frac{1}{R}\right)^2 + (wC)^2} \angle \tan^{-1}(wCR)$$

따라서, Y의 위상이 $+$값이므로, 전압보다 전류가 빠르다.

<역률>

$$\cos\theta = \frac{\frac{1}{R}}{Y} = \frac{\frac{1}{R}}{\frac{1}{R}+jwC} = \frac{1}{1+jwCR} = \frac{\frac{1}{jwC}}{R+\frac{1}{jwC}} = \frac{X_C}{|Z|} = \frac{\frac{1}{wC}}{\sqrt{R^2+\left(\frac{1}{wC}\right)^2}}$$

③ RLC 회로

$$i = i_R + i_L + i_c = \frac{V}{R} + \frac{V}{X_L} + \frac{V}{X_C} = V\left(\frac{1}{R} + \frac{1}{X_L} + \frac{1}{X_C}\right) = VY$$

(여기서, Y : admittance)

④ RLC 병렬회로의 전류의 위상관계

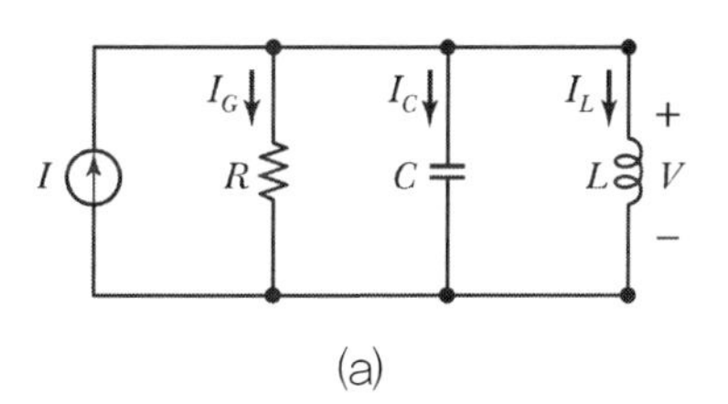

(a)

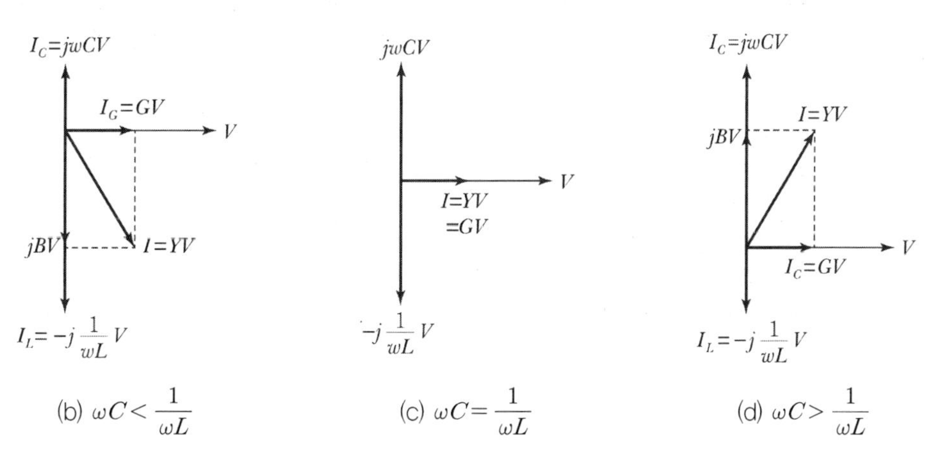

(b) $\omega C < \frac{1}{\omega L}$ (c) $\omega C = \frac{1}{\omega L}$ (d) $\omega C > \frac{1}{\omega L}$

| RLC 병렬회로의 페이저도 |

⑤ RLC 병렬회로의 주파수에 따른 리액턴스 특성

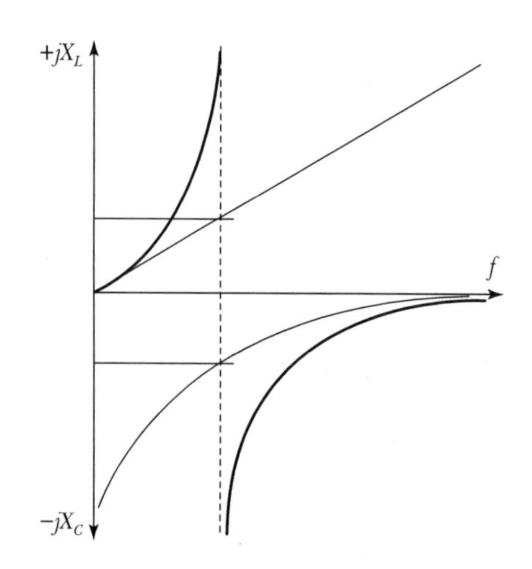

㉠ $X_L = X_C$ :: 저항으로 흐르는 전류 성분만 흐른다.(R만의 회로)

㉡ $X_L > X_C$ :: 용량성 리액턴스로 흐르는 전류 성분만 흐른다.(RC 회로)

㉢ $X_L < X_C$ :: 유도성 리액턴스로 흐르는 전류 성분만 흐른다.(RL 회로)

2 직렬공진과 병렬공진

공진

공진조건 :: $X_L = X_C \rightarrow wL = \dfrac{1}{wC} \rightarrow w^2 = \dfrac{1}{LC} \rightarrow w = \dfrac{1}{\sqrt{LC}} \rightarrow f_0 = \dfrac{1}{2\pi\sqrt{LC}}$

	직렬공진	병렬공진
공진조건	:: $X_L = X_C$	:: $X_L = X_C$
공진 주파수	$f_0 = \dfrac{1}{2\pi\sqrt{LC}}$	$f_0 = \dfrac{1}{2\pi\sqrt{LC}}$
공진 시 리액터스 값	$X=0$	$X=\infty$
공진 시 임피던스 값	$Z=$최소	$Z=$최대
공진 시 전류	$I=$최대	$I=$최소

실전문제 CURRENT THEORY

01 RLC 직렬 공진회로와 RLC 병렬 공진회로의 특징을 설명한 것으로 옳지 않은 것은?

08년 국가직 9급

① 직렬 공진회로의 경우에 용량성(Capacitive) 리액턴스가 유도성(Inductive) 리액턴스보다 크면 전체 리액턴스 성분의 값은 음(−)이 된다.
② 전압원으로 구동되는 직렬 공진회로의 경우에 공진 주파수에서 전류가 최대가 된다.
③ 전류원으로 구동되는 병렬 공진회로의 경우에 공진 주파수에서 어드미턴스가 최대가 된다.
④ 공진회로의 대역폭이 넓을수록 양호도(Q : Quality Factor)는 작아진다.

02 다음 그림과 같은 회로에서 저항에 걸리는 전압의 크기가 최소가 되는 전원주파수는 몇 [Hz]인가?

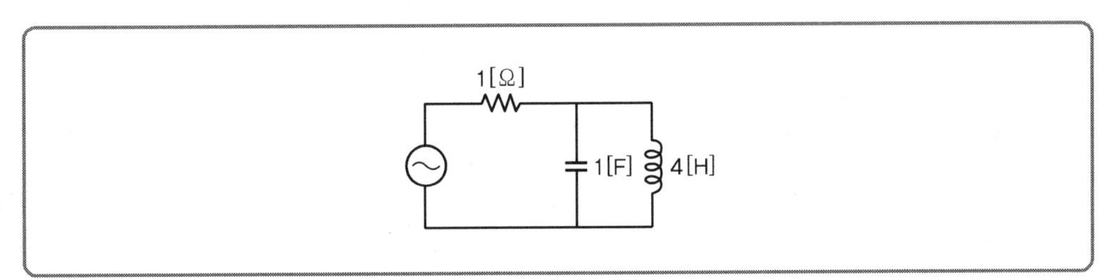

① 4π
② 2π
③ π
④ $1/2\pi$
⑤ $1/4\pi$

03 LC 직렬회로의 공진조건은?

① $\frac{1}{wL}=wC+R$
② 직류 전원을 가할 때
③ $wL=wC$
④ $wL=\frac{1}{wC}$

정답 01 ③ 02 ⑤ 03 ④

04 병렬공전 시 그 값이 무한대가 되어야 하는 것은?

① 전류
② 전압
③ 저항
④ 리액턴스

05 다음 회로에서 전류와 전압의 위상차는 얼마인가?(단, 입력신호의 각속도는 2,000[rad/sec]이다.)

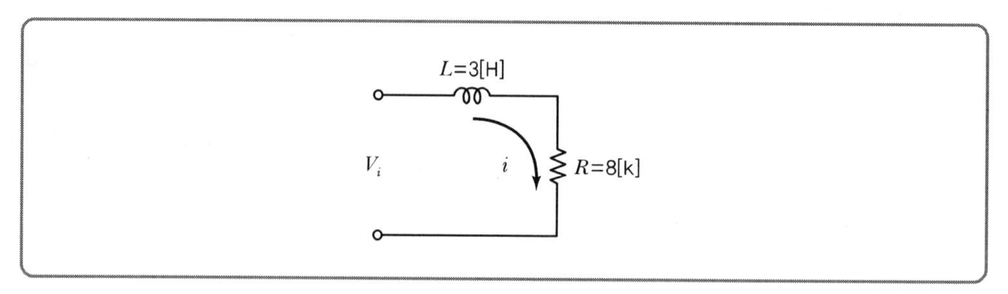

① 전류가 90도 늦다.
② 전류가 53도 늦다.
③ 전류가 37도 늦다.
④ 전류가 30도 늦다.
⑤ 동상이다.

06 $R=50[\Omega]$, $L=10[mH]$인 RLC 직렬공진회로를 이용하여 주파수가 500[kHz]인 신호를 얻기 위한 동조회로를 구성하고자 할 때 커패시터 용량 C는?(단, $\frac{1}{4\pi^2}=0.025$로 하여 계산하라.)

09년 국가직 9급

① 10[pF]
② 100[pF]
③ 10[μF]
④ 100[μF]

07 공진주파수 100[KHz]에서 625[μH]의 L과 공진시키는 C의 크기로 가장 적당한 것은 얼마인가?

① 1,274[pF]
② 2,548[pF]
③ 4,057[pF]
④ 6,104[pF]
⑤ 8,114[pF]

정답 04 ④ 05 ③ 06 ① 07 ③

08 LC 병렬공진회로에서 공진주파수(f_0)가 600[kHz]이고 대역폭(Bandwidth)이 5[kHz] 일 때 양호도(Quality Factor)를 구한 것으로 옳은 것은?

① 120　　② 240　　③ 300　　④ 600
⑤ 3,000

09 저항 R, 인덕터 L, 커패시터 C 등의 회로 소자들을 직렬회로로 연결했을 경우에 나타나는 특성에 대한 설명으로 옳은 것만을 모두 고르면?

ㄱ. 인덕터 L만으로 연결된 회로에서 유도 리액턴스 $X_L = wL$ [Ω]이고, 전류는 전압보다 위상이 90° 앞선다.
ㄴ. 저항 R과 인덕터 L이 직렬로 연결되었을 때의 합성 임피던스의 크기 $|Z| = \sqrt{R^2+(wL)^2}$ [Ω]이다.
ㄷ. 저항 R과 커패시터 C가 직렬로 연결되었을 때의 합성 임피던스의 크기 $|Z| = \sqrt{R^2+(wC)^2}$ [Ω]이다.
ㄹ. 저항 R, 인덕터 L, 커패시터 C가 직렬로 연결되었을 때의 일반적인 양호도(Quality Factor) $Q=\frac{1}{R}\sqrt{\frac{L}{C}}$ 로 정의한다.

① ㄱ, ㄴ　　② ㄴ, ㄹ
③ ㄱ, ㄷ, ㄹ　　④ ㄴ, ㄷ, ㄹ

10 다음은 직렬 RL회로이다. $v(t) = 10\cos(\omega t + 40°)$[V]이고, $i(t) = 2\cos(\omega t + 10°)$[mA]일 때, 저항 R과 인덕턴스 L은?(단, $\omega = 2\times10^6$ [rad/sec]이다.) 15년 국가직 9급

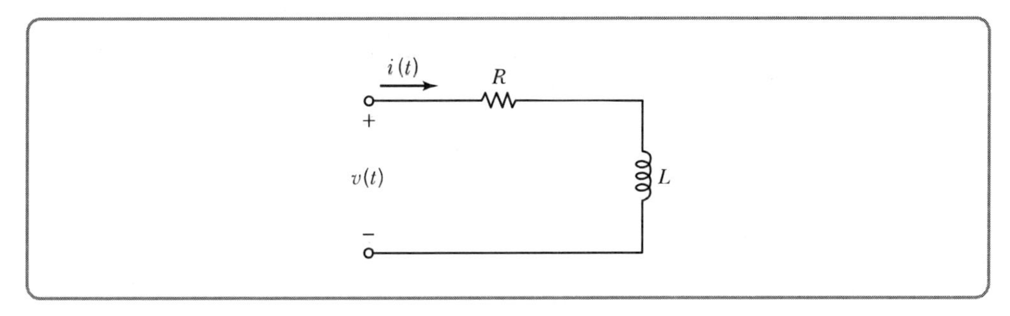

	R[Ω]	L[mH]		R[Ω]	L[mH]
①	$2{,}500\sqrt{3}$	1.25	②	2,500	1.25
③	$2{,}500\sqrt{3}$	12.5	④	2,500	12.5

정답 08 ① 09 ② 10 ①

11 $R = 8[\Omega]$, $X_c = 6[\Omega]$이 직렬로 접속된 회로에 2[A]의 전류가 흐를 때 인가된 전압[V]은?

14년 서울시 9급

① $4 - j3$
② $4 + j3$
③ $12 - j16$
④ $16 - j12$
⑤ $16 + j12$

12 RLC 직렬 교류회로의 공진 현상에 대한 설명으로 옳지 않은 것은? 13년 국가직 9급

① 회로의 전류는 유도리액턴스의 값에 의해 결정된다.
② 유도리액턴스와 용량리액턴스의 크기가 서로 같다.
③ 공진일 때 전류의 크기는 최대이다.
④ 전류의 위상은 전압의 위상과 같다.

13 RLC 직렬 공진 회로에서 대역폭이 200[rad/s], 공진 주파수가 5,000[rad/s], 저항이 10[Ω]일 때, 이 회로에서의 인덕턴스[mH]는 얼마인가? 14년 국회직 9급

① 10
② 20
③ 30
④ 40
⑤ 50

14 그림과 같은 회로에서 전체 전류 I는 얼마인가? 12년 국회직 9급

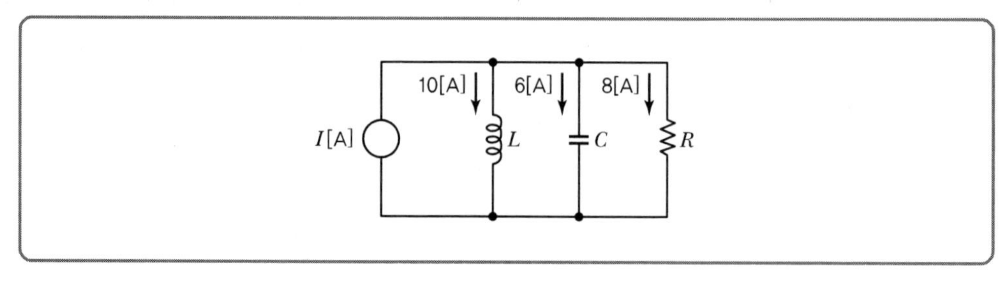

① $4\sqrt{5}$[A]
② $10\sqrt{3}$[A]
③ 20[A]
④ 24[A]

정답 11 ④ 12 ① 13 ⑤ 14 ①

15 다음 회로에서 $V = 96$[V], $R = 8$[Ω], $X_L = 6$[Ω]일 때, 전체 전류 I[A]는?

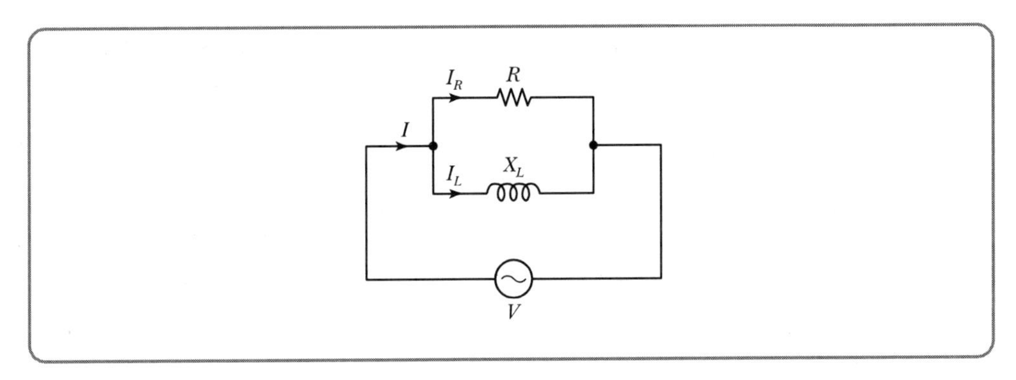

① 38
② 28
③ 9.6
④ 20

16 RLC 회로의 공진에 대한 설명으로 옳지 않은 것은?

① 회로망의 입력단자에서 전압과 전류가 동위상일 때 회로망은 공진상태에 있다.
② 공진주파수는 임피던스(직렬공진) 또는 어드미턴스(병렬공진)의 위상각이 90°가 되도록 하는 주파수이다.
③ 공진 시의 회로 임피던스(직렬공진) 또는 어드미턴스(병렬공진)는 순수 저항성이 된다.
④ 공진 시 회로에 축적되는 총 에너지는 시간에 관계없이 일정하다.

17 다음 RLC 병렬회로에서 전류 I[A]는?

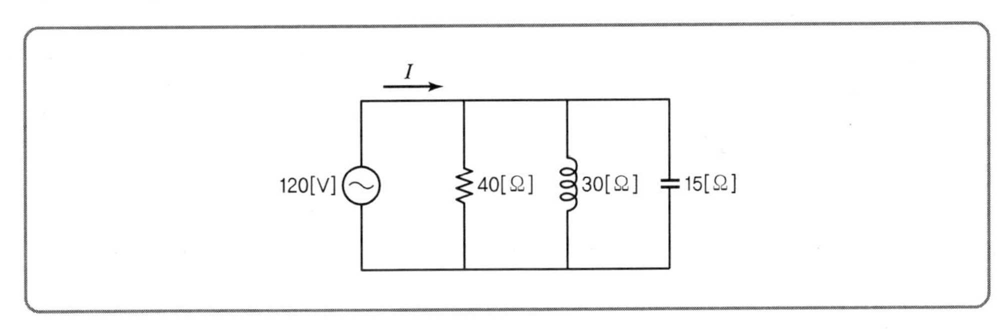

① 3
② 4
③ 5
④ 6

정답 15 ④ 16 ② 17 ③

3 공진회로의 주요 파라미터와 소자 관계식

구분	RLC 직렬공진회로	RLC 병렬공진회로
회로 및 입출력	V_1, I_2, R, sL, $\frac{1}{sC}$	I_1, V_2, R, sL, $\frac{1}{sC}$
전달함수 $H(s)$	$H(s)=\frac{I_2}{V_1}=Y(s)$	$H(s)=\frac{V_2}{I_1}=Z(s)$
	$H(s)=\frac{\frac{1}{L}s}{s^2+\frac{R}{L}s+\frac{1}{LC}}$	$H(s)=\frac{\frac{1}{C}s}{s^2+\frac{1}{RC}s+\frac{1}{LC}}$
	두 전달함수 모두 분모는 2차 다항식, 분자는 상수항 없는 1차식이다.	
$\lvert H(jw)\rvert$	$\lvert Y(jw)\rvert$, $\frac{1}{R}$, 0, w_r, w	$\lvert Z(jw)\rvert$, R, 0, w_r, w
공진 주파수 (중심 주파수)	대역통과필터의 전달함수에서 분모의 상수항 $b=\frac{1}{LC}$이므로	대역통과필터의 전달함수에서 분모의 상수항 $b=\frac{1}{LC}$이므로
	$w_r=w_o=\sqrt{b}=\frac{1}{\sqrt{LC}}$	$w_r=w_o=\sqrt{b}=\frac{1}{\sqrt{LC}}$
반전력 대역폭	대역통과필터의 전달함수에서 분모의 일차항 계수 $a=\frac{R}{L}$이므로	대역통과필터의 전달함수에서 분모의 일차항 계수 $a=\frac{1}{RC}$이므로
	$\beta=a=\frac{R}{L}$	$\beta=a=\frac{1}{RC}$
양호도	$Q=\frac{w_o}{\beta}=\frac{w_oL}{R}=\frac{1}{R}\sqrt{\frac{L}{C}}$	$Q=\frac{w_o}{\beta}=w_oRC=R\sqrt{\frac{C}{L}}$

실전문제 ELECTRIC ELECTRONICS

01 다음의 R, L, C 직렬 공진회로에서 전압 확대율(Q)의 값은?(단, f(femto)=10^{-15}, n(nano)=10^{-9}이다.)

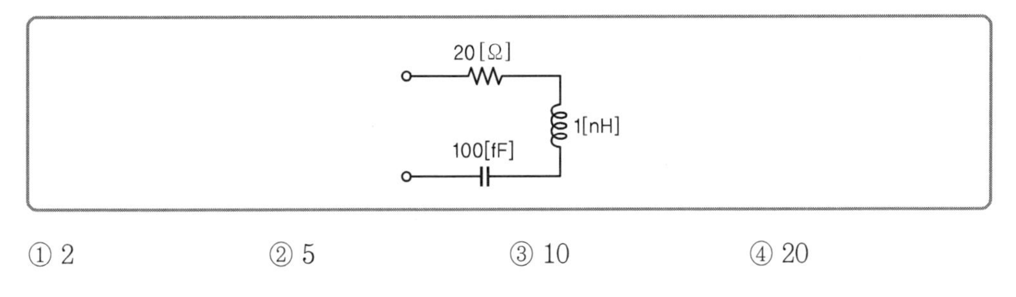

① 2 ② 5 ③ 10 ④ 20

02 R−L−C 직렬 공진회로, 병렬 공진회로에 대한 설명으로 옳지 않은 것은?

① 직렬 공진, 병렬 공진 시 역률은 모두 1이다.
② 병렬 공진회로일 경우 임피던스는 최소, 전류는 최대가 된다.
③ 직렬 공진회로의 공진주파수에서 L과 C에 걸리는 전압의 합은 0이다.
④ 직렬 공진 시 선택도 Q는 $\frac{1}{R}\sqrt{\frac{L}{C}}$이고, 병렬 공진 시 선택도 Q는 $R\sqrt{\frac{C}{L}}$이다.

03 RLC 직렬 공진회로와 RLC 병렬 공진회로의 특징을 설명한 것으로 옳지 않은 것은?

08년 국가직 9급

① 직렬 공진회로의 경우에 용량성(capacitive) 리액턴스가 유도성(inductive) 리액턴스보다 크면 전체 리액턴스 성분의 값은 음(−)이 된다.
② 전압원으로 구동되는 직렬 공진회로의 경우에 공진 주파수에서 전류가 최대가 된다.
③ 전류원으로 구동되는 병렬 공진회로의 경우에 공진 주파수에서 어드미턴스가 최대가 된다.
④ 공진회로의 대역폭이 넓을수록 양호도(Q : quality factor)는 작아진다.

정답 01 ② 02 ② 03 ③

04 아래의 RLC 병렬 공진회로에 대한 설명으로 옳지 않은 것은?

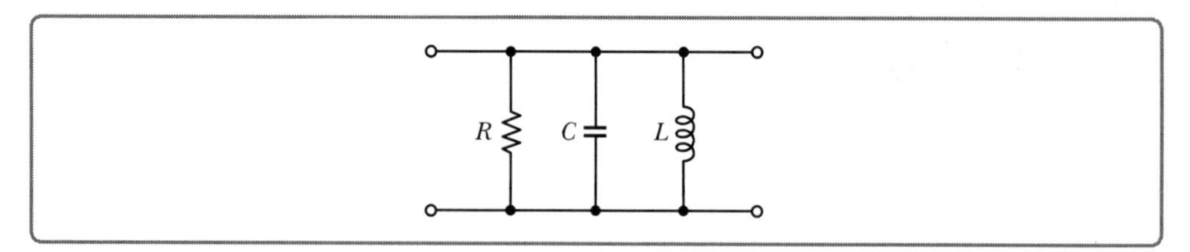

① 공진 주파수는 $f_0 = \dfrac{1}{2\pi\sqrt{LC}}$ 이다.

② 대역폭은 $BW = \dfrac{\omega_0}{Q}$ 이다.

③ 선택도는 $Q = \dfrac{2\pi f_0 L}{R}$ 이다.

④ 공진 주파수에서 전체 임피던스의 크기는 최대이다.

05 다음 회로의 전압비 전달함수 $H(jm) = \dfrac{V_c(jw)}{V(jw)}$ 를 옳게 나타낸 것은?

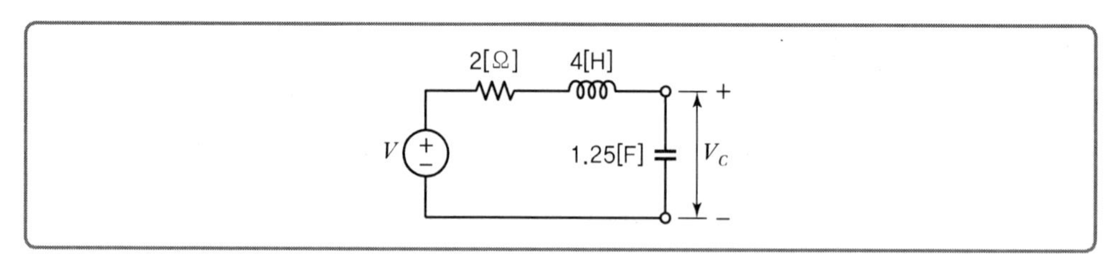

① $\dfrac{0.5}{(jw)^2 + 0.2(jw) + 0.5}$

② $\dfrac{0.25}{(jw)^2 + 0.2(jw) + 0.5}$

③ $\dfrac{0.5}{(jw)^2 + 0.5(jw) + 0.2}$

④ $\dfrac{0.25}{(jw)^2 + 0.5(jw) + 0.2}$

⑤ $\dfrac{0.2}{(jw)^2 + 0.5(jw) + 0.2}$

정답 04 ③ 05 ⑤

06 다음 회로의 전달함수를 라플라스 변환을 이용하여 $H(s)=\dfrac{V_o(s)}{V_i(s)}=\dfrac{A}{s^2+Bs+C}$와 같이 구하였다. A, B, C 값을 옳게 짝지어 놓은 것은? 15년 군무원 9급

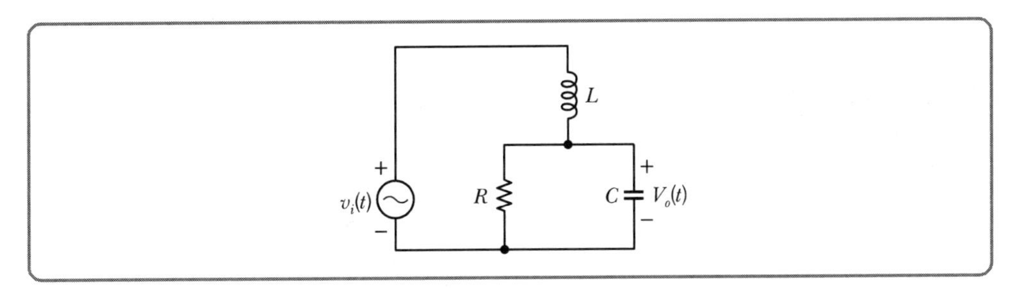

	A	B	C
①	$\frac{1}{LC}$	$\frac{1}{LC}$	$\frac{1}{RC}$
②	$\frac{1}{RC}$	$\frac{1}{RC}$	$\frac{1}{LC}$
③	$\frac{1}{LC}$	$\frac{1}{RC}$	$\frac{1}{LC}$
④	$\frac{1}{RC}$	$\frac{1}{LC}$	$\frac{1}{LC}$

정답 06 ③

CHAPTER 12 CURRENT THEORY

교류의 전력표시법

1 전압이나 전류에서 유효성분과 무효성분 구별

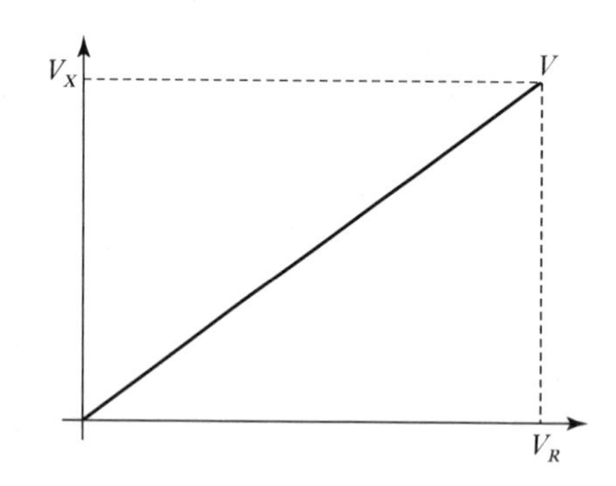

① 유효전류 : $I_e = I\cos\theta[\mathrm{A}]$, 유효전압 : $V_e = V\cos\theta[\mathrm{A}]$, $\cos\theta$ ➡ 효율, 역률

② 무효전류 : $I_r = I\sin\theta[\mathrm{A}]$, 무효전압 : $V_r = V\sin\theta[\mathrm{A}]$, $\sin\theta$ ➡ 무효율

2 전력의 표시

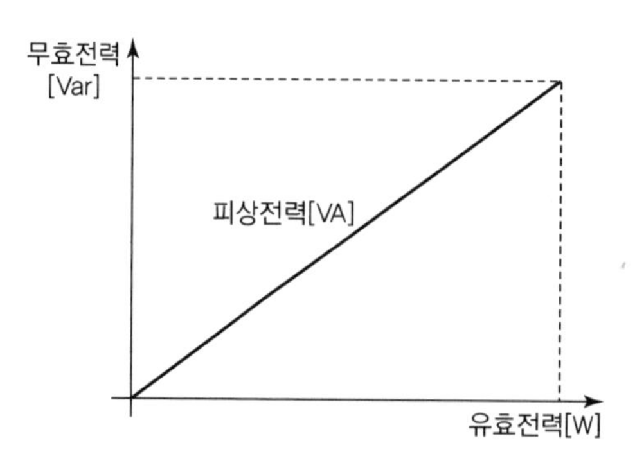

피상전력 : $P_a = VI[\mathrm{VA}]$

유효전력 : $P = VI\cos\theta[\mathrm{W}]$

무효전력 : $P_r = VI\sin\theta[\mathrm{Var}]$

$VI = \sqrt{(VI\cos\theta)^2 + (VI\sin\theta)^2}$

$\therefore\ P_a = \sqrt{P^2 + P_r^2}$

3 역률

$$\cos\theta = \frac{\text{유효전력}}{\text{피상전력}} = \frac{P}{VI} \times 100[\%] \text{ 또는 } \cos\theta = \frac{R}{Z}$$

4 3상 교류

① 각 기전력의 크기가 같고, 서로 $\frac{2}{3}\pi$[rad](120°)만큼씩 위상차가 있는 교류를 대칭 3상 교류라 한다.

② 3상 교류의 각 순시값의 합은 어떤 순서에 대해서도 0이다.

5 부하의 $Y \leftrightarrows \Delta$ 변환

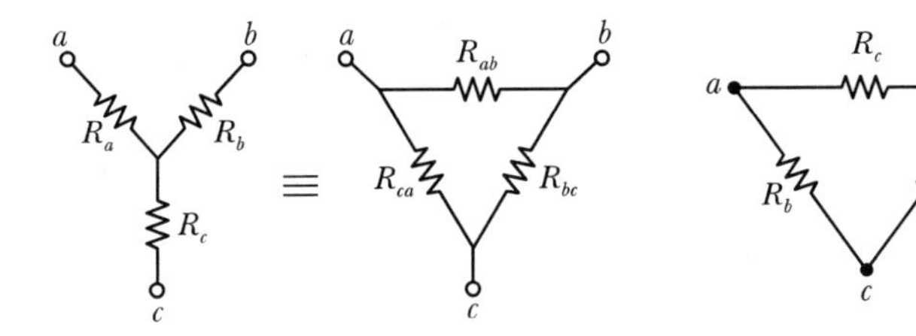

① $Y \to \Delta$: $K = Z_a Z_b + Z_b Z_c + Z_c Z_a$

㉠ $Z_{ab} = \dfrac{K}{Z_c}$

㉡ $Z_{bc} = \dfrac{K}{Z_a}$

㉢ $Z_{ca} = \dfrac{K}{Z_b}$

② $\Delta \to Y$: $K = Z_{ab} + Z_{bc} + Z_{ca}$

㉠ $Z_a = \dfrac{Z_{ab}Z_{ca}}{K}$

㉡ $Z_b = \dfrac{Z_{ab}Z_{bc}}{K}$

㉢ $Z_c = \dfrac{Z_{ca}Z_{bc}}{K}$

6 3상 전력

① 3상 전력은 부하의 결선 방법에 관계없이 다음과 같이 나타낼 수 있다.

3상 전력 $= \sqrt{3} \times$(선간전압)$\times$(선전류)$\times$(역률)[W]

$P = 3V_P I_P \cos\phi = \sqrt{3}\ V_l\ I_l \cos\phi$ [W]

② 피상전력(S)과 무효전력(Q)

$S = 3V_P I_P = \sqrt{3}\ V_l\ I_l$[VA]

$Q = \sqrt{3}\ V_l I_l \sin\phi$ [Var]

CHAPTER 13 CURRENT THEORY

정현파 정상상태 전력

그림에서 회로의 단자전압, 전류가 정현파 정상상태라고 하자.

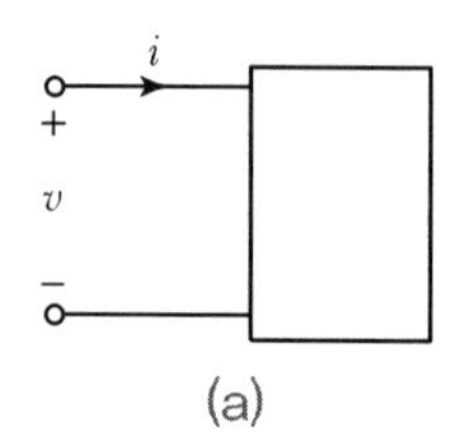

(a)

$$\nu = V\cos(wt + \phi_V)$$
$$i = I\cos(wt + \phi_I)$$

1 순간전력

전압, 전류가 수동부호규정을 만족하므로 그림 (a)의 회로가 흡수하는 순간전력을 $p(t)$라 하면

$$p(t) = VI\cos(wt + \phi_V)\cos(wt + \phi_I)$$
$$= \frac{1}{2}VI\cos(\phi_V - \phi_I) + \frac{1}{2}VI\cos(2wt + \phi_V + \phi_I)$$

2 평균전력 P_{av}(유효전력)

$w = \frac{2\pi}{T}$라 두고 순간전력 $p(t)$의 평균을 구하면,

$$P_{av} = \frac{1}{T}\int_0^T p(t)\,dt$$
$$= \frac{1}{T}\int_0^T \frac{1}{2}\cos(\phi_V - \phi_I) + \frac{1}{2}VI\cos(2wt + \phi_V + \phi_I)\,dt$$

적분 속의 두 번째 항은 주기가 $\frac{T}{2}$인 코사인 함수이므로 $0 \sim T$까지 적분하면 0이다.

$$\therefore P_{av} = \frac{1}{T}\int_0^T \frac{1}{2}VI\cos(\phi_V - \phi_I)\,dt$$
$$= \frac{1}{T} \times \frac{1}{2}VI\cos(\phi_V - \phi_I) \times T$$
$$= \frac{1}{2}VI\cos(\phi_V - \phi_I)\,[\text{W}]$$

3 무효전력 Q

순간전력 $p(t) = P_{av} + \frac{1}{2}VI\cos(2wt + \phi_V + \phi_I)$로 쓸 수 있다. $p(t)$의 파형은 아래 그림과 같다. $p(t)$는 그림 (a)의 회로가 흡수하는 전력이므로 아래 그림(b)에서 $p(t) < 0$인 영역(빗금친 영역)은 실제로는 그림 (a)의 회로가 외부로 공급하는 전력이 된다.

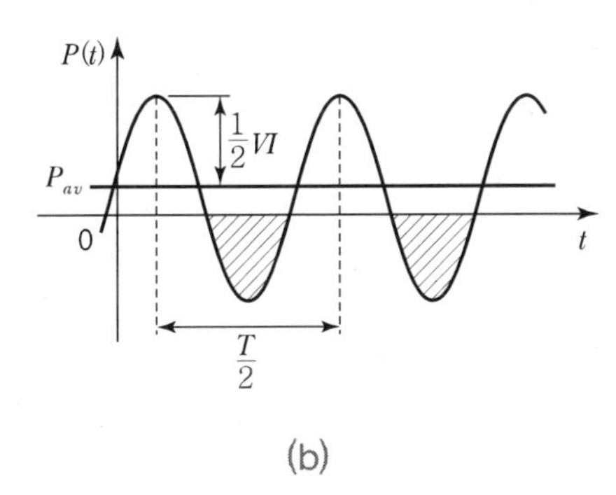

(b)

$$Q = \frac{1}{2}VI\sin(\phi_V - \phi_I)\ [\text{Var}]$$

4 복소전력(Complex Power)

① 평균전력, 무효전력을 구하기 위해서는 Phasor 전압, 전류 V, I를 구하고 그 극좌표형식으로 바꾼 다음 P, Q 공식에 대입해야 하는데, 단순한 회로라도 계산과정이 번거롭다.(특히 극좌표형식으로 바꾸는 과정)

② 그러나 복소전력 S를 $S = P + jQ$와 같이 정의하면 P, Q 계산 시의 번거로움을 크게 줄일 수 있다. $S = P + jQ$를 다음과 같이 변형해 보자.

③ $S = P + jQ = \frac{1}{2}VI\cos(\phi_V - \phi_I) + j\frac{1}{2}VI\sin(\phi_V - \phi_I)$

$$= \frac{1}{2}VIe^{j(\phi_V - \phi_I)} = \frac{1}{2}VIe^{j\phi_V}e^{-j\phi_I}$$

$$= \frac{1}{2}VIe^{j\phi_V}(Ie^{-j\phi_I})^* = \frac{1}{2}V\angle\phi_V \cdot (I\angle\phi_I)^*$$

$$= \frac{1}{2}VI^*[VA]\left(S = P + jQ = \frac{1}{2}VI^*\right)$$

④ 즉, 전압, 전류 Phasor V, I를 구한 후 극좌표형식으로 변환할 필요 없이 $\frac{1}{2}VI^*$를 계산한 다음 실수부를 취하면 P를, 허수부를 취하면 무효전력 Q를 얻는다.

5 복소전력의 다른 표현

복소전력 계산 시 임피던스 Z가 주어진 경우 그 임피던스에 걸리는 전압, 전류 V, I를 모두 이용할 필요 없이 '전압 V와 임피던스 Z' 또는 '전류 I와 임피던스 Z'만으로도 복소전력을 구할 수 있다.

① 전압 V와 임피던스 Z로 표현

$$S = \frac{1}{2}VI^* = \frac{1}{2}V\left(\frac{V}{Z}\right)^* = \frac{|V|^2}{2Z^*}$$

② 전류 I와 임피던스 Z로 표현

$$S = \frac{1}{2}VI^* = \frac{1}{2}(ZI)I^* = \frac{1}{2}Z|I|^2$$

③ 위 두 식의 의미 : 임피던스가 주어졌으며 전압, 전류 Phasor의 위상이 주어지지 않고 그 크기만 주어졌어도 평균전력과 무효전력을 모두 구할 수 있다.

CHAPTER 14 CURRENT THEORY

피상전력과 역률

1 전력삼각도, 피상전력

① 복소전력 $S = P + jQ$는 복소수이므로 아래 그림과 같이 복소평면에 표시할 수 있다. 실수부는 평균전력을, 허수부는 무효전력을 나타낸다. 이처럼 복소평면상에 복소전력을 표시한 것을 전력삼각도라 한다.

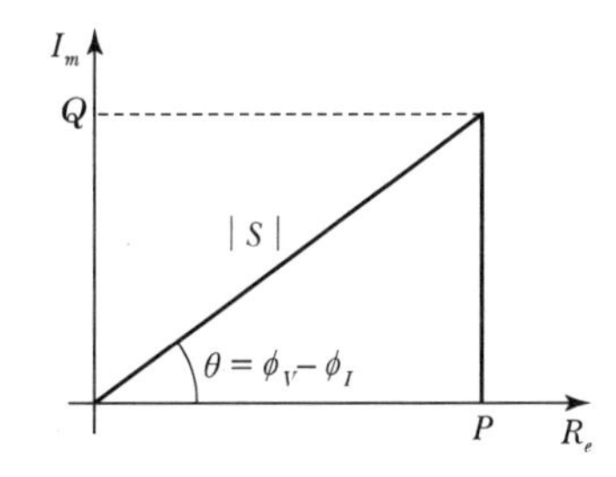

② 복소전력의 절댓값 $|S|$를 구하면

$$|S| = \sqrt{\frac{1}{2} VI\cos(\phi_V - \phi_I)^2 + \frac{1}{2} VI\sin(\phi_V - \phi_I)^2}$$

$$= \frac{1}{2} VI = \frac{V}{\sqrt{2}} \times \frac{I}{\sqrt{2}}$$

$$= V_{rms} I_{rms} [\mathrm{VA}]$$

여기서 $V_{rms} \times I_{rms}$를 피상전력(겉보기 전력)이라 한다. 전압, 전류의 위상은 고려하지 않고 단순히 전압, 전류의 실횻값을 곱한 값이다.

2 역률

① 피상전력은 전류계, 전압계만 있으면 간단히 구할 수 있다. 그러나 피상전력이 곧 평균전력이나 무효전력을 의미하는 것은 아니다. 전력삼각도에 나타나 있는 것처럼 피상전력에는 열로 소비되는 평균전력과 열로 소비되지 않는 무효전력이 모두 포함되어 있다.

② 피상전력 중 회로에서 열로 소비되는 평균전력이 얼마인지 나타내기 위한 개념이 필요한데 이것을 역률(Power Factor)이라고 하며 다음과 같이 정의한다.

$$pf = \frac{\text{평균전력}}{\text{피상전력}} = \frac{\frac{1}{2} VI\cos(\phi_V - \phi_I)}{\frac{1}{2} VI} = \cos(\phi_V - \phi_I) = \cos\theta \text{(여기서, } \theta : \text{역률각도)}$$

③ 역률에 대비되는 개념으로서 피상전력에서 무효전력이 얼마인지 나타내기 위한 개념을 무효율(Reactive Factor)이라고 하며 다음과 같이 정의한다.

$$rf = \frac{\text{무효전력}}{\text{피상전력}} = \frac{\frac{1}{2}VI\sin(\phi_V - \phi_I)}{\frac{1}{2}VI} = \sin(\phi_V - \phi_I) = \sin\theta$$

④ 역률각도 θ는 임피던스의 위상각과 동일하다.($\because\ \phi_V - \phi_I$)

⑤ 수동회로에서 평균전력 $P \geq 0$ 이므로 역률각도의 범위는 $-90° \leq \theta \leq 90°$이다.

⑥ $\theta > 0$인 경우(S가 1사분면에 위치)를 지상이라고 한다. 전류의 위상이 전압보다 느리기 때문이다.(Lagging Power Factor)

⑦ $\theta < 0$인 경우(S가 4사분면에 위치)를 진상이라고 한다. 전류의 위상이 전압보다 빠르기 때문이다.(Leading Power Factor)

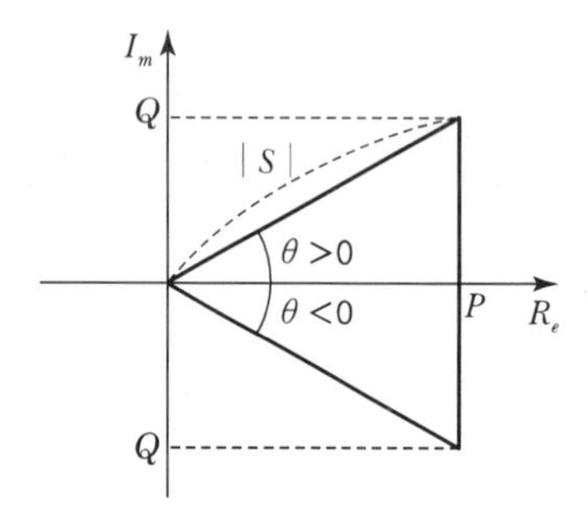

3 역률 및 무효율을 이용한 평균전력, 무효전력 표현

① 평균전력(유효전력)

$$P_{av} = \frac{1}{2}VI\cos(\phi_V - \phi_I) = V_{rms}I_{rms} \times \cos\theta = |S| \times pf\,[\text{W}]$$

② 무효전력

$$Q = \frac{1}{2}VI\sin(\phi_V - \phi_I) = V_{rms}I_{rms} \times \sin\theta = |S| \times rf\,[\text{W}]$$

》 예제 ①

문제 **다음에 대해 각각의 역률 및 전력에 관한 조건을 이용하여 복소전력을 구하시오.**

① 지상역률 0.8, 평균전력 8[W] 흡수

② 지상역률 0.6, 피상전력 15[VA] 흡수

③ 진상역률 0.8, 피상전력 6[VA] 흡수

풀이

① $S=8+j6$[VA]

② $S=9+j12$[VA]

③ $S=4.8-j3.6$[VA]

》 예제 ②

문제 **어떤 전기 부하가 500[Vrms]로 동작한다. 이 부하는 지상역률 0.8로 8[kW]의 평균전력을 소비한다.**

① 부하의 복소전력을 계산하시오.

② 부하의 임피던스를 계산하시오.

풀이

① $S=8{,}000+j6{,}000$[VA]

② $Z=20+j15$[Ω]

실전문제 CURRENT THEORY

01 다음의 RL 직렬회로에 AC 100[V]를 가했을 때 소비전력을 구하여라.($R=6[\Omega]$, $X=8[\Omega]$, RL 직렬회로)

① 1,000[W] ② 800[W]
③ 600[W] ④ 500[W]
⑤ 400[W]

02 다음 RLC 직렬회로에서 역률(Power Factor)은?($R=30[\Omega]$, $X_L=75[\Omega]$, $X_C=35[\Omega]$)

① 0.5 ② 0.6
③ 0.707 ④ 0.8
⑤ 0.9

03 어떤 부하의 피상전력 30[kVA], 무효전력 18[kVar]일 때 유효전력은?

① 12[kW] ② 14[kW]
③ 16[kW] ④ 18[kW]
⑤ 24[kW]

04 30[Ω]의 저항 R과 40[Ω]의 유도성 리액턴스 X_L이 200[V] 전원에 직렬로 연결되었다면 V_L은 얼마인가?

① 90[V] ② 110[V]
③ 130[V] ④ 160[V]
⑤ 180[V]

정답 01 ③ 02 ② 03 ⑤ 04 ④

05 그림과 같은 직렬 $R-X$ 회로에서 저항 $R=40.0[\Omega]$이고 용량성 리액턴스 $X_C=-30.0[\Omega]$이다. $100\angle 0°$의 교류전압이 인가될 때, 회로에 흐르는 실효전류(I_{rms})와 역률로 옳은 것은?

15년 국회직 9급

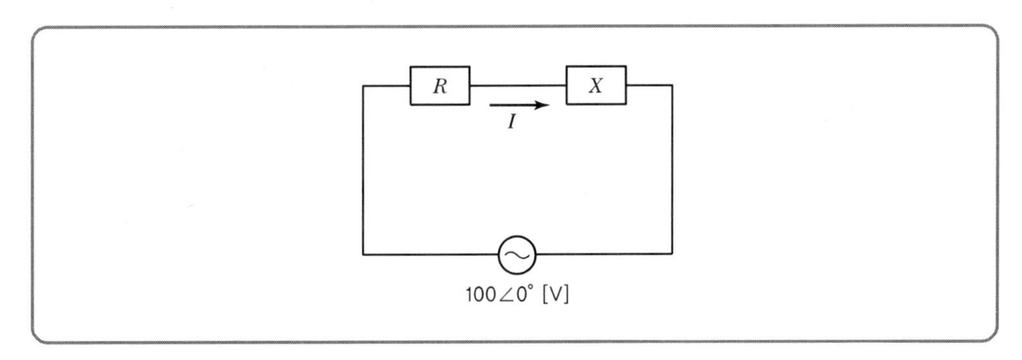

	I_{rms}[A]	역률		I_{rms}[A]	역률
①	2.0	0.6	②	2.0	0.8
③	2.5	0.75	④	2.5	0.6
⑤	2.5	0.8			

06 어떤 부하에 단상 교류전압 $v(t)=\sqrt{2}\,V\sin\omega t$[V]를 인가하여 부하에 공급되는 순시전력이 그림과 같이 변동할 때 부하의 종류는?

19년 지방직 9급

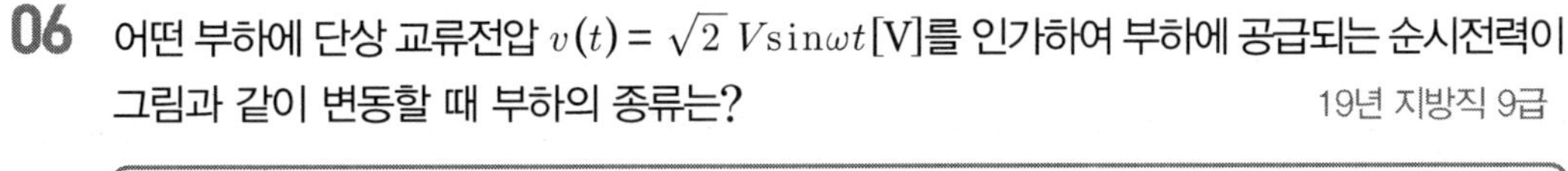

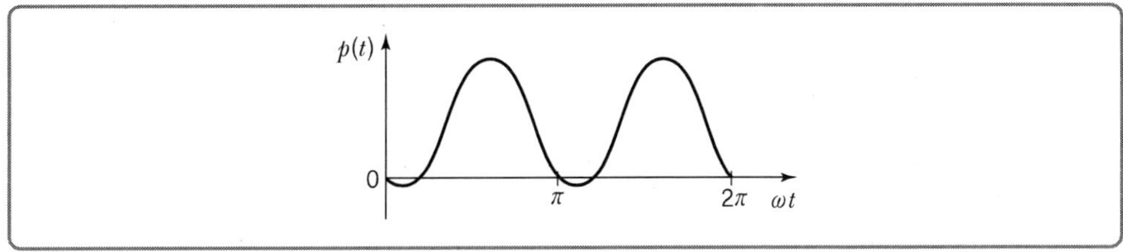

① R 부하
② $R-L$ 부하
③ $R-C$ 부하
④ $L-C$ 부하

07 $R-L-C$ 직렬회로에서 $R : X_L : X_C = 1 : 2 : 1$일 때, 역률은?

① $\frac{1}{\sqrt{2}}$
② $\frac{1}{2}$
③ $\sqrt{2}$
④ 1

정답 05 ② 06 ② 07 ①

08 그림은 교류 전압 $v(t)=100\sqrt{2}\cos(120\pi t)$[V]가 인가된 RL 직렬회로이다. $R=8$[Ω], $L=\frac{1}{20\pi}$[H]일 때, 계산된 값들이 옳은 것을 〈보기〉에서 모두 고른 것은?

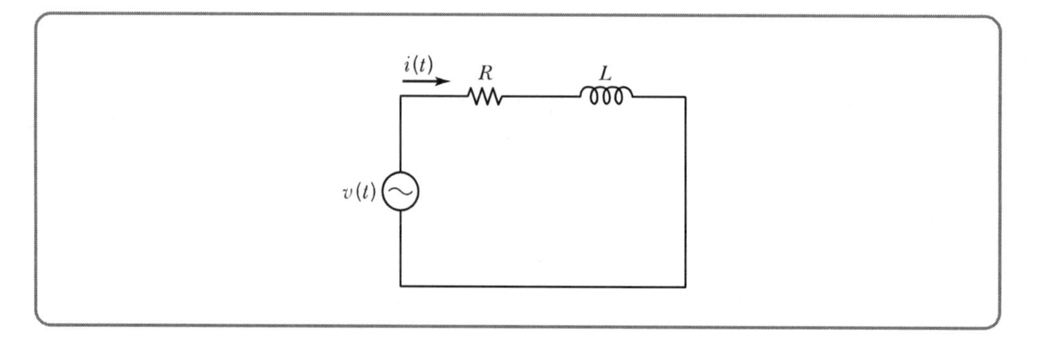

ㄱ. 역률 pf=0.8
ㄴ. 회로에 공급되는 평균 전력 $P=800$[W]
ㄷ. 인덕턴스에 공급되는 평균 전력 $P_L=600$[W]
ㄹ. 저항에 공급되는 평균 전력 $P_R=600$[W]

① ㄱ, ㄴ
② ㄱ, ㄷ
③ ㄴ, ㄹ
④ ㄱ, ㄴ, ㄷ

09 단상 교류회로에서 80[kW]의 유효전력이 역률 80[%](지상)로 부하에 공급되고 있을 때, 옳은 것은?

① 무효전력은 50[kVar]이다.
② 역률은 무효율보다 크다.
③ 피상전력은 $100\sqrt{2}$[kVA]이다.
④ 코일을 부하에 직렬로 추가하면 역률을 개선시킬 수 있다.

10 다음의 회로에서 입력전원 $v_{in}(t)=5\sin 400t$[V]가 인가되었을 때의 역률(Power Factor)은?(단, $R=25$[kΩ], $C=0.1$[μF]이다.) 15년 서울시 9급

① 0.5
② 1
③ $\frac{1}{\sqrt{3}}$
④ $\frac{1}{\sqrt{2}}$

정답 08 ① 09 ② 10 ④

11 RLC 직렬회로에서 전류 $i(t)$가 최대치를 갖기 위한 인덕턴스 L[mH]과 그때의 소비전력[W] 값은?(단, 입력 전압 $v(t)$의 실효치는 120[V]이고, 각주파수 $\omega = 10^6$[rad/s]로 한다.)

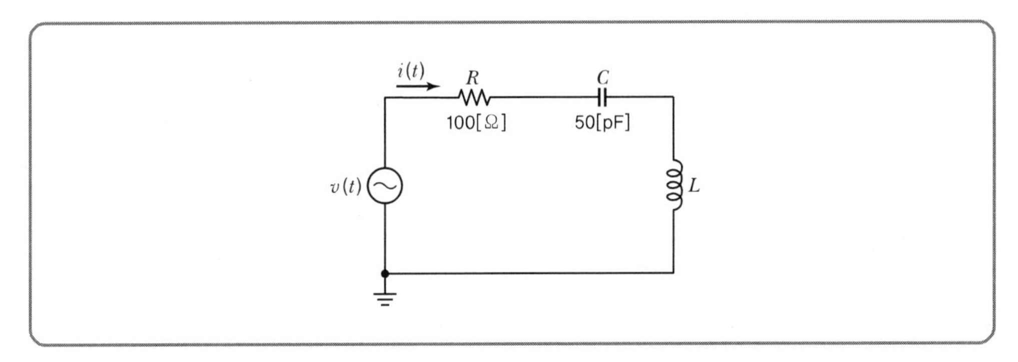

	인덕턴스	소비전력		인덕턴스	소비전력
①	0.02	72	②	2	144
③	2	288	④	20	144

12 아래 회로에서 부하 Z_L에 최대전력을 전달하기 위한 Z_L[Ω]값으로 옳은 것은?

15년 국회직 9급

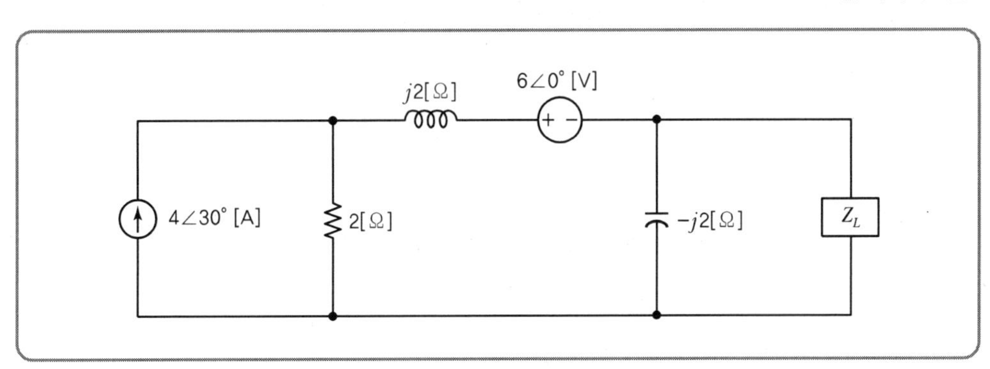

① $1+j$
② $1-j$
③ $2+j2$
④ $2-j2$
⑤ $1+j2$

13 전력 증폭회로 출력단의 내부 복소 임피던스가 $10+j5$[Ω]이다. 부하에 전달되는 전력이 최대가 되는 부하의 복소 임피던스[Ω]는?

① $10+j5$ ② $10-j5$ ③ $5+j10$ ④ $5-j10$

정답 11 ④ 12 ③ 13 ②

14 아래의 교류회로에 $i(t)=4\sin(\omega t-30°)$[A]의 전류원을 주었을 때, 유효전력과 피상전력[VA]을 옳게 나타낸 것은?

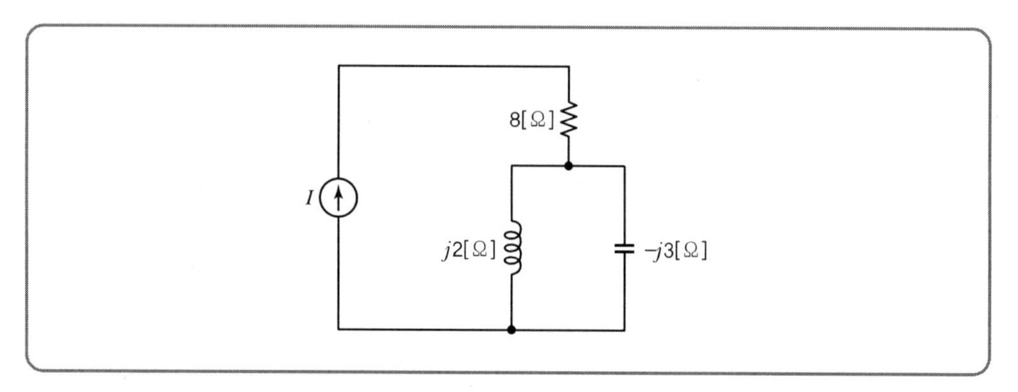

	유효전력	피상전력
①	48	64
②	48	112
③	64	80
④	64	112

15 어떤 회로에 $v(t)=40\sin(\omega t+\theta)$[V]의 전압을 인가하면 $i(t)=20\sin(\omega t+\theta-30°)$[A]의 전류가 흐른다. 이 회로에서 무효전력[Var]은?

① 200　② $200\sqrt{3}$
③ 400　④ $400\sqrt{3}$

16 $R-L-C$ 직렬회로에 200[V] 교류 전압을 인가하고 $R=30$[Ω], $X_L=70$[Ω], $X_C=30$[Ω]일 때, 유효전력[W]과 무효전력[Var]은?

	유효전력[W]	무효전력[Var]
①	200	600
②	480	640
③	600	200
④	640	480

정답 14 ③ 15 ① 16 ②

CHAPTER 15 CURRENT THEORY

비정현파 교류 파형들의 해석

1 비사인파 교류의 발생

① 연속파 : 파형이 반주기$\left(\frac{T}{2}\right)$의 전부에 걸쳐 지속

② 비연속파 : 파형의 지속 시간이 반주기 $\left(\frac{T}{2}\right)$ 보다 짧은 것 → 펄스(pulse)

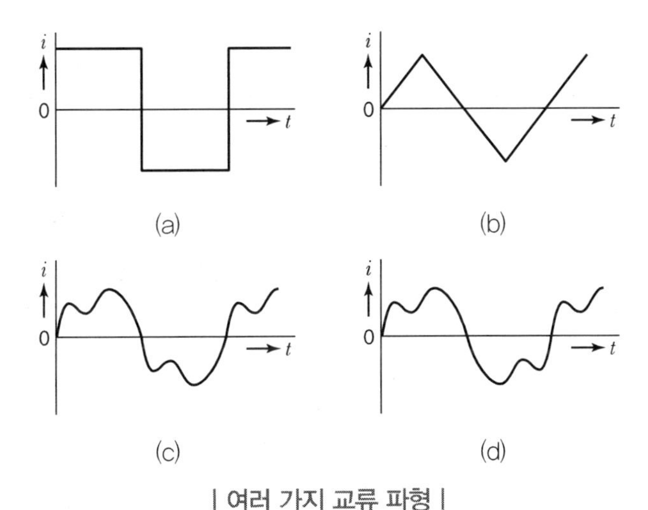

| 여러 가지 교류 파형 |

2 선형회로와 비선형회로

① 선형회로(Linear－Circuit) : 전압, 전류 특성이 직선으로 입력과 출력이 비례하는 회로

② 비선형회로(Non－Linear－Circuit) : 전압, 전류 특싱이 비직선으로 입력과 출력이 비례하지 않아 일그러진 파형으로 되는 회로→ 비직선 일그러짐

3 비사인파 교류의 성분

파형	고조파의 전개식
직사각형파	$v(t)=\frac{4}{\pi}V_m\left\{\sin wt+\frac{1}{3}\sin 3wt+\frac{1}{5}\sin 5wt+\cdots+\frac{1}{2n-1}\sin(2n-1)wt+\cdots\right\}$
삼 각 파	$v(t)=\frac{8}{\pi^2}V_m\left\{\sin wt-\frac{1}{9}\sin 3wt+\frac{1}{25}\sin 5wt+\cdots+\frac{(-1)^{n+1}}{(2n-1)^2}\sin(2n-1)wt+\cdots\right\}$
톱 날 파	$v(t)=\frac{2}{\pi}V_m\left\{\sin wt-\frac{1}{2}\sin 2wt+\frac{1}{3}\sin 3wt-\frac{1}{4}\sin 4wt+\cdots+\frac{(-1)^{n+1}}{n}\sin nwt+\cdots\right\}$
반파정류파	$v(t)=V_m\left\{\frac{1}{\pi}+\frac{1}{2}\sin wt-\frac{2}{\pi}\left(\frac{1}{3}\cos 2wt+\frac{1}{15}\cos 4wt+\cdots+\frac{1}{4n^2-1}\cos 2nwt+\cdots\right)\right\}$
전파정류파	$v(t)=\frac{2}{\pi}V_m\left\{1-2\left(\frac{1}{3}\cos 2wt+\frac{1}{15}\cos 4wt+\frac{1}{35}\cos 6wt+\cdots+\frac{1}{4n^2-1}\cos 2nwt+\cdots\right)\right\}$

≫ 예제 1

문제 다음 그림의 파형을 더했을 때 나타나는 파형을 예측해 보시오.

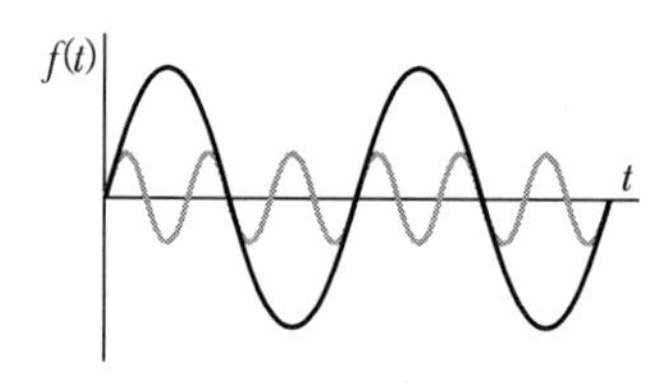

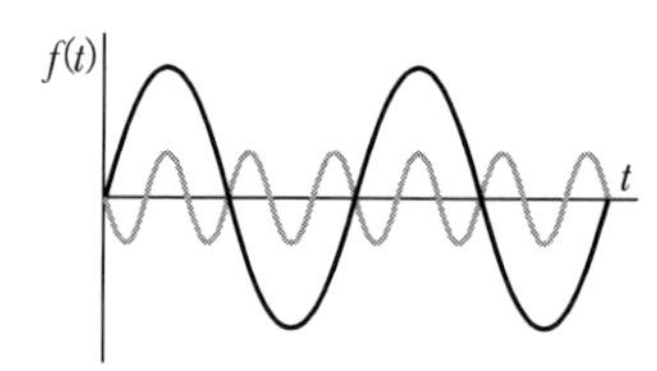

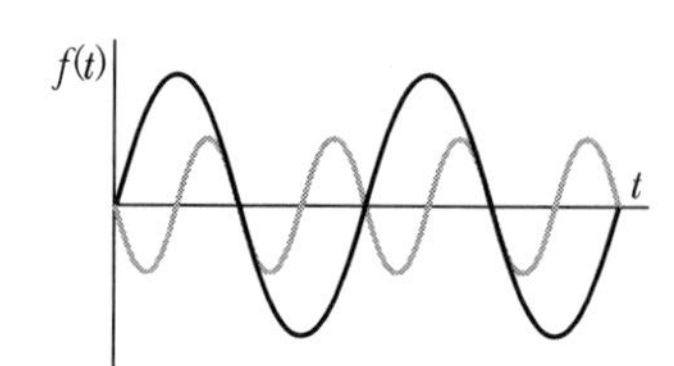

실전문제 CURRENT THEORY

01 다음 식으로 표현되는 비정현파 전압의 실횻값[V]은?

$$v = 2 + 5\sqrt{2}\sin\omega t + 4\sqrt{2}\sin(3\omega t) + 2\sqrt{2}\sin(5\omega t)\,[\mathrm{V}]$$

① $13\sqrt{2}$ ② 11

③ 7 ④ 2

02 다음은 단자 전압이 $v(t) = 100\sin w_o t + 40\sin 2w_o t + 30\sin(3w_o t + 90°)$인 신호이다. 이 신호파의 일그러짐률은 얼마인가?

① 30 ② 40

③ 50 ④ 70

03 그림과 같은 주기적인 전압 파형에 포함되지 않은 고조파의 주파수[Hz]는? 19년 국가직 9급

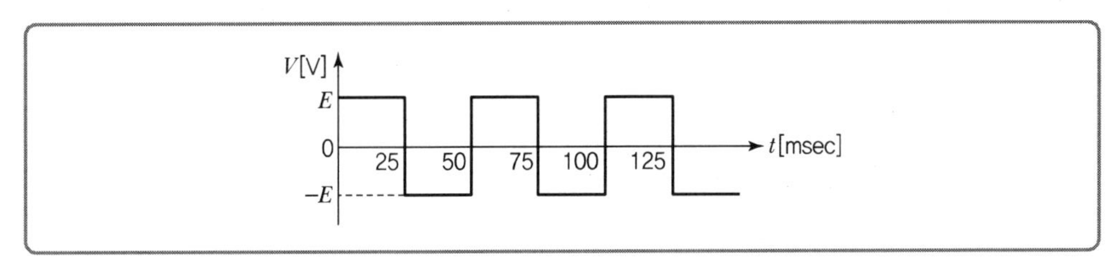

① 60 ② 100

③ 120 ④ 140

정답 01 ③ 02 ③ 03 ③

04 그림과 같은 구형파의 제 $(2n-1)$ 고조파의 진폭(A_1)과 기본파의 진폭(A_2)의 비($\frac{A_1}{A_2}$)는?

20년 국가직 9급

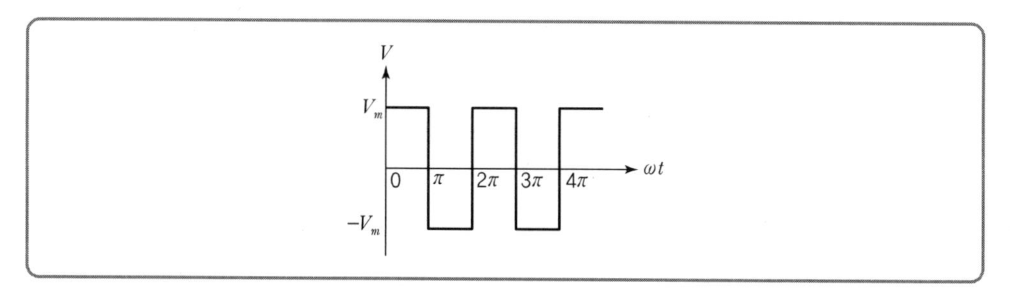

① $\frac{1}{2n-1}$

② $2n-1$

③ $\frac{\pi}{2n-1}$

④ $\frac{2n-1}{\pi}$

05 그림에서 $V=30$[V], $T=20$[ms]일 때, 제3고조파의 주파수[Hz]와 최대 전압[V]은?

21년 지방직(경력) 9급

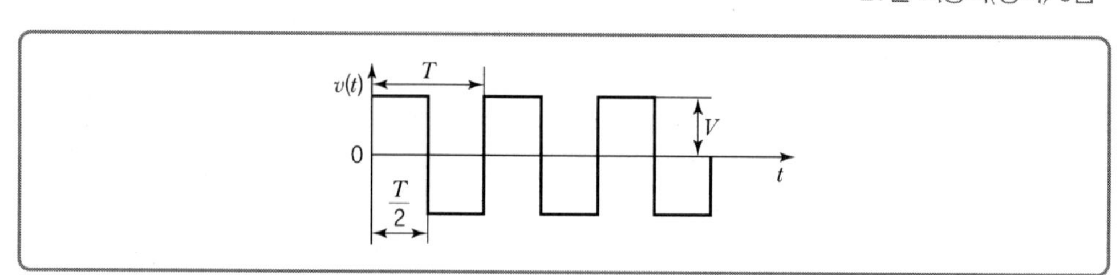

	주파수[Hz]	최대 전압[V]
①	50	6.4
②	50	10
③	150	12.7
④	150	17.9

정답 04 ① 05 ③

06 비정현파는 푸리에 급수식 $f(t) = a_0 + \sum_{n=1}^{\infty} a_n \cos n\omega t + \sum_{n=1}^{\infty} b_n \sin n\omega t$로 표현할 수 있다. 그림의 주기함수 파형을 푸리에 급수로 표현할 때 a_0는? 23년 지방직 9급

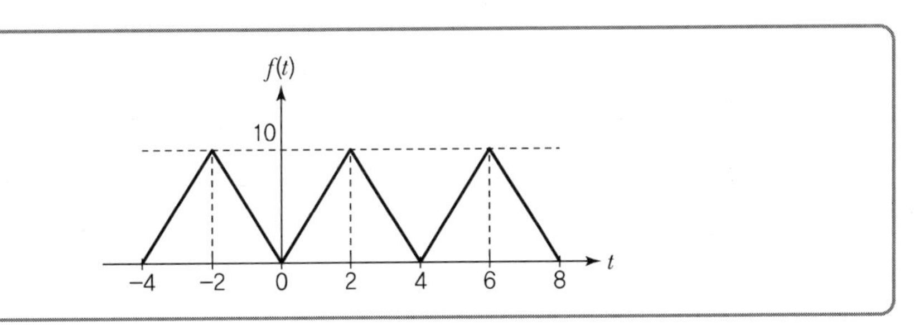

① 0 ② 4
③ 5 ④ 10

정답 06 ③

CHAPTER 16 CURRENT THEORY

필터의 종류와 특성

1 필터(Filter) 회로

① 수동필터 : RLC 수동소자를 이용하여 구성된 필터

② 능동필터 : 증폭기를 이용하여 구성된 필터

2 필터의 정의

원하는 신호는 통과시키고 원하지 않는 신호는 제거시키는 회로

① 원하는 신호 : 여기서는 원하는 주파수의 파

② 원하지 않는 신호 : 원하는 주파수를 제외한 나머지 주파수의 파(고조파, noise 등)

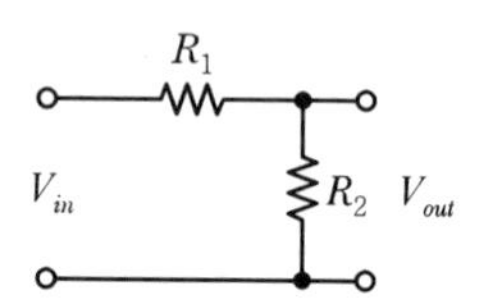

$$V_{out} = \frac{R_2}{R_1 + R_2} V_{in}$$

$V_{out} \cong V_{in}$: 입력신호가 출력으로 전달됨 : 신호가 통과됨

$V_{out} \cong 0$: 입력신호가 출력으로 전달 안 됨 : 신호가 제거됨

CHAPTER 17 CURRENT THEORY

이상적 필터(Ideal Filter)

1 이상적인 필터의 특성

① 통과대역(Passband)과 저지 대역(Stopband)이 명확히 구분된다.(차단주파수 w_c)

② 통과대역이득이 일정하다.(이상적인 필터의 위상특성은 생략한다.)

2 종류(구분기준 : 주파수 응답의 크기 특성)

	주파수 응답의 크기 특성 $\|H(jw)\|$	입력 $x(t)$	출력 $y(t)$
저역 통과필터	$\|H(jw)\|$, K, 0, w_1, w_2, w_3, w	$A\cos(w_1t+\phi)$	$AK\cos(w_1t+\theta)$
		$A\cos(w_2t+\phi)$	0
		$A\cos(w_3t+\phi)$	0
고역 통과필터	$\|H(jw)\|$, K, 0, w_1, w_2, w_3, w	$A\cos(w_1t+\phi)$	0
		$A\cos(w_2t+\phi)$	$AK\cos(w_2t+\theta)$
		$A\cos(w_3t+\phi)$	$AK\cos(w_3t+\theta)$
대역 통과필터	$\|H(jw)\|$, K, 0, w_1, w_2, w_3, w	$A\cos(w_1t+\phi)$	0
		$A\cos(w_2t+\phi)$	$AK\cos(w_2t+\theta)$
		$A\cos(w_3t+\phi)$	0
대역 차단필터	$\|H(jw)\|$, K, 0, w_1, w_2, w_3, w	$A\cos(w_1t+\phi)$	$AK\cos(w_1t+\theta)$
		$A\cos(w_2t+\phi)$	0
		$A\cos(w_3t+\phi)$	$AK\cos(w_3t+\theta)$

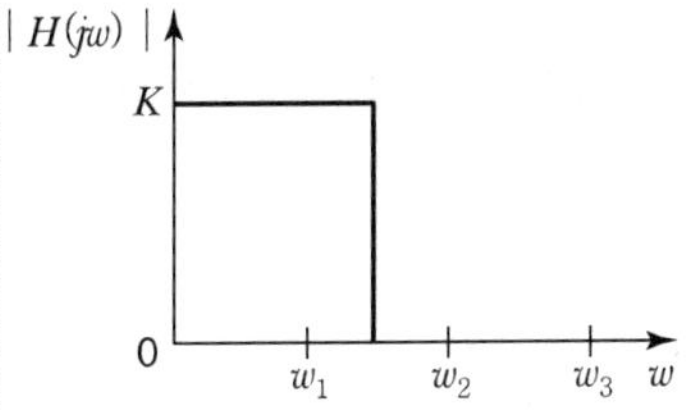

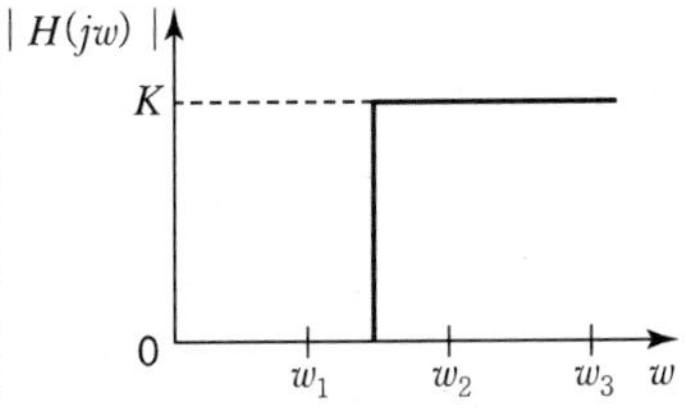

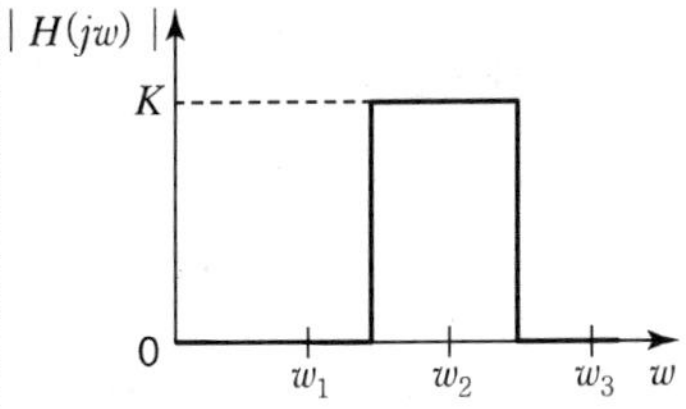

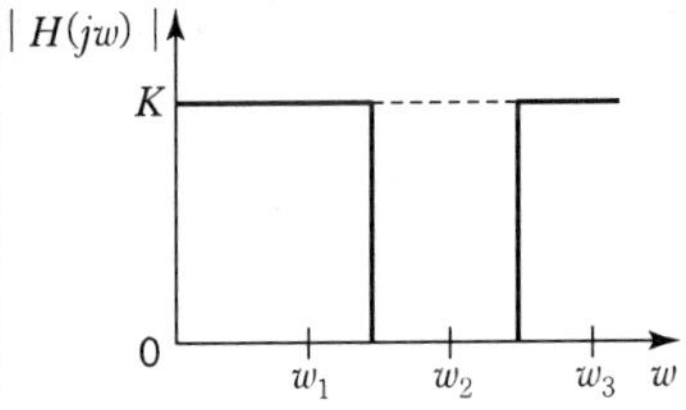

CHAPTER 18 CURRENT THEORY

실제 필터(Practical Filter)

1 개요

① 이상적 필터와 달리 실제 사용하는 필터는 그 주파수 응답의 크기함수가 주파수 w에 대해 연속이므로 통과대역과 저지대역이 명확히 나누어지지 않는다.

② 따라서 차단주파수를 어떻게 둘 것인지 기준이 필요하다.

③ 주파수 응답 크기의 최댓값 $|H(jw)|_{\max}$ 의 $\frac{1}{\sqrt{2}}$ 배가 되는 주파수를 차단주파수로 둔다.

④ 이 주파수를 3[dB] 주파수 또는 반전력 주파수(Half Power Frequency)라고도 한다.

㉠ $|H(jw)|_{\max} = K$, $|H(jw_C)| = \frac{K}{\sqrt{2}}$ 라고 하면 이들의 데시벨 값 차이는

$$K[\text{dB}] - \frac{K}{\sqrt{2}}[\text{dB}] = 20\log K - 20\log\frac{K}{\sqrt{2}}$$

$$= 20\log K - 20\log K + 20\log\sqrt{2} = 20\times\frac{1}{2}\log 2$$

$$= 10\log 2 = 10\times 0.3 = 3[\text{dB}]$$

㉡ $S = \frac{1}{2}Z|I|^2 = \frac{|V|^2}{2Z^*}$ 에서 알 수 있는 바와 같이 정현파 정상상태 전력은 전압 또는 전류진폭의 제곱에 비례한다. 다음의 경우를 고려하자.

입력전압/전류	출력진폭	전력
$x(t) = A\cos(w_{\max}t + \phi)$	$A\|H(jw)\|_{\max} = AK$	$P \propto A^2K^2$
$x(t) = A\cos(w_C t + \phi)$	$A\|H(jw_C)\| = A\times\frac{K}{\sqrt{2}} = \frac{AK}{\sqrt{2}}$	$P \propto \frac{A^2K^2}{2}$

위 표에서 차단주파수에서 출력에 전달되는 전력은 출력진폭이 최대일 때(주파수 응답이 최대) 출력전력의 절반임을 알 수 있다.

2 필터의 차수와 종류

① 필터의 차수는 임의로 정할 수 있으며 전달함수의 분모다항식 차수가 필터 차수이다.

② 필터의 종류(저역, 고역, 대역)는 전달함수로부터 $|H(jw)|$ 를 그려서 판단할 수 있다.

③ 또한 전달함수의 분모, 분자 차수로도 판단 가능(분자 차수가 높을수록 저역>대역>고역 필터가 된다.)

3 종류

	주파수 응답의 크기 특성 $\|H(jw)\|$	전달함수의 형태 $H(s)$	
		1차 필터	2차 필터
저역 통과필터	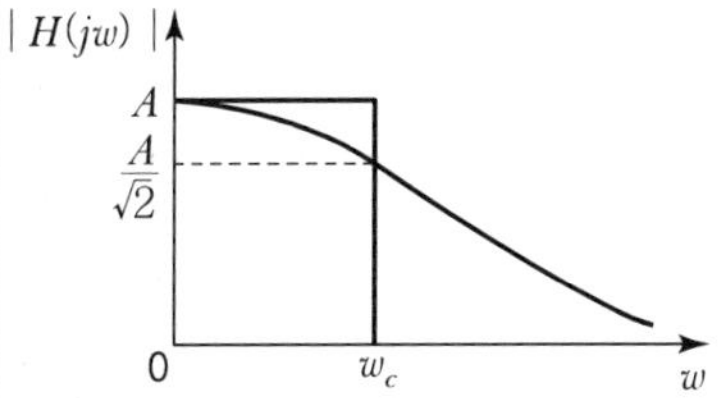 $\|H(jw)\|$, A, $\frac{A}{\sqrt{2}}$, 0, w_c, w	$A\cos(w_1 t+\phi)$	
		$A\cos(w_2 t+\phi)$	0
		$A\cos(w_3 t+\phi)$	
고역 통과필터	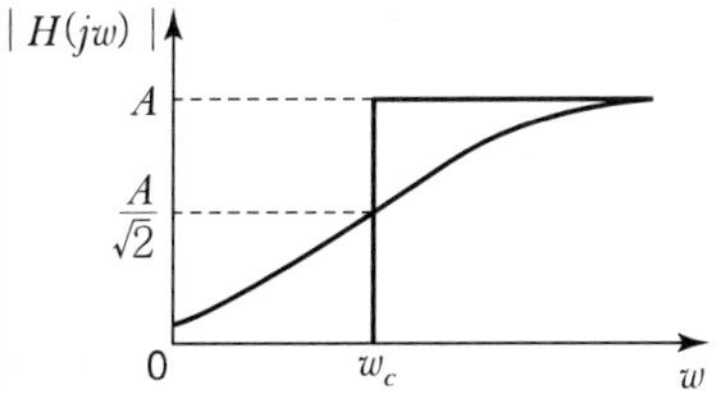 $\|H(jw)\|$, A, $\frac{A}{\sqrt{2}}$, 0, w_c, w	$A\cos(w_1 t+\phi)$	
		$A\cos(w_2 t+\phi)$	$AK\cos(w_2 t+\theta)$
		$A\cos(w_3 t+\phi)$	
대역 통과필터	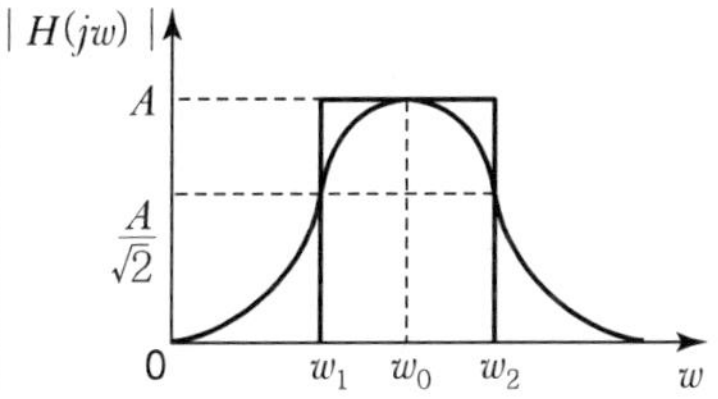 $\|H(jw)\|$, A, $\frac{A}{\sqrt{2}}$, 0, w_1, w_0, w_2, w	$A\cos(w_1 t+\phi)$	
		$A\cos(w_2 t+\phi)$	
		$A\cos(w_3 t+\phi)$	
대역 차단필터	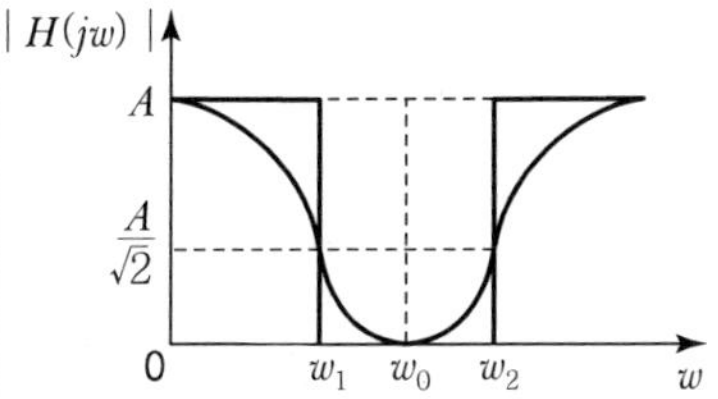 $\|H(jw)\|$, A, $\frac{A}{\sqrt{2}}$, 0, w_1, w_0, w_2, w	$A\cos(w_1 t+\phi)$	
		$A\cos(w_2 t+\phi)$	
		$A\cos(w_3 t+\phi)$	

4 RLC 회로를 이용한 필터 구성

① RC 회로를 이용

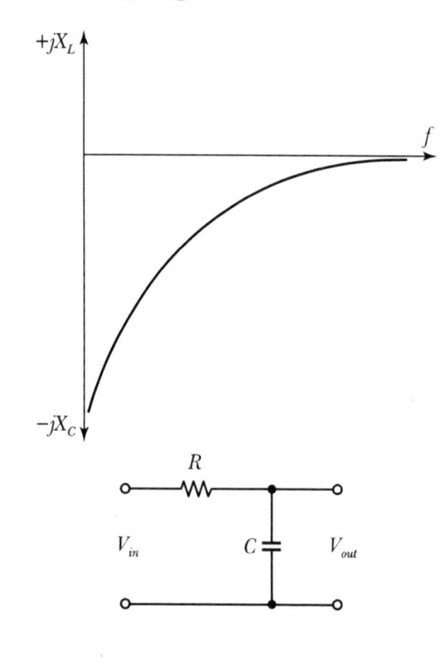

주파수	X_C
$f = 0$	$X_C = \infty$
$f = \infty$	$X_C = 0$

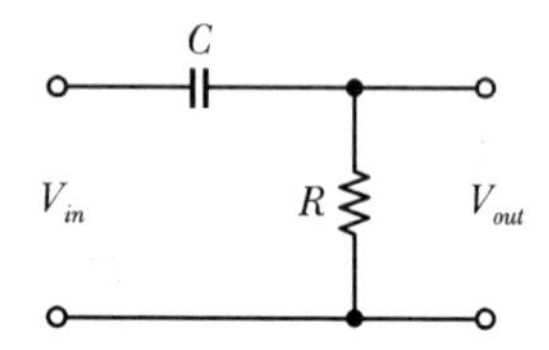

② RL 회로를 이용

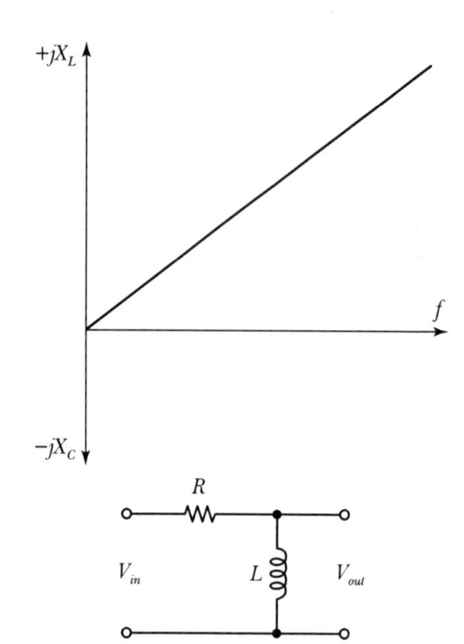

주파수	X_L
$f = 0$	$X_L = 0$
$f = \infty$	$X_L = \infty$

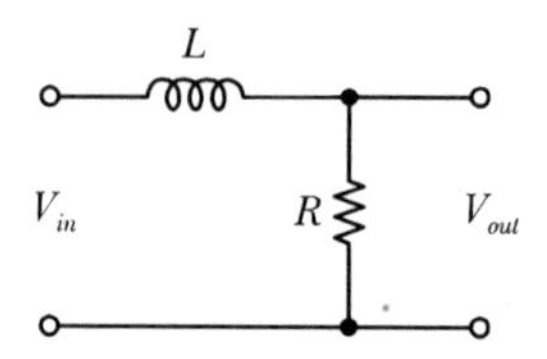

③ RLC 직렬회로를 이용

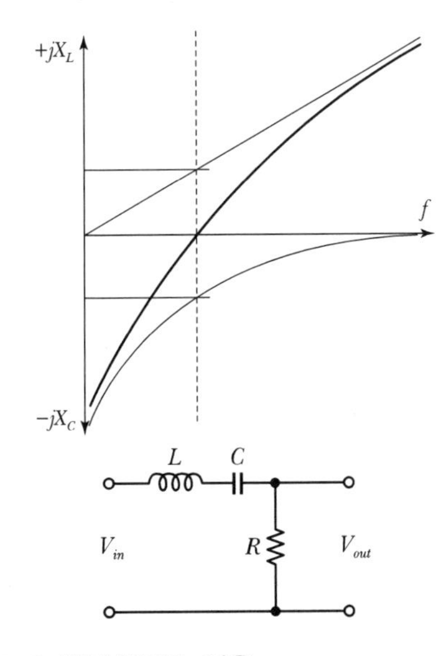

주파수	X
$f=0$	$X=\infty$
$f=f_0$	$X=0$
$f=\infty$	$X=\infty$

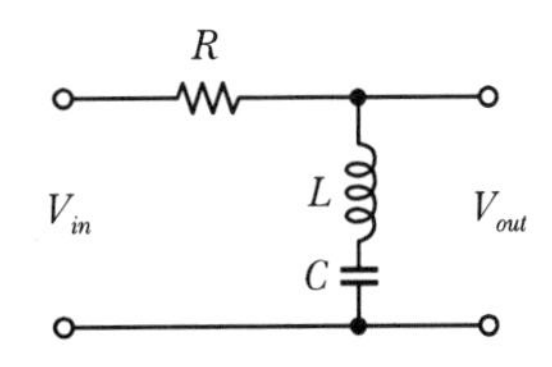

④ RLC 병렬회로를 이용

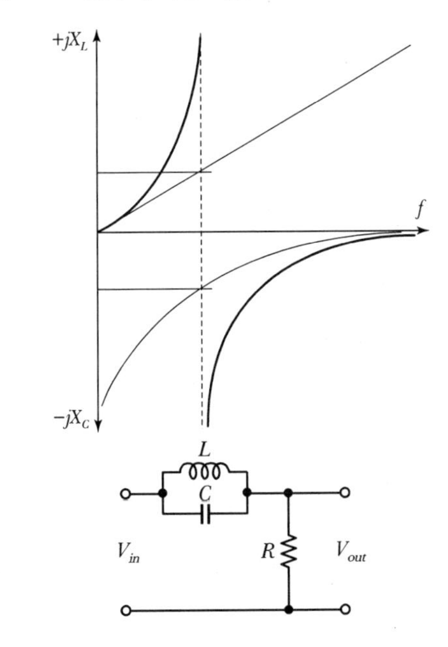

주파수	X
$f=0$	$X=0$
$f=f_0$	$X=\infty$
$f=\infty$	$X=0$

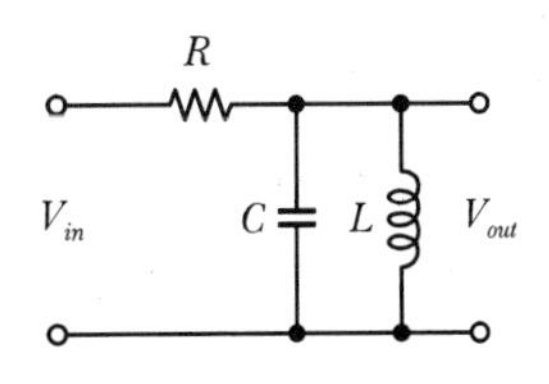

⑤ LC 회로를 이용

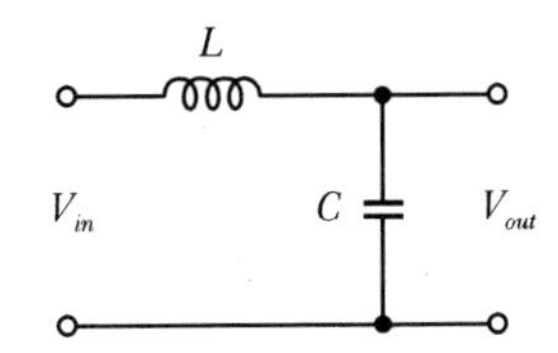

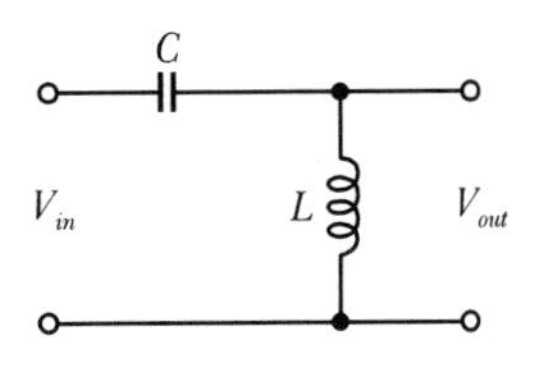

실전문제 CURRENT THEORY

01 다음 LC 회로의 여파기의 종류는 무엇인가?

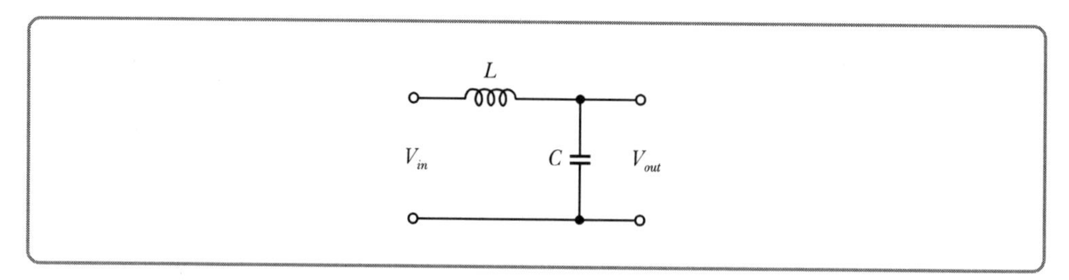

① 저역 여파기
② 고역 여파기
③ 대역 통과 여파기
④ 대역 소거 여파기

02 다음 회로의 특징으로 올바른 것은 무엇인가?

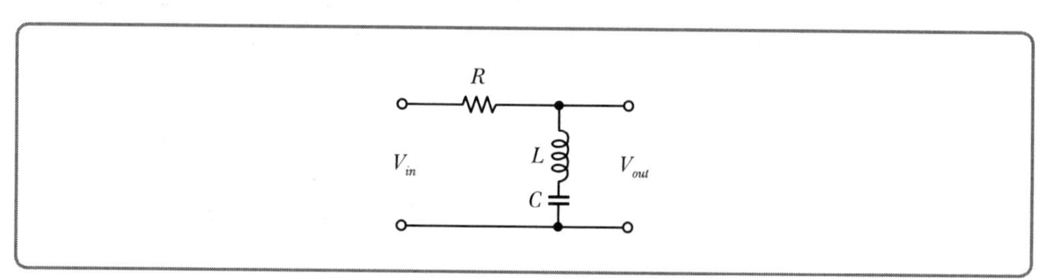

① 대역 통과 여파기이다.
② 통과 주파수의 중심 주파수는 $f = \frac{1}{2\pi LC}$이다.
③ 트랩회로에 많이 활용되고 있다.
④ R은 회로의 전류특정을 제한하는 요소로서 가능한 큰 값을 사용한다.

정답 01 ① 02 ③

03 RL 직렬 부하회로에 $v(t) = \sqrt{2}\ V\sin nwt$[V]의 교류전압이 인가되었다. 교류전압의 차수가 $n = 1$에서 $n = 10$으로 변경되는 경우, 임피던스와 전류의 크기는 어떻게 달라지는가? (단, 과도현상은 무시한다.)

	임피던스	전류 크기		임피던스	전류 크기
①	증가	감소	②	감소	증가
③	증가	증가	④	감소	감소

04 주어진 회로에서 전달함수 $H(s) = \dfrac{V_2(s)}{V_1(s)}$의 필터 특성은 무엇인가?

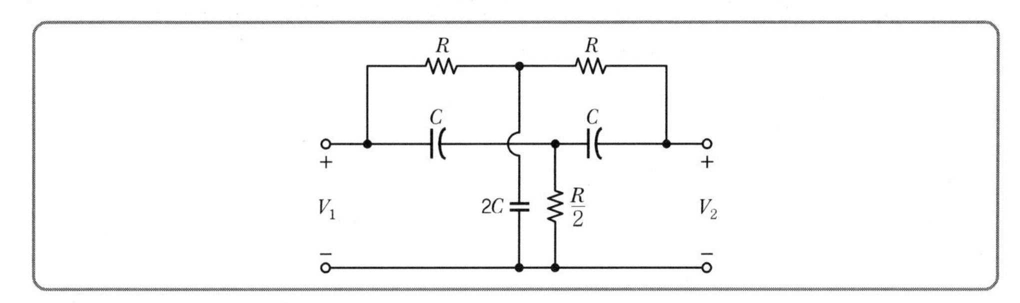

① 저역통과필터(LPF)　② 고역통과필터(HPF)
③ 대역통과필터(BPF)　④ 대역저지필터(BRE)

05 다음 저역통과필터(Low Pass Filter) 회로에서 차단 주파수[Hz]는?

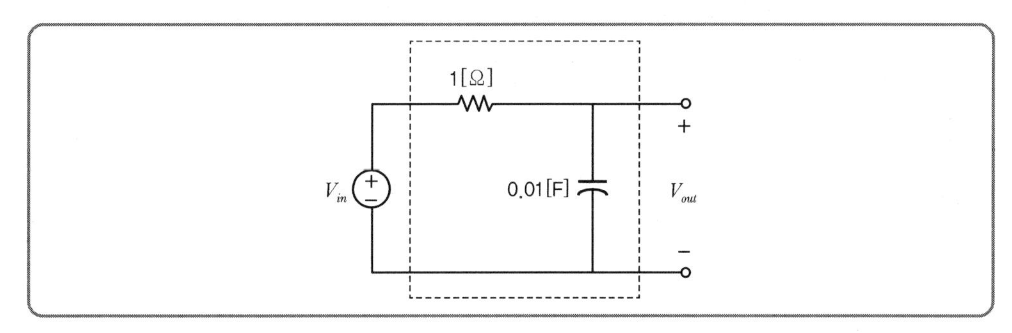

① $\dfrac{0.01}{2\pi}$　② $\dfrac{0.1}{2\pi}$　③ $\dfrac{1}{2\pi}$　④ $\dfrac{10}{2\pi}$
⑤ $\dfrac{100}{2\pi}$

정답 03 ① 04 ④ 05 ⑤

06 2차 필터의 일반식은 $H(s) = \dfrac{a_2 s^2 + a_1 s + a_0}{s^2 + b_1 s + b_0} = \dfrac{N(s)}{D(s)}$ 과 같다. 이 식에서 분자의 형태에 따라 필터의 주파수 선택 특성이 달라지는데 다음 중 옳지 않은 것은?

① 저역통과필터 : $N(s) = a_0$

② 고역통과필터 : $N(s) = a_2 s^2$

③ 대역통과필터 : $N(s) = a_1 s + a_0$

④ 대역제거필터 : $N(s) = a_2 (s^2 + b_0)$

07 다음 $R-C$ 회로에 대한 설명으로 옳은 것은?(단, 입력 전압 v_s의 주파수는 10[Hz]이다.)

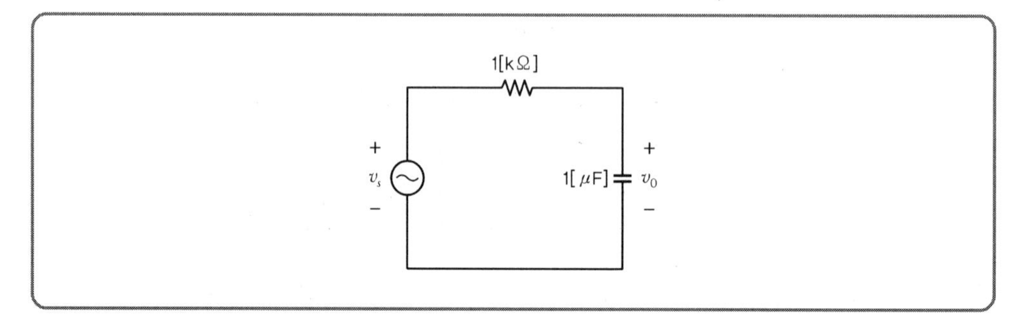

① 차단주파수는 $\dfrac{1,000}{\pi}$[Hz]이다.

② 이 회로는 고역 통과 필터이다.

③ 커패시터의 리액턴스는 $\dfrac{50}{\pi}$[kΩ]이다.

④ 출력 전압 v_o에 대한 입력 전압 v_s의 비는 0.6이다.

정답 06 ③ 07 ③

08 그림 (a)와 같이 미지의 선형 시불변 회로에, 그림 (b)와 같은 주파수 스펙트럼을 갖는 입력전압 $v_i(t)$를 인가했을 때 직류인 출력전압 $v_o(t)$를 얻었다면, 미지의 선형회로로 가장 적합한 것은?

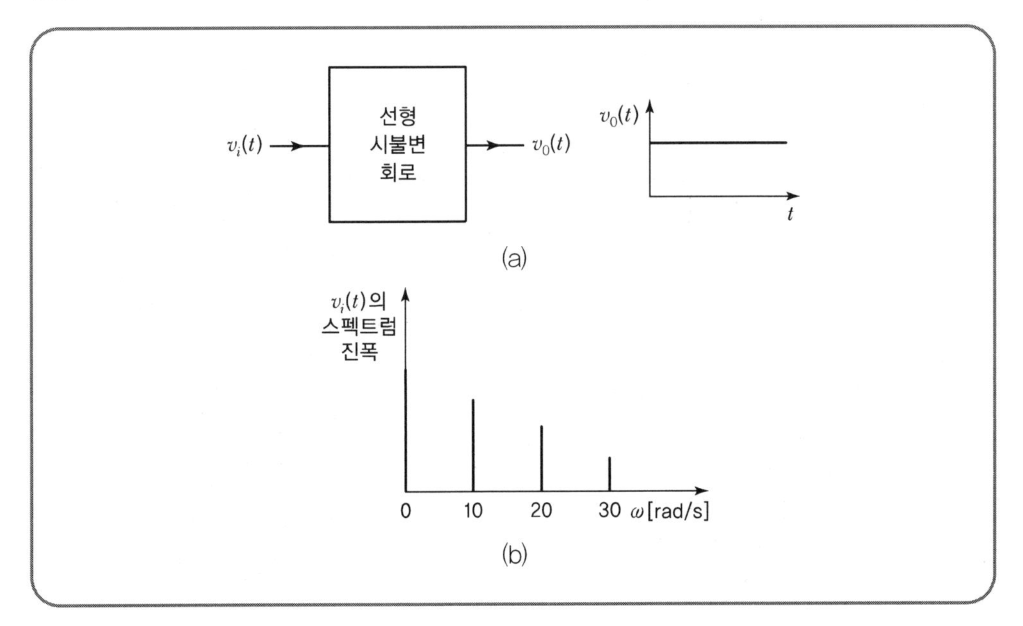

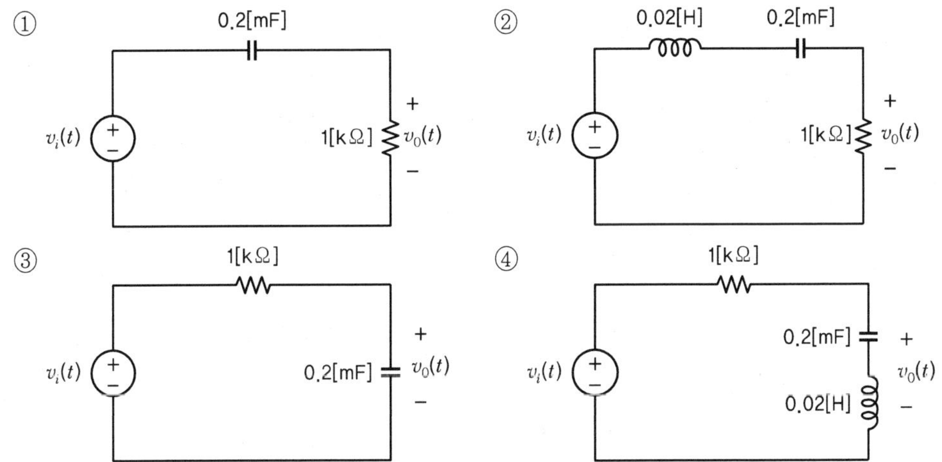

정답 08 ③

09 아래 그림과 같이, 크기가 1[V]이고 주기가 T_p인 구형파를 중심 주파수가 $f_p(=1/T_p)$이고, 전달함수의 크기가 1인 대역통과 여파기의 입력신호로 인가할 때 여파기의 출력파형은 무엇인가?(단, $\frac{f_p}{2} < f_1 < f_p < f_2 < 2f_p$로 가정한다.)

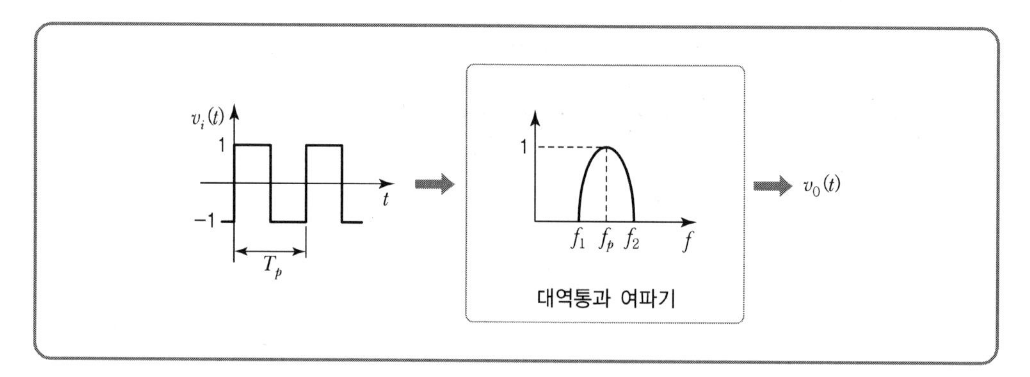

①
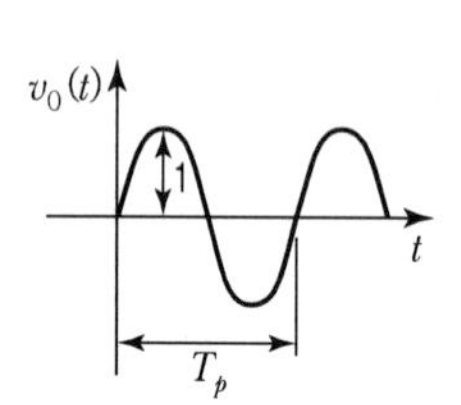

②
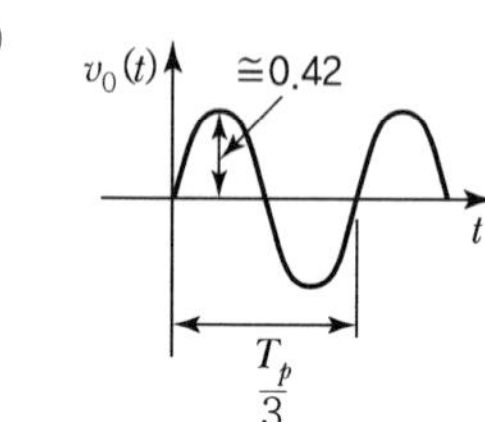

③
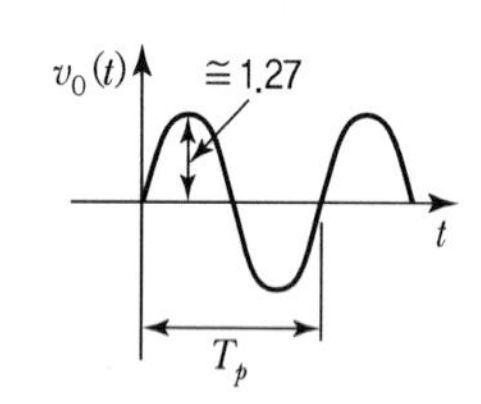

④
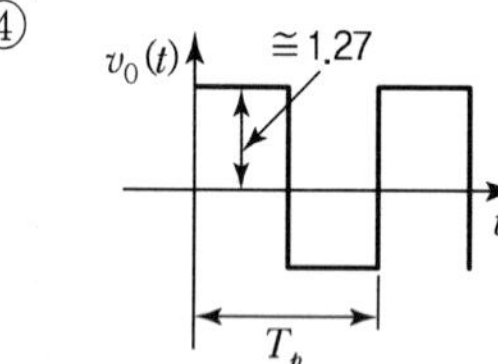

정답 09 ③

PART

06

과도현상

CHAPTER 01

CURRENT THEORY

펄스 파형의 특성

1 과도현상 1(RC 회로)

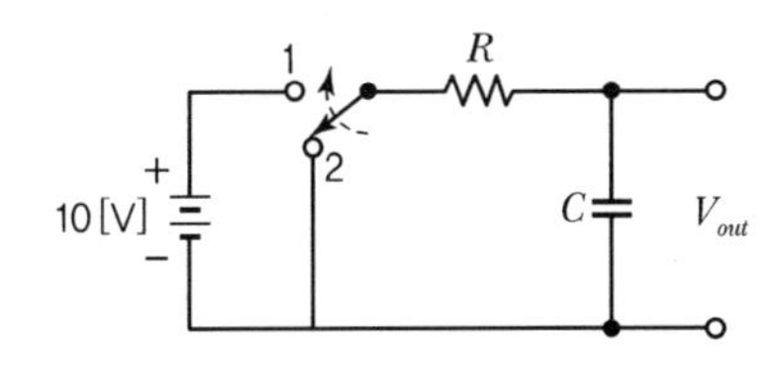

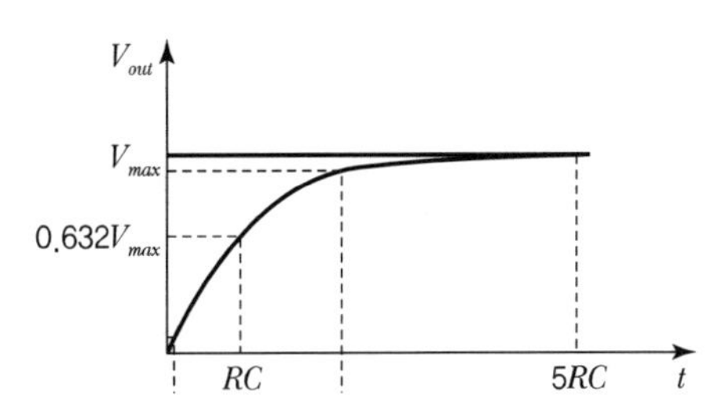

① **시정수(Time Constant)** : 각 순시전압 또는 전류의 크기를 결정하는 요소로서, 충 · 방전의 동작 속도를 나타내는 지표가 된다.

$r = RC$[sec] 단, r는 시정수(RC 회로)

② **충전 시 정수** : 콘덴서가 충전할 때, $v_c = V(1-e^{-1}) \fallingdotseq V(1-0.368) \fallingdotseq 0.632$[V]로서, 전원전압 V의 약 63.2%가 될 때까지의 시간

③ **방전 시 정수** : 콘덴서가 방전할 때의 $v_c = Ve^{-1} = 0.368V$로서, 전원전압 V가 36.8%까지 감소하는 시간

④ **완전 충방전 시간** : 시성수의 5배가 되면 최댓값의 99.3%까지 충 · 방전됨

⑤ **상승시간(Rising Time)** : 실제의 펄스가 이상적 펄스와 진폭 V_m 의 10~90%까지 상승하는 데 걸리는 시간

$$t_r = 2.2RC = \frac{2.2}{2\pi f} \left(f = \frac{1}{2\pi RC},\ RC = \frac{1}{2\pi f}\right)$$

2 과도현상 2(RLC 회로)

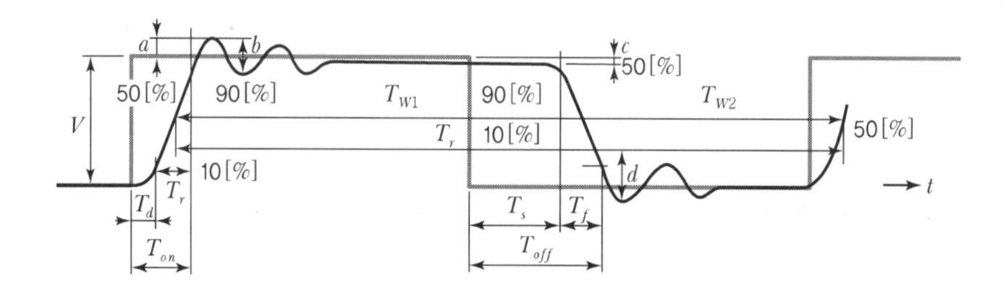

① **펄스파형** : 짧은 시간에 전압 또는 전류의 진폭이 sin 파와는 다르게 급격히 변화하는 파형

② **상승시간**(t_r : Rise Time) : 실제의 펄스가 이상적 펄스와 진폭 V_m의 10~90%까지 상승하는 데 걸리는 시간

③ **지연시간**(t_d : Delay Time) : 이상적인 펄스의 상승시간으로부터 진폭의 10%까지 이르는 실제의 펄스 시간

④ **하강시간**(t_f : Fall Time) : 실제의 펄스가 이상적인 펄스의 진폭 V_m 의 90%에서 10%까지 내려가는 데 걸리는 시간

⑤ **펄스 폭**(t_w : Pulse Time) : 펄스 파형이 상승 및 하강의 진폭 V_m 의 50%가 되는 구간의 시간

⑥ **오버슈트**(Over Shoot) : 상승 파형에서 이상적 펄스파의 진폭 V_m 보다 높은 부분의 높이 : a

⑦ **언더슈트**(Under Shoot) : 하강 파형에서 이상적 펄스파의 기준 레벨보다 아랫부분의 높이 : d

⑧ **새그**(s, Sag) : 내려가는 부분의 정도 $\frac{c}{V_m} \times 100\%$ (저역 특성이 나쁘기 때문)

⑨ **링잉**(b, Ringing) : 펄스의 상승 부분에서 진동의 정도를 말하며, 높은 주파수에서 공진하기 때문에 생기는 현상

3 여러 가지 용어들

① **정상상태** : 전압, 전류 등이 일정한 값에 도달한 상태

② **과도상태** : 정상상태에 이르는 사이를 과도상태라 하고, 그 기간을 과도기간이라 함

③ **과도현상** : 과도기간에 나타나는 전류나 여러 가지 현상

④ **시상수** : RC 회로에 전압을 가하면, C에 전하가 충전되어 정상값의 63.2%에 도달할 때까지의 시간을 [sec]로 표시한 것으로 C와 R의 곱과 같음

● 실전문제 CURRENT THEORY

01 펄스 폭이 2[ms]이고, Duty Cycle이 40[%]인 구형파가 있다. 이 펄스의 반복 주파수는 얼마인가?

① 2,000[Hz]　　② 1,000[Hz]
③ 500[Hz]　　④ 200[Hz]

02 다음 그림과 같은 회로의 상승시간(Rise Time)은?

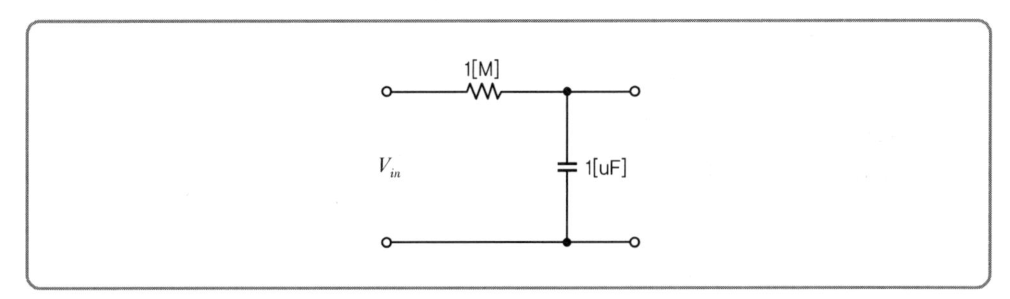

① 0.1초　　② 0.22초
③ 1초　　④ 2.2초

정답 01 ④ 02 ④

CHAPTER 02

CURRENT THEORY

함수의 연속/불연속

1 커패시터(C)와 인덕터(L)의 특성

구분	커패시터(C)	인덕터(L)
전류 전압 관계식	$i = C\dfrac{dv}{dt}$ $v = \dfrac{1}{C}\int idt$ $v(t) = \dfrac{1}{C}\int_{t_0}^{t} i(x)dx + v(t_0)$	$v = L\dfrac{di}{dt}$ $i = \dfrac{1}{L}\int vdt$ $i(t) = \dfrac{1}{L}\int_{t_0}^{t} v(x)dx + i(t_0)$
전압 전류 연속성	$v_C(t_0-) = v_C(t_0+)$	$i_L(t_0-) = i_L(t_0+)$
직류 정상 상태	커패시터는 개방상태(전류=0)가 됨	인덕터는 단락상태(전압=0)가 됨

2 함수의 극한과 연속

① 함수의 연속은 극한값의 존재를 전제로 한다. 즉, $t = t_0$에서 함수 $f(t)$의 연속 여부를 따지기 전에 $t \to t_0$일 때 함수 $f(t)$의 극한값이 존재하는지 판단해야 한다.

② 함수의 극한값 존재 여부는 수학적으로 정의하기가 어렵다($\varepsilon - \delta$ 정리). 그러나 회로에서는 고등학교 때의 좌극한, 우극한 개념 정도만 필요하다. 즉, $f(t_0-) = f(t_0+)$이면 '$t \to t_0$일 때 함수 $f(t)$의 극한값이 존재한다.'고 한다.

③ $t \to t_0$일 때 함수 $f(t)$의 극한값과 $t = t_0$에서 함수값 $f(t_0)$가 같으면 $f(t)$는 $t = t_0$에서 연속이다.

3 불연속함수의 유형

연속함수	불연속함수-1	불연속함수-2
$f(t)$, 1, a, t	$f(t)$, 2, 1, a, t	$f(t)$, 2, 1, a, t

4 회로이론에서 함수의 연속 및 불연속의 표현

① $t=t_0$에서 연속인 함수 $f(t)$

㉠ $t \to t_0$일 때의 극한값이 존재

㉡ $t=t_0$의 좌측으로부터 취한 극한값을 $f(t_0-)$ ➡ 좌극한

㉢ $t=t_0$의 우측으로부터 취한 극한값을 $f(t_0+)$ ➡ 우극한

㉣ 연속이기 위해서는 좌극한과 우극한의 값이 같아야 함 ➡ $f(t_0-)=f(t_0+)$

㉤ 또 극한값과 $f(t_0)$가 같으므로, $f(t_0-)=f(t_0)=f(t_0+)$이다.

② $t=t_0$에서 불연속인 함수 $f(t)$

㉠ $t \to t_0$일 때의 극한값이 존재하지 않음

㉡ 좌극한과 우극한의 크기가 같지 않음 ➡ $f(t_0-) \neq f(t_0+)$

㉢ 이때 $f(t_0)$값은 정의되지 않아도 됨. 굳이 정의한다면 $f(t_0)=f(t_0+)$로 두면 됨

≫ 예제 1

문제 **다음 함수들의 $t=t_0$에서의 연속 여부를 판단하고 불연속이면 $f(t_0+)$, $f(t_0-)$값을 각각 구하여라.**

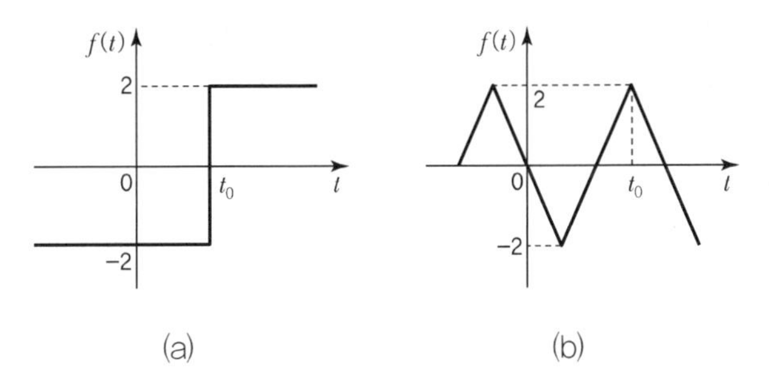

풀이

(a) = 불연속, (b) = 연속

CHAPTER 03 CURRENT THEORY

정상상태응답

1 강제응답, 고유응답

강제응답은 전원에 의한 응답이다. 고유응답은 회로의 자체적 특성에 의한 응답으로서 전원과 무관하게 존재하여 미분방정식을 풀면 늘 일정한 형태로 존재한다.

2 정상상태응답, 과도응답(Steady State Response, Transient Response)

고유응답은 시간이 경과함에 따라 0으로 수렴(소멸)하는 것과 크기가 증가하거나 진동하는 것(발산)으로 나눌 수 있는데, 이 가운데 시간 경과에 따라 0으로 수렴하는 고유응답을 과도응답이라고 한다. 과도응답이 있는 경우 회로에 전원을 걸어준 뒤 시간이 어느 정도 흐르면 고유응답은 소멸하고 강제응답만 남아 있는 상태라고 할 수 있다.

3 정상상태의 종류

① 직류 정상상태
② 정현파(교류) 정상상태(Phasor 해석, 푸리에 급수 해석 등)

4 회로상 정상상태의 존재 여부

정상상태의 존재 여부는 우선 회로의 고유응답이 0으로 수렴하느냐를 따져보아야 한다. 일반적으로 '정상상태응답=강제응답'으로 생각하기 쉬운데 이 관계식이 항상 성립하는 것은 아니다. 정상상태가 존재하려면 우선 회로구동 후 일정시간이 경과하면 강제응답만이 남아 있어야 한다. 그러나 고유응답이 0으로 수렴하지 않고 발산한다면 아무리 시간이 지나도 회로에는 고유, 강제응답이 모두 존재하게 된다. 결과적으로 고유응답이 0으로 수렴해야만 정상상태응답이 존재할 수 있고 이때 정상상태응답은 미분방정식의 강제응답이 된다.

실전문제 CURRENT THEORY

01 다음 회로에서 직류전압 $V_s = 10$[V]일 때, 정상상태에서의 전압 V_c[V]와 전류 I_R[mA]은?

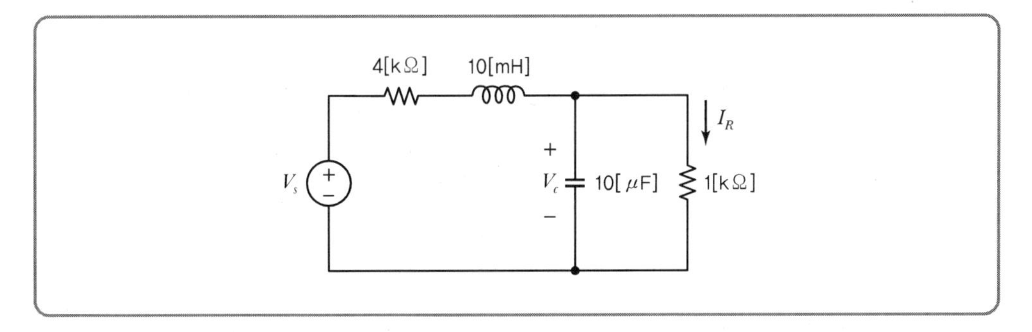

	V_c	I_R
①	8	20
②	2	20
③	8	2
④	2	2

02 다음 회로에서 정상상태에 도달하였을 때, 인덕터와 커패시터에 저장된 에너지[J]의 합은?

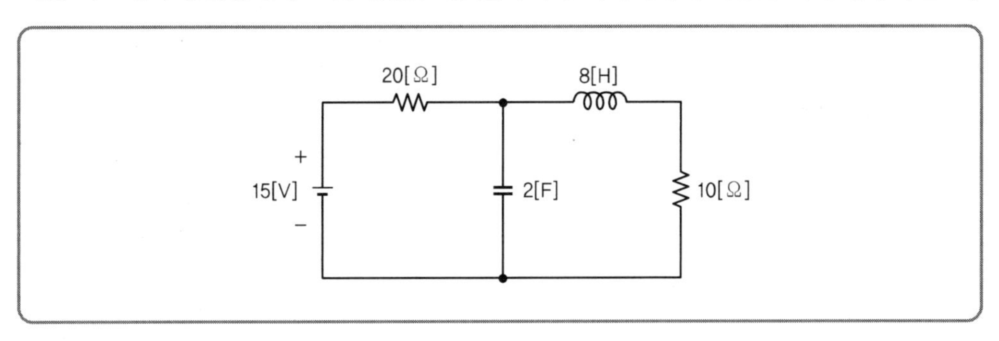

① 2.6
② 26
③ 260
④ 2,600

정답 01 ④ 02 ②

03 다음 회로가 정상상태를 유지하는 중, $t=0$에서 스위치 S를 닫았다. 이때 전류 i의 초기전류 $i_{(0+)}$[mA]는?

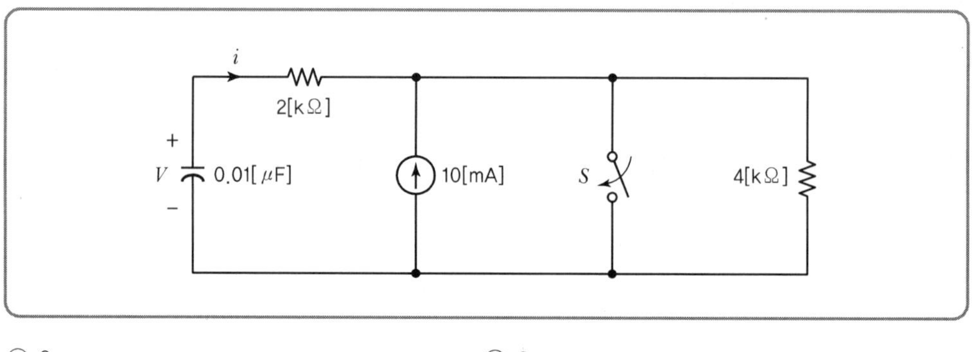

① 0 ② 2
③ 10 ④ 20

04 그림과 같은 교류 회로에 전압 $v(t)=100\cos(2{,}000t)$[V]의 전원이 인가되었다. 정상상태(Steady State)일 때 10[Ω] 저항에서 소비하는 평균전력[W]은? 20년 서울시 9급

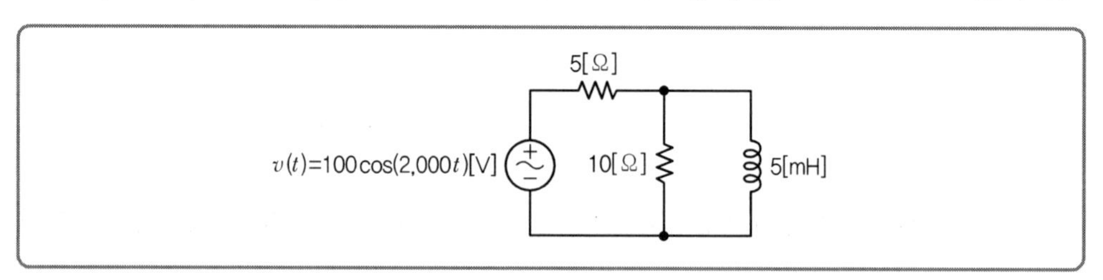

① 100[W] ② 200[W]
③ 300[W] ④ 400[W]

정답 03 ④ 04 ②

CHAPTER 04 CURRENT THEORY

RC 직렬회로의 펄스 응답

1 SW2로 일정시간을 유지한 후 ➡ SW1로 변환할 때(콘덴서 충전)

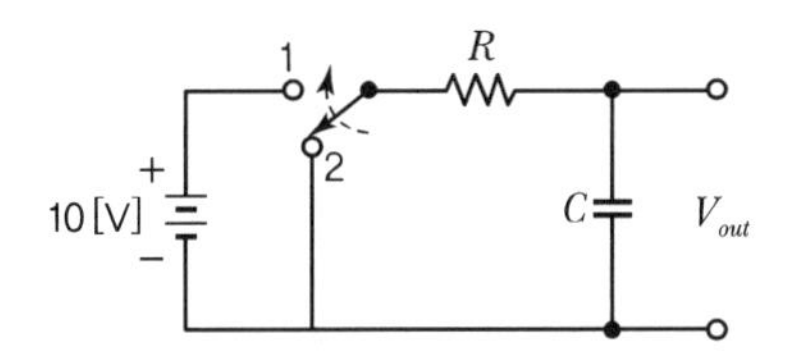

회로에서 SW1로 닫았을 경우, 닫는 순간 즉 $t=0$[sec]에서 $\frac{E}{R}$인 전류가 콘덴서에 흐른다. 시간이 경과됨에 따라 충전전류는 지수함수적으로 감소한다. 이것은 콘덴서가 직류전원에 대해서 처음 변할 때는 단락상태로 동작하다가 시간이 지남에 따라 개방상태로 변하기 때문이다.

① 충전전류 : $i=\frac{E}{R}e^{-\frac{t}{RC}}$ [A]

② 저항전압 : $v_R=R\cdot i=Ee^{-\frac{t}{RC}}$ [V]

③ 콘덴서 전압 : $vc=E-v_R=E-Ee^{-\frac{t}{RC}}=E\left(1-e^{-\frac{t}{RC}}\right)$

2 SW1로 일정시간을 유지한 후 ➡ SW2로 변환할 때(콘덴서 방전)

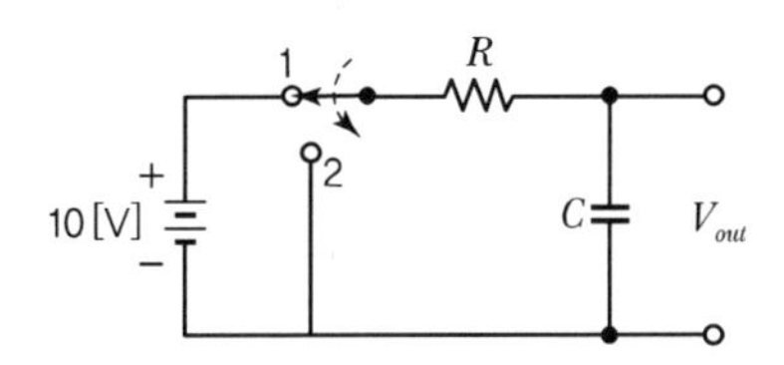

회로에서 콘덴서가 충분히 충전되고 난 후에 SW2로 닫게 되면($t=0$[sec]), 콘덴서에 충전되어 있던 전압이 R을 통해 방전되어, 콘덴서의 전압이 E[V]를 시점으로 지수함수적으로 감소된다. 콘덴서에서 방전되는 전압만큼 R에서 소모하게 된다.

① 방전전류 : $i=-\frac{E}{R}e^{-\frac{t}{RC}}$ [A]

② 저항전압 : $v_R=R\cdot i=-Ee^{-\frac{t}{RC}}$ [V]

③ 콘덴서 전압 : $v_C=-v_R=-Ee^{-\frac{t}{RC}}$ [V] ($v_C+v_R=0$ [V])

실전문제 CURRENT THEORY

01 그림과 같은 회로에 Step 전압을 인가하면 출력전압은?(단, C는 미리 충전되어 있지 않은 상태이다.)

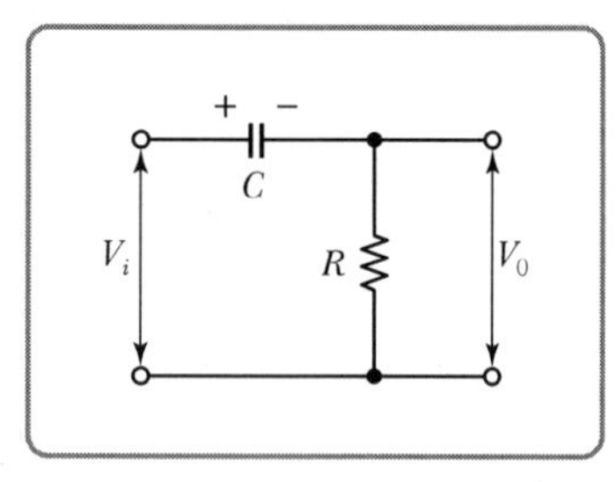

① 아무것도 나타나지 않는다.
② 같은 모양의 Step 전압이 나타난다.
③ 처음엔 입력과 같이 변했다가 지수적으로 감쇠한다.
④ 0부터 지수적으로 증가한다.

02 다음 단일 구형파를 그림과 같은 회로에 인가할 경우 출력에 나오는 출력 파형은?

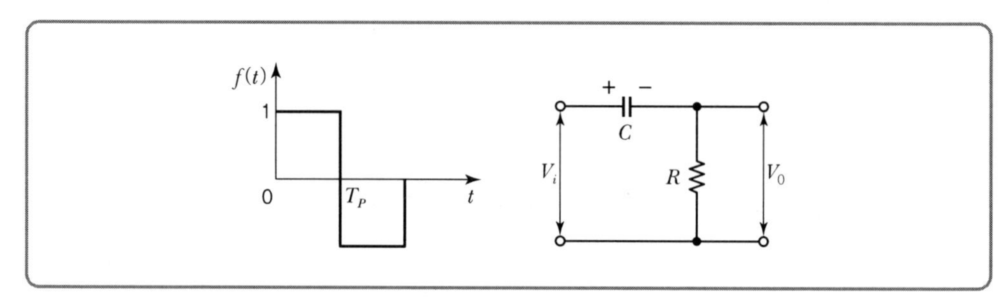

①
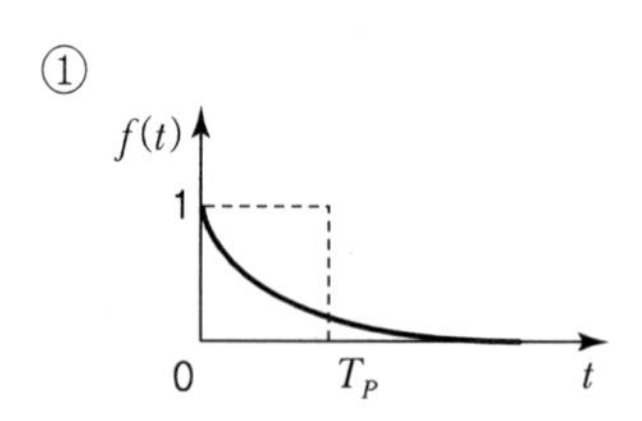

②
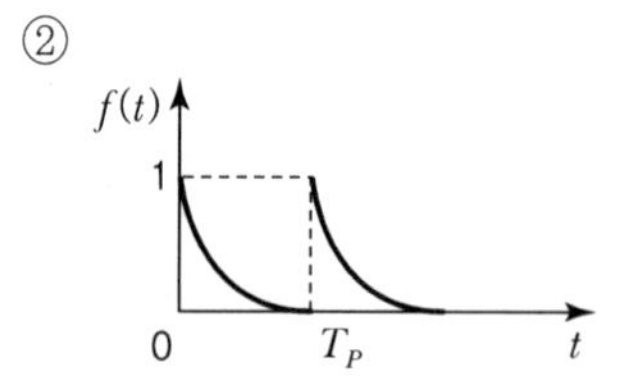

③
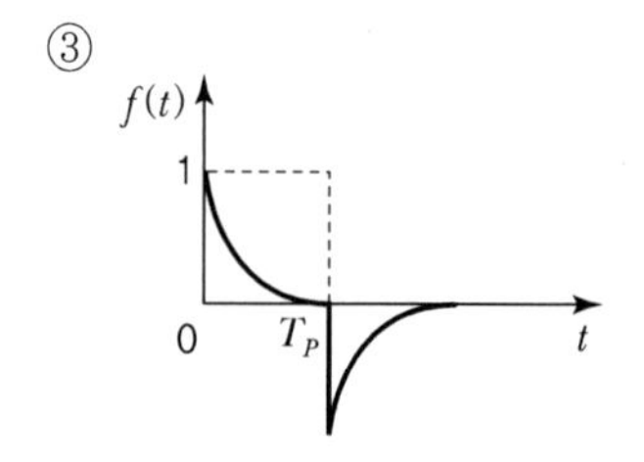

④
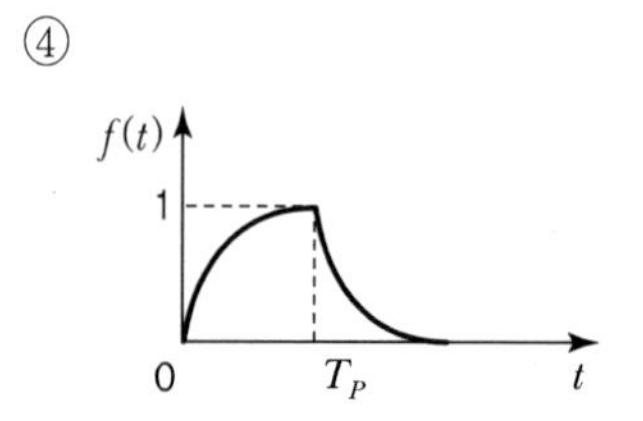

정답 01 ③ 02 ③

03 다음 회로에서 구형파의 입력을 가하는 경우 출력단의 전압 v_o 의 파형은?(단, $RC \gg \tau$ 이다.)

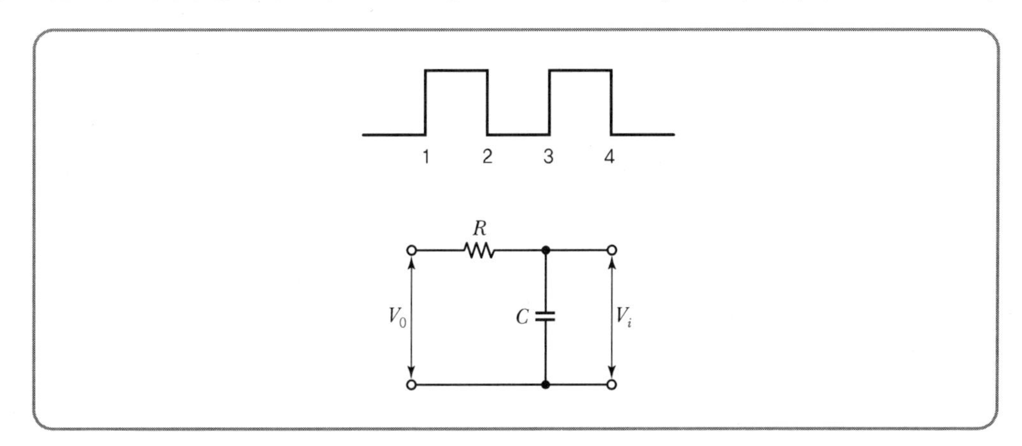

① 1 2 3 4

② 1 2 3 4

③ 1 2 3 4

④ 1 2 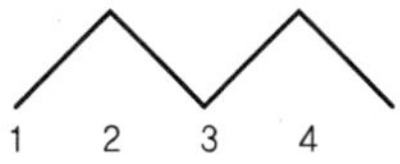 3  4

04 다음과 같은 RC 회로에 직류 기전력을 가했을 때 해당되지 않는 그림은?

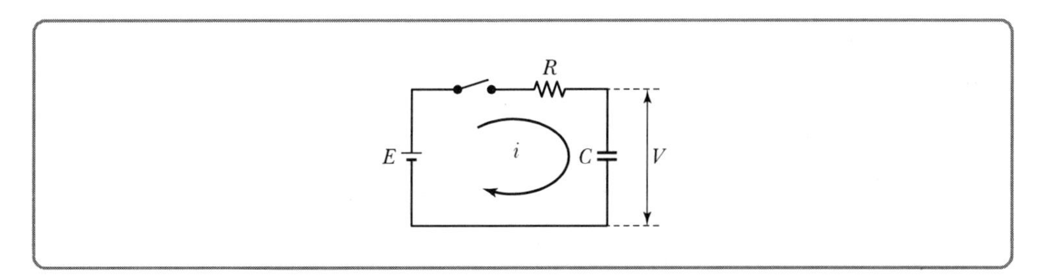

① q, $Q=CE$, t

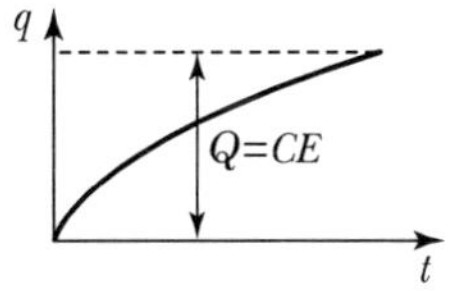

② i, $I=E/R$, t

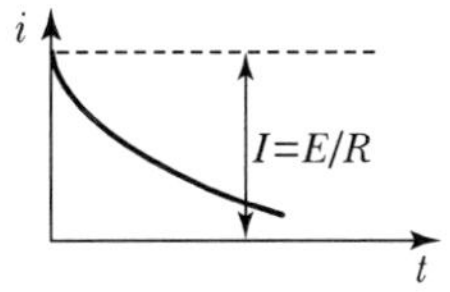

③ q, $Q=CE$, t

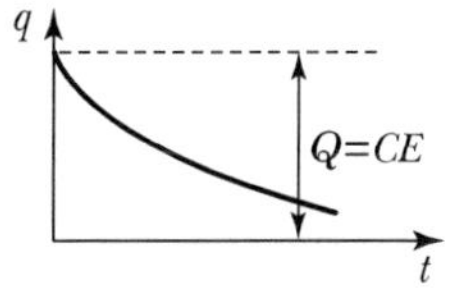

④ V, $V=E$, t

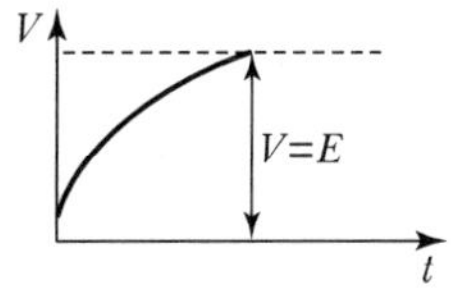

정답 03 ② 04 ③

05 다음 RC회로에서 $R=50[\text{k}\Omega]$, $C=1[\mu\text{F}]$ 일 때, 시상수 $\tau[\text{sec}]$는?

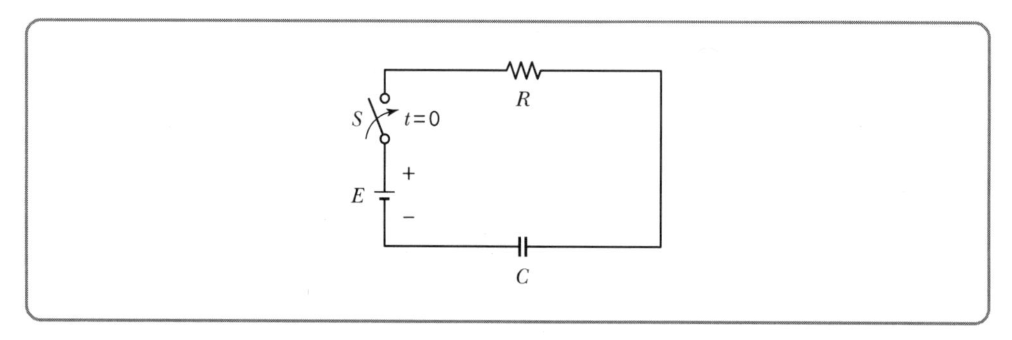

① 2×10^{2}　　② 2×10^{-2}

③ 5×10^{2}　　④ 5×10^{-2}

06 다음 회로에서 스위치를 움직일 때 충전시간(②)과 방전시간(①)에 대한 설명으로 옳은 것은?

18년 지방직 9급

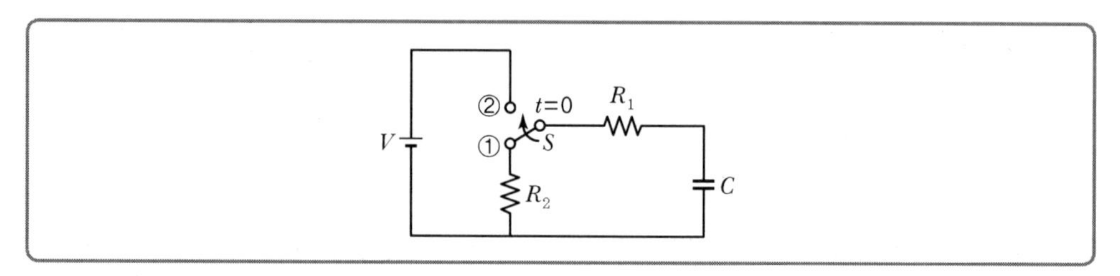

① 방전보다 충전시간이 길다.

② 충전보다 방전시간이 길다.

③ 충전과 방전시간이 같다.

④ 전압 에너지에 따라서 충전과 방전시간이 달라진다.

정답 05 ④ 06 ②

07 다음 $R-C$ 직렬회로에서 $t=0$의 시점에 스위치 SW를 닫은 후, 회로에 흐르는 전류 $i_c(t)$[A]의 파형은?(단, 콘덴서 C의 초기 충전 전하량은 0이다.)

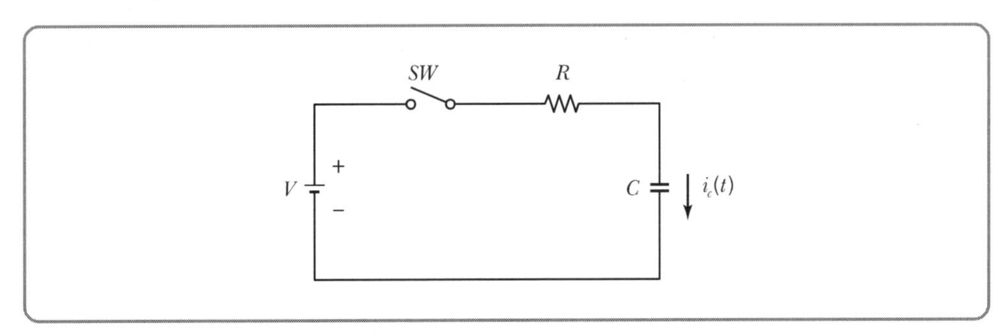

①
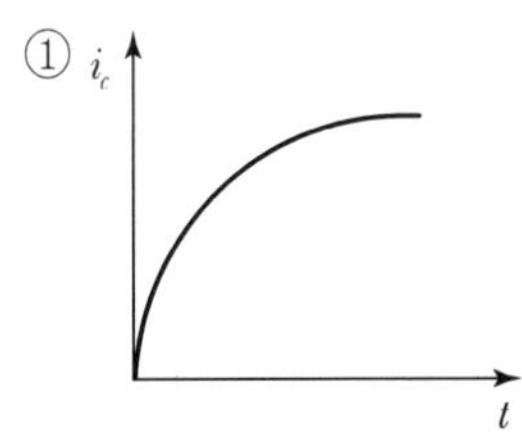

②
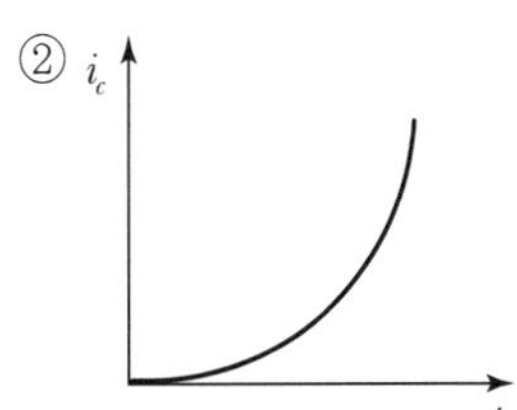

③
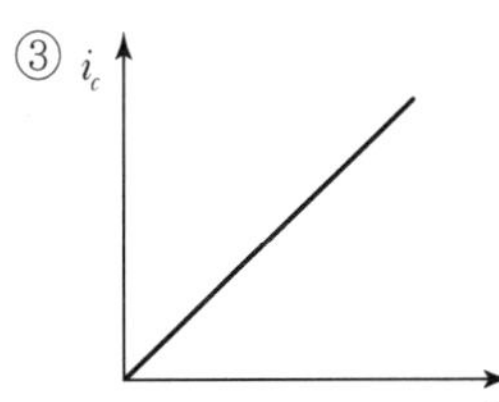

④
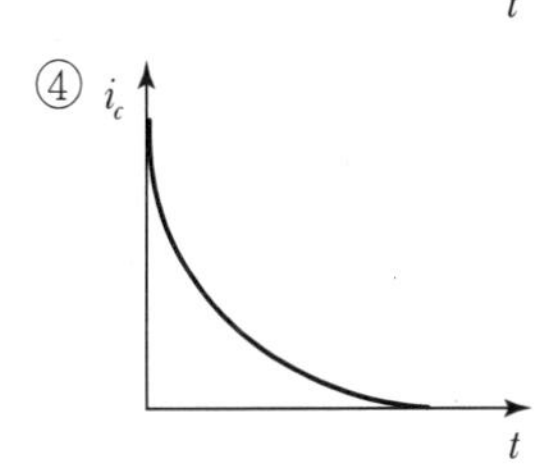

정답 07 ④

08 그림 (a)와 같이 RC 회로에 V_s의 크기를 갖는 직류전압을 인가하고 스위치를 On 시켰더니 콘덴서 양단의 전압 V_c가 그림 (b)와 같은 그래프를 나타내었다. 이 회로의 저항이 1,000[Ω]이라고 하면 콘덴서 C의 값은?

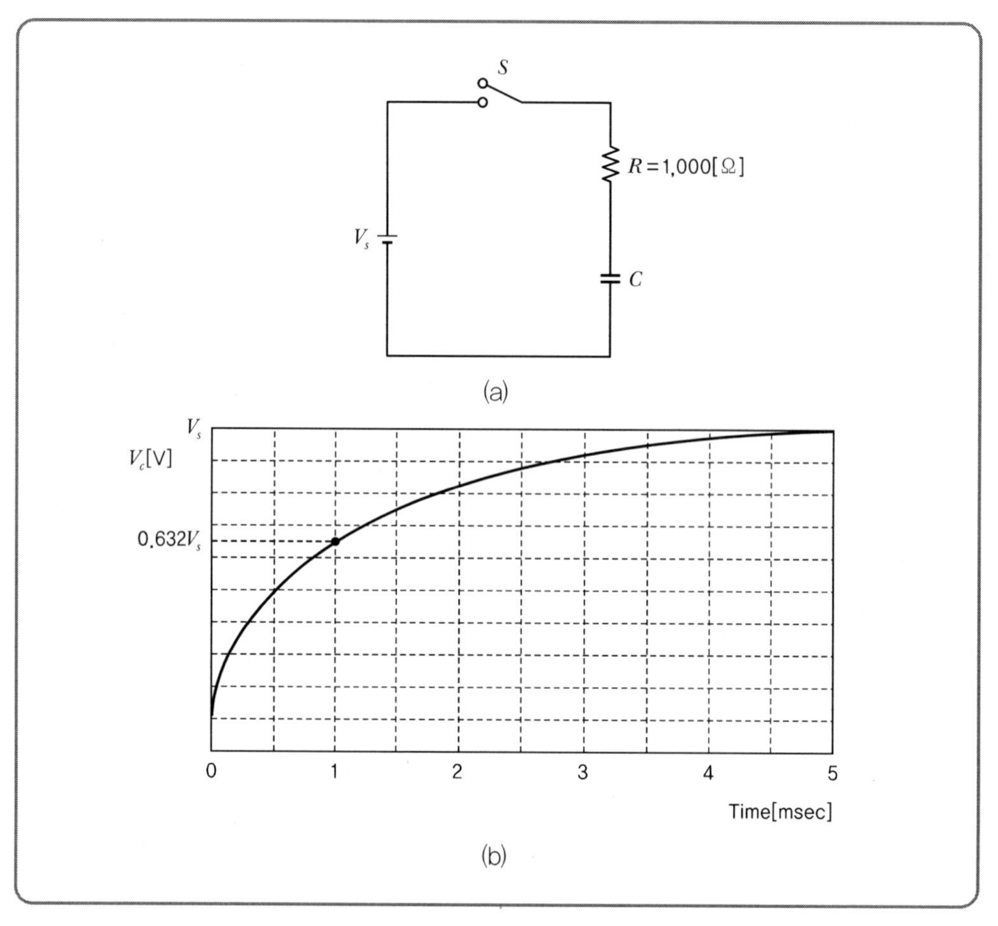

① 0.1[mF]　　② 1[mF]

③ 1[μF]　　④ 10[μF]

정답 08 ③

CHAPTER 05 CURRENT THEORY

RL 직렬회로의 펄스 응답

1 SW2로 일정시간을 유지한 후 ➡ SW1로 변환할 때(코일 충전)

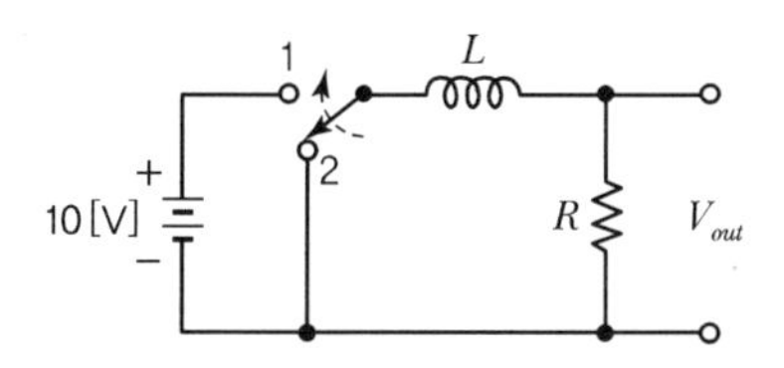

회로에서 스위치를 닫는 순간, 즉 $t=0$[sec]에는 회로에 전류가 흐르지 않는다(코일이 개방의 형태로 동작). 시간이 경과됨에 따라 전류는 지수함수적으로 증가해 최종값인 $\frac{E}{R}$에 도달한다(코일은 단락의 형태로 동작).

① 충전전류 : $i = \frac{E}{R}\left(1-e^{-\frac{R}{L}t}\right)$[A]

② 저항전압 : $v_R = R \cdot i = E\left(1-e^{-\frac{R}{L}t}\right)$[A]

③ 코일 전압 : $v_L = E - v_R = E - E\left(1-e^{-\frac{R}{L}t}\right) = Ee^{-\frac{R}{L}t}$[V], $(v_L + v_R = E[\text{V}])$

2 SW1로 일정시간을 유지한 후 ➡ SW2로 변환할 때(코일 방전)

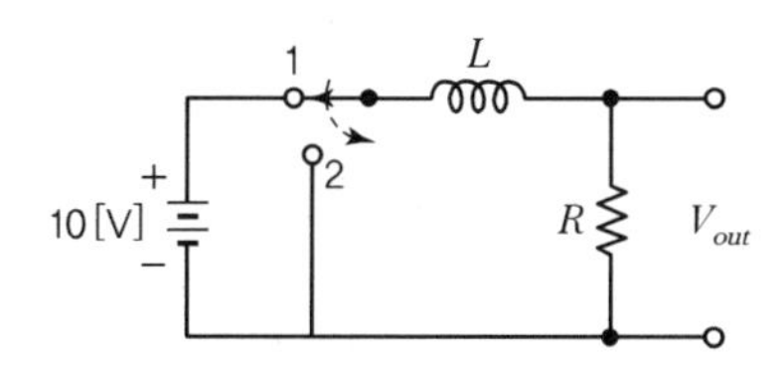

코일이 충분히 충전되고 난 후에 SW2를 닫게 되면, 코일에 충전되어 있던 전류가 R을 통해 방전되어, 코일의 전류가 $\frac{E}{R}$를 시점으로 지수함수적으로 감소된다.

① 방전전류 : $i = \frac{E}{R}e^{-\frac{R}{L}t}$[A]

② 저항전압 : $v_R = R \cdot i = Ee^{-\frac{R}{L}t}$[V]

③ 코일 전압 : $v_L = -v_R = -Ee^{-\frac{R}{L}t}$[V]$(v_L + v_R = 0[\text{V}])$

* 콘덴서 : 유전체에 전기장의 형태로 에너지 보존
* 코일 : 코일 주변 자기장의 형태로 에너지 보존

실전문제 CURRENT THEORY

01 RL 직렬회로의 시정수 T는 얼마인가?

① $\frac{wL}{R}$　② $\frac{R}{wL}$　③ $\frac{L}{R}$　④ $\frac{R}{L}$

⑤ wLR

02 다음 회로에서 입력을 구형파로 인가하였을 때 출력파형이 틀린 것은? 07년 국가직 9급

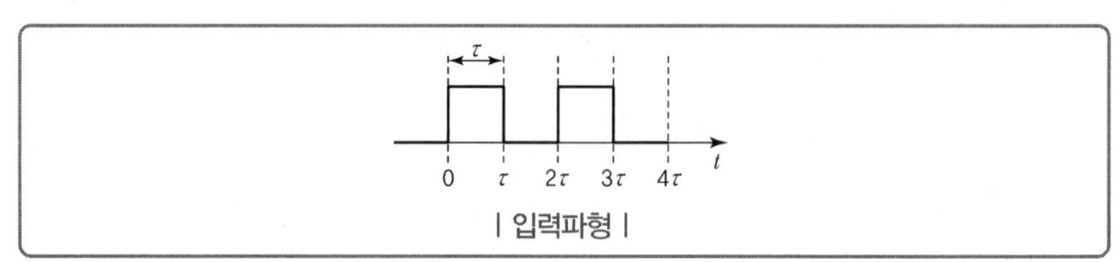

| 입력파형 |

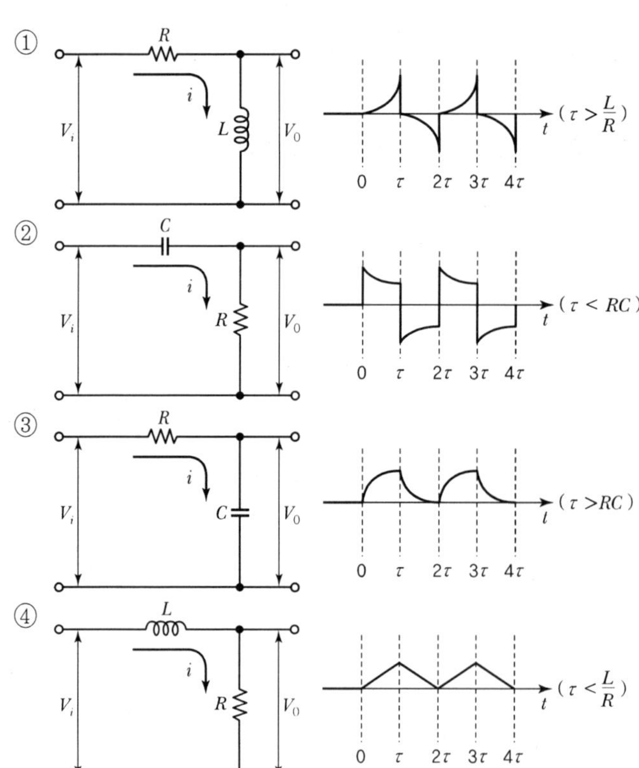

정답 01 ③ 02 ①

03 다음 회로에서 입력에 계단함수(Step Function)를 인가하였더니 V_o와 V_s가 그림과 같았다. $R = 1[\text{k}\Omega]$이라 할 때 L값으로 가장 적당한 것은?

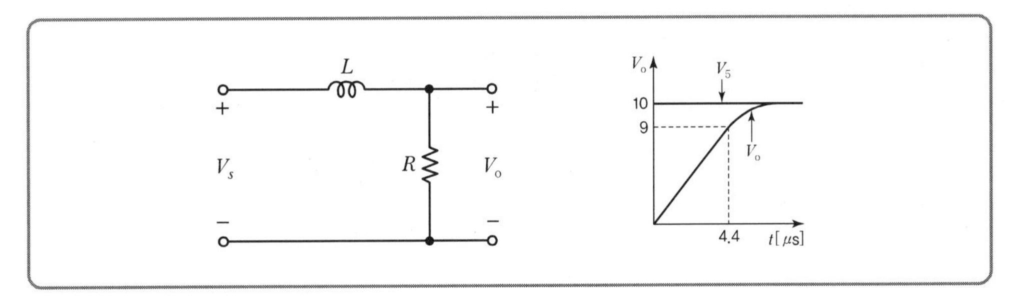

① 500[H]
② 2[mH]
③ 44[mH]
④ 2[pH]

04 다음 회로에서 $t<0$일 때 스위치가 'a' 위치에서 정상상태에 도달한 후 $t=0$일 때 스위치를 'b'의 위치로 움직인다면, $t>0$일 때 회로에 흐르는 전류 $I(t)$는?(단, τ는 회로의 시상수(Time Constant)이다.) 08년 국가직 9급

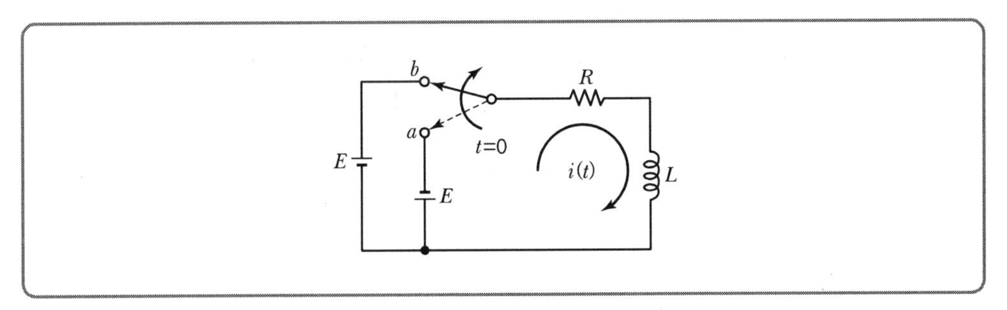

① $i(t) = Ee^{\frac{-t}{\tau}}$
② $i(t) = \left(\frac{E}{R}\right)\left(1 - e^{\frac{-t}{\tau}}\right)$
③ $i(t) = \left(\frac{E}{R}\right)\left(1 - 2e^{\frac{-t}{\tau}}\right)$
④ $i(t) = \left(-\frac{E}{R}\right)e^{\frac{-t}{\tau}}$

정답 03 ② 04 ③

05 다음 회로에서 $t=0$에 스위치를 닫는다. $t>0$일 때 시정수(Time Constant)[μs]은?

10년 지방직 9급

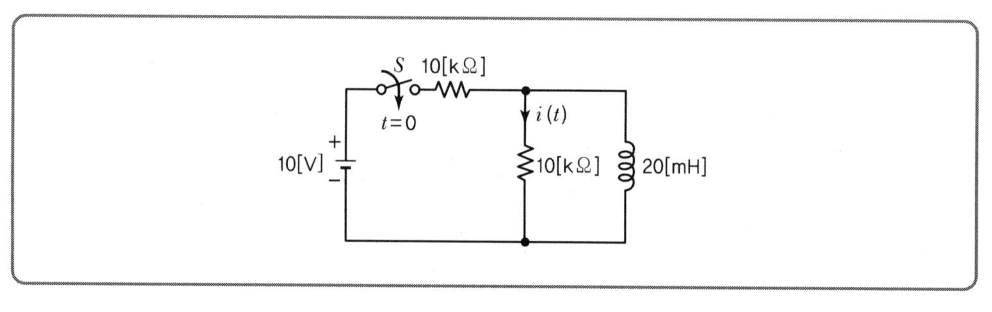

① 1
② 2
③ 3
④ 4

06 다음 회로 (a), (b)에서 스위치 S_1, S_2를 동시에 닫았다. 이후 2초 경과 시 $(I_1 - I_2)$[A]로 가장 적절한 것은?(단, L과 C의 초기전류와 초기전압은 0이다.)

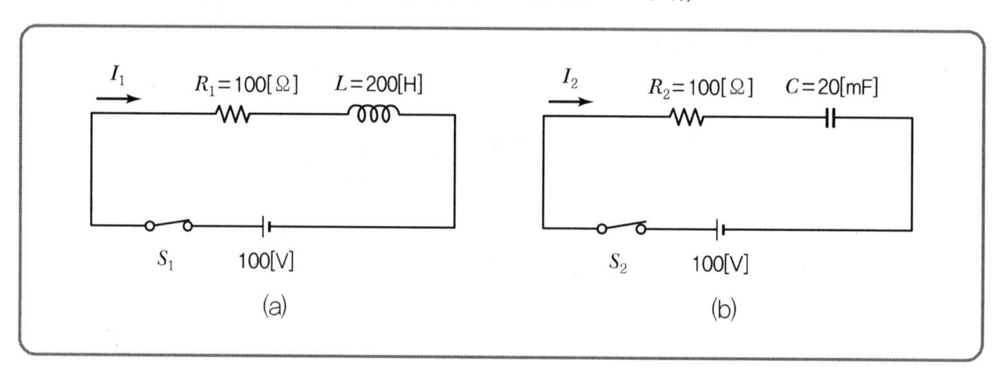

① 0.264
② 0.368
③ 0.632
④ 0.896

정답 **05** ④ **06** ①

07 다음 회로에서 $t=0$에서 스위치 SW를 닫을 때, $R-L$ 회로의 시정수 T[s]와 $i(t)$의 정상상태에서 전류[A]는?(단, 정상상태는 스위치를 닫은 후 시간이 오래 지난 상태를 의미한다.)

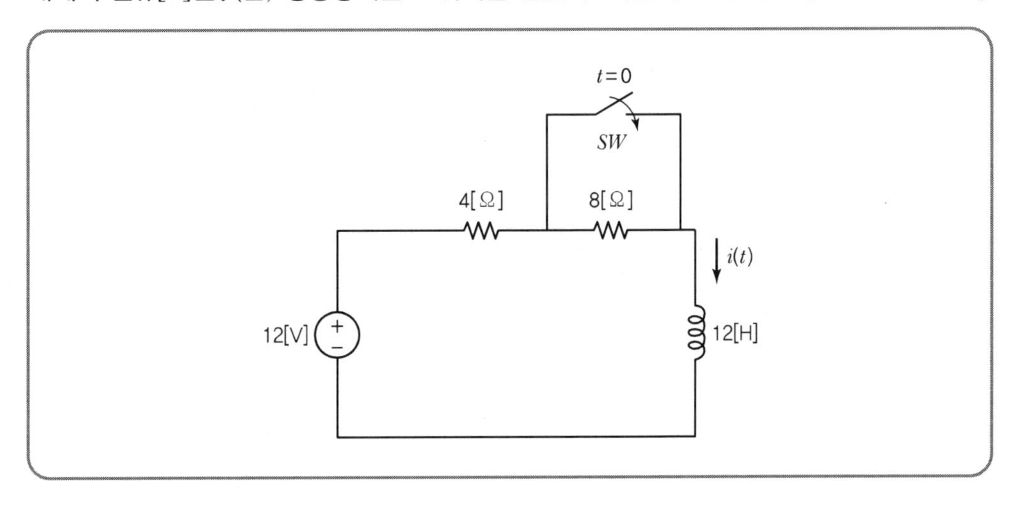

	시정수 T[s]	정상상태 전류[A]
①	1	1
②	1	3
③	3	1
④	3	3

08 $R-L$ 직렬 회로에 $t=0$에서 일정 크기의 직류전압을 인가하였다. 저항과 인덕터의 전압, 전류 파형 중에서 $t>0$ 이후에 그림과 같은 형태로 나타나는 것은?(단, 인덕터의 초기 전류는 0[A]이다.) 22년 지방직 9급

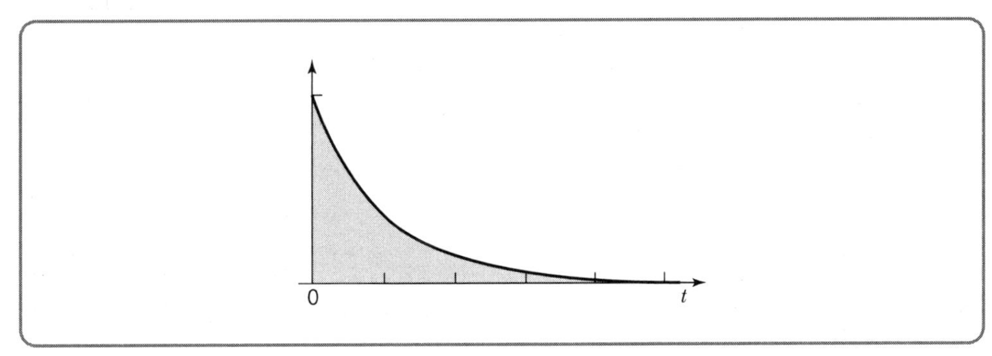

① 저항 R의 전류 파형 ② 저항 R의 전압 파형
③ 인덕터 L의 전류 파형 ④ 인덕터 L의 전압 파형

정답 07 ④ 08 ④

CHAPTER 06 CURRENT THEORY

지수함수의 이해

1 지수함수의 이해

① Ae^{-t} 형태의 파형

Ae^{-t} 형태		파형
t	e^{-t}	
$t=0$	$e^{-0}=1$	
$t=1$	$e^{-1}=\frac{1}{e}=0.368$	
$t=5$	$e^{-5}=\frac{1}{e^5}=0.007$	
$t=\infty$	$e^{-\infty}=0$	

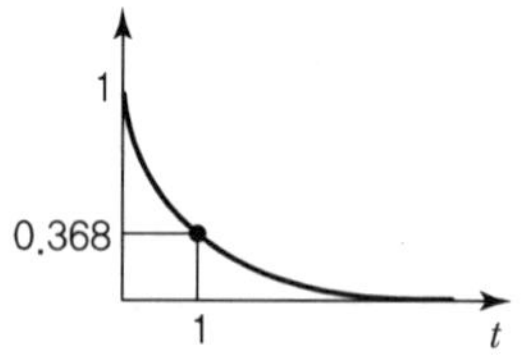

② $A(1-e^{-t})$ 형태의 파형

$A(1-e^{-t})$ 형태		파형
t	$(1-e^{-t})$	
$t=0$	$1-1=0$	
$t=1$	$1-0.368=0.632$	
$t=5$	$1-0.007=0.993$	
$t=\infty$	$1-0=1$	

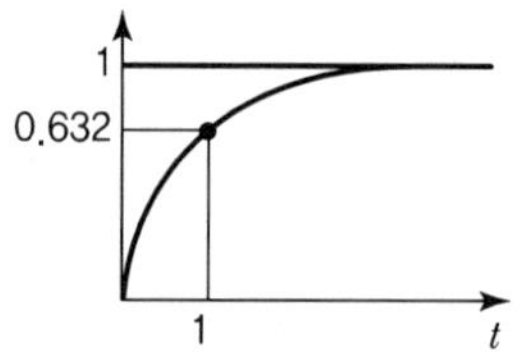

③ 시정수에 따른 파형의 변화

지수 형태			파형
RC	$e^{-\frac{t}{RC}}$	$\left(1-e^{-\frac{t}{RC}}\right)$	
$RC=1$	$t=1 \rightarrow e^{-1}=0.368$	$1-0.368=0.632$	
$RC=5$	$t=5 \rightarrow e^{-1}=0.368$	$1-0.368=0.632$	
$RC=10$	$t=10 \rightarrow e^{-1}=0.368$	$1-0.368=0.632$	

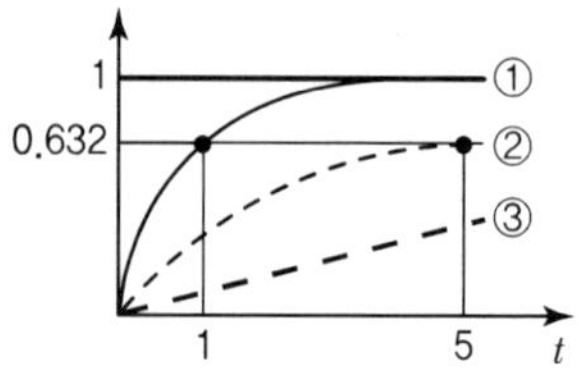

실전문제 CURRENT THEORY

01 완전방전상태인 0.01[μF]의 커패시터와 5[MΩ]의 저항 그리고 100[V] 전원이 직렬로 연결되었다. 50[msec] 후에 저항에 걸리는 전압[V]은? 09년 국가직 9급

① 13.5 ② 36.8 ③ 63.2 ④ 86.5

02 다음 회로의 시정수를 구하시오.(단, $R = 10$[kΩ], $C = 1$[μF]이다.)

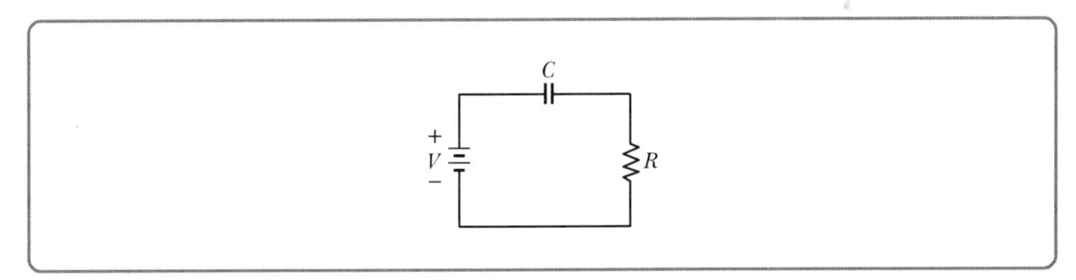

① 0.01[ms] ② 0.022[ms]
③ 1[ms] ④ 2.2[ms]
⑤ 10[ms]

03 다음 회로에서 스위치가 OFF될 때 회로의 방전 시정수는 얼마인가?(단, $R_1 = R_2 = 1$[kΩ], $C = 1$[μF])

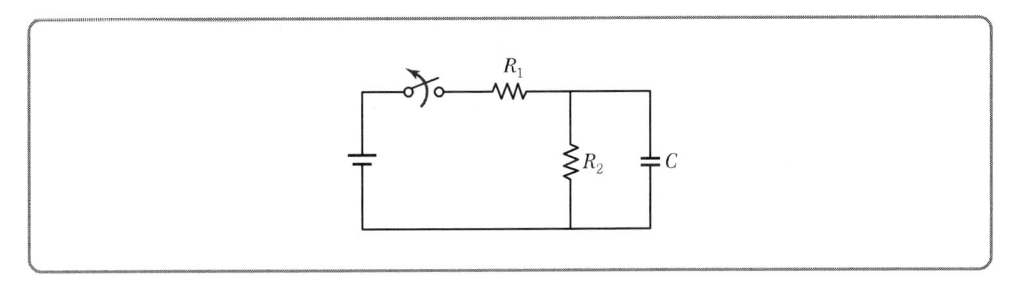

① 0.5[ms] ② 1[ms]
③ 1.5[ms] ④ 2[ms]
⑤ 2.5[ms]

정답 01 ② 02 ⑤ 03 ②

04 다음 R－L 회로에서 $t=0$인 시점에서 스위치(SW)를 닫았을 때에 대한 설명으로 옳은 것은?

12년 국가직 9급

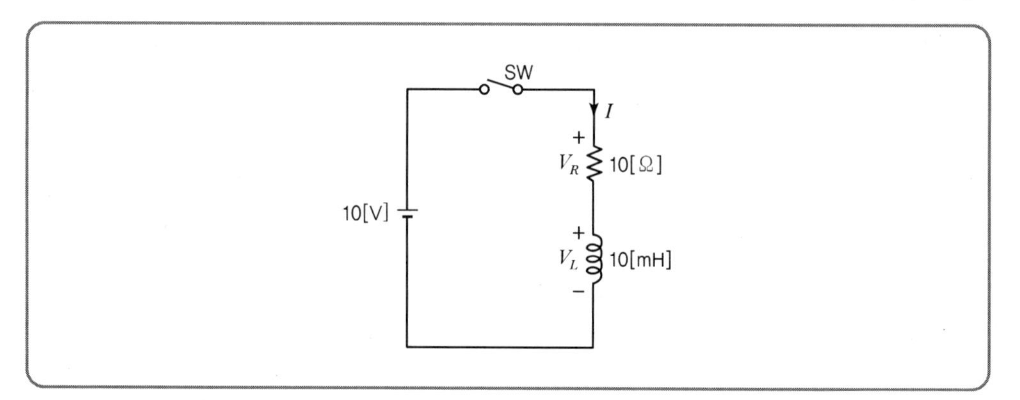

① 회로에 흐르는 초기 전류($t=0^+$)는 1[A]이다.
② 회로의 시정수는 10[ms]이다.
③ 최종적($t=\infty$)으로 V_R 양단의 전압은 10[V]이다.
④ 최초($t=0^+$)의 V_L 양단의 전압은 0[V]이다.

05 R－L 직렬회로의 양단 $t=0$인 순간에 직류전압 E[V]를 인가하였다. t초 후 상태에 대한 설명으로 옳지 않은 것은?(단, L의 초기전류는 0이다.)

09년 지방직 9급

① 회로의 시정수는 전원 인가 시간t와는 무관하게 일정하다.
② t가 무한한 경우에 저항 R의 단자전압 $v_R(t)$은 E로 수렴한다.
③ 회로의 전류 $i(t)=\frac{E}{R}\left(1-e^{-\frac{L}{R}t}\right)$이다.
④ 인덕턴스 L의 단자전압 $v_L(t)=Ee^{-\frac{R}{L}t}$이다.

정답 04 ③ 05 ③

CHAPTER 07 CURRENT THEORY

미/적분회로의 이해

1 다음 회로들을 보고 시정수에 따른 저항(R), 콘덴서(C), 코일(L) 각각의 전압을 파형으로 그려 보시오.

① V_R, V_C

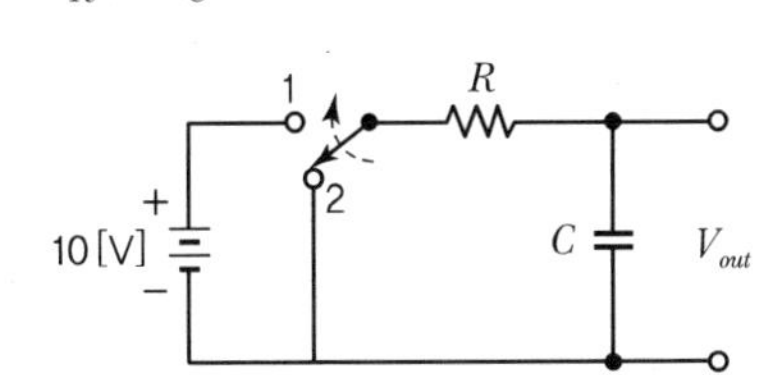

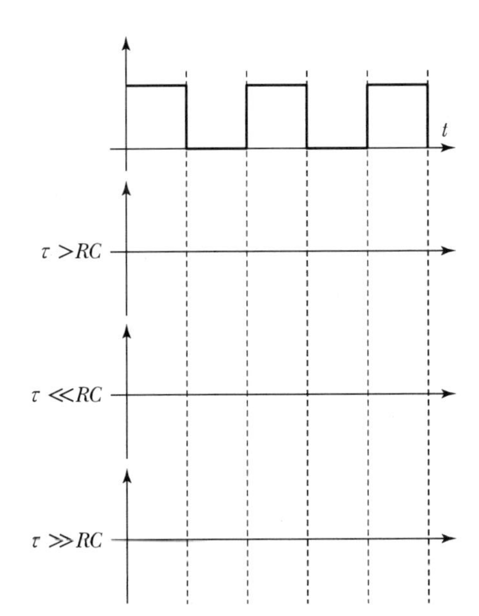

② V_R, V_L

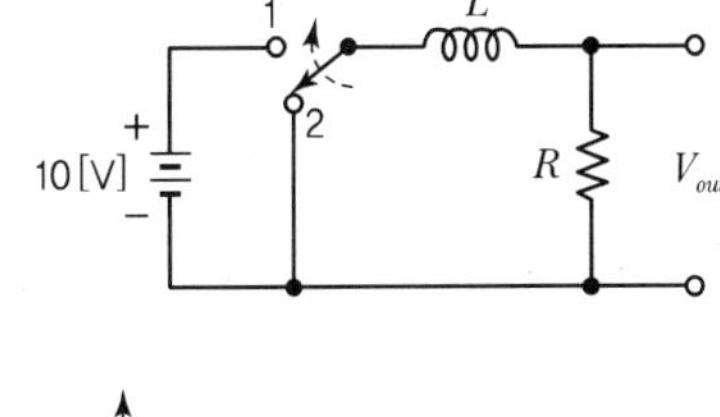

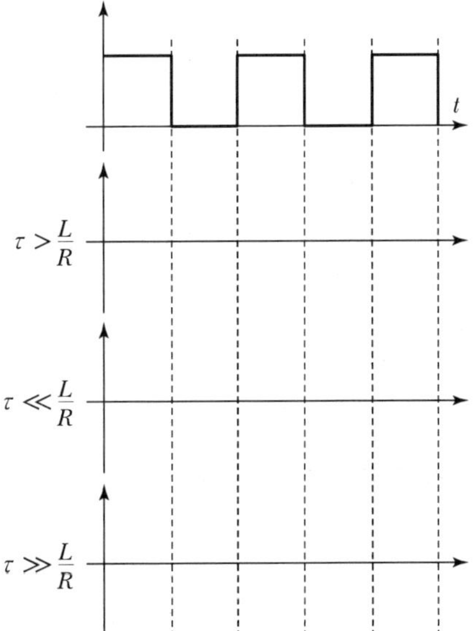

2 다음 파형을 미분과 적분으로 나타내시오.

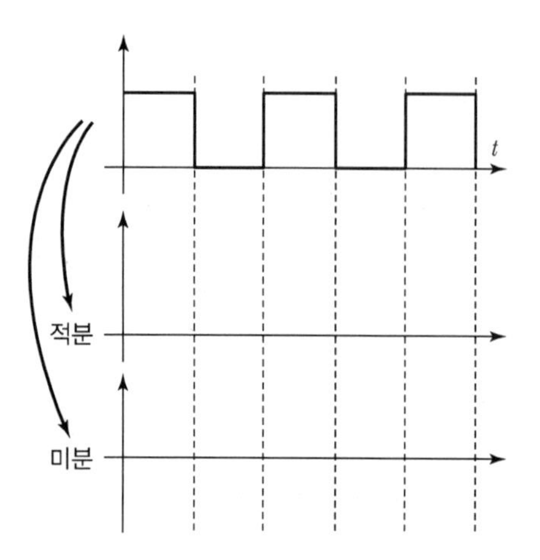

3 적분회로(Integral Circuit)

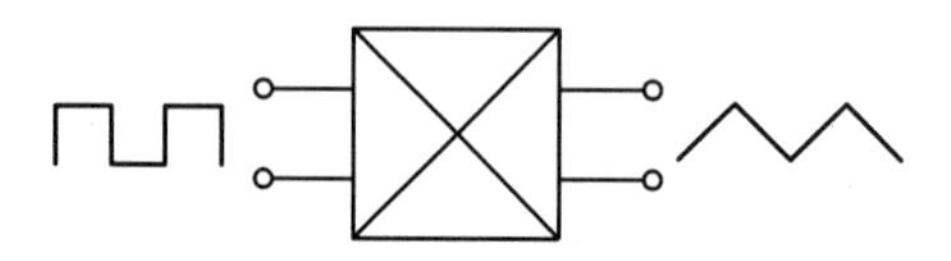

① 적분이란 더한다는 뜻으로 면적을 생각하면 된다. 입력파형에 대해서 적분된 형태의 출력파형은 다소 차이가 있긴 하나 시정수가 펄스 폭보다 훨씬 큰 경우의 출력파형에 근접된다.

② 시간에 비례하는 전압(또는 전류)파형, 즉 톱날파의 신호를 지연시키는 회로에 쓰인다.

③ $RC \gg \tau$, $\frac{L}{R} \gg \tau$ (τ는 펄스 폭이고, RC, L/R는 시정수)

4 미분회로(Differential Circuit)

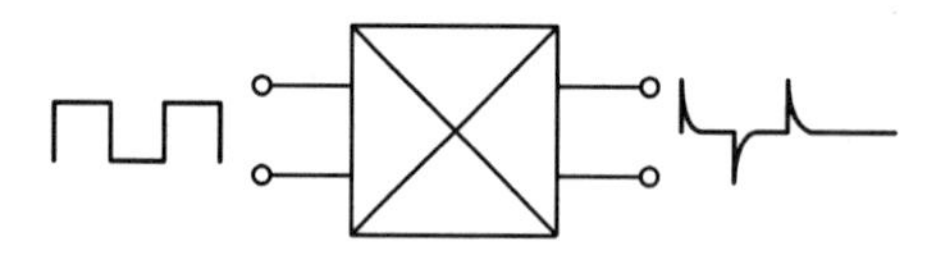

① 미분이란 접선의 기울기로 입력파형이 실제의 펄스모양처럼 상승부와 하강부에 급상승하는 혹은 급하강하는 기울기가 있다고 보면, 입력파형의 미분된 형태는 시정수가 펄수 폭보다 훨씬 작은 경우의 출력파형이 될 것이다.

② 직사각형파로부터 펄스 폭이 좁은 트리거(Trigger) 펄스를 얻는 데 자주 쓰인다.

③ $RC \ll \tau$, $\frac{L}{R} \ll \tau$ (τ는 펄스 폭이고, RC, L/R는 시정수)

실전문제 CURRENT THEORY

01 다음 중 미분기로 사용할 수 있는 회로는?

① 저역통과 RC 회로　　② 고역통과 RC 회로
③ 대역통과 RC 회로　　④ 대역소거 RC 회로

02 삼각파의 미분 출력파형은?

① 정현파　　② 여현파　　③ 삼각파　　④ 구형파

03 적분회로를 사용할 수 있는 회로는?

① 저역통과 RC 회로　　② 고역통과 RC 회로
③ 대역통과 RC 회로　　④ 대역소거 RC 회로

04 다음은 1차 RC 고역통과필터(High-Pass Filter)에 인가한 입력 펄스 파형과 그때 얻어진 출력파형을 그린 것이다. 필터의 차단주파수 f_c와 인가한 펄스 파형의 주기(T)의 관계로 옳은 것은? 08년 국가직 9급

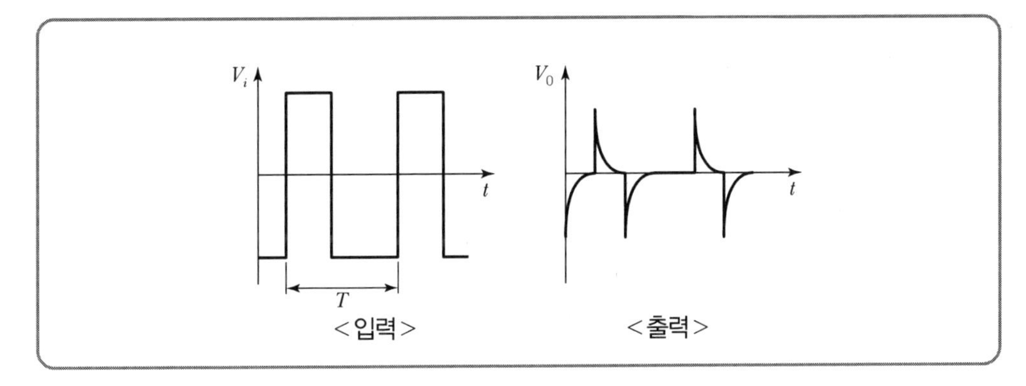

① $\frac{1}{2\pi f_c} \ll T$　　② $\frac{1}{2\pi f_c} \approx T$　　③ $\frac{1}{2\pi f_c} \gg T$　　④ 관계없다.

정답 01 ② 02 ④ 03 ① 04 ①

05 다음 회로에서 기전력 E를 가하고 S.W를 ON하였을 때 저항 양단의 전압 V_R은 t초 후에 어떻게 표시되는가?

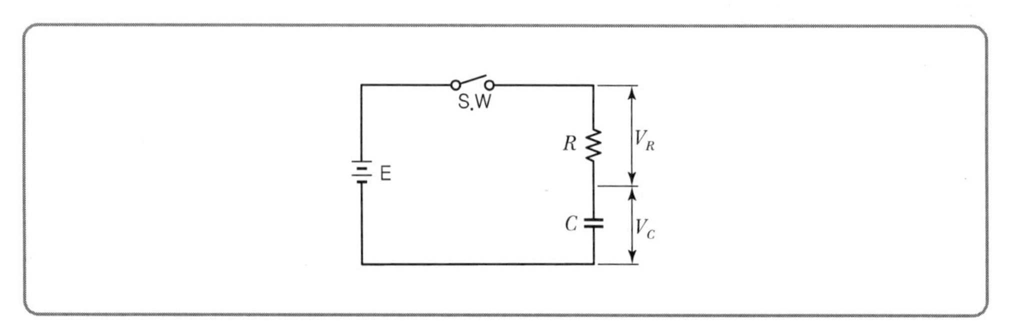

06 다음의 RL 회로에 있어서 스위치 S를 넣는 순간의 기전력 E에서 t초 후 회로에 흐르는 전류 i는 어떻게 표시되는가?

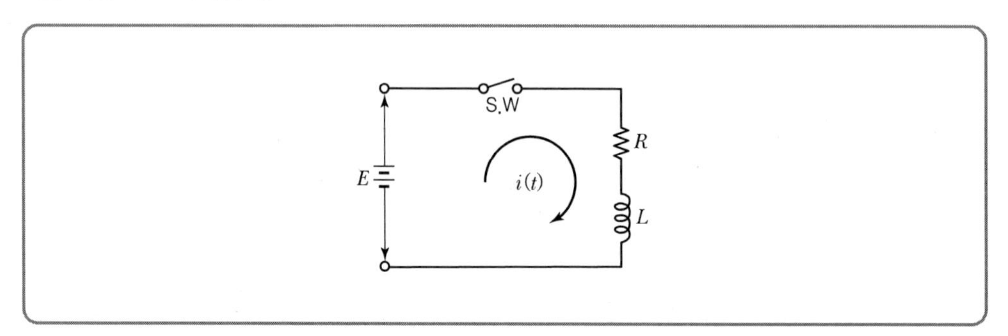

① $\dfrac{E}{R}e^{-\frac{R}{L}t}$　　② $\dfrac{E}{R}e^{-\frac{L}{R}t}$

③ $\dfrac{E}{R}\left(1-e^{-\frac{L}{R}t}\right)$　　④ $\dfrac{E}{R}\left(1-e^{-\frac{R}{L}t}\right)$

정답 **05** $V_R = Ee^{-\frac{t}{RC}}$　**06** ④

07 다음 회로에서 기전력 E를 가하고 S.W를 ON하였을 때 콘덴서 양단의 전압 V_C은 $t=1$초 후에 어떻게 표시되는가?(단, $E=50[V]$, $R=100[k\Omega]$, $C=100[\mu F]$이다.) 08년 경기도 9급

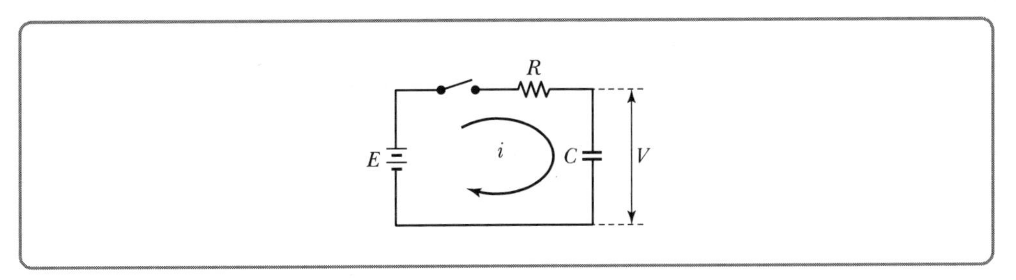

① $50(1-e^{-10})[V]$ ② $50(1-e^{-0.1})[V]$
③ $50(e^{-10})[V]$ ④ $50(e^{-0.1})[V]$

08 다음 회로가 $t<0$일 때 스위치를 닫은 상태로 정상상태에 도달한 후, $t=0$에서 스위치를 개방할 때 출력신호는?(단, V는 직류전원이다.) 09년 국가직 9급

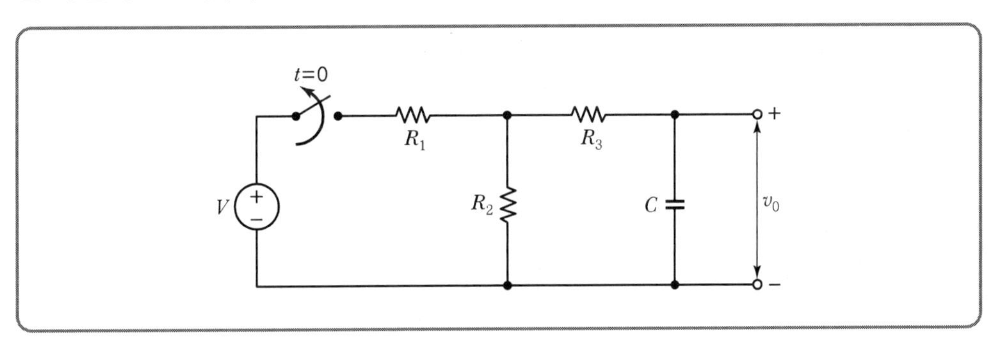

① $v_o = \dfrac{R_2 V}{R_1+R_2}$

② $v_o = \dfrac{R_2 V}{R_1+R_2} e^{-\frac{t}{R_3 C}}$

③ $v_o = \dfrac{R_2 V}{R_1+R_2} e^{-\frac{t}{(R_1+R_3)C}}$

④ $v_o = \dfrac{R_2 V}{R_1+R_2} e^{-\frac{t}{(R_2+R_3)C}}$

정답 07 ② 08 ④

09 다음의 CR 회로에서 지수함수적으로 증가하는 경우는 어느 것인가?

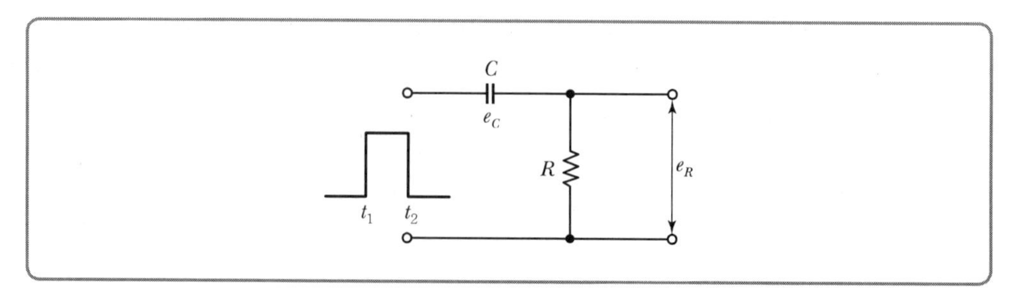

① t_1에서의 E_C　　② t_1에서의 E_R
③ t_2에서의 E_C　　④ t_2에서의 E_R+E_C

10 그림의 회로에 $t=0$에서 직류전압 $V=50$[V]를 인가할 때, 정상상태 전류 I[A]는?(단, 회로의 시정수는 2[ms], 인덕터의 초기전류는 0[A]이다.) 19년 지방직 9급

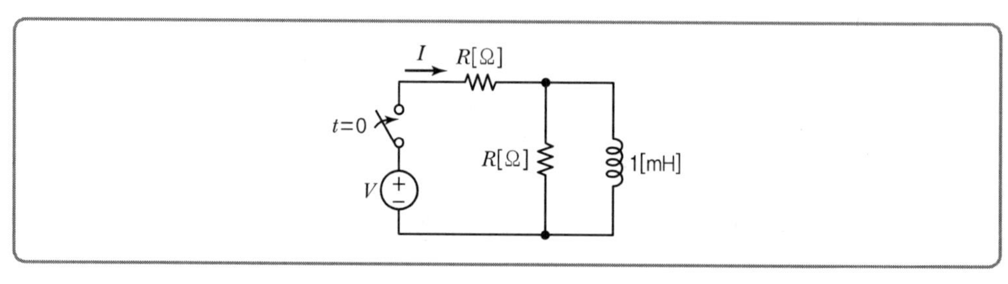

① 12.5　　② 25
③ 35　　④ 50

11 그림과 같은 회로에서 스위치를 B에 접속하여 오랜 시간이 경과한 후에 $t=0$에서 A로 전환하였다. $t=0^+$에서 커패시터에 흐르는 전류 $i(0^+)$[mA]와 $t=2$에서 커패시터와 직렬로 결합된 저항 양단의 전압 $v(2)$[V]은? 19년 지방직 9급

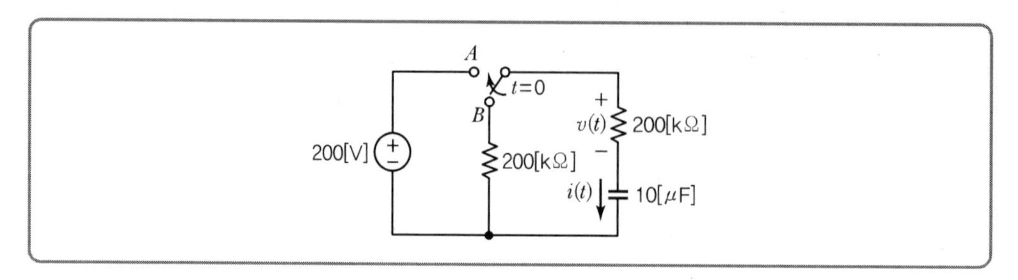

정답 09 ① 10 ④ 11 ③

	$i(0^+)$[mA]	$v(2)$[V]		$i(0^+)$[mA]	$v(2)$[V]
①	0	약 74	②	0	약 126
③	1	약 74	④	1	약 126

12 그림의 회로에서 $t=0$일 때, 스위치 SW를 닫았다. 시정수 τ[s]는? 20년 지방직 9급

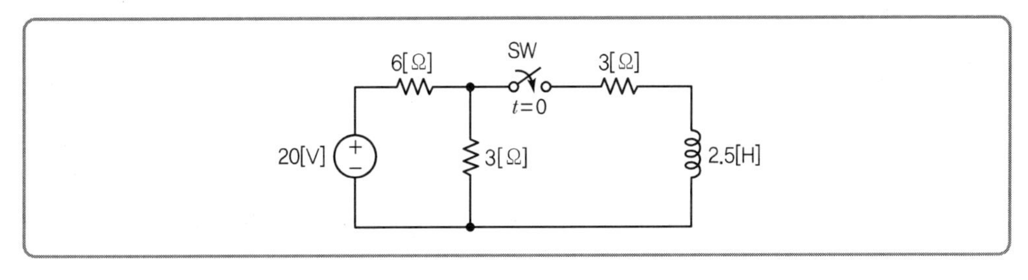

① $\frac{1}{2}$　　② $\frac{2}{3}$

③ 1　　④ 2

13 그림과 같은 $R-C$회로에서 입력 전압이 $V_{in}(t)$로 주어질 때, 커패시터 C의 양단 전압 $V_C(t)$와 $V_{in}(t)$ 간의 관계식으로 가장 옳은 것은?(단, 회로에서 저항의 저항 값은 R[Ω], 커패시터의 정전용량은 C[F]이다.)

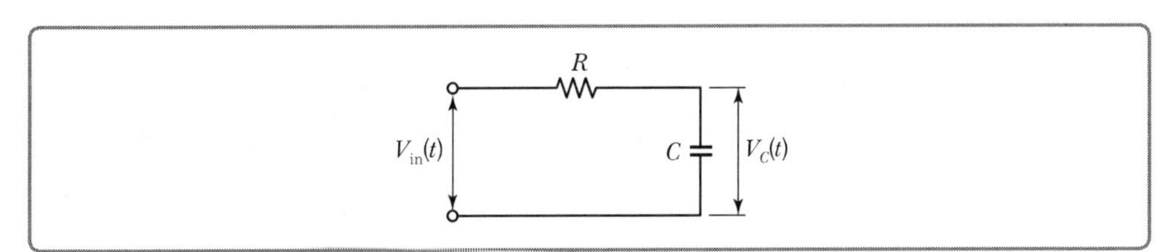

① $V_C(t)=\frac{1}{RC}\frac{dV_i(t)}{dt}+V_i(t)$　　② $V_C(t)=RC\frac{dV_i(t)}{dt}+V_i(t)$

③ $V_i(t)=\frac{1}{RC}\frac{dV_C(t)}{dt}+V_C(t)$　　④ $V_i(t)=RC\frac{dV_C(t)}{dt}+V_C(t)$

정답 12 ① 13 ④

CHAPTER 08 CURRENT THEORY

시정수(Time Constant)

1 시정수의 정의 및 물리적 의미

① 1차 회로에서 직류전원을 인가한 경우 회로의 전압, 전류는 다음의 형태를 가진다.

$y(t) = A + Be^{-\frac{t}{\tau}}$ (A, B는 상수)

② 상기 식에서 A는 강제응답, $Be^{-\frac{t}{\tau}}$는 고유응답이다.

③ 고유응답이 초깃값(B)의 $\frac{1}{e}$배가 되는 데 걸리는 시간(τ)를 시상수라고 하며, 고유응답이 감쇠하는 정도를 나타내는 데 사용된다.

④ $t = \tau,\ 2\tau,\ 3\tau,\ 4\tau,\ 5\tau$[sec]일 때 고유응답의 크기를 구하면 다음과 같다.

시간 t	$Be^{\frac{t}{\tau}}$	$Be^{-\frac{t}{\tau}}$	$B\left(1-e^{-\frac{t}{\tau}}\right)$
0	1	B	
τ			
2τ			
3τ			
4τ			
5τ			
∞			

2 시정수 구하는 법

① 회로 내의 독립전원을 제거한다(전류원 개방 / 전압원 단락).

② 회로를 $L-R$ 또는 $C-R$ 부분으로 나눈다.

③ 상기 ②에서 나눈 각 부분에 대해 등가인덕턴스, 등가저항, 등가커패시턴스를 구한다.

→ $L_{eq} - R_{eq}$ 또는 $C_{eq} - R_{eq}$

④ $\tau = \frac{L_{eq}}{R_{eq}}$ 또는 $\tau = R_{eq}C_{eq}$를 이용하여 시정수를 계산한다.

3 $\tau > 0$일 때 상수 A, B의 물리적 의미

① $t = \infty$일 때

$$y(\infty) = A + Be^{-\infty} = A \quad \therefore A = y(\infty)$$

② $t = t_0$일 때(t_0는 초기시간)

$$y(t_0) = A + Be^{-\frac{t_0}{\tau}} = y(\infty) + Be^{-\frac{t_0}{\tau}} \qquad \therefore B = \{y(t_0) - y(\infty)\}e^{\frac{t_0}{\tau}}$$

③ 상기 결과들을 원래 식에 대입하면 다음과 같다.

$$y(t) = y(\infty) + \{y(t_0) - y(\infty)\}e^{-\frac{t - t_0}{\tau}}$$

④ 즉, 직류전원이 인가된 1차 회로의 응답은 미분방정식 대신 초깃값 $y(t_0)$, 최종값 $y(\infty)$, 시상수 τ만으로 구할 수 있다.

» 예제 1

문제 **다음 두 회로의 시상수 τ_1, τ_2를 각각 구하시오.**

①

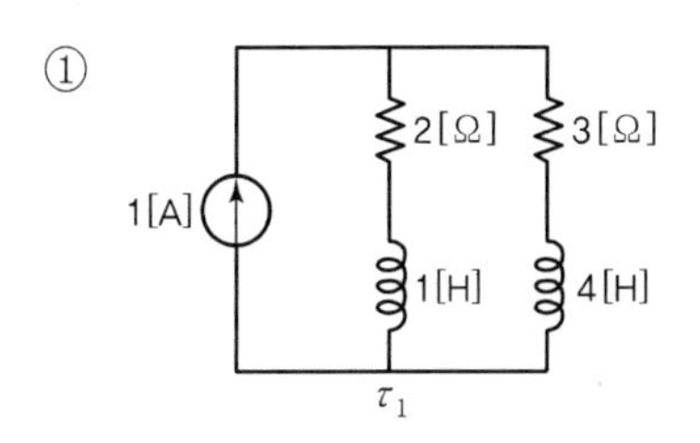

②

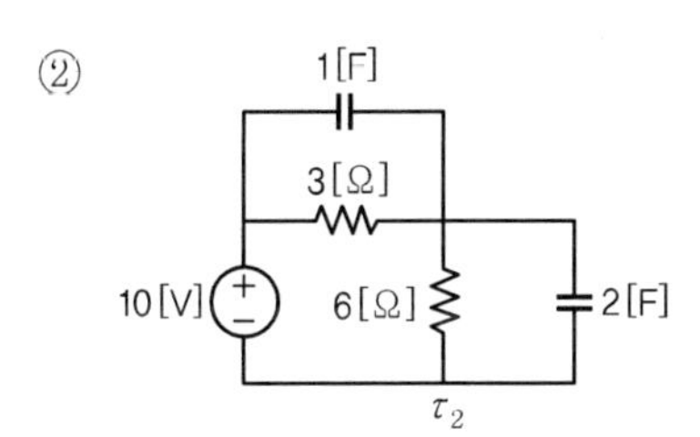

풀이

① $\tau_1 = 1[\text{sec}]$

② $\tau_2 = 6[\text{sec}]$

》 예제 ❷

문제 다음 회로를 보고, 스위치 OFF 시와 스위치 ON 시의 각각의 시정수를 구하시오.

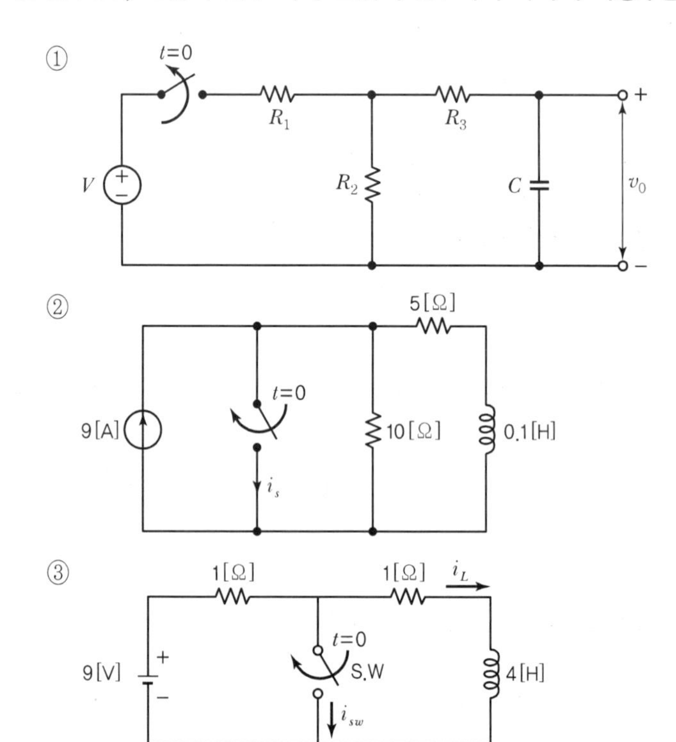

풀이

① $\text{ON} = (R_1 /\!/ R_2) + R_3)C$

$\text{OFF} = (R_2 + R_3)C$

② $\text{ON} = \dfrac{0.1}{5} = 0.02[\text{sec}]$

$\text{OFF} = \dfrac{0.1}{15}[\text{sec}]$

③ $\text{ON} = \dfrac{4}{1} = 4[\text{sec}]$

$\text{OFF} = \dfrac{4}{2} = 2[\text{sec}]$

PART 07

2포트 회로의 이해

CHAPTER 01

CURRENT THEORY

2포트 회로

1 기본회로도 및 전제조건

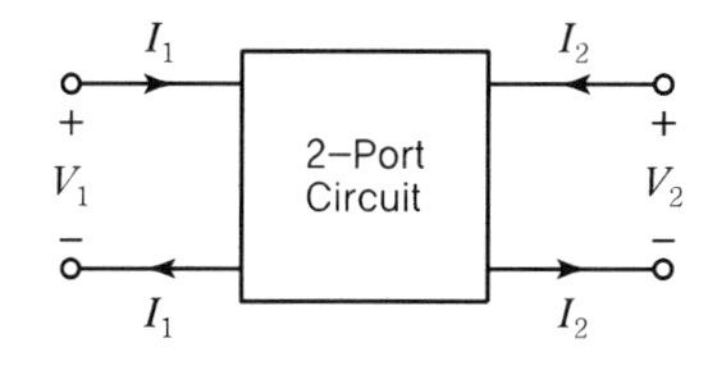

① 각 포트에서 +단자로 들어가는 전류와 −단자에서 나오는 전류가 동일하다.(포트 조건)

② 회로 내부에 독립전원이 존재하지 않는다.

③ 회로 내부의 초기 저장 에너지가 0[J]이다.

CHAPTER 02 CURRENT THEORY

2포트 파라미터

1 z-parameter(임피던스 파라미터)

① 포트전압전류 관계식

㉠ $V_1 = z_{11}I_1 + z_{12}I_2$, $V_2 = z_{21}I_1 + z_{22}I_2$

㉡ z_{11}을 구하는 방법

- 식의 양변을 I_1로 나눈다. → $\dfrac{V_1}{I_1} = z_{11} + z_{12}\dfrac{I_2}{I_1}$
- 이때 우변에는 z_{12}에 의한 효과가 존재하는데$\left(z_{12}\dfrac{I_2}{I_1}\text{ 항}\right)$ 이는 $I_2 = 0$ (즉, 포트2 개방)으로 두고 제거한다.
- 따라서, z_{11}은 다음과 같이 표현한다.

  $$z_{11} = \left.\frac{V_1}{I_1}\right|_{I_2=0}$$

- 위 수식을 보는 방법은 '출력포트(포트2)를 강제 개방시킨 상태에서 입력전류 I_1에 대한 입력전압 V_1의 비'를 뜻한다.

② 같은 방법으로 나머지 파라미터들도 아래와 같이 표현할 수 있다. $I_1 = 0$는 입력포트(포트1)를 강제 개방시킨 것을 뜻한다.

$$z_{11} = \left.\frac{V_1}{I_1}\right|_{I_2=0} \qquad z_{12} = \left.\frac{V_1}{I_2}\right|_{I_1=0}$$

$$z_{21} = \left.\frac{V_2}{I_1}\right|_{I_2=0} \qquad z_{22} = \left.\frac{V_2}{I_2}\right|_{I_1=0}$$

2 y－parameter(어드미턴스 파라미터)

① 포트전압전류 관계식

㉠ $I_1 = y_{11}V_1 + y_{12}V_2$, $I_2 = y_{21}V_1 + y_{22}V_2$

㉡ y_{11}을 구하는 방법

- 식의 양변을 V_1 로 나눈다. → $\frac{I_1}{V_1} = y_{11} + y_{12}\frac{V_2}{V_1}$
- 이때 우변에는 y_{12}에 의한 효과가 존재하는데$\left(y_{12}\frac{V_2}{V_1}\text{ 항}\right)$ 이는 $V_2 = 0$(즉, 포트2 단락)으로 두고 제거한다.
- 따라서, y_{11}은 다음과 같이 표현한다.

  $$y_{11} = \frac{I_1}{V_1}\bigg|_{V_2=0}$$

- 위 수식은 '출력포트(포트2)를 강제 단락시킨 상태에서 입력전압 V_1 에 대한 입력전류 I_1 의 비'를 뜻한다.

② 같은 방법으로 나머지 파라미터들도 아래와 같이 표현할 수 있다. $V_1 = 0$ 는 입력포트(포트1)를 강제 단락시킨 것을 뜻한다.

$$y_{11} = \frac{I_1}{V_1}\bigg|_{V_2=0} \qquad y_{12} = \frac{I_1}{V_2}\bigg|_{V_1=0}$$

$$y_{21} = \frac{I_2}{V_1}\bigg|_{V_2=0} \qquad y_{22} = \frac{I_2}{V_2}\bigg|_{V_1=0}$$

3 a－parameter(전송 파라미터, t－parameter 또는 ABCD－parameter)

① $V_1 = a_{11}V_2 - a_{12}I_2$, $I_1 = a_{21}V_2 - a_{22}I_2$

② 물리적 의미

$$a_{11} = \frac{V_1}{V_1}\bigg|_{I_2=0} \qquad a_{12} = -\frac{V_1}{V_2}\bigg|_{V_2=0}$$

$$a_{21} = \frac{I_1}{V_2}\bigg|_{I_2=0} \qquad a_{22} = -\frac{I_1}{I_2}\bigg|_{V_2=0}$$

4 h-parameter(하이브리드 파라미터)

① $V_1 = h_{11} I_1 + h_{12} V_2$, $I_2 = h_{21} I_1 + h_{22} V_2$

② 물리적 의미

$$h_{11} = \left.\frac{V_1}{I_1}\right|_{V_2 = 0} \qquad h_{12} = \left.\frac{V_1}{V_2}\right|_{I_1 = 0}$$

$$h_{21} = \left.\frac{I_2}{I_1}\right|_{V_2 = 0} \qquad h_{22} = \left.\frac{I_2}{V_2}\right|_{I_1 = 0}$$

5 전송 파라미터(ABCD parameter)

① $V_1 = A V_2 + B I_2$

② $I_1 = C V_2 + D I_2$

③ $A = \left.\frac{V_1}{V_2}\right|_{I_2 = 0}$ → 출력을 개방했을 때 전압이득

④ $B = \left.\frac{V_1}{I_2}\right|_{V_2 = 0}$ → 출력을 단락했을 때 전달 임피던스

⑤ $C = \left.\frac{I_1}{V_2}\right|_{I_2 = 0}$ → 출력을 개방했을 때 전달 어드미턴스

⑥ $D = \left.\frac{I_1}{I_2}\right|_{V_2 = 0}$ → 출력을 단락했을 때 전류이득

⑦ 기본회로에서 ABCD parameter 값들

	A	B	C	D
Z	1	Z	0	1
Z	1	0	$\frac{1}{Z}$	1
Z_1, Z_2	$1 + \frac{Z_1}{Z_2}$	Z_1	$\frac{1}{Z_2}$	1

	A	B	C	D
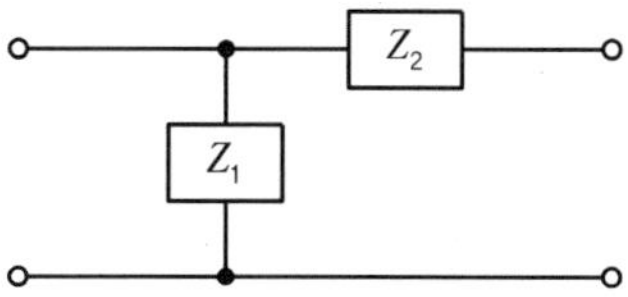 Z_1 (shunt), Z_2 (series)	1	Z_2	$\frac{1}{Z_1}$	$1+\frac{Z_2}{Z_1}$
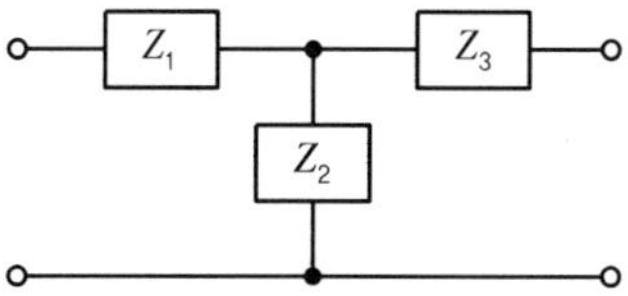 Z_1, Z_3 (series), Z_2 (shunt)	$1+\frac{Z_1}{Z_2}$	$\frac{Z_1Z_2+Z_2Z_3+Z_3Z_1}{Z_2}$	$\frac{1}{Z_2}$	$1+\frac{Z_3}{Z_2}$
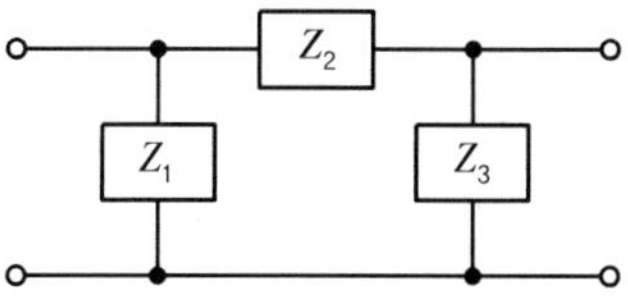 Z_1, Z_3 (shunt), Z_2 (series)	$1+\frac{Z_2}{Z_3}$	Z_2	$\frac{Z_1+Z_2+Z_3}{Z_1Z_3}$	$1+\frac{Z_2}{Z_1}$

• 실전문제 CURRENT THEORY

01 다음 그림과 같은 T형 4단자망 회로에서 4단자 정수 A와 C를 나타낸 것으로 옳은 것은?

09년 지방직 9급

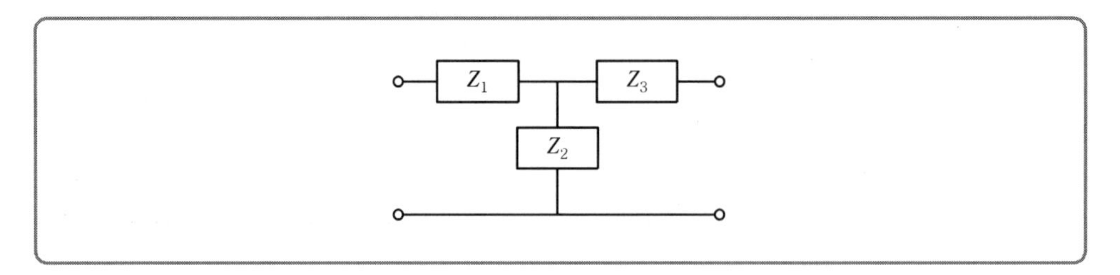

① $A=1+\frac{Z_1}{Z_2}$, $C=\frac{1}{Z_2}$

② $A=1+\frac{Z_1}{Z_3}$, $C=\frac{1}{Z_3}$

③ $A=1+\frac{Z_2}{Z_1}$, $C=\frac{1}{Z_2}$

④ $A=1+\frac{Z_1}{Z_2}$, $C=\frac{1}{Z_3}$

02 다음 회로의 임피던스 파라미터(Z parameter)로 옳은 것은?

14년 서울시 9급

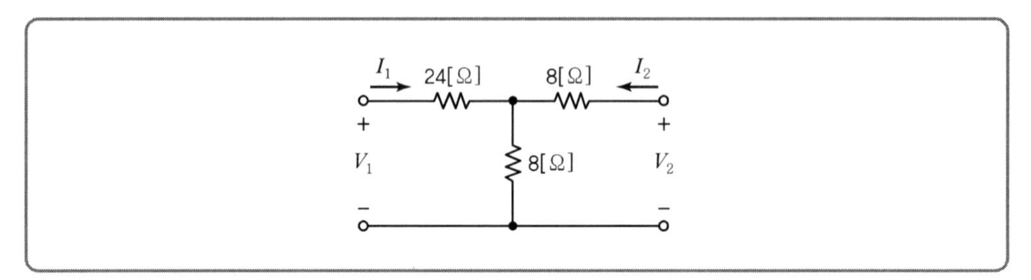

① $Z_{11}=24$[Ω], $Z_{21}=8$[Ω], $Z_{12}=8$[Ω], $Z_{22}=8$[Ω]

② $Z_{11}=8$[Ω], $Z_{21}=8$[Ω], $Z_{12}=8$[Ω], $Z_{22}=24$[Ω]

③ $Z_{11}=16$[Ω], $Z_{21}=8$[Ω], $Z_{12}=8$[Ω], $Z_{22}=32$[Ω]

④ $Z_{11}=32$[Ω], $Z_{21}=8$[Ω], $Z_{12}=8$[Ω], $Z_{22}=16$[Ω]

⑤ $Z_{11}=32$[Ω], $Z_{21}=8$[Ω], $Z_{12}=8$[Ω], $Z_{22}=32$[Ω]

정답 01 ① 02 ④

03 다음 회로에서 임피던스 파라미터[Ω]는 얼마인가?(단, $R_1 = 2[\Omega]$, $R_2 = 4[\Omega]$, $R_3 = 3[\Omega]$이다.)

14년 국회직 9급

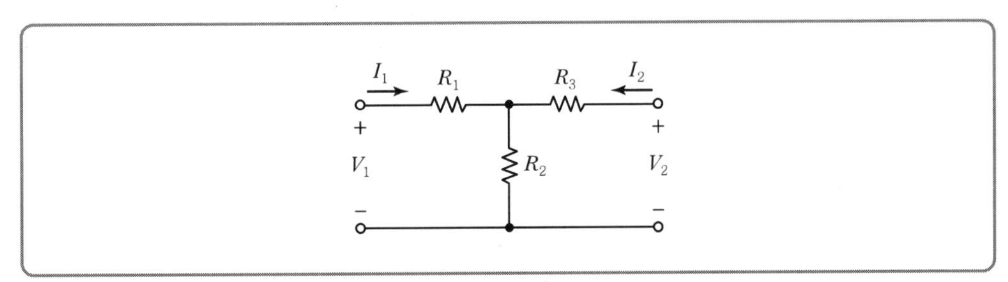

① $\begin{bmatrix} 2 & 4 \\ 4 & 3 \end{bmatrix}$

② $\begin{bmatrix} 4 & 6 \\ 7 & 4 \end{bmatrix}$

③ $\begin{bmatrix} 6 & 4 \\ 4 & 7 \end{bmatrix}$

④ $\begin{bmatrix} 4 & 7 \\ 6 & 4 \end{bmatrix}$

⑤ $\begin{bmatrix} 7 & 4 \\ 4 & 6 \end{bmatrix}$

04 그림과 같은 2포트 회로망에서 임피던스 파라미터(Z−parameter)는?

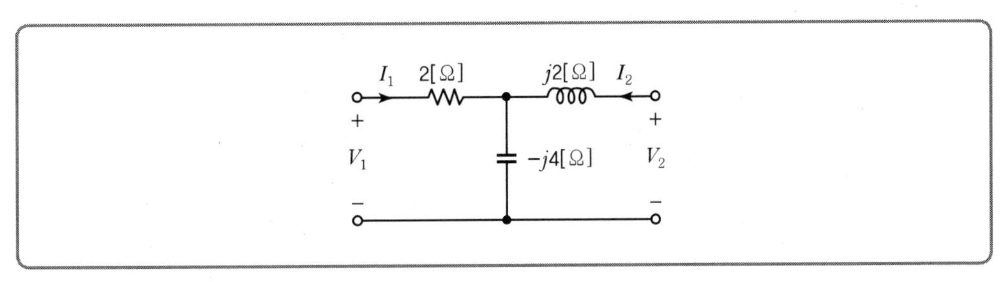

① $Z_{11} = 2 - j4[\Omega]$, $Z_{12} = -j4[\Omega]$, $Z_{21} = -j4[\Omega]$, $Z_{22} = -j2[\Omega]$

② $Z_{11} = 2 - j4[\Omega]$, $Z_{12} = -j4[\Omega]$, $Z_{21} = -j4[\Omega]$, $Z_{22} = j2[\Omega]$

③ $Z_{11} = 2 - j4[\Omega]$, $Z_{12} = -j4[\Omega]$, $Z_{21} - j4[\Omega]$, $Z_{22} = j2[\Omega]$

④ $Z_{11} = 2 - j4[\Omega]$, $Z_{12} = j4[\Omega]$, $Z_{21} = j4[\Omega]$, $Z_{22} = j2[\Omega]$

정답 03 ③ 04 ①

05 다음 2－포트 회로망의 z－파라미터에서 z_{11}은? 12년 국가직 7급

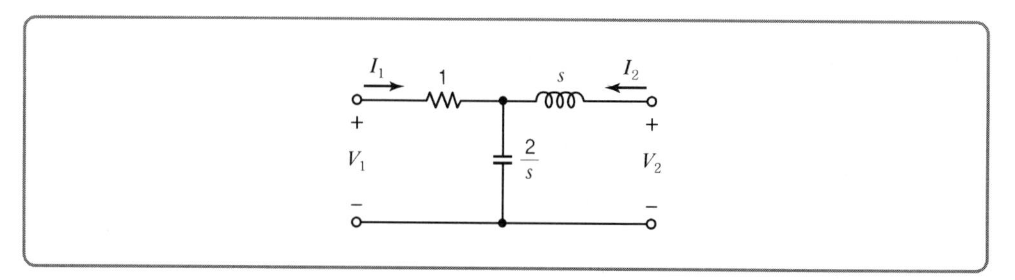

① 1 ② $1+\frac{2}{s}$

③ $\frac{2}{s}$ ④ $s+\frac{2}{s}$

06 y－파라미터 $[y] = \begin{bmatrix} \frac{1}{2} & -\frac{1}{4} \\ -\frac{1}{4} & \frac{3}{8} \end{bmatrix}$를 갖는 회로가 있다. 이 회로를 저항만으로 나타낸 등가회로로 옳은 것은?

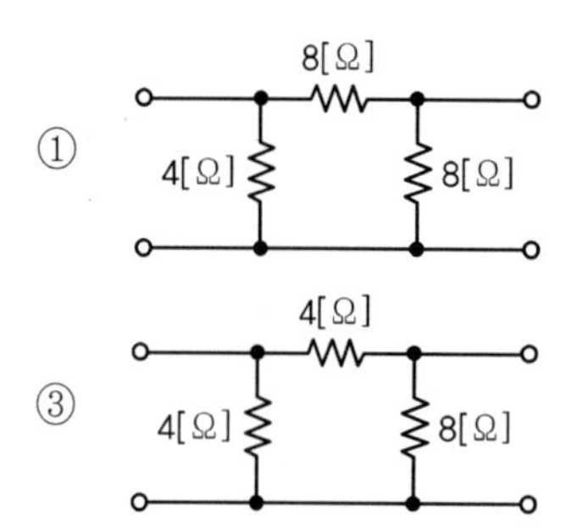

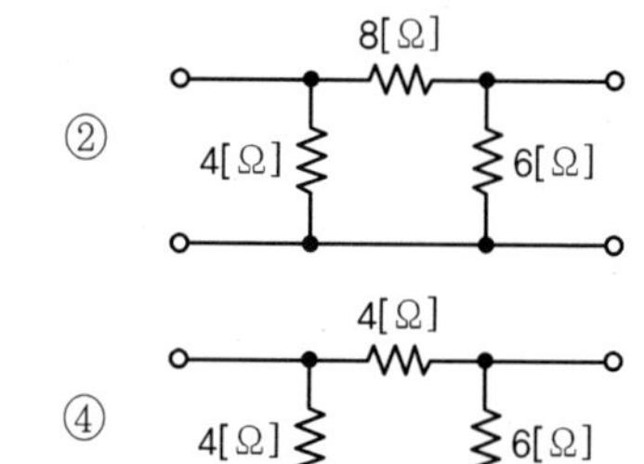

정답 05 ② 06 ③

07 아래 회로에 대한 4단자 파라미터 행렬이 다음 식으로 주어질 때, 파라미터 A와 D를 구하면?

08년 국가직 9급

$$\begin{bmatrix} V_1 \\ I_1 \end{bmatrix} = \begin{bmatrix} A\ B \\ C\ D \end{bmatrix} \begin{bmatrix} V_2 \\ I_2 \end{bmatrix}$$

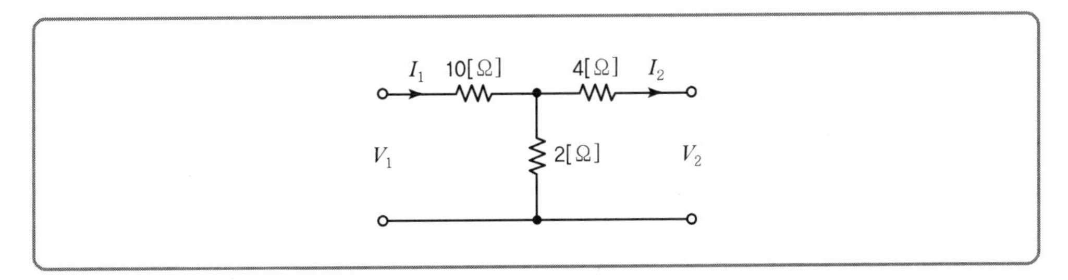

① 3, 6　　② 4, 12
③ 6, 3　　④ 12, 4

08 다음 회로에 대한 전송 파라미터 행렬이 아래 식으로 주어질 때, 파라미터 A와 D는?

12년 국가직 9급

$$\begin{bmatrix} V_1 \\ I_1 \end{bmatrix} = \begin{bmatrix} A\ B \\ C\ D \end{bmatrix} \begin{bmatrix} V_2 \\ -I_2 \end{bmatrix}$$

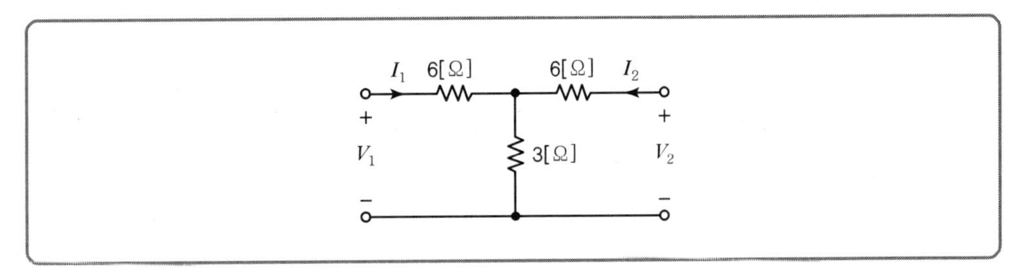

	A	D
①	3	2
②	3	3
③	4	3
④	4	4

정답 07 ③ 08 ②

09 아래 회로망의 전송파라미터 중 파라미터 A는?

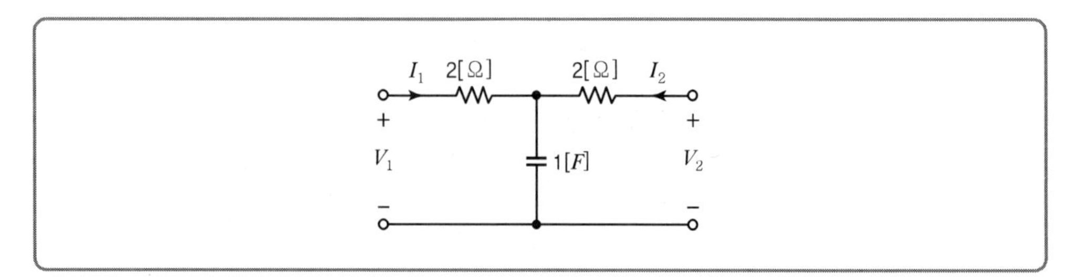

① 4+jw ② 2+jw
③ 1+jw ④ 1+j2w

10 아래 회로의 h－파라미터 값을 h_{11}, h_{12}, h_{21}, h_{22}의 순서로 바르게 나열한 것은?

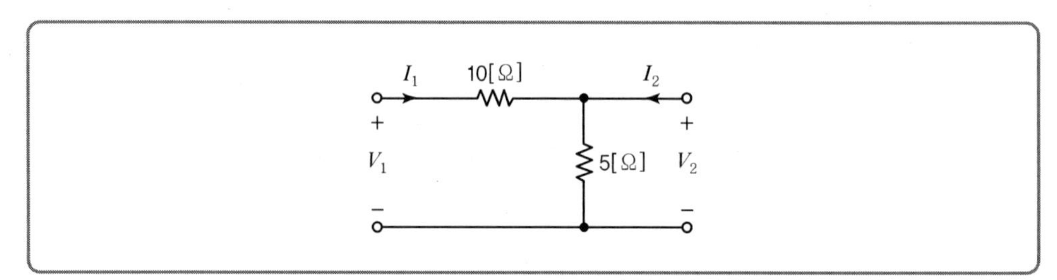

① 10, 1, −1, 5 ② 10, 1, −1, 0.2
③ 10, −1, 1, 5 ④ 10, −1, 1, 0.2

11 다음 2포트 회로망에서 입출력 전압 및 전류 관계를 $V_1 = AV_2 - BI_2$와 $I_1 = CV_2 - DI_2$로 표현할 때, $A+B+C+D$ 값은?

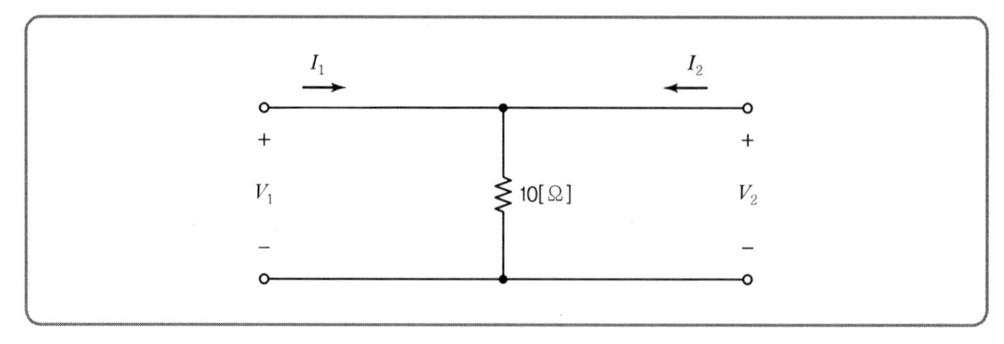

① 0.1 ② 2.1
③ 10.1 ④ 11.1

정답 09 ④ 10 ② 11 ②

12 다음 회로의 전송파라미터 [A, B, C, D 정수]로 옳은 것은? 15년 국회직 9급

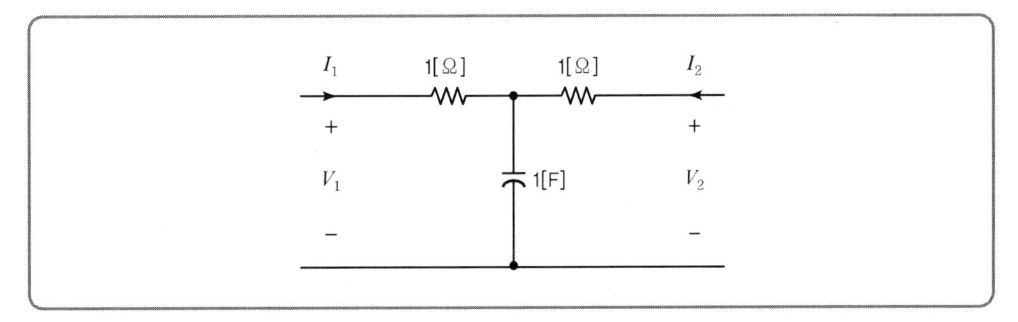

① $\begin{pmatrix} 1+j\omega & 2+j\omega \\ j\omega & 1+j\omega \end{pmatrix}$

② $\begin{pmatrix} j\omega & 2+j\omega \\ 1+j\omega & 1+j\omega \end{pmatrix}$

③ $\begin{pmatrix} 1+j\omega & 1+j\omega \\ j\omega & 1+j\omega \end{pmatrix}$

④ $\begin{pmatrix} 1+j\omega & 1+j\omega \\ j\omega & 2+j\omega \end{pmatrix}$

⑤ $\begin{pmatrix} 1+j\omega & 2+j\omega \\ 2+j\omega & 1+j\omega \end{pmatrix}$

13 그림과 같은 4단자 회로망을 전송파라미터(ABCD 파라미터)의 관계로 4단자 정수의 특징을 나타내는 A, B, C, D 값으로 순서대로 나열한 것은?(단, 출력 측을 개방하니 $V_1 = 12$[V], $I_1 = 2$[A], $V_2 = 4$[V]였고, 출력 측을 단락하니 $V_1 = 16$[V], $I_1 = 4$[A], $I_2 = 8$[A]였다.)

22년 군무원 9급

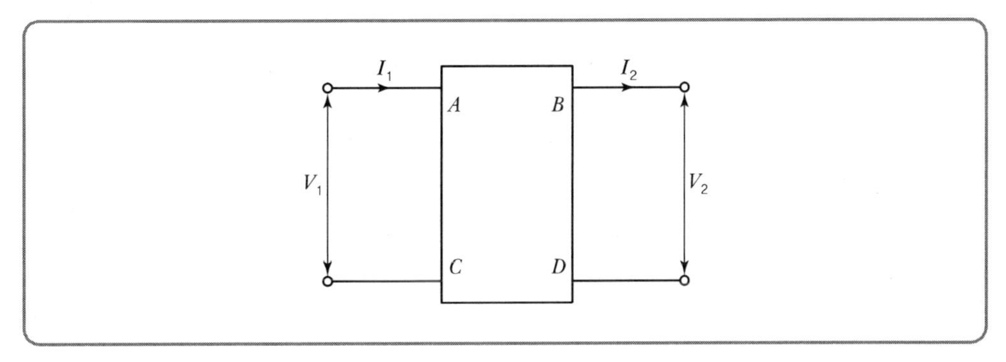

① 3, 8, 0.5, 2

② 3, 2, 0.5, 0.5

③ 0.5, 0.5, 3, 8

④ 2, 3, 8, 0.5

정답 12 ① 13 ②

PART 08

라플라스 변환

CHAPTER 01

CURRENT THEORY

라플라스 변환의 개요

1 정의

① t에 관한 함수 $f(t)$의 라플라스 변환(복소함수) $F(s)$는 다음과 같다.

$$F(s)=\mathcal{L}[f(t)]=\int_{0-}^{\infty}f(t)e^{-st}dt$$

② 위 적분에서 하한은 $0-$ 외에 0, $0+$로 두기도 하는데 하한을 $0-$로 두면 $t=0$에서 불연속 문제가 저절로 해결되므로 편리하다.

③ 라플라스 변환은 $t \geq 0$에서 정의되므로 (두 함수 $f(t)$, $g(t)$에 대해)

㉠ $t<0$인 영역에서 $f(t) \neq g(t)$이어도

㉡ $t \geq 0$인 영역에서 $f(t)=g(t)$이면

㉢ $F(s)=G(s)$이다.

즉, 라플라스변환이 정의되는 구간에서 어느 두 함수가 같으면 각 함수의 라플라스 변환은 서로 같다.

예 $1 \neq u(t)$ $(-\infty<t<\infty)$이지만 $1=u(t)$ $(t \geq 0)$이므로

$$\mathcal{L}[1]=\mathcal{L}[u(t)]=\frac{1}{s}$$

2 역라플라스 변환(Inverse Laplace Transform)

① $F(s)$로부터 거꾸로 $f(t)$를 구하는 과정이며 다음과 같다.

$$f(t)=\mathcal{L}^{-1}[F(s)]=\frac{1}{2\pi j}\int_{c-j\infty}^{c+j\infty}F(s)e^{st}ds$$

② 위 적분을 계산하려면 복소함수의 경로적분에 관한 지식이 필요하다. 그래서 실제로는 적분을 이용하여 역변환하지 않고, 중요한 몇 가지 역변환 공식을 암기해서 역변환에 활용하는 것이 편리하다.

3 시간영역 해석 vs. s영역 해석(라플라스 변환 해석)

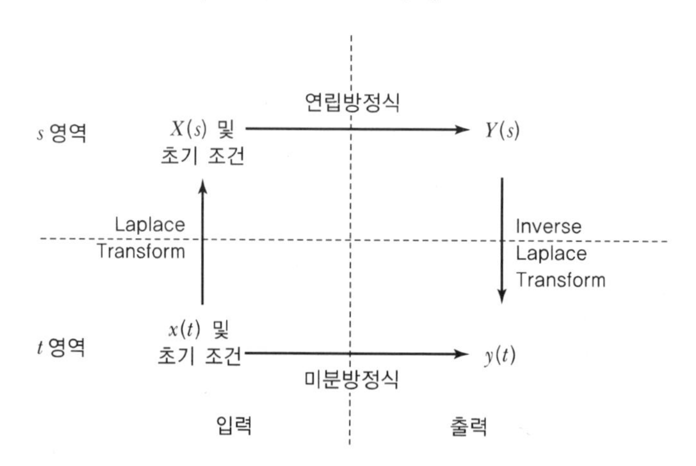

CHAPTER 02 CURRENT THEORY

계단함수 및 임펄스함수

	계단함수(Step Function)	임펄스함수(Impulse Function)
정의	$u(t) = \begin{cases} 1, & t > 0 \\ ?, & t = 0 \\ 0, & t < 0 \end{cases}$	$\delta(t) = \begin{cases} \infty, & t = 0 \\ 0, & t \neq 0 \end{cases}$ $\int_{-\infty}^{\infty} \delta(t)dt = \int_{0-}^{0+} \delta(t)dt = 1$
	$u(t)$, 1, 0, t	$\delta(t)$, 0, t
성질	$K\,u(t)$: 증폭, 선형성	$K\,\delta(t)$: 증폭, 선형성
	$u(-t)$: 대칭	$\delta(-t) = \delta(t)$, 우함수
		y축 대칭(우함수)
	$u(t-t_0)$: 이동	$\delta(t-t_0)$: 이동
	펄스함수 : $u(t-t_1) - u(t-t_2)$, $t_1 < t_2$	선별성(Sifting Property)
		$f(t)\delta(t-t_0) = f(t_0)\delta(t-t_0)$
상호 관계	$\int_{-\infty}^{t} \delta(x)dx = \begin{cases} 0, & t < 0 \\ 1, & t > 0 \end{cases}$ 이므로 $\int_{-\infty}^{t} \delta(x)dx = u(t)$ 양변을 미분하면 $\delta(t) = \dfrac{du(t)}{dt}$	

주요 함수의 라플라스 변환

	$f(t)/f(t)u(t)$	$F(s)$	유도과정
1	$\delta(t)$	1	$\mathcal{L}[\delta(t)] = \int_{0-}^{\infty}\delta(t)e^{-st}\,dt = \int_{0-}^{\infty}\delta(t)\,dt$ $= \int_{0-}^{0+}\delta(t)\,dt = 1$
2	1 $u(t)$	$\frac{1}{s}$	$\mathcal{L}[1] = \int_{0-}^{\infty}e^{-st}\,dt = -\frac{1}{s}[e^{-st}]_0^{\infty} = -\frac{1}{s}(0-1) = \frac{1}{s}$
3	t $t\,u(t)$	$\frac{1}{s^2}$	$\mathcal{L}[t] = \int_{0-}^{\infty}te^{-st}\,dt = -\frac{1}{s}[te^{-st}]_0^{\infty} + \frac{1}{s}\int_{0-}^{\infty}e^{-st}dt$ $= -\frac{1}{s}(\infty e^{-\infty s} - 0) - \frac{1}{s^2}[e^{-st}]_0^{\infty}$ $= \frac{1}{s^2}$
4	e^{-at} $e^{-at}u(t)$	$\frac{1}{s+a}$	$\mathcal{L}[e^{-at}] = \int_{0-}^{\infty}e^{-at}e^{-st}\,dt = \int_{0-}^{\infty}e^{-(a+s)t}dt$ $= -\frac{1}{s+a}[e^{-(a+s)t}]_0^{\infty} = -\frac{1}{s+a}(0-1) = \frac{1}{s+a}$
5	$\sin wt$ $\sin wt\,u(t)$	$\frac{w}{s^2+w^2}$	㉠ $\mathcal{L}[e^{jwt}] = \mathcal{L}[\cos wt + j\sin wt]$ $= \mathcal{L}[\cos wt] + j\mathcal{L}[\sin wt]$ ㉡ $\mathcal{L}[e^{jwt}] = \frac{1}{s-jw} = \frac{s+jw}{s^2+w^2} = \frac{s}{s^2+w^2} + j\frac{w}{s^2+w^2}$ ㉢ 위 ㉠, ㉡식에 의해서 $\mathcal{L}[\cos wt] = \frac{s}{s^2+w^2}$, $\mathcal{L}[\sin wt] = \frac{w}{s^2+w^2}$
6	$\cos wt$ $\cos wt\,u(t)$	$\frac{s}{s^2+w^2}$	
7	$e^{-at}\sin wt$ $e^{-at}\sin wt\,u(t)$	$\frac{w}{(s+a)^2+w^2}$	㉠ $\mathcal{L}[e^{(-a+jw)t}] = \mathcal{L}[e^{-at}e^{jwt}]$ $= \mathcal{L}[e^{-at}(\cos wt + j\sin wt)]$ $= \mathcal{L}[e^{-at}\cos wt] + j\,\mathcal{L}[e^{-at}\sin wt]$ ㉡ $\mathcal{L}[e^{(-a+jw)t}] = \frac{1}{s+a-jw} = \frac{s+a+jw}{(s+a)^2+w^2}$ $= \frac{s+a}{(s+a)^2+w^2} + j\frac{w}{(s+a)^2+w^2}$ ㉢ 위 ㉠, ㉡식에 의해서 $\mathcal{L}[e^{-at}\cos wt] = \frac{s+a}{(s+a)^2+w^2}$ $\mathcal{L}[e^{-at}\sin wt] = \frac{w}{(s+a)^2+w^2}$
8	$e^{-at}\cos wt$ $e^{-at}\cos wt\,u(t)$	$\frac{s+a}{(s+a)^2+w^2}$	

주요 연산의 라플라스 변환

	$f(t)$	$F(s)$	유도과정
1	$Kf(t)$	$KF(s)$	$\mathcal{L}[Kf(t)]=\int_{0-}^{\infty}KF(t)e^{-st}\,dt=K\int_{0-}^{\infty}f(t)e^{-st}\,dt$ $=KF(s)$
2	$f_1(t)\pm f_2(t)$	$F_1(s)\pm F_2(s)$	$\mathcal{L}[f_1(t)\pm f_2(t)]=\int_{0-}^{\infty}(f_1(t)\pm f_2(t))e^{-st}\,dt$ $=\int_{0-}^{\infty}f_1(t)e^{-st}dt\pm\int_{0-}^{\infty}f_2(t)e^{-st}\,dt$ $=F_1(s)\pm F_2(s)$
3	$\dfrac{df(t)}{dt}$	$sF(s)-f(0-)$	$\mathcal{L}[f'(t)]=\int_{0-}^{\infty}f'(t)e^{-st}\,dt$ $=[f(t)e^{-st}]_{0-}^{\infty}+\int_{0-}^{\infty}f(t)se^{-st}dt$ $=f(\infty)e^{-\infty s}-f(0-)e^{0}+s\int_{0-}^{\infty}f(t)e^{-st}dt$ $=sF(s)-f(0-)$
4	$\dfrac{d^2f(t)}{dt^2}$	$s^2F(s)$ $-f(0-)s$ $-f'(0-)$	위 3의 결과를 이용하면 $\mathcal{L}[f''(t)]=s(sF(s)-f(0-)-f'(0-))$ $=s^2F(s)-f(0-)s-f'(0-)$
5	$f(t-a)$ ㉠ $a\geqq 0$ ㉡ $t<0$일 때 $f(t)=0$	$F(s)\,e^{-as}$	㉠ $F(s)=\int_{0-}^{\infty}f(t)e^{-st}\,dt$ ㉡ $\dfrac{d}{ds}F(s)=-\int_{0-}^{\infty}tf(t)e^{-st}\,dt=-\mathcal{L}[t\,f(t)]$ ㉢ $\dfrac{d^2}{ds^2}F(s)=\int_{0-}^{\infty}t^2f(t)e^{-st}\,dt=+\mathcal{L}[t^2f(t)]$ ㉣ $\dfrac{d^n}{ds^n}F(s)=(-1)^n\mathcal{L}[t^nf(t)]$ $\mathcal{L}[t^nf(t)]=(-1)^n\dfrac{d^n}{ds^n}F(s)$
6	$t\,f(t)$	$-\dfrac{d}{ds}F(s)$	
7	$t^nf(t)$ $(n\geqq 0)$	$(-1)^n\dfrac{d^n}{ds^n}F(s)$ $(n\geqq 0)$	$\mathcal{L}[\int_{0-}^{t}f(x)dx]=\int_{0-}^{\infty}(\int_{0-}^{t}f(x)dx)e^{-st}\,dx$ $=-\dfrac{1}{s}[(\int_{0-}^{t}f(x)dx)\,e^{-st}]_{0}^{\infty}+\dfrac{1}{s}\int_{0-}^{\infty}f(t)e^{-st}dt$ $=\dfrac{1}{s}[(\int_{0-}^{0-}f(x)dx)\,e^{0}-(\int_{0-}^{\infty}f(x)dx)e^{-\infty s}]+\dfrac{F(s)}{s}$ $=\dfrac{F(s)}{s}$
8	$\int_{0-}^{t}f(x)\,dx$	$\dfrac{F(s)}{s}$	

≫ 예제 ❶

문제 $F(s)=\dfrac{2s+1}{s^2+1}$의 역라플라스 신호 $f(t)$는?

① $f(t)=2\sin t+\cos t$ ② $f(t)=\sin t+2\cos t$

③ $f(t)=2\sin t-\cos t$ ④ $f(t)=\sin t-2\cos t$

≫ 예제 ❷

문제 다음 식으로 주어진 $V(s)$의 역라플라스 신호 $v(t)$값은?

$$V(s)=\frac{2s^2+4s+14}{s^3+3s^2+s+3}$$

① $4\sin t+2e^{-3t}$ ② $4\cos t+e^{-3t}$

③ $4\sin t+e^{-3t}$ ④ $4\cos t+2e^{-3t}$

CHAPTER 05 CURRENT THEORY

부분분수 전개법

1 기본전제조건

"분모 차수가 분자 차수보다 큰 경우에 적용된다."

따라서 $F(s)$의 분자 차수가 분모 차수 이상이면 다항식의 나눗셈을 이용해 분자 차수를 분모보다 작게 만들어서 사용한다.

2 전개형태

① 분해 후 각 항의 분자 차수는 분모 차수보다 1이 작게 한다.

$$\frac{2s^2+5s+6}{(s+1)(s+3)(s+2)^2} = \frac{A}{s+1} + \frac{B}{s+3} + \frac{Cs+D}{(s+2)^2}$$

② 실수의 중복극점을 가지는 항은 위 ①의 형태로도 가능하지만 다음과 같은 형태로 전개하는 것이 편리하다.

$$\frac{2s^2+5s+6}{(s+1)(s+3)(s+2)^2} = \frac{A}{s+1} + \frac{B}{s+3} + \frac{C_1}{s+2} + \frac{D_1}{(s+2)^2}$$

③ 복소수의 극점을 가지는 항은 위 ①의 형태로 전개하는 것이 편리하다.

$$\frac{2s^2+2s+9}{(s+2)(s^2+5s+2)} = \frac{A}{s+2} + \frac{Bs+c}{s^2+5s+2}$$

$$\frac{s^6+2s^5+3s^4+4s^3+5s^2+6s+7}{s^2(s+2)(s^2+2s+4)^2} = \frac{A}{s} + \frac{B}{s^2} + \frac{C}{s+2} + \frac{Ds^3+Es^2+Fs+G}{(s^2+2s+4)^2}$$

3 전개방법(계수 A, B, C, D 등의 결정방법)

① 계수비교법

㉠ $$\frac{s^2+2s+3}{(s+1)(s+2)(s+3)} = \frac{A}{s+1} + \frac{B}{s+2} + \frac{C}{s+3}$$

$$= \frac{(A+B+C)s^2+(5A+4B+3C)s+6A+3B+2C}{(s+1)(s+2)(s+3)}$$

㉡ 연립방정식 $A+B+C=1$, $5A+4B+3C=2$, $6A+3B+2C=3$을 푼다.

② 인수가리기법(헤비사이드의 cover-up 방법)

구하려는 계수의 분모를 양변에 곱하고 그 분모가 0이 되는 s를 대입한다.

$$\frac{s^2+2s+3}{(s+1)(s+2)(s+3)}=\frac{A}{s+1}+\frac{B}{s+2}+\frac{C}{s+3}$$ 에서

㉠ $A=\left.\frac{s^2+2s+3}{(s+2)(s+3)}\right|_{s=-1}=\frac{2}{2}=1$

㉡ $B=\left.\frac{s^2+2s+3}{(s+1)(s+3)}\right|_{s=-2}=-3$

㉢ $C=\left.\frac{s^2+2s+3}{(s+1)(s+2)}\right|_{s=-3}=\frac{6}{2}=3$

③ 반복빼기법

이미 그 계수 값을 알고 있는 항을 좌변에서 뺀 후, 분모곱하기를 이용해 구한다.

$$\frac{s^2+1}{(s+1)^2(s+2)}=\frac{A}{s+2}+\frac{B}{(s+1)}+\frac{C}{(s+1)^2}$$ 에서

㉠ $C=\left.\frac{(s^2+1)}{s+2}\right|_{s=-1}=2$

㉡ $A=\left.\frac{(s^2+1)}{(s+1)^2}\right|_{s=-2}=5$

㉢ $\frac{s^2+1}{(s+1)^2(s+2)}-\frac{5}{s+2}-\frac{2}{(s+1)^2}=\frac{-4}{s+1}=\frac{B}{s+1}$ $\quad\therefore B=-4$

④ 반복미분법

중복극점을 갖는 항의 여러 미정계수를 반복미분 및 분모곱하기를 이용해 구한다.

$$\frac{s^2+1}{(s+1)^2(s+2)}=\frac{A}{s+2}+\frac{B}{(s+1)}+\frac{C}{(s+1)^2}$$ 에서

㉠ $C=\left.\frac{(s^2+1)}{s+2}\right|_{s=-1}=2$ 그리고 $A=\left.\frac{(s^2+1)}{(s+1)^2}\right|_{s=-2}=5$

㉡ 주어진 식의 양변에 $(s+1)^2$을 곱하면 $\frac{s^2+1}{s+2}=\frac{(s+1)^2}{s+2}A+(s+1)B+C$

㉢ 상기 ㉡의 식을 s로 미분하면 $\frac{s^2+4s-1}{(s+2)^2}=\frac{(s-1)(s+3)}{(s+2)^2}A+B$

㉣ $\therefore\ B=\left.\frac{s^2+4s-1}{(s+2)^2}\right|_{s=-1}=-4$

≫ 예제 ❶

문제 $F(s) = \dfrac{2s+1}{s^2+1}$ 의 역라플라스 신호 $f(t)$는?

① $f(t) = 2\sin t + \cos t$
② $f(t) = \sin t + 2\cos t$
③ $f(t) = 2\sin t - \cos t$
④ $f(t) = \sin t - 2\cos t$

≫ 예제 ❷

문제 다음 함수 $F(s) = \dfrac{3}{(s+1)^2(s+2)}$ 의 라플라스 역변환으로 옳은 것은?

① $f(t) = \dfrac{3}{2}[(t-1)e^{-2t} + e^{-t}]$
② $f(t) = \dfrac{3}{2}[(t-1)e^{-t} + e^{-2t}]$
③ $f(t) = 3[(t-1)e^{-2t} + e^{-t}]$
④ $f(t) = 3[(t-1)e^{-t} + e^{-2t}]$

CHAPTER 06 CURRENT THEORY

2차식 복소수근

분모의 이차식이 복소수근을 갖는 경우 라플라스 역변환을 한다.

1 기본형태

① 요령

$F(s)=\dfrac{ps+q}{s^2+\alpha s+\beta}=\dfrac{ps+q}{(s+a)^2+w^2}$의 형태인 경우 아래와 같이 분자의 계수를 적당히 조절하여 라플라스 변환 형태가 되도록 한다.

② $F(s)=\dfrac{ps+q}{(s+a)^2+w^2}=\dfrac{p(s+a-a)+q}{(s+a)^2+w^2}=\dfrac{p(s+a)+q-ap}{(s+a)^2+w^2}$

$=\dfrac{p(s+a)}{(s+a)^2+w^2}+\dfrac{q-ap}{(s+a)^2+w^2}$

$=p\times\dfrac{(s+a)}{(s+a)^2+w^2}+\dfrac{q-ap}{w}\times\dfrac{w}{(s+a)^2+w^2}$

③ $f(t)=pe^{-at}\cos wt+\dfrac{q-ap}{w}e^{-at}\sin wt$

》 예제 1

문제 $\left(\dfrac{1}{S^2+2S+5}\right)$의 역라플라스 변환을 구하면 다음 중 무엇인가? 11년 국회직 9급

① $e^{-t}\sin(2t)$

② $\dfrac{1}{2}e^{-t}\sin(t)$

③ $\dfrac{1}{2}e^{-t}\sin(2t)$

④ $e^{-t}\sin(t)$

⑤ $2e^{-t}\sin(2t)$

≫ 예제 ②

문제 다음 라플라스 변환함수의 역변환 $f(t)$를 구하시오.

$$F(s) = \frac{3s+7}{s^2+2s+5}$$

≫ 예제 ③

문제 다음 라플라스 변환함수의 역변환 $f(t)$를 구하시오.

$$F(s) = \frac{s}{(s+1)(s^2+2s+2)}$$

풀이

1. 부분분수 전개

① $F(s) = \dfrac{s}{(s+1)(s^2+2s+2)} = \dfrac{A}{s+1} + \dfrac{B_S+C}{s^2+2s+2}$ 에서

$A = \dfrac{s}{s^2+2s+2}|_{s=-1} = -1$

② $\dfrac{B_S+C}{s^2+2s+2} = \dfrac{s}{(s+1)(s^2+2s+2)} + \dfrac{1}{s+1} = \dfrac{s^2+3s+2}{(s+1)(s^2+2s+2)}$

$= \dfrac{s}{(s+1)(s^2+2s+2)} + \dfrac{1}{s+1} = \dfrac{s^2+3s+2}{(s+1)(s^2+2s+2)} = \dfrac{s+2}{s^2+2s+2}$

③ $\therefore\ F(s) = \dfrac{-1}{s+1} + \dfrac{s+2}{s^2+2s+2}$

2. 역변환

① $F(s) = \dfrac{-1}{s+1} + \dfrac{s+1}{(s+1)^2+1} + \dfrac{1}{(s+1)^2+1}$

② $f(t) = e^{-t} + e^{-t}\cos t + e^{-t}\sin t$

CHAPTER 07 CURRENT THEORY

초기값 / 최종값 정리

1 개요

① 라플라스 변환 함수 $F(s)$ 가 주어진 경우 그 역변환 $f(t)$의 초기값 $f(0+)$ 및 최종값 $f(\infty)$을 구하는 순서

㉠ $F(s)$의 부분분수전개

㉡ $F(s)$의 역변환 $f(t)$ 계산

㉢ $f(t)$에 $t=0+$, $t=\infty$를 각각 대입

결론 : 불편하다.

② 초기값 정리(Initial Value Theorem), 최종값 정리(Final Value Theorem)를 이용하면, $f(0+)$ 및 $f(\infty)$의 값만 구하고자 할 때는 위 과정 ①, ②를 거치지 않고도 $F(s)$로부터 바로 $f(0+)$ 및 $f(\infty)$의 값을 바로 구할 수 있다.

초기값 정리 및 최종값 정리

	초기값 정리(Initial Value Theorem)	최종값 정리(Final Value Theorem)
내용	$f(0+)=\lim\limits_{s\to\infty}sF(s)$	$f(\infty)=\lim\limits_{s\to 0}sF(s)$

≫ 예제 ❶

문제 $F(s)=\dfrac{s+10}{s(s^2+2s+5)}$ 일 때, $f(t)$의 최종값은? 14년 서울시 9급

① 0 ② 1 ③ 2 ④ 3

⑤ ∞

≫ 예제 ❷

문제 다음 Laplace 변환에 대응되는 시간함수의 초기값과 최종값은 얼마인가? 15년 서울시 9급

$$F(s)=\frac{10(s+2)}{s(s^2+3s+4)}$$

① $f(0)=5,\ f(\infty)=0$ ② $f(0)=0,\ f(\infty)=0$

③ $f(0)=0,\ f(\infty)=5$ ④ $f(0)=5,\ f(\infty)=5$

실전문제 CURRENT THEORY

01 다음 LC회로의 전달함수 $[H(s) = V_o(s)/V_i(s)]$ 식으로 옳은 것은?

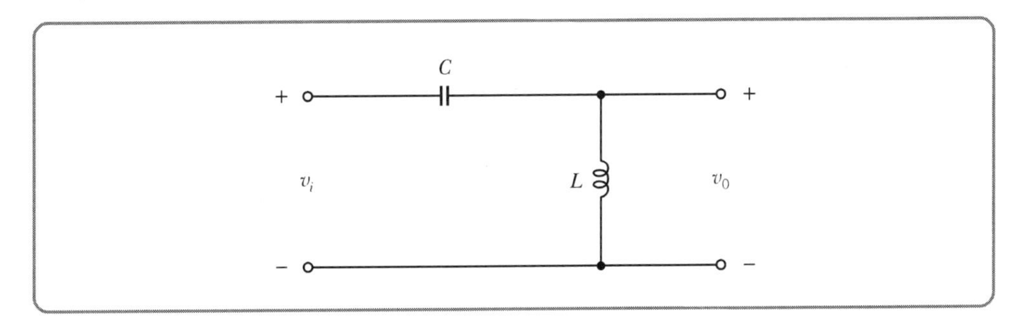

① $\dfrac{s^2}{s^2 + LC}$ ② $\dfrac{s^2}{s^2 + \frac{1}{LC}}$ ③ $\dfrac{\frac{1}{LC}}{s^2 + \frac{1}{LC}}$ ④ $\dfrac{s^2}{s^2 + \frac{L}{C}}$

⑤ $\dfrac{\frac{L}{C}}{s^2 + \frac{L}{C}}$

02 다음 신호 $f(t)$를 라플라스 변환(Lapplace Transform)한 것으로 옳은 것은?

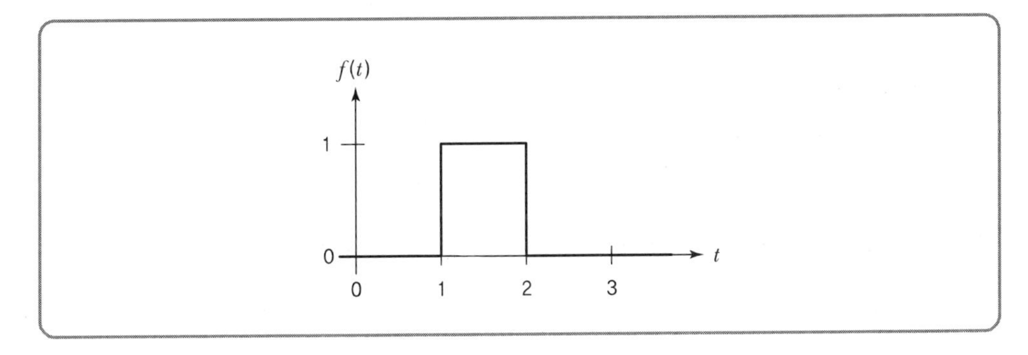

① $F(s) = \dfrac{e^{-s}}{s} - \dfrac{e^{-2s}}{s}$ ② $F(s) = \dfrac{1}{s+1} - \dfrac{1}{s+2}$

③ $F(s) = e^{-s} - e^{2s}$ ④ $F(s) = \dfrac{e^{-s}}{s+1} - \dfrac{e^{-2s}}{s+2}$

정답 **01** ② **02** ①

03 그림과 같은 $R-L$회로에서 입력 전압 $V_i(t)$와 저항 양단의 전압 $V_R(t)$에 대한 Laplace 변환을 각각 $V_i(s)$, $V_R(s)$라 할 때, 전달함수 $H(s)=\dfrac{V_R(s)}{V_i(s)}$를 구한 것으로 가장 옳은 것은?(단, 초기 조건은 모두 0이라고 가정한다.)

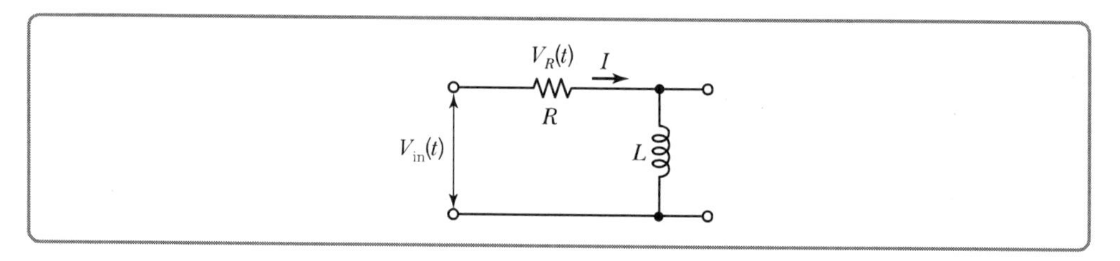

① $H(s)=\dfrac{R}{R+Ls}$　② $H(s)=\dfrac{1}{R+Ls}$

③ $H(s)=\dfrac{L}{R+Ls}$　④ $H(s)=\dfrac{s}{R+Ls}$

04 다음 회로의 전달함수가 $\dfrac{V_o(s)}{V_i(s)}=\dfrac{5s}{s^2+5s+10}$가 되기 위한 L[H] 과 C[F]의 값은?

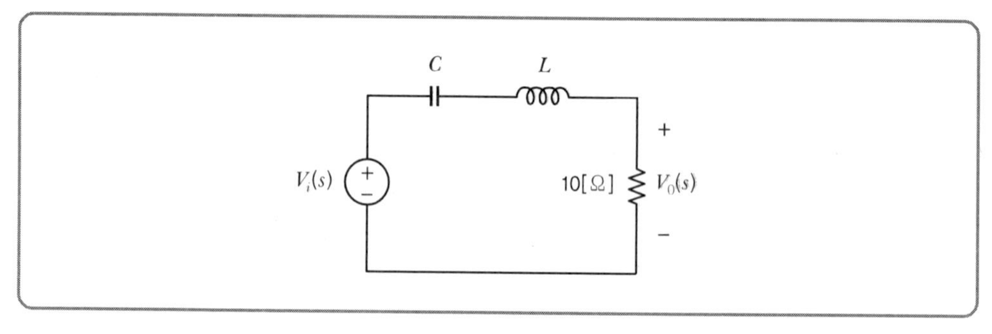

① $L=1$, $C=0.05$　② $L=1$, $C=0.5$

③ $L=2$, $C=0.05$　④ $L=2$, $C=0.5$

05 다음 전달함수를 갖는 시스템의 단위 임펄스응답으로 옳은 것은?

$$G(s)=\frac{2s+5}{s^2+4s+5}$$

① $e^{-2t}(\cos t+2\sin t)$　② $e^{-2t}(\cos t-2\sin t)$

③ $e^{-2t}(2\cos t+\sin t)$　④ $e^{-2t}(2\cos t-\sin t)$

정답 03 ① 04 ③ 05 ③

06 선형 시불변 시스템의 입력이 $e^{-t}u(t)$일 때 출력은 $10e^{-t}\cos(2t)u(t)$이다. 시스템의 전달 함수는?(단, $u(t)$는 단위계단함수이고 시스템의 초기조건은 0이다.) 23년 국가직 9급

① $\dfrac{5(s+1)}{s^2+2s+5}$

② $\dfrac{5(s+1)^2}{s^2+2s+5}$

③ $\dfrac{10(s+1)}{s^2+2s+5}$

④ $\dfrac{10(s+1)^2}{s^2+2s+5}$

07 $F(s)=\dfrac{1}{(s+1)^2(s+2)}$의 라플라스 역변환에 대응되는 시간함수 $f(t)$는?

21년 국회직 9급

① $f(t)=e^{-t}+te^{-t}+e^{-2t}$

② $f(t)=e^{-t}-te^{-t}-e^{-2t}$

③ $f(t)=-e^{-t}+e^{-2t}$

④ $f(t)=-e^{-t}+te^{-t}+e^{-2t}$

⑤ $f(t)=-e^{t}+te^{t}+e^{2t}$

정답 06 ④ 07 ④

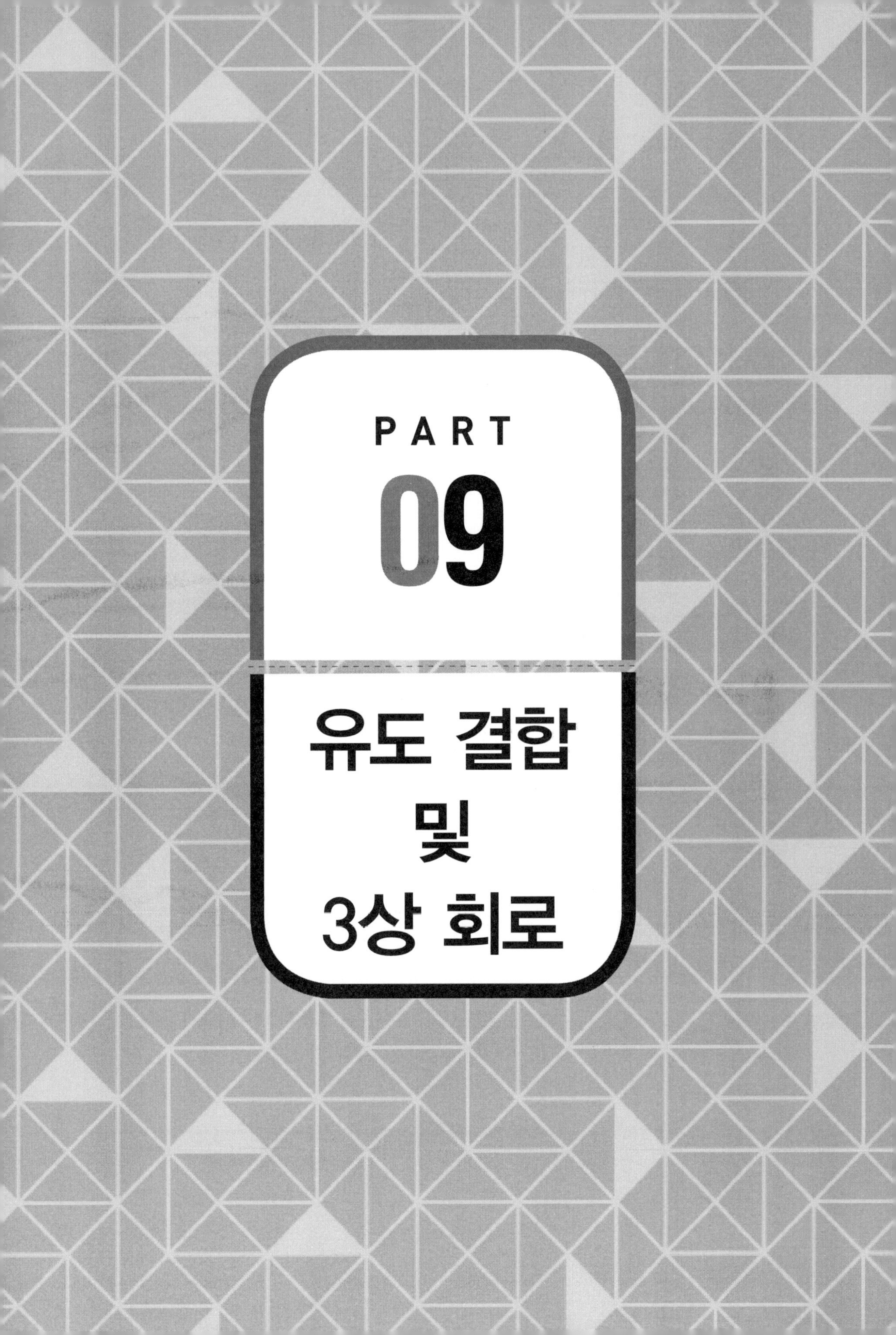
PART
09
유도 결합
및
3상 회로

CHAPTER 01 CURRENT THEORY

유도 결합 회로

1 인덕터 전압(유도 결합 회로)

1) 유도 결합 회로

① 어느 인덕터를 흐르는 전류가 그 인덕터뿐 아니라 다른 인덕터에도 전압을 유도한다.

② 즉 유도 결합 회로에서 '인덕터전압=자체유도전압+상호유도전압'이다.

2) 유도전압의 크기

① **자체유도전압** : 자신을 흐르는 전류의 미분값에 비례한다.

$$v_S = L\frac{di}{dt}$$

② **상호유도전압** : 다른 인덕터전류의 미분값에 비례한다.

$$v_M = M\frac{di}{dt}(M : \text{상호유도계수})$$

③ $M = k\sqrt{L_1L_2}\,(0 \le K \le 1)$. 여기서 k를 결합계수라 하며 한 코일에서 발생한 자기장이 다른 코일을 관통하는 정도를 뜻한다.

3) 유도전압의 극성과 극점(dot) 표기법

① 우선 인덕터의 단자전압, 자체유도전압, 상호유도전압을 따로따로 생각해야 한다.

② **자체유도전압의 극성** : ●와는 전혀 무관하고 수동부호규정을 따른다.

③ **상호유도전압의 극성** : ●의 위치 및 전류방향에 의존한다(가장 중요).

- 인덕터의 ●쪽 단자로 흘러들어가는 전류는 → 다른 인덕터의 ●에 +극 유도
- 인덕터의 ●쪽 단자에서 흘러나오는 전류는 → 다른 인덕터의 ●에 −극 유도

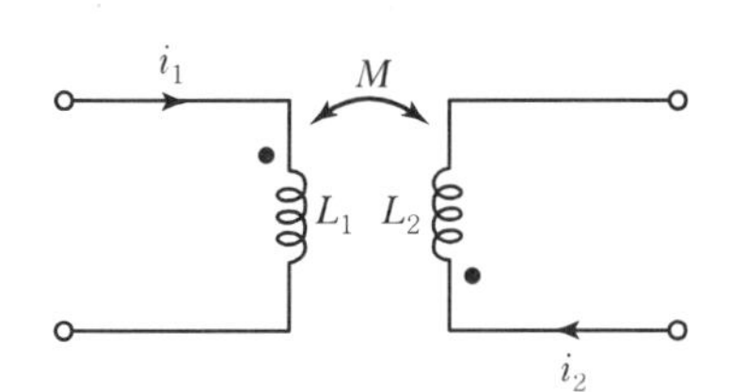

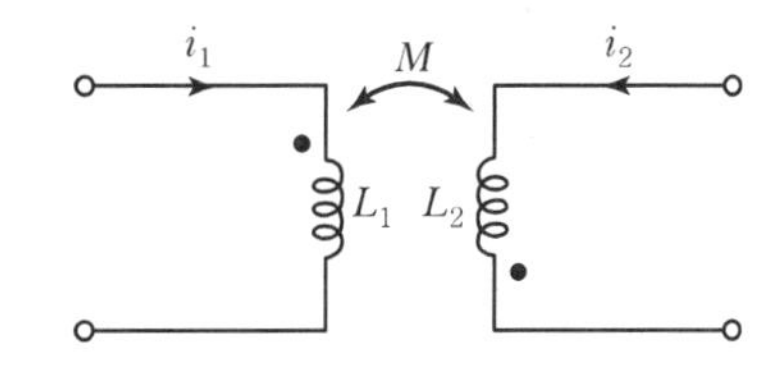

4) 자체, 상호유도전압극성이 차이가 나는 이유 – 자기장의 방향 때문

① 각 인덕터전류에 의한 자기장방향이 같으면 자체, 상호유도전압극성은 동일하다.

② 각 인덕터전류에 의한 자기장방향이 다르면 자체, 상호유도전압극성은 반대이다.

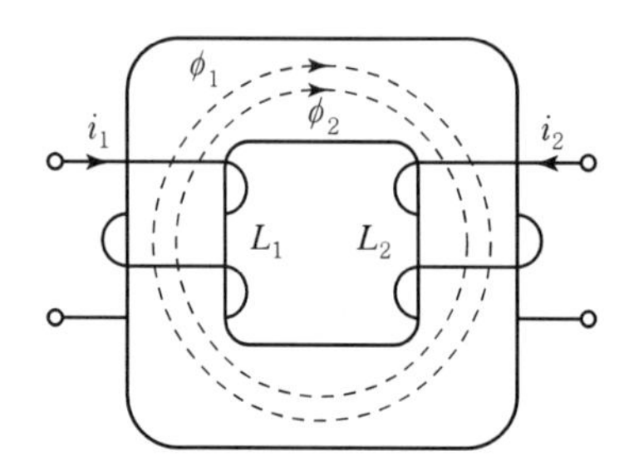

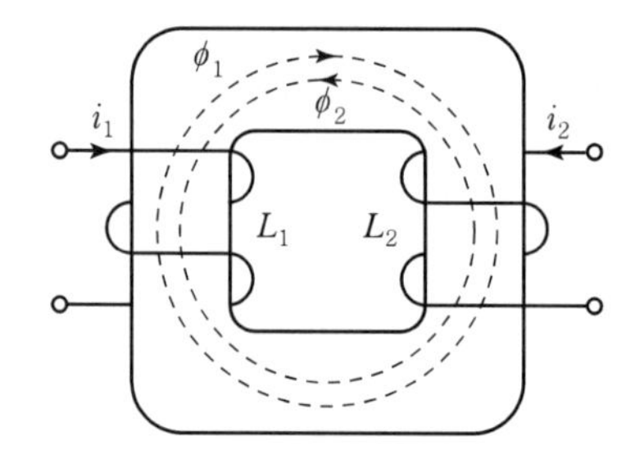

2 자체유도전압/상호유도전압

1) 유형연습

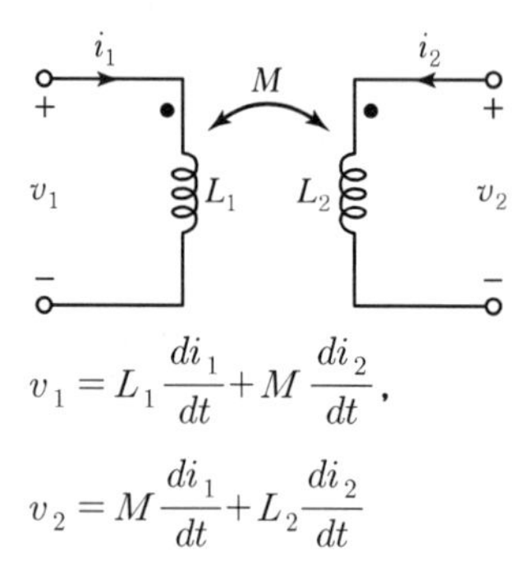

$$v_1 = L_1\frac{di_1}{dt} + M\frac{di_2}{dt},$$

$$v_2 = M\frac{di_1}{dt} + L_2\frac{di_2}{dt}$$

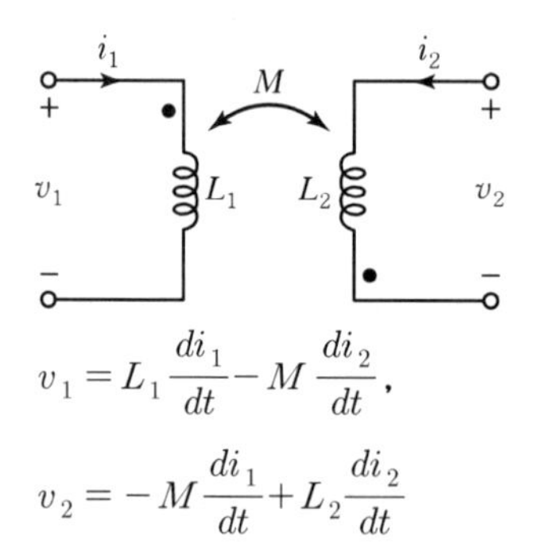

$$v_1 = L_1\frac{di_1}{dt} - M\frac{di_2}{dt},$$

$$v_2 = -M\frac{di_1}{dt} + L_2\frac{di_2}{dt}$$

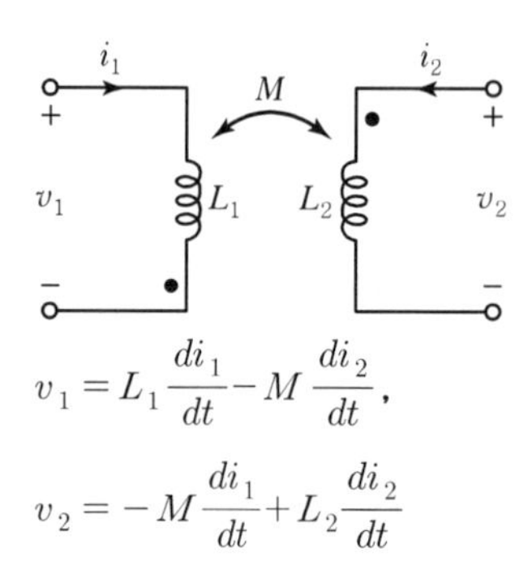

$$v_1 = L_1\frac{di_1}{dt} - M\frac{di_2}{dt},$$

$$v_2 = -M\frac{di_1}{dt} + L_2\frac{di_2}{dt}$$

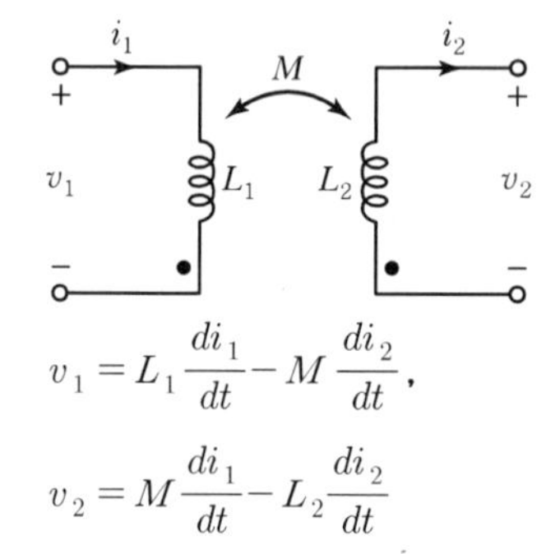

$$v_1 = L_1\frac{di_1}{dt} - M\frac{di_2}{dt},$$

$$v_2 = M\frac{di_1}{dt} - L_2\frac{di_2}{dt}$$

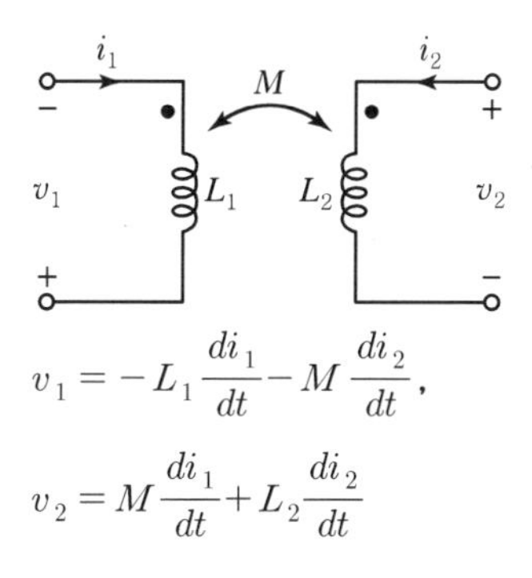

$$v_1 = -L_1\frac{di_1}{dt} - M\frac{di_2}{dt},$$

$$v_2 = M\frac{di_1}{dt} + L_2\frac{di_2}{dt}$$

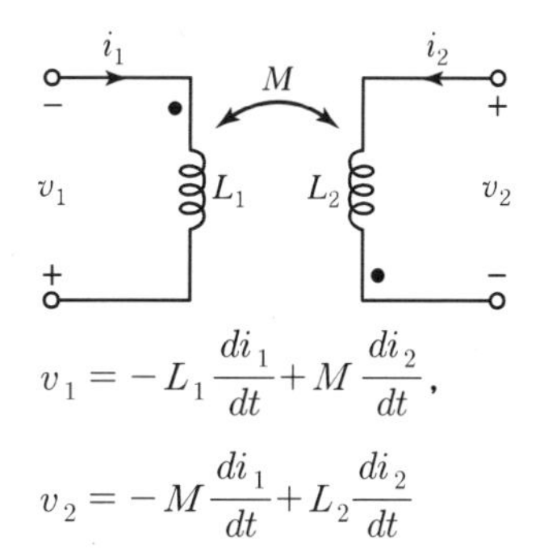

$$v_1 = -L_1\frac{di_1}{dt} + M\frac{di_2}{dt},$$

$$v_2 = -M\frac{di_1}{dt} + L_2\frac{di_2}{dt}$$

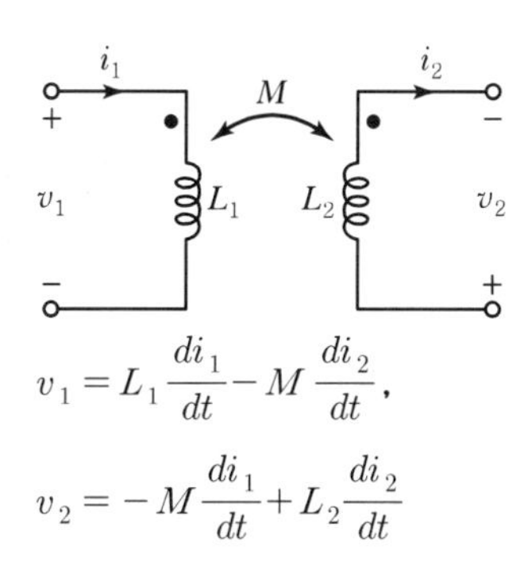

$$v_1 = L_1\frac{di_1}{dt} - M\frac{di_2}{dt},$$

$$v_2 = -M\frac{di_1}{dt} + L_2\frac{di_2}{dt}$$

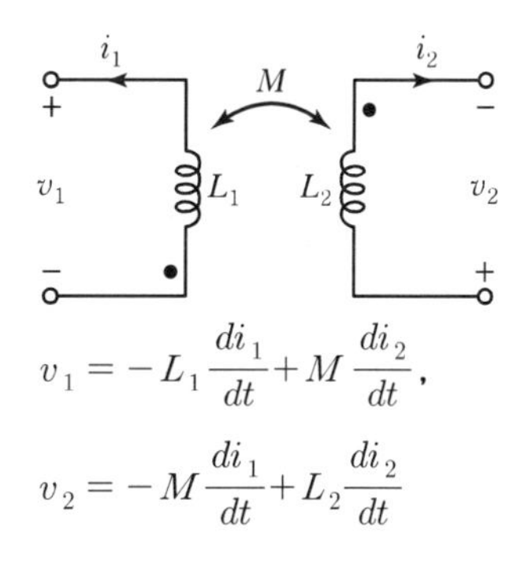

$$v_1 = -L_1\frac{di_1}{dt} + M\frac{di_2}{dt},$$

$$v_2 = -M\frac{di_1}{dt} + L_2\frac{di_2}{dt}$$

3 유도 결합 회로의 해석방법

1) 미분방정식을 이용

① 유도결합인덕터의 각 인덕터 전압, 전류를 수동부호규정을 만족하도록 잡는다.

② 각 인덕터 전압과 전류관계식을 구한다.

$$v_1 = L_1\frac{di_1}{dt} \pm M\frac{di_2}{dt}, \quad v_2 = \pm M\frac{di_1}{dt} + L_2\frac{di_2}{dt}$$

③ KVL을 이용하여 인덕터 전압 v_1, v_2를 사용한 회로방정식을 세운다.

④ 상기 ③의 방정식에 ②에서 구한 전압전류관계식을 대입한다.

⑤ i_2 또는 i_2에 관한 미분방정식을 구한 다음 일반적인 미분방정식의 풀이법에 따라 강제응답, 고유응답, 완전응답, 고유응답의 미정계수계산의 순서로 i_1 등을 구한다.

2) 페이저 해석(정현파 정상상태)

① $L_1 \to jwL_1$, $L_2 \to jwL_2$, $M \to jwM$으로 바꾼다.

② 각 인덕터의 전압페이저, 전류페이저를 수동부호규정을 만족하도록 잡는다.

③ 각 인덕터의 전압관계식은 다음과 같다.

$$v_1 = L_1\frac{di_1}{dt} \pm M\frac{di_2}{dt} \to V_1 = jwL_1I_1 \pm jwMI_2$$

$$v_2 = \pm M\frac{di_1}{dt} + L_2\frac{di_2}{dt} \to V_2 = jwMI_1 \pm jwL_2I_2$$

④ KVL을 이용하여 인덕터 전압페이저 v_1, v_2를 사용한 회로방정식을 세운다.

⑤ 상기 ④의 방정식에 ③의 전압전류페이저 관계식을 대입한다.

3) 라플라스 변환

① 미분방정식+라플라스 변환

㉠ i_1, i_2에 관한 연립미분방정식을 세운다.

㉡ 각 인덕터의 전압관계식을 다음과 같이 변환한다.

$$v_1 = L_1\frac{di_1}{dt} \pm M\frac{di_2}{dt} \;\to\; V_1(s) = L_1(sI_1 - i_1(0-)) \pm M(sI_2 - i_2(0-))$$

$$v_2 = \pm M\frac{di_1}{dt} + L_2\frac{di_2}{dt} \;\to\; V_2(s) = \pm M(sI_1 - i_1(0-)) + L_2(sI_2 - i_2(0-))$$

② 라플라스 변환회로

㉠ 유도 결합 회로의 라플라스 변환회로는 그리기가 매우 복잡하다.

㉡ 초기조건이 0인 유도 결합 회로는 $L_1 \rightarrow sL_1$, $L_2 \rightarrow sL_2$, $M \rightarrow sM$으로 바꿀 수 있다.

㉢ T형 등가회로를 이용하면 라플라스변환회로를 쉽게 그릴 수 있다.

4) 결론

유도 결합 회로의 경우, 가급적 유도 결합 회로를 T형 등가회로로 바꾸어 그린 다음 T형 등가회로의 라플라스변환회로를 이용하여 해석하는 것이 편리하다.

≫ 예제 ❶

문제 **다음 회로에서 전류 i_1, i_2에 관한 망 전류방정식을 구해보시오.**

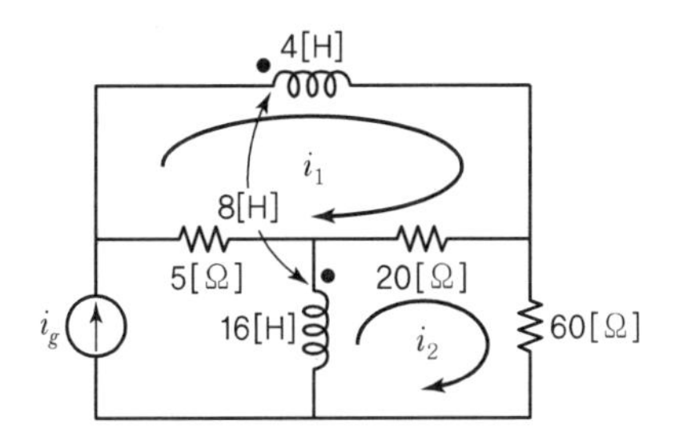

풀이

$4i_1' - 8i_2' + 20i_1 - 20i_2 = 5i_g - 8i_g'$

$8i_1' - 16i_2' + 20i_1 - 80i_2 = -16i_g'$

4 유도 결합 회로의 T형 등가회로

1) 등가회로 사용 이유

유도결합코일에서 상호유도전압의 극성을 실수하기 쉬운데 T형 등가회로를 이용하면 상호유도전압을 고려하지 않아도 되기 때문에 회로해석을 간단히 할 수 있다.

2) 기본전제

유도 결합 회로를 T형 등가회로로 바꾸기 위해서는 아래 그림의 두 절점 a, a′의 전위차가 0[V]이어야 한다. 즉 두 절점이 단락되어 있거나 두 절점을 인위적으로 연결해 단락회로로 만들 수 있어야 한다.

3) (a), (b) 두 회로가 서로 등가이기 위한 조건

① 유형 I

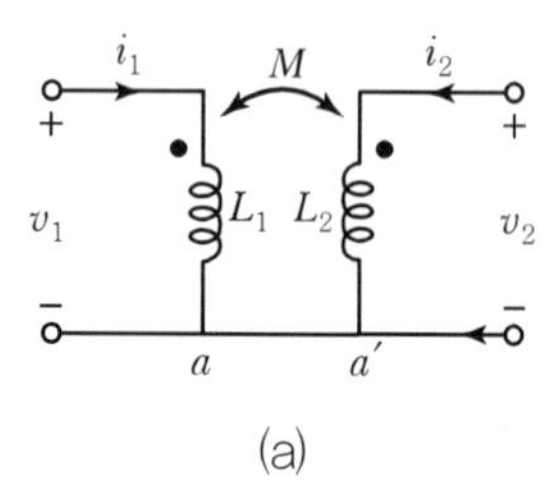

(a)

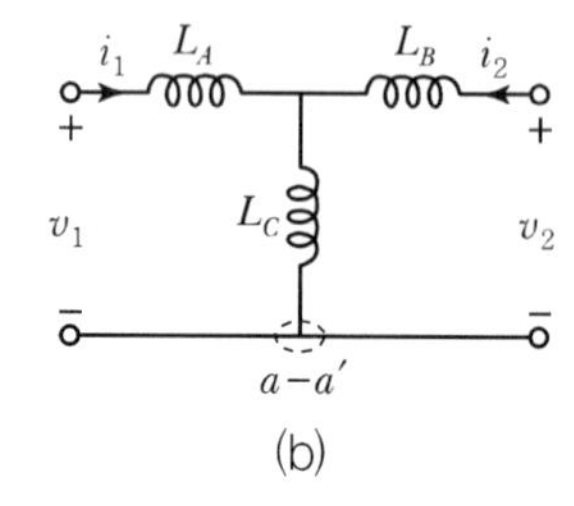

(b)

$$\nu_1 = L_1\frac{di_1}{dt} + M\frac{di_2}{dt}$$

$$\nu_2 = M\frac{di_1}{dt} + L_2\frac{di_2}{dt}$$

$$\nu_1 = (L_A + L_C)\frac{di_1}{dt} + L_C\frac{di_2}{dt}$$

$$\nu_2 = L_C\frac{di_1}{dt} + (L_B + L_C)\frac{di_2}{dt}$$

② 유형 II

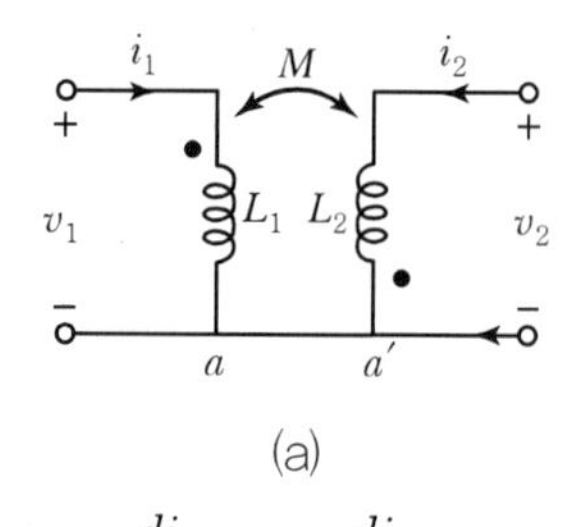

(a)

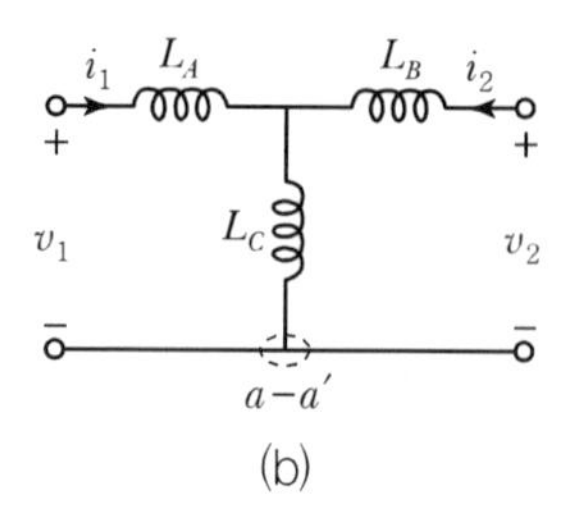

(b)

$$\nu_1 = L_1\frac{di_1}{dt} - M\frac{di_2}{dt}$$

$$\nu_2 = -M\frac{di_1}{dt} + L_2\frac{di_2}{dt}$$

$$\nu_1 = (L_A + L_C)\frac{di_1}{dt} + L_C\frac{di_2}{dt}$$

$$\nu_2 = L_C\frac{di_1}{dt} + (L_B + L_C)\frac{di_2}{dt}$$

5 T형 등가회로의 응용

1) 유형 및 전제조건

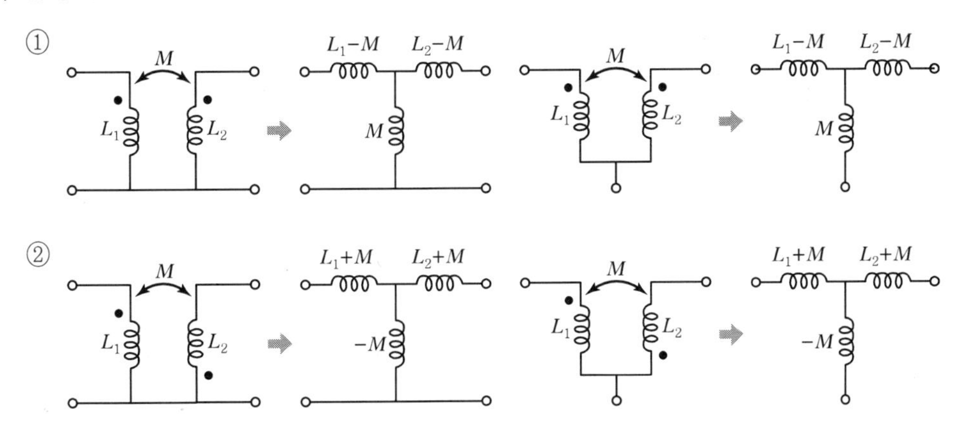

2) 구체적 적용

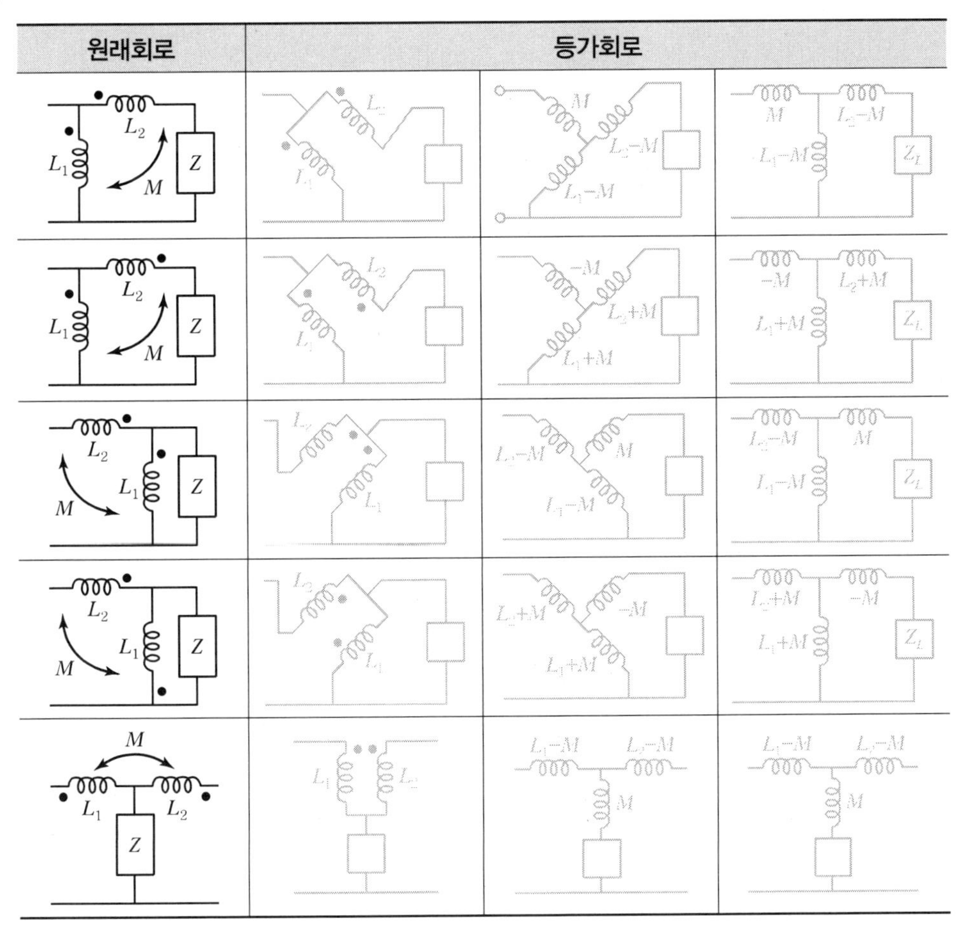

6 변압기(Transformer)

1) 개요

일반적으로 정현파 전원과 부하 사이에는 결합코일(Coupled Coil)로 이루어진 변압기를 삽입하는데 이에 의하여

① 더 많은 전력을 부하에 전달할 수 있다.

② 안전을 유지할 수 있다.

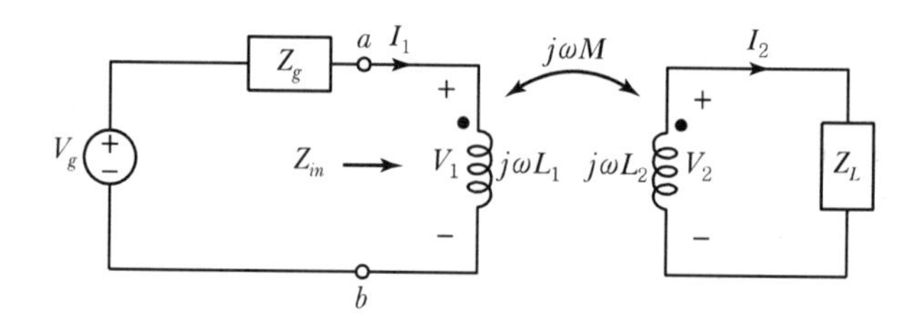

2) 전류 전달비

상기 회로의 2차회로 (Secondary Circuit)에 KVL을 적용하면

$jwL_2I_2 - jwMI_1 + Z_LI_2 = 0 \rightarrow jwMI_1 = (Z_L + jwL_2)I_2$

$\therefore \ \dfrac{I_2}{I_1} = \dfrac{jwM}{Z_L + jwL_2}$

3) 전압전달비

① 상기 회로의 1차, 2차 인덕터의 전압, 전류관계식은 다음과 같다.

$$\begin{cases} V_1 = jwL_1I_1 - jwMI_2 \\ V_2 = jwMI_1 - jwL_2I_2 \end{cases}$$

② $\dfrac{V_2}{V_1} = \dfrac{jwMI_1 - jwL_2I_2}{jwL_1I_1 - jwMI_2} = \dfrac{M - L_2\left(\dfrac{I_2}{I_1}\right)}{L_1 - M\left(\dfrac{I_2}{I_1}\right)}$

$$= \frac{M - L_2 \times \dfrac{jwM}{Z_L + jwL_2}}{L_1 - M \times \dfrac{jwM}{Z_L + jwL_2}}$$

$$= \frac{MZ_L + jwML_2 - jwML_2}{L_1Z_L + jwL_1I_1 - jwM^2}$$

$$= \frac{MZ_L}{L_1Z_L + jw(L_1L_2 - M^2)}$$

4) 반사 임피던스

① a−b단자에서 본 입력 임피던스 Z_{in}

$$Z_{in} = \frac{V_1}{I_1} = \frac{jwL_1I_1 - jwMI_2}{I_1} = jwL_1 - jwM(\frac{I_2}{I_1}) = jwL_1 + \frac{w^2M^2}{Z_L + jwL_2}[\Omega]$$

② Z_{in}은 a−b단자에 직접 연결되어 있는 임피던스 jwL_1 외에 두 번째 항 $\frac{w^2M^2}{Z_L + jwL_2}$ 이 추가로 존재한다. 이는 1, 2차회로가 결합된 결과 2차회로의 임피던스가 1차 코일 쪽으로 반사되어 나타나게 되는 것이므로 반사임피던스 $Z_r = \frac{w^2M^2}{Z_L + jwL_2}$ 라 한다.

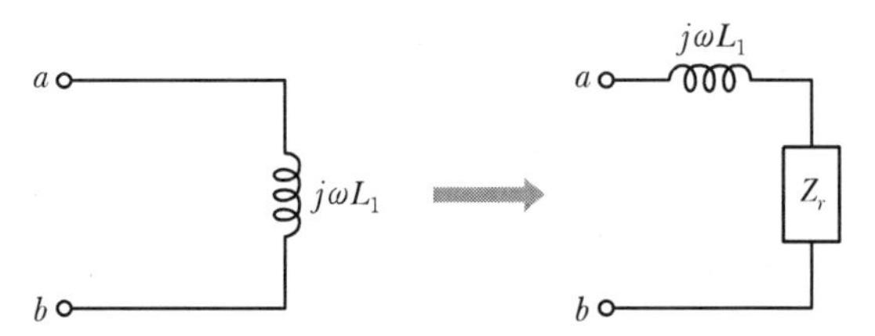

7 이상변압기

1) 선형 변압기가 이상변압기가 되기 위한 조건 및 효과

다음 조건하에서 선형변압기는 v_1, v_2, i_1, i_2가 권선수비에만 의존하는 이상변압기가 된다.

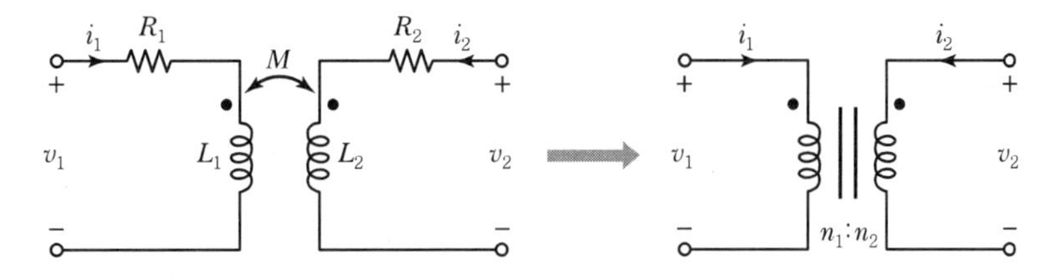

① 에너지 손실이 없다.($R_1 = R_2 = 0[\Omega]$)

$$v_1 = R_1i_1 + L_1i_1' + Mi_2' = L_1i_1' + Mi_2'$$

$$v_2 = R_2i_2 + Mi_1' + L_2i_2' = Mi_1' + L_2i_2'$$

② $k = 1$(완전결합)

㉠ $\frac{v_1}{\sqrt{L_1}} = \frac{L_1i_1' + \sqrt{L_1L_2}i_2'}{\sqrt{L_1}} = \sqrt{L_1}i_1' + \sqrt{L_2}i_2'$

㉡ $\frac{v_2}{\sqrt{L_2}} = \frac{\sqrt{L_1L_2}i_1' + L_2i_2'}{\sqrt{L_2}} = \sqrt{L_1}i_1' + \sqrt{L_2}i_2'$

㉢ 상기 ㉠, ㉡의 결과로부터 $\dfrac{v_1}{\sqrt{L_1}} = \dfrac{v_2}{\sqrt{L_2}}$ $\quad \therefore \dfrac{v_1}{n_1} = \dfrac{v_2}{n_2}$

③ $L_1 \rightarrow \infty$, $L_2 \rightarrow \infty$

㉠ $\dfrac{v_1}{\sqrt{L_1}} = \sqrt{L_1}\, i_1' + \sqrt{L_2}\, i_2'$에서 양변을 적분하면

$$\frac{1}{\sqrt{L_1}} \int v_1 dt = \sqrt{L_1}\, i_1 + \sqrt{L_2}\, i_2 = 0 \, (\because L_1 \rightarrow \infty)$$

㉡ $\sqrt{n_1^2}\, i_1 + \sqrt{n_2^2}\, i_2 = 0$에서 $n_1 i_1 + n_2 i_2 = 0$

2) 상기 1의 전압전류식에서 전압전류의 부호

① **전압부호** : 전압이 걸리는 각 코일의 dot쪽 단자의 극성을 취한다.

② **전류부호** : 각 코일에서 dot쪽 단자로 들어가는 전류는 +, 나가는 전류는 −를 붙인다.

3) 유형

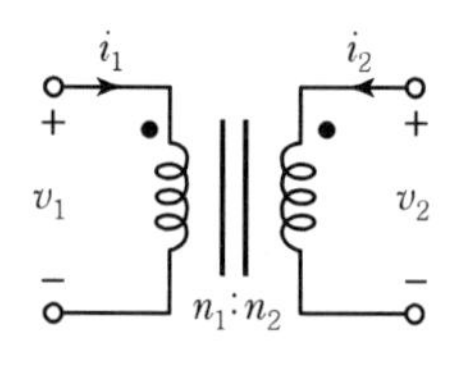

$\dfrac{v_2}{v_1} = \oplus \dfrac{n_2}{n_1}$, $\dfrac{i_2}{i_1} = \ominus \dfrac{n_1}{n_2}$

$\dfrac{v_2}{v_1} = \oplus \dfrac{n_2}{n_1}$, $\dfrac{i_2}{i_1} = \ominus \dfrac{n_1}{n_2}$

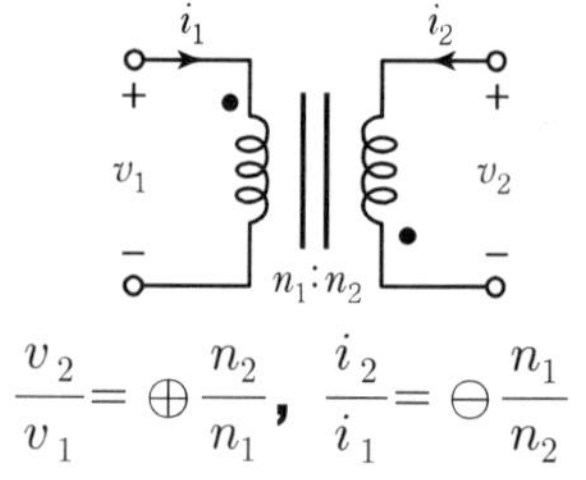

$\dfrac{v_2}{v_1} = \oplus \dfrac{n_2}{n_1}$, $\dfrac{i_2}{i_1} = \ominus \dfrac{n_1}{n_2}$

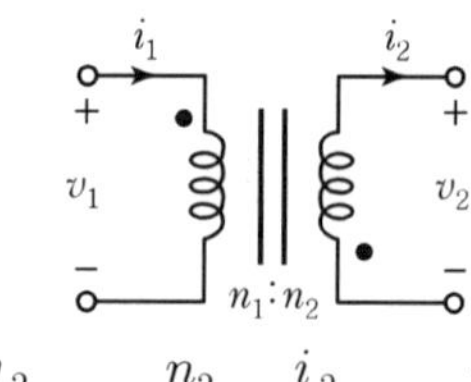

$\dfrac{v_2}{v_1} = \oplus \dfrac{n_2}{n_1}$, $\dfrac{i_2}{i_1} = \ominus \dfrac{n_1}{n_2}$

8 등가 임피던스(이상변압기)

1) 등가 임피던스

아래 왼쪽 회로와 같이 권선수비 $1:n$인 이상변압기의 우측에 부하 Z_L을 연결한 경우 좌측 단자에서 바라본 등가 임피던스 $Z_{eq}=\dfrac{V_1}{I_1}$을 구하면, $\dfrac{V_1}{1}=\dfrac{V_2}{n}$, $I_1+nI_2=0$이므로

$$Z_{eq}=\frac{V_1}{I_1}=-\frac{1}{n^2}\left(\frac{V_2}{I_2}\right)=\frac{1}{n^2}\left(\frac{Z_LI_2}{I_2}\right)=\frac{Z_L}{n^2}$$ 이 된다.

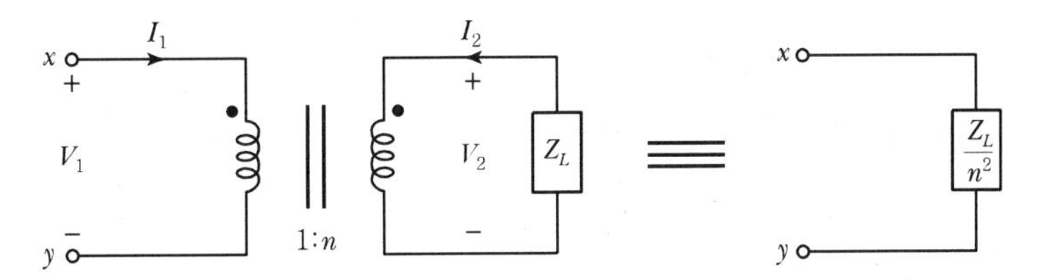

2) 테브난 등가회로

기전력 V_g, 내부임피던스 Z_g인 전원에 권선수비 $1:n$인 이상변압기를 연결한 경우 $a-b$ 단자에서 바라본 테브난 등가회로는 다음과 같이 구할 수 있다.

① 다음과 같이 시험전압원 V_T 인가 시, 전류 I_T가 흘렀다면 $V_2=V_T$, $I_2=I_T$이다.

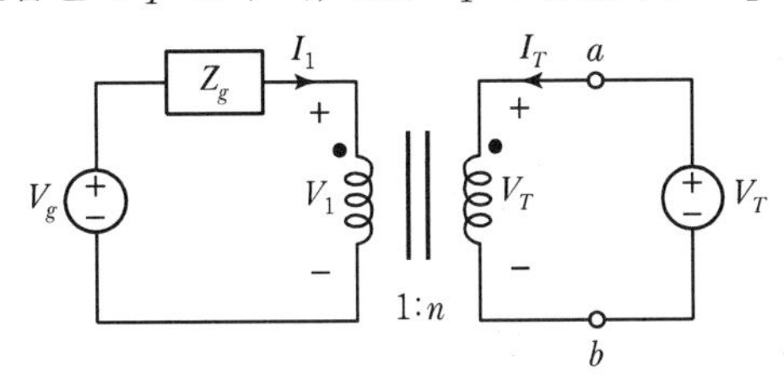

② 좌측 망로에 KVL을 적용하면 $V_g=Z_gI_1+V_1$

③ $\dfrac{V_T}{n}=\dfrac{V_1}{1}\ \rightarrow V_1=\dfrac{V_T}{n}$, $I_1+nI_T=0\ \rightarrow I_1=-nI_T$이므로

이 결과를 상기 ②의 식에 대입하면 $V_g=-nZ_gI_T+\dfrac{V_T}{n}$이다.

④ 위 식을 정리하면 $V_T=n^2Z_gI_T+nV_g$

⑤ 따라서 테브난 등가임피던스 $n^2Z_g[\Omega]$, 테브난 등가전압 $nV_g[\mathrm{V}]$이다.

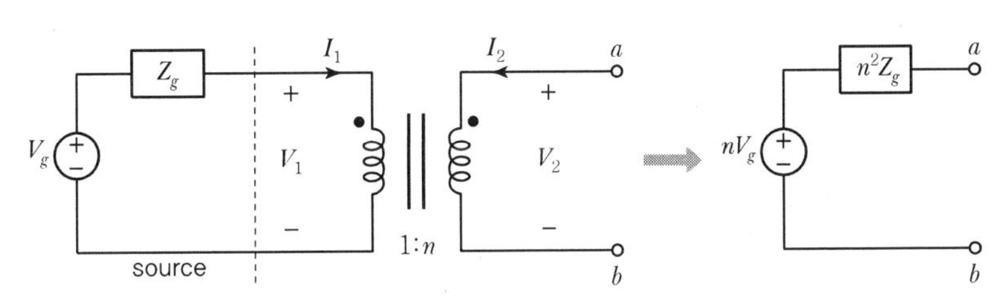

CHAPTER 02 CURRENT THEORY

3교류의 이해

1 3상 교류 해석

1) 3상 교류의 발생

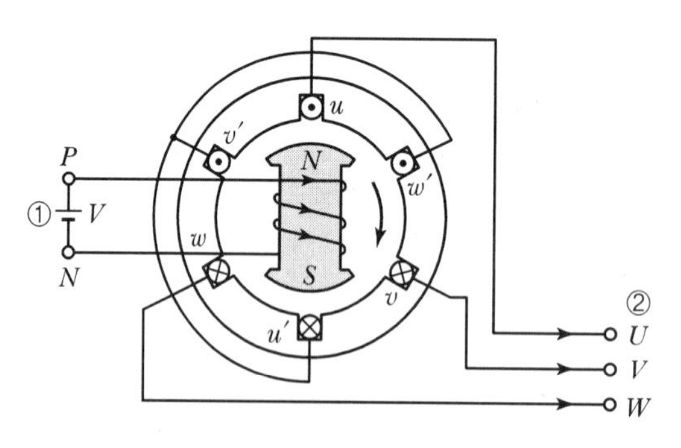

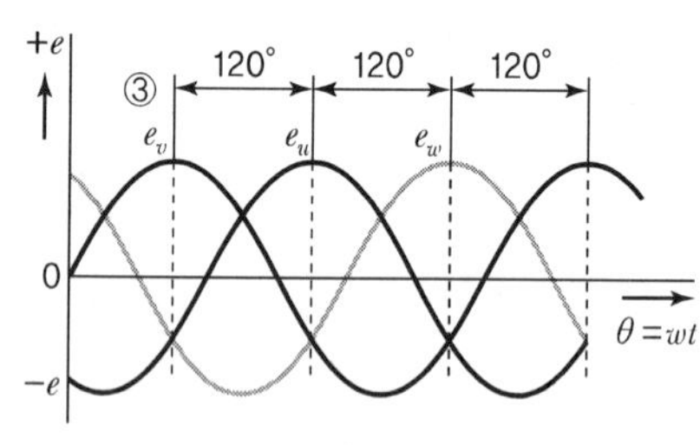

① 대칭 3상 기전력의 순시값을 v_a, v_b, v_c라 하고, 상순이 a, b, c일 때,

$$v_a = \sqrt{2}\,V\sin wt[\mathrm{V}]$$

$$v_b = \sqrt{2}\,V\sin(wt - \frac{2}{3}\pi)[\mathrm{V}]$$

$$v_c = \sqrt{2}\,V\sin(wt - \frac{4}{3}\pi)[\mathrm{V}]$$

② 위 식을 기호법으로 표현하면,

$$v_a = V\angle 0 = V$$

$$v_b = V\angle -\frac{2\pi}{3} = Ve^{-j\frac{2\pi}{3}}$$

$$= V(\cos\frac{2\pi}{3} - j\sin\frac{2\pi}{3})$$

$$= V(-\frac{1}{2} - j\frac{\sqrt{3}}{2}) = a^2 V$$

$$v_c = V\angle -\frac{4\pi}{3}$$

$$= V(\cos\frac{4\pi}{3} - j\sin\frac{4\pi}{3})$$

$$= V(-\frac{1}{2} + j\frac{\sqrt{3}}{2}) = aV$$

③ 연산자 a의 의미

a는 위상을 $\frac{2\pi}{3}$ 앞서게 하고 크기는 $-\frac{1}{2}+j\frac{\sqrt{3}}{2}$의 크기를 갖는다.

a^2는 위상을 $\frac{2\pi}{3}$ 뒤지게 하고 크기는 $-\frac{1}{2}-j\frac{\sqrt{3}}{2}$의 크기를 갖는다.

또, 대칭 3상 기전력의 총 합은 어느 순간에 있어서도 0이므로 $1+a^2+a=0$이다.

2 3상 회로의 기본용어

1) 선전압, 선전류

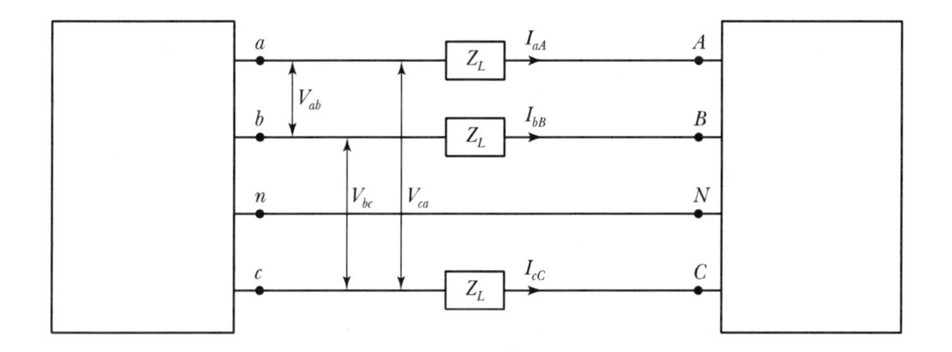

① 위 회로에서 선(간)전압을 표시하면,

② 위 회로에서 선전류를 표시하면,

2) 선-중성점 전압

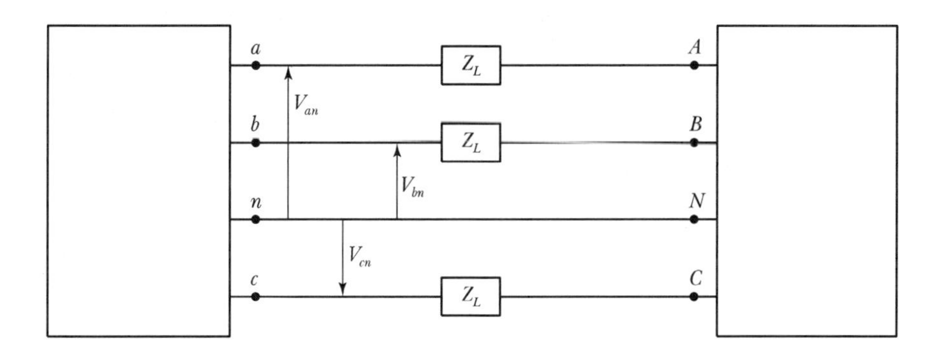

위 회로에서 선-중성점 전압을 표시하면,

3) 상전압, 선전류

① **상전압** : 전원전압, 부하에 걸리는 전압

② **상전류** : 전원, 부하에 흐르는 전류

③ 전원, 부하의 Y결선 시 상전압, 상전류

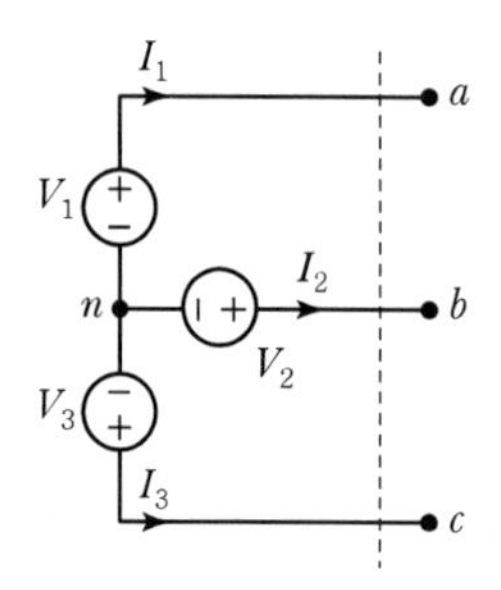

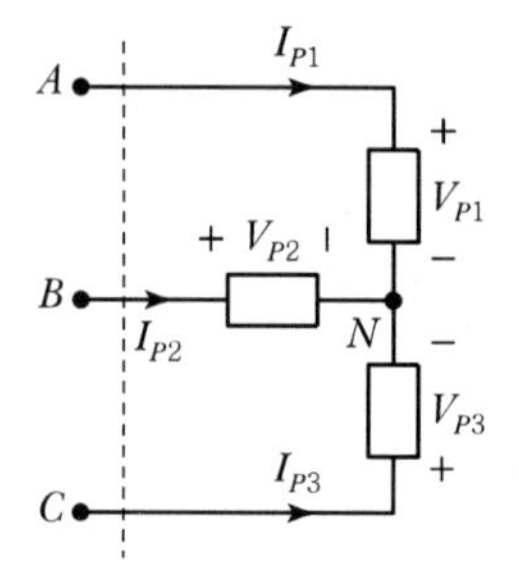

㉠ 전원의 상전압

㉡ 전원의 상전류

㉢ 부하의 상전압

㉣ 부하의 상전류

④ 전원, 부하의 Δ결선 시 상전압, 상전류

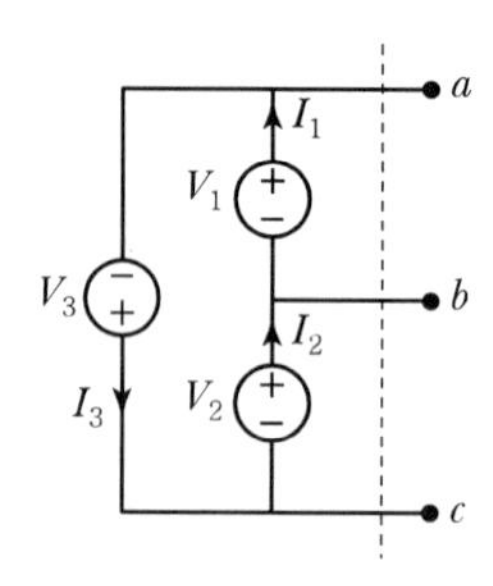

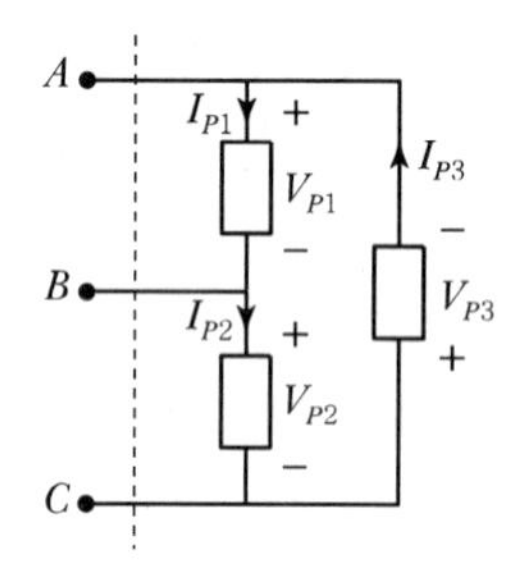

㉠ 전원의 상전압

㉡ 전원의 상전류

㉢ 부하의 상전압

㉣ 부하의 상전류

3 평형 3상 회로

1) 평형 3상 회로의 조건

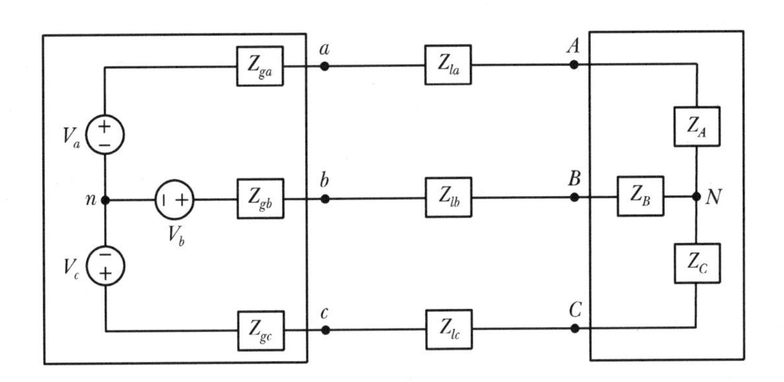

① 임피던스 조건

㉠ 각 전원의 내부 임피던스가 동일 : $Z_{gq} = Z_{gb} = Z_{gc}$

㉡ 각 선로의 임피던스가 동일 : $Z_{la} = Z_{lb} = Z_{lc}$

㉢ 각 부하의 임피던스가 동일 : $Z_A = Z_B = Z_C$

② 전원 조건

㉠ 각 전원의 크기가 같다. 즉, 정현파 전원의 진폭 크기가 동일하다.

$|V_a| = |V_b| = |V_c|$

㉡ 각 전원끼리 120°의 위상차가 존재한다.

㉢ 상기 ㉠, ㉡의 조건 하에서 $V_a + V_b + V_c = 0$이다.

2) 평형 3상전원의 상순

① 정상순($a-b-c$ 상순, $ab-bc-ca$ 상순)

$v_a(t)$, $v_b(t)$, $v_c(t)$의 순서대로 최댓값에 도달한다.

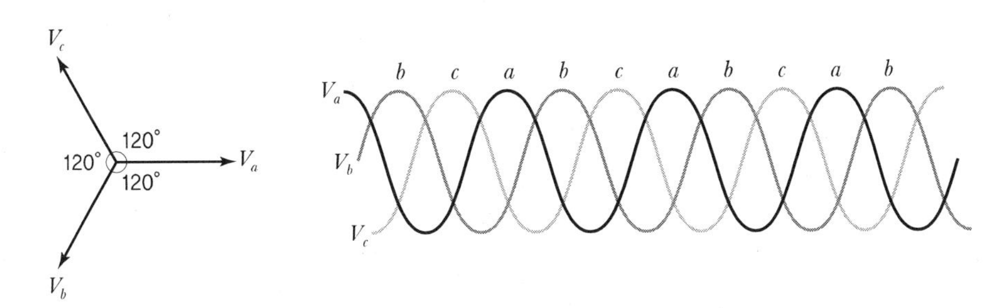

② 역상순($a-c-b$ 상순, $ab-ca-bc$ 상순)

$v_a(t)$, $v_c(t)$, $v_b(t)$의 순서대로 최댓값에 도달한다.

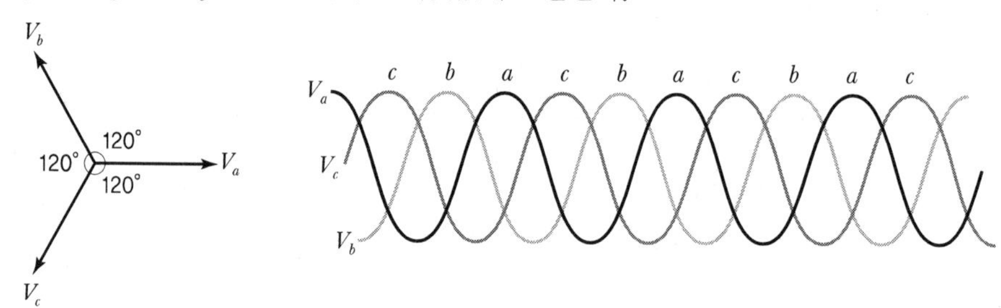

4 평형 3상 교류의 결선

1) Y결선(성형 결선)

① 전압 관계

㉠ 선간전압 : V_{ab}, V_{bc}, V_{ca}

㉡ 상전압 : V_a, V_b, V_c라 하면

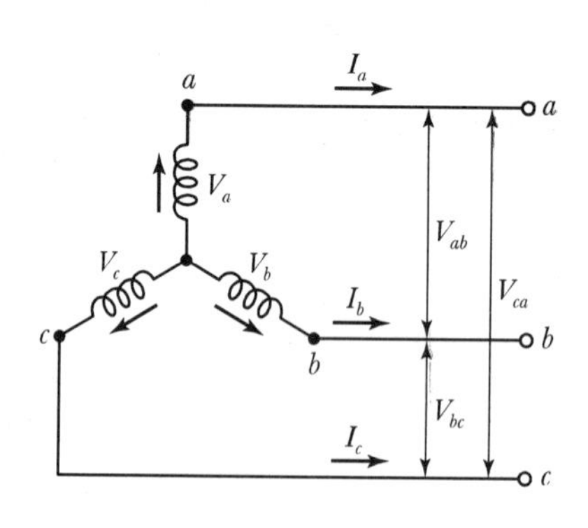

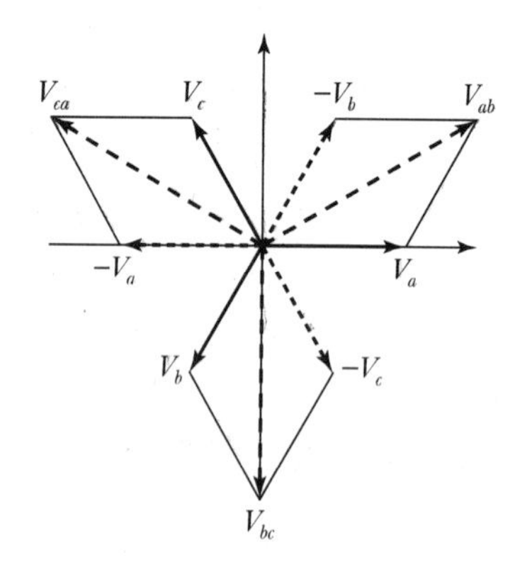

$$V_{ab} = V_a - V_b = \sqrt{3}\, V_a \angle \frac{\pi}{6} [\mathrm{V}]$$

$$V_{bc} = V_b - V_c = \sqrt{3}\, V_b \angle \frac{\pi}{6} [\mathrm{V}]$$

$$V_{ca} = V_c - V_a = \sqrt{3}\, V_c \angle \frac{\pi}{6} [\mathrm{V}]$$

(선간전압은 상전압보다 크기는 $\sqrt{3}$배 크고, 위상은 $\frac{\pi}{6}$[rad]만큼 앞선다.)

② 전류 관계

㉠ 선전류 : I_a, I_b, I_c

㉡ 상전류 : I_a', I_b', I_c'라 하면

$I_a = I_a'$, $I_b = I_b'$, $I_c = I_c'$

$\therefore$ $I_l = I_p$(선전류와 상전류의 크기와 위상은 같다.)

③ 소비전력

㉠ $P = V_a I_a \cos\theta_a + V_b I_b \cos\theta_b + V_c I_c \cos\theta_c$

$= 3\,V_p\,I_p \cos\theta$

$= \sqrt{3}\,V_l I_l \cos\theta[\mathrm{W}]$

㉡ $P = 3\,I_p^{\,2} R[\mathrm{W}]$

2) Δ 결선(환상 결선)

① 전압관계

㉠ 선간전압 : V_{ab}, V_{bc}, V_{ca}

㉡ 상전압 : V_{ab}', V_{bc}', V_{ca}'라 하면

$V_{ab} = V_{ab}'$, $V_{bc} = V_{bc}'$, $V_{ca} = V_{ca}'$

$\therefore$ $V_l = V_p$(선간전압과 상전압의 크기와 위상이 같다.)

② 전류관계

㉠ 선전류 I_a, I_b, I_c

㉡ 상전류 I_{ab}, I_{bc}, I_{ca}라 하면

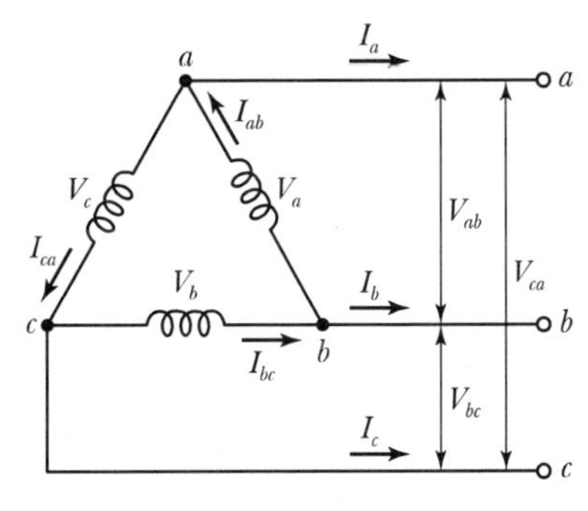

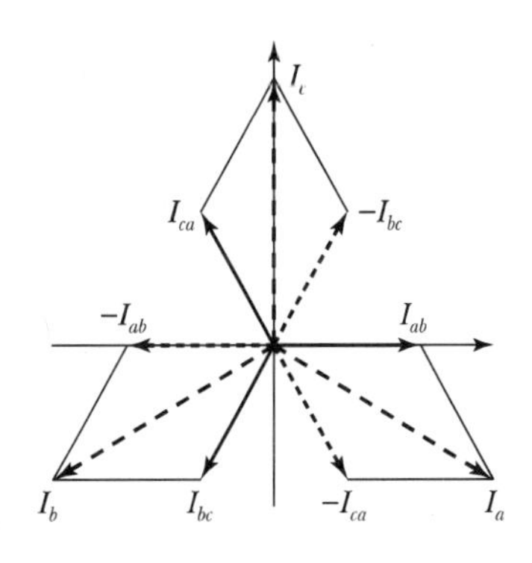

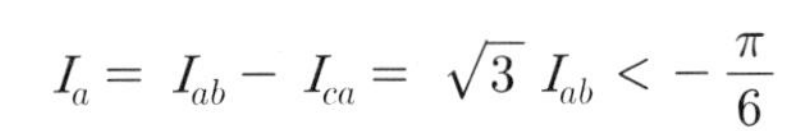

$I_a = I_{ab} - I_{ca} = \sqrt{3}\,I_{ab} < -\frac{\pi}{6}$

$I_b = I_{bc} - I_{ab} = \sqrt{3}\ I_{bc} < -\dfrac{\pi}{6}$

$I_c = I_{ca} - I_{bc} = \sqrt{3}\ I_{ca} < -\dfrac{\pi}{6}$

$\therefore\ I_l = \sqrt{3}\ I_P < -\dfrac{\pi}{6}$(선전류는 상전류보다 크기는 $\sqrt{3}$ 배 크고, 위상은 $\dfrac{\pi}{6}$ 만큼 [rad] 뒤진다.)

③ 소비전력

㉠ $P = V_{ab} I_{ab} \cos\theta_{ab} + V_{bc} I_{bc} \cos\theta_{bc} + V_{ca} I_{ca} \cos\theta_{ca}$

$= 3\, V_p\, I_p \cos\theta = \sqrt{3}\ V_l\, I_l \cos\theta$ [W]

㉡ $P = 3 I_p^{\ 2} R$ [W]

3) Y결선과 Δ결선의 결과

항목	Y결선	Δ결선
전압	$V_l = \sqrt{3}\ V_p < +30$	$V_l = V_p$
전류	$I_l = I_p$	$I_l = \sqrt{3}\, I_p < -30$
전력	$P_a = 3\, V_p I_p = \sqrt{3}\ V_l I_l$[VA] $= 3\dfrac{V_p^2 Z}{R^2 + X^2}$ $P = 3\, V_p I_p \cos\theta = \sqrt{3}\ V_l I_l \cos\theta$[W] $= 3\dfrac{V_p^2 R}{R^2 + X^2}$ $P_r = 3\, V_p I_p \sin\theta = \sqrt{3}\ V_l I_l \sin\theta$[Var] $= 3\dfrac{V_p^2 X}{R^2 + X^2}$[Var]	$P_a = 3\, V_p I_p = \sqrt{3}\ V_l I_l$[VA] $= 3\dfrac{V_p^2 Z}{R^2 + X^2}$ $P = 3\, V_p I_p \cos\theta = \sqrt{3}\ V_l I_l \cos\theta$[W] $= 3\dfrac{V_p^2 R}{R^2 + X^2}$ $P_r = 3\, V_p I_p \sin\theta = \sqrt{3}\ V_l I_l \sin\theta$[Var] $= 3\dfrac{V_p^2 X}{R^2 + X^2}$

5 $Y-Y$결선 시 중성선의

다음 회로에서 마디전압법으로 V_{Nn}, I_{Nn}을 구한다. 편의상 $Z_g+Z_l+Z=Z_\phi$라 둔다.

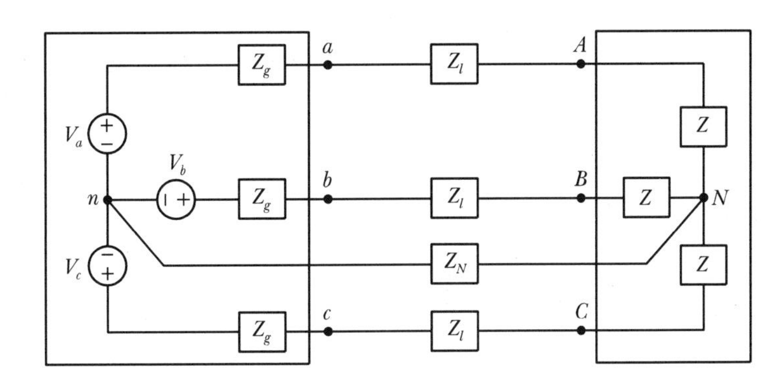

1) $n-N$단자 개방

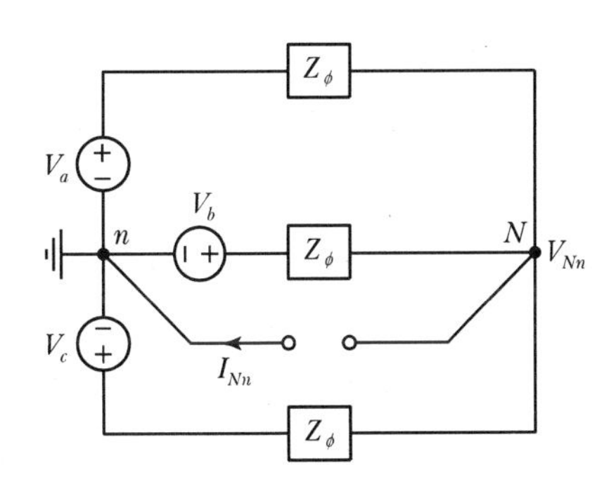

① $n-N$단자 개방 $\therefore I_{Nn}=0$

② 절점 N에 KCL을 적용하면

$$\frac{V_{Nn}-V_a}{Z_\phi}+\frac{V_{Nn}-V_b}{Z_\phi}+\frac{V_{Nn}-V_c}{Z_\phi}+0=0$$

③ 정리하면

$$V_{Nn}=\frac{V_a+V_b+V_c}{3}=0 \qquad \therefore V_{Nn}=I_{Nn}=0$$

2) $n-N$단자단락

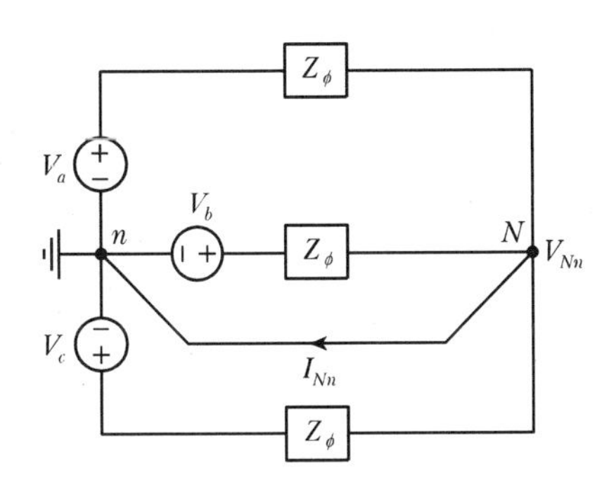

① $n-N$단자 개방 $\therefore V_{Nn}=0$

② 절점 N에 KCL을 적용하면

$$\frac{0-V_a}{Z_\phi}+\frac{0-V_b}{Z_\phi}+\frac{0-V_c}{Z_\phi}+I_{Nn}=0$$

③ 정리하면

$$I_{Nn}=\frac{V_a+V_b+V_c}{Z_\phi}=0$$

$\therefore V_{Nn}=I_{Nn}=0$

3) $n-N$단자에 임피던스 ZN 연결

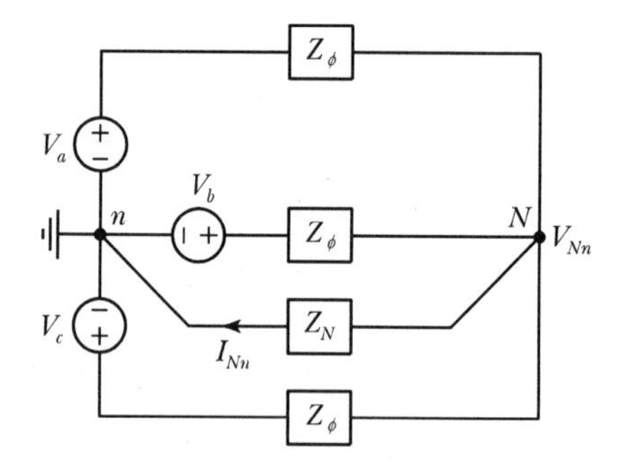

① 절점 N에 KCL을 적용하면

$$\frac{V_{Nn}-V_a}{Z_\phi}+\frac{V_{Nn}-V_b}{Z_\phi}+\frac{V_{Nn}-V_c}{Z_\phi}$$

$$+\frac{V_{Nn}}{Z_N}=0$$

② 위 식을 정리하면

$$\left(\frac{3}{Z_\phi}+\frac{1}{Z_N}\right)V_{Nn}=\frac{V_a+V_b+V_c}{Z_\phi}=0$$

③ $\therefore\ V_{Nn},=0\ I_{Nn}=\frac{V_{Nn}}{Z_N}=0$

4) 결론

① 앞에서 살펴본 것처럼 중성점 $n-N$이 어떤 상태(개방, 단락, 임피던스 연결)이건 $n-N$에 흐르는 전류는 0[A], $n-N$전압은 0[V]이다.

② 따라서 삼상전원에서 흘러나온 전류를 따라 망로방정식을 세울 때 반드시 중성선을 포함하도록 한다.

③ 예를 들어 처음 회로에서 $n\rightarrow a\rightarrow A\rightarrow N\rightarrow n$ 경로를 따라 망로방정식을 세우면 이 방정식은 전원 V_a 에서 흘러나온 전류만이 미지수이다.(미지수가 하나뿐인 방정식)

④ 평형삼상회로가 $Y-Y$결선된 경우는 아래 그림처럼 각 상을 분리하여 단상회로로 해석할 수 있다.

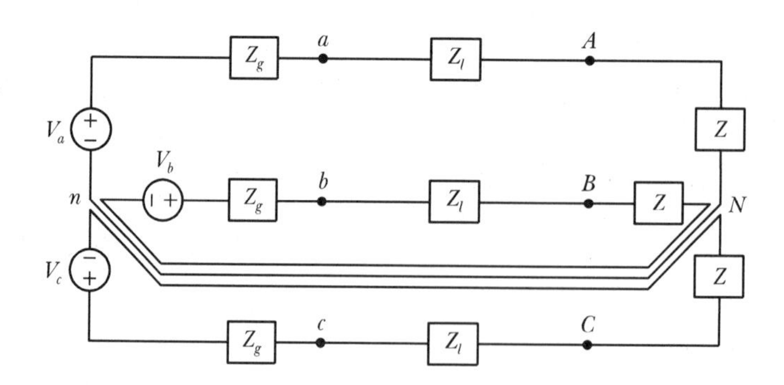

6 Y결선, Δ결선(정상순)

Y결선, Δ결선 시 상전압－선전압/상전류－선전류관계(정상순)

	Y결선	Δ결선
부하와 단자의 전압 전류	A, B, C, I_{aA}, I_{bB}, I_{cC}, I_1, I_2, I_3, V_1, V_2, V_3, Z, N $V_1 = V_\phi \angle \alpha$ $\quad I_1 = I_\phi \angle \beta$ $V_2 = V_\phi \angle \alpha - 120°$ $\quad I_2 = I_\phi \angle \beta - 120°$ $V_3 = V_\phi \angle \alpha + 120°$ $\quad I_3 = I_\phi \angle \beta + 120°$ $\angle Z = \alpha - \beta$	A, B, C, I_{aA}, I_{bB}, I_{cC}, I_1, I_2, I_3, V_1, V_2, V_3, Z $V_1 = V_\phi \angle \alpha$ $\quad I_1 = I_\phi \angle \beta$ $V_2 = V_\phi \angle \alpha - 120°$ $\quad I_2 = I_\phi \angle \beta - 120°$ $V_3 = V_\phi \angle \alpha + 120°$ $\quad I_3 = I_\phi \angle \beta + 120°$ $\angle Z = \alpha - \beta$
전압 관계식	• $V_{AB} = V_1 - V_2 = V_1 \times \sqrt{3} \angle 30°$ • $V_{BC} = V_2 - V_3 = V_2 \times \sqrt{3} \angle 30°$ • $V_{CA} = V_3 - V_1 = V_3 \times \sqrt{3} \angle 30°$	• $V_{AB} = V_1 = V_\phi \angle \alpha$ • $V_{BC} = V_2 = V_\phi \angle \alpha - 120°$ • $V_{CA} = V_3 = V_\phi \angle \alpha + 120°$
	$V_L = \lvert V_{AB} \rvert = \lvert V_{BC} \rvert = \lvert V_{CA} \rvert = \sqrt{3}\, V_\phi$	$V_L = \lvert V_{AB} \rvert = \lvert V_{BC} \rvert = \lvert V_{CA} \rvert = V_\phi$
전류 관계식	• $I_{aA} = I_1 = I_\phi \angle \beta$ • $I_{bB} = I_2 = I_\phi \angle \beta - 120°$ • $I_{cC} = I_3 = I_\phi \angle \beta + 120°$	• $I_{aA} = I_1 - I_3 = I_1 \times \sqrt{3} \angle -30°$ • $I_{bB} = I_2 - I_1 = I_2 \times \sqrt{3} \angle -30°$ • $I_{cC} = I_3 - I_2 = I_3 \times \sqrt{3} \angle -30°$
	$I_L = \lvert I_{aA} \rvert = \lvert I_{bB} \rvert = \lvert I_{cC} \rvert = I_\phi$	$I_L = \lvert I_{aA} \rvert = \lvert I_{bB} \rvert = \lvert I_{cC} \rvert = \sqrt{3}\, I_\phi$
전압전류 페이저도	V_3, V_{CA}, V_{BC}, V_1, V_{AB}, V_2, 120°, 120°, 120°	I_3, I_{aA}, I_{cC}, I_1, I_{bB}, I_2, 120°, 120°, 120°
결론	$V_L = \sqrt{3}\, V_\phi \quad I_L = I_\phi$	$V_L = V_\phi \quad I_L = \sqrt{3}\, I_\phi$

7 Y결선, Δ결선(역상순)

Y결선, Δ결선 시 상전압－선전압/상전류－선전류관계(역상순)

	Y결선		Δ결선	
부하와 단자의 전압 전류	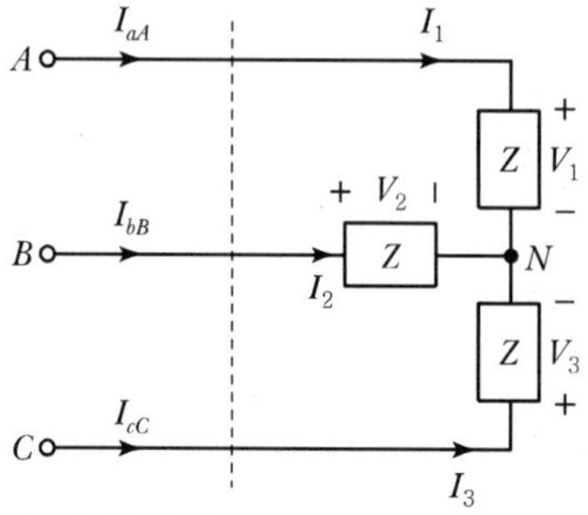		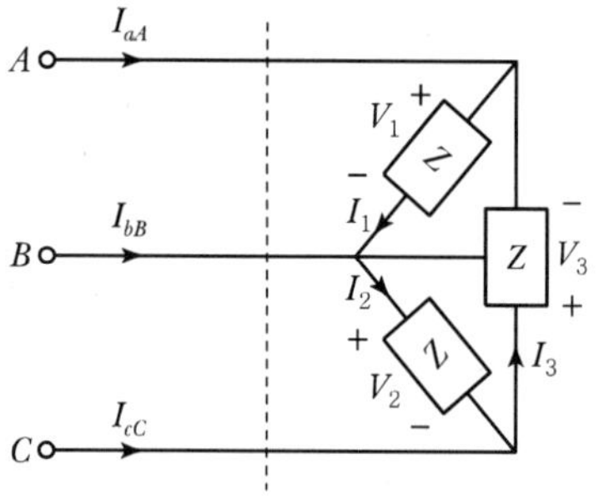	
	$V_1 = V_\phi \angle \alpha$ $V_2 = V_\phi \angle \alpha + 120°$ $V_3 = V_\phi \angle \alpha - 120°$	$V_1 = V_\phi \angle \beta$ $V_2 = V_\phi \angle \beta + 120°$ $V_3 = V_\phi \angle \alpha - 120°$	$V_1 = V_\phi \angle \alpha$ $V_2 = V_\phi \angle \alpha + 120°$ $V_3 = V_\phi \angle \alpha - 120°$	$V_1 = V_\phi \angle \beta$ $V_2 = V_\phi \angle \beta + 120°$ $V_3 = V_\phi \angle \alpha - 120°$
	$\angle Z = \alpha - \beta$		$\angle Z = \alpha - \beta$	
전압 관계식	$V_{AB} = V_1 - V_2 = V_1 \times \sqrt{3} \angle -30°$ $V_{BC} = V_2 - V_3 = V_2 \times \sqrt{3} \angle -30°$ $V_{CA} = V_3 - V_1 = V_3 \times \sqrt{3} \angle -30°$		$V_{AB} = V_1 = V_\phi \times \alpha$ $V_{BC} = V_2 = V_\phi \times \alpha + 120°$ $V_{CA} = V_3 = V_\phi \times \alpha - 120°$	
	$V_L = \|V_{AB}\| = \|V_{BC}\| = \|V_{CA}\| = \sqrt{3}\, V_\phi$		$V_L = \|V_{AB}\| = \|V_{BC}\| = \|V_{CA}\| = V_\phi$	
전류 관계식	$V_{aA} = I_1 = I_\phi \angle \beta$ $V_{bB} = I_2 = I_\phi \angle \beta + 120°$ $V_{cC} = I_3 = I_\phi \angle \beta - 120°$		$I_{aA} = I_1 - I_3 = I_1 \times \sqrt{3} \angle 30°$ $I_{bB} = I_2 - I_1 = I_2 \times \sqrt{3} \angle 30°$ $I_{cC} = I_3 - I_2 = I_3 \times \sqrt{3} \angle 30°$	
	$I_L = \|I_{aA}\| = \|I_{bB}\| = \|I_{cC}\| = I_\phi$		$I_L = \|I_{aA}\| = \|I_{bB}\| = \|I_{cC}\| = \sqrt{3}\, I_\phi$	
전압 전류 페이저도	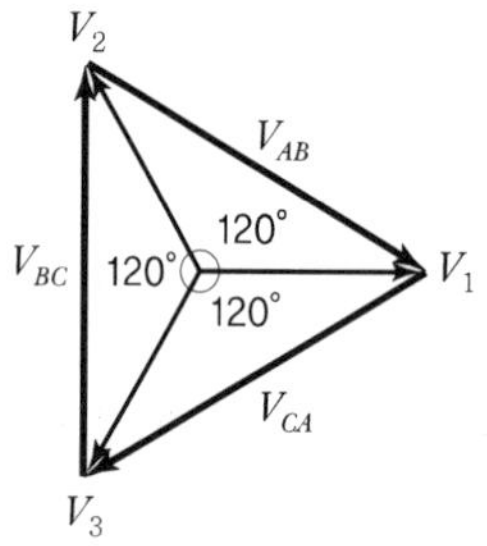		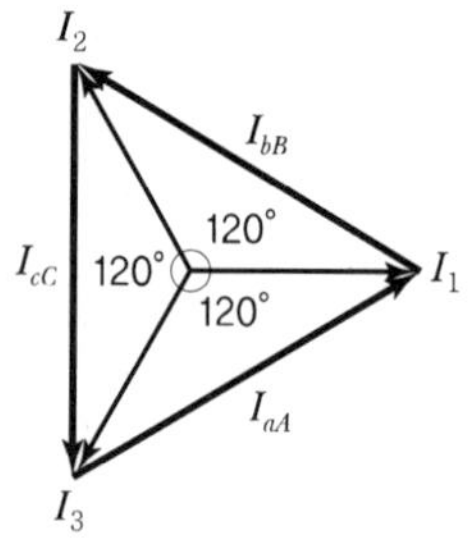	
결론	$V_L = \sqrt{3}\, V_\phi \quad I_L = I_\phi$		$V_L = V_\phi \quad I_L = \sqrt{3}\, I_\phi$	

8 임피던스 변환

① $Y \rightarrow \Delta$ 등가 변환

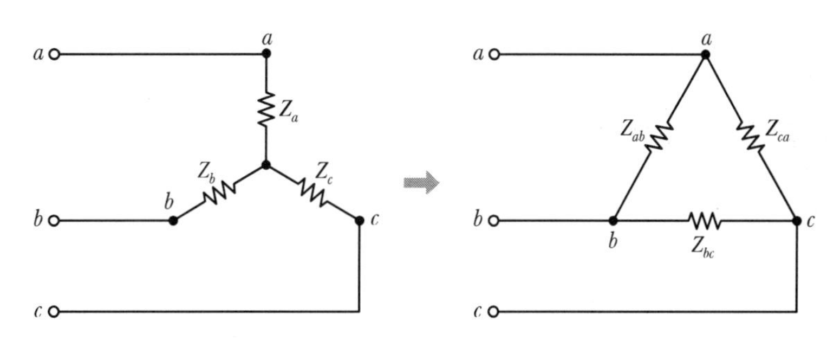

$K = Z_a Z_b + Z_b Z_c + Z_c Z_a$

㉠ $Z_{ab} = \dfrac{K}{Z_c}$

㉡ $Z_{bc} = \dfrac{K}{Z_a}$

㉢ $Z_{ca} = \dfrac{K}{Z_b}$

만일 Y결선의 임피던스가 서로 같은 평형 부하일 때

즉, $Z = Z_a = Z_b = Z_c$이면,

$Z_\Delta = 3Z_Y$

② $\Delta \rightarrow Y$ 등가 변환

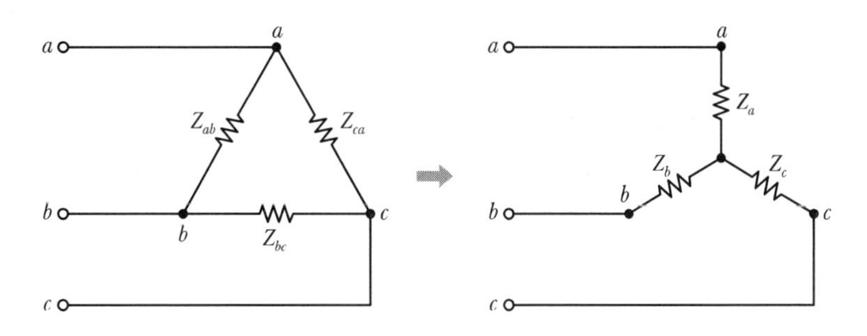

$K = Z_{ab} + Z_{bc} + Z_{ca}$

㉠ $Z_a = \dfrac{Z_{ab}Z_{ca}}{K}$

㉡ $Z_b = \dfrac{Z_{ab}Z_{bc}}{K}$

㉢ $Z_c = \dfrac{Z_{ca}Z_{bc}}{K}$

만일 Δ결선의 임피던스가 서로 같은 평형 부하일 때

즉, $Z = Z_{ab} = Z_{bc} = Z_{ca}$이면,

$$Z_Y = \frac{1}{3} Z_\Delta$$

9 $\Delta - Y$변환(평형 3상 회로)

1) 평형 3상부하의 $\Delta - Y$변환

① 상임피던스 간 관계식

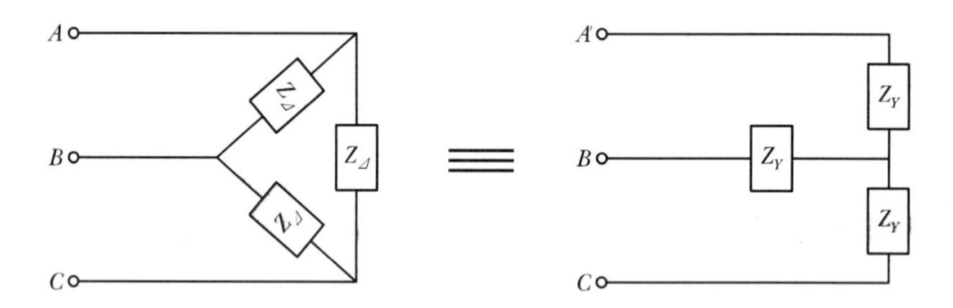

평형 3상 회로는 부하의 상임피던스가 동일하므로 Y결선부하 및 Δ 결선부하의 상임피던스를 각각 $Z_A = Z_B = Z_C = Z_Y$, $Z_{AB} = Z_{BC} = Z_{CA} = Z_\Delta$로 둘 수 있다. 앞의 변환공식을 적용하면 $Z_Y = \dfrac{Z_\Delta \times Z\Delta}{Z_\Delta + Z_\Delta + Z_\Delta} = \dfrac{1}{3} Z_\Delta$ 즉, Δ 결선부하의 상임피던스를 3으로 나누어 주면 이와 등가인 Y결선부하의 상임피던스가 된다.

$$\therefore Z_Y = \frac{1}{3} Z_\Delta$$

② R, L, C 소자값의 변화

Δ결선에서의 저항, 인덕턴스, 커패시턴스를 R_Δ, L_Δ, C_Δ, Y결선에서의 저항, 인덕턴스, 커패시턴스를 R_Y, L_Y, C_Y라 두면 각 소자들에 대해서 다음의 임피던스관계식이 성립한다.

$$R_Y = \frac{1}{3} R_\Delta,\ jwL_Y = \frac{1}{3} jwL_\Delta,\ \frac{1}{jwC_Y} = \frac{1}{3 \cdot jwC_\Delta} = \frac{1}{jw3C_\Delta}$$

따라서 Δ결선, Y 결선부하의 소자들 간 관계식을 정리하면 아래와 같다.

$$R_Y = \frac{1}{3} R_\Delta,\ L_Y = \frac{1}{3} L_\Delta,\ C_Y = 3C_\Delta$$

2) 평형3상전원의 $\Delta - Y$변환(전원의 내부 임피던스가 존재하는 경우)

① 개요

평형3상전원은 대부분 Y결선이지만 간혹 Δ결선으로 구성된 경우가 있는데 이를 $Y-Y$ 단상등가회로로 바꾸려면 우선 Δ결선전원을 Y결선회로로 변형해야 한다. 만일 전원의 내부임피던스가 존재한다면 전원, 전원의 내부임피던스(상임피던스)를 모두 변환시켜야 한다.

변환시키는 요령은 전원 및 내부임피던스를 따로따로 처리하는 것인데

㉠ 내부임피던스를 변환시킬 때는 전원을 모두 단락상태로 둔 다음 임피던스만 바꾸어 주고,

㉡ 전원을 변환시킬 때는 내부임피던스를 모두 단락상태로 놓은 후 전원을 바꾸어 주면 된다.

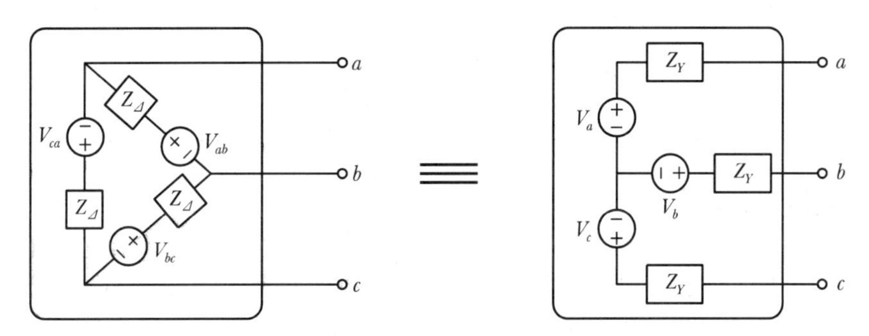

| 내부임피던스를 고려한 평형삼상전원 |

② 전원의 내부임피던스의 변환

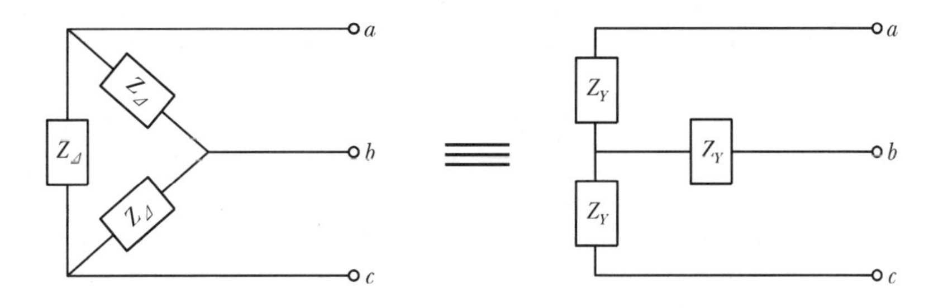

회로의 전원을 모두 제거(단락)하면 위의 그림과 같이 전원이 내부임피던스가 각각 Δ 결선, y결선을 이룬 채 남아 있다. 이 상태에서 앞서 살펴본 평형삼상부하의 $\Delta - Y$ 변환을 적용하면 다음과 같이 동일한 결과를 얻는다.

$$Z_Y = \frac{1}{3} Z_\Delta$$

③ 전원의 변환

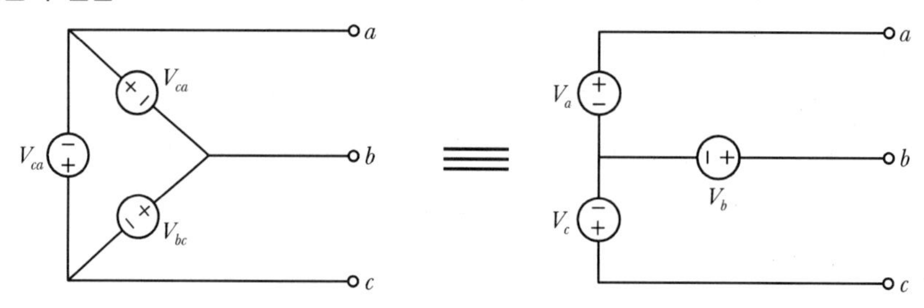

각 전원의 내부임피던스를 모두 제거(단락)하면 위와 같이 세 개의 전원이 각각 Δ결선, Y결선을 이루는데 여기에 'Y결선, Δ결선 시 상전압－선전압관계'를 적용하면 다음의 결과를 얻는다.

정상순일 때	역상순일 때
$V_{ab} = V_a \times \sqrt{3} < 30°$ $V_{bc} = V_b \times \sqrt{3} < 30°$ $V_{ca} = V_c \times \sqrt{3} < 30°$	$V_{ab} = V_a \times \sqrt{3} < -30°$ $V_{bc} = V_b \times \sqrt{3} < -30°$ $V_{ca} = V_c \times \sqrt{3} < -30°$

10 소비전력(평형 3상부하)

1) 부하의 상당 소비전력 및 소비전력

① 부하 하나의 흡수하는 소비전력(상당 소비전력) $P\phi$

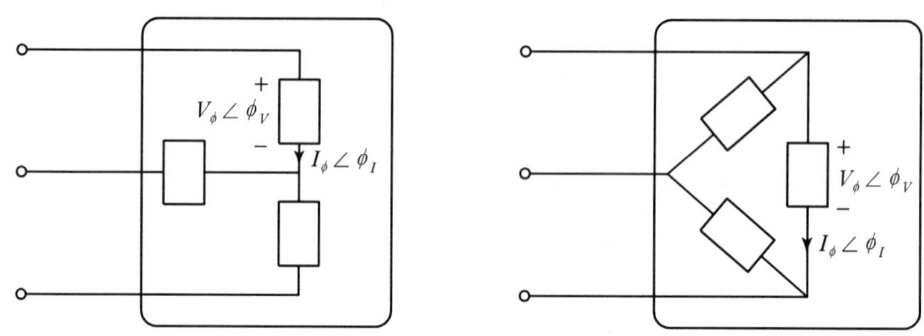

상기 회로에서 $P_\phi = V_\phi I_\phi \cos(\phi_V - \phi_I) = V_\phi I_\phi \cos\theta$ (θ : 역률각도)

② 평형삼상부하의 소비전력

$P = 3P_\phi = 3V_\phi I_\phi \cos\theta$($\theta$: 상전압, 상전류의 위상차)

2) 선전압, 선전류로 표시한 평형삼상부하의 소비전력

① Y결선, Δ결선 시의 선전압, 상전압, 선전류, 상전류 관계는 다음 표와 같다.

Y 결선	Δ 결선
$V_L = \sqrt{3}\,V_\phi$ $I_L = I_\phi$	$V_L = V_\phi$ $I_L = \sqrt{3}\,I_\phi$

② Y결선, Δ 결선 어느 경우든 $V_L I_L = \sqrt{3}\,V_\phi I_\phi$

$$P = 3V_\phi I_\phi \cos\theta = 3 \times \frac{V_L I_L}{\sqrt{3}} \cos\theta = \sqrt{3}\,V_L I_L \cos\theta$$

※ 상기 식에서 θ는 선전압, 선전류의 위상차가 아니다.

3) n상 다상 교류의 성질

n을 다상교류의 상수라 하고, 상전압 V_p, 상전류 I_p, 선간전압 V_l, 선전류 I_l이라 하면

① Y 결선(성형 결선)

- $V_l = 2\sin\dfrac{\pi}{n} V_p < \dfrac{\pi}{2}(1 - \dfrac{2}{n})[\text{V}]$
- $I_l = I_p[\text{A}]$
- $\theta = \dfrac{\pi}{2} - \dfrac{\pi}{n}$ 만큼 선간전압이 앞선다.

② Δ 결선(환상 결선)

- $V_l = V_p[\text{V}]$
- $I_l = 2\sin\dfrac{\pi}{n} I_p < -\dfrac{\pi}{2}(1 - \dfrac{2}{n})[\text{A}]$
- $\theta = \dfrac{\pi}{2} - \dfrac{\pi}{n}$ 만큼 선전류가 뒤진다.

③ 다상 교류의 전력

$P = n V_p I_p \cos\theta\,[\text{W}]$

- Y 결선 : $V_l = 2\sin\dfrac{\pi}{n} V_p$, $I_l = I_p[\text{A}]$
- Δ 결선 : $V_l = V_p[\text{V}]$, $I_l = 2\sin\dfrac{\pi}{n} I_p$
- 전력 : $P = n V_p I_p \cos\theta = \dfrac{n}{2\sin\dfrac{\pi}{n}} V_l I_l \cos\theta$

4) V결선

단상 변압기 P_T[kVA] 3대로 Δ결선 운전 중 변압기 1대 고장으로 인하여 나머지 2대의 변압기로 3상 부하를 운전할 수 있는 결선

① 출력비

- Δ결선인 경우 : $P_\Delta = 3P_T$[kVA]
- V 결선인 경우 : $P_V = \sqrt{3}\,P_T$[kVA]

$$\therefore \text{출력비} = \frac{V\text{결선 시의 용량}}{\text{고장전의 용량}} = \frac{\sqrt{3}\,P}{3P} = 0.577$$

② 이용률

$$\therefore \text{이용률} = \frac{V\text{결선 시의 용량}}{\text{2대의 용량}} = \frac{\sqrt{3}\,P}{2P} = 0.866$$

③ 소비전력

$$P_V = \sqrt{3}\ V_p\, I_p \cos\theta[\text{W}]$$

5) 대칭좌표법

각 상 모두 동상으로 동일한 크기의 영상분 상순이 $a \to b \to c$인 정상분 및 상순이 $a \to c \to b$인 역상분의 3개의 성분을 벡터적으로 합하면 비대칭 전압이 되며 이 3성분을 총칭하여 대칭분이라 한다.

① 각상성분과 대칭분

대칭분	각 상분
영상분 : $V_0 = \frac{1}{3}(V_a + V_b + V_c)$ 정상분 : $V_1 = \frac{1}{3}(V_a + aV_b + a^2 V_c)$ 역상분 : $V_2 = \frac{1}{3}(V_a + a^2 V_b + aV_c)$	a상 : $V_a = V_0 + V_1 + V_2$ b상 : $V_b = V_0 + a^2 V_1 + aV_2$ v상 : $V_c = V_0 + aV_1 + a^2 V_2$

※ 영상분은 접지선, 중성선에 존재한다. 비접지 Y, Δ는 영상분이 존재하지 않는다.

② 교류발전기의 기본식

$$V_0 = -Z_0 I_0$$

$$V_1 = E_a - Z_1 I_1$$

$$V_2 = -Z_2 I_2$$

③ 발전기 1선지락 고장 시 흐르는 전류

$$I_{g1} = \frac{3E_a}{Z_0 + Z_1 + Z_2}[\mathrm{A}]$$

④ 불평형률의 계산

$$\text{불평형률} = \frac{\text{역상분}}{\text{정상분}} \times 100[\%]$$

⑤ 비대칭 3상교류의 전력의 계산

$$P = 3(V_0\overline{I_0} + V_1\overline{I_1} + V_2\overline{I_2})$$

11 대칭좌표법

대칭좌표법(Symmetrical Coordinates Method)은 대칭분법(Symmetrical Components Method)이라고도 불리는 3상 전력계통의 불평형 문제를 해결하는 데 매우 유용하게 사용되는 수학적 기법이다.

통상의 3상 회로는 모든 전압과 전류가 평형상태(여기서 평형상태란 전압과 전류 및 선로의 모든 정수들이 평형되어 있음을 의미)를 유지하므로 회로의 특성을 해석하는 것은 그리 어렵지 않다. 하지만 고장이 발생하거나 부하의 특성 등에 의해 불평형상태가 되면 일반적인 회로해석 기법을 적용하여 특성을 파악하기가 매우 곤란하다.

이는 불평형 3상 회로의 경우 전압과 전류들이 불규칙한 위상차를 갖기 때문인데 따라서 각 상의 전압과 전류의 분포를 일일이 계산하여 이를 중첩해 나가야 하므로 계산과정이 매우 복잡해진다.

이러한 불편함을 해소하고자 고안된 쉬운 방법이 대칭좌표법이고, 1920년대 미국 General Electric 사의 엔지니어들의 눈물겨운 노력에 의하여 현업에 본격적으로 적용되었으며 그 효과가 이미 널리 입증되었다.

1) 3상 교류의 이해

(1) 3상 교류 해석

① 3상 교류의 발생

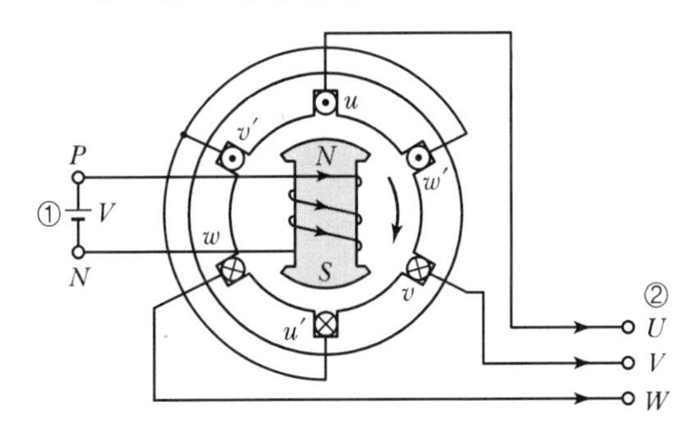

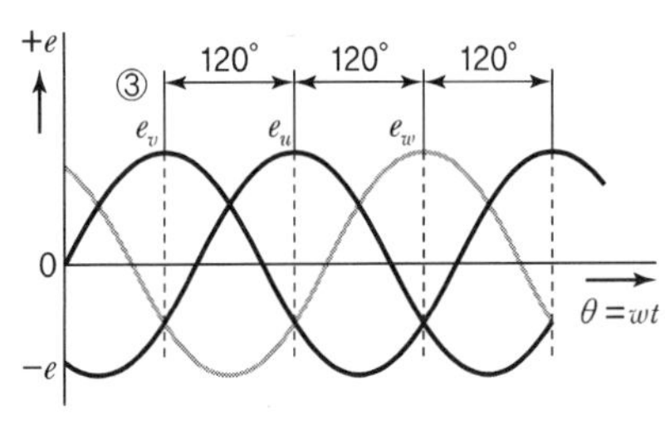

㉠ 대칭 3상 기전력의 순시값을 v_a, v_b, v_c라 하고, 상순이 a, b, c일 때,

$v_a = \sqrt{2}\,V\sin wt[\mathrm{V}]$

$v_b = \sqrt{2}\,V\sin(wt - \frac{2}{3}\pi)[\mathrm{V}]$

$v_c = \sqrt{2}\,V\sin(wt - \frac{4}{3}\pi)[\mathrm{V}]$

㉡ 위 식을 기호법으로 표현하면,

$v_a = V\angle 0 = V$

$v_b = V\angle -\frac{2\pi}{3} = Ve^{-j\frac{2\pi}{3}}$

$= V(\cos\frac{2\pi}{3} - j\sin\frac{2\pi}{3})$

$= V(-\frac{1}{2} - j\frac{\sqrt{3}}{2}) = a^2 V$

$v_c = V\angle -\frac{4\pi}{3}$

$= V(\cos\frac{4\pi}{3} - j\sin\frac{4\pi}{3})$

$= V(-\frac{1}{2} + j\frac{\sqrt{3}}{2}) = aV$

㉢ 연산자 a의 의미

a는 위상을 $\frac{2\pi}{3}$ 앞서게 하고 크기는 $-\frac{1}{2}+j\frac{\sqrt{3}}{2}$의 크기를 갖는다.

a^2는 위상을 $\frac{2\pi}{3}$ 뒤지게 하고 크기는 $-\frac{1}{2}-j\frac{\sqrt{3}}{2}$의 크기를 갖는다.

또, 대칭 3상 기전력의 총합은 어느 순간에 있어서도 0이므로 $1 + a^2 + a = 0$ 이다.

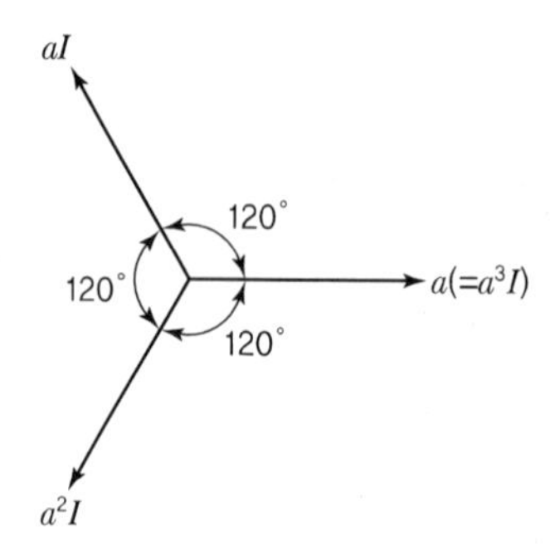

2) 대칭 성분

(1) 불평형 상태의 고장 해석

① 정상상태의 전력계통 해석은 모두 3상 평형해석이므로 단상해석이 가능

② 대부분 전력계통 고장 시 계통은 불평형상태로 변화되어 단상해석이 불가능

(2) 대칭성분법(Symmetrical Component)

① 1918년 C. L. Fortescue가 개발한 불평형 3상계통을 해석하기 위한 기법

② 3상 성분(a, b, c 상) 각각을 대칭성분이라 불리는 또 다른 3개의 성분(벡터)들의 선형 결합으로 표현

③ 평형 3상 계통을 3개의 분리된 대칭성분회로(Sequence Network)으로 변환하여 쉽게 해석할 수 있음

(3) 대칭성분의 정의

V_a, V_b, V_c의 각 상전압이 다음 3가지 대칭성분집합(각각 3개의 벡터로 구성)으로 표현된다고 가정

① 영상성분(Zero Sequence) : 동일한 크기와 위상을 갖는 3개의 벡터

② 정상성분(Positive Sequence) : 크기는 동일하고 상의 순서가 정상이며 위상이 120° 씩 차이가 나는 3개의 벡터

㉢ 역상성분(Negative Sequence) : 크기는 동일하고 상의 순서가 역상이며 위상이 120°씩 차이가 나는 3개의 벡터

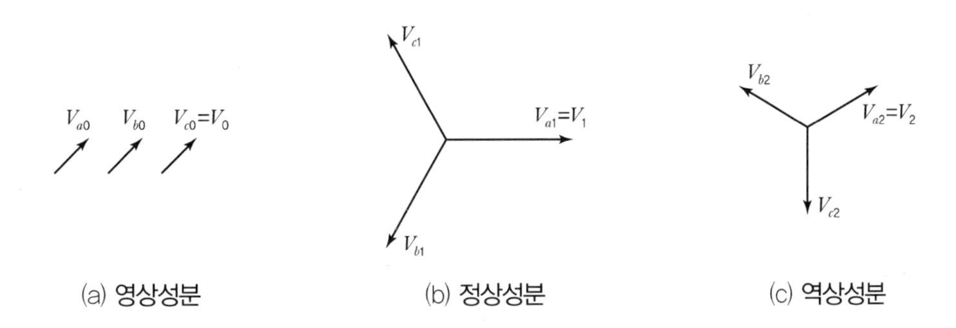

(a) 영상성분　(b) 정상성분　(c) 역상성분

(4) 대칭성분에 의한 3상 불평형 전압의 표현

① 도시적 표현

불평형인 각 3상 전압을 영상, 정상, 역상 성분벡터 3개의 합성으로 표현 가능

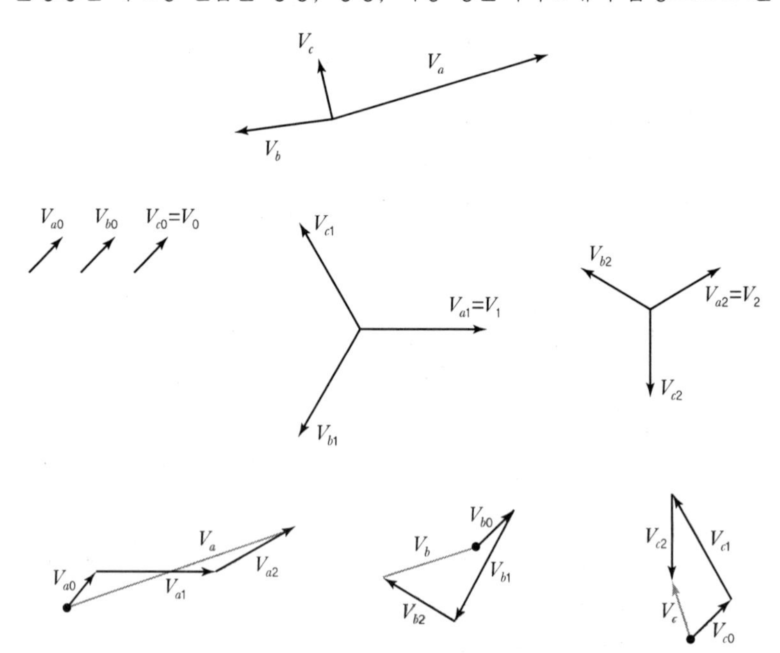

$$\left.\begin{aligned} \dot{I}_0 &= \frac{1}{3}(\dot{I}_a+\dot{I}_b+\dot{I}_c) \\ \dot{I}_1 &= \frac{1}{3}(\dot{I}_a+a\dot{I}_b+a^2\dot{I}_c) \\ \dot{I}_2 &= \frac{1}{3}(\dot{I}_a+a^2\dot{I}_b+a\dot{I}_c) \end{aligned}\right\} \qquad \left.\begin{aligned} \dot{I}_a &= \dot{I}_0+\dot{I}_1+\dot{I}_2 \\ \dot{I}_b &= \dot{I}_0+a^2\dot{I}_1+a\dot{I}_2 \\ \dot{I}_c &= \dot{I}_0+a\dot{I}_1+a^2\dot{I}_2 \end{aligned}\right\}$$

$$\begin{bmatrix} \dot{I}_0 \\ \dot{I}_1 \\ \dot{I}_2 \end{bmatrix} = \frac{1}{3}\begin{bmatrix} 1 & 1 & 1 \\ 1 & a & a^2 \\ 1 & a^2 & a \end{bmatrix}\begin{bmatrix} \dot{I}_a \\ \dot{I}_b \\ \dot{I}_c \end{bmatrix} \qquad \begin{bmatrix} \dot{I}_a \\ \dot{I}_b \\ \dot{I}_c \end{bmatrix} = \begin{bmatrix} 1 & 1 & 1 \\ 1 & a^2 & a \\ 1 & a & a^2 \end{bmatrix}\begin{bmatrix} \dot{I}_0 \\ \dot{I}_1 \\ \dot{I}_2 \end{bmatrix}$$

$$a = 1\angle 120° = -\frac{1}{2}+j\frac{\sqrt{3}}{2}$$

$$a^2 = a\cdot a = 1\angle 240° = -\frac{1}{2}-j\frac{\sqrt{3}}{2}$$

$$a^3 = a\cdot a^2 = 1\angle 360° = 1$$

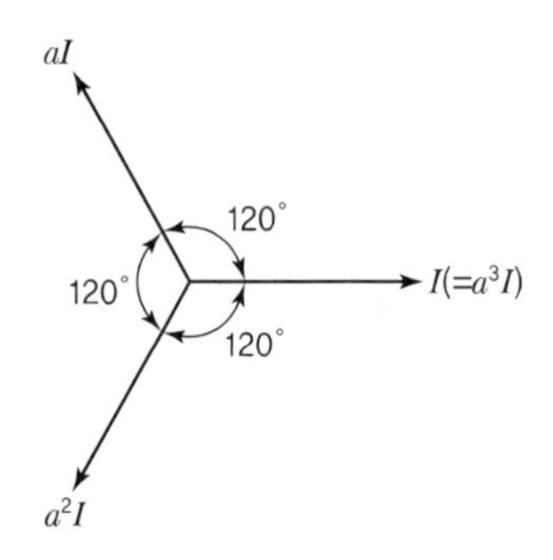

$\dot{I}_0$ a, $\dot{Z}_0$, $\dot{Z}_0$, $\dot{Z}_0$, $\dot{I}_0$ b, $\dot{I}_0$ c

(b) 영상전류

+

$\dot{I}_1$ a, $\dot{Z}_1$, $\dot{Z}_1$, $\dot{Z}_1$, $a^2\dot{I}_1$ b, $a\dot{I}_1$ c

(c) 정상전류

+

$\dot{I}_2$ a, $\dot{Z}_2$, $\dot{Z}_2$, $\dot{Z}_2$, $a\dot{I}_2$ b, $a^2\dot{I}_2$ c

(d) 역상전류

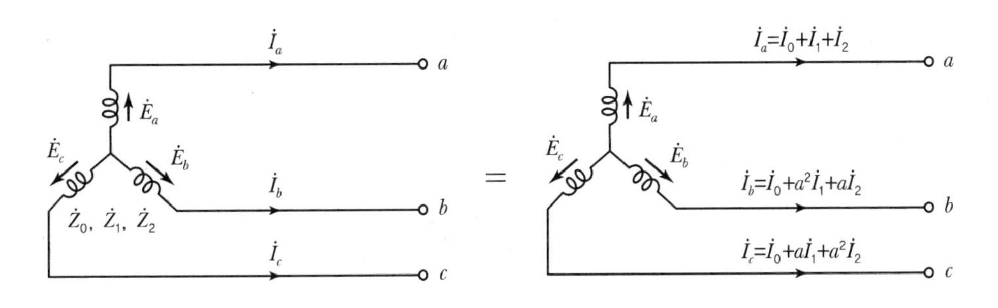

② 수식적 표현

$V_a = V_{a0} + V_{a1} + V_{a2}$

$V_b = V_{b0} + V_{b1} + V_{b2}$

$V_c = V_{c0} + V_{c1} + V_{c2}$

여기서, $V_{a0} = V_0$, $V_{a1} = V_1$, $V_{a2} = V_2$로 하고, $a = 1\angle 120°$라고 하면

$V_a = V_{a0} + V_{a1} + V_{a2}$

$V_b = V_{a0} + V_{a1}\angle -120° + V_{a2}\angle 120°$

$V_c = V_{a0} + V_{a1}\angle 120° + V_{a2}\angle -120°$

$$\begin{bmatrix} V_a \\ V_b \\ V_c \end{bmatrix} = \begin{bmatrix} 1 & 1 & 1 \\ 1 & a^2 & a \\ 1 & a & a^2 \end{bmatrix} \begin{bmatrix} V_0 \\ V_1 \\ V_2 \end{bmatrix} \qquad V_p = A\,V_s$$

$$\begin{bmatrix} V_0 \\ V_1 \\ V_2 \end{bmatrix} = \frac{1}{3} \begin{bmatrix} 1 & 1 & 1 \\ 1 & a^2 & a^2 \\ 1 & a & a \end{bmatrix} \begin{bmatrix} V_a \\ V_b \\ V_c \end{bmatrix} \qquad V_s = A^{-1} V_p$$

※ 3×3 역행렬 구하는 법

$$A = \begin{bmatrix} a & b & c \\ d & e & f \\ g & h & i \end{bmatrix}$$

$$D = [aei + bfg + cdh - ceg - bdi - afh]$$

$$A_1 = \frac{1}{D}\begin{bmatrix} ei - fh & -(bi - ch) & bf - ce \\ -(di - fg) & ai - cg & -(af - cd) \\ dh - eg & -(ah - bg) & ae - bd \end{bmatrix}$$

≫ 예제 ❶

문제 다음의 abc 상의 평형 상전압의 대칭성분을 계산하시오.

$$V_p = \begin{bmatrix} V_{an} \\ V_{bn} \\ V_{cn} \end{bmatrix} = \begin{bmatrix} 277\angle 0° \\ 277\angle -120° \\ 277\angle +120° \end{bmatrix}$$

풀이

$$\begin{bmatrix} V_0 \\ V_1 \\ V_2 \end{bmatrix} = \frac{1}{3}\begin{bmatrix} 1 & 1 & 1 \\ 1 & a & a^2 \\ 1 & a^2 & a \end{bmatrix}\begin{bmatrix} V_{an} \\ V_{bn} \\ V_{cn} \end{bmatrix} = \frac{1}{3}\begin{bmatrix} 1 & 1 & 1 \\ 1 & a & a^2 \\ 1 & a^2 & a \end{bmatrix}\begin{bmatrix} 277\angle 0° \\ 277\angle -120° \\ 277\angle +120° \end{bmatrix}$$

$$V_0 = \frac{1}{3}[277\angle 0° + 277\angle -120° + 277\angle +120°] = 0$$

$$V_1 = \frac{1}{3}[277\angle 0° + 277\angle(-120° + 120°) + 277\angle(120° + 240°)] = 277\angle 0°[\text{V}] = V_{an}$$

$$V_2 = \frac{1}{3}[277\angle 0° + 277\angle(-120° + 240°) + 277\angle(120° + 120°)] = 0$$

대칭성분을 변환시키면, 영상성분과 역상성분은 모두 0으로 나오고, 정상성분만 나온다.

≫ 예제 ❷

문제 다음과 같은 평형 Y결선 부하의 abc 상전류의 대칭성분을 계산하시오.

$$I_p = \begin{bmatrix} I_a \\ I_b \\ I_c \end{bmatrix} = \begin{bmatrix} 10\angle 0° \\ 10\angle +120° \\ 10\angle -120° \end{bmatrix}$$

풀이

$$\begin{bmatrix} I_0 \\ I_1 \\ I_2 \end{bmatrix} = \frac{1}{3}\begin{bmatrix} 1 & 1 & 1 \\ 1 & a & a^2 \\ 1 & a^2 & a \end{bmatrix}\begin{bmatrix} I_a \\ I_b \\ I_c \end{bmatrix} = \frac{1}{3}\begin{bmatrix} 1 & 1 & 1 \\ 1 & a & a^2 \\ 1 & a^2 & a \end{bmatrix}\begin{bmatrix} 10\angle 0° \\ 10\angle +120° \\ 10\angle -120° \end{bmatrix}$$

$$I_0 = \frac{1}{3}[10\angle 0° + 10\angle 120° + 10\angle -120°] = 0$$

$$I_1 = \frac{1}{3}[10\angle 0° + 10\angle (120° + 120°) + 10\angle (-120° + 240°)] = 0$$

$$I_2 = \frac{1}{3}[10\angle 0° + 10\angle (120° + 240°) + 10\angle (-120° + 120°)] = 10\angle 0°[A] = I_a$$

≫ 예제 ❸

문제 3상 Y결선 부하에서 b상이 open 되어 불평형인 선전류가 다음과 같이 흐를 때 대칭성분 전류와 중성선 전류를 구하시오(단 중성점은 접지되어 있다).

$$I_p = \begin{bmatrix} I_a \\ I_b \\ I_c \end{bmatrix} = \begin{bmatrix} 10\angle 0° \\ 0 \\ 10\angle 120° \end{bmatrix}$$

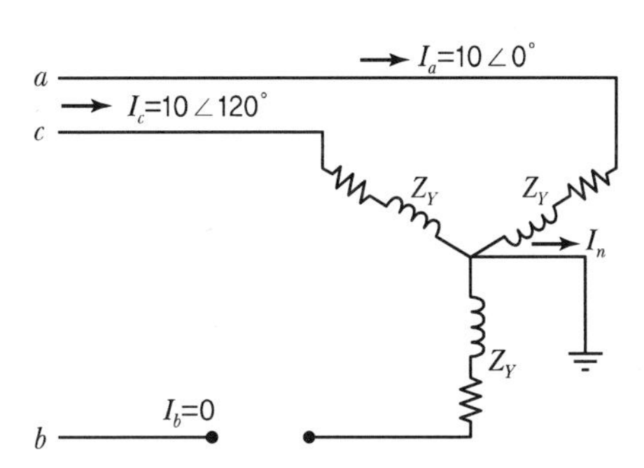

풀이

$$\begin{bmatrix} I_0 \\ I_1 \\ I_2 \end{bmatrix} = \frac{1}{3}\begin{bmatrix} 1 & 1 & 1 \\ 1 & a & a^2 \\ 1 & a^2 & a \end{bmatrix}\begin{bmatrix} I_a \\ I_b \\ I_c \end{bmatrix} = \frac{1}{3}\begin{bmatrix} 1 & 1 & 1 \\ 1 & a & a^2 \\ 1 & a^2 & a \end{bmatrix}\begin{bmatrix} 10\angle 0° \\ 0 \\ 10\angle 120° \end{bmatrix}$$

$$I_0 = \frac{1}{3}[10\angle 0° + 0 + 10\angle 120°] = 3.333\angle 60°[A]$$

$$I_1 = \frac{1}{3}[10\angle 0° + 0 + 10\angle (120° + 240°)] = 6.667\angle 0°[A]$$

$$I_2 = \frac{1}{3}[10\angle 0° + 0 + 10\angle (120° + 120°) = 3.333\angle -60°$$

$$I_n = [10\angle 0° + 0 + 10\angle 120°] = 10\angle 60°[A] = 3I_0$$

불평형 성분에 대해서는 영상, 정상, 역상성분이 모두 존재한다.

9급
전기이론
(전기공학)
서울시/국가직/지방직
군무원/공기업
시험대비

우영이와 함께하는

전기이론

Ⅱ권 문제

최우영 저

current
theory

예문사

차례

이론

PART 01 기초전기이론
PART 02 회로해석방법(1)
PART 03 회로해석방법(2)
PART 04 전기장과 자기장
PART 05 교류회로해석(기초)
PART 06 과도현상
PART 07 2포트 회로의 이해
PART 08 라플라스 변환
PART 09 유도 결합 및 3상 회로

문제

PART 01 실전예상문제
PART 02 기출문제

제 1 편 실전예상문제

CHAPTER 01 전기기초 및 직류회로 • 3

01 전기기초 및 직류회로 ······ 3
02 직류회로(7급 기출문제) ······ 79

CHAPTER 02 전기자기학 • 88

01 전자기학(전기장) ······ 88
02 전자기학(자기장) ······ 122

CHAPTER 03 교류회로 • 155

01 교류회로의 기초 ······ 155
02 RLC 회로의 이해(기본) ······ 171
03 RLC 회로의 이해(응용) ······ 203
04 RLC 회로의 역률/전력/필터 ······ 216
05 교류회로(7급 기출문제) ······ 245

CHAPTER 04 과도현상의 이해 • 254

01 과도현상 ······ 254
02 과도현상(7급 기출문제) ······ 284

CHAPTER 05 2단자 회로망 • 291

01 2Port 회로의 이해 ······ 291
02 2Port 회로(7급 기출문제) ······ 298

CHAPTER 06 유도결합회로 • 304

01 유도결합회로 ······ 304
02 유도결합회로(7급 기출문제) ······ 320

차례

CHAPTER 07 3상 교류회로 • 323

01 3상 회로의 이해 323

CHAPTER 08 기타 문제 • 352

제 2 편 기출문제

CHAPTER 01 2016년 국가직 9급 • 363

CHAPTER 02 2016년 지방직 9급 • 369

CHAPTER 03 2016년 서울시 9급 • 375

CHAPTER 04 2017년 국가직 9급 • 381

CHAPTER 05 2017년 지방직 9급 • 388

CHAPTER 06 2017년 서울시 9급 • 394

CHAPTER 07 2018년 국가직 9급 • 400

CHAPTER 08 2018년 지방직 9급 • 406

CHAPTER 09 2018년 서울시 9급(전) • 413

CHAPTER 10 2018년 서울시 9급(후) • 419

CHAPTER 11 2019년 국가직 9급 • 425

CHAPTER 12 2019년 지방직 9급 • 432

CHAPTER 13 2019년 서울시 9급 • 438

CHAPTER 14 2020년 국가직 9급 • 445
CHAPTER 15 2020년 지방직 9급 • 452
CHAPTER 16 2020년 서울시 9급 • 459
CHAPTER 17 2021년 국가직 9급 • 465
CHAPTER 18 2021년 지방직 9급 • 473
CHAPTER 19 2021년 서울시 9급 • 481
CHAPTER 20 2022년 국가직 9급 • 487
CHAPTER 21 2022년 지방직 9급 • 494
CHAPTER 22 2023년 국가직 9급 • 502
CHAPTER 23 2023년 지방직 9급 • 509

PART
01
실전
예상문제

CHAPTER 01 CURRENT THEORY

전기기초 및 직류회로

SECTION 01 전기기초 및 직류회로

01 반지름 2[mm]인 구리도선에 2[A]의 전류가 흐를 때 1.602[sec] 동안 도선의 단면을 통과하는 자유전자의 개수를 구하라.(단, 전자의 전하량은 -1.602×10^{-19}[C]이고 단위체적당 8.5×10^{28}개의 자유전자가 있다.) 12년 국회직 9급

① 5.3×10^{9}개
② 8.5×10^{9}개
③ 2×10^{19}개
④ 6.7×10^{23}개
⑤ 8.5×10^{47}개

02 어떤 저항 R에 1분 동안 100[V]의 기전력을 가했을 때 1,200[C]의 전하가 이동되었다고 한다. 이 저항 R의 값은 몇 [Ω]인가? 12년 국회직 9급

① 5
② 10
③ 12
④ 15
⑤ 20

03 $i(t)=2.0t+2.0$[A]의 전류가 시간 $0 \le t \le 60$[sec] 동안 도선에 흘렀다면, 이때 도선의 한 단면을 통과한 총전하량[C]은? 11년 지방직 9급

① 4
② 122
③ 3,600
④ 3,720

04 어느 전기소자에 흐르는 전류가 $i(t)=4t+2$[A]일 때, $t=1$[s]와 $t=3$[s] 사이에 전기소자의 한 단자로 유입되는 전하량은 얼마인가? 15년 서울시 9급

① 10[C]
② 15[C]
③ 20[C]
④ 25[C]

정답 01 ③ 02 ① 03 ④ 04 ③

05 반경 1[mm], 길이 58[m]인 구리도선 양단에 직류 전압 100[V]가 인가되었다고 할 때, 이 구리도선에 흐르는 직류 전류[A]로 옳은 것은?(단, 이 구리도선은 균일한 단면을 가지는 단일 도체로 반경이 도선 전체에 걸쳐 일정하고, 이 구리도선의 도전율은 5.8×10^{7}[S/m]이라 가정하며, $\pi=3.14$임) 15년 서울시 9급

① 31.85
② 314
③ 318.5
④ 3140

06 다음 회로에서 단자 a, b 양단에 24[V]의 전압을 인가하였을 때, 저항 R_1에 0.6[A]의 전류가 흐른다. 여기서 저항 R_1과 R_2의 비는 1 : 3 이다. R_2의 값[Ω]은 얼마인가? 14년 국회직 9급

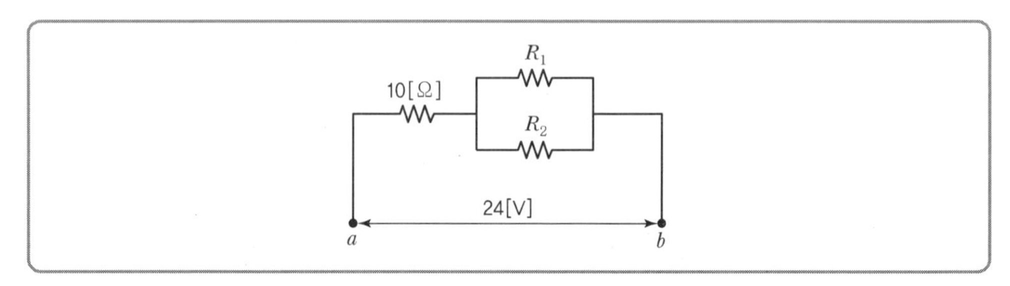

① 50
② 60
③ 70
④ 80
⑤ 90

07 그림과 같은 회로에서 a, b 단자 사이에 60[V]의 전압을 가하여 4[A]의 전류를 흘리고 R_1, R_2에 흐르는 전류를 1 : 3으로 하고자 할 때 R_1의 저항값은? 18년 서울시 9급(전)

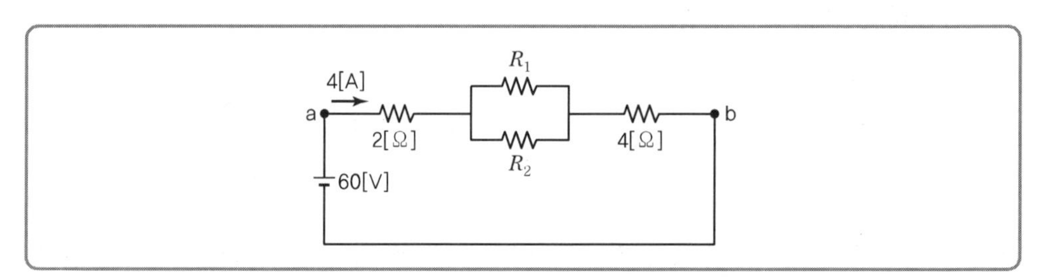

① 6[Ω]
② 12[Ω]
③ 18[Ω]
④ 36[Ω]

정답 05 ② 06 ④ 07 ④

08 다음 회로에서 저항 R_1의 저항값[kΩ]은?

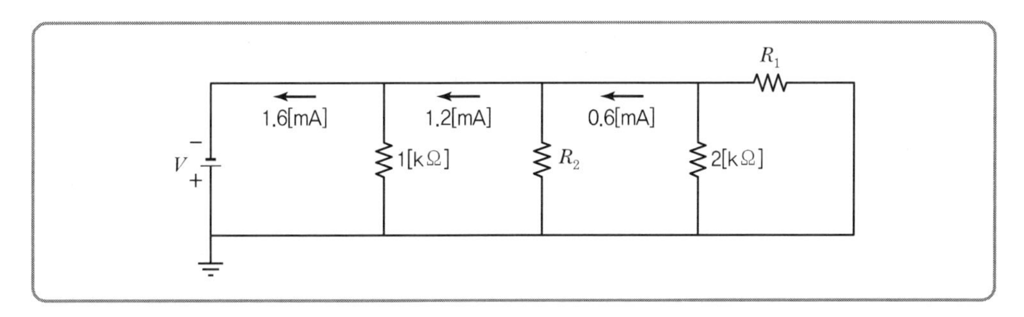

① 0.2　　② 0.6
③ 1　　④ 1.2

09 다음의 회로의 a, b단자에서 본 합성저항을 구하라. 12년 국회직 9급

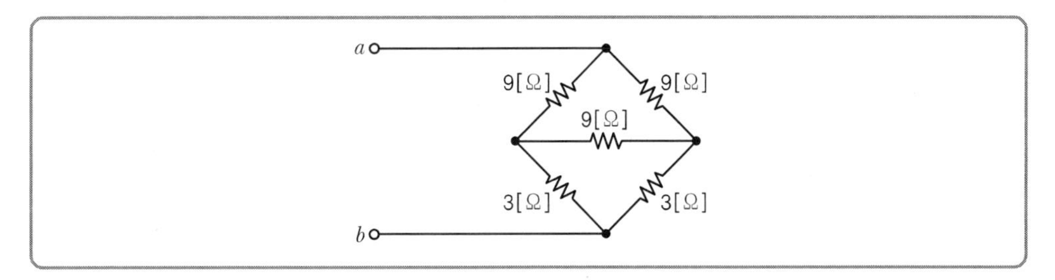

① 3[Ω]　　② 6[Ω]
③ 9[Ω]　　④ 12[Ω]
⑤ 36[Ω]

10 그림과 같은 회로의 합성저항은? 18년 서울시 9급(전)

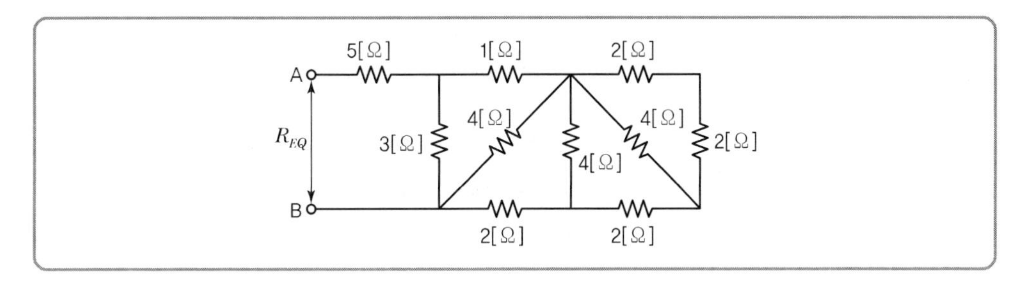

① 8[Ω]　　② 6.5[Ω]
③ 5[Ω]　　④ 3.5[Ω]

정답 08 ③ 09 ② 10 ②

11 다음의 합성저항의 값으로 옳은 것은?

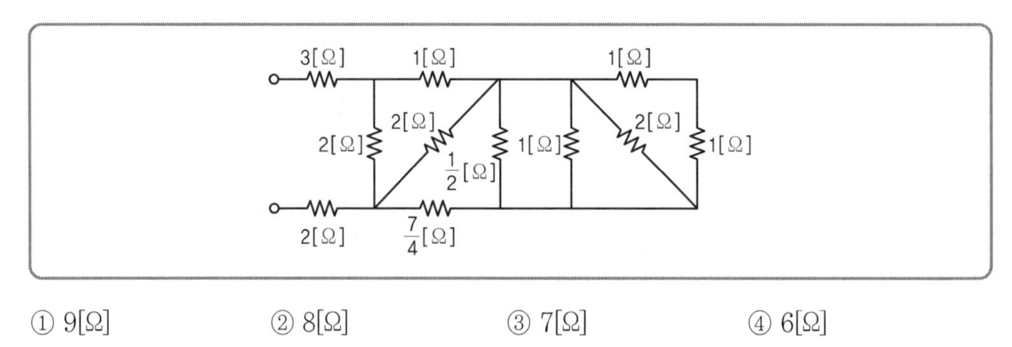

① 9[Ω] ② 8[Ω] ③ 7[Ω] ④ 6[Ω]

12 그림과 같은 회로에서 단자 A, B 사이의 등가저항의 값[kΩ]은?

19년 서울시 9급

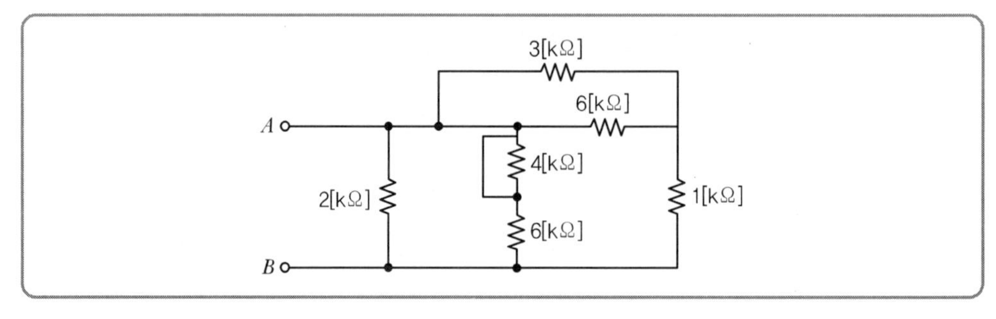

① 0.5[kΩ]
② 1.0[kΩ]
③ 1.5[kΩ]
④ 2.0[kΩ]

13 다음 회로에서 단자 A와 B 간 합성저항은 단자 C와 D 간 합성저항의 몇 배인가?

19년 지방직 9급

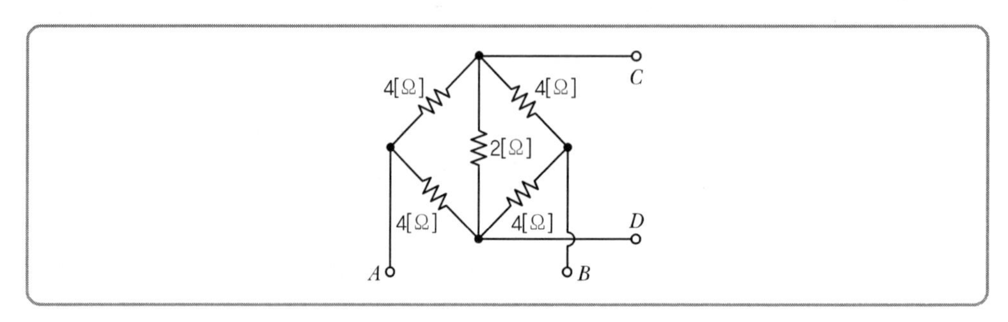

① $\frac{1}{3}$
② $\frac{1}{2}$
③ 2
④ 3

정답 11 ④ 12 ② 13 ④

14 다음 회로에서 전류 I[A]를 구하면?(단, 저항 R은 모두 200[Ω]이다.) 19년 국회직 9급

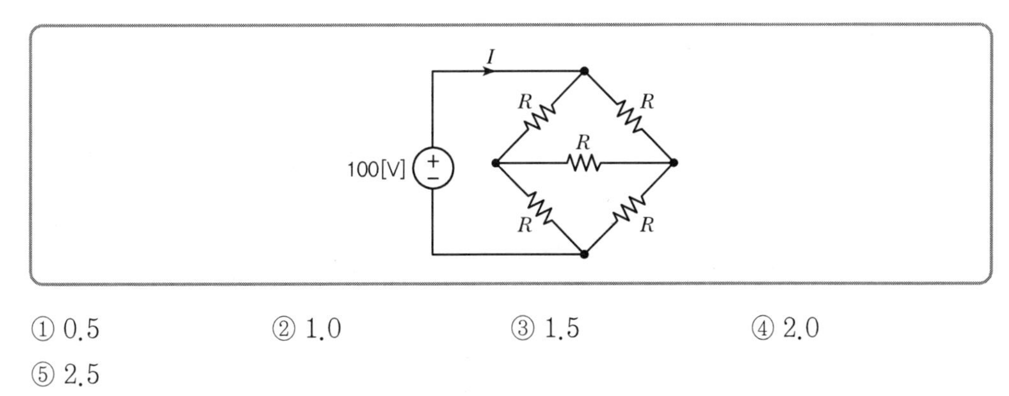

① 0.5 ② 1.0 ③ 1.5 ④ 2.0
⑤ 2.5

15 그림에서 (가)의 회로를 (나)와 같은 등가회로로 구성한다고 할 때, $x+y$의 값은?
19년 서울시 9급

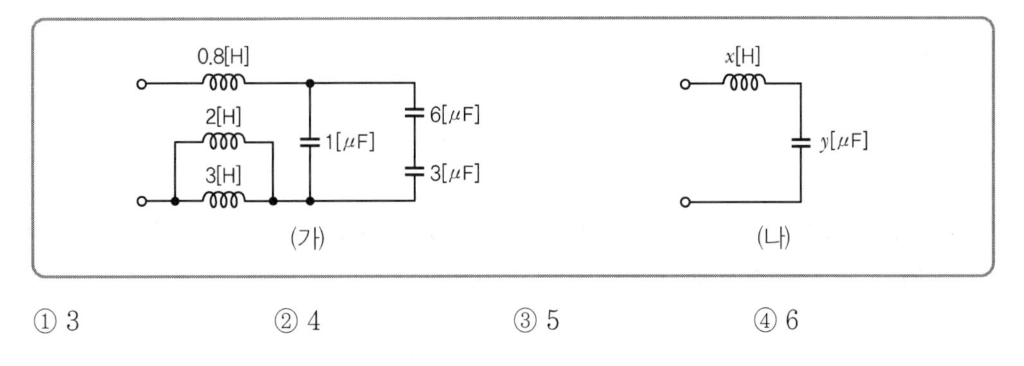

① 3 ② 4 ③ 5 ④ 6

16 아래 그림의 휘스톤 브리지 회로에서 $R_1 = 50$[Ω], $R_3 = 5$[Ω], $R_4 = 30$[Ω]이라고 하면 R_2의 값[Ω]은?(단, 검류계(G)의 지시값은 0이다.) 07년 국가직 9급

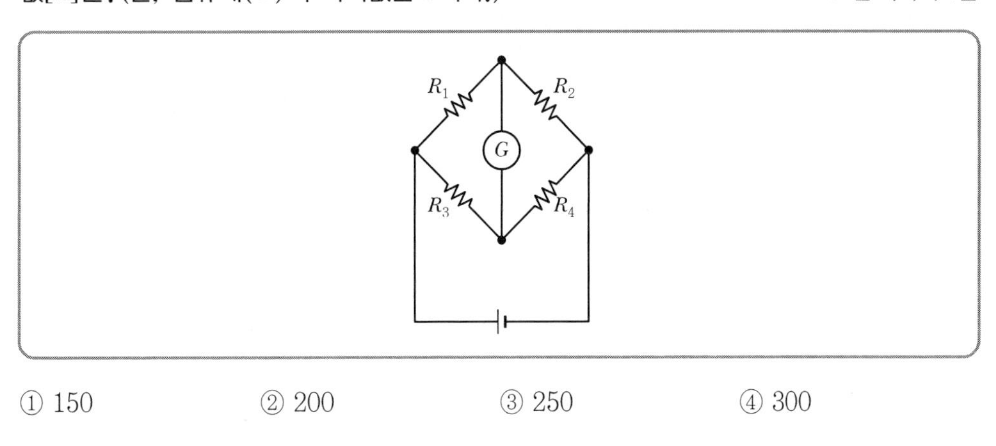

① 150 ② 200 ③ 250 ④ 300

정답 14 ① 15 ③ 16 ④

17 내부저항 0.1[Ω], 전원전압 10[V]인 전원이 있다. 부하 R_L에서 소비되는 최대전력[W]은?

① 100　　② 250
③ 500　　④ 1,000

18 다음 회로에서 조정된 가변저항값이 100[Ω]일 때 A와 B 사이의 저항 100[Ω] 양단 전압을 측정하니 0[V]일 경우, R_x[Ω]의 값은?

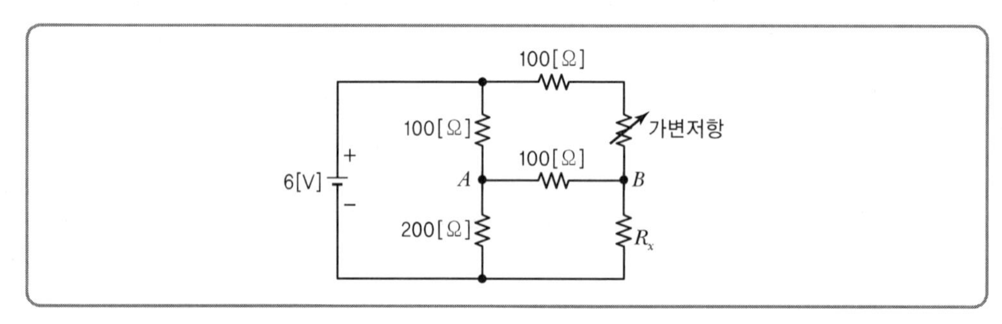

① 400　　② 300
③ 200　　④ 100

19 다음 그림의 회로에서 4[Ω]에 소비되는 전력이 100[W]이다. R_1, R_2에 흐르는 전류의 크기가 1 : 2 비율이라면 저항 R_1[Ω], R_2[Ω]는? 11년 국가직 9급

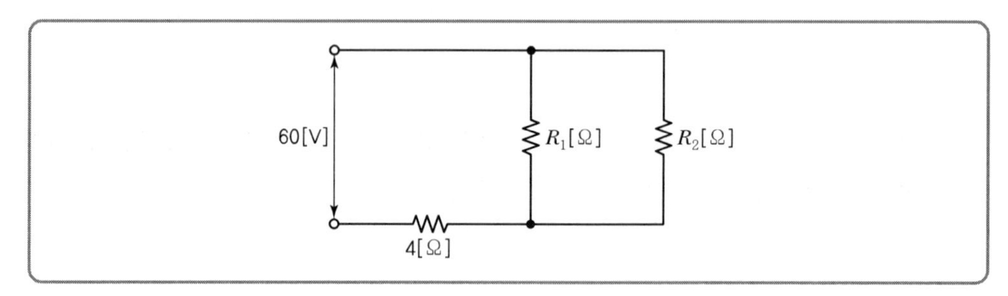

① 6, 3　　② 8, 4
③ 16, 8　　④ 24, 12

정답 17 ② 18 ① 19 ④

20 다음 회로의 r_1, r_2에 흐르는 전류비 $I_1 : I_2 = 1 : 2$가 되기 위한 r_1[Ω]과 r_2[Ω]는?(단, 입력전류 $I = 5$[A]이다.) 18년 지방직 9급

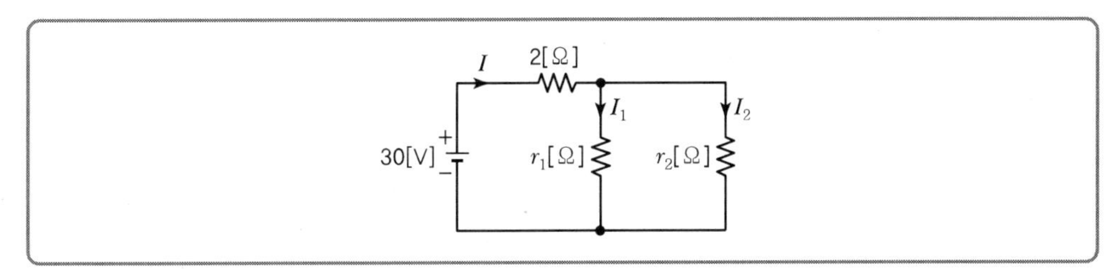

	r_1	r_2		r_1	r_2
①	3	6	②	6	3
③	6	12	④	12	6

21 전압원의 기전력은 20[V]이고 내부저항은 2[Ω]이다. 이 전압원에 부하가 연결될 때 얻을 수 있는 최대 부하전력[W]은?

① 200 ② 100 ③ 75 ④ 50

22 2[Ω]과 4[Ω]의 병렬회로 양단에 40[V]의 전압을 가했을 때 2[Ω]에서 발생하는 열은 4[Ω]에서 발생하는 열의 몇 배인가? 10년 국가직 9급

① 2 ② 4 ③ $\frac{1}{2}$ ④ $\frac{1}{4}$

23 저항 $R_1 = 1$[Ω]과 $R_2 = 2$[Ω]이 병렬로 연결된 회로에 100[V]의 전압을 가했을 때, R_1에서 소비되는 전력은 R_2에서 소비되는 전력의 몇 배인가? 18년 서울시 9급(전)

① 0.5배 ② 1배
③ 2배 ④ 같다.

24 일정한 기전력이 가해지고 있는 회로의 저항값을 2배로 하면 소비전력은 몇 배가 되는가?

① $\frac{1}{8}$ ② $\frac{1}{4}$ ③ $\frac{1}{2}$ ④ 2

정답 20 ④ 21 ④ 22 ① 23 ③ 24 ③

25 직류 10[V]의 전압을 1[kΩ]의 저항 부하에 10분간 인가하였을 경우 소비된 에너지[J]는?

08년 국가직 9급

① 10 ② 60
③ 100 ④ 600

26 50[V], 250[W] 니크롬선의 길이를 반으로 잘라서 20[V] 전압에 연결하였을 때, 니크롬선의 소비전력[W]은?

16년 국가직 9급

① 80 ② 100
③ 120 ④ 140

27 정격 100[V], 2[kW]의 전열기가 있다. 소비전력이 2,420[W]라 할 때 인가된 전압은 몇 [V]인가?

① 90 ② 100
③ 110 ④ 120

28 정격전압에서 50[W]의 전력을 소비하는 저항에 정격전압의 60[%]인 전압을 인가할 때 소비전력[W]은?

① 16 ② 18
③ 20 ④ 30

29 다음 회로에서 3[Ω]의 저항에 흐르는 전류[A]와 소모되는 전력[W]은?

09년 지방직 9급

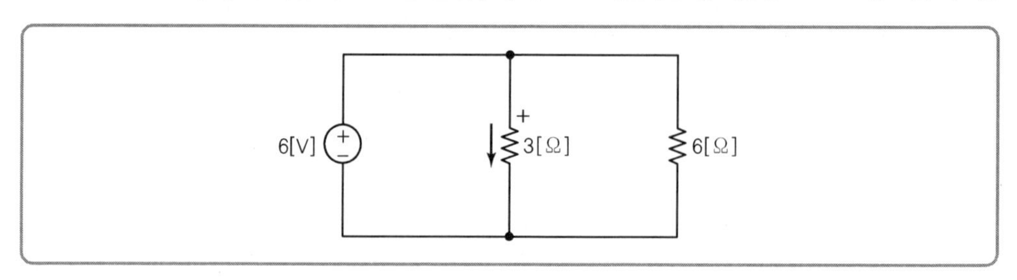

① 1, 3 ② 2, 12
③ 4, 12 ④ 4, 48

정답 25 ② 26 ① 27 ③ 28 ② 29 ②

30 다음 회로에서 2[Ω] 저항에서 소모된 전력[W]은? 18년 국회직 9급

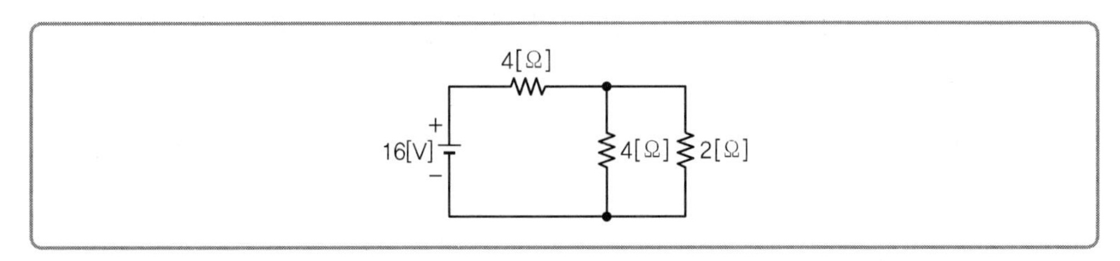

① 1 ② 2
③ 4 ④ 6
⑤ 8

31 그림과 같은 회로에서 저항 R_1에서 소모되는 전력[W]은 얼마인가?

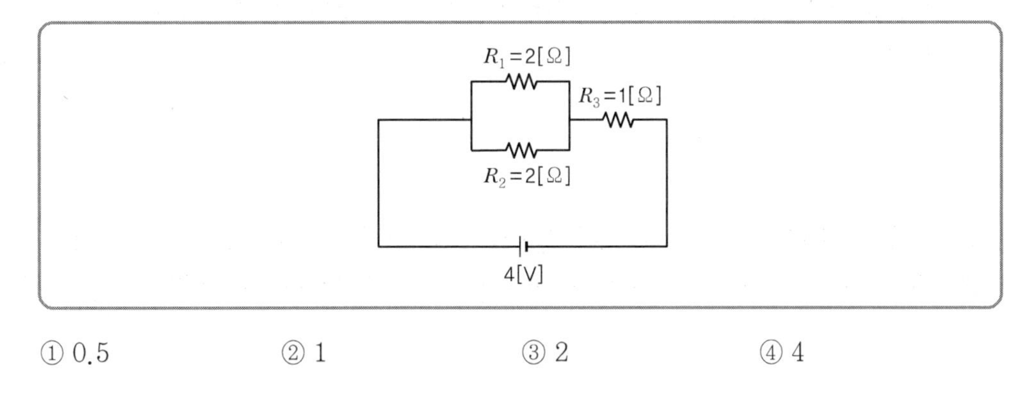

① 0.5 ② 1 ③ 2 ④ 4

32 200[V], 50[W]의 정격을 갖는 전구 4개와 200[V], 800[W]의 정격을 갖는 전열기 1대를 모두 병렬 연결하여 동시에 사용할 경우 각 전구 및 전열기에 흐르는 전류의 총합[A]은?(단, 공급되는 전압은 200[V]이다.) 07년 국가직 9급

① 1 ② 2 ③ 3 ④ 5

33 220[V], 55[W] 백열등 2개를 매일 30분씩 10일간 점등했을 때 사용한 전력량과 110[V], 55[W]인 백열등 1개를 매일 1시간씩 10일간 점등했을 때 사용한 전력량의 비는?

① 1 : 1 ② 1 : 2 ③ 1 : 3 ④ 1 : 4

정답 30 ⑤ 31 ③ 32 ④ 33 ①

34 어느 가정에서 하루 동안 60[W] 전구 5개를 6시간, 900[W] 오븐을 1시간, 600[W] 청소기를 30분, 500[W] 전열기를 2시간, 100[W] TV를 5시간 사용하였을 때, 사용한 총 전력량[kWh]은? 19년 지방직 9급

① 3.0 ② 3.5 ③ 4.0 ④ 4.5

35 기전력이 1.5[V]인 동일한 건전지 4개를 직렬로 연결하고, 여기에 10[Ω]의 부하저항을 연결하면 0.5[A]의 전류가 흐른다. 건전지 1개의 내부저항[Ω]은? 15년 국가직 9급

① 0.5 ② 2 ③ 6 ④ 12

36 개방 단자 전압이 12[V]인 자동차 배터리가 있다. 자동차 시동을 걸 때 배터리가 0.5[Ω]의 부하에 전류를 공급하면서 배터리 단자 전압이 10[V]로 낮아졌다면 배터리의 내부 저항값[Ω]은? 18년 서울시 9급(후)

① 0.1 ② 0.15 ③ 0.2 ④ 0.25

37 기전력이 13[V]인 축전지에 자동차 전구를 연결하여 전구 양단의 전압과 전구에서의 소비전력을 측정하니 각각 12[V]와 24[W]이었다. 이 축전지의 내부저항[Ω]은? 10년 지방직 9급

① 0.5 ② 0.6 ③ 0.7 ④ 0.8

38 다음의 회로에서 $R_1 = 3[\Omega]$, $R_2 = 6[\Omega]$, $R_3 = 5[\Omega]$, $R_4 = 10[\Omega]$일 때 최대전력을 소모하는 저항은? 10년 국가직 9급

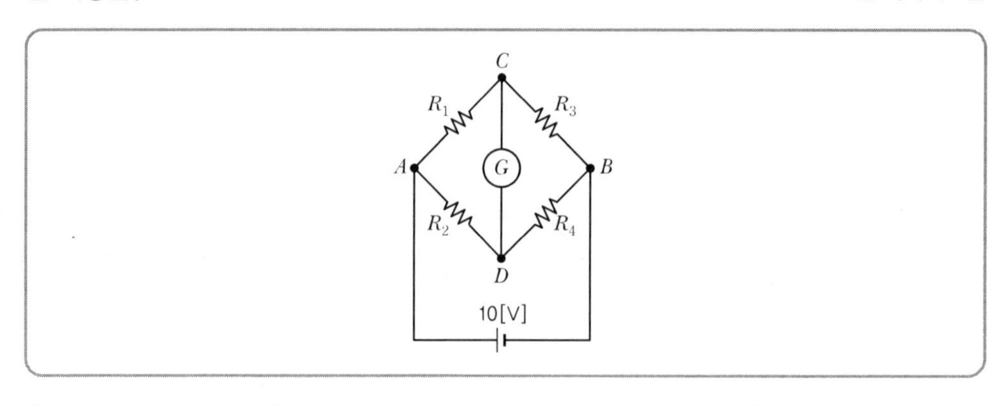

① R_1 ② R_2 ③ R_3 ④ R_4

정답 34 ④ 35 ① 36 ① 37 ① 38 ③

39 10[V]의 직류전원에 10[Ω]의 저항이 연결된 회로에 대한 설명으로 옳지 않은 것은?

10년 지방직 9급

① 10[Ω]저항에 흐르는 전류를 측정하면 1[A]이다.
② 10[Ω]저항 양단의 전압을 측정하면 10[V]이다.
③ 회로를 개방한 후 10[Ω]저항 양단의 전압을 측정하면 0[V]이다.
④ 회로를 개방한 후 전원 양단의 전압을 측정하면 0[V]이다.

40 어느 가정에서 전열기, 세탁기 그리고 냉장고를 정상적으로 동시에 사용하고 있다. 세 가전기기들은 전원과 어떻게 연결되어 있는가?

10년 지방직 9급

① 직렬연결
② 병렬연결
③ 직/병렬연결
④ 서로 관련 없다.

41 다음 그림의 회로에서 열려 있던 스위치(SW)를 닫을 때 저항 2[Ω]에서 일어나는 변화 중 옳은 것은?

11년 국가직 9급

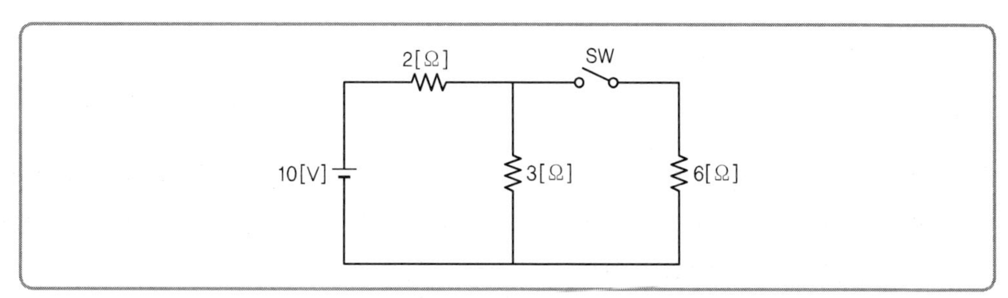

① 2[Ω]의 저항은 1[Ω] 증가한다.
② 2[Ω]을 흐르는 전류는 1.5[A] 증가한다.
③ 2[Ω]에서 소비되는 전력은 4.5[W] 증가한다.
④ 2[Ω] 양단의 전압은 4[V] 증가한다.

정답 39 ④ 40 ② 41 ③

42 그림과 같은 회로에서 저항 R의 양단에 걸리는 전압을 V라고 할 때 기전력 E[V]의 값은?

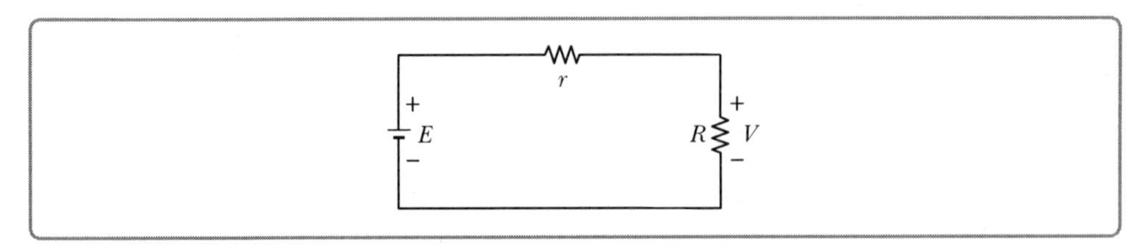

① $V\left(1-\dfrac{R}{r}\right)$　　② $V\left(1+\dfrac{r}{R}\right)$

③ $V\left(1-\dfrac{r}{R}\right)$　　④ $V\left(1+\dfrac{2R}{r}\right)$

43 220[V]의 교류전원에 소비전력 60[W]인 전구와 500[W]인 전열기를 직렬로 연결하여 사용하고 있다. 60[W] 전구를 30[W] 전구로 교체할 때의 내용으로 옳은 것은?

① 전열기의 소비전력이 증가한다.
② 전열기의 소비전력이 감소한다.
③ 전열기에 흐르는 전류가 증가한다.
④ 전열기의 소비전력은 변하지 않는다.

44 기전력 1.5[V], 내부저항 0.2[Ω]인 전지가 15개 있다. 이것들을 모두 직렬로 접속하여 3[Ω]의 부하저항을 연결할 경우의 부하 전류값[A]과, 모두 병렬로 접속하여 3[Ω]의 부하저항을 연결할 경우 부하 전류값[A]을 가장 가깝게 나타낸 것은? 09년 국가직 9급

	직렬	병렬
①	3.25	0.75
②	3.75	0.75
③	3.25	0.5
④	3.75	0.5

45 전압이 10[V], 내부저항이 1[Ω]인 전지(E)를 두 단자에 n개 직렬접속하여 R과 $2R$이 병렬 접속된 부하에 연결하였을 때, 전지에 흐르는 전류 I가 2[A]라면 저항 R[Ω]은?

18년 국가직 9급

① $3n$　　② $4n$

③ $5n$　　④ $6n$

정답 42 ② 43 ② 44 ④ 45 ④

46 어떤 전지에 접속된 외부회로의 부하 저항은 5[Ω]이고, 이때 전류는 8[A]가 흐른다. 외부회로에 5[Ω] 대신 15[Ω]의 부하 저항을 접속하면 전류는 4[A]로 변할 때, 전지의 기전력[V] 및 내부저항[Ω]은? 11년 국가직 9급

① 80, 5 ② 40, 10 ③ 80, 10 ④ 40, 5

47 어떤 전지에 10[Ω]의 저항을 연결하면 5[A]의 전류가 흐르고 15[Ω]의 저항을 연결하면 4[A]의 전류가 흐른다. 이 전지의 내부 저항[Ω] 및 기전력[V]은? 14년 서울시 9급

① 5, 100
② 10, 100
③ 5, 200
④ 10, 200
⑤ 5, 50

48 기전력이 1.5[V], 내부 저항이 3[Ω]인 전지 3개를 같은 극끼리 병렬로 연결하고, 어떤 부하저항을 연결하였더니 부하에 0.5[A]의 전류가 흘렀다. 부하저항의 값을 두 배로 높였을 때, 부하에 흐르는 전류 [A]는? 13년 국가직 9급

① 0.30 ② 0.35 ③ 0.40 ④ 0.45

49 전압이 E[V], 내부저항이 r[Ω]인 전지의 단자 전압을 내부저항 25[Ω]의 전압계로 측정하니 50[V]이고, 75[Ω]의 전압계로 측정하니 75[V]이다. 전지의 전압 E[V]와 내부저항 r[Ω]은? 19년 국가직 9급

	E[V]	r[Ω]
①	100	25
②	100	50
③	200	25
④	200	50

50 굵기가 일정한 원통형의 도체를 체적은 고정시킨 채 길게 늘여 지름이 절반이 되도록 하였다. 이 경우 길게 늘인 도체의 저항값은? 09년 국가직 9급

① 원래 도체의 저항값의 2배가 된다.
② 원래 도체의 저항값의 4배가 된다.
③ 원래 도체의 저항값의 8배가 된다.
④ 원래 도체의 저항값의 16배가 된다.

정답 46 ① 47 ② 48 ① 49 ① 50 ④

51 20[V]를 인가했을 때 400[W]를 소비하는 굵기가 일정한 원통형 도체가 있다. 체적을 변하지 않게 하고 지름이 $\frac{1}{2}$로 되게 일정한 굵기로 잡아 늘였을 때 변형된 도체의 저항 값[Ω]은?

① 10　② 12　③ 14　④ 16

52 도체의 전기저항 R[Ω]과 고유저항 ρ[Ω · m], 단면적 A[m^2], 길이 l[m]의 관계에 대한 설명으로 옳은 것만을 모두 고르면? 14년 국가직 9급

ㄱ. 전기저항 R은 고유저항 ρ에 비례한다.
ㄴ. 전기저항 R은 단면적 A에 비례한다.
ㄷ. 전기저항 R은 길이 l에 비례한다.
ㄹ. 도체의 길이를 n배 늘리고 단면적을 $1/n$배만큼 감소시키는 경우, 전기저항 R은 n^2배로 증가한다.

① ㄱ, ㄴ　② ㄱ, ㄷ　③ ㄷ, ㄹ　④ ㄱ, ㄷ, ㄹ

53 단면적은 A, 길이는 L인 어떤 도선의 저항의 크기가 10[Ω]이다. 이 도선의 저항을 원래 저항의 1/2로 줄일 수 있는 방법으로 가장 옳지 않은 것은? 19년 서울시 9급

① 도선의 길이만 기존의 1/2로 줄인다.
② 도선의 단면적만 기존의 2배로 증가시킨다.
③ 도선의 도전율만 기존의 2배로 증가시킨다.
④ 도선의 저항률만 기존의 2배로 증가시킨다.

54 서로 다른 금속선으로 된 폐회로의 두 접합점의 온도를 다르게 하였을 때 열기전력이 발생하는 효과로 가장 옳은 것은? 20년 서울시 9급

① 톰슨(Thomson) 효과　② 핀치(Pinch) 효과
③ 제백(Seebeck) 효과　④ 펠티어(Peltier) 효과

55 다음 중 고유 저항의 단위로 옳은 것은? 14년 서울시 9급

① [Ω]　② [Ω/m]
③ [Ω · mm^2/m]　④ [Ω · m^2]
⑤ [Ω · m/mm^2]

정답 51 ④ 52 ④ 53 ④ 54 ③ 55 ③

56 전압계의 측정 범위를 넓히기 위해 내부 저항 R_V인 전압계에 직렬로 저항 R_m을 접속하여 그림의 ab 양단 전압을 측정하였다. 전압계의 지시 전압이 V_O일 때 ab 양단 전압은?

13년 국가직 9급

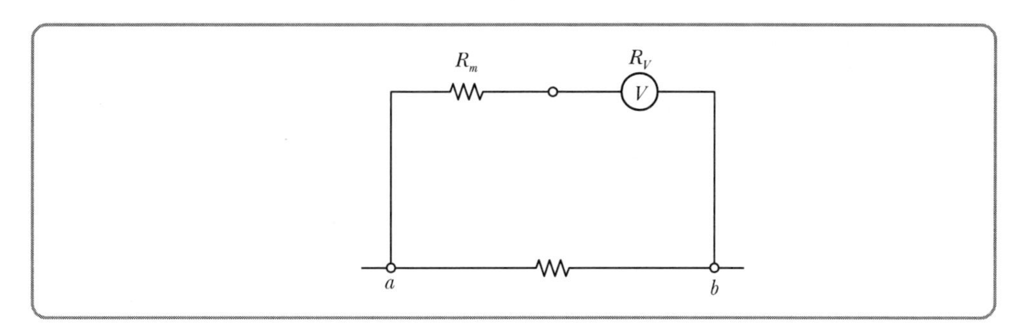

① V_0

② $V_0\left(\frac{R_m}{R_V}-1\right)$

③ $V_0\left(\frac{R_m}{R_V}\right)$

④ $V_0\left(\frac{R_m}{R_V}+1\right)$

57 최대 눈금이 100[mA], 내부저항 10[Ω]의 전류계로 100[A]까지 측정하려면 몇 [Ω]의 분류기가 필요한가?

07년 국가직 9급

① 0.01 ② 0.05 ③ 0.001 ④ 0.005

58 어드미턴스 Y_1과 Y_2가 직렬로 접속된 회로의 합성 어드미턴스는? 14년 서울시 9급

① $Y_1 + Y_2$

② $\frac{Y_1 Y_2}{(Y_1 + Y_2)}$

③ $\frac{1}{Y_1} + \frac{1}{Y_2}$

④ $\frac{1}{(Y_1 + Y_2)}$

⑤ $\frac{1}{(Y_1 Y_2)}$

59 0.5[℧]의 콘덕턴스에 200[V]를 2분 동안 가할 때 한 일[kJ]은? 14년 서울시 9급

① 1,000

② 1,200

③ 1,500

④ 2,000

⑤ 2,400

정답 56 ④ 57 ① 58 ② 59 ⑤

60 회로에 2[A]의 전류가 순수 저항에 흘러 16[W] 전력을 소모할 때, 컨덕턴스[℧]는?

19년 지방직 9급

① 0.25 ② 0.5
③ 0.75 ④ 1

61 3[kW]의 전열기를 정격상태에서 2시간 사용하였을 때 열량[kcal]은? 15년 서울시 9급

① 3,882 ② 4,276
③ 4,664 ④ 5,184

62 그림과 같은 색띠 저항에 10[V]의 직류전원을 연결하면 이 저항에서 10분간 소모되는 열량[cal]은?(단, 색상에 따른 숫자는 다음 표와 같으며, 금색이 의미하는 저항값의 오차는 무시한다.)

15년 국가직 9급

색상	검정	갈색	빨강	주황	노랑	녹색	파랑	보라	회색	흰색
숫자	0	1	2	3	4	5	6	7	8	9

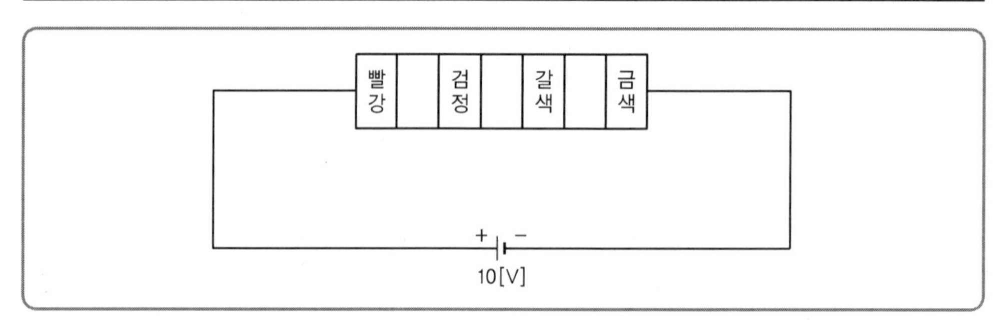

① 12 ② 36
③ 72 ④ 144

63 500[W]의 전열기를 사용하여 20[℃]의 물 1.0[kg]을 10분간 가열하면 물의 온도[℃]는?(단, 전열기의 에너지 변환 효율은 100[%]로 가정한다.)

11년 지방직 9급

① 62 ② 72
③ 82 ④ 92

정답 60 ① 61 ④ 62 ③ 63 ④

64 그림의 회로에서 3[Ω]에 흐르는 전류 I[A]는? 20년 지방직 9급

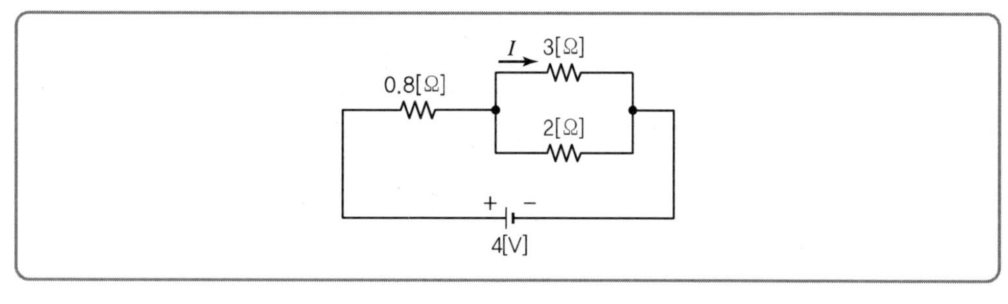

① 0.4
② 0.8
③ 1.2
④ 2

65 그림의 회로에서 I_1에 흐르는 전류는 1.5[A]이다. 회로의 합성저항[Ω]은? 20년 지방직 9급

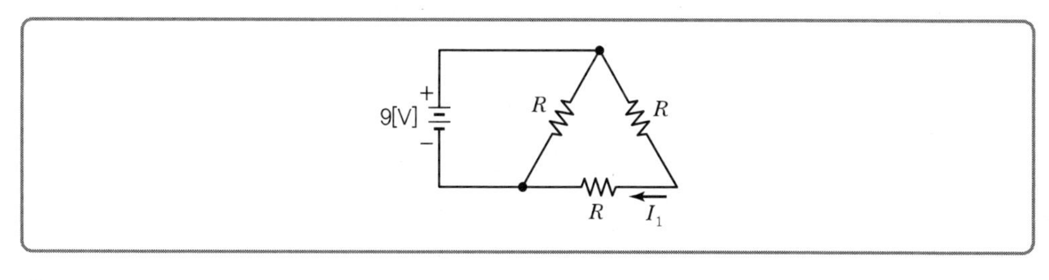

① 2
② 3
③ 6
④ 9

66 다음의 회로에서 전압 V_o[V]와 전류 I_o[A]는? 10년 국가직 9급

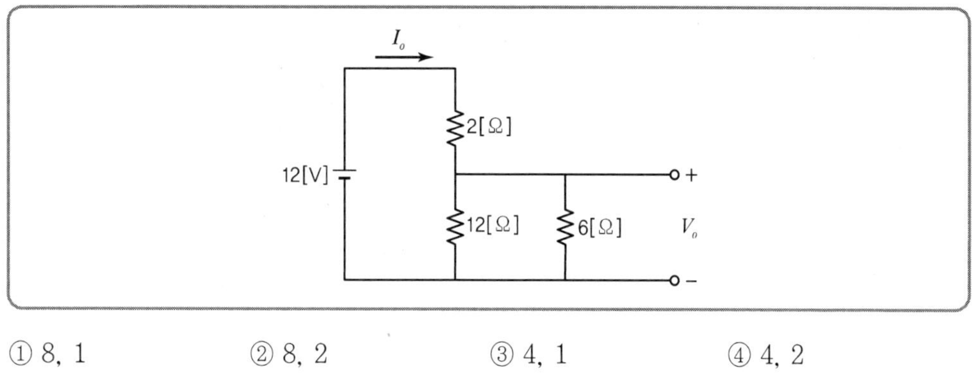

① 8, 1 ② 8, 2 ③ 4, 1 ④ 4, 2

정답 64 ② 65 ① 66 ②

67 다음 회로에서 절점 C와 D 사이의 전압 VCD[V]는? 11년 지방직 9급

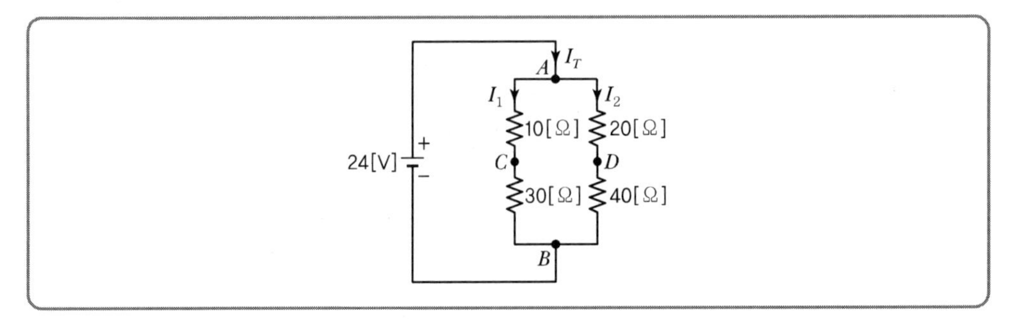

① 1 ② 2
③ 3 ④ 4

68 아래 회로의 a, b 단자에서의 테브난 등가저항[Ω]은? 07년 국가직 9급

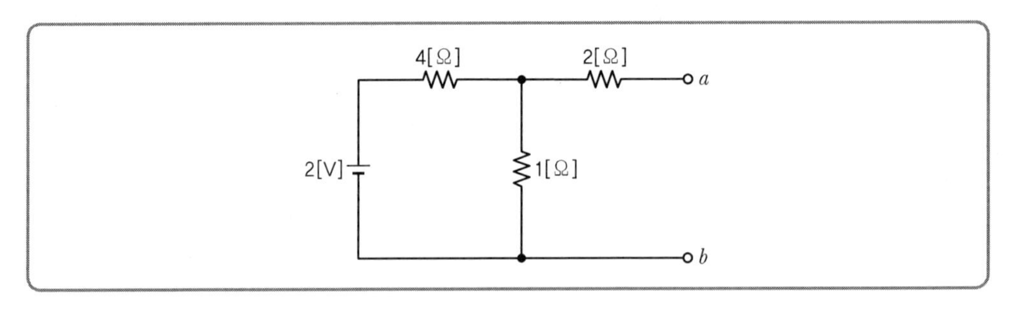

① 2.8 ② 3.0
③ 4.7 ④ 6.0

69 다음 회로에 표시된 테브난 등가저항은 몇 [Ω]인가? 12년 국가직 9급

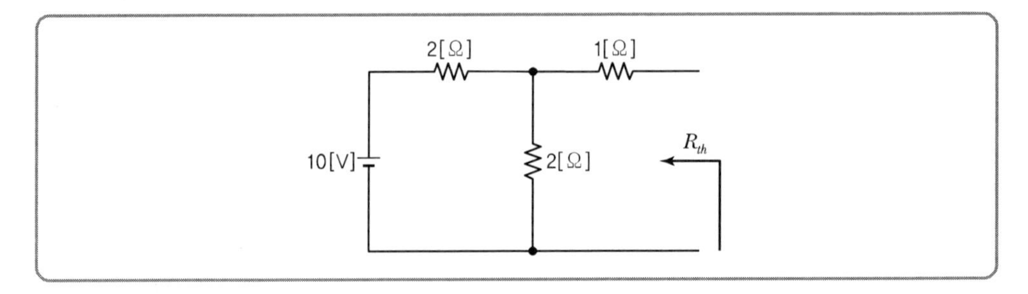

① 1 ② 1.5
③ 2 ④ 3

정답 67 ② 68 ① 69 ③

70 그림과 같은 회로에서 a, b 단자에서의 테브난(Thevenin) 등가전압[V]과 등가저항[Ω]은?

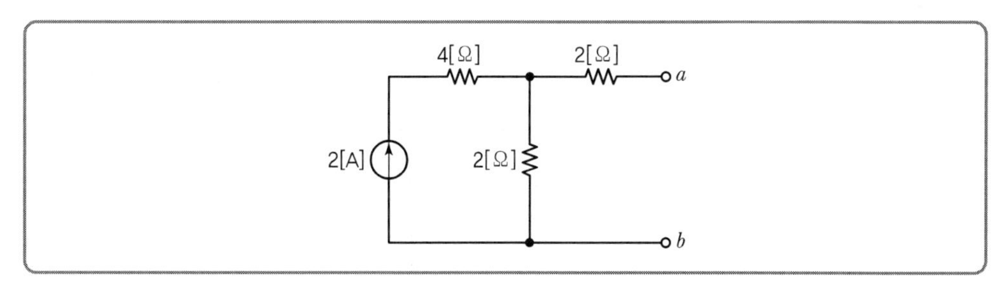

	등가전압[V]	등가저항[Ω]
①	4	4
②	43.3	3
③	12	4
④	123.3	3

71 그림과 같이 테브난의 정리를 이용하여 그림 (a)의 회로를 그림 (b)와 같은 등가회로로 만들었을 때, 저항 R[Ω]은? 18년 지방직 9급

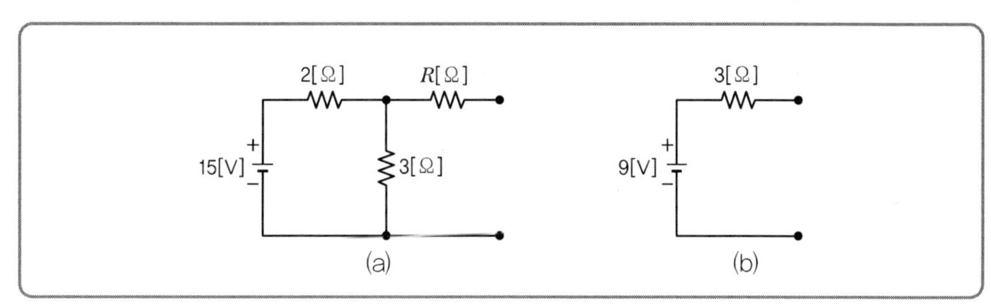

① 1.2　② 1.5
③ 1.8　④ 3.0

정답 70 ① 71 ③

72 다음 그림의 a－b단에서 테브난 등가회로를 구할 때 저항(R_{Th})과 전압(V_{Th})은?

18년 국회직 9급

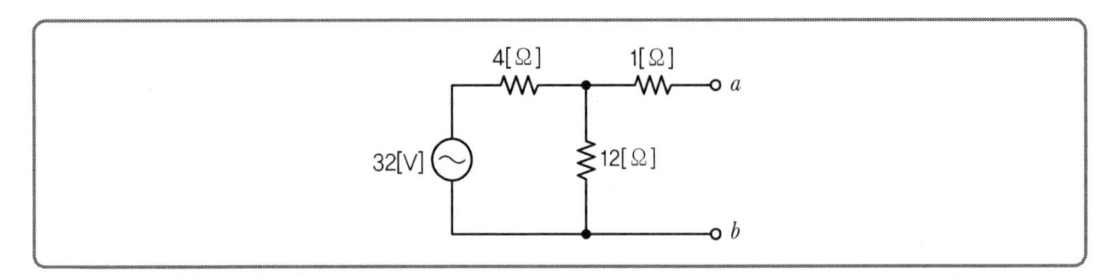

① $R_{Th}=4[\Omega]$, $V_{Th}=8[V]$
② $R_{Th}=3[\Omega]$, $V_{Th}=6[V]$
③ $R_{Th}=3[\Omega]$, $V_{Th}=8[V]$
④ $R_{Th}=4[\Omega]$, $V_{Th}=12[V]$
⑤ $R_{Th}=4[\Omega]$, $V_{Th}=24[V]$

73 다음 회로를 테브난 등가회로로 변환하면 등가 저항 R_{Th}[kΩ]은?

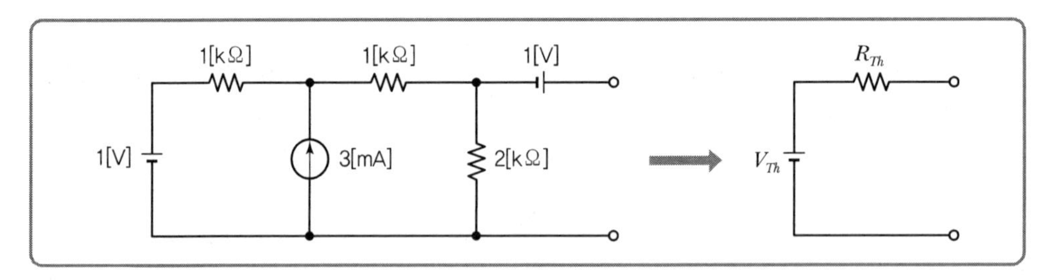

① 0.5
② 1
③ 2
④ 3

74 그림과 같이 전류원과 2개의 병렬저항으로 구성된 회로를 전압원과 1개의 직렬저항으로 변환할 때, 변환된 전압원의 전압과 직렬저항 값은?

18년 서울시 9급(전)

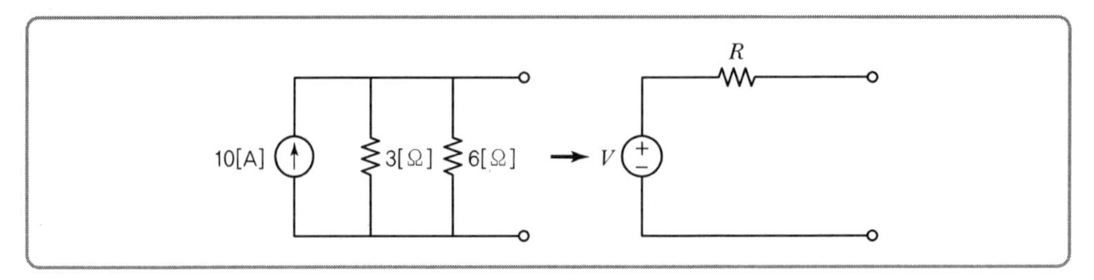

① 10[V], 9[Ω]
② 10[V], 2[Ω]
③ 20[V], 2[Ω]
④ 90[V], 9[Ω]

정답 72 ⑤ 73 ② 74 ③

75 회로 (a)를 회로 (b)와 같이 등가회로로 변환할 때 V_{Th}(단위 [V])와 R_{Th}(단위 [Ω])의 합을 구하면? 15년 서울시 9급

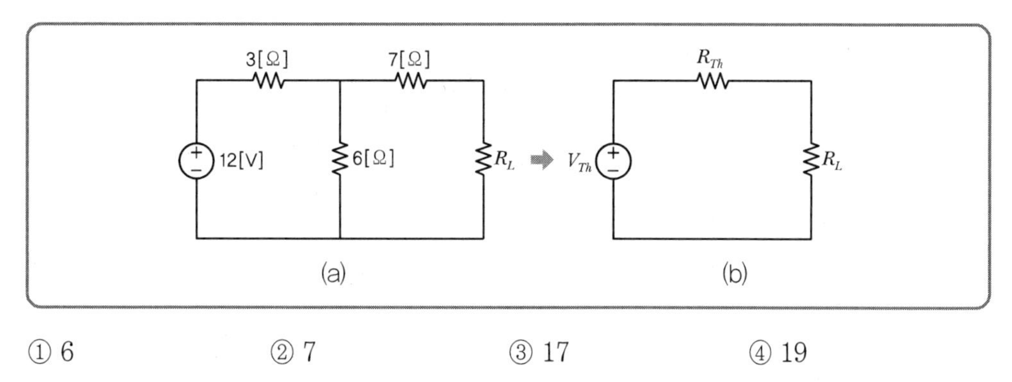

① 6　　② 7　　③ 17　　④ 19

76 그림과 같은 회로에서 부하저항 R_L에 최대전력이 전달되기 위한 R_L[Ω]과 이때 R_L에 전달되는 최대전력 P_{max}[W]는?

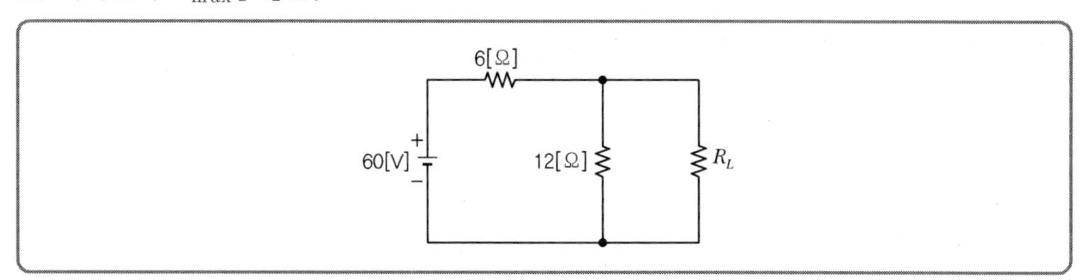

	R_L[Ω]	P_{max}[W]		R_L[Ω]	P_{max}[W]
①	4	100	②	4	225
③	6	100	④	6	225

77 그림의 회로에서 저항 R_L에 4[W]의 최대전력이 전달될 때, 전압 E[V]는? 20년 국가직 9급

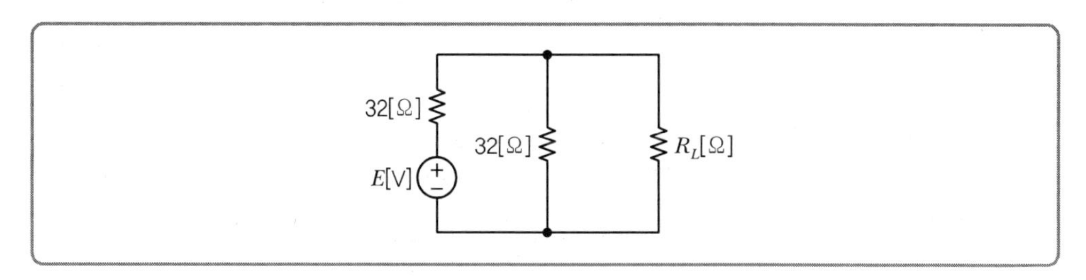

① 32　　② 48
③ 64　　④ 128

정답 75 ③ 76 ① 77 ①

78 다음 회로에서 최대 전력전송을 위한 부하 저항값 R_L[Ω] 및 이때 부하 저항에서 소모되는 최대 전력 P_{max}[W]는? 18년 국회직 9급

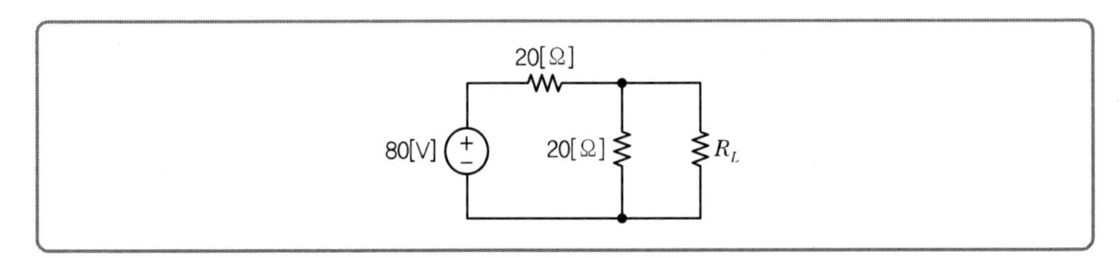

	R_L[Ω]	P_{max}[W]		R_L[Ω]	P_{max}[W]
①	10	20	②	10	40
③	15	20	④	20	20
⑤	20	40			

79 다음의 회로에서 부하 저항 R에 최대로 전력을 전달하기 위한 저항값 R[Ω]은? 20년 서울시 9급

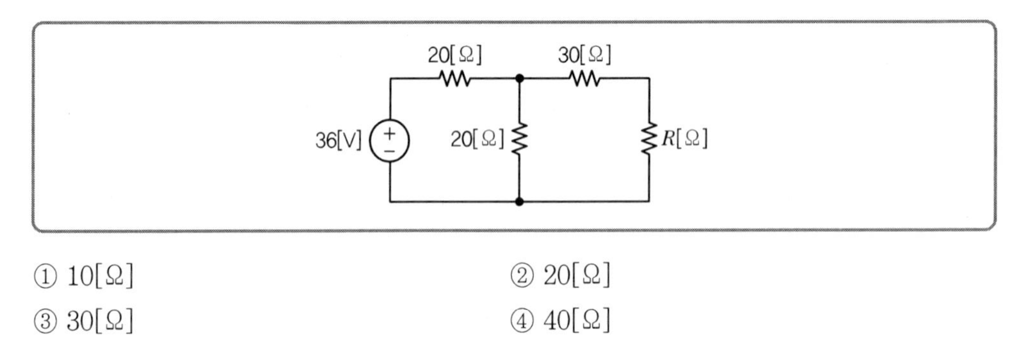

① 10[Ω] ② 20[Ω]
③ 30[Ω] ④ 40[Ω]

80 그림과 같은 회로에서 R_x에 최대 전력이 전달될 수 있도록 할 때, 저항 R_x에서 소모되는 전력[W]은? 18년 서울시 9급(후)

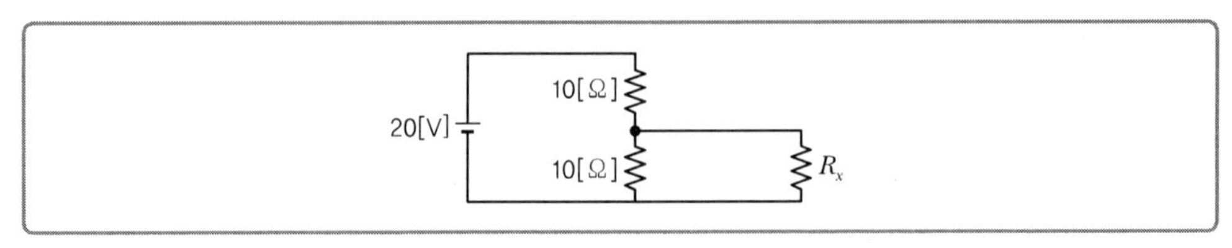

① 1 ② 5
③ 10 ④ 15

정답 78 ② 79 ④ 80 ②

81 다음 회로에서 부하저항 $R_L = 10[\Omega]$에 흐르는 전류 I[A]는?

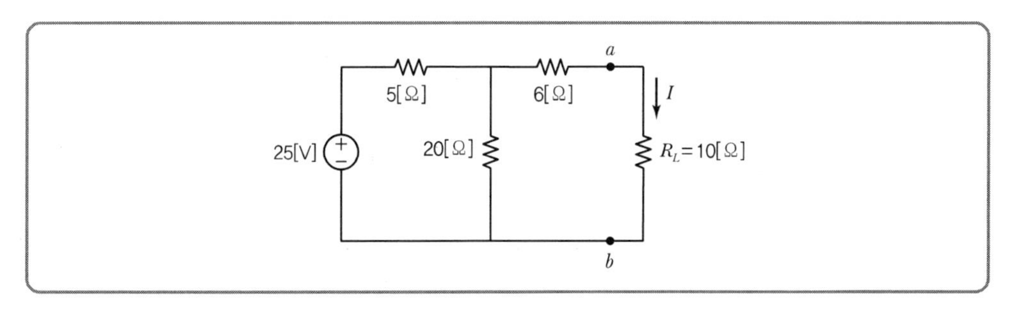

① 1
② 1.25
③ 1.75
④ 2

82 어떤 직류회로 양단에 10[Ω]의 부하저항을 연결하니 100[mA]의 전류가 흘렀고, 10[Ω]의 부하저항 대신 25[Ω]의 부하저항을 연결하니 50[mA]로 전류가 감소하였다. 이 회로의 테브난 등가전압과 등가저항은? 13년 국가직 9급

	등가전압[V]	등가저항[Ω]
①	1	2
②	1	5
③	1.5	2
④	1.5	5

83 다음 회로에서 단자 a, b 에서 본 노턴 등가 회로의 전원(I_N)과 저항(R_N)은 얼마인가? 14년 국회직 9급

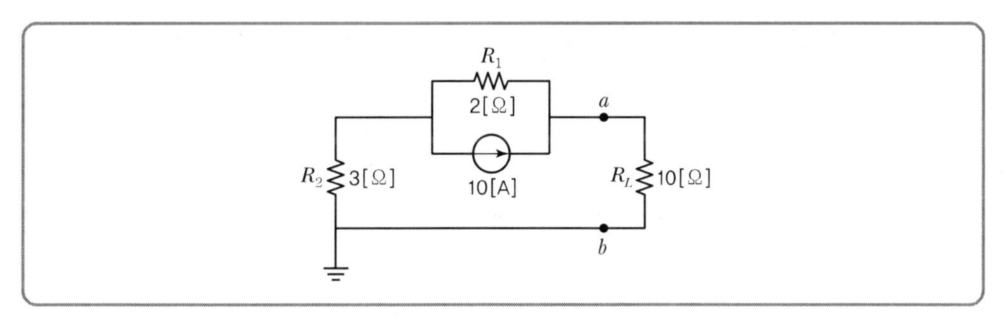

① 4[A], 2[Ω]
② 4[A], 5[Ω]
③ 4[A], 15[Ω]
④ 6[A], 2[Ω]
⑤ 6[A], 5[Ω]

정답 81 ① 82 ④ 83 ②

84 그림의 회로에서 전류 I_3[A]를 구하면? 07년 국가직 9급

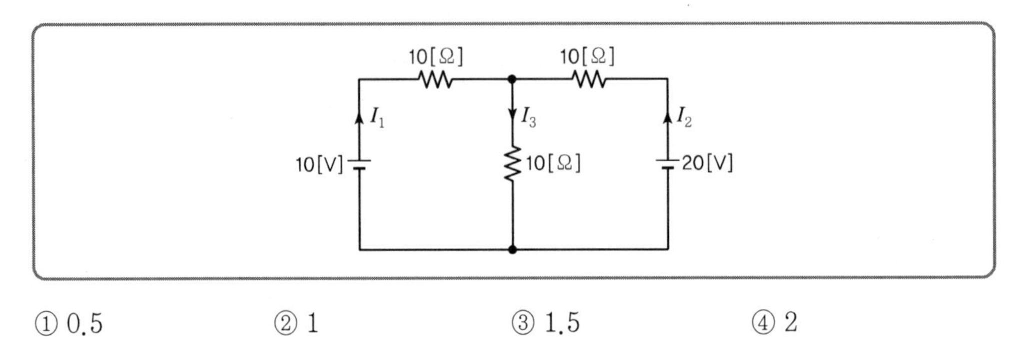

① 0.5 ② 1 ③ 1.5 ④ 2

85 그림과 같은 회로에서 저항(R_1) 양단의 전압 V_{R_1}[V]은?

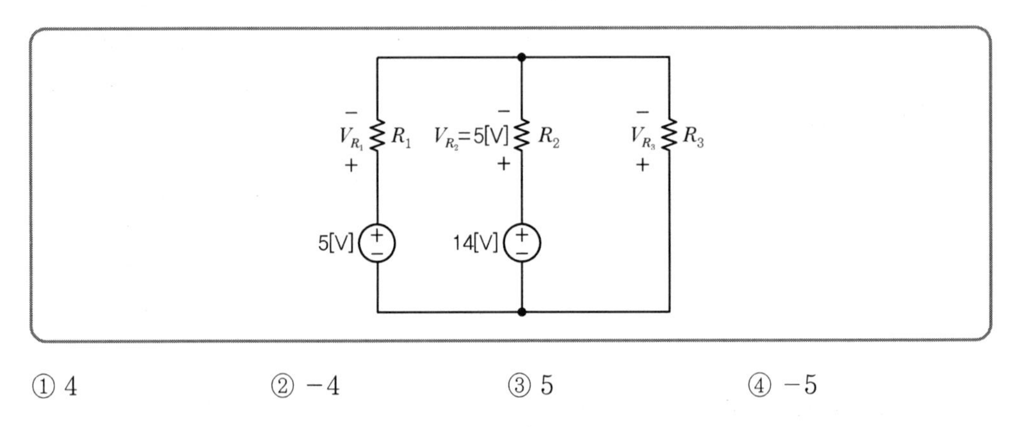

① 4 ② −4 ③ 5 ④ −5

86 전류원과 전압원이 각각 존재하는 다음 회로에서 R_3에 흐르는 전류[A]는? 08년 국가직 9급

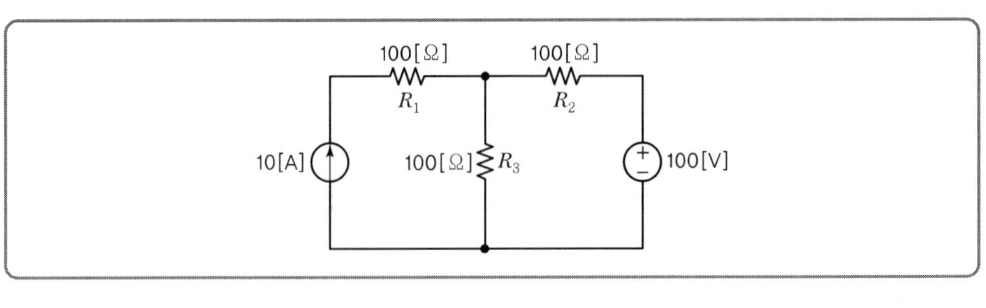

① 1 ② 2.5
③ 4 ④ 5.5

정답 **84** ② **85** ② **86** ④

87 그림과 같이 전압원을 접속했을 때 흐르는 전류 I의 값은? 18년 서울시 9급(전)

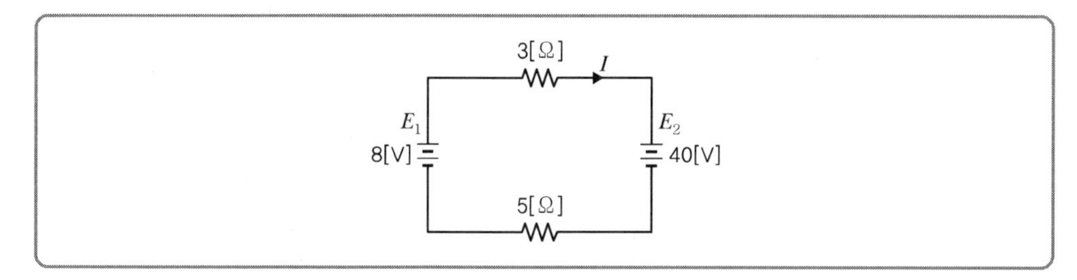

① 4A ② −4A
③ 6A ④ −6A

88 다음 회로에서 출력전압 V_o[V]는? 08년 국가직 9급

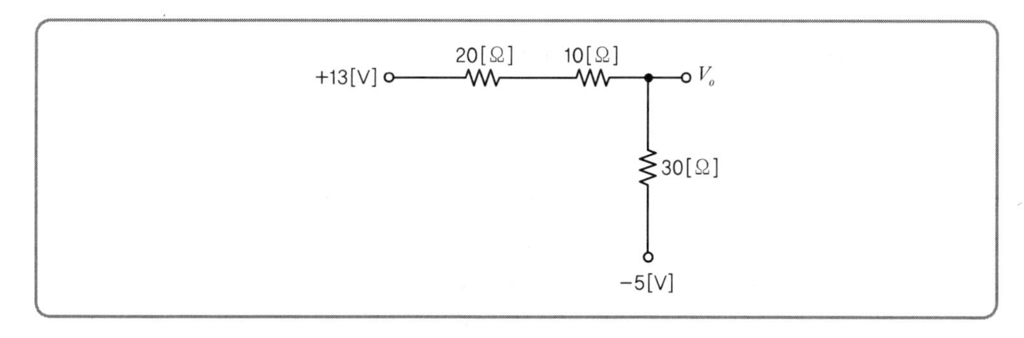

① 4 ② 8
③ 9 ④ 18

89 그림과 같은 회로에서 단자전압 V_a[V]는?

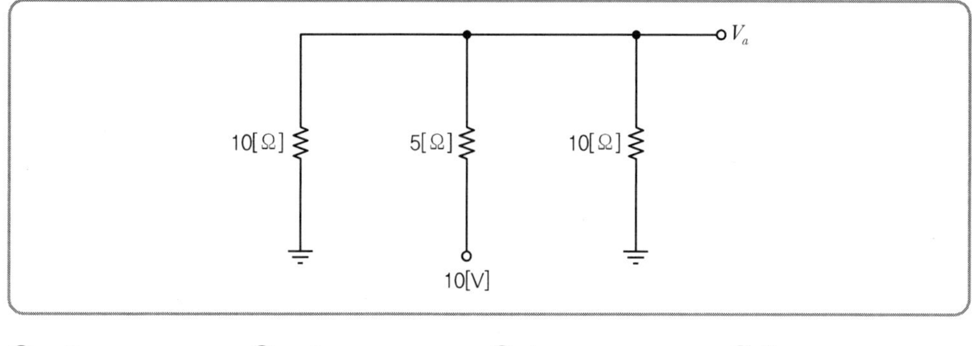

① −5 ② −4 ③ 4 ④ 5

정답 87 ② 88 ① 89 ④

90 아래의 회로에서 R_{ab}에 흐르는 전류가 0이 되기 위한 조건은?(단, $R_1 \neq R_2$이다.)

09년 국가직 9급

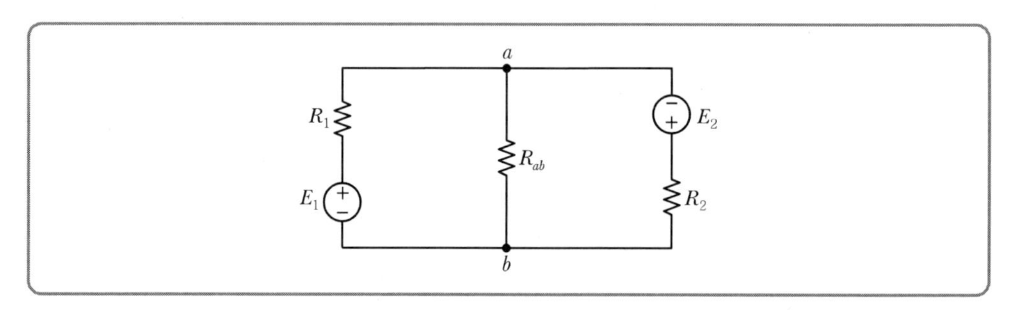

① $R_1E_1 = R_2E_2$
② $R_1R_2 = E_1E_2$
③ $R_2E_1 = R_1E_2$
④ $E_1 = E_2$

91 다음의 회로에 대한 테브난 등가회로를 구하려 한다. a, b단자에서 테브난 등가전압[V]은?

10년 국가직 9급

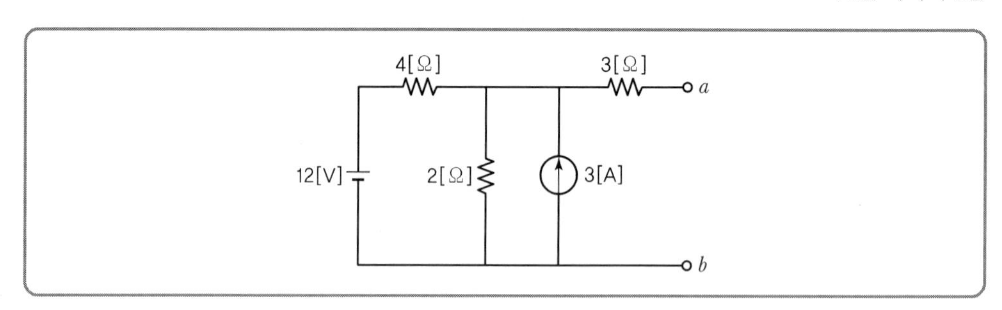

① 4
② 8
③ 12
④ 16

정답 **90** ③ **91** ②

92 폐로전류 I_1, I_2를 아래 그림과 같이 설정하고 연립방정식을 다음과 같이 세웠을 때, a_{21}과 a_{22}의 값은? 11년 지방직 9급

$$20[\mathrm{V}] = 15I_1 - 5I_2$$
$$5[\mathrm{V}] = a_{21}I_1 + a_{22}I_2$$

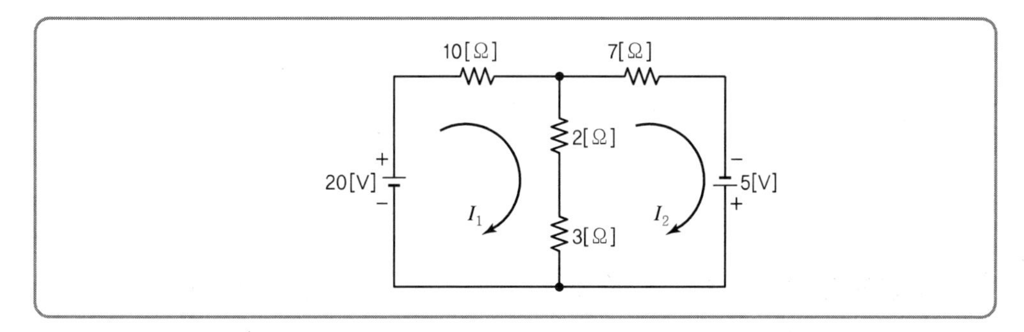

	a_{21}	a_{22}
①	5	12
②	5	−12
③	−5	12
④	−5	−12

93 다음의 회로에서 단자 a, b 좌측의 점선으로 연결된 회로를 테브난 등가회로로 표현할 때, 등가전압[V]과 등가저항[Ω] 및 스위치 S를 닫았을 때, 저항 1[Ω]을 흐르는 전류[A]는 각각 얼마인가? 12년 국회직 9급

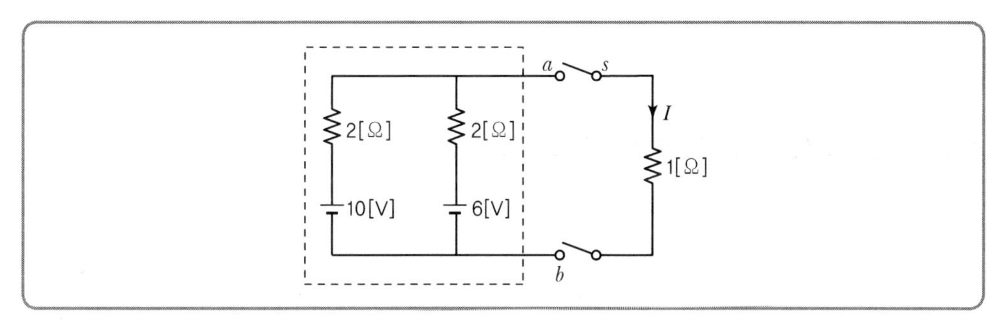

① 8[V], 1[Ω], 4[A]
② 4[V], 1[Ω], 2[A]
③ 8[V], 3[Ω], 2[A]
④ 4[V], 3[Ω], 1[A]
⑤ 6[V], 2[Ω], 2[A]

정답 92 ③ 93 ①

94 그림과 같은 회로에서 a, b에 나타나는 전압[V] 값은?

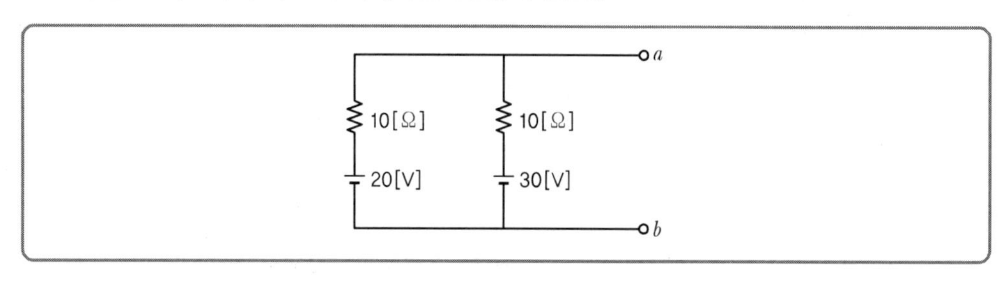

① 15 ② 20
③ 25 ④ 30

95 다음의 직류회로에서 단자 a를 흘러 나가는 전류 I_3[mA]는 얼마인가? 12년 국회직 9급

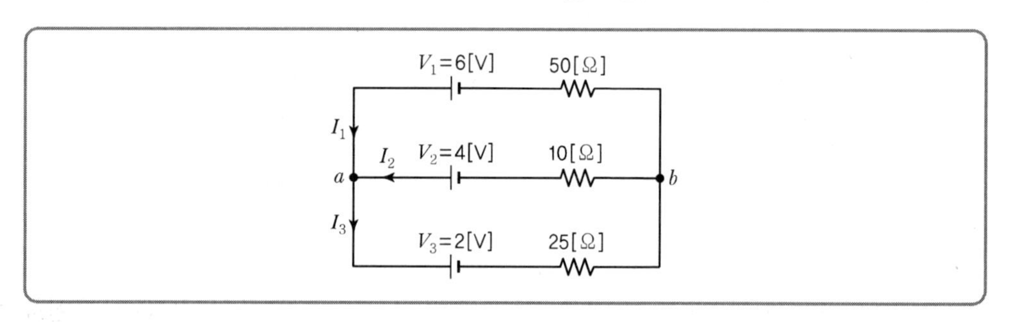

① 15 ② 25
③ 45 ④ 60
⑤ 70

96 다음 회로에서 저항에 흐르는 전류 I_1[mA]은?

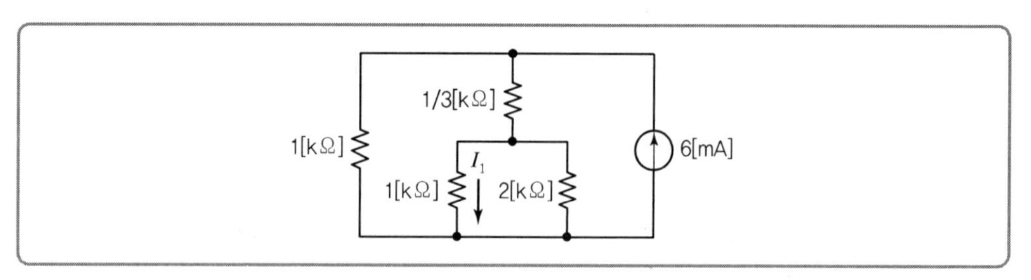

① 0.5 ② 1
③ 2 ④ 4

정답 94 ③ 95 ⑤ 96 ③

97 그림에서 저항 20[Ω]에 흐르는 전류[A]는? 12년 국회직 9급

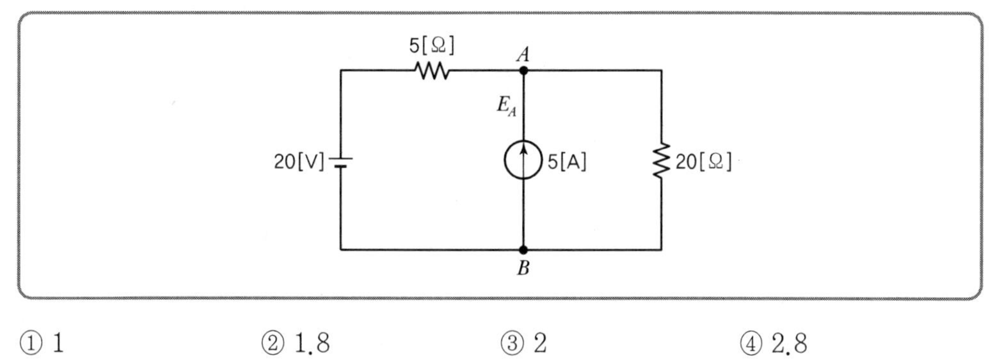

① 1 ② 1.8 ③ 2 ④ 2.8
⑤ 3.6

98 다음 그림과 같은 회로에 직류 전압 100[V]를 인가할 때 저항 10[Ω]의 양단에 걸리는 전압[V] 및 전류 I_1[A]는? 14년 서울시 9급

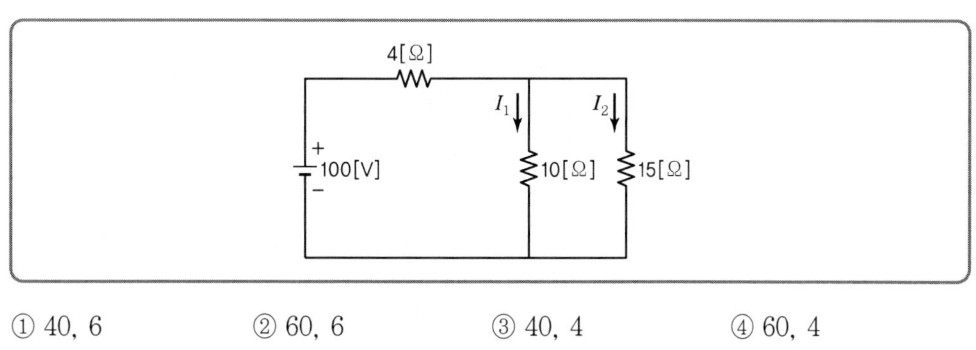

① 40, 6 ② 60, 6 ③ 40, 4 ④ 60, 4
⑤ 60, 10

99 다음 회로에서 i_x를 구하면? 15년 서울시 9급

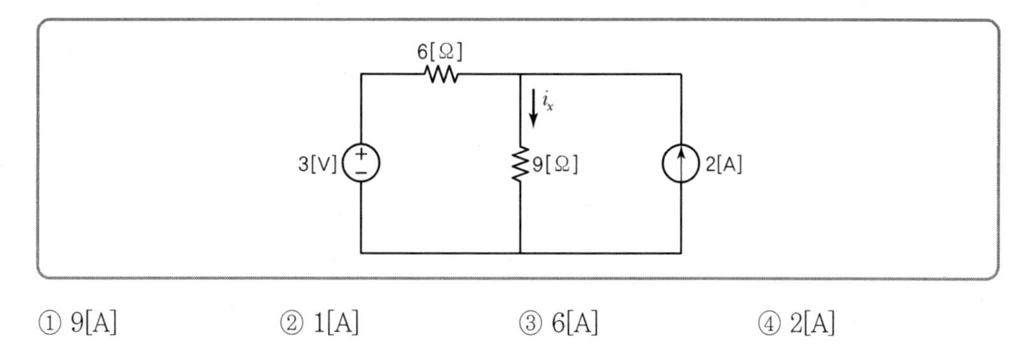

① 9[A] ② 1[A] ③ 6[A] ④ 2[A]

정답 97 ② 98 ② 99 ②

100 다음 회로에서 6[Ω]의 저항에 흐르는 전류[A]는 얼마인가? 14년 국회직 9급

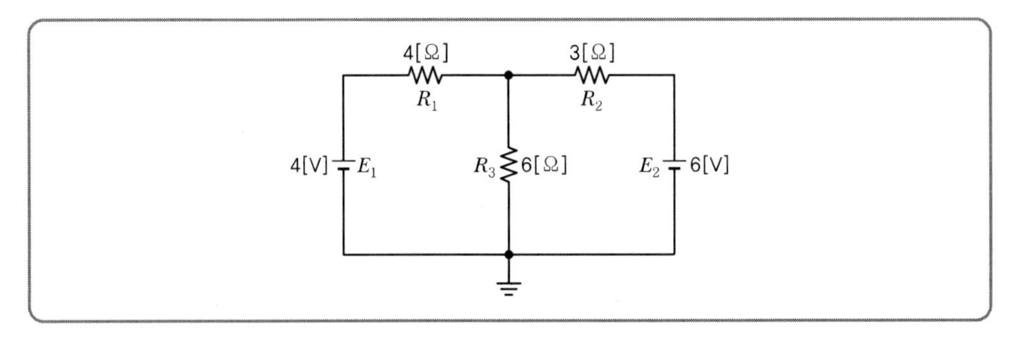

① $\frac{1}{3}$ ② $\frac{2}{3}$ ③ $\frac{4}{3}$ ④ $\frac{3}{4}$
⑤ $\frac{3}{5}$

101 다음 회로에서 저항 R_1에 흐르는 전류 I[A]는 얼마인가? 14년 국회직 9급

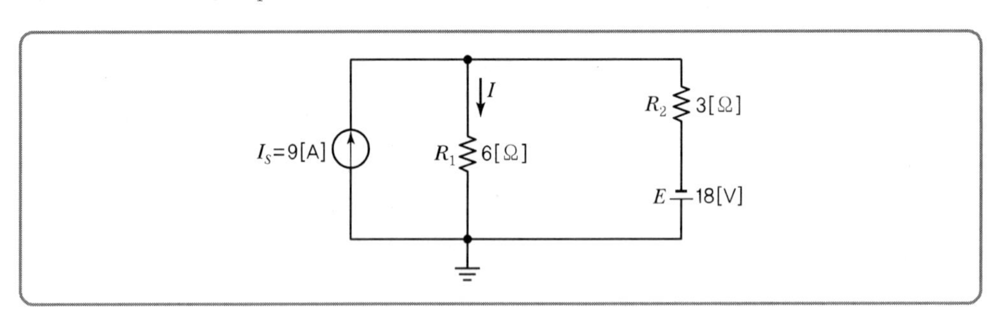

① 1 ② 3 ③ 5 ④ 7
⑤ 8

102 다음 회로에서 저항 10[Ω] 양단에 걸리는 전압이 20[V]일 때, 전원 V_S[V]는?
19년 지방직 9급

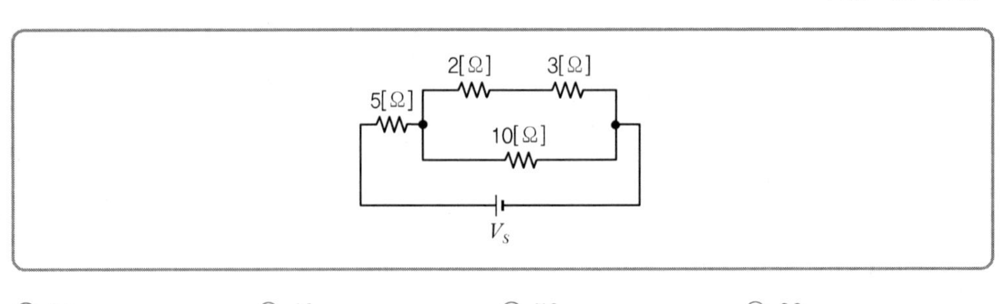

① 30 ② 40 ③ 50 ④ 60

정답 100 ② 101 ① 102 ③

103 그림의 회로에서 1[Ω]에서의 소비전력이 4[W]라고 할 때, 이 회로의 전압원의 전압 V_s[V]의 값과 2[Ω] 저항에 흐르는 전류 I_2의 값[A]은? 19년 서울시 9급

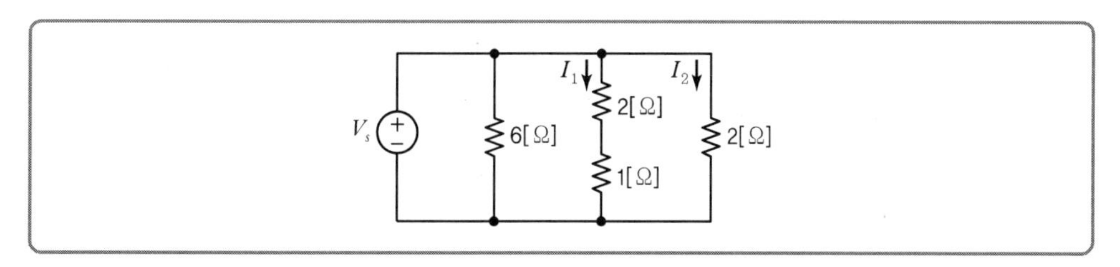

① $V_s=5$[V], $I_2=2$[A]　② $V_s=5$[V], $I_2=3$[A]
③ $V_s=6$[V], $I_2=2$[A]　④ $V_s=6$[V], $I_2=3$[A]

104 다음 회로에서 저항 20[Ω]에 흐르는 전류[A]는? 18년 국회직 9급

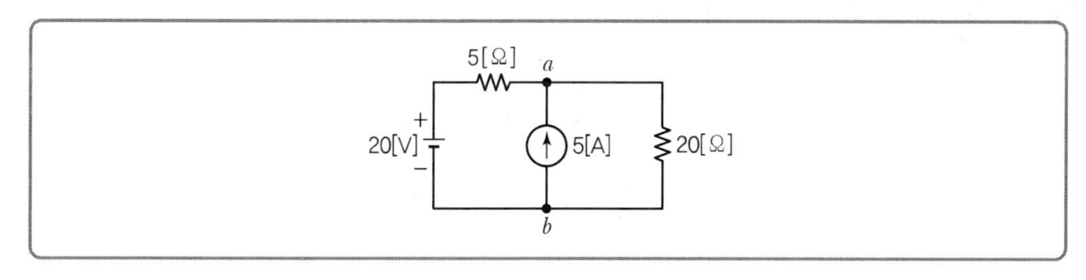

① 1.8　② 2.7
③ 3.6　④ 4.5
⑤ 5.4

105 단자 a−b에서의 테브난 전압[V], 노턴 전류[A]를 각각 구하면? 19년 국회직 9급

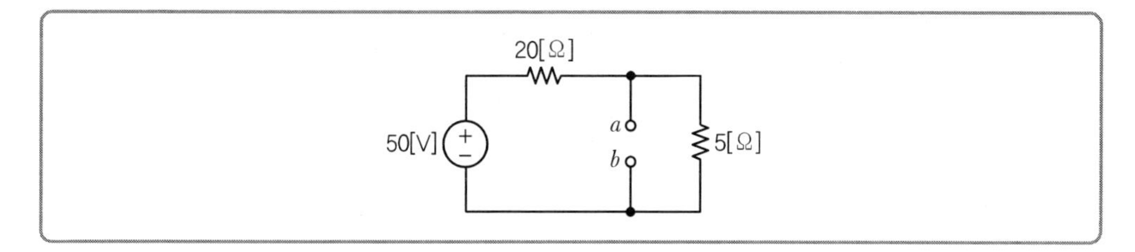

	테브난 전압	노턴 전류		테브난 전압	노턴 전류
①	10	2.5	②	10	10
③	40	2.5	④	40	5
⑤	40	10			

정답 103 ④ 104 ① 105 ①

106 다음 회로에서 저항 R[Ω]을 구하면? 19년 국회직 9급

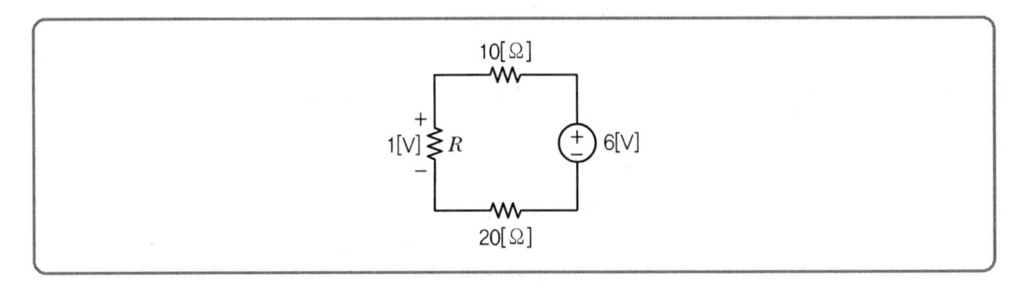

① 2
② 3
③ 4
④ 5
⑤ 6

107 그림의 회로에서 저항 R[Ω]은? 19년 지방직 9급

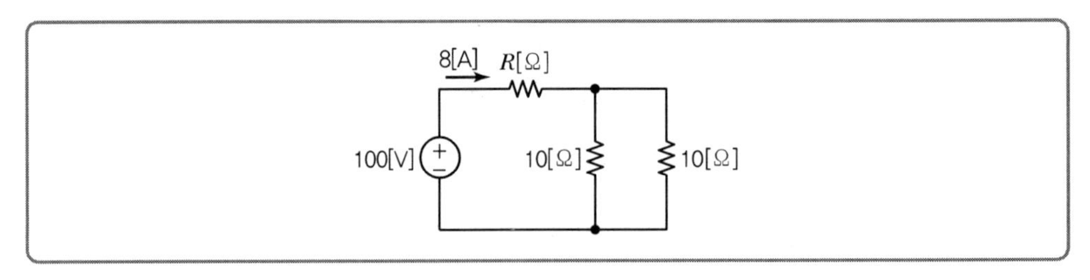

① 2.5
② 5.0
③ 7.5
④ 10.0

108 그림의 회로에서 $I_1 + I_2 - I_3$[A]는? 19년 지방직 9급

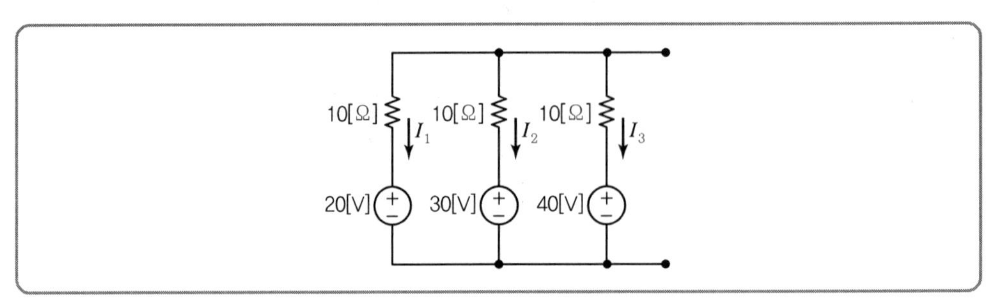

① 1
② 2
③ 3
④ 4

정답 **106** ⑤ **107** ③ **108** ②

109 그림의 회로에서 저항 20[Ω]에 흐르는 전류 $I=0$[A]가 되도록 하는 전류원 I_S[A]는?

19년 지방직 9급

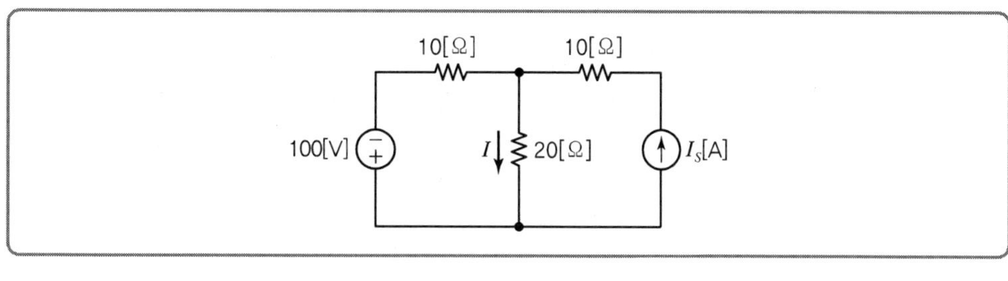

① 10 ② 15
③ 20 ④ 25

110 다음과 같이 1[Ω], 5[Ω], 9[Ω]의 저항 3개를 병렬로 접속하고 120[V]의 전압을 인가할 때, 5[Ω]의 저항에 흐르는 전류 I[A]는?

20년 서울시 9급

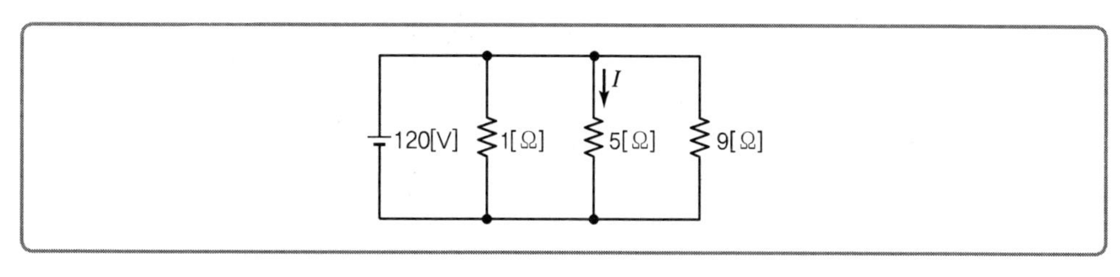

① 20[A] ② 24[A]
③ 40[A] ④ 48[A]

111 그림의 회로에서 전류 I_1[A]은?

20년 지방직 9급

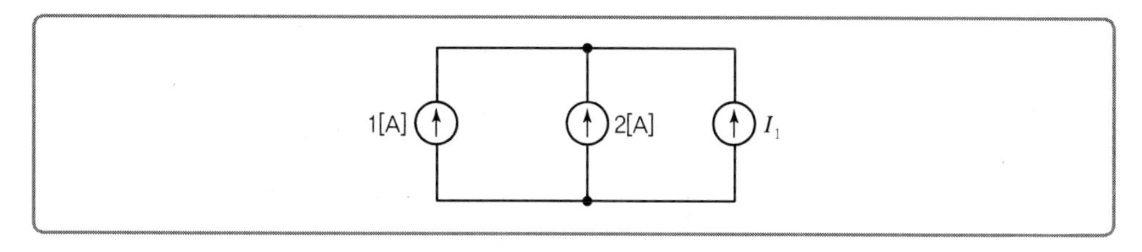

① −1 ② 1
③ −3 ④ 3

정답 109 ① 110 ② 111 ③

112 그림의 회로에서 30[Ω]의 양단전압 V_1[V]은? 20년 지방직 9급

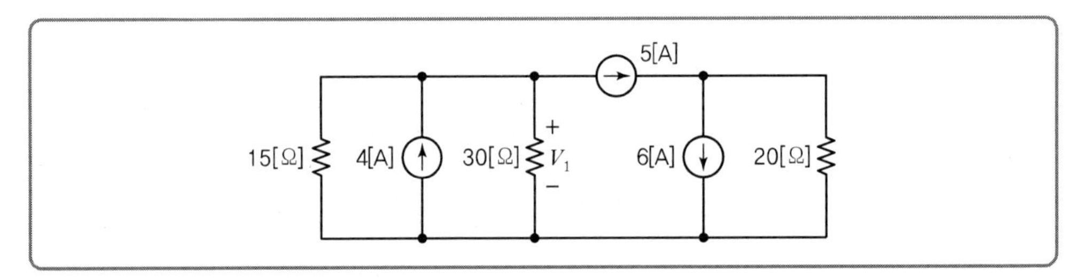

① −10 ② 10
③ 20 ④ −20

113 그림의 회로에서 1[Ω]에 흐르는 전류 I[A]는? 20년 국가직 9급

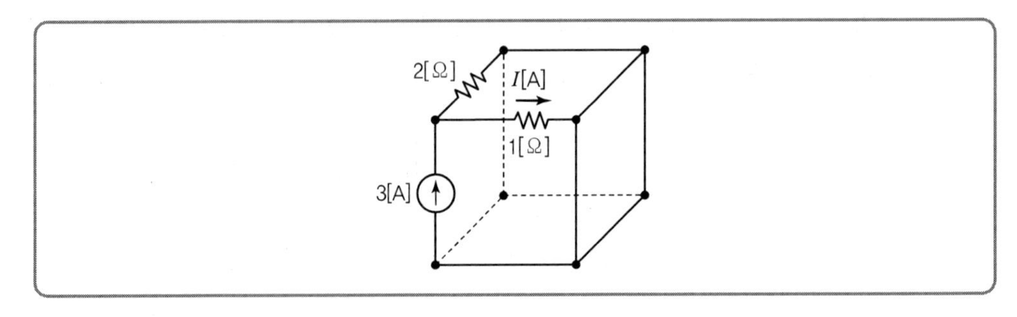

① 1 ② 2
③ 3 ④ 4

114 그림의 회로에서 전류 I[A]는? 20년 국가직 9급

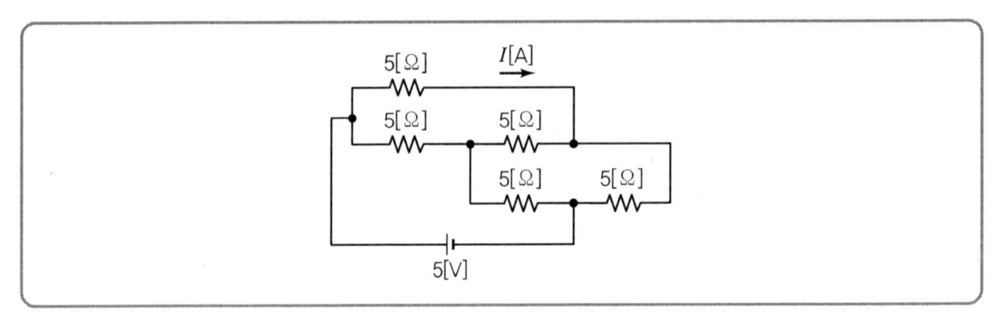

① 0.25 ② 0.5
③ 0.75 ④ 1

정답 112 ① 113 ② 114 ②

115 그림의 회로에서 점 a와 점 b 사이의 정상상태 전압 V_{ab}[V]는? 20년 국가직 9급

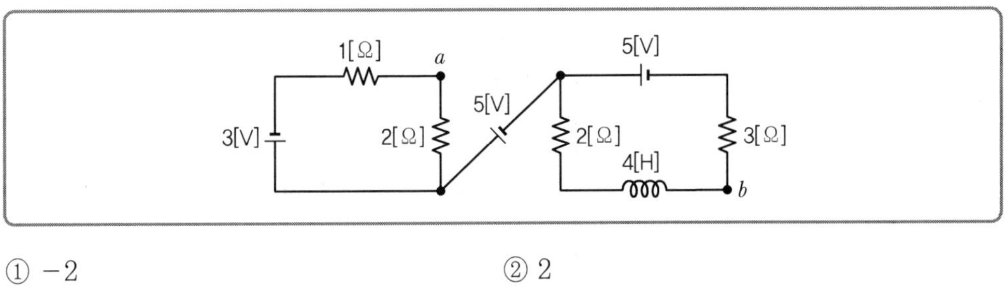

① −2
② 2
③ 5
④ 6

116 다음 회로에서 내부저항 0.5[Ω]인 전류계를 단자 a, b 사이에 직렬로 접속하였을 때, 그 지시값이 7.477[A]였다고 하면 전류계를 접속하기 전에 단자 a, b 사이에 흐른 전류 [A]는?(단, 전류값[A]은 소수 둘째 자리에서 반올림하시오.) 09년 지방직 9급

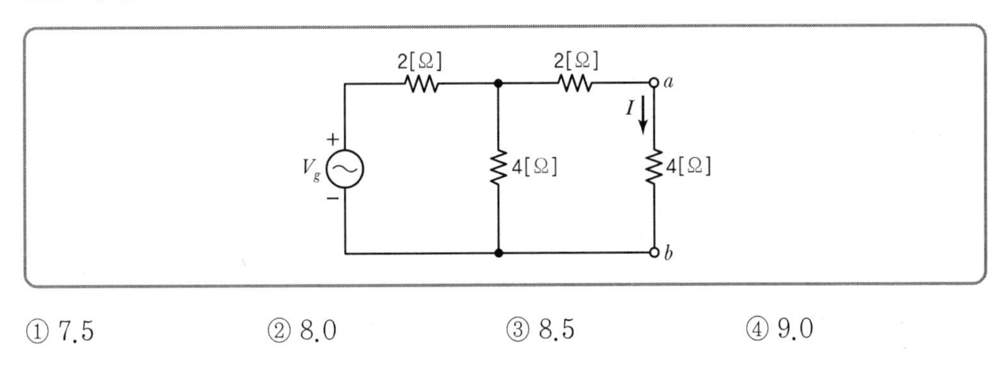

① 7.5
② 8.0
③ 8.5
④ 9.0

117 다음 회로에서 출력전압 V_{XY}는? 15년 서울시 9급

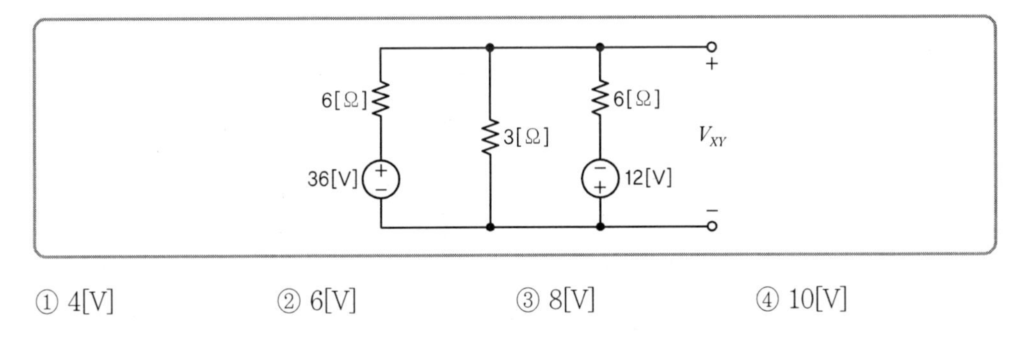

① 4[V]
② 6[V]
③ 8[V]
④ 10[V]

정답 115 ③ 116 ② 117 ②

118 다음 회로에서 전압 V_o[V]는?

16년 국가직 9급

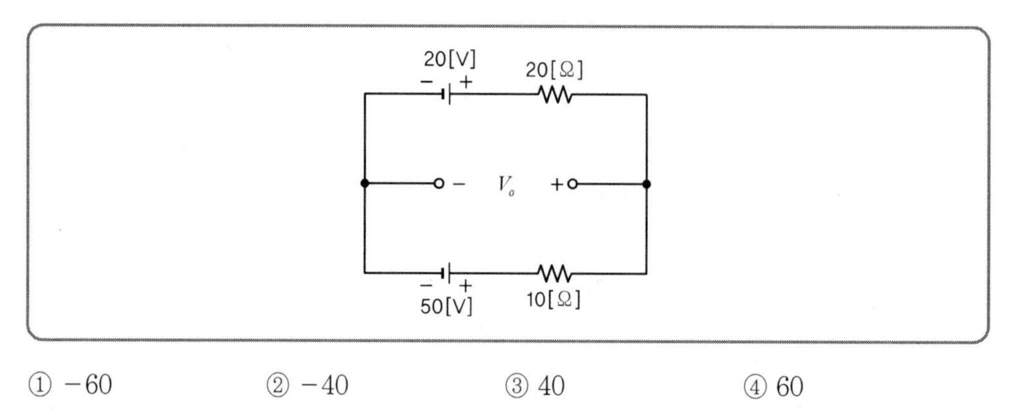

① −60　　② −40　　③ 40　　④ 60

119 다음 회로에서 3[Ω]에 흐르는 전류 $i_o(t)$[A]는?

16년 국가직 9급

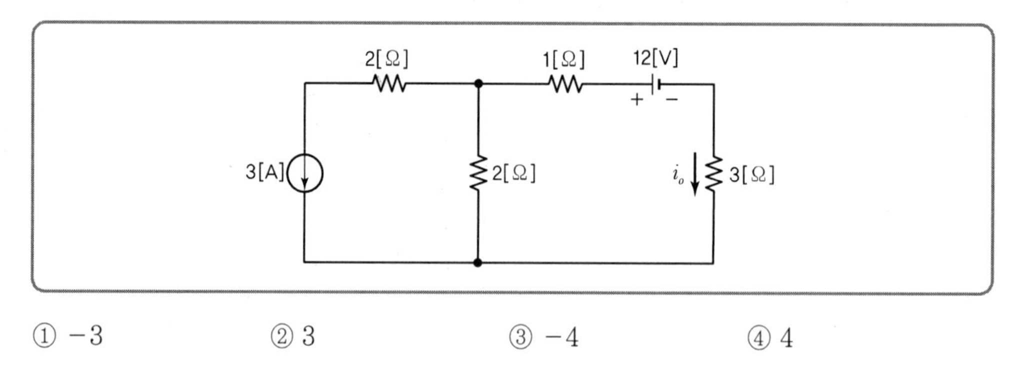

① −3　　② 3　　③ −4　　④ 4

120 다음 브리지(Bridge) 회로에서 저항 R에 최대전력이 전달되기 위한 저항 R[Ω]은?

08년 국가직 9급

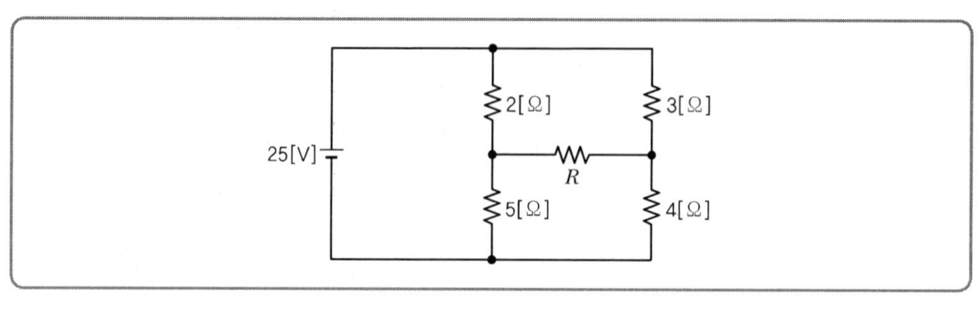

① $\frac{22}{7}$　　② $\frac{154}{45}$　　③ $\frac{45}{14}$　　④ $\frac{79}{24}$

정답 118 ③ 119 ① 120 ①

121 다음 회로에서 단자 a, b 간의 전압 V_{ab}[V]는? 18년 국가직 9급

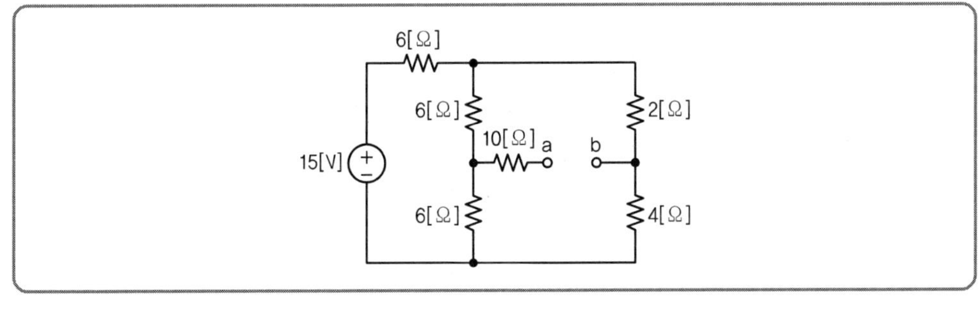

① 1　　② −1
③ 2　　④ −2

122 그림과 같은 브리지 회로에서 a, b 사이의 전압이 0일 때, R_4에서 소모되는 전력이 2[W]라면, c와 d 사이의 전압 V_{cd}는? 18년 서울시 9급(전)

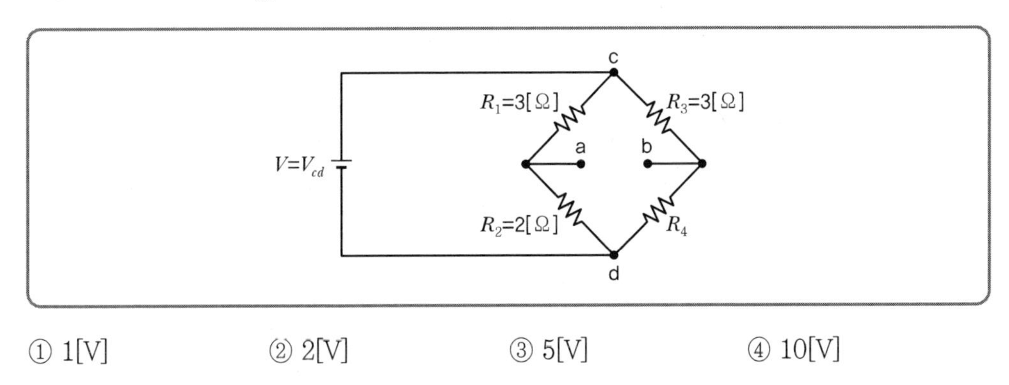

① 1[V]　　② 2[V]　　③ 5[V]　　④ 10[V]

123 다음의 회로에서 전원의 전압이 140[V]일 때, 단자 A, B 간의 전위차 V_{AB}[V]는? 20년 서울시 9급

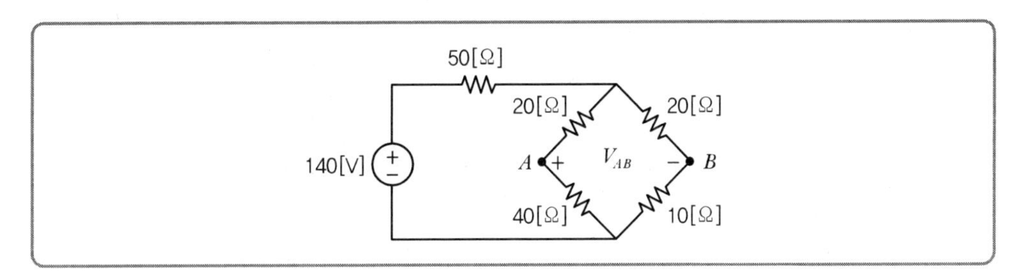

① $\frac{10}{3}$[V]　　② $\frac{20}{3}$[V]　　③ $\frac{30}{3}$[V]　　④ $\frac{40}{3}$[V]

정답 121 ② 122 ③ 123 ④

124 다음 회로에서 부하저항 R_L에 최대전력을 전달하기 위한 R_S의 값은 얼마인가?

15년 서울시 9급

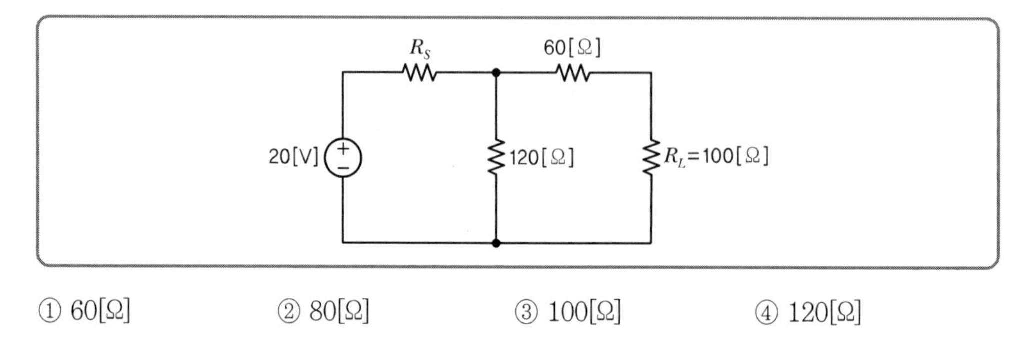

① 60[Ω] ② 80[Ω] ③ 100[Ω] ④ 120[Ω]

125 (a)의 회로를 노턴(Norton)의 등가회로로 변환한 회로가 (b)이다. 변환된 등가회로의 전류원 I[A]는?

08년 국가직 9급

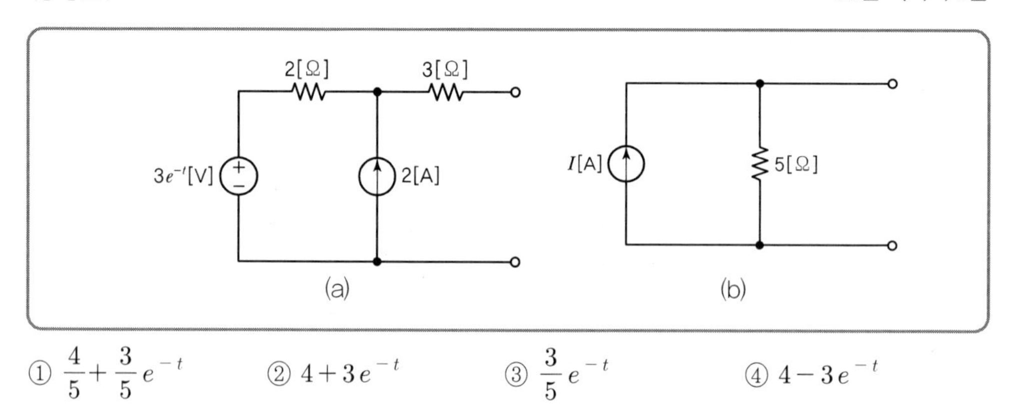

① $\frac{4}{5}+\frac{3}{5}e^{-t}$ ② $4+3e^{-t}$ ③ $\frac{3}{5}e^{-t}$ ④ $4-3e^{-t}$

126 다음회로에서 전류 I_1[A]과 I_2[A]는?

09년 지방직 9급

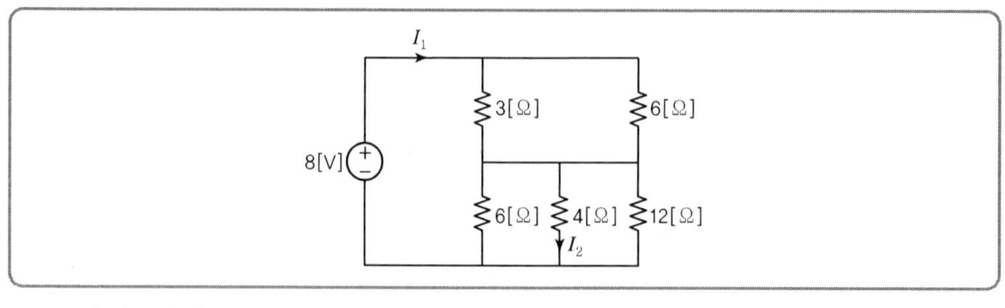

	I_1[A]	I_2[A]
①	4	3
②	4	2
③	3	1
④	2	1

정답 124 ① 125 ① 126 ④

127 다음의 회로에서 전류 I[A]는? 10년 국가직 9급

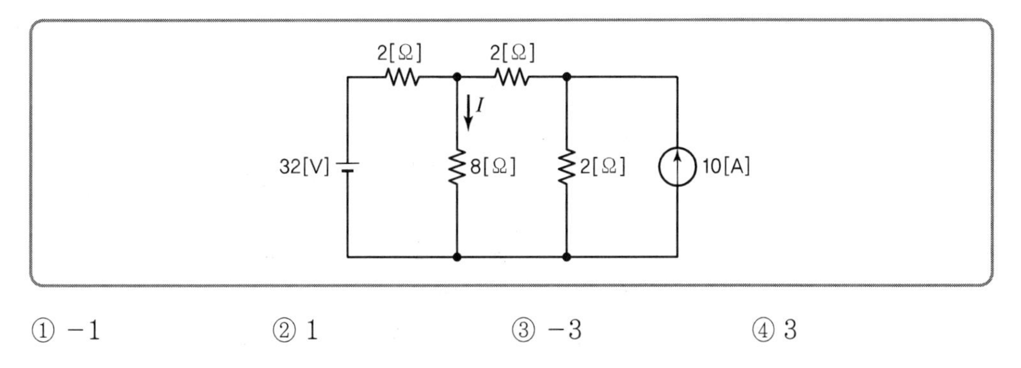

① −1 ② 1 ③ −3 ④ 3

128 다음 그림의 회로에서 전류 I_1, I_2, I_3의 크기 관계로 옳은 것은? 11년 국가직 9급

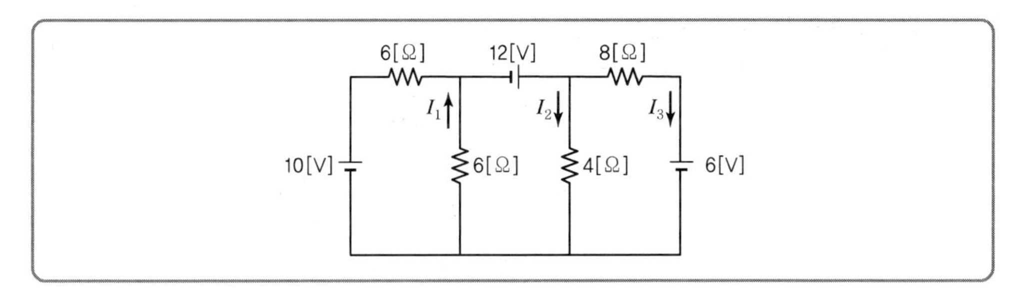

① $I_1 > I_2 > I_3$ ② $I_2 > I_1 > I_3$
③ $I_2 > I_3 > I_1$ ④ $I_1 > I_3 > I_2$

129 다음 그림의 회로에서 a, b 단자에서의 테브난(Thevenin) 등가저항 R_{th}[kΩ]과 개방 전압 V_{oc}[V]는? 11년 국가직 9급

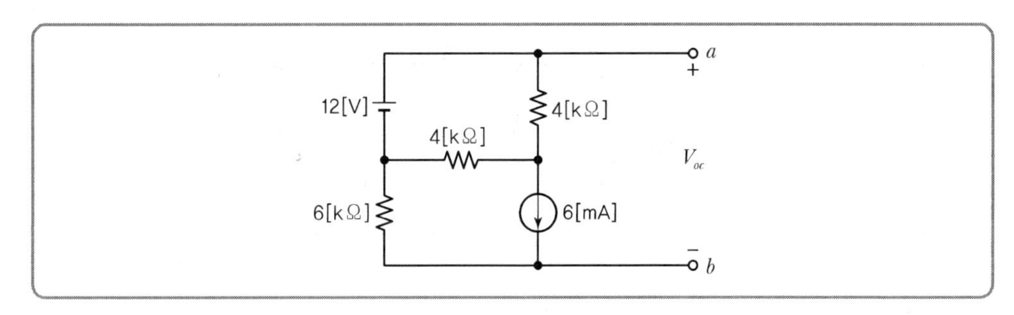

① 6, −24 ② 8, −24
③ 6, 48 ④ 8, −48

정답 127 ④ 128 ② 129 ①

130 다음 회로에서 9[A]의 전류원이 회로에서 추출해 가는 전력[W]은? 12년 국가직 9급

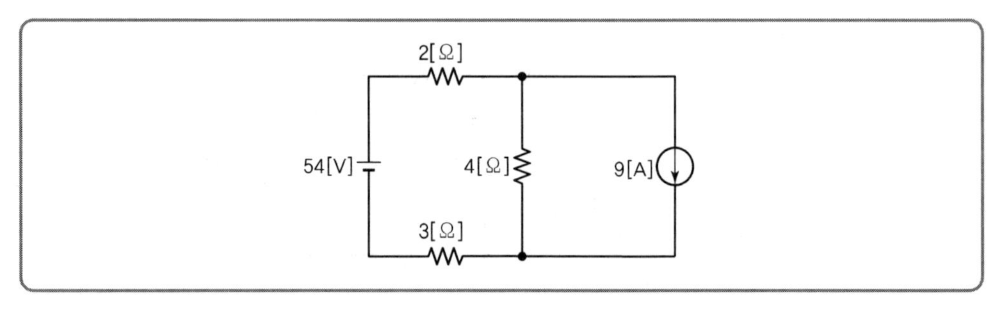

① 24 ② 36
③ 48 ④ 60

131 다음 회로에서 12[Ω] 저항의 전압 V[V]는? 18년 국가직 9급

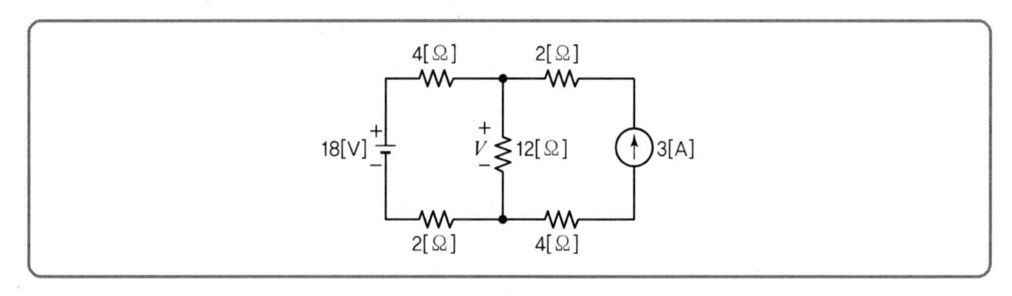

① 12 ② 24
③ 36 ④ 48

132 다음 회로에서 저항 R의 양단 전압이 15[V]일 때, 저항 R[Ω]은? 13년 국가직 9급

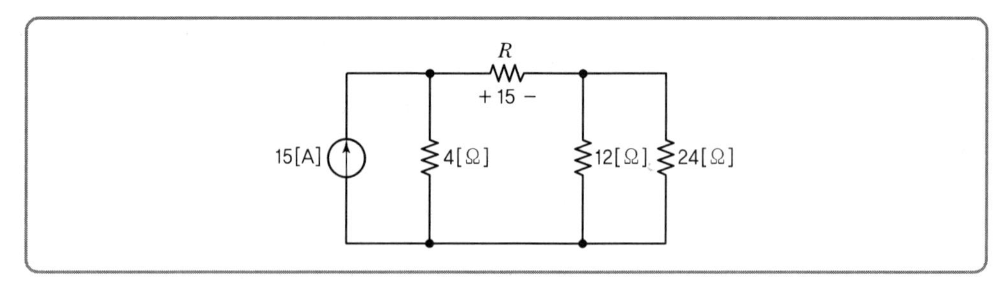

① 1 ② 2
③ 3 ④ 4

정답 130 ② 131 ② 132 ④

133 다음 회로에서 단자 a와 b 사이의 테브난(Thevenin) 등가저항 R_{th}[kΩ]와 개방 회로 전압 V_{oc}[V]는? 14년 국가직 9급

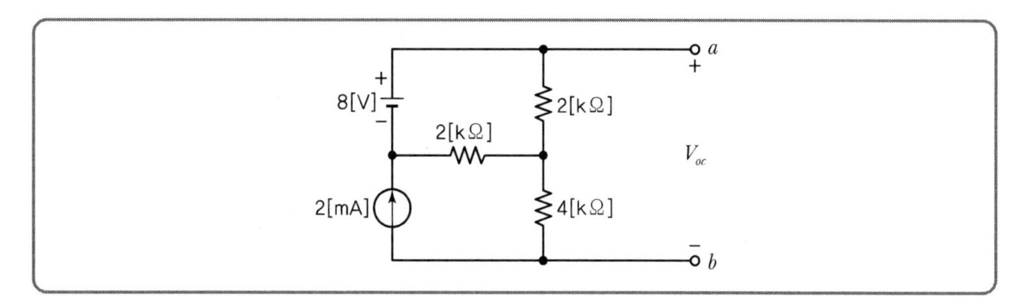

	R_{th} [kΩ]	V_{oc} [V]
①	$\frac{10}{3}$	10
②	$\frac{10}{3}$	14
③	5	10
④	5	14

134 다음 전기회로도에서 V_o의 전압[V]은? 11년 지방직 9급

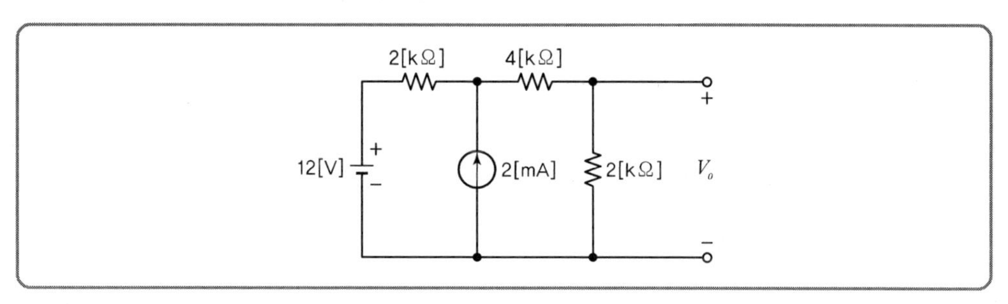

① $V_o = 1$
② $V_o = 2$
③ $V_o = 4$
④ $V_o = 8$

정답 133 ④ 134 ③

135 다음 회로에서 저항 4[Ω]에 흐르는 전류 I[A]는? 14년 국가직 9급

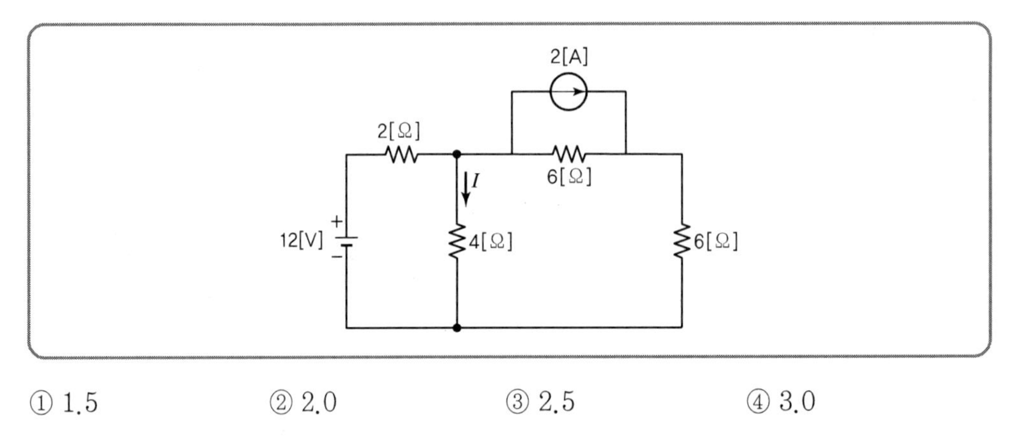

① 1.5 ② 2.0 ③ 2.5 ④ 3.0

136 다음 그림의 회로에서 단자 $a-b$ 의 좌측을 테브난 등가회로로 표현할 때 등가전압[V]과 등가저항[Ω]은? 10년 지방직 9급

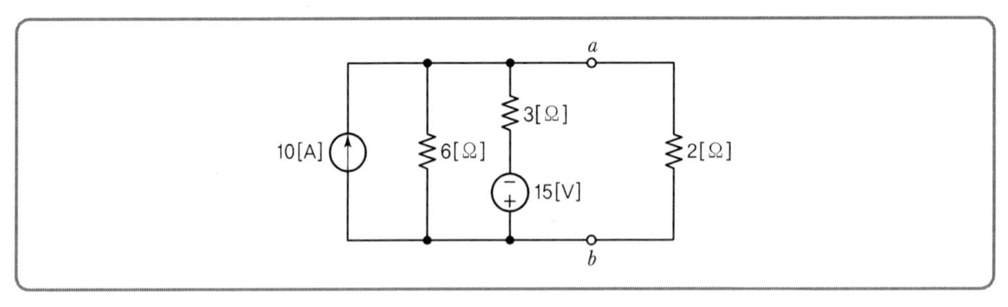

	등가전압[V]	등가저항[Ω]		등가전압[V]	등가저항[Ω]
①	12	1	②	12	2
③	10	1	④	10	2

137 다음 직류회로에서 전류 I[A]는? 18년 국가직 9급

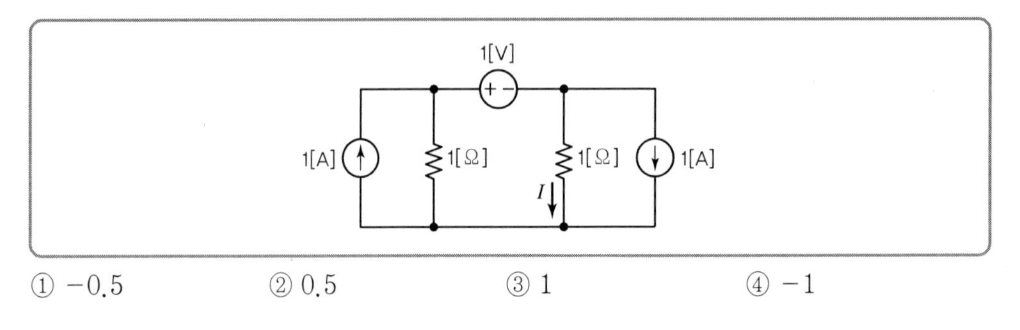

① −0.5 ② 0.5 ③ 1 ④ −1

정답 135 ① 136 ④ 137 ①

138 다음 그림의 회로에서 10[Ω]의 저항에 흐르는 전류의 값은? 15년 서울시 9급

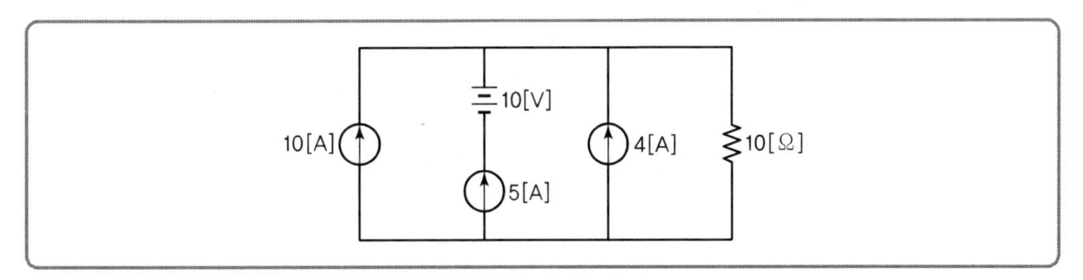

① 14[A]　② 19[A]
③ 20[A]　④ 24[A]

139 다음 회로에서 종속전류원 양단에 걸리는 전압 V[V]는? 08년 국가직 9급

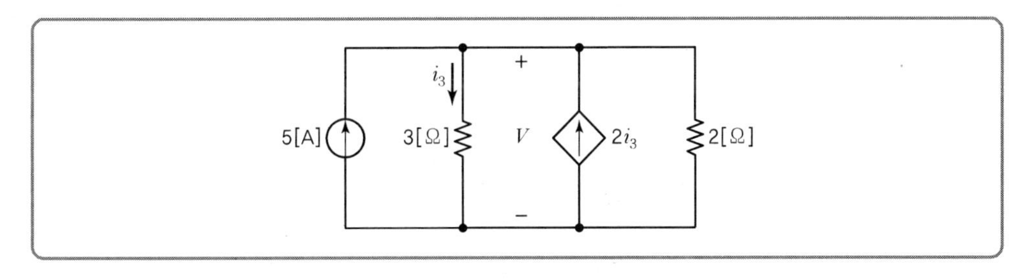

① 10　② 15
③ 30　④ 45

140 다음 회로에서 $v_2 = 3i_2$이고, $i_2 = 9$일 때 v_s[V]는? 09년 지방직 9급

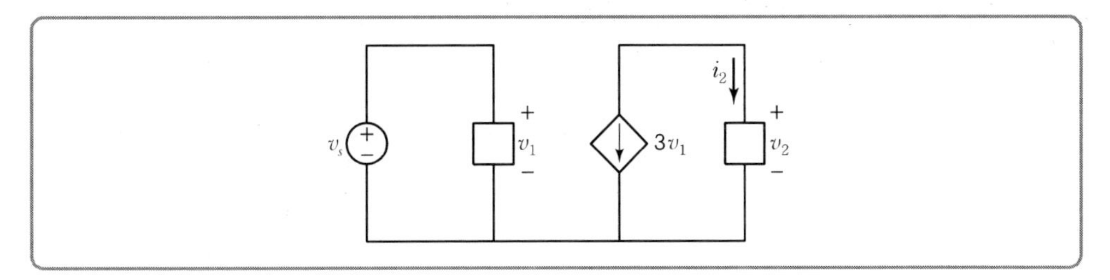

① 3　② −3
③ 1　④ −2

정답 138 ② 139 ③ 140 ②

141 다음 회로에서 저항 $R[\Omega]$은?(단, $V=3.5[V]$이다.) 18년 지방직 9급

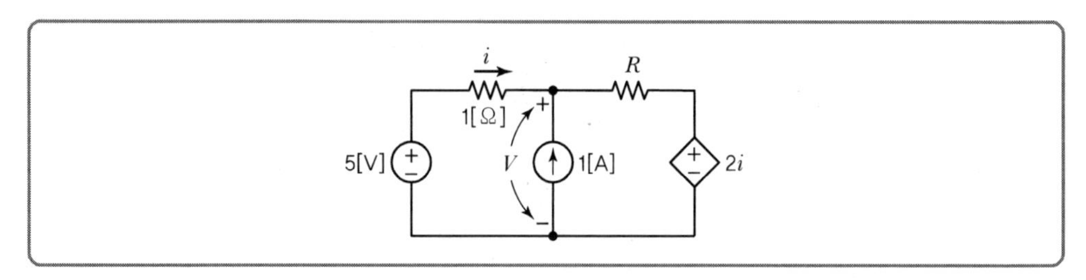

① 0.1　　② 0.2

③ 1.0　　④ 1.5

142 다음 회로에서 저항 2[Ω]에 소비되는 전력[W]은? 14년 국가직 9급

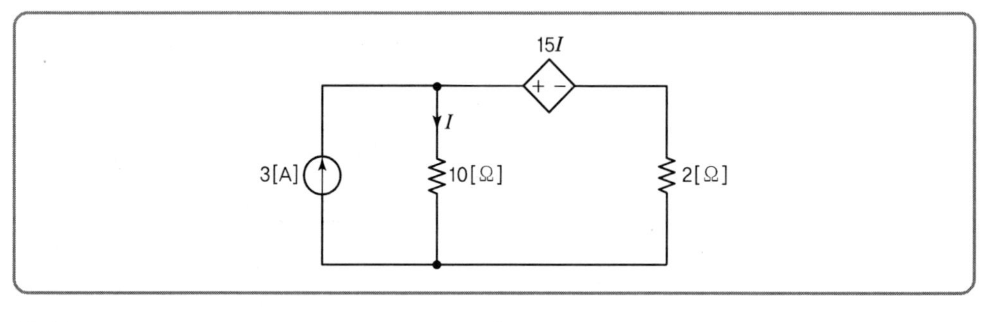

① 30　　② 40

③ 50　　④ 60

143 그림과 같이 종속전압원을 갖는 회로에서 V_2 전압[V]은? 18년 서울시 9급(후)

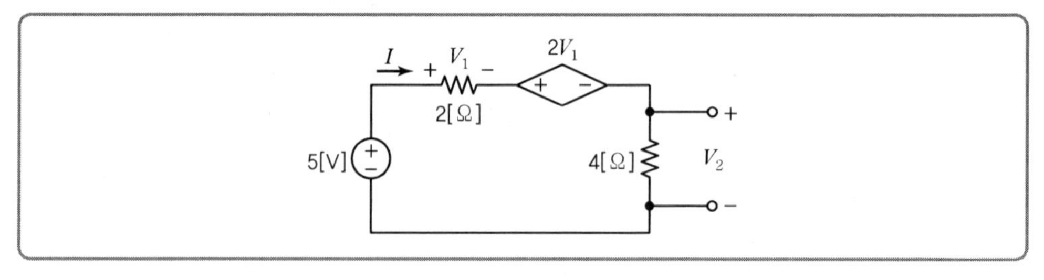

① 1　　② 1.5

③ 2　　④ 3

정답 141 ② 142 ③ 143 ③

144 다음 회로에서 전압 V_o[V]는? 16년 국가직 9급

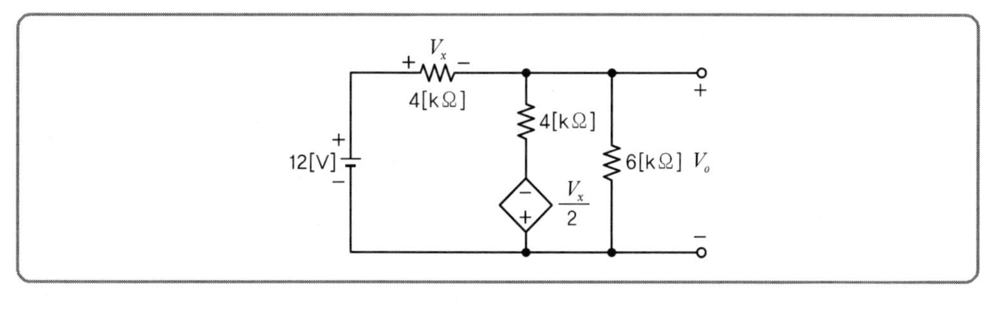

① $\frac{6}{13}$ ② $\frac{24}{13}$ ③ $\frac{30}{13}$ ④ $\frac{36}{13}$

145 다음 직류회로에서 전류 I_A[A]는? 18년 국가직 9급

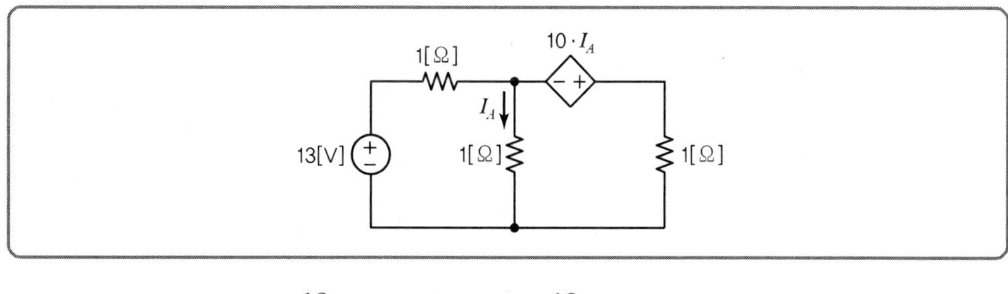

① 13 ② $\frac{13}{2}$ ③ $\frac{13}{7}$ ④ 1

146 그림의 회로에서 $i_1 + i_2 + i_3$의 값[A]은? 19년 서울시 9급

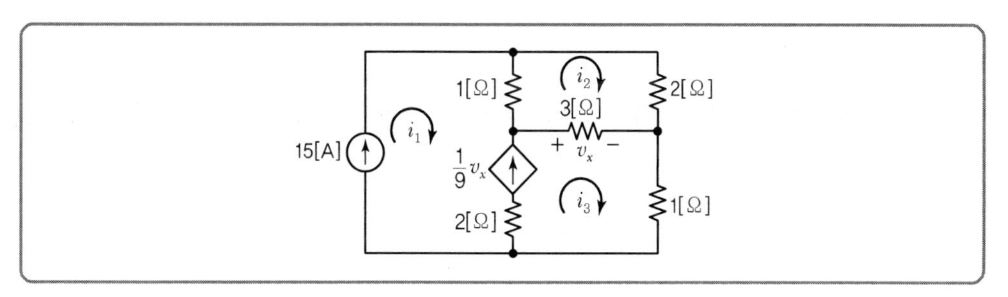

① 40[A] ② 41[A]
③ 42[A] ④ 43[A]

정답 144 ④ 145 ④ 146 ④

147 다음 회로에서 V_1[V]와 I_1[A]를 구하면? 19년 국회직 9급

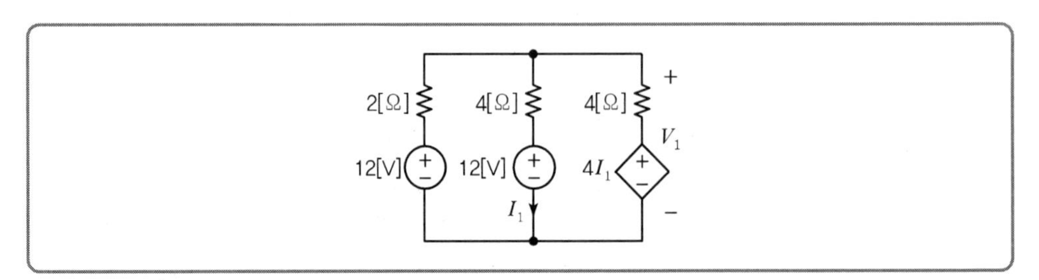

	V_1	I_1		V_1	I_1
①	8	−1	②	8	2
③	16	−1	④	16	2
⑤	24	−3			

148 다음 회로에서 전압 V_x[V]를 구하면? 19년 국회직 9급

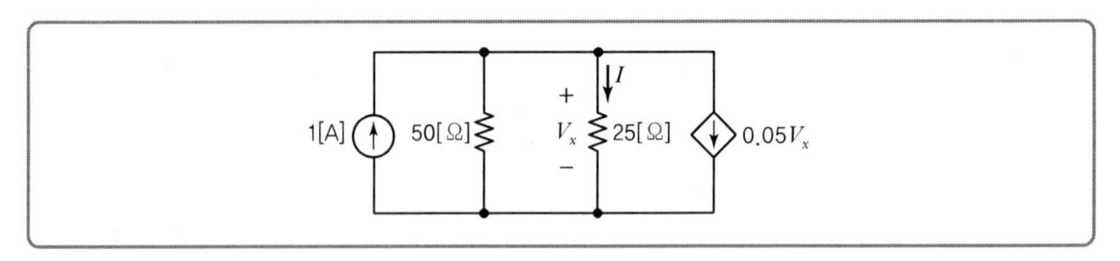

① 10 ② $\frac{100}{11}$ ③ $\frac{25}{3}$ ④ $\frac{100}{13}$

⑤ $\frac{50}{7}$

149 그림의 회로에서 단자 A와 B에서 바라본 등가저항이 12[Ω]이 되도록 하는 상수 β는?

19년 지방직 9급

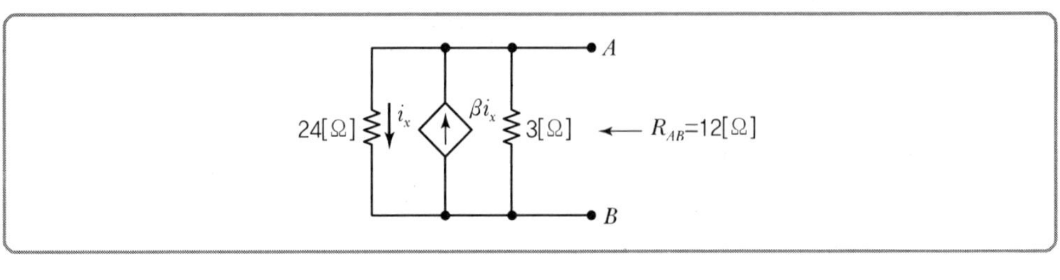

① 2 ② 4 ③ 5 ④ 7

정답 147 ① 148 ② 149 ④

150 독립전원과 종속전압원이 포함된 다음의 회로에서 저항 20[Ω]의 전압 V_a[V]는?

19년 국가직 9급

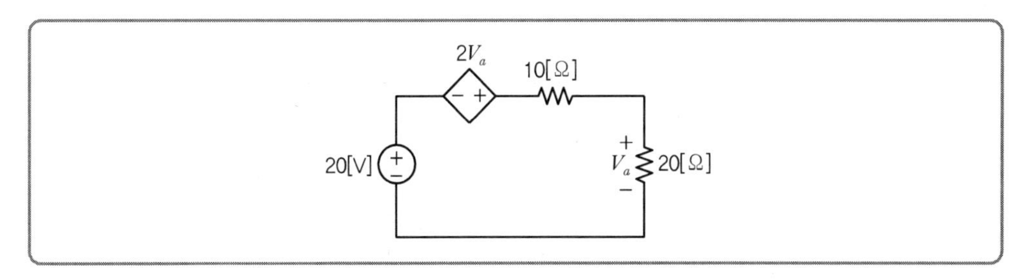

① −40 ② −20
③ 20 ④ 40

151 다음 직류회로에서 4[Ω] 저항의 소비전력[W]은?

19년 국가직 9급

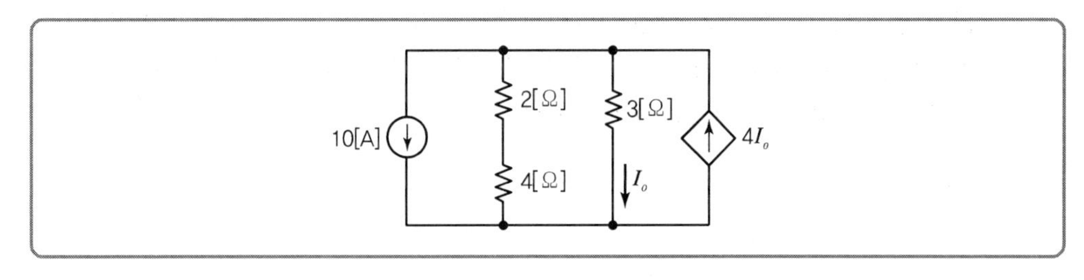

① 4 ② 8
③ 12 ④ 16

152 다음 회로에서 단자 A, B에서 본 테브난(Thévenin) 등가회로를 구했을 때, 테브난 등가저항 R_{Th}[kΩ]은?

20년 서울시 9급

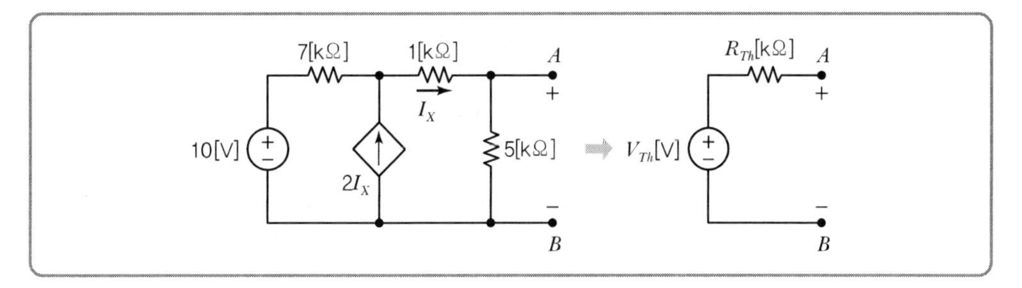

① 10[kΩ] ② 20[kΩ]
③ 30[kΩ] ④ 40[kΩ]

정답 150 ① 151 ④ 152 ③

153 다음 회로에서 부하로 전달되는 전력이 최대가 되는 최대 전력 전달 조건을 만족하는 부하 저항 R_L[Ω]은? 14년 서울시 9급

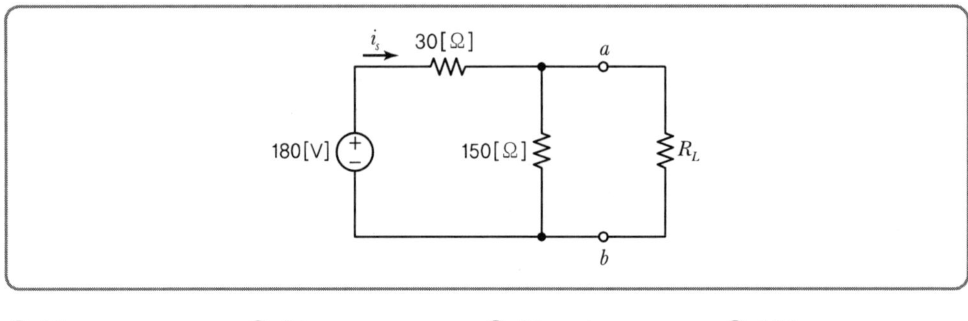

① 25 ② 30 ③ 50 ④ 150
⑤ 180

154 내부저항 3[Ω], 기전력 12[V]인 직류전원에 어떤 부하저항 R[Ω]을 접속하였더니 부하저항이 소비하는 전력이 9[W]였다. 이때 부하저항에 흐르는 전류와, 최대전력이 전달되도록 회로에 구성한 경우에 흐르는 전류와의 차[A]는? 09년 국가직 9급

① 3.0 ② 2.5
③ 2.0 ④ 1.0

155 다음 회로에서 단자 a, b, c에 대칭 3상 전압을 인가하여 각 선전류가 같은 크기로 흐르게 하기 위한 저항 R[Ω]은? 14년 국가직 9급

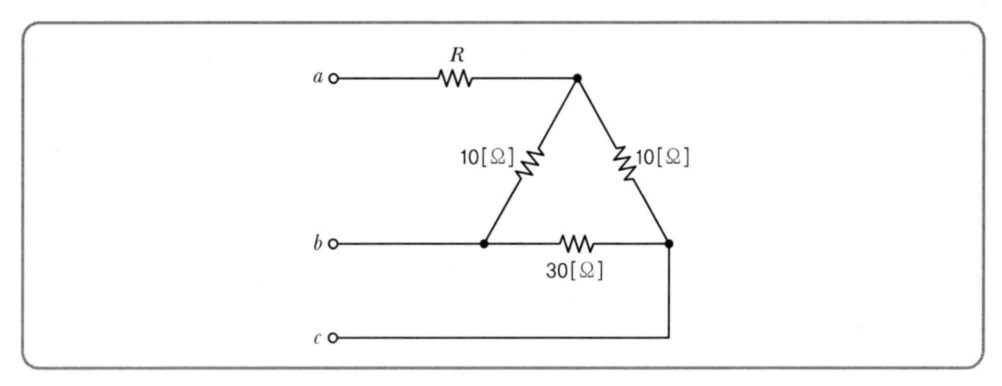

① 2 ② 4
③ 6 ④ 8

정답 **153** ① **154** ④ **155** ②

156 다음 회로에서 대칭 3상 전압을 가했을 때, 각 선에 흐르는 전류가 같게 되는 저항 R_1, R_2의 값[Ω]은 각각 얼마인가? 14년 국회직 9급

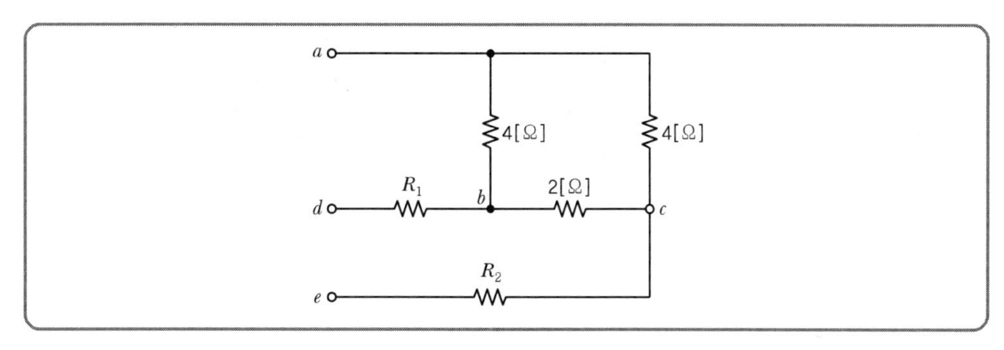

① 0.8, 0.4 ② 0.4, 0.8 ③ 0.4, 0.4 ④ 0.8, 0.8
⑤ 1.6, 0.8

157 그림 (a)의 T형 회로를 그림 (b)의 π형 등가회로로 변환할 때, Z_3[Ω]은?(단, $\omega = 10^3$[rad/s]이다.) 20년 국가직 9급

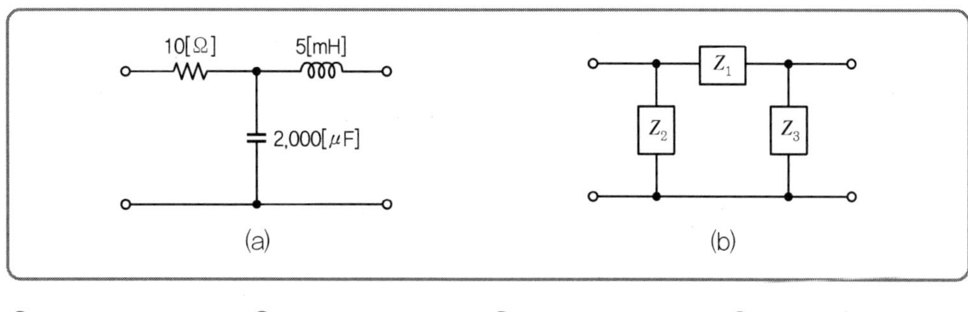

① $-90+j5$ ② $9-j0.5$ ③ $0.25+j4.5$ ④ $9+j4.5$

158 다음과 같은 브리지 회로에서 전원에 흐르는 전류[A]는 얼마인가? 14년 국회직 9급

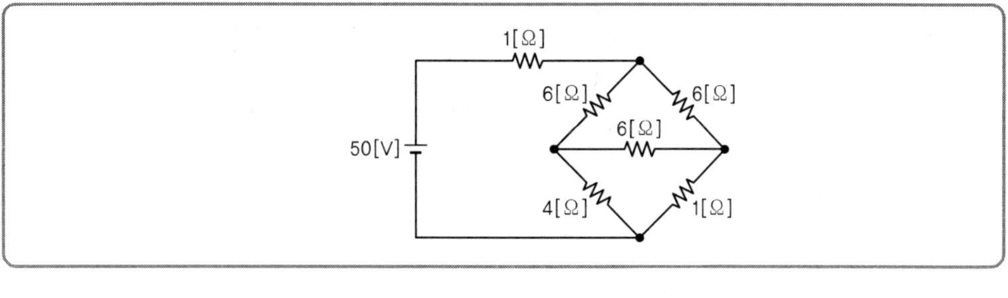

① 20 ② 15 ③ 10 ④ 5

정답 156 ④ 157 ③ 158 ③

159 다음 회로에서 전류 I[A]의 값은?

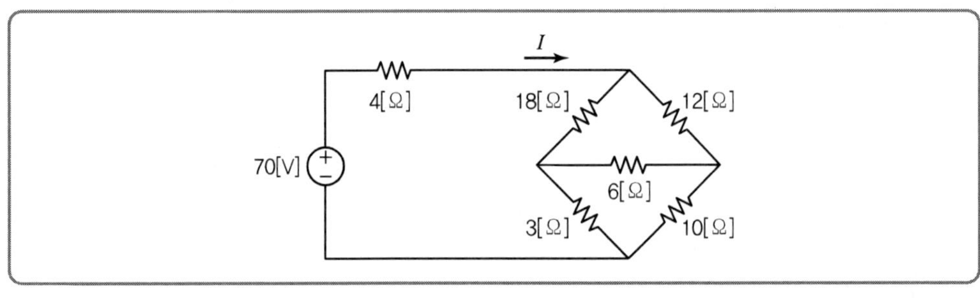

① 2.5 ② 5 ③ 7.5 ④ 10
⑤ 2.5

160 다음 회로에서 단자 a와 b 사이에 흐르는 전류[A]는? 14년 국가직 9급

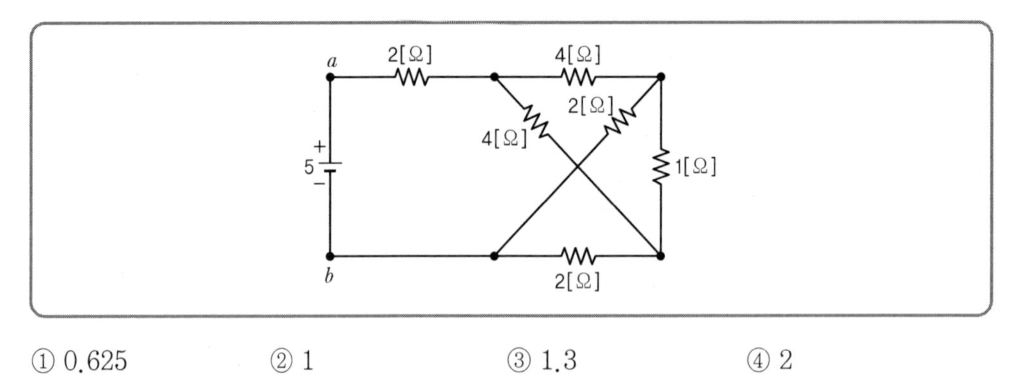

① 0.625 ② 1 ③ 1.3 ④ 2

161 그림의 회로에서 전류 i의 값[A]은? 19년 서울시 9급

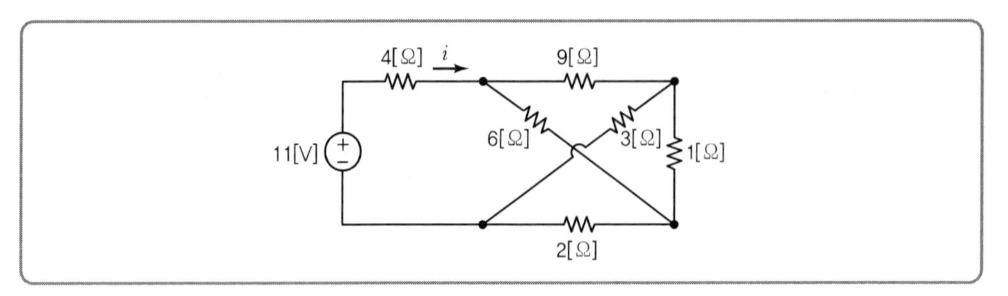

① $\frac{3}{4}$[A] ② $\frac{5}{4}$[A]

③ $\frac{7}{4}$[A] ④ $\frac{9}{4}$[A]

정답 159 ② 160 ② 161 ②

162 아래와 같은 회로에서 전류 I의 값은? 18년 서울시 9급(전)

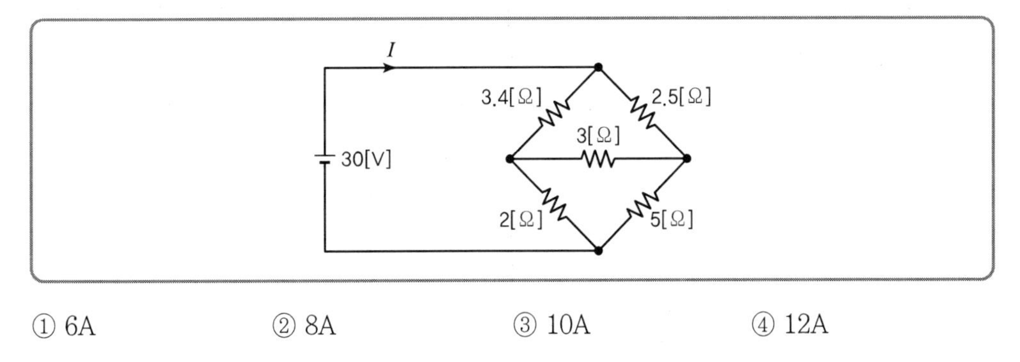

① 6A ② 8A ③ 10A ④ 12A

163 다음 회로에서 소모되는 전력이 12[W]일 때, 직류전원의 전압[V]은? 15년 국가직 9급

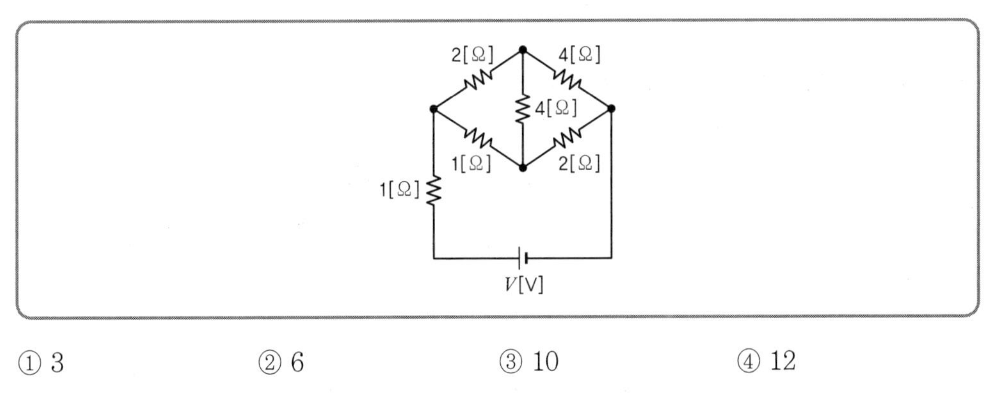

① 3 ② 6 ③ 10 ④ 12

164 다음 회로에서 스위치 S의 개폐 여부에 관계없이 전류 I는 15[A]로 일정하다. 저항 R_1[Ω]은?(단, $R_3 = 3$[Ω], $R_4 = 4$[Ω]이고, 인가전압 $E = 75$[V]이다.) 15년 국가직 9급

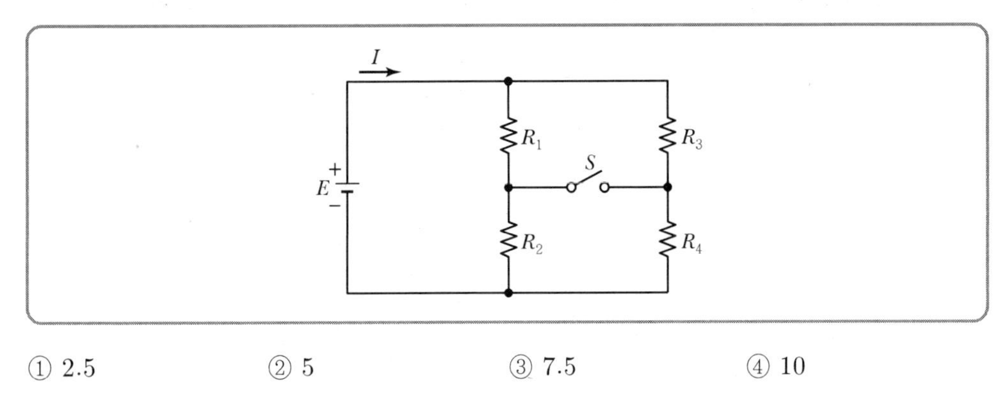

① 2.5 ② 5 ③ 7.5 ④ 10

정답 162 ③ 163 ② 164 ③

165 다음 그림과 같은 RL 직렬회로에서 오랜 시간이 경과된 이후 코일에 저장된 에너지가 32[J]이라고 할 때 코일의 인덕턴스 L의 크기[H]는?(단, $t=0$[sec]일 때 초기 전류는 $I(0)=0$[A]라고 가정한다.) 18년 국회직 9급

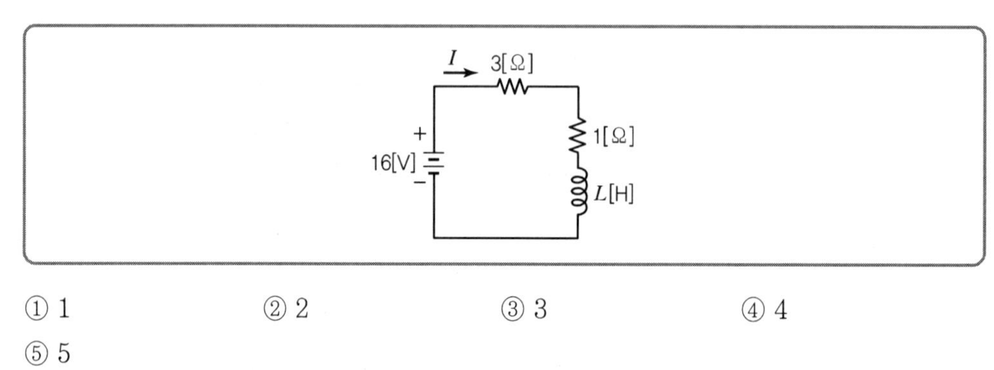

① 1 ② 2 ③ 3 ④ 4
⑤ 5

166 다음 그림과 같은 회로에서 전류 i[A]는? 18년 국회직 9급

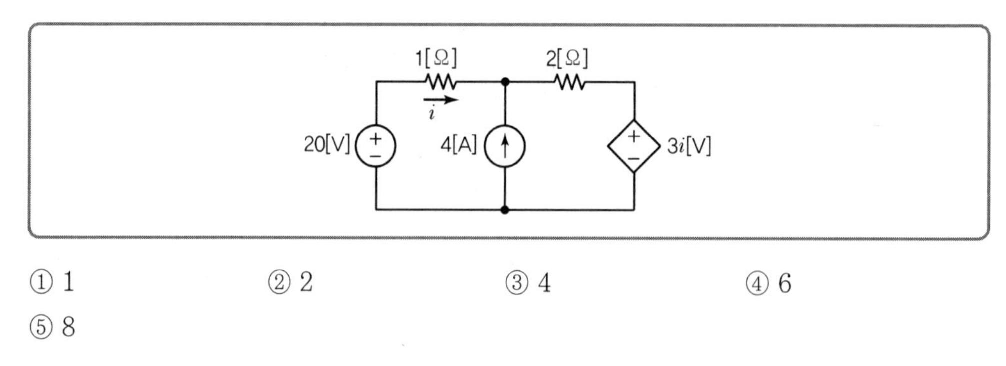

① 1 ② 2 ③ 4 ④ 6
⑤ 8

167 다음 회로에서 정상상태일 때, 인덕터에 저장된 에너지[mJ]는 얼마인가? 14년 국회직 9급

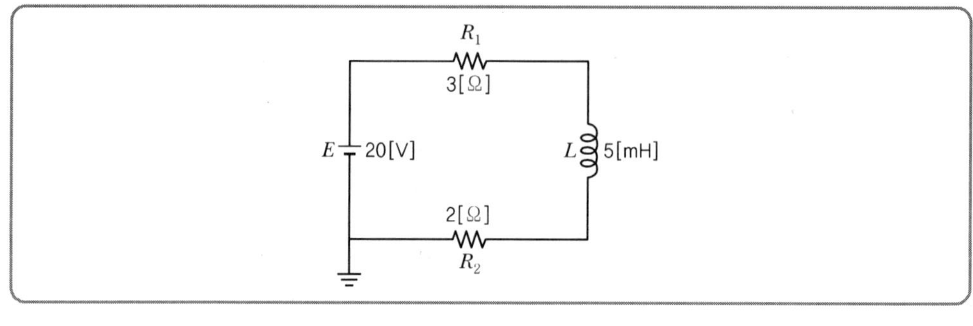

① 10 ② 20 ③ 30 ④ 40
⑤ 50

정답 165 ④ 166 ② 167 ④

168 다음 직류회로에서 2[Ω]의 저항에 걸리는 전압 V_2는 얼마인가? 12년 국회직 9급

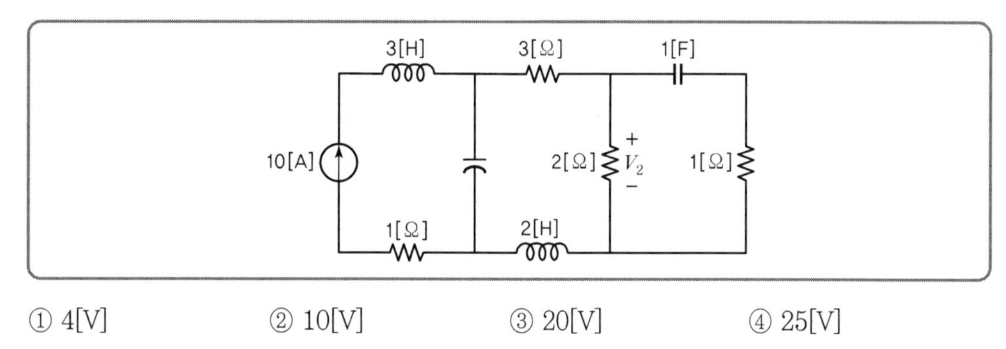

① 4[V] ② 10[V] ③ 20[V] ④ 25[V]
⑤ 32[V]

169 그림과 같은 회로에서 인덕턴스 10[H]에 축적되는 에너지는 몇 [J]인가? 12년 국회직 9급

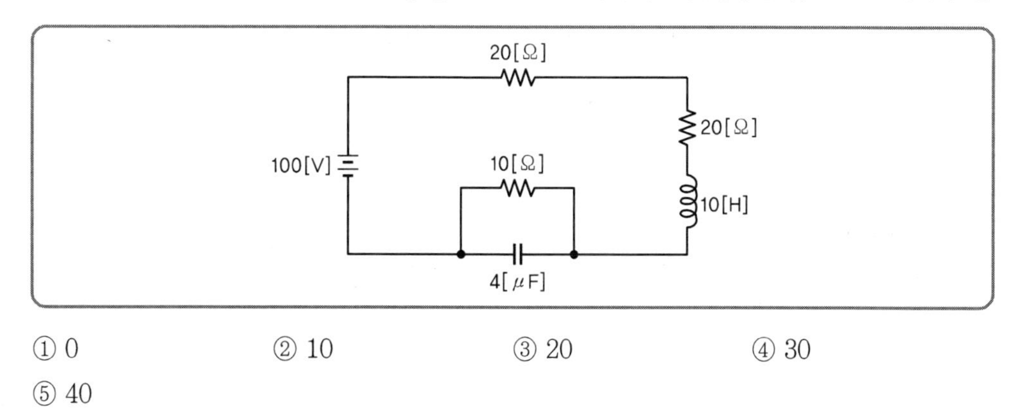

① 0 ② 10 ③ 20 ④ 30
⑤ 40

170 다음 회로에서 정상상태 전류 I [A]는? 18년 지방직 9급

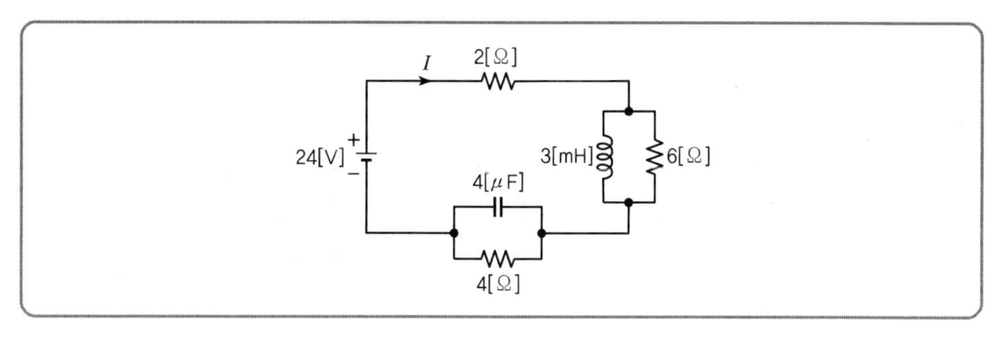

① 2 ② 4
③ 6 ④ 8

정답 168 ③ 169 ③ 170 ②

171 그림과 같은 회로에서 1[V]의 전압을 인가한 후, 오랜 시간이 경과했을 때 전류(I)의 크기 [A]는?

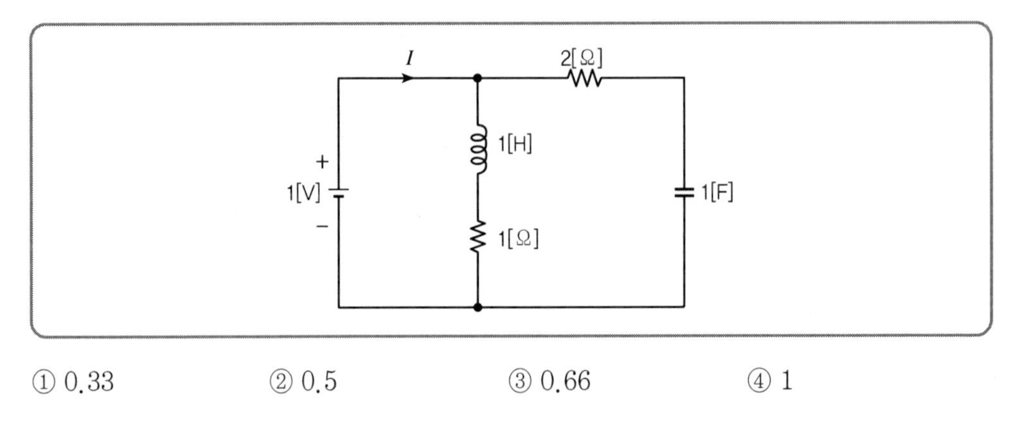

① 0.33 ② 0.5 ③ 0.66 ④ 1

172 다음 회로에서 정상상태에 도달하였을 때, 인덕터와 커패시터에 저장된 에너지[J]의 합은?

16년 국가직 9급

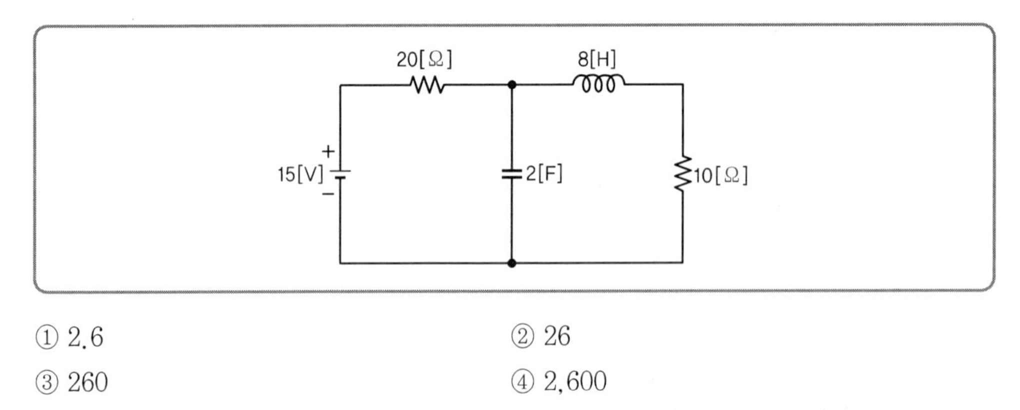

① 2.6 ② 26
③ 260 ④ 2,600

173 다음 교류회로가 정상상태일 때, 전류 $i(t)$[A]는?

18년 국가직 9급

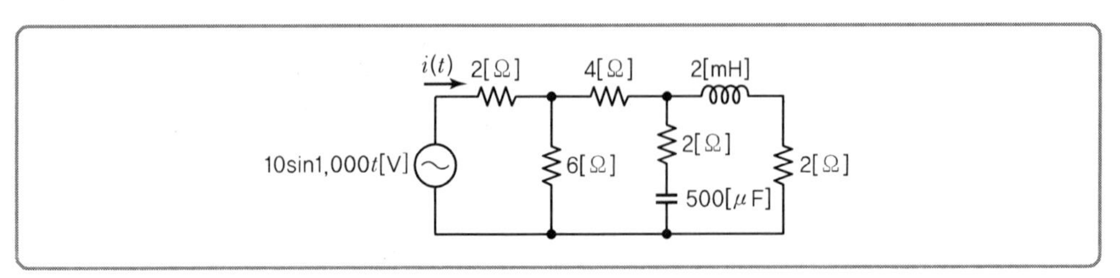

① $2\sin 1{,}000t$ ② $2\cos 1{,}000t$
③ $10\cos(1{,}000t-60°)$ ④ $10\sin(1{,}000t-60°)$

정답 171 ④ 172 ② 173 ①

174 전기회로 소자에 대한 설명으로 가장 옳은 것은? 21년 서울시 9급

① 저항소자는 에너지를 순수하게 소비만 하고 저장하지 않는다.
② 이상적인 독립전압원의 경우는 특정한 값의 전류만을 흐르게 한다.
③ 인덕터 소자로 흐르는 전류는 소자 양단에 걸리는 전압의 변화율에 비례하여 흐르게 된다.
④ 저항소자에 흐르는 전류는 전압에 반비례한다.

175 일반적으로 도체의 전기 저항을 크게 하기 위한 방법으로 옳은 것만을 모두 고르면? 21년 지방직 9급

ㄱ. 도체의 온도를 높인다.
ㄴ. 도체의 길이를 짧게 한다.
ㄷ. 도체의 단면적을 작게 한다.
ㄹ. 도전율이 큰 금속을 선택한다.

① ㄱ, ㄷ ② ㄱ, ㄹ ③ ㄴ, ㄷ ④ ㄷ, ㄹ

176 열전현상에 대한 설명으로 옳은 것을 〈보기〉에서 모두 고른 것은?

〈보기〉
ㄱ. 이종 금속 M_1, M_2를 접합하여 폐회로를 만든 후 두 접합점의 압력을 다르게 하여 폐회로의 열기전력을 이용한 현상은 제벡효과(Seebeck effect)이다.
ㄴ. 제벡효과를 이용한 열전대는 용광로의 온도 측정 및 온도제어 등에 사용된다.
ㄷ. 이종 금속 A, B를 접속시켜 폐회로를 만들고 온도를 일정하게 유지하면서 전류를 흘리면 열의 발생 또는 흡수가 일어나는 현상은 펠티에효과(Peltier effect)이다.
ㄹ. 이종 금속 C, D에 온도차를 주고 고온에서 저온 쪽으로 전류를 흘리면 열의 발생 또는 흡수가 일어나는 현상은 톰슨효과(Thomson effect)이다.
ㅁ. 펠티에효과와 톰슨효과는 전류의 방향에 따라 발열 또는 흡수의 관계가 반대로 된다.

① ㄱ, ㄴ, ㄷ ② ㄴ, ㄷ, ㅁ
③ ㄴ, ㄷ, ㄹ, ㅁ ④ ㄱ, ㄴ, ㄷ, ㄹ, ㅁ

정답 174 ① 175 ① 176 ②

177 전류원과 전압원의 특징에 대한 설명으로 옳은 것만을 모두 고르면? 21년 국가직 9급

ㄱ. 이상적인 전류원의 내부저항 $r=1[\Omega]$이다.
ㄴ. 이상적인 전압원의 내부저항 $r=0[\Omega]$이다.
ㄷ. 실제적인 전류원의 내부저항은 전원과 직렬접속으로 변환할 수 있다.
ㄹ. 실제적인 전압원의 내부저항은 전원과 직렬접속으로 변환할 수 있다.

① ㄱ, ㄴ ② ㄱ, ㄷ ③ ㄴ, ㄹ ④ ㄷ, ㄹ

178 그림의 회로에 대한 설명으로 옳지 않은 것은? 21년 국가직 9급

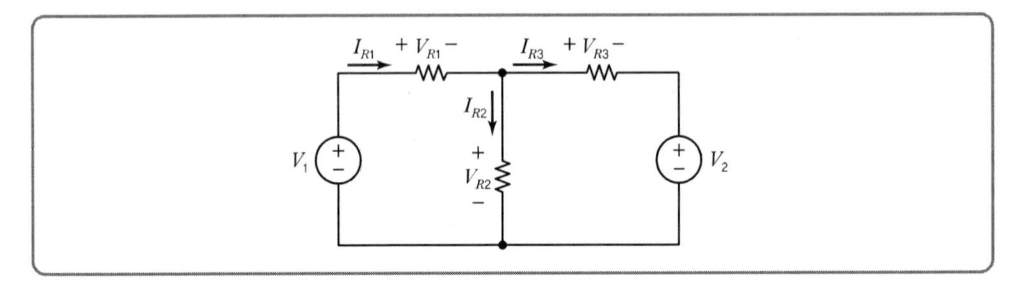

① 회로의 마디(node)는 4개다.
② 회로의 루프(loop)는 3개다.
③ 키르히호프의 전압법칙(KVL)에 의해 $V_1-V_{R1}-V_{R3}-V_2=0$이다.
④ 키르히호프의 전류법칙(KCL)에 의해 $I_{R1}+I_{R2}+I_{R3}=0$이다.

179 그림과 같은 회로에서 I[A]의 값은?

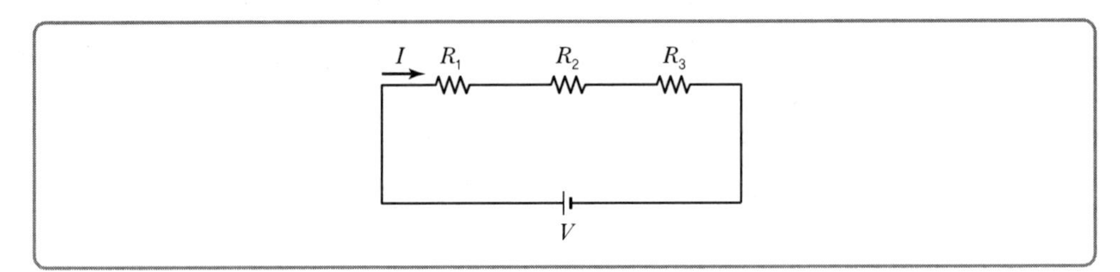

① $\dfrac{V}{R_1+R_2+R_3}$

② $\dfrac{V}{\dfrac{1}{R_1}+\dfrac{1}{R_2}+\dfrac{1}{R_3}}$

③ $\left(\dfrac{1}{R_1}+\dfrac{1}{R_2}+\dfrac{1}{R_3}\right)\times\dfrac{1}{V}$

④ $\dfrac{R_1+R_2+R_3}{V}$

정답 **177** ③ **178** ④ **179** ①

180 그림과 같은 회로에서 $I_1 = 5[\text{A}]$, $I_2 = 3[\text{A}]$, $I_3 = -2[\text{A}]$, $I_4 = 4[\text{A}]$일 때, $I_5[\text{A}]$는?

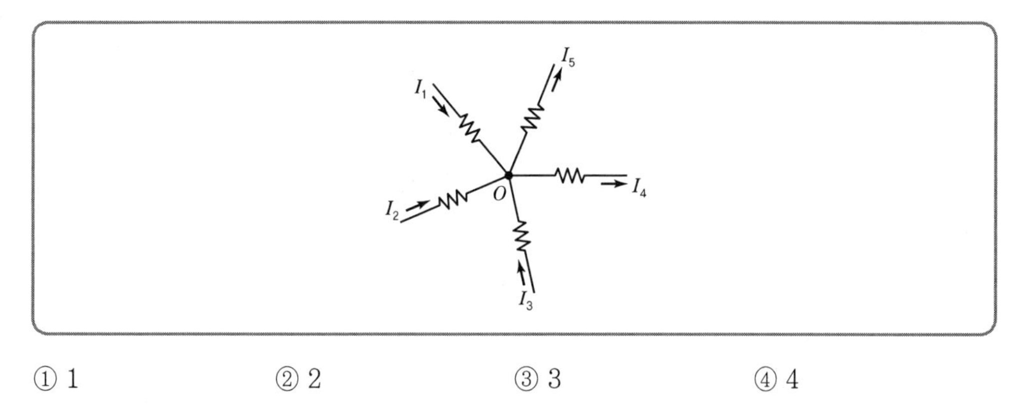

① 1 ② 2 ③ 3 ④ 4

181 그림과 같은 회로에서 $E = 40[\text{A}]$, $R_1 = 2[\Omega]$, $R_2 = 12[\Omega]$, $R_3 = 4[\Omega]$, $R_4 = 5[\Omega]$일 때, $R_3 = 4[\Omega]$에 흐르는 전류 $I_3[\text{A}]$의 값은?

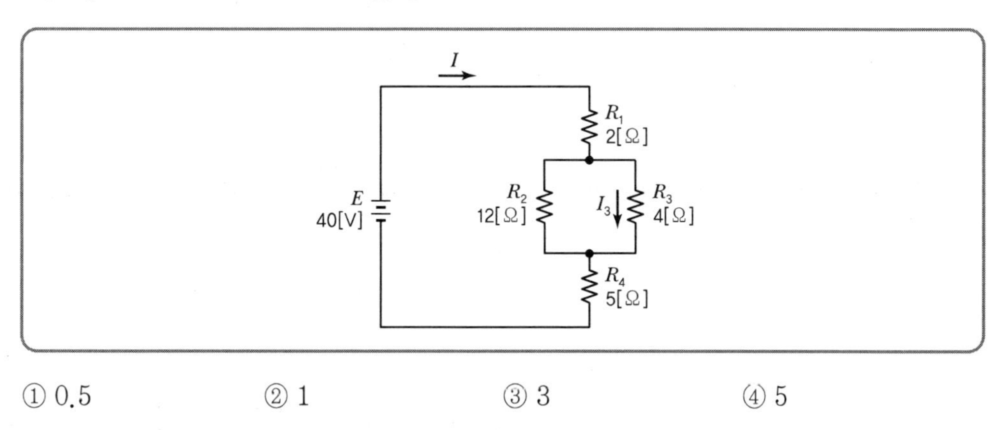

① 0.5 ② 1 ③ 3 ④ 5

182 그림과 같이 검류계에 전류가 흐르지 않을 때, 휘트스톤 브리지 회로에서 $R_X = 100[\Omega]$, $R_2 = 50[\Omega]$, $R_4 = 10[\Omega]$이라고 하면, $R_V[\Omega]$의 값은?

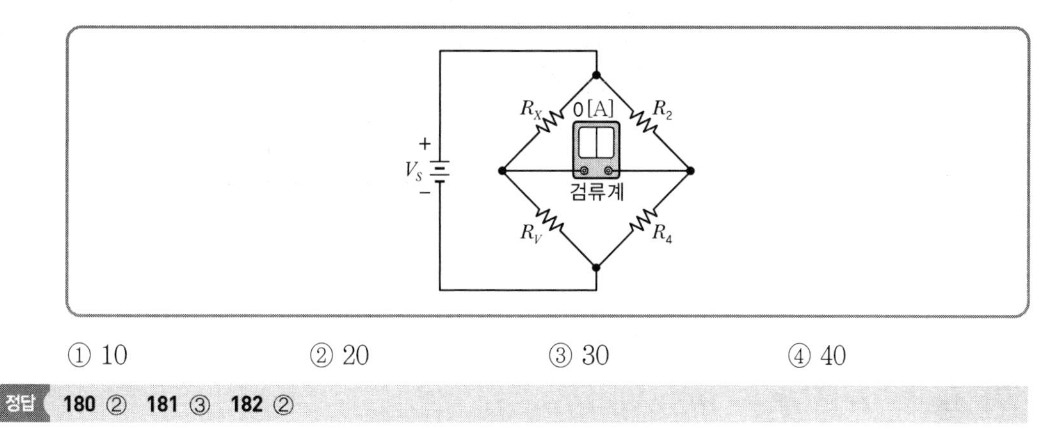

① 10 ② 20 ③ 30 ④ 40

정답 180 ② 181 ③ 182 ②

183 그림과 같이 전지가 접속되어 있을 때 단자 a와 단자 e 사이의 전위차 V_{ae}[V]의 값은?

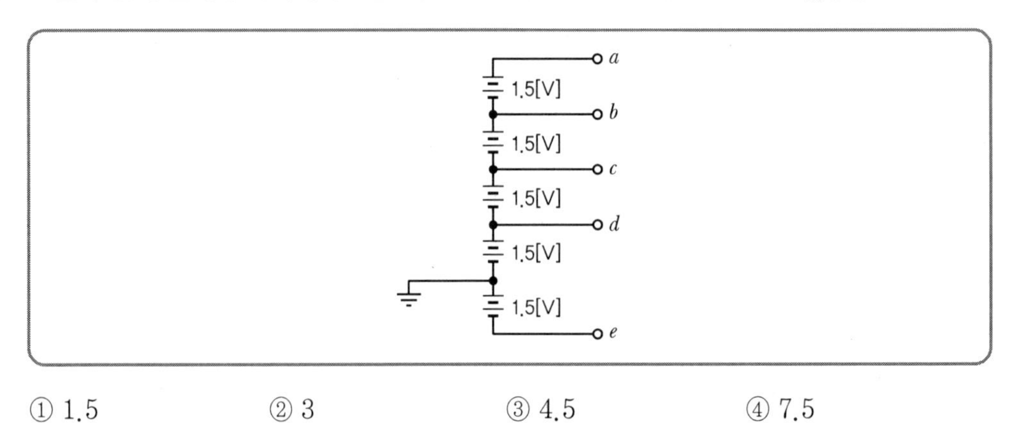

① 1.5 ② 3 ③ 4.5 ④ 7.5

184 정격 1,000[W]의 전열기에 정격전압의 80[%]만 인가되면 전열기에서 소비되는 전력의 값[W]은?

① 480 ② 560 ③ 640 ④ 800

185 저항이 3[kΩ]인 도체에 2[A]의 전류를 3분 동안 흘려주었을 때 발생하는 발열량[kcal]의 근삿값은?

① 259 ② 518 ③ 1080 ④ 2160

186 그림의 회로에서 R_L 부하에 최대 전력 전달이 되도록 저항값을 정하려 한다. 이때 부하에서 소비되는 전력의 값[W]은? 21년 서울시 9급

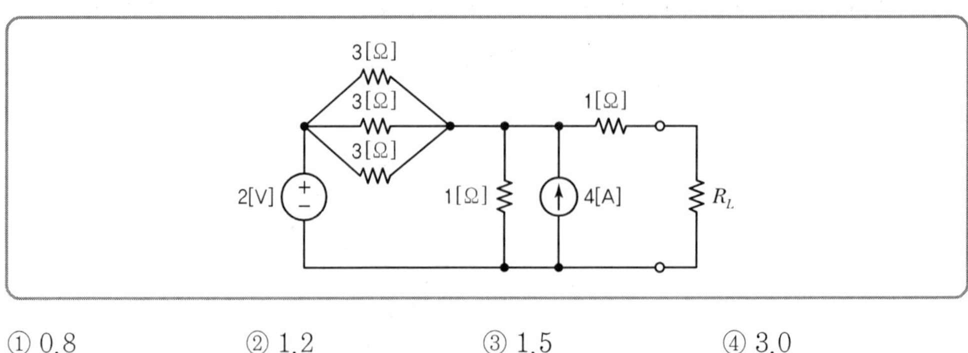

① 0.8 ② 1.2 ③ 1.5 ④ 3.0

정답 183 ④ 184 ③ 185 ② 186 ③

187 그림의 회로에서 전압 v_2[V]는? 21년 지방직 9급

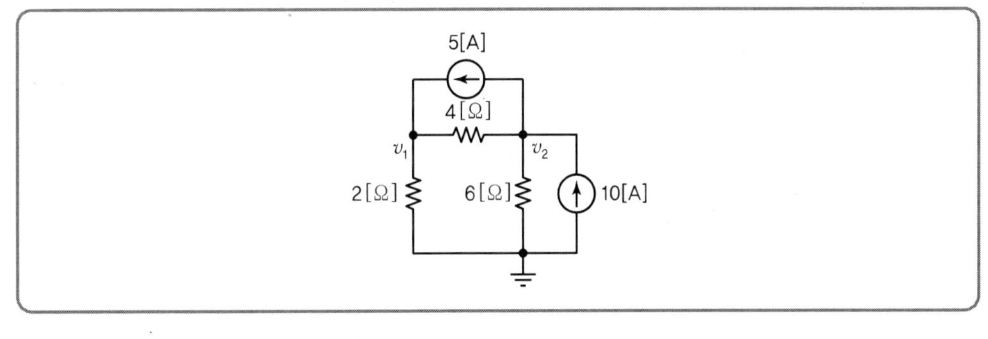

① 0 ② 13
③ 20 ④ 26

188 그림의 (가)회로와 (나)회로가 등가관계에 있을 때, 부하저항 R_L[Ω]은? 21년 지방직 9급

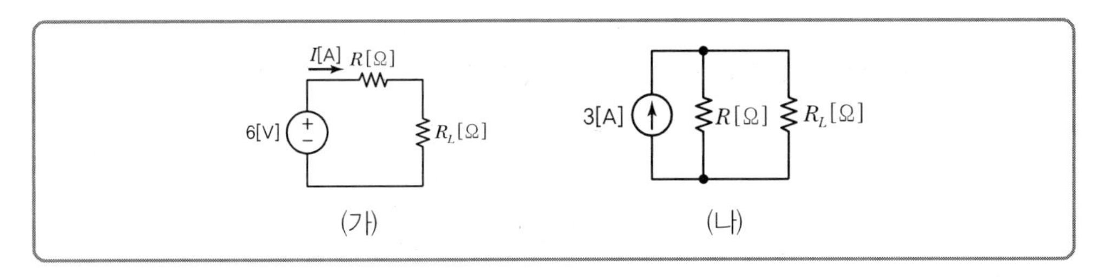

① 1 ② 2
③ 3 ④ 4

189 그림의 회로에서 전압 V_{ab}[V]는? 21년 지방직 9급

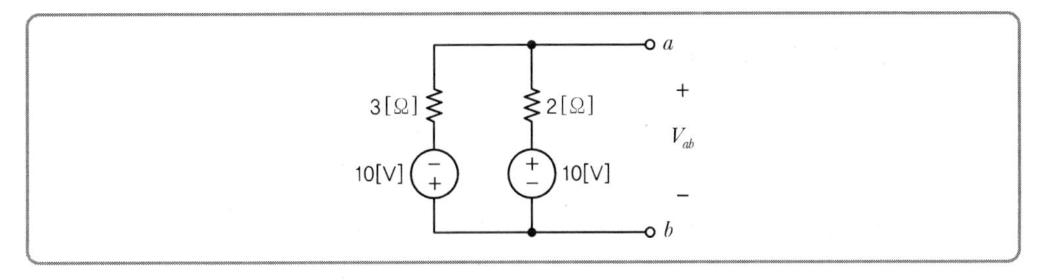

① 1 ② 2
③ 4 ④ 8

정답 187 ③ 188 ④ 189 ②

190 그림의 회로에서 평형 3상 △ 결선의 × 표시된 지점이 단선되었다. 단자 a와 단자 b 사이에 인가되는 전압이 120[V]일 때, 저항 r_a에 흐르는 전류 I[A]는?(단, $R_a = R_b = R_c = 3[\Omega]$, $r_a = r_b = r_c = 1[\Omega]$이다.) 21년 국가직 9급

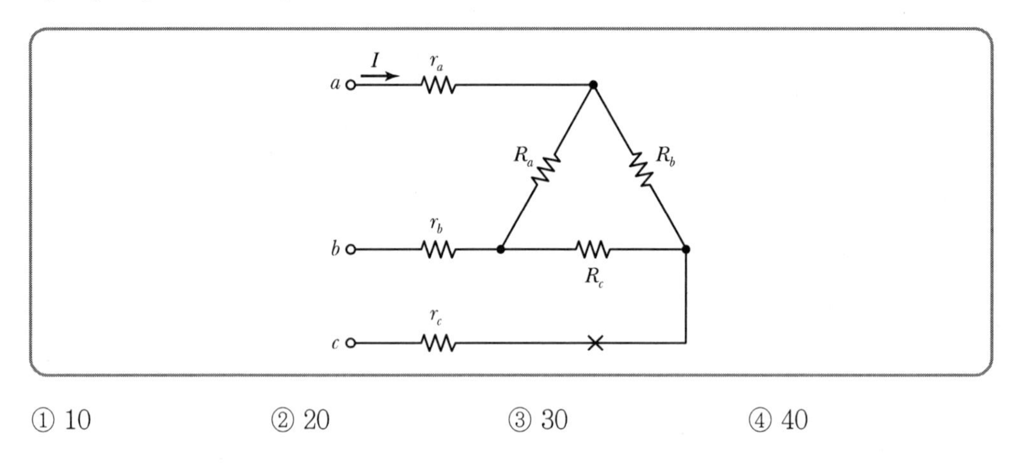

① 10 ② 20 ③ 30 ④ 40

191 그림의 회로에서 저항 R에 인가되는 전압이 6[V]일 때, 저항 $R[\Omega]$은? 21년 국가직 9급

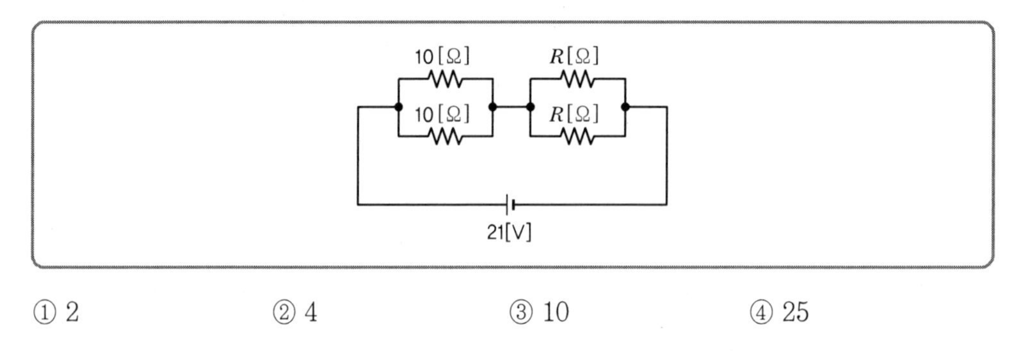

① 2 ② 4 ③ 10 ④ 25

192 그림의 회로에서 전류 I_x[A]는? 21년 국가직 9급

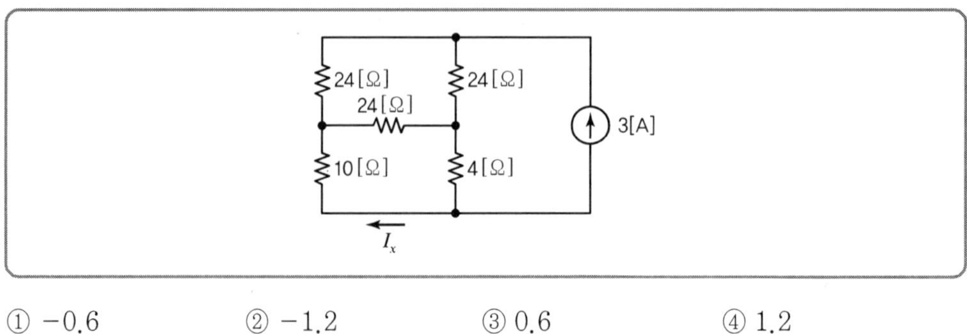

① −0.6 ② −1.2 ③ 0.6 ④ 1.2

정답 190 ③ 191 ② 192 ②

193 온도 10[℃]에서 구리선의 저항 $R = 10[\Omega]$이라고 할 때, 20[℃]에서의 저항 $R_t[\Omega]$는?(단, 구리선의 온도계수는 $3.93 \times 10^{-3}[1/℃]$이다.)

① 103.93 ② 10.393 ③ 207.86 ④ 20.786

194 중첩의 원리를 이용한 회로해석 방법에 대한 설명으로 옳은 것만을 모두 고르면?

22년 국가직 9급

ㄱ. 중첩의 원리는 선형 소자에서는 적용이 불가능하다.
ㄴ. 중첩의 원리는 키르히호프의 법칙을 기본으로 적용한다.
ㄷ. 전압원은 단락, 전류원은 개방 상태에서 해석해야 한다.
ㄹ. 다수의 전원에 의한 전류는 각각 단독으로 존재했을 때 흐르는 전류의 합과 같다.

① ㄱ, ㄴ, ㄷ ② ㄱ, ㄴ, ㄹ
③ ㄱ, ㄷ, ㄹ ④ ㄴ, ㄷ, ㄹ

195 어떠한 도체의 단면을 10분 동안에 600[C]의 전기량이 이동했다면 이때 전류[A]는 얼마인가?

22년 군무원 9급

① 1[A] ② 2[A]
③ 4[A] ④ 6[A]

196 4[Ω]과 1[Ω]의 저항을 직렬로 접속한 경우는 병렬로 접속한 경우에 비하여 저항이 몇 배인가?

22년 군무원 9급

① 2 ② $\frac{15}{4}$
③ 4 ④ $\frac{25}{4}$

197 표준저항기에 사용되는 저항재료의 조건 중 가장 옳지 않은 것은?

22년 군무원 9급

① 저항값이 안정할 것 ② 온도 계수가 클 것
③ 고유 저항이 클 것 ④ 구리에 대한 열기전력이 작을 것

정답 193 ② 194 ④ 195 ① 196 ④ 197 ②

198 어느 도체의 단면에 5초 동안 4[A]의 전류가 흘렀다. 이때 도체의 단면을 통과한 전하량의 값[C]은? 21년 서울시(고졸) 9급

① 10 ② 15 ③ 20 ④ 25

199 두 점 사이를 0.2[A]의 전류가 10초 동안 흘러 2.4[cal]의 일을 하였을 때, 두 점 사이의 전위차[V]는?(단, 1[cal]는 4.186[J]이다.) 21년 지방직(경력) 9급

① 0.3 ② 1.2 ③ 2.1 ④ 5.0

200 다음 그림처럼 전압원을 하나 더 추가하여 변경할 경우 (가), (나)에 들어갈 내용으로 알맞은 것은? 21년 지방직(경력) 9급

전류의 크기는 (가) 배로 커지고, 저항의 소비전력은 (나) 배로 증가한다.

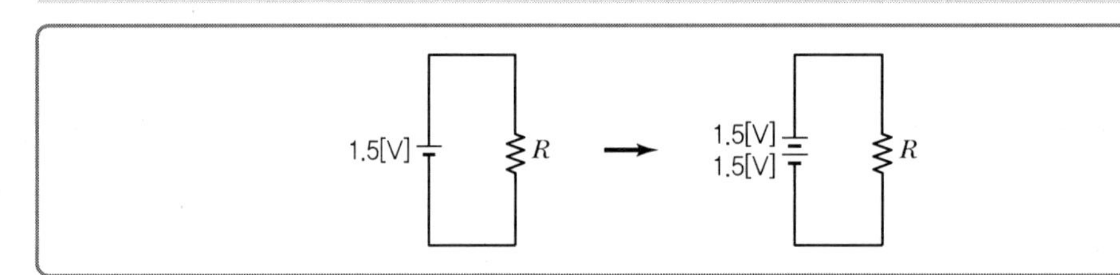

	(가)	(나)		(가)	(나)
①	2	2	②	2	4
③	4	2	④	4	4

201 다음은 10[A]의 최대 눈금을 가진 두 개의 전류계 A_1, A_2에 10[A]의 전류가 흐르는 그림이다. 이때 전류계 A_2에 지시되는 전류[A]는 얼마인가?(단, 최대 눈금에 있어서 전압 강하는 전류계 A_1에서 40[mV], 전류계 A_2에서 60[mV]라 한다.) 22년 군무원 9급

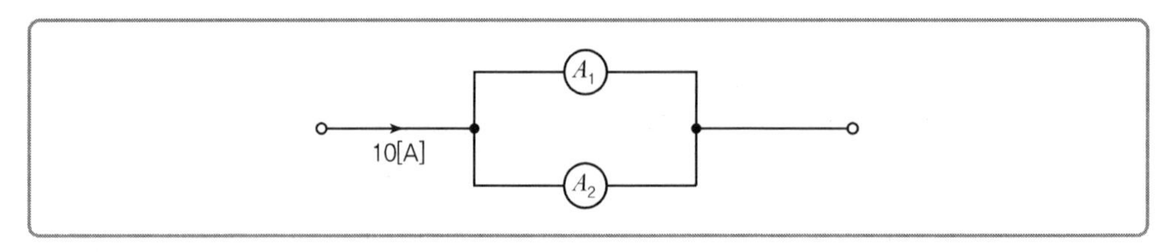

① 3[A] ② 4[A]
③ 5[A] ④ 6[A]

정답 198 ③ 199 ④ 200 ② 201 ②

202 황산구리 용액을 이용해 음극에서 구리 33[g]을 석출하기 위해 50[A]의 전류를 흘렸다. 이때, 전류가 흐른 시간[s]은?(단, 구리의 전기화학당량 $k \fallingdotseq 0.33 \times 10^{-3}$[g/C]이다.)

21년 지방직(경력) 9급

① 1,650
② 2,000
③ 4,000
④ 6,600

203 길이 1[m], 단면적 10[mm^2]인 저항선의 저항이 50[Ω]이다. 〈보기〉에서 옳은 것을 모두 고른 것은?

21년 서울시(고졸) 9급

ㄱ. 컨덕턴스 값은 10[℧]이다.
ㄴ. 전도율[σ]은 2,000[℧/m]이다.
ㄷ. 저항률[ρ]은 1,000[Ω · m]이다.

① ㄱ
② ㄴ
③ ㄱ, ㄴ
④ ㄴ, ㄷ

204 도선의 길이를 8배, 단면적을 4배로 하면 전기저항은 초기 상태의 ( )배가 된다. 괄호 안의 숫자로 옳은 것은?

21년 서울시(고졸) 9급

① $\frac{1}{2}$
② 2
③ 4
④ 8

205 물질의 분류 중 반도체에 대한 설명으로 가장 옳지 않은 것은?

22년 서울시(고졸) 9급

① 순수한 상태에서는 전기가 통하지 않는다.
② 빛, 열, 특정 불순물을 넣어주면 도체처럼 전기가 흐른다.
③ 은(Ag), 구리(Cu), 금(Au) 등이 있다.
④ 반도체 소자로는 다이오드, 트랜지스터, 사이리스터, IGBT 등이 있다.

206 정격이 15[V], 10[Ah]인 축전지 10개를 병렬 접속하여 15[V], 150[W] 전구를 연결하였다. 이 전구가 점등할 수 있는 최대 시간[h]은?(단, 누설 전류는 없다.)

22년 서울시(고졸) 9급

① 10
② 15
③ 20
④ 30

정답 202 ② 203 ② 204 ② 205 ③ 206 ②

207 〈보기〉는 원자를 이루는 전자에 대한 특성을 나열한 것이다. 〈보기〉에서 옳은 것을 모두 고른 것은? 22년 서울시(고졸) 9급

〈보기〉
ㄱ. 원자핵의 일부분이다.
ㄴ. $e=-1.602\times10^{-19}$[C]의 전기량을 가진다.
ㄷ. 원자핵 가장자리를 회전하는 최외각 전자에 에너지가 공급되면 이동이 가능한 상태가 된다.
ㄹ. 질량은 양성자의 약 1,840배에 해당한다.

① ㄱ
② ㄴ, ㄷ
③ ㄴ, ㄹ
④ ㄴ, ㄷ, ㄹ

208 저항이 100[Ω]인 도체에 10[A]의 직류 전류가 흐르고 있다. 도체에서 발생한 열량이 144[kcal]일 때, 도체에 전류가 흐른 시간[s]은?(단, 1[J]은 0.24[cal]이다.)
22년 지방직(경력) 9급

① 60
② 90
③ 120
④ 150

209 전선의 허용 전류에 대한 설명으로 옳은 것만을 모두 고르면? 22년 지방직(경력) 9급

ㄱ. 전선의 굵기가 감소하면 허용 전류는 증가한다.
ㄴ. 선의 종류, 도선의 굵기, 사용조건 등을 고려하여 산출한다.
ㄷ. 전선에 사용되는 절연체의 최고 허용 온도의 영향을 받는다.
ㄹ. 저항이 R[Ω]이고 허용 전력이 P[W]인 도체의 허용 전류 $I=\sqrt{\frac{P}{R}}$[A]이다.

① ㄱ, ㄴ
② ㄷ, ㄹ
③ ㄱ, ㄴ, ㄷ
④ ㄴ, ㄷ, ㄹ

정답 207 ② 208 ① 209 ④

210 길이가 L[m]이고 반지름이 r[m]인 특정 재질의 도선의 저항을 R[Ω]이라고 하자. 이때 그림과 같이 같은 재질이면서 길이가 L[m]이고 반지름의 길이가 $2r$[m]인 도선 A와 길이가 $2L$[m]이고 반지름의 길이가 r[m]인 도선 B를 직렬로 연결하였을 때 합성 저항[Ω]의 크기는?

21년 국회직 9급

L
2L
2r
r
A
B

① $2R$
② $\frac{9}{4}R$
③ $\frac{5}{2}R$
④ $3R$
⑤ $\frac{7}{2}R$

211 서로 다른 두 종류의 금속을 접합하여 전류를 흘리면, 2개의 접속점 중 한쪽은 온도가 올라가고 다른 쪽은 온도가 내려간다. 냉동기나 온풍기 등에 응용되는 이 열전 현상은?

22년 지방직(경력) 9급

① 톰슨 효과
② 압전 효과
③ 제베크 효과
④ 펠티에 효과

212 정격용량 180[W]의 전기 제품을 정격용량으로 30초 동안 사용할 때 소모한 전력량[Wh]은?

23년 지방직 9급

① 1.5
② 6
③ 90
④ 5,400

정답 210 ② 211 ④ 212 ①

213 다음은 출력임피던스가 16[Ω]인 앰프의 스피커 결선이다. 16[Ω]인 스피커 1개만을 연결할 때와 그림과 같이 8[Ω]의 스피커 2개를 직렬로 추가 연결할 때, 스피커 합성 임피던스[Ω]와 이때 나타나는 현상은? 21년 국회직 9급

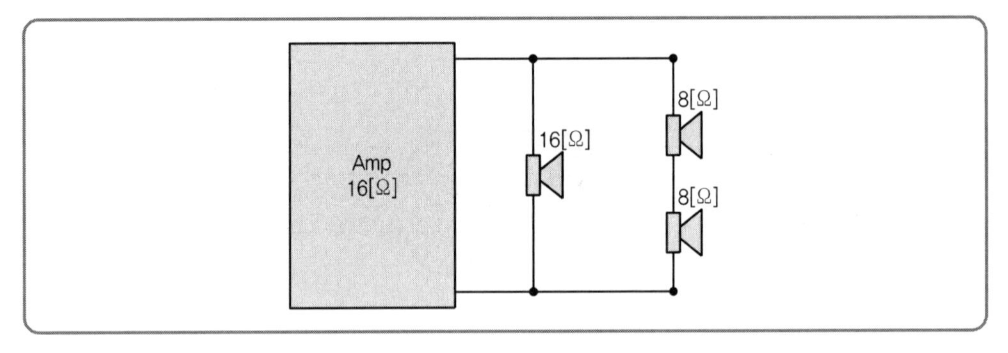

① 8[Ω], 전체 음량이 작아진다.
② 8[Ω], 전체 음량이 커진다.
③ 16[Ω], 전체 음량이 작아진다.
④ 16[Ω], 전체 음량이 커진다.
⑤ 16[Ω], 음량의 변화는 없다.

214 1×10^8[V]의 전압과, 1×10^5[A]의 전류로 1[μsec] 동안 방전이 된 낙뢰가 가진 에너지량[Wh]은? 21년 국회직 9급

① $\frac{1}{36}\times10^4$ ② $\frac{1}{36}\times10^5$
③ $\frac{1}{36}\times10^6$ ④ $\frac{1}{36}\times10^7$
⑤ $\frac{1}{36}\times10^8$

215 50[kWh]의 전력량을 설명한 것으로 옳지 않은 것은? 21년 국회직 9급

① 5[kW]의 전열기를 600[min] 사용한 전력량이다.
② 100[kW]의 부하를 30[min] 사용한 전력량이다.
③ 100[V] 전원에서 10[Ω]의 저항을 50[hr] 사용한 전력량이다.
④ 100[Ω]의 저항에 10[A]의 전류를 5[hr] 사용한 전력량이다.
⑤ 200[V] 전원에서 10[A](역률 1)의 부하를 20[hr] 사용한 전력량이다.

정답 213 ① 214 ② 215 ⑤

216 그림의 회로에서 단자 a, b 사이의 전압 V_{ab}[V]는? 21년 지방직(경력) 9급

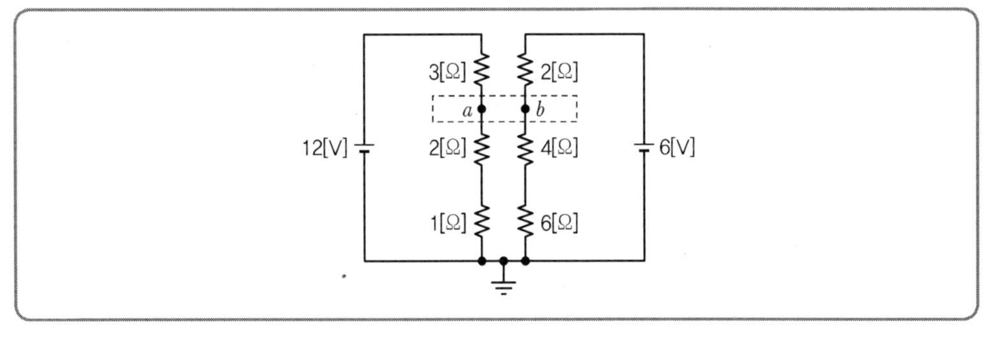

① 1 ② 2
③ 5 ④ 6

217 그림의 회로에서 전류 I[mA]는? 21년 지방직(경력) 9급

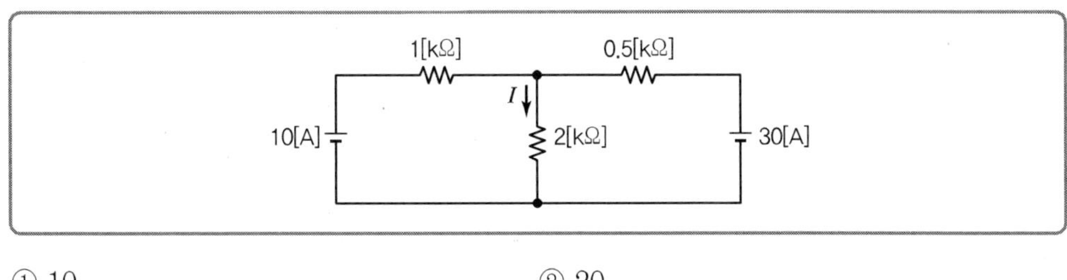

① 10 ② 20
③ 30 ④ 40

218 〈보기〉의 회로에서 $R_1 = 20[\Omega]$, $R_2 = 40[\Omega]$, $R_3 = 40[\Omega]$, $V = 100[V]$일 때 I의 값[A]은? 21년 서울시(고졸) 9급

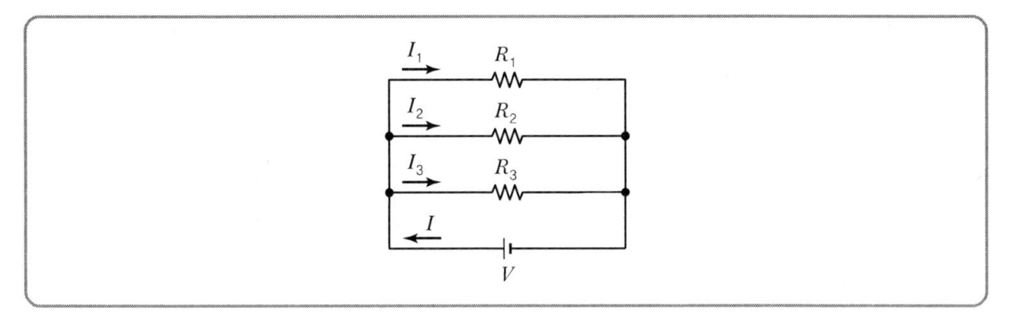

① 8 ② 10
③ 12 ④ 16

정답 216 ① 217 ① 218 ②

219 〈보기〉의 회로가 있을 때, R_3에서 소모되는 전력의 값[W]은? 21년 서울시(고졸) 9급

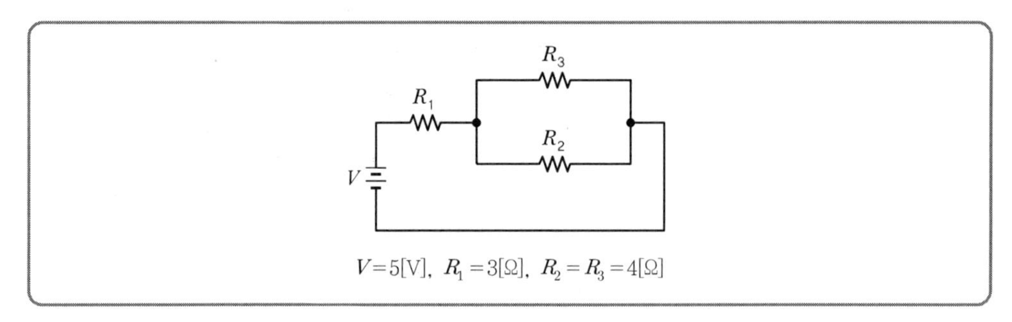

① 1
② 2
③ 3
④ 4

220 〈보기〉의 회로에서 스위치를 A에 접속하면 5[A]의 전류가 흐르고, 스위치를 B에 접속하면 10[A]가 흐른다. 이때 기전력 E의 값[V]은? 21년 서울시(고졸) 9급

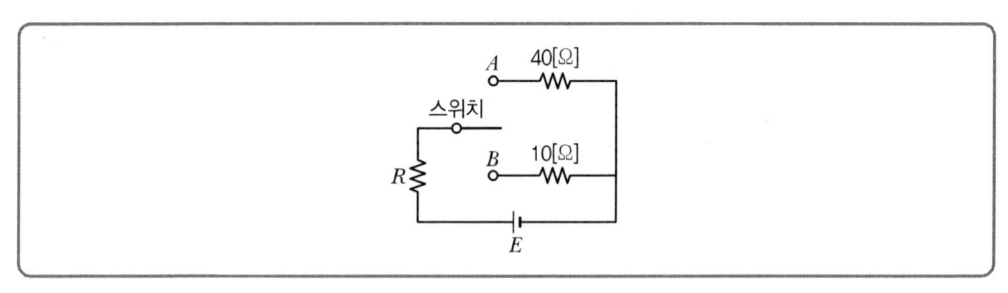

① 100
② 200
③ 300
④ 400

221 〈보기〉의 회로에서 $R_1=10[\Omega]$, $R_2=40[\Omega]$, $R_3=50[\Omega]$, $V=100[V]$일 때, V_2의 값[V]은? 21년 서울시(고졸) 9급

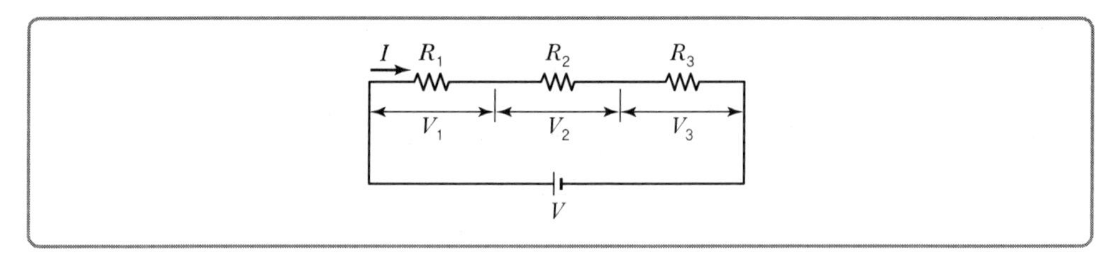

① 10
② 20
③ 40
④ 50

정답 219 ① 220 ③ 221 ③

222 그림의 회로에서 전압 E[V]를 $a-b$ 양단에 인가하고, 스위치 S를 닫았을 때의 전류 I[A]가 닫기 전 전류의 2배가 되었다면 저항 R[Ω]은? 22년 국가직 9급

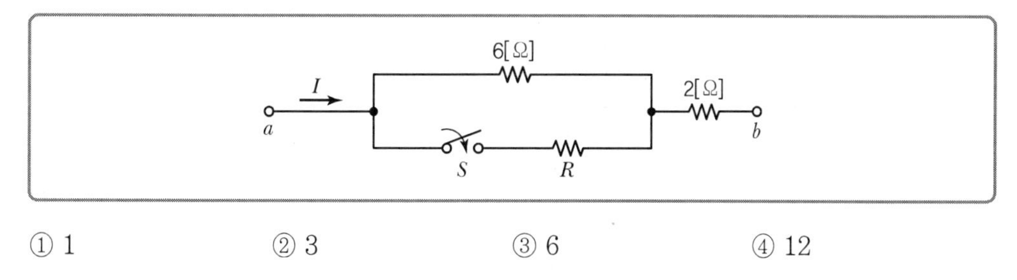

① 1 ② 3 ③ 6 ④ 12

223 그림의 회로에서 저항 R_L이 변화함에 따라 저항 3[Ω]에 전달되는 전력에 대한 설명으로 옳은 것은? 22년 국가직 9급

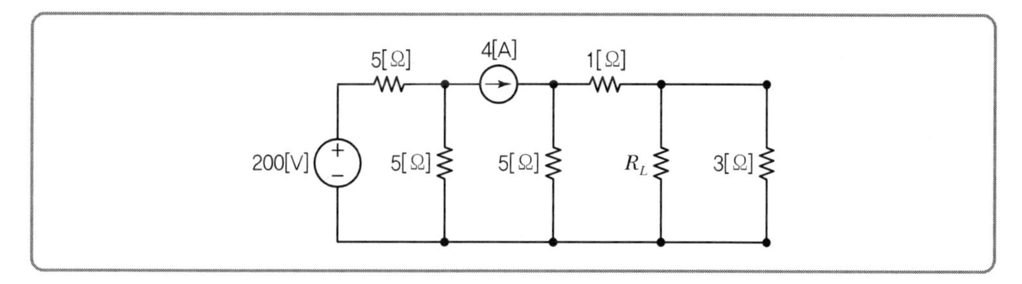

① 저항 $R_L=3$[Ω]일 때 저항 3[Ω]에 최대전력이 전달된다.

② 저항 $R_L=6$[Ω]일 때 저항 3[Ω]에 최대전력이 전달된다.

③ 저항 R_L의 값이 클수록 저항 3[Ω]에 전달되는 전력이 커진다.

④ 저항 R_L의 값이 작을수록 저항 3[Ω]에 전달되는 전력이 커진다.

224 다음 회로에서 전전류 I[A]는 얼마인가? 22년 군무원 9급

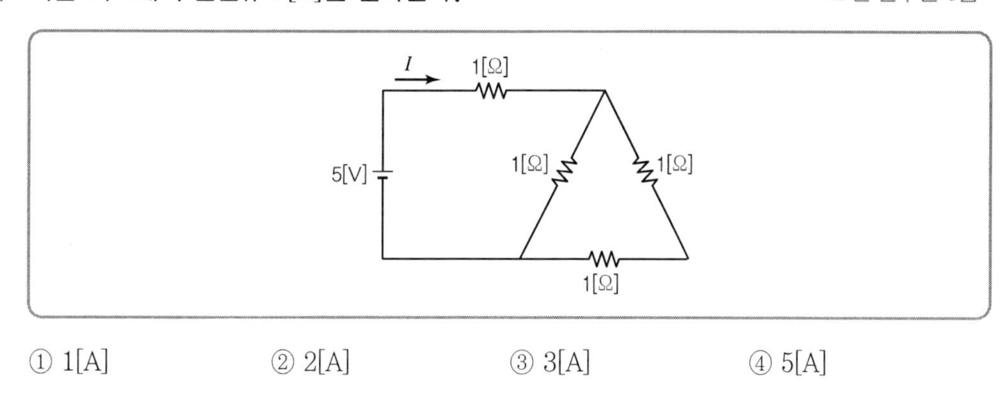

① 1[A] ② 2[A] ③ 3[A] ④ 5[A]

정답 222 ② 223 ③ 224 ③

225 〈보기〉의 회로에서 $I=4$[A]일 때, R의 값[Ω]은? 22년 서울시(고졸) 9급

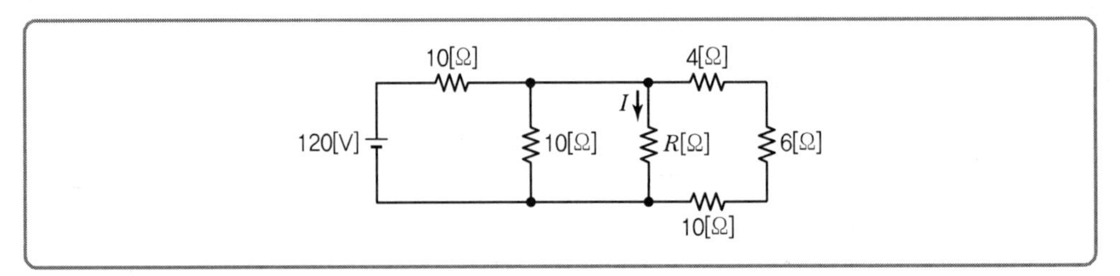

① 4
② 8
③ 16
④ 32

226 〈보기〉의 회로에 흐르는 전류 I의 값[A]은? 22년 서울시(고졸) 9급

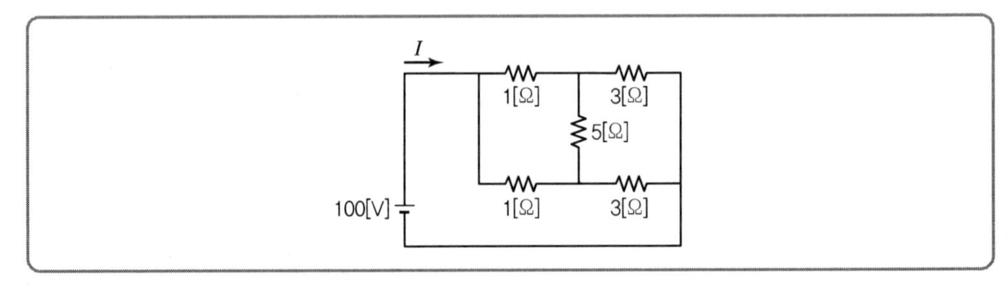

① 10
② 30
③ 40
④ 50

227 그림의 회로에서 등가 컨덕턴스 G_{eq}[S]는? 22년 지방직 9급

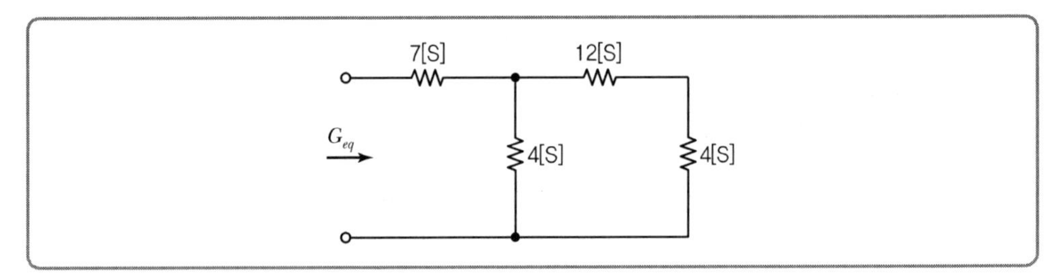

① 1.5
② 2.5
③ 3.5
④ 4.5

정답 225 ① 226 ④ 227 ③

228 그림의 회로에서 저항 1[Ω]에 흐르는 전류 I[A]는? 22년 지방직 9급

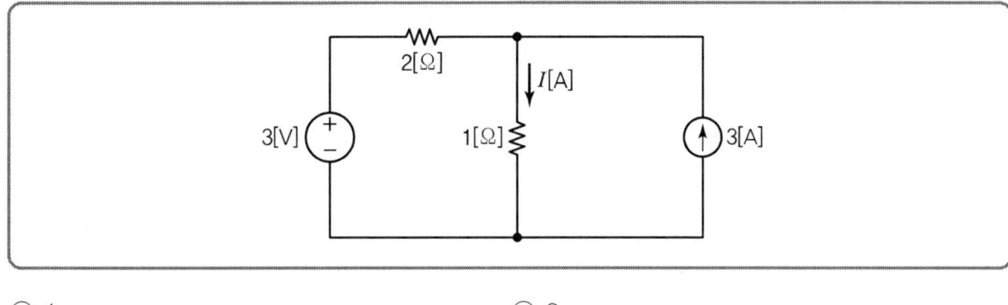

① 1 ② 2
③ 3 ④ 4

229 그림과 같이 내부저항 1[Ω]을 갖는 12[V] 직류 전압원이 5[Ω] 저항 R_L에 연결되어 있다. 저항 R_L에서 소비되는 전력[W]은? 22년 지방직 9급

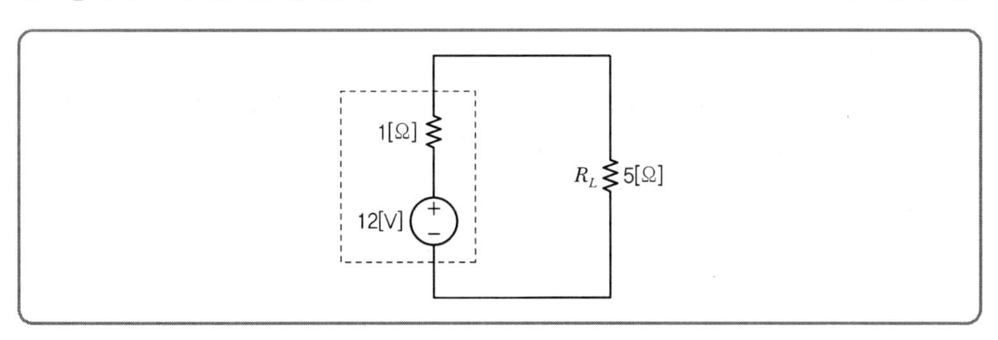

① 12 ② 20
③ 24 ④ 28.8

정답 228 ③ 229 ②

230 그림 (a)의 회로를 그림 (b)의 테브난 등가회로로 변환하였을 때, 테브난 등가전압 V_{TH}[V]와 부하저항 R_L에서 최대전력이 소비되기 위한 R_L[Ω]은? 22년 지방직 9급

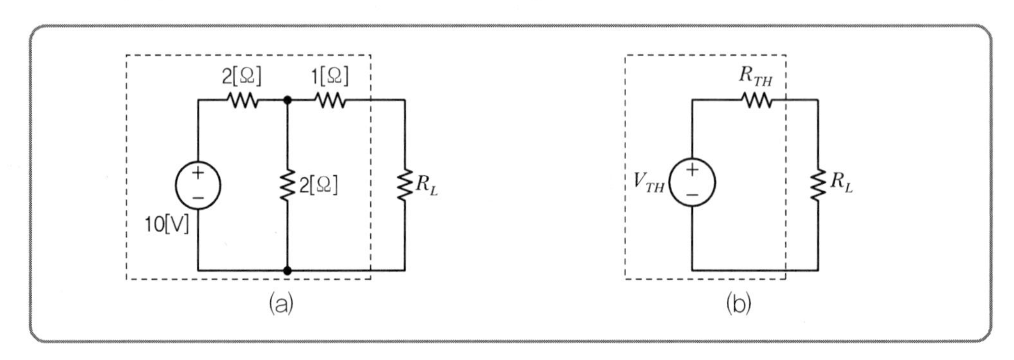

	V_{TH}	R_L		V_{TH}	R_L
①	5	2	②	5	5
③	10	2	④	10	5

231 그림의 회로에서 저항이 3[Ω]인 도선을 고유 저항이 같고 단면적이 2배, 길이가 4배인 도선으로 교체하였다. a − b 양단의 컨덕턴스 G[℧]는? 22년 지방직(경력) 9급

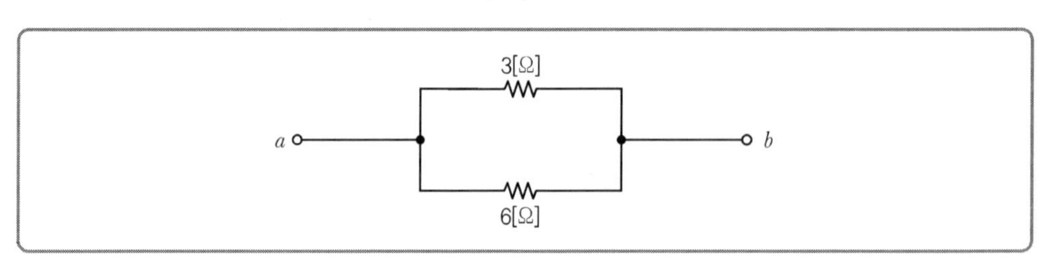

① $\frac{1}{2}$ ② $\frac{1}{3}$ ③ $\frac{1}{4}$ ④ $\frac{2}{3}$

232 그림의 회로에서 단자 a − b 양단의 등가저항 R_{ab}[Ω]는? 22년 지방직(경력) 9급

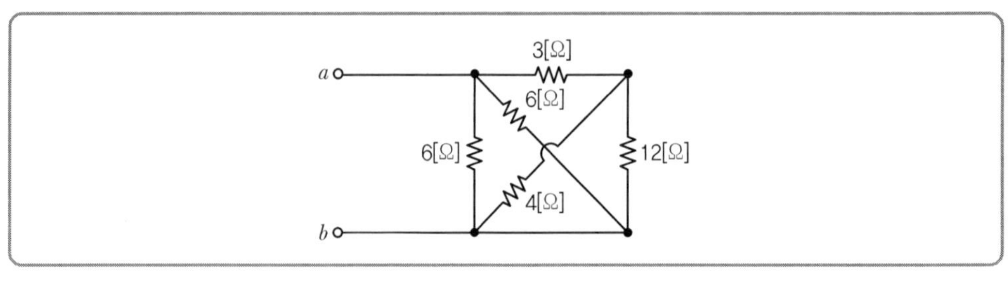

① 2 ② 4 ③ 8 ④ 10

정답 230 ① 231 ② 232 ①

233 그림의 회로에서 단자 a − b 양단의 전압 V_{ab}[V]는? 22년 지방직(경력) 9급

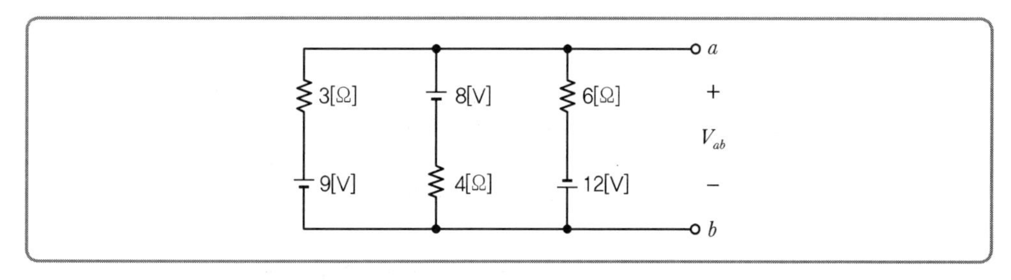

① 1　② 2
③ 4　④ 5

234 그림의 회로에서 1[Ω] 저항 양단에 걸리는 전압[V]은? 23년 지방직 9급

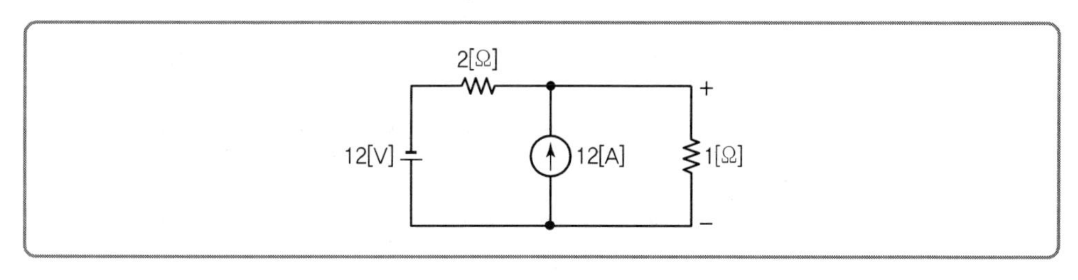

① 2　② 4
③ 6　④ 12

235 그림과 같은 회로의 단자 a와 b에서 바라본 등가저항 R_{eq}[kΩ]는? 23년 국가직 9급

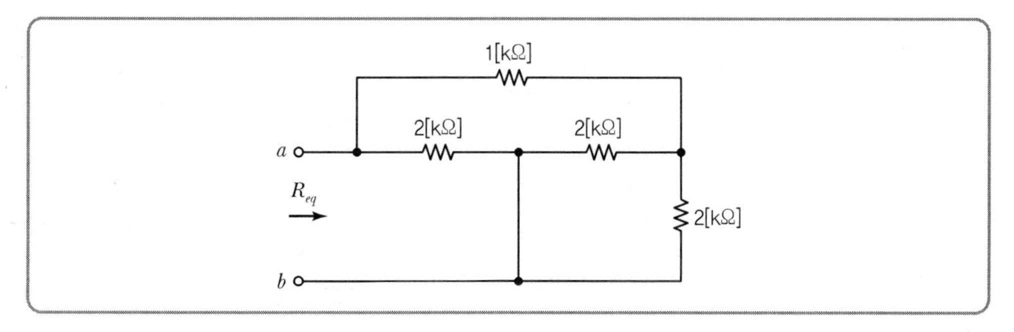

① 1　② 2
③ 3　④ 4

정답 233 ③ 234 ② 235 ①

236 그림의 회로에서 절점 a와 b 사이의 전압 V_{ab}가 4[V]일 때, 절점 a와 c 사이의 전압 V_{ac}[V]는?

23년 국가직 9급

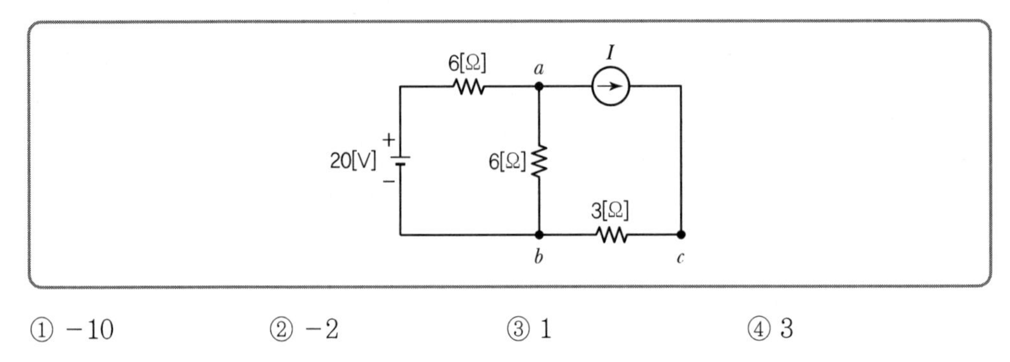

① −10 ② −2 ③ 1 ④ 3

237 그림의 회로에서 전류 I[A]는?

23년 국가직 9급

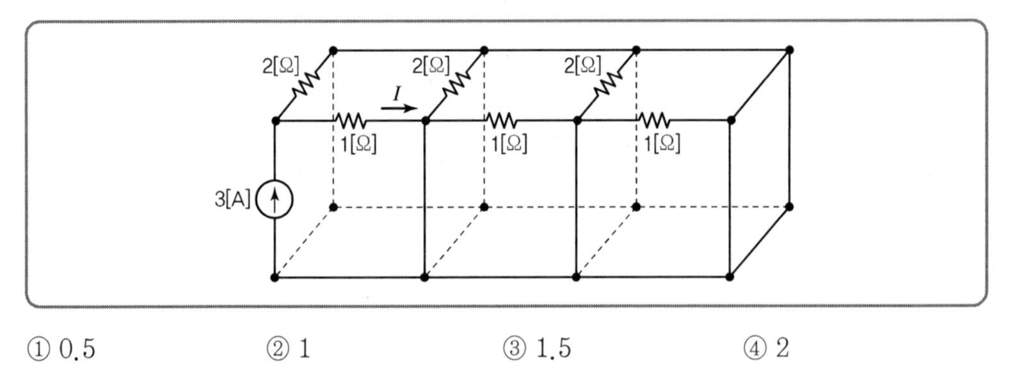

① 0.5 ② 1 ③ 1.5 ④ 2

238 그림의 회로에서 전류 I_1과 I_2에 대한 방정식이 다음과 같을 때, $a_1 + a_2$ 의 값은?

23년 국가직 9급

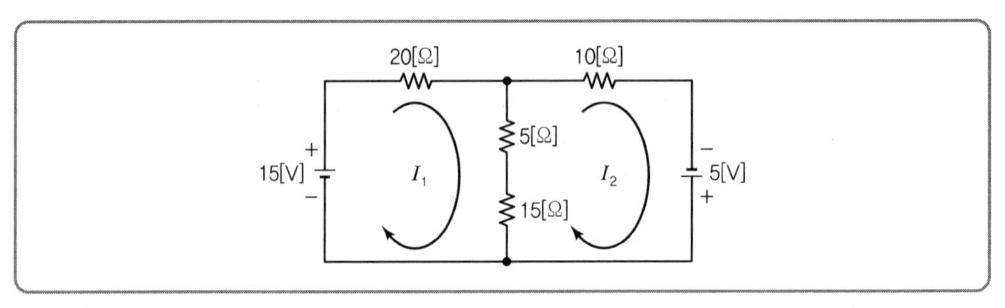

$$a_1 I_1 - 20 I_2 = 15$$
$$-20 I_1 + a_2 I_2 = 5$$

① 40 ② 50 ③ 60 ④ 70

정답 236 ② 237 ④ 238 ④

239 그림의 회로에서 전압 V_o[V]는? 21년 지방직(경력) 9급

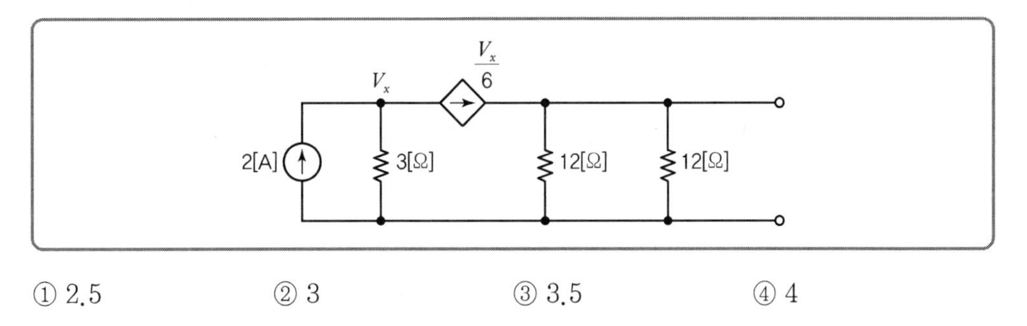

① 2.5 ② 3 ③ 3.5 ④ 4

240 그림의 회로에서 정상상태 전류 I[A]는?(단, 정상상태는 시간이 오래 지난 상태를 의미한다.)

21년 지방직(경력) 9급

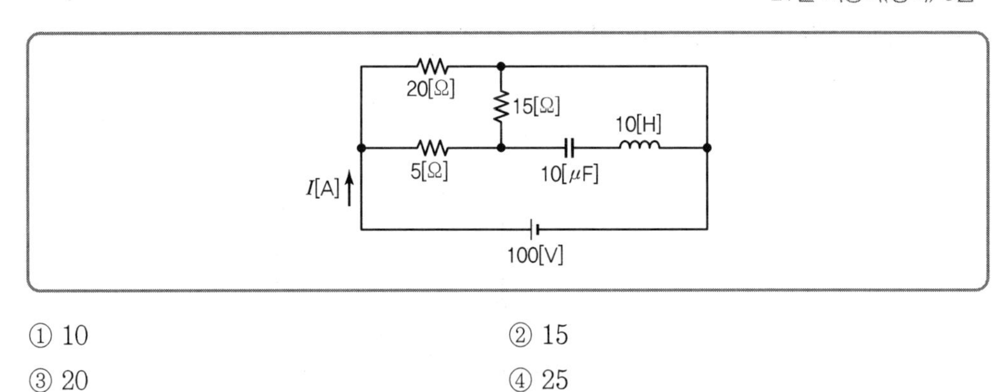

① 10 ② 15

③ 20 ④ 25

241 그림의 회로에서 a－b 간에 8[V]의 직류전압을 인가할 때, 저항 R_4에서의 전류 i[A]는?

21년 국회직 9급

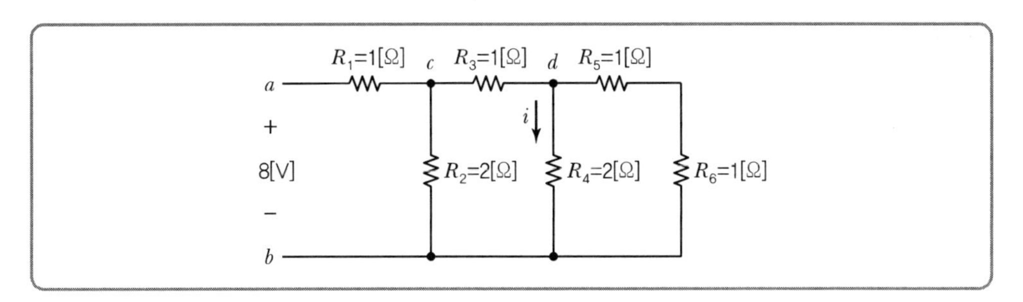

① 1 ② 1.5

③ 2 ④ 2.5

⑤ 4

정답 239 ④ 240 ① 241 ①

242 그림의 회로에서 저항 R에 최대전력이 전달되기 위한 저항 $R[\Omega]$의 값은? 21년 국회직 9급

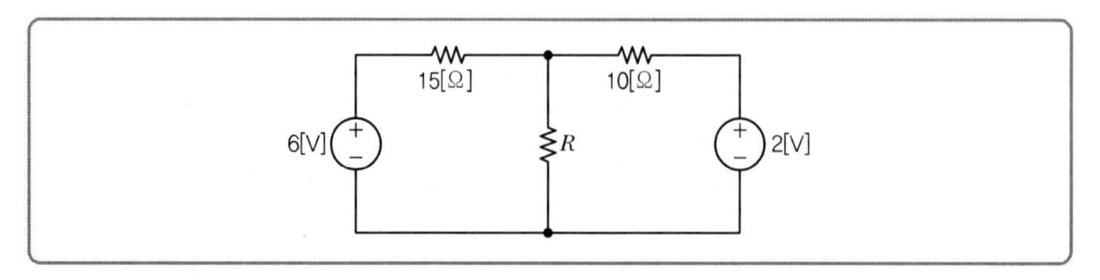

① 3　　② 6
③ 12　　④ 15
⑤ 27

243 그림의 회로에서 전류 i_o[mA]는? 21년 국회직 9급

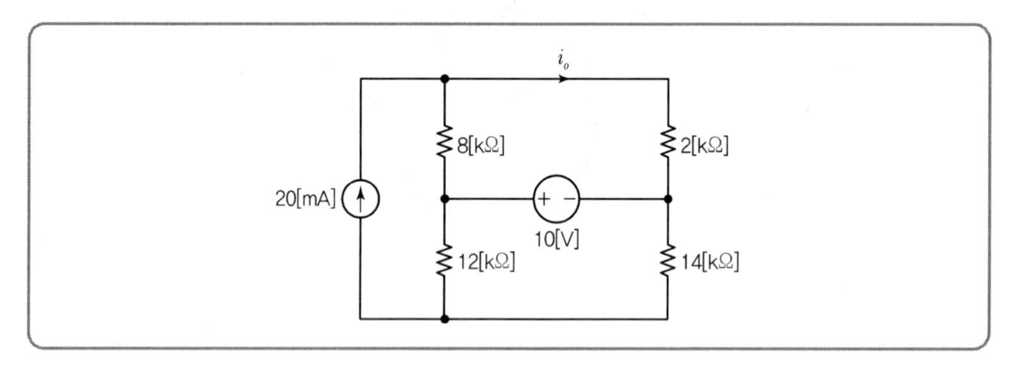

① 1　　② 6
③ 7　　④ 16
⑤ 17

정답 242 ② 243 ⑤

SECTION 02 직류회로(7급 기출문제)

01 다음 회로에서 V_o[V]는?

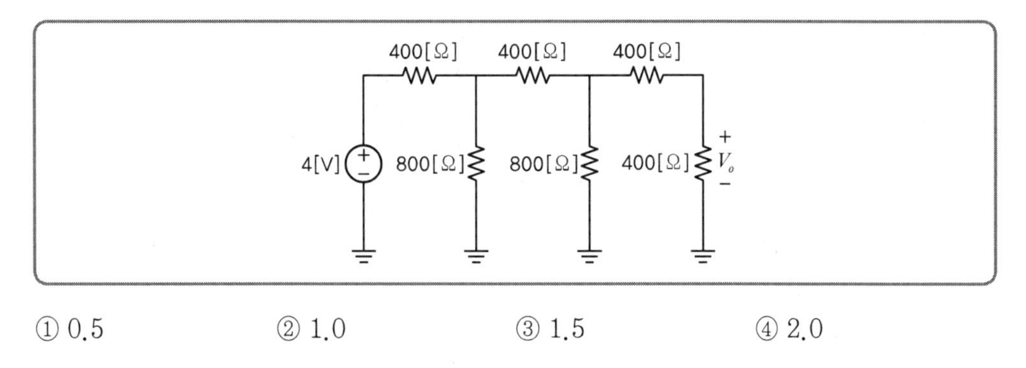

① 0.5　　② 1.0　　③ 1.5　　④ 2.0

02 아래 그림에서 선형회로의 A, B 단자에 4[kΩ]의 저항을 연결했을 때 전압 V_{AB}가 8[V]이고, 1[kΩ]을 연결했을 때 전압 V_{AB}가 4[V]라고 하자. A, B 단자에 10[kΩ]의 저항을 연결할 경우의 전압 V_{AB}[V]의 값은?

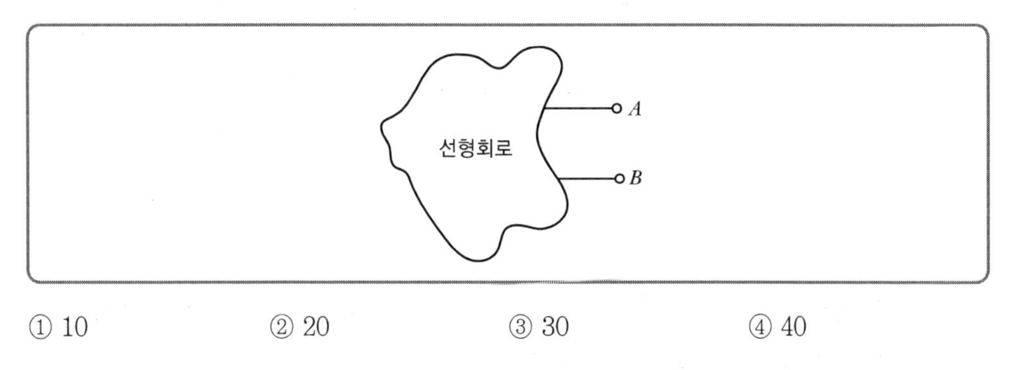

① 10　　② 20　　③ 30　　④ 40

03 다음 회로의 저항 R에서 소비되는 전력[W]은?

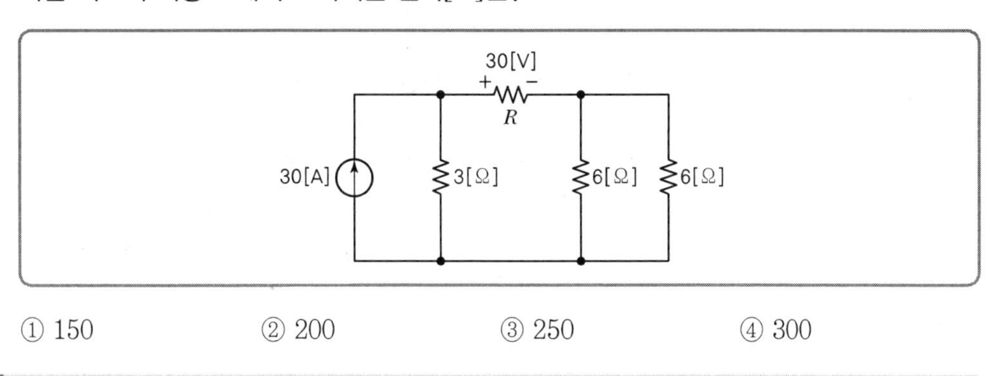

① 150　　② 200　　③ 250　　④ 300

정답 01 ① 02 ① 03 ④

04 다음 회로의 $a-b$ 단자에서 본 임피던스 $Z[\Omega]$는?

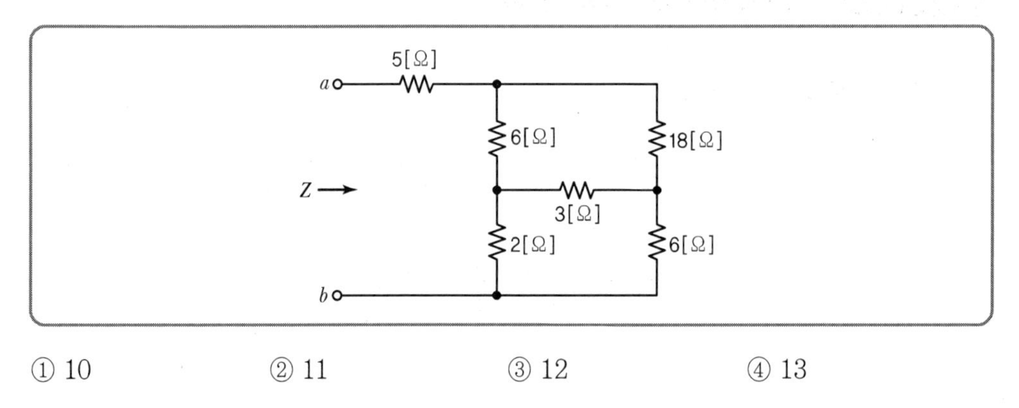

① 10 ② 11 ③ 12 ④ 13

05 다음 회로의 a와 b 양단에서 본 등가저항 $R_{ab}[\Omega]$은 얼마인가?

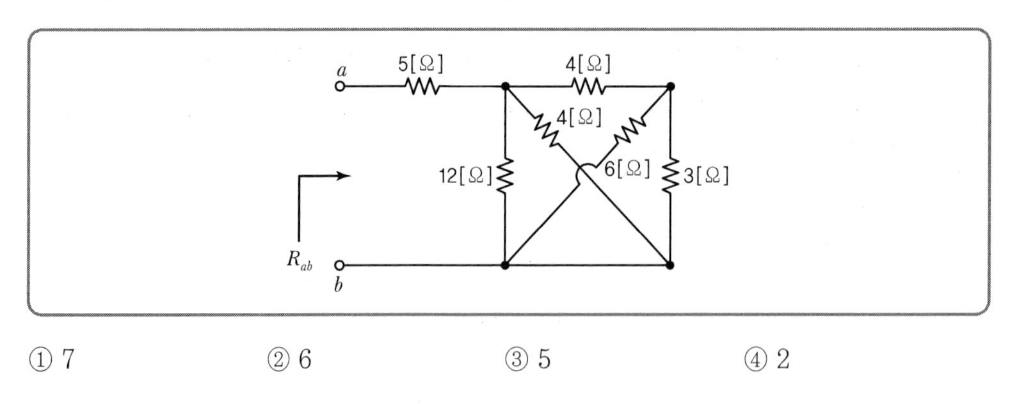

① 7 ② 6 ③ 5 ④ 2

06 다음 회로에서 저항 R 및 $2R$이 그림과 같은 형태로 무한히 반복 연결되어 있다. R_{eq}는 양의 값을 가진다고 할 때, 등가저항 R_{eq}는?

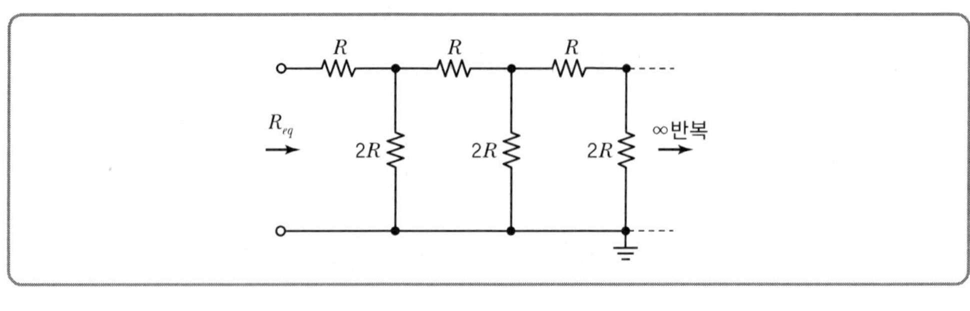

① $1.5R$ ② $2R$ ③ $2.5R$ ④ $3R$

정답 04 ② 05 ① 06 ②

07 다음 회로의 단자 $a-b$ 좌측을 노턴 등가회로로 대치할 때 노턴 등가 전류원(I_N[mA])과 노턴 등가저항(R_N[kΩ]) 값은?

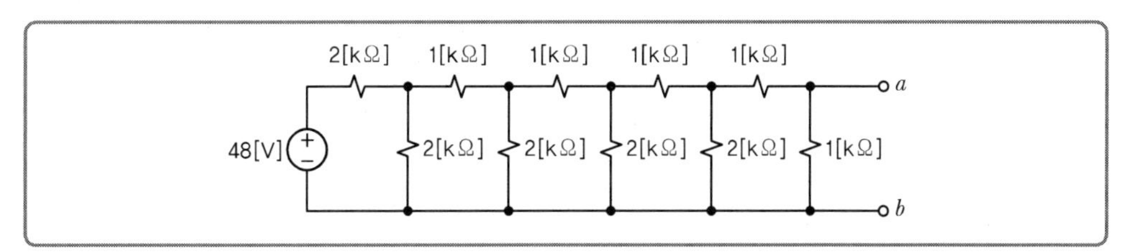

	I_N	R_N		I_N	R_N
①	0.5	$\frac{2}{3}$	②	1.5	$\frac{2}{3}$
③	0.5	2	④	1.5	2

08 다음 회로에서 전압 V_o[V]는?

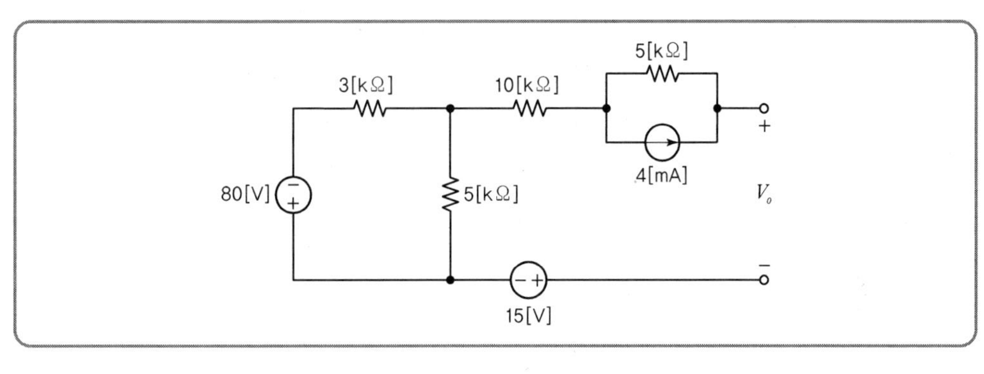

① −30 ② −45 ③ 30 ④ 45

정답 07 ② 08 ②

09 다음 회로에서 전원으로부터 저항 R_L에 최대 전력이 전달될 수 있도록 하는 R_L[Ω]은?

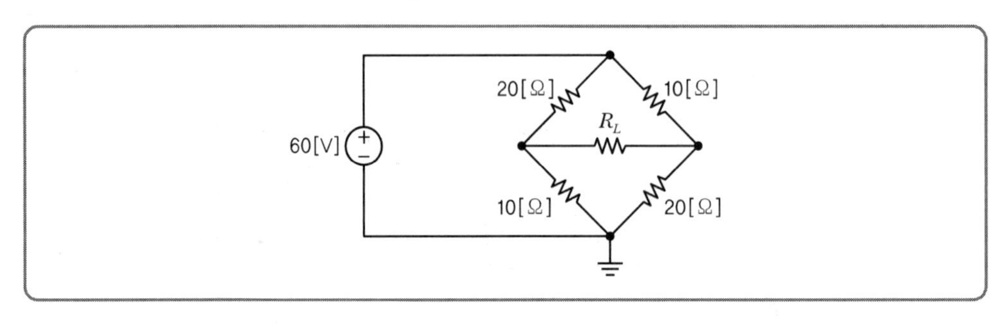

① $\frac{10}{3}$ ② $\frac{20}{3}$ ③ $\frac{30}{3}$ ④ $\frac{40}{3}$

10 다음 회로에서 V_1이 2[V]일 때, R[kΩ]은?

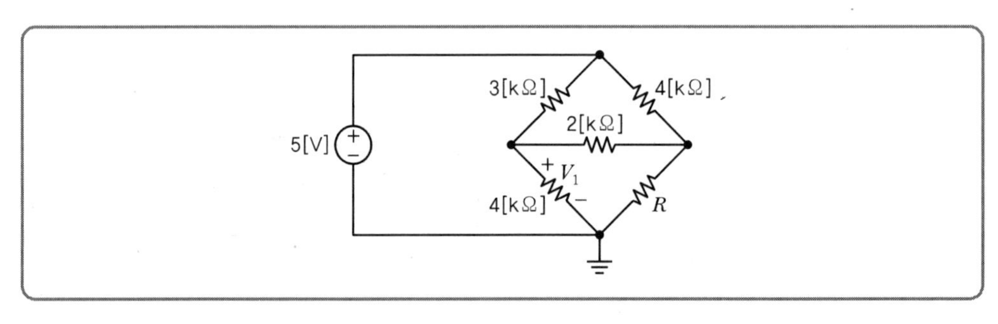

① $\frac{2}{3}$ ② 1 ③ $\frac{4}{3}$ ④ 2

11 다음 회로에서 전원이 공급하는 전류 i_1[mA]은? 15년 국가직 7급

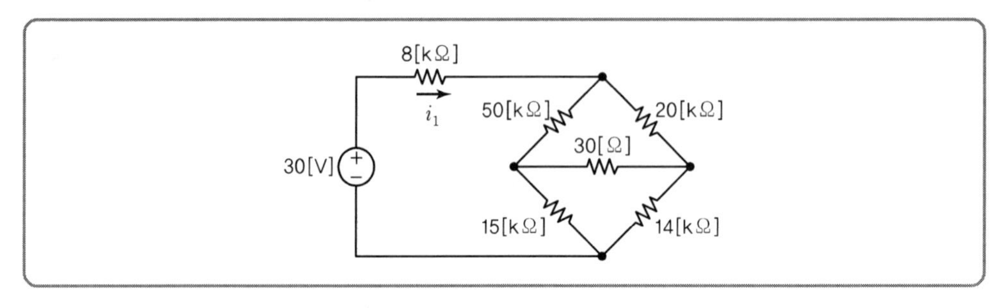

① 1 ② 2
③ 10 ④ 20

정답 09 ④ 10 ① 11 ①

12 다음 회로에서 전류 I_a[A]는?

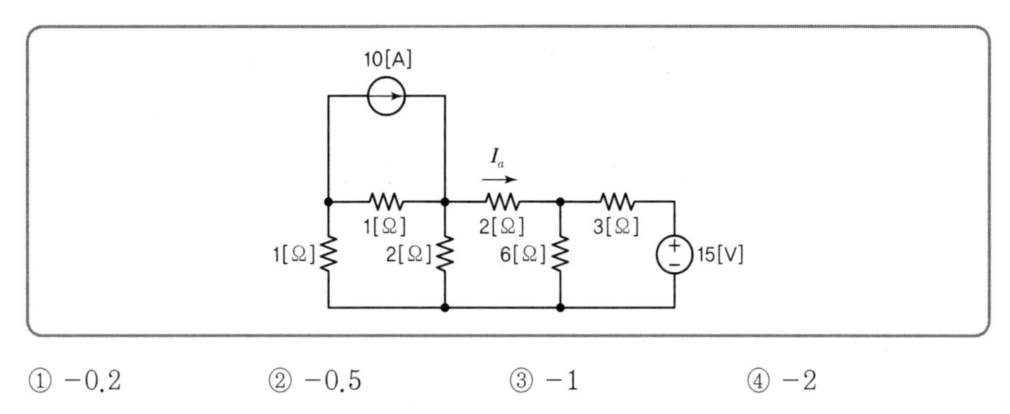

① −0.2 ② −0.5 ③ −1 ④ −2

13 아래 회로에서 전압 V_1[V]의 값은?

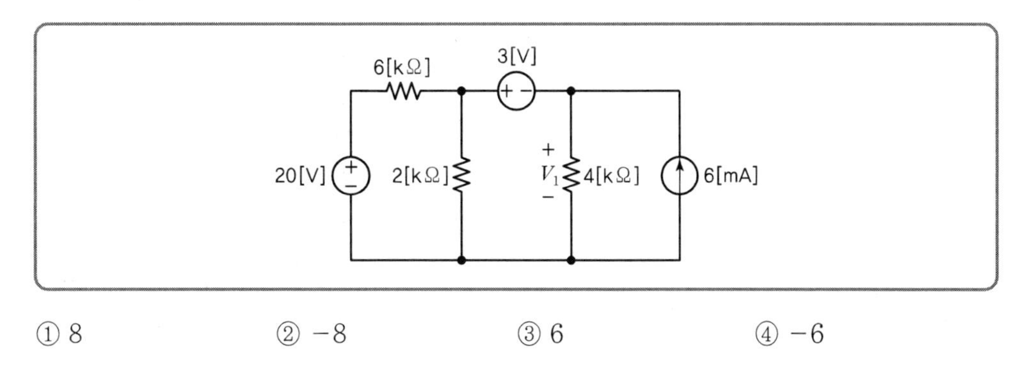

① 8 ② −8 ③ 6 ④ −6

14 다음 회로에서 $t=0$인 순간에 스위치가 닫힌 후, $t>0$에서 정상상태에 도달하였다. 이때, 20[V] 전압원이 공급하는 전력[W]은?(단, L과 C의 초기 값은 모두 0이다.)

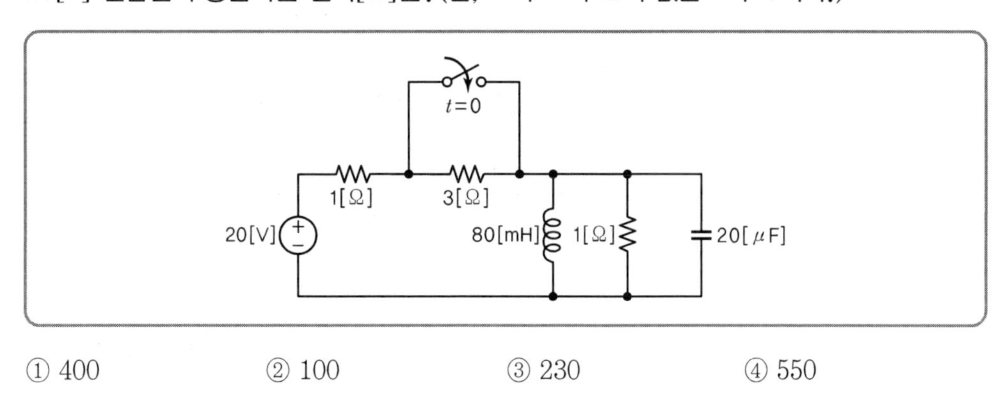

① 400 ② 100 ③ 230 ④ 550

정답 12 ③ 13 ① 14 ①

15 다음 회로의 a, b 단자에서 본 노턴 등가회로를 구할 때 테브난 저항값(R_{th})[Ω]은?

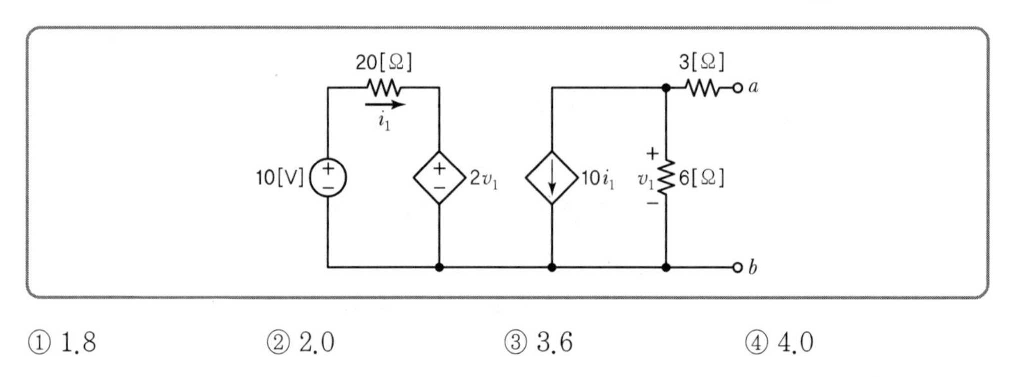

① 1.8　② 2.0　③ 3.6　④ 4.0

16 다음 회로의 단자 $a-b$ 좌측을 테브난 등가회로로 대치할 때 테브난 등가저항(R_{th}[Ω])은?

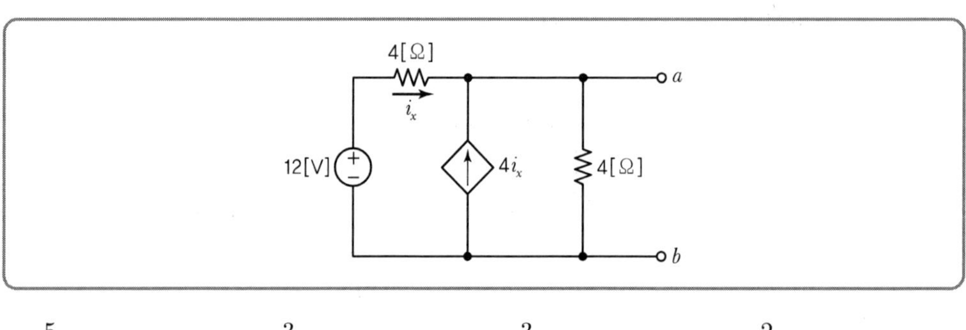

① $\frac{5}{3}$　② $\frac{3}{2}$　③ $\frac{3}{5}$　④ $\frac{2}{3}$

17 아래 그림과 같은 회로에서 $1 \le \beta \le 2$일 때, 3[Ω] 저항에 흐르는 전류 i_1[A]의 최댓값은?

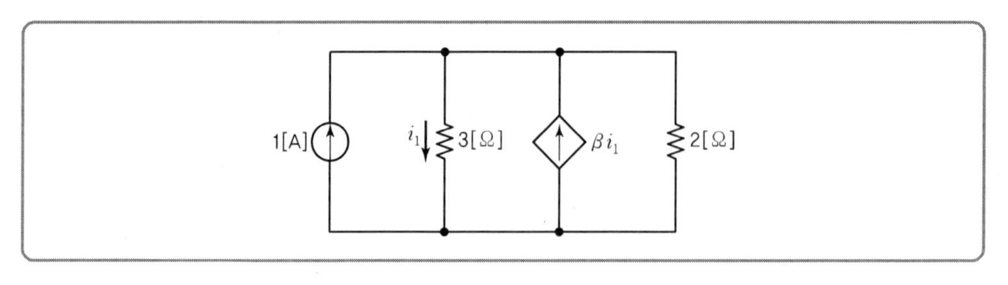

① $\frac{2}{3}$　② 2　③ 3　④ $\frac{1}{2}$

정답 **15** ① **16** ④ **17** ②

18 다음 회로에서 출력전압 V_o[V]는?

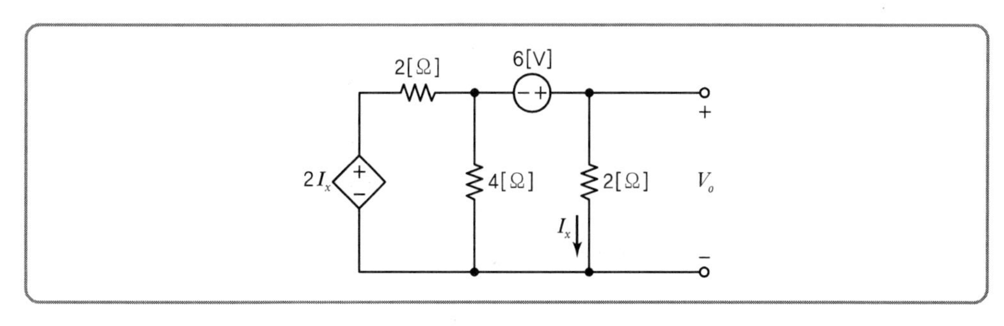

① 4　　② 5
③ 6　　④ 7

19 다음 회로에서 V_1[V]은?

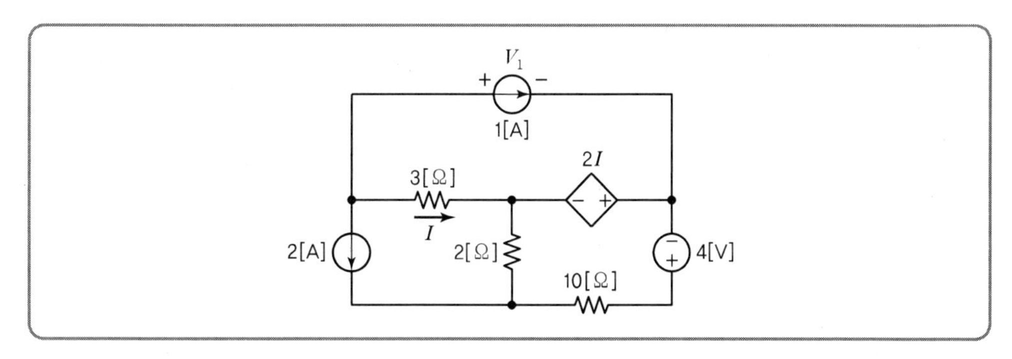

① 1　　② −1
③ −2　　④ −3

20 다음 회로의 저항 5[Ω]에서 소모되는 전력 [W]은?

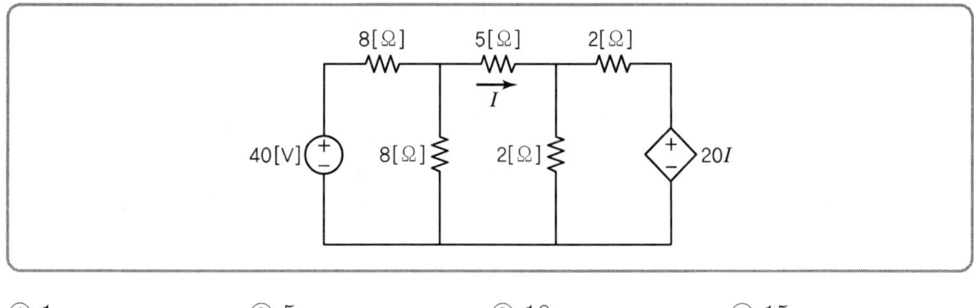

① 1　　② 5　　③ 10　　④ 15

정답 18 ③ 19 ④ 20 ②

21 다음 회로에서 전압 V_{ab}[V]는?

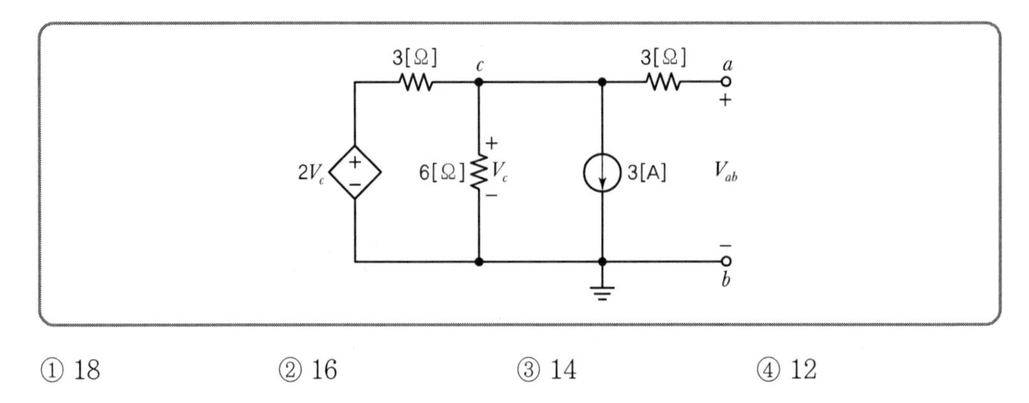

① 18 ② 16 ③ 14 ④ 12

22 다음 회로에서 전압 V_o[V]는? 15년 국가직 7급

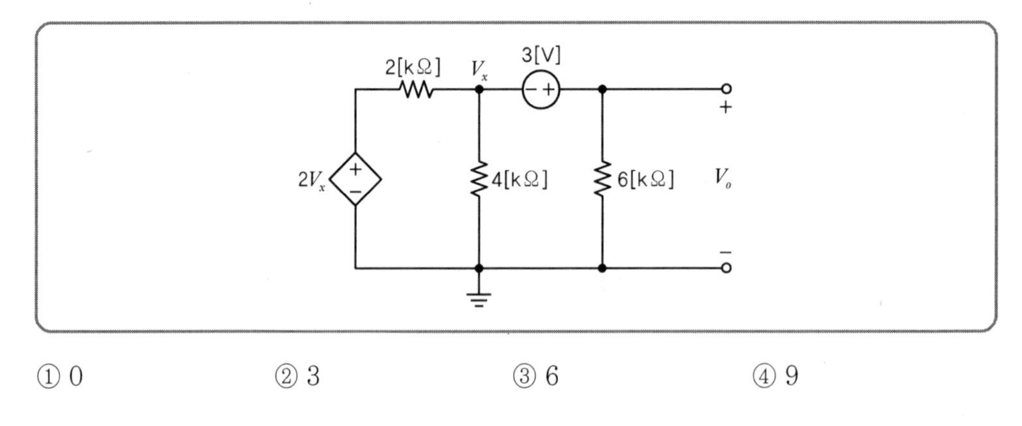

① 0 ② 3 ③ 6 ④ 9

23 다음 회로에서 전압 V_o[V]는? 15년 국가직 7급

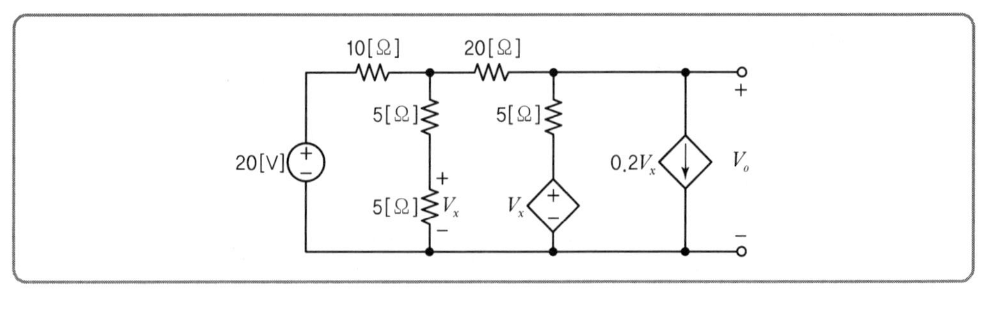

① $\frac{4}{7}$ ② $\frac{3}{5}$ ③ $\frac{5}{3}$ ④ $\frac{7}{4}$

정답 21 ① 22 ④ 23 ③

24 크래머(Cramer)의 법칙으로 구한 V_1[V]의 값은?

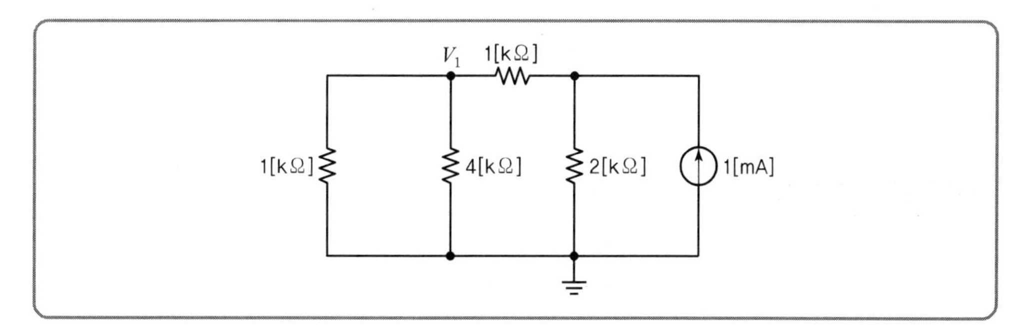

① $V_1 = \dfrac{\begin{vmatrix} 0 & -1 \\ 1 & \frac{3}{2} \end{vmatrix}}{\begin{vmatrix} 2\frac{1}{4} & -1 \\ -1 & \frac{3}{2} \end{vmatrix}}$

② $V_1 = \dfrac{\begin{vmatrix} 0 & -1 \\ -1 & \frac{3}{2} \end{vmatrix}}{\begin{vmatrix} 2\frac{1}{4} & -1 \\ -1 & \frac{3}{2} \end{vmatrix}}$

③ $V_1 = \dfrac{\begin{vmatrix} 0 & -1 \\ 1 & 3 \end{vmatrix}}{\begin{vmatrix} 6 & -1 \\ -1 & 3 \end{vmatrix}}$

④ $V_1 = \dfrac{\begin{vmatrix} 0 & -1 \\ -1 & 3 \end{vmatrix}}{\begin{vmatrix} 6 & -1 \\ -1 & 3 \end{vmatrix}}$

정답 24 ①

CHAPTER 02 CURRENT THEORY

전기자기학

SECTION 01 전자기학(전기장)

01 전기력선의 성질에 대한 설명으로 옳은 것은? 10년 국가직 9급

① 전하가 없는 곳에서 전기력선은 발생, 소멸이 가능하다.
② 전기력선은 그 자신만으로 폐곡선을 이룬다.
③ 전기력선은 도체 내부에 존재한다.
④ 전기력선은 등전위면과 수직이다.

02 전기력선의 성질에 대한 설명으로 옳지 않은 것은? 12년 국가직 9급

① 전기력선은 도체 내부에 존재한다.
② 전속밀도는 전하와의 거리 제곱에 반비례한다.
③ 전기력선은 등전위면과 수직이다.
④ 전하가 없는 곳에서 전기력선 발생은 없다.

03 다음 정전계에 대한 설명 중 틀린 것은? 12년 국회직 9급

① 전계는 도체의 표면에 수직이다.
② 도체의 표면에서 전위는 동일하다.
③ 도체 표면을 따라 전하를 운반하는 데 일이 필요치 않다.
④ 도체 내부에 전속밀도의 발산치가 존재한다.
⑤ 전속밀도는 전하로부터 떨어진 거리의 제곱에 반비례한다.

04 정전계 내의 도체에 대한 설명으로 옳지 않은 것은? 16년 국가직 9급

① 도체표면은 등전위면이다.
② 도체 내부의 정전계 세기는 영이다.
③ 등전위면의 간격이 좁을수록 정전계 세기가 크게 된다.
④ 도체표면상에서 정전계 세기는 모든 점에서 표면의 접선방향으로 향한다.

정답 01 ④ 02 ① 03 ④ 04 ④

05 도체에 정(+)의 전하를 주었을 때 다음 중 옳지 않은 것은? 15년 서울시 9급

① 도체 외측 측면에만 전하가 분포한다.
② 도체 표면에서 수직으로 전기력선이 발산한다.
③ 도체 표면의 곡률 반지름이 작은 곳에 전하가 많이 모인다.
④ 도체 내에 있는 공동면에도 전하가 분포한다.

06 다음 중 전기력선의 설명으로 옳은 것은? 18년 국회직 9급

① 전하가 없는 곳에서 전기력선은 불연속이다.
② 전기력선은 그 자신만으로 폐곡선을 이룬다.
③ 도체 내부에는 전기력선이 없다.
④ 전기력선은 등전위면에 수평으로 출입한다.
⑤ 전계가 0이 아닌 곳에서 2개의 전기력선은 서로 교차한다.

07 등전위면(Equipotential Surface)의 특징에 대한 설명으로 옳은 것만을 모두 고르면? 19년 국가직 9급

ㄱ. 등전위면과 전기력선은 수평으로 접한다.
ㄴ. 전위의 기울기가 없는 부분으로 평면을 이룬다.
ㄷ. 다른 전위의 등전위면은 서로 교차하지 않는다.
ㄹ. 전하의 밀도가 높은 등전위면은 전기장의 세기가 약하다.

① ㄱ, ㄹ
② ㄴ, ㄷ
③ ㄱ, ㄴ, ㄷ
④ ㄴ, ㄷ, ㄹ

08 10×10^{-6}[C]의 양전하와 6×10^{-7}[C]의 음전하를 갖는 대전체가 비유전율 3인 유체 속에서 1[m] 거리에 있을 때 두 전하 사이에 작용하는 힘은?(단, 비례상수 $k=\dfrac{1}{4\pi\varepsilon_0}=9\times10^9$이다.) 18년 서울시 9급(전)

① -1.62×10^{-1}[N]
② 1.62×10^{-1}[N]
③ -1.8×10^{-2}[N]
④ 1.8×10^{-2}[N]

정답 05 ④ 06 ③ 07 ② 08 ④

09 원점에 위치한 $+Q$[C]를 기준으로 하여 1[m] 떨어진 곳에 $+4Q$[C]가 있다. 이 두 점전하 사이의 위치 A[m]에 $-Q$[C]가 놓여 있을 때, $-Q$[C]에 미치는 전기력이 0[N]이 되는 위치 A[m]는 어디인가? 14년 국회직 9급

① $\frac{1}{3}$ ② $\frac{1}{9}$ ③ $\frac{2}{3}$ ④ $\frac{4}{9}$
⑤ 0

10 진공 중의 한 점에 음전하 5[μC]가 존재하고 있다. 이 점에서 5[m] 떨어진 곳의 전기장의 세기[kV/m]는?(단, $\frac{1}{4\pi\varepsilon_0}=9\times10^9$이고, ε_0는 진공의 유전율이다.)

① 1.8 ② −1.8 ③ 3.8 ④ −3.8

11 전기장 내에서 +2[C]의 전하를 다른 점으로 옮기는 데 100[J]의 일이 필요했다면, 그 점의 전위는 (㉠)[V] 높아진 상태이다. 다음 중 ㉠의 값으로 옳은 것은? 15년 서울시 9급

① 2 ② 20 ③ 40 ④ 50

12 직각좌표계 (x, y, z)의 원점에 점전하 0.3[μC]이 놓여 있다. 이 점전하로부터 좌표점(1, 2, −2)[m]에 미치는 전계 중 x축 성분의 전계의 세기[V/m]는?(단, 매질은 진공이다.)
08년 국가직 9급

① 100 ② 200 ③ 300 ④ 400

13 직각좌표계의 진공 중에 균일하게 대전되어 있는 무한 $y-z$ 평면 전하가 있다. x축상의 점에서 r만큼 떨어진 점에서의 전계 크기는?

① r^2에 반비례한다. ② r에 반비례한다.
③ r에 비례한다. ④ r와 관계없다.

14 20[V/m]의 전기장에 어떤 전하를 놓으면 4[N]의 힘이 작용한다. 전하의 양[C]은?
07년 국가직 9급

① 80 ② 10 ③ 5 ④ 0.2

정답 09 ① 10 ② 11 ④ 12 ① 13 ④ 14 ④

15 공기 중 2개의 점전하 간에 5.00[N]의 힘이 작용하고 있다. 두 점전하 사이의 거리를 2배로 하였을 때 작용하는 힘[N]은? 11년 지방직 9급

① 1.25 ② 2.50
③ 10.00 ④ 20.00

16 전계의 세기가 50.0[kV/m]이고 비유전율이 8.00인 유전체 내의 전속밀도[C/m^2]는? 11년 지방직 9급

① 8.85×10^{-6} ② 7.08×10^{-6}
③ 4.42×10^{-6} ④ 3.54×10^{-6}

17 두 점 사이에서 20[C]의 전하를 옮기는 데 80[J]의 에너지가 필요하다면 두 점 사이의 전압[V]은? 18년 국회직 9급

① 2 ② 4
③ 5 ④ 8
⑤ 20

18 무한히 먼 곳에서부터 A점까지 +3[C]의 전하를 이동시키는 데 60[J]의 에너지가 소비되었다. 또한 무한히 먼 곳에서부터 B점까지 +2[C]의 전하를 이동시키는 데 10[J]의 에너지가 생성되었다. A점을 기준으로 측정한 B점의 전압[V]은? 19년 서울시 9급

① −20[V] ② −25[V]
③ +20[V] ④ +25[V]

19 자유공간에서 전위 200[V]의 위치에서 400[V]의 위치로 점전하 2×10^{-10}[C]을 이동시킬 때 필요한 일[J]을 구하면? 19년 국회직 9급

① 4×10^{-1} ② 4×10^{-4}
③ 4×10^{-8} ④ 8×10^{-4}
⑤ 8×10^{-8}

정답 15 ① 16 ④ 17 ② 18 ② 19 ③

20 회로에서 임의의 두 점 사이를 5[C]의 전하가 이동하여 외부에 대하여 100[J]의 일을 하였을 때, 두 점 사이의 전위차[V]는? 19년 지방직 9급

① 20 ② 40 ③ 50 ④ 500

21 다음과 같이 2개의 점전하 $+1[\mu C]$과 $+4[\mu C]$이 1[m] 떨어져 있을 때, 두 전하가 발생시키는 전계의 세기가 같아지는 지점은? 20년 서울시 9급

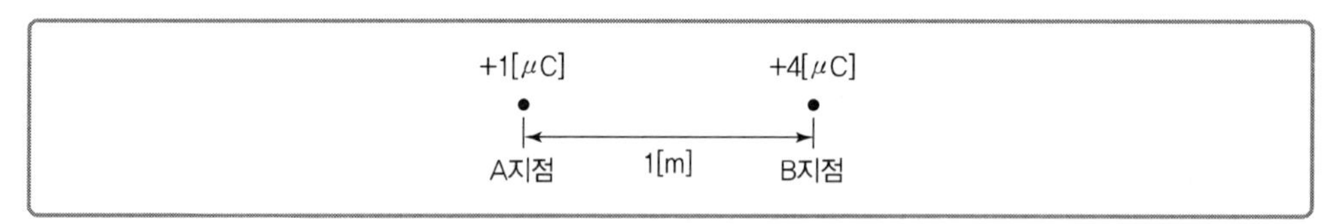

① A지점에서 오른쪽으로 0.33[m] 지점
② A지점에서 오른쪽으로 0.5[m] 지점
③ A지점에서 왼쪽으로 0.5[m] 지점
④ A지점에서 왼쪽으로 1[m] 지점

22 $2Q$[C]의 전하량을 갖는 전하 A에서 q[C]의 전하량을 떼어 내어 전하 A로부터 1[m] 거리에 q[C]를 위치시킨 경우, 두 전하 사이에 작용하는 전자기력이 최대가 되는 q[C]는?(단, $0<q<2Q$이다.) 20년 국가직 9급

① Q ② $\frac{Q}{2}$ ③ $\frac{Q}{3}$ ④ $\frac{Q}{4}$

23 균일하게 대전되어 있는 무한길이 직선전하가 있다. 이 선으로부터 수직 거리 r만큼 떨어진 점의 전계 세기에 대한 설명으로 가장 옳은 것은? 20년 서울시 9급

① r에 비례한다. ② r에 반비례한다.
③ r^2에 비례한다. ④ r^2에 반비례한다.

24 전기장 내의 한 점 a에서 다른 점 b로 -4[C]의 전하를 옮기는 데 32[J]의 일이 필요하다. 이 경우에 두 점 사이의 전위차 크기[V]는? 14년 국가직 9급

① 1 ② 4
③ 8 ④ 32

정답 20 ① 21 ①, ④ 22 ① 23 ② 24 ③

25 어떤 전하가 100[V]의 전위차를 갖는 두 점 사이를 이동하면서 10[J]의 일을 할 수 있다면, 이 전하의 전하량은?

18년 서울시 9급(전)

① 0.1[C] ② 1[C]
③ 10[C] ④ 100[C]

26 직각좌표계 $(x,\ y,\ z)$의 원점에 점전하 $0.6[\mu C]$이 놓여 있다. 이 점전하로부터 좌표점 (2, -1, 2)[m]에 미치는 전계의 세기 중 x축 성분의 크기[V/m]는?(단, 매질은 공기이고, $\frac{1}{4\pi\varepsilon_0} = 9\times 10^9$ [m/F]이다.)

15년 국가직 9급

① 200 ② 300
③ 400 ④ 500

27 정전계 문제를 수리물리적으로 계산하고 분석할 때, 전계 E[V/m], 전압 V[V], 전속밀도 D [C/m^2], 분극의 세기 P, 유전율 ε_o 등으로 정의한다. 다음 중 옳지 않은 것은?

09년 지방직 9급

① $P = D - \varepsilon_o E$
② $\nabla^2 V = -\frac{p}{\varepsilon_o}$
③ $E = -\nabla V$
④ $\nabla E = 0$

28 전위 함수가 $V = 3x + 2y^2$[V]로 주어질 때 점(2, -1, 3)에서 전계의 세기[V/m]는?

11년 국가직 9급

① 5 ② 6
③ 8 ④ 12

정답 25 ① 26 ③ 27 ④ 28 ①

29 다음 그림과 같이 접지된 무한 평판 도체의 위에서 d만큼 떨어진 지점($z=d$)에 전하 Q가 있다. d의 길이가 $2[\mathrm{m}]$ 이면 $z=2d=4[\mathrm{m}]$ 지점에서의 전위는? 14년 서울시 9급

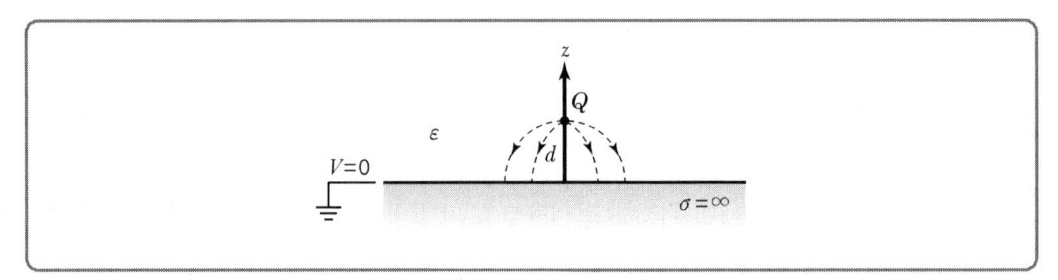

① $\dfrac{Q}{4\pi\varepsilon}$　② $\dfrac{Q}{6\pi\varepsilon}$

③ $\dfrac{Q}{8\pi\varepsilon}$　④ $\dfrac{Q}{10\pi\varepsilon}$

⑤ $\dfrac{Q}{12\pi\varepsilon}$

30 평행판 콘덴서에 전하량 $Q[\mathrm{C}]$가 충전되어 있다. 이 콘덴서의 내부 유전체의 유전율이 두 배로 변한다면 콘덴서 내부의 전속밀도는? 08년 국가직 9급

① 변화가 없다.　② 2배가 된다.

③ 4배가 된다.　④ 절반으로 감소한다.

31 다음과 같이 연결된 커패시터를 $1[\mathrm{kV}]$로 충전하였더니 $2[\mathrm{J}]$의 에너지가 충전되었다면, 커패시터 C_X의 정전용량$[\mu\mathrm{F}]$은?

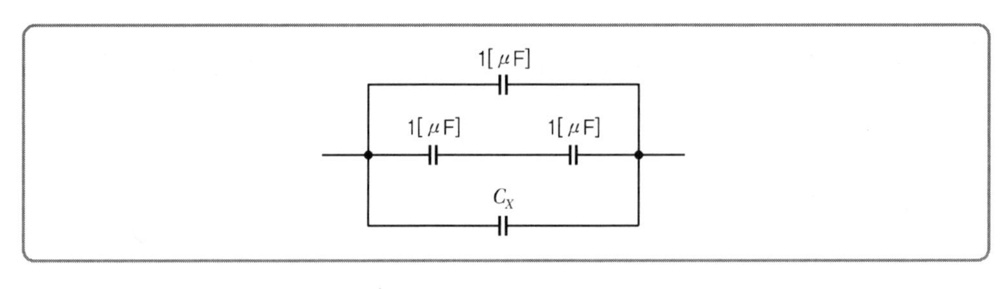

① 1　② 1.5　③ 2　④ 2.5

정답 29 ⑤ 30 ① 31 ④

32 처음 정전용량이 2[F]인 평행판 커패시터가 있다. 정전용량을 6[F]으로 변경하기 위한 방법으로 가장 옳지 않은 것은? 20년 서울시 9급

① 극판 사이의 간격을 1/3배로 한다.
② 판의 면적을 3배로 한다.
③ 극판 사이의 간격을 1/2배로 하고, 판의 면적을 2배로 한다.
④ 극판 사이의 간격을 1/4배로 하고, 판의 면적을 3/4배로 한다.

33 2개의 도체로 구성되어 있는 평행판 커패시터의 정전용량을 100[F]에서 200[F]으로 증대하기 위한 방법은? 20년 국가직 9급

① 극판 면적을 4배 크게 한다.
② 극판 사이의 간격을 반으로 줄인다.
③ 극판의 도체 두께를 2배로 증가시킨다.
④ 극판 사이에 있는 유전체의 비유전율이 4배 큰 것을 사용한다.

34 여러 개의 커패시터가 그림의 회로와 같이 연결되어 있다. 전체 등가용량 $C_T[\mu F]$은? 20년 서울시 9급

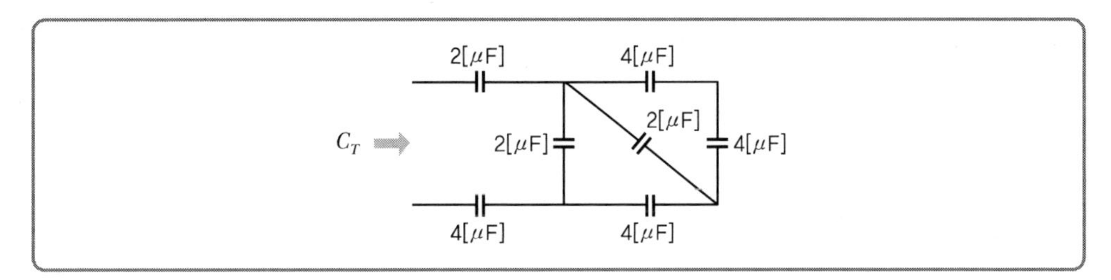

① 1[μF]
② 2[μF]
③ 3[μF]
④ 4[μF]

정답 32 ③ 33 ② 34 ①

35 다음 그림과 같이 $C_1 = C_2 = 2[\mu F]$, $C_3 = C_4 = 1[\mu F]$의 콘덴서가 연결되어 있고 ab 사이의 합성 정전용량이 $2[\mu F]$일 때 C_X의 정전용량$[\mu F]$은? 18년 국회직 9급

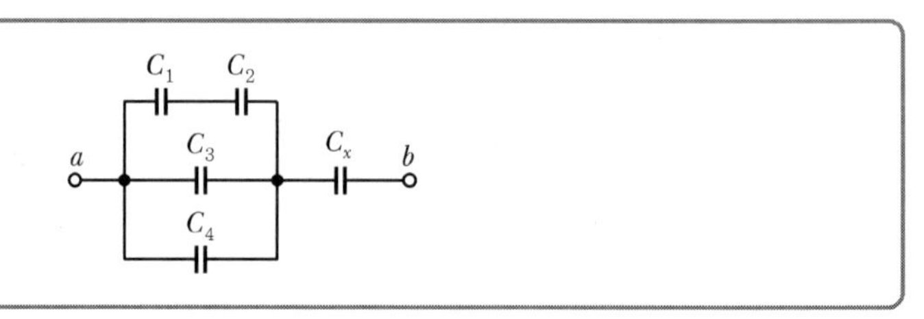

① 1
② 3.6
③ 4.5
④ 6
⑤ 7.2

36 다음 회로에서 단자 b와 c 사이의 합성 정전용량[F]은? 19년 지방직 9급

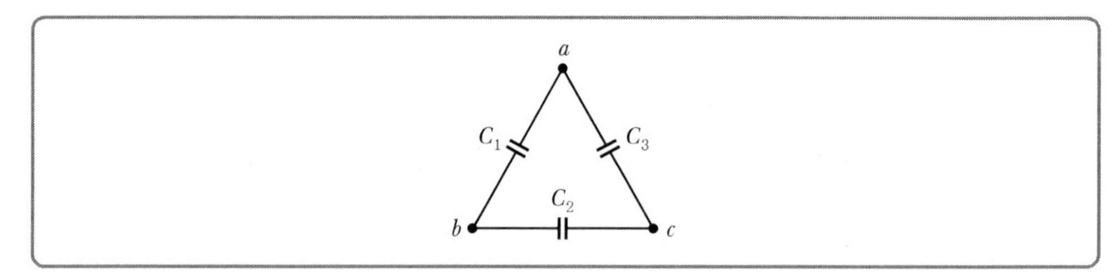

① $C_3 + \dfrac{1}{\dfrac{1}{C_1} + \dfrac{1}{C_2}}$
② $C_2 + \dfrac{1}{\dfrac{1}{C_1} + \dfrac{1}{C_3}}$
③ $C_1 + \dfrac{1}{\dfrac{1}{C_2} + \dfrac{1}{C_3}}$
④ $C_1 + C_2 + C_3$

37 $0.3[\mu F]$과 $0.4[\mu F]$의 커패시터를 직렬로 접속하고 그 양단에 전압을 인가하여 $0.3[\mu F]$의 커패시터에 $24[\mu C]$의 전하가 축적되었을 때, 인가한 전압[V]은? 19년 지방직 9급

① 120
② 140
③ 160
④ 180

정답 35 ④ 36 ② 37 ②

38 동일한 면적의 진공 평판 콘덴서의 평판 간격을 2배로 증가시키고 전압을 2배로 인가할 때, 콘덴서에 저장되는 정전 에너지는 몇 배인가?(단, 가장자리 효과는 무시한다.)

19년 지방직 9급

① 0.5　　② 1
③ 2　　④ 4

39 다음 회로에서 40[μF] 커패시터 양단의 전압 V_a[V]는?　19년 국가직 9급

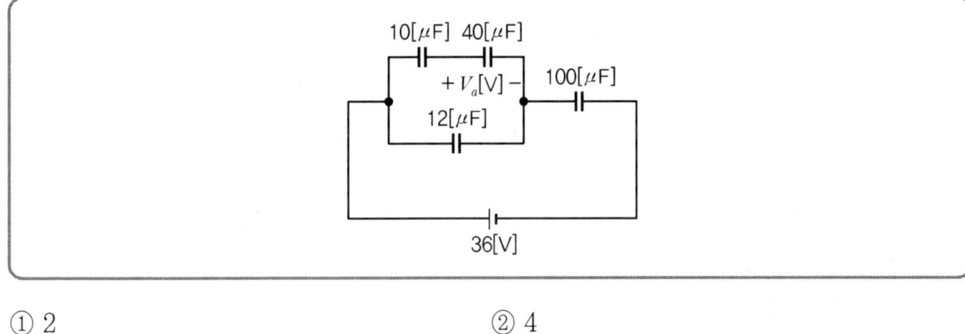

① 2　　② 4
③ 6　　④ 8

40 3개의 커패시터 $C_1 = 1[\mu F]$, $C_2 = 2[\mu F]$, $C_3 = 3[\mu F]$을 직렬 연결하여 1,100[V]의 전압을 가할 때, C_1 양단에 걸리는 전압[V]를 구하면?　19년 국회직 9급

① 100　　② 300
③ 400　　④ 500
⑤ 600

41 정전용량이 10[μF]과 40[μF]인 2개의 커패시터를 직렬연결한 회로가 있다. 이 직렬회로에 10[V]의 직류전압을 인가할 때, 10[μF]의 커패시터에 축적되는 전하의 양[C]은?

09년 국가직 9급

① 8×10^{-5}　　② 4×10^{-5}
③ 2×10^{-5}　　④ 1×10^{-5}

정답 38 ③ 39 ③ 40 ⑤ 41 ①

42 4[μF]과 6[μF]의 정전용량을 가진 두 콘덴서를 직렬로 연결하고 이 회로에 100[V]의 전압을 인가할 때 6[μF]의 양단에 걸리는 전압[V]은?

① 40
② 60
③ 80
④ 100

43 한 변의 길이가 30[cm]인 정방형 전극판이 2[cm] 간극으로 놓여 있는 평행판 콘덴서가 있다. 이 콘덴서의 평행판 사이에 유전율이 10^{-5}[F/m]인 유전체를 채우고 양 극판에 200[V]의 전위차를 주면 축적되는 전하량[C]은? 08년 국가직 9급

① 3×10^{-3}
② 5×10^{-3}
③ 9×10^{-3}
④ 15×10^{-3}

44 내전압이 모두 같고 정전용량의 크기가 각각 0.01[F], 0.02[F], 0.04[F]인 3개의 콘덴서를 직렬 연결하였다. 이 직렬회로 양단에 인가되는 전압을 서서히 증가시켰을 때 제일 먼저 파괴되는 콘덴서는? 09년 지방직 9급

① 0.01[F] 콘덴서
② 0.02[F] 콘덴서
③ 0.04[F] 콘덴서
④ 세 콘덴서 모두 동시에 파괴됨

45 다음의 그림에서 도체는 10[C]의 전하량으로 대전되어 있다. 이때 유전체(유전율 ε[F/m]) 내에서는 전계의 세기 [V/m]는?(단, 가장자리에서의 전속의 Fringing Effect는 무시한다.) 10년 국가직 9급

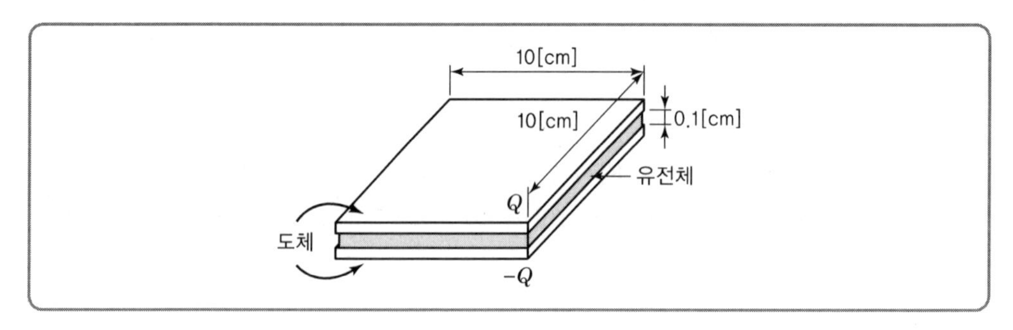

① $0.1/\varepsilon$
② $100/\varepsilon$
③ $1,000/\varepsilon$
④ $2,000/\varepsilon$

정답 42 ① 43 ③ 44 ① 45 ③

46 다음 그림 (a)는 반지름 $2r$을 갖는 두 원형 극판 사이에 한 가지 종류의 유전체가 채워져 있는 콘덴서이다. (b)는 (a)와 동일한 크기의 원형 극판 사이에 중심으로부터 반지름 r인 영역 부분을 (a)의 경우보다 유전율이 2배인 유전체로 채우고 나머지 부분에는 (a)와 동일한 유전체로 채워놓은 콘덴서이다. (b)의 정전용량은 (a)와 비교하여 어떠한가?(단, (a)와 (b)의 극판 간격 d는 동일하다.)

① 15.7[%] 증가한다. ② 25[%] 증가한다.
③ 31.4[%] 증가한다. ④ 50[%] 증가한다.

47 진공 중 반지름이 a[m]인 원형도체판 2매를 사용하여 극판거리 d[m]인 콘덴서를 만들었다. 이 콘덴서의 극판거리를 3배로 하고 정전용량을 일정하게 하려면 이 도체판의 반지름은 a의 몇 배로 하면 되는가?(단, 도체판 사이의 전계는 모든 영역에서 균일하고 도체판에 수직이라고 가정한다.) 18년 서울시 9급(전)

① $\frac{1}{3}$배 ② $\frac{1}{\sqrt{3}}$배 ③ 3배 ④ $\sqrt{3}$배

48 그림과 같이 비유전율이 각각 5와 8인 유전체 A와 B를 동일한 면적, 동일한 두께로 접합하여 평판전극을 만들었다. 전극 양단에 전압을 인가하여 완전히 충전한 후, 유전체 A의 양단전압을 측정하였더니 80[V]였다. 이때 유전체 B의 양단전압[V]은?

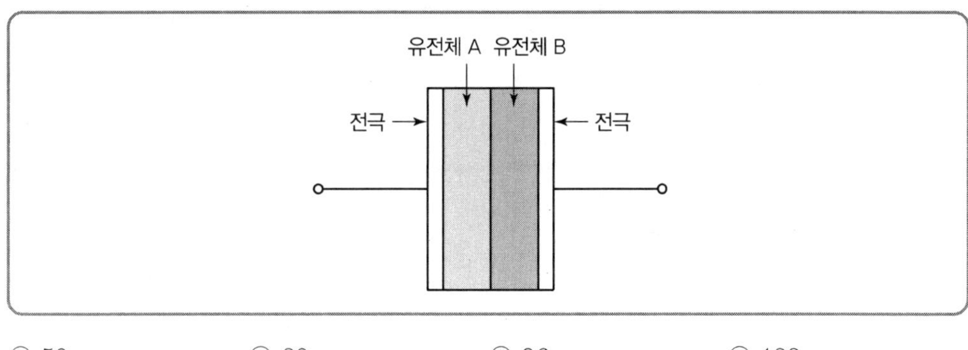

① 50 ② 80 ③ 96 ④ 128

정답 46 ② 47 ④ 48 ①

49 2[μF]의 평행판 공기콘덴서가 있다. 다음 그림과 같이 전극 사이에 그 간격의 절반 두께의 유리판을 넣을 때 콘덴서의 정전용량[μF]은?(단, 유리판의 유전율은 공기의 유전율의 9배라 가정한다.) 11년 국가직 9급

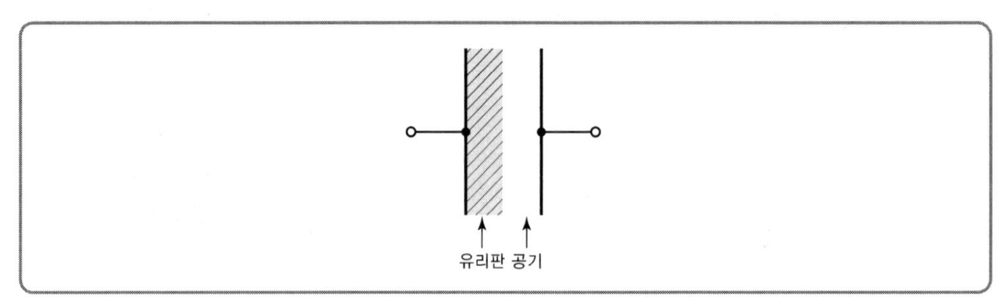

① 1.0 ② 3.6
③ 4.0 ④ 5.4

50 진공상태에 놓여 있는 정전용량이 6[μF]인 평행 평판 콘덴서에 두께가 극판간격(d)과 동일하고 길이가 극판길이(L)의 $\frac{2}{3}$에 해당하는 비유전율이 3인 운모를 그림과 같이 삽입하였을 때 콘덴서의 정전용량[μF]은?

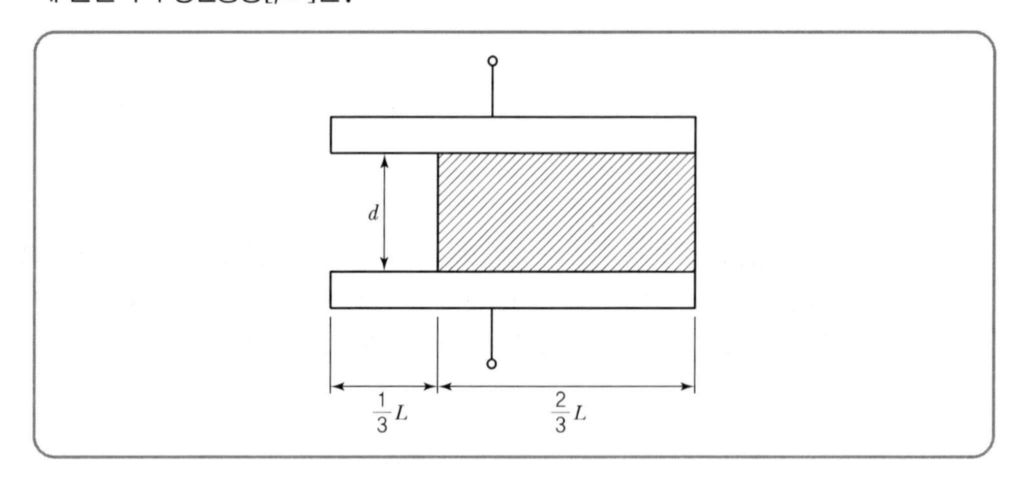

① 12 ② 14
③ 16 ④ 18

정답 49 ② 50 ②

51 유전율이 ε_0, 극판 사이의 간격이 d, 정전용량이 $1[F]$인 커패시터가 있다. 다음과 같이 극판 사이에 평행으로 유전율이 $3\varepsilon_0$인 물질을 $2d/3$ 두께를 갖도록 삽입했을 때, 커패시터의 정전용량[F]은?

20년 서울시 9급

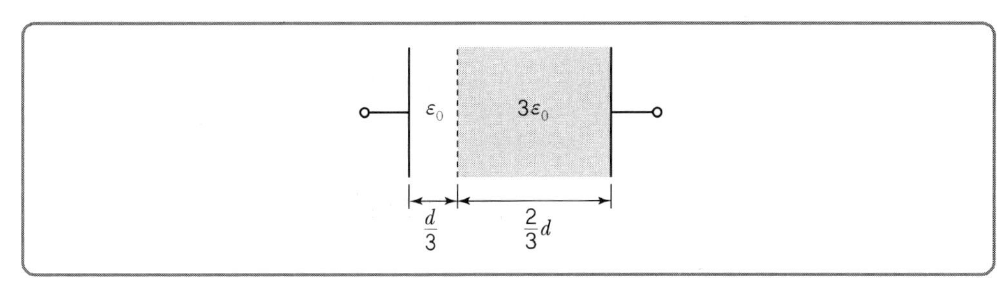

① 1.5[F]
② 1.8[F]
③ 2[F]
④ 2.3[F]

52 정전용량이 $C_0[F]$인 평행평판 공기 콘덴서가 있다. 이 극판에 평행하게, 판 간격 $d[m]$의 4/5 두께가 되는 비유전율 ε_s인 에보나이트 판으로 채우면, 이때의 정전용량의 값[F]은?

19년 서울시 9급

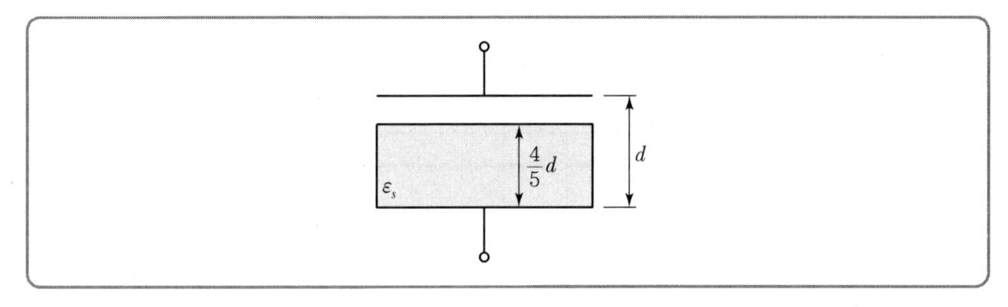

① $\dfrac{5\varepsilon_s}{1+4\varepsilon_s}C_0[F]$
② $\dfrac{5\varepsilon_s}{4+\varepsilon_s}C_0[F]$
③ $\dfrac{4+\varepsilon_s}{5}C_0[F]$
④ $\dfrac{1+4\varepsilon_s}{5}C_0[F]$

정답 51 ② 52 ②

53 그림과 같이 유전체 절반이 제거된 두 전극판 사이의 정전용량[μF]은?(단, 두 전극판 사이에 비유전율 $\varepsilon_r = 5$인 유전체로 가득 채웠을 때 정전용량은 10[μF]이며 전극판 사이의 간격은 일정하게 유지된다.) 20년 지방직 9급

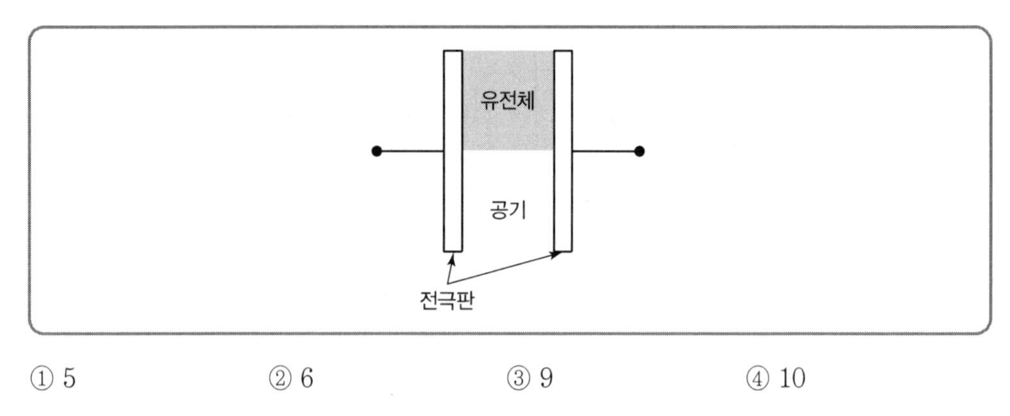

① 5　② 6　③ 9　④ 10

54 간격 d인 평행판 콘덴서의 단위면적당 정전용량을 C라 할 때, 그림과 같이 극판 사이에 두께 $\frac{d}{3}$의 도체평판을 넣는다면 단위면적당 정전용량은? 13년 국가직 9급

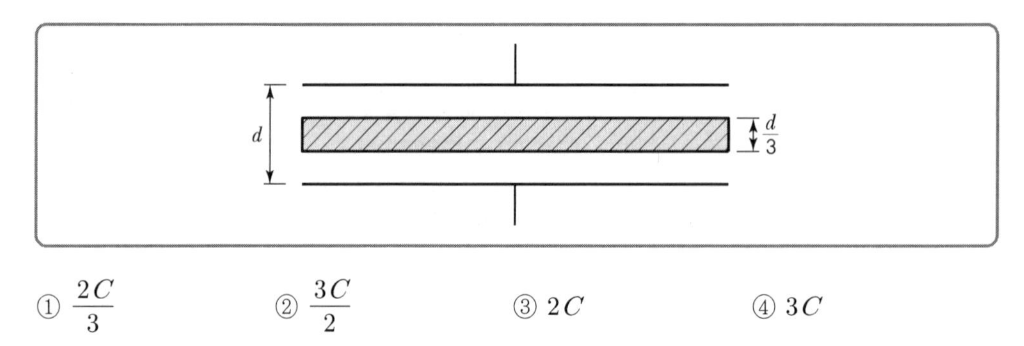

① $\frac{2C}{3}$　② $\frac{3C}{2}$　③ $2C$　④ $3C$

55 그림에서 2 [μF]의 콘덴서에 축적되는 에너지[J]는? 12년 국회직 9급

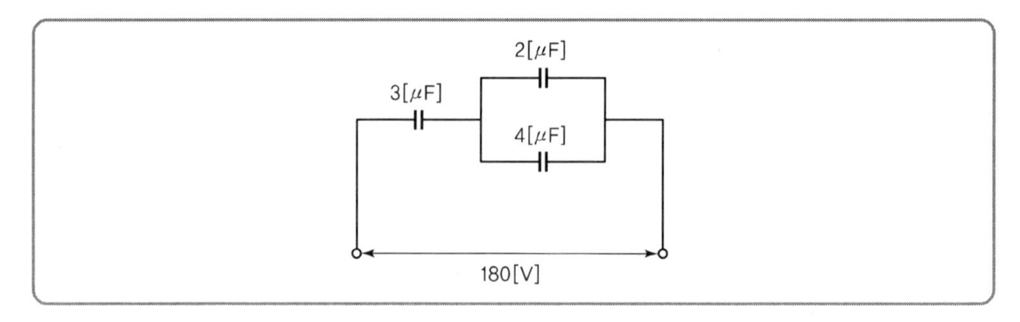

정답 53 ② 54 ② 55 ④

① 6×10^{3}
② 6×10^{-3}
③ 2.8×10^{-3}
④ 3.6×10^{-3}
⑤ 4.2×10^{-3}

56 다음 그림과 같이 연결된 콘덴서의 합성 정전용량[μF]은?(단, $C=3$[μF]이다.)

10년 지방직 9급

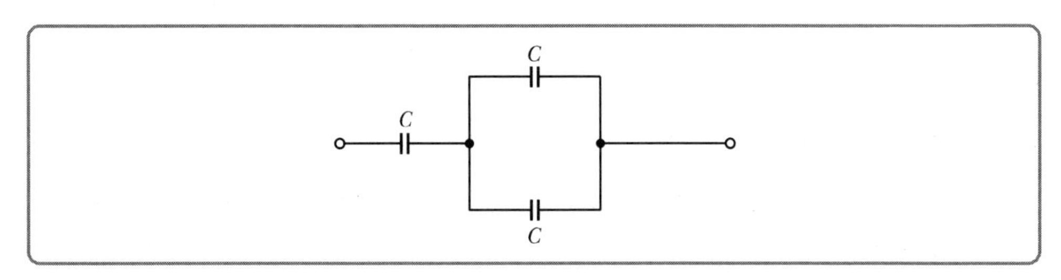

① 1
② 2
③ 3
④ 4.5

57 다음 그림과 같이 전극 간격이 d인 평행 평판 전극 사이에 유전율이 각각 ε_1, ε_2인 유전체가 병렬로 삽입되어 있다. 각각의 유전체가 점유한 극판의 면적이 S_1, S_2일 때, 전체 정전용량[F]은?(단, 단위는 MKS 단위이고, 프린징 효과는 무시한다.)

10년 지방직 9급

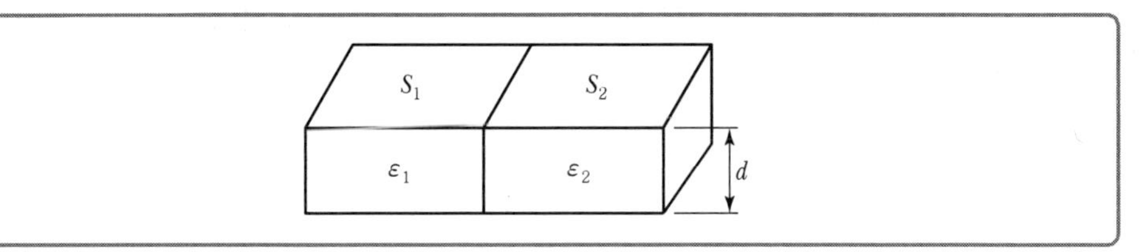

① $\dfrac{\varepsilon_1 S_1}{d}+\dfrac{\varepsilon_2 S_2}{d}$
② $\dfrac{1}{\dfrac{d}{\varepsilon_1 S_1}+\dfrac{d}{\varepsilon_2 S_2}}$
③ $\dfrac{1}{\dfrac{\varepsilon_1 S_1}{d}+\dfrac{\varepsilon_2 S_2}{d}}$
④ $\dfrac{d}{\varepsilon_1 S_1}+\dfrac{d}{\varepsilon_2 S_2}$

정답 **56** ② **57** ①

58 다음 회로에서 콘덴서 C_1 양단의 전압[V]은? 12년 국가직 9급

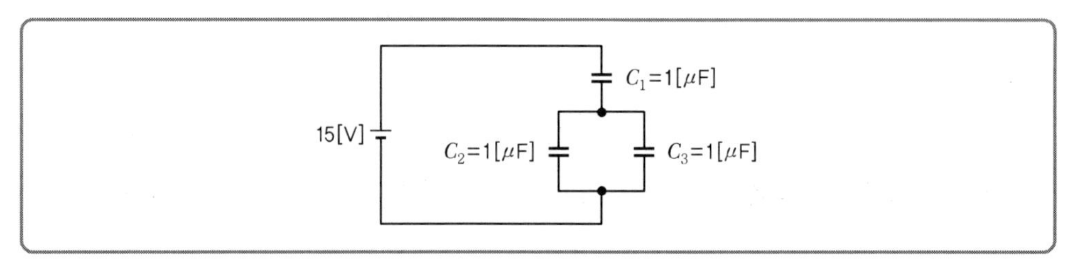

① 4　　② 5
③ 10　　④ 12

59 다음 콘덴서 직병렬회로에 직류전압 180[V]를 연결하였다. 이 회로의 합성 정전용량과 C_2 콘덴서에 걸리는 전압은? 13년 국가직 9급

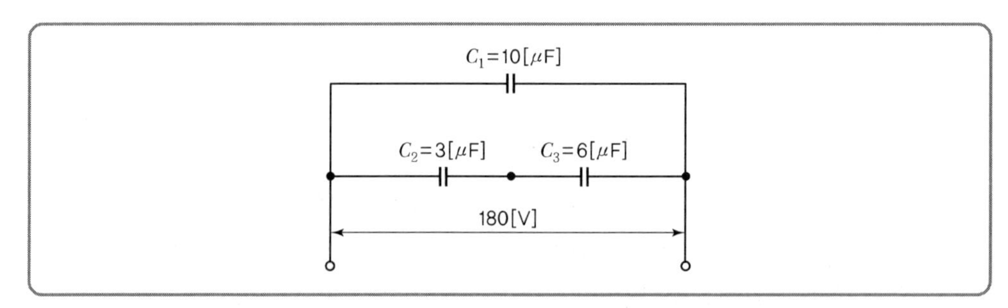

	합성 정전용량[μF]	전압[V]
①	12	60
②	12	120
③	16	60
④	16	120

60 다음 회로에 대한 설명으로 옳은 것만을 <보기>에서 모두 고르면?(단, 총 전하량 Q_T = 400[μC]이고, 정전용량 $C_1 = 3[\mu F]$, $C_2 = 2[\mu F]$, $C_3 = 2[\mu F]$이다.) 14년 국가직 9급

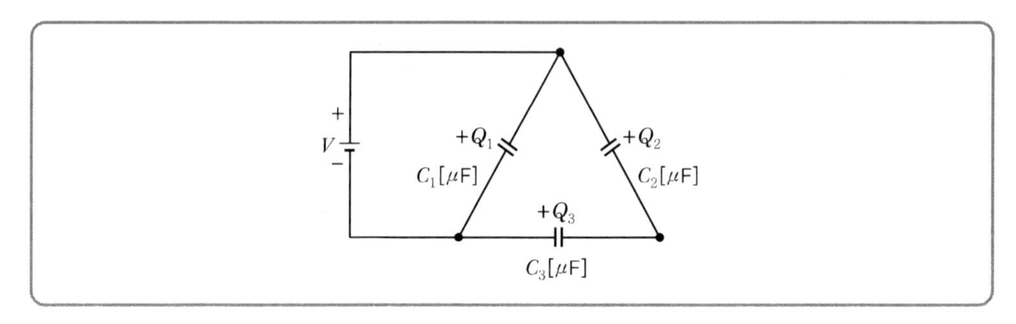

정답 58 ③ 59 ② 60 ④

ㄱ. $Q_2[\mu C] = Q_3[\mu C]$
ㄴ. 커패시터의 총 합성 정전용량 $C_T = 4[\mu F]$
ㄷ. 전압[V] = 100[V]
ㄹ. C_1에 축적되는 전하 $Q_1 = 300[\mu C]$

① ㄱ, ㄴ
② ㄱ, ㄷ, ㄹ
③ ㄴ, ㄷ, ㄹ
④ ㄱ, ㄴ, ㄷ, ㄹ

61 그림과 같이 간격 $d = 4[cm]$인 평판 커패시터의 두 극판 사이에 두께와 면적이 같은 비유전율 $\varepsilon_{s1} = 6$, $\varepsilon_{s2} = 9$인 두 유전체를 삽입하고 단자 ab에 200[V]의 전압을 인가할 때, 비유전율 ε_{s2}인 유전체에 걸리는 전압[V]과 전계의 세기[kV/m]는? 18년 지방직 9급

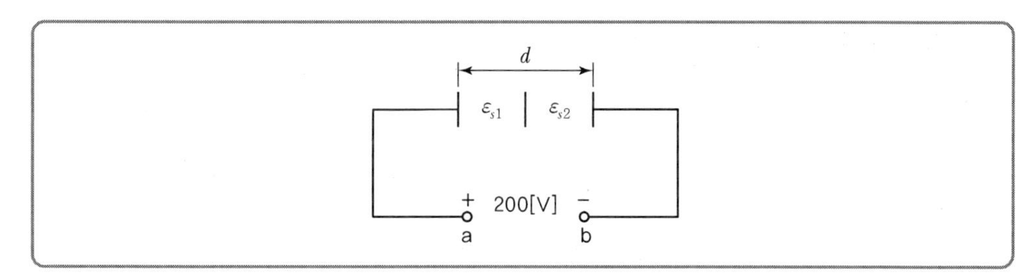

	전압	전계의 세기		전압	전계의 세기
①	80	2	②	120	2
③	80	4	④	120	4

62 다음 회로에서 $2[\mu F]$에 $100[\mu C]$의 전하가 충전되어 있을 때, $3[\mu F]$ 콘덴서의 전위차[V]는 얼마인가? 14년 국회직 9급

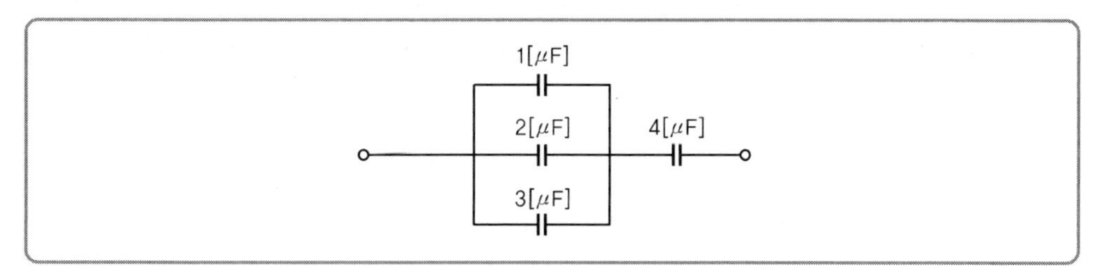

① 10
② 20
③ 50
④ 100
⑤ 160

정답 61 ③ 62 ③

63 그림과 같이 커패시터 $C_1 = 100[\mu F]$, $C_2 = 120[\mu F]$, $C_3 = 150[\mu F]$가 직렬로 연결된 회로에 14[V]의 전압을 인가할 때, 커패시터 C_1에 충전되는 전하량[C]은?

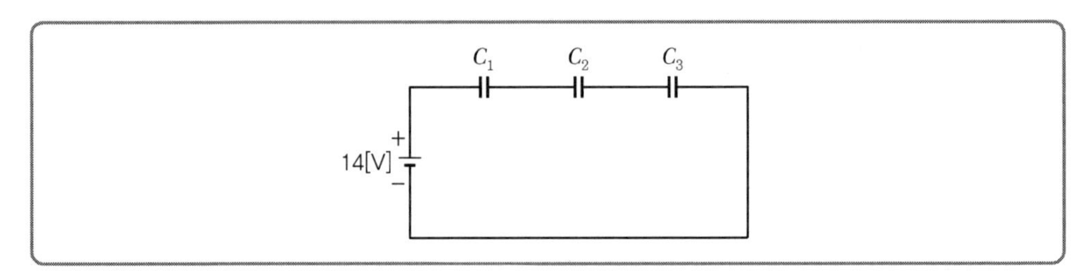

① 2.86×10^{-6}　　② 2.64×10^{-5}
③ 5.60×10^{-4}　　④ 5.18×10^{-3}

64 다음 회로에서 전압 V_3[V]는? 　15년 국가직 9급

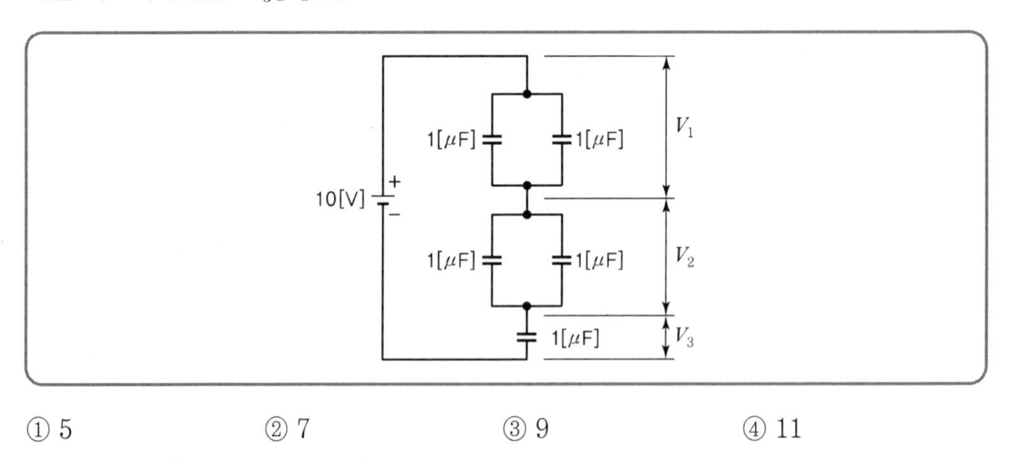

① 5　　② 7　　③ 9　　④ 11

65 커패시터 $C_1 = 20[mF]$이며, 내전압은 50[V]이다. $C_2 = 10[mF]$, $C_3 = 6[mF]$이며, 이 두 커패시터의 내전압은 80[V]이다. 단자 ab 사이에 가할 수 있는 최대 전압[V]은?

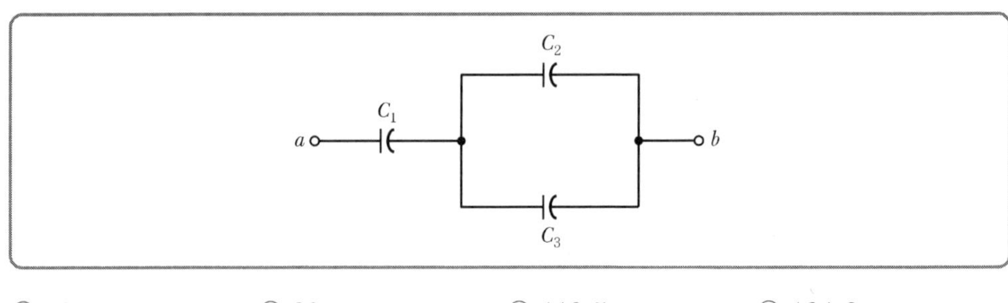

① 50　　② 80　　③ 112.5　　④ 134.6

정답 63 ③ 64 ① 65 ③

66 공기 중에 놓인 반경 a[m]인 고립된 도체 구의 정전용량[F]과 간격 d[m]($d \gg a$)만큼 떨어진 반경 a[m]인 두 도체 구 사이의 정전용량[F]을 순서대로 나열한 것은? 14년 국회직 9급

① $2\pi\varepsilon_o a$, $2\pi\varepsilon_o a$
② $2\pi\varepsilon_o a$, $4\pi\varepsilon_o a$
③ $4\pi\varepsilon_o a$, $2\pi\varepsilon_o a$
④ $4\pi\varepsilon_o a$, $4\pi\varepsilon_o a$
⑤ $4\pi\varepsilon_o a$, $8\pi\varepsilon_o a$

67 액체 유전체를 포함한 콘덴서 용량이 C[F]인 것에 V[V] 전압을 가했을 경우에 흐르는 누설전류는 몇 [A]인가?(단, 유전체의 유전율은 ε[F/m]이며, 고유저항은 ρ[Ω · m]라 한다.)

15년 서울시 9급

① $\dfrac{CV}{\rho\varepsilon}$
② $\dfrac{\rho\varepsilon V}{C}$
③ $\dfrac{\rho CV}{\varepsilon}$
④ $\dfrac{CV^2}{\rho\varepsilon}$

68 정전용량 10[μF]인 콘덴서 양단에 200[V]의 전압을 가했을 때 콘덴서에 축적되는 에너지 [J]는? 07년 국가직 9급

① 0.2
② 2
③ 4
④ 20

69 15[F]의 정전용량을 가진 커패시터에 270[J]의 전기에너지를 저장할 때, 커패시터 전압 [V]은? 18년 서울시 9급(후)

① 3 ② 6 ③ 9 ④ 12

70 유전율이 ε[F/m]이고 전계의 세기가 E[V/m]일 때, 유전체에 저장되는 단위부피당 에너지 [J/m³]는? 14년 서울시 9급

① $\dfrac{E^2}{2\varepsilon}$
② $\dfrac{\varepsilon E^2}{2}$
③ $\dfrac{2E^2}{\varepsilon}$
④ εE^2
⑤ $2\varepsilon E^2$

정답 66 ③ 67 ① 68 ① 69 ② 70 ②

71 다음 그림과 같이 면적 $S[\mathrm{m}^2]$와 간격 $d[\mathrm{m}]$인 평행판 캐패시터가 전압 $V[\mathrm{V}]$로 대전되어 있고, 유전체의 유전율이 $\varepsilon[\mathrm{F/m}]$일 때, 축적된 정전에너지[J]를 구하면? 15년 서울시 9급

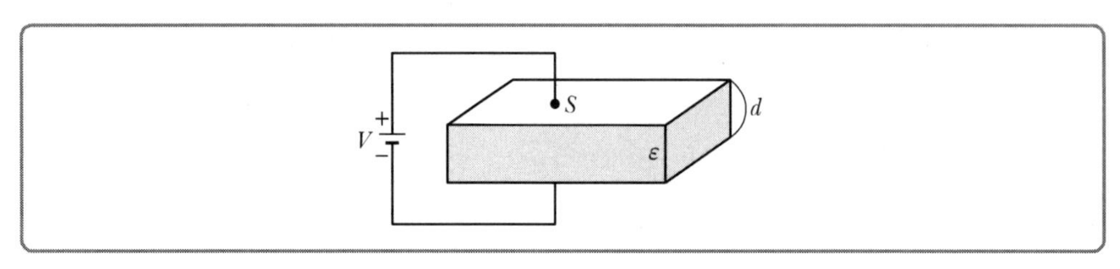

① $\frac{1}{2}\varepsilon\frac{S}{d}V$　② $\varepsilon\frac{S}{d}V^2$　③ $\frac{1}{2}\varepsilon\frac{S}{d}V^2$　④ $\frac{1}{2}SV$

72 정전용량 1[F]의 커패시터에 다음과 같은 파형의 전압을 인가할 때, 전류를 나타내는 파형은?

12년 국회직 9급

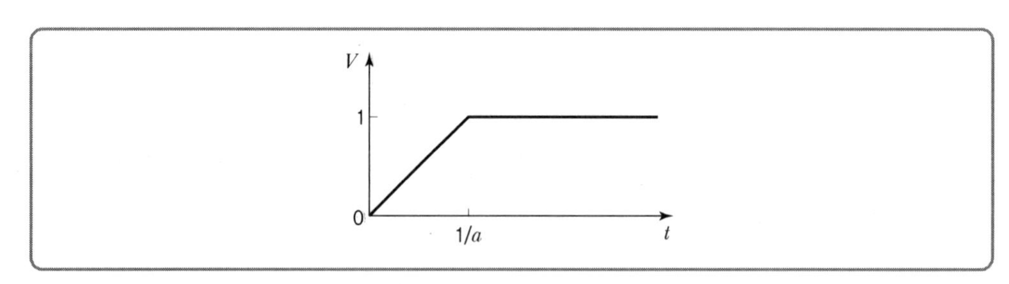

①

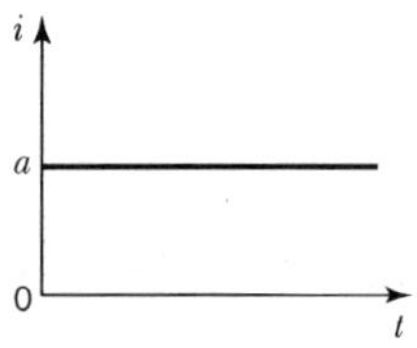

②

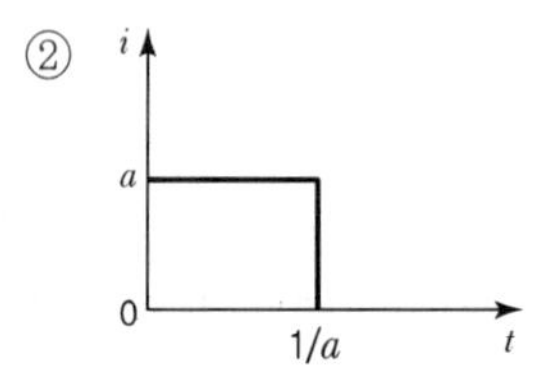

③

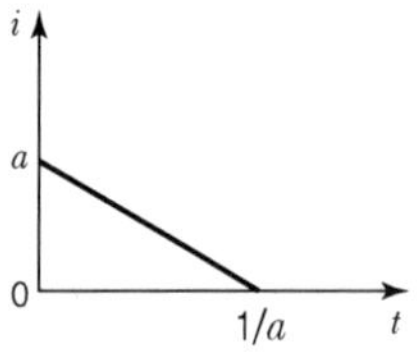

④

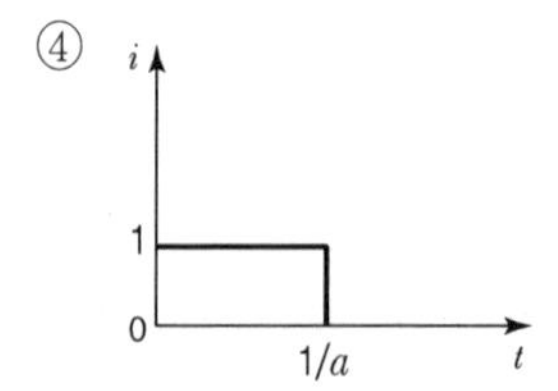

⑤

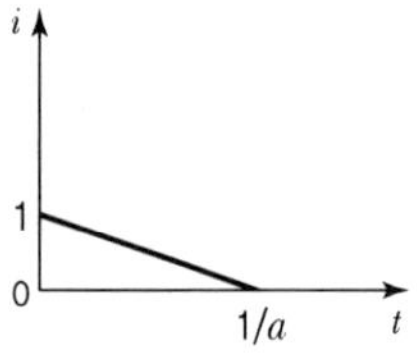

정답 71 ③ 72 ②

73 아래 평판 커패시터의 극판 사이에 서로 다른 유전체를 평판과 평행하게 각각 d_1, d_2의 두께로 채웠다. 각각의 정전용량을 C_1과 C_2라 할 때, C_1/C_2의값은(단, $V_1 = V_2$이고, $d_1 = 2d_2$이다.)

09년 국가직 9급

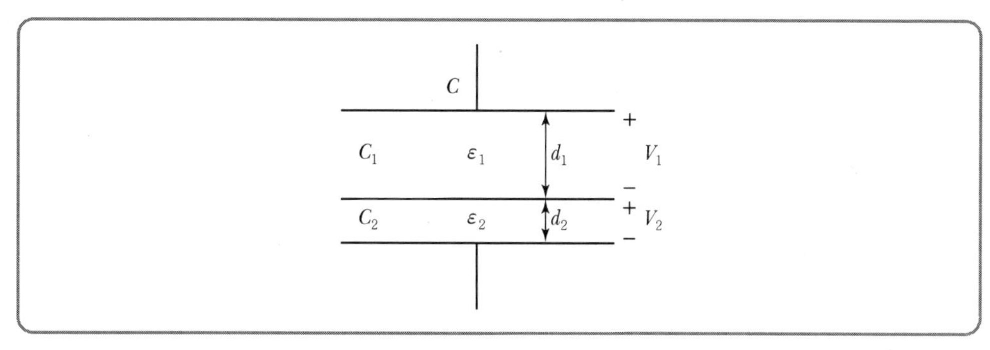

① 0.5
② 1
③ 2
④ 4

74 반경이 a, $b(a<b)$인 두 개의 동심 도체 구 껍질(Spherical Shell)로 구성된 구 커패시터의 정전용량은?

18년 서울시 9급(후)

① $\dfrac{2\pi\varepsilon}{a-b}$
② $\dfrac{4\pi\varepsilon}{a-b}$
③ $\dfrac{2\pi\varepsilon}{\dfrac{1}{a}-\dfrac{1}{b}}$
④ $\dfrac{4\pi\varepsilon}{\dfrac{1}{a}-\dfrac{1}{b}}$

75 내구의 반지름이 a[m], 외구의 반지름이 b[m]인 동심 구형 콘덴서에서 내구의 반지름과 외구의 반지름을 각각 $2a$[m], $2b$[m]로 증가시키면 구형 콘덴서의 정전용량은 몇 배로 되는가?

10년 국가직 9급

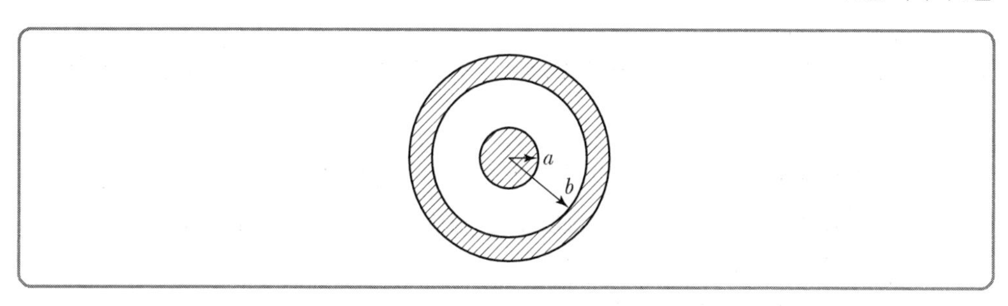

① 1
② 2
③ 4
④ 8

정답 73 ② 74 ④ 75 ②

76 다음 그림은 내부가 빈 동심구 형태의 콘덴서이다. 내구와 외구의 반지름 a, b를 각각 2배 증가시키고 내부를 비유전율 $\varepsilon_r = 2$인 유전체로 채웠을 때, 정전용량은 몇 배로 증가하는가?

18년 국가직 9급

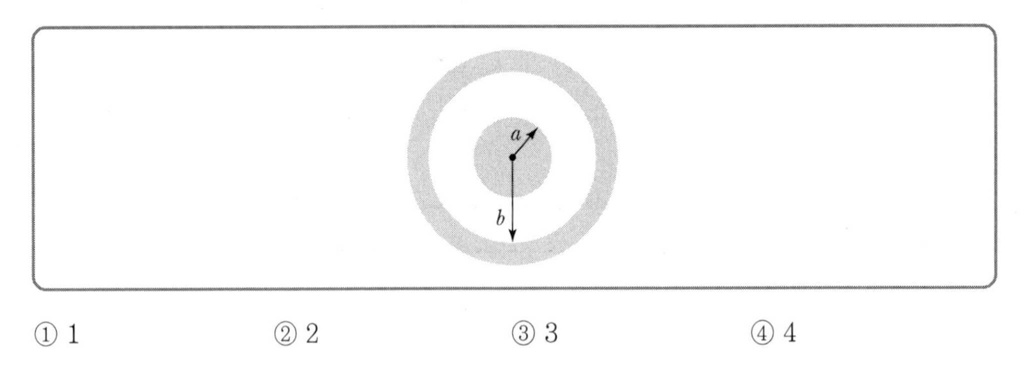

① 1 ② 2 ③ 3 ④ 4

77 진공 중에서 내구의 반지름이 3[cm], 외구의 반지름이 9[cm]인 두 동심구 도체 사이의 정전용량은 몇 [pF]인가?(단, 진공의 유전율은 $\varepsilon_0 = \frac{1}{36\pi} \times 10^{-9}$이다.) 19년 국회직 9급

① 1 ② 2
③ 3 ④ 4
⑤ 5

78 내외 도체의 반경이 각각 a, b이고 길이 L인 동축케이블의 정전용량[F]은?

① $C = \frac{2\pi\varepsilon L}{\ln(b/a)}$ ② $C = \frac{4\pi\varepsilon L}{\ln(b/a)}$ ③ $C = \frac{2\pi\varepsilon L}{\ln(a/b)}$ ④ $C = \frac{4\pi\varepsilon L}{\ln(a/b)}$

79 서로 다른 유전체의 경계면에서 발생되는 전기적 현상에 대한 설명으로 옳은 것은?

18년 국가직 9급

① 경계면에서 전계 세기의 접선 성분은 유전율의 차이로 달라진다.
② 경계면에서 전속밀도의 법선 성분은 유전율의 차이에 관계없이 같다.
③ 전속밀도는 유전율이 큰 영역에서 크기가 줄어든다.
④ 전계의 세기는 유전율이 작은 영역에서 크기가 줄어든다.

정답 76 ④ 77 ⑤ 78 ① 79 ②

80 자유공간에 놓여 있는 1[cm] 두께의 합성수지판 표면에 수직 방향(법선 방향)으로 외부에서 전계 E_0[V/m]를 가하였을 경우에 대한 설명으로 가장 옳지 않은 것은?(단, 합성수지판의 비유전율은 ε_r=2.5이며, ε_0는 자유공간의 유전율이다.) 18년 서울시 9급(후)

① 합성수지판 내부의 전속밀도는 $\varepsilon_0 E_0$[C/m²]이다.

② 합성수지판 내부의 전계의 세기는 $0.4E_0$[V/m]이다.

③ 합성수지판 내부의 분극 세기는 $0.5\varepsilon_0 E_0$[C/m²]이다.

④ 합성수지판 외부에서 분극 세기는 0이다.

81 평판형 커패시터가 있다. 평판의 면적을 2배로, 두 평판 사이의 간격을 1/2로 줄였을 때의 정전용량은 원래의 정전용량보다 몇 배가 증가하는가? 21년 서울시 9급

① 0.5배 ② 1배
③ 2배 ④ 4배

82 1[μF]의 용량을 갖는 커패시터에 1[V]의 직류 전압이 걸려 있을 때, 커패시터에 저장된 에너지의 값[μJ]은? 21년 서울시 9급

① 0.5 ② 1
③ 2 ④ 5

83 5[μF]의 커패시터에 1,000[V]의 전압이 공급될 때 축적되는 에너지는 몇 [J]인가?

① 0.5 ② 1.5
③ 2.5 ④ 3.5

정답 80 ③ 81 ④ 82 ① 83 ③

84 그림 (가)와 같이 면적이 S, 극간 거리가 d인 평행 평판 커패시터가 있고, 이 커패시터의 극판 내부는 유전율 ε인 물질로 채워져 있다. 그림 (나)와 같이 면적이 S인 평행 평판 커패시터의 극판 사이에 극간 거리 d의 $\frac{1}{3}$ 부분은 유전율 3ε인 물질로, 극간 거리 d의 $\frac{1}{3}$ 부분은 유전율 2ε인 물질로 그리고 극간 거리 d의 $\frac{1}{3}$ 부분은 유전율 ε인 물질로 채웠다면, 그림 (나)의 커패시터 전체 정전용량은 그림 (가)의 커패시터 정전용량의 몇 배인가?(단, 가장자리 효과는 무시한다.)

21년 국가직 9급

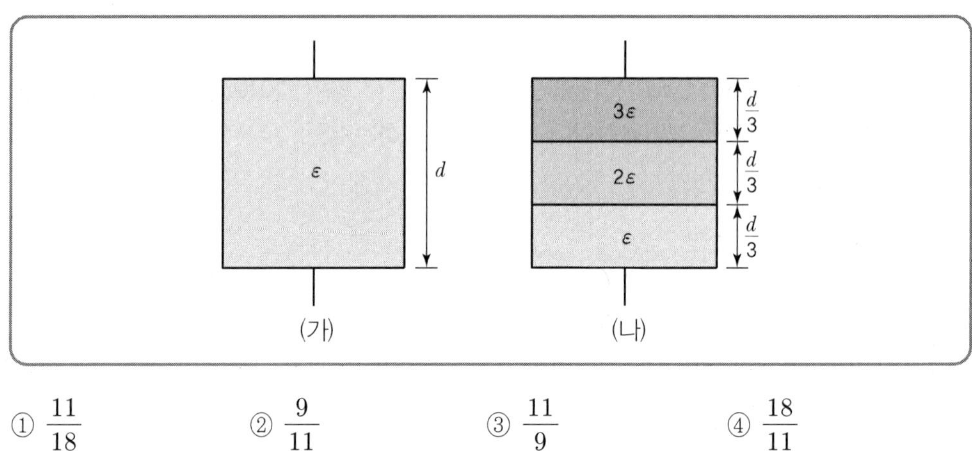

① $\frac{11}{18}$ ② $\frac{9}{11}$ ③ $\frac{11}{9}$ ④ $\frac{18}{11}$

85 그림의 회로는 동일한 정전용량을 가진 6개의 커패시터로 구성되어 있다. 그림의 회로에 대한 설명으로 옳은 것은?

21년 국가직 9급

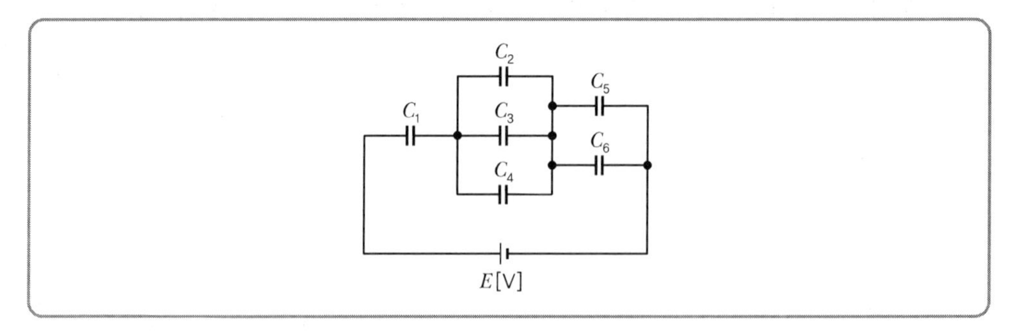

① C_5에 충전되는 전하량은 C_1에 충전되는 전하량과 같다.

② C_6의 양단 전압은 C_1의 양단 전압의 2배이다.

③ C_3에 충전되는 전하량은 C_5에 충전되는 전하량의 2배이다.

④ C_2의 양단 전압은 C_6의 양단 전압의 $\frac{2}{3}$배이다.

정답 84 ④ 85 ④

86 그림과 같은 커패시터의 병렬 연결 회로도에서 $C_1 = 1[F]$, $C_2 = 2[F]$, $C_3 = 3[F]$일 때, 합성 정전용량[F]은?

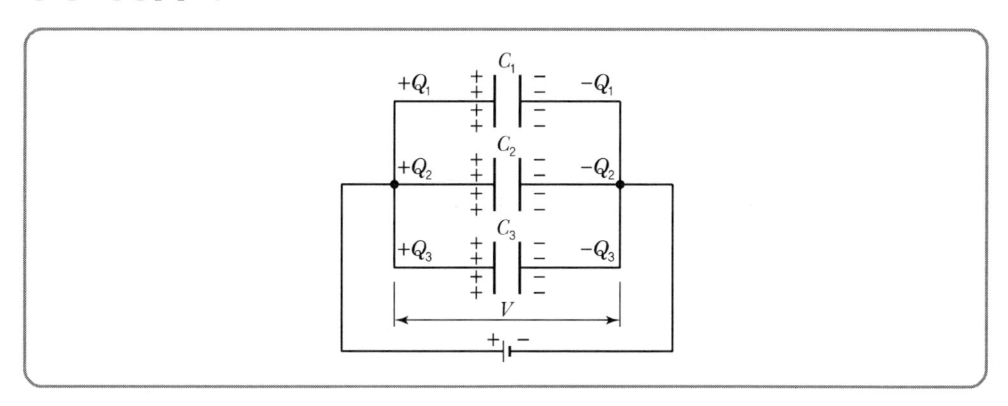

① 3
② 4
③ 5
④ 6

87 반지름 a[m]인 구 내부에만 전하 $+Q$[C]가 균일하게 분포하고 있을 때, 구 내 · 외부의 전계(Electric Field)에 대한 설명으로 가장 옳지 않은 것은?[단, 구 내 · 외부의 유전율(Permittivity)은 동일하다.] 21년 서울시 9급

① 구 중심으로부터 $r = a/4$[m] 떨어진 지점에서의 전계의 크기와 $r = 2a$[m] 떨어진 지점에서의 전계의 크기는 같다.
② 구 외부의 전계의 크기는 구 중심으로부터의 거리의 제곱에 반비례한다.
③ 전계의 크기로 표현되는 함수는 $r = a$[m]에서 연속이다.
④ 구 내부의 전계의 크기는 구 중심으로부터의 거리에 반비례한다.

88 도체의 성질에 대한 설명으로 가장 옳지 않은 것은?

① 도체 내부전계의 세기는 0이다.
② 도체 내부의 전위는 표면 전위와 같다.
③ 도체 표면에서의 전하밀도는 곡률반경이 클수록 높다.
④ 도체 내부에 전하는 존재하지 않고 도체 표면에만 분포한다.

정답 86 ④ 87 ④ 88 ③

89 그림과 같은 진공 중에 점전하 Q=0.4[μC]가 있을 때, 점전하로부터 오른쪽으로 4[m] 떨어진 점 A와 점전하로부터 아래쪽으로 3[m] 떨어진 점 B 사이의 전압차[V]는?(단, 비례상수 $k=\dfrac{1}{4\pi\varepsilon_0}=9\times10^9$이다.)

21년 서울시 9급

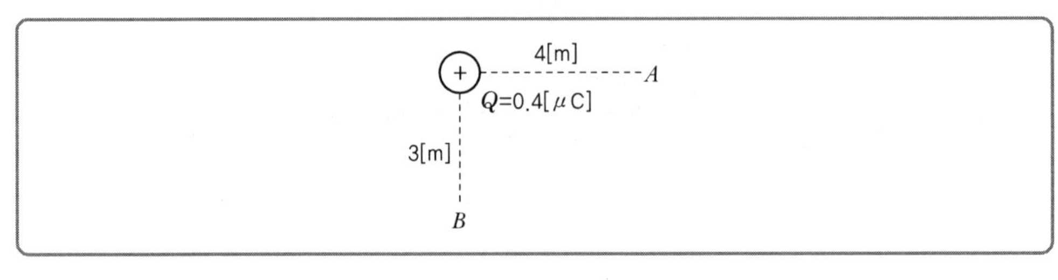

① 100 ② 300 ③ 500 ④ 1,000

90 전위 5,000[V]의 위치에서 8,000[V]의 위치로 전하 $q=3\times10^{-9}$[C]을 이동시킬 때 필요한 일의 값[J]은?

① 9×10^{-6}
② 1×10^{-6}
③ 3×10^{-6}
④ 9×10^{-9}

91 진공 중에 직각좌표계로 표현된 전압함수가 $V=4xyz^2$[V]일 때, 공간상에 존재하는 체적전하밀도[C/m^3]는?

21년 서울시 9급

① $\rho=-2\varepsilon_0 xy$
② $\rho=-4\varepsilon_0 xy$
③ $\rho=-8\varepsilon_0 xy$
④ $\rho=-10\varepsilon_0 xy$

92 일반적인 정전기 방지 대책이 아닌 것은?

21년 지방직(경력) 9급

① 대전 방지 용품 사용
② 배관 내 액체의 흐름 속도 제한
③ 제습기를 이용하여 낮은 습도 유지
④ 화학 섬유보다는 천연 섬유로 만든 옷 착용

정답 89 ② 90 ① 91 ③ 92 ③

93 그림 (a)는 도체판의 면적 $S=0.1[\text{m}^2]$, 도체판 사이의 거리 $d=0.01[\text{m}]$, 유전체의 비유전율 $\varepsilon_r=2.5$인 평행판 커패시터이다. 여기에 그림 (b)와 같이 두 도체판 사이의 거리 $d=0.01[\text{m}]$를 유지하면서 두께 $t=0.002[\text{m}]$, 면적 $S=0.1[\text{m}^2]$인 도체판을 삽입했을 때, 커패시턴스 변화에 대한 설명으로 옳은 것은? 22년 지방직 9급

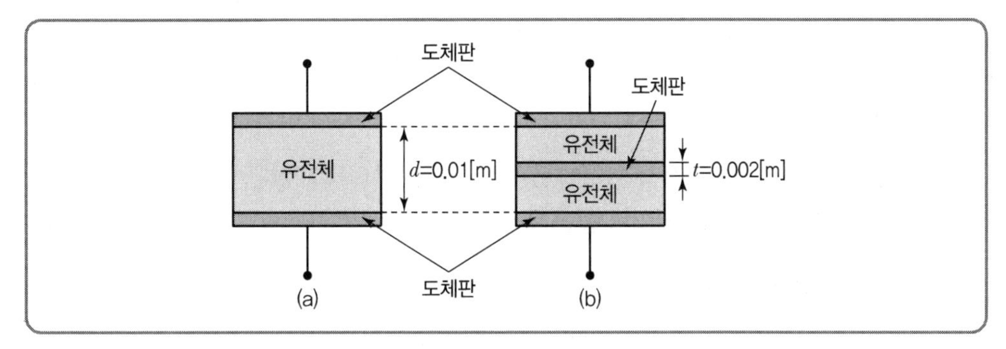

① (b)는 (a)에 비해 커패시턴스가 25[%] 증가한다.
② (b)는 (a)에 비해 커패시턴스가 20[%] 증가한다.
③ (b)는 (a)에 비해 커패시턴스가 25[%] 감소한다.
④ (b)는 (a)에 비해 커패시턴스가 20[%] 감소한다.

94 그림의 직렬 연결된 커패시터 회로에 대한 설명으로 옳은 것만을 모두 고르면? 21년 지방직(경력) 9급

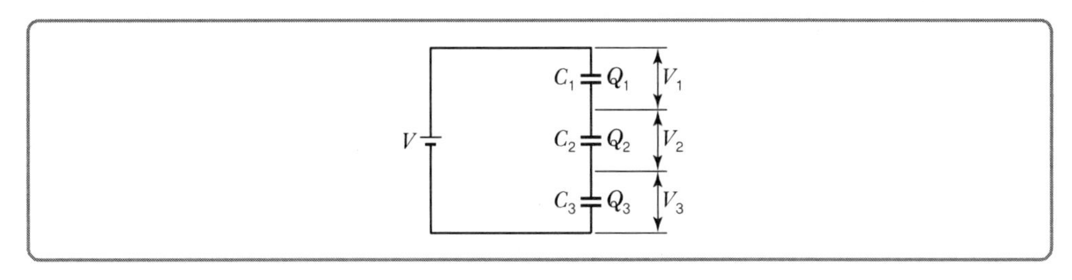

ㄱ. 커패시터의 합성 정전용량은 $C_1+C_2+C_3$의 값이다.
ㄴ. C_2에 축적되는 전하량 Q_2는 $C_2\times V_2$로 구한다.
ㄷ. C_1, C_2, C_3의 정전용량이 같을 경우 V_1, V_2, V_3의 값은 동일하다.
ㄹ. 세 개의 커패시터에 축적되는 총 전하량 Q는 $\frac{1}{Q}=\frac{1}{Q_1}+\frac{1}{Q_2}+\frac{1}{Q_3}$로 구한다.

① ㄱ, ㄴ
② ㄱ, ㄹ
③ ㄴ, ㄷ
④ ㄷ, ㄹ

정답 93 ① 94 ③

95 정전용량이 C[F]인 평행판 커패시터를 전압 V[V]로 충전하였다. 전원을 제거한 후 전극의 간격을 $\frac{1}{2}$로 줄이면, 커패시터 전압은 몇 배가 되는가? 22년 지방직(경력) 9급

① $\frac{1}{2}$
② 1
③ 2
④ 4

96 일정한 전하의 평행판 전극 사이에 있는 유전체를 유전율이 2배인 유전체로 바꾸었을 때, 평행판 전극에 나타나는 변화로 옳은 것만을 모두 고르면? 22년 지방직(경력) 9급

ㄱ. 정전용량이 2배가 된다.
ㄴ. 전하의 흡인력이 $\frac{1}{2}$배가 된다.
ㄷ. 축적되는 에너지가 4배가 된다.

① ㄱ
② ㄱ, ㄴ
③ ㄴ, ㄷ
④ ㄱ, ㄴ, ㄷ

97 같은 용량의 4개의 콘덴서 C를 직렬로 접속할 경우 합성 정전용량이 1[μF]이라면, 동일한 콘덴서 C를 〈보기〉와 같이 직병렬 접속했을 때 합성 정전용량의 값[μF]은? 22년 서울시(고졸) 9급

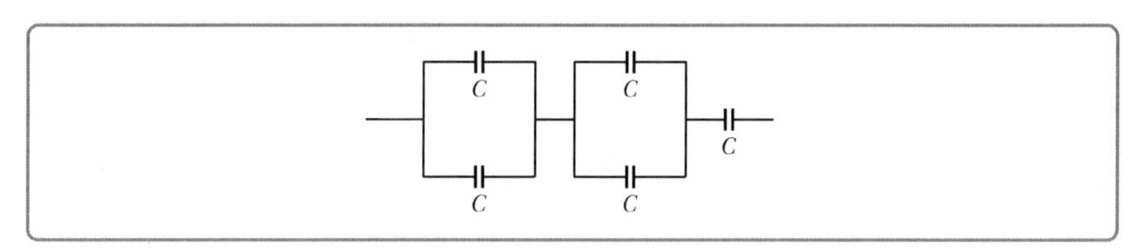

① 0.5
② 1
③ 1.5
④ 2

정답 95 ① 96 ② 97 ④

98 그림의 회로에서 a－b 간의 합성 정전용량 C_{eq}[F]는? 21년 국회직 9급

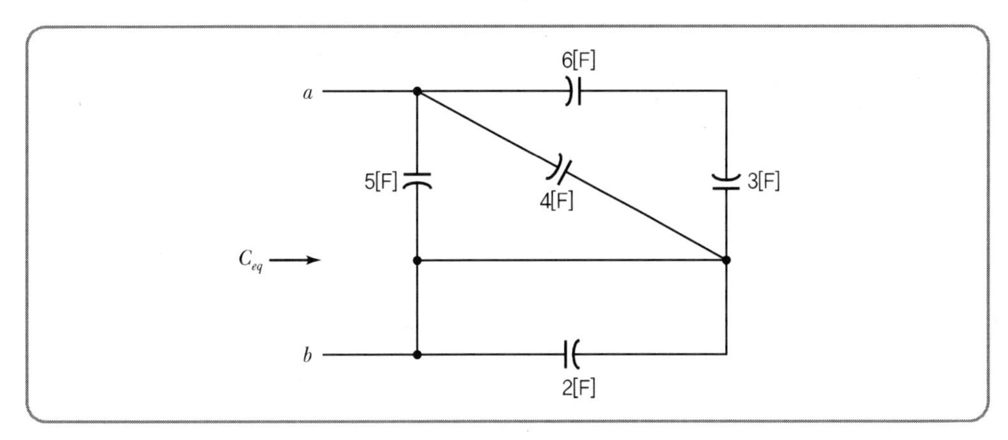

① 4.5 ② 6.5
③ 11 ④ 13
⑤ 15

99 정전용량이 1[μF]과 2[μF]인 두 개의 커패시터를 직렬로 연결한 회로 양단에 150[V]의 전압을 인가했을 때, 1[μF] 커패시터의 전압[V]은? 22년 국가직 9급

① 30 ② 50
③ 100 ④ 150

100 〈보기〉에서 등전위면에 대한 설명으로 옳은 것을 모두 고른 것은? 21년 서울시(고졸) 9급

〈보기〉
ㄱ. 등전위면은 전기력선과 수직으로 교차한다.
ㄴ. 등전위면의 간격이 넓을수록 전기장의 세기가 강하다.
ㄷ. 전기장 안에서 도체의 내부와 표면은 등전위이다.
ㄹ. 등전위면을 따라 전하 Q[C]를 이동시킬 때 한 일은 $\frac{1}{2}CV^2$이다.

① ㄱ, ㄷ ② ㄴ, ㄷ
③ ㄴ, ㄹ ④ ㄱ, ㄴ, ㄹ

정답 98 ③ 99 ③ 100 ①

101 비유전율이 3인 유전체 중에 10[cm]의 거리를 두고 양전하 2[μC]과 양전하 5[μC]의 두 점전하가 있을 때, 서로 작용하는 힘의 종류와 정전기력의 크기의 값[N]은?(단, 비례상수 $k=\dfrac{1}{4\pi\varepsilon_0}=9\times10^9$이다.) 21년 서울시(고졸) 9급

	힘의 종류	정전기력의 크기
①	척력	3
②	척력	30
③	인력	3
④	인력	30

102 100[V]의 직류 전압이 걸렸을 때 커패시턴스 3[μF]에 저장되는 전하량의 값[μC]은? 21년 서울시(고졸) 9급

① 100 ② 200
③ 300 ④ 400

103 전기력선의 성질에 대한 설명으로 가장 옳지 않은 것은? 21년 서울시(고졸) 9급

① 전기력선은 전위가 높은 곳에서 낮은 곳으로 향한다.
② 양(+)전하에서 출발한 전기력선은 그 자신만으로 폐곡선을 이룬다.
③ 전기력선은 도중에 갈라지거나 교차하지 않는다.
④ 단위 면적당 전기력선의 밀도가 높은 곳이 밀도가 낮은 곳보다 전기장의 세기가 강하다.

104 그림과 같이 4개의 전하가 정사각형의 형태로 배치되어 있다. 꼭짓점 C에서의 전계강도가 0[V/m]일 때, 전하량 Q[C]는? 22년 국가직 9급

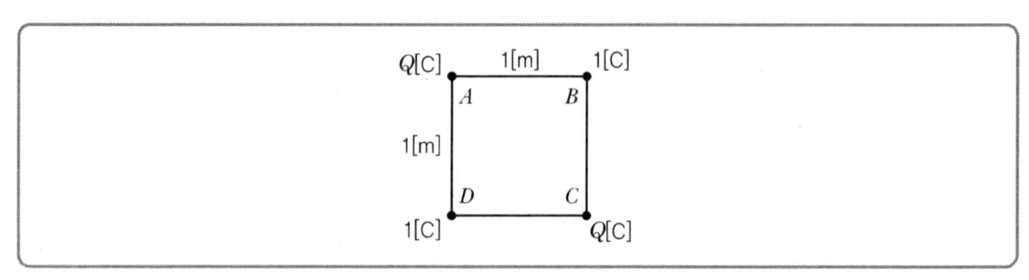

① $-2\sqrt{2}$ ② -2
③ 2 ④ $2\sqrt{2}$

정답 101 ① 102 ③ 103 ② 104 ①

105 평행판 콘덴서에 68[V]의 전원을 인가한 후에 이 전원을 제거하였다. 제거 후에 평행판 간격을 처음의 3배로 하면 저장되는 에너지는 얼마인가? 22년 군무원 9급

① 저장되는 에너지는 1/3배
② 저장되는 에너지는 1/9배
③ 저장되는 에너지는 3배
④ 저장되는 에너지는 9배

106 다음은 1[C]이 진전하에서 1개 나오는 패러데이관(Faraday Tube)에 대한 설명이다. 다음 중 가장 옳지 않은 것은? 22년 군무원 9급

① 패러데이관의 밀도는 전속밀도의 $\frac{1}{\varepsilon}$배이다
② 패러데이관 양단에 정, 부의 단위 전하가 있다.
③ 패러데이관 중에 있는 전속수는 진전하가 없으면 일정하다.
④ 패러데이관 중에 있는 전속수는 진전하가 없으면 연속적이다.

107 평행판 콘덴서의 양극판 면적을 2배로 하고 간격을 $\frac{1}{3}$배로 하면 정전용량은 처음의 몇 배인가? 22년 군무원 9급

① $\frac{2}{3}$
② 3
③ $\frac{2}{6}$
④ 6

108 비유전율이 5인 등방 유전체의 한 점에 전계의 세기가 3×10^5[V/m]일 때 이 점의 분극의 세기[C/m^2]는 얼마인가? 22년 군무원 9급

① $\frac{10^{-4}}{3\pi}[C/m^2]$
② $\frac{10^{-5}}{3\pi}[C/m^2]$
③ $\frac{10^{-4}}{6\pi}[C/m^2]$
④ $\frac{10^{-5}}{12\pi}[C/m^2]$

정답 105 ③ 106 ① 107 ④ 108 ①

109 전기와 자기에 대한 설명으로 가장 옳은 것은? 22년 서울시(고졸) 9급

① 전기는 +, −의 분리가 불가능하다.

② 전기장의 세기는 $E=\frac{1}{4\pi\varepsilon}\times\frac{Q}{r^2}$[V/m]이다.

③ 자기의 유전율은 $\mu=\varepsilon_0\mu_s$이다.

④ 자기에 대한 쿨롱의 법칙은 $F=9\times10^9\frac{Q_1Q_2}{r^2}$이다.

110 평행판 커패시터(콘덴서)의 정전용량을 크게 하는 방법으로 가장 옳지 않은 것은? 22년 서울시(고졸) 9급

① 극판의 면적을 좁게 한다.

② 극판 사이의 간격을 작게 한다.

③ 평행판 커패시터(콘덴서)를 추가로 병렬로 연결한다.

④ 극판 사이의 유전체를 비유전율이 큰 것을 사용한다.

111 쿨롱의 법칙에 대한 설명으로 가장 옳지 않은 것은? 22년 서울시(고졸) 9급

① 같은 종류의 전하 사이에는 반발력이 작용한다.

② 힘의 방향은 두 전하 사이의 일직선상으로 존재한다.

③ 힘의 크기는 두 전하 사이에 존재하는 매질의 종류와 관계없이 동일하다.

④ 힘의 크기는 두 전하량의 곱에 비례하고 떨어진 거리의 제곱에 반비례한다.

112 다음 그림에서 $-2Q$[C]과 Q[C]의 두 전하가 1[m] 간격으로 x축상에 배치되어 있다. 전계가 0이 되는 x축상의 지점 P까지의 거리 d[m]에 가장 가까운 값은? 22년 지방직 9급

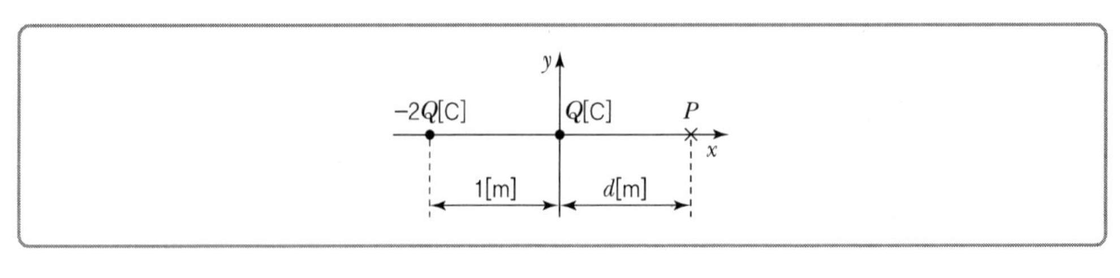

① 0.1 ② 0.24

③ 1 ④ 2.4

정답 109 ② 110 ① 111 ③ 112 ④

113 전하량 2[C]를 갖는 금속 도체구 표면의 전위가 3×10^9[V]이면, 이 도체구의 반지름[m]은? (단, $\frac{1}{4\pi\varepsilon_0}=9\times10^9$[m/F]) 23년 지방직 9급

① 3 ② 4
③ 5 ④ 6

114 직각좌표계(x, y, z)에서 전위 함수가 $V=6xy+4y^2$[V]로 주어질 때, 좌표점(4, −1, 5)[m]에서 $+x$방향의 전계 세기[V/m]는? 23년 국가직 9급

① 6 ② 7
③ 8 ④ 9

115 임의의 닫힌 공간에서 외부로 나가는 전기선속과 공간 내부의 총전하량의 관계를 나타내는 것은? 23년 국가직 9급

① 옴의 법칙 ② 쿨롱의 법칙
③ 가우스 법칙 ④ 패러데이 법칙

정답 113 ④ 114 ① 115 ③

SECTION 02 전자기학(자기장)

01 '폐회로에 시간적으로 변화하는 자속이 쇄교할 때 발생하는 기전력', '도선에 전류가 흐를 때 발생하는 자계의 방향', '자계 중에 전류가 흐르는 도체가 놓여 있을 때 도체에 작용하는 힘의 방향'을 설명하는 법칙들은 각각 무엇인가? 10년 국가직 9급

① 암페어의 오른손법칙, 가우스법칙, 패러데이의 전자유도법칙
② 패러데이의 전자유도법칙, 가우스법칙, 플레밍의 왼손법칙
③ 패러데이의 전자유도법칙, 암페어의 오른손법칙, 플레밍의 왼손법칙
④ 패러데이의 전자유도법칙, 암페어 왼손법칙, 플레밍의 오른손법칙

02 ㉠~㉢이 각각 설명하고 있는 법칙들을 바르게 연결한 것은? 13년 국가직 9급

㉠ 전자유도에 의한 기전력은 자속변화를 방해하는 전류가 흐르도록 그 방향이 결정된다.
㉡ 전류가 흐르고 있는 도선에 대해 자기장이 미치는 힘의 방향을 정하는 법칙으로, 전동기의 회전방향을 결정하는 데 유용하다.
㉢ 코일에 발생하는 유도기전력의 크기는 쇄교자속의 시간적 변화율과 같다.

	㉠	㉡	㉢
①	렌츠의 법칙	플레밍의 왼손법칙	패러데이의 유도법칙
②	쿨롱의 법칙	플레밍의 왼손법칙	암페어의 주회법칙
③	렌츠의 법칙	플레밍의 오른손법칙	암페어의 주회법칙
④	쿨롱의 법칙	플레밍의 오른손법칙	패러데이의 유도법칙

03 다음은 플레밍의 오른손 법칙을 설명한 것이다. 괄호 안에 들어갈 말을 바르게 나열한 것은? 15년 국가직 9급

자기장 내에 놓여 있는 도체가 운동을 하면 유도 기전력이 발생하는데, 이때 오른손의 엄지, 검지, 중지를 서로 직각이 되도록 벌려서 엄지를 (㉠)의 방향에, 검지를 (㉡)의 방향에 일치시키면 중지는 (㉢)의 방향을 가리키게 된다.

	㉠	㉡	㉢
①	도체 운동	유도 기전력	자기장
②	도체 운동	자기장	유도 기전력
③	자기장	유도 기전력	도체 운동
④	자기장	도체 운동	유도 기전력

정답 01 ③ 02 ① 03 ②

04 다음 그림과 같이 자극(N, S) 사이에 있는 도체에 전류 I[A]가 흐를 때, 도체가 받는 힘은 어느 방향인가?

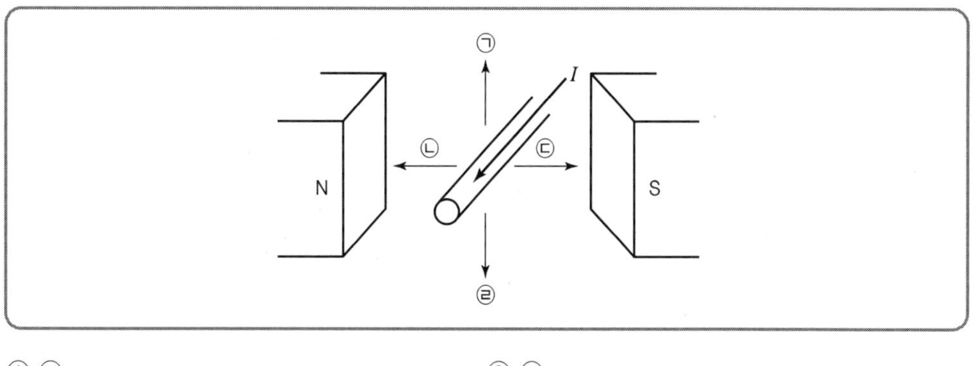

① ㉠　② ㉡
③ ㉢　④ ㉣

05 전자유도현상에 대한 설명이다. ㉠과 ㉡에 해당하는 것은? 20년 지방직 9급

(㉠)은 전자유도에 의해 코일에 발생하는 유도기전력의 방향은 자속의 증가 또는 감소를 방해하는 방향으로 발생한다는 법칙이고, (㉡)은 전자유도에 의해 코일에 발생하는 유도기전력의 크기는 코일과 쇄교하는 자속의 변화율에 비례한다는 법칙이다.

	㉠	㉡
①	플레밍의 왼손 법칙	플레밍의 오른손 법칙
②	플레밍의 왼손 법칙	패러데이의 법칙
③	렌츠의 법칙	플레밍의 오른손 법칙
④	렌츠의 법칙	패러데이의 법칙

정답 04 ① 05 ④

06 전자유도(Electromagnetic Induction)에 대한 설명으로 옳은 것만을 모두 고르면?

19년 지방직 9급

ㄱ. 코일에 흐르는 시변 전류에 의해서 같은 코일에 유도기전력이 발생하는 현상을 자기유도(Self Induction)라 한다.
ㄴ. 자계의 방향과 도체의 운동 방향이 직각인 경우에 유도기전력의 방향은 플레밍(Fleming)의 오른손 법칙에 의하여 결정된다.
ㄷ. 도체의 운동 속도가 v[m/s], 자속밀도가 B[Wb/m^2], 도체 길이가 l[m], 도체 운동의 방향이 자계의 방향과 각(θ)을 이루는 경우, 유도기전력의 크기 $e = Blv\sin\theta$[V]이다.
ㄹ. 전자유도에 의해 만들어지는 전류는 자속의 변화를 방해하는 방향으로 발생한다. 이를 렌츠(Lenz)의 법칙이라고 한다.

① ㄱ, ㄴ
② ㄷ, ㄹ
③ ㄱ, ㄷ, ㄹ
④ ㄱ, ㄴ, ㄷ, ㄹ

07 비투자율 μ_S, 자속밀도 B인 자계 중에 있는 자극 m[Wb]이 받는 힘[N]은?(단, μ_0는 진공 중의 투자율이다.)

08년 국가직 9급

① $\dfrac{\mu_0 \mu_S}{Bm}$
② $\dfrac{Bm}{\mu_0 \mu_S}$
③ $\dfrac{Bm}{\mu_0}$
④ $\dfrac{Bm}{\mu_S}$

08 자계의 세기가 400[AT/m]이고 자속밀도가 0.8[Wb/m^2]인 재질의 투자율[H/m]은?

10년 지방직 9급

① 10^{-4}
② 2×10^{-3}
③ 320
④ 800

정답 06 ④ 07 ② 08 ②

09 아래 그림과 같이 반경 1[cm]인 무한히 긴 직선도체에 20[A]의 전류가 흐를 때, 이 직선도체의 중심으로부터 20[cm] 떨어진 위치에서의 자계의 세기 H[AT/m]는? 07년 국가직 9급

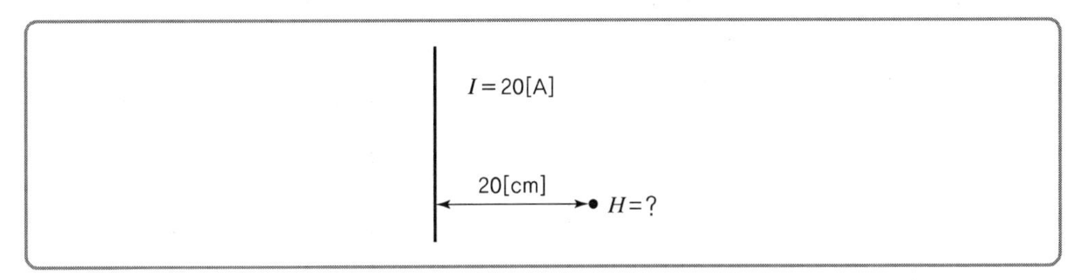

① $\frac{0.05}{\pi}$　② $\frac{0.53}{\pi}$

③ $\frac{5.0}{\pi}$　④ $\frac{50.0}{\pi}$

10 무한히 긴 직선 도선에 628[A]의 전류가 흐르고 있을 때 자장의 세기가 50[A/m]인 점이 도선으로부터 떨어진 거리는? 18년 서울시 9급(전)

① 1m　② 2m

③ 4m　④ 5m

11 다음 그림과 같이 평행한 무한장 직선 도선에 각각 I[A], $8I$[A]의 전류가 흐른다. 두 도선 사이의 점 P에서 측정한 자계의 세기가 0[AT/m]이라면 $\frac{b}{a}$는? 11년 국가직 9급

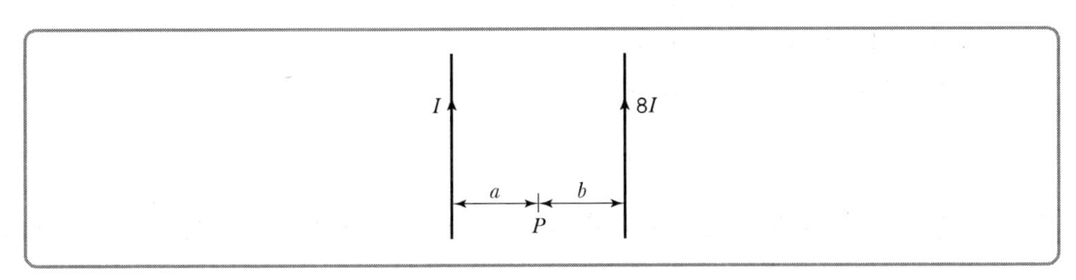

① $\frac{1}{8\pi}$　② $\frac{1}{8}$

③ 8π　④ 8

정답 09 ④ 10 ② 11 ④

12 그림과 같이 평행한 두 개의 무한장 직선도선에 1[A], 9[A]인 전류가 각각 흐른다. 두 도선 사이의 자계 세기가 0이 되는 지점 P의 위치를 나타낸 거리의 비 $\frac{a}{b}$는? 18년 지방직 9급

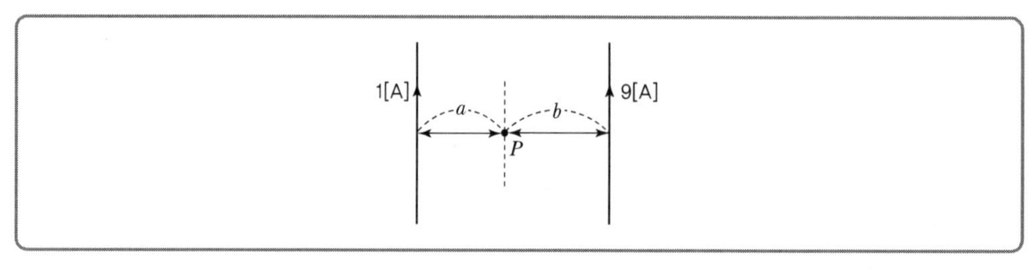

① $\frac{1}{9}$　② $\frac{1}{3}$　③ 3　④ 9

13 그림처럼 두 개의 평행하고 무한히 긴 도선에 반대방향의 전류가 흐르고 있다. 자계의 세기가 0[V/m]인 지점은?

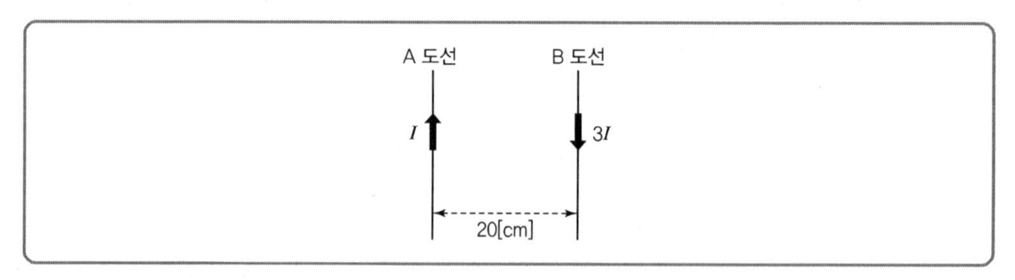

① A 도선으로부터 왼쪽 10[cm] 지점
② A 도선으로부터 오른쪽 5[cm] 지점
③ A 도선으로부터 오른쪽 10[cm] 지점
④ B 도선으로부터 오른쪽 10[cm] 지점

14 무한장 직선 도체에 전류 I[A]를 흘릴 때 이 전류로부터 d[m] 떨어진 점의 자속밀도는 몇 [Wb/m^2]인가(단, 이 도체는 공기 중에 놓여 있다.) 15년 서울시 9급

① $\frac{\mu_0 I}{2\pi d}$　② $\frac{I}{2\mu_0 d}$

③ $\frac{\mu_0 I}{4\pi d}$　④ $\frac{\mu_0 I}{4d}$

정답 12 ① 13 ① 14 ①

15 진공 중에 선간 거리 0.5[m]의 평행 왕복 도선이 있다. 두 도선 간에 작용하는 힘이 4×10^{-7}[N/m]이었다면 도선에 흐르는 전류는 몇 [A]인가?(단, 도선 간에 작용하는 힘은 도선의 굵기를 무시하고 계산된 결과이다.) 19년 국회직 9급

① 1 ② $\sqrt{2}$ ③ $\sqrt{3}$ ④ 2
⑤ π

16 그림과 같이 동일한 평행 도선에 방향과 크기가 같은 전류(I)가 흐른다. 두 평행 도선의 간격(d)을 3배로 넓힐 때 작용하는 힘은 몇 배인가?(단, 자유 공간에 있는 두 평행 도선의 간격을 제외한 다른 조건은 동일하다.) 19년 지방직 9급

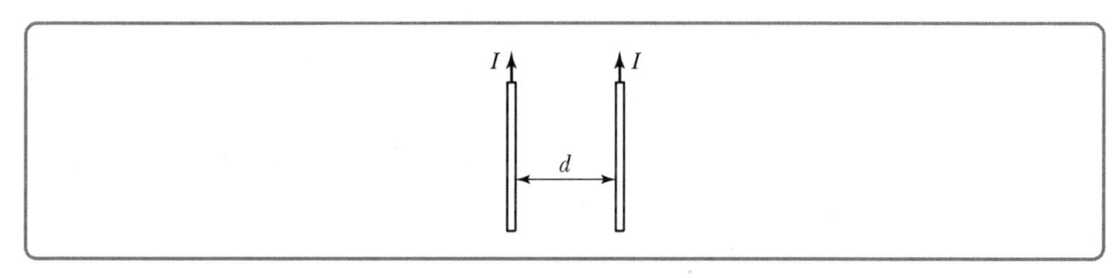

① $\frac{1}{3}$ ② $\frac{1}{2}$
③ 2 ④ 3

17 무한히 긴 2개의 직선 도체가 공기 중에서 5[cm]의 거리를 두고 평행하게 놓여져 있다. 두 도체에 각각 전류 20[A], 30[A]가 같은 방향으로 흐를 때, 도체 사이에 작용하는 단위 길이당 힘의 크기[N/m]는? 20년 서울시 9급

① 2.4×10^{-3}[N/m] ② 15×10^{-3}[N/m]
③ 3.8×10^{3}[N/m] ④ 12×10^{3}[N/m]

18 30[cm]의 간격으로 평행하게 가설된 무한히 긴 두 전선에 1.5π[A]의 직류 전류가 서로 반대 방향으로 각각 흐를 때, 두 전선 사이 중간 지점에서의 자기장의 세기 [A/m]는? 13년 국가직 9급

① 0 ② 5
③ 7.5 ④ 10

정답 15 ① 16 ① 17 ① 18 ④

19 그림의 자기 히스테리시스 곡선에서 가로축(X)과 세로축(Y)에 해당하는 것은?

20년 지방직 9급

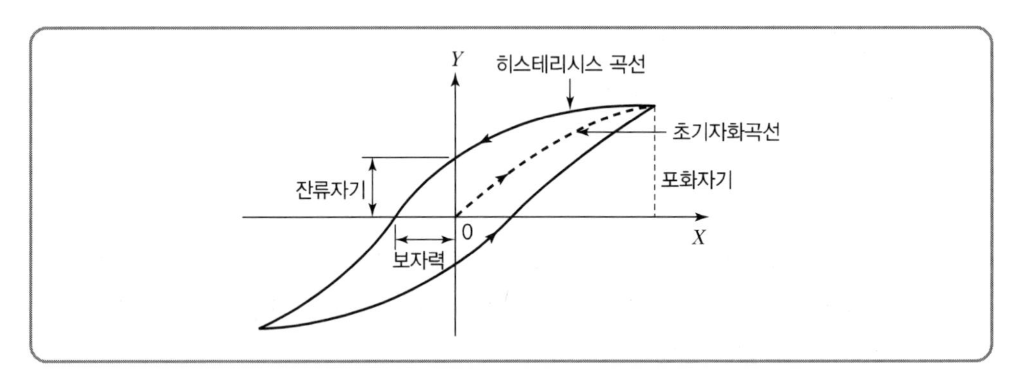

	X	Y		X	Y
①	자속밀도	투자율	②	자속밀도	자기장의 세기
③	자기장의 세기	투자율	④	자기장의 세기	자속밀도

20 환상 연철심 주위에 전선을 250회 균일하게 감고 2[A]의 전류를 흘려 철심 중에 자계가 $100/\pi$[AT/m]가 되도록 하였다. 이때, 철심 중의 자속밀도가 0.1[Wb/m^2]이면 이 연철심의 비투자율은?

07년 국가직 9급

① 250 ② 500
③ 2,500 ④ 5,000

21 다음 그림과 같은 환상솔레노이드에 있어서 r은 20[cm], 권선 수는 50, 전류는 4[A]일 때, 솔레노이드 내부 자계의 세기[AT/m]는?

09년 지방직 9급

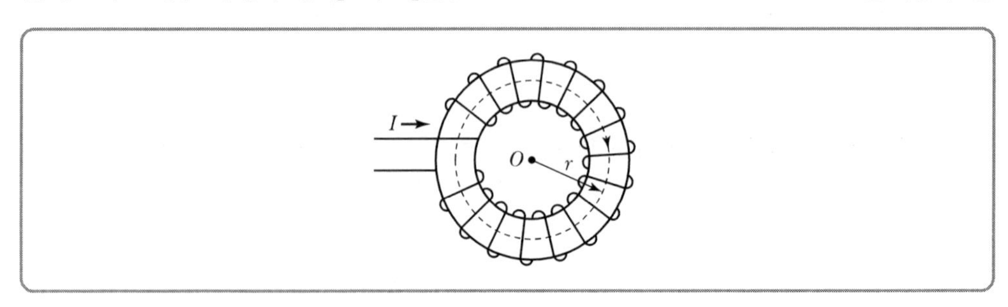

① 0.8 ② 1.59
③ 80 ④ 159

정답 19 ④ 20 ③ 21 ④

22 그림과 같이 평균길이가 10[cm], 단면적이 20[cm^2], 비투자율이 1,000인 철심에 도선이 100회 감겨 있고, 60[Hz]의 교류 전류 2[A](실효치)가 흐르고 있을 때, 전압 V의 실효치[V]는?(단, 도선의 저항은 무시하며, μ_0는 진공의 투자율이다.) 18년 서울시 9급(후)

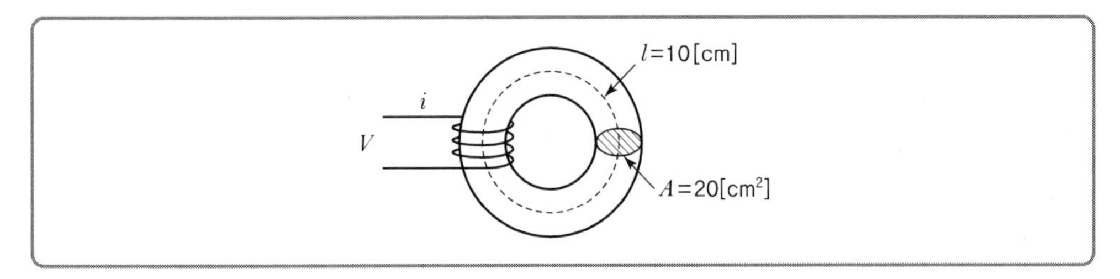

① $12\pi \times 10^6\ \mu_0$
② $24\pi \times 10^6\ \mu_0$
③ $36\pi \times 10^6\ \mu_0$
④ $48\pi \times 10^6\ \mu_0$

23 다음 자기회로에 대한 설명으로 옳지 않은 것은?(단, 손실이 없는 이상적인 회로이다.)
19년 국가직 9급

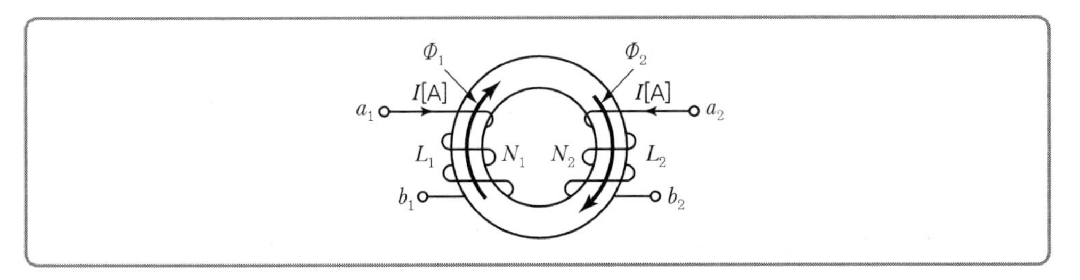

① b_1과 a_2를 연결한 합성 인덕턴스는 b_1과 b_2를 연결한 합성 인덕턴스보다 크다.
② 한 코일의 유도기전력은 상호 인덕턴스와 다른 코일의 전류 변화량에 비례한다.
③ 권선비가 $N_1 : N_2 = 2 : 1$일 때, 자기 인덕턴스 L_1은 자기 인덕턴스 L_2의 2배이다.
④ 교류 전압을 변성할 수 있고, 변압기 등에 응용될 수 있다.

정답 22 ④ 23 ③

24 그림과 같이 단면적이 S, 평균 길이가 l, 투자율이 μ인 도넛 모양의 원형 철심에 권선수가 N_1, N_2인 2개의 코일을 감고 각각 I_1, I_2를 인가했을 때, 두 코일 간의 상호 인덕턴스[H]는? (단, 누설 자속은 없다고 가정한다.) 20년 서울시 9급

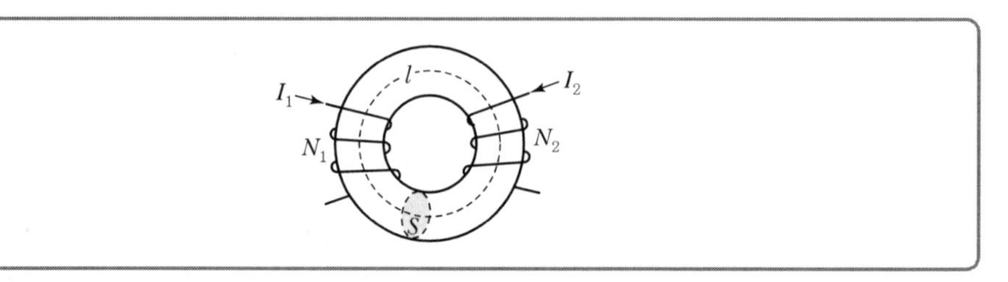

① $\frac{\mu S N_1 N_2}{l}$[H]
② $\frac{\mu S N_1 N_2}{I_1 I_2 l}$[H]
③ $\mu S N_1 N_2 l$[H]
④ $\mu S N_1 N_2 I_1 I_2 l$[H]

25 투자율 1, 단면적 1[m²], 자로의 길이 1[m], 권수 10회인 철심 환상솔레노이드의 인덕턴스 [H]는? 18년 국회직 9급

① 0.01 ② 0.1 ③ 1 ④ 10
⑤ 100

26 그림과 같이 자로 $l = 0.3$[m], 단면적 $S = 3\times10^{-4}$[m²], 권선 수 N = 1,000회, 비투자율 $\mu_r = 10^4$인 링(ring) 모양 철심의 자기 인덕턴스 L[H]은?(단, $\mu_0 = 4\pi\times10^{-7}$이다.)

20년 국가직 9급

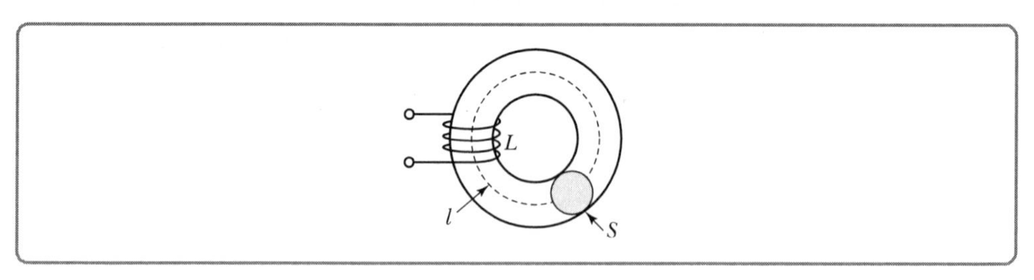

① 0.04π
② 0.4π
③ 4π
④ 5π

정답 24 ① 25 ⑤ 26 ③

27 솔레노이드 코일의 단위길이당 권선수를 4배로 증가시켰을 때, 인덕턴스의 변화는?

14년 국가직 9급

① $\frac{1}{16}$로 감소
② $\frac{1}{4}$로 감소
③ 4배 증가
④ 16배 증가

28 N회 감긴 환상코일의 단면적은 $S[\mathrm{m}^2]$이고 평균 길이가 $l[\mathrm{m}]$이다. 이 코일의 권수와 단면적을 각각 두 배로 하였을 때 인덕턴스를 일정하게 하려면 길이를 몇 배로 하여야 하는가?

18년 서울시 9급(전)

① 8배
② 4배
③ 2배
④ 16배

29 비투자율 100인 철심을 코어로 하고 단위길이당 권선수가 100회인 이상적인 솔레노이드의 자속밀도가 $0.2[\mathrm{Wb/m^2}]$일 때, 솔레노이드에 흐르는 전류[A]는? 16년 국가직 9급

① $\frac{20}{\pi}$
② $\frac{30}{\pi}$
③ $\frac{40}{\pi}$
④ $\frac{50}{\pi}$

30 단면적이 $1[\mathrm{cm}^2]$인 링(Ring) 모양의 철심에 코일을 균일하게 500회 감고 600[mA]의 전류를 흘렸을 때 전체 자속이 $0.2[\mu\mathrm{Wb}]$이다. 같은 코일에 전류를 2.4[A]로 높일 경우 철심에서의 자속밀도[T]는?[단, 기자력(MMF)과 자속은 비례관계로 가정한다.] 18년 국가직 9급

① 0.005
② 0.006
③ 0.007
④ 0.008

정답 27 ④ 28 ① 29 ④ 30 ④

31 반지름 a인 무한히 긴 원통형 도체에 직류전류가 흐르고 있다. 이때 전류에 의해 발생되는 자계 H가 원통축으로부터의 수직거리 r에 따라 변하는 모양을 옳게 나타낸 것은?

09년 국가직 9급

①
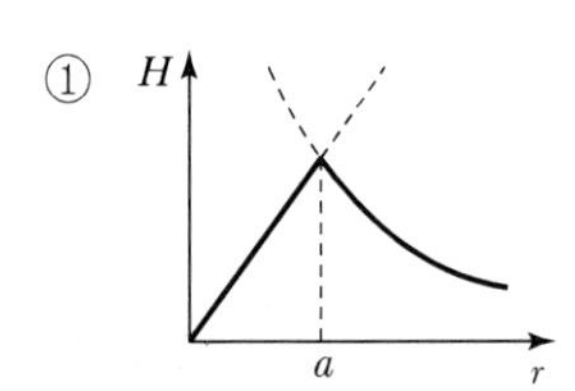

②
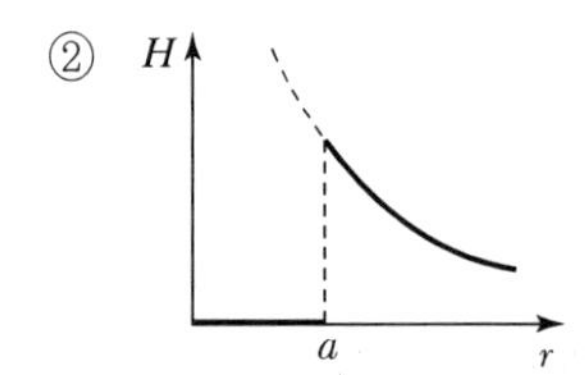

③
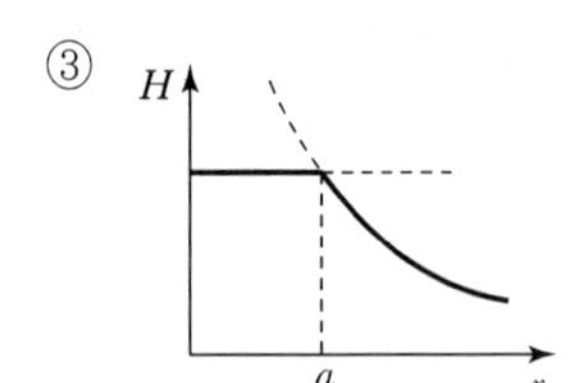

④
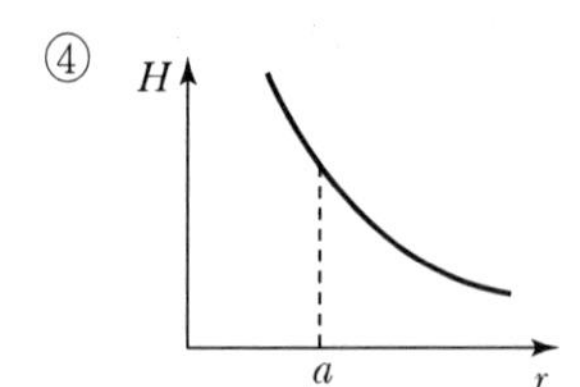

32 자속밀도 $10[\mathrm{Wb/m^2}]$인 평등자계 내에 길이 10[cm]의 직선도체가 자계와 수직방향으로 속도 10[m/s]로 운동할 때 도체에 유기되는 기전력[V]은?

08년 국가직 9급

① 1
② 10
③ 100
④ 1,000

33 자장의 세기가 $\dfrac{10^4}{\pi}$[A/m]인 공기 중에서 50[cm]의 도체를 자장과 30°가 되도록 하고 60[m/s]의 속도로 이동시켰을 때의 유기기전력은?

18년 서울시 9급(전)

① 20[mV]
② 30[mV]
③ 60[mV]
④ 80[mV]

정답 31 ① 32 ② 33 ③

34 균일 자기장(z축 방향) 내에 길이가 0.5[m]인 도선을 y축 방향으로 놓고 2[A]의 전류를 흘렸더니 6[N]의 힘이 작용하였다. 이 도선을 그림과 같이 z축에 대해 수직이며 x축에 대해 30° 방향으로 $V=10$[m/s]의 속도로 움직일 때, 발생되는 유도기전력의 크기 [V]는?

13년 국가직 9급

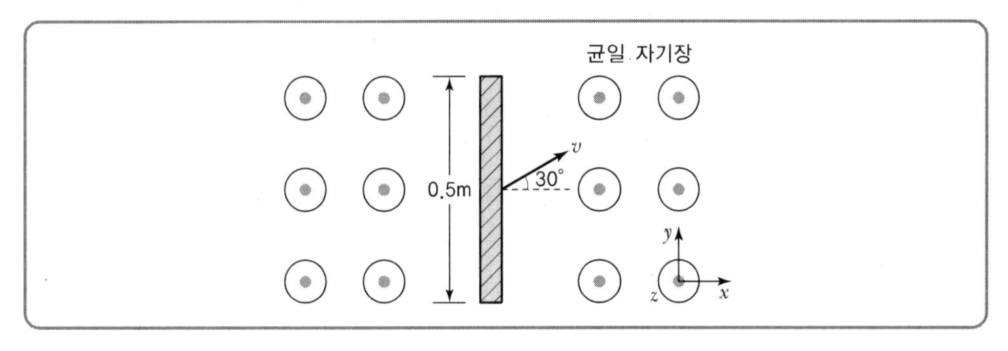

① 15　　② $15\sqrt{3}$
③ 30　　④ $30\sqrt{3}$

35 그림에서 자속밀도가 10[Wb/m²]인 자기장 내에서 길이 50[cm]인 도체가 분당 60[cm]의 속도로 운동할 때, 유도기전력[V]은?(단, 자속밀도, 도체의 운동 방향, 도체의 길이 방향은 서로 수직이다.)

19년 지방직 9급

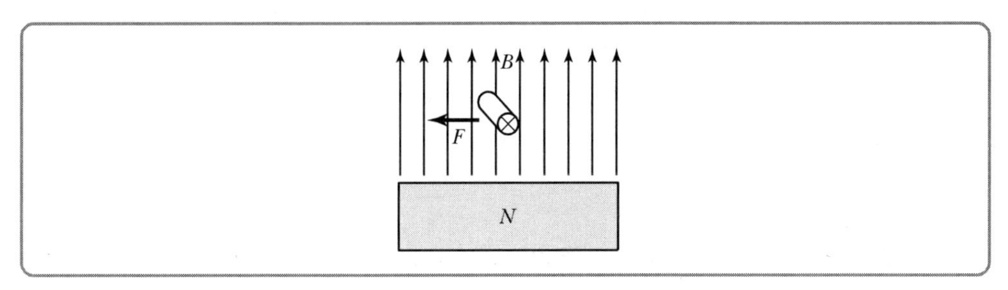

① 0.05　　② 0.1
③ 0.5　　④ 1.0

정답 34 ② 35 ①

36 자속밀도 4[Wb/m^2]의 평등자장 안에서 자속과 30° 기울어진 길이 0.5[m]의 도체에 전류 2[A]를 흘릴 때, 도체에 작용하는 힘 F[N]는? 19년 국가직 9급

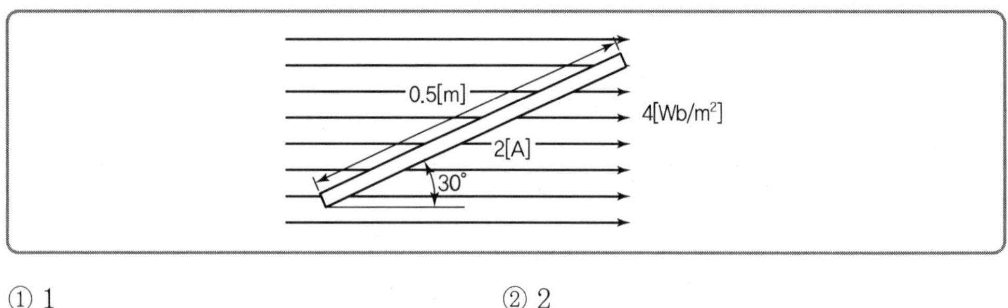

① 1
② 2
③ 3
④ 4

37 다음 그림과 같이 자속밀도 1.5[T]인 자계 속에서 자계의 방향과 직각으로 놓인 도체(길이 50[cm])가 자계와 30° 방향으로 10[m/s]의 속도로 운동한다면 도체에 유도되는 기전력 [V]은?

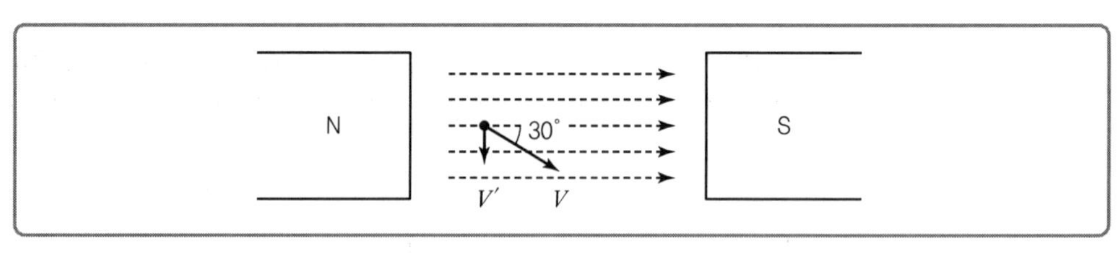

① 3.5
② 3.75
③ 4
④ 4.25

38 일정 자계 내에서 도선에 I[A]를 흘린 경우, 도선을 자계에 대해 60°의 각도로 놓을 때 도선이 받는 힘은 30°의 각도로 놓았을 때 받는 힘의 약 몇 배인가? 12년 국회직 9급

① 1.2
② 1.7
③ 2
④ 2.4
⑤ 3.4

정답 **36** ② **37** ② **38** ②

39 다음 그림과 같이 균등자속밀도 $1[\text{Wb/m}^2]$ 상태에 놓여 있는 길이 $0.1[\text{m}]$인 슬라이딩바(Sliding Bar)의 이동거리가 $X=10\sqrt{2}\sin(10t)[\text{m}]$일 때, 폐회로 양단에 유기되는 전압 E의 최댓값[V]은? 09년 지방직 9급

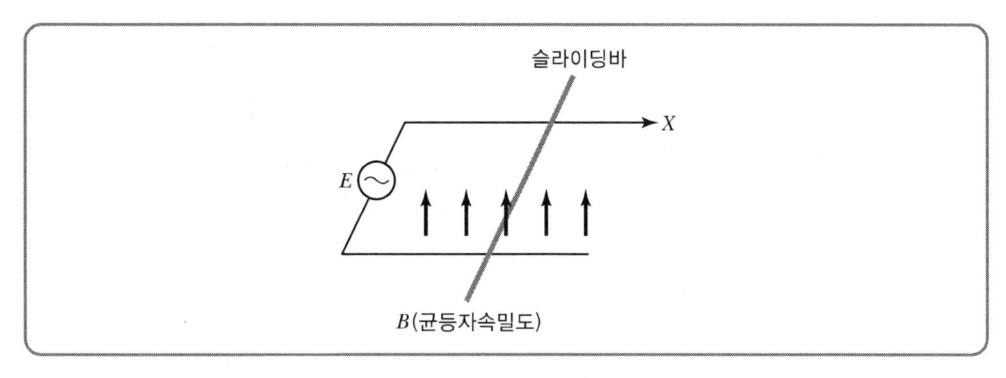

① $\sqrt{2}$
② $5\sqrt{2}$
③ $10\sqrt{2}$
④ $100\sqrt{2}$

40 다음 그림은 선형직류기기의 원리를 모의한 것이다. 레일 위에 도체 막대가 놓여 있고, 레일과 도체막대 사이의 마찰은 없으며, 축전지 전압은 V_B[V]이고 도선저항은 R[Ω]이다. 자속밀도 B[T]는 균일하고 지면에 수직으로 들어가는 방향이다. 도체막대의 길이는 L[m]이다. 스위치를 닫는 순간 도체가 받는 힘의 크기와 힘의 방향은? 10년 지방직 9급

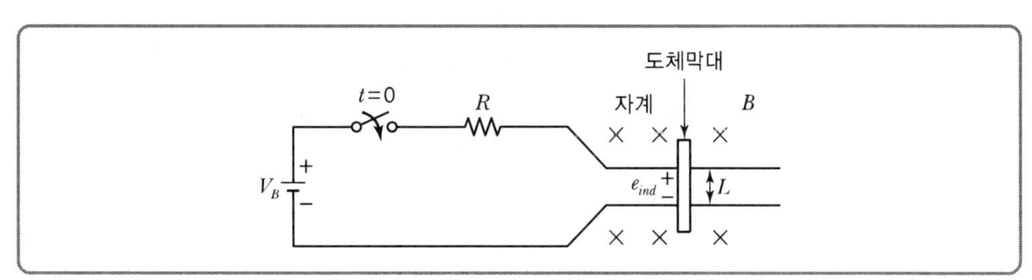

	힘의 크기	힘의 방향
①	$\dfrac{V_B BL}{R}$	오른쪽
②	$\dfrac{V_B B^2 L}{R}$	오른쪽
③	$\dfrac{V_B BR}{L}$	왼쪽
④	$\dfrac{V_B B^2 R}{L}$	왼쪽

정답 39 ③ 40 ①

41 다음 그림에서 자속밀도 $B=10[\mathrm{Wb/m^2}]$에 수직으로 길이 20[cm]인 도체가 속도 $v=10$ $[\mathrm{m/sec}]$로 화살표 방향(도체와 직각 방향)으로 레일과 같은 도체 위를 움직이고 있다. 이때 단자 a, b에 연결된 저항 2[Ω]에서 소비되는 전력 P[W]는? 11년 국가직 9급

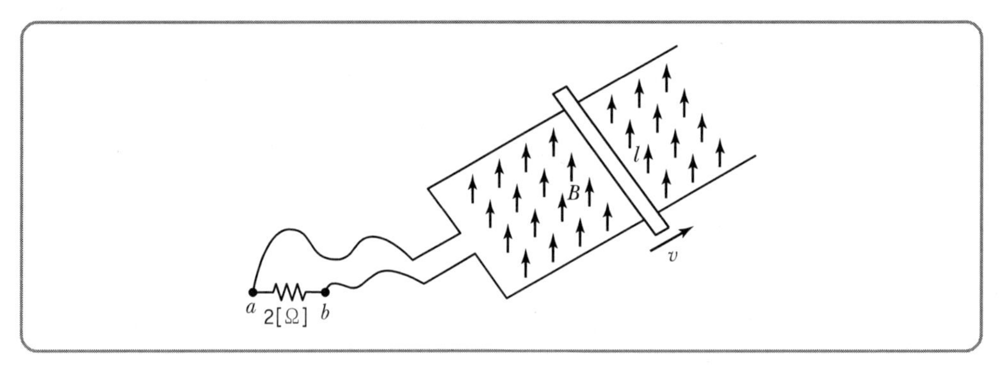

① 50
② 100
③ 200
④ 400

42 그림과 같은 폐회로 abcd를 통과하는 쇄교자속 $\lambda=\lambda_m \sin 10t$[Wb]일 때, 저항 10[Ω]에 걸리는 전압 V_1의 실횻값[V]은?(단, 회로의 자기 인덕턴스는 무시한다.) 18년 지방직 9급

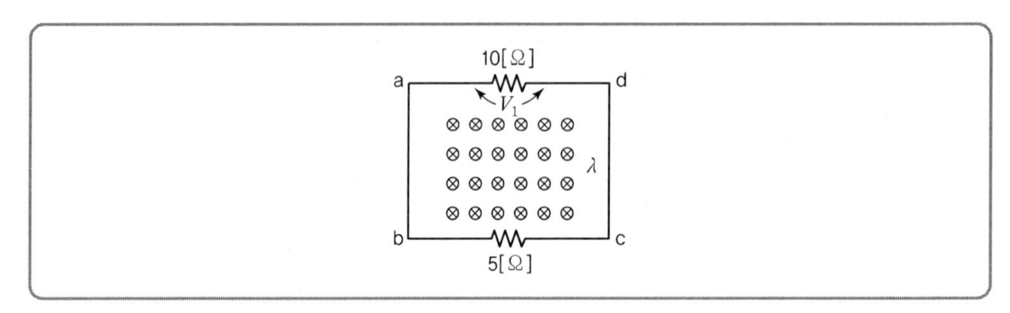

① $\dfrac{10\lambda_m}{3}$
② $\dfrac{20\lambda_m}{3}$
③ $\dfrac{10\lambda_m}{3\sqrt{2}}$
④ $\dfrac{20\lambda_m}{3\sqrt{2}}$

정답 41 ③ 42 ④

43 그림과 같이 동일한 크기의 전류가 흐르고 있는 간격(d)이 20[cm]인 평행 도선에 1[m]당 3×10^{-6}[N/m]의 힘이 작용한다면 도선에 흐르는 전류(I)의 크기[A]는?

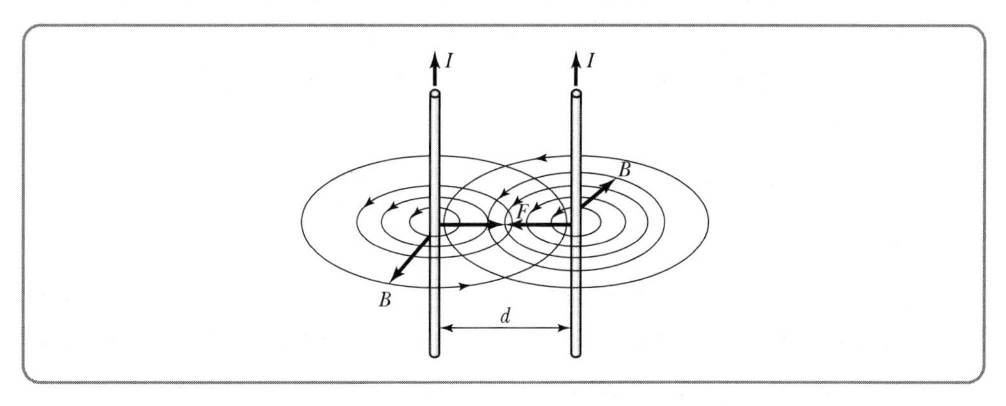

① 1　　② $\sqrt{2}$

③ $\sqrt{3}$　　④ 2

44 공기 중에서 무한히 긴 두 도선 A, B가 평행하게 $d=1$[m]의 간격을 두고 있다. 이 두 도선 모두 1[A]의 전류가 같은 방향으로 흐를 때, 도선 B에 작용하는 단위 길이당 힘의 크기[N/m] 및 형태를 옳게 구한 것은? 09년 국가직 9급

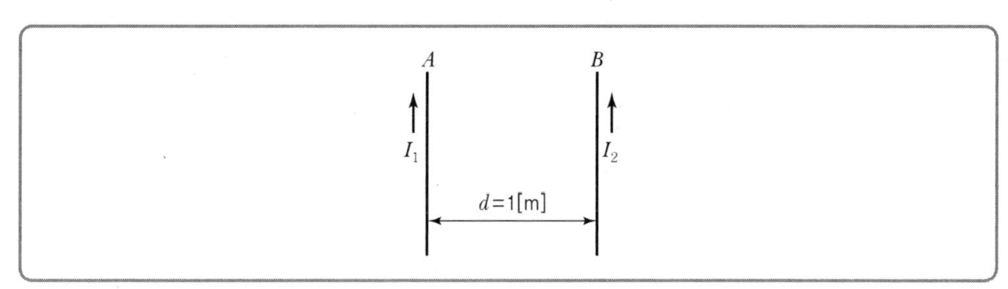

	힘의 크기	힘의 형태
①	4×10^{-7}	흡인력
②	2×10^{-7}	반발력
③	2×10^{-7}	흡인력
④	4×10^{-7}	반발력

정답 43 ③ 44 ③

45 다음 설명 중 옳은 것은 무엇인가?

① 전원회로에서 부하(Load) 저항이 전원의 내부저항보다 커야 부하로 최대 전력이 공급된다.
② 코일의 권선 수를 2배로 하면 자체 인덕턴스도 2배가 된다.
③ 같은 크기의 전류가 흐르고 있는 평행한 두 도선의 거리를 2배로 멀리하면 그 작용력은 반(1/2)이 된다.
④ 커패시터를 직렬로 연결하면 전체 정전용량은 커진다.

46 진공 중에 두 개의 긴 직선도체가 6[cm]의 거리를 두고 평행하게 놓여 있다. 각 도체에 10[A], 15[A]의 전류가 같은 방향으로 흐르고 있을 때 단위 길이당 두 도선 사이에 작용하는 힘 [N/m]은?(단, 진공 중의 투자율 $\mu_0 = 4\pi \times 10^{-7}$이다.)

① 5.0×10^{-5}
② 5.0×10^{-4}
③ 3.3×10^{-3}
④ 4.1×10^{2}

47 같은 평면 위에 무한히 긴 직선도선 ㉠과 직사각 폐회로 모양의 도선 ㉡이 놓여 있다. 각 I [A]의 전류가 그림과 같이 흐른다고 할 때, 도선 ㉠과 ㉡ 사이에 작용하는 힘은?

15년 국가직 9급

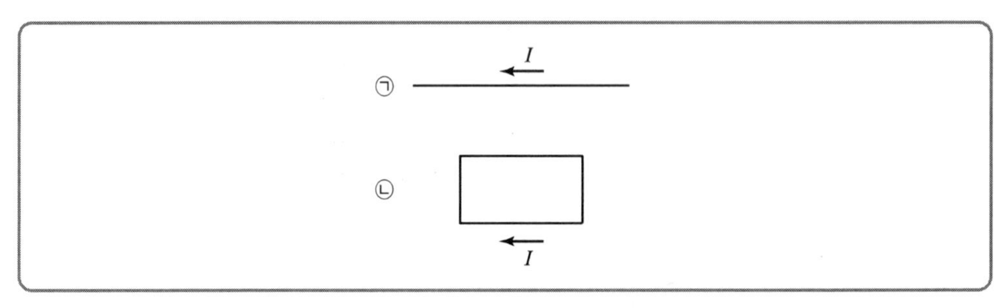

① 반발력
② 흡인력
③ 회전력
④ 없다.

정답 45 ③ 46 ② 47 ①

48 다음 그림과 같은 자기부상 열차의 전자석이 발생시키는 부상력 F[N]는?(단, 공극에 저장된 자기에너지는 자속밀도 B, 공기 투자율 μ_0, 전자석의 단면적 S, 공극의 길이 g 등의 관계식으로 결정된다.) 12년 국가직 9급

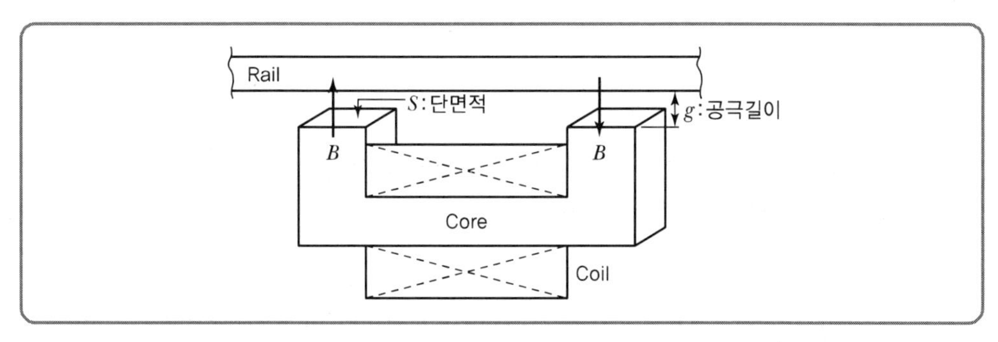

① $F=\dfrac{B^2}{\mu_0}S$

② $F=\dfrac{B^2}{\mu_0 g}S$

③ $F=\dfrac{\mu_0 B^2}{g}S$

④ $F=\dfrac{gB^2}{Smu_0}$

49 그림과 같이 공극의 단면적 $S=100\times10^{-4}[\mathrm{m}^2]$인 전자석에 자속밀도 $B=2[\mathrm{Wb/m}^2]$인 자속이 발생할 때, 철편에 작용하는 힘[N]은?(단, $\mu_0=4\pi\times10^{-7}$이다.) 20년 국가직 9급

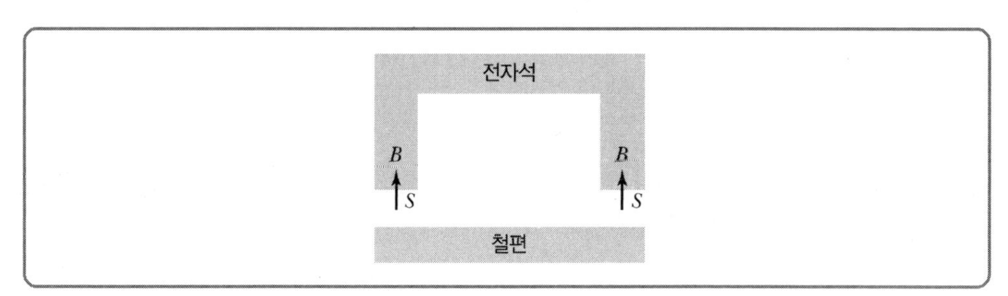

① $\dfrac{1}{\pi}\times10^{5}$

② $\dfrac{1}{\pi}\times10^{-5}$

③ $\dfrac{1}{2\pi}\times10^{5}$

④ $\dfrac{1}{2\pi}\times10^{-5}$

정답 48 ① 49 ①

50 자속밀도가 0.01[Wb/cm^2]인 자장 속에서 전하량 10[C]을 갖는 전하가 자속의 방향과 수직으로 10[cm/s]의 속도로 움직일 때 이 전하가 받는 힘[N]은? 09년 지방직 9급

① 0.1 ② 1

③ 10 ④ 100

51 V[m/s]의 속도를 가진 전자가 B[Wb/m^2]의 평등 자계에 직각으로 들어가면 등속원운동을 한다. 이때 원운동의 주기 T[s]와 원의 반지름 r[m]은?(단, 전자의 전하는 q[C], 질량은 m[kg]이다.) 14년 국가직 9급

	T[s]	r[m]
①	$\frac{\pi m}{\lvert q\rvert B}$	$\frac{mv}{\lvert q\rvert B}$
②	$\frac{\pi m}{\lvert q\rvert B}$	$\frac{2mv}{\lvert q\rvert B}$
③	$\frac{2\pi m}{\lvert q\rvert B}$	$\frac{mv}{\lvert q\rvert B}$
④	$\frac{2\pi m}{\lvert q\rvert B}$	$\frac{2mv}{\lvert q\rvert B}$

52 자극 자하량 2.0[Wb], 길이 30[cm]인 막대자석이 300[AT/m]의 평등 자장 안에 자장의 방향과 30°의 각도로 놓여 있을 때 자석이 받는 토크[Nm]는? 11년 지방직 9급

① 90 ② 120

③ 150 ④ 180

53 철심을 갖는 코일에 전류가 흐르면 전력손실이 발생한다. 이러한 자기회로에서 전력손실이 발생하는 원인이 아닌 것은? 09년 국가직 9급

① 코일의 저항 ② 코일의 인덕턴스

③ 철심 내부의 맴돌이 전류 ④ 철심의 히스테리시스 현상

54 100[mH]의 자기인덕턴스가 있다. 여기에 10[A]의 전류가 흐를 때 자기인덕턴스에 축적되는 에너지의 크기[J]는? 07년 국가직 9급

① 0.5 ② 1

③ 5 ④ 10

정답 50 ④ 51 ③ 52 ① 53 ② 54 ③

55 히스테리시스 특성 곡선에 대한 설명으로 옳지 않은 것은? 16년 국가직 9급

① 히스테리시스 손실은 주파수에 비례한다.
② 곡선이 수직축과 만나는 점은 잔류자기를 나타낸다.
③ 자속밀도, 자기장의 세기에 대한 비선형 특성을 나타낸다.
④ 곡선으로 둘러싸인 면적이 클수록 히스테리시스 손실이 적다.

56 자성체의 성질에 대한 설명으로 가장 옳지 않은 것은? 18년 서울시 9급(후)

① 강자성체의 온도가 높아져서 상자성체와 같은 동작을 하게 되는 온도를 큐리온도라 한다.
② 강자성체에 외부자계가 인가되면 자성체 내부의 자속밀도는 증가한다.
③ 발전기, 모터, 변압기 등에 사용되는 강자성체는 매우 작은 인가자계에도 큰 자화를 가져야 한다.
④ 페라이트는 매우 높은 도전율을 가지므로 고주파수 응용 분야에 널리 사용된다.

57 다음 그림과 같은 자기회로에서 공극 내에서의 자계의 세기 H[AT/m]는?(단, 자성체의 비투자율 μ_r은 무한대이고 공극 내의 비투자율 μ_r은 1이며 공극 주위에서의 프린징 효과는 무시한다.) 10년 지방직 9급

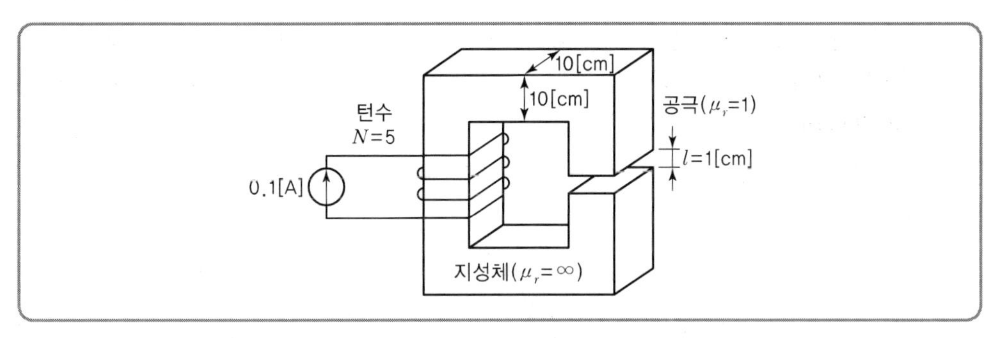

① 30　② 40
③ 50　④ 60

정답 55 ④ 56 ④ 57 ③

58 그림과 같은 자기회로에서 철심의 자기저항 R_c의 값[A · turns/Wb]은?(단, 자성체의 비투자율 μ_{r1}은 1000이고, 공극 내 비투자율 μ_{r2}은 1이다. 자성체와 공극의 단면적은 4[m²]이고, 공극을 포함한 자로의 전체길이 $L_c=52$[m]이며, 공극의 길이 $L_g=2$[m]이다. 누설 자속은 무시한다.)

19년 서울시 9급

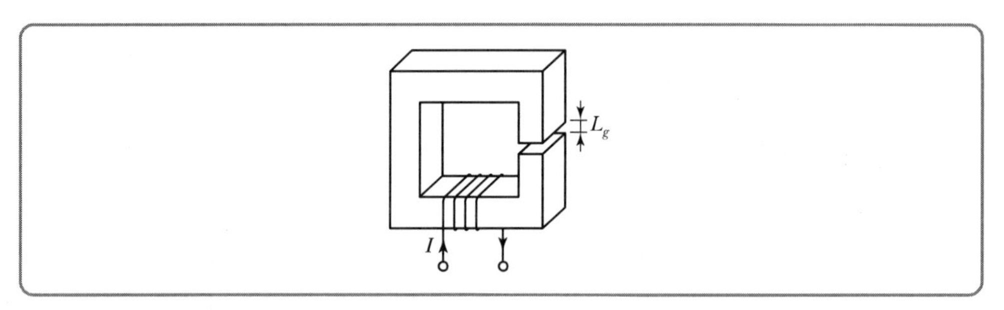

① $\frac{1}{32\pi}\times10^7$[A · turns/Wb]
② $\frac{1}{16\pi}\times10^7$[A · turns/Wb]
③ $\frac{1}{8\pi}\times10^7$[A · turns/Wb]
④ $\frac{1}{4\pi}\times10^7$[A · turns/Wb]

59 다음과 같은 토러스형 자성체를 갖는 자기회로에 코일을 110회 감고 1[A]의 전류를 흘릴 때, 공극에서 발생하는 기자력[AT] 강하는?(단, 이때 자성체의 비투자율 μ_{r1}은 990이고, 공극 내의 비투자율은 μ_{r2}는 1이다. 자성체와 공극의 단면적은 1[cm^2]이고, 공극을 포함한 자로 전체 길이 $L_c=1$[m], 공극의 길이 $L_g=1$[cm]이다. 누설 자속 및 공극 주위의 플린징 효과는 무시한다.)

12년 국가직 9급

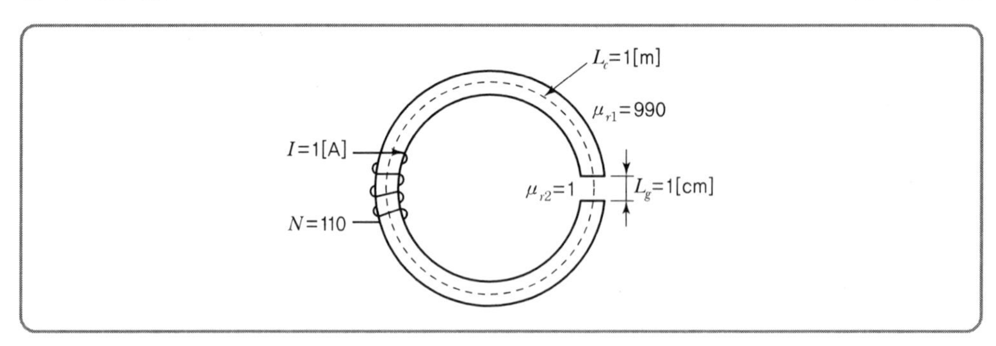

① 0
② 10
③ 100
④ 110

정답 58 ① 59 ③

60 다음과 같은 토러스형 자성체를 갖는 자기 회로에 코일을 210회 감고, 공극에서 발생하는 기자력 강하가 20[AT]가 되도록 할 때, 코일에 흘려 주어야 하는 전류 I[A]는 얼마인가?(단, 자성체의 비투자율 μ_{r1}은 980이고, 공극 내의 비투자율 μ_{r2}는 1이다. 자성체와 공극의 단면적은 1[cm^2]이고, 공극을 포함한 자로 전체 길이 L_C는 1[m], 공극의 길이 L_g는 2[cm]이다. 누설자속 및 공극 주위의 플린징 효과는 무시한다.) 14년 국회직 9급

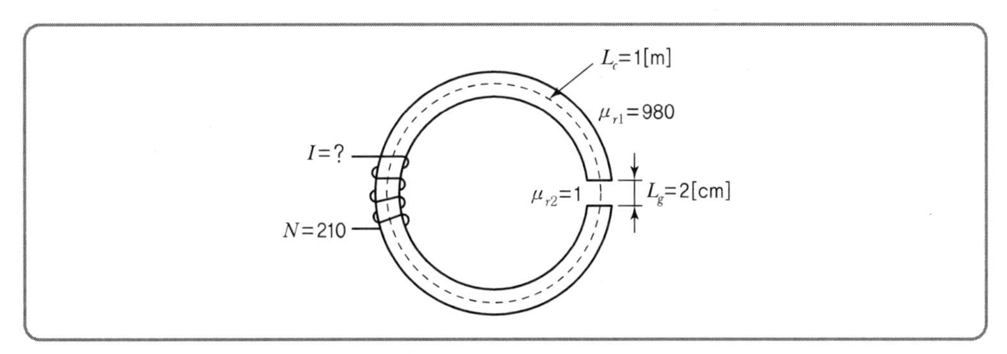

① 0.01
② 0.1
③ 1
④ 10
⑤ 100

61 다음 그림과 같이 $\mu_r = 50$인 선형모드로 작용하는 페라이트 자성체의 전체 자기저항은?(단, 단면적 $A = 1[\text{m}^2]$, 단면적 $B = 0.5[\text{m}^2]$, 길이 $a = 10[\text{m}]$, 길이 $b = 2[\text{m}]$이다.)

18년 국가직 9급

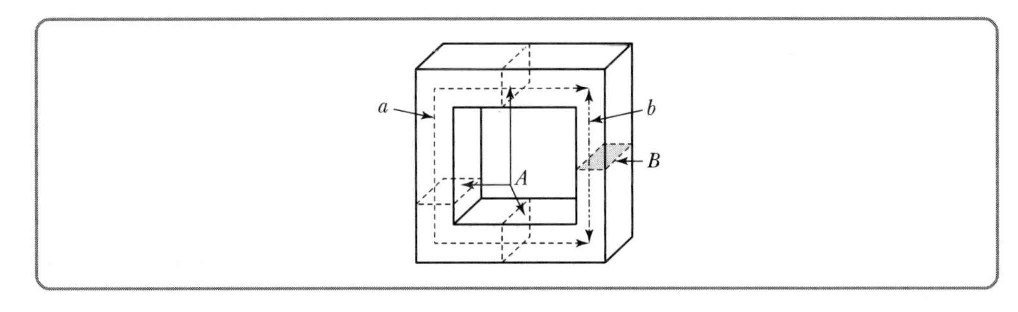

① $\dfrac{7}{25\mu_0}$
② $\dfrac{7}{1,000\mu_0}$
③ $\dfrac{7\mu_0}{25}$
④ $\dfrac{7\mu_0}{1,000}$

정답 60 ② 61 ①

62 자극의 세기가 2×10^{-6}[Wb], 길이가 10[cm]인 막대자석을 120[AT/m]의 평등 자계 내에 자계와 30°의 각도로 놓았을 때 자석이 받는 회전력은 몇 [N · m]인가?

① 1.2×10^{-5} ② 2.4×10^{-5}
③ 1.2×10^{-3} ④ 2.4×10^{-3}

63 자유공간에서 자기장의 세기가 yz^2a_x [A/m]의 분포로 나타날 때, 점 $P(5, 2, 2)$에서의 전류밀도 크기[A/m²]는?

① 4 ② 12
③ $4\sqrt{5}$ ④ $12\sqrt{5}$

64 전자기장에 대한 맥스웰 방정식으로 옳은 것은? 18년 지방직 9급

① $\oint_l \boldsymbol{E}\cdot dl = \frac{Q}{\epsilon_0}$ ② $\oint_l \boldsymbol{B}\cdot dl = I$
③ $\oint_s \boldsymbol{E}\cdot ds = -\frac{d\phi}{dt}$ ④ $\oint_s \boldsymbol{B}\cdot ds = 0$

65 시변 전계, 시변 자계와 관련한 Maxwell 방정식의 4가지 수식으로 가장 옳지 않은 것은? 19년 서울시 9급

① $\nabla\cdot\vec{D} = \rho_v$ ② $\nabla\cdot\vec{E} = \rho_v$
③ $\nabla\cdot\vec{B} = 0$ ④ $\nabla\times\vec{H} = \vec{J} + \frac{\partial\vec{D}}{\partial t}$

66 비투자율이 3,600, 비유전율이 1인 매질 내 주파수가 1[GHz]인 전자기파의 속도[m/s]는? 18년 서울시 9급(후)

① 3×10^8 ② 1.5×10^8
③ 5×10^7 ④ 5×10^6

정답 62 ① 63 ③ 64 ④ 65 ② 66 ④

67 평등 자기장 내에 놓여 있는 직선의 도선이 받는 힘에 대한 설명으로 옳은 것은?
21년 지방직 9급

① 도선의 길이에 반비례한다.
② 자기장의 세기에 비례한다.
③ 도선에 흐르는 전류의 크기에 반비례한다.
④ 자기장 방향과 도선 방향이 평행할수록 큰 힘이 발생한다.

68 길이 1[m]의 철심(μ_s=1,000) 자기회로에 1[mm]의 공극이 생겼다면 전체의 자기저항은 약 몇 배가 되는가?(단, 각 부분의 단면적은 일정하다.) 21년 서울시 9급

① 1/2배 ② 2배 ③ 4배 ④ 10배

69 60[Hz]의 교류발전기 회전자가 균일한 자속밀도(Magnetic Flux Density) 내에서 회전하고 있다. 회전자 코일의 면적이 100[cm^2], 감은 수가 100회일 때, 유도기전력(Induced Electromotive Force)의 최댓값이 377[V]가 되기 위한 자속밀도의 값[T]은?(단, 각속도는 377[rad/s]로 가정한다.) 21년 서울시 9급

① 100 ② 1
③ 0.01 ④ 10^{-4}

70 그림과 같은 한 변의 길이가 d[m]인 정사각형 도체에 전류 I[A]가 흐를 때, 정사각형 중심점에서 자계의 값[A/m]은? 21년 서울시 9급

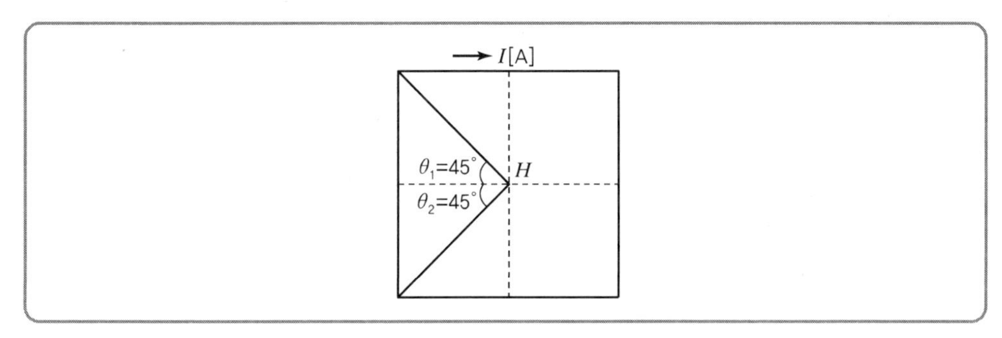

① $H=\frac{\sqrt{2}}{\pi d}I$ ② $H=\frac{2\sqrt{2}}{\pi d}I$
③ $H=\frac{3\sqrt{2}}{\pi d}I$ ④ $H=\frac{4\sqrt{2}}{\pi d}I$

정답 67 ② 68 ② 69 ② 70 ②

71 평균 반지름 20[cm], 권선수 628회, 공심의 단면적 250[cm^2]인 환상솔레노이드에 2[A]의 전류가 흐를 때 설명으로 가장 옳지 않은 것은?(단, π는 3.14로 한다.)

① 내부자계의 세기는 투자율 μ에 관계없다.
② 외부자계의 세기는 0이다.
③ 자계는 내부에만 존재한다.
④ 내부자계의 세기는 2,000[AT/m]이다.

72 환상솔레노이드의 평균 둘레 길이가 50[cm], 단면적이 1[cm^2], 비투자율 $\mu_r = 1{,}000$이다. 권선수가 200회인 코일에 1[A]의 전류를 흘렸을 때, 환상솔레노이드 내부의 자계 세기 [AT/m]는? 21년 지방직 9급

① 40　　② 200
③ 400　　④ 800

73 그림과 같이 미세공극 l_g가 존재하는 철심회로의 합성자기저항은 철심부분 자기저항의 몇 배인가? 21년 지방직 9급

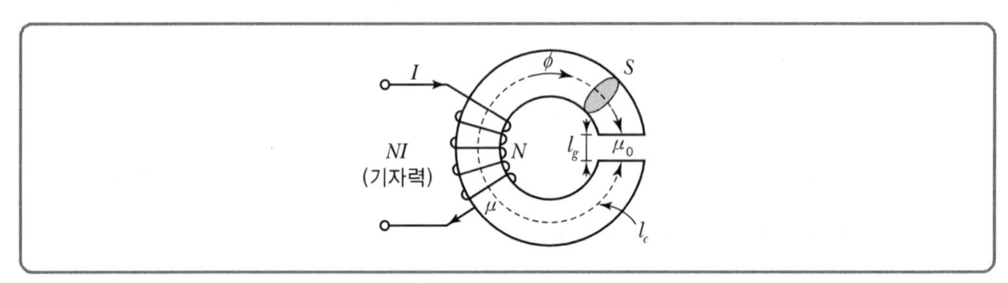

① $1 + \frac{\mu_0 l_g}{\mu l_c}$　　② $1 + \frac{\mu l_g}{\mu_0 l_c}$
③ $1 + \frac{\mu_0 l_c}{\mu l_g}$　　④ $1 + \frac{\mu l_c}{\mu_0 l_g}$

정답 71 ④ 72 ③ 73 ②

80 (가), (나)에 들어갈 내용을 바르게 연결한 것은?

> 히스테리시스 루프에서 가로축과 만나는 점은 [(가)]을(를) 의미하며 세로축과 만나는 점은 [(나)]을(를) 의미한다.

	(가)	(나)
①	보자력	잔류자속밀도
②	보자력	자기장의 세기
③	자기장의 세기	잔류자속밀도
④	잔류자속밀도	보자력

81 그림에서 환상 솔레노이드 평균 반지름이 5[m]이고, 권수가 100[T], 솔레노이드에 흐르는 전류가 10π[A]일 때, 솔레노이드의 내부 자기장[AT/m]은?

21년 지방직(경력) 9급

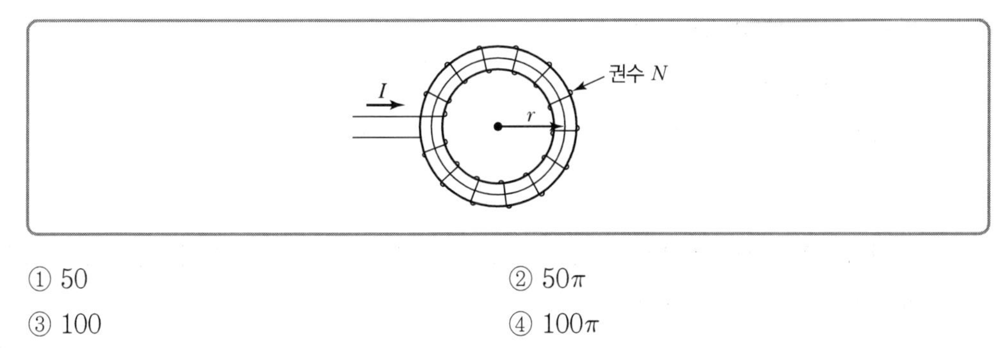

① 50　　② 50π

③ 100　　④ 100π

82 그림과 같이 평등 자계에 놓인 도체에 작용하는 전자력의 크기[N]는?

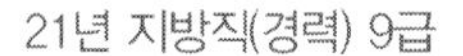
21년 지방직(경력) 9급

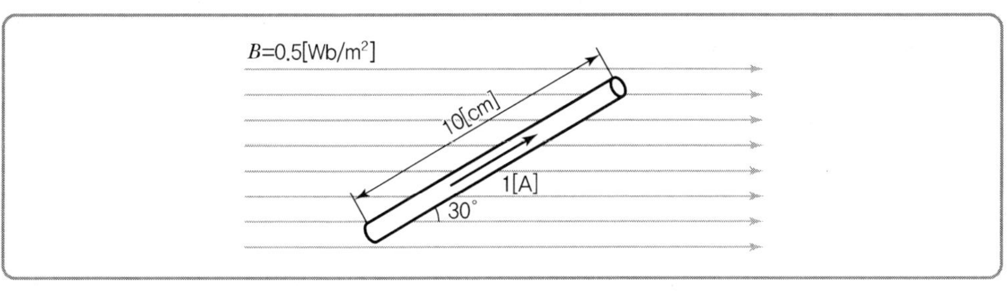

① 0.025　　② 0.05

③ 25　　④ 500

정답 80 ① 81 ③ 82 ①

83 공기 중에서 평행한 2개의 도체가 50[cm] 간격을 유지하고 있다. 2개의 평행 도체에 각각 10[A], 50[A]의 전류가 동일한 방향으로 흐를 때, 도체의 단위 길이 1[m]당 작용하는 힘의 크기의 값[N/m]은? 21년 서울시(고졸) 9급

① 2×10^{-1} ② 2×10^{-2}
③ 2×10^{-3} ④ 2×10^{-4}

84 8초에 5[A]의 일정한 비율로 전류 I가 변하여 50[V]의 유도 기전력이 발생하는 코일의 인덕턴스의 값[H]은? 21년 서울시(고졸) 9급

① 10 ② 25
③ 40 ④ 80

85 전동기의 회전 방향을 알고 싶을 때 활용하는 법칙은?

① 렌츠의 법칙 ② 쿨롱의 법칙
③ 앙페르의 오른손 법칙 ④ 플레밍의 왼손 법칙

86 이상적인 조건에서 철심이 들어 있는 동일한 크기의 환상 솔레노이드의 인덕턴스 크기를 4배로 만들기 위한 솔레노이드 권선수의 배수는? 22년 국가직 9급

① 0.5 ② 2
③ 4 ④ 8

87 자극의 세기 5×10^{-5}[Wb], 길이 50[cm]의 막대자석이 200[A/m]의 평등 자계와 30° 각도로 놓여 있을 때, 막대자석이 받는 회전력[N · m]은? 22년 국가직 9급

① 2.5×10^{-3} ② 5×10^{-3}
③ 25×10^{-3} ④ 50×10^{-3}

정답 83 ④ 84 ④ 85 ④ 86 ② 87 ①

88 평등 자장 내에 놓여 있는 길이 l[m]의 직선 전류 도선이 받는 힘에 대한 설명 중 가장 옳지 않은 것은? 22년 군무원 9급

① 힘은 전류에 비례한다.
② 힘은 자장의 세기에 비례한다.
③ 힘은 도선의 길이에 반비례한다.
④ 힘은 전류의 방향과 자장의 방향과의 사이각의 함수이다.

89 지름 10[cm]인 원형 코일에 2[A]의 전류를 흘릴 때 코일 중심의 자계를 1,000[AT/m]로 하려면 코일을 몇 회 감으면 되는가? 22년 군무원 9급

① 200[회] ② 150[회]
③ 100[회] ④ 50[회]

90 단면적 2[cm^2]의 철심에 4×10^{-4}[Wb]의 자속을 통하게 하려면 1,000[AT/m]의 자계가 필요하다. 철심의 비투자율은 약 얼마인가? 22년 군무원 9급

① 663 ② 995
③ 1,591 ④ 1,951

91 〈보기〉는 전류에 의한 자기장 발생을 관찰하는 실험이다. 스위치(SW)를 닫았을 때 나침반의 N극이 가리키는 방향은? 22년 서울시(고졸) 9급

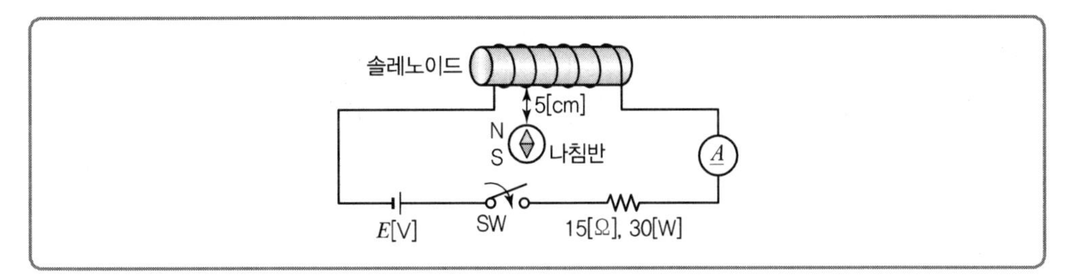

① 동(오른쪽) ② 서(왼쪽)
③ 남(아래쪽) ④ 북(위쪽)

정답 88 ③ 89 ④ 90 ③ 91 ①

92 〈보기〉는 직류 전동기의 회전 원리를 나타내는 그림이다. 직선 도체 a－b와 c－d의 양단에 각각 작용하는 힘의 방향을 옳게 짝지은 것은? 22년 서울시(고졸) 9급

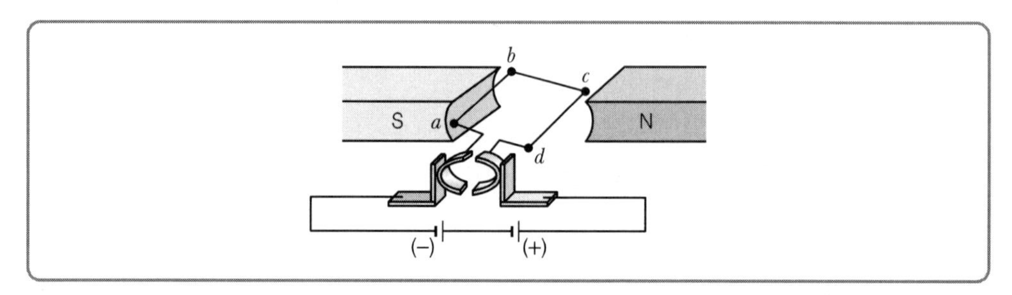

	a－b	c－d
①	위쪽(↑)	위쪽(↑)
②	위쪽(↑)	아래쪽(↓)
③	아래쪽(↓)	위쪽(↑)
④	힘이 발생하지 않는다.	힘이 발생하지 않는다.

93 그림과 같이 진공 중에 두 무한 도체 A, B가 1[m] 간격으로 평행하게 놓여 있고, 각 도체에 2[A]와 3[A]의 전류가 흐르고 있다. 합성 자계가 0이 되는 지점 P와 도체 A까지의 거리 x[m]는? 22년 지방직 9급

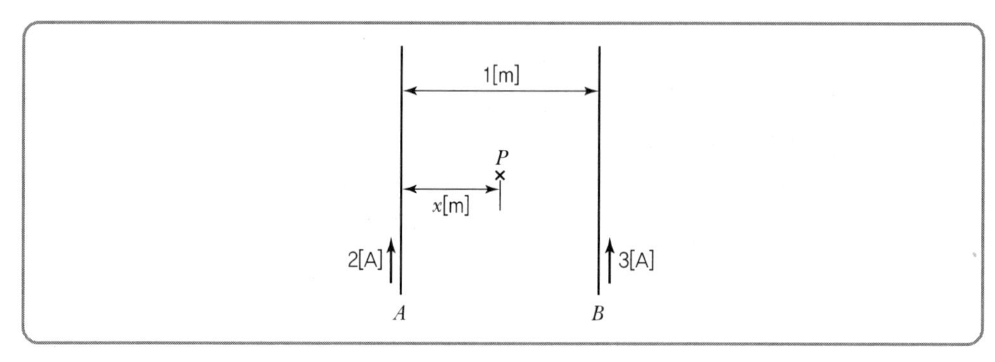

① 0.3
② 0.4
③ 0.5
④ 0.6

정답 92 ③ 93 ②

94 그림과 같이 전류와 폐경로 L이 주어졌을 때 $\oint_L \vec{H} \cdot d\vec{l}$ [A]은? 22년 지방직 9급

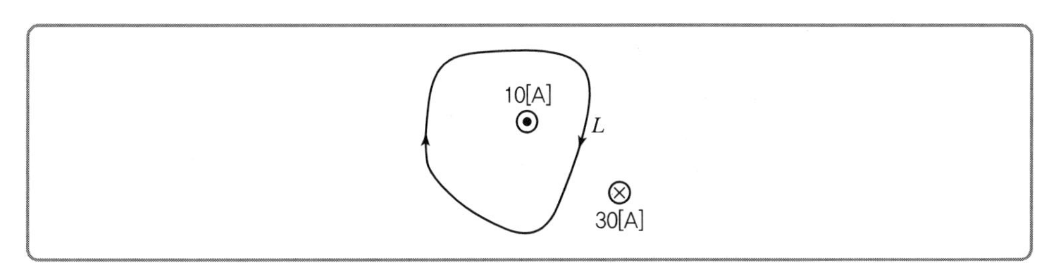

① -20 ② -10
③ 10 ④ 20

95 동일한 크기의 전류 I[A]가 흐르고 있는 간격이 10[cm]인 평행 도선에 1[m]당 4×10^{-6}[N]의 힘이 작용할 때, 전류 I[A]는? 22년 지방직(경력) 9급

① 0.5 ② 1
③ $\sqrt{2}$ ④ 4

96 반지름이 10[cm]이고 감은 횟수가 10[회]인 원형 코일에 5[A]의 전류가 흐를 때, 원형 코일 중심에서 자기장의 세기[AT/m]는? 22년 지방직(경력) 9급

① 25 ② 80
③ 250 ④ 500

97 자기회로를 구성하는 요소에 대한 설명으로 옳지 않은 것은? 23년 지방직 9급

① 자기장을 형성하는 기자력은 전류와 턴수의 곱이다.
② 릴럭턴스는 투자율에 비례한다.
③ 기자력을 릴럭턴스로 나누면 자속이 된다.
④ 릴럭턴스의 역수는 퍼미언스다.

정답 94 ② 95 ③ 96 ③ 97 ②

98 자성체에 자기장을 인가할 때, 내부 자속밀도가 큰 자성체부터 순서대로 바르게 나열한 것은?

23년 국가직 9급

① 상자성체, 페리자성체, 반자성체
② 페리자성체, 반자성체, 상자성체
③ 반자성체, 페리자성체, 상자성체
④ 페리자성체, 상자성체, 반자성체

99 그림과 같은 권선수 N, 반지름 r[cm], 길이 l[cm]을 갖는 원통 모양의 솔레노이드가 있다. 인덕턴스가 가장 큰 것은?(단, 솔레노이드의 내부 자기장은 균일하고 외부 자기장은 무시할 만큼 작다.)

23년 국가직 9급

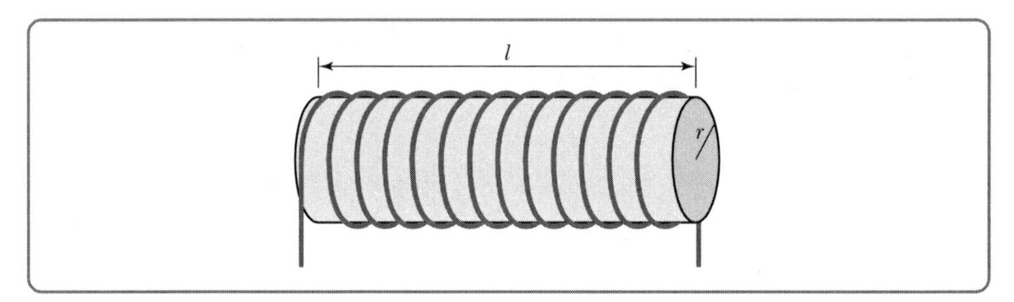

	N	r	l
①	500	0.5	25
②	1,000	0.5	50
③	2,000	1.0	100
④	3,000	0.5	150

정답 98 ④ 99 ③

CHAPTER 03 CURRENT THEORY

교류회로

SECTION 01 교류회로의 기초

01 다음은 교류 정현파의 최댓값과 다른 값들과의 상관관계를 나타낸 것이다. 실횻값 ㉠과 파고율 ㉡은?

14년 국가직 9급

파형	최댓값	실횻값	파형률	파고율
교류 정현파	V_m	㉠	$\frac{\pi}{2\sqrt{2}}$	㉡

	㉠	㉡
①	$\frac{V_m}{\sqrt{2}}$	$\frac{1}{\sqrt{2}}$
②	$\frac{V_m}{\sqrt{2}}$	$\sqrt{2}$
③	$\sqrt{2}\,V_m$	$\frac{1}{\sqrt{2}}$
④	$\sqrt{2}\,V_m$	$\sqrt{2}$

02 단상 교류전압 $v = 300\sqrt{2}\cos\omega t$[V]를 전파 정류하였을 때, 정류회로 출력 평균전압[V]은? (단, 이상적인 정류 소자를 사용하여 정류회로 내부의 전압강하는 없다.)

① 150
② $\frac{300}{2\pi}$
③ $\frac{300}{\pi}$
④ $\frac{600\sqrt{2}}{\pi}$

03 정현파 교류전압의 실횻값에 대한 물리적 의미로 옳은 것은?

① 실횻값은 교류전압의 최댓값을 나타낸다.
② 실횻값은 교류전압 반주기에 대한 평균값이다.
③ 실횻값은 교류전압의 최댓값과 평균값의 비율이다.
④ 실횻값은 교류전압이 생성하는 전력 또는 에너지의 효능을 내포한 값이다.

정답 01 ② 02 ④ 03 ④

04 $100\sin\left(3\omega t + \frac{2\pi}{3}\right)$[V]인 교류전압의 실횻값은 약 몇 [V]인가?

① 70.7　② 100
③ 141　④ 212

05 $10\sqrt{2}\sin 3\pi t$[V]를 기본파로 하는 비정현주기파의 제5고조파 주파수[Hz]를 구하면?

07년 국가직 9급

① 5.5　② 6.5
③ 7.5　④ 8.5

06 전압과 전류의 순시값이 아래와 같이 주어질 때 교류 회로의 특성에 대한 설명으로 옳은 것은?

$$v(t) = 200\sqrt{2}\sin\left(\omega t + \frac{\pi}{6}\right)[V]$$
$$i(t) = 10\sin\left(\omega t + \frac{\pi}{3}\right)[A]$$

① 전압의 실횻값은 $200\sqrt{2}$ [V]이다.
② 전압의 파형률은 1보다 작다.
③ 전류의 파고율은 10이다.
④ 위상이 30° 앞선 진상 전류가 흐른다.

07 다음의 교류전압 $v_1(t)$과 $v_2(t)$에 대한 설명으로 옳은 것은?　20년 국가직 9급

$$v_1(t) = 100\sin\left(120\pi t + \frac{\pi}{6}\right)[V]$$
$$v_2(t) = 100\sqrt{2}\sin\left(120\pi t + \frac{\pi}{3}\right)[V]$$

① $v_1(t)$과 $v_2(t)$의 주기는 모두 $\frac{1}{60}$[sec]이다.
② $v_1(t)$과 $v_2(t)$의 주파수는 모두 120π[Hz]이다.
③ $v_1(t)$과 $v_2(t)$는 동상이다.
④ $v_1(t)$과 $v_2(t)$의 실횻값은 각각 100[V], $100\sqrt{2}$[V]이다.

정답 04 ① 05 ③ 06 ④ 07 ①

08 아래 식과 같은 정현파 신호에 대한 진폭(A), 주기(T), 위상(ϕ)이 옳은 것은?

18년 국회직 9급

$$x(t) = 10\sqrt{2}\cos(880\pi t - 0.4\pi)$$

① $A = 10,\ T = \frac{1}{880},\ \phi = 0.4\pi$

② $A = 10,\ T = \frac{1}{440},\ \phi = -0.4\pi$

③ $A = 10\sqrt{2},\ T = \frac{1}{440},\ \phi = 0.4\pi$

④ $A = 10\sqrt{2},\ T = \frac{1}{440},\ \phi = -0.4\pi$

⑤ $A = 10\sqrt{2},\ T = \frac{1}{880},\ \phi = -0.4\pi$

09 전압 $v(t) = 110\sqrt{2}\sin(120\pi t + \frac{2\pi}{3})$[V]인 파형에서 실횻값[V], 주파수[Hz] 및 위상[rad]으로 옳은 것은?

19년 지방직 9급

	실횻값	주파수	위상
①	110	60	$\frac{2\pi}{3}$
②	110	60	$-\frac{2\pi}{3}$
③	$110\sqrt{2}$	120	$-\frac{2\pi}{3}$
④	$110\sqrt{2}$	120	$\frac{2\pi}{3}$

10 $v_1(t) = 100\sin(30\pi t + 30°)$[V]와 $v_2(t) = V_m\sin(30\pi t + 60°)$[V]에서 $v_2(t)$의 실횻값은 $v_1(t)$의 최댓값의 $\sqrt{2}$ 배이다. $v_1(t)$[V]와 $v_2(t)$[V]의 위상차에 해당하는 시간[s]과 $v_2(t)$의 최댓값 V_m[V]은?

19년 지방직 9급

	시간	최댓값
①	$\frac{1}{180}$	200
②	$\frac{1}{360}$	200
③	$\frac{1}{180}$	$200\sqrt{2}$
④	$\frac{1}{360}$	$200\sqrt{2}$

정답 08 ④ 09 ① 10 ①

11 다음은 $v(t) = 10 + 30\sqrt{2}\sin\omega t[V]$의 그래프이다. 이 전압의 실횻값[V]은?

13년 국가직 9급

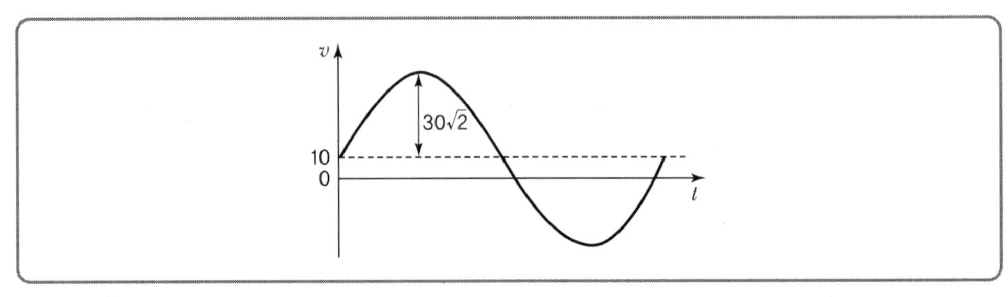

① $10\sqrt{5}$ ② 30
③ $10\sqrt{10}$ ④ $30\sqrt{2}$

12 다음과 같은 정현파 전압 v와 전류 i로 주어진 회로에 대한 설명으로 옳은 것은?

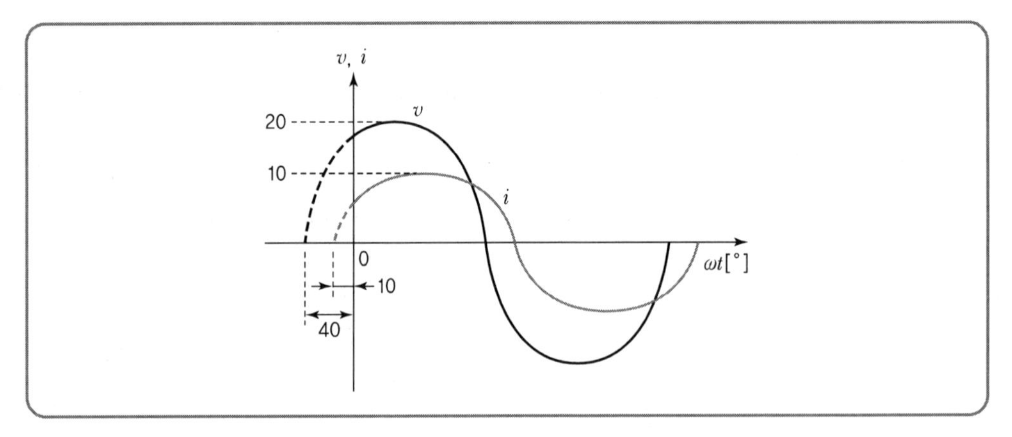

① 전압과 전류의 위상차는 40°이다.
② 교류전압 $v = 20\sin(\omega t - 40°)$이다.
③ 교류전류 $i = 10\sqrt{2}\sin(\omega t + 10°)$이다.
④ 임피던스 $\dot{Z} = 2\angle 30°$이다.

정답 11 ③ 12 ④

13 다음 그래프는 교류회로에서 순시전압 $v(t)$와 전류 $i(t)$를 나타낸 것이다. 이에 대한 설명으로 옳지 않은 것은? 19년 지방직 9급

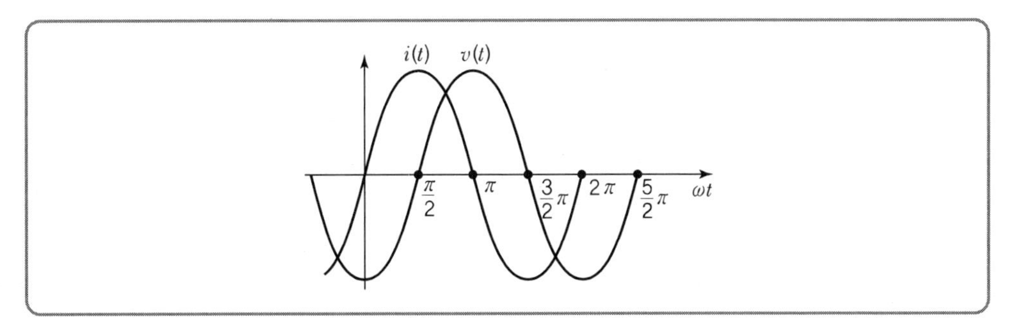

① 위상은 전류가 전압보다 앞선다.

② 회로는 용량성이다.

③ 위상각 차 $\theta_v - \theta_i$는 90°이다.

④ 전류와 전압 주파수는 서로 같다.

14 그림의 Ch1 파형과 Ch2 파형에 대한 설명으로 옳은 것은? 20년 지방직 9급

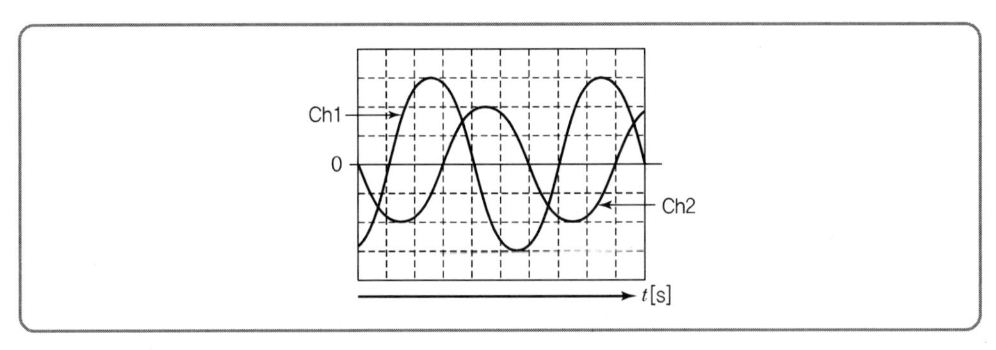

① Ch1 파형이 Ch2 파형보다 위상은 앞서고, 주파수는 높다.

② Ch1 파형이 Ch2 파형보다 위상은 앞서고, 주파수는 같다.

③ Ch1 파형이 Ch2 파형보다 위상은 뒤지고, 진폭은 크다.

④ Ch1 파형이 Ch2 파형보다 위상은 뒤지고, 진폭은 같다.

정답 13 ③ 14 ②

15 다음의 그림과 같은 주기함수의 전류가 3[Ω]의 부하저항에 공급될 때 평균전력[W]은?

10년 국가직 9급

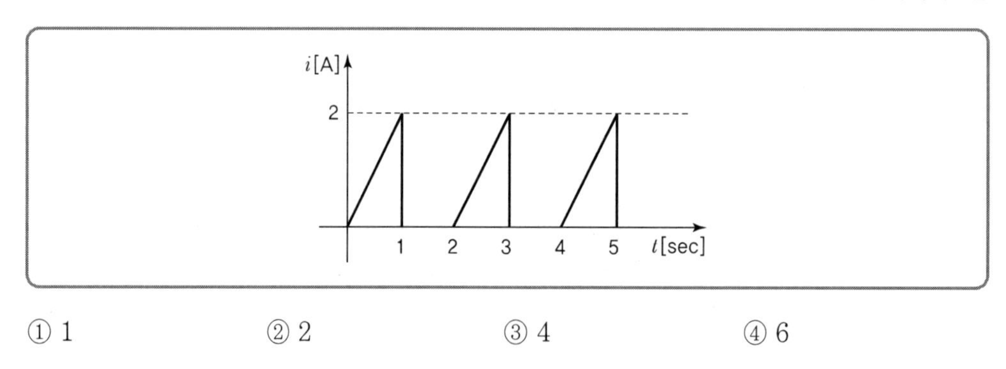

① 1 ② 2 ③ 4 ④ 6

16 다음 전류 파형의 실횻값[A]은?

10년 지방직 9급

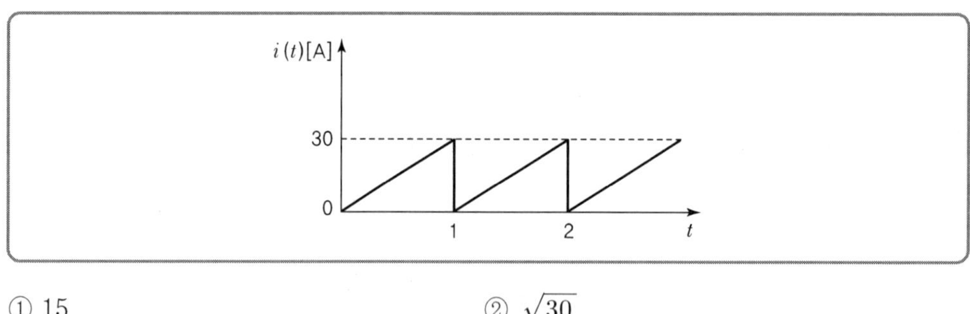

① 15
② $\sqrt{30}$
③ $10\sqrt{3}$
④ $\sqrt{150}$

17 그림과 같은 주기적 성질을 갖는 전류 $i(t)$의 실횻값[A]은?

15년 국가직 9급

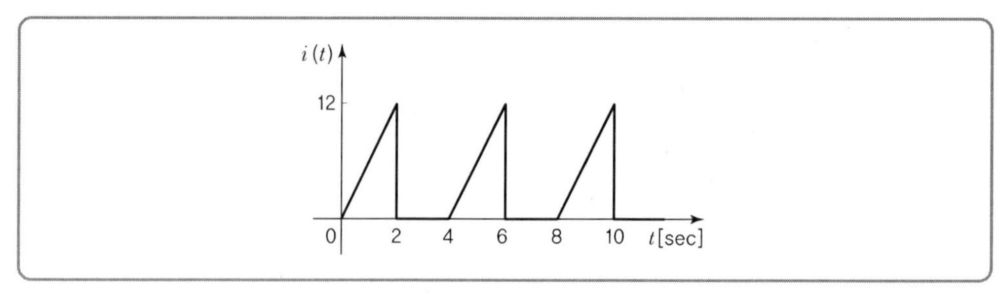

① $2\sqrt{3}$
② $2\sqrt{6}$
③ $3\sqrt{3}$
④ $3\sqrt{6}$

정답 15 ② 16 ③ 17 ②

18 그림과 같은 파형에서 실횻값과 평균값의 비$\left(\frac{\text{실횻값}}{\text{평균값}}\right)$는?

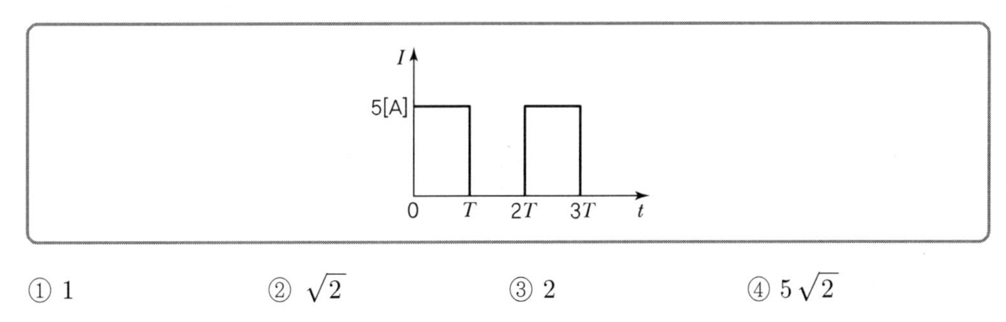

① 1 ② $\sqrt{2}$ ③ 2 ④ $5\sqrt{2}$

19 다음 그림의 파형에 대한 설명 중 옳지 않은 것은? 11년 국가직 9급

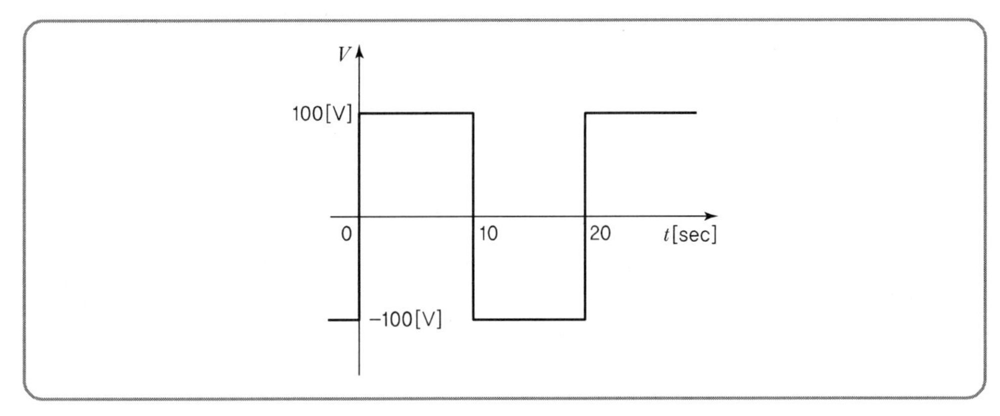

① 파형의 각속도 $\omega = 0.1\pi$[rad/sec]이다. ② 파고율이 파형률보다 크다.
③ 평균치 전압은 100[V]이다. ④ 실효치 전압은 최대치 전압과 같다.

20 다음과 같은 주기함수의 실효치 전압[V]은? 12년 국가직 9급

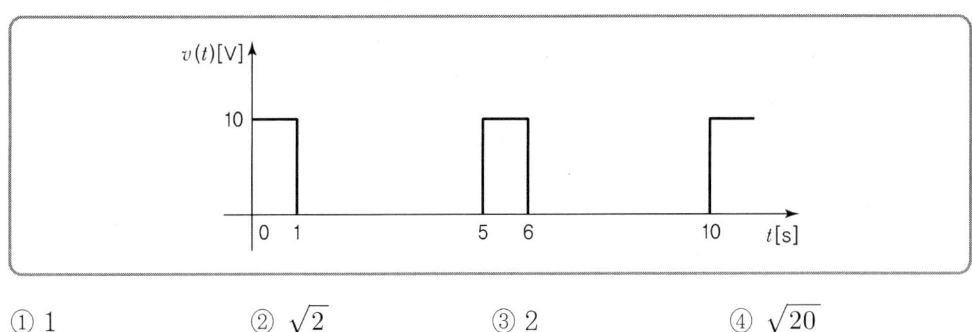

① 1 ② $\sqrt{2}$ ③ 2 ④ $\sqrt{20}$

정답 18 ② 19 ② 20 ④

21 그림과 같은 전압 파형의 실횻값[V]은?(단, 해당 파형의 주기는 16[sec]이다.)

19년 서울시 9급

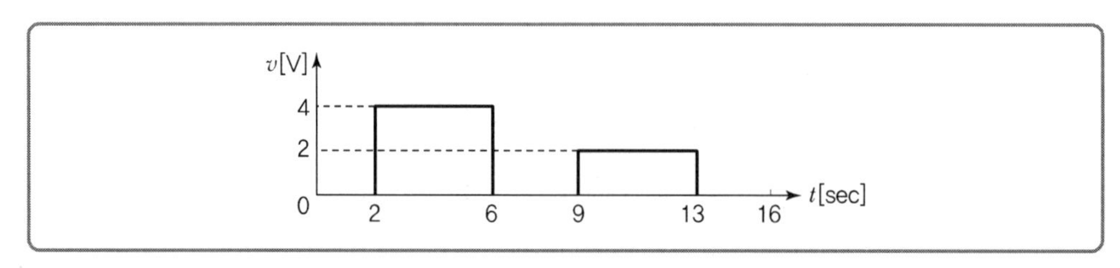

① $\sqrt{3}$[V]
② 2[V]
③ $\sqrt{5}$[V]
④ $\sqrt{6}$[V]

22 그림과 같은 주기적인 전압 파형에 포함되지 않은 고조파의 주파수[Hz]는? 19년 국가직 9급

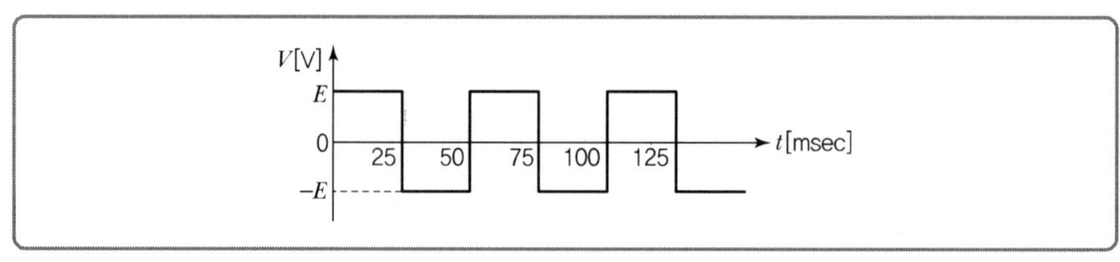

① 60
② 100
③ 120
④ 140

23 그림과 같은 구형파의 제 $(2n-1)$ 고조파의 진폭(A_1)과 기본파의 진폭(A_2)의 비($\frac{A_1}{A_2}$)는?

20년 국가직 9급

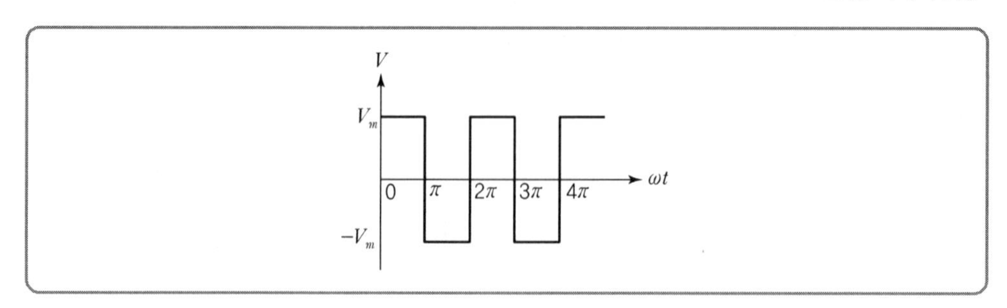

① $\frac{1}{2n-1}$
② $2n-1$
③ $\frac{\pi}{2n-1}$
④ $\frac{2n-1}{\pi}$

정답 21 ③ 22 ③ 23 ①

24 그림의 회로에 200[V_{rms}] 정현파 전압을 인가하였다. 저항에 흐르는 평균전류[A]는?(단, 회로는 이상적이다.) 20년 지방직 9급

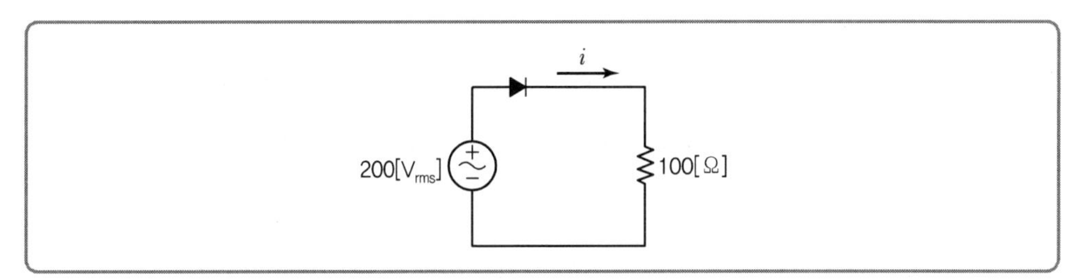

① $\frac{4\sqrt{2}}{\pi}$
② $\frac{4}{\pi}$
③ $\frac{2\sqrt{2}}{\pi}$
④ $\frac{2}{\pi}$

25 다음 정현파 전류를 복소수로 표현한 것 중에 옳은 것은? 18년 국회직 9급

$$i(t) = 10\sqrt{2}\cos\left(\omega t + \frac{\pi}{3}\right)$$

① $5\sqrt{2} + j5\sqrt{6}$
② $5\sqrt{3} + j5\sqrt{6}$
③ $5\sqrt{3} + j5$
④ $5\sqrt{6} + j5\sqrt{2}$
⑤ $10 + j10\sqrt{2}$

26 20[Ω]의 저항에 실효치 20[V]의 사인파가 걸릴 때 발생열은 직류 전압 10[V]가 걸릴 때 발생열의 몇 배인가? 19년 서울시 9급

① 1배 ② 2배 ③ 4배 ④ 8배

27 정격전압 100[V], 정격전력 500[W]인 다리미에 $t=0$인 순간에 $100\sqrt{2}\,sin(2\pi ft + 30°)$[V]의 전압을 인가하였다. $t = \frac{1}{60}$초에서 순시전류[A]의 크기는?(단, 주파수 $f = 60$[Hz]이고, 다리미는 순저항 부하로 가정한다.) 11년 지방직 9급

① $\frac{5}{2}$
② $\frac{5\sqrt{2}}{2}$
③ 5
④ $5\sqrt{2}$

정답 24 ③ 25 ③ 26 ③ 27 ②

28 교류전압 $v(t)=100\sqrt{2}\sin 377t$[V]에 대한 설명으로 옳지 않은 것은? 15년 국가직 9급

① 실효전압은 100[V]이다.

② 전압의 각주파수는 377[rad/sec]이다.

③ 전압에 1[Ω]의 저항을 직렬 연결하면 흐르는 전류의 실횻값은 $100\sqrt{2}$[A]이다.

④ 인덕턴스와 저항이 직렬 연결된 회로에 전압이 인가되면 전류가 전압보다 뒤진다.

29 그림과 같은 사인파의 주기[s]와 주파수[Hz]가 옳게 짝지어진 것은?

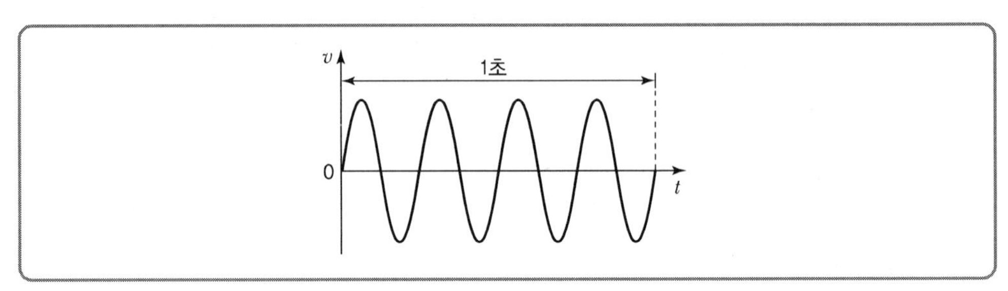

	[s]	[Hz]
①	0.25	4
②	0.25	3
③	0.5	2
④	0.5	1

30 그림과 같이 주기적으로 변하는 전압 $v(t)$의 실횻값[V]은? 21년 지방직 9급

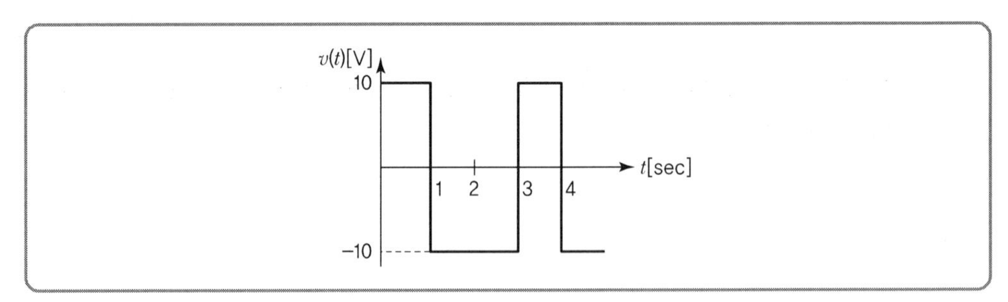

① $\frac{10}{\sqrt{5}}$

② $\frac{10}{\sqrt{3}}$

③ $\frac{10}{\sqrt{2}}$

④ 10

정답 28 ③ 29 ① 30 ④

31 그림과 같은 전류 $i(t)$가 4[kΩ]의 저항에 흐를 때 옳지 않은 것은? 21년 국가직 9급

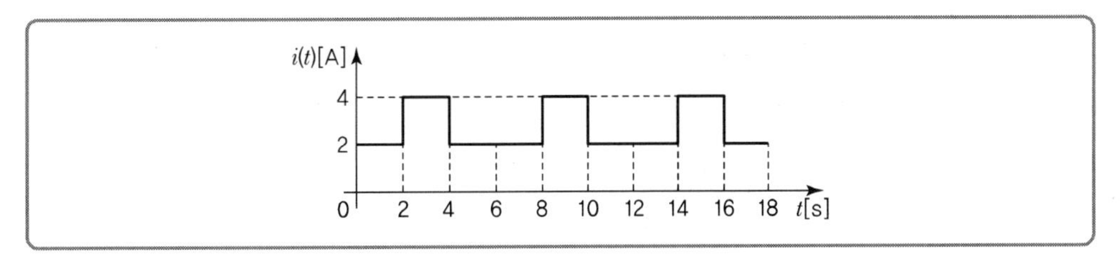

① 전류의 주기는 6[s]이다.

② 전류의 실횻값은 $2\sqrt{2}$ [A]이다.

③ 4[kΩ]의 저항에 공급되는 평균전력은 32[kW]이다.

④ 4[kΩ]의 저항에 걸리는 전압의 실횻값은 $4\sqrt{2}$ [kV]이다.

32 교류 파형의 최댓값을 V_m이라 할 때 실횻값과 평균값에 대한 설명으로 가장 옳지 않은 것은?

① 정현파의 실횻값은 $\frac{V_m}{\sqrt{2}}$ 이다.

② 구형파의 평균값은 $\frac{V_m}{2}$ 이다.

③ 삼각파의 평균값은 $\frac{V_m}{2}$ 이다.

④ 반파정류파의 실횻값은 $\frac{V_m}{2}$ 이다.

33 〈보기〉는 시간에 따른 교류 전압을 나타내는 파형이다. 각속도 ω의 값[rad/s]은?

21년 서울시(고졸) 9급

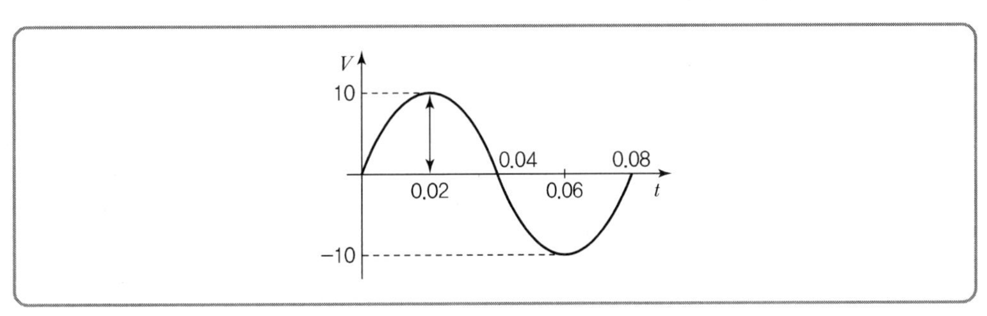

① 15π

② 20π

③ 25π

④ 30π

정답 31 ④ 32 ② 33 ③

34 사인파에 대한 설명으로 옳은 것만을 모두 고르면? 22년 지방직(경력) 9급

ㄱ. 시간에 따라 크기와 방향이 주기적으로 반복하여 변화한다.
ㄴ. 실횻값은 평균값보다 크다.
ㄷ. 실횻값은 최댓값의 $\sqrt{2}$ 배이다.
ㄹ. 파형률은 $\frac{1}{2\sqrt{2}}$ 이다.

① ㄱ, ㄴ
② ㄱ, ㄹ
③ ㄴ, ㄷ
④ ㄴ, ㄹ

35 교류 전류의 순싯값이 $i(t) = 100\sqrt{2}\sin\left(120\pi t + \frac{\pi}{3}\right)$[A] 일 때, 전류의 실횻값[A]과 주파수[Hz]는? 21년 서울시(고졸) 9급

	실횻값	주파수
①	100	60
②	100	120
③	$100\sqrt{2}$	60
④	$100\sqrt{2}$	120

36 우리나라에서 가정용으로 공급하는 단상 전압의 최댓값[V]은? 21년 지방직(경력) 9급

① 156
② 220
③ 311
④ 380

정답 34 ① 35 ① 36 ③

37 다음 파형에 대한 설명으로 옳은 것만을 모두 고르면? 21년 지방직(경력) 9급

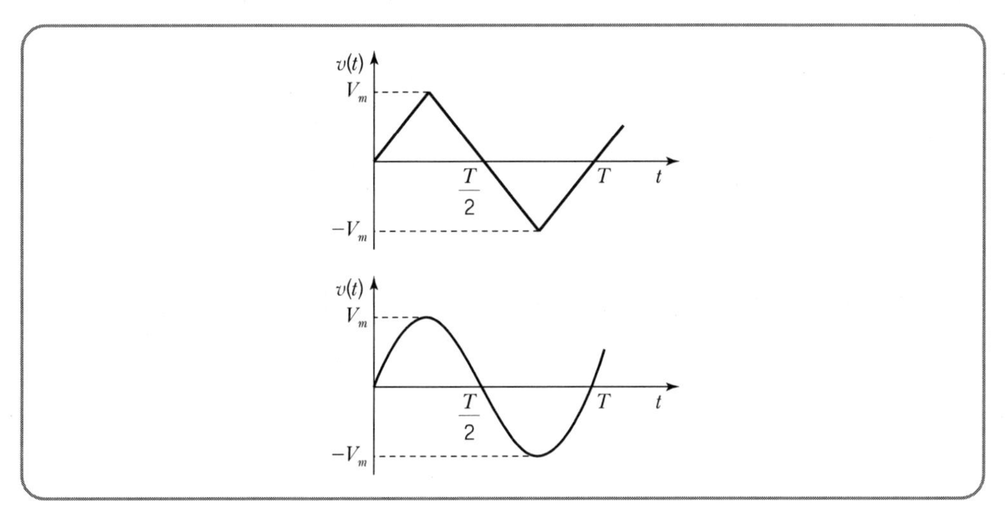

ㄱ. 삼각파의 평균값은 사인파의 평균값보다 크다.
ㄴ. 삼각파의 실횻값은 사인파의 실횻값보다 크다.
ㄷ. 삼각파의 파형률은 사인파의 파형률보다 크다.
ㄹ. 삼각파의 파고율은 사인파의 파고율보다 크다.

① ㄱ, ㄴ
② ㄱ, ㄹ
③ ㄴ, ㄷ
④ ㄷ, ㄹ

38 어떤 교류 회로에 $v(t) = 200\sqrt{2}\cos(628t)[\mathrm{V}]$의 전압을 인가하였더니 흐르는 전류가 $i(t) = 100\sin\left(628t + \frac{\pi}{6}\right)[\mathrm{A}]$이다. 이 교류 회로에 대한 설명으로 가장 옳은 것은?(단, 원주율 $\pi = 3.14$로 계산한다.) 21년 서울시(고졸) 9급

① 전류의 위상이 전압의 위상보다 60° 빠르다.
② 전압의 주파수는 200[Hz]이다.
③ 전류의 평균값은 100[A]이다.
④ 전압의 실횻값은 200[V]이다.

정답 37 ④ 38 ④

39 $v=38\cos\left(120\pi t+\frac{\pi}{6}\right)[\mathrm{V}]$에서 $t=0$일 때 순시전압[V]은 얼마인가? 22년 군무원 9급

① 0[V] ② $v=38\cos\left(\frac{\pi}{6}\right)[\mathrm{V}]$

③ $v=38\sin\left(\frac{\pi}{6}\right)[\mathrm{V}]$ ④ 38[V]

40 자유공간과 특정 매질 간의 비투자율이 1, 비유전율이 100일 때, 자유공간과 그 특정 매질에서 각각의 파장 [m]은?(단, 주파수는 300[MHz]이다.) 21년 국회직 9급

	자유공간	매질
①	0.5	0.1
②	1	0.1
③	1	0.2
④	1.5	0.1
⑤	1.5	0.2

41 그림에서 $V=30[\mathrm{V}]$, $T=20[\mathrm{ms}]$일 때, 제3고조파의 주파수[Hz]와 최대 전압[V]은?
21년 지방직(경력) 9급

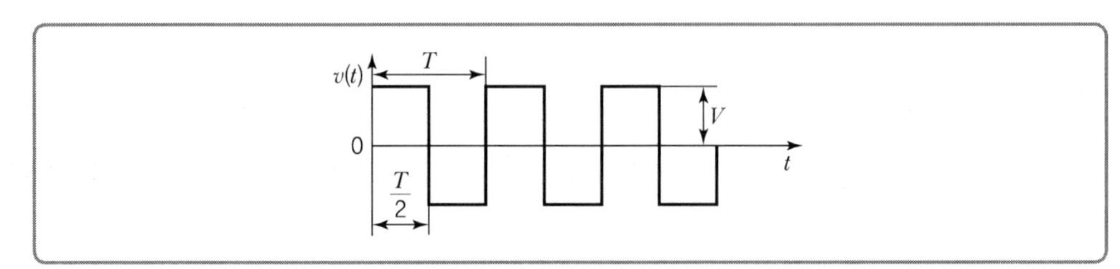

	주파수[Hz]	최대 전압[V]
①	50	6.4
②	50	10
③	150	12.7
④	150	17.9

정답 **39** ② **40** ② **41** ③

42 〈보기〉는 최댓값이 12[V]이고, 주기가 25[ms]인 직사각형파(구형파)를 나타낸 것이다. 구형파의 기본파 주파수, 제3고조파 주파수, 제5고조파 주파수의 값[Hz]은?

22년 서울시(고졸) 9급

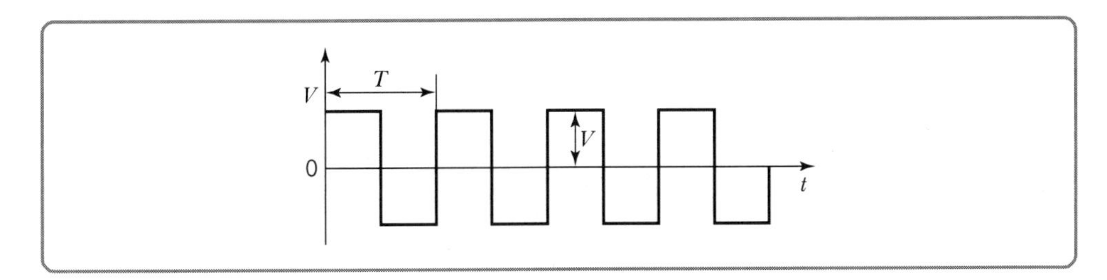

	기본파 주파수	제3고조파 주파수	제5고조파 주파수
①	4	12	20
②	4	20	12
③	40	120	200
④	40	200	120

43 그림과 같이 일정한 주기를 갖는 펄스 파형에서 듀티비[%]와 평균전압[V]은?

22년 국가직 9급

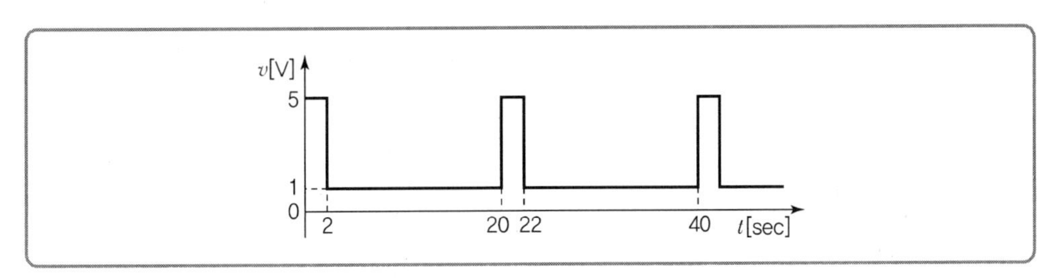

	듀티비[%]	평균전압[V]
①	10	1.4
②	10	1.8
③	20	1.4
④	20	1.8

정답 42 ③ 43 ①

44 비정현파는 푸리에 급수식 $f(t) = a_0 + \sum_{n=1}^{\infty} a_n \cos n\omega t + \sum_{n=1}^{\infty} b_n \sin n\omega t$로 표현할 수 있다. 그림의 주기함수 파형을 푸리에 급수로 표현할 때 a_0는? 23년 지방직 9급

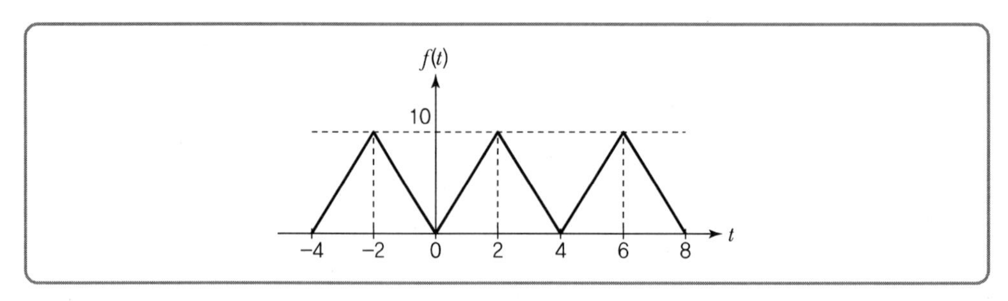

① 0
② 4
③ 5
④ 10

45 그림의 $v(t)$함수의 실횻값은? 21년 국회직 9급

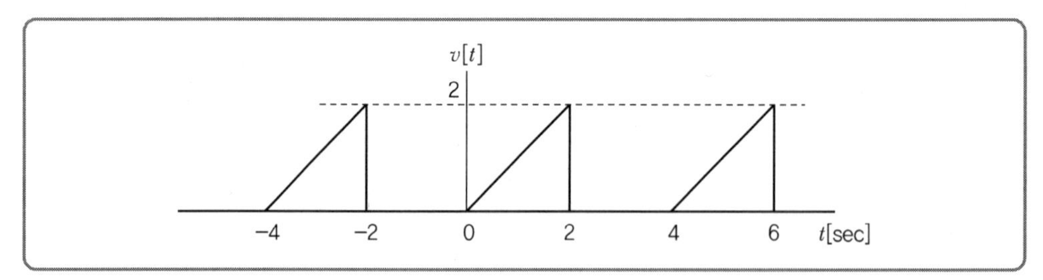

① $\frac{\sqrt{3}}{\sqrt{2}}$
② $\frac{2\sqrt{3}}{\sqrt{2}}$
③ $\frac{\sqrt{3}}{2\sqrt{2}}$
④ $\frac{\sqrt{2}}{\sqrt{3}}$
⑤ $\frac{\sqrt{3}}{2}$

정답 44 ③ 45 ④

SECTION 02 *RLC* 회로의 이해(기본)

01 이상적인 코일에 220[V], 60[Hz]의 교류전압을 인가하면 10[A]의 전류가 흐른다. 이 코일의 리액턴스는? 15년 국가직 9급

① 58.38[mH] ② 58.38[Ω]
③ 22[mH] ④ 22[Ω]

02 1[Ω]의 저항과 1[mH]의 인덕터가 직렬로 연결되어 있는 회로에 실횻값이 10[V]인 정현파 전압을 인가할 때, 흐르는 전류의 최댓값[A]은?(단, 정현파의 각주파수는 1,000[rad/sec]이다.) 15년 국가직 9급

① 5 ② $5\sqrt{2}$
③ 10 ④ $10\sqrt{2}$

03 커패시터만의 교류회로에 대한 설명으로 옳지 않은 것은? 16년 국가직 9급

① 전압과 전류는 동일 주파수이다.
② 전류는 전압보다 위상이 $\frac{\pi}{2}$ 앞선다.
③ 전압과 전류의 실횻값의 비는 1이다.
④ 정전기에서 커패시터에 축적된 전하는 전압에 비례한다.

04 $e = E_m \sin(\omega t + 30°)$[V]이고 $i = I_m \cos(\omega t - 60°)$[A]일 때 전류는 전압보다 위상이 어떻게 되는가?

① $\frac{\pi}{6}$[rad]만큼 앞선다.
② $\frac{\pi}{6}$[rad]만큼 뒤선다.
③ $\frac{\pi}{3}$[rad]만큼 뒤선다.
④ 전압과 전류는 동상이다.

정답 01 ④ 02 ③ 03 ③ 04 ④

05 1개의 노드에 연결된 3개의 전류가 그림과 같을 때 전류 I[A]는? 20년 서울시 9급

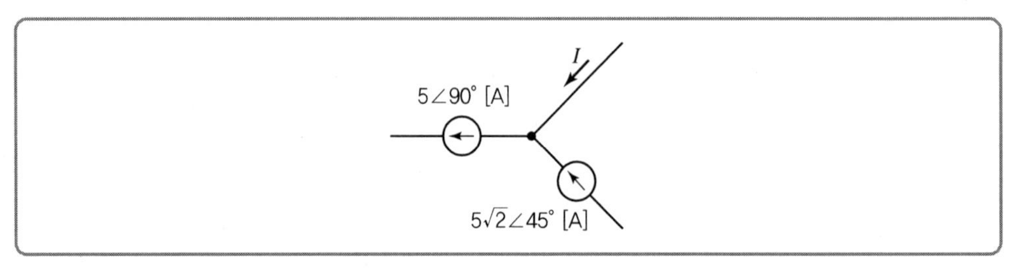

① -5[A] ② 5[A] ③ $5-j5$[A] ④ $5+j5$[A]

06 그림과 같이 한 접합점에 전류가 유입 또는 유출된다. $i_1(t)=10\sqrt{2}\sin t$[A], $i_2(t)=5\sqrt{2}\sin\left(t+\frac{\pi}{2}\right)$[A], $i_3(t)=5\sqrt{2}\sin\left(t-\frac{\pi}{2}\right)$[A]일 때, 전류 i_4의 값[A]은? 19년 서울시 9급

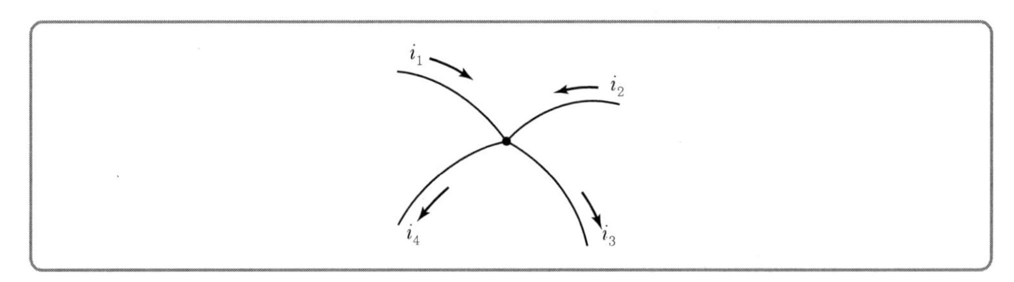

① $10\sin t$[A] ② $10\sqrt{2}\sin t$[A]

③ $20\sin\left(t+\frac{\pi}{4}\right)$[A] ④ $20\sqrt{2}\sin\left(t+\frac{\pi}{4}\right)$[A]

07 다음 회로에서 전압 전원 $v(t)=100\sqrt{2}\sin(377t+30°)$[V]가 $R=5$[Ω]과 $X_L=5$[Ω]에 연결될 때, 회로에 흐르는 전류의 순시값[A]은? 19년 지방직 9급

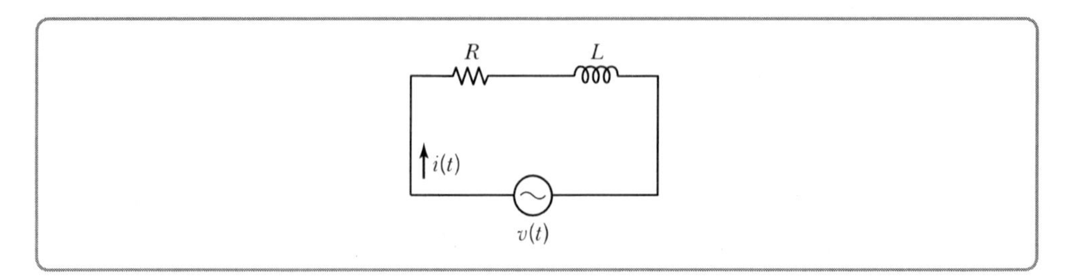

① $4\sin(377t-15°)$ ② $4\sqrt{2}\sin(377t+15°)$

③ $20\sin(377t-15°)$ ④ $20\sqrt{2}\sin(377t+15°)$

정답 05 ① 06 ③ 07 ③

08 그림과 같이 어떤 부하에 교류전압 $v(t) = \sqrt{2}\, V\sin\omega t$를 인가하였더니 순시전력이 $p(t)$와 같은 형태를 보였다. 부하의 역률은?

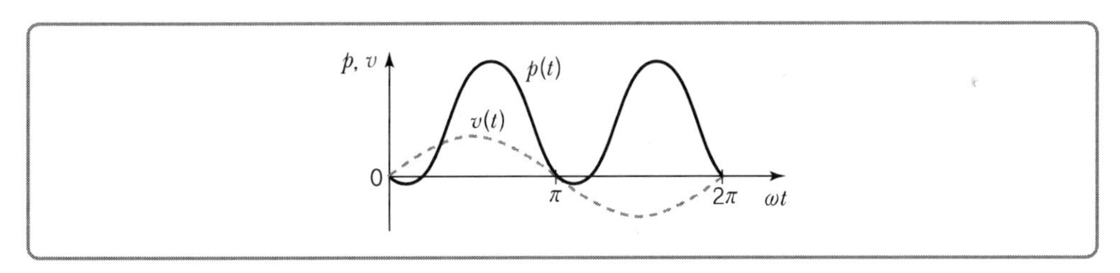

① 동상
② 진상
③ 지상
④ 알 수 없다.

09 어떤 부하에 단상 교류전압 $v(t) = \sqrt{2}\, V\sin\omega t$[V]를 인가하여 부하에 공급되는 순시전력이 그림과 같이 변동할 때 부하의 종류는? 19년 지방직 9급

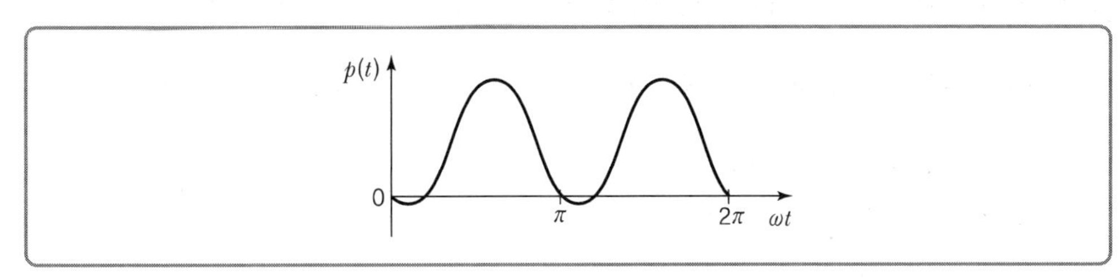

① R 부하
② $R-L$ 부하
③ $R-C$ 부하
④ $L-C$ 부하

10 다음 회로에서 $v_S = 100\sin(\omega t + 30°)$[V]일 때 전류 i의 최댓값[A]은? 08년 국가직 9급

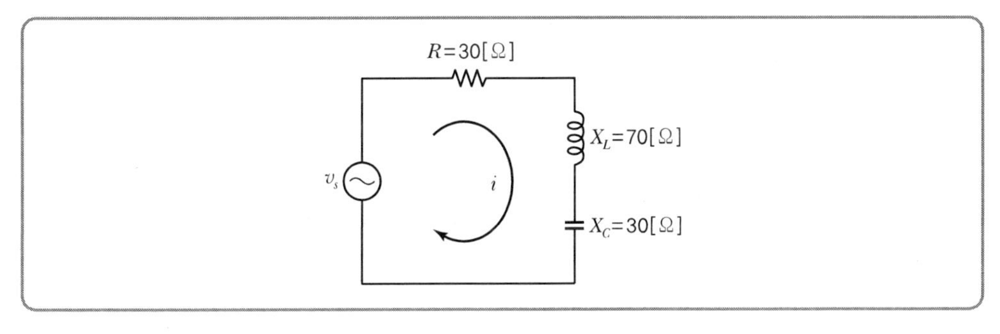

① 1
② 2
③ 3
④ 5

정답 08 ③ 09 ② 10 ②

11 그림과 같이 저항 R=24[Ω], 유도성 리액턴스 X_L=20[Ω], 용량성 리액턴스 X_c=10[Ω]인 직렬회로에 실효치 260[V]의 교류전압을 인가했을 경우 흐르는 전류의 실효치는?

18년 서울시 9급(전)

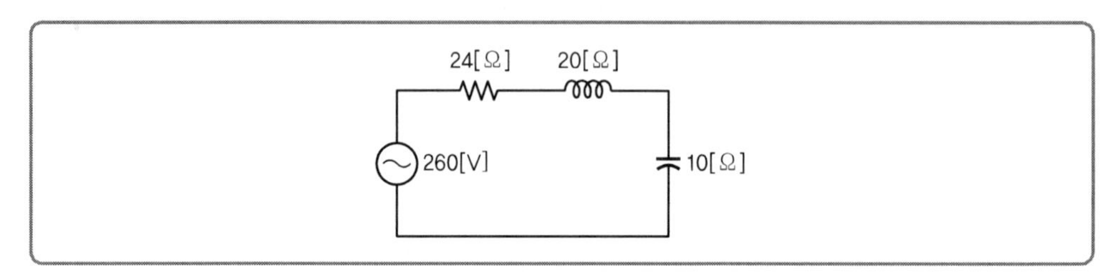

① 5A
② 10A
③ 15A
④ 20A

12 두 종류의 수동 소자가 직렬로 연결된 회로에 교류 전원전압 $v(t)=200\sin\left(200t+\frac{\pi}{3}\right)$[V]를 인가하였을 때 흐르는 전류 $i(t)=10\sin\left(200t+\frac{\pi}{6}\right)$[A]이다. 이때 두 소자 값은?

① $R=10\sqrt{3}$[Ω], $L=0.05$[H]
② $R=20$[Ω], $L=0.5$[H]
③ $R=10\sqrt{3}$[Ω], $C=0.05$[F]
④ $R=20$[Ω], $C=0.5$[F]

13 교류전원 $v_s(t)=2\cos 2t$[V]가 직렬 RL 회로에 연결되어 있다. $R=2$[Ω], $L=1$[H]일 때, 회로에 흐르는 전류 $I(t)$의 값[A]은?

19년 서울시 9급

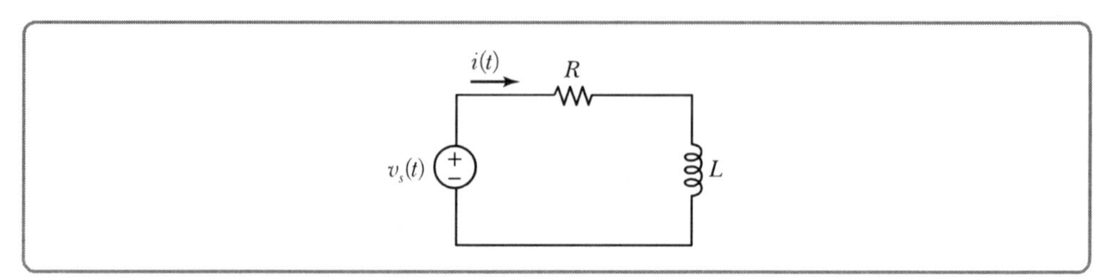

① $\sqrt{2}\cos\left(2t-\frac{\pi}{4}\right)$[A]
② $\sqrt{2}\cos\left(2t+\frac{\pi}{4}\right)$[A]
③ $\frac{1}{\sqrt{2}}\cos\left(2t+\frac{\pi}{4}\right)$[A]
④ $\frac{1}{\sqrt{2}}\cos\left(2t-\frac{\pi}{4}\right)$[A]

정답 11 ② 12 ① 13 ④

14 커패시터 양단에 인가되는 전압이 $v(t)=5\sin\left(120\pi t-\frac{\pi}{3}\right)$[V]일 때, 커패시터에 입력되는 전류는 $i(t)=0.03\pi\cos\left(120\pi t-\frac{\pi}{3}\right)$[A]이다. 이 커패시터의 커패시턴스의 값[$\mu$F]은?

19년 서울시 9급

① 40[μF] ② 45[μF]
③ 50[μF] ④ 55[μF]

15 다음은 직렬 RL회로이다. $v(t)=10\cos(\omega t+40°)$[V]이고, $i(t)=2\cos(\omega t+10°)$[mA]일 때, 저항 R과 인덕턴스 L은?(단, $\omega=2\times10^6$[rad/sec]이다.) 15년 국가직 9급

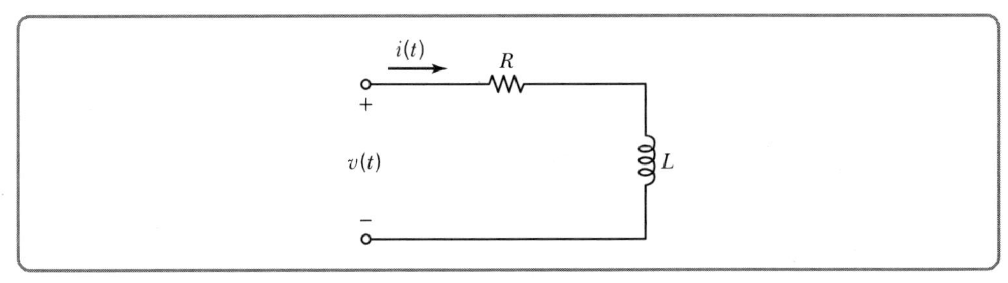

	R[Ω]	L[mH]
①	$2500\sqrt{3}$	1.25
②	2500	1.25
③	$2500\sqrt{3}$	12.5
④	2500	12.5

16 저항 10[Ω]과 인덕터 5[H]가 직렬로 연결된 교류회로에서 다음과 같이 교류전압 $v(t)$를 인가했을 때, 흐르는 전류가 $i(t)$이다. 교류전압의 각주파수 ω[rad/s]는? 18년 지방직 9급

- $v(t)=200\sin(\omega t+\frac{\pi}{6})$ [V]
- $i(t)=10\sin(\omega t-\frac{\pi}{6})$ [A]

① 2 ② $2\sqrt{2}$
③ $2\sqrt{3}$ ④ 3

정답 14 ③ 15 ① 16 ③

17 자체 인덕턴스가 $L=0.1$[H]인 코일과 $R=1$[Ω]인 저항을 직렬로 연결하고 교류전압 $v=100\sqrt{2}\sin(10t)$[V]인 정현파를 가할 때, 코일에 흐르는 전류의 실횻값[A]과 전류와 전압의 위상차는 각각 어떻게 되는가?

① $\dfrac{100}{\sqrt{2}}$[A], 90°
② 100[A], 90°
③ 100[A], 45°
④ $\dfrac{100}{\sqrt{2}}$[A], 45°

18 교류회로의 전압 $\dot{V}$와 전류 $\dot{I}$가 다음 벡터도와 같이 주어졌을 때, 임피던스 $\dot{Z}$[Ω]는?

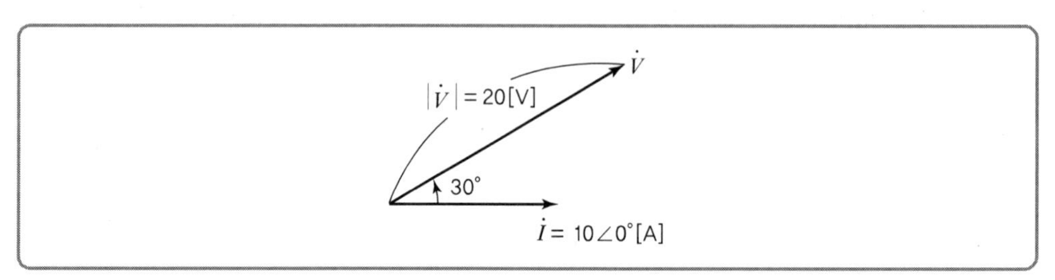

① $\sqrt{3}-j$
② $\sqrt{3}+j$
③ $1+j\sqrt{3}$
④ $1-j\sqrt{3}$

19 다음 회로의 합성 임피던스[Ω]는? 14년 서울시 9급

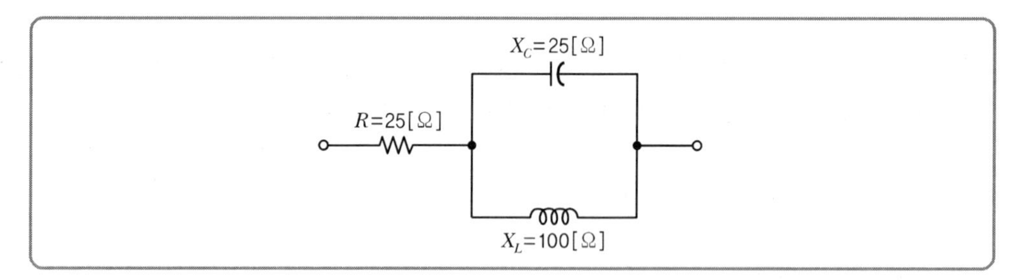

① $25-j\dfrac{100}{3}$
② $25-j\dfrac{100}{5}$
③ $25+j\dfrac{100}{3}$
④ $25+j\dfrac{100}{5}$
⑤ $25+j\dfrac{125}{5}$

정답 17 ④ 18 ② 19 ①

20 $R=8[\Omega]$, $X_c=6[\Omega]$이 직렬로 접속된 회로에 2[A]의 전류가 흐를 때 인가된 전압[V]은?

14년 서울시 9급

① $4-j3$　② $4+j3$
③ $12-j16$　④ $16-j12$
⑤ $16+j12$

21 $R-L-C$ 직렬회로에서 $R : X_L : X_C = 1 : 2 : 1$일 때, 역률은?

① $\dfrac{1}{\sqrt{2}}$　② $\dfrac{1}{2}$　③ $\sqrt{2}$　④ 1

22 다음 그림과 같은 RC 직렬회로에 정현파 교류전원을 인가하였을 때, 저항 양단 전압과 콘덴서 양단 전압의 실효치가 같았다. 인가된 전압과 전류의 위상차[°]는?　08년 국가직 9급

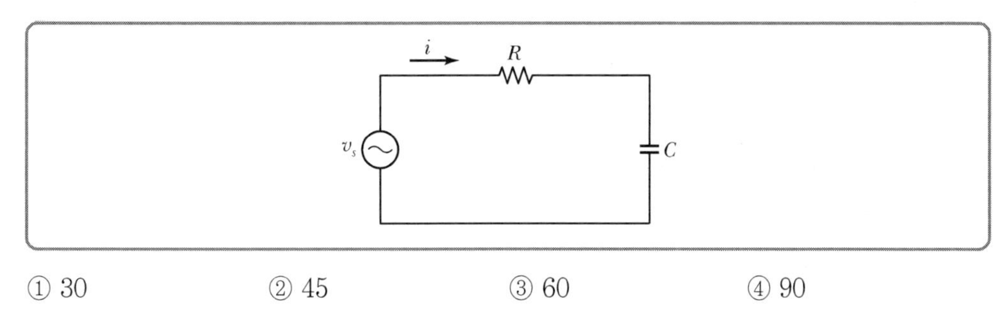

① 30　② 45　③ 60　④ 90

23 그림과 같은 $R-C$ 직렬회로에서 크기가 $1\angle 0°$[V]이고 각주파수가 ω[rad/sec]인 정현파 전압을 인가할 때, 전류(I)의 크기가 $2\angle 60°$[A]라면 커패시터(C)의 용량[F]은?

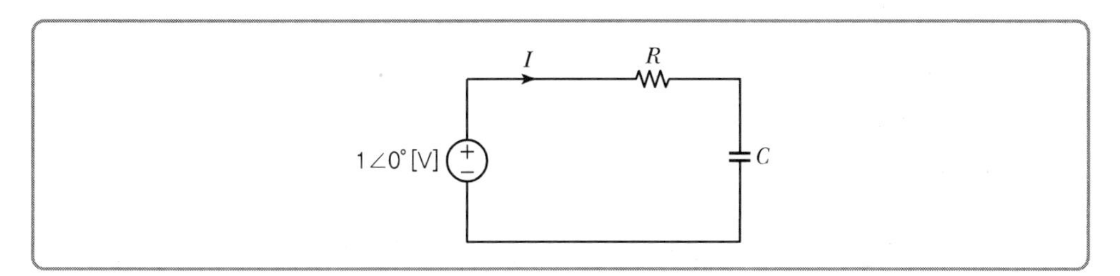

① $\dfrac{4}{\sqrt{2}\,\omega}$　② $\dfrac{4}{\sqrt{3}\,\omega}$
③ $\dfrac{2}{\sqrt{2}\,\omega}$　④ $\dfrac{2}{\sqrt{3}\,\omega}$

정답 20 ④ 21 ① 22 ② 23 ②

24 RC 직렬회로에 200[V]의 교류전압을 인가하였더니 10[A]의 전류가 흘렀다. 전류가 전압보다 위상이 60° 앞설 때, 저항[Ω]은? 13년 국가직 9급

① 5 ② $5\sqrt{3}$ ③ 10 ④ $10\sqrt{3}$

25 저항값이 10[Ω]이고, 인덕턴스가 $\frac{100}{\pi}$[mH]인 RL 회로가 있다. 50[Hz]의 교류전원을 인가할 때, 이 코일의 임피던스 각[°]은? 09년 국가직 9급

① 30 ② 45 ③ 60 ④ 90

26 그림과 같은 회로에서 60[Hz], 100[V]의 정현파 전압을 인가하였더니 위상이 60° 뒤진 2[A]의 전류가 흘렀다. 임피던스 Z[Ω]는?

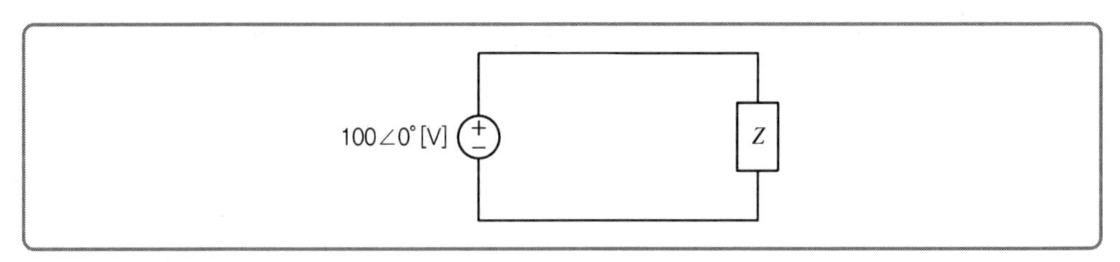

① $25\sqrt{3}-j25$ ② $25\sqrt{3}+j25$
③ $25-j25\sqrt{3}$ ④ $25+j25\sqrt{3}$

27 RLC 직렬 교류회로의 공진 현상에 대한 설명으로 옳지 않은 것은? 13년 국가직 9급

① 회로의 전류는 유도리액턴스의 값에 의해 결정된다.
② 유도리액턴스와 용량리액턴스의 크기가 서로 같다.
③ 공진일 때 전류의 크기는 최대이다.
④ 전류의 위상은 전압의 위상과 같다.

28 RLC 직렬 공진 회로에서 대역폭이 200[rad/sec], 공진 주파수가 5,000[rad/sec], 저항이 10[Ω]일 때, 이 회로에서의 인덕턴스[mH]는 얼마인가? 14년 국회직 9급

① 10 ② 20 ③ 30 ④ 40
⑤ 50

정답 24 ③ 25 ② 26 ④ 27 ① 28 ⑤

29 $R=90[\Omega]$, $L=32[\text{mH}]$, $C=5[\mu\text{F}]$인 직렬회로에 전원전압 $v(t)=750\cos(5{,}000t+30°)$ [V]를 인가했을 때 회로의 리액턴스[Ω]는?

① 40 ② 90
③ 120 ④ 160

30 다음 회로에서 $v(t)=100\sin(2\times10^4t)$ [V]일 때, 공진되기 위한 $C[\mu\text{F}]$는?

18년 지방직 9급

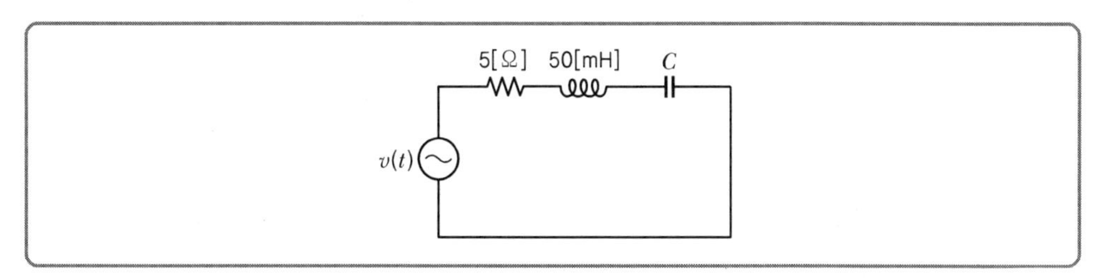

① 0.05 ② 0.15
③ 0.20 ④ 0.25

31 RLC 직렬 공진회로가 공진주파수에서 동작할 때, 이에 대한 설명으로 가장 옳지 않은 것은?

20년 서울시 9급

① 회로에 흐르는 전류의 크기는 저항에 의해 결정된다.
② 회로에 흐르는 전류의 크기는 최대가 된다.
③ 전압과 전류의 위상은 동상이다.
④ 인덕터와 커패시터에 걸리는 전압의 위상은 동상이다.

32 각 값이 0이 아닌 R, L, C에 대하여 직렬회로에서 공진이 발생하였을 때 이 회로의 합성전류의 크기는?

18년 국회직 9급

① 전류가 흐르지 않는다. ② 전류가 무한대가 된다.
③ L값에 반비례한다. ④ 최대가 된다.
⑤ 최소가 된다.

정답 29 ③ 30 ① 31 ④ 32 ④

33 그림의 회로에서 공진주파수[Hz]는? 20년 지방직 9급

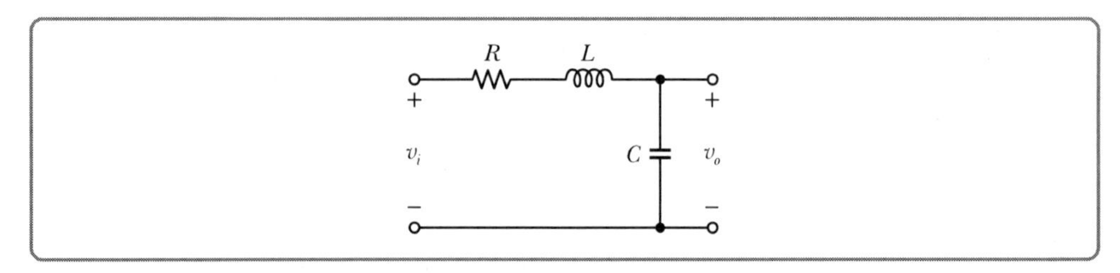

① $\frac{1}{\sqrt{LC}}$ ② $\frac{1}{LC}$

③ $\frac{1}{2\pi LC}$ ④ $\frac{1}{2\pi\sqrt{LC}}$

34 $R-L-C$ 직렬회로에 100[V]의 교류 전원을 인가할 경우, 이 회로에 가장 큰 전류가 흐를 때의 교류 전원 주파수 f[Hz]와 전류 I[A]는?(단, $R=50[\Omega]$, $L=100[\text{mH}]$, $C=1{,}000[\mu\text{F}]$이다.) 19년 국가직 9급

	f[Hz]	I[A]
①	$\frac{50}{\pi}$	2
②	$\frac{50}{\pi}$	4
③	$\frac{100}{\pi}$	2
④	$\frac{100}{\pi}$	4

35 다음 그림과 같은 RLC 직렬회로에서 회로의 역률 및 기전력 V_s[V]는? 11년 국가직 9급

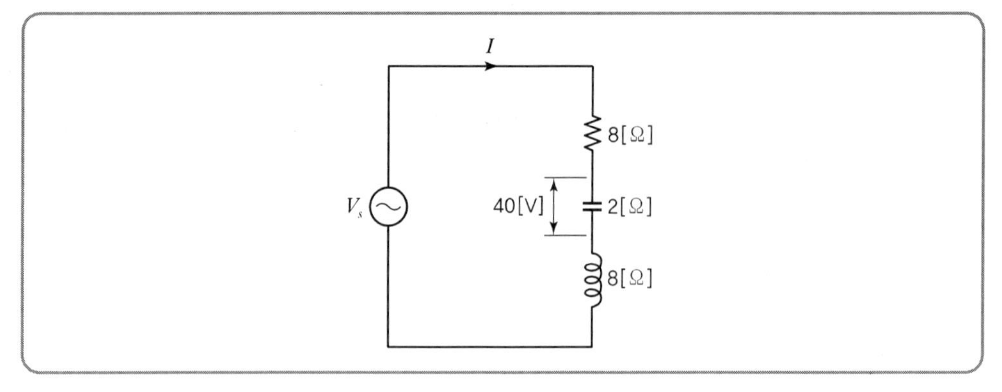

① 0.6, 360 ② 0.8, 200

③ 0.6, 200 ④ 0.8, 360

정답 33 ④ 34 ① 35 ②

36 다음 회로의 역률이 0.8일 때, 전압 V_s[V]와 임피던스 X[Ω]는?(단, 전체 부하는 유도성 부하이다.)
19년 국가직 9급

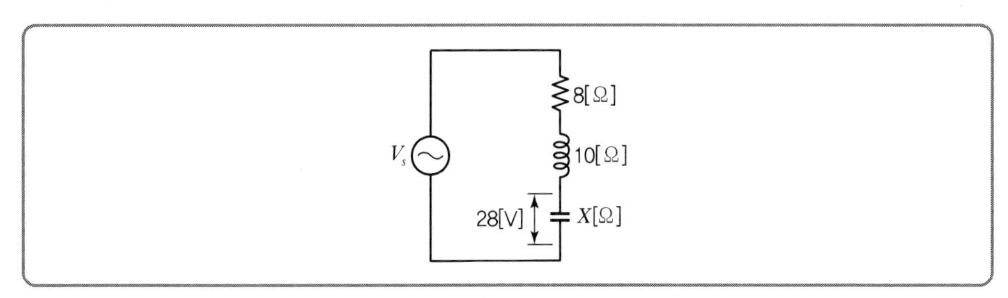

	V_s[V]	X[Ω]		V_s[V]	X[Ω]
①	70	2	②	70	4
③	80	2	④	80	4

37 그림과 같은 RL 직렬회로에서 소비되는 전력[kW]은?
18년 서울시 9급(후)

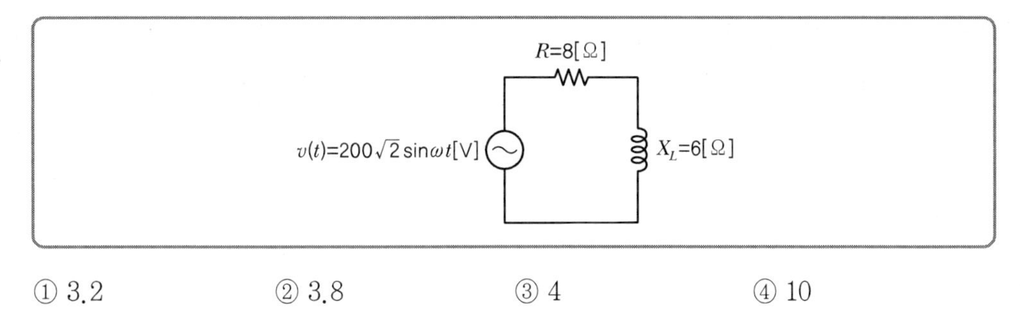

① 3.2 ② 3.8 ③ 4 ④ 10

38 다음 회로에서 충분한 시간이 지난 후 2개의 인덕터에 저장된 에너지의 합[mJ]은?
12년 국가직 9급

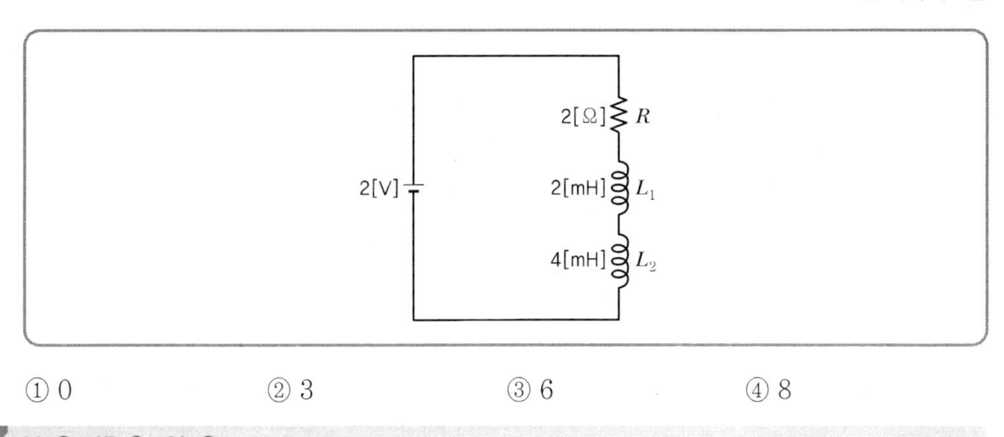

① 0 ② 3 ③ 6 ④ 8

정답 36 ② 37 ① 38 ②

39 다음 $R-L-C$ 직렬회로에서 회로에 흐르는 전류 I는 전원의 주파수에 따라 크기가 변한다. 임의의 주파수에서 회로에 흐르는 전류가 최대가 되었다고 하면, 그때의 전류 I[A]는?

12년 국가직 9급

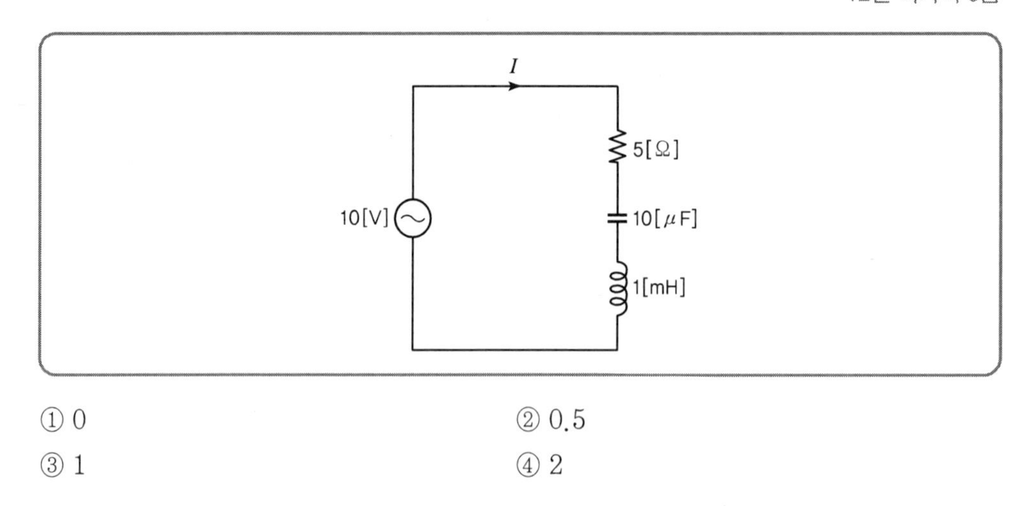

① 0　　② 0.5
③ 1　　④ 2

40 다음 그림의 회로에서 $R=2$[Ω]이고 $X_L=3R$[Ω]인 경우에 각 부의 전압과 전류의 실효치가 다음과 같이 측정되었다. 저항 R_L의 값[Ω]은?($V_{ab}=100$[V], $I=10$[A]) 07년 국가직 9급

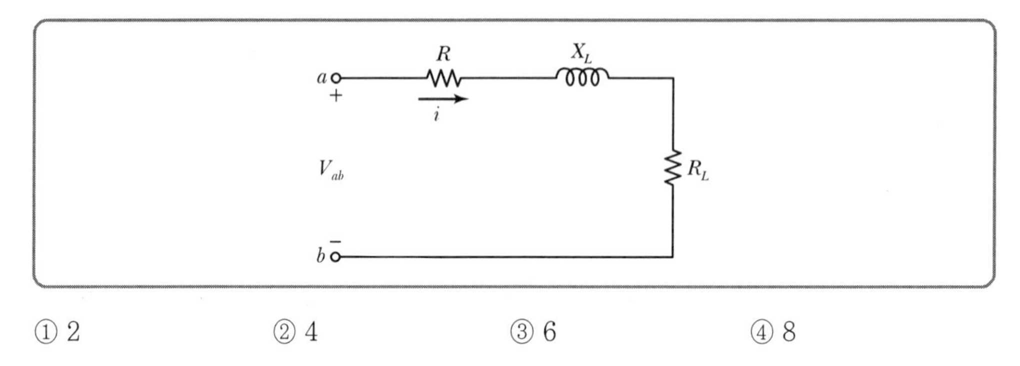

① 2　　② 4　　③ 6　　④ 8

41 그림과 같은 회로에서 V_{ab} 전압의 정상상태 값[V]은? 18년 서울시 9급(후)

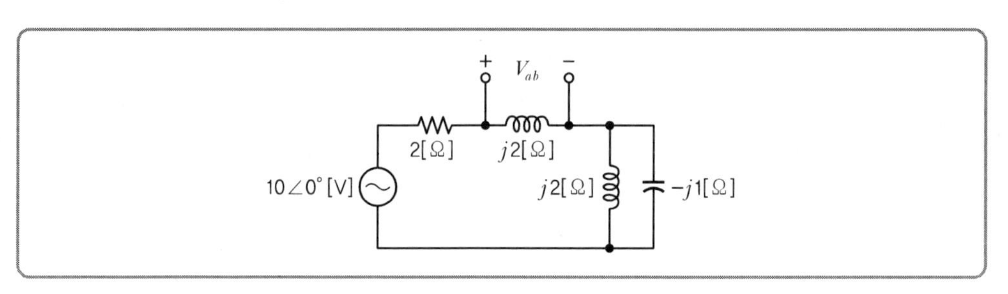

정답 39 ④ 40 ③ 41 ④

① $5+j10$　　② $5+j5$
③ $j5$　　④ $j10$

42 다음 $R-C$ 병렬회로에서 커패시터에 흐르는 전류 $i(t)$[A]는?(단, $i_s(t)=10\sqrt{2}\cos(\omega t+45°)$[A]이다.) 14년 국가직 9급

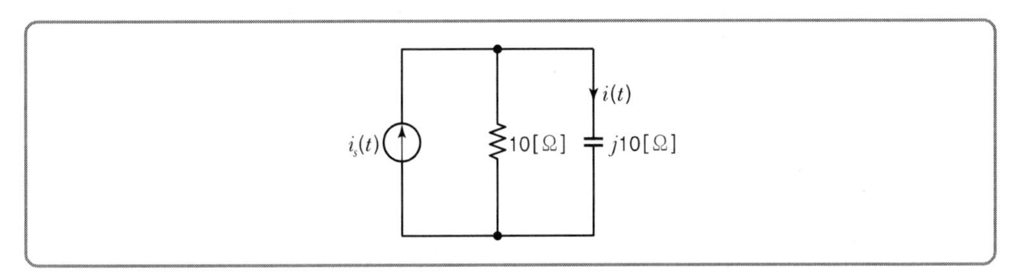

① $-10\cos\omega t$　　② $10\cos\omega t$
③ $-10\sin\omega t$　　④ $10\sin\omega t$

43 8[Ω]의 저항과 6[Ω]의 유도성 리액턴스로 구성되는 병렬회로에 $E=48$[V]인 전압을 인가했을 때 흐르는 전류[A]는? 10년 지방직 9급

① $8-j6$　　② $6-j8$
③ $4+j3$　　④ $-3+j4$

44 다음 회로에서 $V=96$[V], $R=8$[Ω], $X_L=6$[Ω]일 때, 전체 전류 I[A]는?

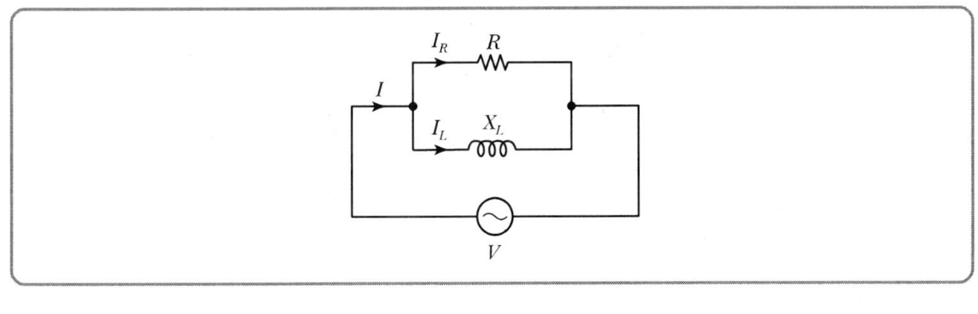

① 38　　② 28　　③ 9.6　　④ 20

정답 42 ③ 43 ② 44 ④

45 다음의 회로에서 역률각(위상각) 표시로 옳은 것은? 10년 국가직 9급

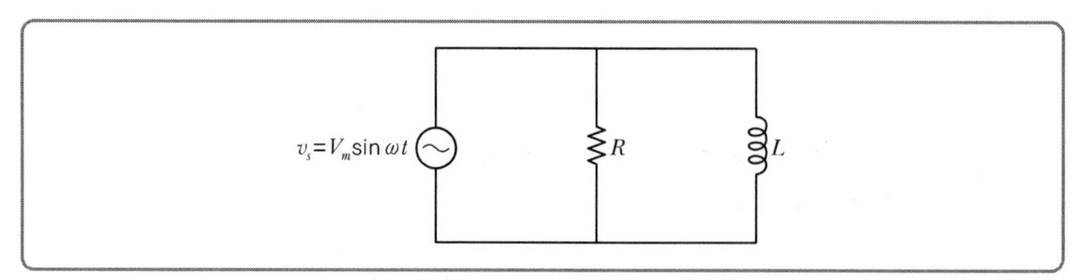

① $\tan^{-1}\left(\frac{R^2}{\omega^2 L^2}\right)$
② $\tan^{-1}\left(\frac{\omega^2 L^2}{R^2}\right)$
③ $\tan^{-1}\left(\frac{\omega L}{R}\right)$
④ $\tan^{-1}\left(\frac{R}{\omega L}\right)$

46 $R-L-C$ 병렬회로에서 저항 10[Ω], 인덕턴스 100[H], 정전용량 10^4[μF]일 때 공진 현상이 발생하였다. 이때 공진 주파수[Hz]는? 14년 국가직 9급

① $\frac{1}{2\pi} \times 10-3$
② $\frac{1}{2\pi}$
③ $\frac{1}{\pi}$
④ $\frac{10}{\pi}$

47 그림과 같은 회로에서 전체 전류 I는 얼마인가? 12년 국회직 9급

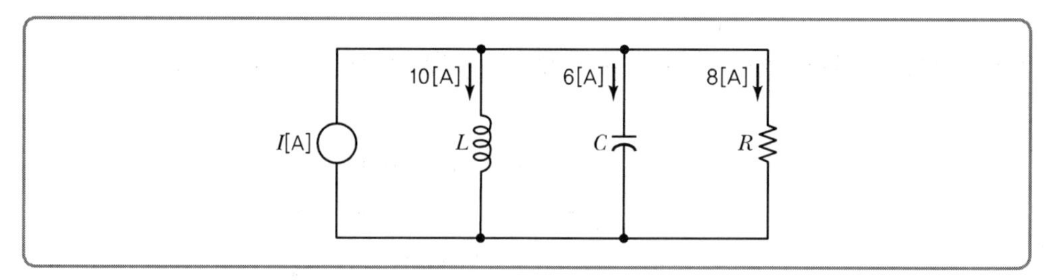

① $4\sqrt{5}$[A]
② $10\sqrt{3}$[A]
③ 20[A]
④ 24[A]
⑤ 35[A]

정답 45 ④ 46 ② 47 ①

48 아래 그림과 같은 RLC 병렬회로에서 a, b 단자에 $v = 100\sqrt{2}\sin(\omega t)$[V]인 교류를 가할 때, 전류 I의 실횻값[A]은 얼마인가?

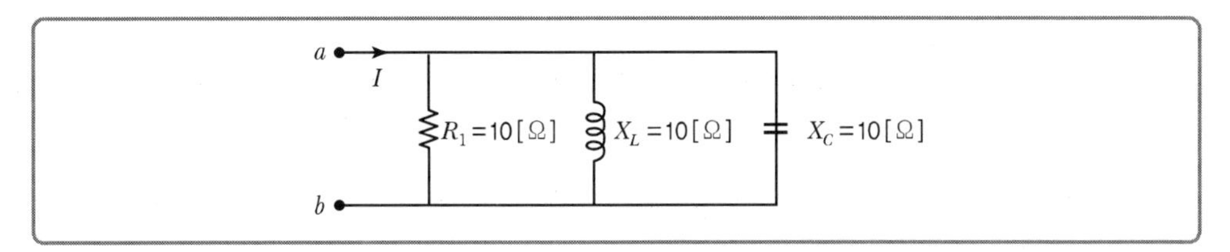

① $\frac{100}{\sqrt{3}}$　② 10
③ $10\sqrt{2}$　④ $100\sqrt{2}$

49 그림과 같은 RLC 병렬회로에서 $v(t) = 80\sqrt{2}\sin\omega t$ [V]인 교류를 a, b 단자에 가할 때, 전류 I의 실횻값이 10[A]라면, X_c의 값은? 18년 서울시 9급(전)

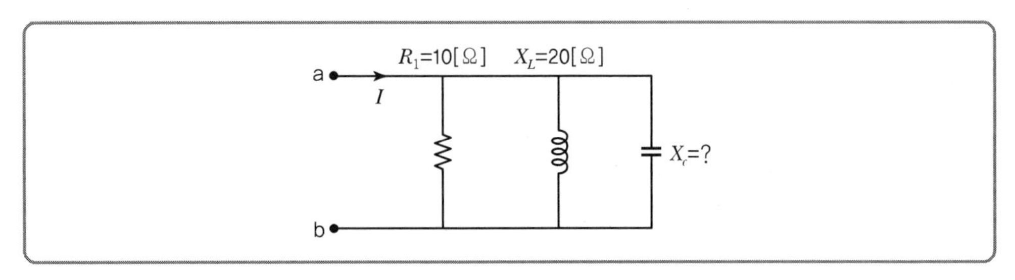

① 8[Ω]　② 10[Ω]
③ $10\sqrt{2}$[Ω]　④ 20[Ω]

50 인덕터(L)와 커패시터(C)가 병렬로 연결되어 있는 회로에서 공진현상이 발생하였다. 이때 임피던스(Z)의 크기 변화로 옳은 것은?

① $Z = 0$[Ω]이 된다.
② $Z = 1$[Ω]이 된다.
③ $Z = \infty$[Ω]이 된다.
④ 변화가 없다.

정답 48 ② 49 ① 50 ③

51 병렬 RLC 공진회로에 대한 설명으로 옳은 것은? 10년 국가직 9급

① 공진주파수에서 임피던스가 최솟값을 가지며, 커패시터에 의한 리액턴스와 인덕터에 의한 리액턴스의 값이 다르다.
② 공진주파수에서 임피던스가 최댓값을 가지며, 커패시터에 의한 리액턴스와 인덕터에 의한 리액턴스의 값이 다르다.
③ 공진주파수에서 임피던스가 최솟값을 가지며, 커패시터에 의한 리액턴스와 인덕터에 의한 리액턴스의 값이 같다.
④ 공진주파수에서 임피던스가 최댓값을 가지며, 커패시터에 의한 리액턴스와 인덕터에 의한 리액턴스의 값이 같다.

52 $R-L-C$ 직렬회로에 공급되는 교류전압의 주파수가 $f=\dfrac{1}{2\pi\sqrt{LC}}$[Hz]일 때, 〈보기〉의 설명 중 옳은 것을 모두 고른 것은? 18년 서울시 9급(후)

〈보기〉
ㄱ. L 또는 C 양단에 가장 큰 전압이 걸리게 된다.
ㄴ. 회로의 임피던스는 가장 작은 값을 가지게 된다.
ㄷ. 회로에 흐른 전류는 공급전압보다 위상이 뒤진다.
ㄹ. L에 걸리는 전압과 C에 걸리는 전압의 위상은 서로 같다.

① ㄱ, ㄴ ② ㄴ, ㄷ
③ ㄱ, ㄷ, ㄹ ④ ㄴ, ㄷ, ㄹ

53 RLC 직렬회로에서 R, L, C 값이 각각 2배가 되면 공진주파수는 어떻게 변하는가?

① 변화 없다.
② 2배 커진다.
③ $\sqrt{2}$ 배 커진다.
④ 1/2로 줄어든다.

정답 51 ④ 52 ① 53 ④

54 다음 그림의 인덕턴스 브리지에서 L_4[mH]의 값은?(단, 전류계 Ⓐ에 흐르는 전류는 0[A]이다.)

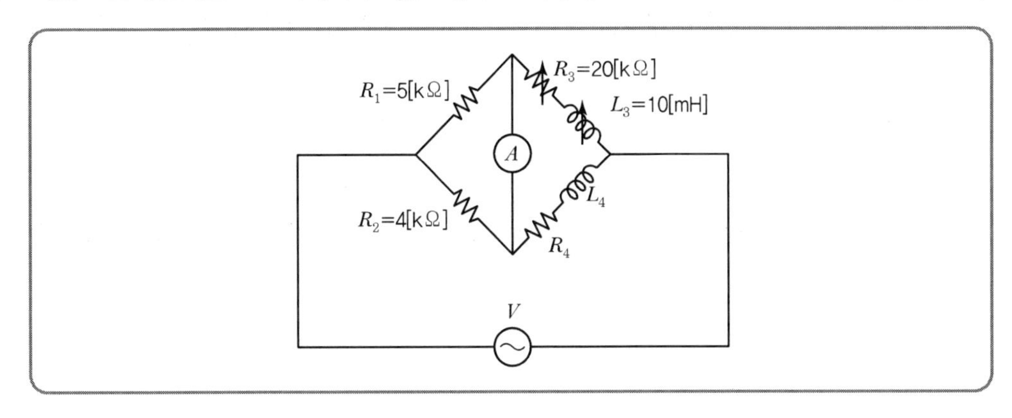

① 2　② 4
③ 8　④ 16

55 전압 $V=100+j10$[V]이 인가된 회로의 전류가 $I=10-j5$[A]일 때, 이 회로의 유효전력[W]은? 21년 국가직 9급

① 650　② 950　③ 1,000　④ 1,050

56 $I=5\sqrt{3}+j5$[A]로 표시되는 교류전류의 극좌표로 옳은 것은?

① $10\angle 30°$　② $10\angle 60°$　③ $20\angle 30°$　④ $20\angle 60°$

57 $v=3\sin(240\pi t-\frac{\pi}{2})$[V]일 때, 주파수[Hz]는?

① 60　② 120　③ 180　④ 240

58 유효전력이 40[W]이고, 무효전력이 30[Var]인 교류회로의 역률은?

① 0.4　② 0.6　③ 0.8　④ 1

59 단상전압 100[V], 유효전력 800[W], 역률 80[%]인 회로의 전류[A]는?

① 10　② 8　③ 6　④ 2

정답 54 ③ 55 ② 56 ① 57 ② 58 ③ 59 ①

60 $R-L$ 직렬회로에 200[V], 60[Hz]의 교류전압을 인가하였을 때, 전류가 10[A]이고 역률이 0.8이었다. R을 일정하게 유지하고 L만을 조정하여 역률이 0.4가 되었을 때, 회로의 전류[A]는?

21년 국가직 9급

① 5　② 7.5　③ 10　④ 12

61 그림의 $R-L$ 직렬회로에 대한 설명으로 옳지 않은 것은?(단, 회로의 동작상태는 정상상태이다.)

21년 국가직 9급

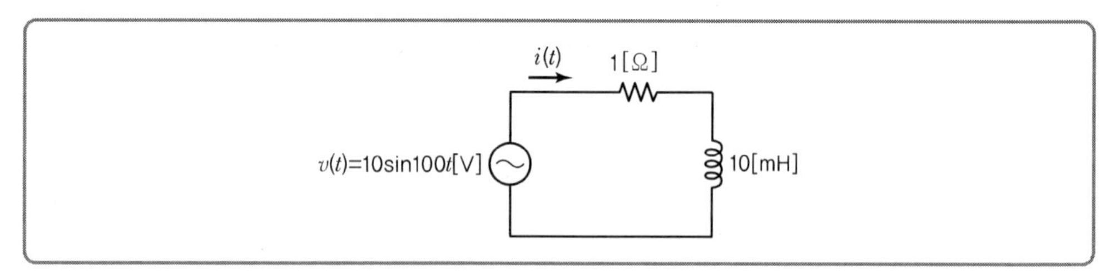

① $v(t)$와 $i(t)$의 위상차는 45°이다.　② $i(t)$의 최댓값은 10[A]이다.
③ $i(t)$의 실횻값은 5[A]이다.　④ R−L의 합성 임피던스는 $\sqrt{2}$ [Ω]이다.

62 $L=4$[H]의 값을 갖는 인덕턴스에 $i(t)=10e^{-3t}$[A]의 전류가 흐를 때, 인덕턴스 L의 단자 전압의 값[V]은?

① $40e^{-3t}$　② $-40e^{-3t}$　③ $120e^{-3t}$　④ $-120e^{-3t}$

63 2[μF] 커패시터에 그림과 같은 전류 $i(t)$를 인가하였을 때, 설명으로 옳지 않은 것은?(단, 커패시터에 저장된 초기 에너지는 없다.)

21년 지방직 9급

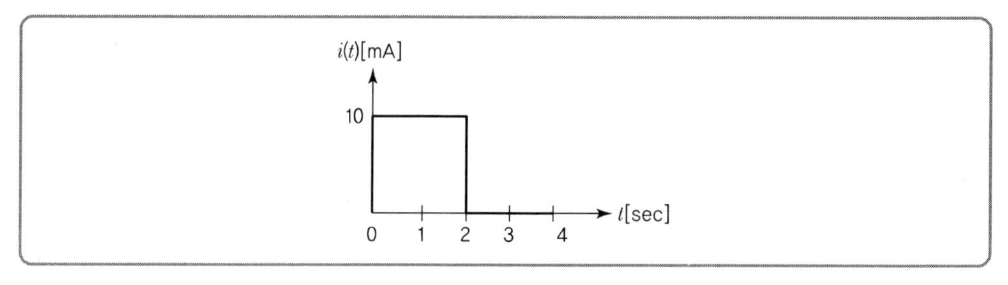

① $t=1$에서 커패시터에 저장된 에너지는 25[J]이다.
② $t>2$ 구간에서 커패시터의 전압은 일정하게 유지된다.
③ $0<t<2$ 구간에서 커패시터의 전압은 일정하게 증가한다.
④ $t=2$에서 커패시터에 저장된 에너지는 $t=1$에서 저장된 에너지의 2배이다.

정답 60 ① 61 ② 62 ④ 63 ④

64 다음의 R, L, C 직렬 공진회로에서 전압 확대율(Q)의 값은?[단, f(femto)=10^{-15}, n(nano)=10^{-9}이다.] 21년 서울시 9급

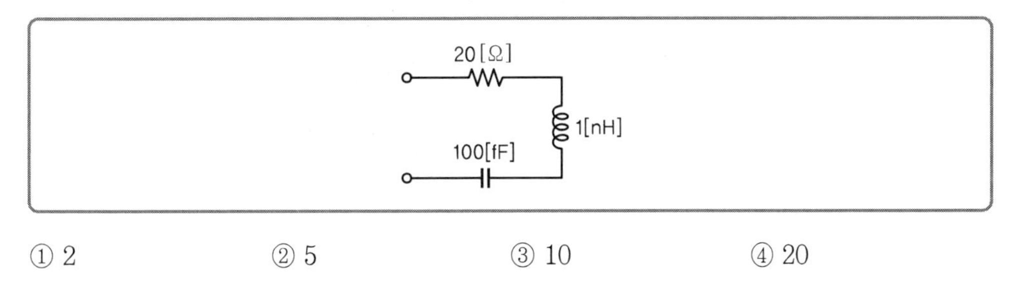

① 2 ② 5 ③ 10 ④ 20

65 그림과 같은 회로에서 전류 $i(t)$에 관한 특성 방정식(Characteristic Equation)이 $s^2+5s+6=0$이라고 할 때, 저항 R의 값[Ω]은?(단, $i(0)=I_0$[A], $v(0)=V_0$[V]이다.) 21년 서울시 9급

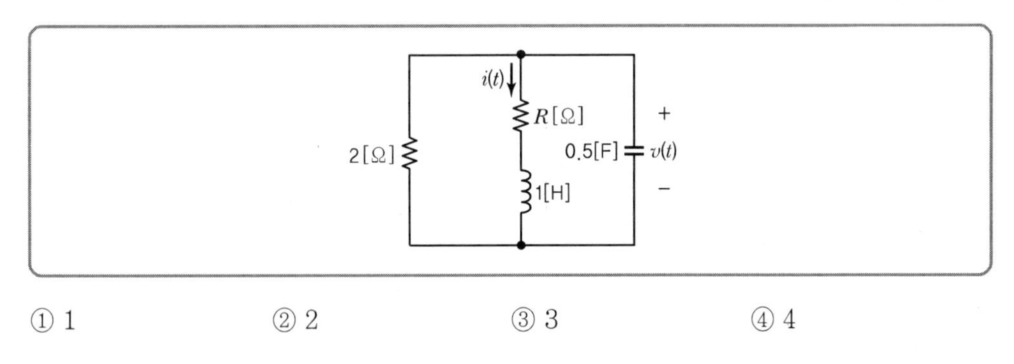

① 1 ② 2 ③ 3 ④ 4

66 그림의 회로에서 부하에 최대전력이 전달되기 위한 부하 임피던스[Ω]는?(단, $R_1=R_2=5$[Ω], $R_3=2$[Ω], $X_C=5$[Ω], $X_L=6$[Ω]이다.) 21년 국가직 9급

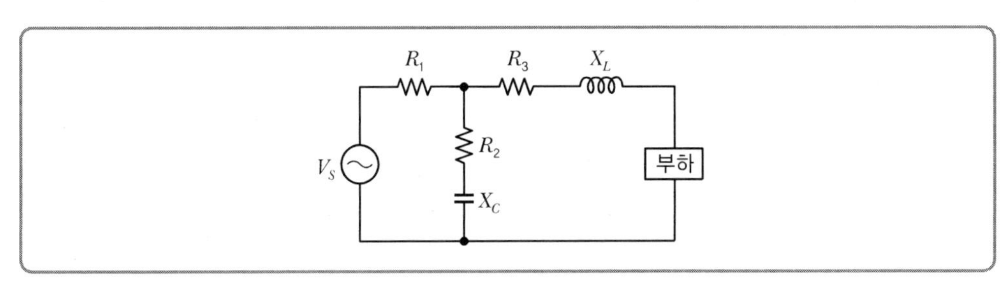

① $5-j5$
② $5+j5$
③ $5-j10$
④ $5+j10$

정답 64 ② 65 ④ 66 ①

67 그림의 회로가 역률이 1이 되기 위한 X_C[Ω]는? 21년 국가직 9급

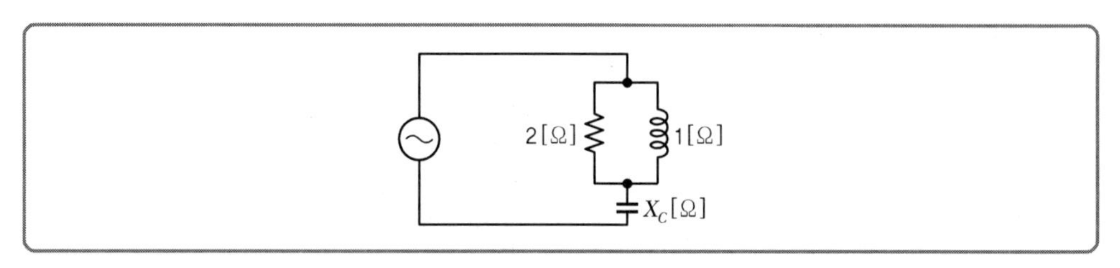

① $\frac{2}{5}$ ② $\frac{3}{5}$ ③ $\frac{4}{5}$ ④ 1

68 그림의 교류회로에서 저항 R에서의 소비하는 유효전력이 10[W]로 측정되었다고 할 때, 교류전원 $v_1(t)$이 공급한 피상전력[VA]은?(단, $v_1(t) = 10\sqrt{2}\sin(377t)$[V], $v_2(t) = 9\sqrt{2}\sin(377t)$[V]이다.) 21년 지방직 9급

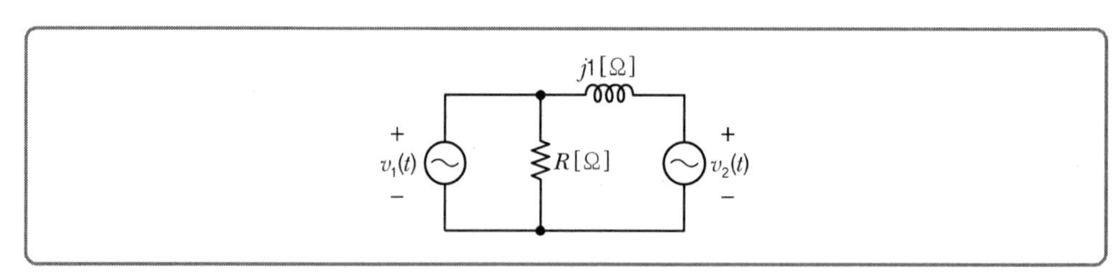

① $\sqrt{10}$ ② $2\sqrt{5}$
③ 10 ④ $10\sqrt{2}$

69 그림의 회로에서 전압 V_{ab}[V]는?

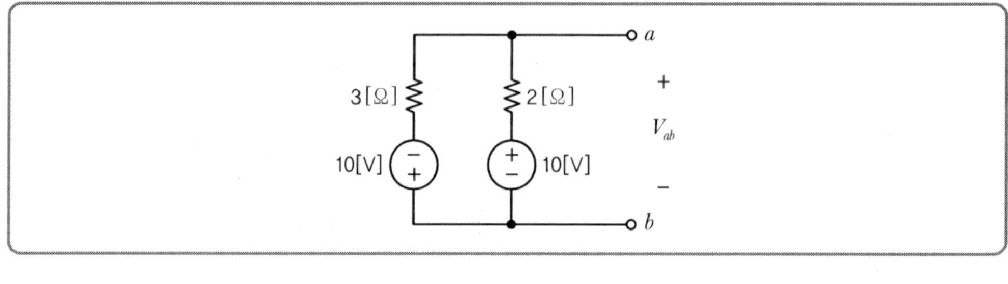

① 1 ② 2 ③ 4 ④ 8

정답 67 ③ 68 ④ 69 ②

70 $R-L-C$ 직렬 공진회로, 병렬 공진회로에 대한 설명으로 옳지 않은 것은?

21년 지방직 9급

① 직렬 공진, 병렬 공진 시 역률은 모두 1이다.
② 병렬 공진회로일 경우 임피던스는 최소, 전류는 최대가 된다.
③ 직렬 공진회로의 공진주파수에서 L과 C에 걸리는 전압의 합은 0이다.
④ 직렬 공진 시 선택도 Q는 $\frac{1}{R}\sqrt{\frac{L}{C}}$이고, 병렬 공진 시 선택도 Q는 $R\sqrt{\frac{C}{L}}$이다.

71 그림과 같이 실효전압 $V=100$[V], 저항 $R=100$[Ω]이고 코일 $L=25$[mH], 커패시터 $c=10[\mu F]$일 때, 전류값이 최대가 되는 조건의 주파수 f[kHz]와 최대 전류 I[A]의 실효치를 순서대로 바르게 나열한 것은?

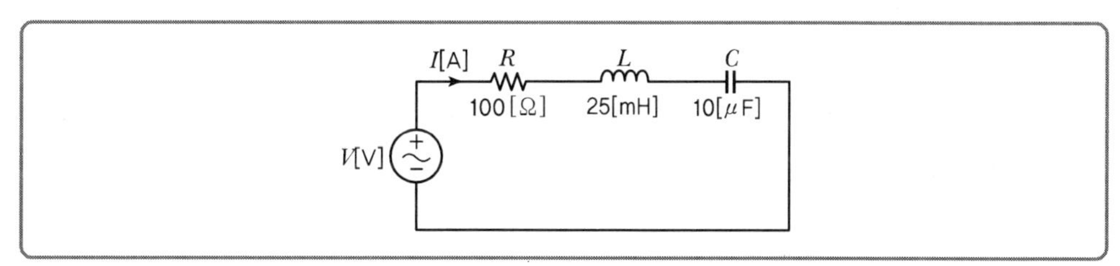

	[kHz]	[A]		[kHz]	[A]
①	$\frac{1}{\pi}$	1	②	$\frac{100}{\pi}$	3
③	$\frac{100}{\pi}$	1	④	$\frac{1000}{\pi}$	3

72 그림의 회로에서 전류 I[A]의 크기가 최대가 되기 위한 X_o에 대한 소자의 종류와 크기는? (단, $v(t)=100\sqrt{2}\sin 100t$[V]이다.)

21년 지방직 9급

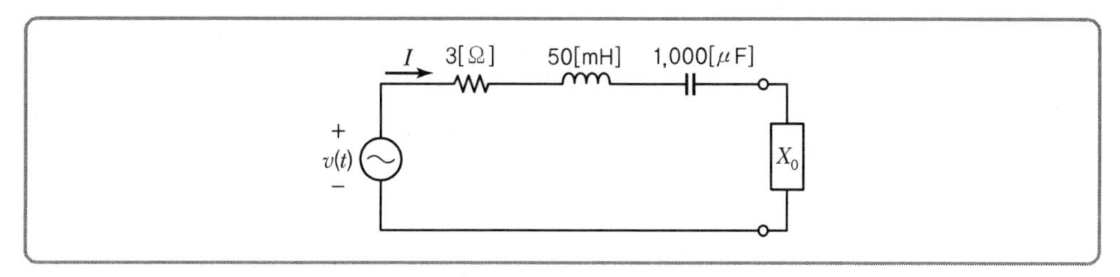

	소자의 종류	소자의 크기		소자의 종류	소자의 크기
①	인덕터	50[mH]	②	인덕터	100[mH]
③	커패시터	1,000[μF]	④	커패시터	2,000[μF]

정답 70 ② 71 ① 72 ①

73 그림의 회로에서 $\dot{I}=50[\text{A}]$, $\dot{I}_L=30[\text{A}]$, $\dot{V}=100[\text{V}]$일 때, 컨덕턴스 $G[\text{S}]$는?

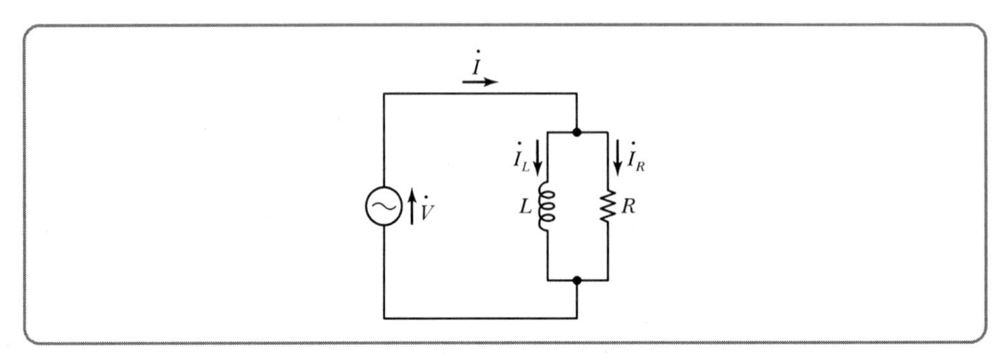

① 0.4　　② 0.8
③ 4　　④ 8

74 인덕터 L과 커패시터 C가 직렬로 연결된 회로에 교류전압 $v(t)=V_m\sin\omega t[\text{V}]$을 인가할 경우 옳은 설명은? 21년 지방직(경력) 9급

① $\omega L<\dfrac{1}{\omega C}$이면 유도성 회로가 된다.

② $\omega L>\dfrac{1}{\omega C}$이면 전류가 전압보다 위상이 뒤진다.

③ $\omega L=\dfrac{1}{\omega C}$이면 최대의 합성 임피던스 값을 나타낸다.

④ 합성 임피던스의 크기는 ωL과 $\dfrac{1}{\omega C}$를 합한 값에 해당한다.

75 저항 $R=30[\Omega]$, 리액턴스 $X=40[\Omega]$인 $R-L$직렬회로에 150[V]의 교류 전압을 가할 때, 소비되는 전력의 값[W]은? 21년 서울시(고졸) 9급

① 180　　② 210
③ 270　　④ 320

정답 73 ① 74 ② 75 ③

76 저항 30[Ω]과 유도성 리액턴스 40[Ω]을 병렬로 연결한 회로 양단에 120[V]의 교류 전압을 인가했을 때, 회로의 역률은? 22년 국가직 9급

① 0.2　　② 0.4
③ 0.6　　④ 0.8

77 그림의 $L-C$ 직렬회로에서 전류 I_{rms}의 크기[A]는? 22년 국가직 9급

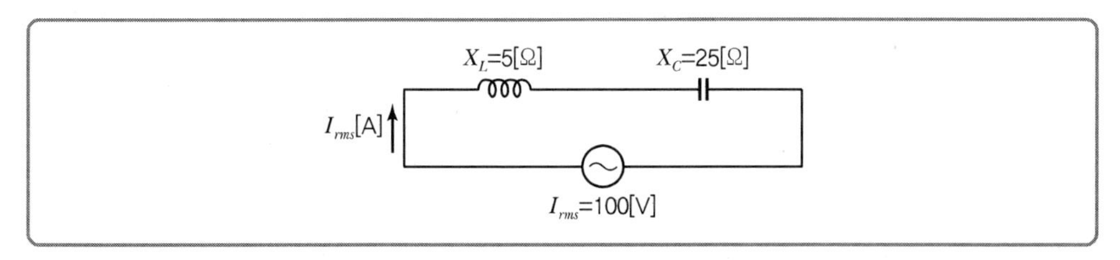

① 5　　② 10
③ 15　　④ 20

78 다음과 같은 RLC 직렬회로에서 각 소자의 전압이 그림에서 표시하는 것과 같다면 1, 2번 양단에 인가한 교류전압[V]은 얼마인가? 22년 군무원 9급

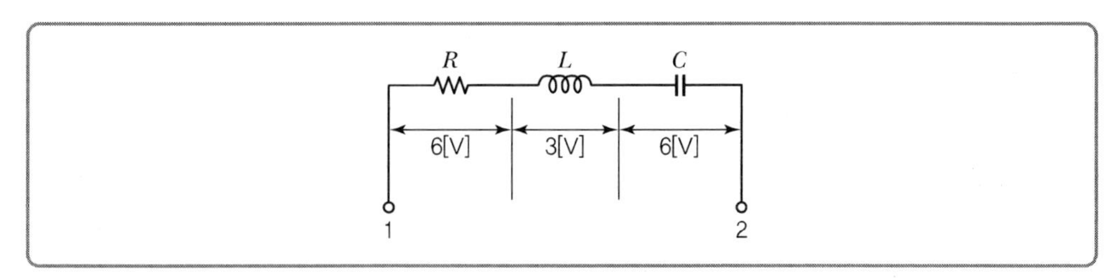

① $\sqrt{30}$　　② $\sqrt{45}$
③ $\sqrt{58}$　　④ $\sqrt{70}$

79 10[Ω]의 리액턴스 값을 가진 커패시터 C만의 교류 회로에 $i=5\sin(\omega t+30°)$[A]의 전류가 흘렀다면 회로에 인가 해준 전압 v[V]는? 22년 서울시(고졸) 9급

① $2\sin(\omega t-60°)$　　② $2\sin(\omega t+120°)$
③ $50\sin(\omega t-60°)$　　④ $50\sin(\omega t+120°)$

정답 **76** ④ **77** ① **78** ② **79** ③

80 〈보기〉의 회로에서 임피던스 $Z = 60 + j80[\Omega]$일 때, 회로에 흐르는 전류의 실횻값 $I_s = 2$ [A]이다. 이때 인가한 전압의 실횻값[V]과 유효전력[W]은? 22년 서울시(고졸) 9급

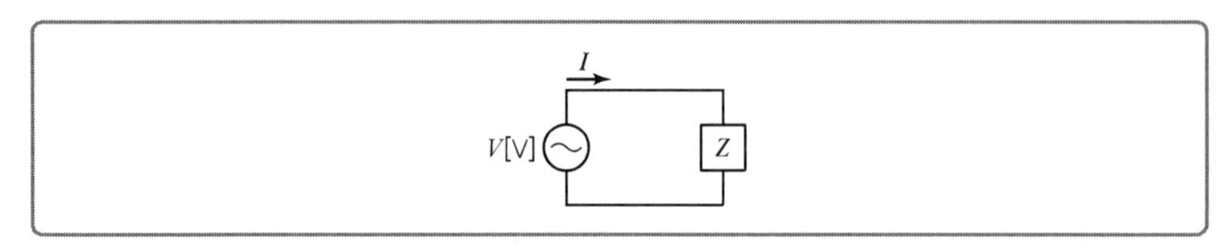

	전압의 실횻값[V]	유효전력[W]		전압의 실횻값[V]	유효전력[W]
①	100	240	②	100	320
③	200	240	④	200	320

81 전원과 코일만으로 이루어진 〈보기〉의 교류회로에서 전압의 최댓값 $v_{max} = 100[V]$이고 $L = 5[H]$이며 $\omega = 10[rad/s]$일 때, 회로에 흐르는 전류의 최댓값 $i_{max}[A]$는? 22년 서울시(고졸) 9급

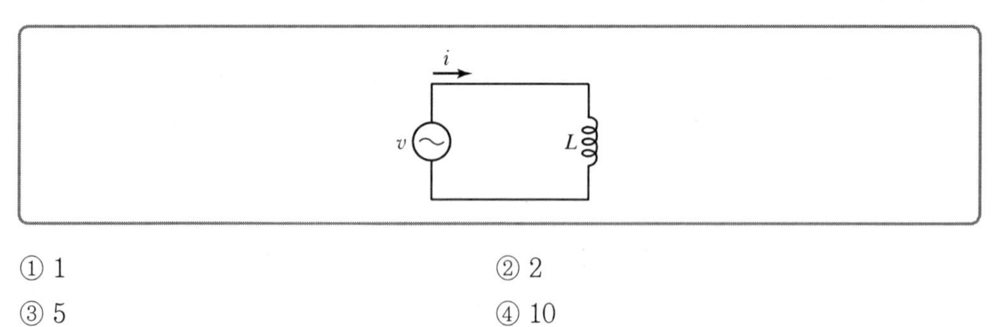

① 1
② 2
③ 5
④ 10

82 〈보기〉의 회로에 $\omega = 100[rad/s]$, $V = 200[V]$의 교류 전압을 인가할 때, 유효전력[W]과 무효전력[Var]은? 22년 서울시(고졸) 9급

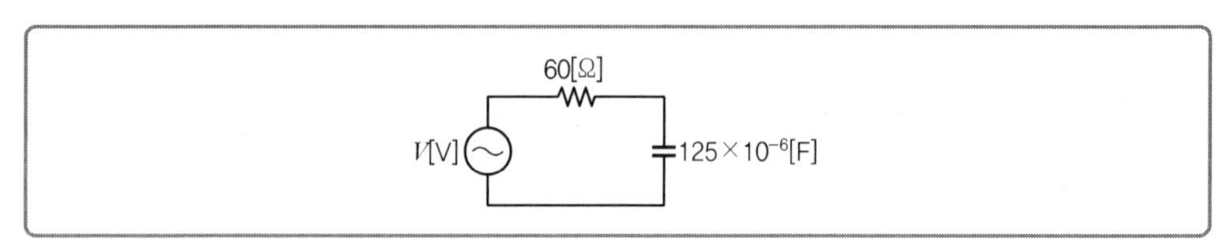

	유효전력[W]	무효전력[Var]		유효전력[W]	무효전력[Var]
①	240	160	②	240	320
③	480	160	④	480	320

정답 80 ① 81 ② 82 ②

83 입력이 40[W]인 전원 공급기가 30[W]를 출력하고 있다. 이때 이 전원 공급기의 운전 효율[%]과 전력 손실[W]은?

23년 지방직 9급

	운전 효율	전력 손실
①	45	20
②	45	10
③	75	20
④	75	10

84 〈보기〉의 병렬 RLC 회로에서 전류가 최솟값인 상태의 주파수[Hz]는?

22년 서울시(고졸) 9급

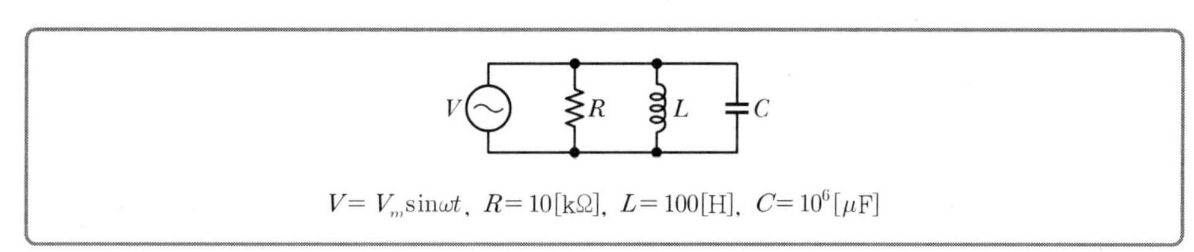

① $\frac{1}{5}$
② $\frac{1}{10}$
③ $\frac{1}{10\pi}$
④ $\frac{1}{20\pi}$

85 그림의 $R-C$ 직렬회로에 200[V]의 교류전압 V_s[V]를 인가하니 회로에 40[A]의 전류가 흘렀다. 저항이 3[Ω]일 경우 이 회로의 용량성 리액턴스 X_C[Ω]는?(단, 전압과 전류는 실효값이다.)

22년 지방직 9급

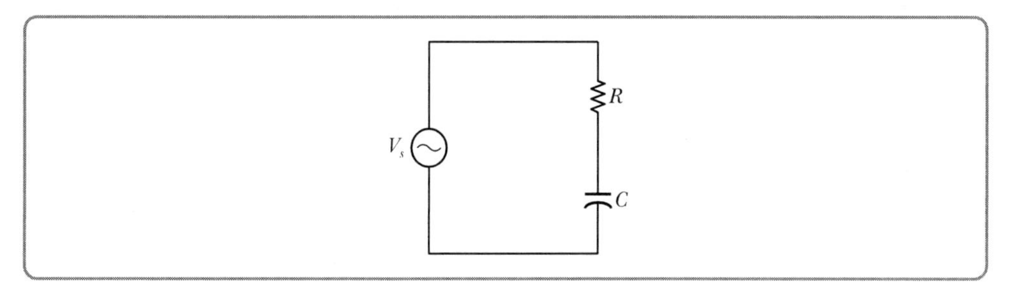

① 4
② 5
③ 6
④ 8

정답 83 ④ 84 ④ 85 ①

86 그림의 회로에서 역률이 $\frac{1}{\sqrt{2}}$이 되기 위한 인덕턴스 L [H]은?(단, $v(t) = 300\cos(2\pi \times 50t + 60°)$[V]이다.) 22년 지방직 9급

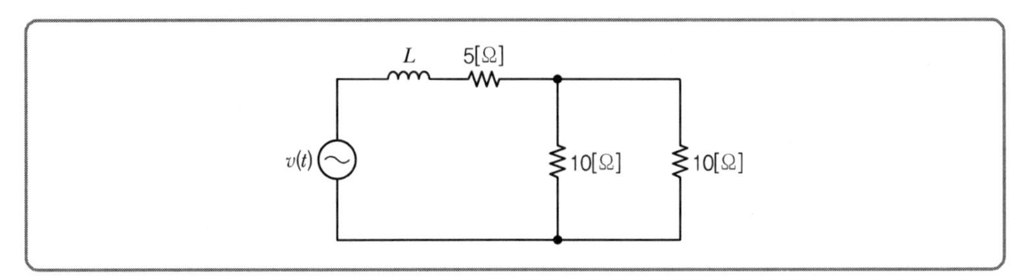

① $\frac{1}{\pi}$
② $\frac{1}{5\pi}$
③ $\frac{1}{10\pi}$
④ $\frac{1}{20\pi}$

87 그림과 같은 $R-L-C$ 직렬회로에서 교류전압 $v(t) = 100\sin(\omega t)$[V]를 인가했을 때, 주파수를 변화시켜서 얻을 수 있는 전류 $i(t)$의 최댓값[A]은?(단, 회로는 정상상태로 동작하며, $R = 20$[Ω], $L = 10$[mH], $C = 20$[μF]이다.) 22년 지방직 9급

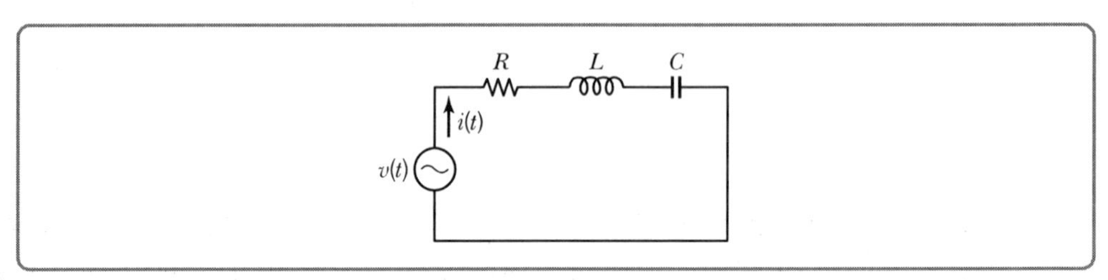

① 0.5
② 1
③ 5
④ 10

정답 86 ③ 87 ③

88 그림의 $R-L$ 회로에서 부하의 평균 소비 전력이 600[W]일 때, 저항 R[Ω]와 회로의 역률은?(단, 부하 임피던스의 크기 $|Z_L| = 10$[Ω]이고, 전압의 크기는 실횻값이다.)

22년 지방직(경력) 9급

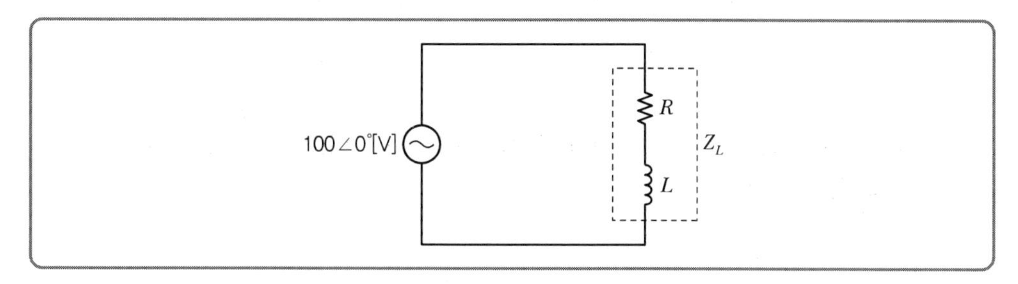

	R[Ω]	역률
①	3	0.6
②	4	0.8
③	6	0.6
④	8	0.8

89 정전용량이 C[F]인 커패시터만으로 구성된 회로에 교류 전압 $v(t) = \sqrt{2}\,V\sin\omega t$[V]를 인가하였다. 이에 대한 설명으로 옳은 것은?

22년 지방직(경력) 9급

① 용량 리액턴스는 ωC[Ω]이다.

② 전압과 전류의 위상차는 π[rad]이다.

③ 전압이 전류보다 앞선 파형이 발생한다.

④ 커패시터에 흐르는 전류의 실횻값은 ωCV[A]이다.

90 다음 설명에서 옳은 것만을 모두 고르면?

23년 지방직 9급

ㄱ. 용량성 리액턴스는 전류에 비례한다.
ㄴ. 용량성 리액턴스는 주파수에 비례한다.
ㄷ. 용량성 리액턴스에는 에너지의 손실이 없다.
ㄹ. 용량성 리액턴스는 커패시턴스에 반비례한다.

① ㄱ, ㄴ　　② ㄱ, ㄹ

③ ㄴ, ㄷ　　④ ㄷ, ㄹ

정답 88 ③ 89 ④ 90 ④

91 $R-L-C$ 직렬공진회로에 대한 설명으로 옳지 않은 것은? 23년 지방직 9급

① 공진 시 전류가 최소로 된다.
② 전압과 전류가 동상이다.
③ 임피던스 $Z=R$인 회로이다.
④ $\omega L-\frac{1}{\omega C}=0$이다.

92 입력이 40[W]인 전원 공급기가 30[W]를 출력하고 있다. 이때 이 전원 공급기의 운전 효율[%]과 전력 손실[W]은? 22년 지방직 9급

	운전 효율	전력 손실
①	45	20
②	45	10
③	75	20
④	75	10

93 코일에 직류전압 100[V]를 인가하면 500[W]가 소비되고, 교류전압 150[V]를 인가하면 720[W]가 소비된다. 코일의 리액턴스[Ω]는?(단, 전압은 실횻값이다.) 22년 지방직 9급

① 10
② 15
③ 20
④ 25

94 단상 교류회로에서 전압 $v(t)=100\sin\left(1{,}000t+\frac{\pi}{3}\right)$[V]를 부하에 인가하면, 전류 $i(t)=5\sin(1{,}000t+\theta)$[A]가 흐른다. 부하의 평균전력이 $125\sqrt{3}$[W]일 때 θ[rad]로 가능한 것은? 22년 지방직 9급

① 0
② $\frac{\pi}{6}$
③ $\frac{\pi}{4}$
④ $\frac{\pi}{3}$

정답 91 ① 92 ④ 93 ② 94 ②

95 그림의 회로에서 $\dot{Z}_L = 10\angle 60°[\Omega]$일 때, 부하 임피던스 $\dot{Z}_L$에서 최대전력 10[W]를 소비한다면, 정현파 입력전압 v_{in}의 최댓값[V]은? 23년 지방직 9급

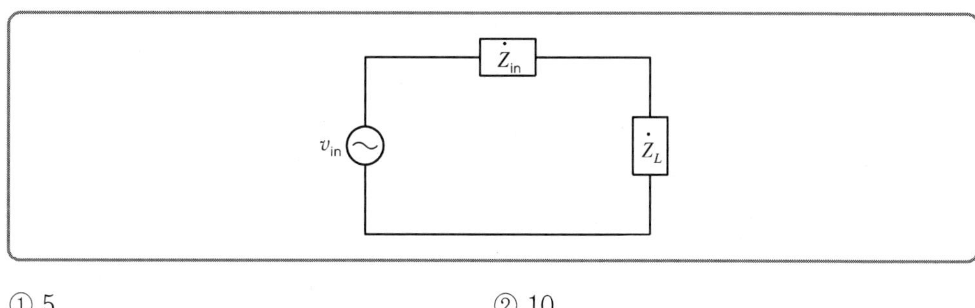

① 5　② 10
③ 20　④ 40

96 그림의 교류 전원에 연결된 회로에서 전류 I[A]는? 23년 지방직 9급

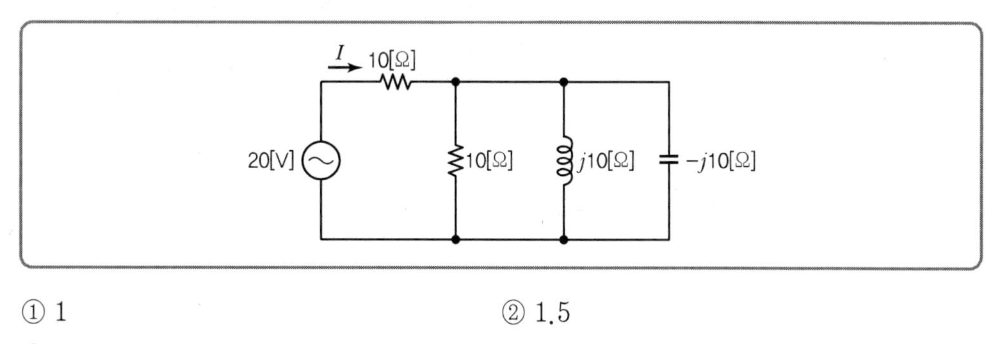

① 1　② 1.5
③ 2　④ 8

97 그림의 회로가 정상상태에서 동작할 때, 전원이 공급하는 전력[W]은? 23년 지방직 9급

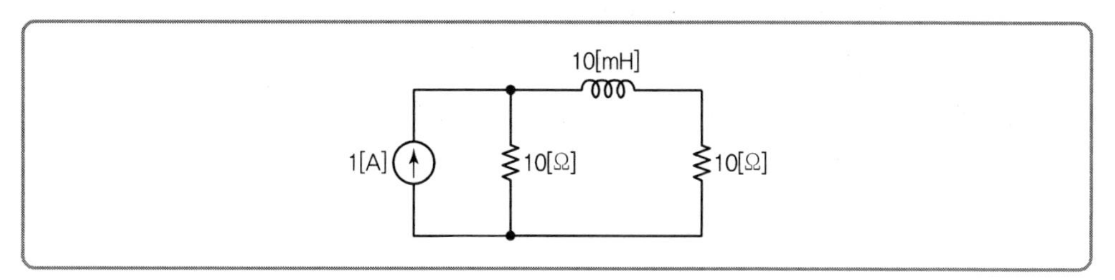

① 2.5　② 5
③ 10　④ 20

정답 95 ③ 96 ① 97 ②

98 그림의 저항과 코일이 직렬로 연결된 회로에 $V_{rms}=100$[V]인 교류 전압을 인가하였다. 저항 R은 6[Ω], 유도성 리액턴스 X_L이 8[Ω]일 경우 이 회로에서 소모되는 유효전력[W]은?

23년 지방직 9급

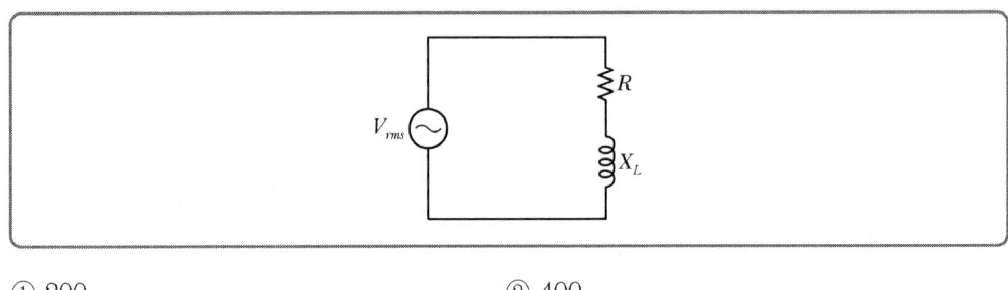

① 200　② 400
③ 600　④ 800

99 단상 교류회로에서 전압 $v(t)=100\sin\left(1{,}000t+\frac{\pi}{3}\right)$[V]를 부하에 인가하면, 전류 $i(t)=5\sin(1{,}000t+\theta)$[A]가 흐른다. 부하의 평균전력이 $125\sqrt{3}$ [W]일 때 θ[rad]로 가능한 것은?

22년 지방직 9급

① 0　② $\frac{\pi}{6}$
③ $\frac{\pi}{4}$　④ $\frac{\pi}{3}$

100 교류 전력에 대한 설명으로 옳지 않은 것은?

23년 지방직 9급

① 유효전력은 순시 전력의 평균값이다.
② 역률은 평균전력과 복소전력의 비율이다.
③ 용량성 부하에서는 음의 무효전력이 전달된다.
④ 정현파 부하 전압과 부하 전류의 위상차가 0°이면 역률이 최대이다.

정답 98 ③ 99 ② 100 ②

101 단상 교류 전원에 연결된 부하의 임피던스 $\dot{Z}_L = 10e^{j\frac{\pi}{6}}$ [Ω]에 전류 $I_{rms} = 10$[A]가 흐를 때 부하의 무효전력[var]은? 23년 지방직 9급

① 500 ② $500\sqrt{3}$
③ 1,000 ④ $1,000\sqrt{3}$

102 그림의 회로에서 교류전압 $\dot{V}_s$와 전류 $\dot{I}$가 동상일 때, 리액턴스 X[Ω]는? 23년 국가직 9급

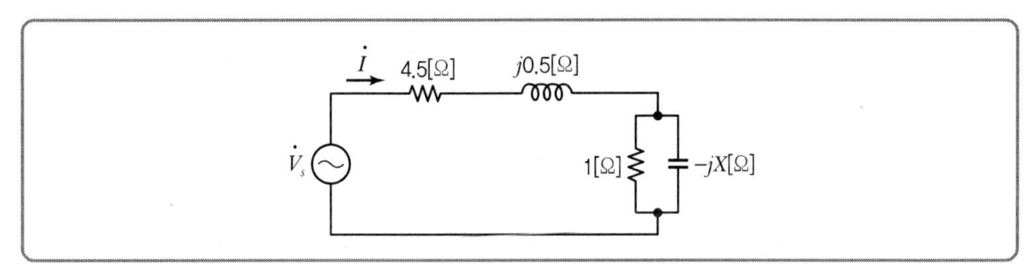

① 0.5 ② 1
③ 1.5 ④ 2

103 그림의 회로에서 전원이 공급하는 평균전력은 100[W]이고 지상 역률이 $\frac{1}{\sqrt{2}}$일 때, 저항 R[Ω]와 인덕턴스 L[mH]은?(단, $v(t) = 40\cos(1,000t)$[V]이다.) 23년 국가직 9급

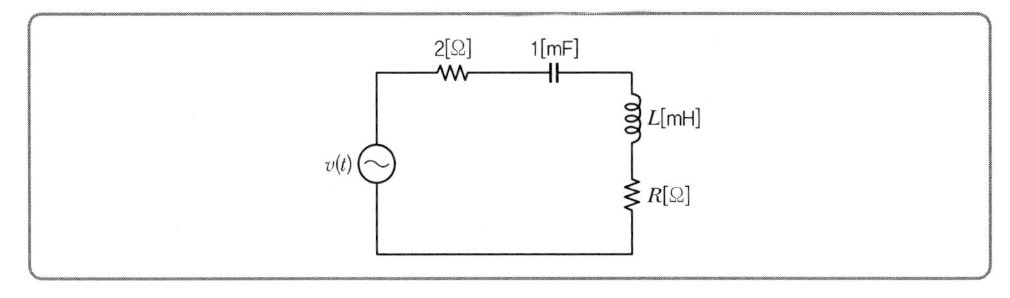

	R	L
①	1	4
②	2	5
③	3	4
④	4	5

정답 101 ① 102 ② 103 ②

104 그림의 회로에서 $\omega = 2{,}500[\text{rad/s}]$이며, 전압 $v(t)$의 페이저는 $V_m \angle 0°[\text{V}]$일 때, 저항에 흐르는 전류 i_R이 전류원 $i(t)$와 위상이 지상 45°가 되는 저항 $R[\Omega]$은? 21년 국회직 9급

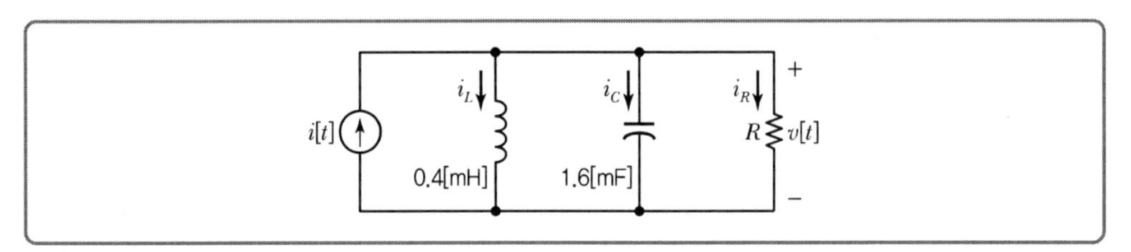

① $\frac{1}{3}$
② $\frac{1}{2}$
③ $\frac{1}{\sqrt{2}}$
④ 2
⑤ 3

105 그림의 회로에서 저항 4[Ω]와 저항 2[Ω]에서 각각의 소비전력[W]은? 21년 국회직 9급

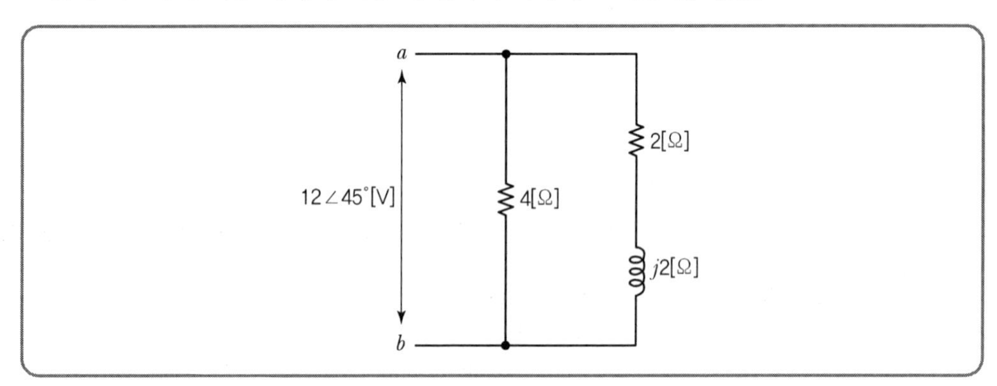

	4[Ω] 소비전력	2[Ω] 소비전력
①	9	0
②	9	9
③	9	18
④	18	9
⑤	18	18

정답 104 ① 105 ⑤

SECTION 03 RLC 회로의 이해(응용)

01 저항이 5[Ω]인 $R-L$ 직렬회로에 실횻값 200[V]인 정현파 전원을 연결하였다. 이때 실횻값 10[A]의 전류가 흐른다면 회로의 역률은? 14년 국가직 9급

① 0.25
② 0.4
③ 0.5
④ 0.8

02 내부저항이 5[Ω]인 코일에 실횻값 220[V]의 정현파 전압을 인가할 때, 실횻값 11[A]의 전류가 흐른다면 이 코일의 역률은?

① 0.25
② 0.4
③ 0.45
④ 0.6

03 교류회로에 대한 설명으로 옳지 않은 것은? 12년 국가직 9급

① 저항 부하만의 회로는 역률이 1이 된다.
② R, L, C 직렬 교류회로에서 유효전력은 전류의 제곱과 전체 임피던스에 비례한다.
③ R, L, C 직렬 교류회로에서 L을 제거하면 전류가 진상이 된다.
④ R과 L의 직렬 교류회로의 역률을 보상하기 위해서는 C를 추가하면 된다.

04 유도성 리액턴스 $X_L=70$[Ω], 용량성 리액턴스 $X_c=30$[Ω], 저항 $R=30$[Ω]이 직렬로 연결된 부하가 있다. 이 부하의 역률은 얼마인가? 14년 국회직 9급

① 0.6 지상
② 0.6 진상
③ 0.8 지상
④ 0.8 진상
⑤ 1(단위 역률)

05 $R-L$ 직렬부하에 전원이 연결되어 있다. 저항 R과 인덕턴스 L이 일정한 상태에서 전원이 주파수가 높아지면 역률과 소비전력은 어떻게 되는가? 11년 국가직 9급

① 역률과 소비전력 모두 감소한다.
② 역률과 소비전력 모두 증가한다.
③ 역률은 증가하고 소비전력은 감소한다.
④ 역률과 소비전력은 변하지 않는다.

정답 01 ① 02 ① 03 ② 04 ① 05 ①

06 최대치가 100[V], 주파수 60[Hz], 초기위상이 30°인 전압이 RLC 회로에 입력되고 있다. 이 회로의 임피던스가 $10+j10$[Ω]일 때 순시치 전류[A]는? 11년 지방직 9급

① $10\cos(377t+15°)$
② $10\cos(377t-15°)$
③ $\frac{10}{\sqrt{2}}\cos(377t+15°)$
④ $\frac{10}{\sqrt{2}}\cos(377t-15°)$

07 어떤 회로에 $v=100\sqrt{2}\sin(120\pi t+\frac{\pi}{4})$[V]의 전압을 가했더니 $i=10\sqrt{2}\sin(120\pi t-\frac{\pi}{4})$[A]의 전류가 흘렀다. 이 회로의 역률은? 18년 서울시 9급(전)

① 0
② $\frac{1}{\sqrt{2}}$
③ 0.1
④ 1

08 코일에 직류 전압 200[V]를 인가했더니 평균전력 1,000[W]가 소비되었고, 교류 전압 300[V]를 인가했더니 평균전력 1,440[W]가 소비되었다. 코일의 저항[Ω]과 리액턴스[Ω]는? 19년 국가직 9급

	저항[Ω]	리액턴스[Ω]
①	30	30
②	30	40
③	40	30
④	40	40

09 교류 회로의 전압과 전류의 실횻값이 각각 50[V], 20[A]이고 역률이 0.8일 때, 소비전력[W]은? 20년 서울시 9급

① 200[W]
② 400[W]
③ 600[W]
④ 800[W]

정답 06 ④ 07 ① 08 ③ 09 ④

10 다음 회로의 저항에서 소비되는 평균전력[kW]을 구하면?(단, $v(t) = 100\sqrt{2}\cos(\omega t)$[V]이다.) 19년 국회직 9급

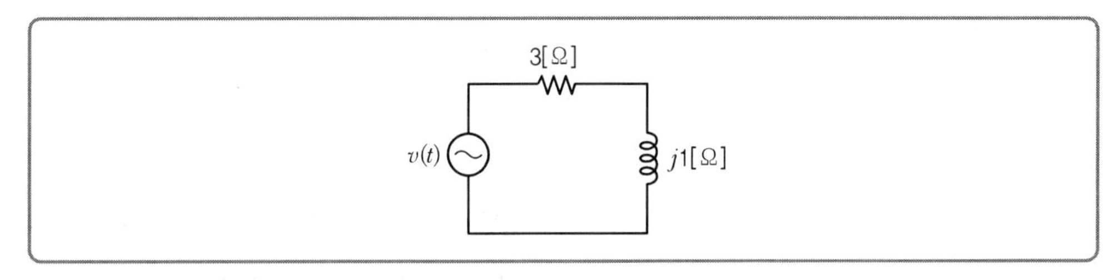

① 2
② 3
③ 4
④ 5
⑤ 6

11 다음 회로와 같이 부하임피던스 Z_L을 연결하여 부하에 최대전력을 전송하려고 한다. 부하임피던스를 몇 [Ω]으로 하여야 하는가? 19년 국회직 9급

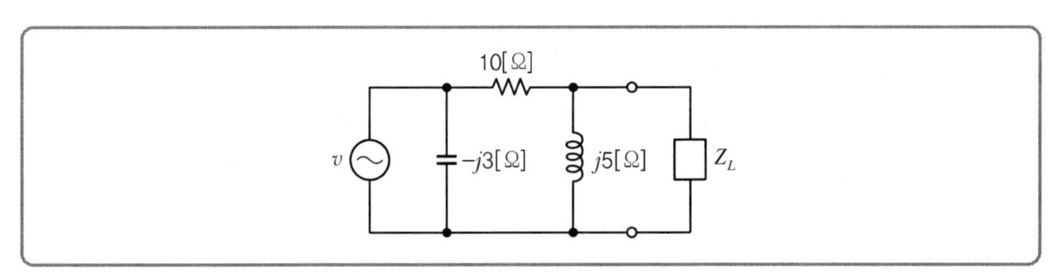

① $4+j2$
② $4-j2$
③ $2+j4$
④ $2-j4$
⑤ $4+j4$

12 회로에 전압 전원 $v(t) = 200\sqrt{2}\sin(377t + \frac{2}{3}\pi)$[V]이고, 전류 $i(t) = 10\sqrt{2}\sin(377t + \frac{1}{3}\pi)$[A]가 흐를 때, 전원이 공급하는 유효전력[W]은? 19년 지방직 9급

① 500
② 1,000
③ 2,000
④ 4,000

정답 10 ② 11 ④ 12 ②

13 어떤 회로에 전압 $v(t)=25\sin(\omega t+\theta)$[V]을 인가하면 전류 $i(t)=4\sin(\omega t+\theta-60°)$[A]가 흐른다. 이 회로에서 평균전력[W]은? 20년 국가직 9급

① 15 ② 20
③ 25 ④ 30

14 그림의 회로에서 $v=200\sqrt{2}\sin(120\pi t)$[V]의 전압을 인가하면 $i=10\sqrt{2}\sin(120\pi t-\frac{\pi}{3})$[A]의 전류가 흐른다. 회로에서 소비전력[kW]과 역률[%]은? 20년 지방직 9급

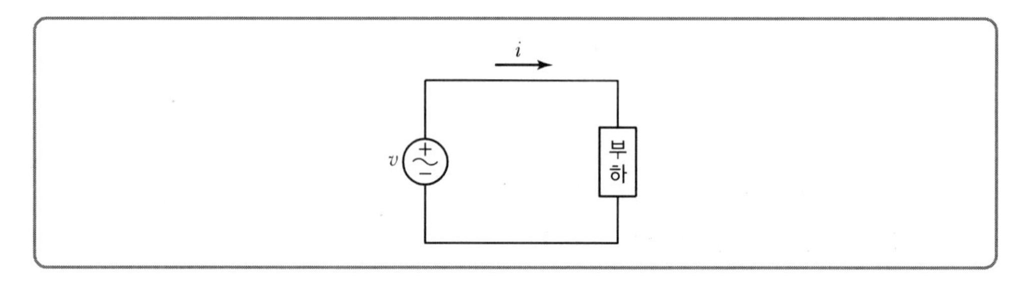

	소비전력	역률
①	4	86.6
②	1	86.6
③	4	50
④	1	50

15 어떤 부하에 인가한 전압과 흐르는 전류의 값이 아래와 같을 때 소비전력[W]은? 18년 국회직 9급

$$v(t)=220\sqrt{2}\sin(314t+\frac{\pi}{3})[\text{V}]$$
$$i(t)=5\sqrt{2}\sin\left(314t+\frac{\pi}{6}\right)[\text{A}]$$

① $P=220\times5\times\cos\frac{\pi}{6}$
② $P=220\times5\times\sin\frac{\pi}{6}$
③ $P=220\sqrt{2}\times5\sqrt{2}\times\cos\frac{\pi}{6}$
④ $P=220\sqrt{2}\times5\sqrt{2}\times\sin\frac{\pi}{6}$
⑤ $P=220\sqrt{2}\times5\sqrt{2}\times\sin\frac{\pi}{3}$

정답 13 ③ 14 ④ 15 ①

16 그림과 같은 교류 회로에 전압 $v(t) = 100\cos(2,000t)[V]$의 전원이 인가되었다. 정상상태(Steady State)일 때 10[Ω] 저항에서 소비하는 평균전력[W]은? 20년 서울시 9급

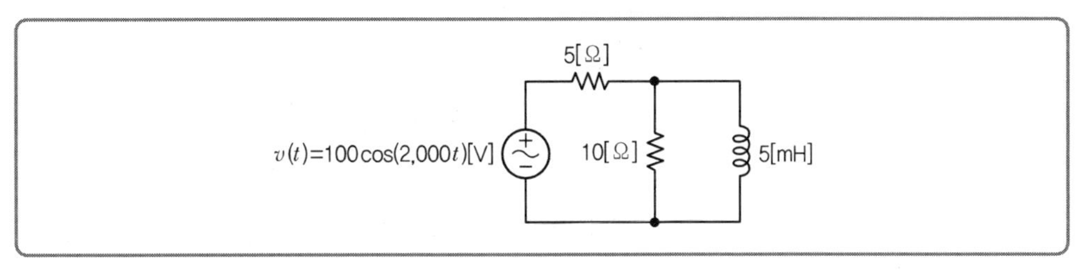

① 100[W]
② 200[W]
③ 300[W]
④ 400[W]

17 $R-L$ 직렬 부하회로에 $v(t) = \sqrt{2}[V]\sin n\omega t[V]$의 교류전압이 인가되었다. 교류전압의 차수가 $n=1$에서 $n=10$으로 변경되는 경우, 임피던스와 전류의 크기는 어떻게 달라지는가?(단, 과도현상은 무시한다.) 07년 국가직 9급

	임피던스	전류 크기
①	증가	감소
②	감소	증가
③	증가	증가
④	감소	감소

18 다음 회로에서 $V_S(t) = 100\sqrt{2}\cos 10t[V]$이다. 정상상태에서 부하 저항 R_L에 전류 $i_R(t)$[A]는? 10년 지방직 9급

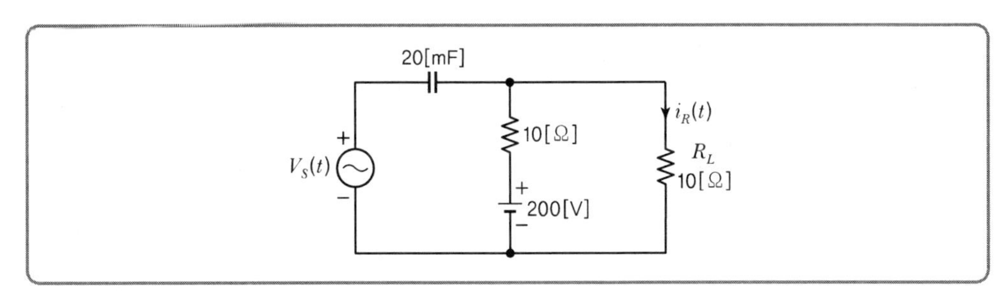

① 10
② $20\cos(10t+\frac{\pi}{2})$
③ $10+10\cos(10t+\frac{\pi}{4})$
④ $20+20\cos(10t+\frac{\pi}{8})$

정답 16 ② 17 ① 18 ③

19 다음 회로에서 전류 I[A]는 얼마인가? 14년 국회직 9급

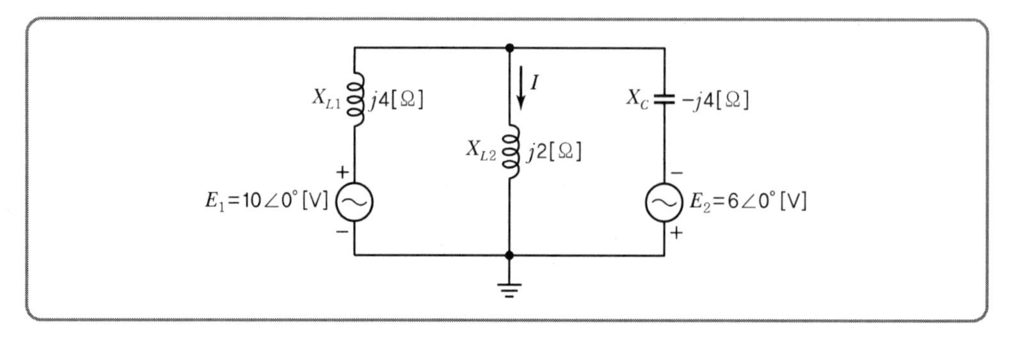

① $1.5\angle -90°$
② $2\angle -90°$
③ $2.5\angle -90°$
④ $3\angle -90°$
⑤ $4\angle -90°$

20 다음 회로에서 단자 a, b 사이에 교류 전압의 최댓값으로 100[V]를 인가하였을 때, 단자 c, d 에 걸리는 전압의 실횻값[V]은 얼마인가? 14년 국회직 9급

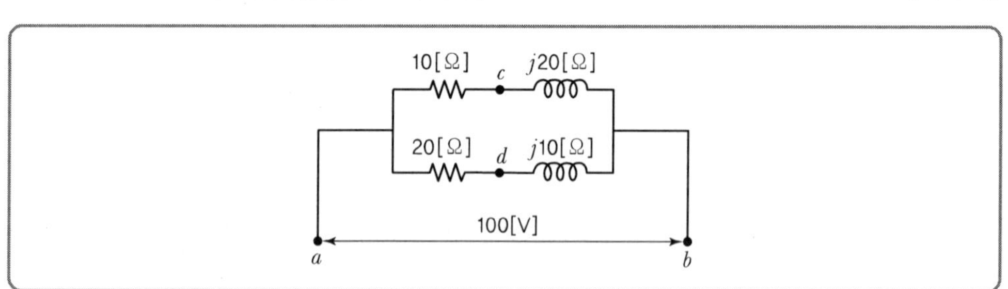

① 30
② 21.2
③ 60
④ 42.4
⑤ 90

정답 19 ⑤ 20 ④

21 다음 회로에 교류전압 (v_S)을 인가하였다. 전압(v_S)과 전류(i)가 동상이 되었을 때 X의 값 [Ω]은? 08년 국가직 9급

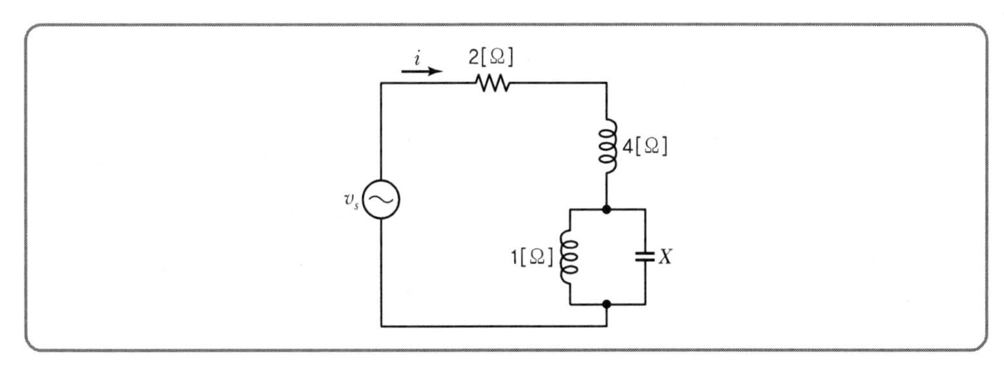

① 0.8
② 0.6
③ 1.2
④ 1.0

22 아래의 교류회로에 $i(t) = 4\sin(\omega t - 30°)$[A]의 전류원을 주었을 때, 유효전력[W]과 무효전력[Var]을 옳게 나타낸 것은? 09년 국가직 9급

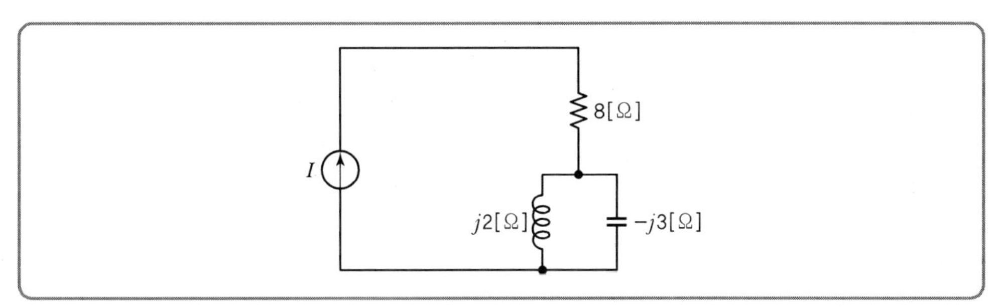

	유효전력	무효전력
①	8	6
②	16	12
③	32	24
④	64	48

정답 21 ① 22 ④

23 아래 회로에서 단자 a, b 사이에 교류전압 $v(t)$를 인가할 때, 전류 $i(t)$가 전압 $v(t)$와 동상이 되었다면, 그 때의 X_c 값[Ω]은? 11년 지방직 9급

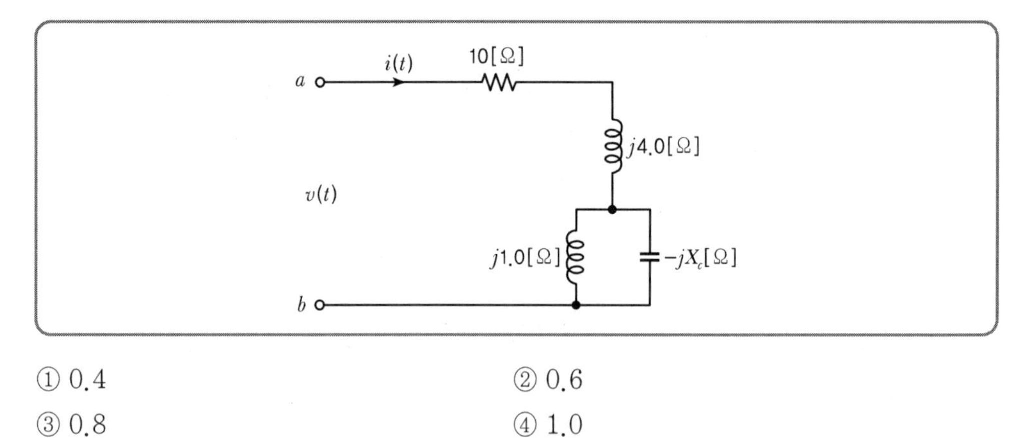

① 0.4 ② 0.6

③ 0.8 ④ 1.0

24 다음 회로에서 실횻값 100[V]의 전원 v_s를 인가한 경우에 회로 주파수와 무관하게 전류 i_s가 전원과 동상이 되도록 하는 C[μF]는?(단, $R=10$[Ω], $L=1$[mH]이다.) 10년 국가직 9급

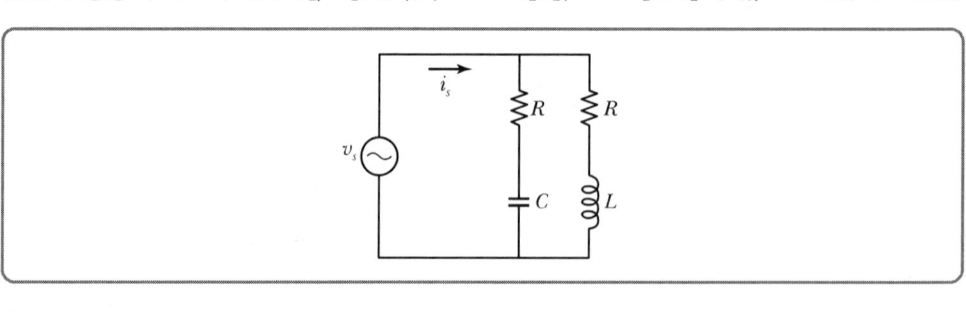

① 5 ② 10

③ 15 ④ 20

정답 23 ③ 24 ②

25 그림 (b)는 그림 (a)의 회로에 흐르는 전류들에 대한 벡터도를 나타낸 것이다. 이러한 조건이 되기 위한 각주파수[rad/sec]는?

16년 국가직 9급

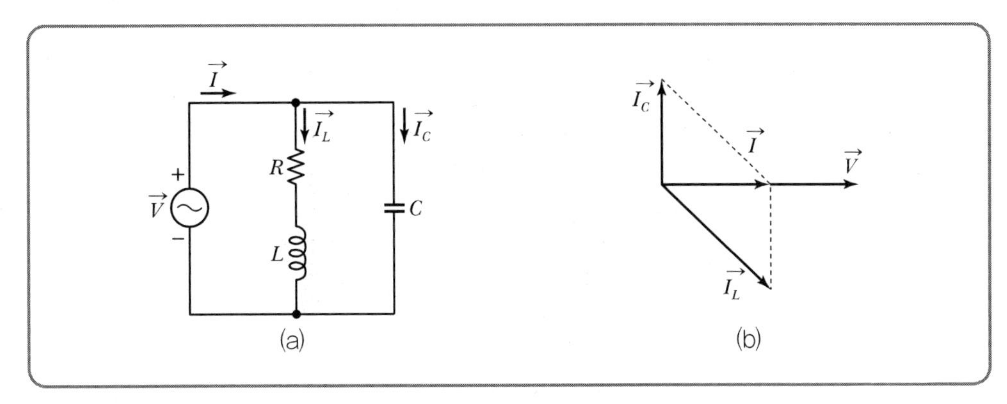

① $\sqrt{\frac{1}{LC}-\frac{R^2}{C^2}}$　② $\sqrt{\frac{1}{LC}-\frac{R^2}{L^2}}$

③ $\sqrt{\frac{1}{LC}-\frac{L^2}{R^2}}$　④ $\sqrt{\frac{1}{LC}-\frac{C^2}{L^2}}$

26 그림과 같이 커패시터를 설치하여 역률을 개선하였다. 개선 후 전류 $\dot{I}$ [A]와 역률 $\cos\theta$는?

18년 지방직 9급

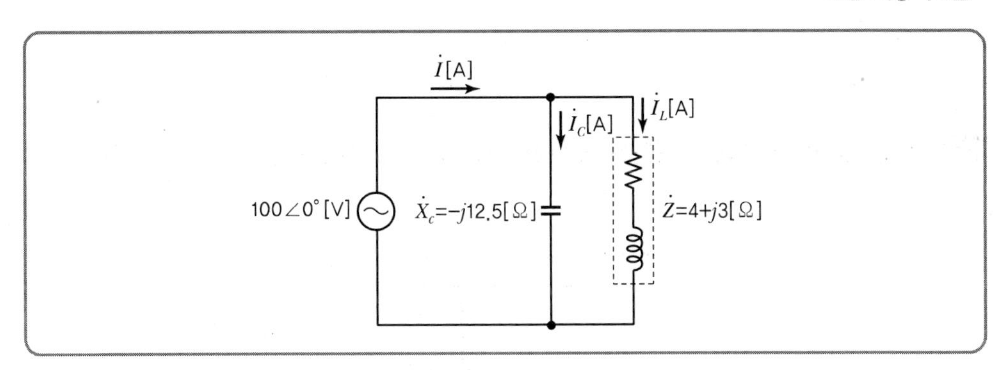

	$\dot{I}$	$\cos\theta$		$\dot{I}$	$\cos\theta$
①	$16-j4$	$\frac{16}{\sqrt{272}}$	②	$16-j4$	$-\frac{4}{\sqrt{272}}$
③	$16+j4$	$\frac{16}{\sqrt{272}}$	④	$16+j4$	$\frac{4}{\sqrt{272}}$

정답 25 ② 26 ①

27 아래 회로의 $a-b$단에 커패시터를 연결하여 역률을 1.0으로 만들고자 한다. 필요한 커패시터의 정전용량[μF]은?(단, 입력전압은 100[V]의 최댓값과 50[Hz]의 주파수를 갖는다.)

09년 국가직 9급

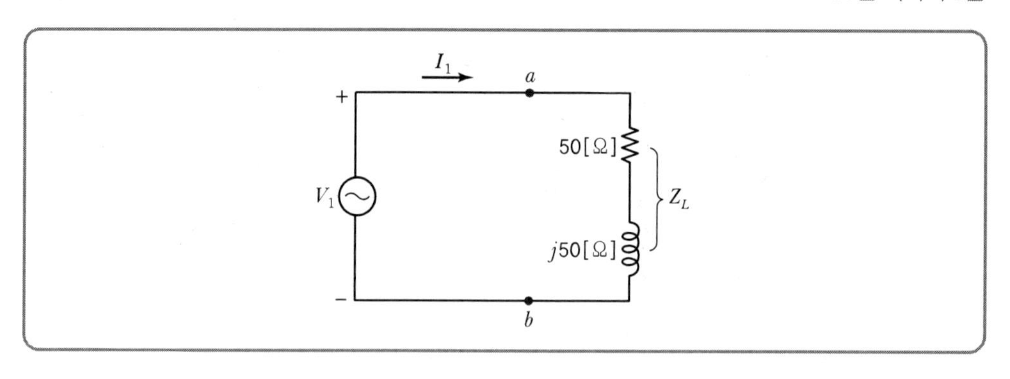

① $\dfrac{100}{\pi}$　② 100　③ 100π　④ $100\sqrt{2}$

28 RLC 직렬공진회로에서 전압 확대율(Q)의 표현으로 옳은 것은?

15년 서울시 9급

① $\dfrac{1}{R\sqrt{LC}}$　② $\dfrac{1}{R}\sqrt{\dfrac{L}{C}}$

③ $\dfrac{R}{\sqrt{LC}}$　④ $R\sqrt{LC}$

29 다음 그림의 회로에서 공진이 발생할 때의 임피던스[Ω]는(단, $Q=\dfrac{\omega L}{R}$이다.)

10년 지방직 9급

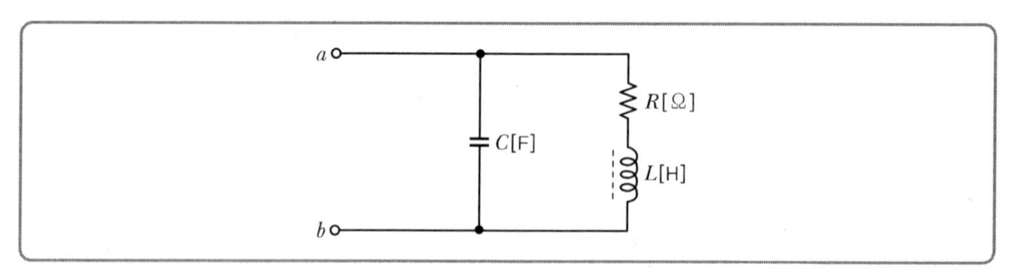

① $R+Q^2$　② Q^2

③ $R(1+Q^2)$　④ ∞

정답 27 ① 28 ② 29 ③

30 다음 그림과 같은 회로에 교류전압을 인가하여 전류 I가 최소로 될 때, 리액턴스 X_c[Ω]는?

11년 국가직 9급

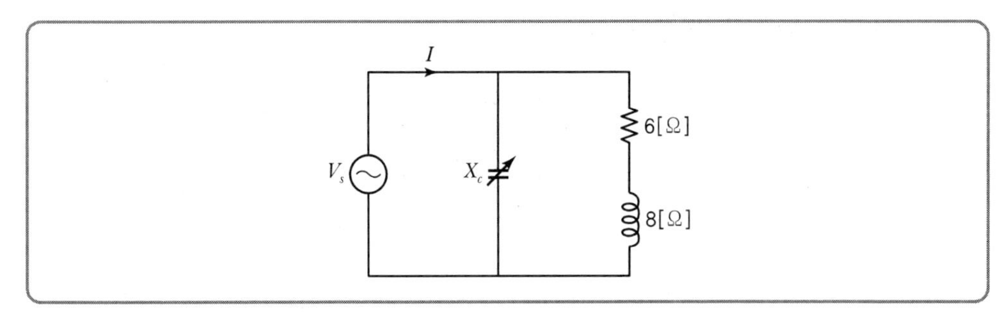

① 8.5 ② 10.5
③ 12.5 ④ 14.5

31 0.8 지상 역률을 가진 20[kVA] 단상 부하가 200[V_{rms}] 전압원에 연결되어 있다. 이 부하에 병렬로 커패시터를 연결하여 역률을 1로 개선하였다. 역률 개선 전과 비교한 역률 개선 후의 실효치 전원 전류는?

20년 지방직 9급

① 변화 없음 ② $\frac{2}{5}$로 감소
③ $\frac{3}{5}$으로 감소 ④ $\frac{4}{5}$로 감소

32 그림의 회로에서 교류전압을 인가하여 전류 I[A]가 최소가 될 때, 리액턴스 X_C[Ω]는?

20년 국가직 9급

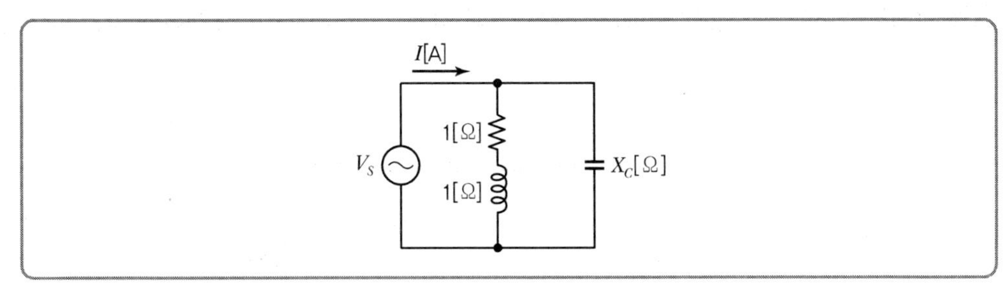

① 2 ② 4
③ 6 ④ 8

정답 30 ③ 31 ④ 32 ①

33 그림과 같이 3상 평형전원에 연결된 600[VA]의 3상 부하(유도성)의 역률을 1로 개선하기 위한 개별 커패시터 용량 $C[\mu F]$는?(단, 3상 부하의 역률각은 30°이고, 전원전압은 $V_{ab}(t)=100\sqrt{2}\sin 100t$ [V]이다.)

20년 국가직 9급

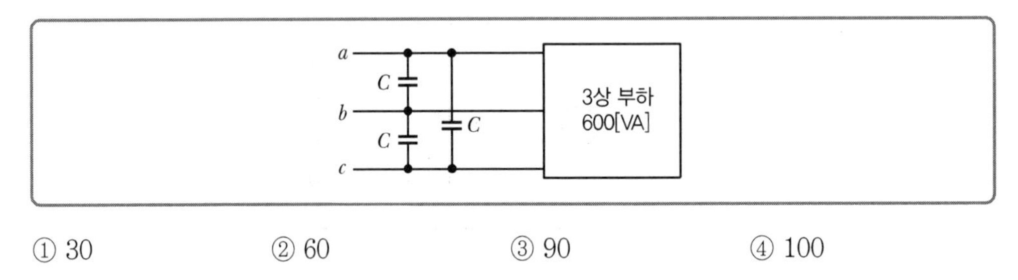

① 30 ② 60 ③ 90 ④ 100

34 다음 회로에서 $v_s(t)=20\cos(t)$[V]의 전압을 인가했을 때, 전류 $i_s(t)$[A]는?

16년 국가직 9급

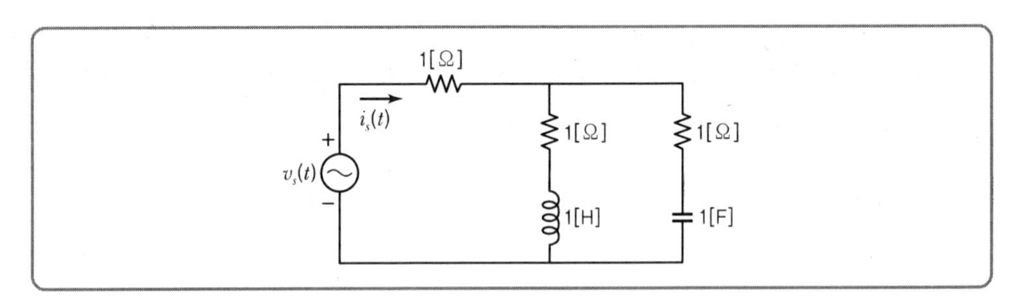

① $10\cos(t)$ ② $20\cos(t)$
③ $10\cos(t-45°)$ ④ $20\cos(t-45°)$

35 다음 $R-L-C$ 직렬회로에서 스위치 S를 닫은 후에 흐르는 과도전류의 파형 특성은?

14년 국가직 9급

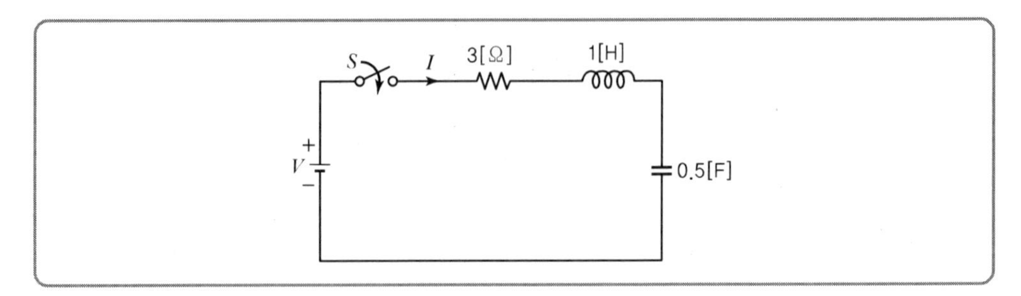

① 과제동(Overdamped) ② 부족제동(Underdamped)
③ 임계제동(Critically Damped) ④ 비제동(Undamped)

정답 33 ④ 34 ① 35 ①

36 RLC 직렬회로에서 $L=50[\text{mH}]$, $C=5[\mu\text{F}]$일 때 진동적 과도현상을 보이는 $R[\Omega]$의 값은?

07년 국가직 9급

① 100 ② 200 ③ 300 ④ 400

37 $R-L-C$ 직렬회로에서 $R=20[\Omega]$, $L=32[\text{mH}]$, $C=0.8[\mu\text{F}]$일 때, 선택도 Q는?

① 0.00025 ② 1.44 ③ 5 ④ 10

38 다음 그림에서 전류계 A의 지시가 실횻값 20[A]일 때 전원전압 V의 실횻값[V]은?

10년 지방직 9급

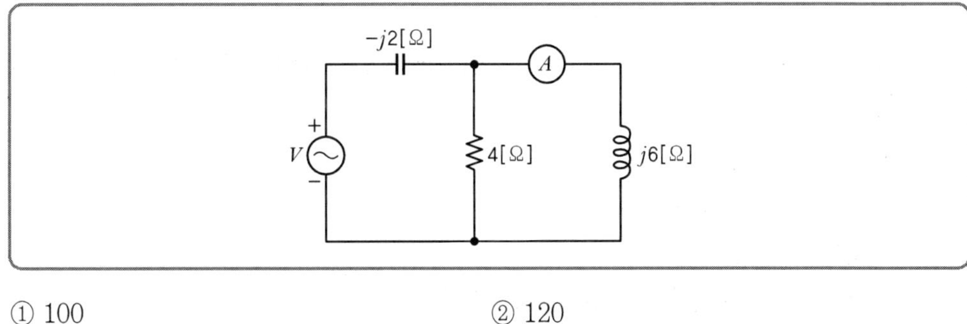

① 100 ② 120

③ 140 ④ 200

39 그림과 같은 회로에서 Z_L에 최대 전력이 전달되기 위한 X의 값[Ω]과 Z_L에 전달되는 최대 전력[W]을 순서대로 나열한 것은?

21년 서울시 9급

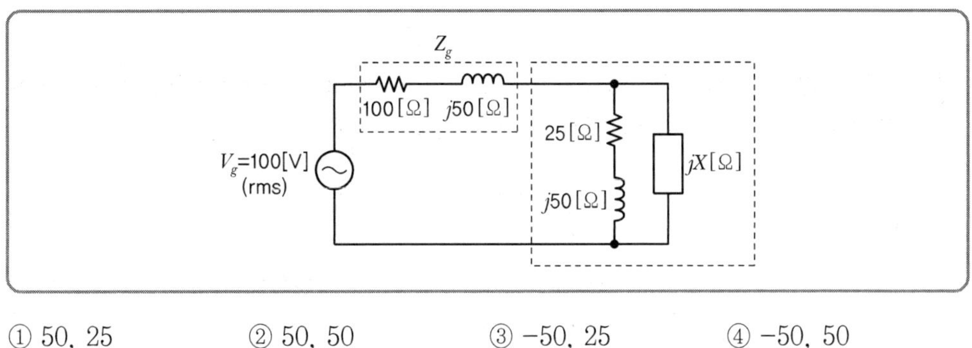

① 50, 25 ② 50, 50 ③ −50, 25 ④ −50, 50

정답 36 ① 37 ④ 38 ① 39 ③

SECTION 04 RLC 회로의 역률/전력/필터

01 어떤 회로의 유효전력이 40[W]이고 무효전력이 30[Var]일 때 역률은? 08년 국가직 9급

① 0.5 ② 0.6 ③ 0.7 ④ 0.8

02 60[Hz] 단상 교류발전기가 부하에 공급하는 전압, 전류의 최댓값이 각각 100[V], 10[A]일 때, 부하의 유효전력이 500[W]이다. 이 발전기의 피상전력[VA]은?(단, 손실은 무시한다.)

18년 지방직 9급

① 500 ② $500\sqrt{2}$ ③ 1,000 ④ $1{,}000\sqrt{2}$

03 단상 교류회로에서 80[kW]의 유효전력이 역률 80[%](지상)로 부하에 공급되고 있을 때, 옳은 것은? 16년 국가직 9급

① 무효전력은 50[kVar]이다.
② 역률은 무효율보다 크다.
③ 피상전력은 $100\sqrt{2}$ [kVA]이다.
④ 코일을 부하에 직렬로 추가하면 역률을 개선시킬 수 있다.

04 부하임피던스 $\dot{Z} = j\omega L[\Omega]$에 전압 V[V]가 인가되고 전류 $2I$[A]가 흐를 때의 무효전력[Var]을 ω, L, i로 표현한 것은?

① $2\omega LI^2$ ② $4\omega LI^2$ ③ $4\omega LI$ ④ $2\omega LI$

05 다음과 같이 왜형파 전압 $v(t) = 100\sin(\omega t) + 30\sin(3\omega t - 60° + 20\sin(5\omega t - 150°)$를 저항 R에 인가할 때, 이 저항에서 소모되는 전력[W]은? 09년 지방직 9급

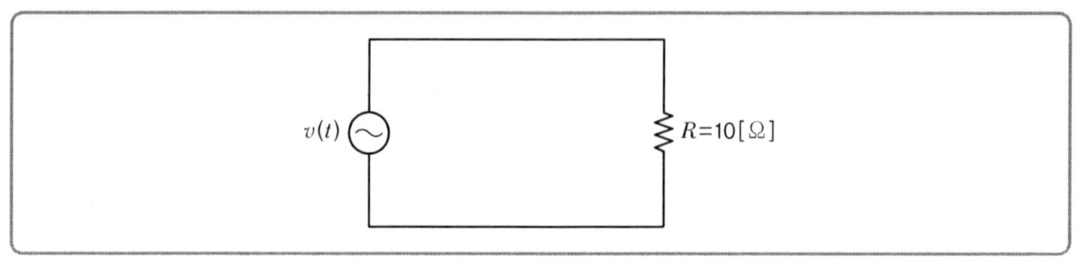

① 2,250 ② 1,130 ③ 1,000 ④ 565

정답 01 ④ 02 ① 03 ② 04 ② 05 ④

06 다음 식으로 표현되는 비정현파 전압의 실횻값[V]은?

$$v = 2 + 5\sqrt{2}\sin\omega t + 4\sqrt{2}\sin(3\omega t) + 2\sqrt{2}\sin(5\omega t)[\mathrm{V}]$$

① $13\sqrt{2}$ ② 11
③ 7 ④ 2

07 비정현파 전류 $i(t) = 10\sin\omega t + 5\sin(3\omega t + 30°) + \sqrt{3}\sin(5\omega t + 60°)$일 때, 전류 $i(t)$의 실횻값[A]은? 18년 서울시 9급(후)

① 6 ② 8
③ 10 ④ 12

08 교류 전압이 $v = 20\sin\omega t + 10\sin 2\omega t + 30\sin(3\omega t + 60°)$[V]이고, 교류 전류가 $i = 20\sin(\omega t - 60°) + 10\sin(3\omega t)$[A]일 때, 소모되는 전력[W]은 얼마인가? 14년 국회직 9급

① 175 ② 300
③ 350 ④ 600
⑤ 700

09 그림과 같은 회로에 $R = 3[\Omega]$, $\omega L = 1[\Omega]$을 직렬 연결한 후 $v(t) = 100\sqrt{2}\sin\omega t + 30\sqrt{2}\sin 3\omega t$[V]의 전압을 인가했을 때 흐르는 전류 $i(t)$의 실횻값[A]은?

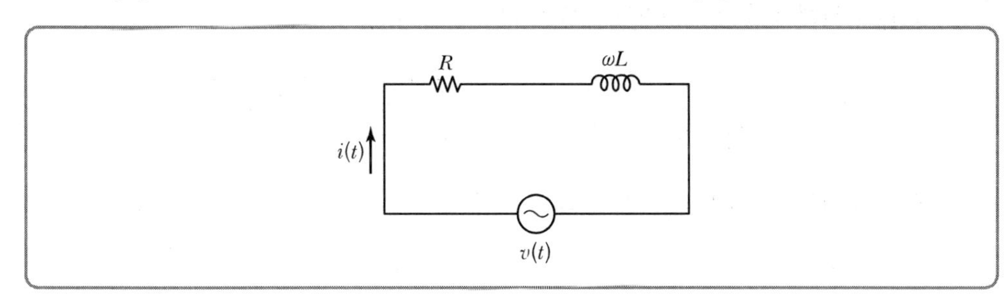

① $4\sqrt{3}$ ② $5\sqrt{5}$
③ $5\sqrt{42}$ ④ $6\sqrt{17}$

정답 06 ③ 07 ② 08 ① 09 ③

10 다음 비정현파 전압 전원 $v(t)$가 저항 2[Ω] 양단에 연결되었을 때, 저항에 전달되는 전력[W]은? 19년 지방직 9급

$$v(t) = 2 + 4\sin\omega t + 2\sin 2\omega t[\mathrm{V}]$$

① 2
② 4
③ 5
④ 7

11 비정현파 전압 $v = 3 + 4\sqrt{2}\sin\omega t[\mathrm{V}]$에 대한 설명으로 옳은 것은? 20년 지방직 9급

① 실횻값은 5[V]이다.
② 직류성분은 7[V]이다.
③ 기본파 성분의 최댓값은 4[V]이다.
④ 기본파 성분의 실횻값은 0[V]이다.

12 비사인파 교류 전압 $v(t) = 10 + 5\sqrt{2}\sin\omega t + 10\sqrt{2}\sin(3\omega t + \frac{\pi}{6})[\mathrm{V}]$일 때, 전압의 실횻값[V]은? 19년 지방직 9급

① 5
② 10
③ 15
④ 20

13 어떤 부하에서 측정된 전압과 전류가 다음과 같다.

$$v(t) = 10 + 20\sin(10t + 15°) + 30\sin(20t + 45°)[\mathrm{V}]$$
$$i(t) = 2 + 3\sin(10t - 45°) + 4\sin(20t - 45°)[\mathrm{A}]$$

이 부하에서 소비되는 평균전력[W]를 구하면? 19년 국회직 9급

① 20
② 25
③ 30
④ 35
⑤ 40

정답 **10** ④ **11** ① **12** ③ **13** ④

14 부하에 인가되는 비정현파 전압 및 전류가 다음과 같을 때, 부하에서 소비되는 평균전력 [W]은? 18년 국가직 9급

$$v(t) = 100 + 80\sin\omega t + 60\sin(3\omega t - 30°) + 40\sin(7\omega t + 60°)[V]$$
$$i(t) = 40 + 30\cos(\omega t - 30°) + 20\cos(5\omega t + 60°) + 10\cos(7\omega t - 30°)[A]$$

① 4,700 ② 4,800
③ 4,900 ④ 5,000

15 기본파의 실횻값이 100[V]라 할 때 기본파의 3[%]인 제3고조파와 4[%]인 제5고조파를 포함하는 전압파의 왜형률[%]은?

① 1 ② 3
③ 5 ④ 7

16 교류전압 $v = 400\sqrt{2}\sin\omega t + 30\sqrt{2}\sin3\omega t + 40\sqrt{2}\sin5\omega t$ [V]의 왜형률[%]은?(단, ω는 기본 각주파수이다.) 18년 지방직 9급

① 8 ② 12.5
③ 25.5 ④ 50

17 $e = 100\sqrt{2}\sin\omega t + 50\sqrt{2}\sin3\omega t + 25\sqrt{2}\sin5\omega t$[V]인 전압을 $R = 8$[Ω], $\omega L = 2$[Ω]의 직렬회로에 인가할 때 제3고조파 전류의 실횻값[A]은?

① 2.5 ② 5
③ $5\sqrt{2}$ ④ 10

18 어떤 인덕터에 전류 $i(t) = 3 + 10\sqrt{2}\sin50t + 4\sqrt{2}\sin100t$[A]가 흐르고 있을 때, 인덕터에 축적되는 자기 에너지가 125[J]이다. 이 인덕터의 인덕턴스[H]는? 16년 국가직 9급

① 1 ② 2
③ 3 ④ 4

정답 14 ② 15 ③ 16 ② 17 ② 18 ②

19 $v(t) = 100\sqrt{2}\sin\omega t + 75\sqrt{2}\sin 3\omega t + 20\sqrt{2}\sin 5\omega t$[V]인 전압을 $R-L$ 직렬회로에 인가할 때 제 3고조파 전류의 실횻값[A]은?(단, $R = 4.0$[Ω], $\omega L = 1.0$[Ω]이다.)

11년 지방직 9급

① 15　　② 17
③ 20　　④ $\frac{75}{\sqrt{17}}$

20 어떤 회로에 $v(t) = 40\sin(\omega t + \theta)$[V]의 전압을 인가하면 $i(t) = 20\sin(\omega t + \theta - 30°)$[A]의 전류가 흐른다. 이 회로에서 무효전력[Var]은?　15년 국가직 9급

① 200　　② $200\sqrt{3}$
③ 400　　④ $400\sqrt{3}$

21 현재 부하에 유효전력 1[MW], 무효전력 $\sqrt{3}$ [MVar], 역률 cos60°로 전력을 공급하고 있다. 이때, 커패시터를 투입하여 역률을 cos45°로 개선했을 경우의 유효전력 값[MW]으로 옳은 것은?

① $\sqrt{2}$　　② $\sqrt{3}$
③ 2　　④ $2\sqrt{3}$

22 저항과 코일이 직렬로 연결된 회로에 100[V]의 직류전압을 인가하면 250[W]가 소비되고, 100[V]의 교류전압을 인가하면 160[W]가 소비된다. 이 회로의 저항[Ω]과 임피던스 [Ω]는?

10년 국가직 9급

① 40, 50　　② 40, 62.5
③ 50, 50　　④ 50, 62.5

23 R－L 직렬회로에서 10[V]의 직류 전압을 가했더니 250[mA]의 전류가 측정되었고, 주파수 $\omega = 1{,}000$[rad/sec], 10[V]의 교류 전압을 가했더니 200[mA]의 전류가 측정되었다. 이 코일의 인덕턴스[mH]는?(단, 전류는 정상상태에서 측정한다.)　18년 국가직 9급

① 18　　② 20
③ 25　　④ 30

정답 19 ① 20 ① 21 ① 22 ① 23 ④

24 다음 회로에서 $V_{Th} = 12\angle 0°$이고 $Z_{Th} = 600 + j150[\Omega]$이다. 부하 임피던스$Z_L$에 전달 가능한 최대전력[W]은? 09년 지방직 9급

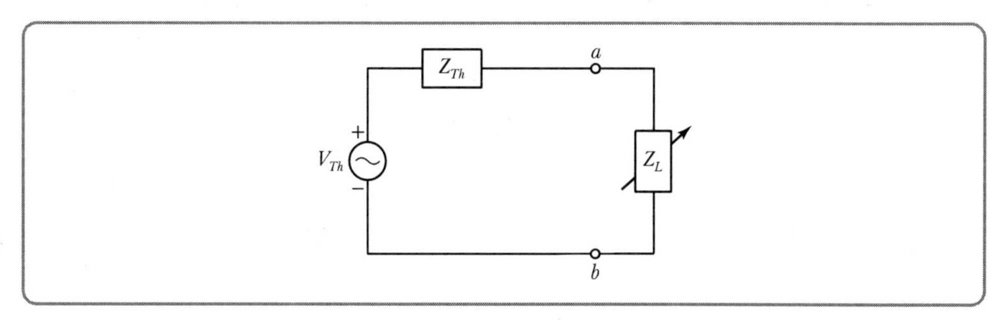

① 0.06 ② 0.08
③ 1.00 ④ 1.02

25 다음 회로에서 $\dot{V}_{Th} = 12\angle 0°[V]$이고 $\dot{Z}_{Th} = 600 + j150[\Omega]$일 때, 최대전력을 전달하기 위한 부하임피던스 $\dot{Z}_L[\Omega]$과 부하임피던스에 소비되는 전력 $P_L[W]$은?

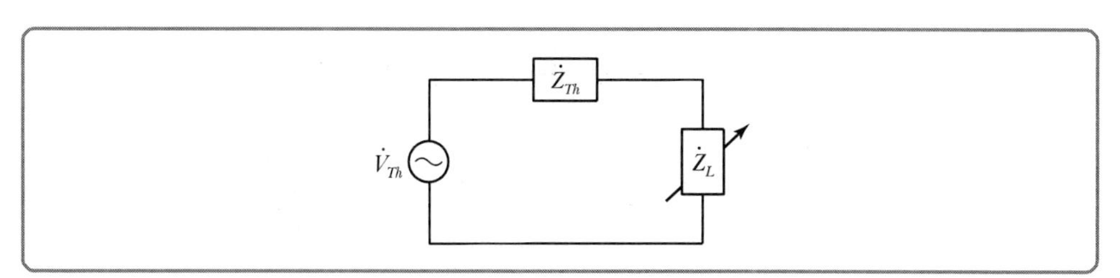

	$\dot{Z}_L$	P_L		$\dot{Z}_L$	P_L
①	$600-j150$	0.06	②	$600+j150$	0.6
③	$600-j150$	0.6	④	$600+j150$	0.06

정답 24 ① 25 ①

26 주파수 f[Hz], 단상 교류전압 V[V]의 전원에 저항 R[Ω], 인덕턴스 L[H]의 코일을 접속한 회로가 있다. L을 가감하여 R에서 소모되는 전력을 L이 0일 때의 $\frac{1}{2}$로 하려면 L[H]의 크기는? 07년 국가직 9급

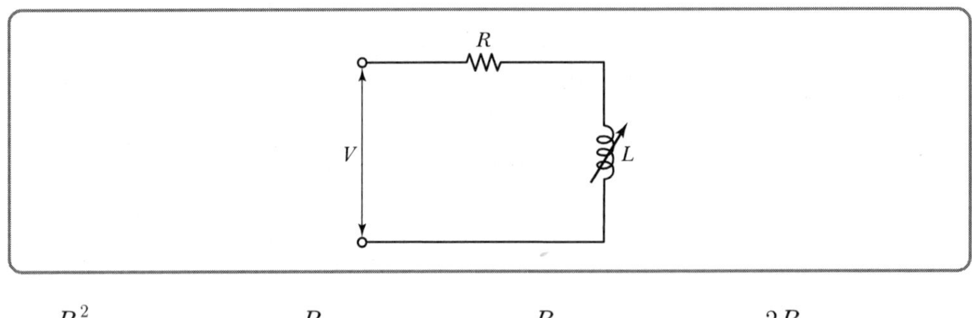

① $\frac{R^2}{2\pi f}$ ② $\frac{R}{2\pi f}$ ③ $\frac{R}{\pi f}$ ④ $\frac{2R}{\pi f}$

27 다음 그림의 회로에서 최대전력이 공급되는 부하 임피던스 Z_L[Ω]은? 11년 국가직 9급

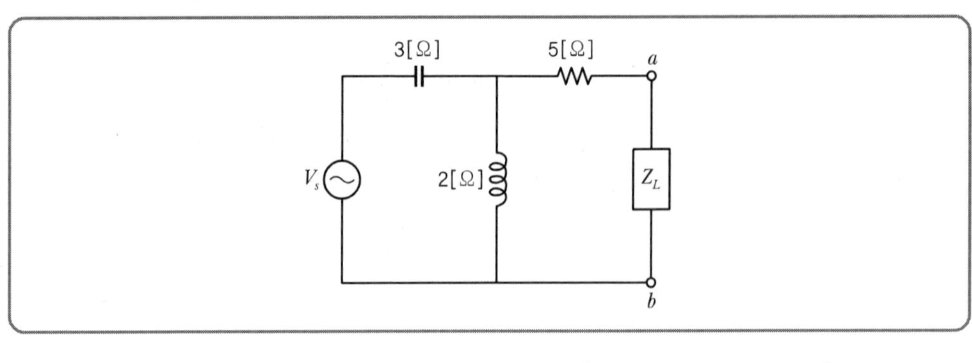

① $5+j6$ ② $5-j6$ ③ $5+j\frac{6}{5}$ ④ $5-j\frac{6}{5}$

28 다음 회로에서 부하임피던스 Z_L에 최대전력이 전달되기 위한 Z_L[Ω]은? 18년 국가직 9급

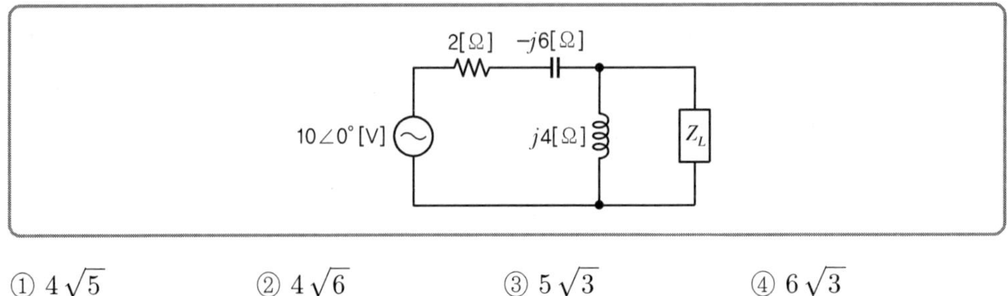

① $4\sqrt{5}$ ② $4\sqrt{6}$ ③ $5\sqrt{3}$ ④ $6\sqrt{3}$

정답 26 ② 27 ② 28 ①

29 다음 회로에서 부하 Z_L에 최대 전력을 전달하게 되는 부하 임피던스[Ω]는? 10년 지방직 9급

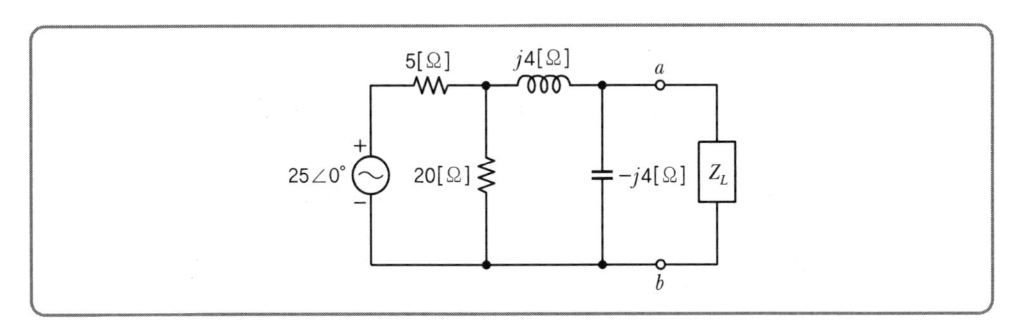

① $2+j2$　　② $2-j2$
③ $4+j4$　　④ $4-j4$

30 $v(t)=\sqrt{2}\,V_1\sin(\omega t+\alpha)+\sqrt{2}\,V_3\sin(3\omega t+\beta)$[V]인 순시 전압을 정전용량이 C[F]인 커패시터에 인가하였다. 이때 커패시터에 흐르는 전류의 실횻값은[A]은?

① $\omega C\sqrt{V_1^2+V_3^2}$　　② $\omega C(V_1+3V_3)$
③ $\omega C\sqrt{V_1^2+9V_3^2}$　　④ $\omega C(V_1+V_3)$

31 어떤 회로에 전압 100[V]를 인가하였다. 이때 유효전력이 300[W]이고 무효전력이 400[Var]라면 회로에 흐르는 전류[A]는? 14년 국가직 9급

① 2　　② 3
③ 4　　④ 5

32 어떤 부하에 $100+j50$[V]의 전압을 인가하였더니 $6+j8$[A]의 부하전류가 흘렀다. 이때 유효전력[W]과 무효전력[Var]은?

	유효전력[W]	무효전력[Var]		유효전력[W]	무효전력[Var]
①	200	1,100	②	200	−1,100
③	1,000	500	④	1,000	−500

정답 29 ③ 30 ③ 31 ④ 32 ④

33 변전소 내의 보조전동기에 다음과 같은 전압 $v(t)$와 전류 $i(t)$가 인가되었을 때 소비되고 있는 유효전력[W]과 역률은? 11년 지방직 9급

$$v(t)=220\sqrt{2}\cos\left(337t-\frac{\pi}{6}\right),\ i(t)=5\sqrt{2}\cos\left(337t+\frac{\pi}{6}\right)$$

	유효전력	역률		유효전력	역률
①	1,100	$\frac{1}{2}$	②	550	$\frac{1}{2}$
③	550	$\frac{\sqrt{3}}{2}$	④	1,100	$\frac{\sqrt{3}}{2}$

34 RL 직렬회로에 전류 $i=3\sqrt{2}\sin(5{,}000t+45°)$[A]가 흐를 때, 180[W]의 전력이 소비되고 역률은 0.8이었다. R[Ω]과 L[mH]은? 18년 지방직 9급

	R	L
①	$\frac{20}{\sqrt{2}}$	$\frac{3}{\sqrt{2}}$
②	$\frac{20}{\sqrt{2}}$	3
③	20	$\frac{3}{\sqrt{2}}$
④	20	3

35 부하 양단 전압이 $v(t)=60\cos(\omega t-10°)$[V]이고 부하에 흐르는 전류가 $i(t)=1.5\cos(\omega t+50°)$[A]일 때 복소전력 S[VA]와 부하 임피던스 Z[Ω]는?

	S[VA]	Z[Ω]		S[VA]	Z[Ω]
①	$45\angle 40°$	$40\angle 60°$	②	$45\angle 40°$	$40\angle -60°$
③	$45\angle -60°$	$40\angle 60°$	④	$45\angle -60°$	$40\angle -60°$

정답 33 ② 34 ④ 35 ④

36 다음 회로의 역률과 유효전력은? 13년 국가직 9급

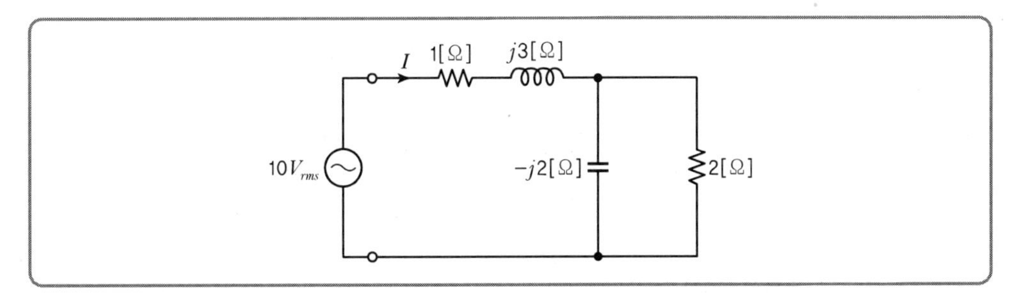

	역률	유효전력		역률	유효전력
①	0.5	25	②	0.5	50
③	$\frac{\sqrt{2}}{2}$	25	④	$\frac{\sqrt{2}}{2}$	50

37 공장의 어떤 부하가 단상 220[V]/60[Hz] 전력선으로부터 0.5의 지상 역률로 22[kW]를 소비하고 있다. 이때 공장으로 유입되는 전류의 실횻값[A]은? 18년 서울시 9급(후)

① 50
② 100
③ 150
④ 200

38 역률각이 30°이고, 무효전력이 1[kVar]일 때, 피상전력[kVA]을 구하면? 19년 국회직 9급

① $2\sqrt{3}$
② $\frac{2}{\sqrt{3}}$
③ $\frac{1}{\sqrt{3}}$
④ $\sqrt{3}$
⑤ 2

39 교류회로의 유효전력이 40[W], 무효전력이 30[Var]일 때 역률[%]은? 18년 국회직 9급

① 50
② 60
③ 70
④ 80
⑤ 90

정답 36 ③ 37 ④ 38 ⑤ 39 ④

40 그림의 회로에 대한 설명으로 옳은 것은? 19년 지방직 9급

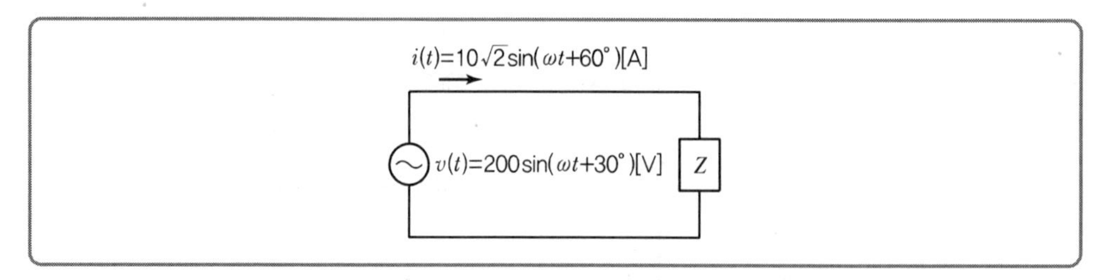

① 전압의 실횻값은 200[V]이다.
② 순시전력은 항상 전원에서 부하로 공급된다.
③ 무효전력의 크기는 $500\sqrt{2}$ [Var]이다.
④ 전압의 위상이 전류의 위상보다 앞선다.

41 실횻값 100[V], 각속도 $\omega=10$[rad/s]인 교류 전원을 부하에 연결하였다. 이때, 측정된 피상전력은 100[VA]이고, 역률각은 45°(지상)이다. 이 부하의 구성과 소자의 값으로 옳은 것은? 19년 국회직 9급

	$R[\Omega]$	L[H]	C[F]
①	100	$\frac{10}{\sqrt{2}}$	–
②	100	–	$\frac{\sqrt{2}}{1,000}$
③	100	–	$\frac{1}{1,000}$
④	$\frac{100}{\sqrt{2}}$	$\frac{10}{\sqrt{2}}$	–
⑤	$\frac{100}{\sqrt{2}}$	–	$\frac{\sqrt{2}}{1,000}$

42 어떤 회로에 $E=100\angle\frac{\pi}{3}$[V]를 가했을 때 $I=10\sqrt{3}+j10$[A]의 전류가 흘렀을 경우 이 회로의 무효전력[Var]은? 14년 서울시 9급

① 500 ② 1,000 ③ 1,732 ④ 2,000
⑤ 3,000

정답 40 ③ 41 ④ 42 ②

43 부하에 인가된 전압이 $v(t)=100\cos(\omega t+30°)$이고, 전류 $i(t)=10\cos(\omega t-30°)$가 흐를 때, 복소 전력[VA]은? 12년 국가직 9급

① $250+250\sqrt{3}$ ② $250\sqrt{3}+j250$
③ $500+j500\sqrt{3}$ ④ $500\sqrt{3}+j500$

44 다음 회로에서 $\overrightarrow{V}=100\angle 0°[V_{rms}]$, $\overrightarrow{Z_1}=4+j3[\Omega]$, $\overrightarrow{Z_2}=3-j4[\Omega]$이라 하였을 때, Z_1, Z_2에서 각각 소비되는 전력[kW]은?(단, $\overrightarrow{V}$, $\overrightarrow{Z_1}$, $\overrightarrow{Z_2}$는 페이저이다.) 12년 국가직 9급

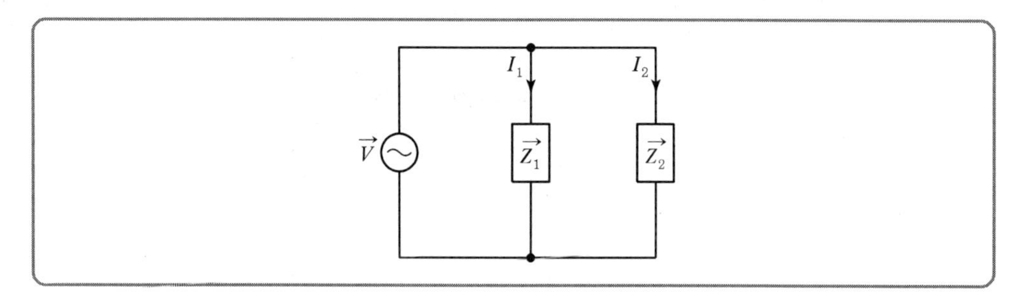

	Z_1	Z_2		Z_1	Z_2
①	1.2	0.9	②	1.2	2.0
③	1.6	1.2	④	2.0	1.6

45 다음 회로에서 (a) B 부하에 공급되는 평균전력[W], (b) 전원이 공급하는 피상전력[VA], (c)합성(A 부하+B 부하) 부하역률은? 18년 지방직 9급

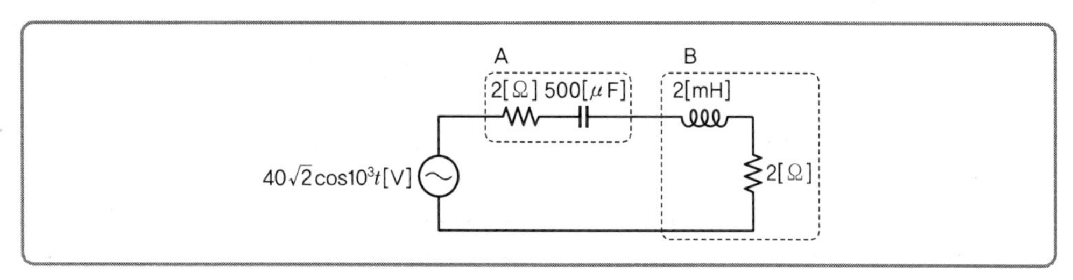

	(a)	(b)	(c)
①	200	200	0.5
②	400	200	0.5
③	200	400	1.0
④	400	400	1.0

정답 43 ① 44 ③ 45 ③

46 어떤 회로에 $E = 100 + j50$[V]인 전압을 가했더니 $I = 3 + j4$[A]인 전류가 흘렀다면 이 회로의 소비 전력은 몇 [W]인가? 12년 국회직 9급

① 250
② 300
③ 500
④ 700
⑤ 900

47 다음 회로에서 부하의 리액턴스가 $-j5$[Ω]으로 고정될 때, 부하 저항 R_L에 최대전력이 전달되기 위한 값[Ω]은 얼마인가? 14년 국회직 9급

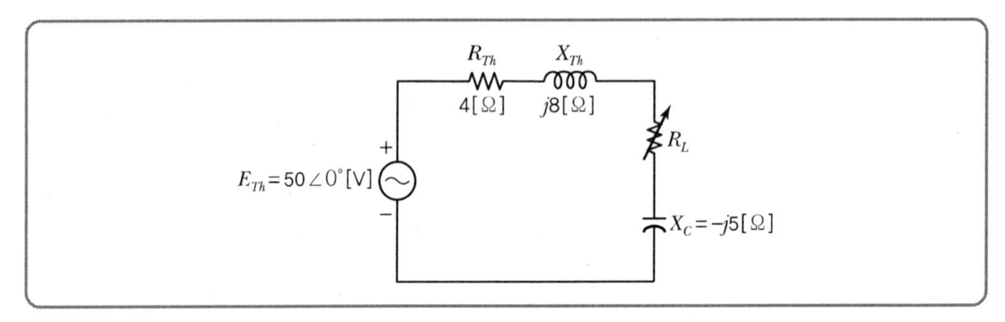

① 4
② 5
③ 6.3
④ 7.4
⑤ 12

48 다음과 같이 a, b 사이에 연결된 부하의 역률(Power Factor)의 크기 및 위상 상태를 나타낸 것으로 옳은 것은? 09년 지방직 9급

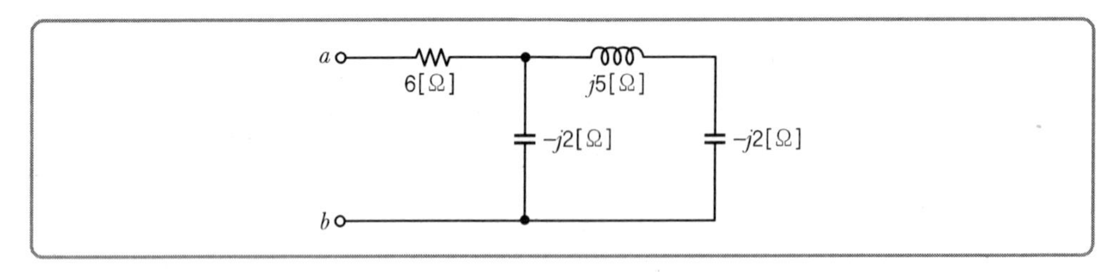

① 0.707, 지상
② 0.866, 진상
③ 0.707, 진상
④ 0.866, 지상

정답 46 ③ 47 ② 48 ③

49 아래 4단자 회로망에서 부하 Z_L을 개방할 때, 입력 어드미턴스는?(단, s는 복소주파수이다.)

09년 국가직 9급

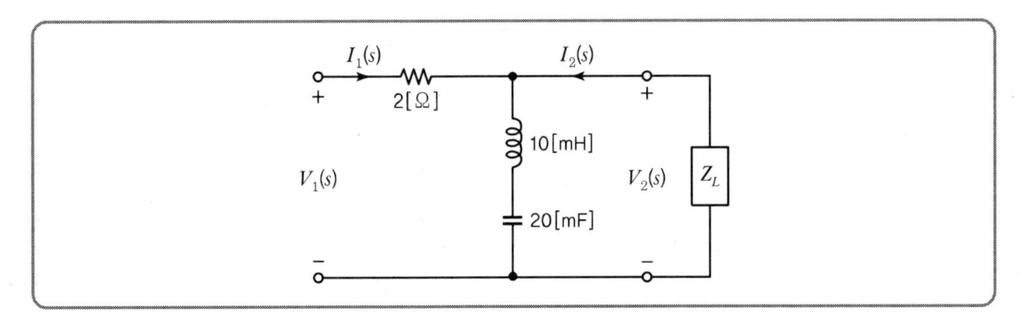

① $\frac{100s}{s^2+200s+5,000}$　② $\frac{100s}{s^2+200s-5,000}$

③ $\frac{s}{s^2+200s+5,000}$　④ $\frac{s}{s^2+200s-5,000}$

50 다음 회로는 저항과 축전기로 구성되어 있다. 입력 전압을 인가하고 충분한 시간이 지난 후 $R=100$[Ω]에 흐르는 전류 I[A]는?

12년 국가직 9급

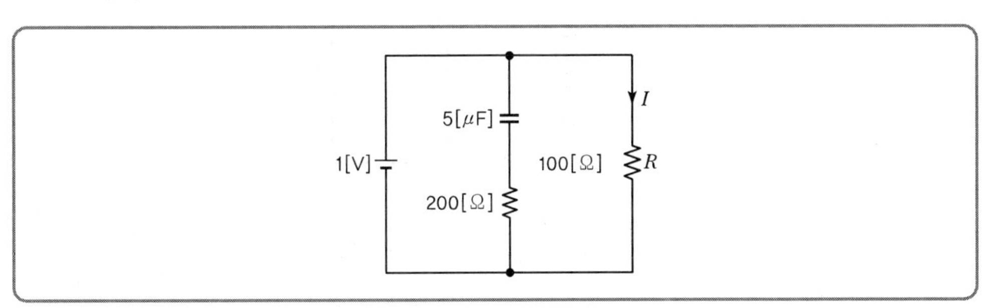

① 0.0001　② 0.001

③ 0.01　④ 0.1

51 다음 회로에서 최대 평균전력을 전달하기 위한 부하 임피던스 Z_L[Ω]은? 13년 국가직 9급

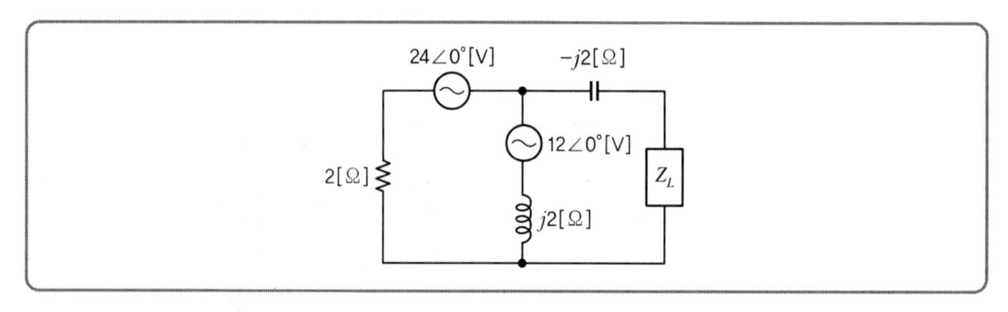

① $0.6-j2.6$　　② $0.6+j2.6$
③ $1-j$　　④ $1+j$

52 다음의 회로에서 전류 I[A]는?(단, $\overrightarrow{V_1}=100+j200$[V], $\overrightarrow{V_2}=200+j100$[V]이고, $\overrightarrow{V_1}$ 및 $\overrightarrow{V_2}$는 페이저(Phasor)이다.) 10년 국가직 9급

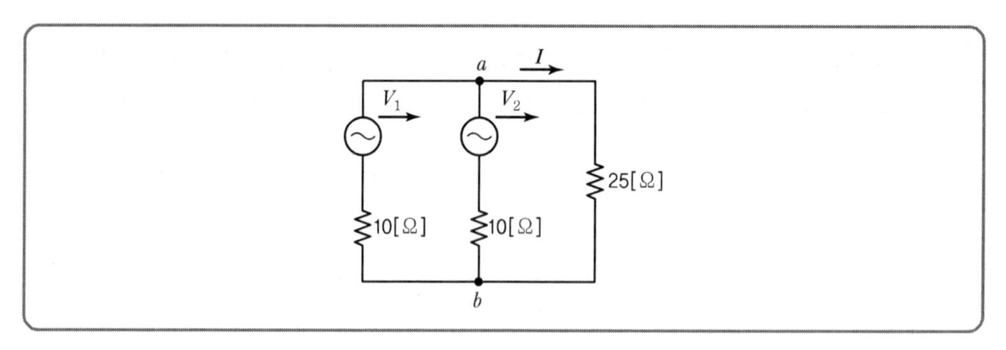

① $3\sqrt{2}$　　② $5\sqrt{2}$
③ $15\sqrt{2}$　　④ $30\sqrt{2}$

53 다음 회로에서 직류전압 $V_s=10$[V]일 때, 정상상태에서의 전압 V_c[V]와 전류 I_R[mA]은?

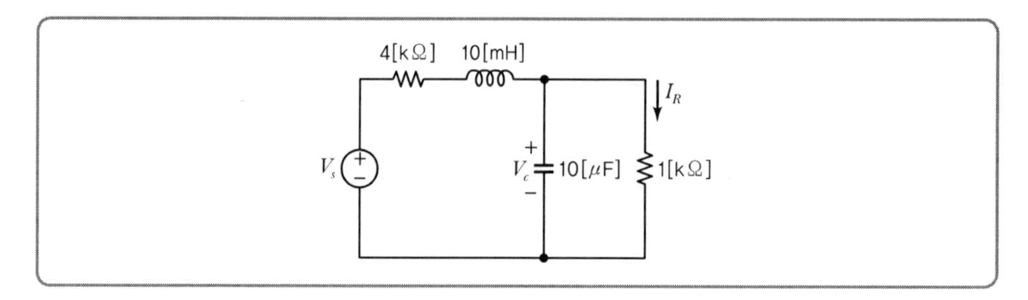

정답 51 ④ 52 ② 53 ④

	V_c	I_R		V_c	I_R
①	8	20	②	2	20
③	8	2	④	2	2

54 저항 R, 인덕터 L, 커패시터 C 등의 회로 소자들을 직렬회로로 연결했을 경우에 나타나는 특성에 대한 설명으로 옳은 것만을 모두 고르면? 14년 국가직 9급

ㄱ. 인덕터 L만으로 연결된 회로에서 유도 리액턴스 $X_L = \omega L[\Omega]$이고, 전류는 전압보다 위상이 90° 앞선다.

ㄴ. 저항 R과 인덕터 L이 직렬로 연결되었을 때의 합성 임피던스의 크기는 $|Z| = \sqrt{R^2+(\omega L)^2}\,[\Omega]$이다.

ㄷ. 저항 R과 커패시터 C가 직렬로 연결되었을 때의 합성 임피던스의 크기는 $|Z| = \sqrt{R^2+(\omega C)^2}\,[\Omega]$이다.

ㄹ. 저항 R, 인덕터 L, 커패시터 C가 직렬로 연결되었을 때의 일반적인 양호도(Quality Factor) $Q=\frac{1}{R}\sqrt{\frac{L}{C}}$로 정의한다.

① ㄱ, ㄴ　　② ㄴ, ㄹ

③ ㄱ, ㄷ, ㄹ　　④ ㄴ, ㄷ, ㄹ

55 다음 직류회로에서 2[Ω]의 저항에 걸리는 전압 V_2는 얼마인가? 12년 국회직 9급

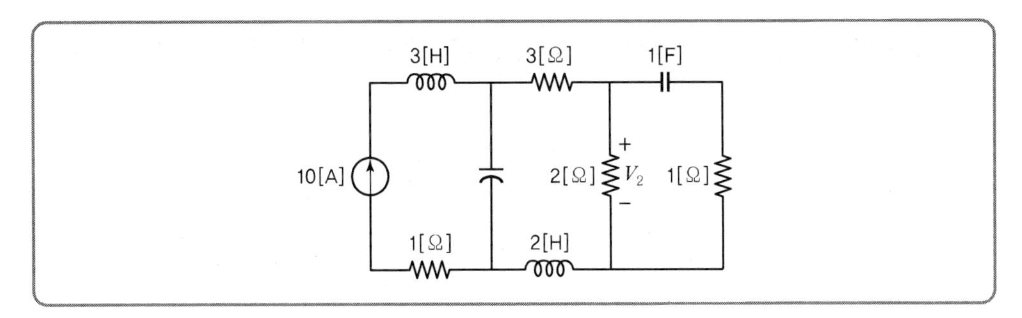

① 4[V]　　② 10[V]

③ 20[V]　　④ 25[V]

⑤ 32[V]

정답 54 ② 55 ③

56 다음 그림과 같은 회로에서 전류 I[A]의 정상상태 값으로 옳은 것은? 15년 서울시 9급

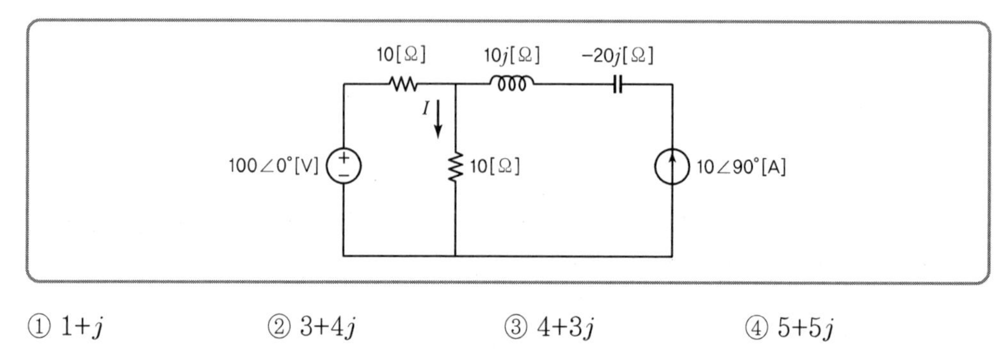

① 1+j ② 3+4j ③ 4+3j ④ 5+5j

57 그림과 같이 $R=8$[Ω], $X_L=20$[Ω], $X_C=14$[Ω]이 직렬로 연결되어 있다. 실효치 120[V], 주파수 60[Hz]의 전압을 인가할 때, 전류의 실효치와 역률을 구하라. 12년 국회직 9급

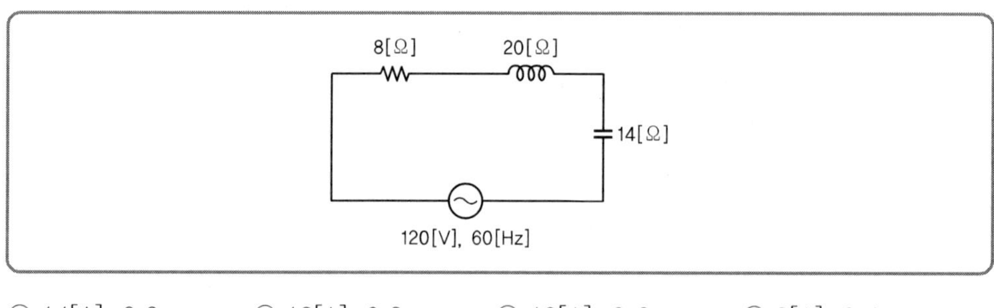

① 14[A], 0.9 ② 12[A], 0.8 ③ 10[A], 0.6 ④ 8[A], 0.4
⑤ 6[A], 0.3

58 그림과 같은 회로에서 인덕턴스 10[H]에 축적되는 에너지는 몇 [J]인가? 12년 국회직 9급

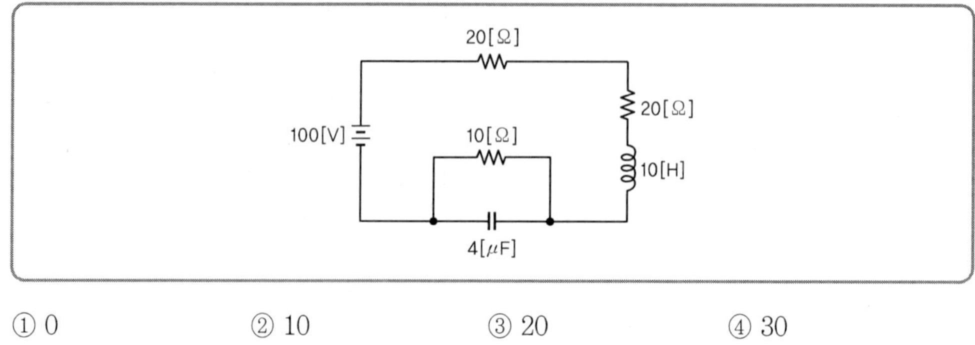

① 0 ② 10 ③ 20 ④ 30
⑤ 40

정답 56 ④ 57 ② 58 ③

59 다음 회로에 실횻값 200[V]의 교류전압 전원을 연결했을 때, 단자 a, b 사이의 전압 V_{ab}의 실횻값[V]은? 19년 지방직 9급

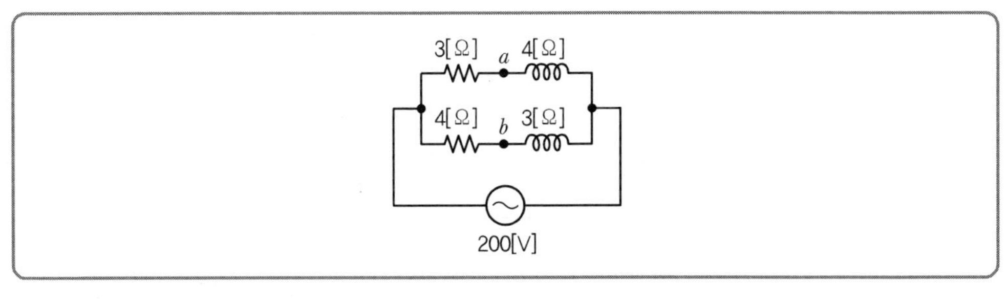

① 56　　② 72
③ 96　　④ 128

60 그림의 회로에서 $t=0$[sec]일 때, 스위치 S_1과 S_2를 동시에 닫을 때, $t>0$에서 커패시터 양단 전압 $v_c(t)$[V]은? 20년 국가직 9급

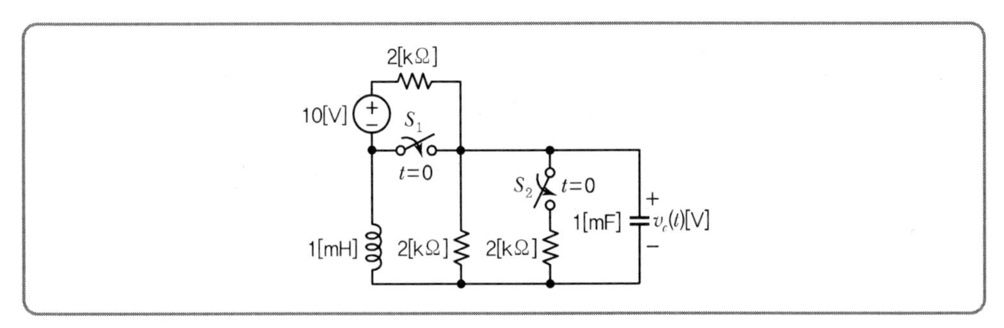

① 무손실 진동　　② 과도감쇠
③ 임계감쇠　　④ 과소감쇠

정답 59 ① 60 ④

61 다음 회로에서 전압 $v(t)$[V]를 구하면? 19년 국회직 9급

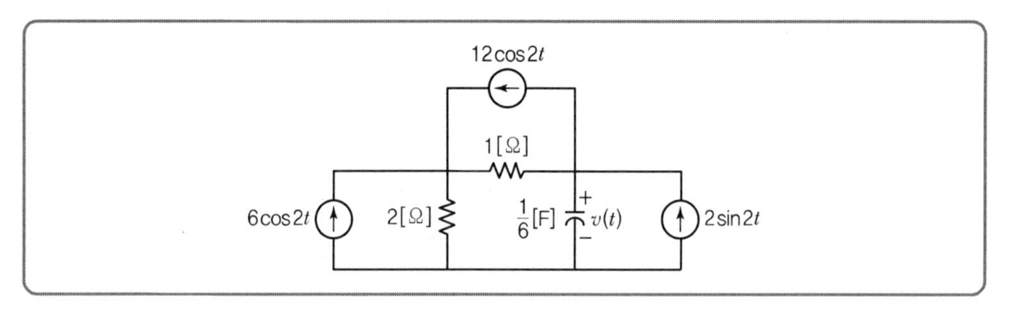

① $3\sqrt{2}\cos(2t+135°)$
② $3\sqrt{2}\cos(2t-45°)$
③ $3\sqrt{2}\cos(2t-135°)$
④ $\sqrt{2}\cos(2t+45°)$
⑤ $\sqrt{2}\cos(2t-135°)$

62 그림의 회로에서 $v_s(t)=100\sin\omega t$[V]를 인가한 후, L[H]을 조절하여 $i_s(t)$[A]의 실횻값이 최소가 되기 위한 L[H]은? 19년 지방직 9급

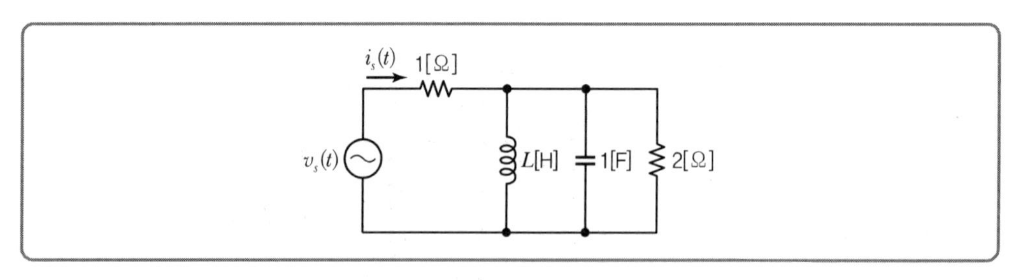

① $\frac{1}{\omega^2}$
② $\frac{1}{\omega}$
③ $\frac{1}{\omega\sqrt{2}}$
④ $\frac{\sqrt{2}}{\omega}$

63 다음 회로에서 $R_1=3[\Omega]$, $R_2=1[\Omega]$, $X_{C_1}=a[\Omega]$, $X_{C_2}=4[\Omega]$, $X_{L_1}=3[\Omega]$이다. 최대 전류가 흐르기 위한 a는? 19년 지방직 9급

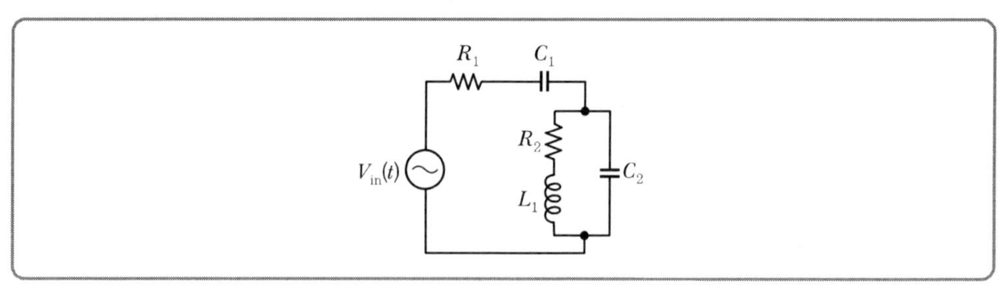

① 1
② 2
③ 3
④ 4

정답 61 ③ 62 ① 63 ④

64 다음 회로에서 전원 V_s[V]가 $R-L-C$로 구성된 부하에 인가되었을 때, 전체 부하의 합성 임피던스 Z[Ω] 및 전압 V_s와 전류 I의 위상차 θ[°]는? 19년 국가직 9급

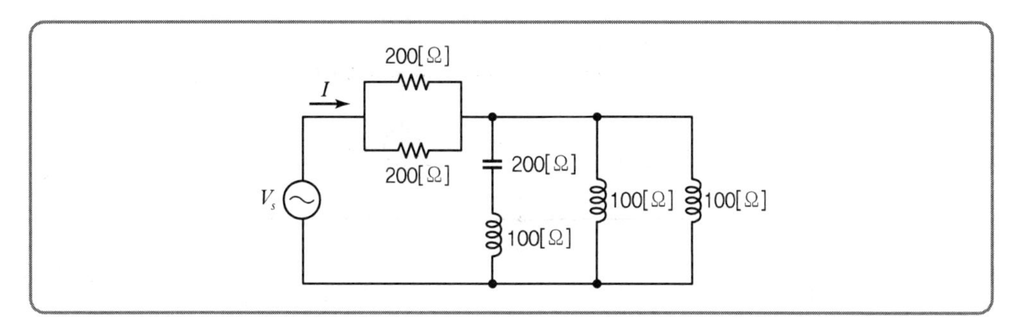

	Z[Ω]	θ[°]		Z[Ω]	θ[°]
①	100	45	②	100	60
③	$100\sqrt{2}$	45	④	$100\sqrt{2}$	60

65 다음 직·병렬 회로에서 전류 I[A]의 위상이 전압 V_s[V]의 위상과 같을 때, 저항 R[Ω]은? 19년 국가직 9급

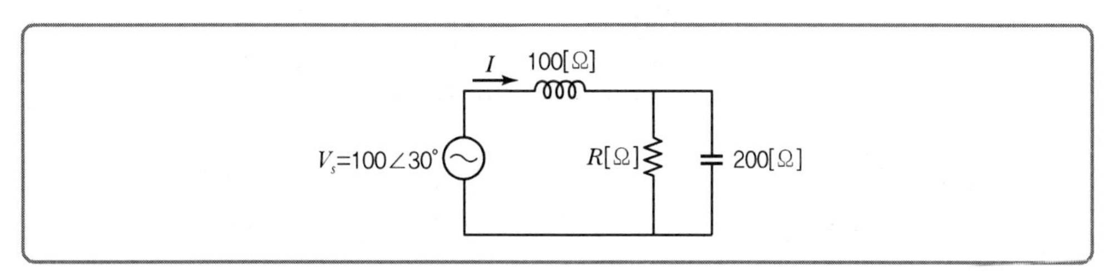

① 100 ② 200

③ 300 ④ 400

정답 64 ③ 65 ②

66 그림의 회로에서 $C=200$[pF]의 콘덴서가 연결되어 있을 때, 시정수 τ[psec]와 단자 a−b 왼쪽의 테브낭 등가전압 V_{Th}의 값[V]은? 19년 서울시 9급

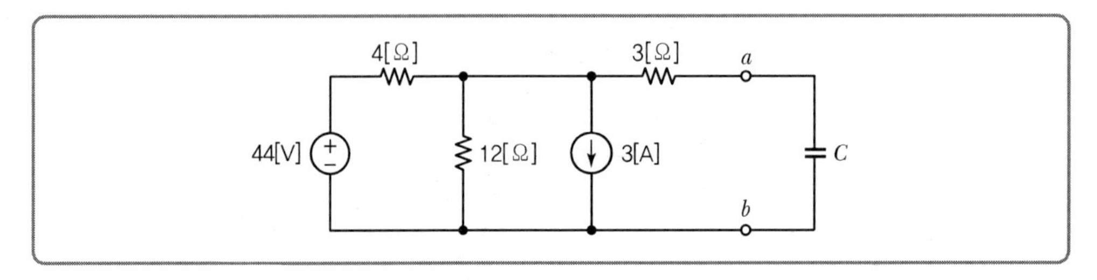

① $\tau=1,200$[psec], $V_{Th}=24$[V]
② $\tau=1,200$[psec], $V_{Th}=12$[V]
③ $\tau=600$[psec], $V_{Th}=12$[V]
④ $\tau=600$[psec], $V_{Th}=24$[V]

67 그림의 회로에서 전원전압의 위상과 전류 I[A]의 위상에 대한 설명으로 옳은 것은? 20년 국가직 9급

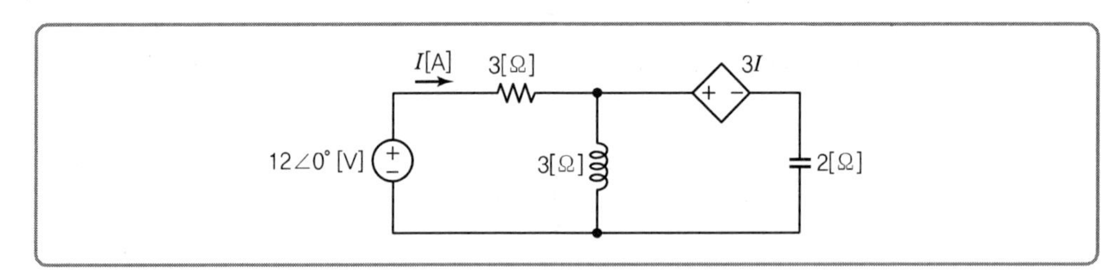

① 동위상이다.
② 전류의 위상이 앞선다.
③ 전류의 위상이 뒤진다.
④ 위상차는 180도이다.

68 그림과 같이 R, C 소자로 구성된 회로에서 전달함수를 $H=\dfrac{V_o}{V_i}$ 라고 할 때, 회로의 특성으로 옳은 것은? 18년 서울시 9급(전)

① 고역 통과 필터(High−pass Filter)
② 저역 통과 필터(Low−pass Filter)
③ 대역 통과 필터(Band−pass Filter)
④ 대역 차단 필터(Band−stop Filter)

정답 66 ① 67 ② 68 ②

69 다음 저역통과 필터(Low Pass Filter) 회로에서 차단 주파수[Hz]는? 14년 서울시 9급

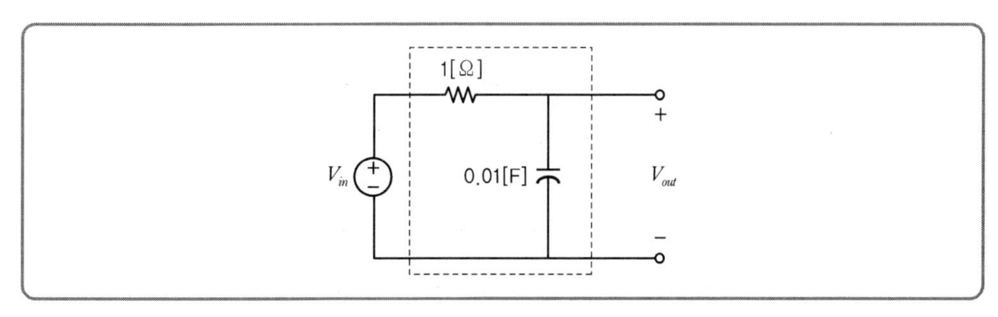

① $\frac{0.01}{2\pi}$ ② $\frac{0.1}{2\pi}$ ③ $\frac{1}{2\pi}$ ④ $\frac{10}{2\pi}$

⑤ $\frac{100}{2\pi}$

70 어떤 직렬 RC 저대역 통과 필터의 차단 주파수가 8[kHz]라고 한다. 이 저대역 통과 필터의 저항 값이 10[Ω]이라면, 이 저대역 통과 필터의 캐패시터 용량[μF]으로 가장 가까운 값은? (단, $\pi = 3.14$임) 15년 서울시 9급

① 2 ② 5 ③ 20 ④ 50

71 다음 $R-C$ 회로에 대한 설명으로 옳은 것은?(단, 입력 전압 v_s의 주파수는 10[Hz]이다.)

16년 국가직 9급

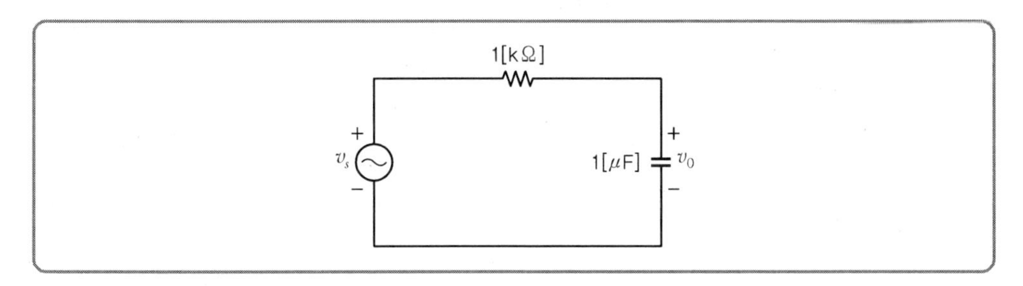

① 차단주파수는 $\frac{1,000}{\pi}$[Hz]이다.

② 이 회로는 고역 통과 필터이다.

③ 커패시터의 리액턴스는 $\frac{50}{\pi}$[kΩ]이다.

④ 출력 전압 v_o에 대한 입력 전압 v_s의 비는 0.6이다.

정답 69 ⑤ 70 ① 71 ③

72 그림과 같은 필터 회로에 대한 설명으로 가장 옳은 것은? 18년 서울시 9급(후)

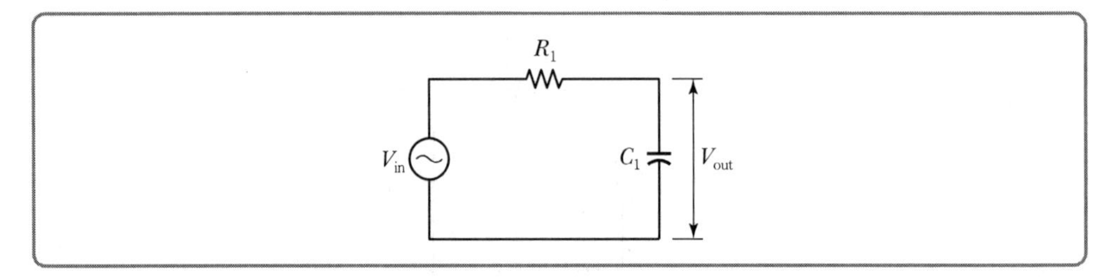

① 입력전압 V_{in}의 주파수가 0일 때 출력전압 V_{out}은 0이다.

② 입력전압 V_{in}의 주파수가 무한대이면 출력전압 V_{out}은 V_{in}과 같다.

③ 필터회로의 차단주파수는 $f_c = \dfrac{1}{2\pi\sqrt{RC}}$ [Hz]이다.

④ 차단주파수에서 출력전압은 입력전압보다 위상이 45° 뒤진다.

73 다음 회로는 뒤진 역률이 0.8인 300[kW]의 부하가 걸려있는 송전선로이다. 수전단 전압 E_r = 5,000[V]일 때, 전류 I[A]와 송전단 전압 E_s[V]는? 18년 국가직 9급

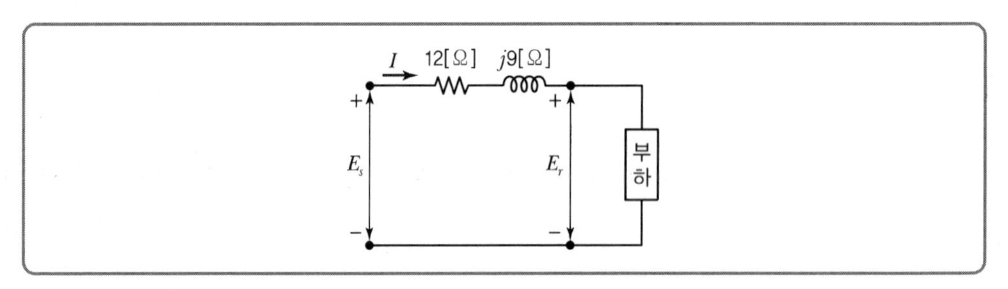

	I[A]	E_s[V]
①	50	6,125
②	50	6,250
③	75	6,125
④	75	6,250

74 어떤 부하의 리액턴스를 계산하기 위하여 전압 V[V]를 인가하고 전력을 측정하니 P[W]이고, 역률은 cosθ였다. 이 회로의 리액턴스[Ω]는 어떻게 표현되는가? 07년 국가직 9급

① $\dfrac{V^2\cos\theta}{P}\sqrt{1-\cos^2\theta}$

② $\dfrac{V^2\sin\theta}{P}\sqrt{1-\cos^2\theta}$

③ $\dfrac{V^2}{P}\sqrt{1-\cos^2\theta}$

④ $\dfrac{V^2}{P}\sqrt{1-\sin^2\theta}$

정답 72 ④ 73 ③ 74 ①

75 비사인파 교류 전압이 〈보기〉와 같을 때, 이 전압의 왜형률의 값[%]은?

21년 서울시(고졸) 9급

$$v(t) = 400\sin(\omega t) + 30\sqrt{2}\sin(3\omega t) + 40\sqrt{2}\sin(5\omega t) + 50\sqrt{2}\sin(7\omega t)\,[\text{V}]$$

① 20　② 25　③ 35　④ 40

76 비사인파 전압 $v(t)$가 인가된 회로에 전류 $i(t)$가 흐르고 있다. $v(t)$와 $i(t)$가 다음과 같을 때, 회로의 평균 전력[W]은?(단, $\omega_2 = 3\omega_1$, $\theta_1 = \frac{\pi}{2}$[rad], $\theta_2 = \frac{\pi}{3}$[rad]이다.)

22년 지방직(경력) 9급

$$v(t) = 14\sqrt{2}\sin(\omega_1 t) + 4\sqrt{2}\sin(\omega_2 t)\,[\text{V}]$$
$$i(t) = 8\sqrt{2}\sin(\omega_1 t - \theta_1) + 2\sqrt{2}\sin(\omega_2 t - \theta_2)\,[\text{A}]$$

① 2　② 3　③ 4　④ 5

77 그림 (a)의 회로에서 50[μF]인 커패시터의 양단 전압 $v(t)$가 그림 (b)와 같을 때, 전류 $i(t)$의 파형으로 옳은 것은?

22년 국가직 9급

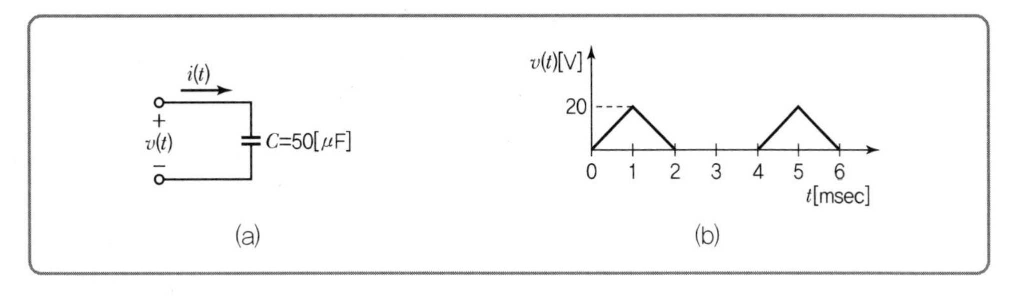

① i(t)[A]: 0.25, 0, −0.25; t[msec] 1 2 3 4 5 6

②
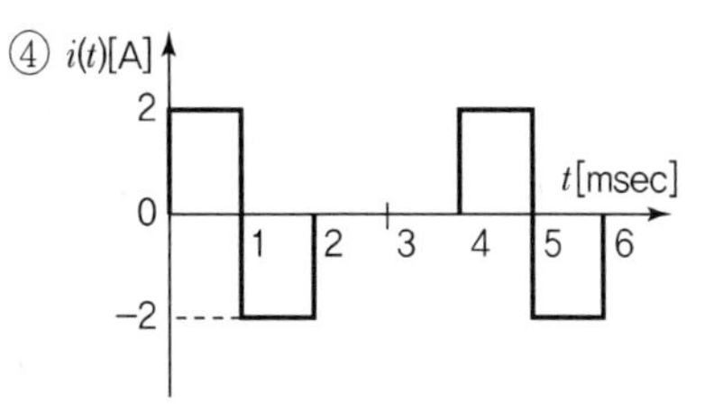

③ i(t)[A]: 1, 0, −1; t[msec] 1 2 3 4 5 6

④ i(t)[A]: 2, 0, −2; t[msec] 1 2 3 4 5 6

정답 75 ② 76 ③ 77 ③

78 그림의 회로에서 병렬로 연결된 부하의 수전단 전압 V_r이 2,000[V]일 때, 부하의 합성역률과 송전단 전압 V_s[V]는? 22년 국가직 9급

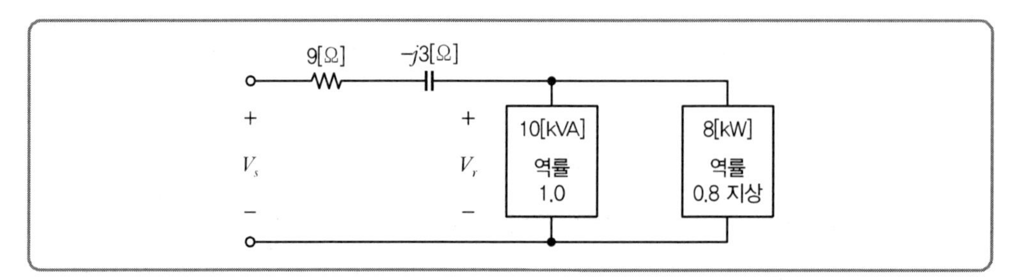

	부하합성역률	V_s [V]		부하합성역률	V_s [V]
①	0.9	2,060	②	0.9	2,090
③	$\frac{3\sqrt{10}}{10}$	2,060	④	$\frac{3\sqrt{10}}{10}$	2,090

79 그림의 회로에서 인덕터에 흐르는 평균 전류[A]는?(단, 교류의 평균값은 전주기에 대한 순시값의 평균이다.) 22년 국가직 9급

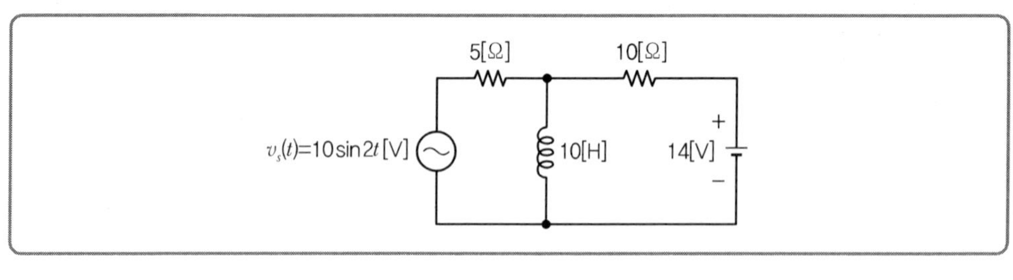

① 0 ② 1.4 ③ $\frac{1}{\pi}+1.4$ ④ $\frac{2}{\pi}+1.4$

80 그림의 회로에서 정현파 전원에 흐르는 전류의 실횻값 I[A]는? 22년 국가직 9급

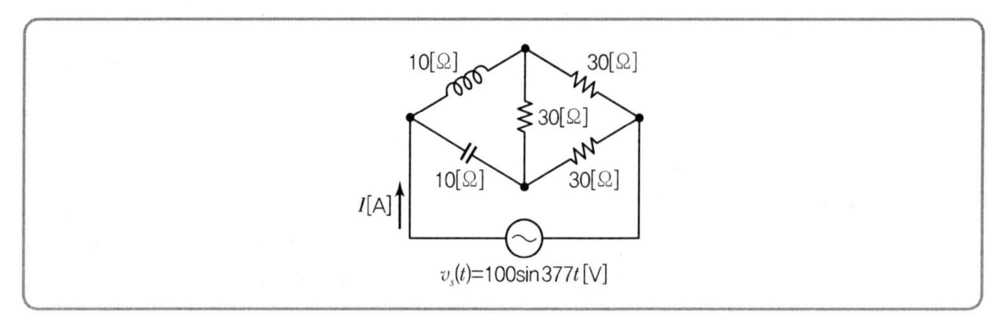

정답 78 ④ 79 ② 80 ①

① $\frac{5\sqrt{2}}{2}$
② 5
③ $5\sqrt{2}$
④ $\frac{20}{3}\sqrt{2}$

81 다음 그림은 직병렬회로이다. 각 분로의 전류가 각각 $i_L = 2 + j6[\mathrm{A}]$, $i_C = 2 - j2[\mathrm{A}]$일 때 전원 $V[\mathrm{V}]$에서의 역률과 무효율을 순서대로 바르게 나열한 것은? 22년 군무원 9급

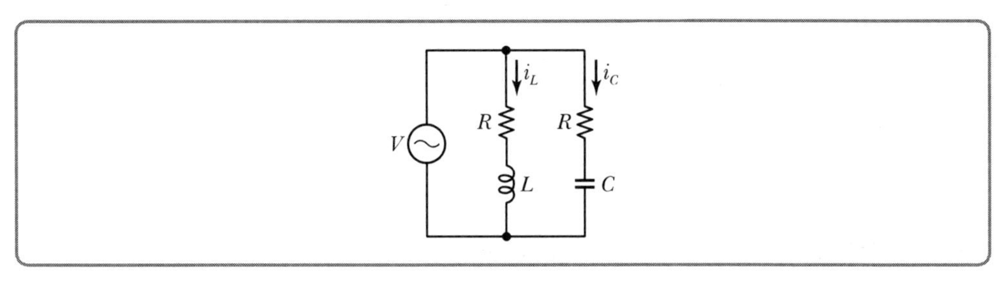

① $\frac{\sqrt{3}}{2}$, $\frac{1}{\sqrt{2}}$
② $\frac{\sqrt{3}}{2}$, $\frac{\sqrt{3}}{2}$
③ $\frac{1}{\sqrt{2}}$, $\frac{1}{\sqrt{2}}$
④ $\frac{1}{\sqrt{2}}$, $\frac{\sqrt{3}}{2}$

82 다음은 캠벨브리지(Campbell Bridge) 회로이다. 이 회로에서 I_2가 "0"이 되기 위한 $C[\mathrm{F}]$의 값은 얼마인가? 22년 군무원 9급

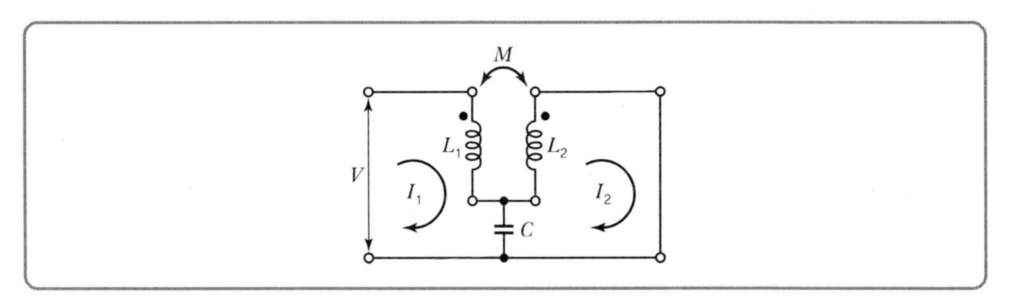

① $\frac{1}{\omega L}$
② $\frac{1}{\omega M}$
③ $\frac{1}{\omega^2 L}$
④ $\frac{1}{\omega^2 M}$

정답 81 ③ 82 ④

83 그림의 a, b 단자에 전압 100[V]을 공급할 때 a, b 단자에서 본 능동회로망의 임피던스가 $Z = 6 + j8$이라고 하면 a, b 단자에 임피던스 $\dot{Z} = 2 - j2$을 접속할 때 이 임피던스 $\dot{Z}$에 흐르는 전류[A]는 얼마인가? 22년 군무원 9급

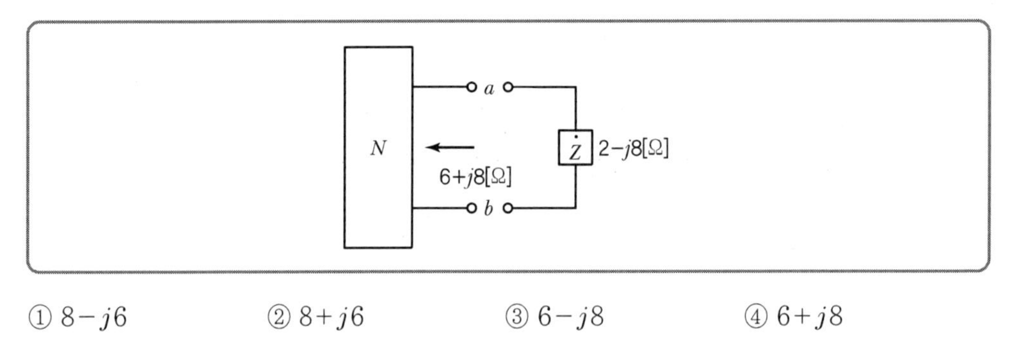

① $8 - j6$ ② $8 + j6$ ③ $6 - j8$ ④ $6 + j8$

84 그림과 같은 △회로를 등가인 Y회로로 환산하면 a상의 임피던스[Ω]는 얼마인가? 22년 군무원 9급

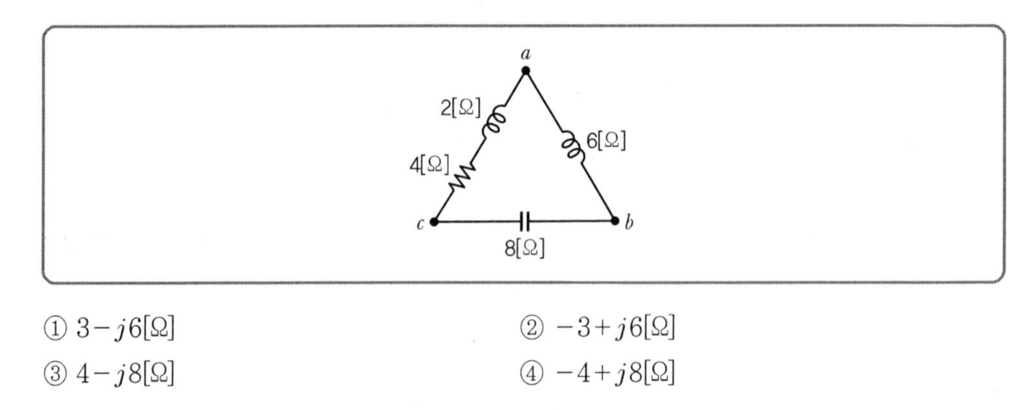

① $3 - j6$[Ω] ② $-3 + j6$[Ω]
③ $4 - j8$[Ω] ④ $-4 + j8$[Ω]

85 그림의 교류 회로에서 전압 V[V]를 기준으로 하는 전류 I[A]의 위상차[°]는? 22년 지방직(경력) 9급

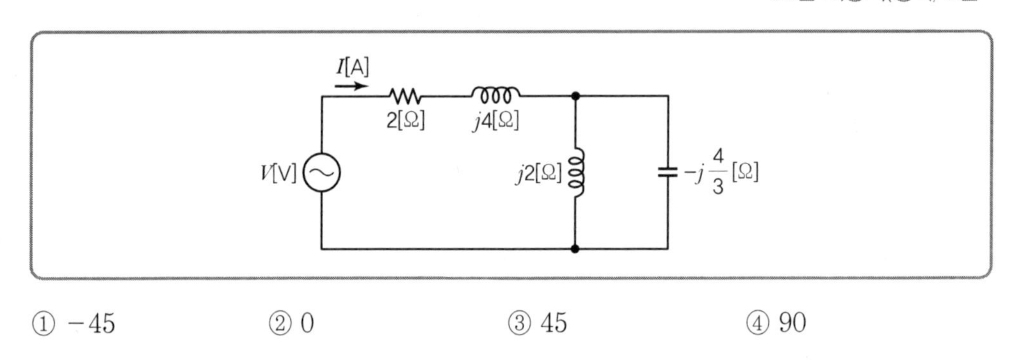

① −45 ② 0 ③ 45 ④ 90

정답 83 ① 84 ③ 85 ②

86 그림의 $R-L-C$ 회로에서 합성 임피던스 Z_L의 크기[Ω]는?

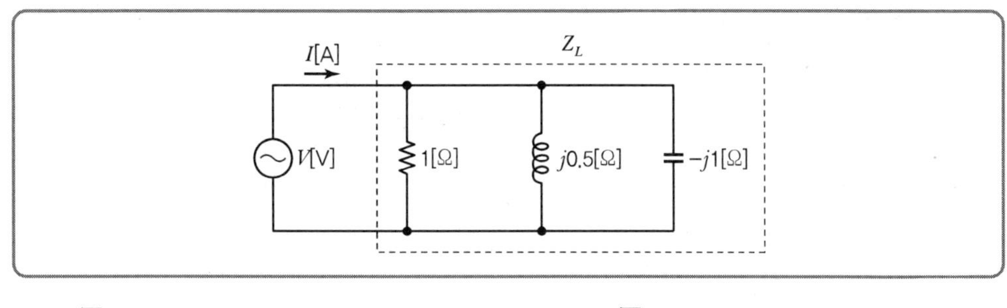

① $\frac{\sqrt{2}}{2}$ ② $\sqrt{2}$ ③ $\frac{1+\sqrt{2}}{2}$ ④ $1+\sqrt{2}$

87 그림의 $R-L-C$ 직렬회로에서 인가한 전원전압 $v(t)$와 전류 $i(t)$의 페이저도가 다음과 같을 때, 인덕턴스 L[H]은?(단, 전원전압의 주파수는 f[Hz]이다.) 23년 국가직 9급

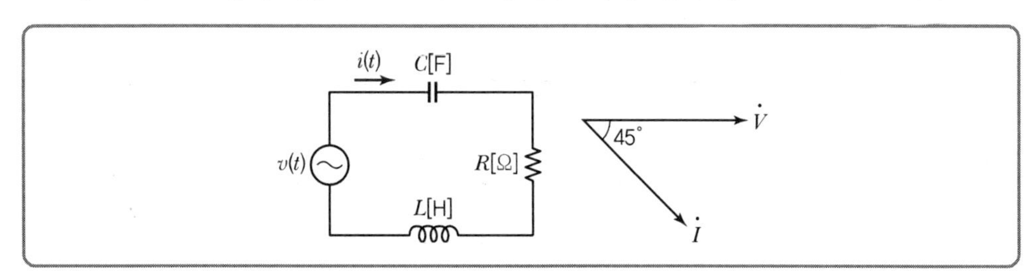

① $\dfrac{R+\dfrac{1}{2\pi fC}}{2\pi f}$ ② $\dfrac{R-\dfrac{1}{2\pi fC}}{2\pi f}$ ③ $\dfrac{-R+\dfrac{1}{2\pi fC}}{2\pi f}$ ④ $\dfrac{R+\dfrac{1}{2\pi fC}}{\pi f}$

88 그림의 회로에서 스위치 S가 충분히 긴 시간 동안 닫혀 있다가 $t=0$에서 개방되었다. $t>0$에서 $R-L-C$ 병렬회로가 임계제동이 되기 위한 저항 R[Ω]는? 23년 국가직 9급

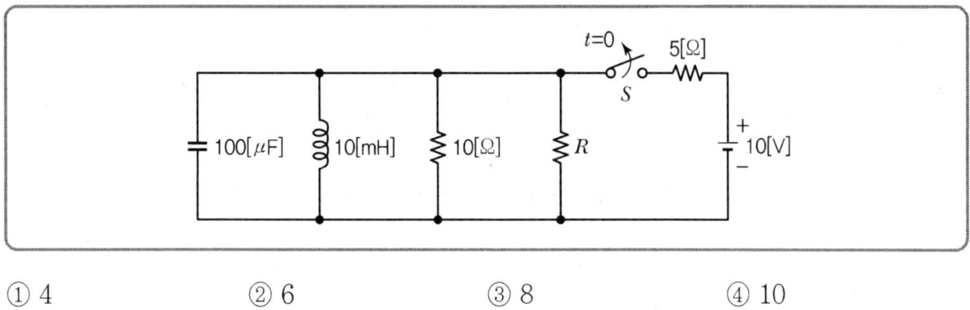

① 4 ② 6 ③ 8 ④ 10

정답 86 ① 87 ① 88 ④

89 그림의 RLC 직렬 공진회로에서 공진주파수가 5[kHz]로 주어질 때, 다음 회로를 통해 구한 파라미터 결과로 옳지 않은 것은? 21년 국회직 9급

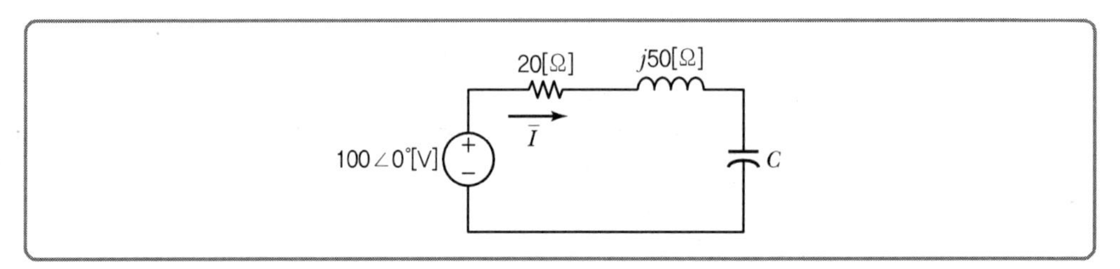

① 전류 : $5\angle 0°$[A]

② 커패시터 전압 : $250\angle -90°$[V]

③ 양호도(Q) : 2

④ 대역폭 : 2[kHz]

⑤ 반전력 주파수에서의 전력 : 250[W]

90 그림의 회로에 대한 설명으로 옳은 것은? 21년 국회직 9급

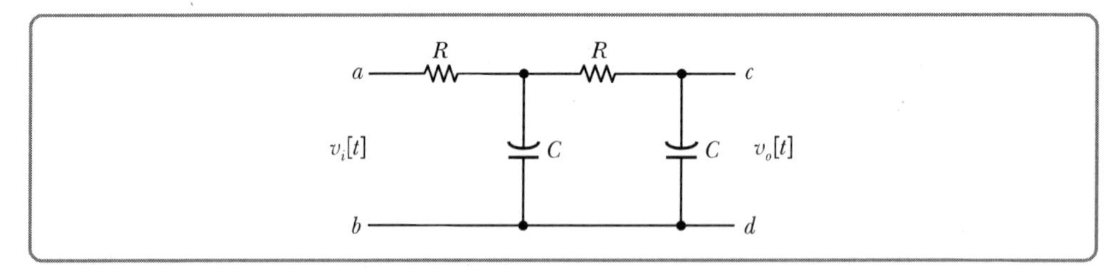

① $\left|\dfrac{v_o(t)}{v_i(t)}\right|$가 1보다 작고, 차단주파수가 $\dfrac{1}{2\pi\sqrt{RC}}$인 저역통과 1차 필터

② $\left|\dfrac{v_o(t)}{v_i(t)}\right|$가 1보다 작고, 차단주파수가 $\dfrac{1}{2\pi RC}$인 저역통과 1차 필터

③ $\left|\dfrac{v_o(t)}{v_i(t)}\right|$가 1보다 작고, 차단주파수가 $\dfrac{1}{2\pi RC}$인 저역통과 2차 필터

④ $\left|\dfrac{v_o(t)}{v_i(t)}\right|$가 1보다 크고, 차단주파수가 $\dfrac{1}{2\pi\sqrt{RC}}$인 고역통과 2차 필터

⑤ $\left|\dfrac{v_o(t)}{v_i(t)}\right|$가 1보다 크고, 차단주파수가 $\dfrac{1}{2\pi RC}$인 고역통과 1차 필터

정답 89 ③ 90 ③

SECTION 05 교류회로(7급 기출문제)

01 다음 회로에서 입력 전압 $v_i(t)$에 의한 저항에서의 출력 전압 $v_0(t)$의 전달함수 $H(j\omega)$는?

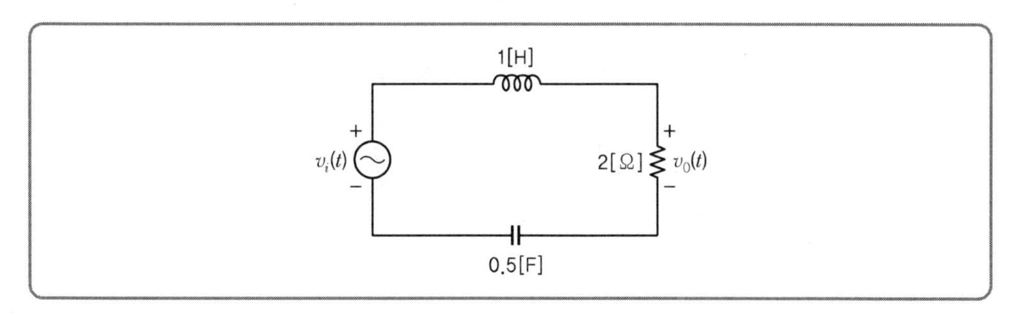

① $\dfrac{-j\omega}{2-\omega^2-j2\omega}$　② $\dfrac{-j2\omega}{2-\omega^2+j2\omega}$

③ $\dfrac{j\omega}{2-\omega^2+j2\omega}$　④ $\dfrac{+j2\omega}{2-\omega^2+j2\omega}$

02 역률 0.5인 지상부하에 200[V](실효치)의 전압을 인가할 때, 소비전력이 100[kW]이라면, 부하전류[A](실효치)의 크기는? 15년 국가직 7급

① 250　② 500

③ 1,000　④ 2,000

03 다음 회로에서 공진 각주파수 ω[rad/s]는?

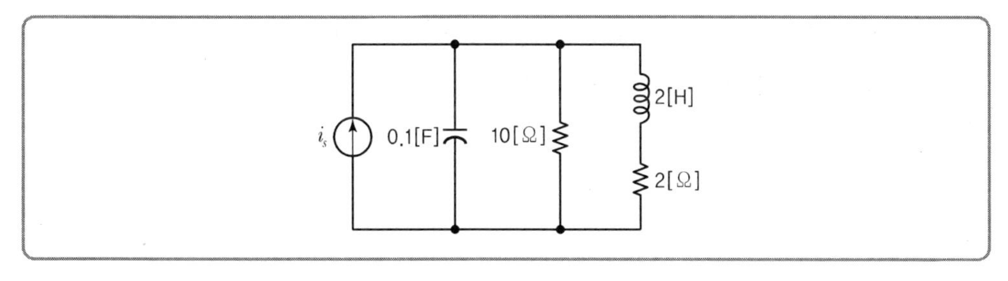

① 2　② 4

③ 10　④ 20

정답 01 ④ 02 ③ 03 ①

04 다음 회로에서 $t=0$인 순간에 스위치가 닫힌 후, $t>0$에서 정상상태에 도달하였다. 이때, 20[V] 전압원이 공급하는 전력[W]은?(단, L과 C의 초기 값은 모두 0이다.)

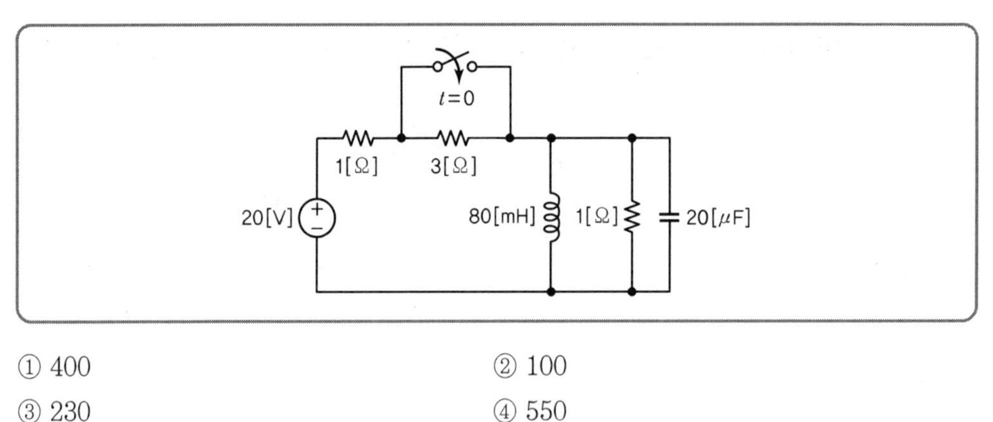

① 400
② 100
③ 230
④ 550

05 아래 회로가 정상상태에 있을 경우, 이 회로에 대한 설명으로 옳은 것은?

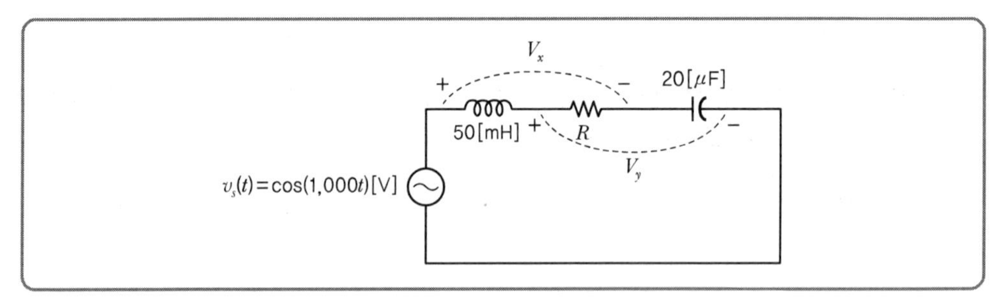

① $R=0$[Ω]일 때, V_x 과 V_y 의 위상은 $\pi/2$만큼 차이가 난다.
② $R=50$[Ω]일 때, V_x 과 V_y 의 위상은 $\pi/2$만큼 차이가 난다.
③ $R=\infty$[Ω]일 때, V_x 과 V_y 의 위상은 $\pi/2$만큼 차이가 난다.
④ R 값과 관계없이, V_x 과 V_y 의 위상차는 일정하다.

정답 04 ① 05 ②

06 테브난 등가전원 $V(t)=V_m\cos\omega t$이고 테브난 등가 임피던스는 $R-\dfrac{j}{\omega C}$ 인 임의회로가 있다. 이 임의회로에 부하를 연결하여 부하에 최대전력을 전달하고자 한다. 이때 부하가 저항R과 인덕터 L이 직렬로 연결된 형태라 가정하면 부하에 최대전력이 전달될 때의 L의 크기와 그 부하에 전달되는 최대전력은?(단, R은 저항, ω는 각주파수, C는 커패시터, j는 허수표시이다.)

① $\dfrac{\omega^2}{C}$, $\dfrac{{V_m}^2}{4R}$

② $\dfrac{\omega^2}{C}$, $\dfrac{{V_m}^2}{8R}$

③ $\dfrac{1}{\omega^2 C}$, $\dfrac{{V_m}^2}{4R}$

④ $\dfrac{1}{\omega^2 C}$, $\dfrac{{V_m}^2}{8R}$

07 다음 회로의 전달함수를 라플라스 변환을 이용하여 $H(s)=\dfrac{V_o(s)}{V_i(s)}=\dfrac{A}{s^2+Bs+C}$와 같이 구하였다. A, B, C 값을 옳게 짝지어 놓은 것은?

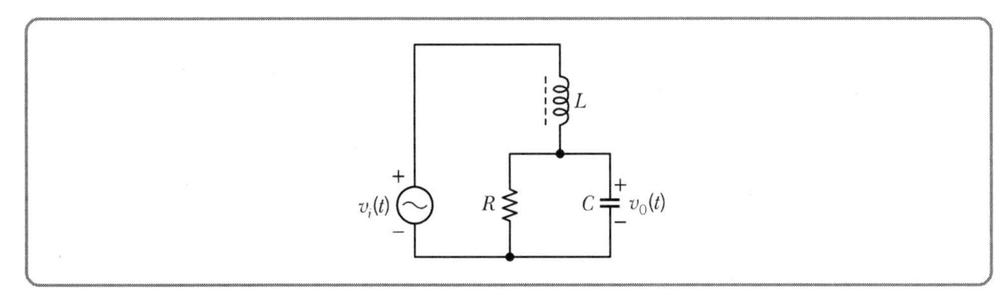

	A	B	C
①	$\dfrac{1}{LC}$	$\dfrac{1}{LC}$	$\dfrac{1}{RC}$
②	$\dfrac{1}{RC}$	$\dfrac{1}{RC}$	$\dfrac{1}{LC}$
③	$\dfrac{1}{LC}$	$\dfrac{1}{RC}$	$\dfrac{1}{LC}$
④	$\dfrac{1}{RC}$	$\dfrac{1}{LC}$	$\dfrac{1}{LC}$

정답 06 ④ 07 ③

08 다음 회로에서 입력전압을 $v(t)$, 출력전류를 $i(t)$로 두었을 때, 출력전류를 페이저도(Phasor Diagram)로 나타낸 것으로 옳은 것은?(단, $\omega = 10^6$[rad/s], $R = 10[\Omega]$, $L = 10[\mu H]$, $C = 0.1[\mu F]$이다.)

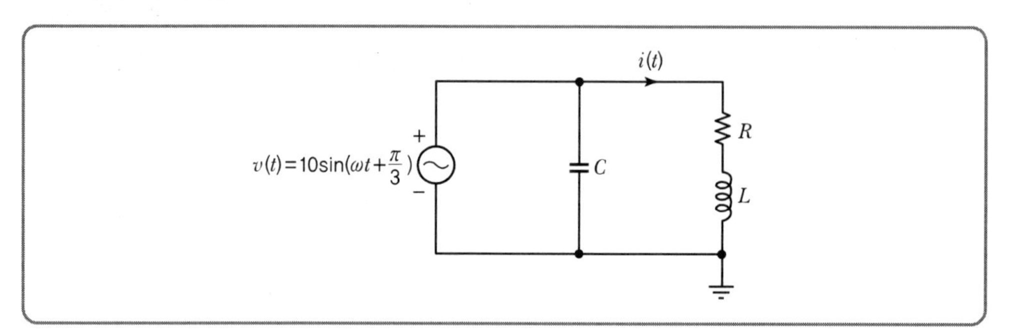

①
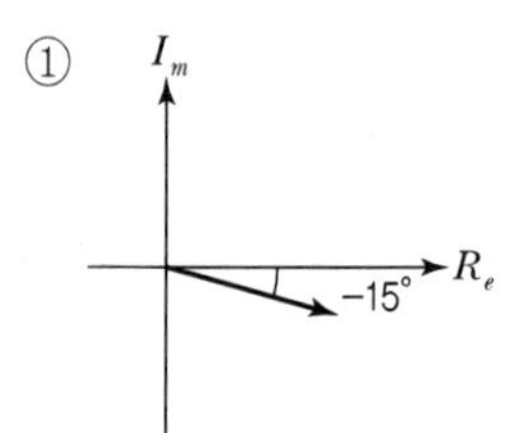

②
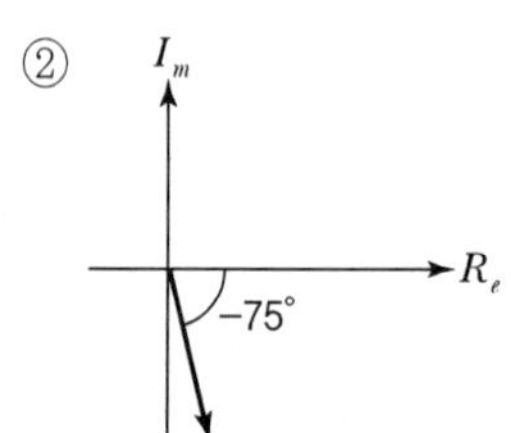

③
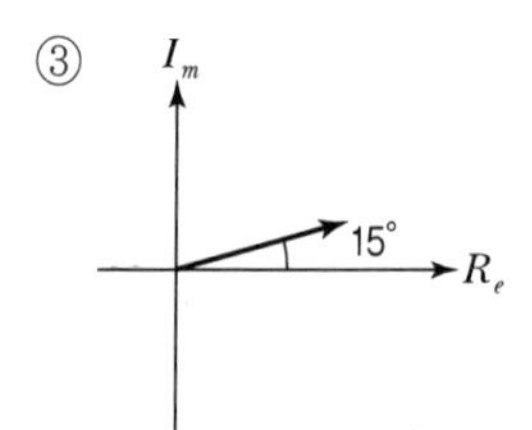

④
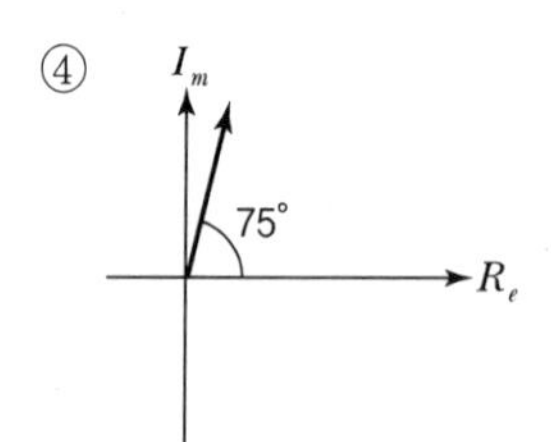

09 다음 회로가 정상상태에 있을 때, 저항 R에 흐르는 정현파 전류의 피크(Peak) 값이 4[A]가 되도록 하는 $R[\Omega]$은?

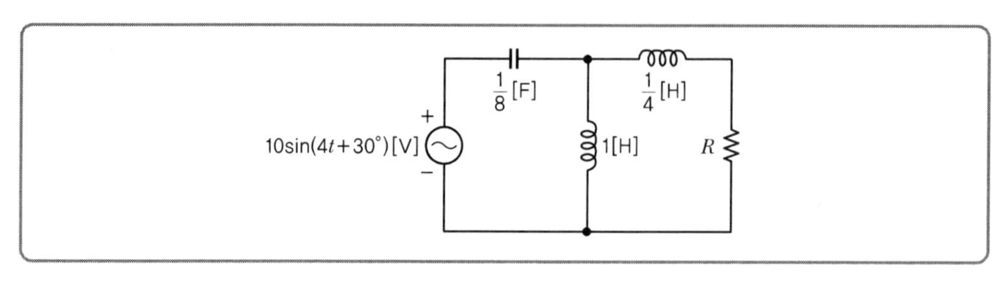

① 3　　② 4

③ 5　　④ 6

정답 08 ② 09 ②

10 다음 RLC 직렬회로에서 $R=1[\Omega]$, $C=1[F]$, $L=0.5[H]$이고, $v_S=tu(t)[V]$로 주어졌을 때 회로에 흐르는 전류는?(단, 전류의 초기값은 0[A]라고 가정한다.)

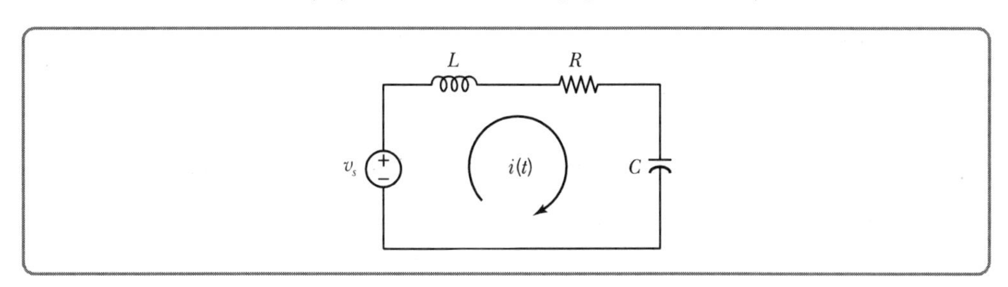

① $I(s)=\dfrac{1}{s^2+2s+2}$　　② $I(s)=\dfrac{2}{s^2+2s+2}$

③ $I(s)=\dfrac{1}{s(s^2+2s+2)}$　　④ $I(s)=\dfrac{2}{s(s^2+2s+2)}$

11 다음은 병렬공진회로와 주파수 응답을 나타낸다. 이에 대한 설명으로 옳지 않은 것은?

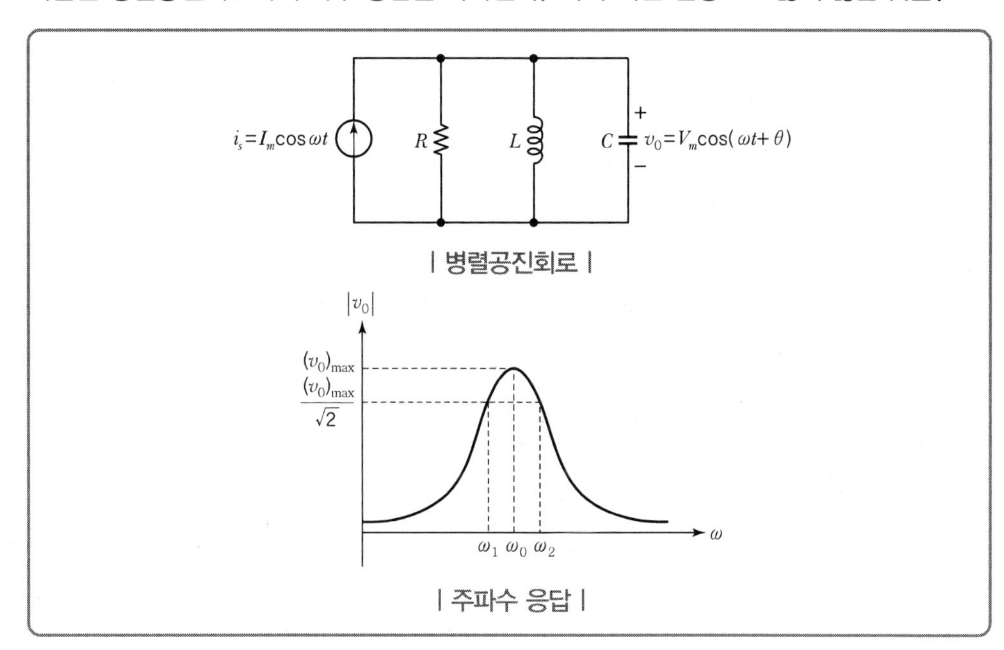

① 공진 각주파수 ω_0는 어드미턴스의 실수부와 허수부가 같을 때 발생한다.

② 공진회로의 양호도(Quality Factor) Q는 대역폭 $\beta=\omega_2-\omega_1$에 대한 ω_0의 비로 정의된다.

③ 저주파영역에서는 인덕터의 임피던스가 작고, 고주파영역에서는 커패시터의 임피던스가 작으므로 두 영역에서 출력전압의 크기가 작아진다.

④ 대역폭은 저항 R에서 소모되는 전력이 최대 소모전력의 반 이상인 주파수 영역을 의미한다.

정답 10 ④ 11 ①

12 어떤 회로의 단자 전압이 $v(t)=100\sin\omega_o t+40\sin 2\omega_o t+30\sin(3\omega_o t+90°)$이고 전압강하 방향으로 흐르는 전류가 $i(t)=10\sin(\omega_o t-60°)+2\sin(3\omega_o t+30°)$일 때 평균전력[W]은?

① 250　　② 265　　③ 500　　④ 530

13 아래 회로에서 단자 $a-b$ 좌측을 테브난의 등가회로로 대치할 때 테브난 등가전압 V_{TH}와 테브난 등가임피던스 Z_{TH}의 값은?

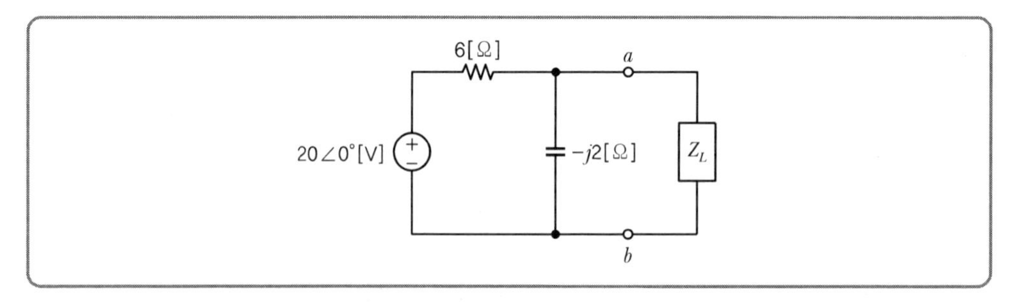

① $V_{TH}=2-j6$[V], $Z_{TH}=0.6-j1.8$[Ω]

② $V_{TH}=0.6-j1.8$[V], $Z_{TH}=2-j6$[Ω]

③ $V_{TH}=6-j2$[V], $Z_{TH}=0.6-j1.8$[Ω]

④ $V_{TH}=2-j6$[V], $Z_{TH}=6-j2$[Ω]

14 아래 회로에서 $v_s(t)=10\cos 3t$[V], $C=\dfrac{1}{9}$[F], $L=2$[H], $R=3$[Ω]일 때, 부하 Z_L에서 소비되는 평균 유효전력이 최대가 되는 부하는?

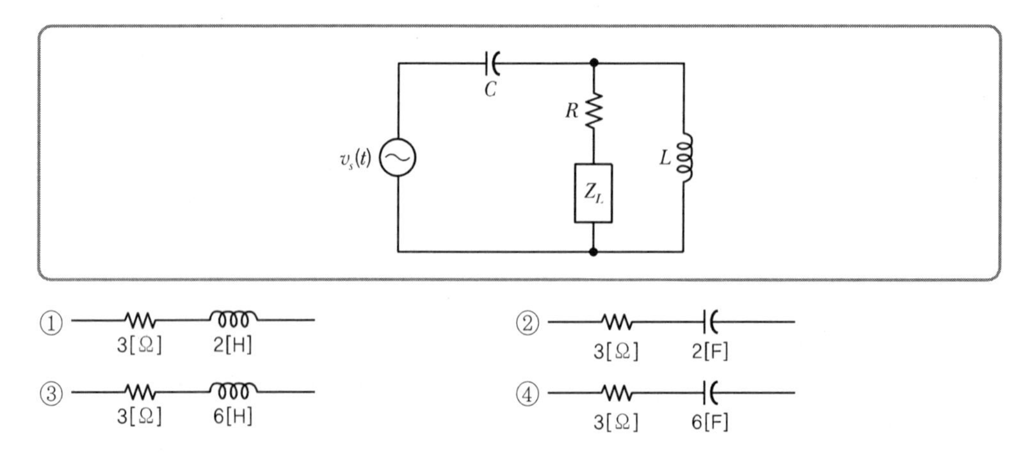

정답 12 ② 13 ① 14 ①

15 2차 필터의 일반식은 $H(s)=\dfrac{a_2s^2+a_1s+a_0}{s^2+b_1s+b_0}=\dfrac{N(s)}{D(s)}$ 과 같다. 이 식에서 분자의 형태에 따라 필터의 주파수 선택 특성이 달라지는데 다음 중 옳지 않은 것은?

① 저역통과필터 : $N(s)=a_0$
② 고역통과필터 : $N(s)=a_2s^2$
③ 대역통과필터 : $N(s)=a_1s+a_0$
④ 대역제거필터 : $N(s)=a_2(s^2+b_0)$

16 주어진 회로에서 전달함수 $H(s)=\dfrac{V_2(s)}{V_1(s)}$의 Filter 특성은?

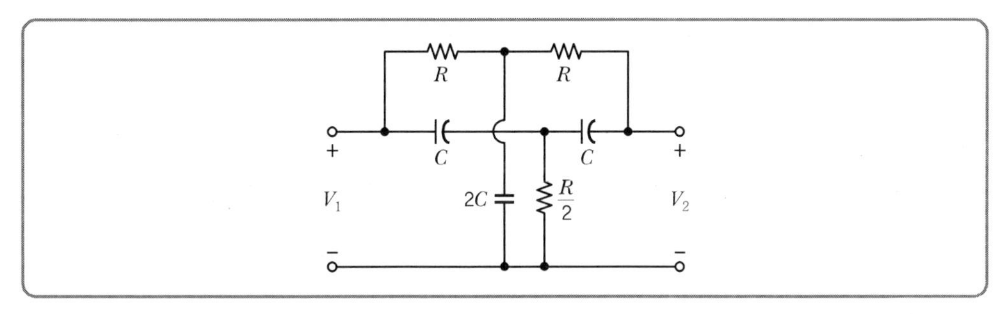

① 저역 통과 필터(LPF)
② 고역 통과 필터(HPF)
③ 대역 통과 필터(BPF)
④ 대역 저지 필터(BRF)

17 아래 그림과 같이, 크기가 1[V]이고 주기가 T_P인 구형파를 중심 주파수가 $f_P(=1/T_P)$이고 전달함수의 크기가 1인 대역통과 여파기의 입력신호로 인가할 때 여파기의 출력 파형은(단, $\dfrac{f_P}{2}<f_1<f_P<f_2<2f_P$로 가정한다.)

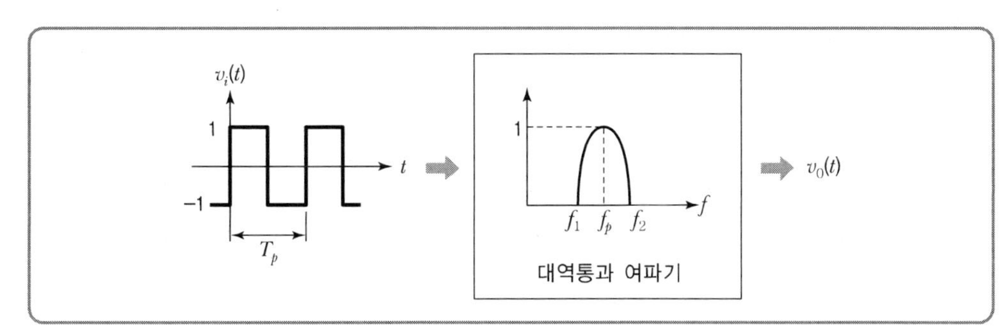

정답 15 ③ 16 ④ 17 ③

① 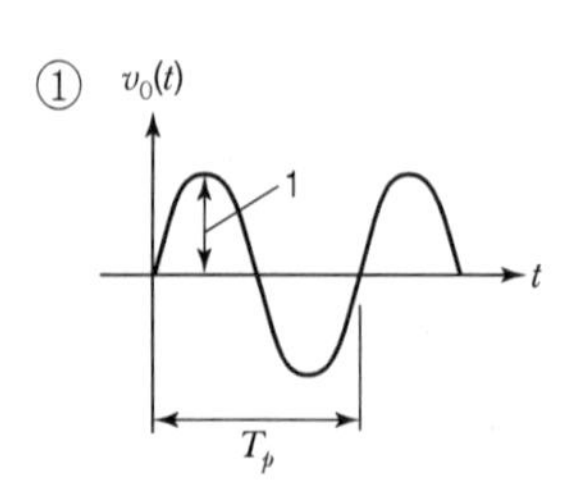

② 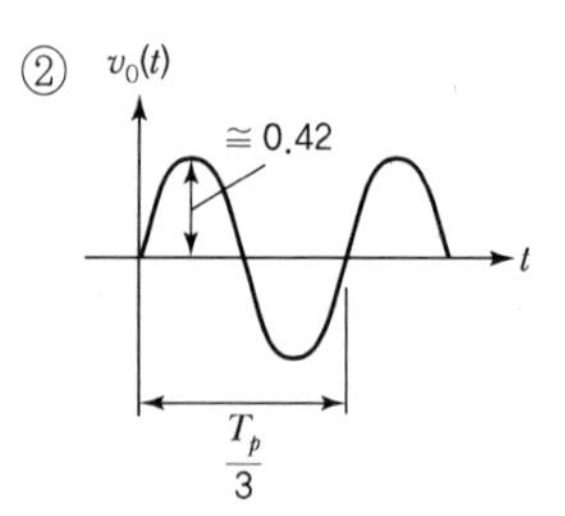

③ 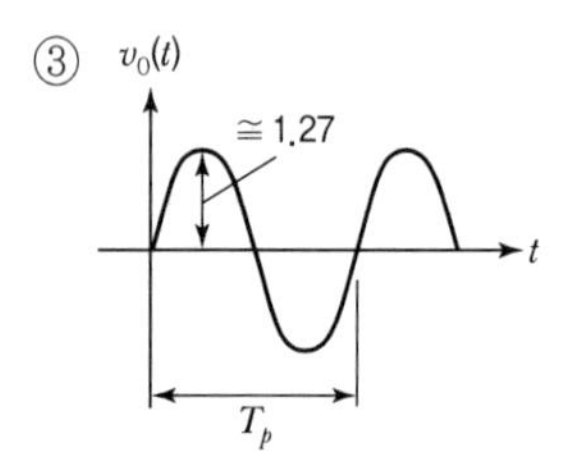

④ 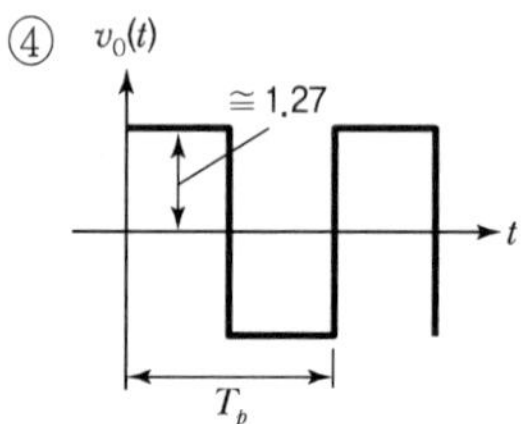

18 아래 그림과 같은 주기가 T_0인 신호 $V_i(t)$를 통과대역 이득이 1이고 차단 각주파수가 $\frac{7\pi}{T_0}$인 이상적인 저역통과 필터를 통과하여 얻은 신호가 $V_o(t)$이다. $V_o(t)$의 실효치는?

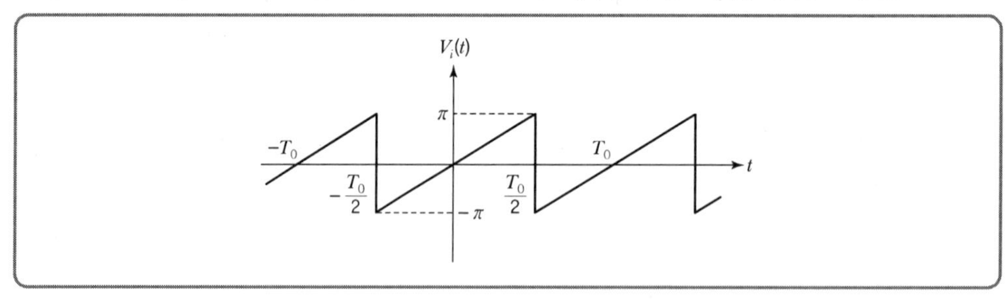

① $\frac{7}{3}$ ② $\frac{7}{6}\sqrt{2}$ ③ $\frac{\pi}{6}\sqrt{2}$ ④ $\frac{\pi}{2}\sqrt{2}$

19 다음 회로의 역률(Power Factor) 크기를 1로 만들기 위한 L[H]은?(단, $\omega = 2$[rad/sec]이다.)

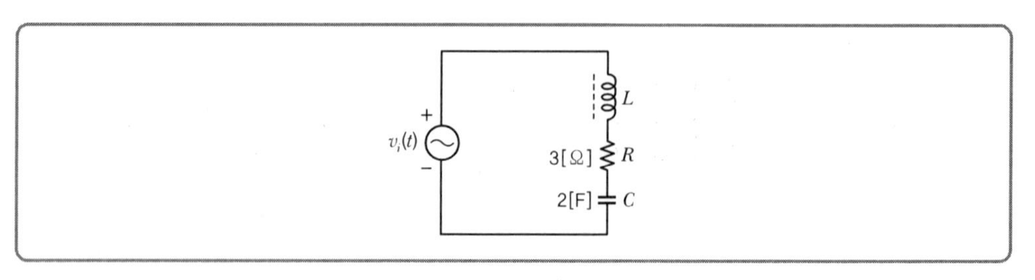

① 2 ② $\frac{1}{2}$ ③ $\frac{1}{4}$ ④ $\frac{1}{8}$

정답 18 ② 19 ④

20 그림 (a)와 같이 미지의 선형 시불변 회로에 그림 (b)와 같은 주파수 스펙트럼을 갖는 입력전압 $v_i(t)$를 인가했을 때 직류인 출력전압 $v_0(t)$를 얻었다면, 미지의 선형회로로 가장 적합한 것은?

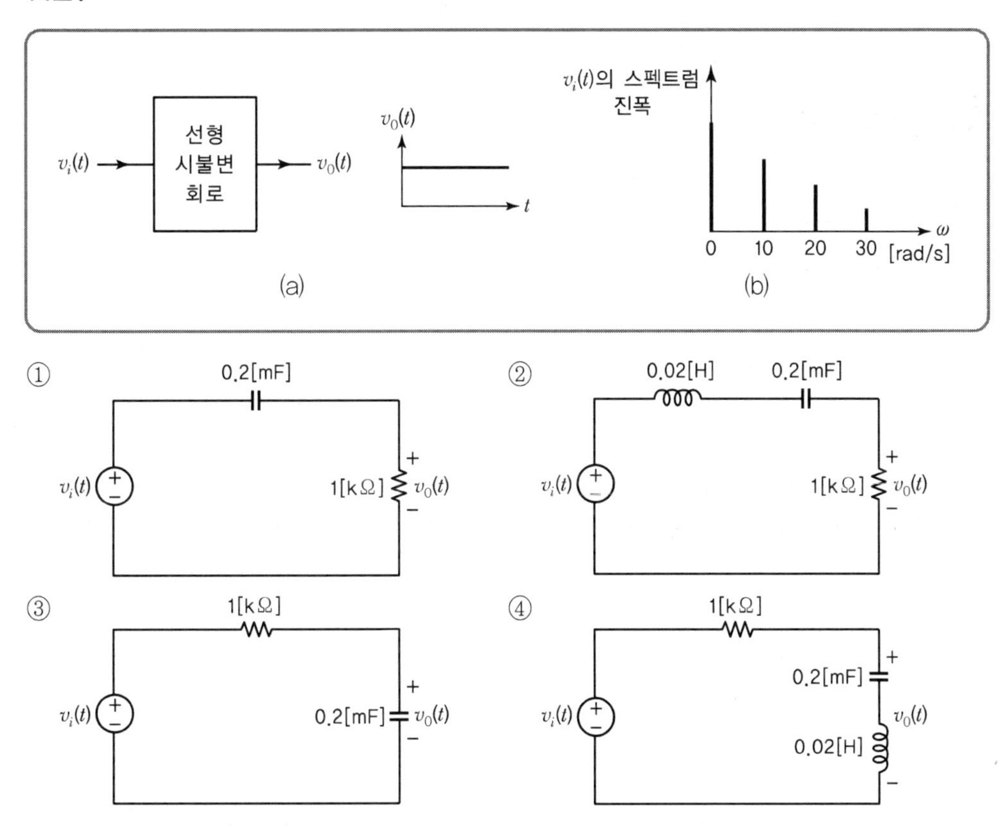

21 다음 회로에서 부하(Z_L)에서 소비되는 최대 전력[W]은?(단, $V_t = 100[\text{V}_{\text{rms}}]$, $Z_t = 10 + j10$ [Ω]이다.)

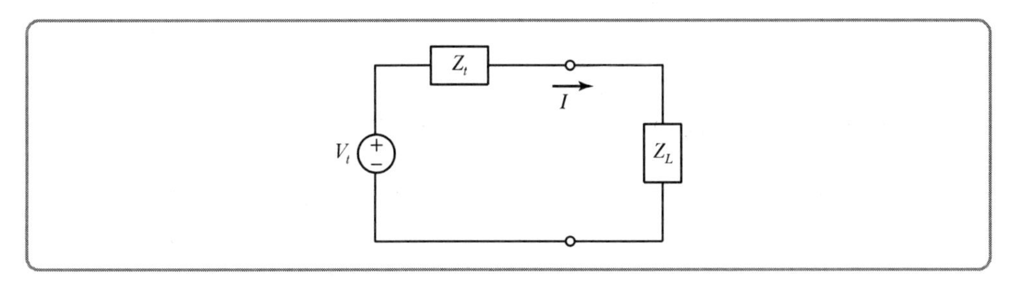

① 75
② 100
③ 125
④ 250

정답 20 ③ 21 ④

CHAPTER 04 CURRENT THEORY

과도현상의 이해

SECTION 01 과도현상

01 코일과 콘덴서에서 급격히 변화할 수 없는 물리량으로 짝지어진 것으로 옳은 것은?

09년 지방직 9급

① 코일 : 전압, 콘덴서 : 전류 ② 코일 : 전류, 콘덴서 : 전압
③ 코일 : 전압, 콘덴서 : 전압 ④ 코일 : 전류, 콘덴서 : 전류

02 다음의 <회로 A> 및 <회로 B>에서 전압 및 전류의 응답파형으로 서로 유사한 경향을 보이는 것들끼리 묶은 것은?(단, 회로는 모두 $t=0$에서 스위치(SW)를 닫으며 초기조건은 0이다.)

10년 국가직 9급

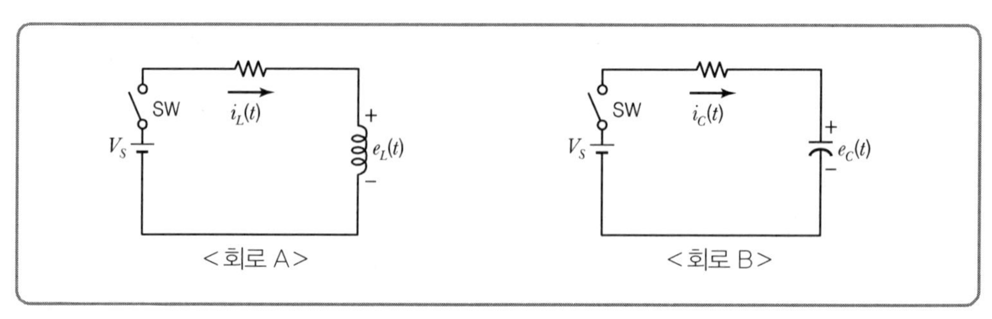

① $i_L(t),\ e_c(t)$ ② $i_L(t),\ i_c(t)$
③ $e_L(t),\ e_c(t)$ ④ $i_L(t),\ e_L(t)$

03 커패시터와 인덕터에서 순간적($\Delta t \to 0$)으로 변하지 않는 것은? 18년 지방직 9급

	커패시터	인덕터
①	전류	전류
②	전압	전압
③	전압	전류
④	전류	전압

정답 01 ② 02 ① 03 ③

04 $R-C$ 직렬회로에 직류전압 100[V]를 연결하였다. 이때 커패시터의 정전용량이 1[μF]이라면 시정수를 1초로 하기 위한 저항[MΩ]은? 14년 국가직 9급

① 0.1 ② 1 ③ 10 ④ 100

05 직류전원[V], $R=20$[kΩ], $C=2$[μF]의 값을 갖고 스위치가 열린 상태의 $R-C$ 직렬회로에서 $t=0$일 때 스위치가 닫힌다. 이때 시정수 τ[s]는?

① 1×10^{-2}
② 1×10^{4}
③ 4×10^{-2}
④ 4×10^{4}

06 $R-L$ 직렬회로의 시정수 T는 얼마인가? 14년 서울시 9급

① $\frac{\omega L}{R}$
② $\frac{R}{\omega L}$
③ $\frac{L}{R}$
④ $\frac{R}{L}$
⑤ ωLR

07 다음 회로 (a), (b)에서 스위치 S1, S2를 동시에 닫았다. 이후 50초 경과 시 (I_1-I_2)[A]로 가장 적절한 것은?(단, L과 C의 초기 전류와 초기 전압은 0이다.)

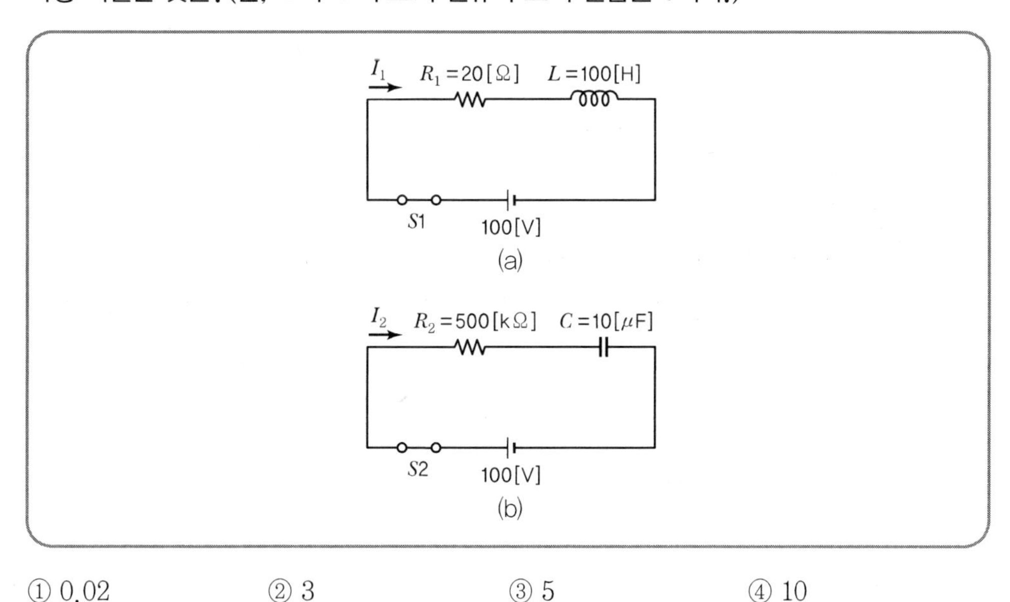

① 0.02 ② 3 ③ 5 ④ 10

정답 04 ② 05 ③ 06 ③ 07 ③

08 그림 (a)와 같이 RC 회로에 V_S의 크기를 갖는 직류전압을 인가하고 스위치를 on 시켰더니 콘덴서 양단의 전압 V_C가 그림 (b)와 같은 그래프를 나타내었다. 이 회로의 저항이 1,000[Ω]이라고 하면 콘덴서 C의 값은? 11년 지방직 9급

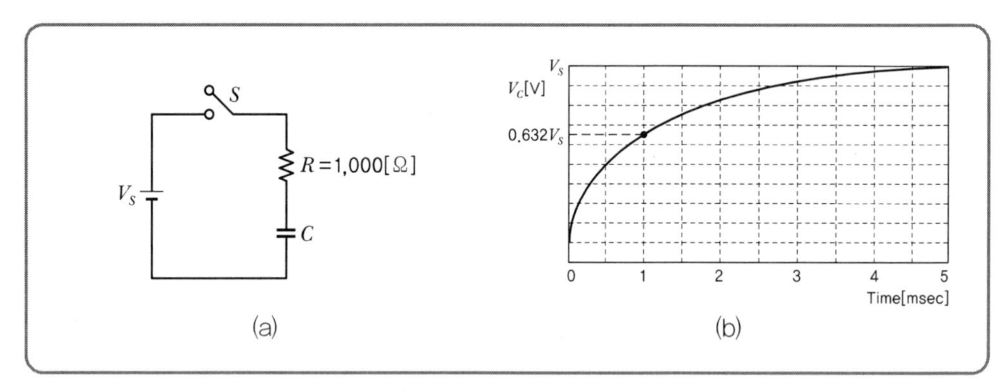

① 0.1[mF]
② 1[mF]
③ 1[μF]
④ 10[μF]

09 그림과 같은 10[V]의 전압이 인가된 $R-C$ 직렬회로에서 시간 $t=0$에서 스위치를 닫을 때의 설명으로 옳지 않은 것은?(단, 커패시터의 초기($t=0^-$) 전압은 0[V]이다.)

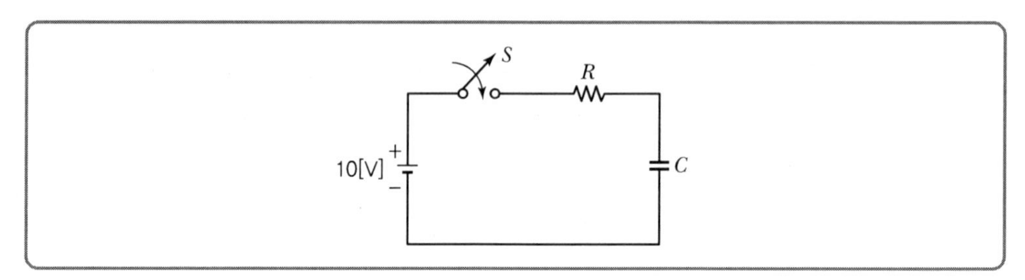

① 시정수(τ)는 RC[sec]이다.
② 충분한 시간이 경과하면 전류는 거의 흐르지 않는다.
③ 충분한 시간이 경과하면 커패시터의 전압은 10[V]를 초과한다.
④ 초기 3τ 동안 커패시터에 충전되는 전압은 정상상태 충전전압의 90[%] 이상이다.

정답 08 ③ 09 ③

10 그림과 같은 회로에서 스위치 S를 닫고 3초 후 커패시터에 나타나는 전압의 근삿값[V]은?(단, $V_s = 50$[V], $R = 3$[MΩ], $C = 1$[μF]이며, 스위치를 닫기 전 커패시터의 전압은 0이다.)

18년 서울시 9급(후)

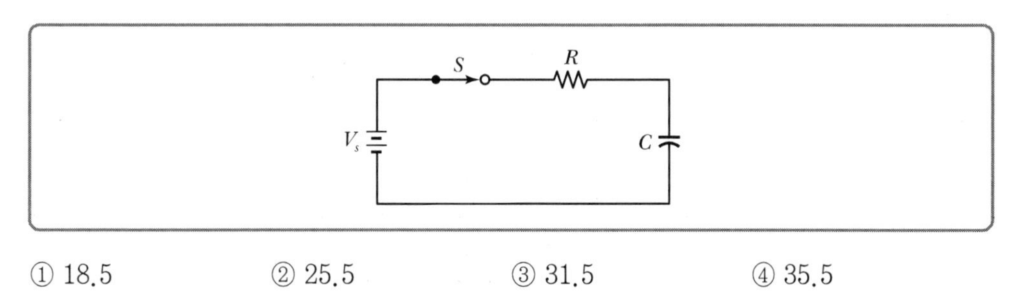

① 18.5　　② 25.5　　③ 31.5　　④ 35.5

11 다음 RC회로에서 R=50[kΩ], C= 1[μF]일 때, 시상수 γ[sec]는?　　15년 국가직 9급

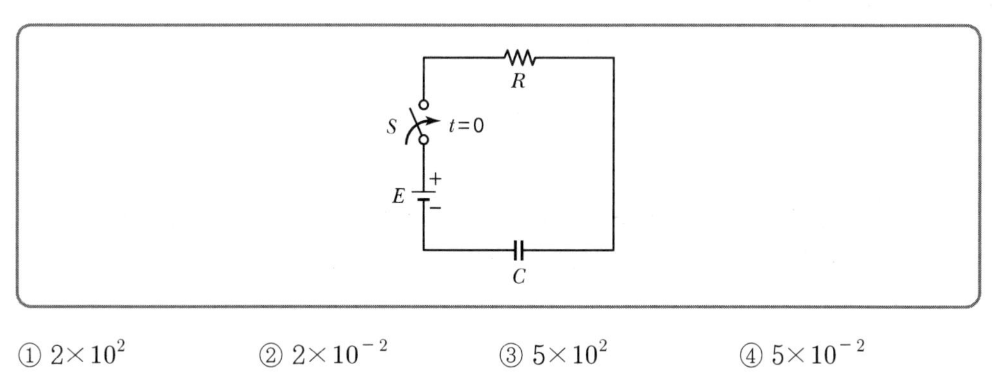

① 2×10^{2}　　② 2×10^{-2}　　③ 5×10^{2}　　④ 5×10^{-2}

12 다음 $R-L$ 직렬회로에서 t =0일 때, 스위치를 닫은 후 $\dfrac{di(t)}{dt}$에 대한 설명으로 옳은 것은?

16년 국가직 9급

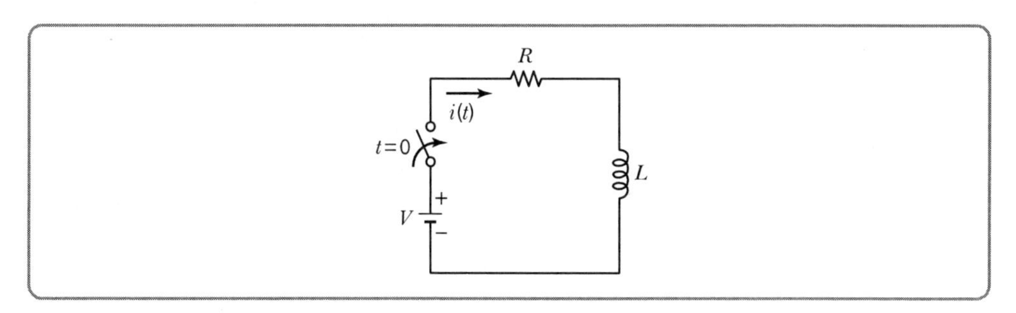

① 인덕턴스에 비례한다.　　② 인덕턴스에 반비례한다.

③ 저항과 인덕턴스의 곱에 비례한다.　　④ 저항과 인덕턴스의 곱에 반비례한다.

정답 10 ③ 11 ④ 12 ②

13 다음의 회로에서 스위치 SW가 충분한 시간 동안 열려 있다가 $t=0$인 순간에 스위치를 닫았다. 시간에 따른 전류 i_A의 값으로 옳은 것은?(단, $i_A(0_-)$초기전류, $i_A(0_+)$스위치를 닫은 직후의 전류, $i_A(\infty)$는 정상상태의 전류이며, 단위는[mA]이다.) 10년 국가직 9급

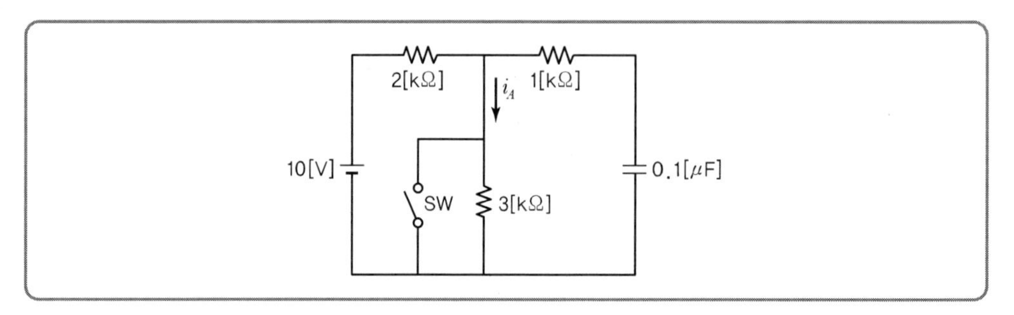

① $i_A(0_-)=2.0,\ i_A(0_+)=5.0,\ i_A(\infty)=5.0$

② $i_A(0_-)=2.0,\ i_A(0_+)=5.0,\ i_A(\infty)=7.5$

③ $i_A(0_-)=2.0,\ i_A(0_+)=11.0,\ i_A(\infty)=5.0$

④ $i_A(0_-)=2.0,\ i_A(0_+)=10.0,\ i_A(\infty)=5.0$

14 다음 회로에서 스위치 S를 충분히 오랜 시간 ㉠에 접속하였다가 $t=0$일 때 ㉡로 전환하였다. $t\geq 0$에 대한 전류 $i(t)$[A]를 나타낸 식은? 08년 국가직 9급

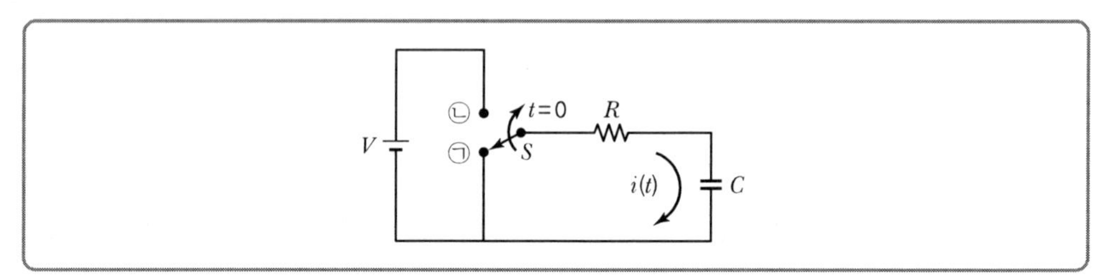

① $\dfrac{V}{RC}e^{-\frac{t}{RC}}$

② $\dfrac{V}{RC}e^{-\frac{t}{R}}$

③ $\dfrac{CV}{R}e^{-\frac{t}{RC}}$

④ $\dfrac{V}{R}e^{-\frac{t}{RC}}$

정답 13 ③ 14 ④

15 다음 그림의 회로에서 스위치(SW_2)가 충분한 시간 동안 열려 있다. $t=0$인 순간 동시에 스위치(SW_1)를 열고, 스위치(SW_2)를 닫을 경우 전류 $i_o(0^+)$[mA]는?(단, $i_o(0^+)$는 스위치(SW_2)가 닫힌 직후의 전류이다.) 11년 국가직 9급

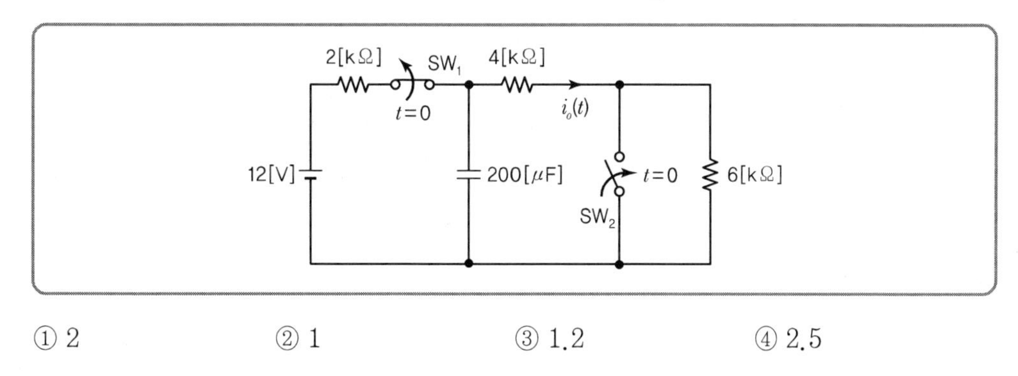

① 2 ② 1 ③ 1.2 ④ 2.5

16 다음 회로가 정상상태를 유지하는 중, $t=0$에서 스위치 S를 닫았다. 이때 전류 i의 초기 전류 $i_{(0+)}$[mA]는?

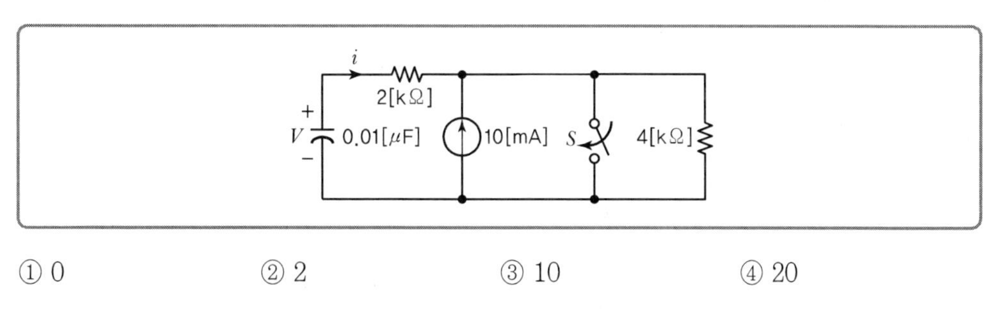

① 0 ② 2 ③ 10 ④ 20

17 다음 회로에서 스위치 S가 충분히 오랜 시간 동안 열려 있다가 $t=0$인 순간에 닫혔다. $t>0$일 때의 전류 $i(t)$[A]는? 15년 국가직 9급

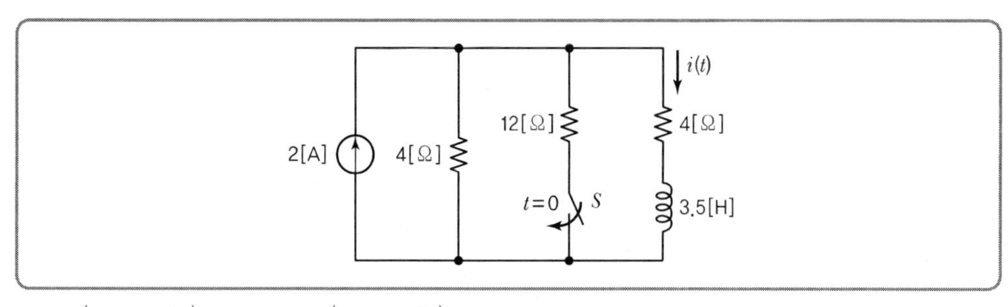

① $\frac{1}{7}\left(6+e^{-\frac{3}{2}t}\right)$ ② $\frac{1}{7}\left(8-e^{-\frac{3}{2}t}\right)$ ③ $\frac{1}{7}\left(6+e^{-2t}\right)$ ④ $\frac{1}{7}\left(8-e^{-2t}\right)$

정답 15 ④ 16 ④ 17 ③

18 다음 회로에서 스위치가 충분히 오랜 시간 동안 열려 있다가 $t=0$인 순간에 닫혔다. $t>0$일 때의 출력전압 $v(t)$[V]는? 13년 국가직 9급

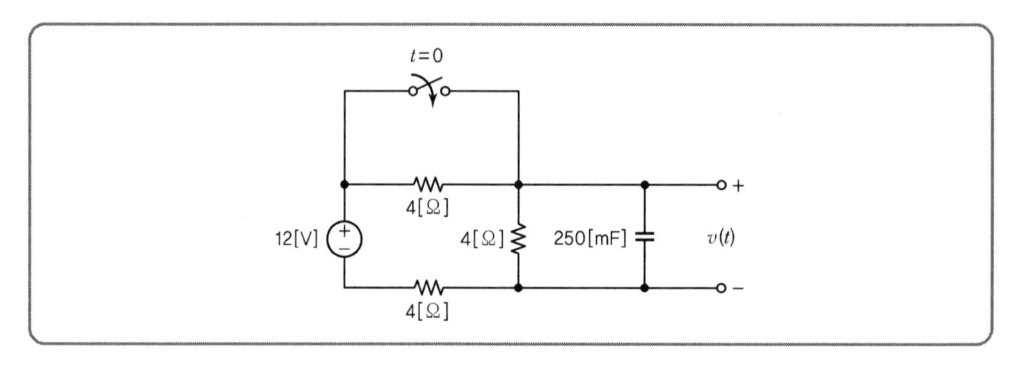

① $4+2e^{-2t}$ ② $6-2e^{-2t}$ ③ $4+2e^{-\frac{4}{3}t}$ ④ $6-2e^{-\frac{4}{3}t}$

19 아래와 같은 그림에서 스위치가 $t=0$인 순간 2번 접점으로 이동하였을 경우 $t=0+$인 시점과 $t=\infty$가 되었을 때, 저항 5[kΩ]에 걸리는 전압을 각각 구한 것은? 18년 서울시 9급(전)

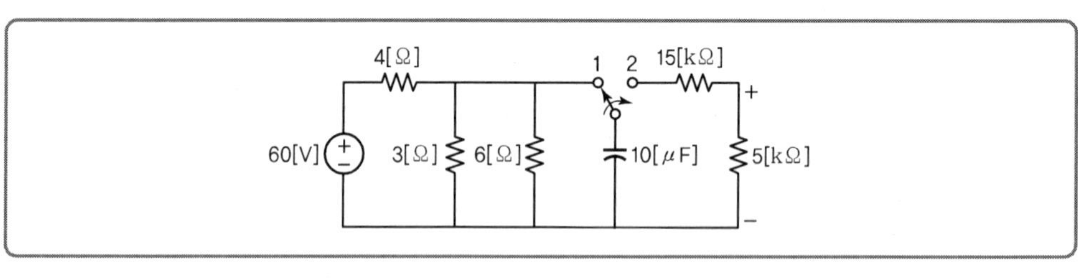

① 5[V], 0[V] ② 7.5[V], 1.5[V] ③ 10[V], 0[V] ④ 12.5[V], 3[V]

20 다음의 회로는 스위치 K가 열린 위치에서 정상상태에 있었다. $t=0$에서 스위치를 닫은 직후에 전류 $i(0^+)$[A]는? 09년 지방직 9급

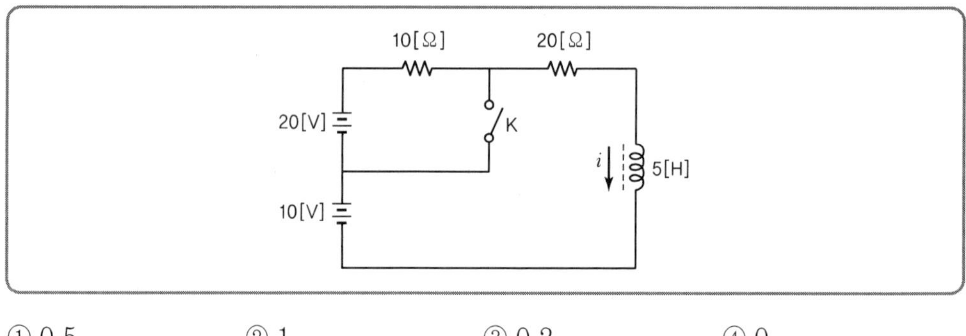

① 0.5 ② 1 ③ 0.2 ④ 0

정답 18 ② 19 ① 20 ②

21 다음 회로에서 스위치가 충분히 오랜 시간 동안 닫혀 있다가 $t=0$ 인 순간에 열렸다. 스위치가 열린 직후의 전류 $i(0^+)$와 시간이 무한히 흘렀을 때의 전류 $i(\infty)$는? 13년 국가직 9급

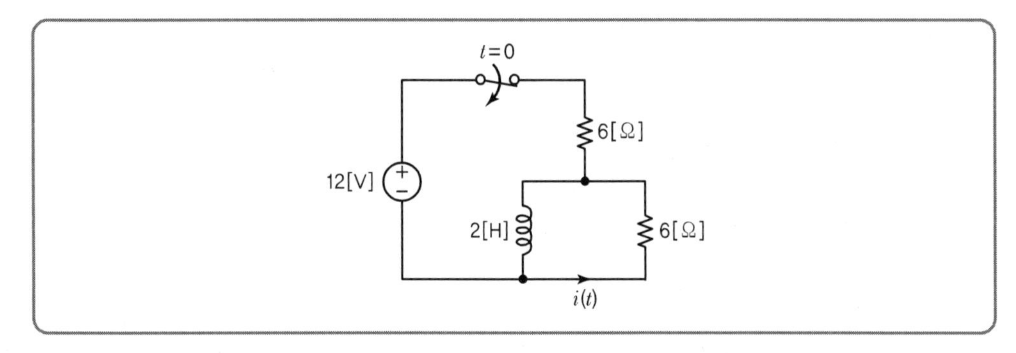

	$i(0^+)$[A]	$i(\infty)$[A]		$i(0^+)$[A]	$i(\infty)$[A]
①	0	1	②	0	2
③	1	0	④	2	0

22 다음 $R-L$ 회로에서 $t=0$인 시점에 스위치(SW)를 닫았을 때에 대한 설명으로 옳은 것은? 12년 국가직 9급

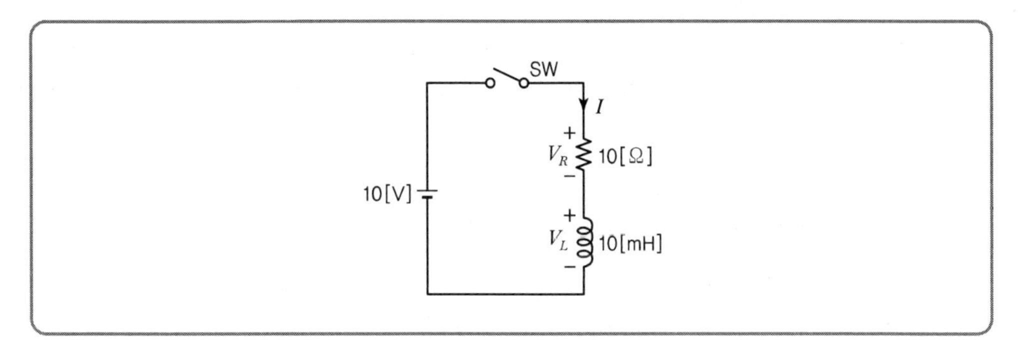

① 회로에 흐르는 초기 전류($t=0^+$)는 1[A]이다.

② 회로의 시정수는 10[ms]이다.

③ 최종적($t=\infty$)으로 V_R 양단의 전압은 10[V]이다.

④ 최초($t=0^+$)의 V_L 양단의 전압은 0[V]이다.

정답 21 ④ 22 ③

23 $R-L$ 직렬회로의 양단 $t=0$인 순간에 직류전압 E[V]를 인가하였다. t초 후 상태에 대한 설명으로 옳지 않은 것은(단, L의 초기전류는 0이다.) 09년 지방직 9급

① 회로의 시정수는 전원 인가 시간 t와는 무관하게 일정하다.

② t가 무한한 경우에 저항 R의 단자전압 $v_R(t)$은 E로 수렴한다.

③ 회로의 전류 $i(t)=\frac{E}{R}(1-e^{-\frac{L}{R}t})$이다.

④ 인덕턴스 L의 단자전압 $v_L(t)=Ee^{-\frac{R}{L}t}$이다.

24 교류 전압원이 연결된 RC 직렬회로에서 $R=5[\Omega]$, $C=10$[F]일 때 이 회로의 시정수[sec]는? 18년 국회직 9급

① 0.5 ② 2
③ 5 ④ 15
⑤ 50

25 $R-L$ 직렬회로에 직류 전압 100[V]를 인가하면 정상상태 전류는 10[A]이고, $R-C$ 직렬회로에 직류 전압 100[V]를 인가하면 초기전류는 10[A]이다. 이 두 회로의 설명으로 옳지 않은 것은?(단, $C=100[\mu F]$, $L=1$[mH]이고, 각 회로에 직류 전압을 인가하기 전 초깃값은 0이다.) 19년 국가직 9급

① $R-L$ 직렬회로의 시정수는 L이 10배 증가하면 10배 증가한다.

② $R-L$ 직렬회로의 시정수가 $R-C$ 직렬회로의 시정수보다 10배 크다.

③ $R-C$ 직렬회로의 시정수는 C가 10배 증가하면 10배 증가한다.

④ $R-L$ 직렬회로의 시정수는 0.1 [msec]이다.

정답 23 ③ 24 ⑤ 25 ②

26 다음 $R-L$ 직렬회로에서 $t=0$에서 스위치 S를 닫았다. $t=3$에서 전류의 크기가 $i(3)=4(1-e^{-1})$[A]일 때, 전압 E[V]와 인덕턴스 L[H]은? 19년 국가직 9급

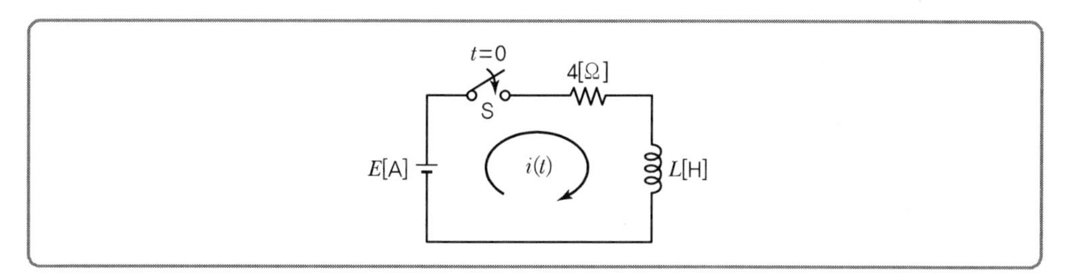

	E[V]	L[H]		E[V]	L[H]
①	8	6	②	8	12
③	16	6	④	16	12

27 다음 회로에서 $t=0$에 스위치(S)가 닫힐 때, 인덕터 L에 걸리는 전압[V]은? 19년 지방직 9급

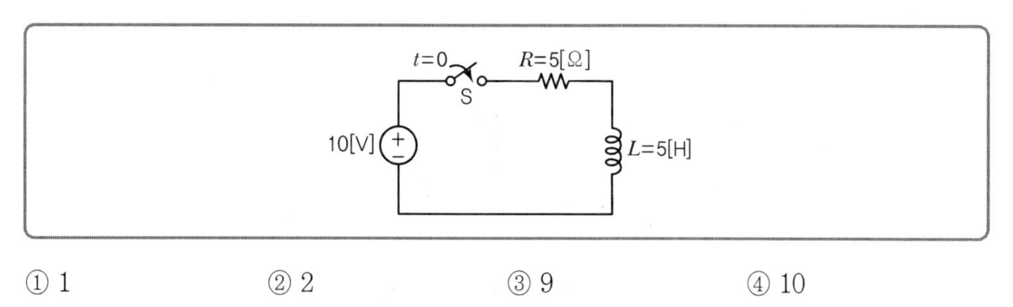

① 1 ② 2 ③ 9 ④ 10

28 다음 회로에서 $t=0$에 스위치(S)가 닫힐 때, 시정수[sec]는? 19년 지방직 9급

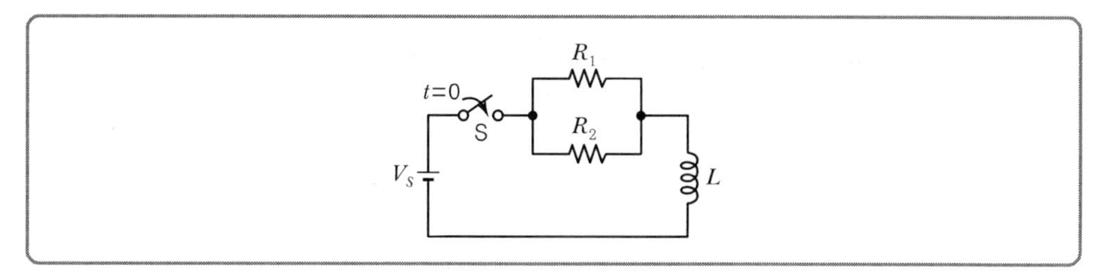

① $\frac{R_1+R_2}{R_1R_2}\frac{1}{L}$ ② $\frac{R_1+R_2}{R_1R_2}L$

③ $\frac{R_1R_2}{R_1+R_2}L$ ④ $(R_1+R_2)L$

정답 26 ④ 27 ④ 28 ②

29 V_S의 크기를 갖는 스텝 전압을 $t=0$ 시점에서 $R-L$ 직렬회로에 인가했을 때, L 양단에 나타나는 순시 전압 파형을 옳게 나타낸 것은? 07년 국가직 9급

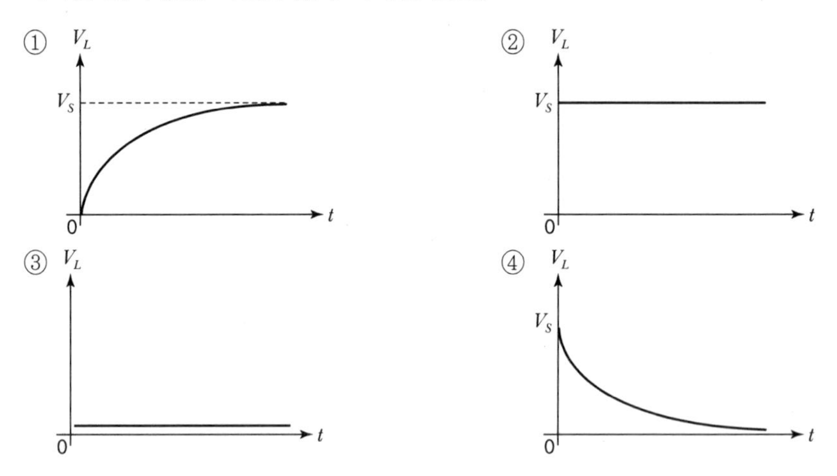

30 다음 직류회로에서 $t=0$인 순간에 스위치를 닫을 경우 이때 스위치로 흐르는 전류 $i_S(0^+)$[A]는? 08년 국가직 9급

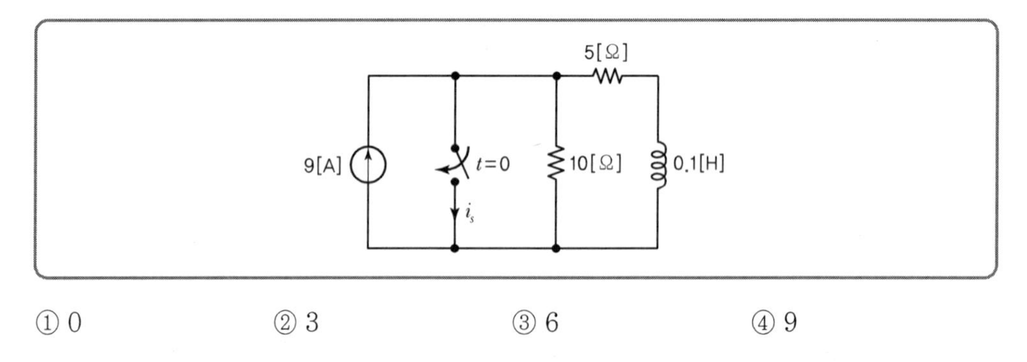

① 0 ② 3 ③ 6 ④ 9

31 다음 회로에서 $t=0$에 스위치를 닫는다. $t>0$일 때 시정수(Time Constant)[μs]은? 10년 지방직 9급

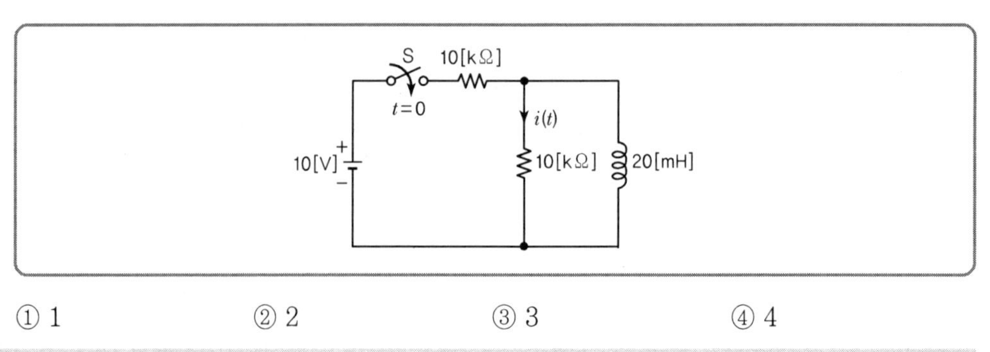

① 1 ② 2 ③ 3 ④ 4

정답 29 ④ 30 ② 31 ④

32 아래 회로에서 오랫동안 ㉠의 위치에 있던 스위치 SW를 $t=0^+$ 인 순간에 ㉡의 위치로 전환하였다. 충분한 시간이 흐른 후에 인덕터 L에 저장되는 에너지 [J]는?(단, $V_1=100$[V], $R=20$[Ω], $L=0.2$[H]이다.)

09년 국가직 9급

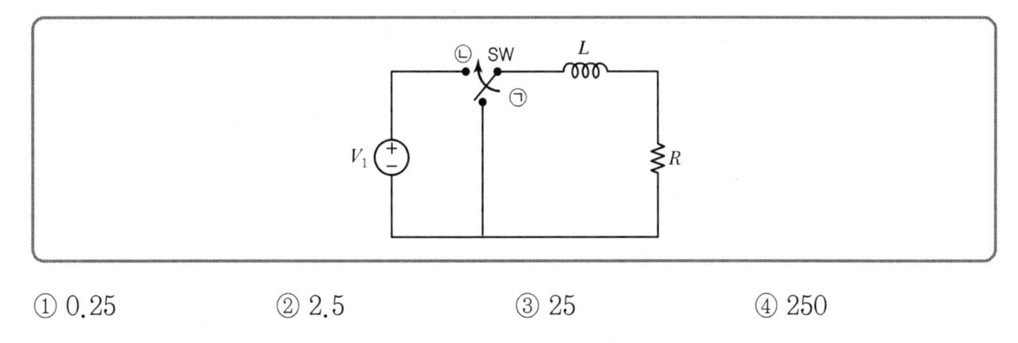

① 0.25 ② 2.5 ③ 25 ④ 250

33 다음 회로에서 전원 전류 $i_s(t)$로 크기가 3[A]인 스텝전류를 $t=0$인 시점에 회로에 인가하였을 때, 저항 5[Ω]에 흐르는 전류 $i_R(t)$[A]는?(단, 모든 소자의 초기 전류는 0이다.)

12년 국가직 9급

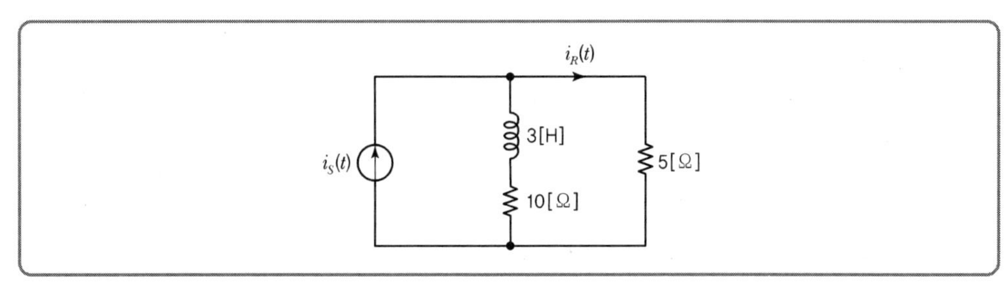

① $1+2e^{-3t}$
② $1+2e^{-5t}$
③ $2+e^{-3t}$
④ $2+e^{-5t}$

34 $R=5$[Ω], $L=1$[H]인 직렬 회로에 10[V] 전원을 인가할 때, 전류 [A]는 얼마인가?

14년 국회직 9급

① $i=10(1-e^{-5t})$
② $i=10(1-e^{-0.2t})$
③ $i=2e^{-0.2t}$
④ $i=2(1-e^{-0.2t})$
⑤ $i=2(1-e^{-5t})$

정답 32 ② 33 ④ 34 ⑤

35 다음과 같이 정상상태로 있던 회로에 $t=0$에서 스위치(SW)를 닫았다. 이때, 이 회로의 전류 i_{sw}와 i_L의 응답상태로 옳은 것은? 09년 지방직 9급

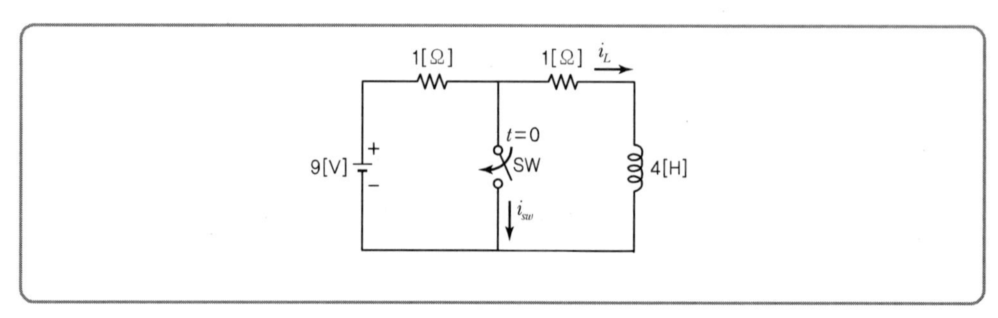

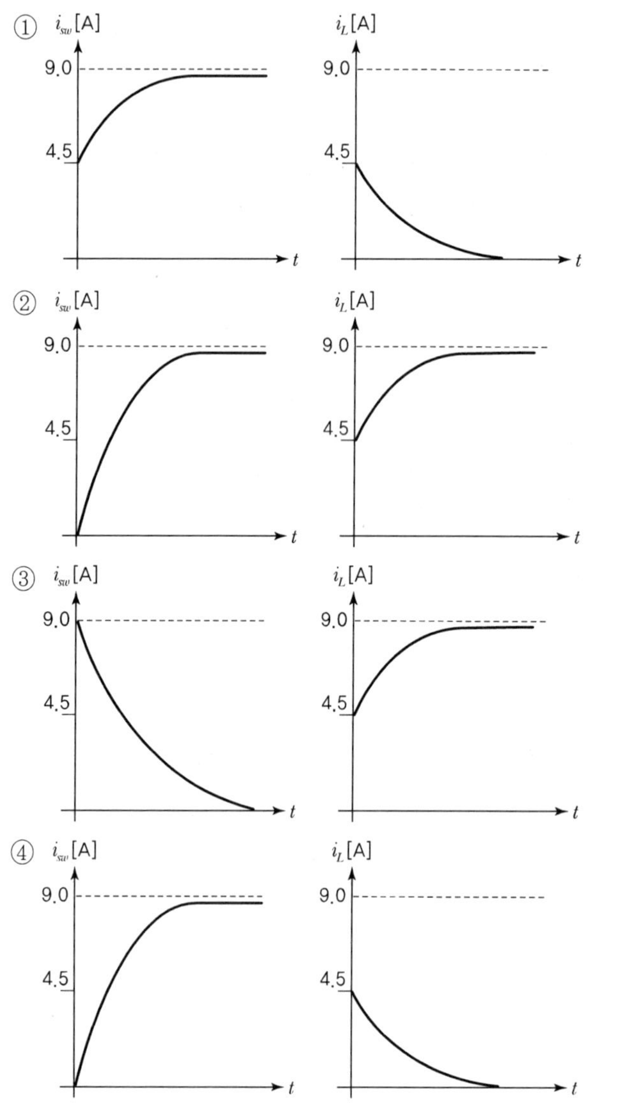

정답 35 ①

36 아래 회로에서 충분한 시간 동안 개방되어 있었던 스위치를 $t=0$인 시점에서 on시켰다. $t=0$에서부터 스위치에 흐르는 전류는? 11년 지방직 9급

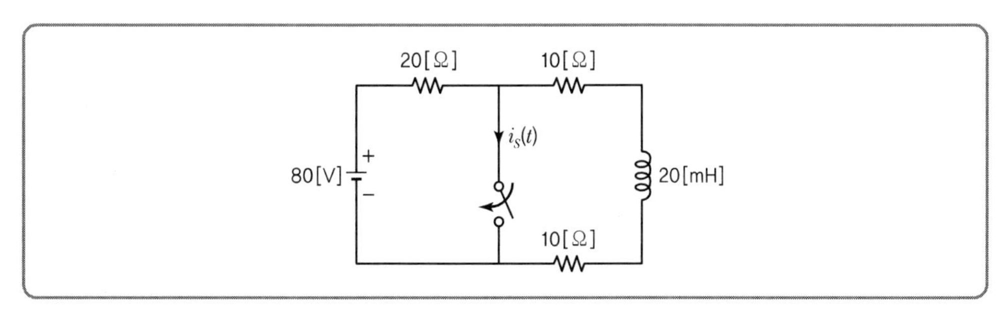

① $i_s(t)=4-2e^{-1000t}$ ② $i_s(t)=4+2e^{-1000t}$

③ $i_s(t)=4-2e^{-2000t}$ ④ $i_s(t)=4+2e^{-2000t}$

37 다음 회로에서 스위치 S가 충분히 오래 단자 a에 머물러 있다가 $t=0$에서 스위치 S가 단자 a에서 단자 b로 이동하였다. $t>0$일 때의 전류 $i_L(t)$[A]는? 18년 국가직 9급

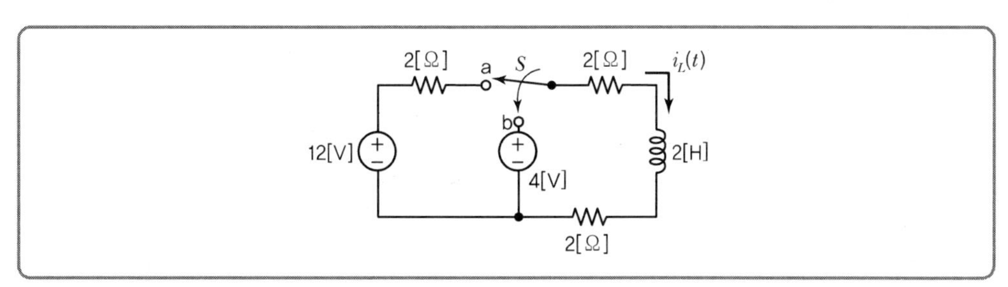

① $2+e^{-3t}$ ② $2+e^{-2t}$

③ $1+e^{-2t}$ ④ $1+e^{-3t}$

정답 36 ① 37 ③

38 다음 그림의 회로에서 충분히 긴 시간이 지난 후에 $t=0$인 순간에 스위치가 그림과 같이 a에서 b로 이동할 때 $i_L(0)[\mathrm{A}]$과 $v_C(0)[\mathrm{V}]$은? 10년 지방직 9급

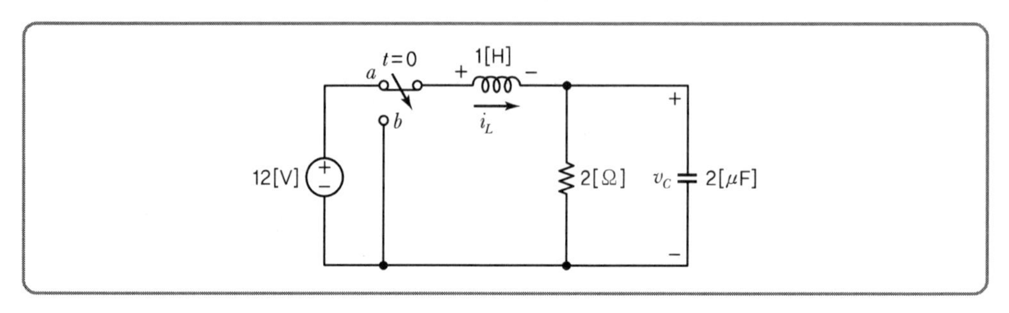

	$i_L(0)[\mathrm{A}]$	$v_c(0)[\mathrm{V}]$		$i_L(0)[\mathrm{A}]$	$v_c(0)[\mathrm{V}]$
①	6	12	②	12	12
③	12	6	④	6	6

39 그림과 같은 직류회로에서 오랜 시간 개방되어 있던 스위치가 닫힌 직후의 스위치 전류 $i_{sw}(0^+)[\mathrm{A}]$는? 18년 지방직 9급

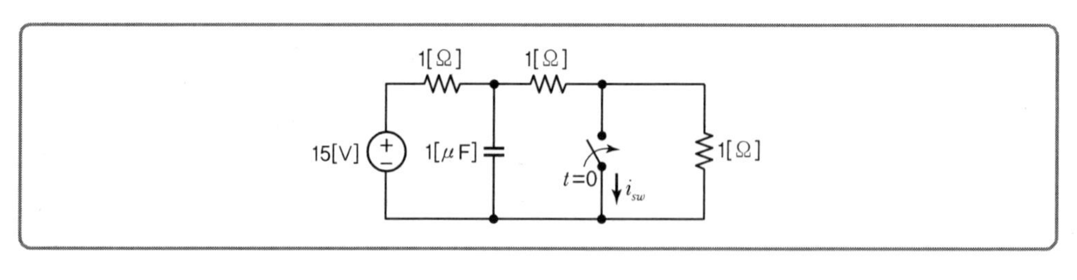

① $\frac{15}{2}$　② $\frac{15}{3}$　③ 10　④ 15

40 아래 회로에서 $t=0^+$인 순간에 스위치 SW를 ㉠에서 ㉡으로 전환하였다. 이 순간 인덕터에 흐르는 전류의 크기[A]는? 09년 국가직 9급

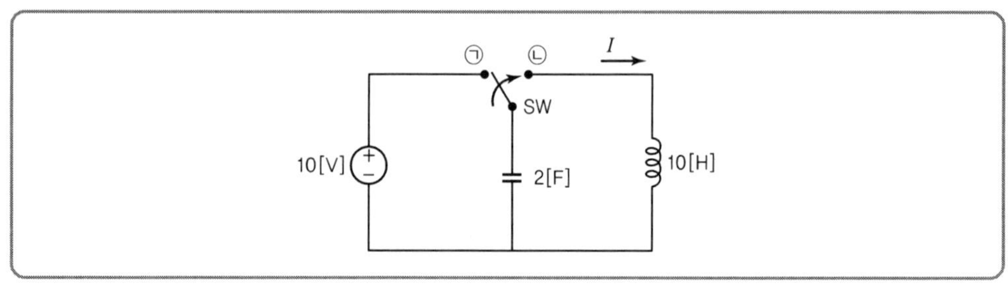

① 5　② ∞　③ 10　④ 0

정답 38 ① 39 ③ 40 ④

41 다음 그림의 회로에서 $t=0$의 지점에 스위치(SW)를 닫았다. 커패시터 전압이 최종값의 63.2[%]에 도달하는 데 걸리는 시간[us] 및 이때의 전류 I[A]는?(단, $R=2$[Ω], $C=100$[μF], E=100[V], $e^{-1}=0.368$이다.) 11년 국가직 9급

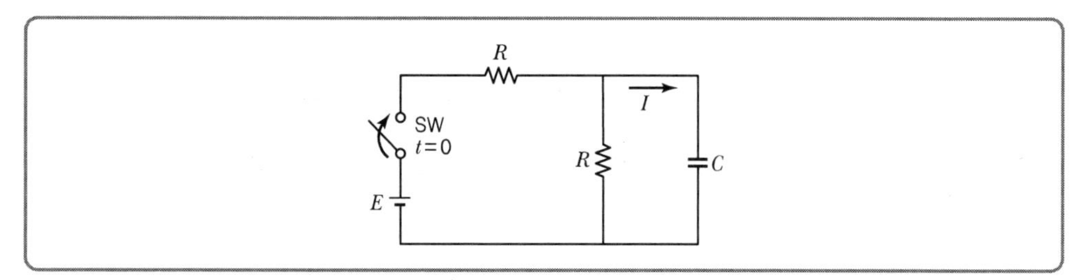

① 50, 63.2
② 100, 36.8
③ 50, 36.8
④ 100, 18.4

42 다음 회로에서 $t=0$[s]일 때 스위치 S를 닫았다면, $t=\infty$[s]에서 $i_1(t)$, $i_2(t)$의 값은?(단, $t<0$[s]에서 C 전압과 L 전압은 0[V]이다.) 15년 서울시 9급

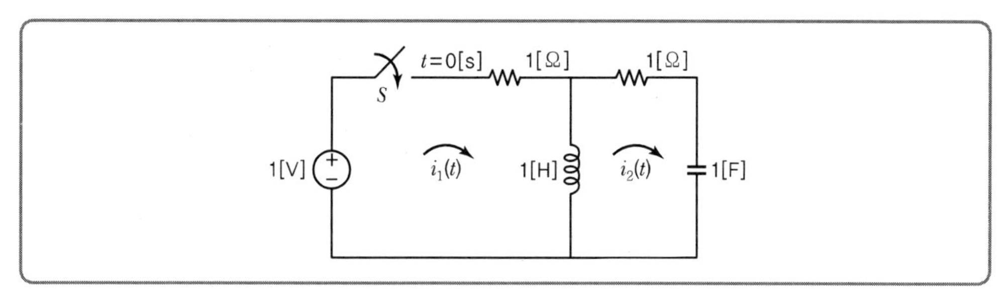

① $i_1(t)=-1$[A], $i_2(t)=0$[A]
② $i_1(t)=0$[A], $i_2(t)=-1$[A]
③ $i_1(t)=1$[A], $i_2(t)=0$[A]
④ $i_1(t)=0$[A], $i_2(t)=1$[A]

정답 41 ④ 42 ③

43 그림과 같은 회로에서 스위치는 긴 시간 동안 개방되어 있다가 $t=0$에서 닫힌다. $t \geq 0$에서 인덕터에 흐르는 전류 $i(t)$[A]는?

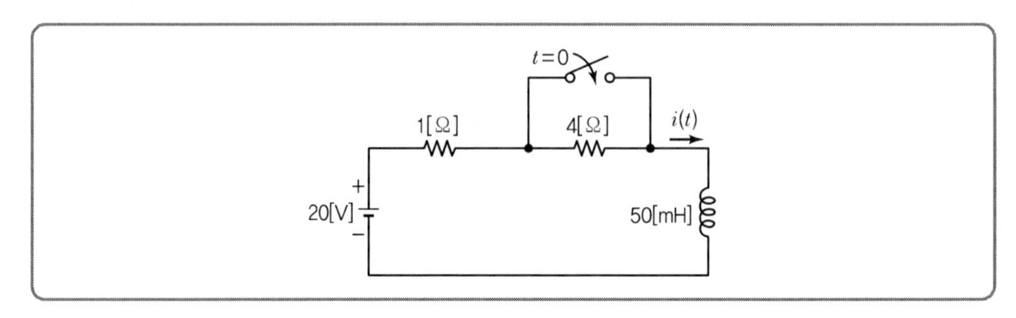

① $20-16e^{-10t}$
② $20-16e^{-20t}$
③ $20-24e^{-10t}$
④ $20-24e^{-20t}$

44 다음 회로에서 오랜 시간 닫혀있던 스위치 S가 $t=0$에서 개방된 직후에 인덕터의 초기전류 $i_L(0^+)$[A]는? 18년 국가직 9급

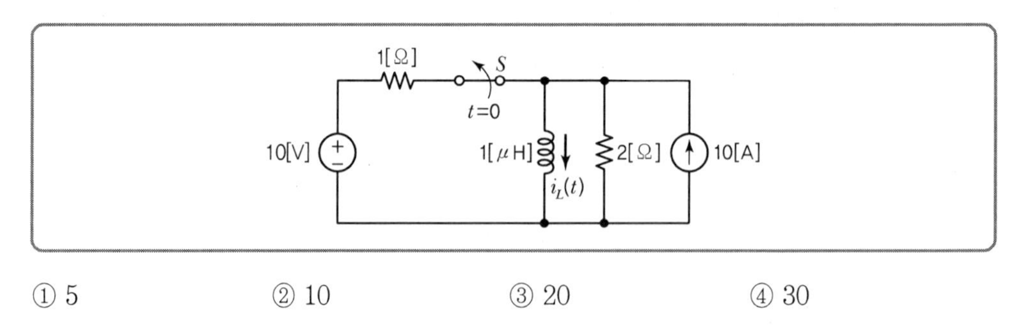

① 5
② 10
③ 20
④ 30

45 그림의 회로에서 $C=200$[pF]의 콘덴서가 연결되어 있을 때, 시정수 τ[psec]와 단자 a−b 왼쪽의 테브냉 등가전압 V_{Th}의 값[V]은? 19년 서울시 9급

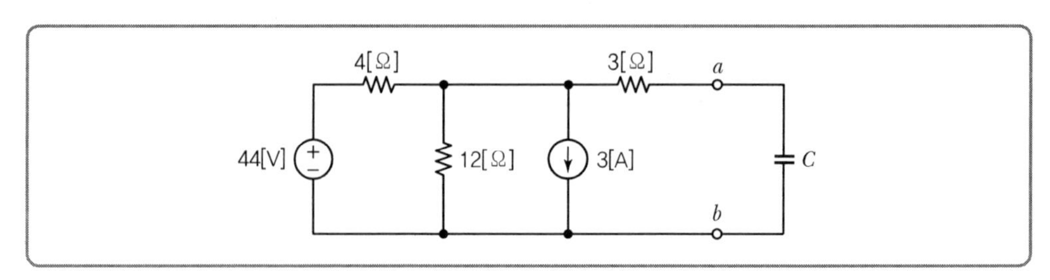

① $\tau=1,200$[psec], $V_{Th}=24$[V]
② $\tau=1,200$[psec], $V_{Th}=12$[V]
③ $\tau=600$[psec], $V_{Th}=12$[V]
④ $\tau=600$[psec], $V_{Th}=24$[V]

정답 43 ② 44 ③ 45 ①

46 그림의 회로에서 $v(t=0)=V_0$일 때, 시간 t에서의 $v(t)$의 값[V]은? 19년 서울시 9급

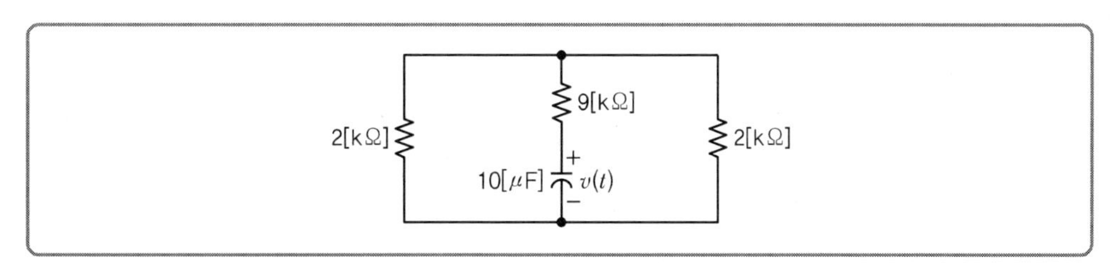

① $v(t)=V_0e^{-10t}$[V]
② $v(t)=V_0e^{0.1t}$[V]
③ $v(t)=V_0e^{10t}$[V]
④ $v(t)=V_0e^{-0.1t}$[V]

47 그림과 같이 전압원 V_s는 직류 1[V], $R_1=1$[Ω], $R_2=1$[Ω], $R_3=1$[Ω], $L_1=1$[H], $L_2=1$[H]이며, $t=0$일 때, 스위치는 단자 1에서 단자 2로 이동했다. $t=\infty$일 때, i_1의 값[A]은? 19년 서울시 9급

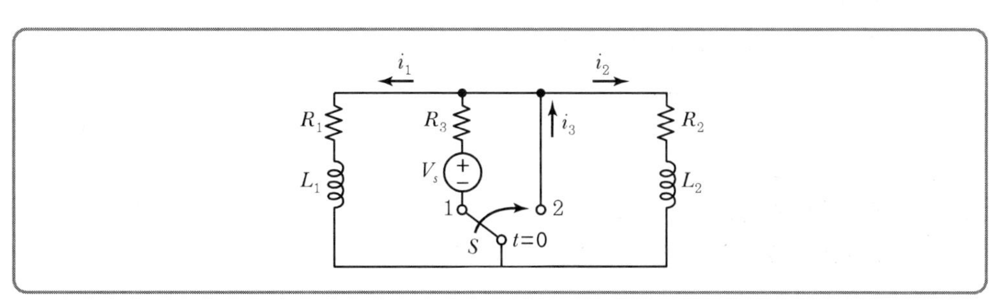

① 0[A]
② 0.5[A]
③ −0.5[A]
④ −1[A]

48 다음 회로에서 스위치는 긴 시간 동안 개방되어 있다가 시간 $t=0$에서 닫힌다. 시간 $t=0$ 바로 직전에 인덕터에 흐르는 전류의 크기[A]를 구하면? 19년 국회직 9급

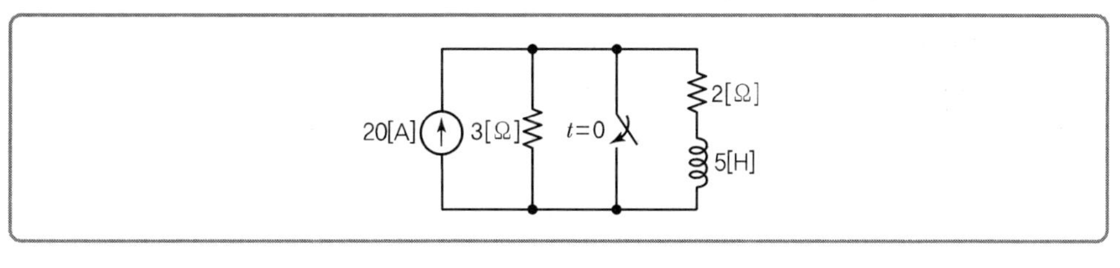

① 10
② 12
③ 14
④ 16
⑤ 18

정답 46 ① 47 ① 48 ②

49 그림 (가)의 입력전압이 (나)의 정류회로에 인가될 때, 입력전압 $v(t)$와 출력전압 $v_o(t)$에 대한 설명으로 옳지 않은 것은?(단, 다이오드는 이상적인 소자이고, 출력전압의 평균값은 200[V]이다.) 21년 지방직 9급

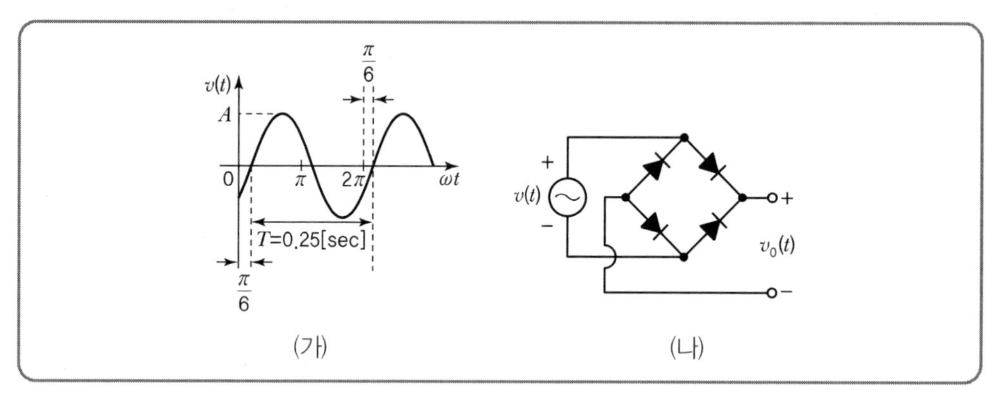

(가) (나)

① 입력전압의 주파수는 4[Hz]이다.

② 출력전압의 최댓값은 100π[V]이다.

③ 출력전압의 실횻값은 $100\pi\sqrt{2}$ [V]이다.

④ 입력전압 $v(t) = A\sin(\omega t - 30°)$[V]이다.

50 그림의 직류 전원공급 장치 회로에 대한 설명으로 옳지 않은 것은?(단, 다이오드는 이상적인 소자이고, 커패시터의 초기 전압은 0[V]이다.) 21년 지방직 9급

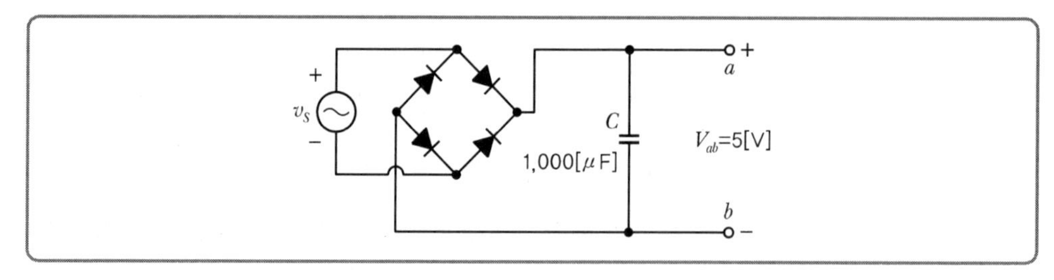

① 일반적으로 서지전류가 발생한다.

② 다이오드를 4개 사용한 전파 정류회로이다.

③ 콘덴서에는 정상상태에서 12.5[mJ]의 에너지가 축적된다.

④ C와 같은 용량의 콘덴서를 직렬로 연결하면 더 좋은 직류를 얻을 수 있다.

정답 49 ③ 50 ④

51 그림의 (가)회로를 (나)회로와 같이 테브냉(Thevenin) 등가변환 하였을 때, 등가 임피던스 Z_{TH}[Ω]와 출력전압 $V(s)$[V]는?(단, 커패시터와 인덕터의 초기 조건은 0이다.)

21년 지방직 9급

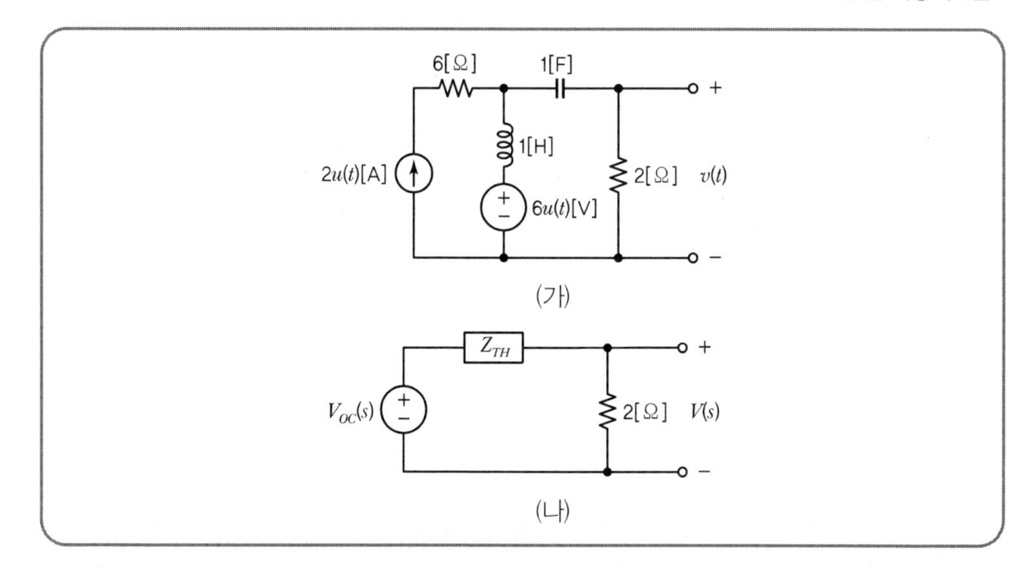

	Z_{TH}[Ω]	$V(s)$[V]		Z_{TH}[Ω]	$V(s)$[V]
①	$\frac{s}{s^2+1}$	$\frac{4(s+3)}{(s+1)^2}$	②	$\frac{s^2+1}{s}$	$\frac{4(s+3)}{(s+1)^2}$
③	$\frac{s}{s^2+1}$	$\frac{4(s^2+1)(s+3)}{s(2s^2+s+2)}$	④	$\frac{s^2+1}{s}$	$\frac{4(s^2+1)(s+3)}{s(2s^2+s+2)}$

52 그림의 회로에 $t=0$에서 직류전압 $V=50$[V]를 인가할 때, 정상상태 전류 I[A]는?(단, 회로의 시정수는 2[ms], 인덕터의 초기전류는 0[A]이다.)

19년 지방직 9급

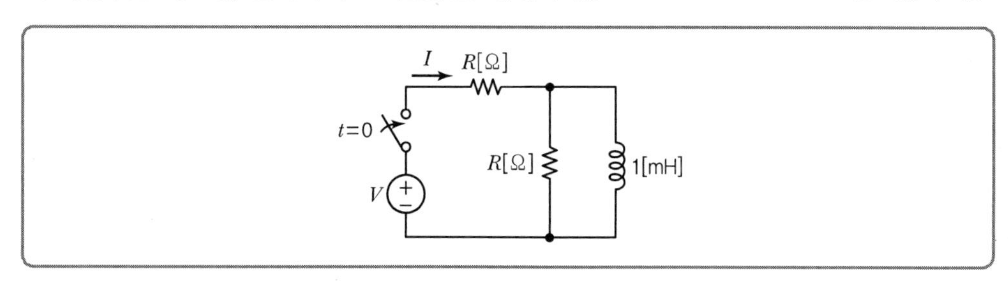

① 12.5 ② 25

③ 35 ④ 50

정답 51 ② 52 ④

53 그림과 같은 회로에서 스위치를 B에 접속하여 오랜 시간이 경과한 후에 $t=0$에서 A로 전환하였다. $t=0^+$에서 커패시터에 흐르는 전류 $i(0^+)$[mA]와 $t=2$에서 커패시터와 직렬로 결합된 저항 양단의 전압 $v(2)$[V]는? 19년 지방직 9급

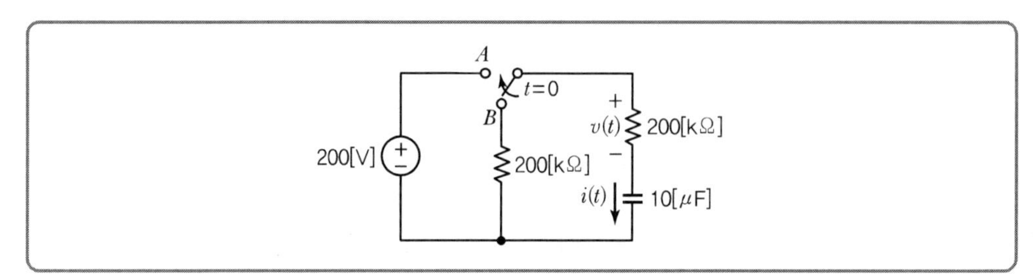

	$i(0^+)$[mA]	$v(2)$[V]		$i(0^+)$[mA]	$v(2)$[V]
①	0	약 74	②	0	약 126
③	1	약 74	④	1	약 126

54 다음 회로에서 스위치 S가 단자 a에서 충분히 오랫동안 머물러 있다가 $t=0$에서 단자 a에서 단자 b로 이동하였다. $t>0$일 때의 전압 $v_c(t)$[V]는? 19년 국가직 9급

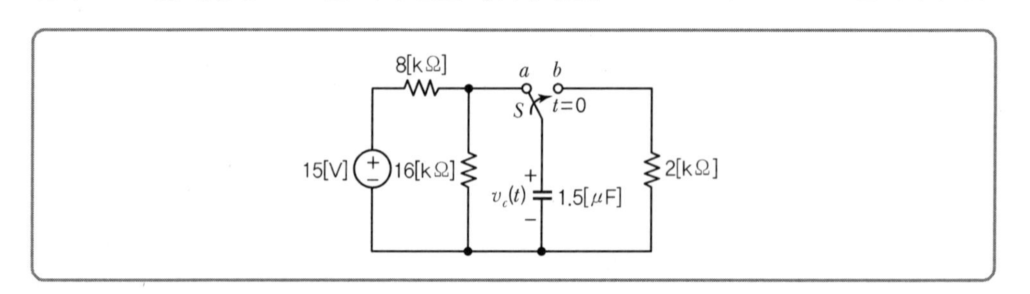

① $5e^{-\frac{t}{3\times10^{-2}}}$　② $5e^{-\frac{t}{3\times10^{-3}}}$

③ $10e^{-\frac{t}{3\times10^{-2}}}$　④ $10e^{-\frac{t}{3\times10^{-3}}}$

정답 53 ③ 54 ④

55 그림의 회로에서 $t=0$일 때, 스위치 SW를 닫았다. 시정수 τ[s]는? 20년 지방직 9급

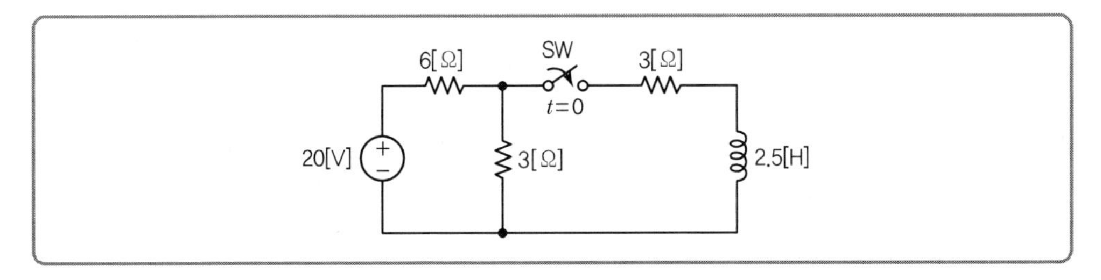

① $\frac{1}{2}$
② $\frac{2}{3}$
③ 1
④ 2

56 그림의 회로에서 스위치 SW가 충분히 긴 시간 동안 접점 a에 연결되어 있다. $t=0$에서 접점 b로 이동한 직후의 인덕터와 커패시터에 저장된 에너지[mJ]는? 20년 지방직 9급

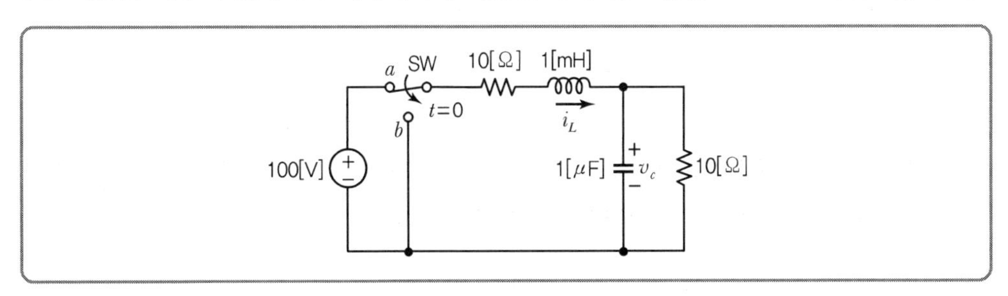

	인덕터	커패시터		인덕터	커패시터
①	12.5	1.25	②	12.5	12.5
③	12.5	1,250	④	1,250	12.5

57 그림의 회로에서 $t=0$[sec]일 때, 스위치 S를 닫았다. $t=3$[sec]일 때, 커패시터 양단 전압 $v_c(t)$[V]는?(단, $v_c(t=0_-)=0$[V]이다.) 20년 국가직 9급

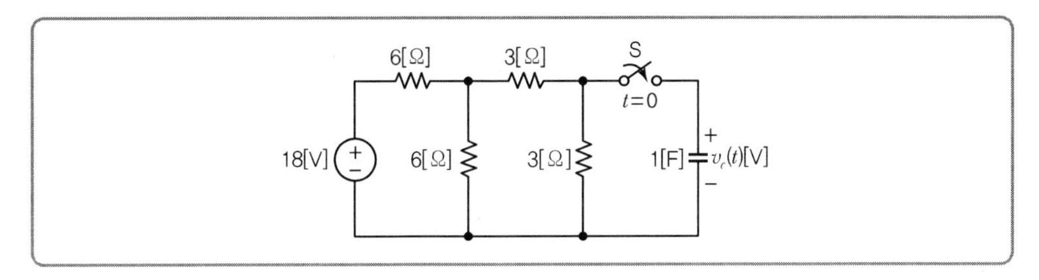

정답 55 ① 56 ① 57 ③

① $3e^{-4.5}$　　② $3-3e^{-4.5}$

③ $3-3e^{-1.5}$　　④ $-3e^{-1.5}$

58 그림과 같은 회로에서 인덕터의 전압 v_L이 $t>0$ 이후에 0이 되는 시점은?(단, 전류원의 전류 $i=\begin{cases}0 & , t<0 \\ te^{-2t} & , t\geq 0\end{cases}$ 이다.) 18년 서울시 9급(전)

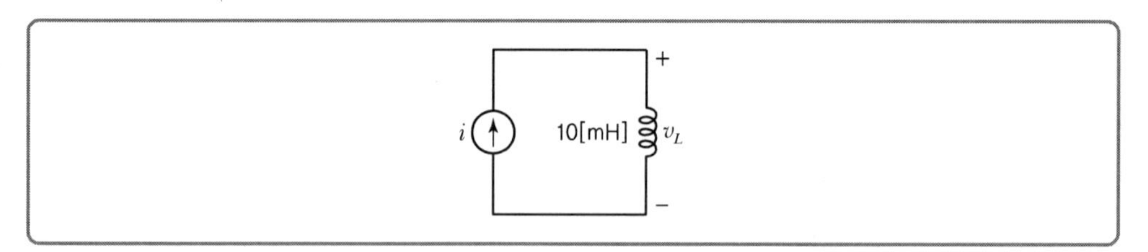

① 0.5[sec]　　② 0.2[sec]

③ 2[sec]　　④ 5[sec]

59 그림의 $R-C$ 직렬회로에서 $t=0$[s]일 때 스위치 S를 닫아 전압 E[V]를 회로의 양단에 인가하였다. $t=0.05$[s]일 때 저항 R의 양단 전압이 $10e-10$[V]이면, 전압 E[V]와 커패시턴스 $C[\mu F]$는?(단, $R=5{,}000[\Omega]$, 커패시터 C의 초기전압은 0[V]이다.) 21년 국가직 9급

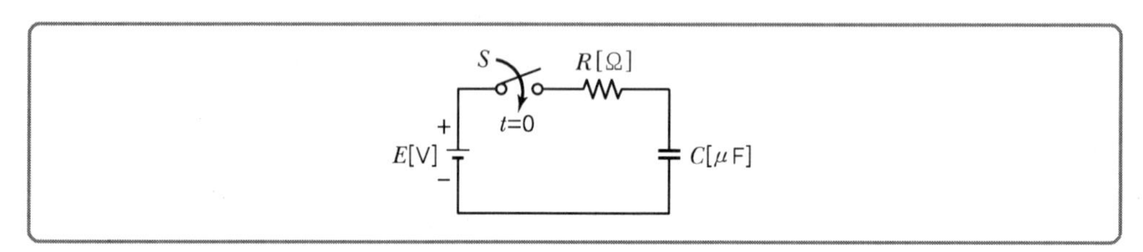

	E[V]	$C[\mu F]$		E[V]	$C[\mu F]$
①	10	1	②	10	2
③	20	1	④	20	2

정답 58 ① 59 ①

60 그림의 회로에서 스위치가 오랫동안 1에 있다가 $t=0$[s] 시점에 2로 전환되었을 때, $t=0$[s] 시점에 커패시터에 걸리는 전압 초기치 $v_c(0)$[V]와 $t>0$[s] 이후 $v_c(t)$가 전압 초기치의 e^{-1} 만큼 감소하는 시점[msec]을 순서대로 나열한 것은? 21년 서울시 9급

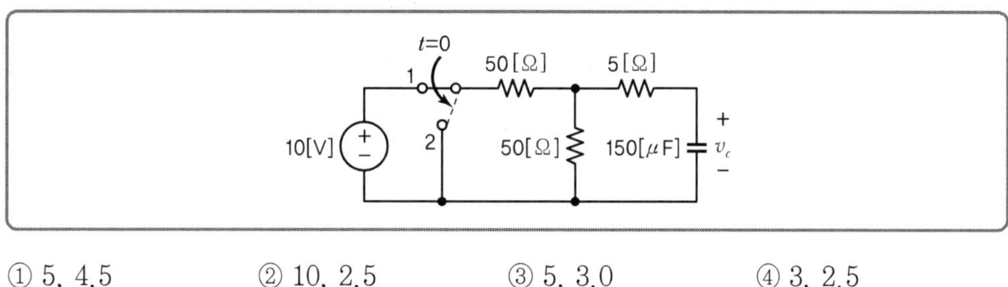

① 5, 4.5　② 10, 2.5　③ 5, 3.0　④ 3, 2.5

61 그림의 회로에서 스위치 S가 충분히 긴 시간 동안 접점 a에 연결되어 있다가 $t=0$에서 접점 b로 이동하였다. 회로에 대한 설명으로 옳지 않은 것은? 21년 지방직 9급

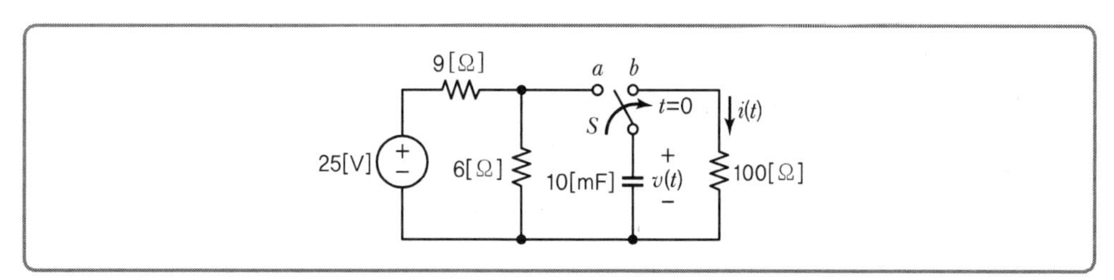

① $v(0) = 10$[V]이다.
② $t>0$에서 $i(t)=10e-t$[A]이다.
③ $t>0$에서 회로의 시정수는 1[sec]이다.
④ 회로의 시정수는 커패시터에 비례한다.

62 그림의 회로에서 스위치 S를 $t=0$에서 닫았을 때, 전류 $i_c(t)$[A]는?(단, 커패시터의 초기 전압은 0[V]이다.) 21년 지방직 9급

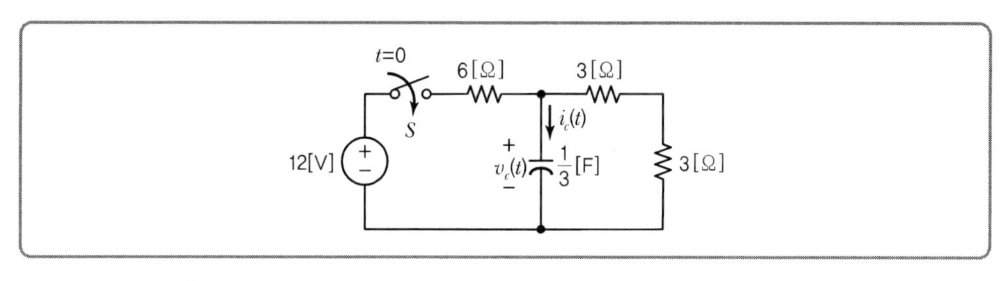

① e^{-t}　② $2e^{-t}$　③ e^{-2t}　④ $2e^{-2t}$

정답 60 ① 61 ② 62 ②

63 그림의 회로에서 스위치 S가 충분히 오랜 시간 동안 개방되었다가 $t=0$[s]인 순간에 닫혔다. $t>0$일 때의 전류 $i(t)$[A]는? 21년 국가직 9급

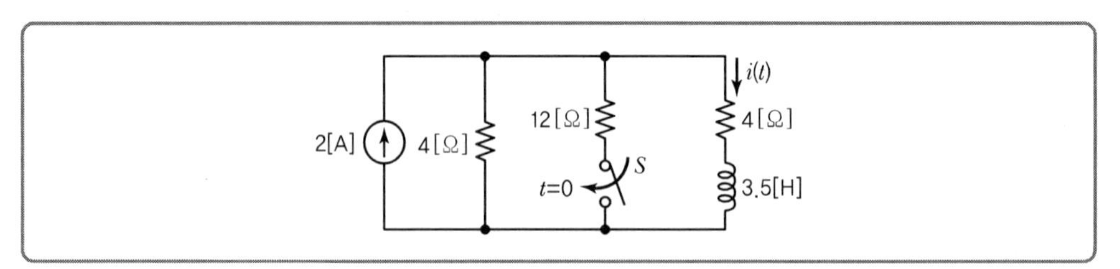

① $\frac{1}{7}(6+e^{-2t})$　② $\frac{1}{7}(6+e^{-\frac{3}{2}t})$

③ $\frac{1}{7}(8-e^{-2t})$　④ $\frac{1}{7}(8-e^{-\frac{3}{2}t})$

64 그림의 회로에서 스위치가 충분히 오랜 시간 동안 열려 있다가 $t=0$[s]에 닫혔다. $t>0$[s]일 때 $v(t)=8e^{-2t}$[V]라고 한다면, 코일 L의 값[H]은? 21년 서울시 9급

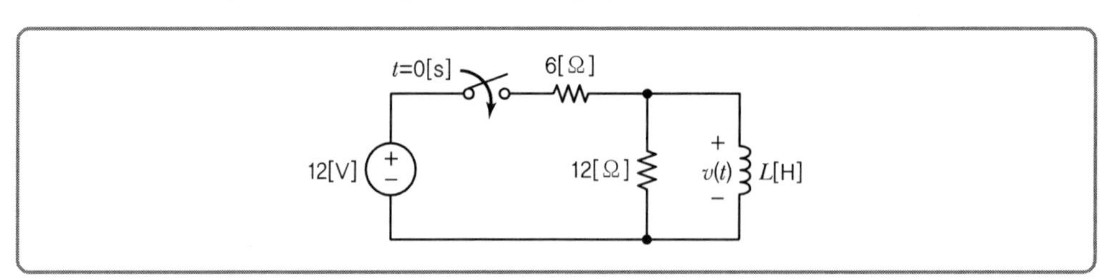

① 2　② 4

③ 6　④ 8

정답 63 ① 64 ①

65 $R-L$ 직렬 회로에 $t=0$에서 일정 크기의 직류전압을 인가하였다. 저항과 인덕터의 전압, 전류 파형 중에서 $t>0$ 이후에 그림과 같은 형태로 나타나는 것은?(단, 인덕터의 초기 전류는 0[A]이다.)

22년 지방직 9급

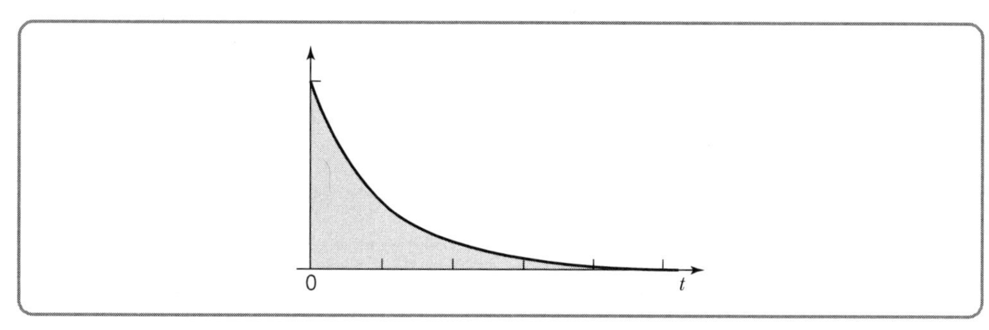

① 저항 R의 전류 파형
② 저항 R의 전압 파형
③ 인덕터 L의 전류 파형
④ 인덕터 L의 전압 파형

66 $R-C$ 또는 $R-L$ 직렬회로에 계단 함수의 직류 전압이 인가될 때, 다음 중 설명이 옳지 않은 것은?

23년 지방직 9급

① $R-C$ 직렬회로에서 R이 작아지면 과도현상 시간이 줄어든다.
② $R-C$ 직렬회로에서 C가 커지면 과도현상 시간이 늘어난다.
③ $R-L$ 직렬회로에서 R이 작아지면 과도현상 시간이 줄어든다.
④ $R-L$ 직렬회로에서 L이 커지면 과도현상 시간이 늘어난다.

67 $R-C$ 직렬회로에 교류전압 $V_s=40$[V]가 인가될 때 회로의 역률[%]과 유효전력[W]은? (단, 저항 $R=10$[Ω], 용량성 리액턴스 $X_C=10\sqrt{3}$[Ω]이고, 인가전압은 실횻값이다.)

22년 지방직 9급

	역률	유효전력
①	50	20
②	50	40
③	100	20
④	100	40

정답 65 ④ 66 ③ 67 ②

68 그림의 회로에서 $t=0$에서 스위치가 닫힐 때, 닫는 순간 전류 $i(0^+)$[A]와 정상상태 전류 $i(\infty)$[A]는?(단, 인덕터와 커패시터의 초깃값은 0이고, 정상상태는 시간이 오래 지난 상태를 의미한다.)

21년 지방직(경력) 9급

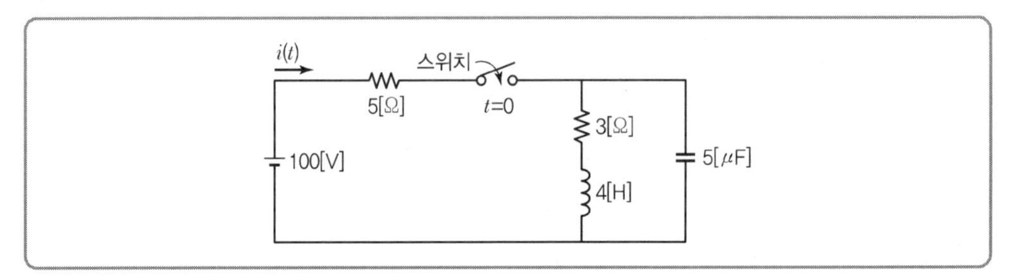

	닫는 순간 전류 $i(0^+)$	정상상태 전류 $i(\infty)$
①	10	20
②	$10\sqrt{2}$	10
③	20	$\frac{5}{4}$
④	20	$\frac{25}{2}$

69 그림의 회로에서 $t=0$에서 스위치가 열릴 때 설명으로 옳은 것은?(단, 커패시터의 초기충전 전압은 없다.)

21년 지방직(경력) 9급

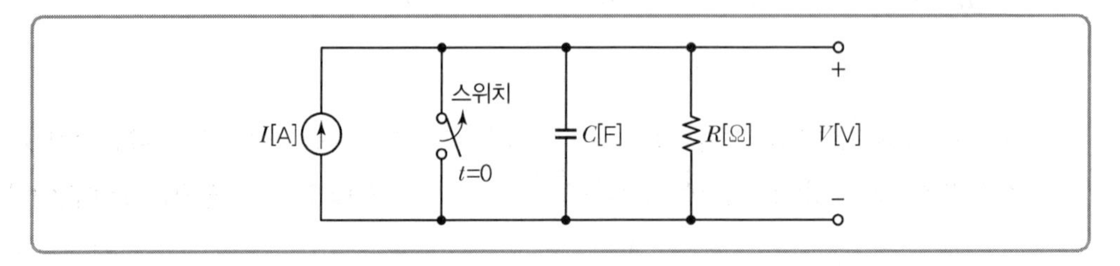

① $t \geq 0$에 대한 회로 방정식은 $C\frac{dI}{dt}+\frac{V}{R}=0$이다.

② $V(0^+)=1$[V]이다.

③ $\left.\frac{dV}{dt}\right|_{t=0^+}=0$이다.

④ V의 정상상태 값은 $V=RI$[V]이다.

정답 68 ④ 69 ④

70 그림의 회로에서 스위치 S가 충분히 긴 시간 동안 닫혀 있다가 $t=0$에서 개방된 직후의 커패시터 전압 $V_C(0^+)$[V]는? 22년 국가직 9급

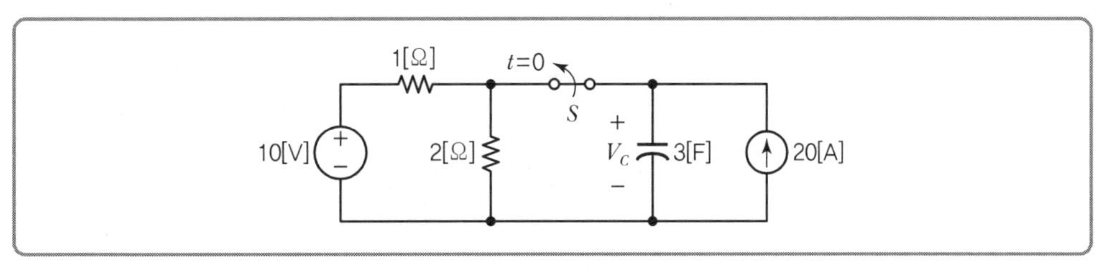

① 10 ② 15
③ 20 ④ 25

71 그림의 회로에서 $t=0$인 순간에 스위치 S를 접점 a에서 접점 b로 이동하였다. 충분한 시간이 흐른 후에 전류 i_L[A]은? 22년 국가직 9급

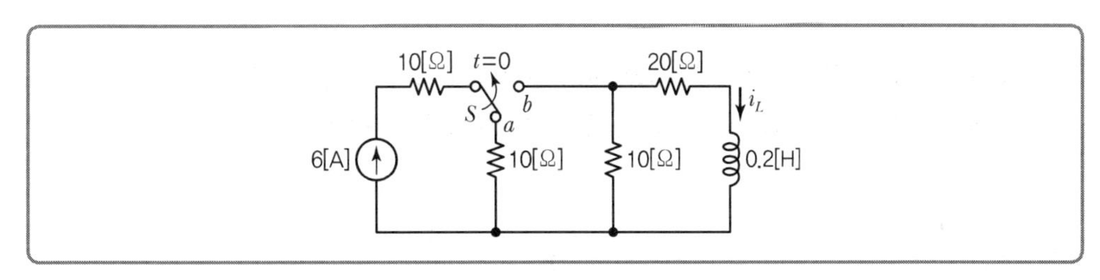

① 0 ② 2
③ 4 ④ 6

72 R−L 직렬회로에서 시정수의 값이 클수록 과도현상의 소멸되는 시간은 어떻게 되는가? 22년 군무원 9급

① 짧아진다. ② 관계없다.
③ 반복된다. ④ 길어진다.

정답 70 ③ 71 ② 72 ④

73 그림과 같은 R, C 회로의 입력 단자에 계단 전압을 인가했을 때 출력 전압의 변화로 가장 옳은 것은? 22년 군무원 9급

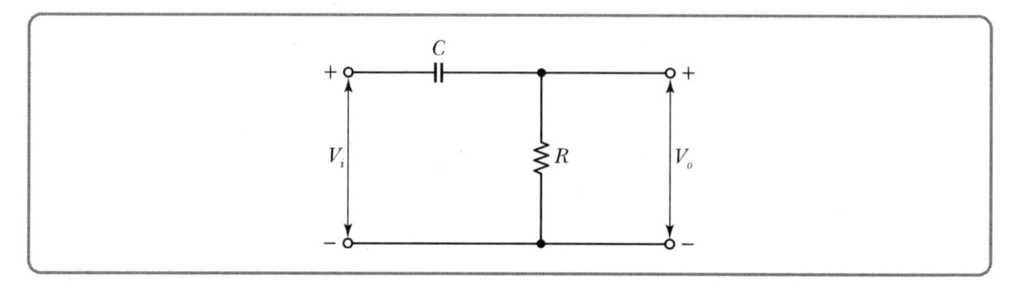

① 0부터 지수적으로 증가한다.
② 처음에는 입력과 같이 변했다가 지수적으로 감쇠한다.
③ 같은 모양의 계단 전압이 나타난다.
④ 아무것도 나타나지 않는다.

74 어떤 소자에 교류전원을 인가했더니 교류전원의 주파수에 따라 리액턴스 값이 〈보기〉와 같이 측정되었다. 이 소자에 대한 설명으로 가장 옳지 않은 것은? 22년 서울시(고졸) 9급

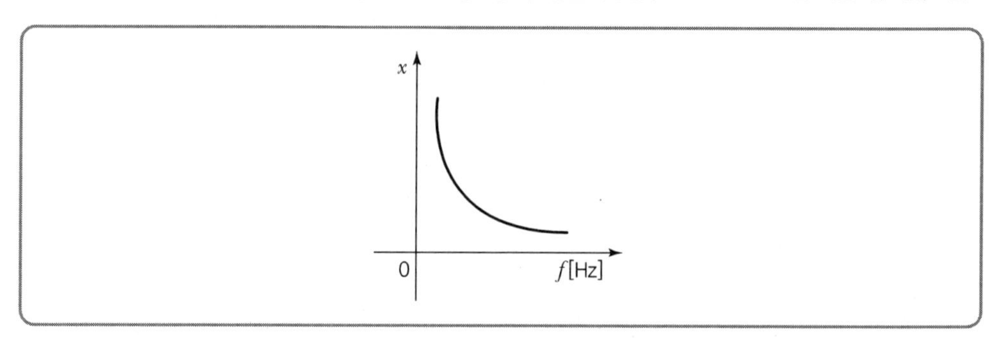

① 유도성 리액턴스 성분이다.
② 주파수가 높을수록 전류는 증가한다.
③ 흐르는 전류는 전압보다 위상이 90° 앞선다.
④ 소자에 저장되는 에너지는 전압의 제곱에 비례한다.

정답 **73** ② **74** ③

75 〈보기〉는 $t=0$에서 스위치가 닫히는 회로이다. 회로가 정상상태($t=\infty$)에 도달할 경우 a - b 양단의 합성 저항 R_0[Ω] 및 전류 I[A]는? 22년 서울시(고졸) 9급

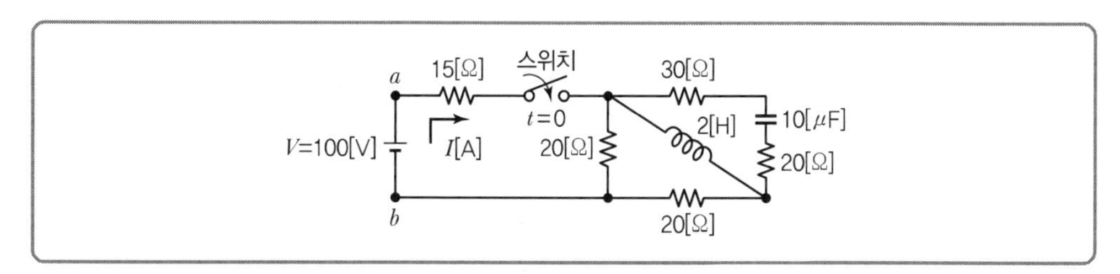

	합성 저항 R_0[Ω]	전류 I[A]
①	5	20
②	10	10
③	12.5	8
④	25	4

76 그림은 $t=0$에서 1초 간격으로 스위치가 닫히고 열림을 반복하는 $R-L$회로이다. 이때 인덕터에 흐르는 전류의 파형으로 적절한 것은?(단, 다이오드는 이상적이고, $t<0$에서 스위치는 오랫동안 열려 있다고 가정한다.) 22년 지방직 9급

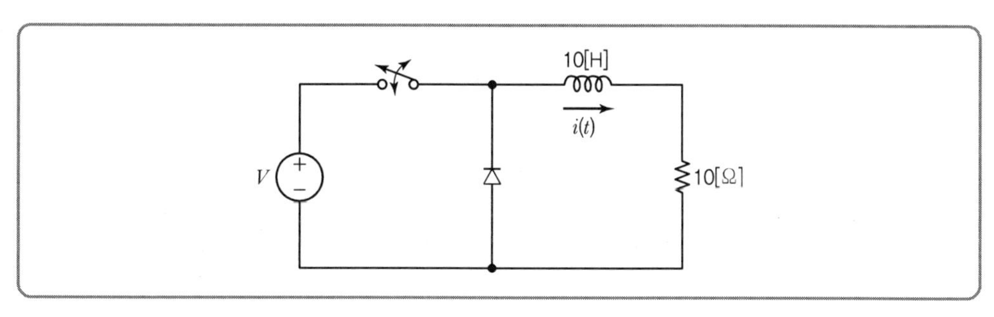

①

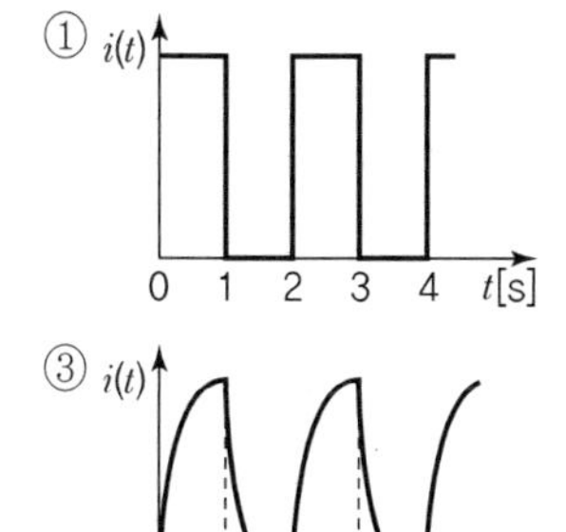

②

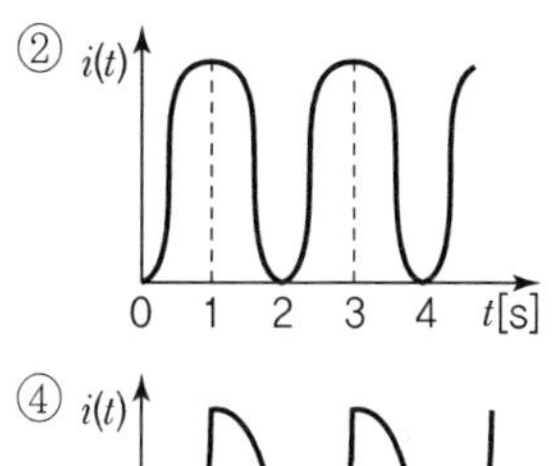

③

④

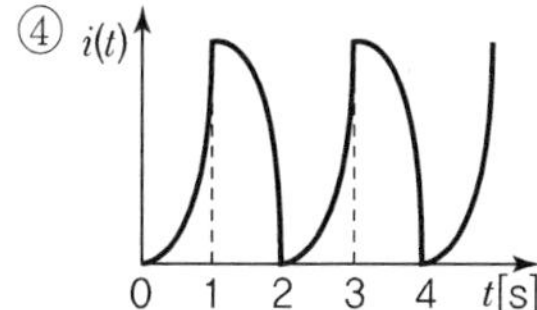

정답 75 ④ 76 ③

SECTION 02 과도현상(7급 기출문제)

01 다음 회로에서 $t=0$일 때 스위치를 닫는다. $t>0$일 때 10[V] 전압원에 흐르는 전류 $i(t)$[mA]의 완전응답은?(단, $v_c(0)=4$[V]이다.)

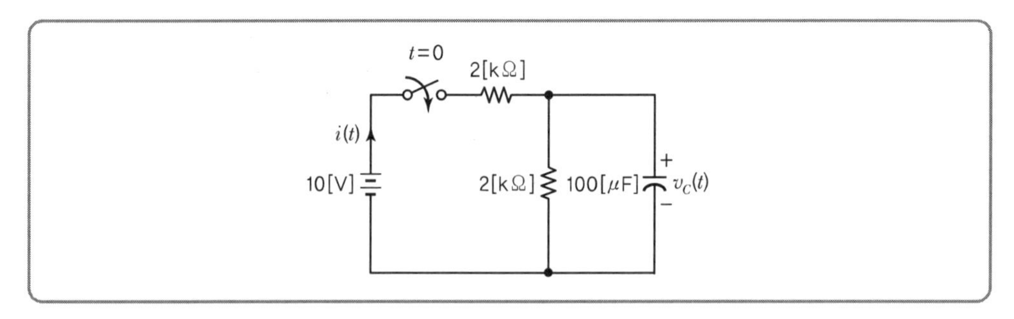

① $2+0.5e^{-0.1t}$
② $2.5+0.5e^{-0.1t}$
③ $2+0.5e^{-10t}$
④ $2.5+0.5e^{-10t}$

02 다음 회로에서 스위치가 $t<0$일 때 '1'의 위치에서 정상상태에 도달한 후, $t=0$에서 스위치가 '2'의 위치로 이동한다 $t>0$일 때의 $i(t)$[mA]는?

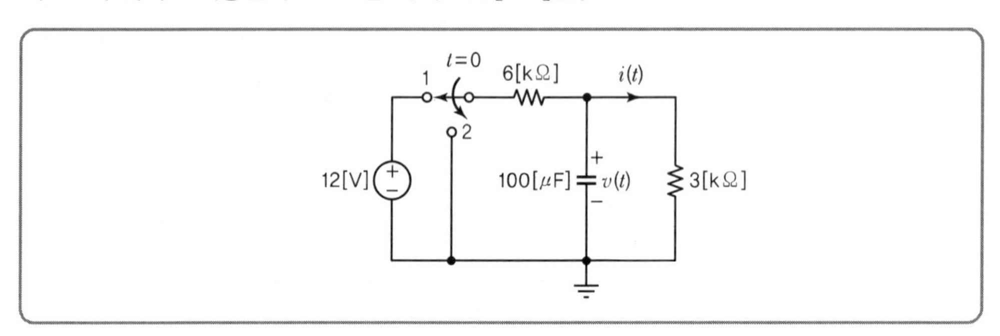

① $\frac{3}{4}e^{-5t}$
② $\frac{3}{4}e^{5t}$
③ $\frac{4}{3}e^{-5t}$
④ $\frac{4}{3}e^{5t}$

정답 01 ④ 02 ③

03 다음 회로에서 $t<0$에서 정상상태에 도달한 후, $t=0$일 때 스위치를 닫으면서 전압 E[V]를 인가할 경우 $a-b$ 양단에 걸리는 전압 $v(t)$의 시간에 대한 변화가 옳은 것은?

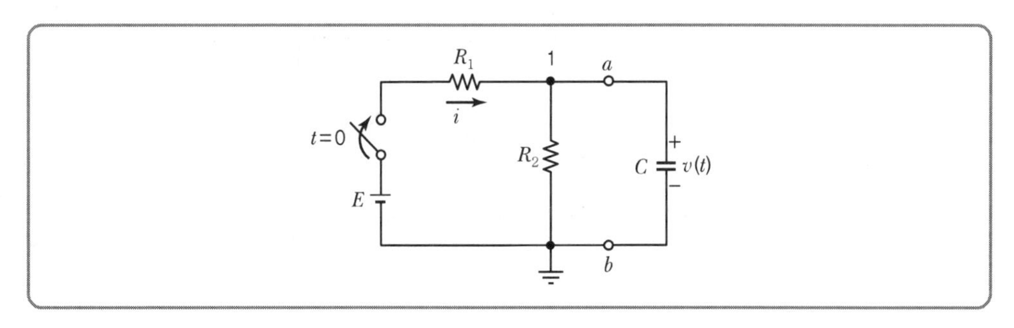

①
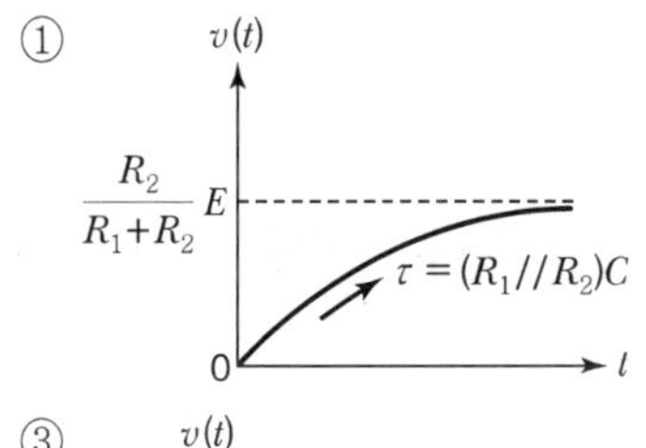

②
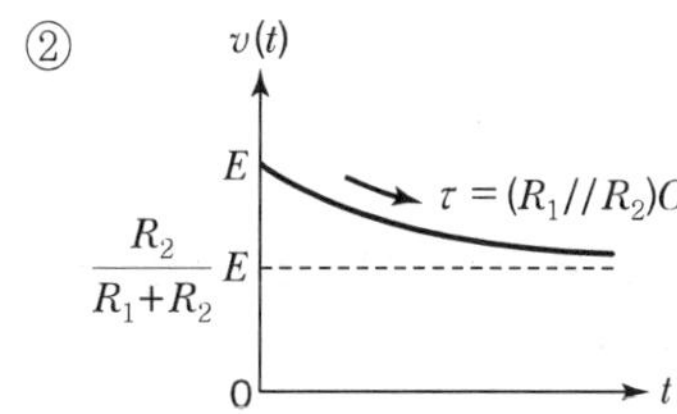

③
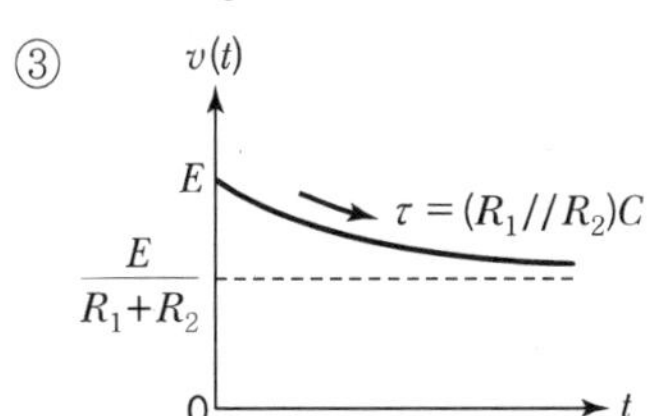

④
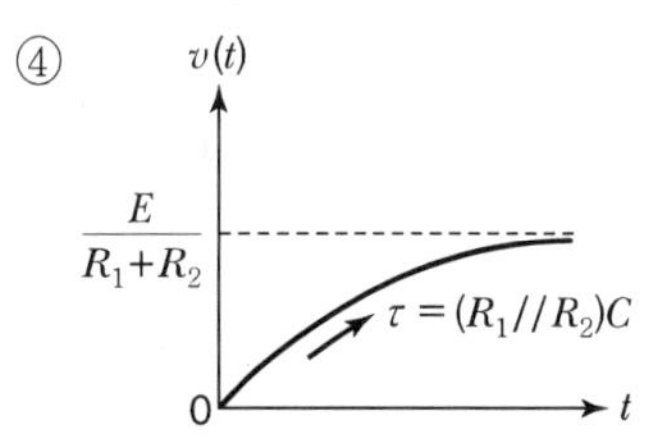

04 다음 회로에서 스위치가 열린 상태에서 정상상태에 도달한 후 $t=0$일 때 스위치가 닫혔다. 이때 $i_L(0^+)+i_C(0^+)+i_L(\infty)+i_C(\infty)$[A]의 값은?

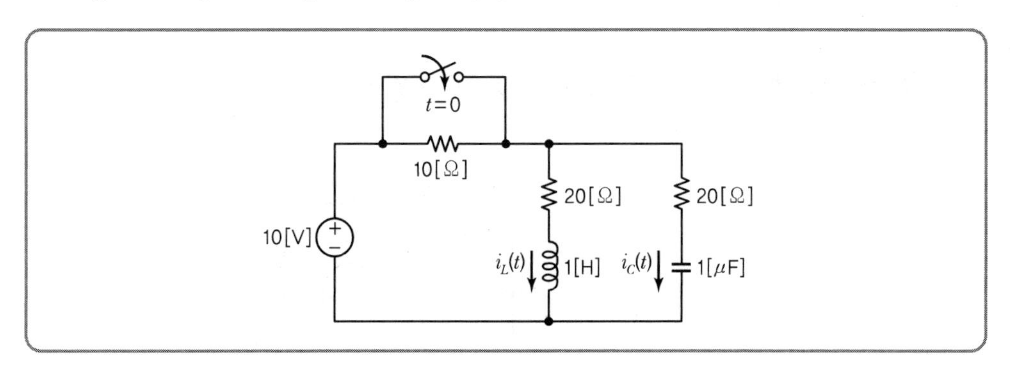

① 0.5
② 1
③ 1.5
④ 2

정답 03 ① 04 ②

05 다음 회로에 대한 시상수(Time Constant) τ[msec]는?

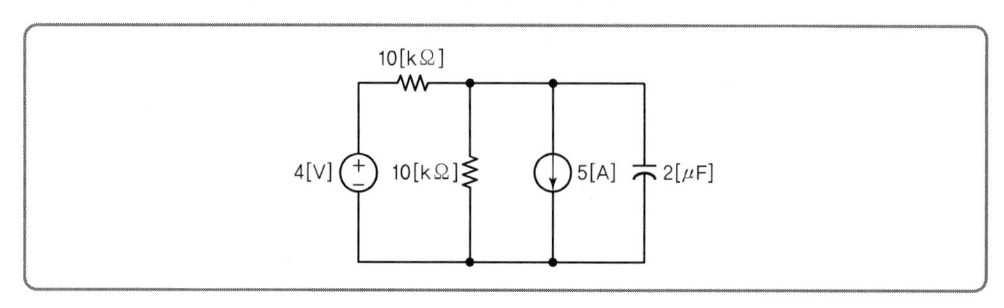

① 5　　② 10
③ 20　　④ 40

06 다음 회로에서 $t=0$일 때 스위치를 닫을 경우 $i_1(0^+)+i_2(0^+)$ 값은?(단, $t<0$에서 L 및 C의 초기값은 모두 0이다.)

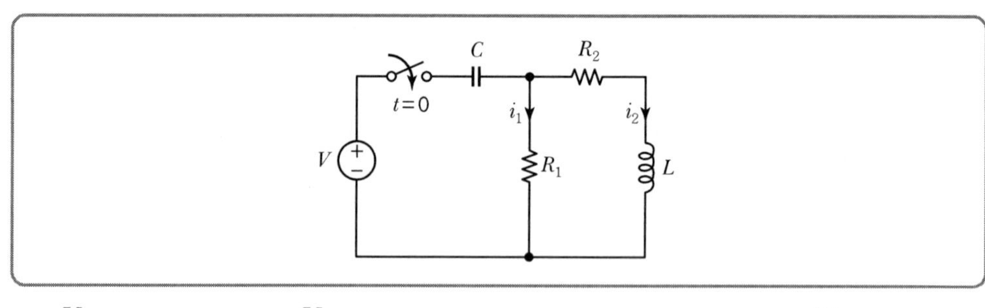

① $\dfrac{V}{R_1}$　　② $\dfrac{V}{R_2}$　　③ 0　　④ $-\dfrac{V}{R_2}$

07 아래의 회로에서 $V_C(0)=5$[V]이고 $I(0)=0$[A]일 때 $I(t)$는?

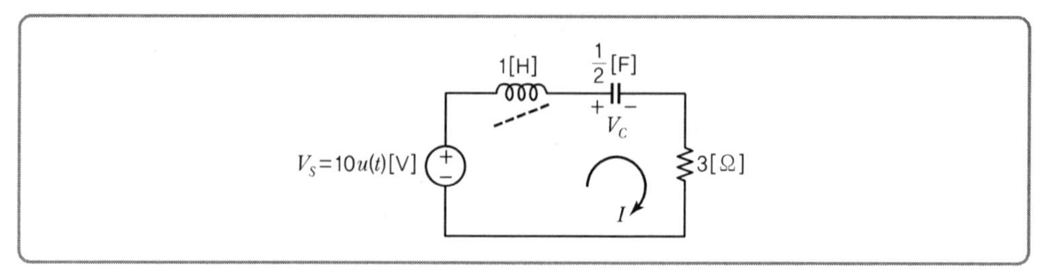

① $5e^{2t}-5e^{t},\ t\geq 0$　　② $5e^{-2t}-5e^{-t},\ t\geq 0$
③ $5e^{-t}-5e^{-2t},\ t\geq 0$　　④ $5e^{t}-5e^{2t},\ t\geq 0$

정답 05 ② 06 ① 07 ③

08 아래 회로에 대한 설명으로 옳지 않은 것은?(단, C, R_1, R_2의 값은 유한하다.)

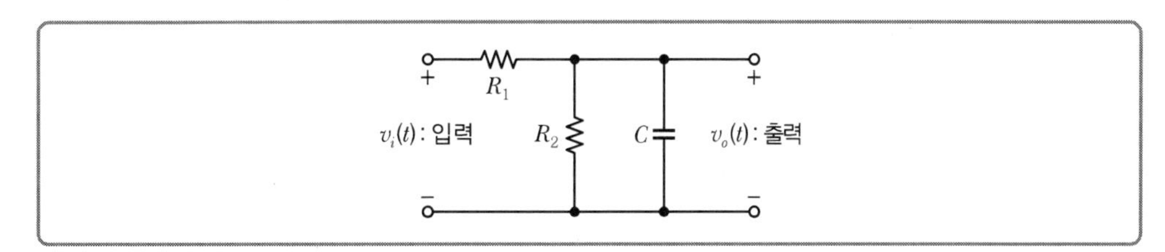

① 이 회로의 전달함수는 $\left(\dfrac{R_2}{sCR_1R_2+R_1+R_2}\right)$이다.

② 이 회로에 1[V] DC 입력이 인가되면 정상상태에서의 출력값은 1[V]이다.

③ 이 회로의 시정수는 $\left(\dfrac{R_1R_2}{R_1+R_2}\right)C$이다.

④ 이 회로의 저역통과필터(Low Pass Filter)이다.

09 아래의 왼쪽 그림과 같은 s회로에 오른쪽과 같은 입력 전압이 가해질 때, $t=0.2$[sec]에서 3[MΩ] 저항에 흐르는 전류 값은?(단, 커패시터의 초기치는 $V_C(0)=0$이다.)

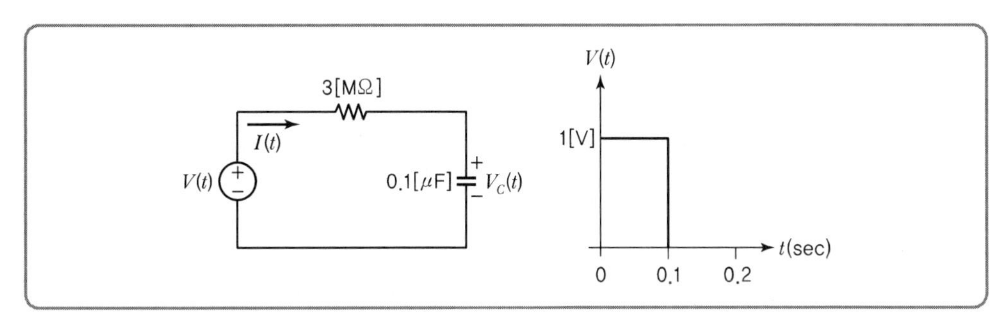

① $-\dfrac{1}{3}(1-e^{-\frac{1}{3}})e^{-\frac{2}{3}}$ [μA]

② $-\dfrac{1}{3}(1-e^{-\frac{1}{3}})e^{-\frac{1}{3}}$ [mA]

③ $-\dfrac{1}{3}(1-e^{-\frac{1}{3}})e^{-\frac{1}{3}}$ [μA]

④ $-\dfrac{1}{3}(1-e^{-\frac{1}{3}})e^{-\frac{2}{3}}$ [mA]

정답 08 ② 09 ③

10 아래 회로는 2개의 전지, 4개의 저항, 1개의 커패시터와 스위치로 구성되어 있다. 스위치는 장기간 위치 a에 있다가 $t=0$에서 b로 스위칭된다. 저항 200[Ω]에 흐르는 전류 $I(t)$는?

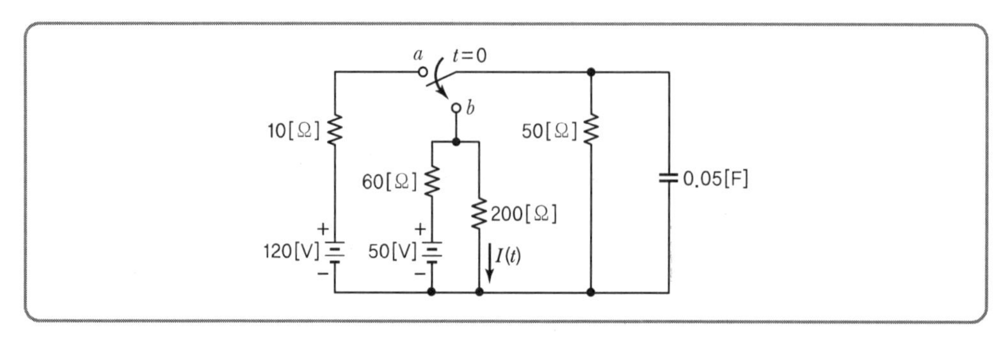

①
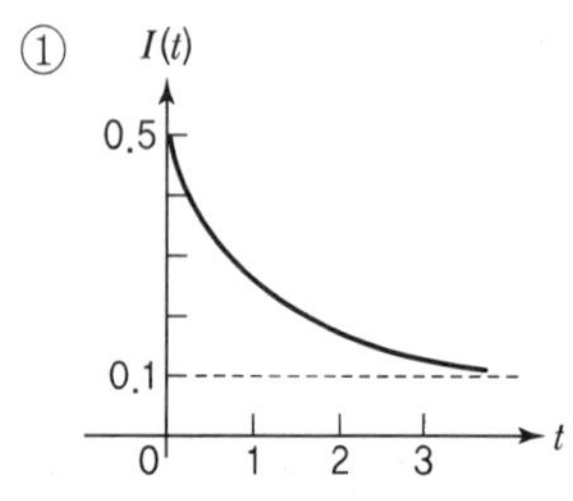

②
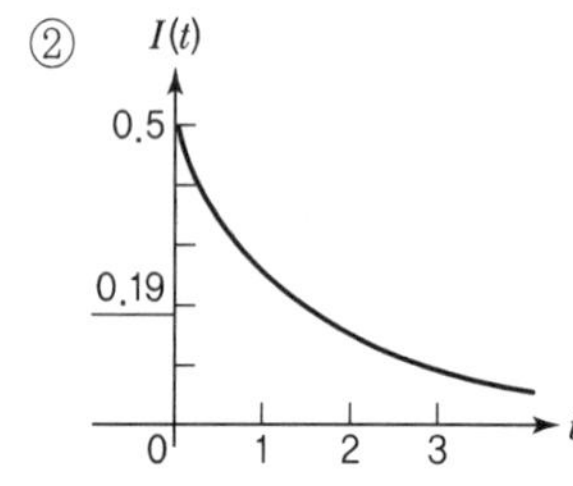

③
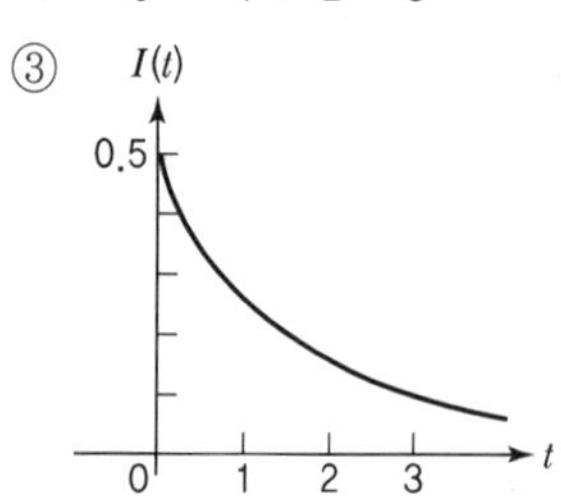

④
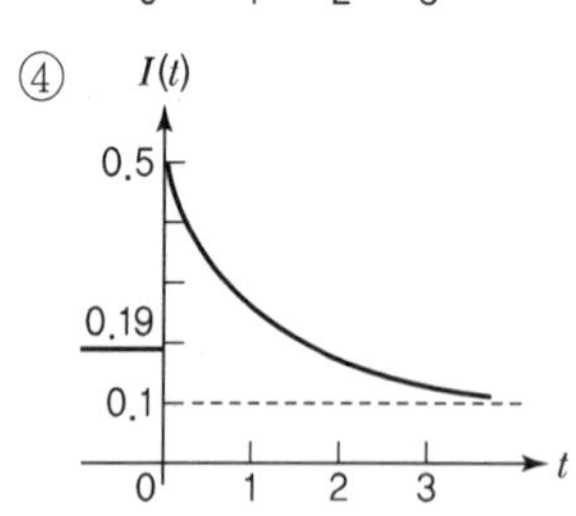

11 다음 회로에서 스위치가 $t<0$일 때 '1'의 위치에서 정상상태에 도달한 후, $t\geq 0$일 때 '2'의 위치로 전환된다. $t=0$일 때의 전류 $i_1(0)$[A]와 $i_2(0)$[A]의 값은?

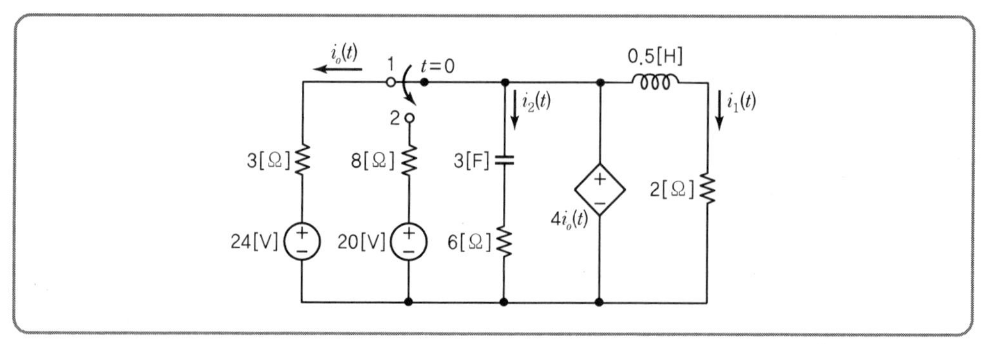

① $i_1(0)=24$[A], $i_2(0)=16$[A]
② $i_1(0)=24$[A], $i_2(0)=-16$[A]
③ $i_1(0)=48$[A], $i_2(0)=16$[A]
④ $i_1(0)=48$[A], $i_2(0)=-16$[A]

정답 **10** ④ **11** ④

12 다음 회로에서 $t=0$일 때 스위치를 닫았을 경우 L, R에 인가되는 전압 v_L[V]와 v_R[V]는?

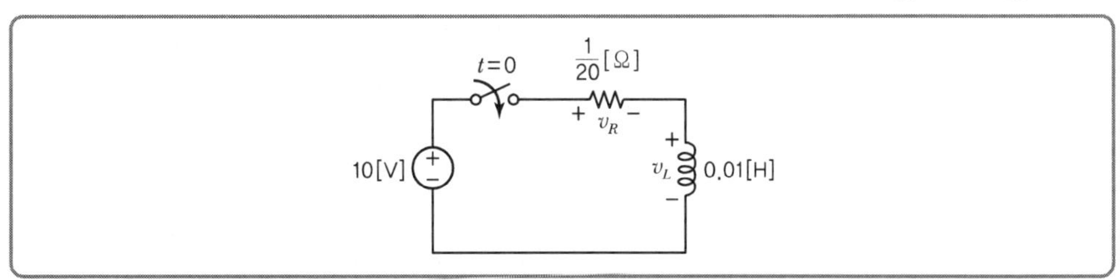

① $v_L=10(1-e^{-5t})$[V], $v_R=10(1-e^{-5t})$[V]
② $v_L=10(1-e^{-5t})$[V], $v_R=10e^{-5t}$[V]
③ $v_L=10e^{-5t}$[V], $v_R=10(1-e^{-5t})$[V]
④ $v_L=10e^{-5t}$[V], $v_R=10e^{-5t}$[V]

13 다음 회로에서 커패시터 전압(v_c)의 직류정상상태 응답값[V]은?

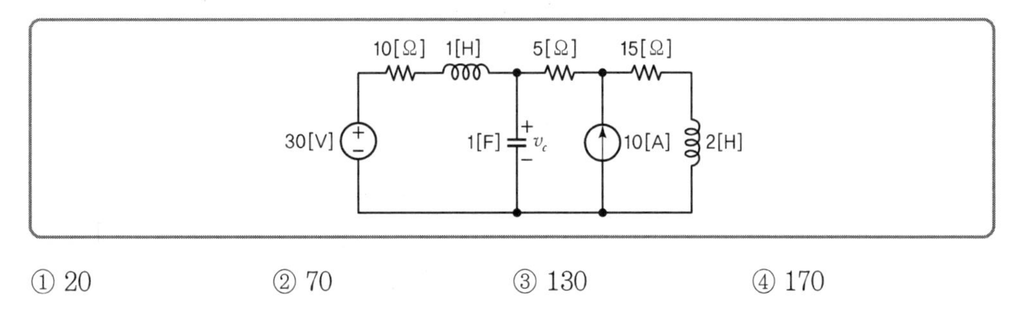

① 20 ② 70 ③ 130 ④ 170

14 다음 그림과 같은 소자들이 연결된 회로에서 $t<0$에서 정상상태에 도달한 후, 스위치를 $t=0$에서 닫을 때 전류 $i(t)$가 일정한 값을 갖도록 하는 $C[\mu F]$ 값은?(단, $L=10$[mH], $R=10$[Ω]이다.)

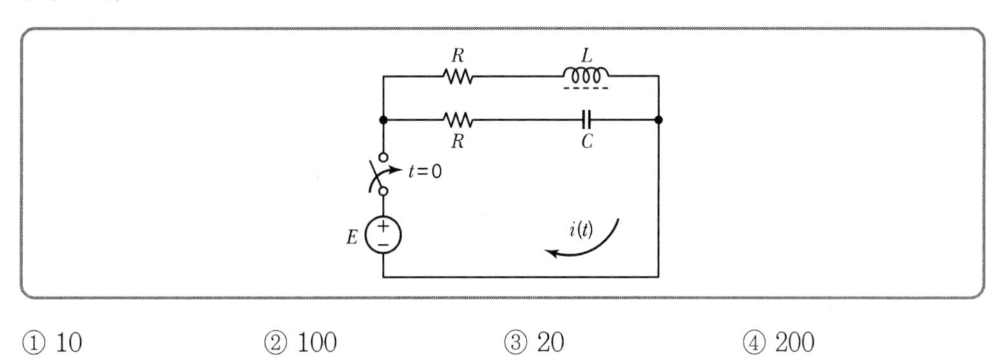

① 10 ② 100 ③ 20 ④ 200

정답 12 ③ 13 ② 14 ②

15 다음 회로에서 $t=0$일 때 스위치를 닫을 경우, $v_o(t)$[V]는?(단, $v_o(0^-)=2$[V])

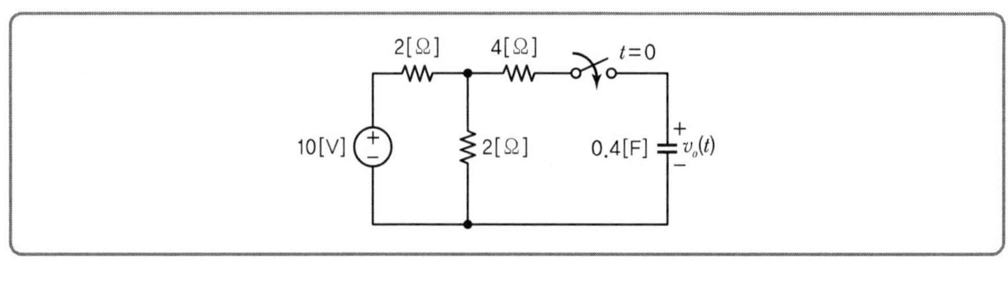

① $2e^{-2t}$　② $5-3e^{-2t}$　③ $2e^{-0.5t}$　④ $5-3e^{-0.5t}$

16 다음 회로는 $t<0$에서 정상상태에 도달하였다. $t=0$인 순간에 스위치를 닫았을 때, $t \geq 0$에서 전류 $i(t)$[A]는?

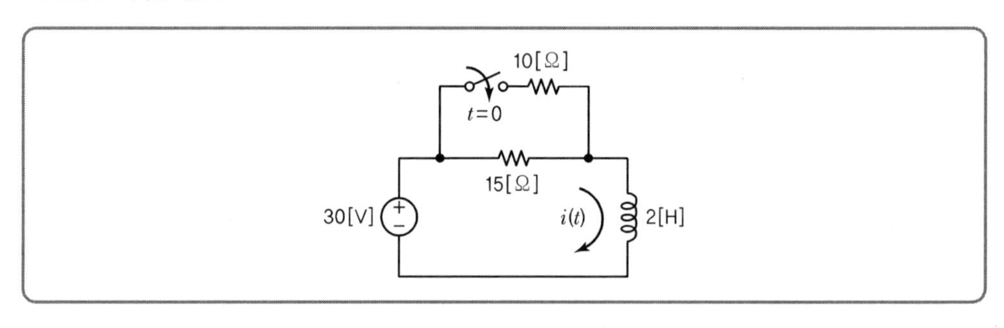

① $5-3e^{-3t}$　② $3e^{-3t}$　③ $5-3e^{-7.5t}$　④ $3e^{-7.5t}$

17 다음 회로의 전달함수가 $H(s)=\dfrac{Ks}{s+K\dfrac{R}{L}}$일 때, K는?(단, V_i는 입력전압이며 V_o는 출력전압이다.)

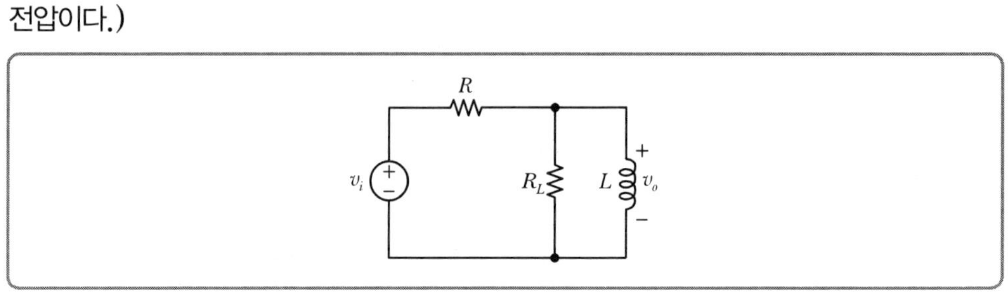

① $R+R_L$　② $1+\dfrac{R}{R_L}$　③ $\dfrac{1}{R+R_L}$　④ $\dfrac{R_L}{R+R_L}$

정답 15 ④ 16 ① 17 ④

CHAPTER 05 CURRENT THEORY

2단자 회로망

SECTION 01 2Port 회로의 이해

01 다음 그림과 같은 T형 4단자망 회로에서 4단자 정수 A와 C를 나타낸 것으로 옳은 것은?

09년 지방직 9급

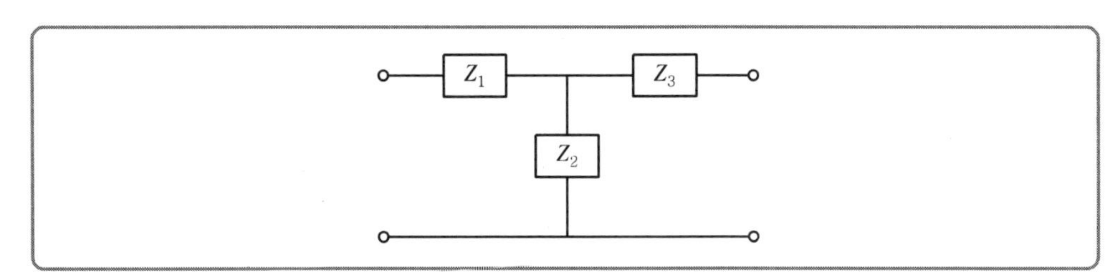

① $A=1+\frac{Z_1}{Z_2}$, $C=\frac{1}{Z_2}$ ② $A=1+\frac{Z_1}{Z_3}$, $C=\frac{1}{Z_3}$

③ $A=1+\frac{Z_2}{Z_1}$, $C=\frac{1}{Z_2}$ ④ $A=1+\frac{Z_1}{Z_2}$, $C=\frac{1}{Z_3}$

02 다음 회로의 임피던스 파라미터(Z Parameter)로 옳은 것은?

14년 서울시 9급

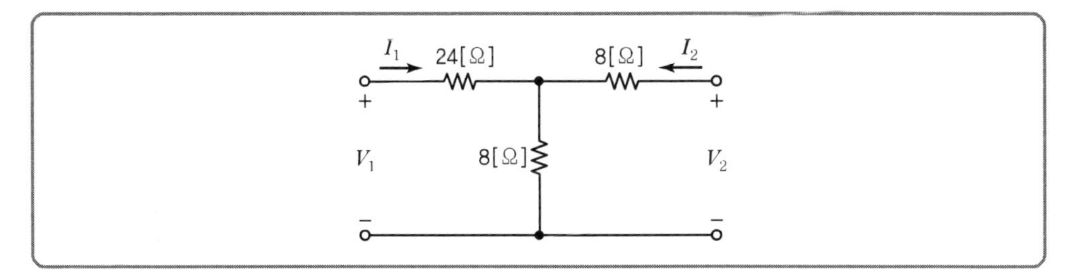

① $Z_{11}=24[\Omega]$, $Z_{21}=8[\Omega]$, $Z_{12}=8[\Omega]$, $Z_{22}=8[\Omega]$

② $Z_{11}=8[\Omega]$, $Z_{21}=8[\Omega]$, $Z_{12}=8[\Omega]$, $Z_{22}=24[\Omega]$

③ $Z_{11}=16[\Omega]$, $Z_{21}=8[\Omega]$, $Z_{12}=8[\Omega]$, $Z_{22}=32[\Omega]$

④ $Z_{11}=32[\Omega]$, $Z_{21}=8[\Omega]$, $Z_{12}=8[\Omega]$, $Z_{22}=16[\Omega]$

⑤ $Z_{11}=32[\Omega]$, $Z_{21}=8[\Omega]$, $Z_{12}=8[\Omega]$, $Z_{22}=32[\Omega]$

정답 01 ① 02 ④

03 다음 회로에서 임피던스 파라미터[Ω]는 얼마인가?(단, $R_1 = 2[\Omega]$, $R_2 = 4[\Omega]$, $R_3 = 3[\Omega]$이다.)

14년 국회직 9급

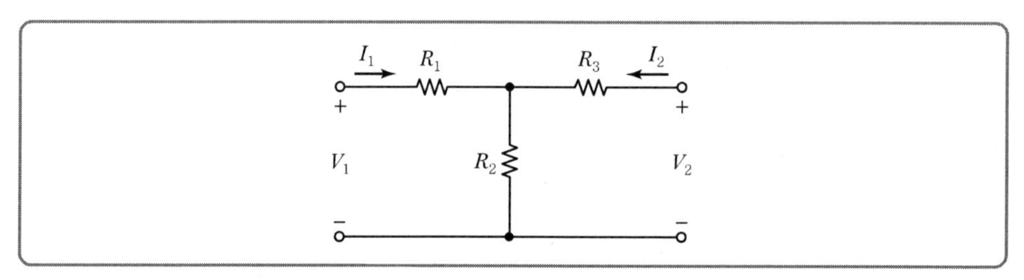

① $\begin{bmatrix} 2 & 4 \\ 4 & 3 \end{bmatrix}$
② $\begin{bmatrix} 4 & 6 \\ 7 & 4 \end{bmatrix}$
③ $\begin{bmatrix} 6 & 4 \\ 4 & 7 \end{bmatrix}$
④ $\begin{bmatrix} 4 & 7 \\ 6 & 4 \end{bmatrix}$
⑤ $\begin{bmatrix} 7 & 4 \\ 4 & 6 \end{bmatrix}$

04 다음 4단자 회로망(Two Port Network)의 Y파라미터 중 $Y_{11}[\Omega^{-1}]$은?

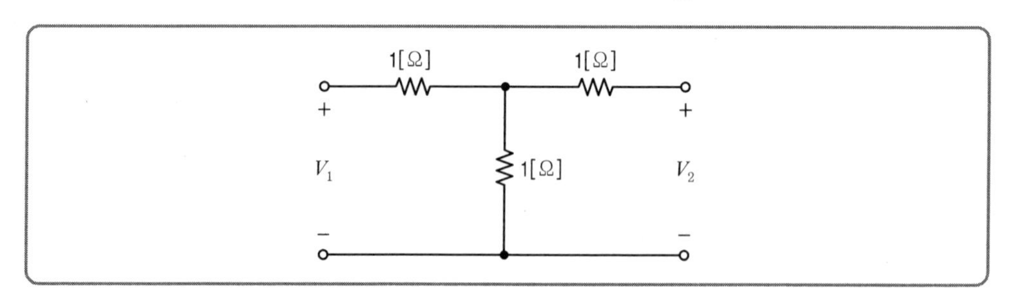

① 1/2
② 2/3
③ 1
④ 2

정답 03 ③ 04 ②

05 아래 회로에 대한 4단자 파라미터 행렬이 다음 식으로 주어질 때, 파라미터 A와 D를 구하면?

08년 국가직 9급

$$\begin{bmatrix} V_1 \\ I_1 \end{bmatrix} = \begin{bmatrix} A\ B \\ C\ D \end{bmatrix} \begin{bmatrix} V_2 \\ I_2 \end{bmatrix}$$

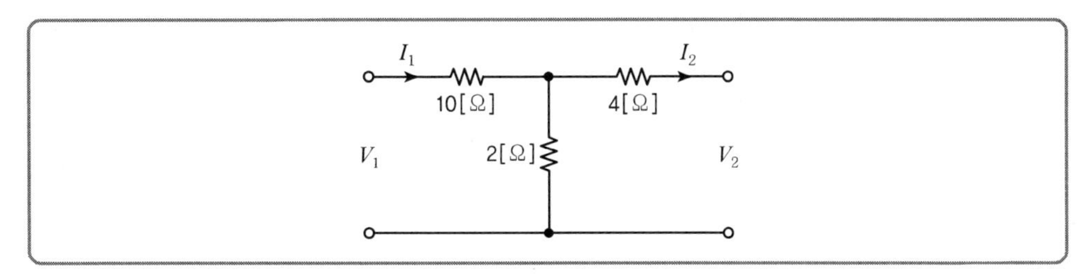

① 3, 6　　② 4, 12

③ 6, 3　　④ 12, 4

06 다음 회로에 대한 전송 파라미터 행렬이 아래 식으로 주어질 때, 파라미터 A와 D는?

12년 국가직 9급

$$\begin{bmatrix} V_1 \\ I_1 \end{bmatrix} = \begin{bmatrix} A\ B \\ C\ D \end{bmatrix} \begin{bmatrix} V_2 \\ -I_2 \end{bmatrix}$$

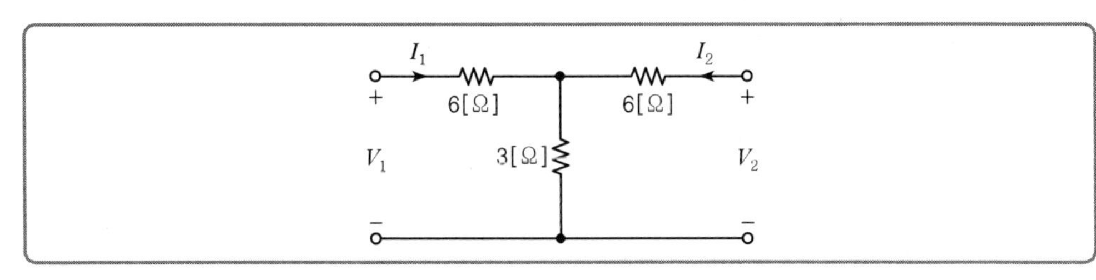

	A	D		A	D
①	3	2	②	3	3
③	4	3	④	4	4

정답 05 ③ 06 ②

07 다음과 같은 T형 회로에서 4단자 정수 중 C값은?

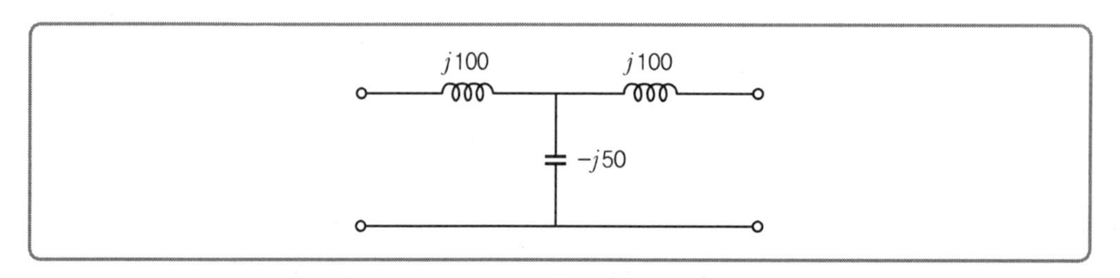

① -2　　② -1

③ 0　　④ $j\frac{1}{50}$

08 다음 회로에서 전압, 전류의 관계를 아래 식으로 표현할 때, A, B, C, D의 값을 구하면?

19년 국회직 9급

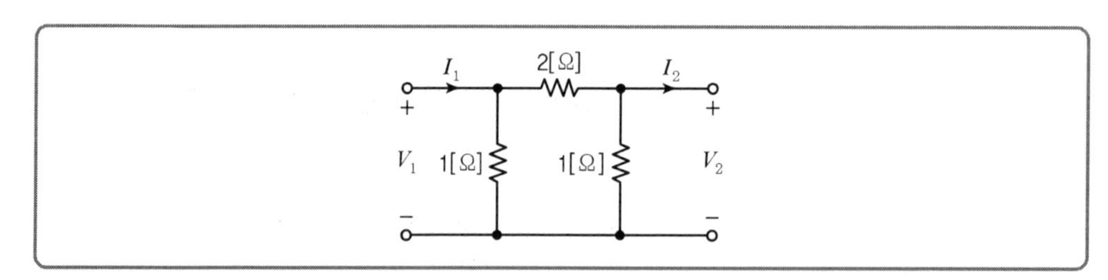

$$\begin{bmatrix} V_1 \\ I_1 \end{bmatrix} = \begin{bmatrix} A & B \\ C & D \end{bmatrix} \begin{bmatrix} V_2 \\ I_2 \end{bmatrix}$$

	A	B	C	D
①	3	2	1	2
②	2	3	2	2
③	3	2	4	3
④	2	2	4	4
⑤	3	4	2	3

09 어떤 4단자망의 전송파라미터 행렬 $\begin{bmatrix} A & B \\ C & D \end{bmatrix}$가 $\begin{bmatrix} \sqrt{5} & j400 \\ -\frac{j}{100} & \sqrt{5} \end{bmatrix}$로 주어질 때 영상임피던스 [Ω]는?

13년 국가직 9급

① $j100$　　② 100

③ $j200$　　④ 200

정답 07 ④ 08 ③ 09 ③

10 그림과 같이 종속으로 구성된 4단자 회로의 합성 4단자 정수를 나타낸 것 중 D의 값을 올바르게 결정한 것은? 12년 국회직 9급

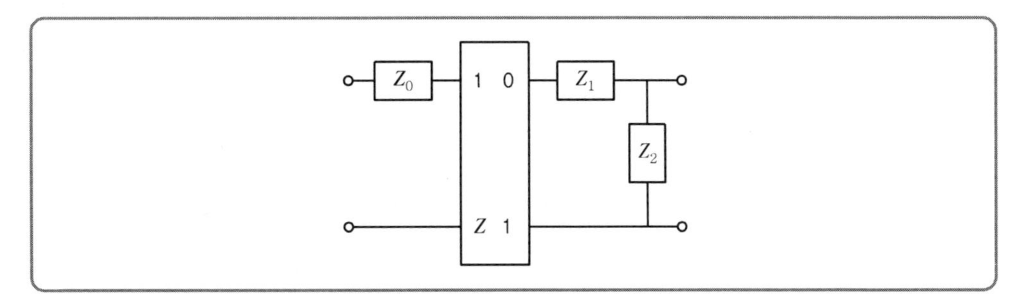

① $1+Z\,Z_1$
② $Z_1+Z_0\,Z\,Z_1+Z_0$
③ $1+Z_o\,Z+(Z_o+Z_1+Z_oZ\,Z_1)/Z_2$
④ $Z_1+Z_0\,Z\,Z_1$
⑤ $Z+(1+Z\,Z_1)/Z_2$

11 그림과 같은 회로에서 4단자 임피던스 파라미터 행렬이 〈보기〉와 같이 주어질 때 파라미터 Z_{11}과 Z_{22} 각각의 값[Ω]은?

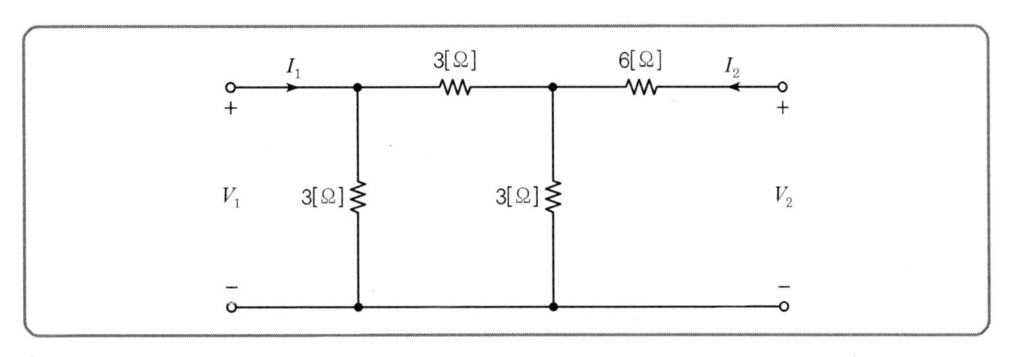

$$\begin{bmatrix} V_1 \\ V_2 \end{bmatrix} = \begin{bmatrix} Z_{11} & Z_{12} \\ Z_{21} & Z_{22} \end{bmatrix} \begin{bmatrix} I_1 \\ I_2 \end{bmatrix}$$

① 1, 9
② 2, 8
③ 3, 9
④ 6, 12

정답 10 ① 11 ②

12 그림과 같은 2포트 회로의 어드미턴스(Y) 파라미터를 모두 더한 값[℧]은?

18년 서울시 9급(후)

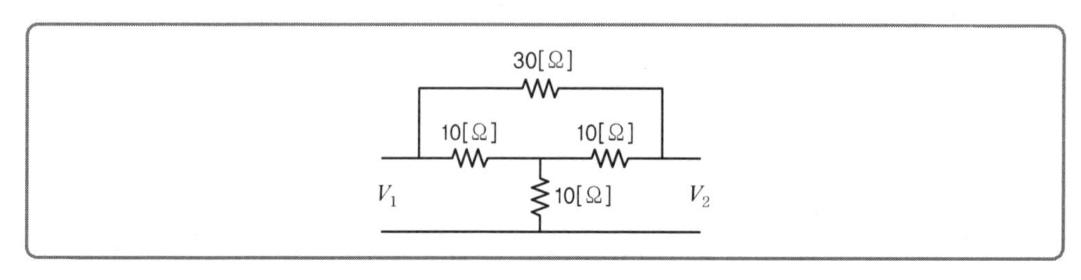

① 1/15　　② 1/30
③ 15　　④ 30

13 그림 (a)의 T형 회로를 그림 (b)의 π형 등가회로로 변환할 때, Z_3[Ω]은?(단, $\omega = 10^3$[rad/s]이다.)

20년 국가직 9급

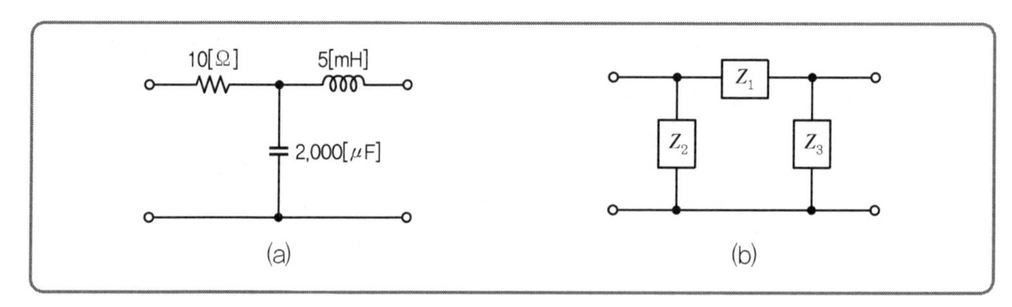

① $-90+j5$　　② $9-j0.5$
③ $0.25+j4.5$　　④ $9+j4.5$

14 다음 4단자 회로망(Two Port Network)의 Z-파라미터 중 Z_{22}의 값[Ω]은?

21년 서울시 9급

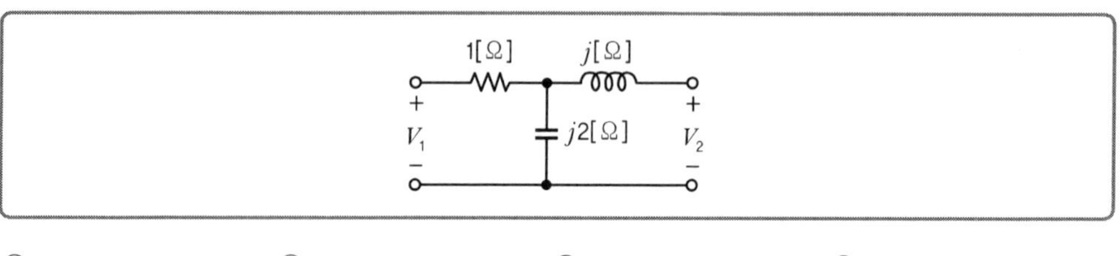

① j　　② $j2$　　③ $-j$　　④ $-j2$

정답 12 ① 13 ③ 14 ③

15 그림과 같은 4단자 회로망을 전송파라미터(ABCD 파라미터)의 관계로 4단자 정수의 특징을 나타내는 A, B, C, D 값으로 순서대로 나열한 것은?(단, 출력 측을 개방하니 $V_1 = 12[V]$, $I_1 = 2[A]$, $V_2 = 4[V]$였고, 출력 측을 단락하니 $V_1 = 16[V]$, $I_1 = 4[A]$, $I_2 = 8[A]$였다.)

22년 군무원 9급

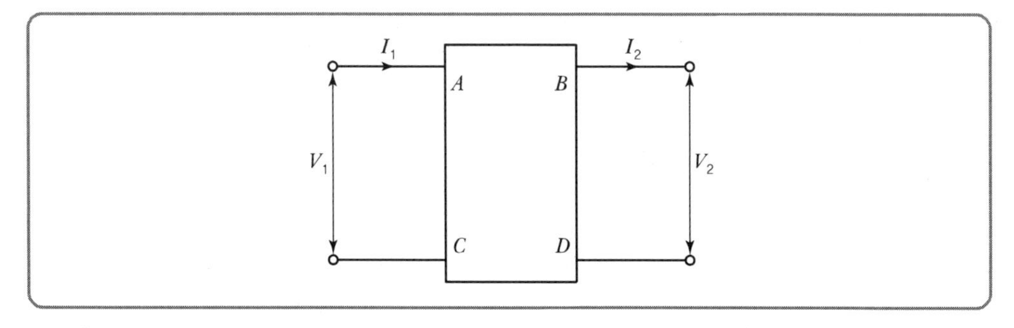

① 3, 8, 0.5, 2
② 3, 2, 0.5, 0.5
③ 0.5, 0.5, 3, 8
④ 2, 3, 8, 0.5

16 2단자쌍 회로망의 Y－파라미터가 그림과 같을 때, 전류 I_2[A]는?

21년 국회직 9급

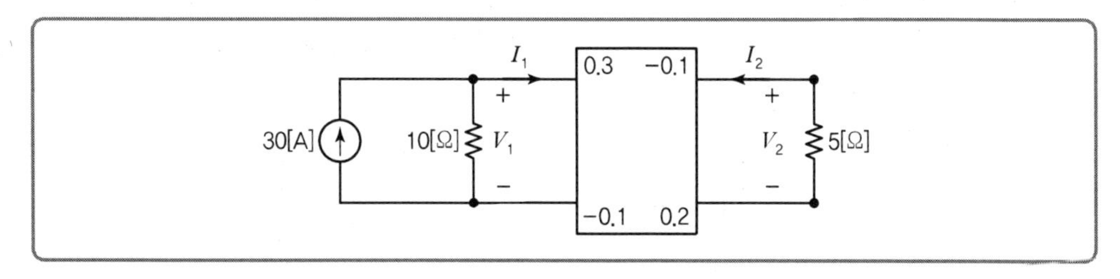

① －4
② －2
③ 1
④ 2
⑤ 4

정답 15 ② 16 ①

SECTION 02 2Port 회로(7급 기출문제)

01 그림과 같은 2포트 회로망에서 임피던스 파라미터(Z－Parameter)는?

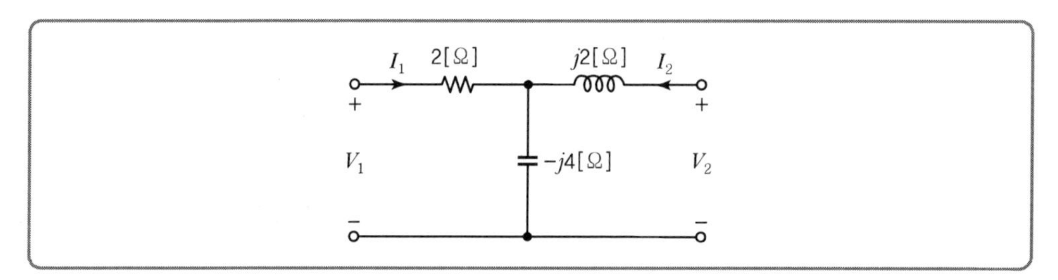

① $Z_{11} = 2 - j4[\Omega]$, $Z_{12} = -j4[\Omega]$, $Z_{21} = -j4[\Omega]$, $Z_{22} = -j2[\Omega]$

② $Z_{11} = 2 - j4[\Omega]$, $Z_{12} = -j4[\Omega]$, $Z_{21} = -j4[\Omega]$, $Z_{22} = j2[\Omega]$

③ $Z_{11} = 2 - j4[\Omega]$, $Z_{12} = -j4[\Omega]$, $Z_{21} = j4[\Omega]$, $Z_{22} = j2[\Omega]$

④ $Z_{11} = 2 - j4[\Omega]$, $Z_{12} = j4[\Omega]$, $Z_{21} = j4[\Omega]$, $Z_{22} = j2[\Omega]$

02 아래 그림과 같은 시불변 선형 4단자망 회로에서 z－파라미터 $z_{11} = 20[\Omega]$, $z_{12} = z_{21} = 15[\Omega]$, $z_{22} = 25[\Omega]$이 주어지고, 입력 V_S에 25[V]를 인가하였더니 전류 I_1이 2[A]로 측정되었다. 저항 $R[\Omega]$의 값은?

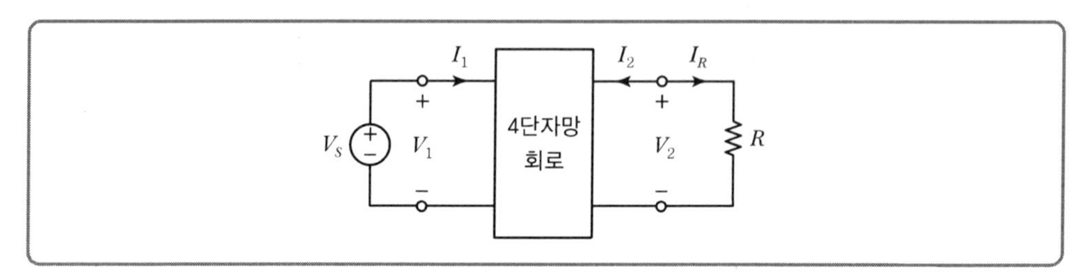

① 5
② 10
③ 15
④ 20

정답 01 ① 02 ①

03 다음과 같이 부하저항(R_L)을 갖고, 임피던스 행렬 Z로 표현되는 4단자 회로에서, $a-b$ 단에서 바라본 입력 임피던스[Ω]는?(단, $Z_{11}=10$[Ω], $Z_{12}=Z_{21}=j5$[Ω], $Z_{22}=5$[Ω], $R_L=5$[Ω]이다.)

15년 국가직 7급

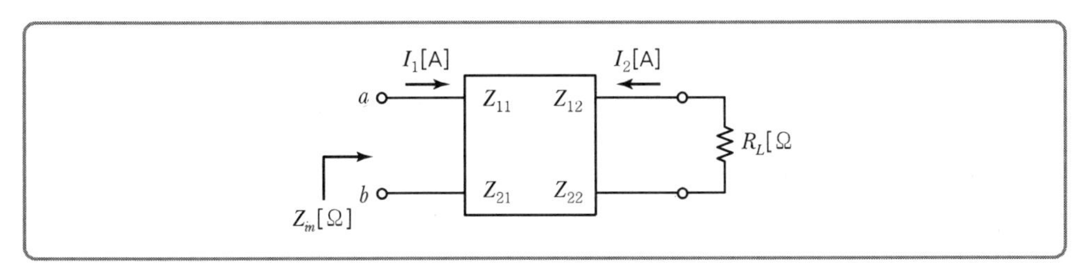

① $10+j5$　　② 12.5　　③ $15-j5$　　④ $-j5$

04 y－파라미터 $[y]=\begin{bmatrix} \frac{1}{2} & -\frac{1}{4} \\ -\frac{1}{4} & \frac{3}{8} \end{bmatrix}$를 갖는 회로가 있다. 이 회로를 저항만으로 나타낸 등가회로로 옳은 것은?

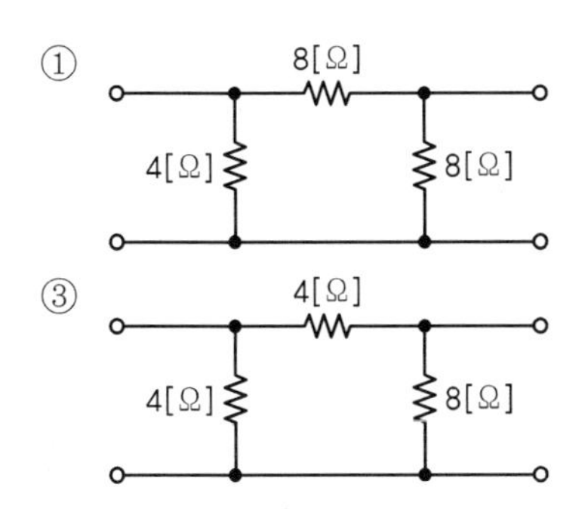

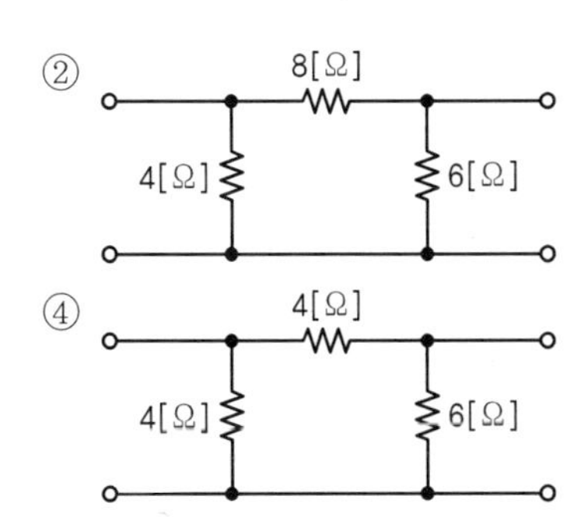

05 아래 회로망의 전송파라미터 중 파라미터 A는?

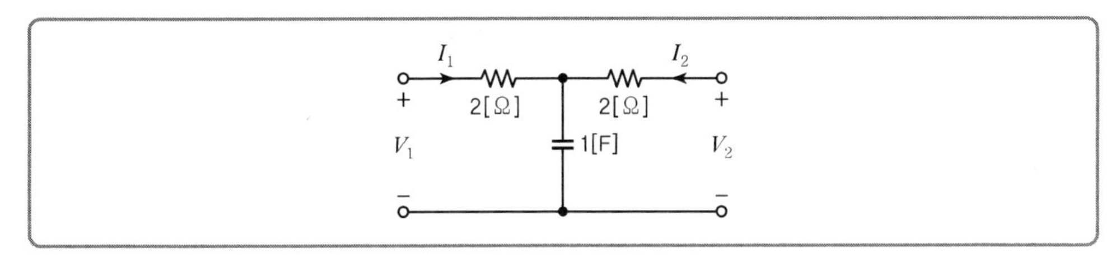

① $4+j\omega$　　② $2+j\omega$

③ $1+j\omega$　　④ $1+j2\omega$

정답 03 ② 04 ③ 05 ④

06 아래 회로의 h^- 파라미터 값을 h_{11}, h_{12}, h_{21}, h_{22}의 순서로 바르게 나열한 것은?

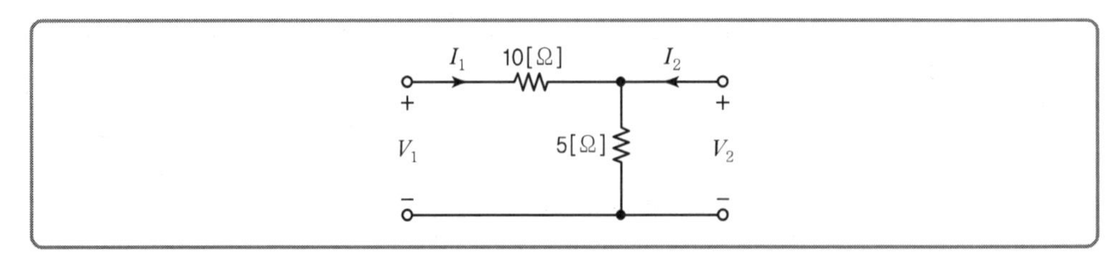

① 10, 1, −1, 5
② 10, 1, −1, 0.2
③ 10, −1, 1, 5
④ 10, −1, 1, 0.2

07 다음 회로에 대한 h^- 파라미터를 옳게 표현한 것은?

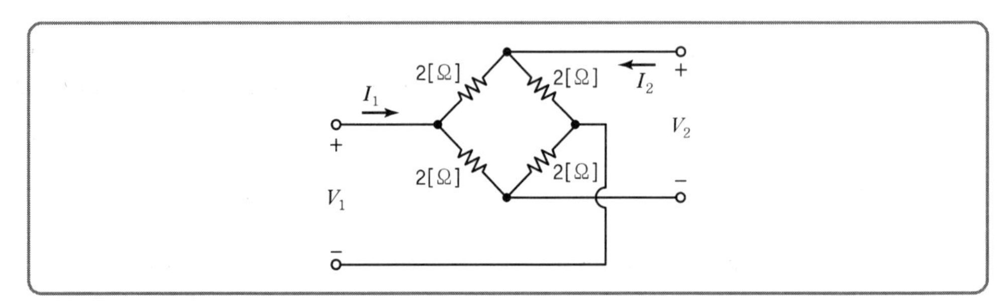

① $\begin{bmatrix} 0.5 & -1 \\ -1 & 2 \end{bmatrix}$
② $\begin{bmatrix} 0.5 & 0 \\ 0 & 2 \end{bmatrix}$
③ $\begin{bmatrix} 2 & -1 \\ -1 & 0.5 \end{bmatrix}$
④ $\begin{bmatrix} 2 & 0 \\ 0 & 0.5 \end{bmatrix}$

08 다음 회로의 h^- 파라미터를 구할 때, h_{21}의 값은 얼마인가?

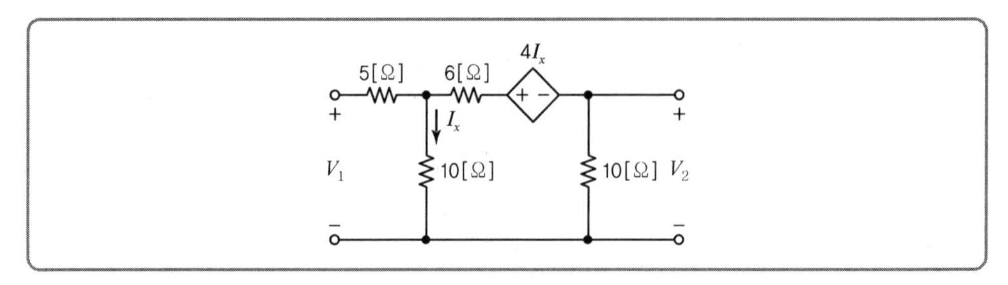

① 0.18
② 83
③ −0.5
④ 10

정답 06 ② 07 ④ 08 ③

09 다음중 2－포트 회로망의 전송 파라미터를 구한 것으로 옳은 것은?(단, 변압기는 이상적이다.)

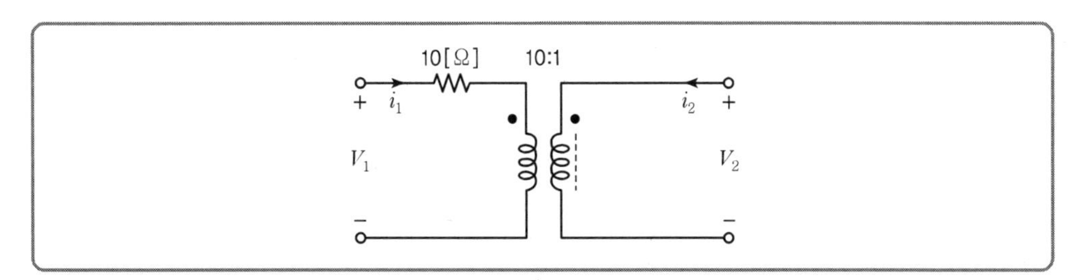

① $\begin{bmatrix} A & B \\ C & D \end{bmatrix} = \begin{bmatrix} 10 & 1 \\ 0 & \frac{1}{10} \end{bmatrix}$

② $\begin{bmatrix} A & B \\ C & D \end{bmatrix} = \begin{bmatrix} 10 & 0 \\ 1 & \frac{1}{10} \end{bmatrix}$

③ $\begin{bmatrix} A & B \\ C & D \end{bmatrix} = \begin{bmatrix} \frac{1}{10} & 1 \\ 0 & 10 \end{bmatrix}$

④ $\begin{bmatrix} A & B \\ C & D \end{bmatrix} = \begin{bmatrix} \frac{1}{10} & 0 \\ 1 & 10 \end{bmatrix}$

10 아래의 회로에 대한 2－포트 임피던스 방정식으로 옳은 것은?

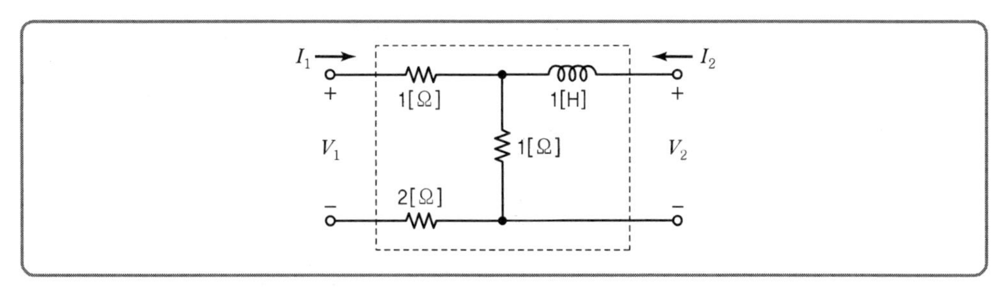

① $\begin{bmatrix} V_1 \\ V_2 \end{bmatrix} = \begin{bmatrix} 4 & 1 \\ 1 & (s+1) \end{bmatrix} \begin{bmatrix} I_1 \\ I_2 \end{bmatrix}$

② $\begin{bmatrix} V_1 \\ V_2 \end{bmatrix} = \begin{bmatrix} 1 & 4 \\ (s+1) & 1 \end{bmatrix} \begin{bmatrix} I_1 \\ I_2 \end{bmatrix}$

③ $\begin{bmatrix} V_1 \\ V_2 \end{bmatrix} = \begin{bmatrix} 4 & 1 \\ (s+1) & 1 \end{bmatrix} \begin{bmatrix} I_1 \\ I_2 \end{bmatrix}$

④ $\begin{bmatrix} V_1 \\ V_2 \end{bmatrix} = \begin{bmatrix} 1 & 4 \\ 1 & (s+1) \end{bmatrix} \begin{bmatrix} I_1 \\ I_2 \end{bmatrix}$

정답 09 ① 10 ①

11 다음 회로에 대한 Two Port Impedance Matrix 표현으로 올바른 것은?(단, $s=j\omega$이다.)

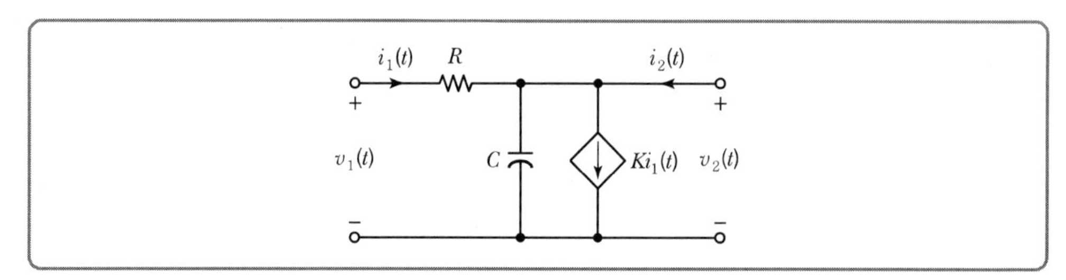

① $Z=\begin{pmatrix} R+\dfrac{1}{sC} & \dfrac{1-K}{sC} \\ \dfrac{1}{sC} & \dfrac{1-K}{sC} \end{pmatrix}$

② $Z=\begin{pmatrix} R+\dfrac{1}{sC} & \dfrac{1}{sC} \\ \dfrac{1-K}{sC} & R+\dfrac{1-K}{sC} \end{pmatrix}$

③ $Z=\begin{pmatrix} R+\dfrac{1-K}{sC} & \dfrac{1-K}{sC} \\ \dfrac{1}{sC} & \dfrac{1}{sC} \end{pmatrix}$

④ $Z=\begin{pmatrix} R+\dfrac{1-K}{sC} & \dfrac{1}{sC} \\ \dfrac{1-K}{sC} & \dfrac{1}{sC} \end{pmatrix}$

12 다음 2포트 회로에서 임피던스 정수 z_{11}과 z_{21}을 옳게 구한 것은?

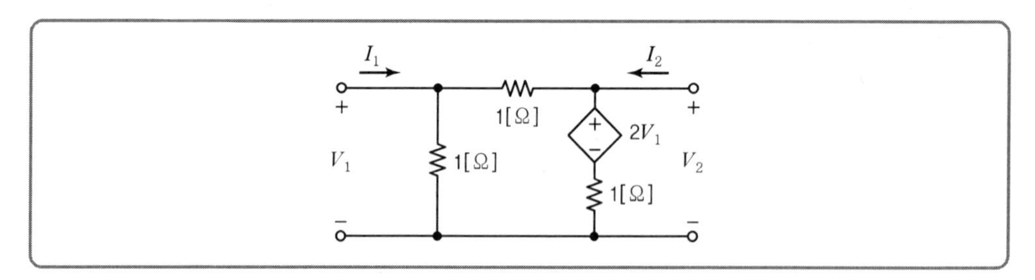

① $z_{11}=1[\Omega]$, $z_{21}=2[\Omega]$

② $z_{11}=2[\Omega]$, $z_{21}=1[\Omega]$

③ $z_{11}=3[\Omega]$, $z_{21}=2[\Omega]$

④ $z_{11}=2[\Omega]$, $z_{21}=3[\Omega]$

13 다음 회로에서 입력 임피던스 $Z_i=\dfrac{V_1}{I_1}$의 표현으로 옳은 것은?

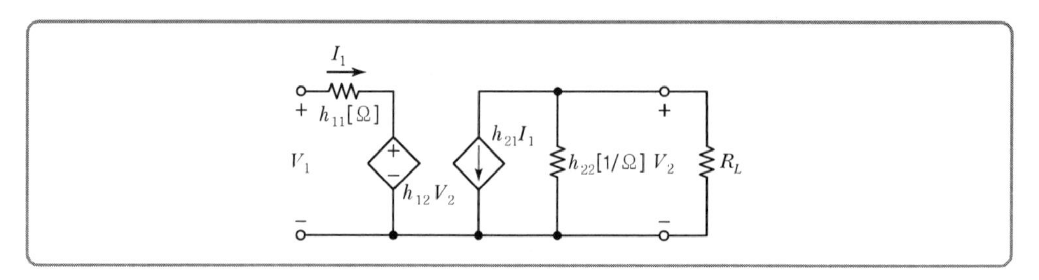

정답 11 ④ 12 ④ 13 ①

① $h_{11} - \frac{h_{12}h_{21}R_L}{1+h_{22}R_L}$ ② $h_{11} + \frac{h_{12}h_{21}R_L}{1+h_{22}R_L}$

③ $h_{11} - \frac{h_{12}h_{21}R_L}{1-h_{22}R_L}$ ④ $h_{11} + \frac{h_{12}h_{21}R_L}{1-h_{22}R_L}$

14 다음 2-포트 회로망의 z-파라미터에서 z_{11}은?

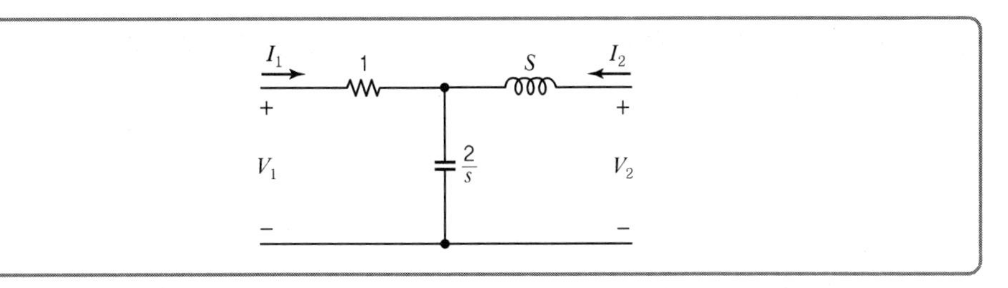

① 1 ② $1+\frac{2}{s}$

③ $\frac{2}{s}$ ④ $s+\frac{2}{s}$

15 다음 2-포트 회로망의 H-Parameter는?

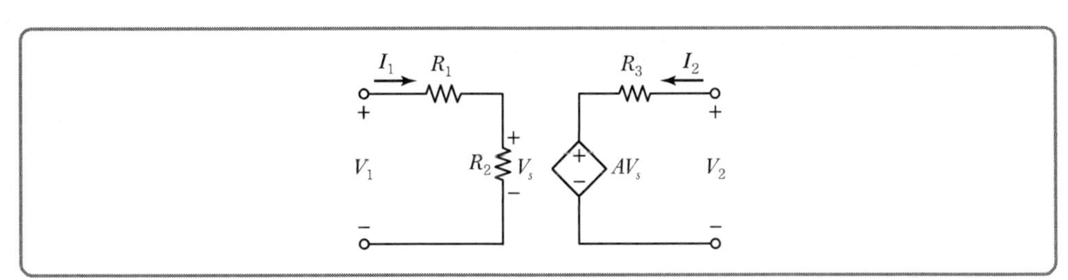

① $\begin{bmatrix} V_1 \\ I_2 \end{bmatrix} = \begin{bmatrix} R_1+R_2 & 0 \\ -A\frac{R_2}{R_3} & \frac{1}{R_3} \end{bmatrix} \begin{bmatrix} I_1 \\ V_2 \end{bmatrix}$ ② $\begin{bmatrix} V_1 \\ I_2 \end{bmatrix} = \begin{bmatrix} R_1+R_2 & 0 \\ 0 & \frac{1}{R_3} \end{bmatrix} \begin{bmatrix} I_1 \\ V_2 \end{bmatrix}$

③ $\begin{bmatrix} V_1 \\ I_2 \end{bmatrix} = \begin{bmatrix} R_1+R_2 & 0 \\ -A\frac{R_2}{R_3} & R_3 \end{bmatrix} \begin{bmatrix} I_1 \\ V_2 \end{bmatrix}$ ④ $\begin{bmatrix} V_1 \\ I_2 \end{bmatrix} = \begin{bmatrix} R_1+R_2 & A \\ 0 & R_3 \end{bmatrix} \begin{bmatrix} I_1 \\ V_2 \end{bmatrix}$

정답 14 ② 15 ①

CHAPTER 06 CURRENT THEORY

유도결합회로

SECTION 01 유도결합회로

01 100[mH]의 자기 인덕턴스가 있다. 여기에 10[A]의 전류가 흐를 때 자기 인덕턴스에 축적되는 에너지의 크기[J]는? 07년 국가직 9급

① 0.5 ② 1 ③ 5 ④ 10

02 인덕턴스가 100[mH]인 코일에 전류가 0.5초 사이에 10[A]에서 20[A]로 변할 때, 이 코일에 유도되는 평균 기전력[V]과 자속의 변화량[Wb]은? 12년 국가직 9급

	[V]	[Wb]
①	1	0.5
②	1	1
③	2	0.5
④	2	1

03 자기 인덕턴스 2[H]의 코일에 10[A]의 전류가 흐르고 있을 때 저축되는 에너지[J]는? 14년 서울시 9급

① 10 ② 50
③ 75 ④ 100
⑤ 200

04 10[H]의 유도용량을 가진 인덕터에 100[J]의 자기에너지를 저장하려면 전류를 얼마나 흐르게 해야 하는가? 15년 서울시 9급

① $\sqrt{2}$[A] ② 1[A]
③ 10[A] ④ $\sqrt{20}$[A]

정답 01 ③ 02 ④ 03 ④ 04 ④

05 권수가 600회인 코일에 3[A]의 전류를 흘렸을 때 10^{-3}[Wb]의 자속이 코일과 쇄교하였다면 인덕턴스[mH]는? 10년 국가직 9급

① 200 ② 300
③ 400 ④ 500

06 권선 수 1,000인 코일과 20[Ω]의 저항이 직렬로 연결된 회로에 10[A]의 전류가 흐를 때, 자속이 3×10^{-2}[Wb]라면 시정수[sec]는?

① 0.1 ② 0.15
③ 0.3 ④ 0.4

07 인덕터 $L=4$[H]에 10[J]의 자계 에너지를 저장하기 위해 필요한 전류[A]는? 20년 서울시 9급

① $\sqrt{5}$[A] ② 2.5[A]
③ $\sqrt{10}$[A] ④ 5[A]

08 어떤 코일에 0.2초 동안 전류가 2[A]에서 4[A]로 변화하였을 때 4[V]의 기전력이 유도되었다. 코일의 인덕턴스[H]는? 20년 지방직 9급

① 0.1 ② 0.4
③ 1 ④ 2.5

09 그림 (a) 회로에서 스위치 SW의 개폐에 따라 코일에 흐르는 전류 i_L이 그림 (b)와 같이 변화할 때 옳지 않은 것은? 20년 지방직 9급

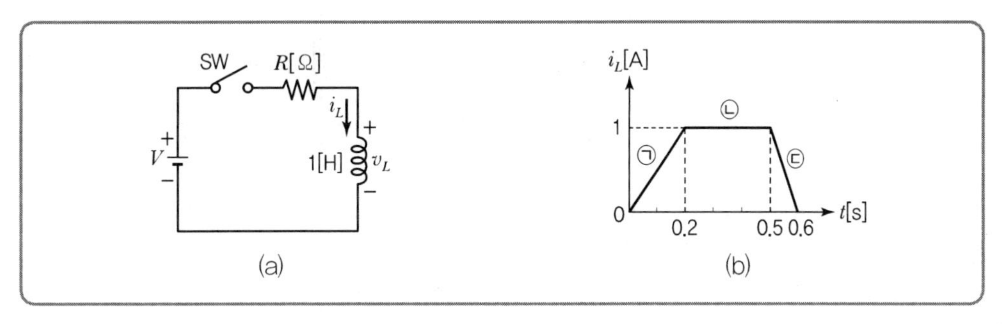

정답 05 ① 06 ② 07 ① 08 ② 09 ③

① ㉠구간에서 코일에서 발생하는 유도기전력 v_L은 5[V]이다.
② ㉡구간에서 코일에서 발생하는 유도기전력 v_L은 0[V]이다.
③ ㉢구간에서 코일에서 발생하는 유도기전력 v_L은 10[V]이다.
④ ㉡구간에서 코일에 저장된 에너지는 0.5[J]이다.

10 전류 $i(t)=t^2+2t$[A]가 1[H] 인덕터에 흐르고 있다. $t=1$일 때, 인덕터의 순시전력[W]은?
19년 국가직 9급

① 12 ② 16
③ 20 ④ 24

11 그림과 같은 전압 파형이 100[mH] 인덕터에 인가되었다. $t=0$[sec]에서 인덕터 초기 전류가 0[A]라고 한다면, $t=14$[sec]일 때 인덕터 전류의 값[A]은? 19년 서울시 9급

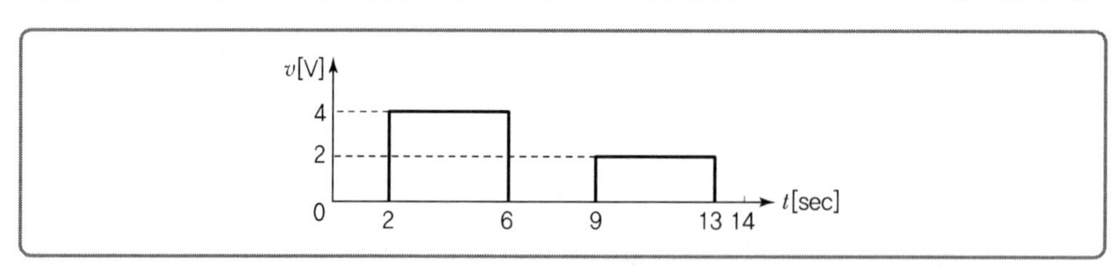

① 210[A] ② 220[A]
③ 230[A] ④ 240[A]

12 다음 회로에서 정상상태일 때, 인덕터에 저장된 에너지[mJ]는 얼마인가? 14년 국회직 9급

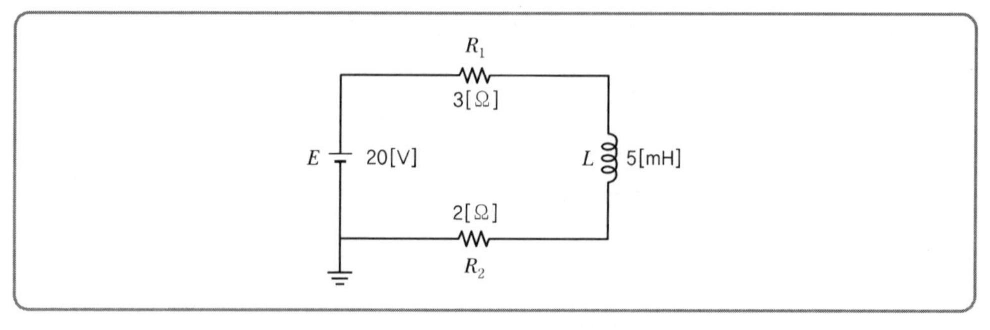

① 10 ② 20 ③ 30 ④ 40
⑤ 50

정답 10 ① 11 ④ 12 ④

13 어떤 코일에 흐르는 전류가 0.1초 사이에 20[A]에서 4[A]까지 일정한 비율로 변하였다. 이때 20[V]의 기전력이 발생한다면 코일의 자기 인덕턴스[H]는? 14년 국가직 9급

① 0.125 ② 0.25
③ 0.375 ④ 0.5

14 철심 코어에 권선수 10인 코일이 있다. 이 코일에 전류 10[A]를 흘릴 때, 철심을 통과하는 자속이 0.001[Wb]이라면 이 코일의 인덕턴스[mH]는?

① 100 ② 10 ③ 1 ④ 0.1

15 권선비가 10 : 1인 이상적인 변압기가 있다. 1차 측은 실횻값 200∠0°[V]인 전원에 연결되었고 2차 측은 10∠30°[Ω]인 부하에 연결되었을 때, 변압기의 1차 측에 흐르는 전류[A]는? 14년 국가직 9급

① 0.2∠−30° ② 0.2∠30°
③ 2∠−30° ④ 2∠30°

16 누설자속이 없을 때 권수 N_1회인 1차 코일의 자기 인덕턴스 L_1, 권수 N_2회인 2차 코일의 자기 인덕턴스 L_2와 두 코일 사이의 상호 인덕턴스 M의 관계는? 14년 서울시 9급

① $\sqrt{L_1 \cdot L_2} = M^2$ ② $\dfrac{1}{\sqrt{L_1 \cdot L_2}} = M^2$
③ $\sqrt{L_1 \cdot L_2} = M$ ④ $L_1 \cdot L_2 = M$
⑤ $\dfrac{1}{\sqrt{L_1 \cdot L_2}} = M$

17 상호인덕턴스가 10[mH]이고, 두 코일의 자기인덕턴스가 각각 20[mH], 80[mH]일 경우 상호 유도회로에서의 결합계수 k는?

① 0.125 ② 0.25
③ 0.375 ④ 0.5

정답 13 ① 14 ③ 15 ① 16 ③ 17 ②

18 누설 자속이 없을 때 권수 N_1회인 1차 코일과 권수 N_2회인 2차 코일의 자기 인덕턴스 L_1, L_2와 상호 인덕턴스 M의 관계로 가장 옳은 것은? 20년 서울시 9급

① $\frac{1}{\sqrt{L_1 \cdot L_2}} = M$

② $\frac{1}{\sqrt{L_1 \cdot L_2}} = M^2$

③ $\sqrt{L_1 \cdot L_2} = M$

④ $\sqrt{L_1 \cdot L_2} = M^2$

19 2개의 코일이 단일 철심에 감겨 있으며 결합계수가 0.5이다. 코일 1의 인덕턴스가 10[μH]이고 코일 2의 인덕턴스가 40[μH]일 때, 상호 인덕턴스[μH]는? 19년 지방직 9급

① 1 ② 2
③ 4 ④ 10

20 그림 (가)의 자기회로 합성 인덕턴스는 40[mH]이고, 그림 (나)의 자기회로 합성 인덕턴스는 28[mH]일 때, 상호 인덕턴스 M[mH]은? 19년 지방직 9급

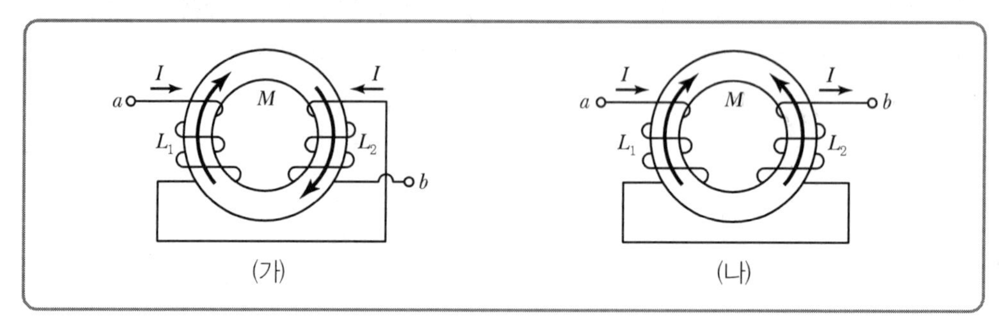

① 3 ② 6
③ 9 ④ 12

정답 18 ③ 19 ④ 20 ①

21 다음 회로와 같이 직렬로 접속된 두 개의 코일이 있을 때, $L_1 = 20$[mH], $L_2 = 80$[mH], 결합계수 $k = 0.8$이다. 이때 상호 인덕턴스 M의 극성과 크기[mH]는?

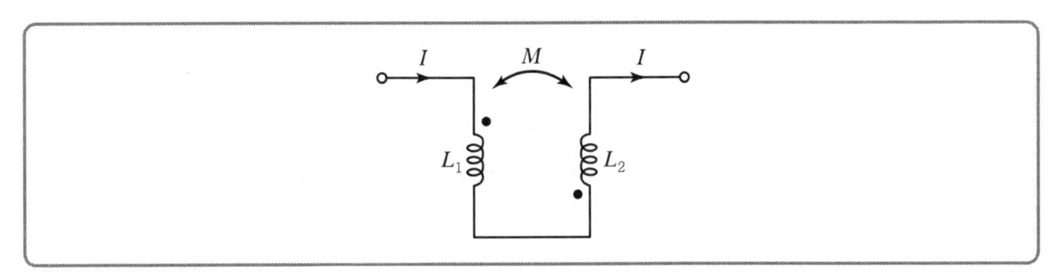

	극성	크기		극성	크기
①	가극성	32	②	가극성	40
③	감극성	32	④	감극성	40

22 그림의 자기결합 회로에서 V_2[V]가 나머지 셋과 다른 하나는?(단, M은 상호 인덕턴스이며, L_2 코일로 흐르는 전류는 없다.) 20년 국가직 9급

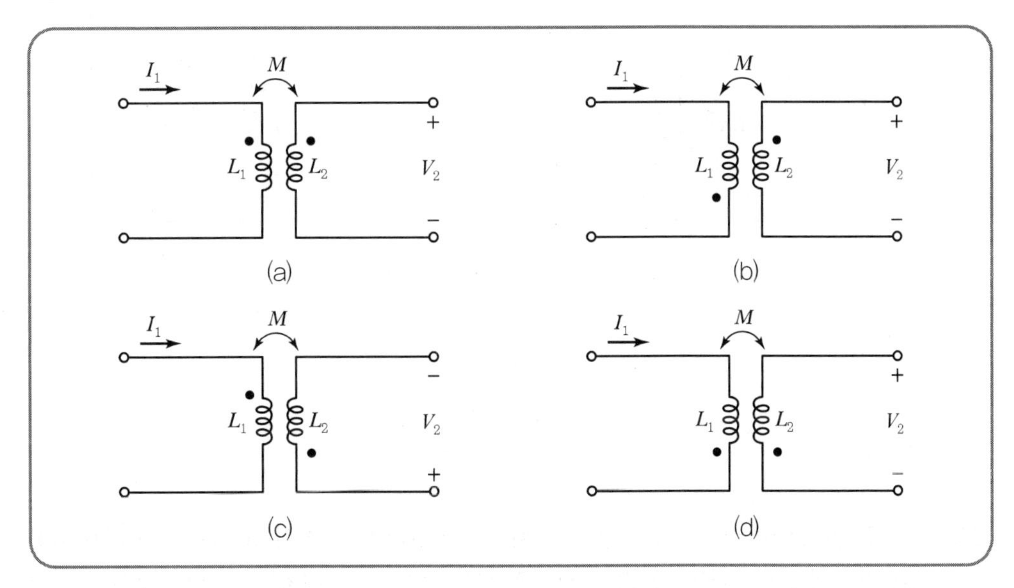

① (a) ② (b)
③ (c) ④ (d)

23 다음 직렬 코일의 총 인덕턴스 [H]는 얼마인가?(단, $L_1 = 10$[H], $L_2 = 15$[H], $M_{12} = 1$[H], $L_3 = 20$[H], $M_{23} = 2$[H], $M_{13} = 3$[H]이다.) 14년 국회직 9급

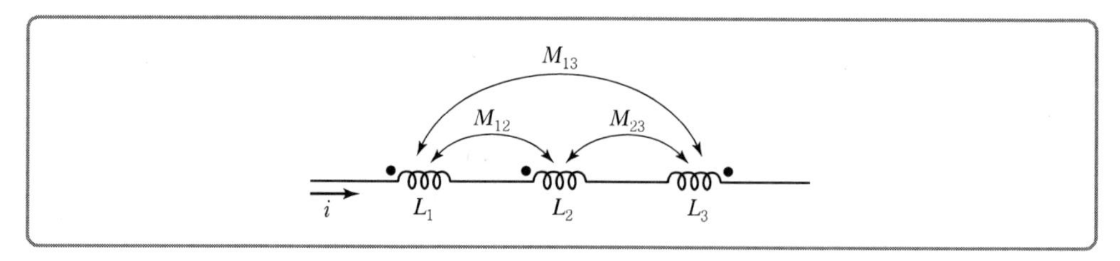

① 53 ② 49
③ 45 ④ 41
⑤ 37

24 자체 인덕턴스가 L_1, L_2인 2개의 코일을 (a) 및 (b)와 같이 직렬로 접속하여 두 코일 간의 상호인덕턴스 M을 측정하고자 한다. 두 코일이 정방향일 때의 합성인덕턴스가 24 [mH], 역방향일 때의 합성인덕턴스가 12 [mH]라면 상호인덕턴스 M[mH]은? 15년 국가직 9급

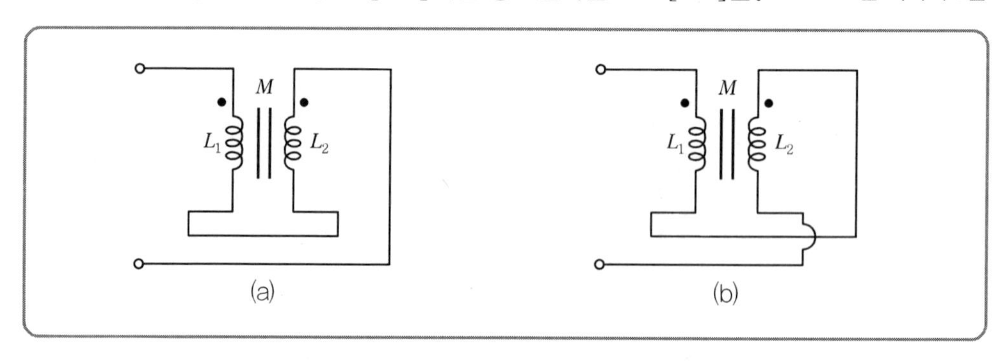

① 3 ② 6
③ 12 ④ 24

25 자속이 반대 방향이 되도록 직렬 접속한 두 코일의 인덕턴스가 5[mH], 20[mH]이다. 이 두 코일에 10[A]의 전류를 흘렸을 때, 코일에 저장되는 에너지는 몇 [J]인가?(단, 결합계수 $k = 0.25$)

① 1 ② 1.5
③ 2 ④ 3

정답 23 ⑤ 24 ① 25 ①

26 다음 전기회로도에서 저항 R에 흐르는 실효치 전류[A]는?(단, $v(t)$의 실효치는 100[V]이다.)

11년 지방직 9급

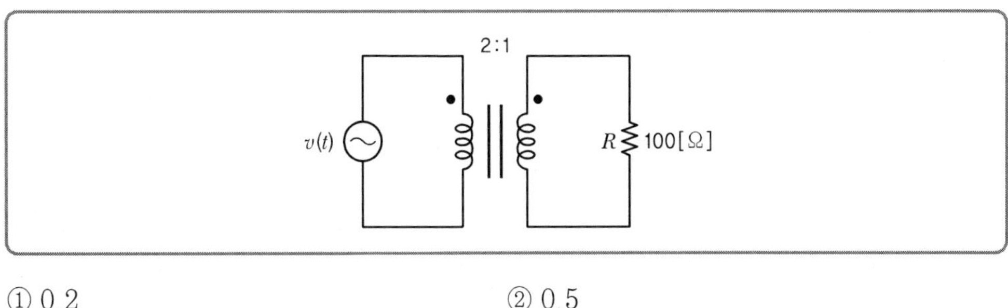

① 0.2 ② 0.5
③ 1 ④ 2

27 다음 그림과 같은 이상적인 변압기 회로에서 200[Ω] 저항의 소비전력[W]은?

18년 국가직 9급

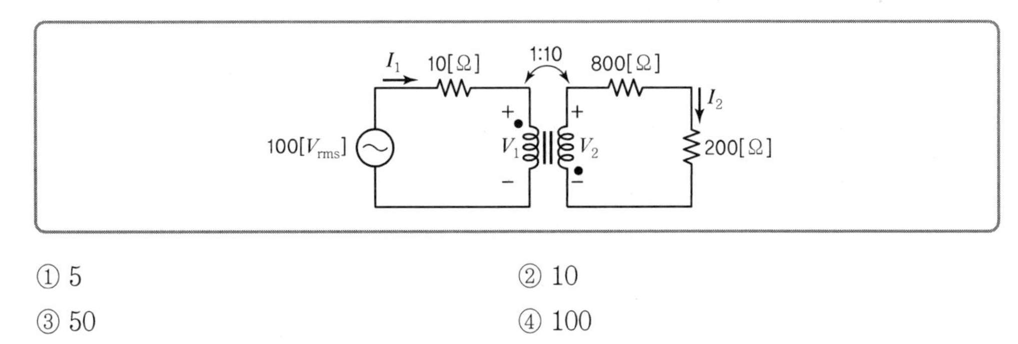

① 5 ② 10
③ 50 ④ 100

28 그림과 같은 이상적인 변압기 회로에서 최대전력 전송을 위한 변압기 권선비는?

18년 지방직 9급

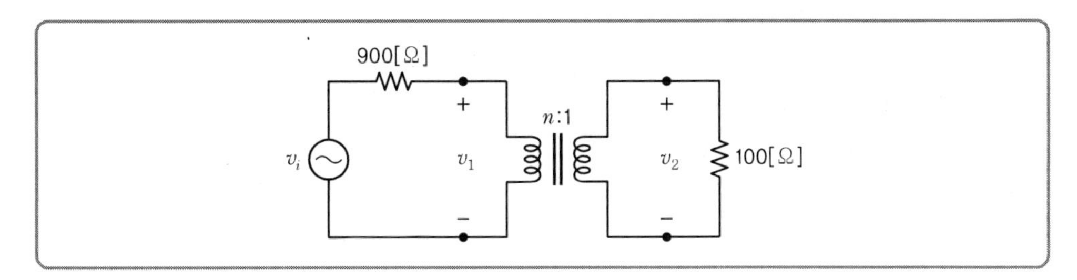

① 1 : 1 ② 3 : 1
③ 6 : 1 ④ 9 : 1

정답 26 ② 27 ③ 28 ②

29 이상적인 단상 변압기의 2차 측에 부하를 연결하여 2.2[kW]를 공급할 때의 2차 측 전압이 220[V], 1차 측 전류가 50[A]라면 이 변압기의 권선비 $N_1 : N_2$는?(단, N_1은 1차 측 권선수이고, N_2는 2차 측 권선수이다.)

① 1 : 5 ② 5 : 1
③ 1 : 10 ④ 10 : 1

30 이상적인 변압기에서 1차 측 코일과 2차 측 코일의 권선비가 $\frac{N_1}{N_2} = 10$일 때, 옳은 것은?

16년 국가직 9급

① 2차 측 소비전력은 1차 측 소비전력의 10배이다.
② 2차 측 소비전력은 1차 측 소비전력의 100배이다.
③ 1차 측 소비전력은 2차 측 소비전력의 100배이다.
④ 1차 측 소비전력은 2차 측 소비전력과 동일하다.

31 아래의 4단자 회로망에서 부하 Z_L에 최대전력을 공급하기 위해서 변압기를 결합하여 임피던스 정합을 시키고자 한다. 변압기의 권선비와 X_S[Ω]를 옳게 나타낸 것은? 09년 국가직 9급

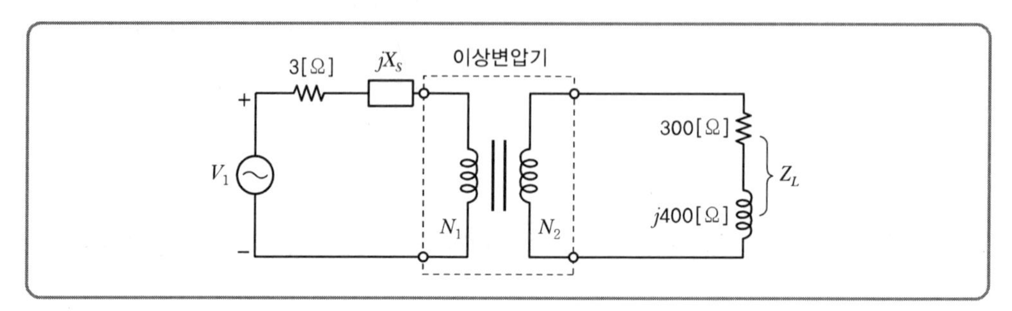

	$N_1 : N_2$	X_S		$N_1 : N_2\ V$	X_S
①	1 : 10	−4	②	10 : 1	−40
③	1 : 100	40	④	100 : 1	4

정답 29 ① 30 ④ 31 ①

32 아래 회로에서 전원전압의 실효치는 160[V]이며 변압기는 이상적이라 가정할 때 부하저항 RL에서 소모되는 전력[W]은? 11년 지방직 9급

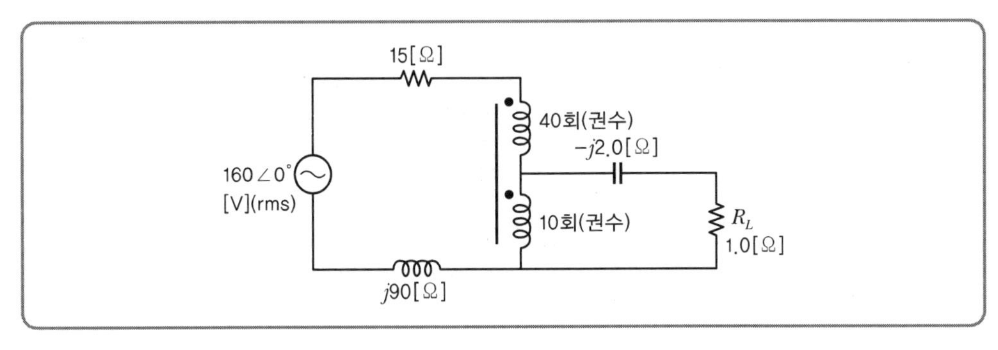

① 100　② 200
③ 300　④ 400

33 그림과 같이 자기 인덕턴스가 $L_1=8$[H], $L_2=4$[H], 상호 인덕턴스가 $M=4$[H]인 코일에 5[A]의 전류를 흘릴 때, 전체 코일에 축적되는 자기에너지[J]는?

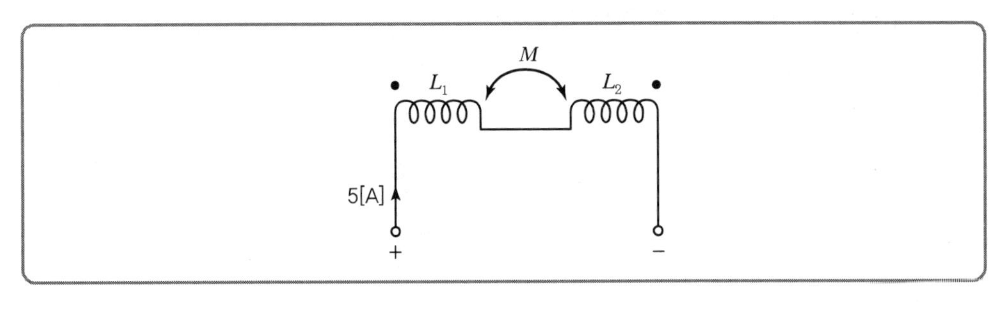

① 10　② 25
③ 50　④ 100

34 자체 인덕턴스가 각각 L_1=10[mH], L_2=10[mH]인 두 개의 코일이 있고, 두 코일 사이의 결합계수가 0.5일 때, L_1 코일의 전류를 0.1[s] 동안 10[A] 변화시키면 L_2에 유도되는 기전력의 양(절댓값)은 얼마인가? 18년 서울시 9급(전)

① 10[mV]　② 100[mV]
③ 50[mV]　④ 500[mV]

정답 32 ② 33 ③ 34 ④

35 아래 변압기에서 $L_1 = 1[H]$, $L_2 = 8[H]$, $M = 1[H]$이다. $i_1 = 4[A]$, $i_2 = 2[A]$일 때 변압기에 저장된 에너지를 구하시오. 12년 국회직 9급

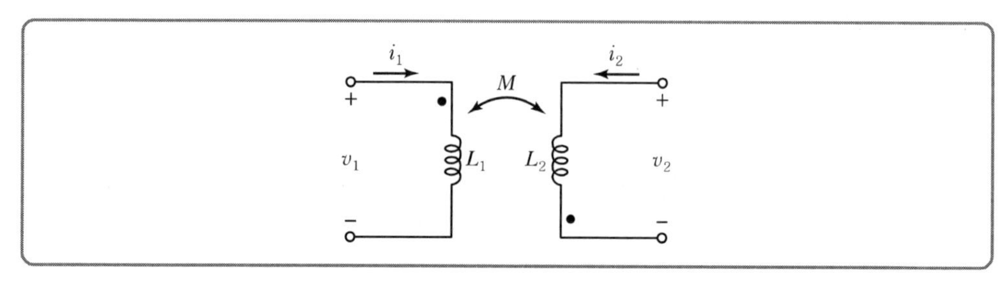

① 32[J]
② 16[J]
③ 8[J]
④ 24[J]
⑤ 12[J]

36 그림과 같은 회로의 이상적인 단권변압기에서 Z_{in}과 Z_L 사이의 관계식으로 옳은 것은?(단, V_1은 1차 측 전압, V_2는 2차 측 전압, I_1은 1차 측 전류, I_2는 2차 측 전류, $N_1 + N_2$는 1차 측 권선 수, N_2는 2차 측 권선 수이다.)

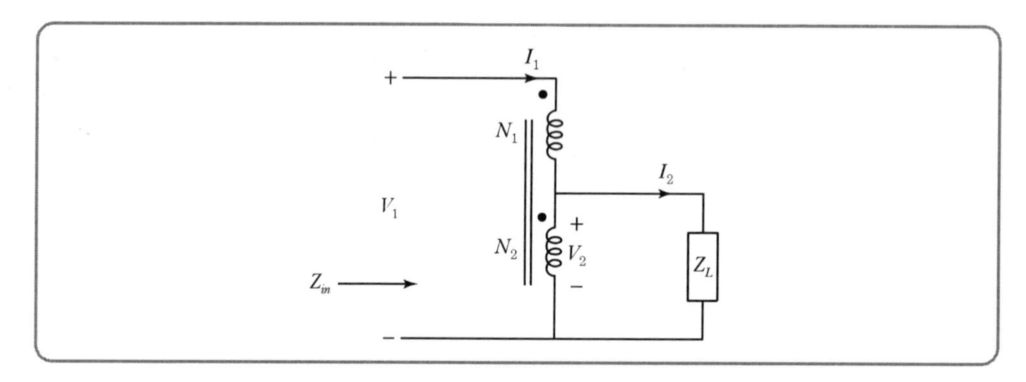

① $Z_{in} = Z_L\left(\dfrac{N_1 + N_2}{N_2}\right)^2$
② $Z_{in} = Z_L\left(\dfrac{N_1 + N_2}{N_1}\right)^2$
③ $Z_{in} = Z_L\left(\dfrac{N_1 + N_2}{N_2}\right)$
④ $Z_{in} = Z_L\left(\dfrac{N_1 + N_2}{N_1}\right)$

정답 35 ② 36 ①

37 이상변압기를 사용하여 5[Ω]의 저항에 최대전력을 공급하고자 할 때 이 이상변압기의 1차 측과 2차 측의 권수비($n_1 : n_2$)는?

18년 국회직 9급

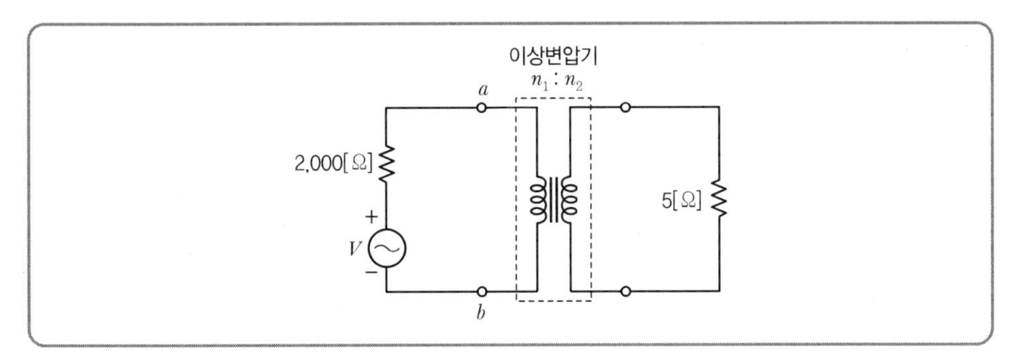

① 1 : 1
② 5 : 1
③ 10 : 1
④ 15 : 1
⑤ 20 : 1

38 그림의 회로에서 $N_1 : N_2 = 1 : 10$을 가지는 이상변압기(Ideal Transformer)를 적용하는 경우 $\dot{Z}_L$에 최대전력이 전달되기 위한 $\dot{Z}_S$는?(단, 전원의 각속도 $\omega = 50$[rad/s]이다.)

19년 지방직 9급

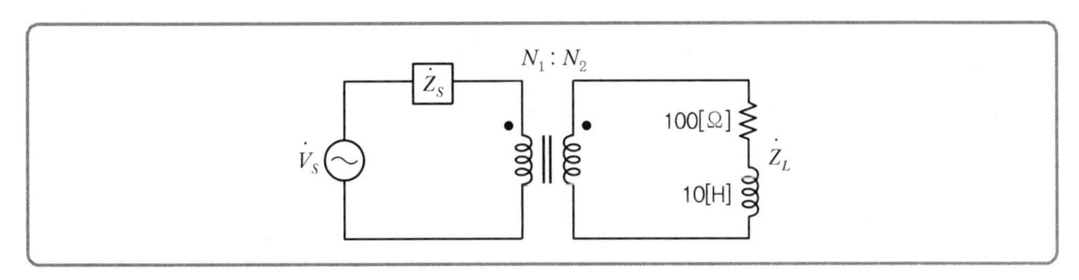

① 1[Ω] 1[H]
② 1[Ω] 10[mH]
③ 1[Ω] 4[mF]
④ 1[Ω] 4[F]

정답 37 ⑤ 38 ③

39 그림의 회로에서 이상변압기(Ideal Transformer)의 권선비가 N_1 : $N_2=1$: 2일 때, 전압 $\dot{V}_o$ [V]는? 19년 지방직 9급

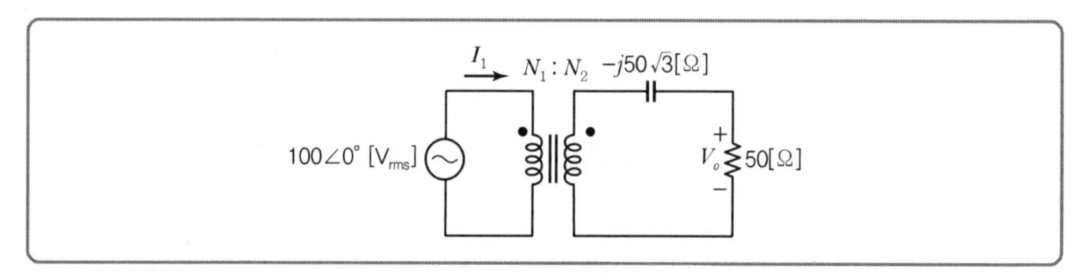

① 100∠30°　　② 100∠60°
③ 200∠30°　　④ 200∠60°

40 그림과 같이 저항 $R_1=R_2=10$[Ω], 자기 인덕턴스 $L_1=10$[H], $L_2=100$[H], 상호 인덕턴스 $M=10$[H]로 구성된 회로의 임피던스 Z_{ab}[Ω]는?(단, 전원 V_s의 각속도는 $\omega=1$[rad/s]이고 $Z_L=10-j100$[Ω]이다.) 19년 국가직 9급

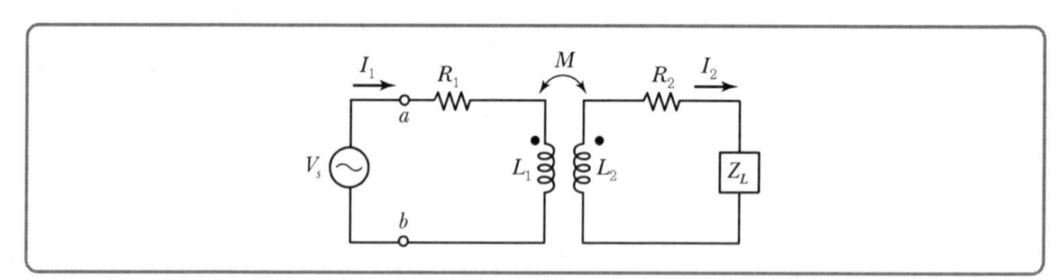

① $10-j15$　　② $10+j15$
③ $15-j10$　　④ $15+j10$

41 자기인덕턴스 L_1, L_2가 각각 20[mH], 5[mH]인 두 코일이 완전결합(이상결합) 되었을 때 상호인덕턴스의 값[mH]은?

① 5　　② 10　　③ 20　　④ 25

42 인덕턴스 L의 정의에 대한 설명으로 옳은 것은? 21년 국가직 9급

① 전압과 전류의 비례상수이다.　　② 자속과 전류의 비례상수이다.
③ 자속과 전압의 비례상수이다.　　④ 전력과 자속의 비례상수이다.

정답 39 ② 40 ④ 41 ② 42 ②

43 그림과 같은 접속 형태일 때, 합성인덕턴스 값[H]은?(단, 전자결합인 상호인덕턴스 M[H]을 고려한다.)

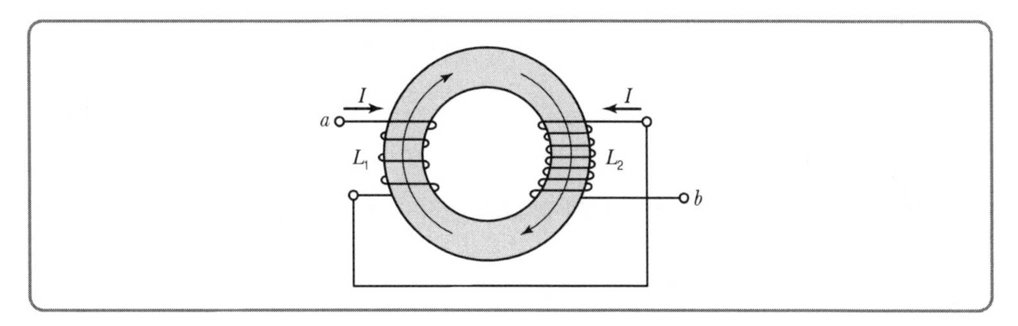

① $L_1 + L_2 + M$　　② $L_1 + L_2 + 2M$
③ $L_1 - L_2 + M$　　④ $L_1 - L_2 + 2M$

44 자기 인덕턴스가 20[mH]인 코일에 20[A]의 전류가 흐를 때, 코일에 저장되는 에너지[J]는?

22년 지방직(경력) 9급

① 1　　② 2
③ 3　　④ 4

45 인덕턴스 20[H]를 갖는 인덕터에 전류 5[A]가 흐를 때, 저장된 자기에너지[J]는?

22년 지방직 9급

① 100　　② 125　　③ 250　　④ 500

46 8초에 5[A]의 일정한 비율로 전류 I가 변하여 50[V]의 유도 기전력이 발생하는 코일의 인덕턴스의 값[H]은?

21년 서울시(고졸) 9급

① 10　　② 25　　③ 40　　④ 80

47 임의의 철심에 코일 2,000회를 감았더니 인덕턴스가 4[H]로 측정되었다. 인덕턴스를 1[H]로 감소시키려면 기존에 감겨 있던 코일에서 제거할 횟수는?(단, 자기포화 및 누설자속은 무시한다.)

22년 지방직 9급

① 250　　② 500　　③ 1,000　　④ 1,500

정답 43 ② 44 ④ 45 ③ 46 ④ 47 ③

48 권선수 2,000회인 자계 코일에 저항 12[Ω]이 직렬로 연결되어 있다. 전류 10[A]가 흐를 때의 자속은 $\Phi = 6 \times 10^{-2}$[Wb]이다. 이 회로의 시정수[sec]는? 23년 지방직 9급

① 0.001 ② 0.01
③ 0.1 ④ 1

49 이상적인 변압기를 포함한 그림의 회로에서 정현파 전압원이 공급하는 평균 전력[W]은? 22년 국가직 9급

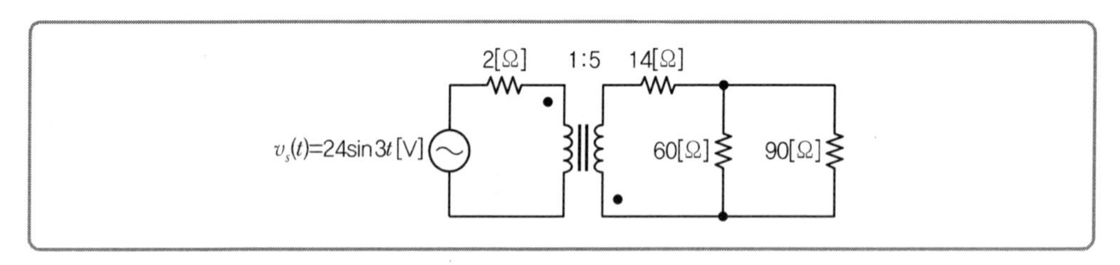

① 24 ② 48
③ 72 ④ 96

50 그림의 회로에서 합성 인덕턴스 L_o[mH]와 각각의 인덕터에 인가되는 전압 V_1[V], V_2[V], V_3[V]는?(단, 모든 전압은 실횻값이다.) 22년 지방직 9급

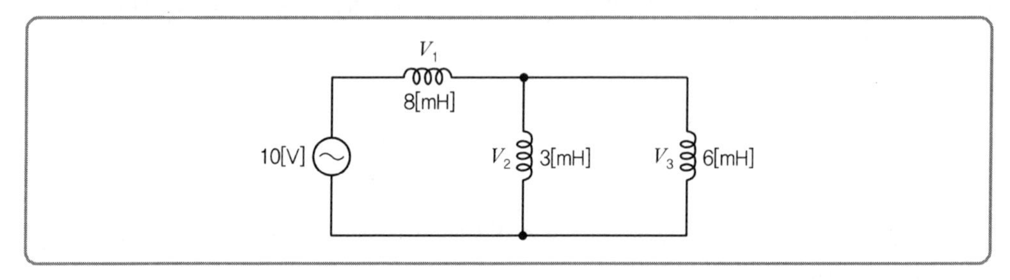

	L_o	V_1	V_2	V_3
①	4	2	8	8
②	10	4	4	8
③	4	6	4	8
④	10	8	2	2

정답 48 ④ 49 ③ 50 ④

51 상호인덕턴스 M을 갖는 자기 결합회로에서 v_2 값이 다른 하나는? 23년 지방직 9급

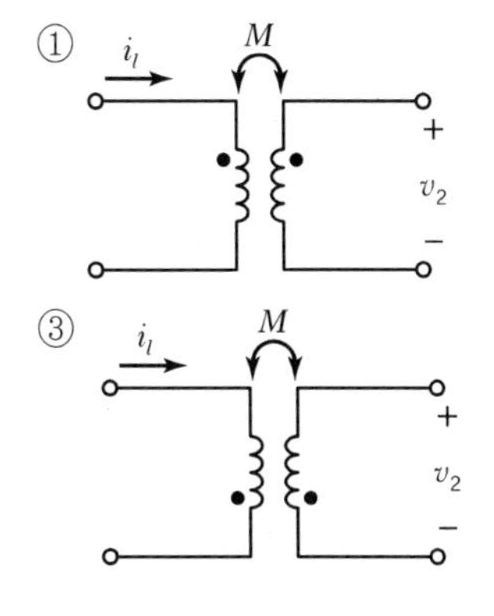

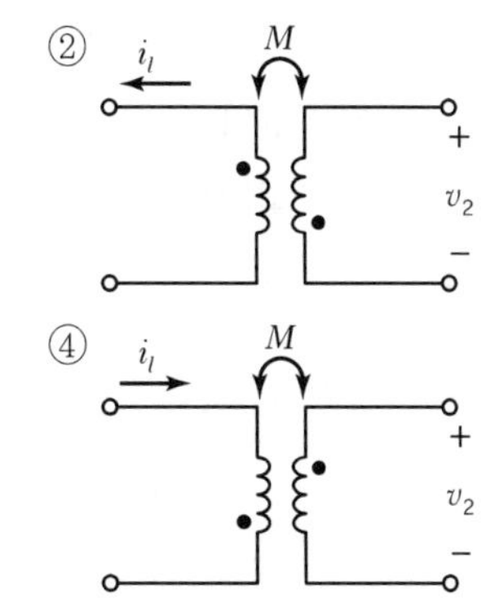

52 그림의 회로에서 $t=\infty$ 일 때, 결합 인덕터에 저장되는 에너지가 0.75[J]이다. 결합계수 k는?(단, $u(t)$는 단위계단 함수이다.) 23년 지방직 9급

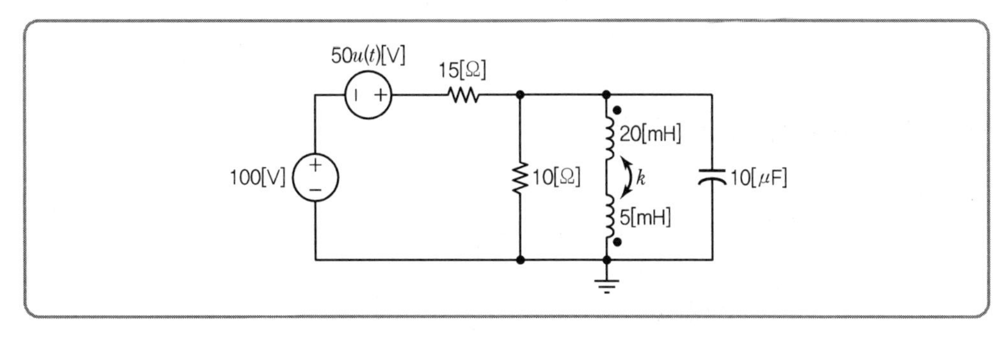

① 0.1
② 0.5
③ 0.8
④ 1

정답 51 ③ 52 ②

SECTION 02 유도결합회로(7급 기출문제)

01 다음 회로에서 이상변압기(Ideal Transformer)의 1차 측 권선수(Turns) $N_1 = 1$일 때, 변압기 2차 측 부하저항 20[Ω]에 최대전력을 전달하기 위한 변압기 2차 측 권선수(N_2)는?(단, 전압원 및 전류원은 교류전원이다.) 15년 국가직 7급

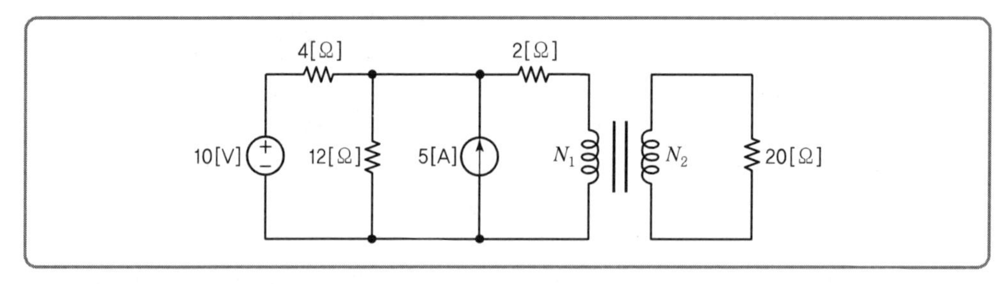

① 2
② 4
③ 0.5
④ 0.25

02 아래 그림에서 $I_2(t)$의 라플라스 변환 $I_2(s)$는?

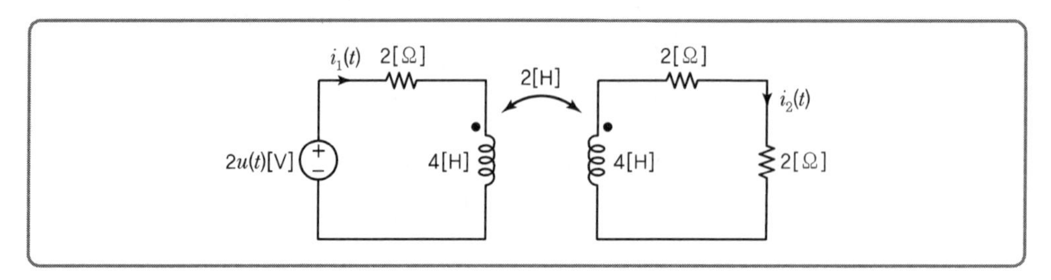

① $\dfrac{1}{4s^2+4s+1}$
② $\dfrac{2}{4s^2+4s+1}$
③ $\dfrac{2}{3s^2+6s+2}$
④ $\dfrac{1}{3s^2+6s+2}$

정답 01 ① 02 ④

03 아래 유도결합회로의 전달함수 $\dfrac{V_2(s)}{V_1(s)}$ 는?(단, $R=6[\Omega]$, $L_1=2[\text{H}]$, $L_2=6[\text{H}]$, $M=4[\text{H}]$이다.)

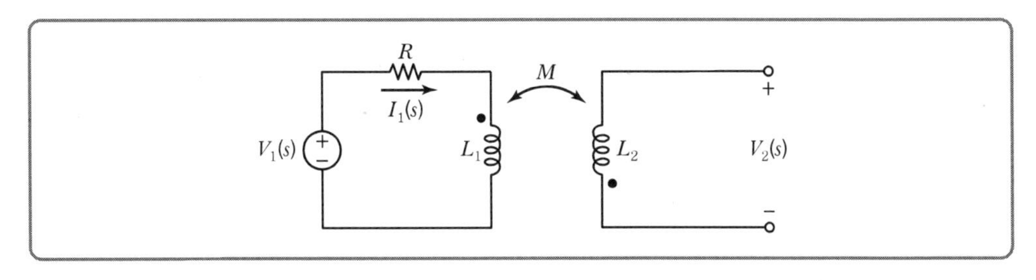

① $\dfrac{-4s}{6s+6}$ ② $\dfrac{-4s}{2s+6}$ ③ $\dfrac{4s}{6s+2}$ ④ $\dfrac{4s}{2s+6}$

04 다음 회로에서 변압기는 이상적이고 각주파수 $\omega=1$이며 $N_1 : N_2 = 2 : 1$인 경우, I_1[A]은?

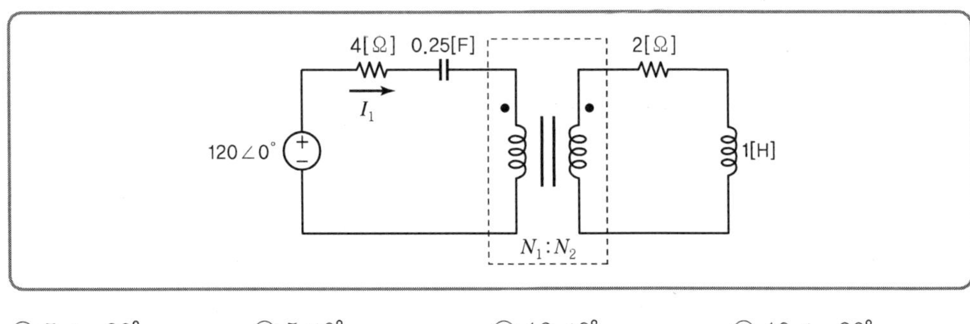

① $5\angle-90°$ ② $5\angle0°$ ③ $10\angle0°$ ④ $10\angle-90°$

05 다음 회로에서 $L_1=0.5[\text{H}]$, $L_2=8[\text{H}]$, 결합계수$(k)=0.5$, $I_1(t) = 2\times I_2(t)=10\cos(100t-30°)[\text{mA}]$일 때 $v_2(0)[\text{V}]$는? 13년 국가직 7급

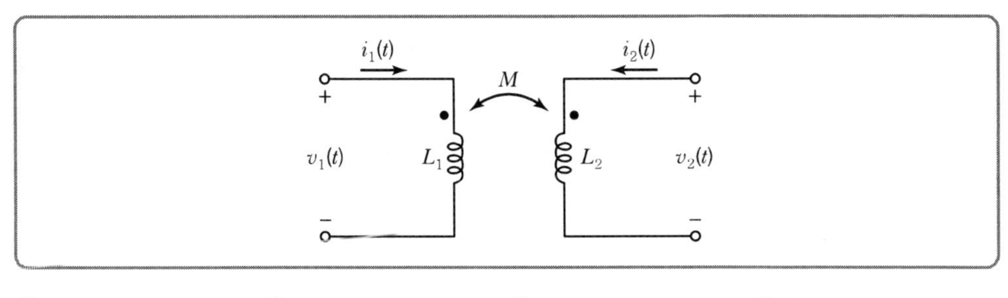

① 1.0 ② 1.5 ③ 2.0 ④ 2.5

정답 03 ② 04 ③ 05 ④

06 다음 상호 인덕턴스를 포함한 유도결합회로에서 입력전압 $V_S(t)=8\sqrt{2}\cos(2t+90°)$[V]일 때 출력전압 $V_O(t)$[V]는?

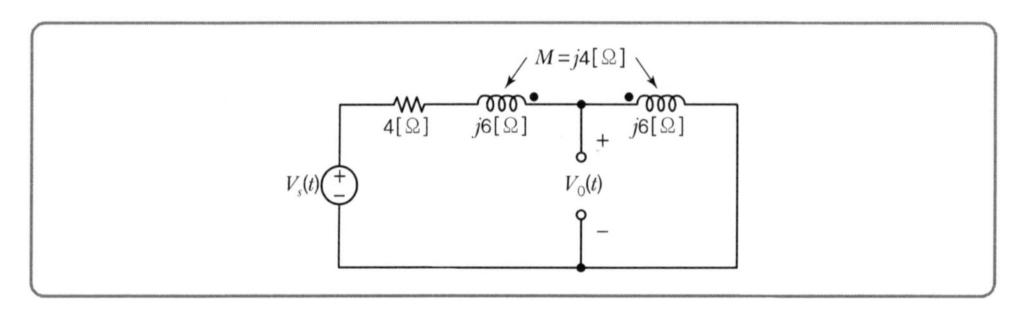

① $4\cos(2t+45°)$
② $4\cos(2t+135°)$
③ $2\cos(2t+45°)$
④ $2\cos(2t+135°)$

07 다음 자기결합회로(단권변압기)에서 인덕터 L_1과 L_2에 강하되는 전압 V_{L_1}[V]과 V_{L_2}[V]는?(단, $\omega M=20$[Ω], $\omega L_1=30$[Ω], $\omega L_2=40$[Ω]이다.) 15년 국가직 7급

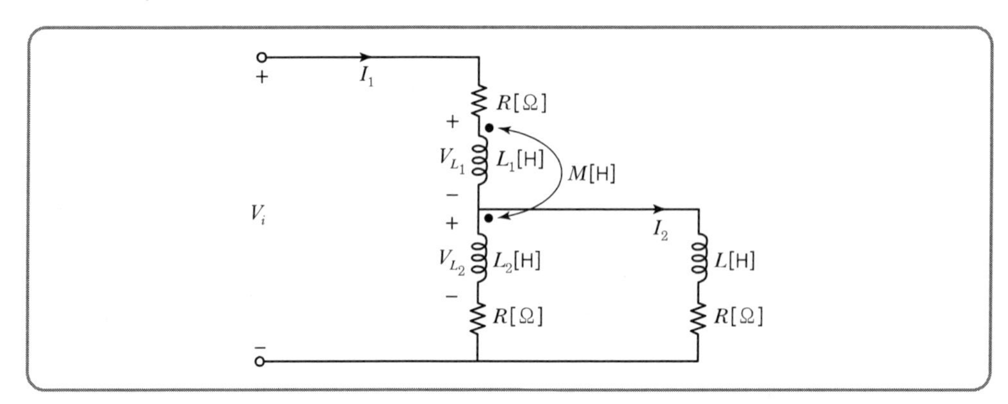

	V_{L_1}	V_{L_2}
①	$j50I_1+j20I_2$	$j60I_1-j40I_2$
②	$j50I_1-j20I_2$	$j60I_1-j40I_2$
③	$j70I_1+j20I_2$	$j50I_1-j40I_2$
④	$j70I_1-j20I_2$	$j50I_1-j40I_2$

정답 **06** ② **07** ②

CHAPTER 07 CURRENT THEORY

3상 교류회로

SECTION 01 3상 회로의 이해

01 다음 회로에서 단자 a, b, c에 대칭 3상 전압을 인가하여 각 선전류가 같은 크기로 흐르게 하기 위한 저항 $R[\Omega]$은? 14년 국가직 9급

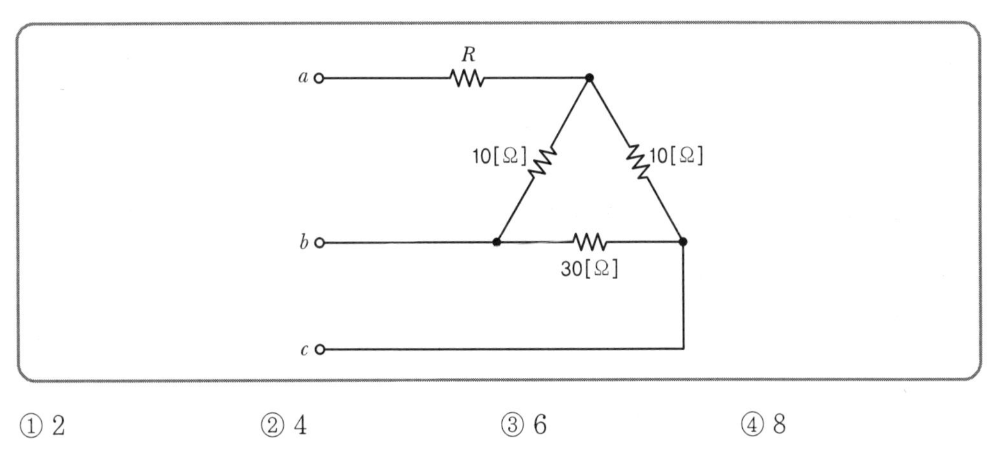

① 2 ② 4 ③ 6 ④ 8

02 다음의 회로에 평형 3상 전원을 인가했을 때 각 선에 흐르는 전류 $I_L[\mathrm{A}]$가 같으면 $R[\Omega]$은? 10년 국가직 9급

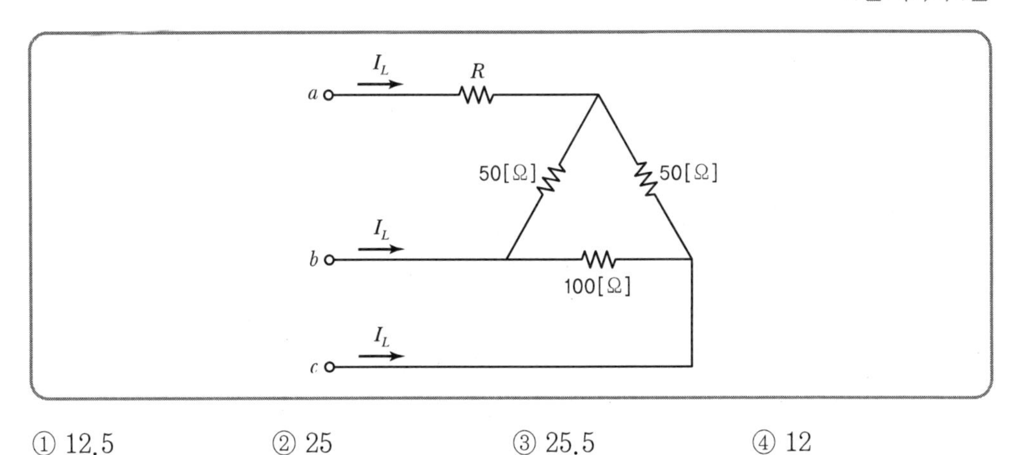

① 12.5 ② 25 ③ 25.5 ④ 12

정답 01 ② 02 ①

03 다음 그림과 같은 순저항 회로에서 대칭 3상 전압을 인가할 때 각 선에 흐르는 전류의 크기가 같으려면 $R[\Omega]$은?
18년 국회직 9급

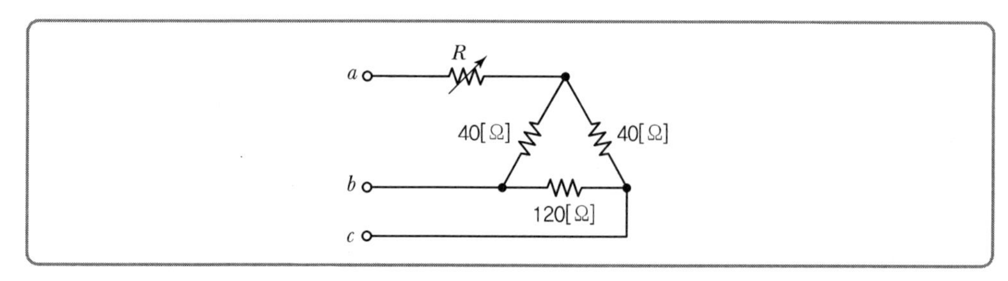

① 12　② 16
③ 20　④ 24
⑤ 28

04 그림과 같이 3상 회로의 상전압을 직렬로 연결했을 때, 양단 전압 $\dot{V}$[V]는?
20년 지방직 9급

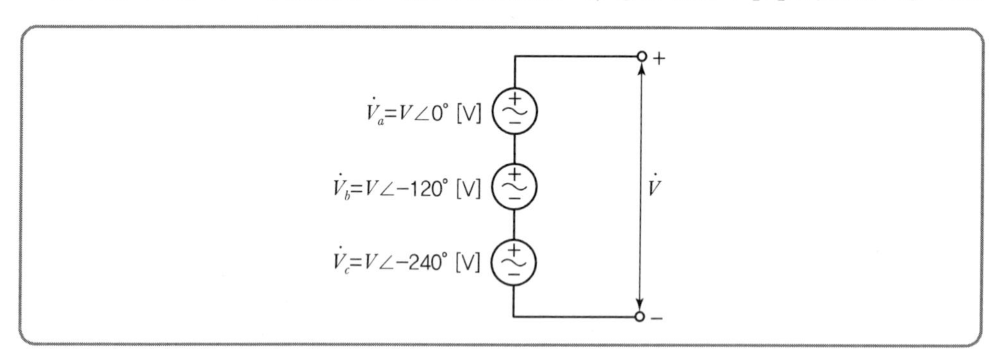

① $0\angle 0°$　② $V\angle 90°$
③ $\sqrt{2}\,V\angle 120°$　④ $\frac{1}{\sqrt{2}}V\angle 240°$

05 평형 삼상회로에 대한 설명으로 옳지 않은 것은?
07년 국가직 9급

① 성형 결선(Y결선)에서 선전류의 크기는 상전류의 크기와 같다.
② 성형 결선(Y결선)에서 선간전압의 크기는 상전압의 크기와 같다.
③ 부하에 공급되는 유효전력 P는 $P = \sqrt{3}$ × 선간전압 × 선전류 × 역률이다.
④ 부하에 공급되는 유효전력 P는 $P = 3$ × 상전압 × 상전류 × 역률이다.

정답 03 ② 04 ① 05 ②

06 평형 3상회로에서 선간 전압이 200[V]이고 선전류는 $\frac{25}{\sqrt{3}}$[A]이며 3상 전체전력은 4[kW]이다. 이때 역률[%]은? 10년 지방직 9급

① 60 ② 70 ③ 80 ④ 90

07 평형 3상 Y결선의 전원에서 상전압의 크기가 220[V]일 때, 선간전압의 크기[V]는? 15년 국가직 9급

① $\frac{220}{\sqrt{3}}$ ② $\frac{220}{\sqrt{2}}$ ③ $220\sqrt{2}$ ④ $220\sqrt{3}$

08 평형 3상 Y결선의 전원에서 선간전압의 크기가 100[V]일 때, 상전압의 크기[V]는?

① $100\sqrt{3}$ ② $100\sqrt{2}$

③ $\frac{100}{\sqrt{2}}$ ④ $\frac{100}{\sqrt{3}}$

09 평형 3상 교류 회로의 Y 및 Δ결선에 관한 설명으로 옳지 않은 것은? 10년 지방직 9급

① Δ결선의 경우 상전압과 선간전압은 서로 같다.
② Y결선의 경우 상전류는 선전류와 크기 및 위상이 같다.
③ Y결선의 경우 선간 전압이 상전압보다 $\sqrt{3}$배 크고, 위상은 30° 앞선다.
④ Δ결선의 경우 상전류는 선전류보다 $\sqrt{3}$배 크고, 위상은 30° 앞선다.

10 평형 3상 회로에 대한 설명 중 옳은 것을 모두 고르면?(단, 전압, 전류는 페이저로 표현되었다고 가정한다.)

ㄱ. Y결선 평형 3상 회로에서 상전압은 선간전압에 비해 크기가 $1/\sqrt{3}$배이다.
ㄴ. Y결선 평형 3상 회로에서 상전류는 선전류에 비해 크기가 $\sqrt{3}$배이다.
ㄷ. Δ결선 평형 3상 회로에서 상전압은 선간전압에 비해 크기가 $\sqrt{3}$배이다.
ㄹ. Δ결선 평형 3상 회로에서 상전류는 선전류에 비해 크기가 $1/\sqrt{3}$배이다.

① ㄱ, ㄴ ② ㄱ, ㄹ
③ ㄴ, ㄹ ④ ㄷ, ㄹ

정답 06 ③ 07 ④ 08 ④ 09 ④ 10 ②

11 평형 3상 교류회로의 Y 및 Δ 결선에 관한 설명으로 옳은 것을 〈보기〉에서 모두 고르면?

19년 국회직 9급

ㄱ. Y결선의 경우, 선간전압은 상전압보다 $\sqrt{3}$ 배 크고 30° 앞선다.
ㄴ. Y결선의 경우, 선전류는 상전류보다 $\sqrt{3}$ 배 크고 30° 뒤진다.
ㄷ. Δ결선의 경우, 선간전압은 상전압보다 $\sqrt{3}$ 배 크고 30° 앞선다.
ㄹ. Δ결선의 경우, 선전류는 상전류보다 $\sqrt{3}$ 배 크고 30° 뒤진다.

① ㄱ, ㄴ
② ㄱ, ㄷ
③ ㄱ, ㄹ
④ ㄴ, ㄷ
⑤ ㄴ, ㄹ

12 평형 3상 회로에서 선간전압, 선전류, 상전압, 상전류의 관계에 대한 설명으로 옳지 않은 것은?

19년 지방직 9급

① Y결선 부하에서 선간전압 크기는 상전압 크기의 $\sqrt{3}$ 배이다.
② Y결선 부하에서 선전류 크기와 상전류 크기는 같다.
③ Δ결선 부하에서 선간전압 크기는 상전압 크기와 같다.
④ Δ결선 부하에서 상전류 크기는 선전류 크기의 $\sqrt{3}$ 배이다.

13 3상 평형 Δ결선 및 Y결선에서, 선간전압, 상전압, 선전류, 상전류에 대한 설명으로 옳은 것은?

20년 국가직 9급

① Δ결선에서 선간전압의 크기는 상전압 크기의 $\sqrt{3}$ 배이다.
② Y결선에서 선전류의 크기는 상전류 크기의 $\sqrt{3}$ 배이다.
③ Δ결선에서 선간전압의 위상은 상전압의 위상보다 $\frac{\pi}{6}$[rad] 앞선다.
④ Y결선에서 선간전압의 위상은 상전압의 위상보다 $\frac{\pi}{6}$[rad] 앞선다.

14 평형 3상 Δ결선회로로 연결된 부하가 4.8[kW]의 유효전력을 소비하고 역률은 지상 0.8이다. 이 평형 3상 Δ결선회로의 선간전압 실횻값의 크기가 400[V]일 때, 선전류 실횻값[A]의 크기는?

19년 지방직 9급

① $3\sqrt{3}$ ② $5\sqrt{3}$ ③ 15 ④ $15\sqrt{3}$

정답 11 ③ 12 ④ 13 ④ 14 ②

15 평형 3상 교류회로의 Δ와 Y결선에서 전압과 전류의 관계에 대한 설명으로 옳지 않은 것은?

12년 국가직 9급

① Δ결선의 상전압의 위상은 Y결선의 상전압의 위상보다 30° 앞선다.

② 선전류의 크기는 Y결선의 상전류의 크기와 같으나, Δ결선에서는 상전류의 크기의 $\sqrt{3}$ 배이다.

③ Δ결선의 부하임피던스의 위상은 Y결선의 부하임피던스의 위상보다 30° 앞선다.

④ Δ결선의 선전류의 위상은 Y결선의 선전류의 위상과 같다.

16 다음 평형 3상 교류회로에서 선간전압의 크기 $V_L = 300[V]$, 부하 $\dot{Z}_p = 12 + j9[\Omega]$일 때, 선전류의 크기 $I_L[A]$는?

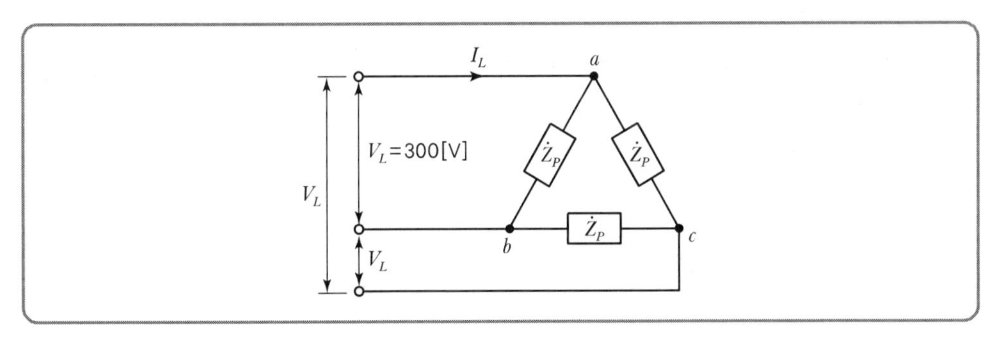

① 10
② $10\sqrt{3}$
③ 20
④ $20\sqrt{3}$

17 평형 3상 Y결선 회로에서 a상 전압의 순시값이 $v_o = 100\sqrt{2}\sin\left(\omega t + \frac{\pi}{3}\right)[V]$ 일 때, c상 전압의 순시값 $v_c(t)[V]$은?(단, 상 순은 a, b, c이다.)

16년 국가직 9급

① $100\sqrt{2}\sin\left(\omega t + \frac{5}{3}\pi\right)$
② $100\sqrt{2}\sin\left(\omega t + \frac{1}{3}\pi\right)$
③ $100\sqrt{2}\sin(\omega t - \pi)$
④ $100\sqrt{2}\sin\left(\omega t - \frac{2}{3}\pi\right)$

정답 15 ③ 16 ④ 17 ③

18 그림의 평형 3상 Y결선 전원에서 V_{ac} [V]는? 15년 국가직 9급

c, a, n, b

$V_{cn} = 100\angle 150^{\circ}$[V]　$V_{an} = 100\angle 30^{\circ}$[V]

$V_{bn} = 100\angle -90^{\circ}$[V]

① $100\sqrt{2}\angle 0°$　② $100\sqrt{3}\angle 0°$

③ $100\sqrt{2}\angle 60°$　④ $100\sqrt{3}\angle 60°$

19 평형 3상 전원을 그림과 같이 평형 3상 Δ결선 부하에 접속하였다. 3상 전원과 각 상의 부하 임피던스는 그대로 두고 부하의 결선 방식만 Y결선으로 바꾸었을 때의 설명으로 옳지 않은 것은? 13년 국가직 9급

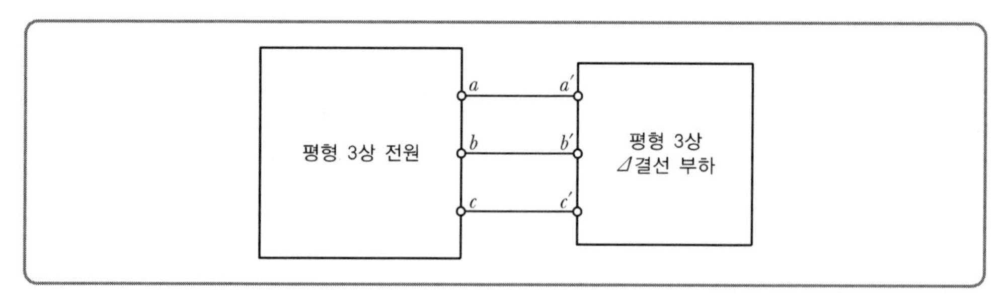

① 총 피상전력은 변경 전과 같다.

② 선전류는 변경 전에 비해 $\frac{1}{3}$배가 된다.

③ 부하의 상전압은 변경 전에 비해 $\frac{1}{\sqrt{3}}$배가 된다.

④ 부하의 상전류는 변경 전에 비해 $\frac{1}{\sqrt{3}}$배가 된다.

20 다음 설명 중 옳은 것은? 11년 국가직 9급

① 평형 3상회로는 3개의 단상회로로 대표할 수 있으므로 3상 유효전력은 단상회로 유효전력의 $\sqrt{3}$배이다.

② 3상 유효전력 $P = \sqrt{3}\ VI\cos\theta$에서 전압 V와 전류 I는 선간전압 및 선전류를 의미한다.

정답 18 ② 19 ① 20 ②

③ 복소전력은 $S=P+jQ=\dot{V}\dot{I}$(P, Q는 유효전력 및 무효전력이고, $\dot{V}$, $\dot{I}$는 전압, 전류의 페이저)로 계산된다.

④ 평형 Y 부하에 대해 상전압 V_P와 선간전압 V_L의 관계는 $V_L=\sqrt{3}\,V_P\angle-30°$이다.

21 1상의 임피던스가 $Z=80[\Omega]+j60[\Omega]$인 Y결선 부하에 선간전압이 $200\sqrt{3}$[V]인 평형 3상 전원이 인가될 때, 이 3상 평형회로의 유효전력[W]은? 08년 국가직 9급

① 320 ② 400 ③ 960 ④ 1,200

22 그림과 같이 평형 3상 회로에 임피던스 $\dot{Z}_\Delta=3\sqrt{2}+j3\sqrt{2}$[Ω]인 부하가 연결되어 있을 때, 선전류 I_L[A]은?(단, $V_L=120$[V]이다.) 19년 지방직 9급

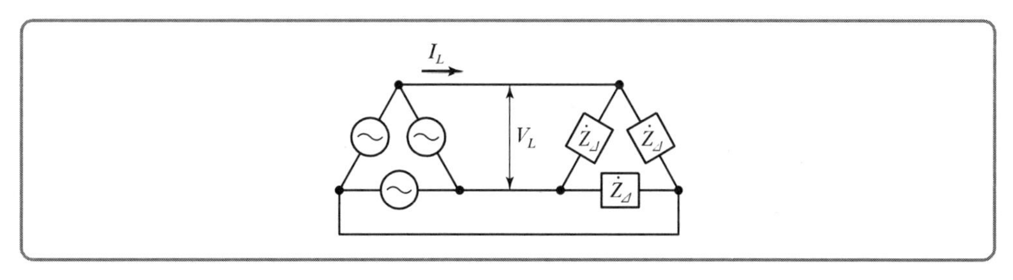

① 20 ② $20\sqrt{3}$
③ 60 ④ $60\sqrt{3}$

23 평형 3상 Y결선 부하에 선간전압 크기의 실횻값이 $110\sqrt{3}$[V]이고, 한 상의 임피던스 $Z=3+j4$[Ω]일 때, 평형 3상 전체 부하에 공급된 유효전력[W]은? 19년 지방직 9급

① 1,452 ② 4,356
③ 13,068 ④ 39,204

24 선간전압 200[V_{rms}]인 평형 3상 회로의 전체 무효전력이 3,000[Var]이다. 회로의 선전류 실횻값[A]은?(단, 회로의 역률은 80[%]이다.) 20년 지방직 9급

① $25\sqrt{3}$ ② $\frac{75}{4\sqrt{3}}$
③ $\frac{25}{\sqrt{3}}$ ④ $300\sqrt{3}$

정답 21 ③ 22 ② 23 ② 24 ③

25 각 상의 임피던스가 $Z = 4 + j3[\Omega]$인 평형 3상 Y부하에 정현파 상전류 10[A]가 흐를 때, 이 부하의 선간전압의 크기[V]는? 07년 국가직 9급

① 70 ② 87 ③ 96 ④ 160

26 한 상의 임피던스가 $30 + j40[\Omega]$인 Y결선 평형부하에 선간전압 200[V]를 인가할 때, 발생되는 무효전력[Var]은? 09년 국가직 9급

① 580 ② 640 ③ 968 ④ 1,024

27 저항 $R = 3[\Omega]$, 유도리액턴스 $X_L = 4[\Omega]$가 직렬 연결된 부하를 Y 결선하고 여기에 선간 전압 200[V]의 3상 평형전압을 인가했을 때 3상 전력[kW]은? 11년 국가직 9급

① 4.8 ② 6.4 ③ 8.0 ④ 8.4

28 그림과 같이 평형 3상회로의 부하 $z = 4 + j3[\Omega]$에 선전류 25[A]가 흐르고 있다. 유효전력이 5[kW]일 때 선간전압[V]은 얼마인가? 12년 국회직 9급

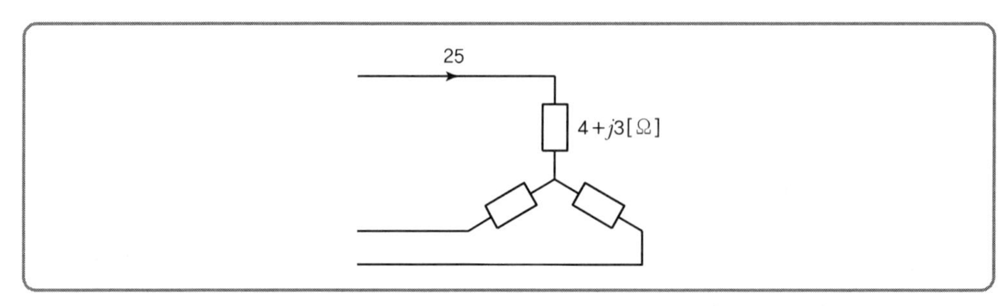

① $\frac{250}{\sqrt{3}}$ ② 250 ③ $\frac{150}{\sqrt{3}}$ ④ $150\sqrt{3}$

⑤ 150

29 전원과 부하가 모두 Δ 결선된 회로가 있을 때, 전원 전압이 380[V]이고 부하 한 상의 임피던스가 $6 + j8[\Omega]$인 경우 선전류[A]는? 14년 서울시 9급

① $\frac{38}{3\sqrt{3}}$ ② $\frac{38}{\sqrt{3}}$ ③ 38 ④ $38\sqrt{3}$

⑤ $3 \cdot 38\sqrt{3}$

정답 25 ② 26 ② 27 ① 28 ① 29 ④

30 선간전압이 200[V]인 평형 3상 전원에 1상의 저항이 100[Ω]인 3상 델타(Δ)부하를 연결할 경우 선전류[A]는? 08년 국가직 9급

① $\frac{2}{\sqrt{3}}$ ② 2

③ $\frac{\sqrt{3}}{2}$ ④ $2\sqrt{3}$

31 다음 그림과 같이 부하 $Z=3+j6$가 Δ 접속되어 있는 회로에서 $a-b$ 간 전압이 180[V]이다. 선전류 $i_a=20\sqrt{3}$[A]가 흐른다면 선로저항 r[Ω]은? 11년 국가직 9급

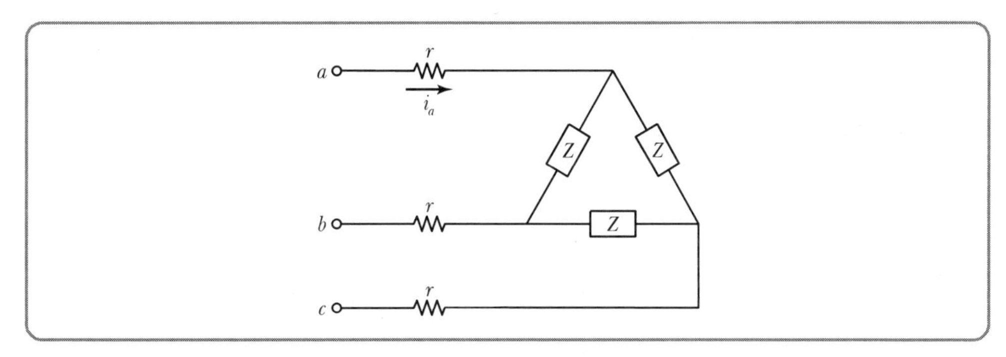

① $\sqrt{2}-1$ ② $\sqrt{3}+1$

③ $\sqrt{5}-1$ ④ $\sqrt{7}+1$

32 전원과 부하가 모두 델타 결선된 3상 평형회로에서 각 상의 전원전압이 220[V], 부하 임피던스가 $8.0+j6.0$[Ω]인 경우 선전류[A]는? 11년 지방직 9급

① $22\sqrt{2}$ ② 22

③ $22\sqrt{3}$ ④ 66

33 부하 한 상의 임피던스가 $6+j8$[Ω]인 3상 Δ 결선회로에 100[V]의 전압을 인가할 때, 선전류[A]는? 12년 국가직 9급

① 5 ② $5\sqrt{3}$

③ 10 ④ $10\sqrt{3}$

정답 30 ④ 31 ③ 32 ③ 33 ④

34 다음 그림과 같이 평형 3상 $R-C$ 부하에 교류전압을 인가할 때, 부하의 역률은?

09년 지방직 9급

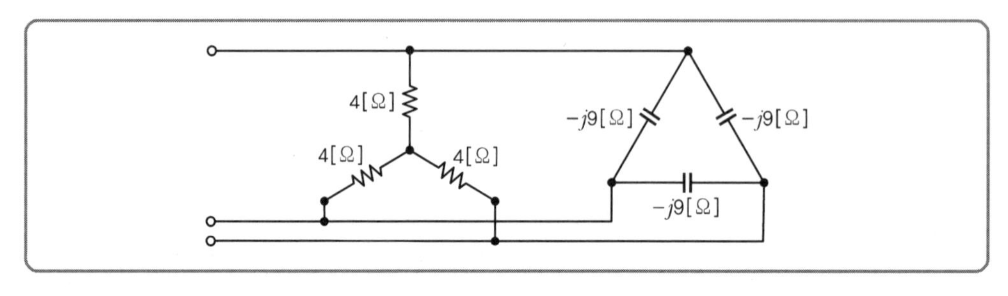

① 1
② 0.96
③ 0.8
④ 0.6

35 다음 평형(전원 및 부하 모두) 3상회로에서 상전류 I_{AB}[A]는?(단, $Z_P = 6 + j9$[Ω], $V_{an} = 900\angle 0°$[V]이다.)

18년 국가직 9급

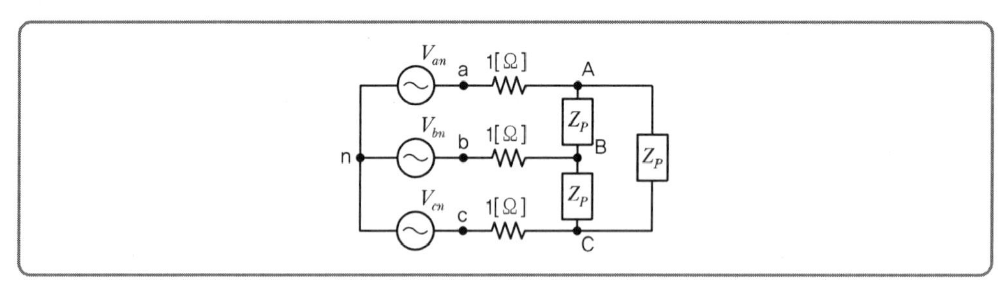

① $50\sqrt{2}\angle(-45°)$
② $50\sqrt{2}\angle(-15°)$
③ $50\sqrt{3}\angle(-45°)$
④ $50\sqrt{6}\angle(-15°)$

36 Z[Ω]인 임피던스 3개로 된 Y결선을 Δ결선으로 환산하였을 때 한 상의 임피던스[Ω]는?

14년 서울시 9급

① $3Z$
② $\sqrt{3}Z$
③ $\dfrac{Z}{3}$
④ $\dfrac{Z}{\sqrt{3}}$
⑤ Z

정답 34 ④ 35 ④ 36 ①

37 아래의 각 상에 $Z=3+j6[\Omega]$인 부하가 Δ로 접속되어 있다. 입력단자 a, b, c에 300[V]의 3상 대칭전압을 인가할 때, 각 선로의 저항이 $r=1[\Omega]$이면 부하의 상전류[A]는?

09년 국가직 9급

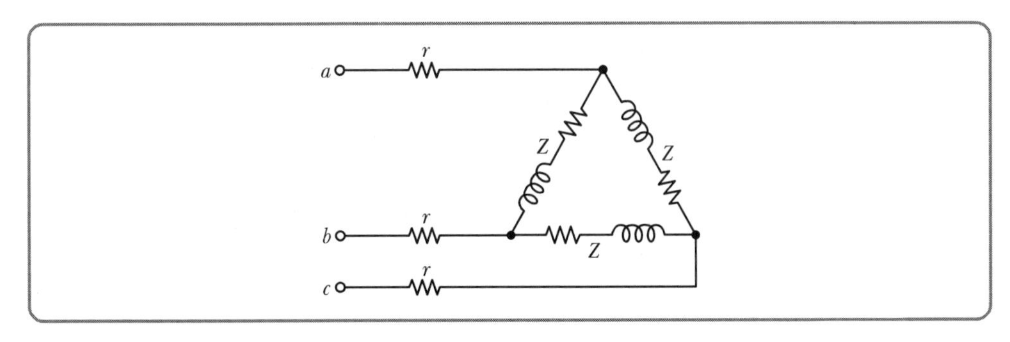

① $20\sqrt{2}\angle-15°$
② $20\sqrt{3}\angle 15°$
③ $25\sqrt{2}\angle-45°$
④ $25\sqrt{3}\angle 45°$

38 한 상의 임피던스가 $3+j4[\Omega]$인 평형 3상 Δ부하에 선간전압 200[V]인 3상 대칭전압을 인가할 때, 3상 무효전력[Var]은?

16년 국가직 9급

① 600
② 14,400
③ 19,200
④ 30,000

39 다음의 회로처럼 Δ결선된 평형 3상전원에 Y결선된 평형 3상 부하를 연결하였다. 상전압 v_a, v_b, v_c의 실효치는 210[V]이며, 부하 $Z_L=1+j\sqrt{2}$ [Ω]이다. 평형 3상 부하에 흐르는 선전류 I_L[A]은?

10년 국가직 9급

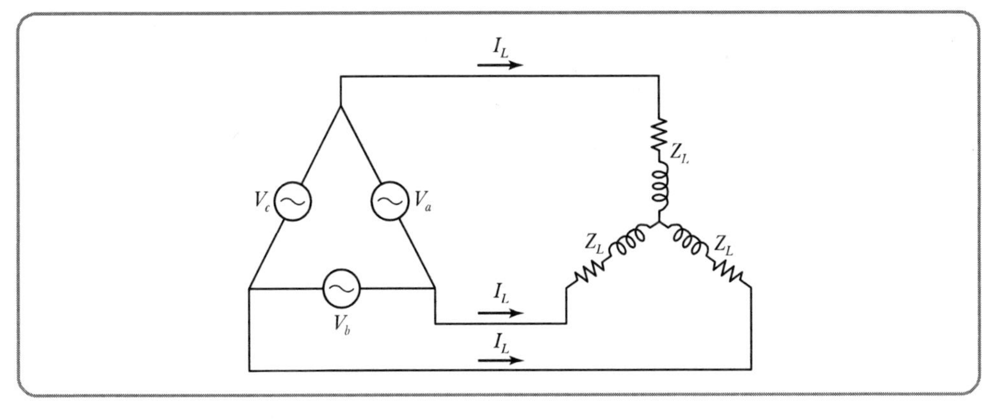

① $42\sqrt{3}$
② $70\sqrt{3}$
③ 42
④ 70

정답 37 ③ 38 ③ 39 ④

40 다음 그림과 같이 평형Δ 결선으로 각 상에 임피던스 값이 $Z_{\Delta} = 5 + j5\sqrt{3}$ [Ω]인 부하가 연결되어 있다. 평형 Y결선된 abc상 순의 삼상 전원에서 $V_{an} = 100\angle 30°$[V]일 때, 부하 상전류 I_{AB}[A]는?

10년 지방직 9급

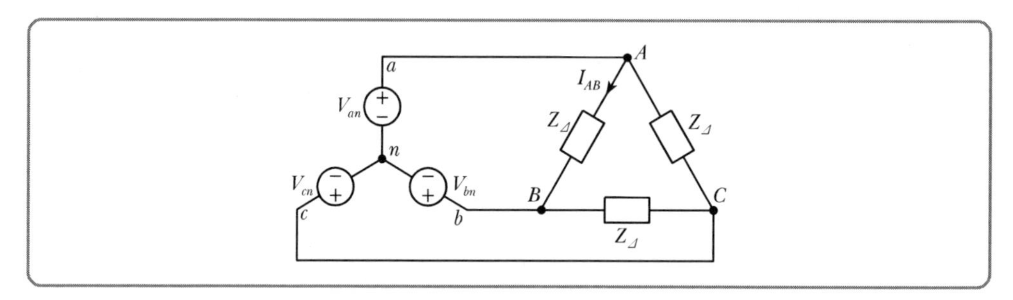

① 10　　② $10\sqrt{3}$

③ $10\angle 30°$　　④ $10\sqrt{3}\angle 30°$

41 평형 3상 회로에서 부하는 Y결선이고 a상 선전류는 $20\angle -90°$[A]이며 한 상의 임피던스 $\dot{Z} = 10\angle 60°$[Ω]일 때, 선간전압 $\dot{V}_{ab}$ [V]는?(단, 상 순은 a, b, c 시계 방향이다.)

18년 지방직 9급

① $200\angle 0°$　　② $200\angle -30°$

③ $200\sqrt{3}\angle 0°$　　④ $200\sqrt{3}\angle -30°$

42 다음 그림과 같이 평형 Δ결선된 3상 전원회로에 평형 Y결선으로 각 상의 임피던스 $Z_Y = \sqrt{3} + j1$[Ω]인 부하가 연결되어 있다. 이때 선전류 i_c[A]는?

11년 국가직 9급

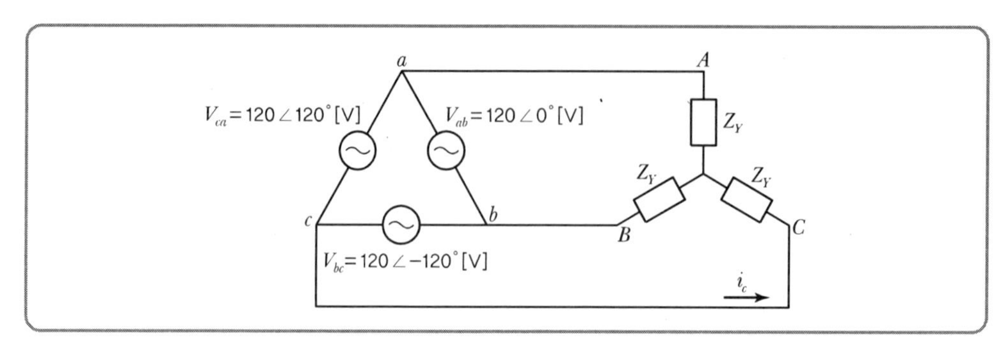

① $30\angle 60°$　　② $30\angle 90°$

③ $\dfrac{60}{\sqrt{3}}\angle 60°$　　④ $\dfrac{60}{\sqrt{3}}\angle 90°$

정답 **40** ② **41** ③ **42** ③

43 다음 그림과 같이 평형 Y결선된 3상 전원회로에 각 상의 임피던스 값이 $9.0-j6.0$[Ω]인 부하가 평형 Δ 결선으로 연결되어 있다. 선로의 임피던스가 $1.0+j2.0$[Ω]일 때 선전류 I_{aA}[A]의 값은? 11년 지방직 9급

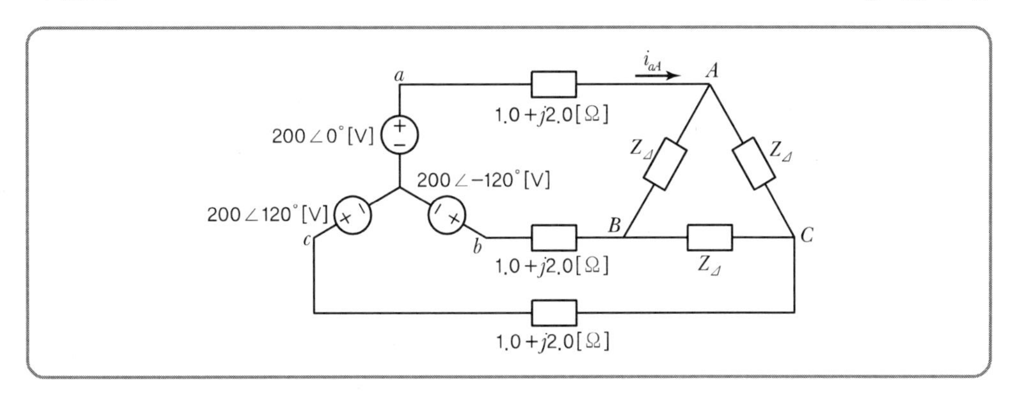

① $50\angle 0°$ ② $200\angle 0°$

③ $50\angle 30°$ ④ $200\angle 30°$

44 다음은 $Y-\Delta$로 결선한 평형 3상 회로이다. 부하의 상전류와 선전류의 크기는?(단, 각 상의 부하 임피던스 $Z_p = 24+j18$[Ω]이다.) 13년 국가직 9급

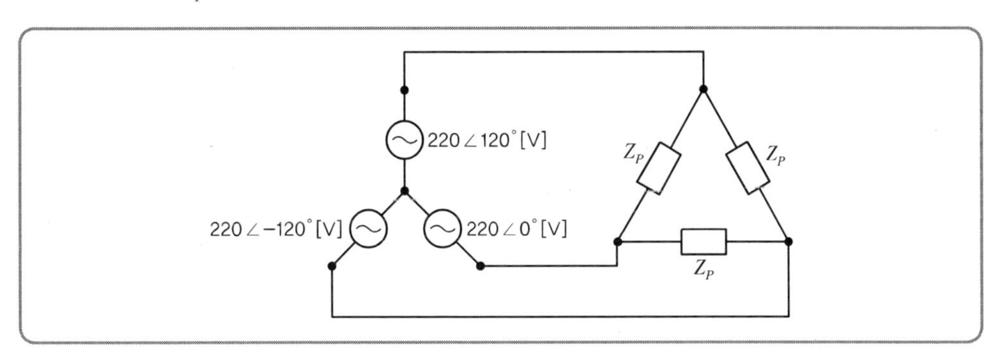

	상전류[A]	선전류[A]
①	$\frac{11}{\sqrt{3}}$	11
②	11	11
③	$\frac{22}{\sqrt{3}}$	22
④	22	22

정답 43 ① 44 ③

45 그림과 같은 평형 3상 회로에서 전체 무효전력[Var]은?(단, 전원의 상전압 실횻값은 100[V]이고, 각 상의 부하임피던스 $\dot{Z} = 4 + j3[\Omega]$이다.) 18년 지방직 9급

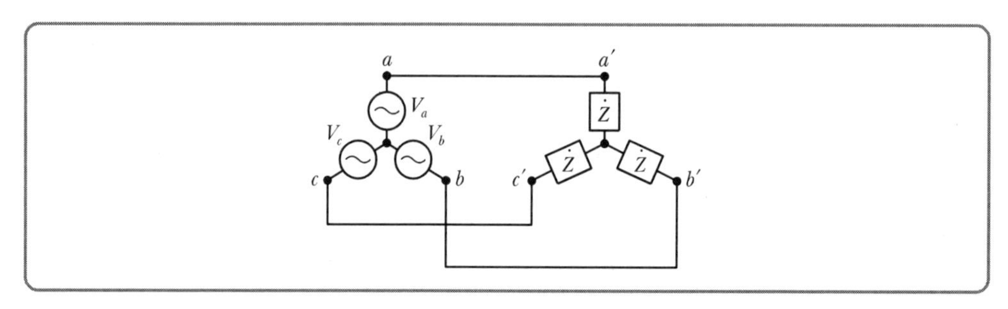

① 2,400 ② 3,600
③ 4,800 ④ 6,000

46 그림과 같은 평형 3상 $Y-\Delta$ 결선 회로에서 상전압이 200[V]이고, 부하단의 각 상에 $R = 90[\Omega]$, $X_L = 120[\Omega]$이 직렬로 연결되어 있을 때 3상 부하의 소비 전력[W]은?

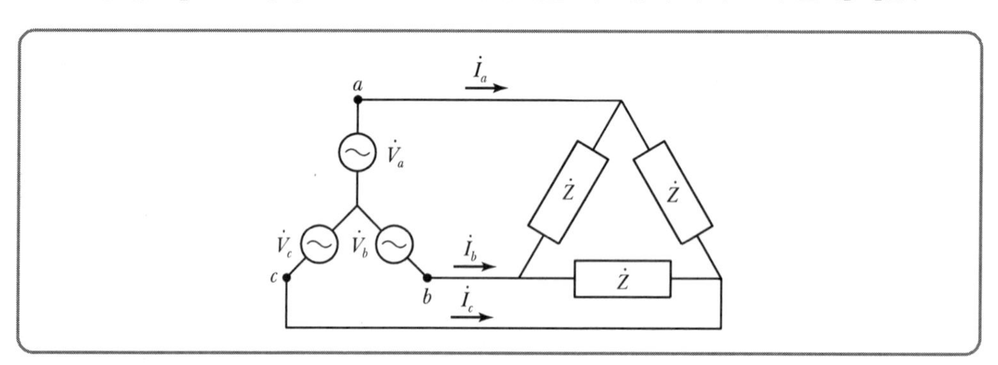

① 480 ② $480\sqrt{3}$
③ 1,440 ④ $1,440\sqrt{3}$

정답 45 ② 46 ③

47 평형 3상 회로에서 (a)의 Δ 결선된 부하가 소비하는 전력이 P_{Δ}[W]이다. 부하를 (b)의 Y결선으로 변환하면 소비전력[W]은?(단, 선간전압은 일정하다.) 15년 국가직 9급

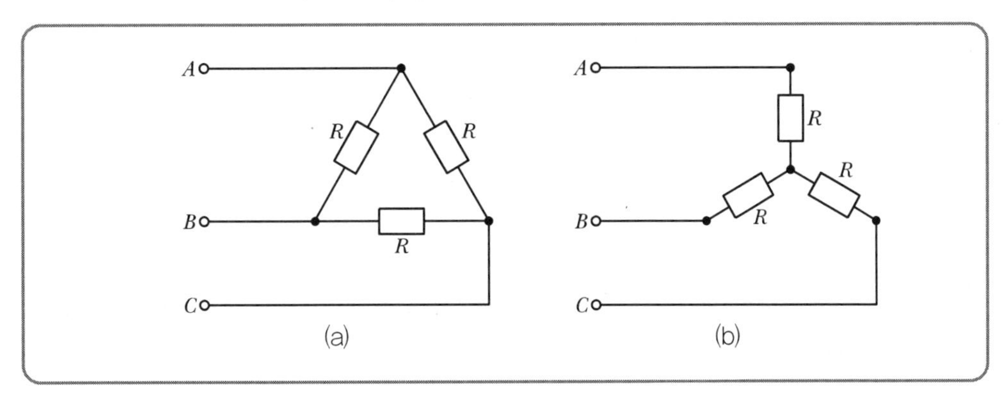

① $9P_{\Delta}$　　② $\frac{1}{9}P_{\Delta}$

③ $3P_{\Delta}$　　④ $\frac{1}{3}P_{\Delta}$

48 다음 회로와 같이 평형 3상 전원을 평형 3상 Δ 결선 부하에 접속하였을 때 Δ 결선 부하 1상의 유효전력이 P[W]였다. 각 상의 임피던스 Z를 그대로 두고 Y결선으로 바꾸었을 때 Y결선 부하의 총 전력[W]은?

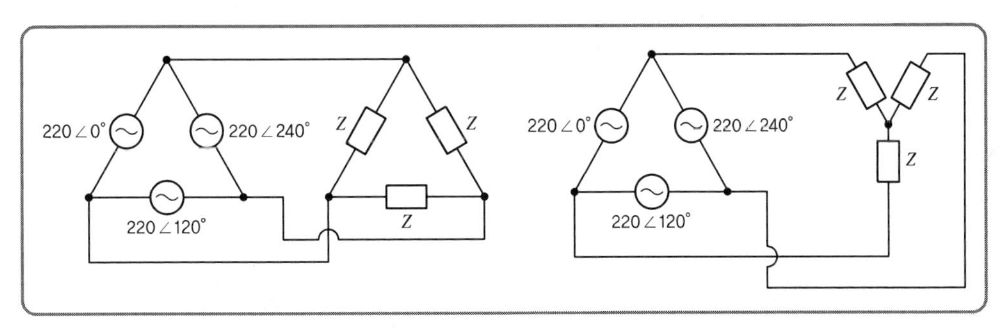

① $\frac{P}{3}$　　② P

③ $\sqrt{3}P$　　④ $3P$

정답 47 ④ 48 ②

49 저항 $R[\Omega]$ 3개를 Y로 접속한 회로에 선전압 200[V]의 3상 교류전원을 인가할 때 선전류가 10[A]라면 이 3개의 저항을 Δ로 접속하고 동일한 3상 교류 전원을 인가하면 선전류[A]는?

18년 국회직 9급

① 10
② $10\sqrt{3}$
③ 30
④ $30\sqrt{3}$
⑤ 50

50 동일한 3상 전원에서 Y결선된 평형 부하를 Δ결선으로 바꾸면, 소비전력은 Y결선 대비 몇 배가 되는가?

19년 국회직 9급

① 9배
② 3배
③ 2배
④ $\frac{1}{3}$배
⑤ $\frac{1}{9}$배

51 선간전압 V_s[V], 한 상의 부하 저항이 $R[\Omega]$인 평형 3상 $\Delta-\Delta$ 결선 회로의 유효전력은 P[W]이다. Δ결선된 부하를 Y결선으로 바꿨을 때, 동일한 유효전력 P[W]를 유지하기 위한 전원의 선간전압[V]은?

19년 지방직 9급

① $\frac{V_s}{\sqrt{3}}$
② V_s
③ $\sqrt{3}\,V_s$
④ $3\,V_s$

52 선간전압 20[kV], 상전류 6[A]의 3상 Y결선되어 발전하는 교류발전기를 Δ결선으로 변경하였을 때, 상전압 V_P[kV]와 선전류 I_L[A]은?(단, 3상 전원은 평형이며, 3상 부하는 동일하다.)

18년 국가직 9급

	V_P[kV]	I_L[A]
①	$\frac{20}{\sqrt{3}}$	$6\sqrt{3}$
②	20	$6\sqrt{3}$
③	$\frac{20}{\sqrt{3}}$	6
④	20	6

정답 49 ③ 50 ② 51 ③ 52 ①

53 다음 회로와 같이 평형 3상 $R-L$ 부하에 커패시터 C를 설치하여 역률을 100[%]로 개선할 때, 커패시터의 리액턴스[Ω]는?(단, 선간전압은 200[V], 한 상의 부하는 $12+j9$[Ω]이다.)

16년 국가직 9급

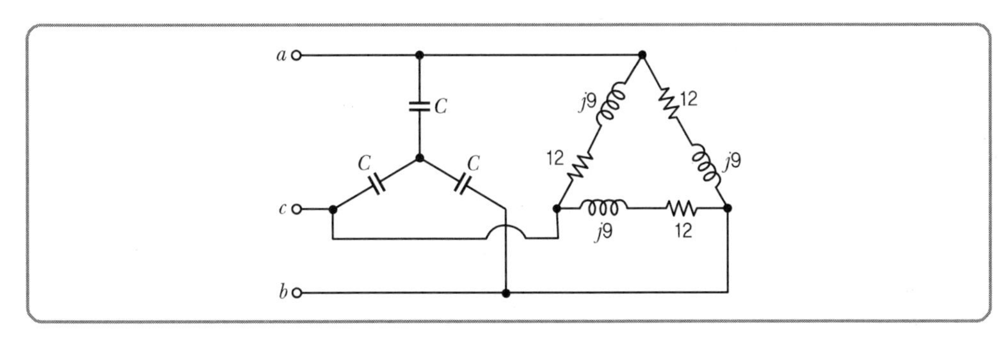

① $\frac{20}{4}$
② $\frac{20}{3}$
③ $\frac{25}{4}$
④ $\frac{25}{3}$

54 300[Ω]과 100[Ω]의 저항성 임피던스를 그림과 같이 회로에 연결하고 대칭 3상 전압 $V_L = 200\sqrt{3}$ [V]를 인가하였다. 이때 회로에 흐르는 전류 I[A]는?

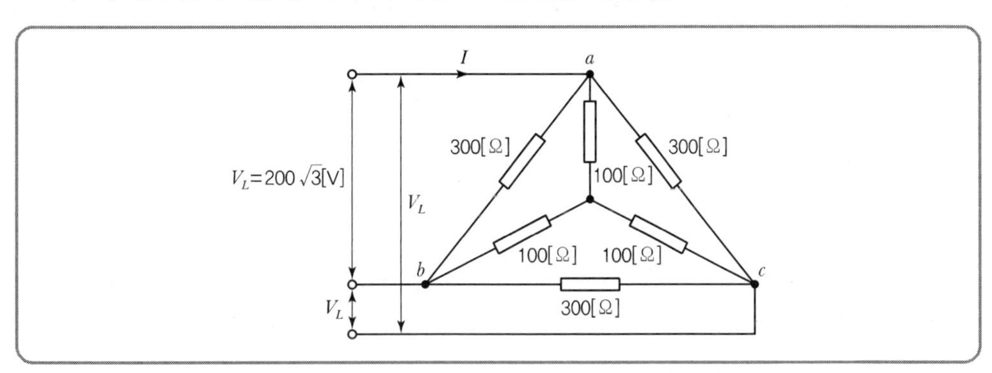

① 1
② 2
③ 3
④ 4

정답 53 ④ 54 ④

55 다음 $Y-Y$결선 평형 3상 회로에서 부하 한 상에 공급되는 평균전력[W]은?(단, 극좌표의 크기는 실횻값이다.) 19년 국가직 9급

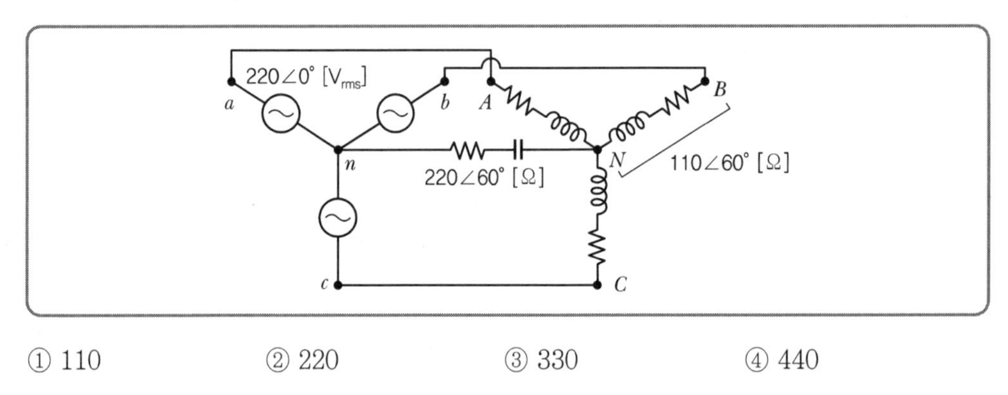

① 110 ② 220 ③ 330 ④ 440

56 전원과 부하가 모두 Δ 결선된 3상 평형 회로가 있다. 전원 전압이 80[V], 부하 임피던스가 $3+j4$[Ω]인 경우 선전류[A]의 크기는? 20년 서울시 9급

① $4\sqrt{3}$[A] ② $8\sqrt{3}$[A] ③ $12\sqrt{3}$[A] ④ $16\sqrt{3}$[A]

57 평형 3상 $Y-Y$ 회로의 선간전압이 100[V_{rms}]이고 한 상의 부하가 $Z_L = 3+j4$[Ω]일 때 3상 전체의 유효전력[kW]은? 20년 지방직 9급

① 0.4 ② 0.7
③ 1.2 ④ 2.1

58 그림과 같이 3개의 저항을 Y결선하여 3상 대칭전원에 연결하여 운전하다가 한 선이 ×표시한 곳에서 단선되었다. 이때 회로의 선전류 I_b는 단선 전에 비해 몇 [%]가 되는가?(단, 부하의 상전압은 100[V]이다.) 07년 국가직 9급

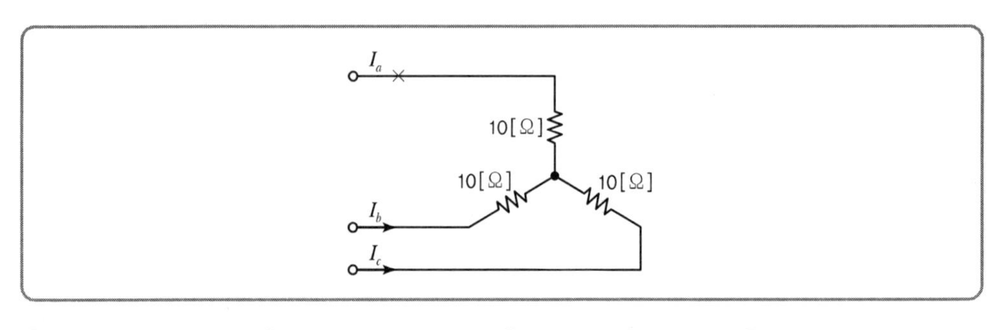

① 100 ② 86.6 ③ 57.7 ④ 50

정답 55 ② 56 ④ 57 ③ 58 ②

59 단상 변압기 3대를 Δ 결선으로 운전하던 중 변압기 1대의 고장으로 V결선으로 운전하게 되었다. 이때 V결선의 출력은 고장 전 Δ 결선 출력의 (㉠)[%] 감소되며, 동시에 출력에 대한 용량 즉, 변압기 이용률은(㉡)[%]가 된다. ㉠과 ㉡의 값으로 옳은 것은?

09년 지방직 9급

	㉠	㉡		㉠	㉡
①	86.6	57.7	②	57.7	86.6
③	173.2	57.7	④	50	66.7

60 정격 100[kVA] 단상 변압기 3대를 $\Delta-\Delta$ 결선으로 운전하던 중 1대의 고장으로 $V-V$결선하여 계속 3상 전력을 공급하려 한다. 공급 가능한 최대의 전력[kVA]은? 11년 지방직 9급

① 200 ② 173 ③ 141 ④ 100

61 1대의 용량이 100[kVA]인 단상 변압기 3대를 평형 3상 Δ 결선으로 운전 중 변압기 1대에 장애가 발생하여 2대의 변압기를 V결선으로 이용할 때, 전체 출력용량[kVA]은?

19년 국가직 9급

① $\dfrac{100}{\sqrt{3}}$ ② $\dfrac{173}{\sqrt{3}}$ ③ $\dfrac{220}{\sqrt{3}}$ ④ $\dfrac{300}{\sqrt{3}}$

62 아래의 3상 부하에서 소비되는 전력을 2전력계법으로 측정하였더니 전력계의 눈금이 $P_1=150$[W], $P_2=50$[W]를 각각 지시하였다. 이때 3상 부하의 소비전력[W]은?(단, 부하역률은 0.9이다.) 09년 국가직 9급

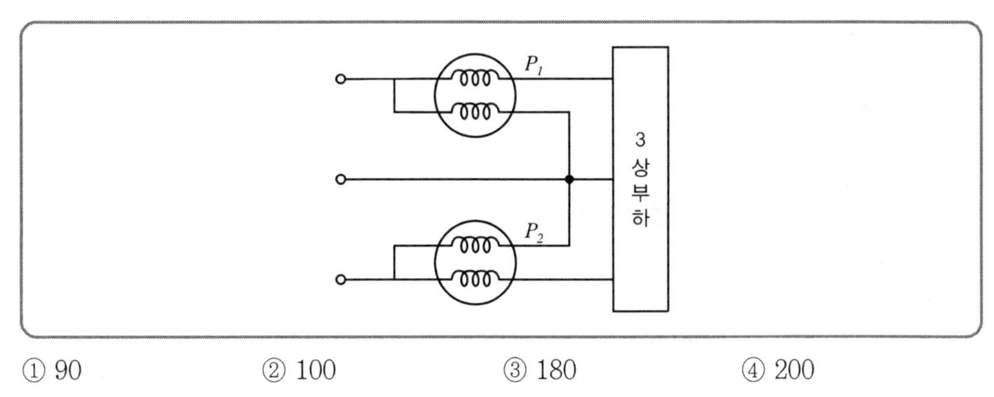

① 90 ② 100 ③ 180 ④ 200

정답 59 ② 60 ② 61 ④ 62 ④

63 다음 그림과 같은 평형 3상 회로로 운전되는 유도전동기(유도성부하)에서 전력계 W_1, W_2, 전압계 V, 전류계 A의 측정값이 각각 $W_1=3.4$[kW], $W_2=1.7$[kW], $V=250$[V], $A=20$[A]이었다면, 이 유도전동기의 역률 크기와 위상으로 각각 옳은 것은? 15년 서울시 9급

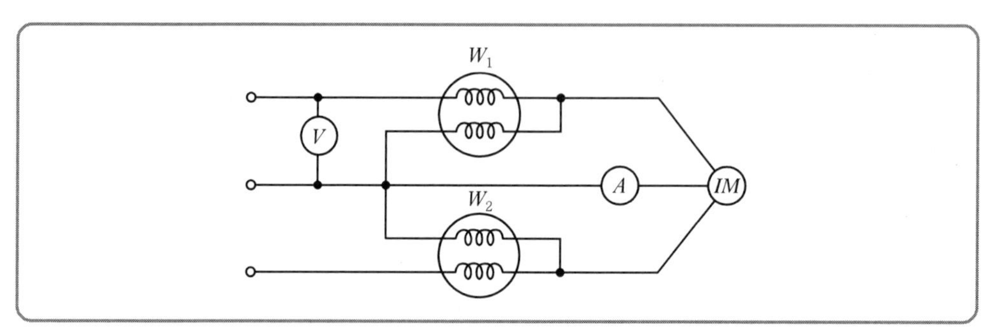

① 0.6, 지상　② 0.8, 지상
③ 0.6, 진상　④ 0.8, 진상

64 2개의 단상전력계를 이용하여 어떤 불평형 3상 부하의 전력을 측정한 결과 $P_1=3$[W], $P_2=6$[W]일 때, 이 3상 부하의 역률은? 20년 국가직 9급

① $\frac{3}{5}$　② $\frac{4}{5}$
③ $\frac{1}{\sqrt{3}}$　④ $\frac{\sqrt{3}}{2}$

65 대칭좌표법에 관한 설명으로 옳지 않은 것은? 09년 지방직 9급

① 대칭 3상 전압에서 영상분은 0이 된다.
② 대칭 3상 전압은 정상분만 존재한다.
③ 불평형 3상 회로의 접지식 회로에서는 영상분이 존재한다.
④ 불평형 3상 회로의 비접지식 회로에서는 영상분이 존재한다.

66 3상 4선식 시스템에서 불평형 3상 전류가 $\dot{I}_a=15+j2$[A], $\dot{I}_b=17+j4$[A], $\dot{I}_c$[A]$=-11-j15$일 때 중성선의 전류는? 12년 국회직 9급

① $7-j3$[A]　② $-7+j3$[A]
③ $-7-j3$[A]　④ $-21+j9$[A]
⑤ $21-j9$[A]

정답 63 ① 64 ④ 65 ④ 66 ⑤

67 다음과 같은 불평형 3상 4선식 회로에 대칭 3상 상전압 200[V]를 가할 때, 중성선에 흐르는 전류 I_n는 몇 [A]인가?(단, $R_a=10[\Omega]$, $R_b=5[\Omega]$, $R_c=20[\Omega]$이다.) 12년 국가직 9급

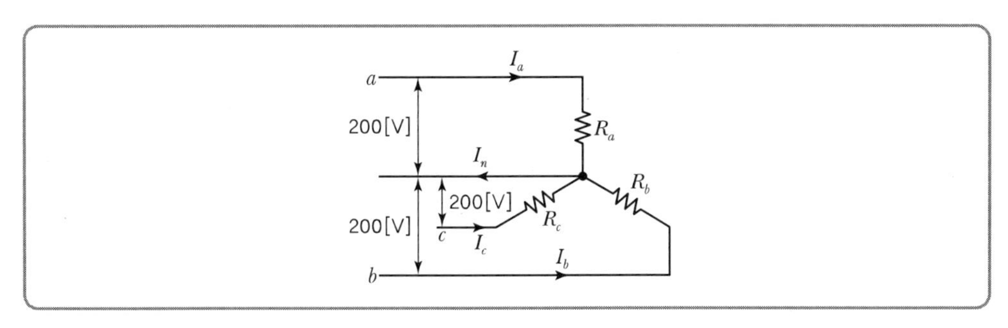

① $-5-j15\sqrt{3}$
② $-5+j15\sqrt{3}$
③ $-5-j20\sqrt{3}$
④ $-5+j20\sqrt{3}$

68 다음 회로에 상전압 100[V]의 평형 3상 Δ 결선 전원을 가했을 때, 흐르는 선전류(I_b)의 크기 [A]는?(단, 상순은 a, b, c로 한다.) 13년 국가직 9급

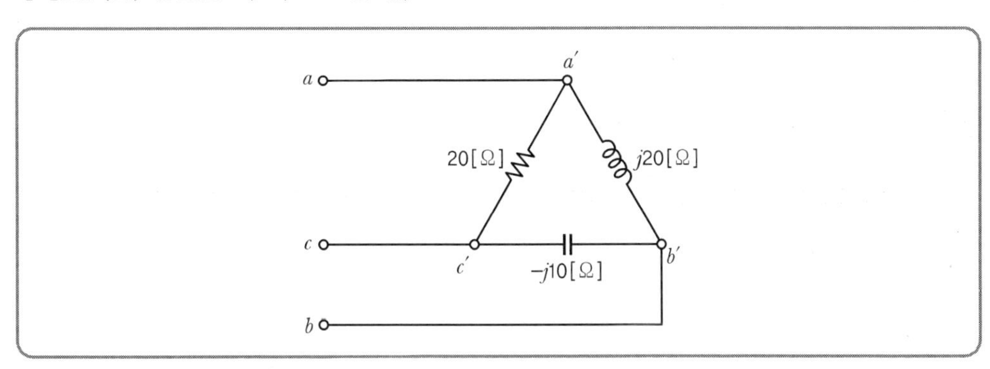

① 5
② $5\sqrt{3}$
③ 10
④ $10\sqrt{3}$

69 선간전압 300[V]의 3상 대칭전원에 △ 결선 평형부하가 연결되어 역률이 0.8인 상태로 720 [W]가 공급될 때, 선전류[A]는? 18년 국가직 9급

① 1
② $\sqrt{2}$
③ $\sqrt{3}$
④ 2

정답 67 ① 68 ② 69 ③

70 그림의 회로와 같이 Δ 결선을 Y 결선으로 환산하였을 때, Z의 값[Ω]은? 21년 서울시 9급

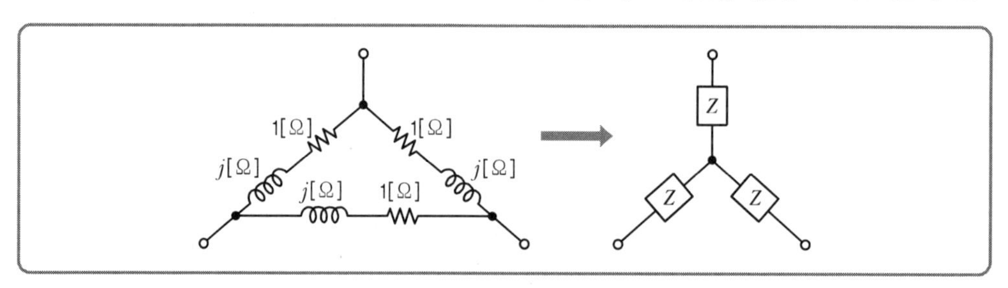

① $1 + j$
② $1/3 + j1/3$
③ $1/2 + j1/2$
④ $3 + j3$

71 3상 회로에서 한 상의 임피던스가 $3+j4$[Ω]인 평형 Δ부하 조건에서 대칭인 선간전압 150[V]를 가할 때 3상 전력의 값[W]은?

① 270
② 1,350
③ 5,400
④ 8,100

72 그림과 같은 평형 3상 회로에서 $V_{an} = V_{bn} = V_{cn} = \dfrac{200}{\sqrt{3}}$[V], $Z = 40 + j30$[Ω]일 때, 이 회로에 흐르는 선전류[A]의 크기는?(단, 모든 전압과 전류는 실횻값이다.) 21년 지방직 9급

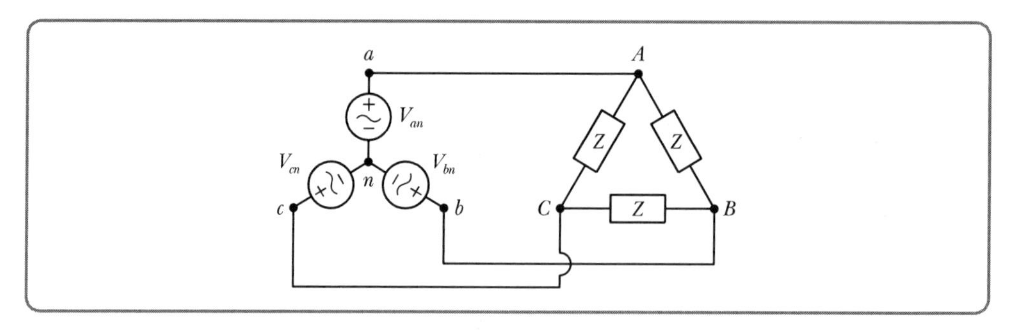

① $4\sqrt{3}$
② $5\sqrt{3}$
③ $6\sqrt{3}$
④ $7\sqrt{3}$

정답 70 ② 71 ④ 72 ①

73 그림의 Y-Y 결선 불평형 3상 부하 조건에서 중성점 간 전류 I_{nN}[A]의 크기는?(단, ω = 1[rad/s], $V_{an} = 100\angle 0°$[V], $V_{bn} = 100\angle -120°$[V], $V_{cn} = 100\angle -240°$[V]이고, 모든 전압과 전류는 실효값이다.) 21년 지방직 9급

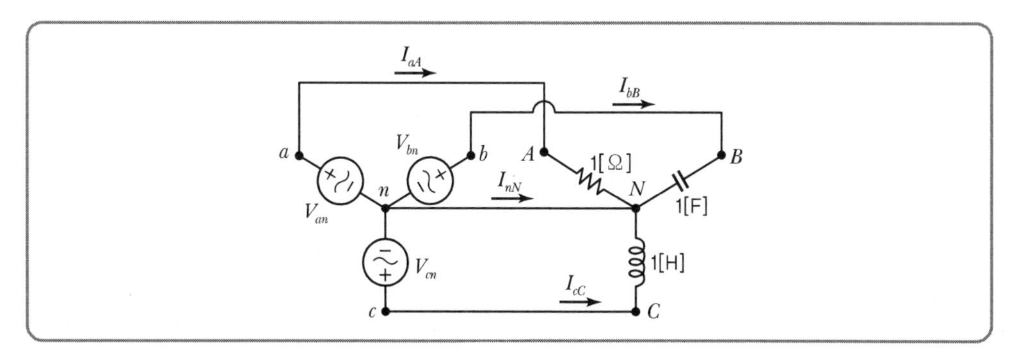

① $100\sqrt{3}$ ② $200\sqrt{3}$
③ $100+50\sqrt{3}$ ④ $100+100\sqrt{3}$

74 그림의 Y-Y 결선 평형 3상 회로에서 전원으로부터 공급되는 3상 평균전력[W]은?(단, 극좌표의 크기는 실효값이다.) 21년 국가직 9급

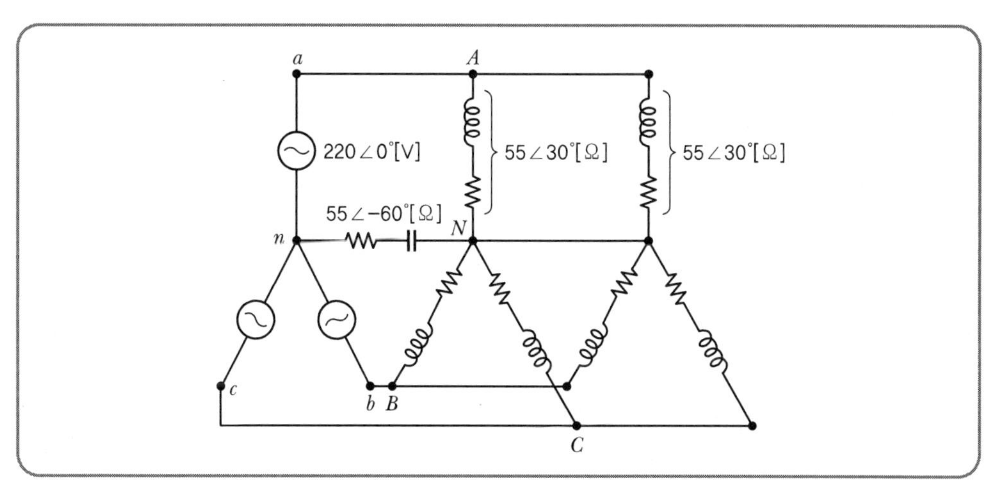

① $440\sqrt{3}$ ② $660\sqrt{3}$
③ $1,320\sqrt{3}$ ④ $2,640\sqrt{3}$

정답 73 ④ 74 ④

75 그림의 평형 3상 Y－Y 결선에 대한 설명으로 옳지 않은 것은? 21년 국가직 9급

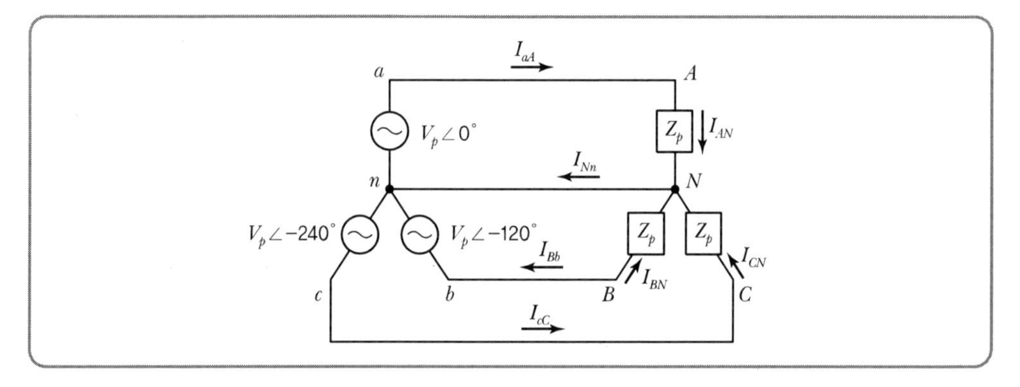

① 선간전압 $V_{ca}=\sqrt{3}\,V_P\angle-210°$로 상전압 V_{cn}보다 크기는 $\sqrt{3}$배 크고 위상은 30°앞선다.

② 선전류 I_{aA}는 부하 상전류 I_{AN}과 크기는 동일하고, Z_p가 유도성인 경우 부하 상전류 I_{AN}의 위상이 선전류 I_{aA}보다 뒤진다.

③ 중성선 전류 $I_{Nn}=I_{aA}-I_{Bb}+I_{cC}=0$을 만족한다.

④ 부하가 △ 결선으로 변경되는 경우 동일한 부하 전력을 위한 부하 임피던스는 기존 임피던스의 3배이다.

76 대칭 3상 △ 결선에서 선전류와 상전류와의 위상 관계로 가장 옳은 것은?

① 상전류가 $\frac{\pi}{3}$[rad] 앞선다.
② 상전류가 $\frac{\pi}{3}$[rad] 뒤진다.
③ 상전류가 $\frac{\pi}{6}$[rad] 앞선다.
④ 상전류가 $\frac{\pi}{6}$[rad] 뒤진다.

77 평형 3상 교류 회로의 전압과 전류에 대한 설명으로 옳은 것은? 22년 지방직 9급

① 평형 3상 Δ결선의 전원에서 선간전압의 크기는 상전압의 크기의 $\sqrt{3}$배이다.
② 평형 3상 Δ결선의 부하에서 선전류의 크기는 상전류의 크기와 같다.
③ 평형 3상 Y결선의 전원에서 선간전압의 크기는 상전압의 크기와 같다.
④ 평형 3상 Y결선의 부하에서 선전류의 크기는 상전류의 크기와 같다.

정답 75 ② 76 ② 77 ④

78 그림의 Y－Y 결선 평형 3상 회로에서 각 상의 공급전력은 100[W]이고, 역률이 0.5 뒤질(lagging PF) 때 부하 임피던스 Z_p[Ω]는? 22년 지방직 9급

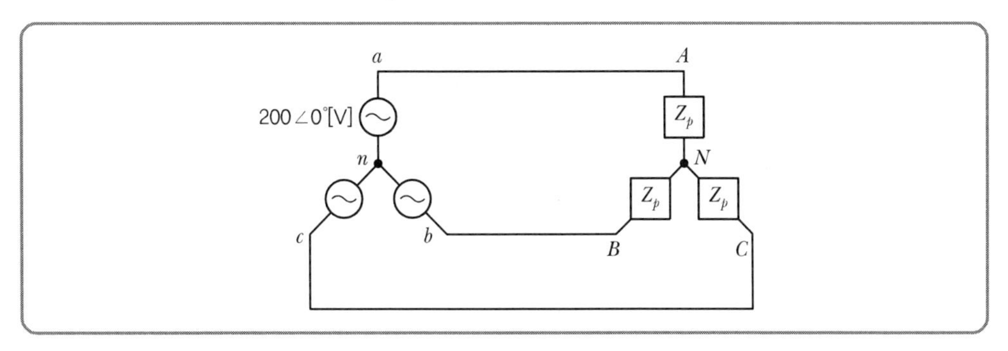

① $200\angle 60°$　② $200\angle -60°$

③ $200\sqrt{3}\angle 60°$　④ $200\sqrt{3}\angle -60°$

79 그림의 평형 3상 회로에서 전압 V[V]와 전류 I[A]가 동상일 때, 정전용량 C[F]는?(단, 전원의 각주파수는 ω이고, 상당 부하 임피던스 $Z_L = 3 + j4$[Ω]이다.) 22년 지방직(경력) 9급

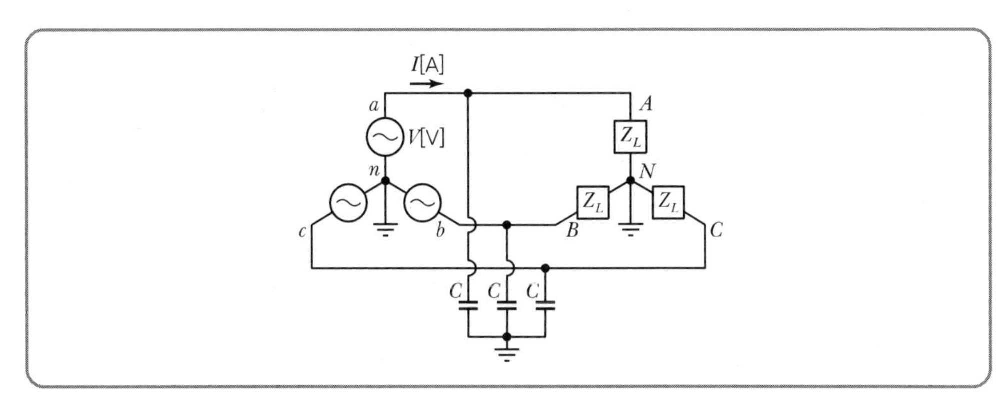

① $\dfrac{4}{25\omega}$　② $\dfrac{12}{25\omega}$

③ $\dfrac{1}{4\omega}$　④ $\dfrac{3}{4\omega}$

정답 78 ① 79 ①

80 그림의 저항 회로에서 $R_1 = R_2 = 100[\Omega]$, $R_3 = 200[\Omega]$이다. $Z_{ab} = Z_{bc} = Z_{ca}$일 때, R_4 [Ω]는? 22년 지방직(경력) 9급

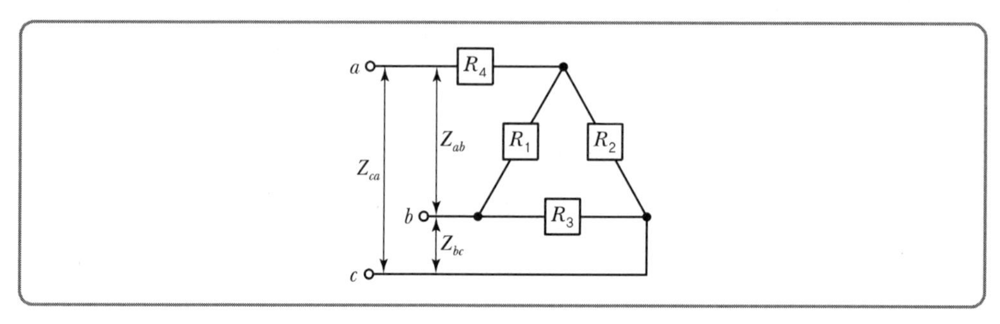

① 15 ② 25
③ 50 ④ 75

81 그림의 평형 3상 회로에서 Y결선 부하의 전체 유효 전력[W]은?(단, 한 상의 부하 임피던스 $Z_Y = 5 + j5\sqrt{2}$ [Ω]이고, 전압의 크기는 실횻값이다.) 22년 지방직(경력) 9급

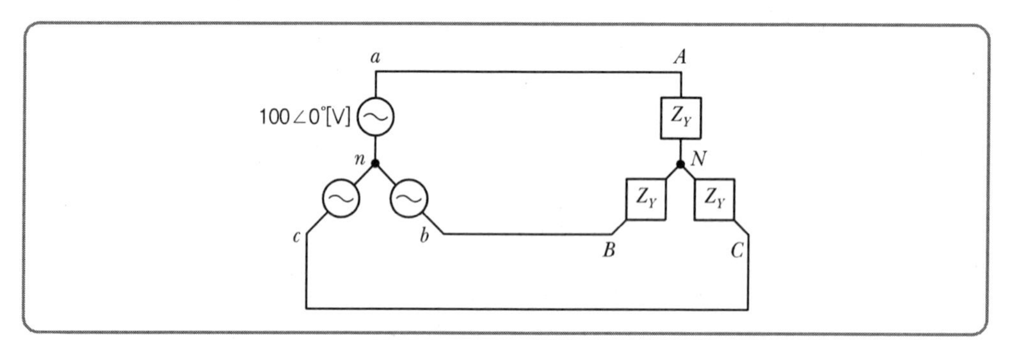

① $\dfrac{2,000}{3}$ ② $\dfrac{2,000}{\sqrt{3}}$
③ 2,000 ④ 6,000

정답 80 ② 81 ③

82 그림에서 평형 3상 Δ결선 회로의 부하 임피던스 $\dot{Z}_\Delta[\Omega]$를 Y결선으로 변환할 경우 각 상의 부하 임피던스 $\dot{Z}_Y[\Omega]$의 크기는?(단, $\dot{Z}_\Delta = 18 + j24[\Omega]$이다.)

21년 지방직(경력) 9급

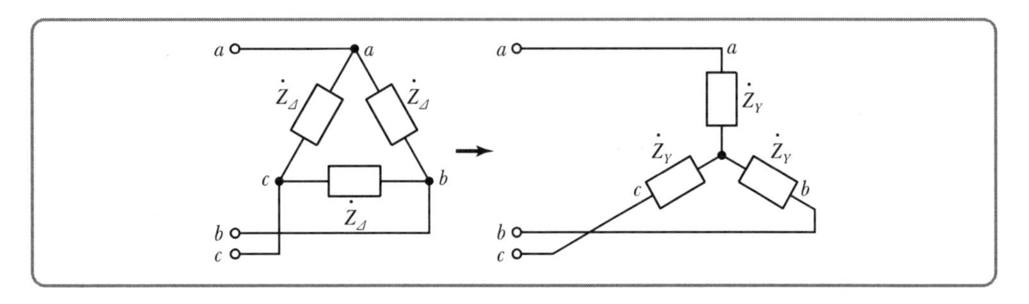

① 10 ② 14
③ 16 ④ 20

83 전원과 부하가 모두 Δ결선된 3상 평형회로가 있다. 상전압이 220[V], 부하 임피던스가 $8+j6$ [Ω]일 때, 선전류의 값[A]은?

21년 서울시(고졸) 9급

① $\dfrac{\sqrt{3}}{22}$ ② $\dfrac{22}{\sqrt{3}}$
③ 22 ④ $22\sqrt{3}$

84 3상 모터가 선전압이 220[V]이고 선전류가 10[A]일 때, 3.3[kW]를 소모하기 위한 모터의 역률은?(단, 3상 모터는 평형 Y－결선 부하이다.)

22년 국가직 9급

① $\dfrac{\sqrt{2}}{3}$ ② $\dfrac{\sqrt{2}}{2}$
③ $\dfrac{\sqrt{3}}{3}$ ④ $\dfrac{\sqrt{3}}{2}$

85 각 변의 저항이 15[Ω]인 3상 Y－결선회로와 등가인 3상 Δ－결선 회로에 900[V] 크기의 상전압이 걸릴 때, 상전류의 크기[A]는?(단, 3상 회로는 평형이다.)

22년 국가직 9급

① 20 ② $20\sqrt{3}$
③ 180 ④ $180\sqrt{3}$

정답 82 ① 83 ④ 84 ④ 85 ①

86 $R[\Omega]$의 저항 3개를 Y결선하여 대칭 3상 220[V]의 전원에 연결할 때 선전류가 5[A]라면 이 3개의 저항을 Δ결선하여 동일 전원에 연결하면 선전류[A]는 얼마인가? 22년 군무원 9급

① 15[A]
② 10[A]
③ 9[A]
④ 5[A]

87 평형 3상 교류 시스템에 대한 설명으로 옳은 것은? 23년 지방직 9급

① 각 상의 순시 전압값을 합하면 한 상의 전압값이 된다.
② 각 상의 전압 크기가 같고 위상차는 120°이다.
③ 각 상의 주파수 값은 서로 다르다.
④ 평형 3상 부하에 흐르는 각 상의 순시 전륫값을 합하면 항상 양수가 된다.

88 부하 임피던스 $\dot{Z}$가 $6+j8[\Omega]$인 평형 3상 교류회로에서 상전압 200[V]를 전원으로 인가할 때, 부하에 흐르는 상전류 $\dot{I}$의 크기[A]는?(단, 전압과 전류는 실횻값이다.)

23년 국가직 9급

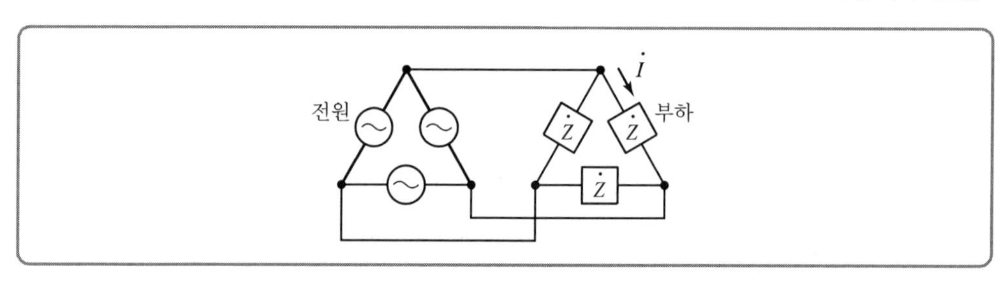

① 10
② $10\sqrt{3}$
③ 20
④ $20\sqrt{3}$

89 평형 3상 Y결선 회로에 대한 설명으로 옳지 않은 것은? 23년 국가직 9급

① 선간전압의 크기는 상전압 크기의 $\sqrt{3}$배이다.
② 선간전압과 상전압은 동상이다.
③ 선전류와 상전류의 크기가 같다.
④ 선간전압 간의 위상차는 120°이다.

정답 86 ① 87 ② 88 ③ 89 ②

90 평형 3상 Y－Y 결선회로에서 선간전압 $\overline{V}_{ab}$는 $80\sqrt{3}\angle -60°[\mathrm{V_{rms}}]$이며, 한 상의 선로 임피던스는 $1+j3[\Omega]$, 상부하 임피던스는 $39+j37[\Omega]$이다. 이때, b상에 흐르는 선전류 $[\mathrm{A_{rms}}]$는? 21년 국회직 9급

① $\sqrt{2}\angle -135°$
② $\sqrt{2}\angle -15°$
③ $\sqrt{2}\angle 105°$
④ $\sqrt{3}\angle -135°$
⑤ $\sqrt{3}\angle 105°$

91 한 상의 임피던스가 $\dot{Z}=40+j30[\Omega]$인 Y 결선 부하에 평형 3상 선간전압 실횻값 $100\sqrt{3}$[V]가 인가될 때, 이 3상 평형회로의 유효전력[W]은? 23년 지방직 9급

① 160 ② $160\sqrt{3}$ ③ 360 ④ 480

92 그림의 3상 교류 시스템에서 부하에 소비되는 전력을 2－전력계법으로 측정한 값이 P_1은 50[W]이고 P_2는 100[W]일 때, 전체 피상전력[VA]은? 23년 국가직 9급

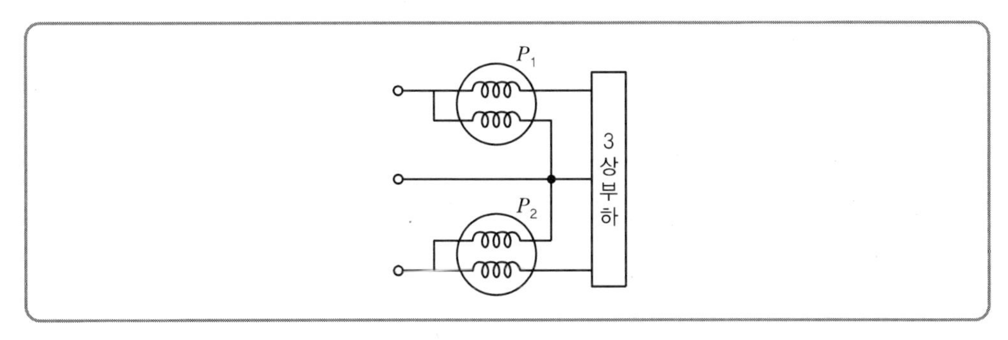

① 50
② $50\sqrt{3}$
③ $100\sqrt{3}$
④ $150\sqrt{3}$

93 대칭 n상에서 △결선 시 선전류와 상전류의 위상관계를 표현한 것으로 옳은 것은? 22년 군무원 9급

① $\frac{\pi}{2}\left(1-\frac{2}{n}\right)$[rad] 만큼 뒤진다.
② $\frac{\pi}{2}\left(1-\frac{2}{n}\right)$[rad] 만큼 앞선다.
③ $\frac{\pi}{2}\left(1-\frac{n}{2}\right)$[rad] 만큼 뒤진다.
④ $\frac{\pi}{2}\left(1-\frac{n}{2}\right)$[rad] 만큼 앞선다.

정답 90 ③ 91 ④ 92 ③ 93 ①

CHAPTER 08 CURRENT THEORY

기타 문제

01 $\left(\dfrac{1}{s^2+2s+5}\right)$의 역라플라스 변환을 구하면 다음 중 무엇인가? 12년 국회직 9급

① $e^{-t}\sin(2t)$ ② $\dfrac{1}{2}e^{-t}\sin(t)$

③ $\dfrac{1}{2}e^{-t}\sin(2t)$ ④ $e^{-t}\sin(t)$

⑤ $2e^{-t}\sin(2t)$

02 라플라스 함수 $F(s)=\dfrac{s+1}{s^2+2s+5}$의 역변환 $f(t)$는? 18년 서울시 9급(후)

① $e^{-2t}\cos t$ ② $e^{-2t}\sin t$

③ $e^{-t}\cos 2t$ ④ $e^{-t}\sin 2t$

03 주파수 f를 갖는 교류 전류가 도전율 σ, 투자율 μ, 유전율 ε인 도체에 흐를 때 표피효과에 의한 침투깊이 δ에 대한 설명으로 옳은 것은? 14년 서울시 9급

① 주파수 f와 관계없다.
② 도전율 σ와 관계없다.
③ 주파수 f가 클수록 침투깊이 δ가 커진다.
④ 도전율 σ가 클수록 침투깊이 δ가 작아진다.
⑤ 도전율 σ가 클수록 침투깊이 δ가 커진다.

04 $F(s)=\dfrac{s+10}{s(s^2+2s+5)}$일 때, $f(t)$의 최종값은? 14년 서울시 9급

① 0 ② 1

③ 2 ④ 3

⑤ ∞

정답 01 ③ 02 ③ 03 ④ 04 ③

05 $F(s)=\dfrac{2(s+2)}{s(s^2+3s+4)}$ 일 때, $F(s)$의 역라플라스 변환(Inverse Laplace Transform)된 함수 $f(t)$의 최종값은?

① $\dfrac{1}{4}$
② $\dfrac{1}{2}$
③ $\dfrac{3}{4}$
④ 1

06 $F(s)=\dfrac{2}{s(s+2)}$ 의 역라플라스 변환(Inverse Laplace Transform)을 바르게 표현한 식은?(단, $u(t)$는 단위 계단함수(Unit Step Function)이다.)

① $f(t)=(2+e^{-2t})u(t)$
② $f(t)=(2-e^{-2t})u(t)$
③ $f(t)=(1+e^{-2t})u(t)$
④ $f(t)=(1-e^{-2t})u(t)$

07 다음 Laplace 변환에 대응되는 시간함수의 초기 값과 최종값은 얼마인가? 15년 서울시 9급

$$F(s)=\frac{10(s+2)}{s(s^2+3s+4)}$$

① $f(0)=5,\ f(\infty)=0$
② $f(0)=0,\ f(\infty)=0$
③ $f(0)=0,\ f(\infty)=5$
④ $f(0)=5,\ f(\infty)=5$

08 특이함수(스위칭 함수)에 대한 설명으로 옳은 것을 〈보기〉에서 모두 고른 것은?
18년 서울시 9급(후)

〈보기〉
ㄱ. 특이함수는 그 함수가 불연속이거나 그 도함수가 불연속인 함수이다.
ㄴ. 단위계단함수 $u(t)$는 t가 음수일 때 -1, t가 양수일 때 1의 값을 갖는다.
ㄷ. 단위임펄스함수 $\delta(t)$는 $t=0$ 외에는 모두 0이다.
ㄹ. 단위램프함수 $r(t)$는 t의 값에 상관없이 단위 기울기를 갖는다.

① ㄱ, ㄴ
② ㄱ, ㄷ
③ ㄴ, ㄷ
④ ㄷ, ㄹ

정답 05 ④ 06 ④ 07 ③ 08 ②

09 다음 전력계통 보호계전기의 기능에 대한 설명 중 옳은 것만을 모두 고르면?

ㄱ. 과전류 계전기(Overcurrent Relay) : 일정값 이상의 전류(고장전류)가 흘렀을 때 동작하고 보호협조를 위해 동작시간을 설정할 수 있다.
ㄴ. 거리 계전기(Distance Relay) : 전압, 전류를 통해 현재 선로의 임피던스를 계산하여 고장 여부를 판단하고 주로 배전계통에 사용된다.
ㄷ. 재폐로기(Recloser) : 과전류계전기능과 차단기능이 함께 포함된 보호기기로 고장전류가 흐를 경우, 즉각적으로 일시에 차단을 하게 된다.
ㄹ. 차동 계전기(Differential Relay) : 전류의 차를 검출하여 고장을 판단하는 계전기로 보통 변압기, 모선, 발전기 보호에 사용된다.

① ㄱ, ㄴ, ㄷ, ㄹ ② ㄱ, ㄹ
③ ㄴ, ㄷ ④ ㄷ, ㄹ

10 그림은 이상적인 연산증폭기(Op Amp)이다. 이에 대한 설명으로 옳은 것은?

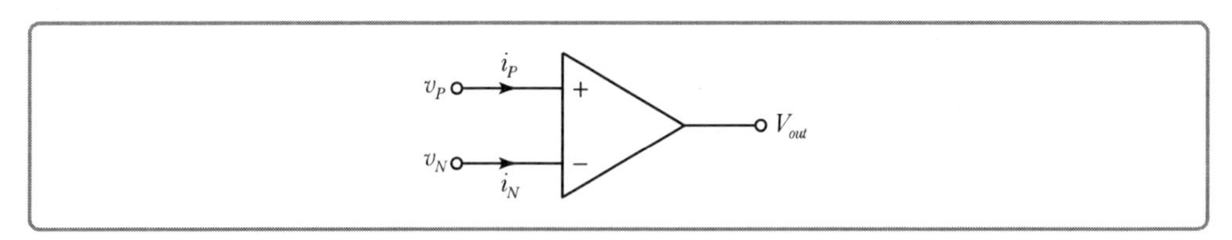

① 입력 전압 v_P와 v_N은 같은 값을 갖는다.
② 입력 저항은 0의 값을 갖는다.
③ 입력 전류 i_P와 i_N은 서로 다른 값을 갖는다.
④ 출력 저항은 무한대의 값을 갖는다.

11 그림과 같은 회로에서 전압 V_x의 값[V]은? 18년 서울시 9급(후)

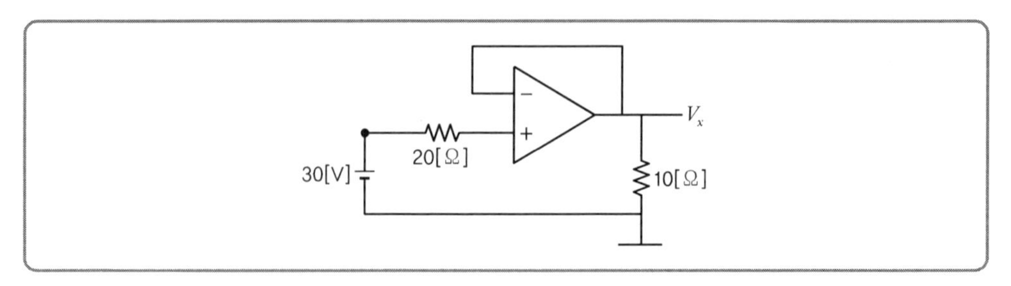

① 10 ② 20
③ 30 ④ 45

정답 09 ② 10 ① 11 ③

12 정재파비(S ; Standing Wave Ratio)에 대한 설명으로 옳은 것은?

① 정재파비 $S=\frac{1+\text{반사계수}}{1-\text{반사계수}}$로 나타내며, ∞에 가까울수록 정합 상태가 좋다.

② 전압 정재파비와 저항 정재파비가 있다.

③ 데시벨[dB]로 나타내면 $S=20\log_{10}S=\frac{1-\text{반사계수}}{1+\text{반사계수}}$[dB]이다.

④ 전송 선로에서 최대 전압과 최소 전압의 비로 구한다.

13 다음 설명 중 옳은 것을 모두 고르면?

ㄱ. 부하율 : 수용가 또는 변전소 등 어느 기간 중 평균 수요전력과 최대 수요전력의 비를 백분율로 표시한 것
ㄴ. 수용률 : 어느 기간 중 수용가의 최대 수요전력과 사용전기설비의 정격용량[W]의 합계의 비를 백분율로 표시한 것
ㄷ. 부등률 : 하나의 계통에 속하는 수용가의 각각의 최대 수요전력의 합과 각각의 사용전기설비의 정격용량[W]의 합의 비

① ㄱ, ㄴ　　② ㄱ, ㄷ
③ ㄴ, ㄷ　　④ ㄱ, ㄴ, ㄷ

14 다음 반전 연산 증폭기 회로에서 입력저항 2[kΩ], 피드백저항 5[kΩ]에 흐르는 전류 i_s, i_F [mA]는?(단, $V_s=2$[V])

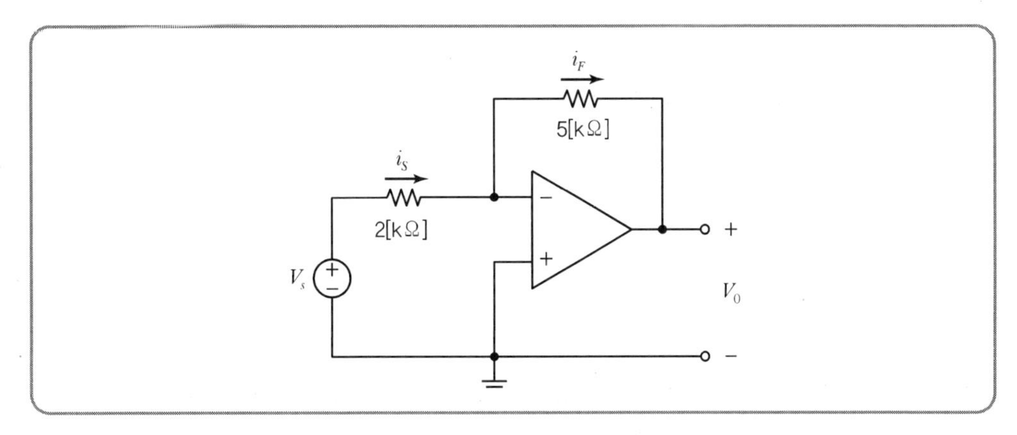

① $i_s=1$[mA], $i_F=1$[mA]　　② $i_s=1$[mA], $i_F=2$[mA]
③ $i_s=2$[mA], $i_F=1$[mA]　　④ $i_s=2$[mA], $i_F=2$[mA]

정답 12 ④ 13 ① 14 ①

15 모선 L에 그림과 같은 부하들이 병렬로 접속되어 있을 때, 합성부하의 역률은?

21년 서울시 9급

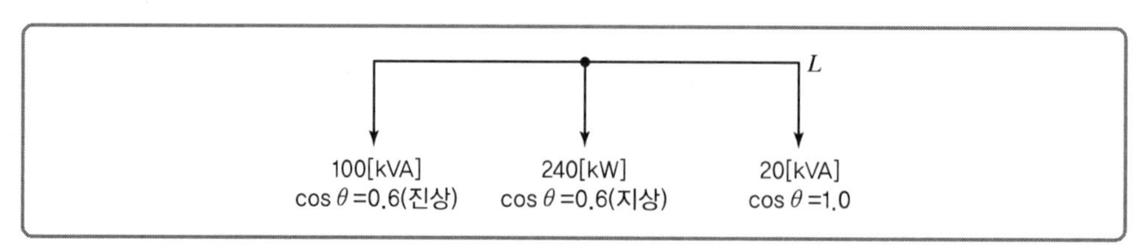

① 0.8(진상, 앞섬)　② 0.8(지상, 뒤짐)
③ 0.6(진상, 앞섬)　④ 0.6(지상, 뒤짐)

16 그림과 같이 이상적인 연산증폭기를 이용한 회로가 주어졌을 때, R_L에 걸리는 전압의 값[V]은?

21년 서울시 9급

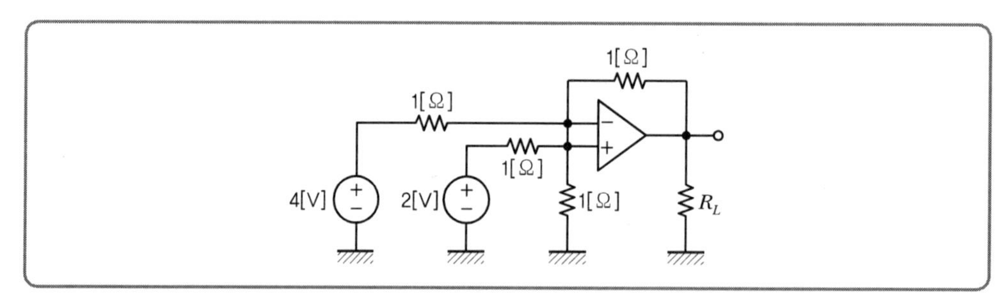

① −2.0　② −1.5
③ 2.5　④ 3.0

17 $e^{-at}\sin\omega t$ 함수의 라플라스 변환은?

① $\dfrac{\omega}{(s+a)^2+\omega^2}$　② $\dfrac{s+a}{(s+a)^2+\omega^2}$

③ $\dfrac{\omega}{(s+a)+\omega}$　④ $\dfrac{s+a}{(s+a)+\omega}$

18 직류발전기의 전기자 반지름이 30[cm], 출력이 3[kW]일 때 1,500[rpm]으로 회전을 하고 있다면 전기자의 주변 속도[m/s]는?

① 900π　② 450π　③ 15π　④ 7.5π

정답 15 ② 16 ① 17 ① 18 ③

19 그림의 회로에서 전압 $v(t)$와 전류 $i(t)$의 라플라스 관계식은?(단, 커패시터의 초기 전압은 0[V]이다.) 22년 지방직 9급

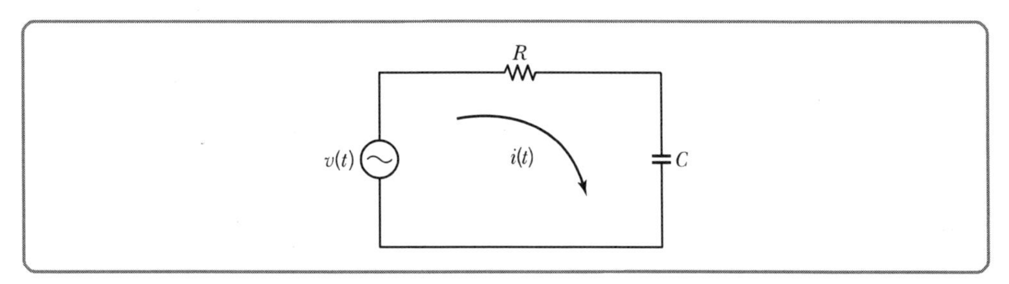

① $I(s)=\dfrac{C}{sRC+1}V(s)$

② $I(s)=\dfrac{s}{sRC+1}V(s)$

③ $I(s)=\dfrac{sR}{sRC+1}V(s)$

④ $I(s)=\dfrac{sC}{sRC+1}V(s)$

20 그림의 회로에서 전압 $v_o(t)$에 대한 미분방정식 표현으로 옳은 것은? 22년 지방직 9급

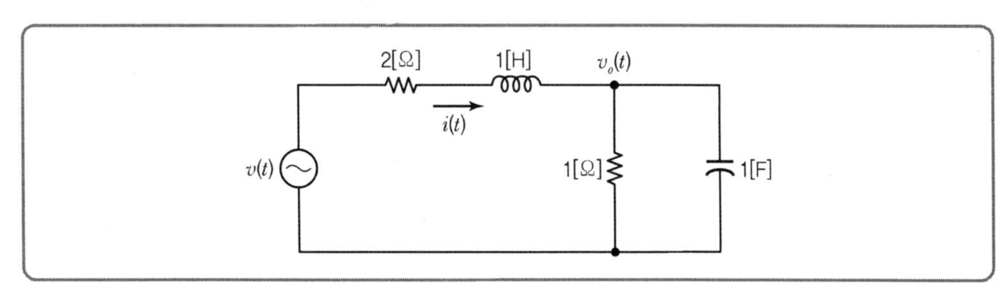

① $\dfrac{d^2v_o(t)}{dt^2}+\dfrac{1}{3}\dfrac{dv_o(t)}{dt}+\dfrac{1}{3}v_o(t)=v(t)$

② $\dfrac{d^2v_o(t)}{dt^2}+\dfrac{1}{3}\dfrac{dv_o(t)}{dt}+3v_o(t)=v(t)$

③ $\dfrac{d^2v_o(t)}{dt^2}+3\dfrac{dv_o(t)}{dt}+\dfrac{1}{3}v_o(t)=v(t)$

④ $\dfrac{d^2v_o(t)}{dt^2}+3\dfrac{dv_o(t)}{dt}+3v_o(t)=v(t)$

정답 19 ④ 20 ④

21 $F(s) = \dfrac{3s^2 + 30s + 120}{s(s^2 + 9s + 30)}$의 라플라스 역변환에 대응되는 시간함수 $f(t)$의 초깃값과 최종값의 합은? 21년 국회직 9급

① 0 ② 3 ③ 4 ④ 7
⑤ ∞

22 선형 시불변 시스템의 입력이 $e^{-t}u(t)$일 때 출력은 $10e^{-t}\cos(2t)u(t)$이다. 시스템의 전달함수는?(단, $u(t)$는 단위계단함수이고 시스템의 초기조건은 0이다.) 23년 국가직 9급

① $\dfrac{5(s+1)}{s^2+2s+5}$ ② $\dfrac{5(s+1)^2}{s^2+2s+5}$

③ $\dfrac{10(s+1)}{s^2+2s+5}$ ④ $\dfrac{10(s+1)^2}{s^2+2s+5}$

23 $F(s) = \dfrac{1}{(s+1)^2(s+2)}$의 라플라스 역변환에 대응되는 시간함수 $f(t)$는?

21년 국회직 9급

① $f(t) = e^{-t} + te^{-t} + e^{-2t}$ ② $f(t) = e^{-t} - te^{-t} - e^{-2t}$
③ $f(t) = -e^{-t} + e^{-2t}$ ④ $f(t) = -e^{-t} + te^{-t} + e^{-2t}$
⑤ $f(t) = -e^{t} + te^{t} + e^{2t}$

24 그림의 회로에서 스위치 S가 충분히 긴 시간 동안 닫혀 있다가 $t = 0$에서 개방되었다. $t > 0$일 때의 전류 $i(t)$[A]는? 23년 국가직 9급

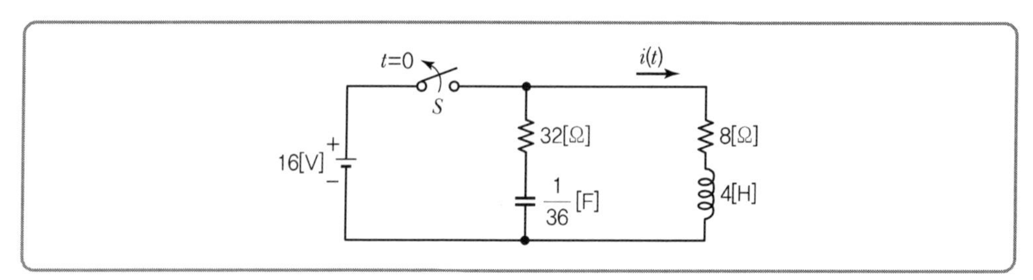

① $\dfrac{1}{4}e^{-t} + \dfrac{7}{4}e^{-9t}$ ② $\dfrac{7}{4}e^{-t} + \dfrac{1}{4}e^{-9t}$

③ $\dfrac{9}{4}e^{-t} - \dfrac{1}{4}e^{-9t}$ ④ $-\dfrac{1}{4}e^{-t} + \dfrac{9}{4}e^{-9t}$

정답 21 ④ 22 ④ 23 ④ 24 ①

25 그림의 이상적인 OP Amp에서 증폭기의 출력 v_{out}이 포화(saturation)되지 않는 입력 v_{in}[V]의 범위는? 21년 국회직 9급

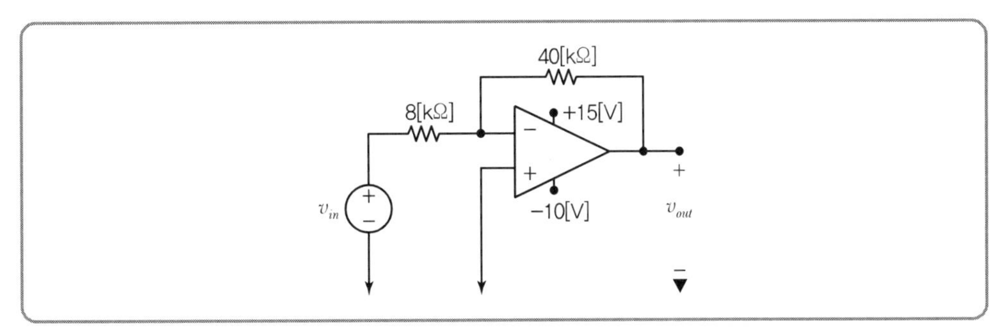

① $-\frac{1}{3} \le v_{in} \le \frac{1}{2}$

② $-\frac{1}{2} \le v_{in} \le \frac{1}{3}$

③ $-2 \le v_{in} \le 3$

④ $2 \le v_{in} \le 3$

⑤ $-3 \le v_{in} \le 2$

26 이상적인 연산 증폭기를 포함한 그림의 회로에서 $v_s(t) = \cos t$[V]일 때, 커패시터 양단 전압 $v_c(t)$[V]는?(단, 커패시터의 초기전압은 0[V]이다.) 22년 국가직 9급

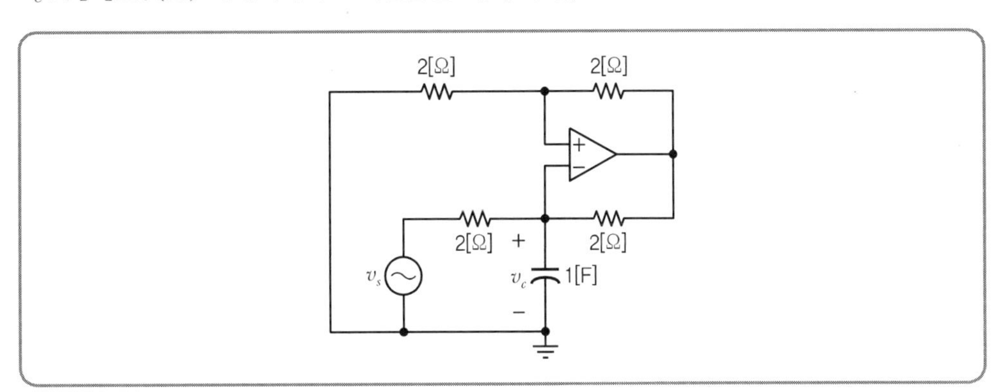

① $-\frac{\sin t}{2}$

② $-2\sin t$

③ $\frac{\sin t}{2}$

④ $2\sin t$

정답 25 ⑤ 26 ③

27 그림의 스펙트럼을 가지는 시간함수 $v(t)$는?(단, $\delta(f)$는 임펄스함수이고, $\omega_o = 2\pi f_o$이다.)

21년 국회직 9급

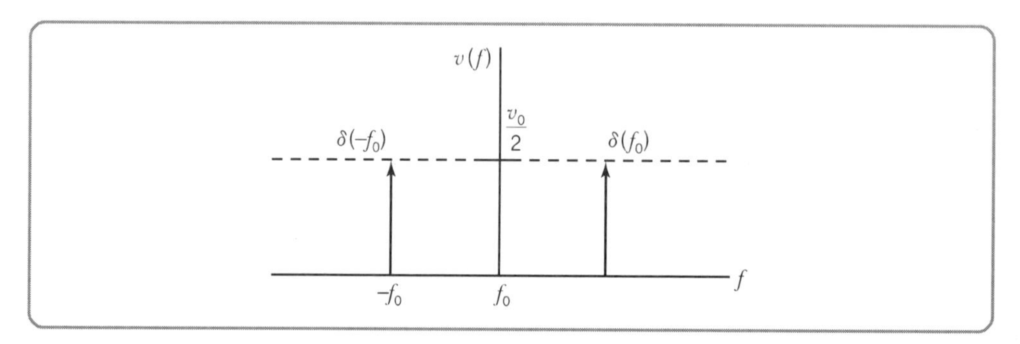

① $\frac{1}{2}v_o(e^{\omega_o t} + e^{\omega_o t})$

② $v_o e^{\omega_o t}$

③ $v_o \sin\omega_o t$

④ $v_o \cos\omega_o t$

⑤ $\frac{1}{2}v_o(e^{j\omega_o t} - e^{-j\omega_o t})$

정답 27 ④

PART
02
기출문제

CHAPTER 01

CURRENT THEORY

2016년 국가직 9급

01 다음 회로에서 3[Ω]에 흐르는 전류 $i_o(t)$[A]는?

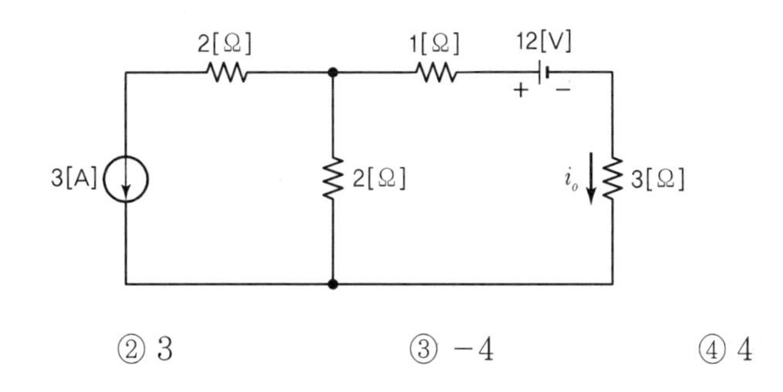

① −3 ② 3 ③ −4 ④ 4

02 다음 회로에서 정상상태에 도달하였을 때, 인덕터와 커패시터에 저장된 에너지[J]의 합은?

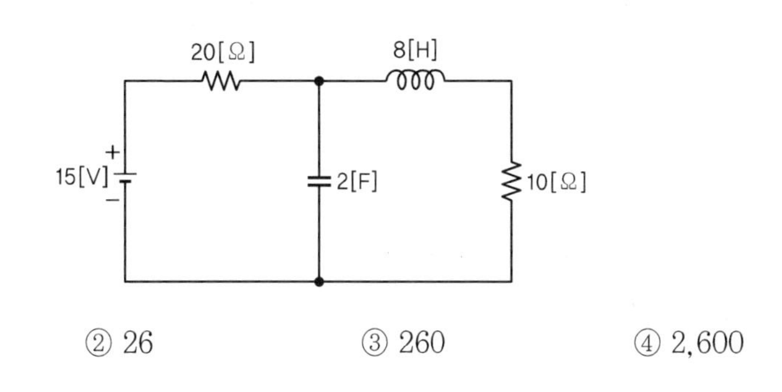

① 2.6 ② 26 ③ 260 ④ 2,600

03 다음 회로에서 전압 V_o[V]는?

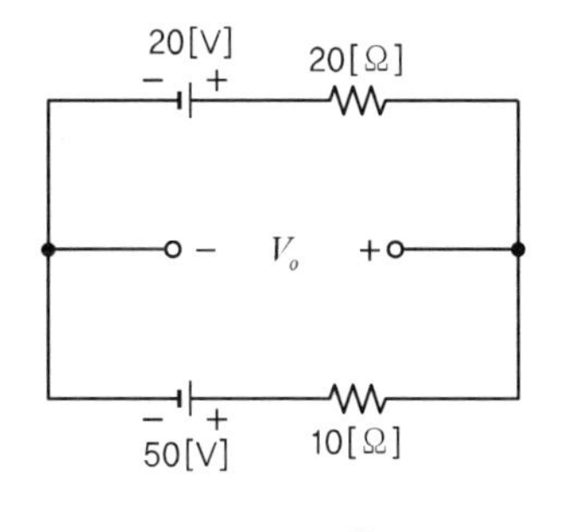

① −60 ② −40 ③ 40 ④ 60

정답 01 ① 02 ② 03 ③

04 히스테리시스 특성 곡선에 대한 설명으로 옳지 않은 것은?

① 히스테리시스 손실은 주파수에 비례한다.
② 곡선이 수직축과 만나는 점은 잔류자기를 나타낸다.
③ 자속밀도, 자기장의 세기에 대한 비선형 특성을 나타낸다.
④ 곡선으로 둘러싸인 면적이 클수록 히스테리시스 손실이 적다.

05 이상적인 변압기에서 1차 측 코일과 2차 측 코일의 권선비가 $\frac{N_1}{N_2}=10$일 때, 옳은 것은?

① 2차 측 소비전력은 1차 측 소비전력의 10배이다.
② 2차 측 소비전력은 1차 측 소비전력의 100배이다.
③ 1차 측 소비전력은 2차 측 소비전력의 100배이다.
④ 1차 측 소비전력은 2차 측 소비전력과 동일하다.

06 비투자율 100인 철심을 코어로 하고 단위길이당 권선수가 100회인 이상적인 솔레노이드의 자속밀도가 0.2[Wb/m^2]일 때, 솔레노이드에 흐르는 전류[A]는?

① $\frac{20}{\pi}$　② $\frac{30}{\pi}$　③ $\frac{40}{\pi}$　④ $\frac{50}{\pi}$

07 50[V], 250[W] 니크롬선의 길이를 반으로 잘라서 20[V] 전압에 연결하였을 때, 니크롬선의 소비전력[W]은?

① 80　② 100　③ 120　④ 140

08 정전계 내의 도체에 대한 설명으로 옳지 않은 것은?

① 도체표면은 등전위면이다.
② 도체내부의 정전계 세기는 영이다.
③ 등전위면의 간격이 좁을수록 정전계 세기가 크게 된다.
④ 도체표면상에서 정전계 세기는 모든 점에서 표면의 접선방향으로 향한다.

정답 04 ④ 05 ④ 06 ④ 07 ① 08 ②

09 단상 교류회로에서 80[kW]의 유효전력이 역률 80[%](지상)로 부하에 공급되고 있을 때, 옳은 것은?

① 무효전력은 50[kVar]이다.
② 역률은 무효율보다 크다.
③ 피상전력은 $100\sqrt{2}$ [kVA]이다.
④ 코일을 부하에 직렬로 추가하면 역률을 개선시킬 수 있다.

10 다음 회로에서 $v_s(t) = 20\cos(t)$[V]의 전압을 인가했을 때, 전류 $i_s(t)$[A]는?

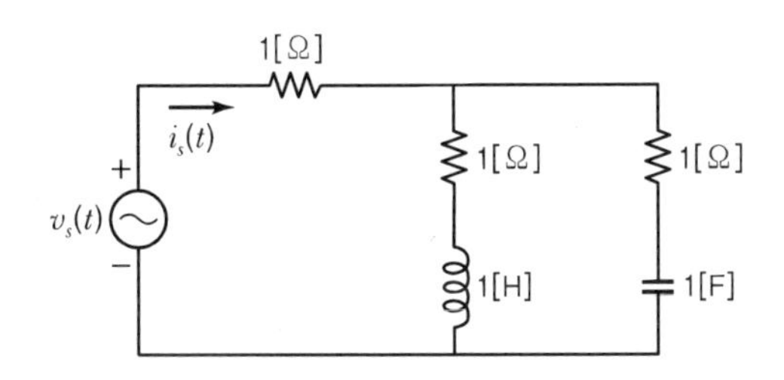

① $10\cos(t)$　　② $20\cos(t)$
③ $10\cos(t-45°)$　　④ $20\cos(t-45°)$

11 커패시터만의 교류회로에 대한 설명으로 옳지 않은 것은?

① 전압과 전류는 동일 주파수이다.
② 전류는 전압보다 위상이 $\frac{\pi}{2}$ 앞선다.
③ 전압과 전류의 실횻값의 비는 1이다.
④ 정전기에서 커패시터에 축적된 전하는 전압에 비례한다.

12 $R-L-C$ 직렬회로에서 $R : X_L : X_C = 1 : 2 : 1$일 때, 역률은?

① $\frac{1}{\sqrt{2}}$　　② $\frac{1}{2}$　　③ $\sqrt{2}$　　④ 1

정답 09 ② 10 ① 11 ③ 12 ①

13 그림 (b)는 그림 (a)의 회로에 흐르는 전류들에 대한 벡터도를 나타낸 것이다. 이러한 조건이 되기 위한 각주파수[rad/sec]는?

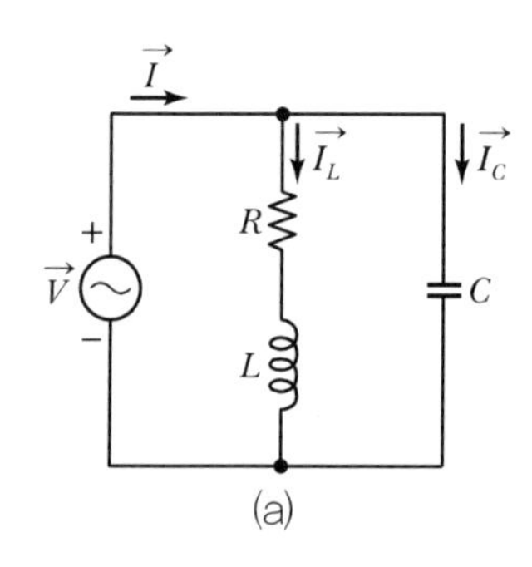

(a)

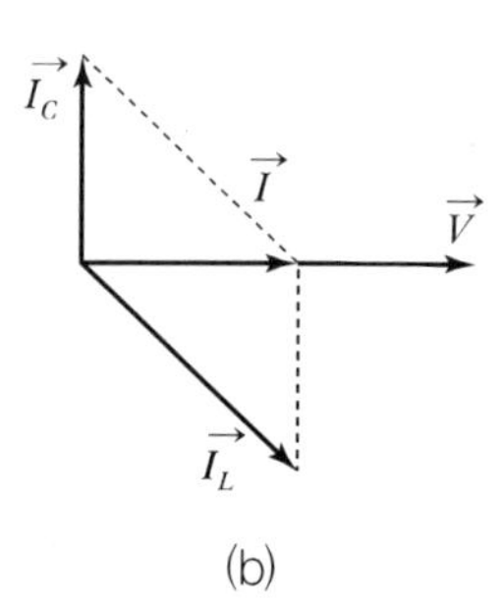

(b)

① $\sqrt{\frac{1}{LC}-\frac{R^2}{C^2}}$ ② $\sqrt{\frac{1}{LC}-\frac{R^2}{L^2}}$

③ $\sqrt{\frac{1}{LC}-\frac{L^2}{R^2}}$ ④ $\sqrt{\frac{1}{LC}-\frac{C^2}{L^2}}$

14 한 상의 임피던스가 $3+j4[\Omega]$인 평형 3상 Δ부하에 선간전압 200[V]인 3상 대칭전압을 인가할 때, 3상 무효전력[Var]은?

① 600 ② 14,400

③ 19,200 ④ 30,000

15 다음 회로에서 전압 V_o [V]는?

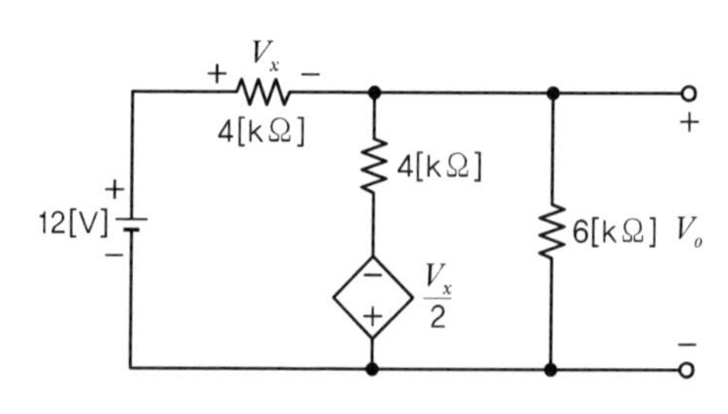

① $\frac{6}{13}$ ② $\frac{24}{13}$ ③ $\frac{30}{13}$ ④ $\frac{36}{13}$

정답 13 ② 14 ③ 15 ④

16 평형 3상 Y결선 회로에서 a상 전압의 순시값이 $v_o = 100\sqrt{2}\sin\left(\omega t + \frac{\pi}{3}\right)$[V]일 때, c상 전압의 순시값 $v_c(t)$[V]은?(단, 상 순은 a, b, c이다.)

① $100\sqrt{2}\sin\left(\omega t + \frac{5}{3}\pi\right)$
② $100\sqrt{2}\sin\left(\omega t + \frac{1}{3}\pi\right)$
③ $100\sqrt{2}\sin(\omega t - \pi)$
④ $100\sqrt{2}\sin\left(\omega t - \frac{2}{3}\pi\right)$

17 다음 $R-C$ 회로에 대한 설명으로 옳은 것은?(단, 입력 전압 v_s의 주파수는 10[Hz]이다.)

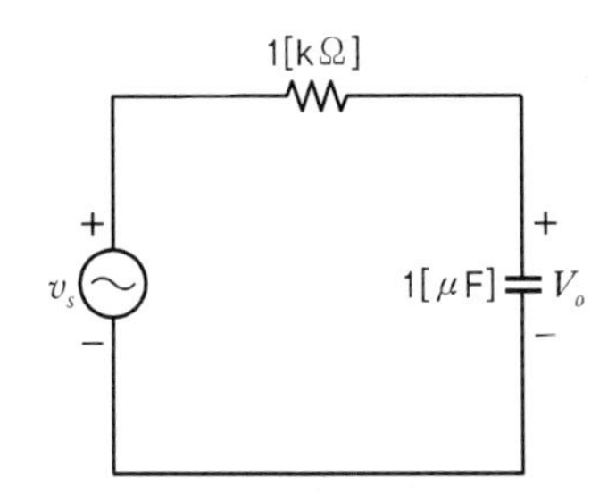

① 차단주파수는 $\frac{1000}{\pi}$[Hz]이다.
② 이 회로는 고역 통과 필터이다.
③ 커패시터의 리액턴스는 $\frac{50}{\pi}$[kΩ]이다.
④ 출력 전압 v_o에 대한 입력 전압 v_s의 비는 0.6이다.

18 어떤 인덕터에 전류 $i(t) = 3 + 10\sqrt{2}\sin 50t + 4\sqrt{2}\sin 100t$[A]가 흐르고 있을 때, 인덕터에 축적되는 자기 에너지가 125[J]이다. 이 인덕터의 인덕턴스[H]는?

① 1
② 2
③ 3
④ 4

정답 16 ③ 17 ③ 18 ②

19 다음 회로와 같이 평형 3상 $R-L$부하에 커패시터 C를 설치하여 역률을 100[%]로 개선할 때, 커패시터의 리액턴스[Ω]는?(단, 선간전압은 200[V], 한 상의 부하는 $12+j9$[Ω]이다.)

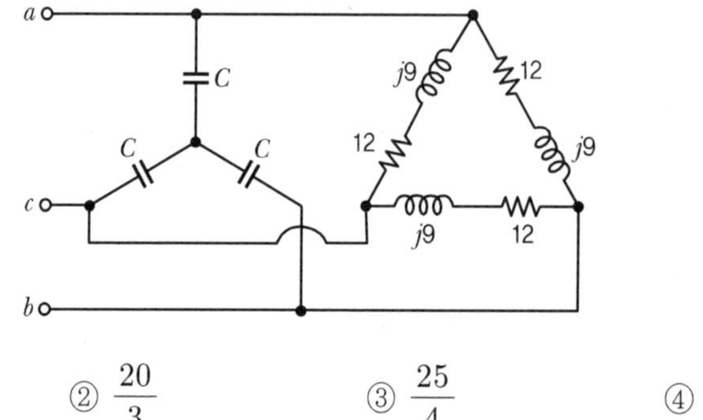

① $\frac{20}{4}$ ② $\frac{20}{3}$ ③ $\frac{25}{4}$ ④ $\frac{25}{3}$

20 다음 $R-L$ 직렬회로에서 $t=0$일 때, 스위치를 닫은 후 $\frac{di(t)}{dt}$에 대한 설명으로 옳은 것은?

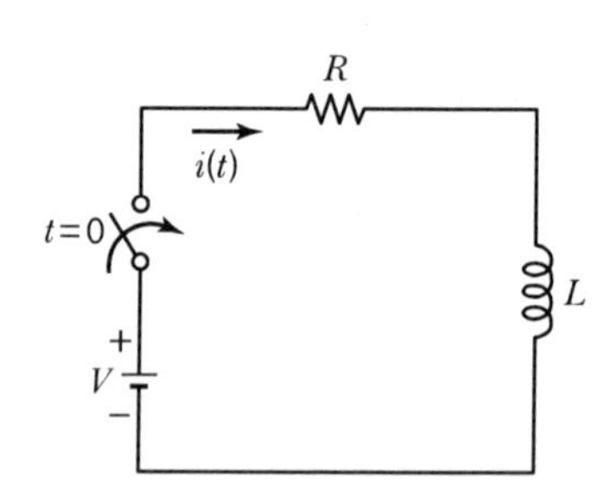

① 인덕턴스에 비례한다.
② 인덕턴스에 반비례한다.
③ 저항과 인덕턴스의 곱에 비례한다.
④ 저항과 인덕턴스의 곱에 반비례한다.

정답 19 ④ 20 ②

CHAPTER CURRENT THEORY

02 2016년 지방직 9급

01 전압원의 기전력은 20[V]이고 내부저항은 2[Ω]이다. 이 전압원에 부하가 연결될 때 얻을 수 있는 최대 부하전력[W]은?

① 200 ② 100 ③ 75 ④ 50

02 다음 회로에서 조정된 가변저항값이 100[Ω]일 때 A와 B 사이의 저항 100[Ω] 양단 전압을 측정하니 0[V]일 경우, R_x[Ω]의 값은?

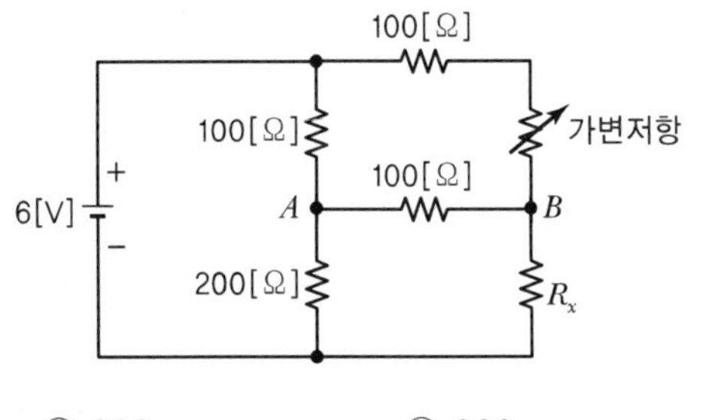

① 400 ② 300 ③ 200 ④ 100

03 다음 회로와 같이 직렬로 접속된 두 개의 코일이 있을 때, $L_1=20$[mH], $L_2=80$[mH], 결합계수 $k=0.8$이다. 이때 상호 인덕턴스 M의 극성과 크기[mH]는?

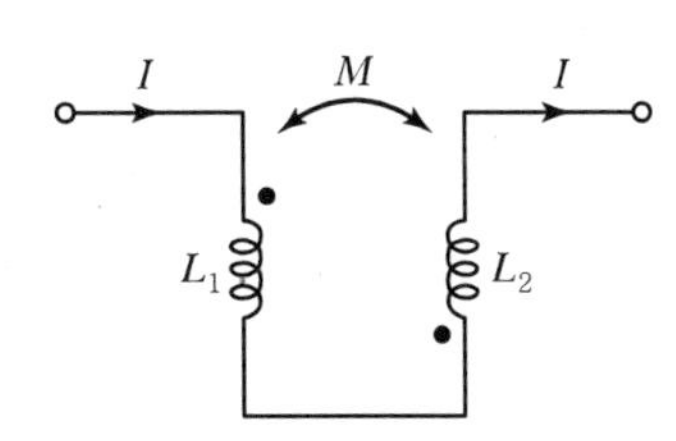

	극성	크기		극성	크기
①	가극성	32	②	가극성	40
③	감극성	32	④	감극성	40

정답 01 ④ 02 ① 03 ①

04 단상 교류전압 $v = 300\sqrt{2}\cos\omega t$[V]를 전파 정류하였을 때, 정류회로 출력 평균전압[V]은? (단, 이상적인 정류 소자를 사용하여 정류회로 내부의 전압강하는 없다.)

① 150　② $\frac{300}{2\pi}$　③ $\frac{300}{\pi}$　④ $\frac{600\sqrt{2}}{\pi}$

05 다음 회로에서 $V = 96$[V], $R = 8$[Ω], $X_L = 6$[Ω]일 때, 전체 전류 I[A]는?

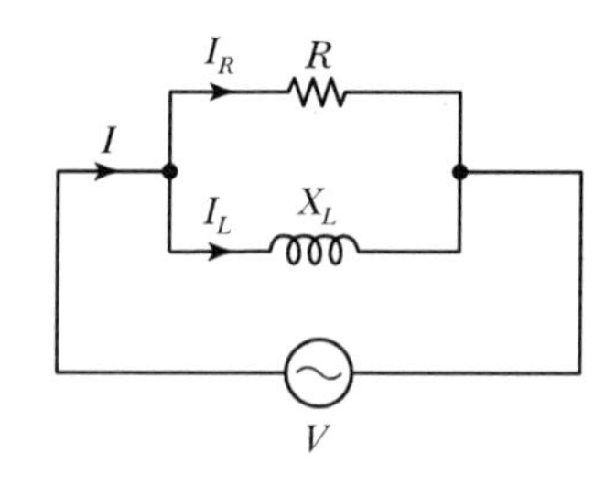

① 38　② 28　③ 9.6　④ 20

06 다음 그림 (a)는 반지름 $2r$을 갖는 두 원형 극판 사이에 한 가지 종류의 유전체가 채워져 있는 콘덴서이다. (b)는 (a)와 동일한 크기의 원형 극판 사이에 중심으로부터 반지름 r인 영역 부분을 (a)의 경우보다 유전율이 2배인 유전체로 채우고 나머지 부분에는 (a)와 동일한 유전체로 채워놓은 콘덴서이다. (b)의 정전용량은 (a)와 비교하여 어떠한가?(단, (a)와 (b)의 극판 간격 d는 동일하다.)

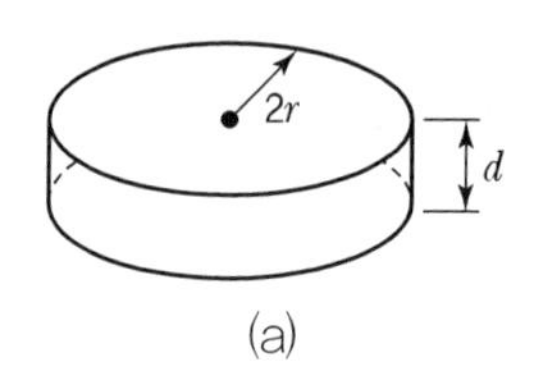

(a)

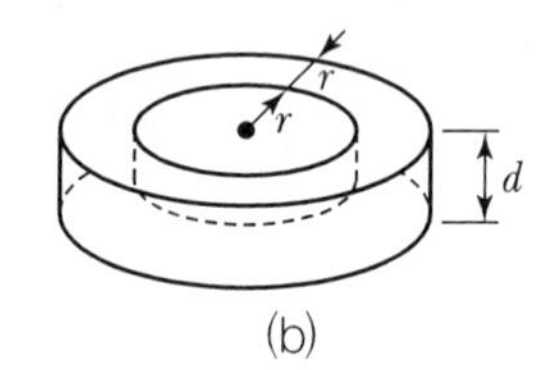

(b)

① 15.7[%] 증가한다.　② 25[%] 증가한다.
③ 31.4[%] 증가한다.　④ 50[%] 증가한다.

07 부하임피던스 $\dot{Z} = j\omega L$[Ω]에 전압 V[V]가 인가되고 전류 $2I$[A]가 흐를 때의 무효전력[Var]을 ω, L, i로 표현한 것은?

① $2\omega LI^2$　② $4\omega LI^2$　③ $4\omega LI$　④ $2\omega LI$

정답 04 ④ 05 ④ 06 ② 07 ②

08 다음 식으로 표현되는 비정현파 전압의 실홋값[V]은?

$$v = 2 + 5\sqrt{2}\sin\omega t + 4\sqrt{2}\sin(3\omega t) + 2\sqrt{2}\sin(5\omega t)[\text{V}]$$

① $13\sqrt{2}$　　② 11
③ 7　　④ 2

09 다음 회로 (a), (b)에서 스위치 S1, S2를 동시에 닫았다. 이후 50초 경과 시 $(I_1 - I_2)$[A]로 가장 적절한 것은?(단, L과 C의 초기 전류와 초기 전압은 0이다.)

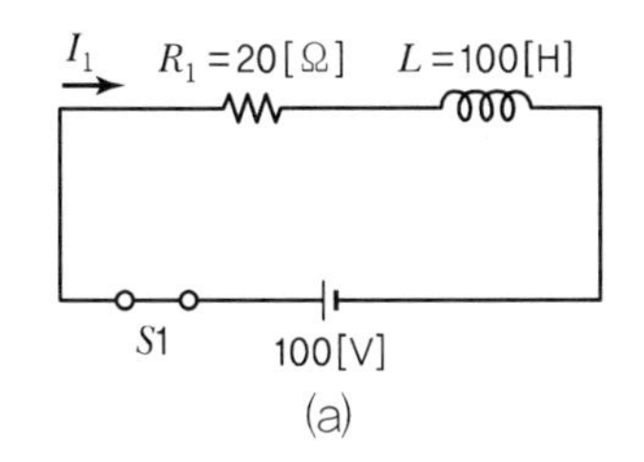

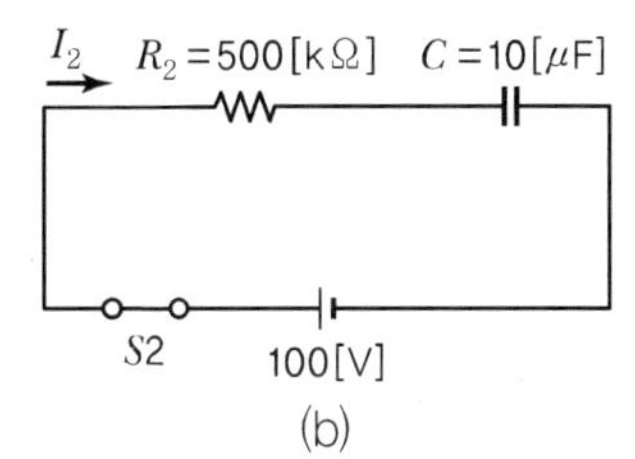

① 0.02　　② 3
③ 5　　④ 10

10 다음 회로와 같이 평형 3상 전원을 평형 3상 Δ 결선 부하에 접속하였을 때 Δ 결선 부하 1상의 유효전력이 P[W]였다. 각 상의 임피던스 Z를 그대로 두고 Y결선으로 바꾸었을 때 Y결선 부하의 총 전력[W]은?

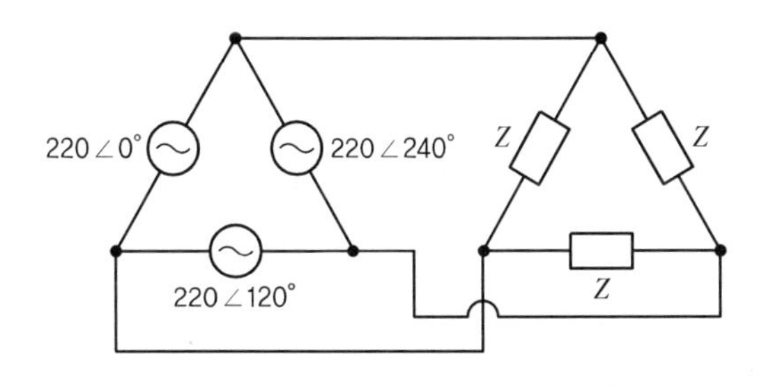

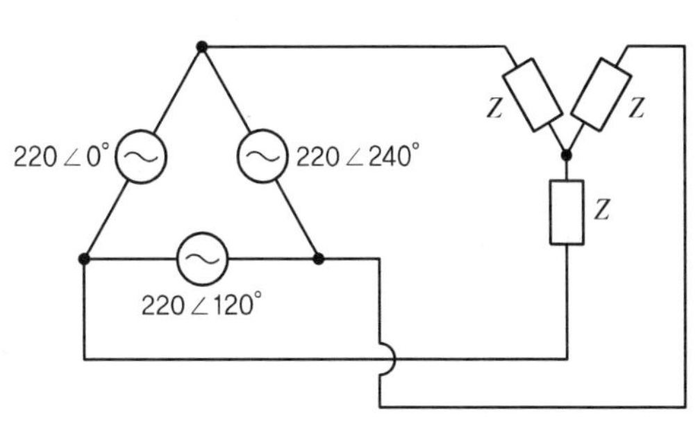

① $\frac{P}{3}$　　② P
③ $\sqrt{3}P$　　④ $3P$

정답 08 ③ 09 ③ 10 ②

11 다음 회로에서 직류전압 $V_s = 10[V]$일 때, 정상상태에서의 전압 $V_c[V]$와 전류 $I_R[mA]$은?

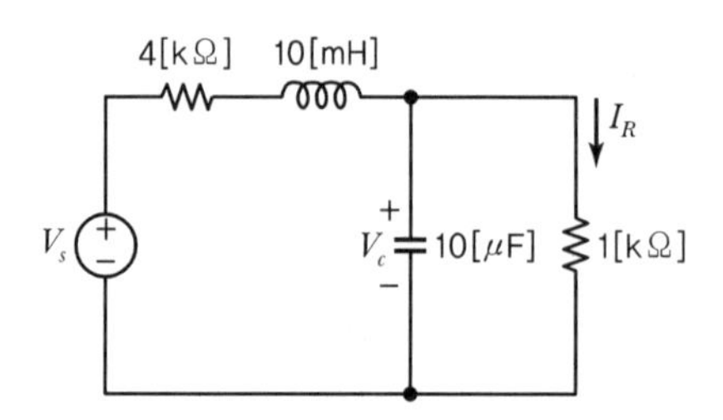

	V_c	I_R
①	8	20
②	2	20
③	8	2
④	2	2

12 진공 중의 한 점에 음전하 5[μC]가 존재하고 있다. 이 점에서 5[m] 떨어진 곳의 전기장의 세기[V/m]는?(단, $\frac{1}{4\pi\varepsilon_0} = 9 \times 10^9$이고, ε_0는 진공의 유전율이다.)

① 1.8　　② −1.8
③ 3.8　　④ −3.8

13 철심 코어에 권선수 10인 코일이 있다. 이 코일에 전류 10[A]를 흘릴 때, 철심을 통과하는 자속이 0.001[Wb]이라면 이 코일의 인덕턴스[mH]는?

① 100　　② 10　　③ 1　　④ 0.1

14 다음 그림과 같이 자극(N, S) 사이에 있는 도체에 전류 I[A]가 흐를 때, 도체가 받는 힘은 어느 방향인가?

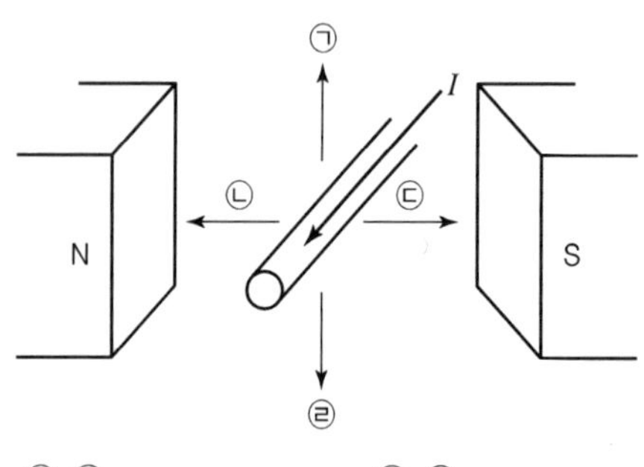

① ㉠　　② ㉡　　③ ㉢　　④ ㉣

정답 11 ④ 12 ② 13 ③ 14 ①

15 이상적인 단상 변압기의 2차 측에 부하를 연결하여 2.2[kW]를 공급할 때의 2차 측 전압이 220[V], 1차 측 전류가 50[A]라면 이 변압기의 권선비 $N_1 : N_2$는?(단, N_1은 1차 측 권선수이고, N_2는 2차 측 권선수이다.)

① 1 : 5　　② 5 : 1
③ 1 : 10　　④ 10 : 1

16 교류회로의 전압 $\dot{V}$와 전류 $\dot{I}$가 다음 벡터도와 같이 주어졌을 때, 임피던스 $\dot{Z}[\Omega]$는?

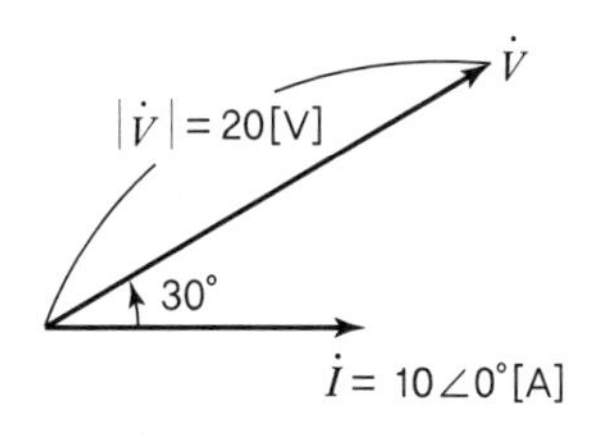

① $\sqrt{3} - j$　　② $\sqrt{3} + j$
③ $1 + j\sqrt{3}$　　④ $1 - j\sqrt{3}$

17 다음과 같은 정현파 전압 v와 전류 i로 주어진 회로에 대한 설명으로 옳은 것은?

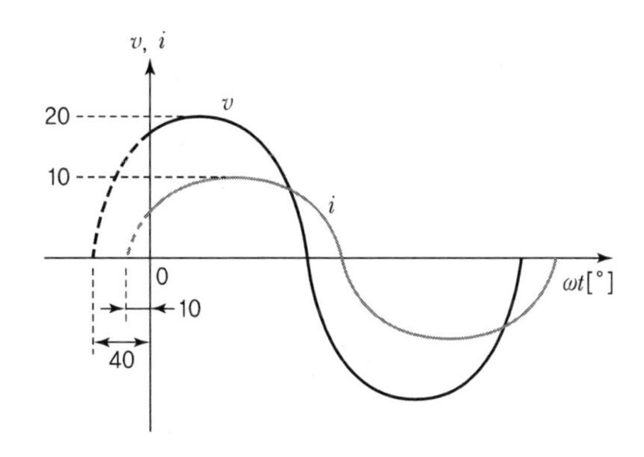

① 전압과 전류의 위상차는 40°이다.　　② 교류전압 $v = 20\sin(\omega t - 40°)$이다.
③ 교류전류 $i = 10\sqrt{2}\sin(\omega t + 10°)$이다.　　④ 임피던스 $\dot{Z} = 2\angle 30°$이다.

정답 15 ① 16 ② 17 ④

18 다음 회로에서 $\dot{V}_{Th} = 12\angle 0°[V]$이고 $\dot{Z}_{Th} = 600 + j150[\Omega]$일 때, 최대전력을 전달하기 위한 부하임피던스 $\dot{Z}_L[\Omega]$과 부하임피던스에 소비되는 전력 $P_L[W]$은?

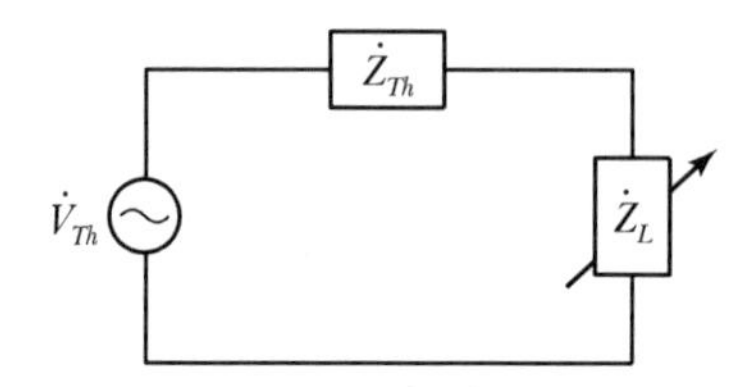

	$\dot{Z}_L$	P_L		$\dot{Z}_L$	P_L
①	$600 - j150$	0.06	②	$600 + j150$	0.6
③	$600 - j150$	0.6	④	$600 + j150$	0.06

19 다음 평형 3상 교류회로에서 선간전압의 크기 $V_L = 300[V]$, 부하 $\dot{Z}_p = 12 + j9[\Omega]$일 때, 선전류의 크기 $I_L[A]$는?

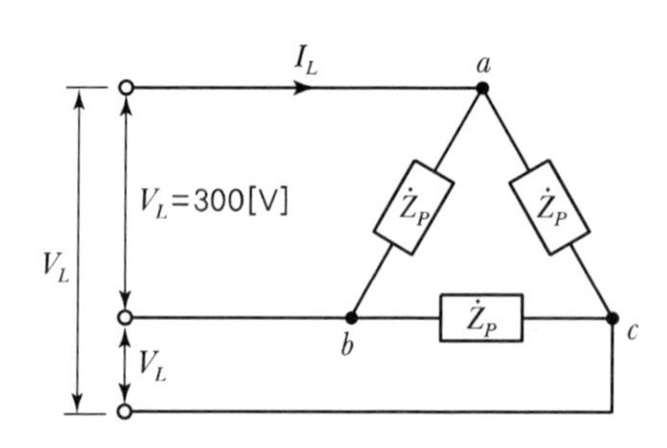

① 10 ② $10\sqrt{3}$ ③ 20 ④ $20\sqrt{3}$

20 다음 회로가 정상상태를 유지하는 중, $t = 0$에서 스위치 S를 닫았다. 이때 전류 i의 초기 전류 $i_{(0+)}[mA]$는?

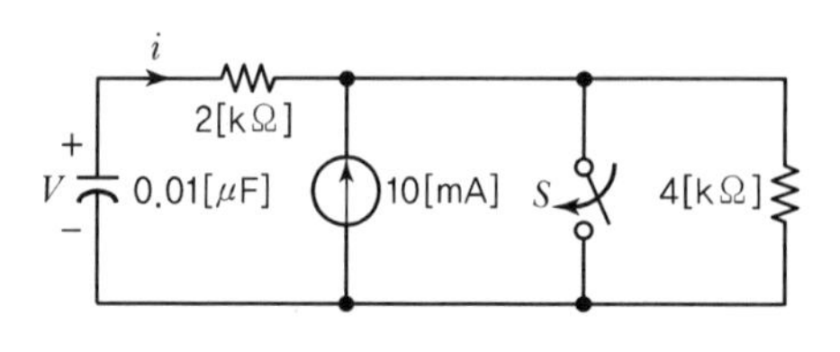

① 0 ② 2 ③ 10 ④ 20

정답 18 ① 19 ④ 20 ④

CHAPTER 03 CURRENT THEORY

2016년 서울시 9급

01 4[μF]과 6[μF]의 정전용량을 가진 두 콘덴서를 직렬로 연결하고 이 회로에 100[V]의 전압을 인가할 때 6[μF]의 양단에 걸리는 전압[V]은?

① 40　② 60
③ 80　④ 100

02 그림과 같은 회로에서 a, b에 나타나는 전압[V] 값은?

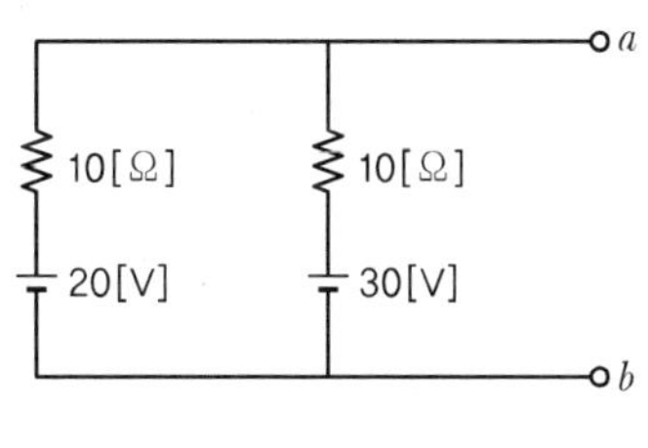

① 15　② 20
③ 25　④ 30

03 자체 인덕턴스가 $L=0.1\%$[H]인 코일과 $R=1$[Ω]인 저항을 직렬로 연결하고 교류전압 $v=100\sqrt{2}\sin(10t)$[V]인 정현파를 가할 때, 코일에 흐르는 전류의 실횻값[A]과 전류와 전압의 위상차는 각각 어떻게 되는가?

① $\frac{100}{\sqrt{2}}$[A], 90°　② 100[A], 90°
③ 100[A], 45°　④ $\frac{100}{\sqrt{2}}$[A], 45°

정답 01 ① 02 ③ 03 ④

04 다음 전력계통 보호계전기의 기능에 대한 설명 중 옳은 것만을 모두 고르면?

ㄱ. 과전류 계전기(Overcurrent Relay) : 일정값 이상의 전류(고장전류)가 흘렀을 때 동작하고 보호협조를 위해 동작시간을 설정할 수 있다.
ㄴ. 거리 계전기(Distance Relay) : 전압, 전류를 통해 현재 선로의 임피던스를 계산하여 고장 여부를 판단하고 주로 배전계통에 사용된다.
ㄷ. 재폐로기(Recloser) : 과전류계전기능과 차단기능이 함께 포함된 보호기기로 고장전류가 흐를 경우, 즉각적으로 일시에 차단을 하게 된다.
ㄹ. 차동 계전기(Differential Relay) : 전류의 차를 검출하여 고장을 판단하는 계전기로 보통 변압기, 모선, 발전기 보호에 사용된다.

① ㄱ, ㄴ, ㄷ, ㄹ
② ㄱ, ㄹ
③ ㄴ, ㄷ
④ ㄷ, ㄹ

05 그림은 이상적인 연산증폭기(Op Amp)이다. 이에 대한 설명으로 옳은 것은?

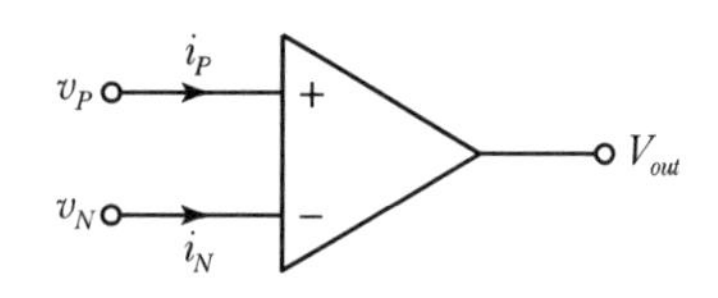

① 입력 전압 v_P와 v_N은 같은 값을 갖는다.
② 입력 저항은 0의 값을 갖는다.
③ 입력 전류 i_P와 i_N은 서로 다른 값을 갖는다.
④ 출력 저항은 무한대의 값을 갖는다.

06 평형 3상 회로에 대한 설명 중 옳은 것을 모두 고르면?(단, 전압, 전류는 페이저로 표현되었다고 가정한다.)

ㄱ. Y결선 평형 3상 회로에서 상전압은 선간전압에 비해 크기가 $1/\sqrt{3}$ 배이다.
ㄴ. Y결선 평형 3상 회로에서 상전류는 선전류에 비해 크기가 $\sqrt{3}$ 배이다.
ㄷ. Δ결선 평형 3상 회로에서 상전압은 선간전압에 비해 크기가 $\sqrt{3}$ 배이다.
ㄹ. Δ결선 평형 3상 회로에서 상전류는 선전류에 비해 크기가 $1/\sqrt{3}$ 배이다.

① ㄱ, ㄴ
② ㄱ, ㄹ
③ ㄴ, ㄹ
④ ㄷ, ㄹ

정답 04 ② 05 ① 06 ②

07 다음의 합성저항의 값으로 옳은 것은?

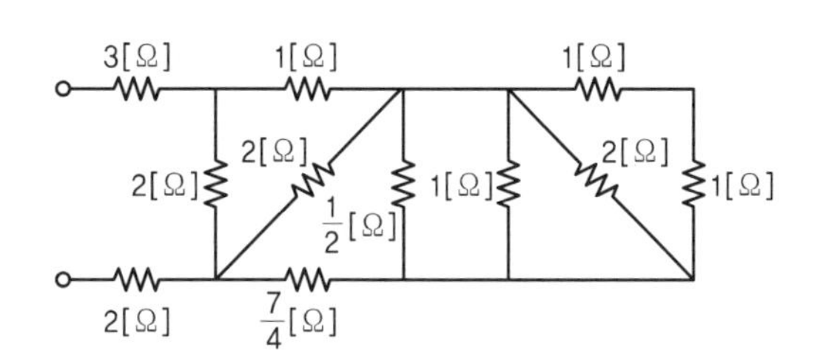

① 9[Ω] ② 8[Ω]
③ 7[Ω] ④ 6[Ω]

08 다음 설명 중 옳은 것은 무엇인가?

① 전원회로에서 부하(Load) 저항이 전원의 내부저항보다 커야 부하로 최대 전력이 공급된다.
② 코일의 권선 수를 2배로 하면 자체 인덕턴스도 2배가 된다.
③ 같은 크기의 전류가 흐르고 있는 평행한 두 도선의 거리를 2배로 멀리하면 그 작용력은 반(1/2)이 된다.
④ 커패시터를 직렬로 연결하면 전체 정전용량은 커진다.

09 자극의 세기가 2×10^{-6}[Wb], 길이가 10[cm]인 막대자석을 120[AT/m]의 평등 자계 내에 자계와 30°의 각도로 놓았을 때 자석이 받는 회전력은 몇 [N · m]인가?

① 1.2×10^{-5} ② 2.4×10^{-5}
③ 1.2×10^{-3} ④ 2.4×10^{-3}

10 정격 100[V], 2[kW]의 전열기가 있다. 소비전력이 2,420[W]라 할 때 인가된 전압은 몇 [V]인가?

① 90 ② 100
③ 110 ④ 120

정답 07 ④ 08 ③ 09 ① 10 ③

11 현재 부하에 유효전력 1[MW], 무효전력 $\sqrt{3}$ [MVar], 역률 cos60°로 전력을 공급하고 있다. 이때, 커패시터를 투입하여 역률을 cos45°로 개선했을 경우의 유효전력 값[MW]으로 옳은 것은?

① $\sqrt{2}$ ② $\sqrt{3}$
③ 2 ④ $2\sqrt{3}$

12 $e = 100\sqrt{2}\sin\omega t + 50\sqrt{2}\sin3\omega t + 25\sqrt{2}\sin5\omega t$[V]인 전압을 $R = 8[\Omega]$, $\omega L = 2[\Omega]$의 직렬회로에 인가할 때 제3고조파 전류의 실횻값[A]은?

① 2.5 ② 5
③ $5\sqrt{2}$ ④ 10

13 정재파비(S ; Standing Wave Ratio)에 대한 설명으로 옳은 것은?

① 정재파비 $S = \dfrac{1+\text{반사계수}}{1-\text{반사계수}}$로 나타내며, ∞에 가까울수록 정합 상태가 좋다.
② 전압 정재파비와 저항 정재파비가 있다.
③ 데시벨[dB]로 나타내면 $S = 20\log_{10}S = \dfrac{1-\text{반사계수}}{1+\text{반사계수}}$[dB]이다.
④ 전송 선로에서 최대 전압과 최소 전압의 비로 구한다.

14 그림과 같은 회로에서 저항 R의 양단에 걸리는 전압을 V라고 할 때 기전력 E[V]의 값은?

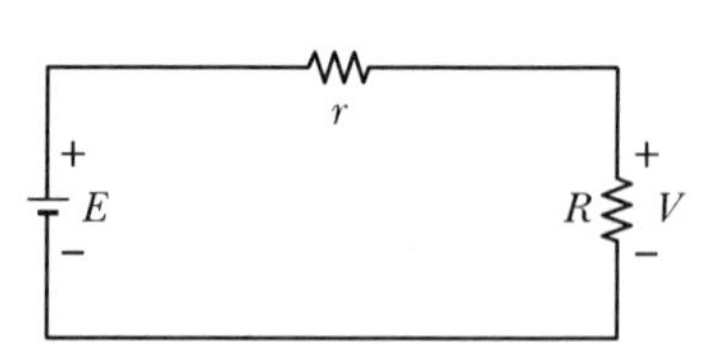

① $V\left(1 - \dfrac{R}{r}\right)$ ② $V\left(1 + \dfrac{r}{R}\right)$
③ $V\left(1 - \dfrac{r}{R}\right)$ ④ $V\left(1 + \dfrac{2R}{r}\right)$

정답 11 ① 12 ② 13 ④ 14 ②

15 그림과 같은 회로에서 저항 R_1에서 소모되는 전력[W]은 얼마인가?

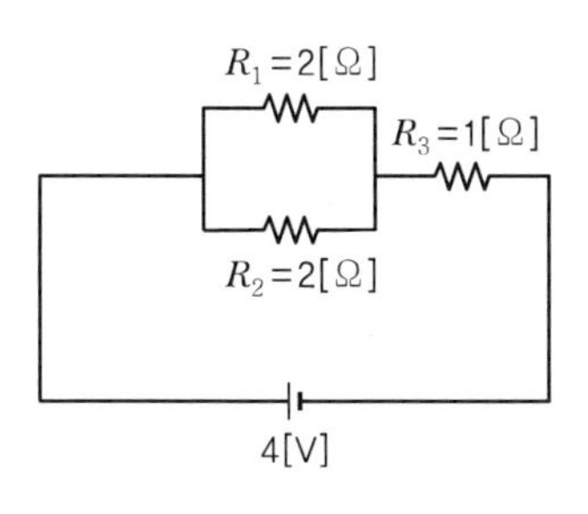

① 0.5　　② 1
③ 2　　④ 4

16 $e=E_m\sin(\omega t+30°)$[V]이고 $i=I_m\cos(\omega t-60°)$[A]일 때 전류는 전압보다 위상이 어떻게 되는가?

① $\frac{\pi}{6}$[rad]만큼 앞선다.　　② $\frac{\pi}{6}$[rad]만큼 뒤선다.
③ $\frac{\pi}{3}$[rad]만큼 뒤선다.　　④ 전압과 전류는 동상이다.

17 다음 설명 중 옳은 것을 모두 고르면?

ㄱ. 부하율 : 수용가 또는 변전소 등 어느 기간 중 평균 수요전력과 최대 수요전력의 비를 백분율로 표시한 것
ㄴ. 수용률 : 어느 기간 중 수용가의 최대 수요전력과 사용전기설비의 정격용량[W]의 합계의 비를 백분율로 표시한 것
ㄷ. 부등률 : 하나의 계통에 속하는 수용가의 각각의 최대 수요전력의 합과 각각의 사용전기설비의 정격용량[W]의 합의 비

① ㄱ, ㄴ　　② ㄱ, ㄷ
③ ㄴ, ㄷ　　④ ㄱ, ㄴ, ㄷ

정답 15 ③ 16 ④ 17 ①

18 아래 그림과 같은 RLC 병렬회로에서 a, b 단자에 $v=100\sqrt{2}\sin(\omega t)$[V]인 교류를 가할 때, 전류 I의 실횻값[A]은 얼마인가?

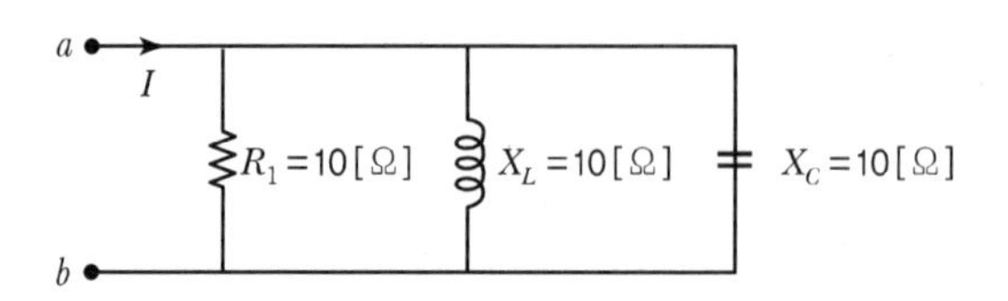

① $\frac{100}{\sqrt{3}}$　　② 10

③ $10\sqrt{2}$　　④ $100\sqrt{2}$

19 RLC 직렬회로에서 R, L, C 값이 각각 2배가 되면 공진주파수는 어떻게 변하는가?

① 변화 없다.　　② 2배 커진다.

③ $\sqrt{2}$ 배 커진다.　　④ 1/2로 줄어든다.

20 기본파의 실횻값이 100[V]라 할 때 기본파의 3[%]인 제3고조파와 4[%]인 제5고조파를 포함하는 전압파의 왜형률[%]은?

① 1　　② 3

③ 5　　④ 7

정답 18 ② 19 ④ 20 ③

2017년 국가직 9급

01 그림과 같은 회로에서 단자전압 V_a[V]는?

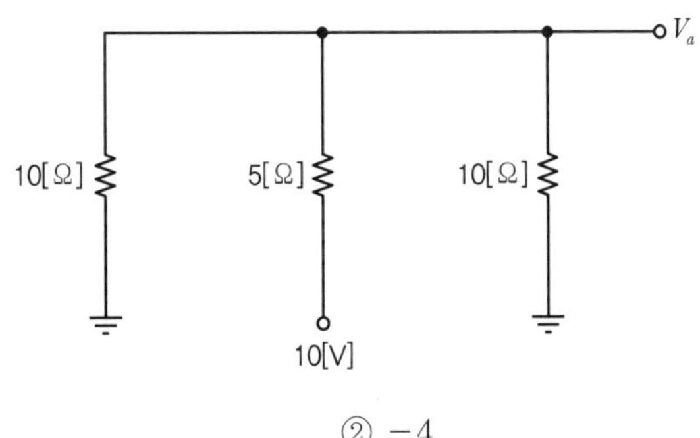

① −5
② −4
③ 4
④ 5

02 진공상태에 놓여 있는 정전용량이 6[μF]인 평행 평판 콘덴서에 두께가 극판간격(d)과 동일하고 길이가 극판길이(L)의 $\frac{2}{3}$에 해당하는 비유전율이 3인 운모를 그림과 같이 삽입하였을 때 콘덴서의 정전용량[μF]은?

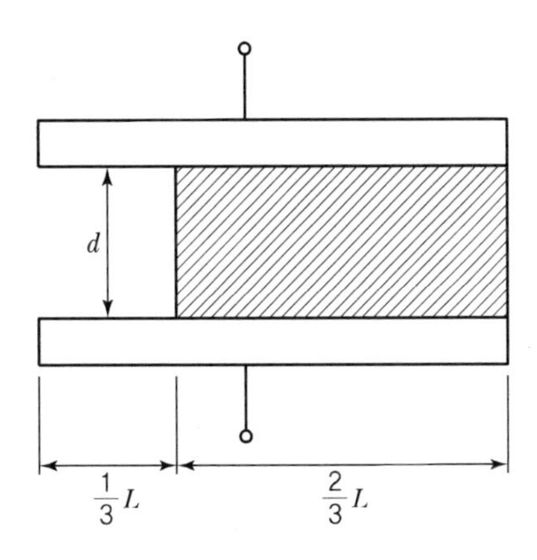

① 12
② 14
③ 16
④ 18

정답 01 ④ 02 ②

03 220[V], 55[W] 백열등 2개를 매일 30분씩 10일간 점등했을 때 사용한 전력량과 110[V], 55[W]인 백열등 1개를 매일 1시간씩 10일간 점등했을 때 사용한 전력량의 비는?

① 1 : 1 ② 1 : 2 ③ 1 : 3 ④ 1 : 4

04 그림과 같은 회로에서 저항(R_1) 양단의 전압 V_{R_1}[V]은?

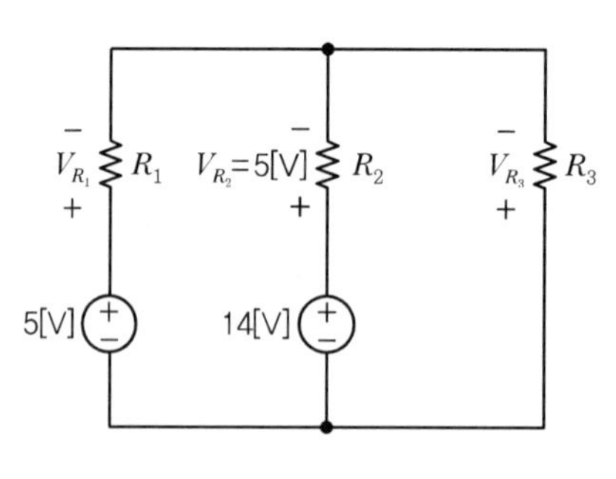

① 4 ② −4 ③ 5 ④ −5

05 상호인덕턴스가 10[mH]이고, 두 코일의 자기인덕턴스가 각각 20[mH], 80[mH]일 경우 상호 유도회로에서의 결합계수 k는?

① 0.125 ② 0.25
③ 0.375 ④ 0.5

06 그림과 같은 평형 3상 $Y-\Delta$ 결선 회로에서 상전압이 200[V]이고, 부하단의 각 상에 $R=90[\Omega]$, $X_L=120[\Omega]$이 직렬로 연결되어 있을 때 3상 부하의 소비 전력[W]은?

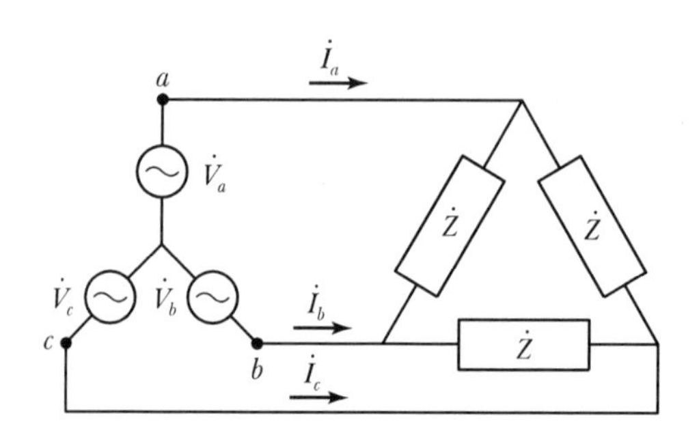

① 480 ② $480\sqrt{3}$ ③ 1,440 ④ $1,440\sqrt{3}$

정답 03 ① 04 ② 05 ② 06 ③

07 그림과 같은 회로의 이상적인 단권변압기에서 Z_{in}과 Z_L 사이의 관계식으로 옳은 것은?(단, V_1은 1차 측 전압, V_2는 2차 측 전압, I_1은 1차 측 전류, I_2는 2차 측 전류, N_1+N_2는 1차 측 권선 수, N_2는 2차 측 권선 수이다.)

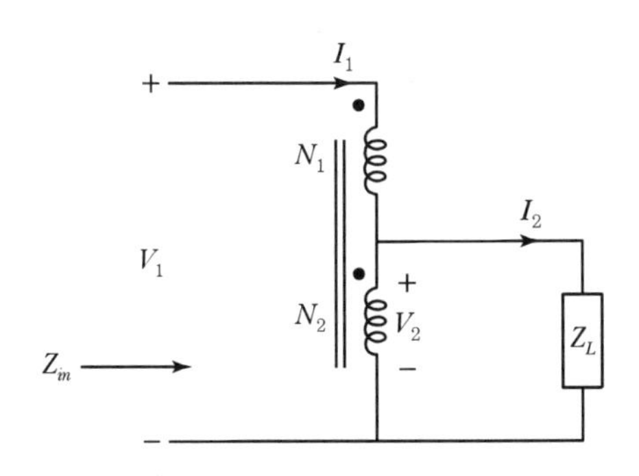

① $Z_{in} = Z_L\left(\frac{N_1+N_2}{N_2}\right)^2$ ② $Z_{in} = Z_L\left(\frac{N_1+N_2}{N_1}\right)^2$

③ $Z_{in} = Z_L\left(\frac{N_1+N_2}{N_2}\right)$ ④ $Z_{in} = Z_L\left(\frac{N_1+N_2}{N_1}\right)$

08 직각좌표계의 진공 중에 균일하게 대전되어 있는 무한 $y-z$ 평면 전하가 있다. x축 상의 점에서 r만큼 떨어진 점에서의 전계 크기는?

① r^2에 반비례한다. ② r에 반비례한다.

③ r에 비례한다. ④ r와 관계없다.

09 $R=90[\Omega]$, $L=32[\text{mH}]$, $C=5[\mu\text{F}]$인 직렬회로에 전원전압 $v(t)=750\cos(5{,}000t+30°)$ [V]를 인가했을 때 회로의 리액턴스[Ω]는?

① 40 ② 90

③ 120 ④ 160

정답 07 ① 08 ④ 09 ③

10 그림과 같은 회로에서 4단자 임피던스 파라미터 행렬이 〈보기〉와 같이 주어질 때 파라미터 Z_{11}과 Z_{22} 각각의 값[Ω]은?

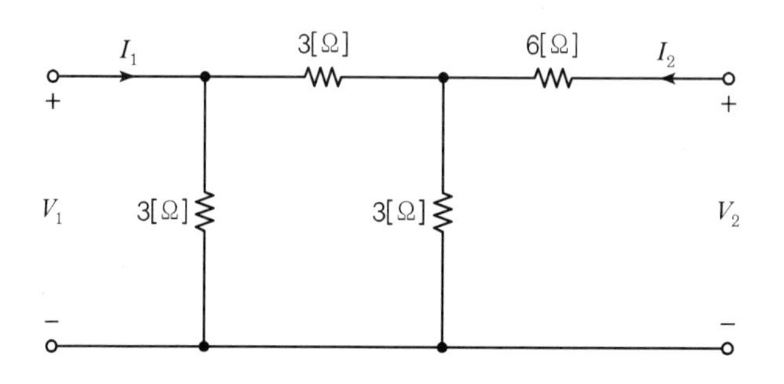

$$\begin{bmatrix} V_1 \\ V_2 \end{bmatrix} = \begin{bmatrix} Z_{11} & Z_{12} \\ Z_{21} & Z_{22} \end{bmatrix} \begin{bmatrix} I_1 \\ I_2 \end{bmatrix}$$

① 1, 9
② 2, 8
③ 3, 9
④ 6, 12

11 20[V]를 인가했을 때 400[W]를 소비하는 굵기가 일정한 원통형 도체가 있다. 체적을 변하지 않게 하고 지름이 $\frac{1}{2}$로 되게 일정한 굵기로 잡아 늘였을 때 변형된 도체의 저항 값[Ω]은?

① 10
② 12
③ 14
④ 16

12 인덕터(L)와 커패시터(C)가 병렬로 연결되어 있는 회로에서 공진현상이 발생하였다. 이때 임피던스(Z)의 크기 변화로 옳은 것은?

① $Z = 0$[Ω]이 된다.
② $Z = 1$[Ω]이 된다.
③ $Z = \infty$[Ω]이 된다.
④ 변화가 없다.

13 직류전원[V], $R = 20$[kΩ], $C = 2$[μF]의 값을 갖고 스위치가 열린 상태의 $R - C$ 직렬회로에서 $t = 0$일 때 스위치가 닫힌다. 이때 시정수 τ[s]는?

① 1×10^{-2}
② 1×10^{4}
③ 4×10^{-2}
④ 4×10^{4}

정답 10 ② 11 ④ 12 ③ 13 ③

14 전압과 전류의 순시값이 아래와 같이 주어질 때 교류 회로의 특성에 대한 설명으로 옳은 것은?

$$v(t) = 200\sqrt{2}\sin\left(\omega t + \frac{\pi}{6}\right)[V]$$
$$i(t) = 10\sin\left(\omega t + \frac{\pi}{3}\right)[A]$$

① 전압의 실횻값은 $200\sqrt{2}$ [V]이다.
② 전압의 파형률은 1보다 작다.
③ 전류의 파고율은 10이다.
④ 위상이 30° 앞선 진상 전류가 흐른다.

15 두 종류의 수동 소자가 직렬로 연결된 회로에 교류 전원전압 $v(t) = 200\sin\left(200t + \frac{\pi}{3}\right)$[V]를 인가하였을 때 흐르는 전류 $i(t) = 10\sin\left(200t + \frac{\pi}{6}\right)$[A]이다. 이때 두 소자 값은?

① $R = 10\sqrt{3}$ [Ω], $L = 0.05$[H]
② $R = 20$[Ω], $L = 0.5$[H]
③ $R = 10\sqrt{3}$ [Ω], $C = 0.05$[F]
④ $R = 20$[Ω], $C = 0.5$[F]

16 진공 중에 두 개의 긴 직선도체가 6[cm]의 거리를 두고 평행하게 놓여 있다. 각 도체에 10[A], 15[A]의 전류가 같은 방향으로 흐르고 있을 때 단위 길이당 두 도선 사이에 작용하는 힘 [N/m]은?(단, 진공 중의 투자율 $\mu_0 = 4\pi \times 10^{-7}$이다.)

① 5.0×10^{-5}
② 5.0×10^{-4}
③ 3.3×10^{-3}
④ 4.1×10^{2}

정답 14 ④ 15 ① 16 ②

17 300[Ω]과 100[Ω]의 저항성 임피던스를 그림과 같이 회로에 연결하고 대칭 3상 전압 $V_L = 200\sqrt{3}$[V]를 인가하였다. 이때 회로에 흐르는 전류 I[A]는?

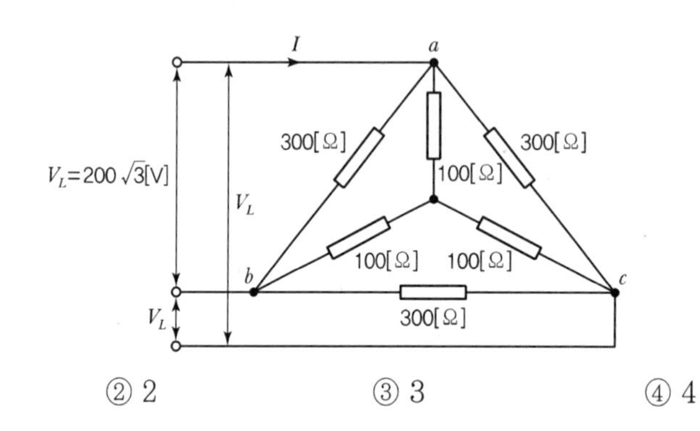

① 1 ② 2 ③ 3 ④ 4

18 부하 양단 전압이 $v(t) = 60\cos(\omega t - 10°)$[V]이고 부하에 흐르는 전류가 $i(t) = 1.5\cos(\omega t + 50°)$[A]일 때 복소전력 S[VA]와 부하 임피던스 Z[Ω]는?

	S[VA]	Z[Ω]
①	$45\angle 40°$	$40\angle 60°$
②	$45\angle 40°$	$40\angle -60°$
③	$45\angle -60°$	$40\angle 60°$
④	$45\angle -60°$	$40\angle -60°$

19 그림과 같은 회로에서 스위치는 긴 시간 동안 개방되어 있다가 $t = 0$에서 닫힌다. $t \geq 0$에서 인덕터에 흐르는 전류 $i(t)$[A]는?

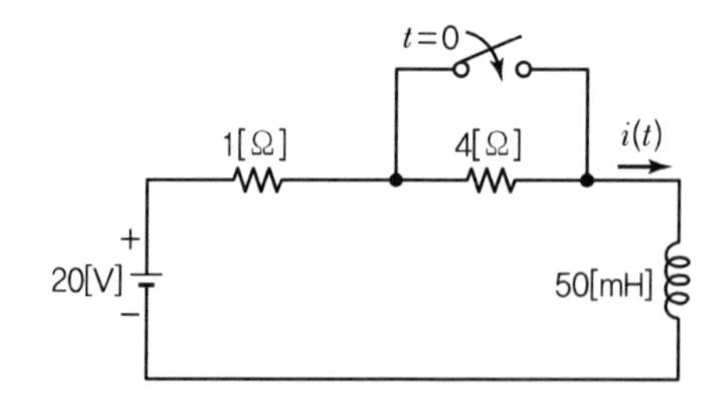

① $20 - 16e^{-10t}$ ② $20 - 16e^{-20t}$

③ $20 - 24e^{-10t}$ ④ $20 - 24e^{-20t}$

정답 17 ④ 18 ④ 19 ②

20 그림과 같은 회로에 $R = 3[\Omega]$, $\omega L = 1[\Omega]$을 직렬 연결한 후 $v(t) = 100\sqrt{2}\sin\omega t + 30\sqrt{2}\sin 3\omega t$[V]의 전압을 인가했을 때 흐르는 전류 $i(t)$의 실횻값[A]은?

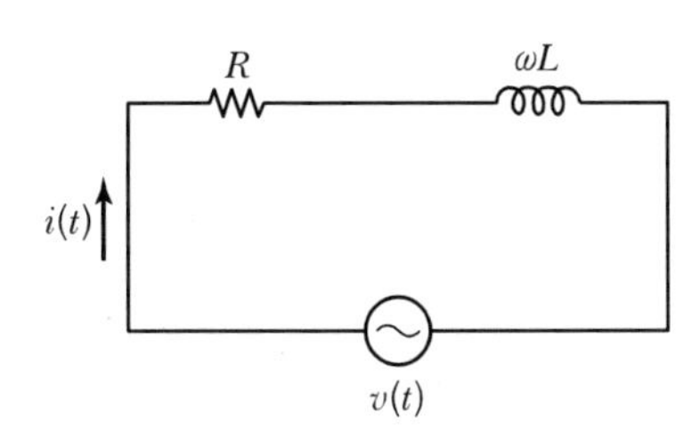

① $4\sqrt{3}$　　② $5\sqrt{5}$

③ $5\sqrt{42}$　　④ $6\sqrt{17}$

정답 20 ③

2017년 지방직 9급

01 그림과 같은 회로에서 a, b 단자에서의 테브난(Thevenin) 등가전압[V]과 등가저항[Ω]은?

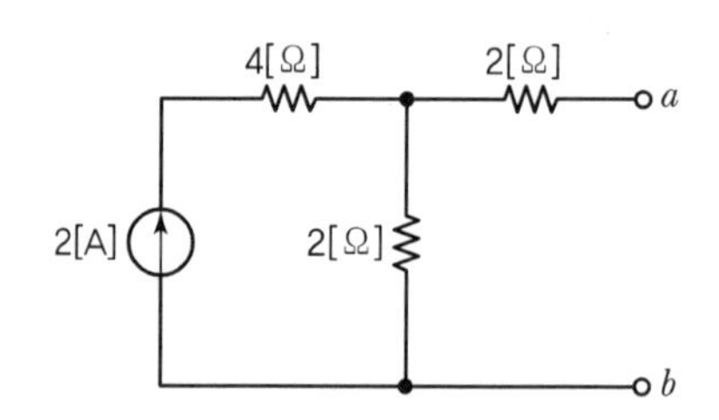

	등가전압[V]	등가저항[Ω]		등가전압[V]	등가저항[Ω]
①	4	4	②	43.3	3
③	12	4	④	123.3	3

02 그림과 같이 커패시터 $C_1 = 100[\mu F]$, $C_2 = 120[\mu F]$, $C_3 = 150[\mu F]$가 직렬로 연결된 회로에 14[V]의 전압을 인가할 때, 커패시터 C_1에 충전되는 전하량[C]은?

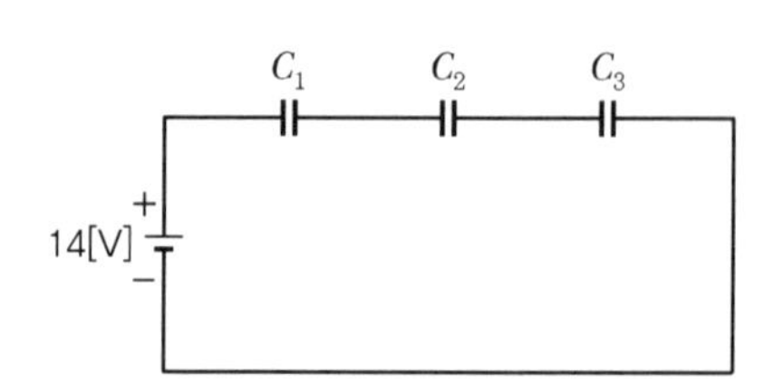

① 2.86×10^{-6}
② 2.64×10^{-5}
③ 5.60×10^{-4}
④ 5.18×10^{-3}

03 220[V]의 교류전원에 소비전력 60[W]인 전구와 500[W]인 전열기를 직렬로 연결하여 사용하고 있다. 60[W] 전구를 30[W] 전구로 교체할 때의 내용으로 옳은 것은?

① 전열기의 소비전력이 증가한다.
② 전열기의 소비전력이 감소한다.
③ 전열기에 흐르는 전류가 증가한다.
④ 전열기의 소비전력은 변하지 않는다.

정답 01 ① 02 ③ 03 ②

04 어떤 부하에 $100+j50$[V]의 전압을 인가하였더니 $6+j8$[A]의 부하전류가 흘렀다. 이때 유효전력[W]과 무효전력[Var]은?

	유효전력[W]	무효전력[Var]		유효전력[W]	무효전력[Var]
①	200	1,100	②	200	−1,100
③	1,000	500	④	1,000	−500

05 그림과 같은 회로에서 부하저항 R_L에 최대전력이 전달되기 위한 R_L[Ω]과 이때 R_L에 전달되는 최대전력 P_{max}[W]는?

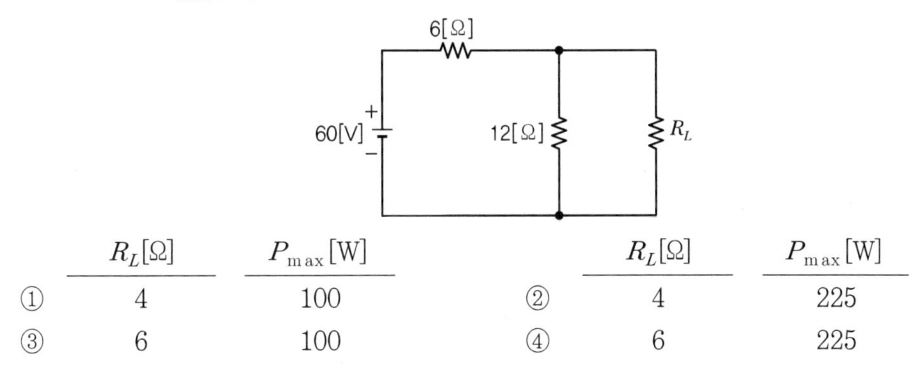

	R_L[Ω]	P_{max}[W]		R_L[Ω]	P_{max}[W]
①	4	100	②	4	225
③	6	100	④	6	225

06 자유공간에서 자기장의 세기가 $yz^2 a_x$[A/m]의 분포로 나타날 때, 점 $P(5, 2, 2)$에서의 전류밀도 크기[A/m²]는?

① 4 ② 12 ③ $4\sqrt{5}$ ④ $12\sqrt{5}$

07 그림과 같이 비유전율이 각각 5와 8인 유전체 A와 B를 동일한 면적, 동일한 두께로 접합하여 평판전극을 만들었다. 전극 양단에 전압을 인가하여 완전히 충전한 후, 유전체 A의 양단전압을 측정하였더니 80[V]였다. 이때 유전체 B의 양단전압[V]은?

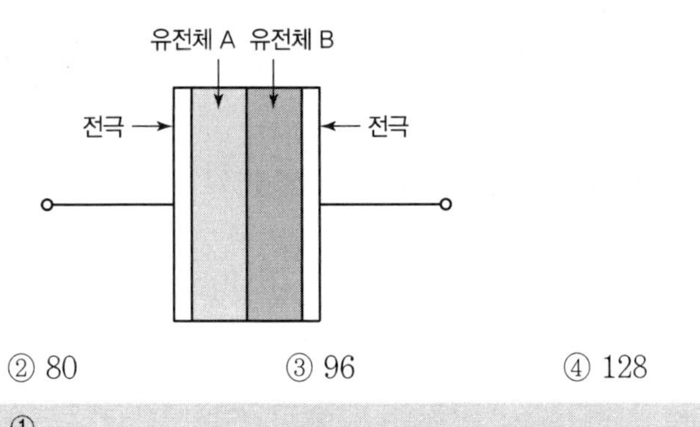

① 50 ② 80 ③ 96 ④ 128

정답 04 ④ 05 ① 06 ③ 07 ①

08 그림과 같이 자기 인덕턴스가 $L_1 = 8$[H], $L_2 = 4$[H], 상호 인덕턴스가 $M = 4$[H]인 코일에 5[A]의 전류를 흘릴 때, 전체 코일에 축적되는 자기에너지[J]는?

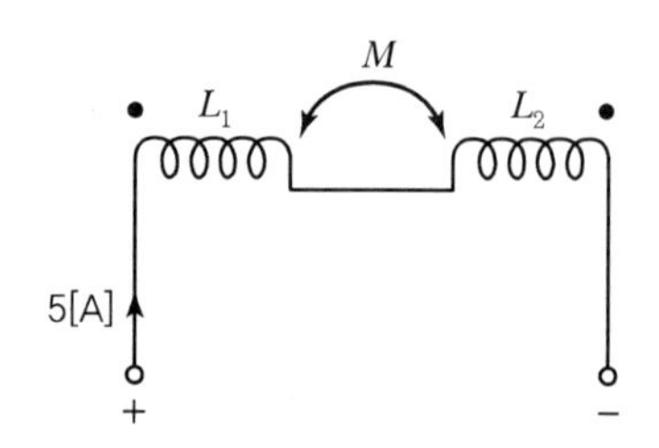

① 10　② 25
③ 50　④ 100

09 그림과 같이 어떤 부하에 교류전압 $v(t) = \sqrt{2}\,V\sin\omega t$를 인가하였더니 순시전력이 $p(t)$와 같은 형태를 보였다. 부하의 역률은?

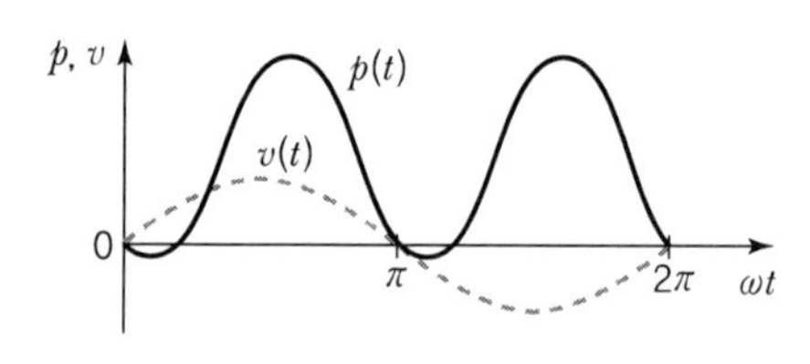

① 동상　② 진상
③ 지상　④ 알 수 없다.

10 정현파 교류전압의 실횻값에 대한 물리적 의미로 옳은 것은?

① 실횻값은 교류전압의 최댓값을 나타낸다.
② 실횻값은 교류전압 반주기에 대한 평균값이다.
③ 실횻값은 교류전압의 최댓값과 평균값의 비율이다.
④ 실횻값은 교류전압이 생성하는 전력 또는 에너지의 효능을 내포한 값이다.

11 평형 3상 Y-결선의 전원에서 선간전압의 크기가 100[V]일 때, 상전압의 크기[V]는?

① $100\sqrt{3}$　② $100\sqrt{2}$
③ $\frac{100}{\sqrt{2}}$　④ $\frac{100}{\sqrt{3}}$

정답 08 ③ 09 ③ 10 ④ 11 ④

12 그림과 같은 $R-C$ 직렬회로에서 크기가 $1\angle 0°$[V]이고 각주파수가 ω[rad/sec]인 정현파 전압을 인가할 때, 전류(I)의 크기가 $2\angle 60°$[A]라면 커패시터(C)의 용량[F]은?

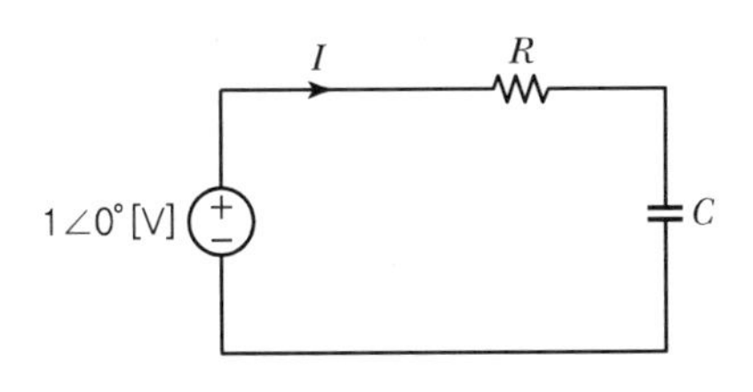

① $\frac{4}{\sqrt{2}\,\omega}$
② $\frac{4}{\sqrt{3}\,\omega}$
③ $\frac{2}{\sqrt{2}\,\omega}$
④ $\frac{2}{\sqrt{3}\,\omega}$

13 그림과 같은 10[V]의 전압이 인가된 $R-C$ 직렬회로에서 시간 $t=0$에서 스위치를 닫을 때의 설명으로 옳지 않은 것은?(단, 커패시터의 초기($t=0^-$) 전압은 0[V]이다.)

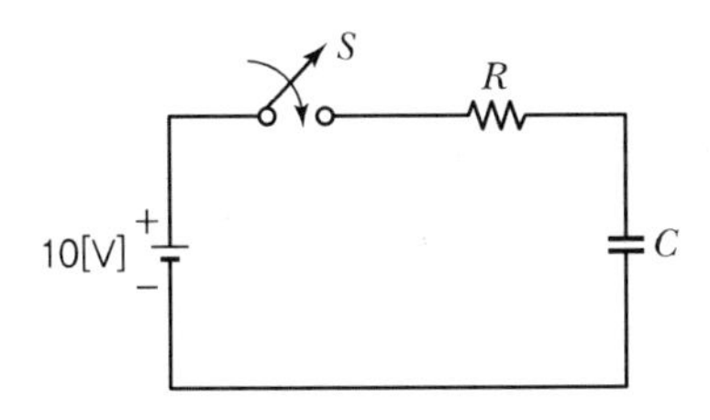

① 시정수(τ)는 RC[sec]이다.
② 충분한 시간이 경과하면 전류는 거의 흐르지 않는다.
③ 충분한 시간이 경과하면 커패시터의 전압은 10[V]를 초과한다.
④ 초기 3τ 동안 커패시터에 충전되는 전압은 정상상태 충전전압의 90[%] 이상이다.

14 정격전압에서 50[W]의 전력을 소비하는 저항에 정격전압의 60[%]인 전압을 인가할 때 소비전력[W]은?

① 16
② 18
③ 20
④ 30

정답 12 ② 13 ③ 14 ②

15 그림과 같은 회로에서 60[Hz], 100[V]의 정현파 전압을 인가하였더니 위상이 60° 뒤진 2[A]의 전류가 흘렀다. 임피던스 Z[Ω]는?

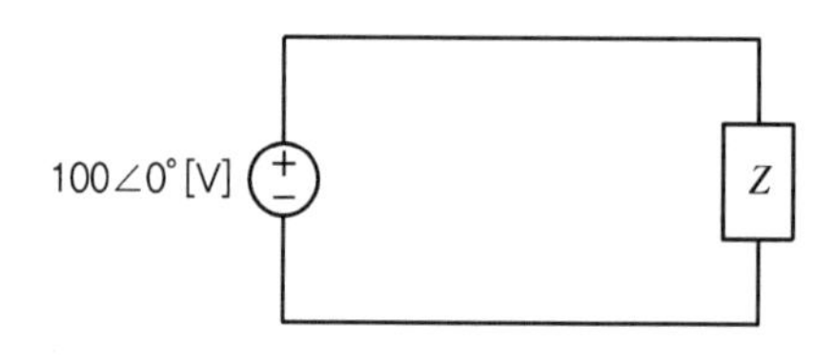

① $25\sqrt{3}-j25$
② $25\sqrt{3}+j25$
③ $25-j25\sqrt{3}$
④ $25+j25\sqrt{3}$

16 내부저항이 5[Ω]인 코일에 실횻값 220[V]의 정현파 전압을 인가할 때, 실횻값 11[A]의 전류가 흐른다면 이 코일의 역률은?

① 0.25
② 0.4
③ 0.45
④ 0.6

17 그림과 같이 동일한 크기의 전류가 흐르고 있는 간격(d)이 20[cm]인 평행 도선에 1[m]당 3×10^{-6}[N]의 힘이 작용한다면 도선에 흐르는 전류(I)의 크기[A]는?

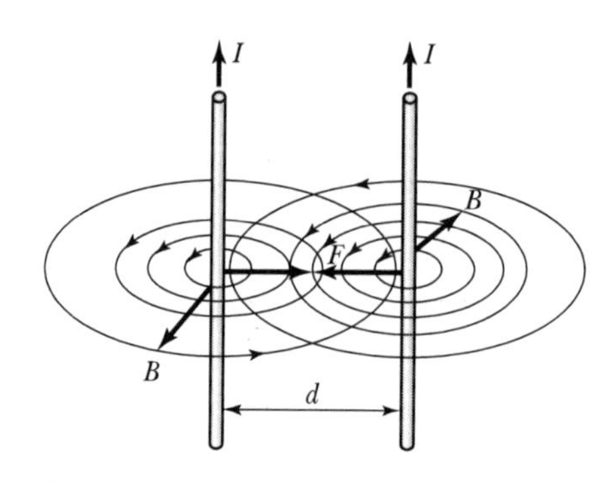

① 1
② $\sqrt{2}$
③ $\sqrt{3}$
④ 2

정답 15 ④ 16 ① 17 ③

18 그림과 같은 파형에서 실횻값과 평균값의 비$\left(\frac{\text{실횻값}}{\text{평균값}}\right)$는?

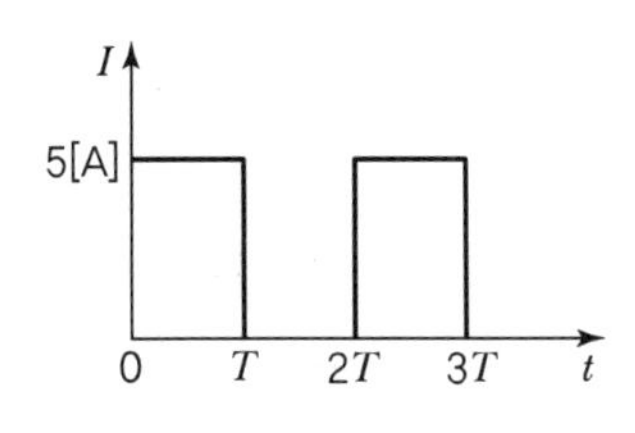

① 1　　② $\sqrt{2}$
③ 2　　④ $5\sqrt{2}$

19 그림과 같은 회로에서 1[V]의 전압을 인가한 후, 오랜 시간이 경과했을 때 전류(I)의 크기 [A]는?

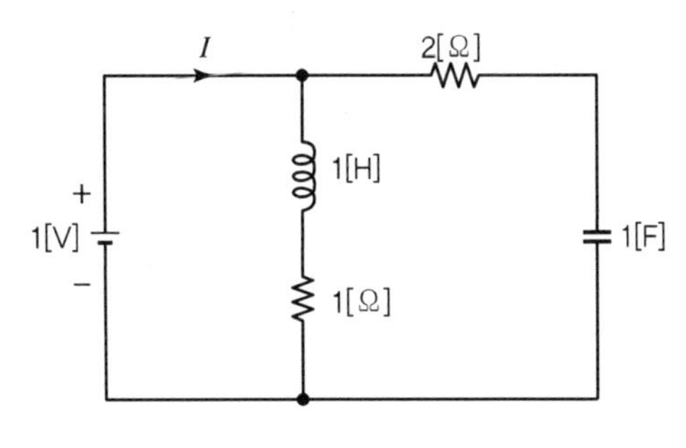

① 0.33　　② 0.5
③ 0.66　　④ 1

20 권선 수 1,000인 코일과 20[Ω]의 저항이 직렬로 연결된 회로에 10[A]의 전류가 흐를 때, 자속이 3×10^{-2}[Wb]라면 시정수[sec]는?

① 0.1　　② 0.15
③ 0.3　　④ 0.4

정답 18 ② 19 ④ 20 ②

CHAPTER 06 CURRENT THEORY

2017년 서울시 9급

01 일정한 기전력이 가해지고 있는 회로의 저항값을 2배로 하면 소비전력은 몇 배가 되는가?

① $\frac{1}{8}$　② $\frac{1}{4}$

③ $\frac{1}{2}$　④ 2

02 다음 회로에서 저항에 흐르는 전류 I_1[mA]은?

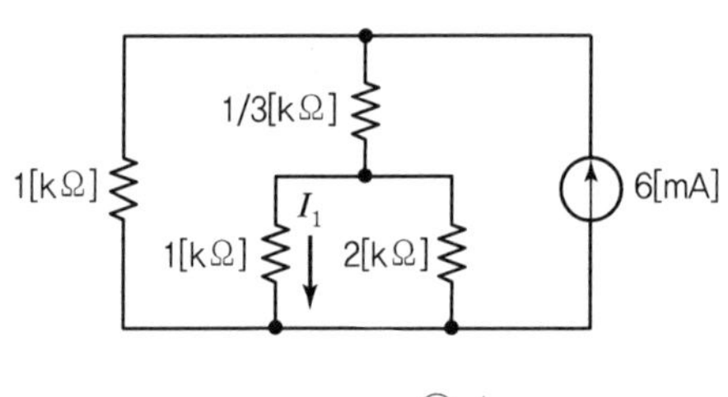

① 0.5　② 1

③ 2　④ 4

03 다음 회로를 테브난 등가회로로 변환하면 등가 저항 R_{Th}[kΩ]은?

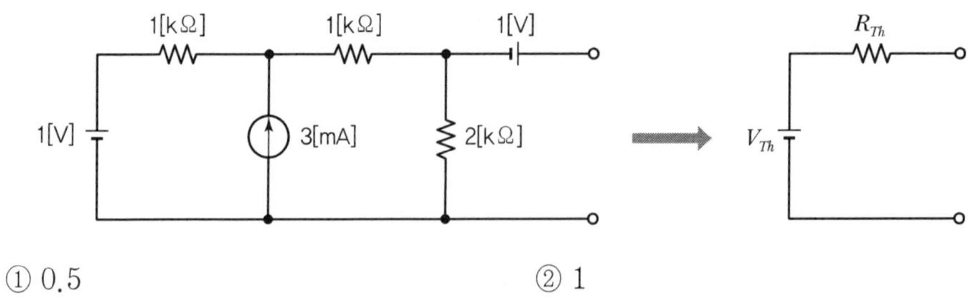

① 0.5　② 1

③ 2　④ 3

정답 01 ③ 02 ③ 03 ②

04 다음 회로에서 부하저항 $R_L = 10[\Omega]$에 흐르는 전류 I[A]는?

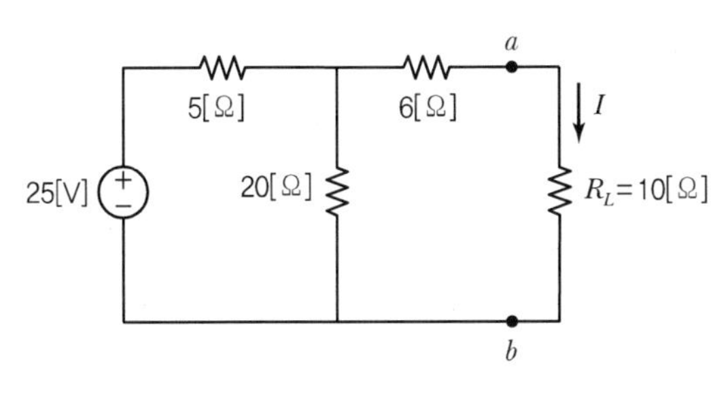

① 1 ② 1.25
③ 1.75 ④ 2

05 다음 회로에서 저항 R_1의 저항값[kΩ]은?

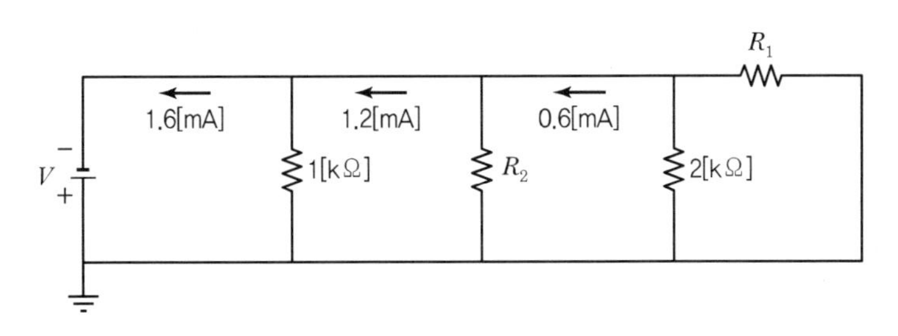

① 0.2 ② 0.6
③ 1 ④ 1.2

06 $R-L-C$ 직렬회로에서 $R=20[\Omega]$, $L=32[\text{mH}]$, $C=0.8[\mu\text{F}]$일 때, 선택도 Q는?

① 0.00025 ② 1.44
③ 5 ④ 10

07 내부저항 0.1[Ω], 전원전압 10[V]인 전원이 있다. 부하 R_L에서 소비되는 최대전력[W]은?

① 100 ② 250
③ 500 ④ 1,000

정답 04 ① 05 ③ 06 ④ 07 ②

08 $100\sin\left(3\omega t + \frac{2\pi}{3}\right)$[V]인 교류전압의 실횻값은 약 몇 [V]인가?

① 70.7　　② 100
③ 141　　④ 212

09 다음 그림의 인덕턴스 브리지에서 L_4[mH]의 값은?(단, 전류계 A에 흐르는 전류는 0[A]이다.)

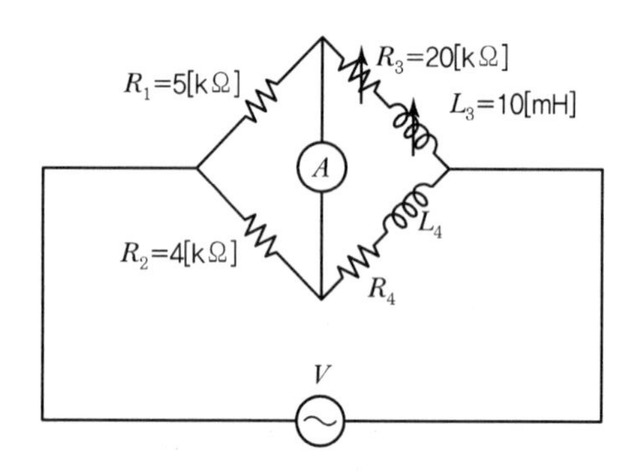

① 2　　② 4
③ 8　　④ 16

10 다음 회로에서 전류 I[A]의 값은?

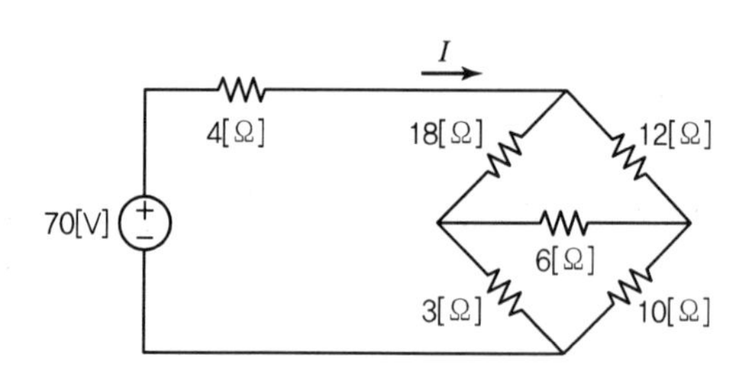

① 2.5　　② 5
③ 7.5　　④ 10

정답 08 ① 09 ③ 10 ②

11 다음 반전 연산 증폭기 회로에서 입력저항 2[kΩ], 피드백저항 5[kΩ]에 흐르는 전류 i_s, i_F [mA]는?(단, $V_s = 2$[V])

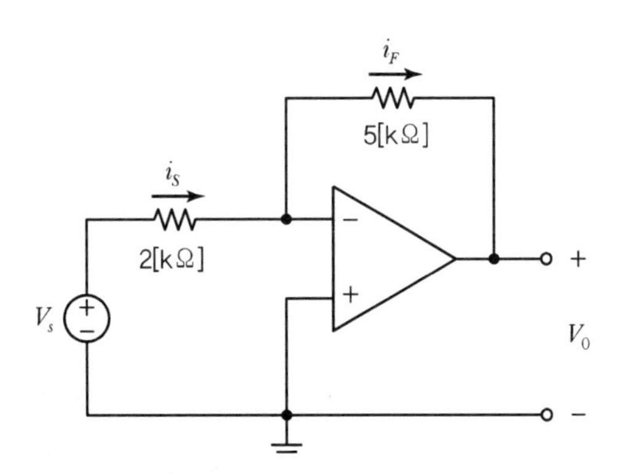

① $i_s = 1$[mA], $i_F = 1$[mA]
② $i_s = 1$[mA], $i_F = 2$[mA]
③ $i_s = 2$[mA], $i_F = 1$[mA]
④ $i_s = 2$[mA], $i_F = 2$[mA]

12 다음 4단자 회로망(Two Port Network)의 Y파라미터 중 $Y_{11}[\Omega^{-1}]$은?

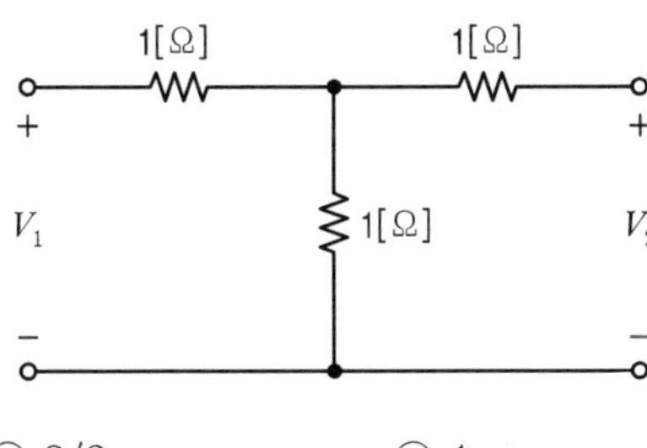

① 1/2
② 2/3
③ 1
④ 2

13 다음과 같은 T형 회로에서 4단자 정수 중 C값은?

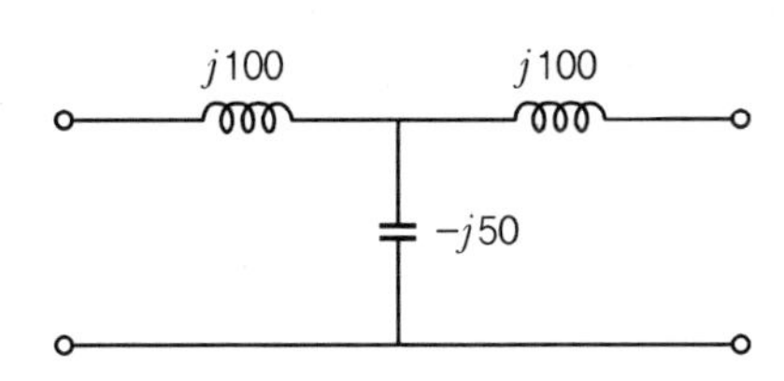

① −2
② −1
③ 0
④ $j\frac{1}{50}$

정답 11 ① 12 ② 13 ④

14 $F(s)=\dfrac{2(s+2)}{s(s^2+3s+4)}$ 일 때, $F(s)$의 역라플라스 변환(Inverse Laplace Transform)된 함수 $f(t)$의 최종값은?

① $\dfrac{1}{4}$　② $\dfrac{1}{2}$

③ $\dfrac{3}{4}$　④ 1

15 $F(s)=\dfrac{2}{s(s+2)}$ 의 역라플라스 변환(Inverse Laplace Transform)을 바르게 표현한 식은?(단, $u(t)$는 단위 계단함수(Unit Step Function)이다.)

① $f(t)=(2+e^{-2t})u(t)$　② $f(t)=(2-e^{-2t})u(t)$

③ $f(t)=(1+e^{-2t})u(t)$　④ $f(t)=(1-e^{-2t})u(t)$

16 다음과 같이 연결된 커패시터를 1[kV]로 충전하였더니 2[J]의 에너지가 충전되었다면, 커패시터 C_X의 정전용량[μF]은?

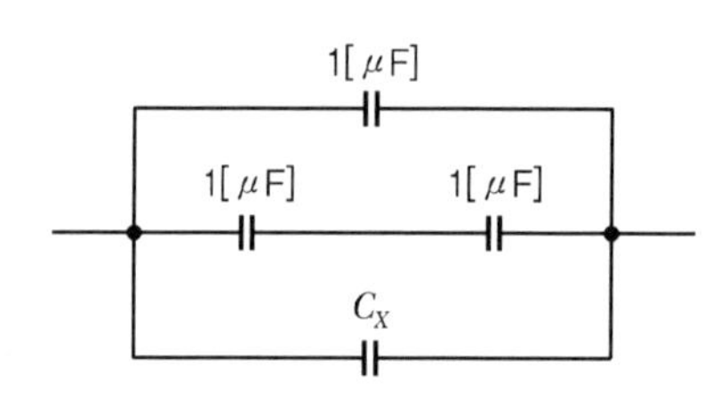

① 1　② 1.5

③ 2　④ 2.5

17 자속이 반대 방향이 되도록 직렬 접속한 두 코일의 인덕턴스가 5[mH], 20[mH]이다. 이 두 코일에 10[A]의 전류를 흘렸을 때, 코일에 저장되는 에너지는 몇 [J]인가?(단, 결합계수 $k=0.25$)

① 1　② 1.5

③ 2　④ 3

정답 14 ④ 15 ④ 16 ④ 17 ①

18 그림처럼 두 개의 평행하고 무한히 긴 도선에 반대방향의 전류가 흐르고 있다. 자계의 세기가 0[V/m]인 지점은?

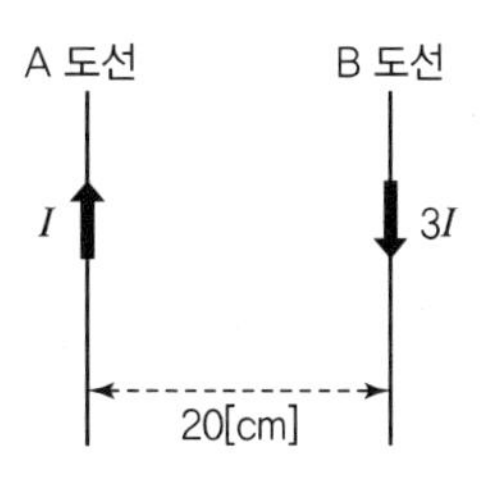

① A 도선으로부터 왼쪽 10[cm] 지점
② A 도선으로부터 오른쪽 5[cm] 지점
③ A 도선으로부터 오른쪽 10[cm] 지점
④ B 도선으로부터 오른쪽 10[cm] 지점

19 내외 도체의 반경이 각각 a, b이고 길이 L인 동축케이블의 정전용량[F]은?

① $C = \dfrac{2\pi\varepsilon L}{\ln(b/a)}$
② $C = \dfrac{4\pi\varepsilon L}{\ln(b/a)}$
③ $C = \dfrac{2\pi\varepsilon L}{\ln(a/b)}$
④ $C = \dfrac{4\pi\varepsilon L}{\ln(a/b)}$

20 다음 그림과 같이 자속밀도 1.5[T]인 자계 속에서 자계의 방향과 직각으로 놓인 도체(길이 50[cm])가 자계와 30° 방향으로 10[m/s]의 속도로 운동한다면 도체에 유도되는 기전력[V]은?

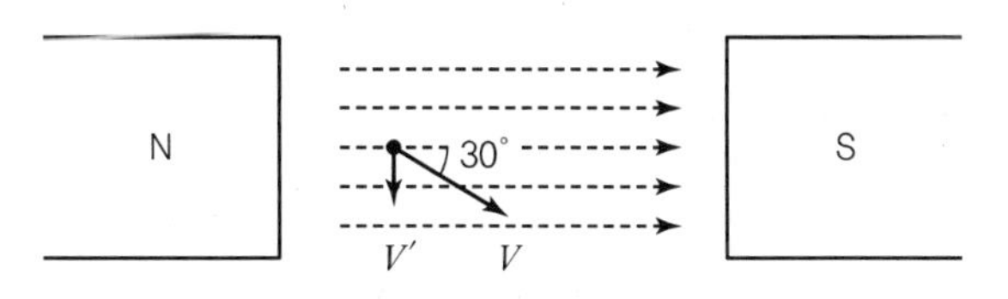

① 3.5
② 3.75
③ 4
④ 4.25

정답 18 ① 19 ① 20 ②

CHAPTER 07 CURRENT THEORY

2018년 국가직 9급

01 다음 그림은 내부가 빈 동심구 형태의 콘덴서이다. 내구와 외구의 반지름 a, b를 각각 2배 증가시키고 내부를 비유전율 $\varepsilon_r = 2$인 유전체로 채웠을 때, 정전용량은 몇 배로 증가하는가?

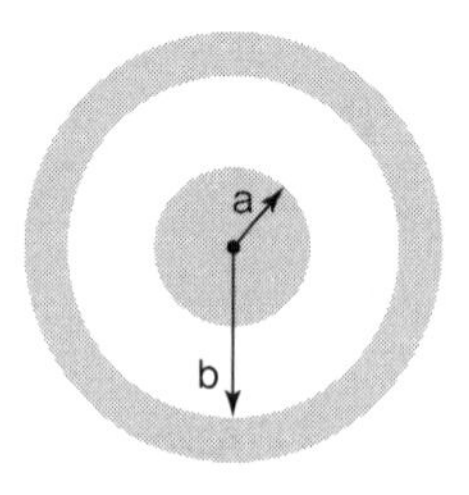

① 1　　② 2
③ 3　　④ 4

02 선간전압 300[V]의 3상 대칭전원에 △ 결선 평형부하가 연결되어 역률이 0.8인 상태로 720[W]가 공급될 때, 선전류[A]는?

① 1　　② $\sqrt{2}$
③ $\sqrt{3}$　　④ 2

03 다음 회로에서 12[Ω] 저항의 전압 V[V]는?

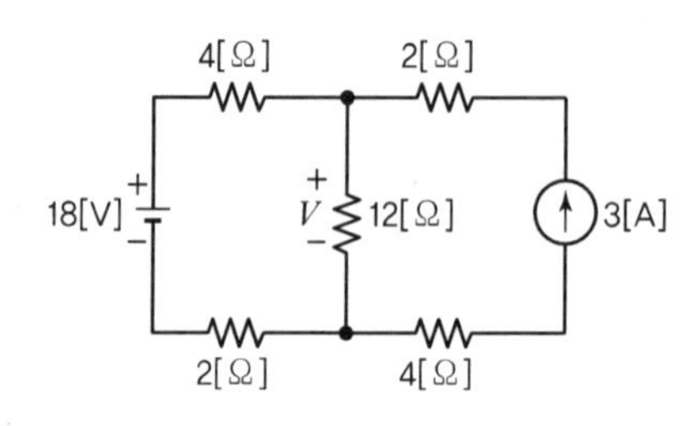

① 12　　② 24
③ 36　　④ 48

정답 01 ④ 02 ③ 03 ②

04 다음 회로에서 부하임피던스 Z_L에 최대전력이 전달되기 위한 $Z_L[\Omega]$은?

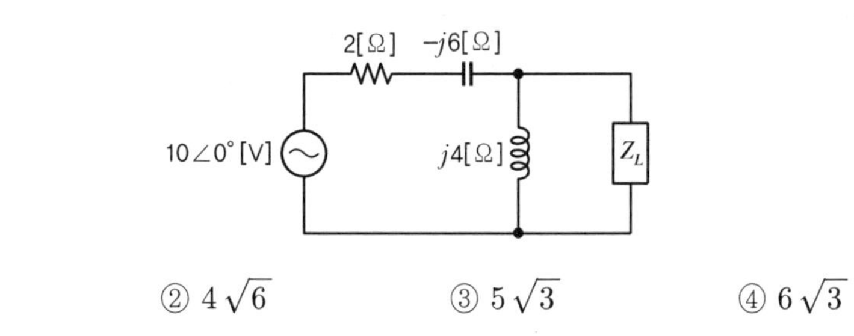

① $4\sqrt{5}$　② $4\sqrt{6}$　③ $5\sqrt{3}$　④ $6\sqrt{3}$

05 부하에 인가되는 비정현파 전압 및 전류가 다음과 같을 때, 부하에서 소비되는 평균전력[W]은?

$$v(t) = 100 + 80\sin\omega t + 60\sin(3\omega t - 30°) + 40\sin(7\omega t + 60°)[V]$$
$$i(t) = 40 + 30\cos(\omega t - 30°) + 20\cos(5\omega t + 60°) + 10\cos(7\omega t - 30°)[A]$$

① 4,700　② 4,800　③ 4,900　④ 5,000

06 다음 회로에서 오랜 시간 닫혀있던 스위치 S가 $t = 0$에서 개방된 직후에 인덕터의 초기전류 $i_L(0^+)$[A]는?

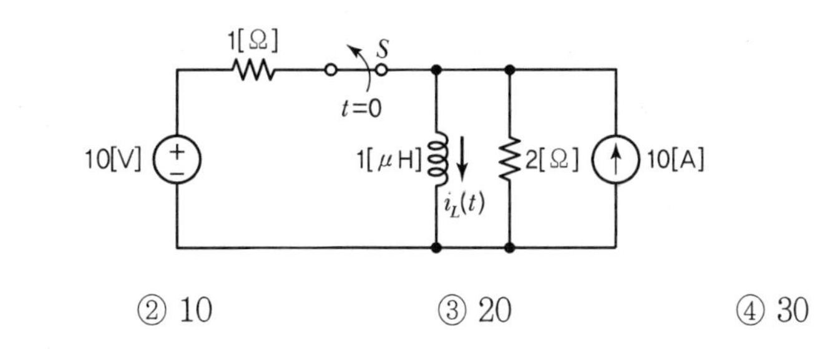

① 5　② 10　③ 20　④ 30

07 다음 직류회로에서 전류 I_A[A]는?

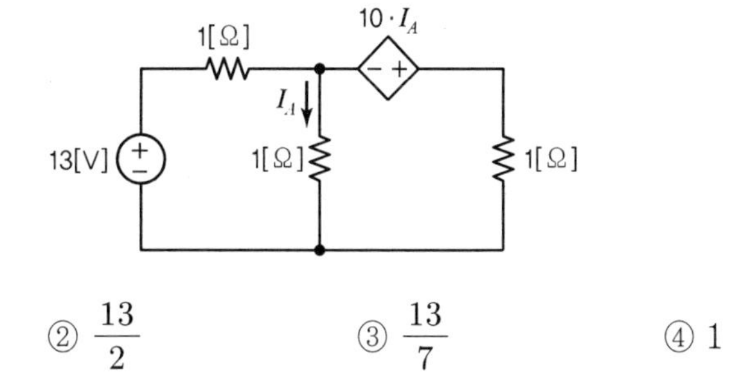

① 13　② $\frac{13}{2}$　③ $\frac{13}{7}$　④ 1

정답 04 ① 05 ② 06 ③ 07 ④

08 단면적이 1[cm²]인 링(Ring) 모양의 철심에 코일을 균일하게 500회 감고 600[mA]의 전류를 흘렸을 때 전체 자속이 0.2[μWb]이다. 같은 코일에 전류를 2.4[A]로 높일 경우 철심에서의 자속밀도[T]는?[단, 기자력(MMF)과 자속은 비례관계로 가정한다.]

① 0.005　　② 0.006
③ 0.007　　④ 0.008

09 다음 평형(전원 및 부하 모두) 3상회로에서 상전류 I_{AB}[A]는?(단, $Z_P = 6 + j9[\Omega]$, $V_{an} = 900\angle 0°$[V]이다.)

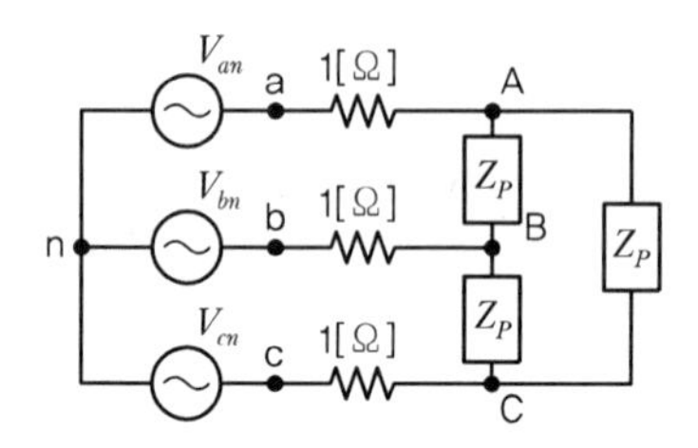

① $50\sqrt{2}\angle(-45°)$　　② $50\sqrt{2}\angle(-15°)$
③ $50\sqrt{3}\angle(-45°)$　　④ $50\sqrt{6}\angle(-15°)$

10 다음 그림과 같이 $\mu_r = 50$인 선형모드로 작용하는 페라이트 자성체의 전체 자기저항은?(단, 단면적 $A = 1[m^2]$, 단면적 $B = 0.5[m^2]$, 길이 $a = 10[m]$, 길이 $b = 2[m]$이다.)

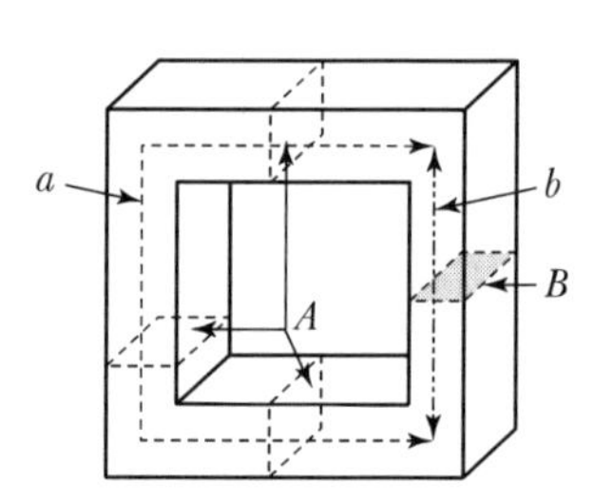

① $\frac{7}{25\mu_0}$　　② $\frac{7}{1,000\mu_0}$
③ $\frac{7\mu_0}{25}$　　④ $\frac{7\mu_0}{1,000}$

정답 08 ④ 09 ④ 10 ①

11 선간전압 20[kV], 상전류 6[A]의 3상 Y 결선되어 발전하는 교류발전기를 △ 결선으로 변경하였을 때, 상전압 V_P[kV]와 선전류 I_L[A]은?(단, 3상 전원은 평형이며, 3상 부하는 동일하다.)

	V_P[kV]	I_L[A]		V_P[kV]	I_L[A]
①	$\frac{20}{\sqrt{3}}$	$6\sqrt{3}$	②	20	$6\sqrt{3}$
③	$\frac{20}{\sqrt{3}}$	6	④	20	6

12 전압이 10[V], 내부저항이 1[Ω]인 전지(E)를 두 단자에 n개 직렬접속하여 R과 $2R$이 병렬접속된 부하에 연결하였을 때, 전지에 흐르는 전류 I가 2[A]라면 저항 R[Ω]은?

① $3n$　　② $4n$
③ $5n$　　④ $6n$

13 다음 회로는 뒤진 역률이 0.8인 300[kW]의 부하가 걸려있는 송전선로이다. 수전단 전압 E_r = 5,000[V]일 때, 전류 I[A]와 송전단 전압 E_s[V]는?

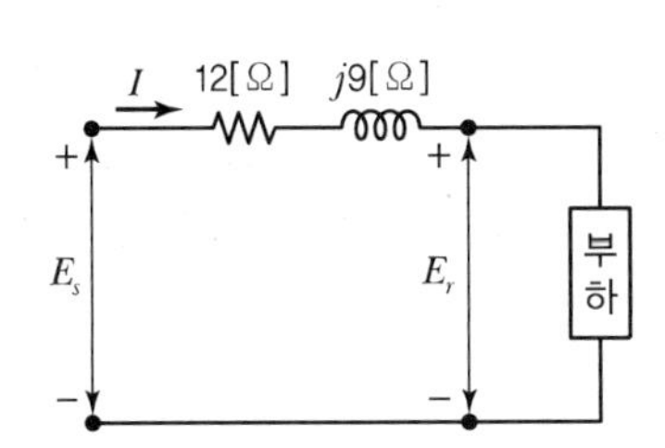

	I[A]	E_s[V]		I[A]	E_s[V]
①	50	6,125	②	50	6,250
③	75	6,125	④	75	6,250

정답 11 ① 12 ④ 13 ③

14 다음 그림과 같은 이상적인 변압기 회로에서 200[Ω] 저항의 소비전력[W]은?

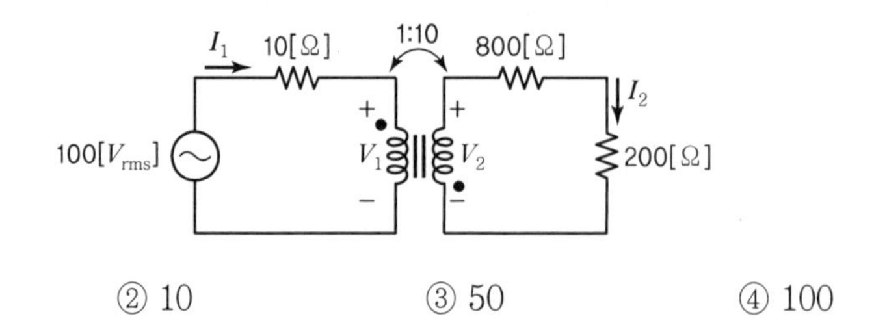

① 5　② 10　③ 50　④ 100

15 다음 회로에서 스위치 S가 충분히 오래 단자 a에 머물러 있다가 $t=0$에서 스위치 S가 단자 a에서 단자 b로 이동하였다. $t>0$일 때의 전류 $i_L(t)$[A]는?

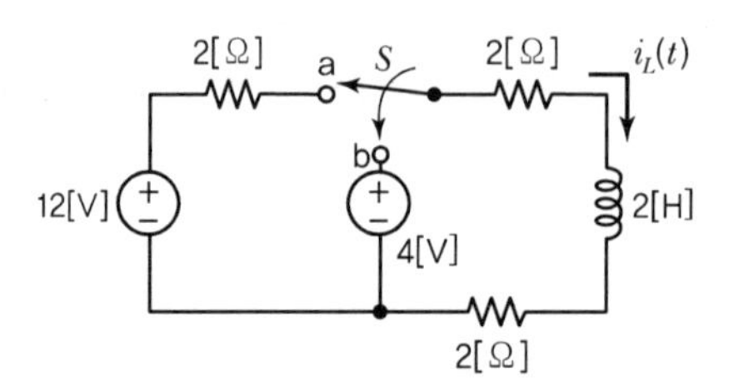

① $2+e^{-3t}$　② $2+e^{-2t}$　③ $1+e^{-2t}$　④ $1+e^{-3t}$

16 R－L 직렬회로에서 10[V]의 직류 전압을 가했더니 250[mA]의 전류가 측정되었고, 주파수 $\omega=1,000$[rad/sec], 10[V]의 교류 전압을 가했더니 200[mA]의 전류가 측정되었다. 이 코일의 인덕턴스[mH]는?(단, 전류는 정상상태에서 측정한다.)

① 18　② 20
③ 25　④ 30

17 다음 직류회로에서 전류 I[A]는?

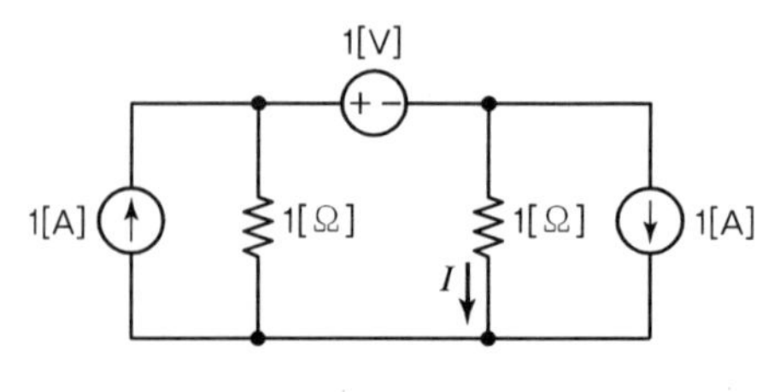

① －0.5　② 0.5　③ 1　④ －1

정답 14 ③ 15 ③ 16 ④ 17 ①

18 서로 다른 유전체의 경계면에서 발생되는 전기적 현상에 대한 설명으로 옳은 것은?

① 경계면에서 전계 세기의 접선 성분은 유전율의 차이로 달라진다.
② 경계면에서 전속밀도의 법선 성분은 유전율의 차이에 관계없이 같다.
③ 전속밀도는 유전율이 큰 영역에서 크기가 줄어든다.
④ 전계의 세기는 유전율이 작은 영역에서 크기가 줄어든다.

19 다음 회로에서 단자 a, b 간의 전압 V_{ab}[V]는?

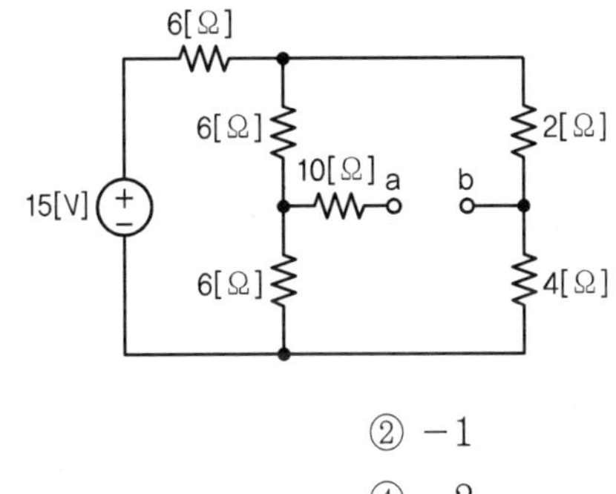

① 1　　② −1
③ 2　　④ −2

20 다음 교류회로가 정상상태일 때, 전류 $i(t)$[A]는?

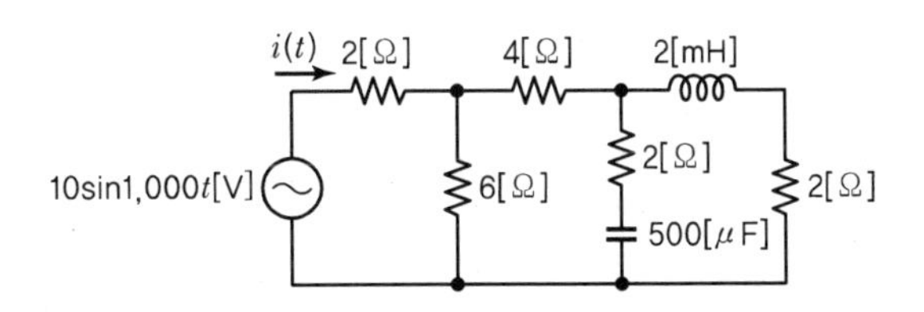

① $2\sin 1{,}000t$
② $2\cos 1{,}000t$
③ $10\cos(1{,}000t-60°)$
④ $10\sin(1{,}000t-60°)$

정답 18 ② 19 ② 20 ①

2018년 지방직 9급

01 커패시터와 인덕터에서 순간적($\Delta t \to 0$)으로 변하지 않는 것은?

	커패시터	인덕터		커패시터	인덕터
①	전류	전류	②	전압	전압
③	전압	전류	④	전류	전압

02 그림과 같이 테브난의 정리를 이용하여 그림 (a)의 회로를 그림 (b)와 같은 등가회로로 만들었을 때, 저항 $R[\Omega]$은?

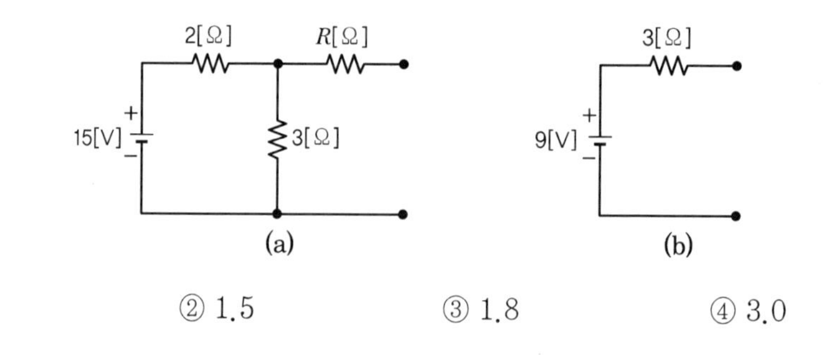

① 1.2　　② 1.5　　③ 1.8　　④ 3.0

03 그림과 같이 평행한 두 개의 무한장 직선도선에 1[A], 9[A]인 전류가 각각 흐른다. 두 도선 사이의 자계 세기가 0이 되는 지점 P의 위치를 나타낸 거리의 비 $\frac{a}{b}$는?

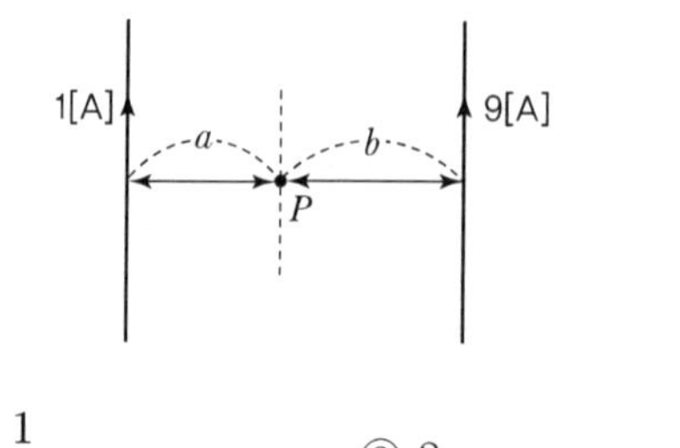

① $\frac{1}{9}$　　② $\frac{1}{3}$　　③ 3　　④ 9

정답 01 ③ 02 ③ 03 ①

04 다음 회로에서 $v(t) = 100\sin(2\times 10^4 t)$ [V]일 때, 공진되기 위한 $C\,[\mu F]$는?

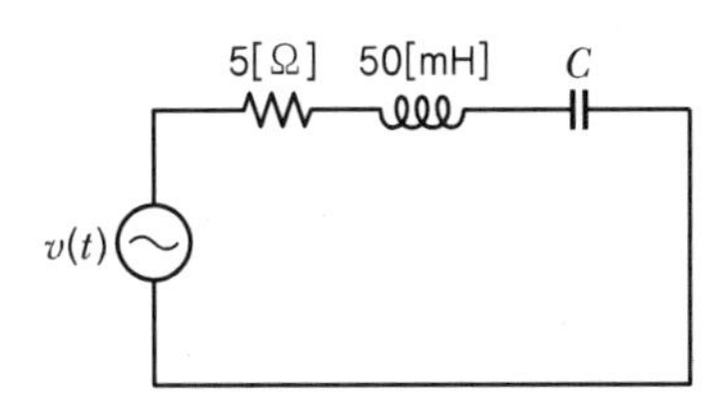

① 0.05 ② 0.15
③ 0.20 ④ 0.25

05 60[Hz] 단상 교류발전기가 부하에 공급하는 전압, 전류의 최댓값이 각각 100[V], 10[A]일 때, 부하의 유효전력이 500[W]이다. 이 발전기의 피상전력[VA]은?(단, 손실은 무시한다.)

① 500 ② $500\sqrt{2}$
③ 1,000 ④ $1{,}000\sqrt{2}$

06 다음 회로의 r_1, r_2에 흐르는 전류비 $I_1 : I_2 = 1:2$가 되기 위한 r_1[Ω]과 r_2[Ω]는?(단, 입력전류 $I = 5$[A]이다.)

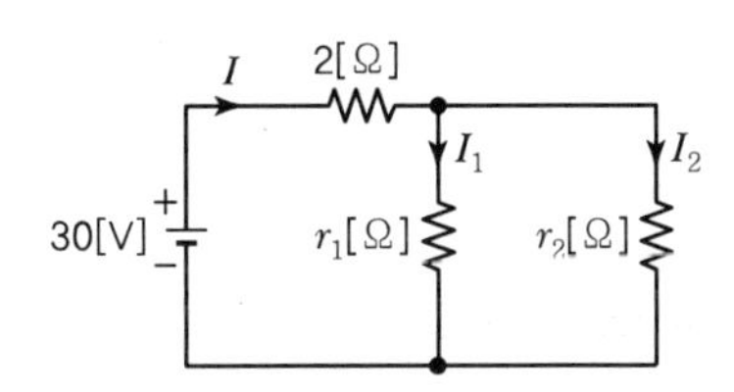

	r_1	r_2		r_1	r_2
①	3	6	②	6	3
③	6	12	④	12	6

정답 04 ① 05 ① 06 ④

07 다음 회로에서 (a) B 부하에 공급되는 평균전력[W], (b) 전원이 공급하는 피상전력[VA], (c) 합성(A 부하+B 부하) 부하역률은?

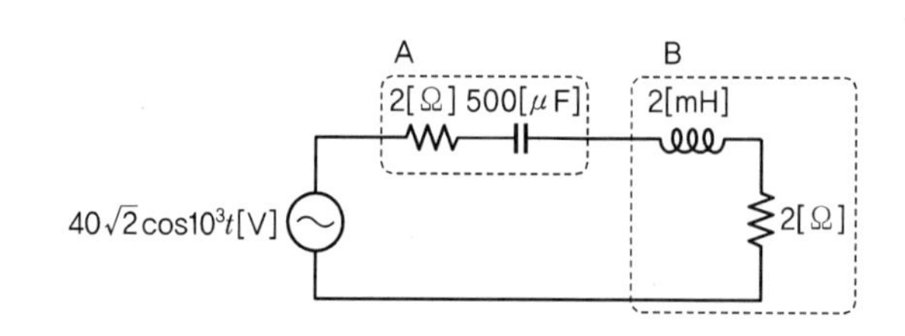

	(a)	(b)	(c)
①	200	200	0.5
②	400	200	0.5
③	200	400	1.0
④	400	400	1.0

08 전자기장에 대한 맥스웰 방정식으로 옳은 것은?

① $\oint_l \boldsymbol{E} \cdot dl = \dfrac{Q}{\epsilon_0}$
② $\oint_l \boldsymbol{B} \cdot dl = I$
③ $\oint_s \boldsymbol{E} \cdot ds = -\dfrac{d\phi}{dt}$
④ $\oint_s \boldsymbol{B} \cdot ds = 0$

09 다음 회로에서 저항 R[Ω]은?(단, $V=3.5$[V]이다.)

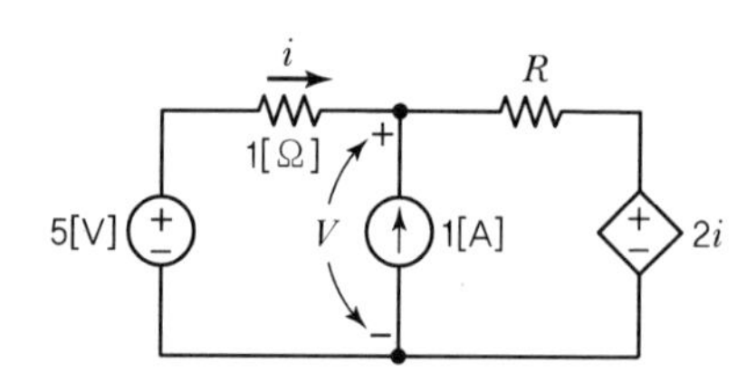

① 0.1
② 0.2
③ 1.0
④ 1.5

정답 07 ③ 08 ④ 09 ②

10 그림과 같은 폐회로 abcd를 통과하는 쇄교자속 $\lambda = \lambda_m \sin 10t$[Wb]일 때, 저항 10[Ω]에 걸리는 전압 V_1의 실횻값[V]은?(단, 회로의 자기 인덕턴스는 무시한다.)

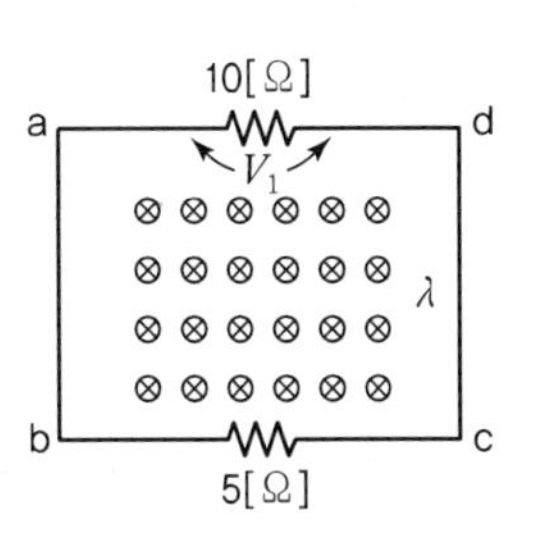

① $\dfrac{10\lambda_m}{3}$　　② $\dfrac{20\lambda_m}{3}$

③ $\dfrac{10\lambda_m}{3\sqrt{2}}$　　④ $\dfrac{20\lambda_m}{3\sqrt{2}}$

11 교류전압 $v = 400\sqrt{2}\sin\omega t + 30\sqrt{2}\sin 3\omega t + 40\sqrt{2}\sin 5\omega t$ [V]의 왜형률[%]은?(단, ω는 기본 각주파수이다.)

① 8　　② 12.5

③ 25.5　　④ 50

12 그림과 같은 이상적인 변압기 회로에서 최대전력 전송을 위한 변압기 권선비는?

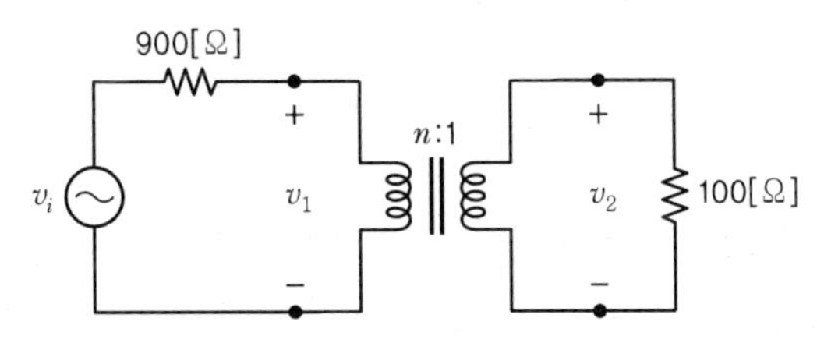

① 1 : 1　　② 3 : 1

③ 6 : 1　　④ 9 : 1

정답 10 ④ 11 ② 12 ②

13 그림과 같이 간격 $d=4$[cm]인 평판 커패시터의 두 극판 사이에 두께와 면적이 같은 비유전율 $\varepsilon_{s1}=6$, $\varepsilon_{s2}=9$인 두 유전체를 삽입하고 단자 ab에 200[V]의 전압을 인가할 때, 비유전율 ε_{s2}인 유전체에 걸리는 전압[V]과 전계의 세기[kV/m]는?

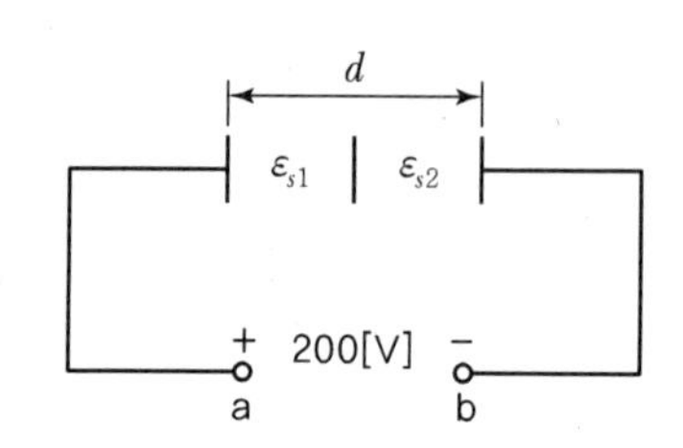

	전압	전계의 세기
①	80	2
②	120	2
③	80	4
④	120	4

14 다음 회로에서 정상상태 전류 I[A]는?

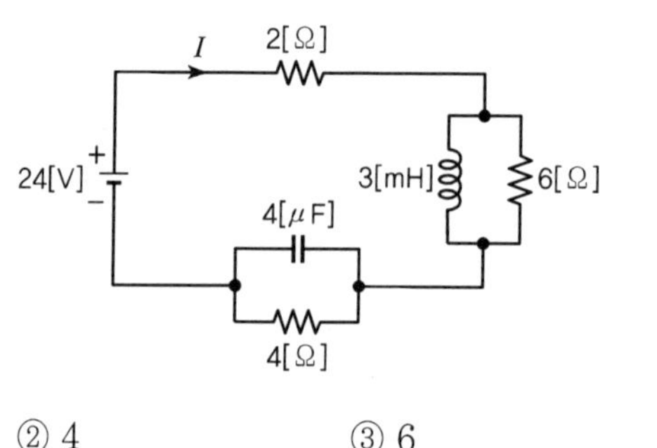

① 2　　② 4　　③ 6　　④ 8

15 저항 10[Ω]과 인덕터 5[H]가 직렬로 연결된 교류회로에서 다음과 같이 교류전압 $v(t)$를 인가했을 때, 흐르는 전류가 $i(t)$이다. 교류전압의 각주파수 ω[rad/s]는?

- $v(t)=200\sin(\omega t+\frac{\pi}{6})$ [V]
- $i(t)=10\sin(\omega t-\frac{\pi}{6})$ [A]

① 2　　② $2\sqrt{2}$
③ $2\sqrt{3}$　　④ 3

정답 13 ③ 14 ② 15 ③

16 그림과 같은 평형 3상 회로에서 전체 무효전력[Var]은?(단, 전원의 상전압 실횻값은 100[V]이고, 각 상의 부하임피던스 $\dot{Z}=4+j3[\Omega]$이다.)

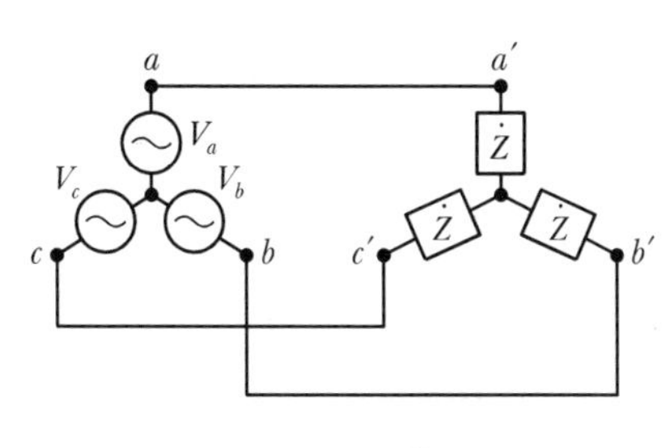

① 2,400　　② 3,600
③ 4,800　　④ 6,000

17 평형 3상 회로에서 부하는 Y결선이고 a상 선전류는 $20\angle-90°$[A]이며 한 상의 임피던스 $\dot{Z}=10\angle 60°[\Omega]$일 때, 선간전압 $\dot{V}_{ab}$[V]는?(단, 상순은 a, b, c 시계 방향이다.)

① $200\angle 0°$
② $200\angle -30°$
③ $200\sqrt{3}\angle 0°$
④ $200\sqrt{3}\angle -30°$

18 그림과 같은 직류회로에서 오랜 시간 개방되어 있던 스위치가 닫힌 직후의 스위치 전류 $i_{sw}(0^+)$[A]는?

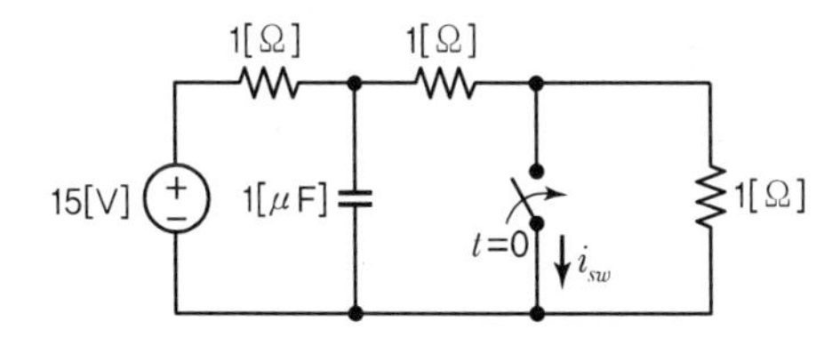

① $\frac{15}{2}$　　② $\frac{15}{3}$
③ 10　　④ 15

정답 16 ② 17 ③ 18 ③

19 그림과 같이 커패시터를 설치하여 역률을 개선하였다. 개선 후 전류 $\dot{I}$ [A]와 역률 $\cos\theta$는?

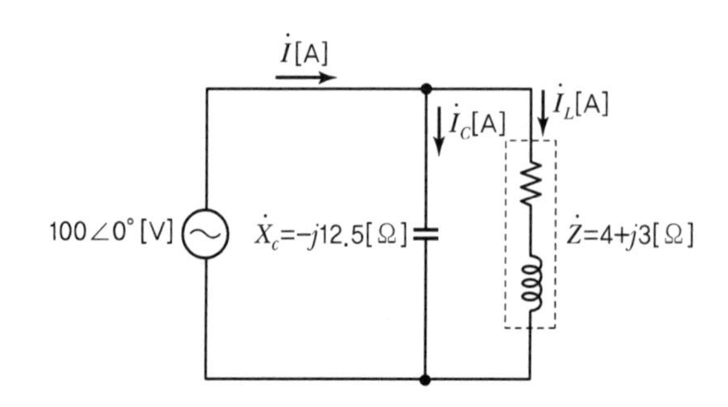

	$\dot{I}$	$\cos\theta$
①	$16-j4$	$\frac{16}{\sqrt{272}}$
②	$16-j4$	$-\frac{4}{\sqrt{272}}$
③	$16+j4$	$\frac{16}{\sqrt{272}}$
④	$16+j4$	$\frac{4}{\sqrt{272}}$

20 RL 직렬회로에 전류 $i=3\sqrt{2}\sin(5{,}000t+45°)$[A]가 흐를 때, 180[W]의 전력이 소비되고 역률은 0.8이었다. R[Ω]과 L[mH]은?

	R	L
①	$\frac{20}{\sqrt{2}}$	$\frac{3}{\sqrt{2}}$
②	$\frac{20}{\sqrt{2}}$	3
③	20	$\frac{3}{\sqrt{2}}$
④	20	3

정답 19 ① 20 ④

CHAPTER 09

CURRENT THEORY

2018년 서울시 9급(전)

01 자장의 세기가 $\frac{10^4}{\pi}$[A/m]인 공기 중에서 50[cm]의 도체를 자장과 30°가 되도록 하고 60[m/s]의 속도로 이동시켰을 때의 유기기전력은?

① 20mV　　② 30mV
③ 60mV　　④ 80mV

02 어떤 전하가 100[V]의 전위차를 갖는 두 점 사이를 이동하면서 10[J]의 일을 할 수 있다면, 이 전하의 전하량은?

① 0.1C　　② 1C
③ 10C　　④ 100C

03 무한히 긴 직선 도선에 628[A]의 전류가 흐르고 있을 때 자장의 세기가 50[A/m]인 점이 도선으로부터 떨어진 거리는?

① 1m　　② 2m
③ 4m　　④ 5m

04 N회 감긴 환상코일의 단면적은 S[m²]이고 평균 길이가 l[m]이다. 이 코일의 권수와 단면적을 각각 두 배로 하였을 때 인덕턴스를 일정하게 하려면 길이를 몇 배로 하여야 하는가?

① 8배　　② 4배
③ 2배　　④ 16배

정답 01 ③ 02 ① 03 ② 04 ①

05 그림과 같은 RLC 병렬회로에서 $v(t) = 80\sqrt{2}\sin\omega t$ [V]인 교류를 a, b 단자에 가할 때, 전류 I 의 실횻값이 10[A]라면, X_c의 값은?

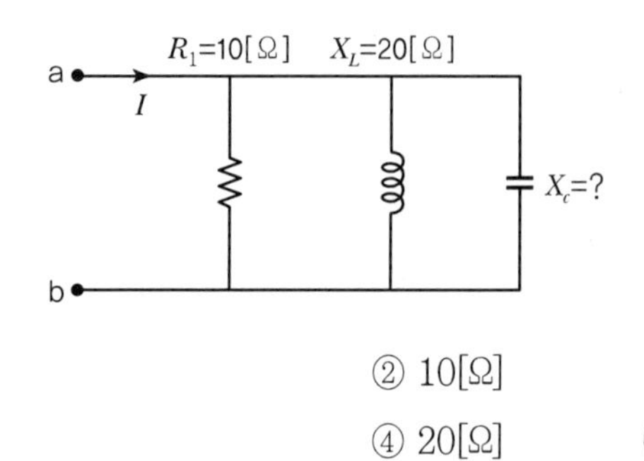

① 8[Ω] ② 10[Ω]
③ $10\sqrt{2}$ [Ω] ④ 20[Ω]

06 그림과 같은 회로의 합성저항은?

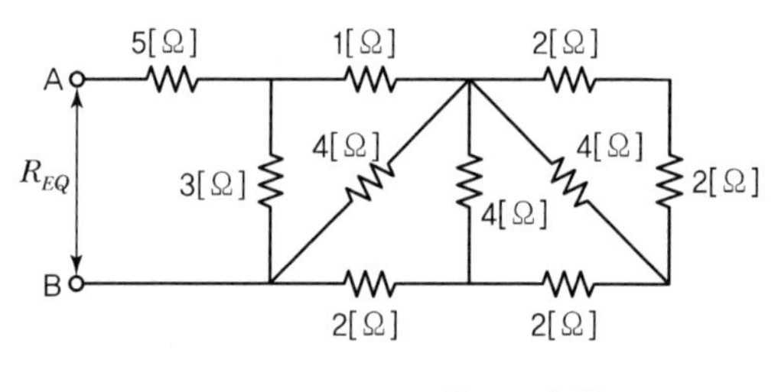

① 8[Ω] ② 6.5[Ω]
③ 5[Ω] ④ 3.5[Ω]

07 그림과 같이 전류원과 2개의 병렬저항으로 구성된 회로를 전압원과 1개의 직렬저항으로 변환할 때, 변환된 전압원의 전압과 직렬저항 값은?

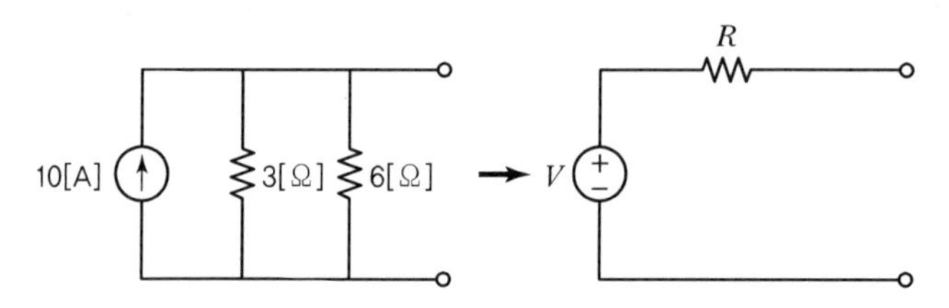

① 10[V], 9[Ω] ② 10[V], 2[Ω]
③ 20[V], 2[Ω] ④ 90[V], 9[Ω]

정답 05 ① 06 ② 07 ③

08 저항 $R_1 = 1[\Omega]$과 $R_2 = 2[\Omega]$이 병렬로 연결된 회로에 100[V]의 전압을 가했을 때, R_1에서 소비되는 전력은 R_2에서 소비되는 전력의 몇 배인가?

① 0.5배
② 1배
③ 2배
④ 같다.

09 그림과 같이 저항 R=24[Ω], 유도성 리액턴스 X_L=20[Ω], 용량성 리액턴스 X_c=10[Ω]인 직렬회로에 실효치 260[V]의 교류전압을 인가했을 경우 흐르는 전류의 실효치는?

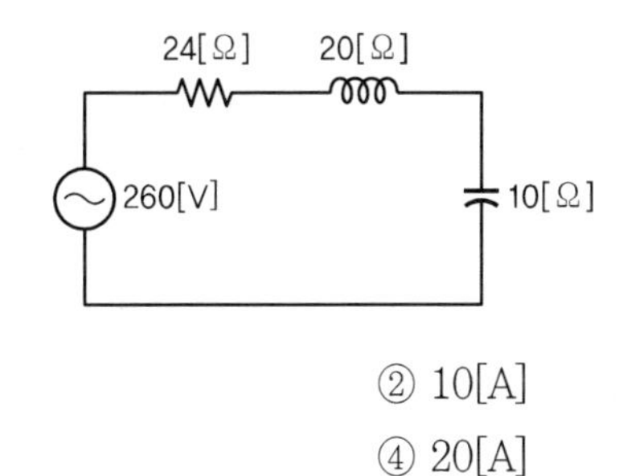

① 5[A]
② 10[A]
③ 15[A]
④ 20[A]

10 그림과 같은 회로에서 a, b 단자 사이에 60[V]의 전압을 가하여 4[A]의 전류를 흘리고 R_1, R_2에 흐르는 전류를 1 : 3으로 하고자 할 때 R_1의 저항값은?

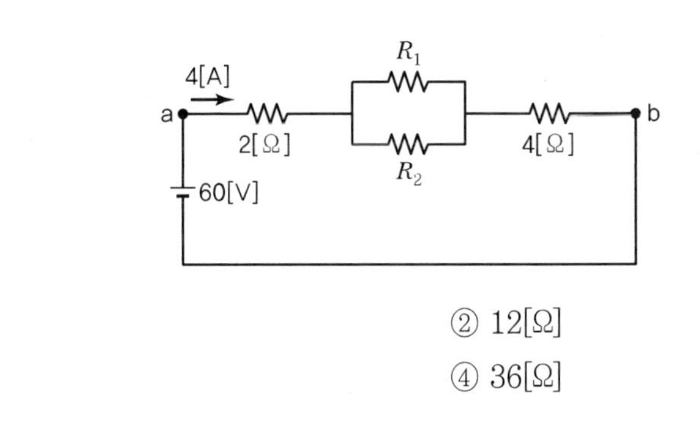

① 6[Ω]
② 12[Ω]
③ 18[Ω]
④ 36[Ω]

정답 08 ③ 09 ② 10 ④

11 그림과 같은 브리지 회로에서 a, b 사이의 전압이 0일 때, R_4에서 소모되는 전력이 2[W]라면, c와 d 사이의 전압 V_{cd}는?

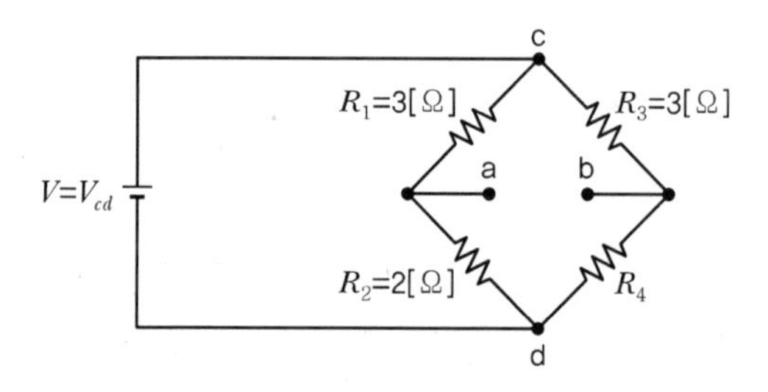

① 1[V] ② 2[V]
③ 5[V] ④ 10[V]

12 10×10^{-6}[C]의 양전하와 6×10^{-7}[C]의 음전하를 갖는 대전체가 비유전율 3인 유체 속에서 1[m] 거리에 있을 때 두 전하 사이에 작용하는 힘은?(단, 비례상수 $k=\dfrac{1}{4\pi\varepsilon_0}=9\times10^9$이다.)

① -1.62×10^{-1}[N] ② 1.62×10^{-1}[N]
③ -1.8×10^{-2}[N] ④ 1.8×10^{-2}[N]

13 자체 인덕턴스가 각각 L_1=10[mH], L_2=10[mH]인 두 개의 코일이 있고, 두 코일 사이의 결합계수가 0.5일 때, L_1 코일의 전류를 0.1[s] 동안 10[A] 변화시키면 L_2에 유도되는 기전력의 양(절댓값)은 얼마인가?

① 10[mV] ② 100[mV]
③ 50[mV] ④ 500[mV]

14 어떤 회로에 $v=100\sqrt{2}\sin(120\pi t+\dfrac{\pi}{4})$[V]의 전압을 가했더니 $i=10\sqrt{2}\sin(120\pi t-\dfrac{\pi}{4})$[A]의 전류가 흘렀다. 이 회로의 역률은?

① 0 ② $\dfrac{1}{\sqrt{2}}$
③ 0.1 ④ 1

정답 11 ③ 12 ④ 13 ④ 14 ①

15 아래와 같은 회로에서 전류 I의 값은?

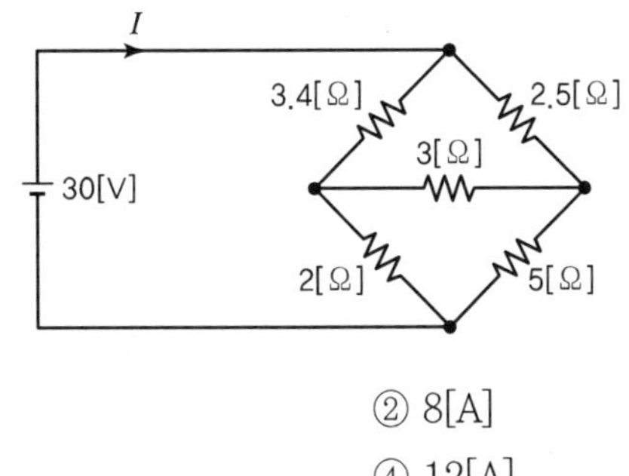

① 6[A] ② 8[A]
③ 10[A] ④ 12[A]

16 아래와 같은 그림에서 스위치가 $t=0$인 순간 2번 접점으로 이동하였을 경우 $t=0+$인 시점과 $t=\infty$가 되었을 때, 저항 5[kΩ]에 걸리는 전압을 각각 구한 것은?

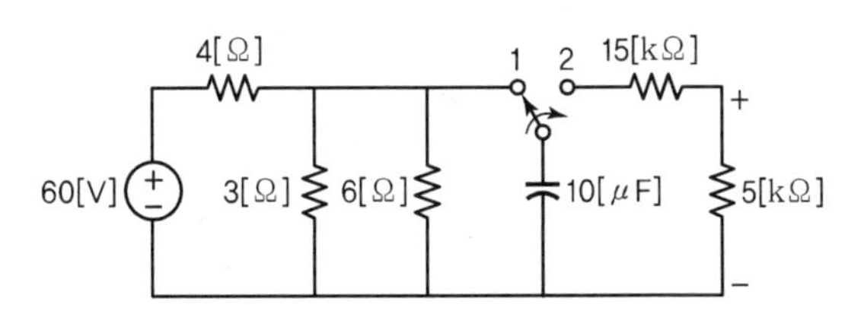

① 5[V], 0[V] ② 7.5[V], 1.5[V]
③ 10[V], 0[V] ④ 12.5[V], 3[V]

17 그림과 같이 R, C 소자로 구성된 회로에서 전달함수를 $H=\dfrac{V_o}{V_i}$ 라고 할 때, 회로의 특성으로 옳은 것은?

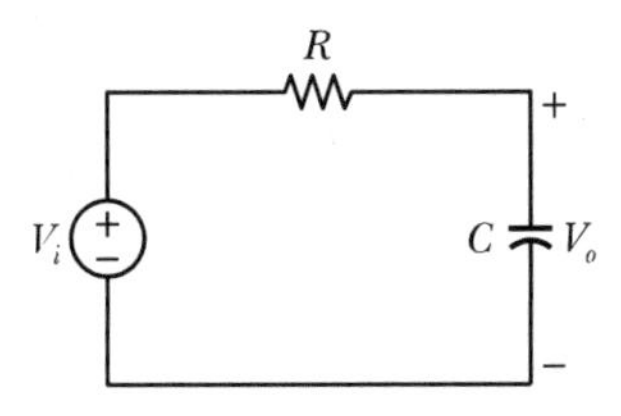

① 고역 통과 필터(High−pass Filter) ② 저역 통과 필터(Low−pass Filter)
③ 대역 통과 필터(Band−pass Filter) ④ 대역 차단 필터(Band−stop Filter)

정답 15 ③ 16 ① 17 ②

18 진공 중 반지름이 a[m]인 원형도체판 2매를 사용하여 극판거리 d[m]인 콘덴서를 만들었다. 이 콘덴서의 극판거리를 3배로 하고 정전용량을 일정하게 하려면 이 도체판의 반지름은 a의 몇 배로 하면 되는가?(단, 도체판 사이의 전계는 모든 영역에서 균일하고 도체판에 수직이라고 가정한다.)

① $\frac{1}{3}$배 ② $\frac{1}{\sqrt{3}}$배

③ 3배 ④ $\sqrt{3}$배

19 그림과 같이 전압원을 접속했을 때 흐르는 전류 I의 값은?

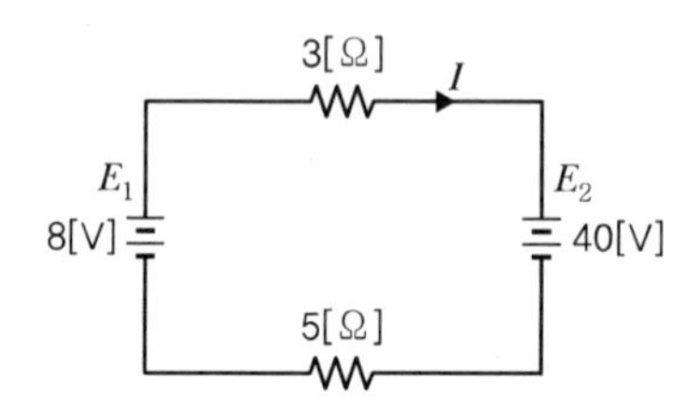

① 4[A] ② −4[A]

③ 6[A] ④ −6[A]

20 그림과 같은 회로에서 인덕터의 전압 v_L이 $t>0$ 이후에 0이 되는 시점은?(단, 전류원의 전류 $i=\begin{cases}0 & , t<0 \\ te^{-2t} & , t \geq 0\end{cases}$ 이다.)

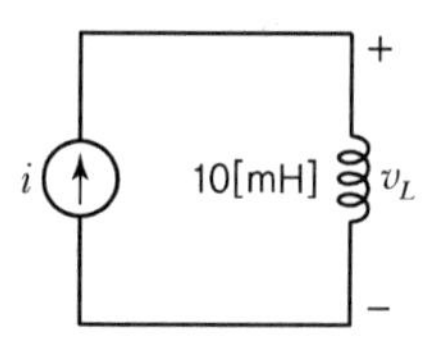

① 0.5[sec] ② 0.2[sec]

③ 2[sec] ④ 5[sec]

정답 18 ④ 19 ② 20 ①

CHAPTER 10

CURRENT THEORY

2018년 서울시 9급(후)

01 개방 단자 전압이 12[V]인 자동차 배터리가 있다. 자동차 시동을 걸 때 배터리가 0.5[Ω]의 부하에 전류를 공급하면서 배터리 단자 전압이 10[V]로 낮아졌다면 배터리의 내부 저항값[Ω]은?

① 0.1
② 0.15
③ 0.2
④ 0.25

02 특이함수(스위칭 함수)에 대한 설명으로 옳은 것을 〈보기〉에서 모두 고른 것은?

〈보기〉
ㄱ. 특이함수는 그 함수가 불연속이거나 그 도함수가 불연속인 함수이다.
ㄴ. 단위계단함수 $u(t)$는 t가 음수일 때 -1, t가 양수일 때 1의 값을 갖는다.
ㄷ. 단위임펄스함수 $\delta(t)$는 $t=0$ 외에는 모두 0이다.
ㄹ. 단위램프함수 $r(t)$는 t의 값에 상관없이 단위 기울기를 갖는다.

① ㄱ, ㄴ
② ㄱ, ㄷ
③ ㄴ, ㄷ
④ ㄷ, ㄹ

03 공장의 어떤 부하가 단상 220[V]/60[Hz] 전력선으로부터 0.5의 지상 역률로 22[kW]를 소비하고 있다. 이때 공장으로 유입되는 전류의 실횻값[A]은?

① 50
② 100
③ 150
④ 200

정답 01 ① 02 ② 03 ④

04 그림과 같은 필터 회로에 대한 설명으로 가장 옳은 것은?

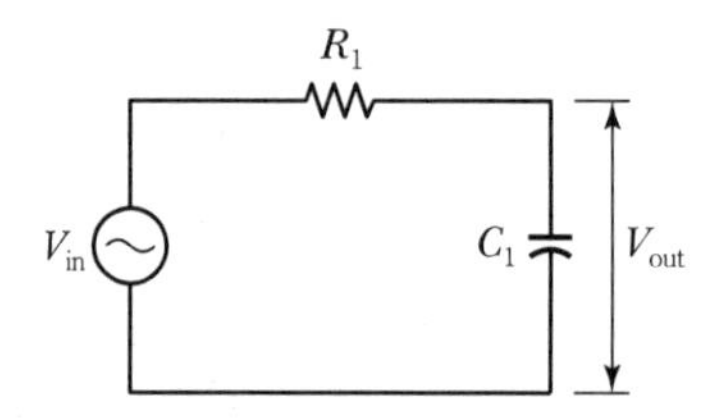

① 입력전압 V_{in}의 주파수가 0일 때 출력전압 V_{out}은 0이다.

② 입력전압 V_{in}의 주파수가 무한대이면 출력전압 V_{out}은 V_{in}과 같다.

③ 필터회로의 차단주파수는 $f_c = \dfrac{1}{2\pi\sqrt{RC}}$ [Hz]이다.

④ 차단주파수에서 출력전압은 입력전압보다 위상이 45° 뒤진다.

05 반경이 a, $b(a>b)$인 두 개의 동심 도체 구 껍질(Spherical Shell)로 구성된 구 커패시터의 정전용량은?

① $\dfrac{2\pi\varepsilon}{a-b}$

② $\dfrac{4\pi\varepsilon}{a-b}$

③ $\dfrac{2\pi\varepsilon}{\dfrac{1}{a}-\dfrac{1}{b}}$

④ $\dfrac{4\pi\varepsilon}{\dfrac{1}{a}-\dfrac{1}{b}}$

06 그림과 같이 평균길이가 10[cm], 단면적이 20[cm^2], 비투자율이 1,000인 철심에 도선이 100회 감겨 있고, 60[Hz]의 교류 전류 2[A](실효치)가 흐르고 있을 때, 전압 V의 실효치[V]는?(단, 도선의 저항은 무시하며, μ_0는 진공의 투자율이다.)

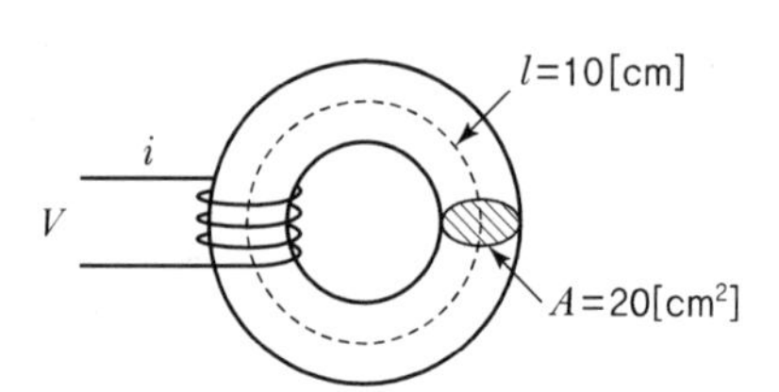

① $12\pi \times 10^6\ \mu_0$

② $24\pi \times 10^6\ \mu_0$

③ $36\pi \times 10^6\ \mu_0$

④ $48\pi \times 10^6\ \mu_0$

정답 04 ④ 05 ④ 06 ④

07 그림과 같이 종속전압원을 갖는 회로에서 V_2 전압[V]은?

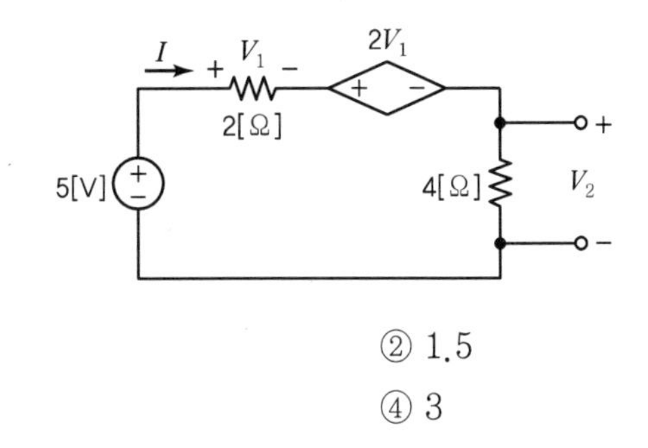

① 1
② 1.5
③ 2
④ 3

08 자유공간에 놓여 있는 1[cm] 두께의 합성수지판 표면에 수직 방향(법선 방향)으로 외부에서 전계 E_0[V/m]를 가하였을 경우에 대한 설명으로 가장 옳지 않은 것은?(단, 합성수지판의 비유전율은 ε_r=2.5이며, ε_0는 자유공간의 유전율이다.)

① 합성수지판 내부의 전속밀도는 $\varepsilon_0 E_0$[C/m²]이다.
② 합성수지판 내부의 전계의 세기는 $0.4E_0$[V/m]이다.
③ 합성수지판 내부의 분극 세기는 $0.5\varepsilon_0 E_0$[C/m²]이다.
④ 합성수지판 외부에서 분극 세기는 0이다.

09 15[F]의 정전용량을 가진 커패시터에 270[J]의 전기에너지를 저장할 때, 커패시터 전압[V]은?

① 3
② 6
③ 9
④ 12

10 자성체의 성질에 대한 설명으로 가장 옳지 않은 것은?

① 강자성체의 온도가 높아져서 상자성체와 같은 동작을 하게 되는 온도를 큐리온도라 한다.
② 강자성체에 외부자계가 인가되면 자성체 내부의 자속밀도는 증가한다.
③ 발전기, 모터, 변압기 등에 사용되는 강자성체는 매우 작은 인가자계에도 큰 자화를 가져야 한다.
④ 페라이트는 매우 높은 도전율을 가지므로 고주파수 응용 분야에 널리 사용된다.

정답 07 ③ 08 ③ 09 ② 10 ④

11 그림과 같은 회로에서 스위치 S를 닫고 3초 후 커패시터에 나타나는 전압의 근삿값[V]은?(단, $V_s = 50$[V], $R = 3$[MΩ], $C = 1$[μF]이며, 스위치를 닫기 전 커패시터의 전압은 0이다.)

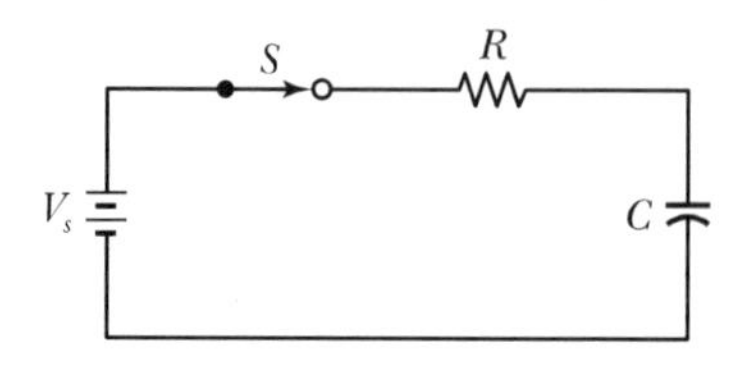

① 18.5 ② 25.5
③ 31.5 ④ 35.5

12 $R-L-C$ 직렬회로에 공급되는 교류전압의 주파수가 $f = \dfrac{1}{2\pi\sqrt{LC}}$[Hz]일 때, 〈보기〉의 설명 중 옳은 것을 모두 고른 것은?

〈보기〉
ㄱ. L 또는 C 양단에 가장 큰 전압이 걸리게 된다.
ㄴ. 회로의 임피던스는 가장 작은 값을 가지게 된다.
ㄷ. 회로에 흐른 전류는 공급전압보다 위상이 뒤진다.
ㄹ. L에 걸리는 전압과 C에 걸리는 전압의 위상은 서로 같다.

① ㄱ, ㄴ ② ㄴ, ㄷ
③ ㄱ, ㄷ, ㄹ ④ ㄴ, ㄷ, ㄹ

13 그림과 같은 회로에서 전압 V_x의 값[V]은?

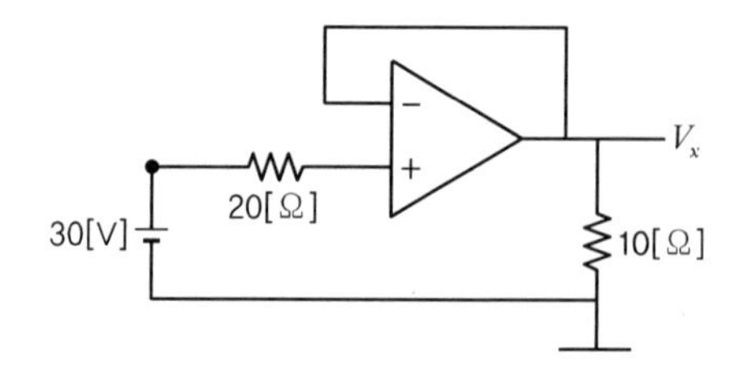

① 10 ② 20
③ 30 ④ 45

정답 11 ③ 12 ① 13 ③

14 그림과 같은 2포트 회로의 어드미턴스(Y) 파라미터를 모두 더한 값[℧]은?

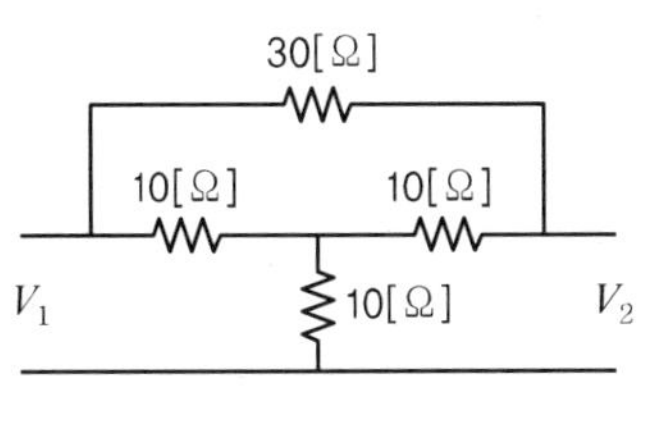

① 1/15
② 1/30
③ 15
④ 30

15 그림과 같은 RL 직렬회로에서 소비되는 전력[kW]은?

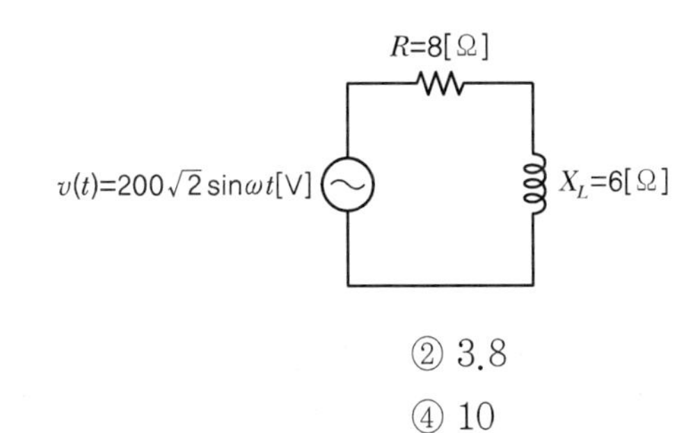

① 3.2
② 3.8
③ 4
④ 10

16 그림과 같은 회로에서 V_{ab} 전압의 정상상태 값[V]은?

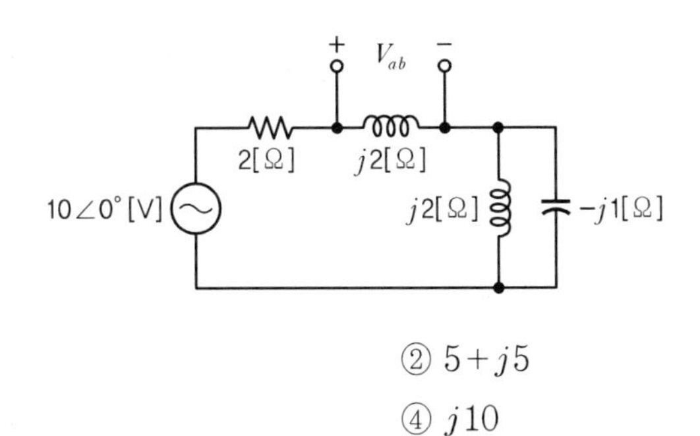

① $5+j10$
② $5+j5$
③ $j5$
④ $j10$

정답 14 ① 15 ① 16 ④

17 그림과 같은 회로에서 R_x 에 최대 전력이 전달될 수 있도록 할 때, 저항 R_x 에서 소모되는 전력[W]은?

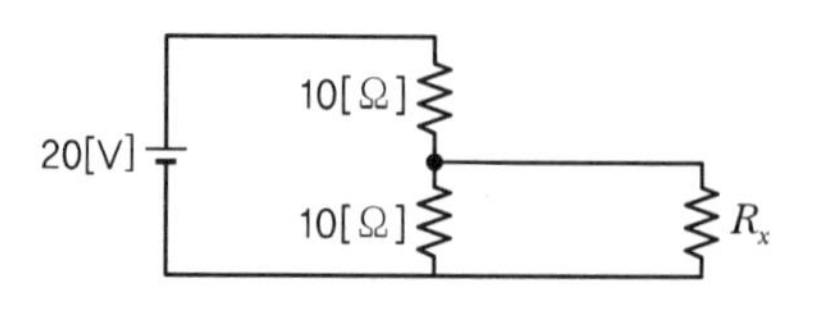

① 1
② 5
③ 10
④ 15

18 비정현파 전류 $i(t) = 10\sin\omega t + 5\sin(3\omega t + 30°) + \sqrt{3}\sin(5\omega t + 60°)$일 때, 전류 $i(t)$의 실횻값[A]은?

① 6
② 8
③ 10
④ 12

19 라플라스 함수 $F(s) = \dfrac{s+1}{s^2+2s+5}$ 의 역변환 $f(t)$는?

① $e^{-2t}\cos t$
② $e^{-2t}\sin t$
③ $e^{-t}\cos 2t$
④ $e^{-t}\sin 2t$

20 비투자율이 3,600, 비유전율이 1인 매질 내 주파수가 1[GHz]인 전자기파의 속도[m/s]는?

① 3×10^8
② 1.5×10^8
③ 5×10^7
④ 5×10^6

정답 17 ② 18 ② 19 ③ 20 ④

CHAPTER

C U R R E N T T H E O R Y

11 2019년 국가직 9급

01 전압이 E[V], 내부저항이 r[Ω]인 전지의 단자 전압을 내부저항 25[Ω]의 전압계로 측정하니 50[V]이고, 75[Ω]의 전압계로 측정하니 75[V]이다. 전지의 전압 E[V]와 내부저항 r[Ω]은?

	E[V]	r[Ω]		E[V]	r[Ω]
①	100	25	②	100	50
③	200	25	④	200	50

02 등전위면(Equipotential Surface)의 특징에 대한 설명으로 옳은 것만을 모두 고르면?

ㄱ. 등전위면과 전기력선은 수평으로 접한다.
ㄴ. 전위의 기울기가 없는 부분으로 평면을 이룬다.
ㄷ. 다른 전위의 등전위면은 서로 교차하지 않는다.
ㄹ. 전하의 밀도가 높은 등전위면은 전기장의 세기가 약하다.

① ㄱ, ㄹ　② ㄴ, ㄷ
③ ㄱ, ㄴ, ㄷ　④ ㄴ, ㄷ, ㄹ

03 코일에 직류 전압 200[V]를 인가했더니 평균전력 1,000[W]가 소비되었고, 교류 전압 300[V]를 인가했더니 평균전력 1,440[W]가 소비되었다. 코일의 저항[Ω]과 리액턴스[Ω]는?

	저항[Ω]	리액턴스[Ω]
①	30	30
②	30	40
③	40	30
④	40	40

정답 01 ① 02 ② 03 ③

04 다음 회로에서 스위치 S가 단자 a에서 충분히 오랫동안 머물러 있다가 $t=0$에서 단자 a에서 단자 b로 이동하였다. $t>0$일 때의 전압 $v_c(t)$[V]는?

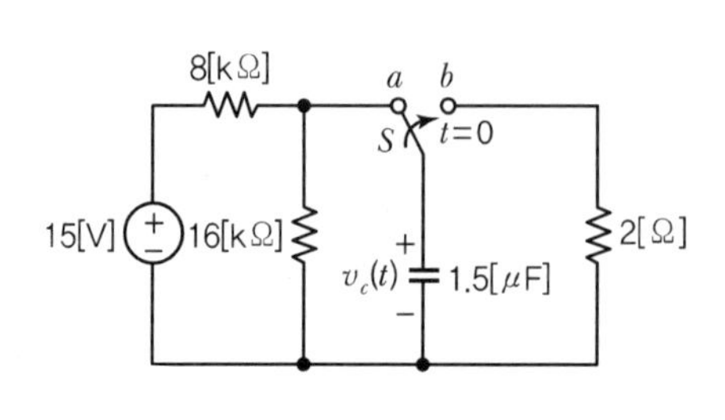

① $5e^{-\frac{t}{3\times10^{-2}}}$ ② $5e^{-\frac{t}{3\times10^{-3}}}$

③ $10e^{-\frac{t}{3\times10^{-2}}}$ ④ $10e^{-\frac{t}{3\times10^{-3}}}$

05 독립전원과 종속전압원이 포함된 다음의 회로에서 저항 20[Ω]의 전압 V_a[V]는?

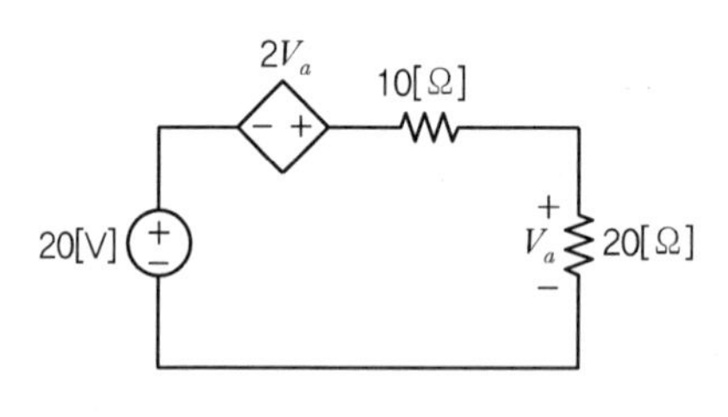

① −40 ② −20 ③ 20 ④ 40

06 다음 자기회로에 대한 설명으로 옳지 않은 것은?(단, 손실이 없는 이상적인 회로이다.)

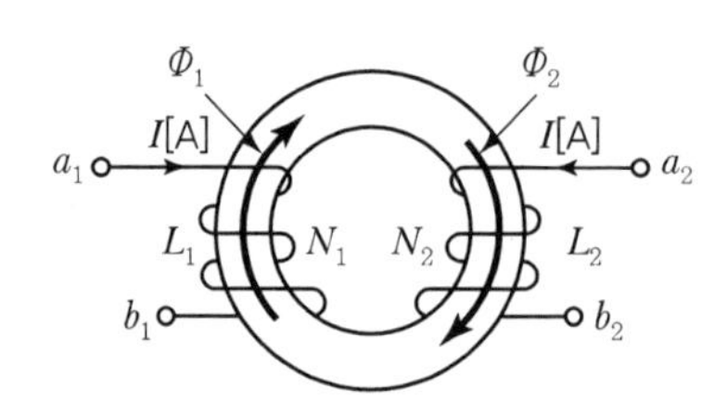

① b_1과 a_2를 연결한 합성 인덕턴스는 b_1과 b_2를 연결한 합성 인덕턴스보다 크다.

② 한 코일의 유도기전력은 상호 인덕턴스와 다른 코일의 전류 변화량에 비례한다.

③ 권선비가 $N_1 : N_2 = 2 : 1$일 때, 자기 인덕턴스 L_1은 자기 인덕턴스 L_2의 2배이다.

④ 교류 전압을 변성할 수 있고, 변압기 등에 응용될 수 있다.

정답 04 ④ 05 ① 06 ③

07 전류 $i(t)=t^2+2t$[A]가 1[H] 인덕터에 흐르고 있다. $t=1$일 때, 인덕터의 순시전력[W]은?

① 12　② 16　③ 20　④ 24

08 다음 회로에서 40[μF] 커패시터 양단의 전압 V_a[V]는?

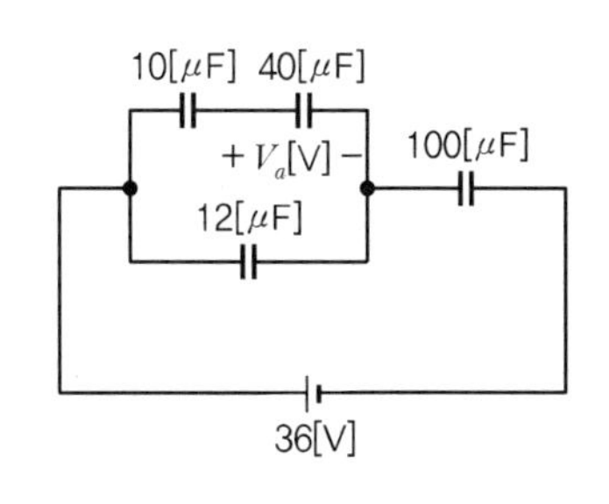

① 2　② 4　③ 6　④ 8

09 그림과 같은 주기적인 전압 파형에 포함되지 않은 고조파의 주파수[Hz]는?

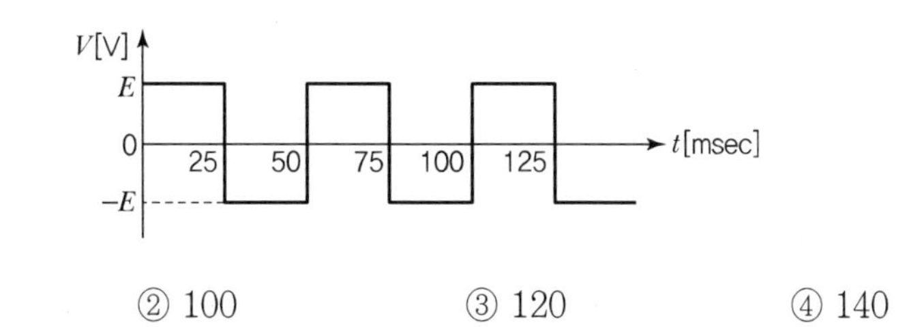

① 60　② 100　③ 120　④ 140

10 다음 Y−Y 결선 평형 3상 회로에서 부하 한 상에 공급되는 평균전력[W]은?(단, 극좌표의 크기는 실횻값이다.)

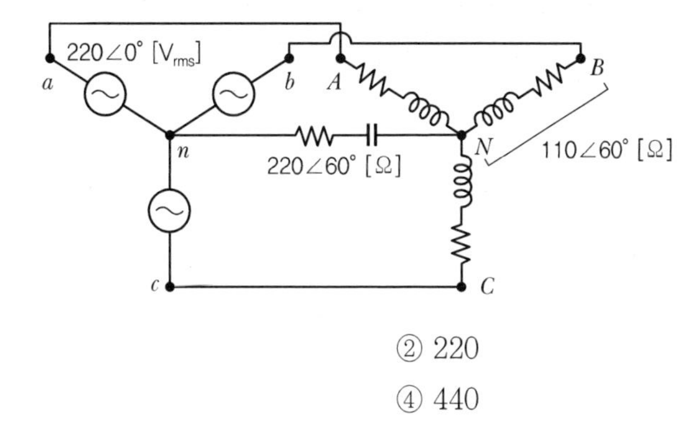

① 110　② 220
③ 330　④ 440

정답 07 ① 08 ③ 09 ③ 10 ②

11 $R-L-C$ 직렬회로에 100[V]의 교류 전원을 인가할 경우, 이 회로에 가장 큰 전류가 흐를 때의 교류 전원 주파수 f[Hz]와 전류 I[A]는?(단, $R=50[\Omega]$, $L=100$[mH], $C=1,000[\mu F]$ 이다.)

	f[Hz]	I[A]
①	$\frac{50}{\pi}$	2
②	$\frac{50}{\pi}$	4
③	$\frac{100}{\pi}$	2
④	$\frac{100}{\pi}$	4

12 1대의 용량이 100[kVA]인 단상 변압기 3대를 평형 3상 △ 결선으로 운전 중 변압기 1대에 장애가 발생하여 2대의 변압기를 V결선으로 이용할 때, 전체 출력용량[kVA]은?

① $\frac{100}{\sqrt{3}}$
② $\frac{173}{\sqrt{3}}$
③ $\frac{220}{\sqrt{3}}$
④ $\frac{300}{\sqrt{3}}$

13 자속밀도 4[Wb/m²]의 평등자장 안에서 자속과 30° 기울어진 길이 0.5[m]의 도체에 전류 2[A]를 흘릴 때, 도체에 작용하는 힘 F[N]는?

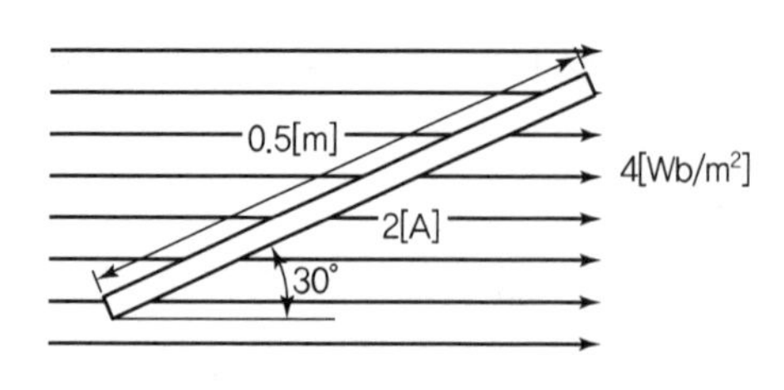

① 1
② 2
③ 3
④ 4

정답 11 ① 12 ④ 13 ②

14 다음 $R-L$ 직렬회로에서 $t=0$에서 스위치 S를 닫았다. $t=3$에서 전류의 크기가 $i(3)=4(1-e^{-1})$[A]일 때, 전압 E[V]와 인덕턴스 L[H]은?

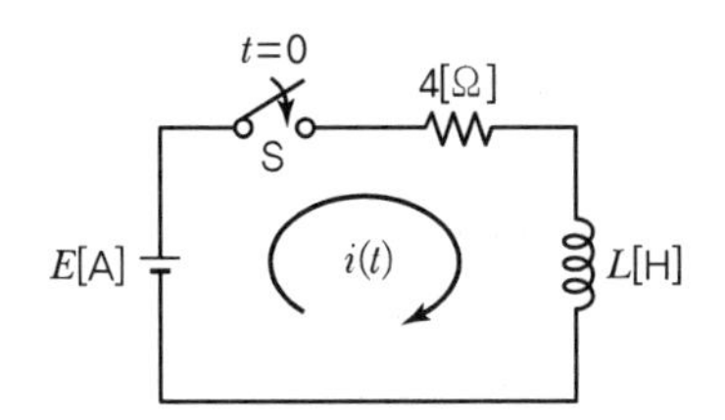

	E[V]	L[H]
①	8	6
②	8	12
③	16	6
④	16	12

15 다음 회로의 역률이 0.8일 때, 전압 V_s[V]와 임피던스 X[Ω]는?(단, 전체 부하는 유도성 부하이다.)

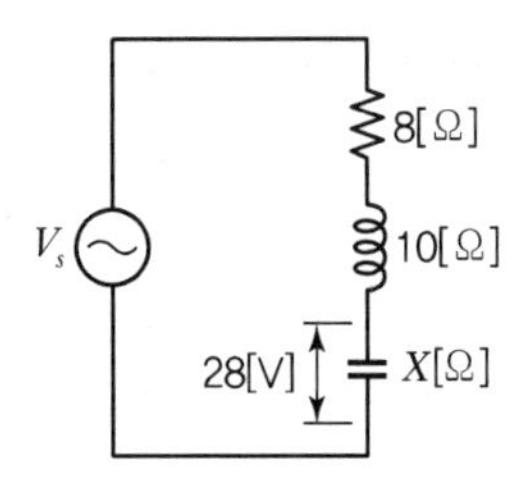

	V_s[V]	X[Ω]
①	70	2
②	70	4
③	80	2
④	80	4

16 $R-L$ 직렬회로에 직류 전압 100[V]를 인가하면 정상상태 전류는 10[A]이고, $R-C$ 직렬회로에 직류 전압 100[V]를 인가하면 초기전류는 10[A]이다. 이 두 회로의 설명으로 옳지 않은 것은?(단, $C=100[\mu F]$, $L=1$[mH]이고, 각 회로에 직류 전압을 인가하기 전 초깃값은 0이다.)

① $R-L$ 직렬회로의 시정수는 L이 10배 증가하면 10배 증가한다.
② $R-L$ 직렬회로의 시정수가 $R-C$ 직렬회로의 시정수보다 10배 크다.
③ $R-C$ 직렬회로의 시정수는 C가 10배 증가하면 10배 증가한다.
④ $R-L$ 직렬회로의 시정수는 0.1 [msec]이다.

정답 14 ④ 15 ② 16 ②

17 다음 회로에서 전원 V_s[V]가 $R-L-C$로 구성된 부하에 인가되었을 때, 전체 부하의 합성 임피던스 Z[Ω] 및 전압 V_s와 전류 I의 위상차 θ[°]는?

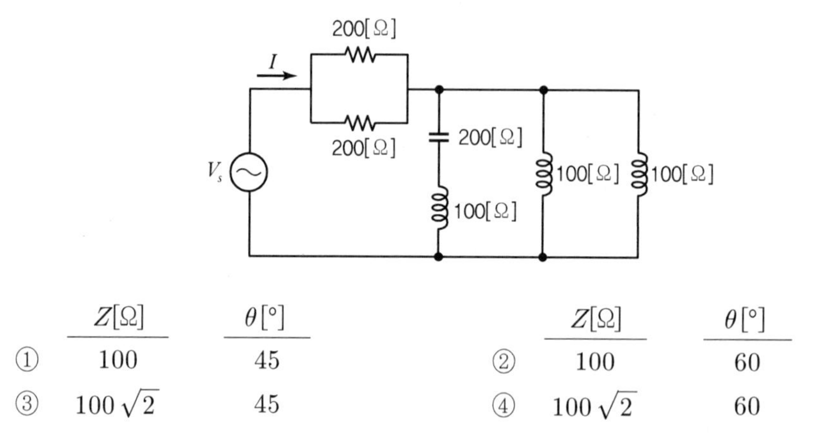

	Z[Ω]	θ[°]
①	100	45
②	100	60
③	$100\sqrt{2}$	45
④	$100\sqrt{2}$	60

18 다음 직류회로에서 4[Ω] 저항의 소비전력[W]은?

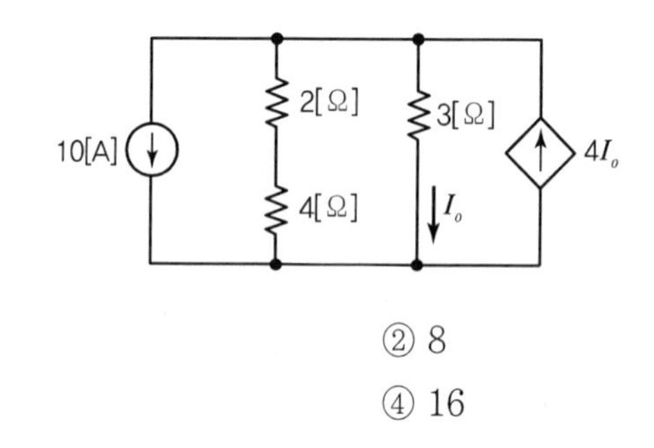

① 4
② 8
③ 12
④ 16

19 다음 직 · 병렬 회로에서 전류 I[A]의 위상이 전압 V_s[V]의 위상과 같을 때, 저항 R[Ω]은?

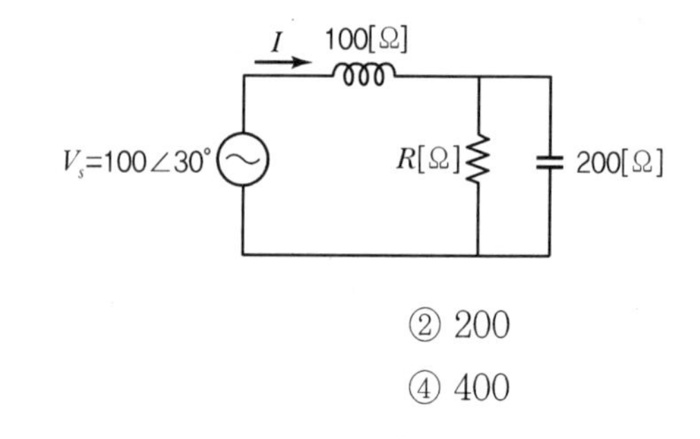

① 100
② 200
③ 300
④ 400

정답 **17** ③ **18** ④ **19** ②

20 그림과 같이 저항 $R_1 = R_2 = 10[\Omega]$, 자기 인덕턴스 $L_1 = 10[H]$, $L_2 = 100[H]$, 상호 인덕턴스 $M = 10[H]$로 구성된 회로의 임피던스 $Z_{ab}[\Omega]$는?(단, 전원 V_s의 각속도는 $\omega = 1[rad/s]$이고 $Z_L = 10 - j100[\Omega]$이다.)

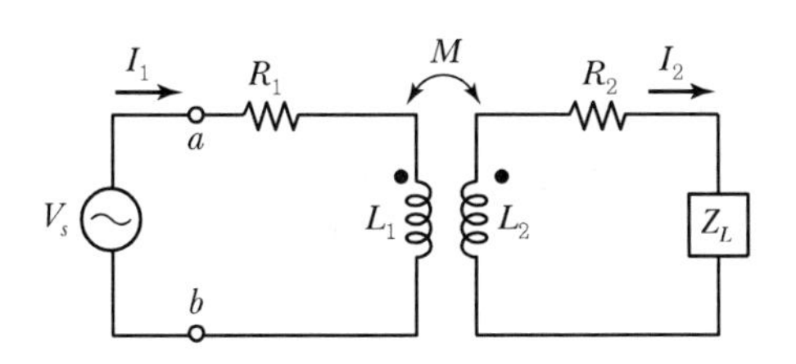

① $10 - j15$　　② $10 + j15$

③ $15 - j10$　　④ $15 + j10$

정답 20 ④

CHAPTER 12

CURRENT THEORY

2019년 지방직 9급

01 2개의 코일이 단일 철심에 감겨 있으며 결합계수가 0.5이다. 코일 1의 인덕턴스가 10[μH]이고 코일 2의 인덕턴스가 40[μH]일 때, 상호 인덕턴스[μH]는?

① 1　　② 2
③ 4　　④ 10

02 비사인파 교류 전압 $v(t)=10+5\sqrt{2}\sin\omega t+10\sqrt{2}\sin(3\omega t+\frac{\pi}{6})$[V]일 때, 전압의 실횻값[V]은?

① 5　　② 10
③ 15　　④ 20

03 전압 $v(t)=110\sqrt{2}\sin\left(120\pi t+\frac{2\pi}{3}\right)$[V]인 파형에서 실횻값[V], 주파수[Hz] 및 위상[rad]으로 옳은 것은?

	실횻값	주파수	위상
①	110	60	$\frac{2\pi}{3}$
②	110	60	$-\frac{2\pi}{3}$
③	$110\sqrt{2}$	120	$-\frac{2\pi}{3}$
④	$110\sqrt{2}$	120	$\frac{2\pi}{3}$

04 회로에서 임의의 두 점 사이를 5[C]의 전하가 이동하여 외부에 대하여 100[J]의 일을 하였을 때, 두 점 사이의 전위차[V]는?

① 20　　② 40
③ 50　　④ 500

정답 01 ④ 02 ③ 03 ① 04 ①

05 그림의 회로에서 저항 $R[\Omega]$은?

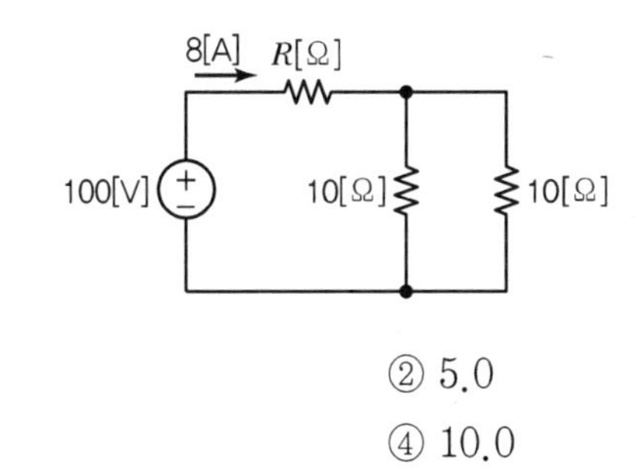

① 2.5
② 5.0
③ 7.5
④ 10.0

06 그림의 회로에서 $N_1 : N_2 = 1 : 10$을 가지는 이상변압기(Ideal Transformer)를 적용하는 경우 $\dot{Z}_L$에 최대전력이 전달되기 위한 $\dot{Z}_S$는?(단, 전원의 각속도 $\omega = 50$[rad/s]이다.)

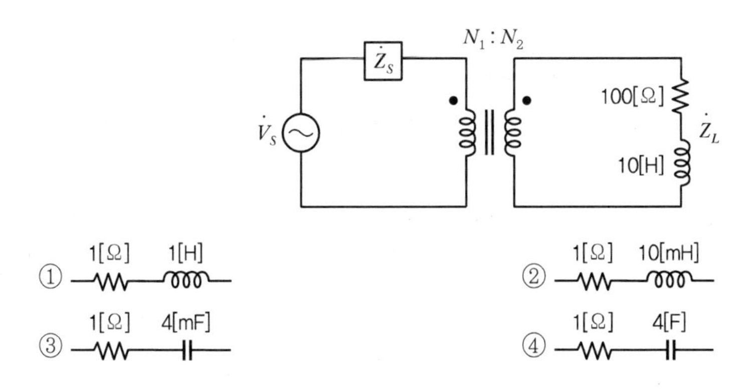

07 그림의 회로에서 $I_1 + I_2 - I_3$[A]는?

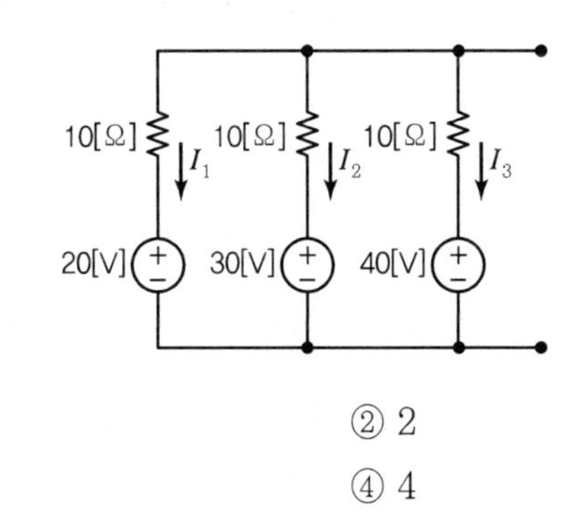

① 1
② 2
③ 3
④ 4

정답 05 ③ 06 ③ 07 ②

08 그림의 회로에서 저항 20[Ω]에 흐르는 전류 $I=0$[A]가 되도록 하는 전류원 I_S[A]는?

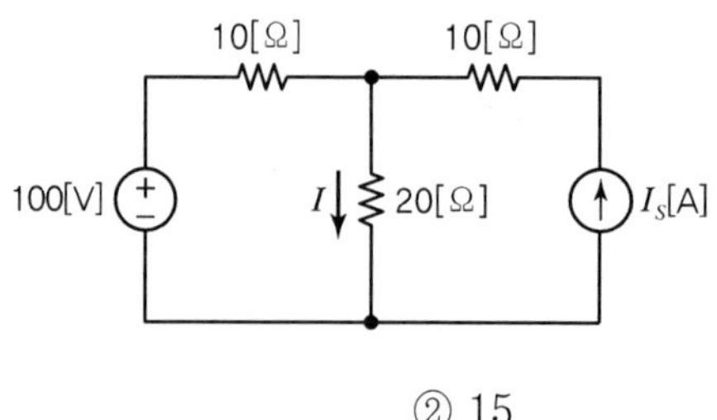

① 10　　② 15
③ 20　　④ 25

09 그림의 회로에서 $v_s(t)=100\sin\omega t$[V]를 인가한 후, L[H]을 조절하여 $i_s(t)$[A]의 실횻값이 최소가 되기 위한 L[H]은?

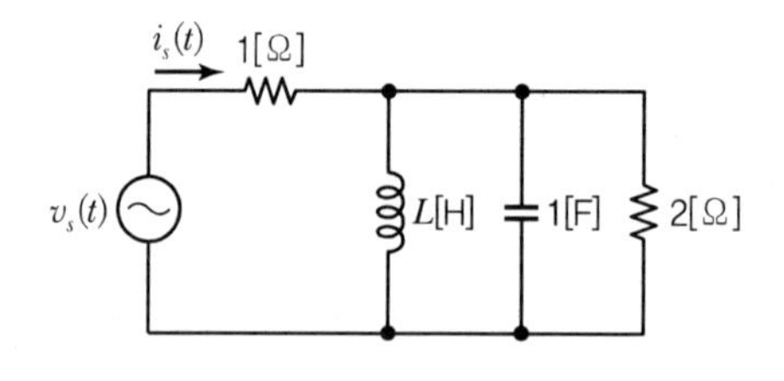

① $\dfrac{1}{\omega^2}$　　② $\dfrac{1}{\omega}$
③ $\dfrac{1}{\omega\sqrt{2}}$　　④ $\dfrac{\sqrt{2}}{\omega}$

10 그림의 회로에서 이상변압기(Ideal Transformer)의 권선비가 $N_1 : N_2 = 1 : 2$일 때, 전압 $\dot{V}_o$ [V]는?

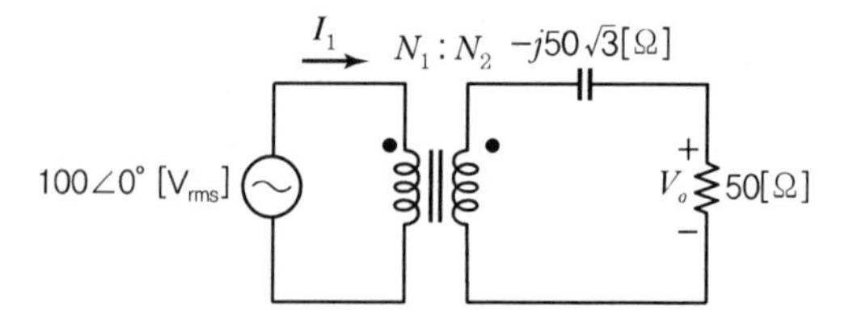

① $100\angle 30°$　　② $100\angle 60°$
③ $200\angle 30°$　　④ $200\angle 60°$

정답 08 ① 09 ① 10 ②

11 전자유도(Electromagnetic Induction)에 대한 설명으로 옳은 것만을 모두 고르면?

ㄱ. 코일에 흐르는 시변 전류에 의해서 같은 코일에 유도기전력이 발생하는 현상을 자기유도(Self Induction)라 한다.
ㄴ. 자계의 방향과 도체의 운동 방향이 직각인 경우에 유도기전력의 방향은 플레밍(Fleming)의 오른손 법칙에 의하여 결정된다.
ㄷ. 도체의 운동 속도가 v[m/s], 자속밀도가 B[Wb/m^2], 도체 길이가 l[m], 도체 운동의 방향이 자계의 방향과 각(θ)을 이루는 경우, 유도기전력의 크기 $e = Blv\sin\theta$[V]이다.
ㄹ. 전자유도에 의해 만들어지는 전류는 자속의 변화를 방해하는 방향으로 발생한다. 이를 렌츠(Lenz)의 법칙이라고 한다.

① ㄱ, ㄴ
② ㄷ, ㄹ
③ ㄱ, ㄷ, ㄹ
④ ㄱ, ㄴ, ㄷ, ㄹ

12 그림의 회로에 대한 설명으로 옳은 것은?

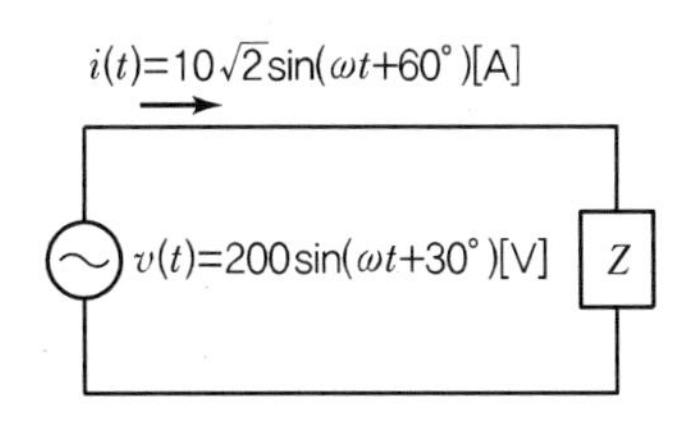

① 전압의 실횻값은 200[V]이다.
② 순시전력은 항상 전원에서 부하로 공급된다.
③ 무효전력의 크기는 $500\sqrt{2}$ [Var]이다.
④ 전압의 위상이 전류의 위상보다 앞선다.

13 어떤 부하에 단상 교류전압 $v(t) = \sqrt{2}\,V\sin\omega t$[V]를 인가하여 부하에 공급되는 순시전력이 그림과 같이 변동할 때 부하의 종류는?

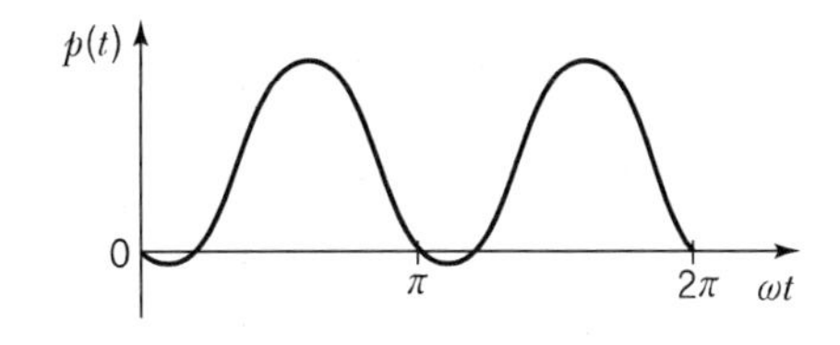

① R 부하
② $R-L$ 부하
③ $R-C$ 부하
④ $L-C$ 부하

정답 11 ④ 12 ③ 13 ②

14 0.3[μF]과 0.4[μF]의 커패시터를 직렬로 접속하고 그 양단에 전압을 인가하여 0.3[μF]의 커패시터에 24[μC]의 전하가 축적되었을 때, 인가한 전압[V]은?

① 120 ② 140 ③ 160 ④ 180

15 그림과 같이 평형 3상 회로에 임피던스 $\dot{Z}_{\Delta}=3\sqrt{2}+j3\sqrt{2}$ [Ω]인 부하가 연결되어 있을 때, 선전류 I_L[A]은?(단, $V_L=120$[V]이다.)

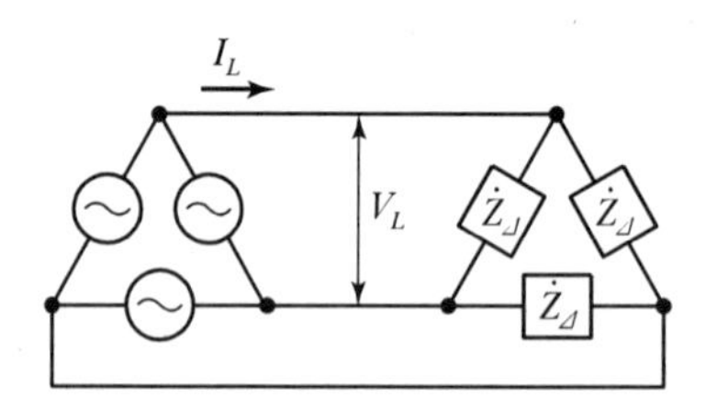

① 20 ② $20\sqrt{3}$
③ 60 ④ $60\sqrt{3}$

16 선간전압 V_s[V], 한 상의 부하 저항이 R[Ω]인 평형 3상 △－△ 결선 회로의 유효전력은 P[W]이다. △ 결선된 부하를 Y결선으로 바꿨을 때, 동일한 유효전력 P[W]를 유지하기 위한 전원의 선간전압[V]은?

① $\dfrac{V_s}{\sqrt{3}}$ ② V_s
③ $\sqrt{3}\,V_s$ ④ $3\,V_s$

17 그림의 회로에 $t=0$에서 직류전압 $V=50$[V]를 인가할 때, 정상상태 전류 I[A]는?(단, 회로의 시정수는 2[ms], 인덕터의 초기전류는 0[A]이다.)

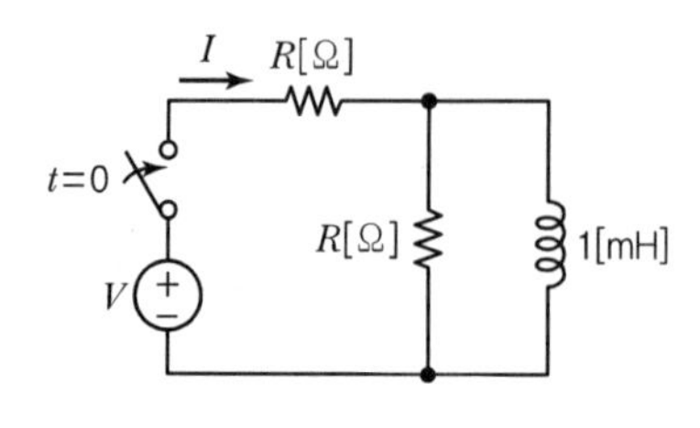

① 12.5 ② 25 ③ 35 ④ 50

정답 14 ② 15 ② 16 ③ 17 ④

18 그림의 회로에서 단자 A와 B에서 바라본 등가저항이 12[Ω]이 되도록 하는 상수 β는?

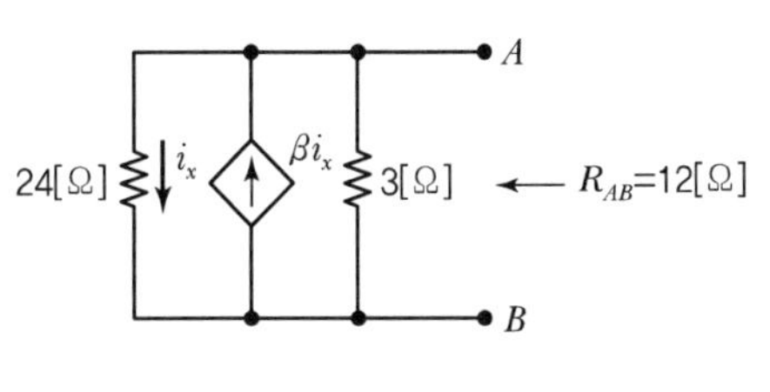

① 2　　② 4
③ 5　　④ 7

19 그림과 같은 회로에서 스위치를 B에 접속하여 오랜 시간이 경과한 후에 $t=0$에서 A로 전환하였다. $t=0^+$에서 커패시터에 흐르는 전류 $i(0^+)$[mA]와 $t=2$에서 커패시터와 직렬로 결합된 저항 양단의 전압 $v(2)$[V]은?

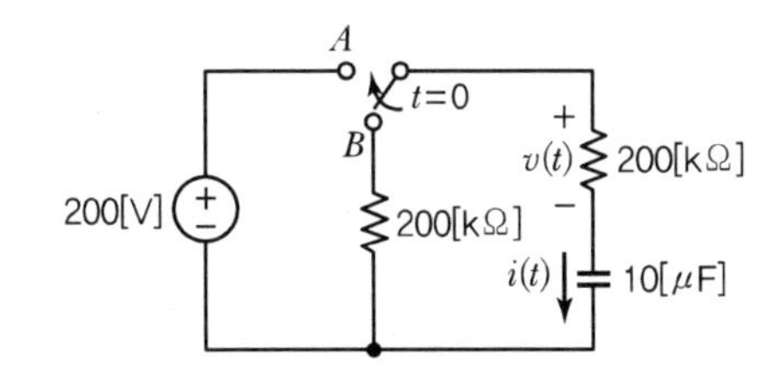

	$i(0^+)$[mA]	$v(2)$[V]
①	0	약 74
②	0	약 126
③	1	약 74
④	1	약 126

20 $v_1(t)=100\sin(30\pi t+30°)$[V]와 $v_2(t)=V_m\sin(30\pi t+60°)$[V]에서 $v_2(t)$의 실횻값은 $v_1(t)$의 최댓값의 $\sqrt{2}$ 배이다. $v_1(t)$[V]와 $v_2(t)$[V]의 위상차에 해당하는 시간[s]과 $v_2(t)$의 최댓값 V_m[V]은?

	시간	최댓값
①	$\frac{1}{180}$	200
②	$\frac{1}{360}$	200
③	$\frac{1}{180}$	$200\sqrt{2}$
④	$\frac{1}{360}$	$200\sqrt{2}$

정답 18 ④ 19 ③ 20 ①

2019년 서울시 9급

01 그림의 회로에서 $i_1 + i_2 + i_3$의 값[A]은?

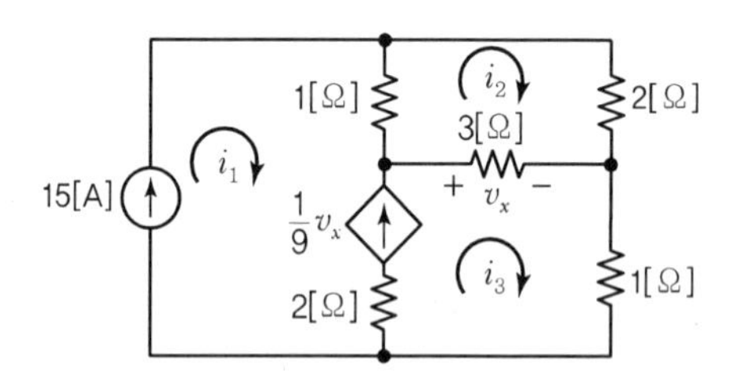

① 40[A]
② 41[A]
③ 42[A]
④ 43[A]

02 그림과 같이 한 접합점에 전류가 유입 또는 유출된다. $i_1(t) = 10\sqrt{2}\sin t[\mathrm{A}]$, $i_2(t) = 5\sqrt{2}\sin\left(t + \frac{\pi}{2}\right)[\mathrm{A}]$, $i_3(t) = 5\sqrt{2}\sin\left(t - \frac{\pi}{2}\right)[\mathrm{A}]$일 때, 전류 i_4의 값[A]은?

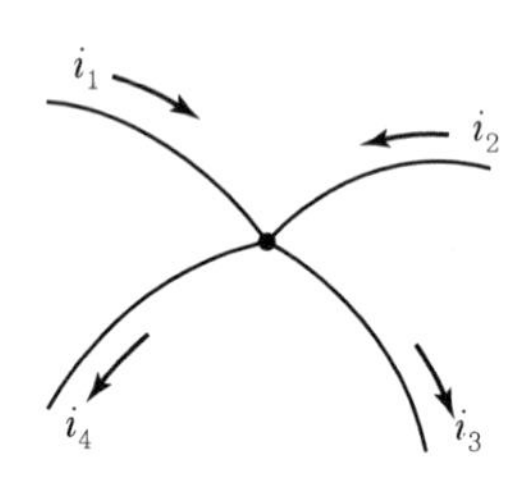

① $10\sin t[\mathrm{A}]$
② $10\sqrt{2}\sin t[\mathrm{A}]$
③ $20\sin\left(t + \frac{\pi}{4}\right)[\mathrm{A}]$
④ $20\sqrt{2}\sin\left(t + \frac{\pi}{4}\right)[\mathrm{A}]$

정답 01 ④ 02 ③

03 그림의 회로에서 $v(t=0) = V_0$일 때, 시간 t에서의 $v(t)$의 값[V]은?

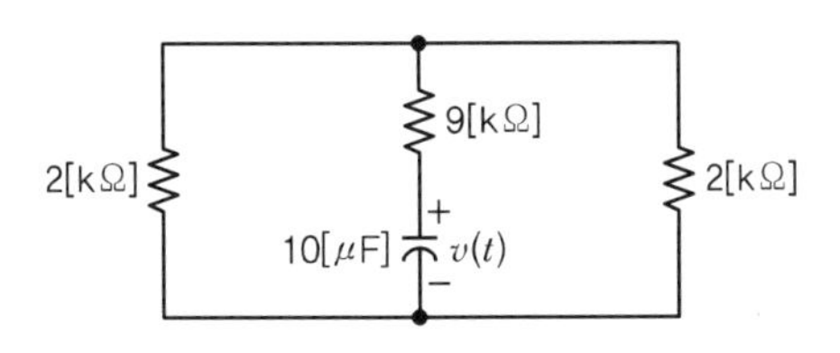

① $v(t) = V_0 e^{-10t}$[V]　　② $v(t) = V_0 e^{0.1t}$[V]

③ $v(t) = V_0 e^{10t}$[V]　　④ $v(t) = V_0 e^{-0.1t}$[V]

04 그림의 회로에서 $C = 200$[pF]의 콘덴서가 연결되어 있을 때, 시정수 τ[psec]와 단자 a−b 왼쪽의 테브냉 등가전압 V_{Th}의 값[V]은?

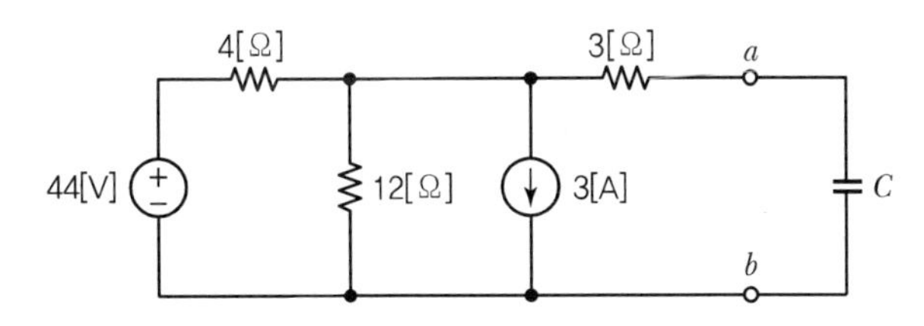

① $\tau = 1,200$[psec], $V_{Th} = 24$[V]

② $\tau = 1,200$[psec], $V_{Th} = 12$[V]

③ $\tau = 600$[psec], $V_{Th} = 12$[V]

④ $\tau = 600$[psec], $V_{Th} = 24$[V]

05 그림과 같은 전압 파형이 100[mH] 인덕터에 인가되었다. $t = 0$[sec]에서 인덕터 초기 전류가 0[A]라고 한다면, $t = 14$[sec]일 때 인덕터 전류의 값[A]은?

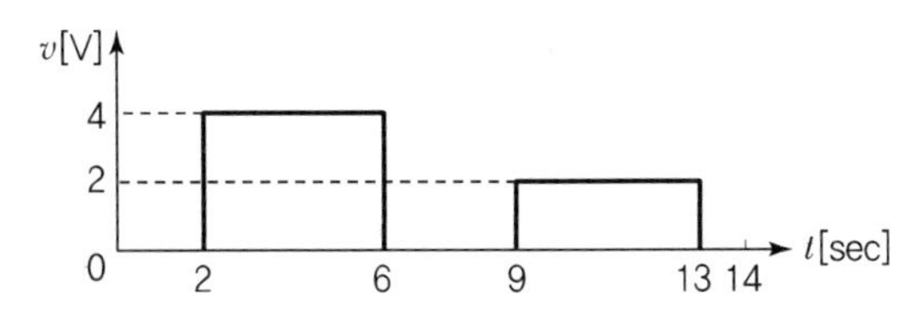

① 210[A]　　② 220[A]

③ 230[A]　　④ 240[A]

정답 03 ① 04 ① 05 ④

06 20[Ω]의 저항에 실효치 20[V]의 사인파가 걸릴 때 발생열은 직류 전압 10[V]가 걸릴 때 발생열의 몇 배인가?

① 1배　　② 2배
③ 4배　　④ 8배

07 교류전원 $v_s(t) = 2\cos 2t$[V]가 직렬 RL 회로에 연결되어 있다. $R = 2$[Ω], $L = 1$[H]일 때, 회로에 흐르는 전류 $I(t)$의 값[A]은?

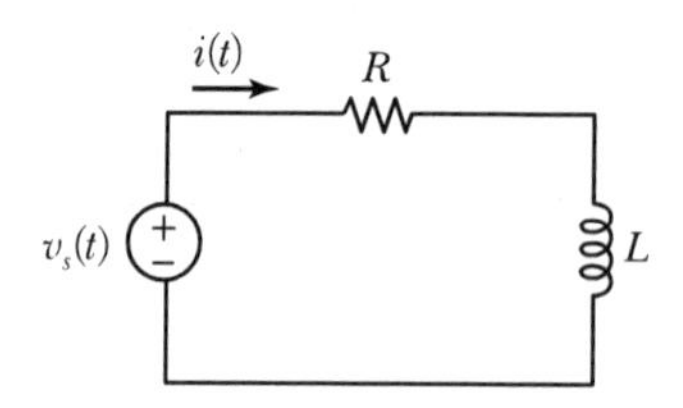

① $\sqrt{2}\cos\left(2t - \frac{\pi}{4}\right)$[A]

② $\sqrt{2}\cos\left(2t + \frac{\pi}{4}\right)$[A]

③ $\frac{1}{\sqrt{2}}\cos\left(2t + \frac{\pi}{4}\right)$[A]

④ $\frac{1}{\sqrt{2}}\cos\left(2t - \frac{\pi}{4}\right)$[A]

08 단면적은 A, 길이는 L인 어떤 도선의 저항의 크기가 10[Ω]이다. 이 도선의 저항을 원래 저항의 1/2로 줄일 수 있는 방법으로 가장 옳지 않은 것은?

① 도선의 길이만 기존의 1/2로 줄인다.
② 도선의 단면적만 기존의 2배로 증가시킨다.
③ 도선의 도전율만 기존의 2배로 증가시킨다.
④ 도선의 저항률만 기존의 2배로 증가시킨다.

정답 06 ③ 07 ④ 08 ④

09

그림의 회로에서 1[Ω]에서의 소비전력이 4[W]라고 할 때, 이 회로의 전압원의 전압 V_s[V]의 값과 2[Ω] 저항에 흐르는 전류 I_2의 값[A]은?

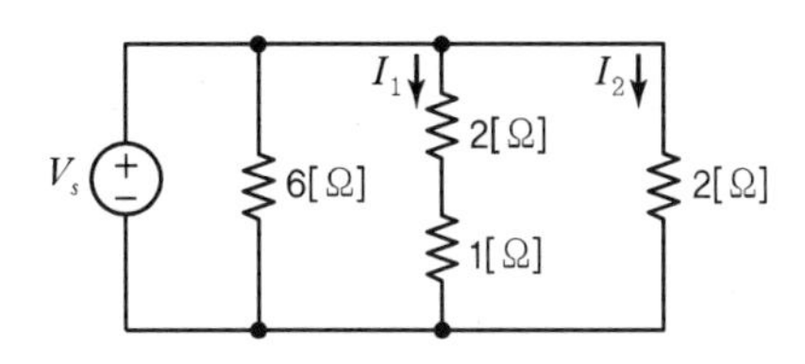

① $V_s = 5$[V], $I_2 = 2$[A]　　② $V_s = 5$[V], $I_2 = 3$[A]

③ $V_s = 6$[V], $I_2 = 2$[A]　　④ $V_s = 6$[V], $I_2 = 3$[A]

10

정전용량이 [F]인 평행평판 공기 콘덴서가 있다. 이 극판에 평행하게, 판 간격 d[m]의 4/5 두께가 되는 비유전율 ε_s인 에보나이트 판으로 채우면, 이때의 정전용량의 값[F]은?

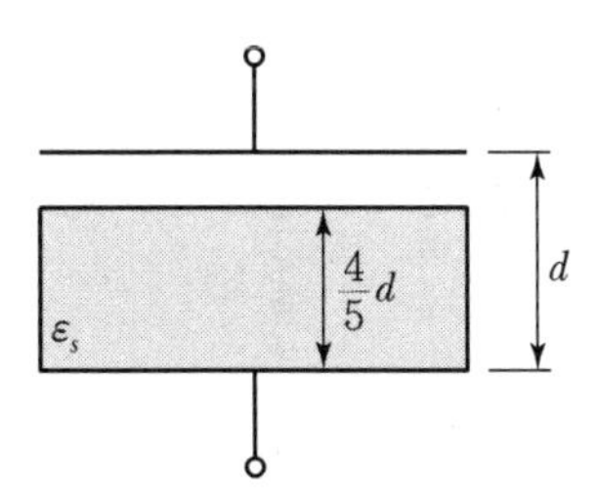

① $\dfrac{5\varepsilon_s}{1+4\varepsilon_s}C_0$[F]　　② $\dfrac{5\varepsilon_s}{4+\varepsilon_s}C_0$[F]

③ $\dfrac{4+\varepsilon_s}{5}C_0$[F]　　④ $\dfrac{1+4\varepsilon_s}{5}C_0$[F]

11

그림의 회로에서 전류 i의 값[A]은?

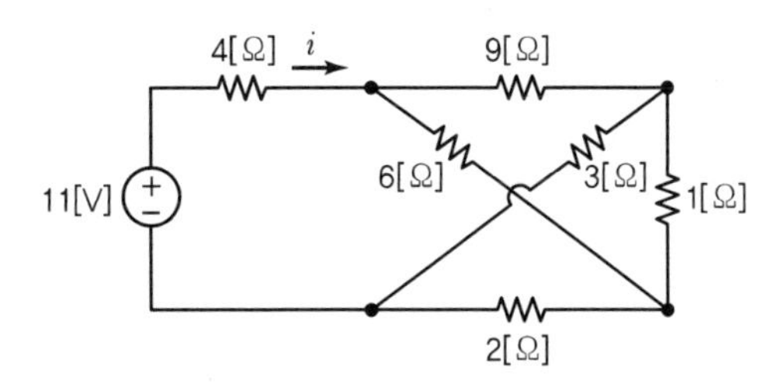

① $\frac{3}{4}$[A]　② $\frac{5}{4}$[A]　③ $\frac{7}{4}$[A]　④ $\frac{9}{4}$[A]

정답 09 ④ 10 ② 11 ②

12 그림과 같이 전압원 V_s는 직류 1[V], $R_1 = 1[\Omega]$, $R_2 = 1[\Omega]$, $R_3 = 1[\Omega]$, $L_1 = 1[H]$, $L_2 = 1[H]$이며, $t = 0$일 때, 스위치는 단자 1에서 단자 2로 이동했다. $t = \infty$일 때, i_1의 값[A]은?

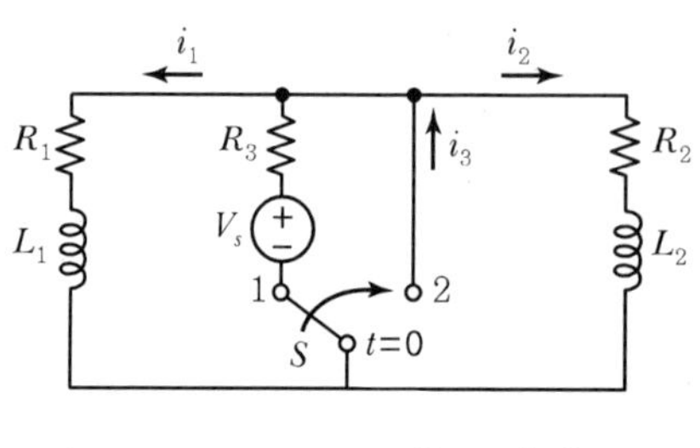

① 0[A]
② 0.5[A]
③ −0.5[A]
④ −1[A]

13 그림과 같은 회로에서 단자 A, B 사이의 등가저항의 값[kΩ]은?

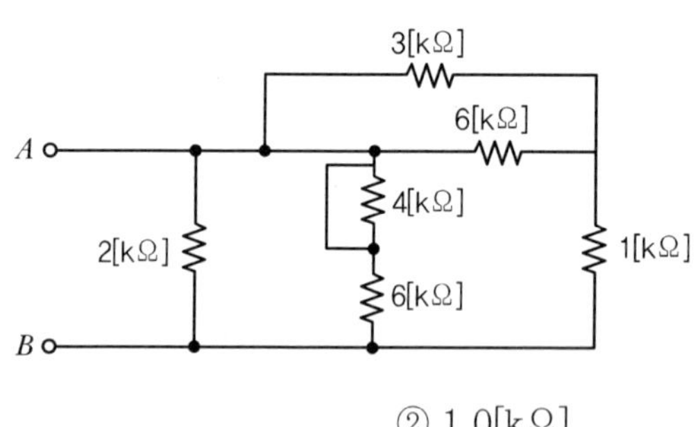

① 0.5[kΩ]
② 1.0[kΩ]
③ 1.5[kΩ]
④ 2.0[kΩ]

14 그림에서 (가)의 회로를 (나)와 같은 등가회로로 구성한다고 할 때, $x + y$의 값은?

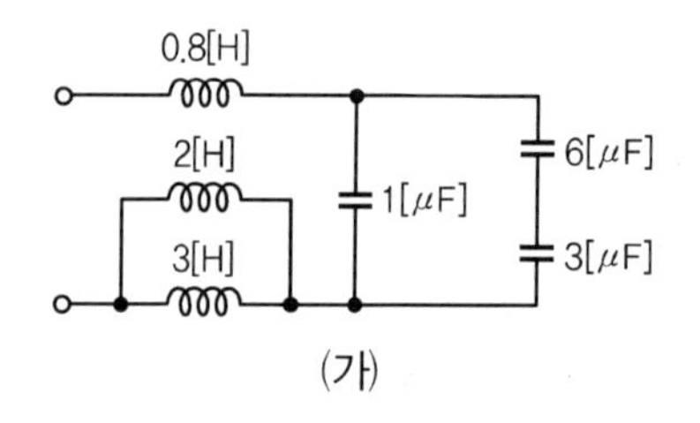

(가)

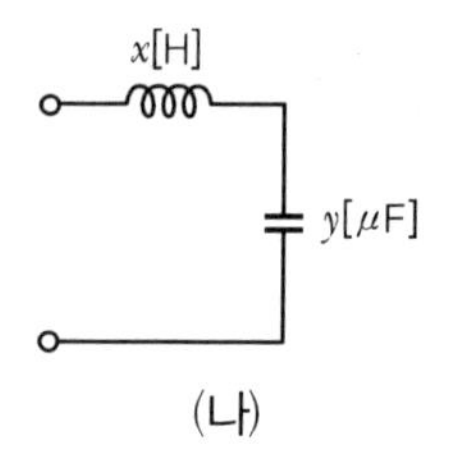

(나)

① 3
② 4
③ 5
④ 6

정답 12 ① 13 ② 14 ③

15 그림과 같은 자기회로에서 철심의 자기저항 R_c의 값[A · turns/Wb]은?(단, 자성체의 비투자율 μ_{r1}은 100이고, 공극 내 비투자율 μ_{r2}은 1이다. 자성체와 공극의 단면적은 4[m²]이고, 공극을 포함한 자로의 전체길이 $L_c = 52$[m]이며, 공극의 길이 $L_g = 2$[m]이다. 누설 자속은 무시한다.)

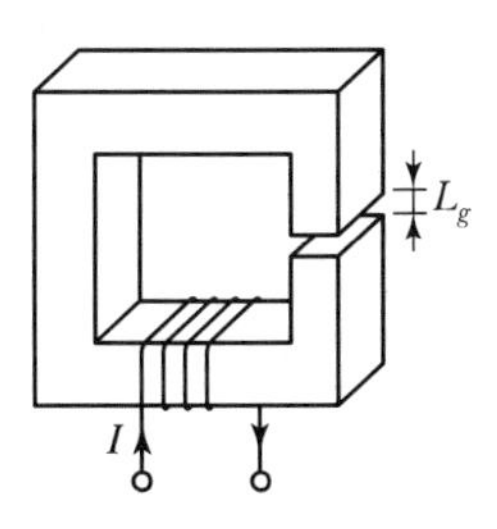

① $\frac{1}{32\pi} \times 10^7$[A · turns/Wb]
② $\frac{1}{16\pi} \times 10^7$[A · turns/Wb]
③ $\frac{1}{8\pi} \times 10^7$[A · turns/Wb]
④ $\frac{1}{4\pi} \times 10^7$[A · turns/Wb]

16 그림과 같은 전압 파형의 실횻값[V]은?(단, 해당 파형의 주기는 16[sec]이다.)

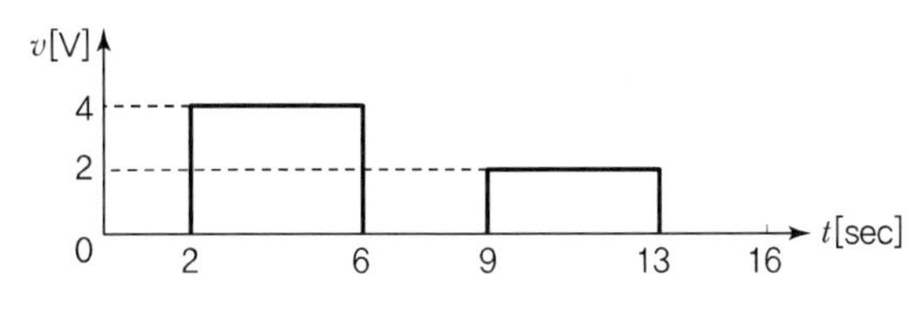

① $\sqrt{3}$[V]
② 2[V]
③ $\sqrt{5}$[V]
④ $\sqrt{6}$[V]

17 시변 전계, 시변 자계와 관련한 Maxwell 방정식의 4가지 수식으로 가장 옳지 않은 것은?

① $\nabla \cdot \overrightarrow{D} = \rho_v$
② $\nabla \cdot \overrightarrow{E} = \rho_v$
③ $\nabla \cdot \overrightarrow{B} = 0$
④ $\nabla \times \overrightarrow{H} = \overrightarrow{J} + \frac{\partial \overrightarrow{D}}{\partial t}$

정답 15 ① 16 ③ 17 ②

18 무한히 먼 곳에서부터 A점까지 +3[C]의 전하를 이동시키는 데 60[J]의 에너지가 소비되었다. 또한 무한히 먼 곳에서부터 B점까지 +2[C]의 전하를 이동시키는 데 10[J]의 에너지가 생성되었다. A점을 기준으로 측정한 B점의 전압[V]은?

① −20[V]　　② −25[V]
③ +20[V]　　④ +25[V]

19 그림과 같은 연산증폭기 회로에서 $v_1 = 1[\mathrm{V}]$, $v_2 = 2[\mathrm{V}]$, $R_1 = 1[\Omega]$, $R_2 = 4[\Omega]$, $R_3 = 1[\Omega]$, $R_4 = 4[\Omega]$일 때, 출력 전압 v_0의 값[V]은?(단, 연산증폭기는 이상적이라고 가정한다.)

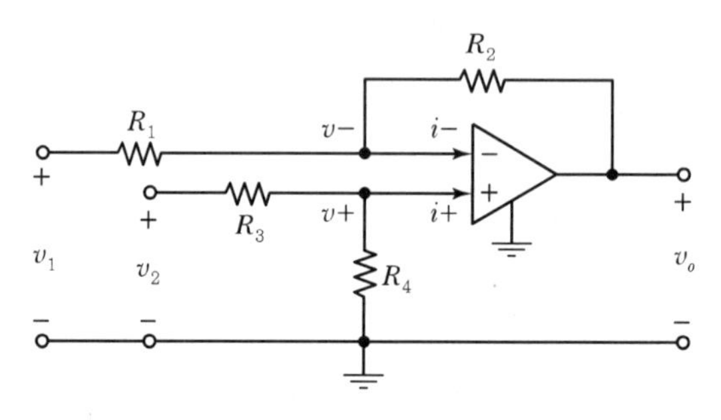

① 1[V]　　② 2[V]
③ 3[V]　　④ 4[V]

20 커패시터 양단에 인가되는 전압이 $v(t) = 5\sin\left(120\pi t - \frac{\pi}{3}\right)$[V]일 때, 커패시터에 입력되는 전류는 $i(t) = 0.03\pi\cos\left(120\pi t - \frac{\pi}{3}\right)$[A]이다. 이 커패시터의 커패시턴스의 값[F]은?

① 40[F]　　② 45[F]
③ 50[F]　　④ 55[F]

정답 18 ② 19 ④ 20 ③

CHAPTER 14

CURRENT THEORY

2020년 국가직 9급

01 다음의 교류전압 $v_1(t)$과 $v_2(t)$에 대한 설명으로 옳은 것은?

- $v_1(t) = 100\sin\left(120\pi t + \frac{\pi}{6}\right)$[V]
- $v_2(t) = 100\sqrt{2}\sin\left(120\pi t + \frac{\pi}{3}\right)$[V]

① $v_1(t)$과 $v_2(t)$의 주기는 모두 $\frac{1}{60}$[sec]이다.

② $v_1(t)$과 $v_2(t)$의 주파수는 모두 120π[Hz]이다.

③ $v_1(t)$과 $v_2(t)$는 동상이다.

④ $v_1(t)$과 $v_2(t)$의 실횻값은 각각 100[V], $100\sqrt{2}$[V]이다.

02 그림의 회로에서 1[Ω]에 흐르는 전류 I[A]는?

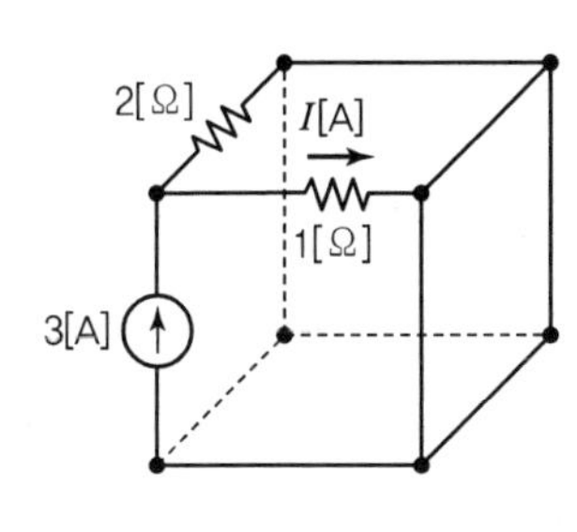

① 1　　② 2

③ 3　　④ 4

정답 01 ① 02 ②

03 그림과 같이 공극의 단면적 $S=100\times10^{-4}[\text{m}^2]$인 전자석에 자속밀도 $B=2[\text{Wb/m}^2]$인 자속이 발생할 때, 철편에 작용하는 힘[N]은?(단, $\mu_0=4\pi\times10^{-7}$이다.)

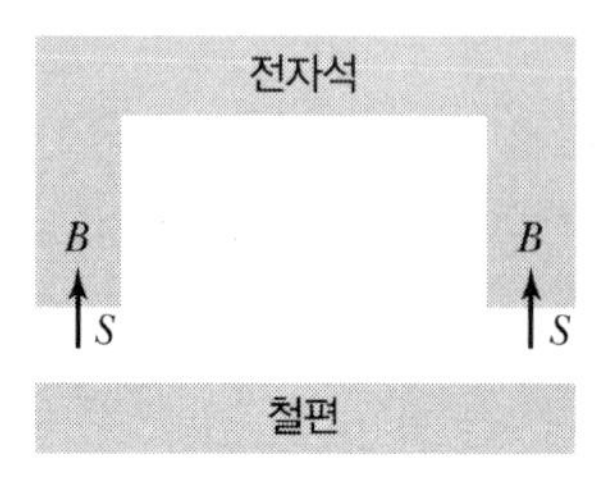

① $\frac{1}{\pi}\times10^{5}$
② $\frac{1}{\pi}\times10^{-5}$
③ $\frac{1}{2\pi}\times10^{5}$
④ $\frac{1}{2\pi}\times10^{-5}$

04 3상 평형 △ 결선 및 Y결선에서, 선간전압, 상전압, 선전류, 상전류에 대한 설명으로 옳은 것은?

① △ 결선에서 선간전압의 크기는 상전압 크기의 $\sqrt{3}$ 배이다.
② Y결선에서 선전류의 크기는 상전류 크기의 $\sqrt{3}$ 배이다.
③ △ 결선에서 선간전압의 위상은 상전압의 위상보다 $\frac{\pi}{6}$[rad] 앞선다.
④ Y결선에서 선간전압의 위상은 상전압의 위상보다 $\frac{\pi}{6}$[rad] 앞선다.

05 그림의 회로에서 전류 I[A]는?

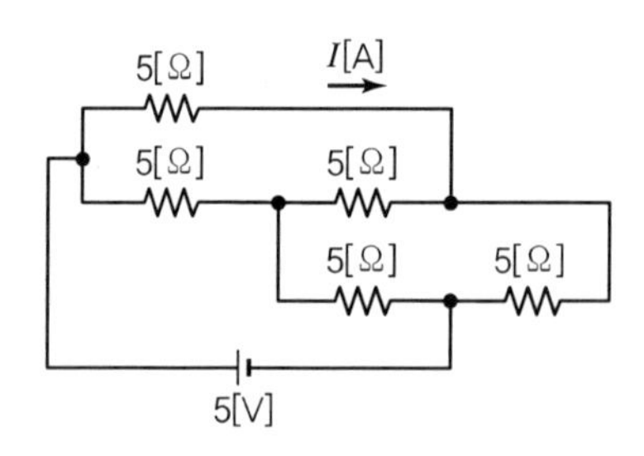

① 0.25
② 0.5
③ 0.75
④ 1

정답 **03** ① **04** ④ **05** ②

06 그림의 회로에서 점 a와 점 b 사이의 정상상태 전압 V_{ab}[V]는?

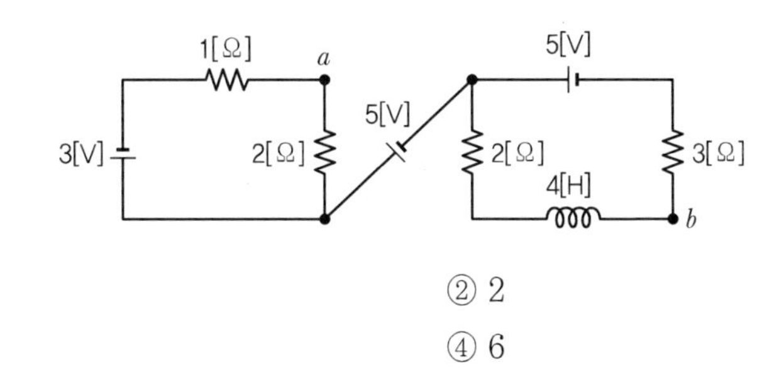

① -2 ② 2
③ 5 ④ 6

07 그림의 회로에서 저항 R_L에 4[W]의 최대전력이 전달될 때, 전압 E[V]는?

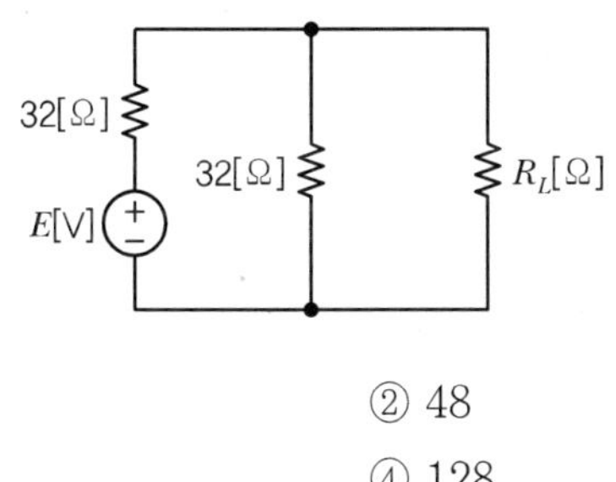

① 32 ② 48
③ 64 ④ 128

08 그림 (a)의 T형 회로를 그림 (b)의 π형 등가회로로 변환할 때, Z_3[Ω]은?(단, $\omega = 10^3$ [rad/s]이다.)

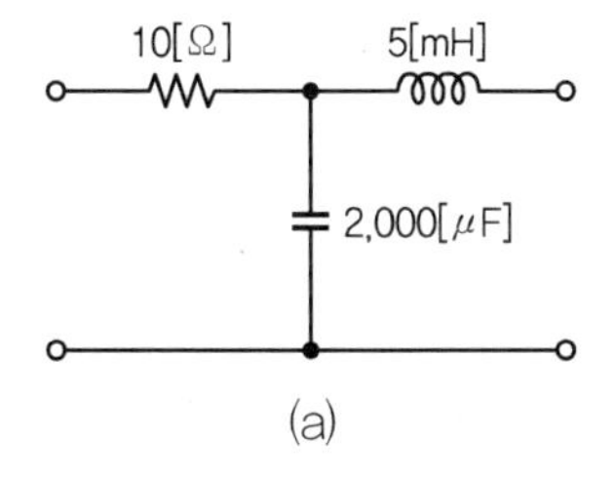

(a)

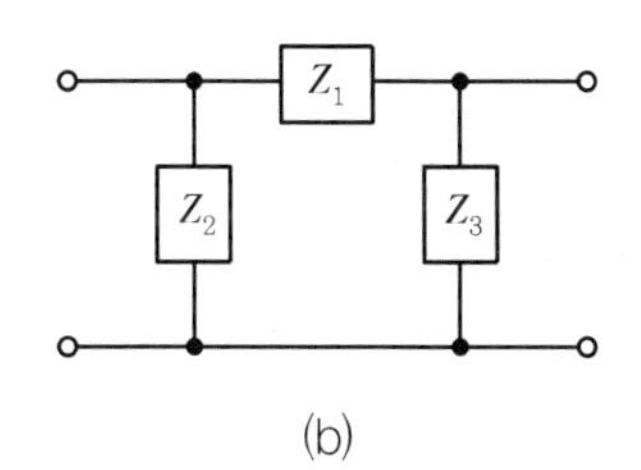

(b)

① $-90 + j5$ ② $9 - j0.5$
③ $0.25 + j4.5$ ④ $9 + j4.5$

정답 06 ③ 07 ① 08 ③

09 그림의 회로에서 전원전압의 위상과 전류 I[A]의 위상에 대한 설명으로 옳은 것은?

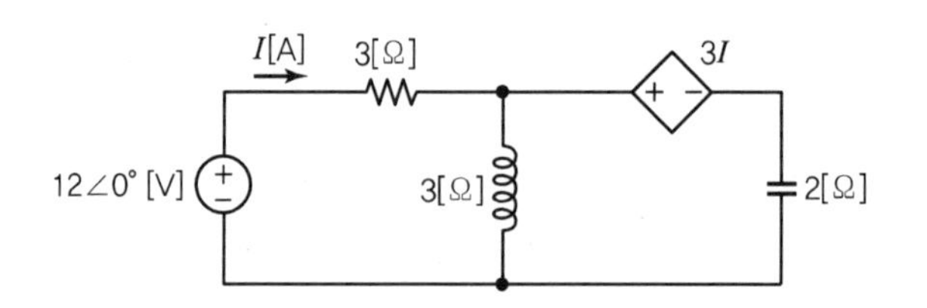

① 동위상이다.
② 전류의 위상이 앞선다.
③ 전류의 위상이 뒤진다.
④ 위상차는 180도이다.

10 그림과 같이 3상 평형전원에 연결된 600[VA]의 3상 부하(유도성)의 역률을 1로 개선하기 위한 개별 커패시터 용량 $C[\mu F]$는?(단, 3상 부하의 역률각은 30°이고, 전원전압은 $V_{ab}(t) = 100\sqrt{2}\sin 100t$ [V]이다.)

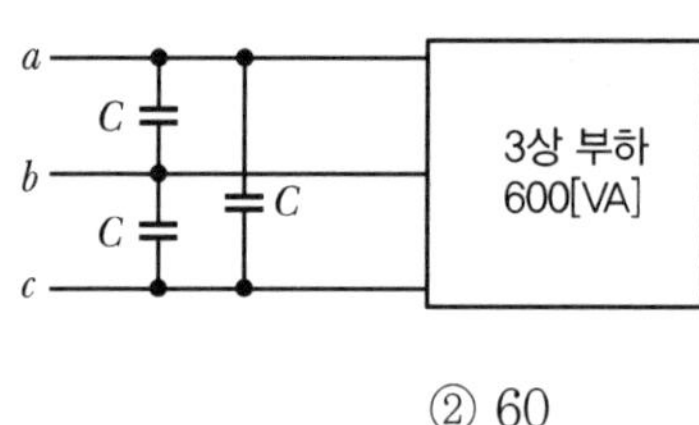

① 30
② 60
③ 90
④ 100

11 2개의 도체로 구성되어 있는 평행판 커패시터의 정전용량을 100[F]에서 200[F]으로 증대하기 위한 방법은?

① 극판 면적을 4배 크게 한다.
② 극판 사이의 간격을 반으로 줄인다.
③ 극판의 도체 두께를 2배로 증가시킨다.
④ 극판 사이에 있는 유전체의 비유전율이 4배 큰 것을 사용한다.

12 어떤 회로에 전압 $v(t) = 25\sin(\omega t + \theta)$[V]을 인가하면 전류 $i(t) = 4\sin(\omega t + \theta - 60°)$[A]가 흐른다. 이 회로에서 평균전력[W]은?

① 15
② 20
③ 25
④ 30

정답 09 ② 10 ④ 11 ② 12 ③

13 그림과 같이 자로 $l=0.3[\mathrm{m}]$, 단면적 $S=3\times10^{-4}[\mathrm{m}^2]$, 권선수 $N=1,000$회, 비투자율 $\mu_r=10^4$인 링(ring) 모양 철심의 자기 인덕턴스 L[H]은?(단, $\mu_0=4\pi\times10^{-7}$이다.)

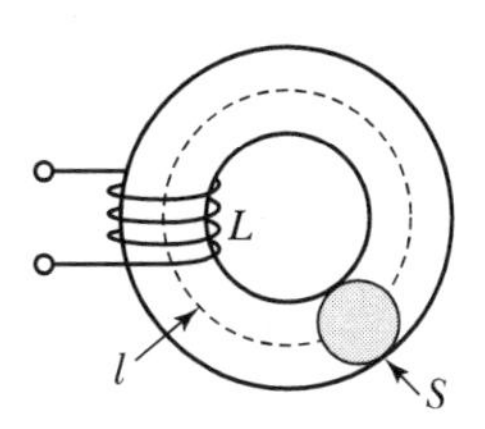

① 0.04π
② 0.4π
③ 4π
④ 5π

14 그림의 자기결합 회로에서 V_2[V]가 나머지 셋과 다른 하나는?(단, M은 상호 인덕턴스이며, L_2 코일로 흐르는 전류는 없다.)

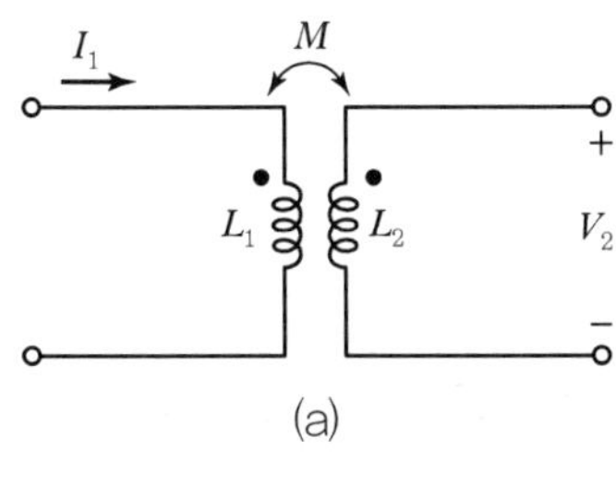

(a)

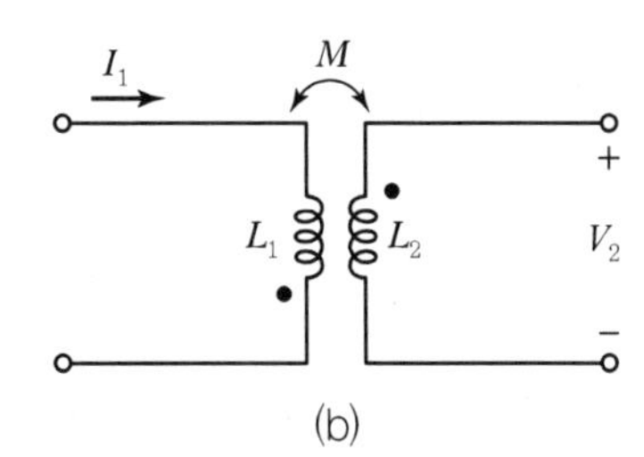

(b)

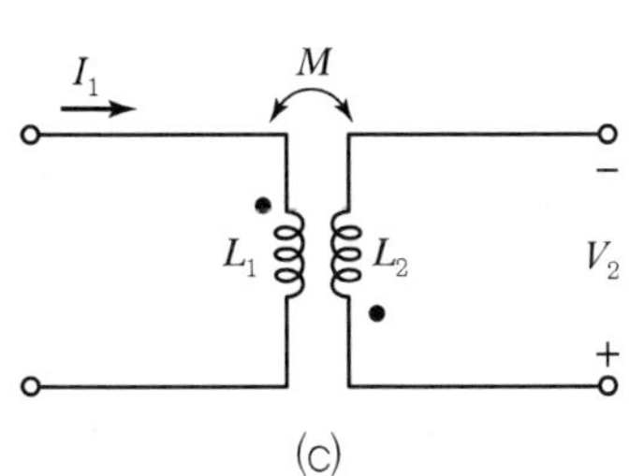

(c)

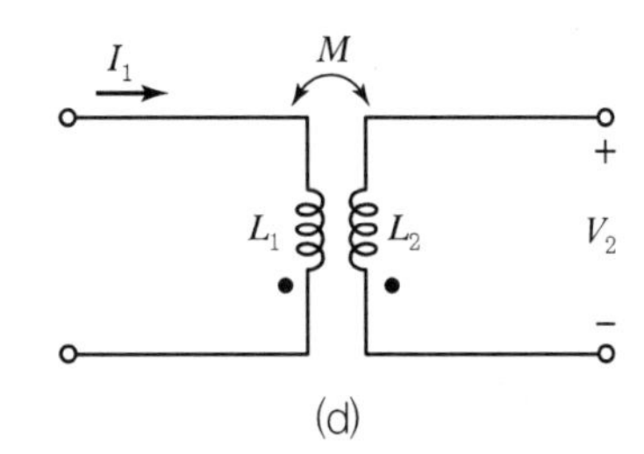

(d)

① (a)
② (b)
③ (c)
④ (d)

정답 13 ③ 14 ②

15 그림의 회로에서 교류전압을 인가하여 전류 I[A]가 최소가 될 때, 리액턴스 X_C[Ω]는?

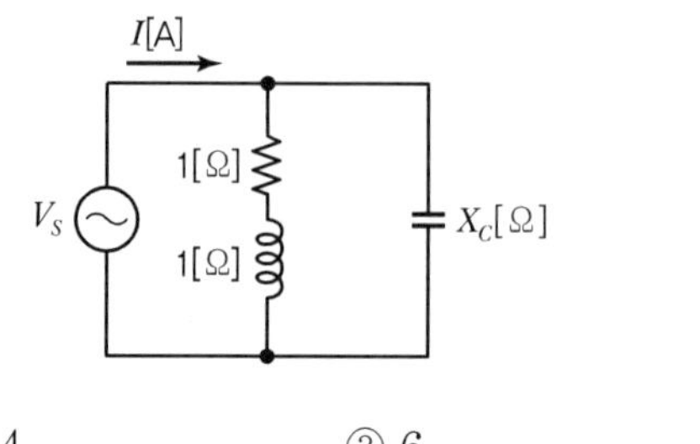

① 2 ② 4 ③ 6 ④ 8

16 2개의 단상전력계를 이용하여 어떤 불평형 3상 부하의 전력을 측정한 결과 $P_1 = 3$[W], $P_2 = 6$[W]일 때, 이 3상 부하의 역률은?

① $\frac{3}{5}$ ② $\frac{4}{5}$

③ $\frac{1}{\sqrt{3}}$ ④ $\frac{\sqrt{3}}{2}$

17 $2Q$[C]의 전하량을 갖는 전하 A에서 q[C]의 전하량을 떼어 내어 전하 A로부터 1[m] 거리에 q[C]를 위치시킨 경우, 두 전하 사이에 작용하는 전자기력이 최대가 되는 q[C]는?(단, $0 < q < 2Q$이다.)

① Q ② $\frac{Q}{2}$ ③ $\frac{Q}{3}$ ④ $\frac{Q}{4}$

18 그림의 회로에서 $t = 0$[sec]일 때, 스위치 S를 닫았다. $t = 3$[sec]일 때, 커패시터 양단 전압 $v_c(t)$[V]은?(단, $v_c(t = 0_-) = 0$[V]이다.)

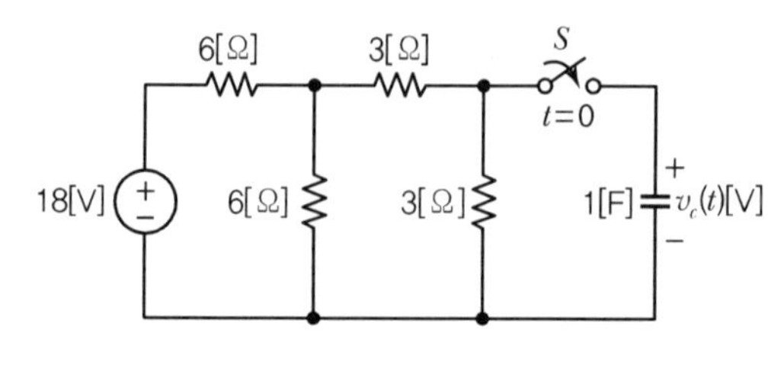

① $3e^{-4.5}$ ② $3 - 3e^{-4.5}$

③ $3 - 3e^{-1.5}$ ④ $-3e^{-1.5}$

정답 15 ① 16 ④ 17 ① 18 ③

19 그림의 회로에서 $t=0$[sec]일 때, 스위치 S_1과 S_2를 동시에 닫을 때, $t>0$에서 커패시터 양단 전압 $v_c(t)$[V]는?

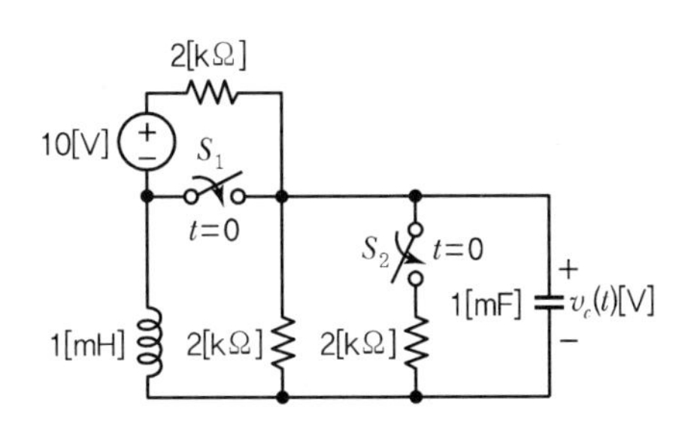

① 무손실 진동
② 과도감쇠
③ 임계감쇠
④ 과소감쇠

20 그림과 같은 구형파의 제 $(2n-1)$ 고조파의 진폭(A_1)과 기본파의 진폭(A_2)의 비($\frac{A_1}{A_2}$)는?

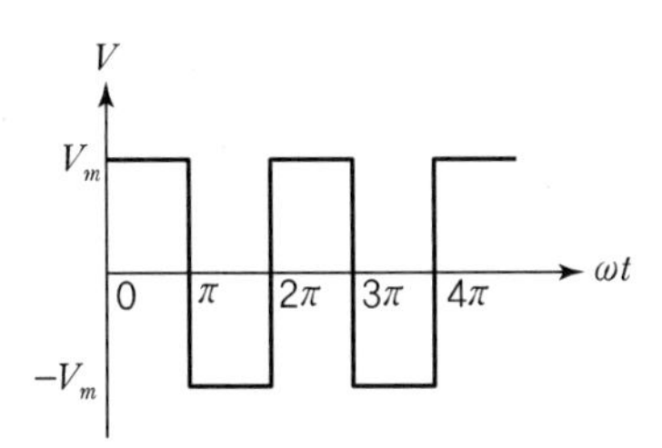

① $\frac{1}{2n-1}$
② $2n-1$
③ $\frac{\pi}{2n-1}$
④ $\frac{2n-1}{\pi}$

정답 19 ④ 20 ①

2020년 지방직 9급

01 그림의 자기 히스테리시스 곡선에서 가로축(X)과 세로축(Y)에 해당하는 것은?

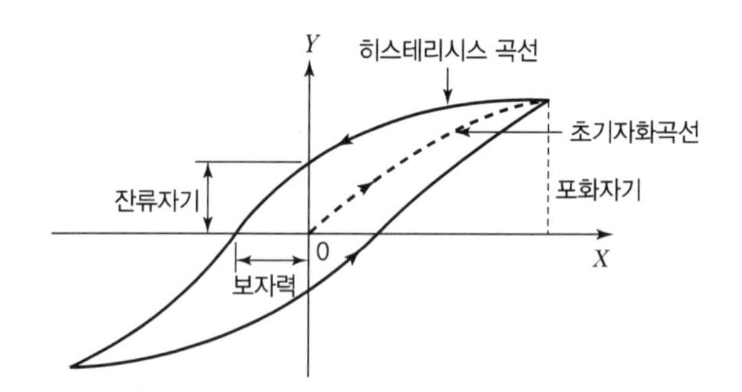

	X	Y
①	자속밀도	투자율
②	자속밀도	자기장의 세기
③	자기장의 세기	투자율
④	자기장의 세기	자속밀도

02 그림의 회로에서 전류 I_1[A]은?

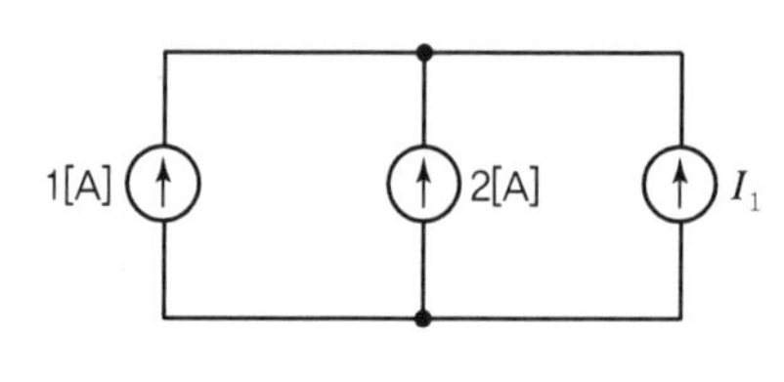

① −1　② 1
③ −3　④ 3

정답 01 ④ 02 ③

03 그림의 회로에서 공진주파수[Hz]는?

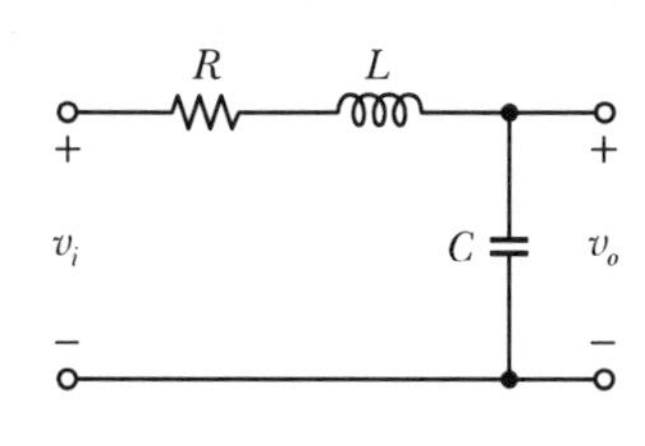

① $\frac{1}{\sqrt{LC}}$　　② $\frac{1}{LC}$

③ $\frac{1}{2\pi LC}$　　④ $\frac{1}{2\pi\sqrt{LC}}$

04 그림의 Ch1 파형과 Ch2 파형에 대한 설명으로 옳은 것은?

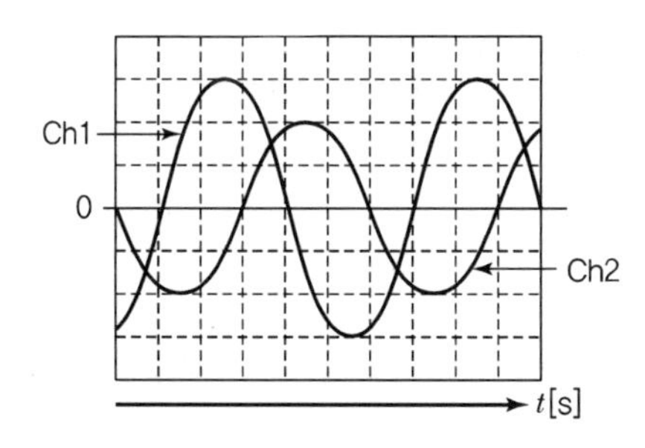

① Ch1 파형이 Ch2 파형보다 위상은 앞서고, 주파수는 높다.
② Ch1 파형이 Ch2 파형보다 위상은 앞서고, 주파수는 같다.
③ Ch1 파형이 Ch2 파형보다 위상은 뒤지고, 진폭은 크다.
④ Ch1 파형이 Ch2 파형보다 위상은 뒤지고, 진폭은 같다.

05 그림의 회로에서 $t=0$일 때, 스위치 SW를 닫았다. 시정수 τ[s]는?

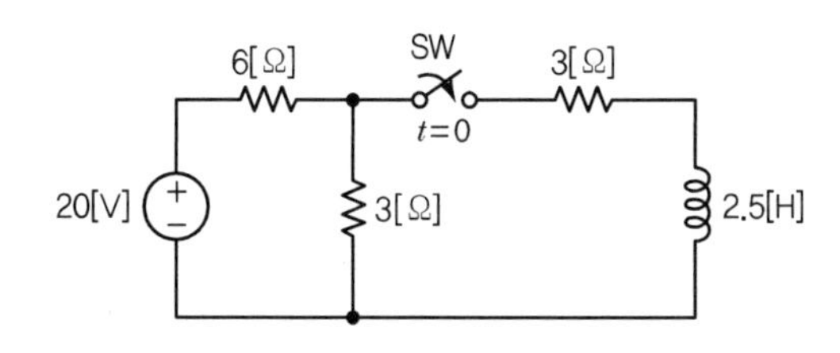

① $\frac{1}{2}$　② $\frac{2}{3}$　③ 1　④ 2

정답 03 ④ 04 ② 05 ①

06 0.8 지상 역률을 가진 20[kVA] 단상 부하가 200[V_{rms}] 전압원에 연결되어 있다. 이 부하에 병렬로 커패시터를 연결하여 역률을 1로 개선하였다. 역률 개선 전과 비교한 역률 개선 후의 실효치 전원 전류는?

① 변화 없음 ② $\frac{2}{5}$로 감소
③ $\frac{3}{5}$으로 감소 ④ $\frac{4}{5}$로 감소

07 그림의 회로에서 3[Ω]에 흐르는 전류 I[A]는?

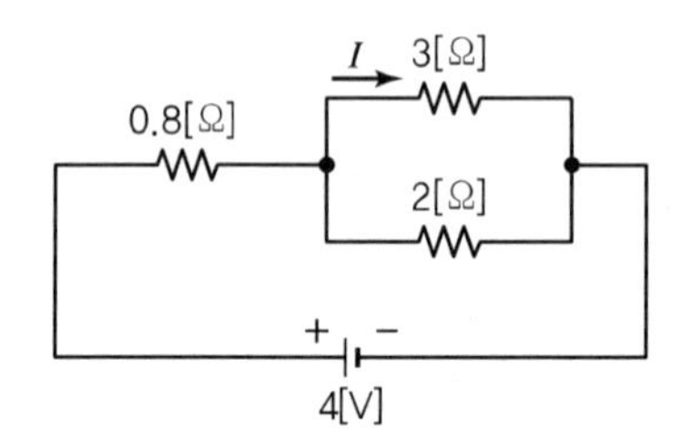

① 0.4 ② 0.8
③ 1.2 ④ 2

08 그림의 회로에서 30[Ω]의 양단전압 V_1[V]은?

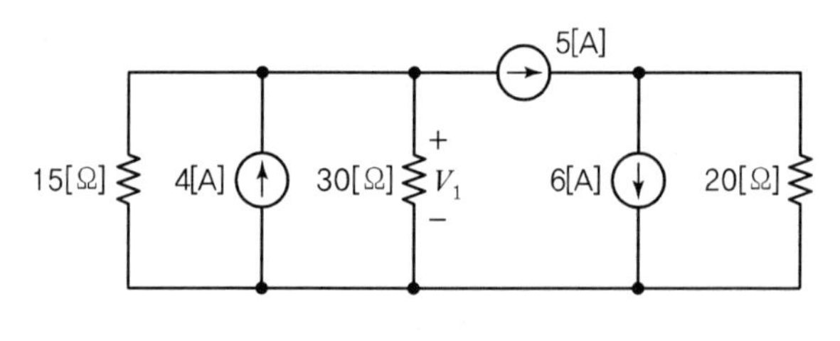

① −10 ② 10
③ 20 ④ −20

정답 06 ④ 07 ② 08 ①

09 그림의 회로에서 $v = 200\sqrt{2}\sin(120\pi t)$[V]의 전압을 인가하면 $i = 10\sqrt{2}\sin(120\pi t - \frac{\pi}{3})$[A]의 전류가 흐른다. 회로에서 소비전력[kW]과 역률[%]은?

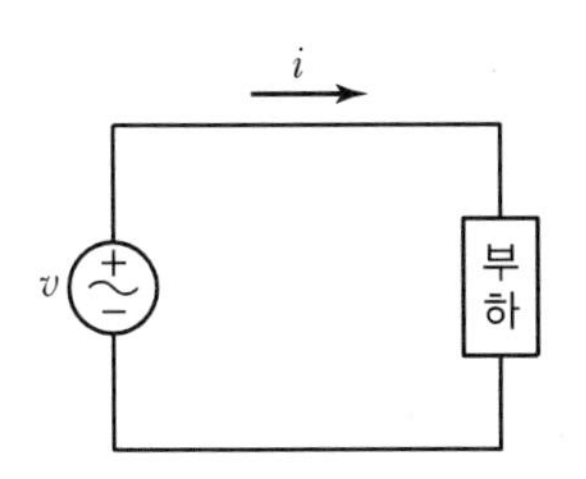

	소비전력	역률		소비전력	역률
①	4	86.6	②	1	86.6
③	4	50	④	1	50

10 그림의 회로에서 스위치 SW가 충분히 긴 시간 동안 접점 a에 연결되어 있다. $t=0$에서 접점 b로 이동한 직후의 인덕터와 커패시터에 저장된 에너지[mJ]는?

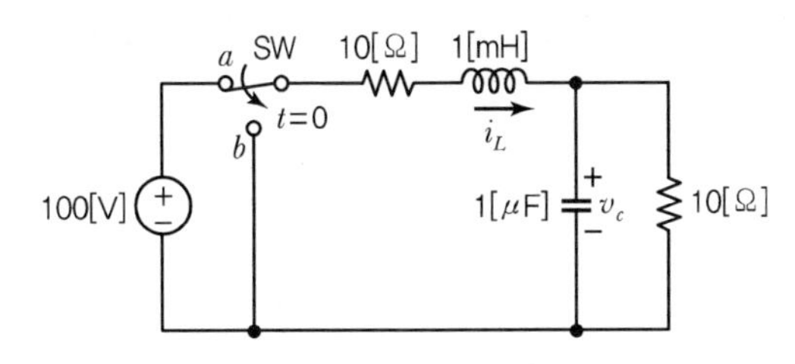

	인덕터	커패시터		인덕터	커패시터
①	12.5	1.25	②	12.5	12.5
③	12.5	1,250	④	1,250	12.5

11 선간전압 200[V_{rms}]인 평형 3상 회로의 전체 무효전력이 3,000[Var]이다. 회로의 선전류 실횻값[A]은?(단, 회로의 역률은 80[%]이다.)

① $25\sqrt{3}$　② $\frac{75}{4\sqrt{3}}$

③ $\frac{25}{\sqrt{3}}$　④ $300\sqrt{3}$

정답 09 ④ 10 ① 11 ③

12 비정현파 전압 $v = 3 + 4\sqrt{2}\,\sin\omega t$[V]에 대한 설명으로 옳은 것은?

① 실횻값은 5[V]이다.
② 직류성분은 7[V]이다.
③ 기본파 성분의 최댓값은 4[V]이다.
④ 기본파 성분의 실횻값은 0[V]이다.

13 어떤 코일에 0.2초 동안 전류가 2[A]에서 4[A]로 변화하였을 때 4[V]의 기전력이 유도되었다. 코일의 인덕턴스[H]는?

① 0.1　② 0.4
③ 1　④ 2.5

14 전자유도현상에 대한 설명이다. ㉠과 ㉡에 해당하는 것은?

(㉠)은 전자유도에 의해 코일에 발생하는 유도기전력의 방향은 자속의 증가 또는 감소를 방해하는 방향으로 발생한다는 법칙이고, (㉡)은 전자유도에 의해 코일에 발생하는 유도기전력의 크기는 코일과 쇄교하는 자속의 변화율에 비례한다는 법칙이다.

	㉠	㉡
①	플레밍의 왼손 법칙	플레밍의 오른손 법칙
②	플레밍의 왼손 법칙	패러데이의 법칙
③	렌츠의 법칙	플레밍의 오른손 법칙
④	렌츠의 법칙	패러데이의 법칙

15 그림의 회로에 200[V_{rms}] 정현파 전압을 인가하였다. 저항에 흐르는 평균전류[A]는?(단, 회로는 이상적이다.)

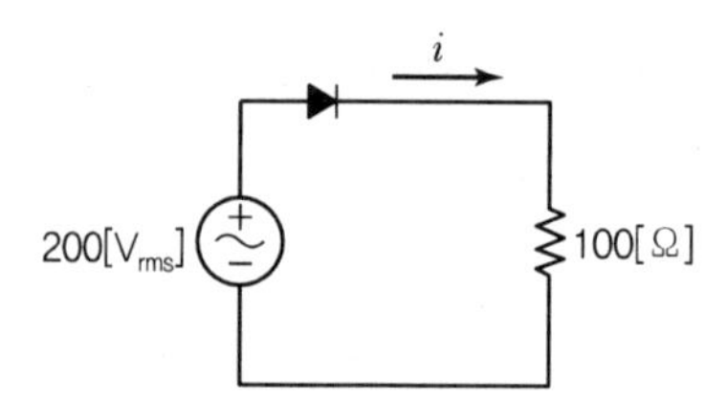

① $\dfrac{4\sqrt{2}}{\pi}$　② $\dfrac{4}{\pi}$　③ $\dfrac{2\sqrt{2}}{\pi}$　④ $\dfrac{2}{\pi}$

정답 12 ① 13 ② 14 ④ 15 ③

16 그림과 같이 3상 회로의 상전압을 직렬로 연결했을 때, 양단전압 $\dot{V}$ [V]는?

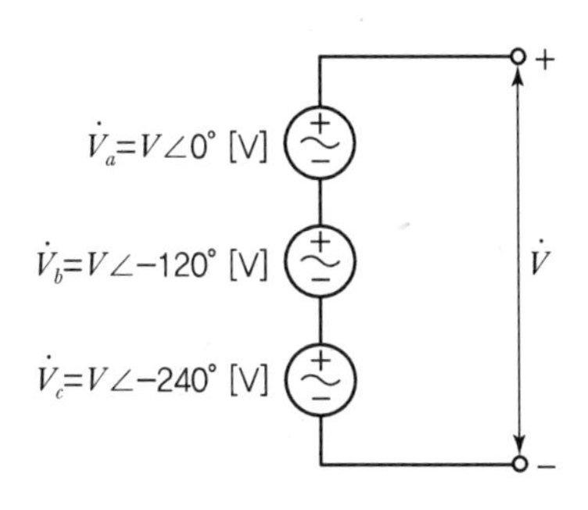

① $0\angle 0°$ ② $V\angle 90°$

③ $\sqrt{2}\,V\angle 120°$ ④ $\frac{1}{\sqrt{2}}V\angle 240°$

17 그림 (a) 회로에서 스위치 SW의 개폐에 따라 코일에 흐르는 전류 i_L이 그림 (b)와 같이 변화할 때 옳지 않은 것은?

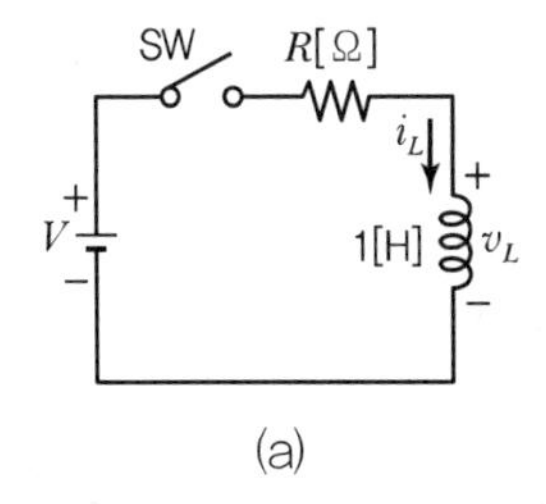

(a)

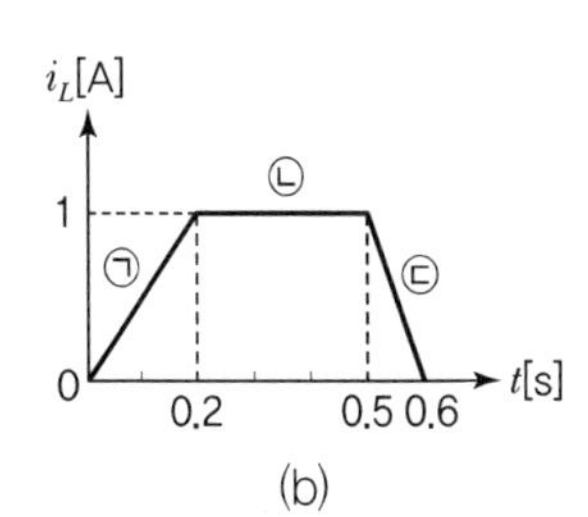

(b)

① ㉠구간에서 코일에서 발생하는 유도기전력 v_L은 5[V]이다.

② ㉡구간에서 코일에서 발생하는 유도기전력 v_L은 0[V]이다.

③ ㉢구간에서 코일에서 발생하는 유도기전력 v_L은 10[V]이다.

④ ㉡구간에서 코일에 저장된 에너지는 0.5[J]이다.

정답 **16** ① **17** ③

18 그림과 같이 유전체 절반이 제거된 두 전극판 사이의 정전용량[μF]은?(단, 두 전극판 사이에 비유전율 $\varepsilon_r = 5$인 유전체로 가득 채웠을 때 정전용량은 10[μF]이며 전극판 사이의 간격은 일정하게 유지된다.)

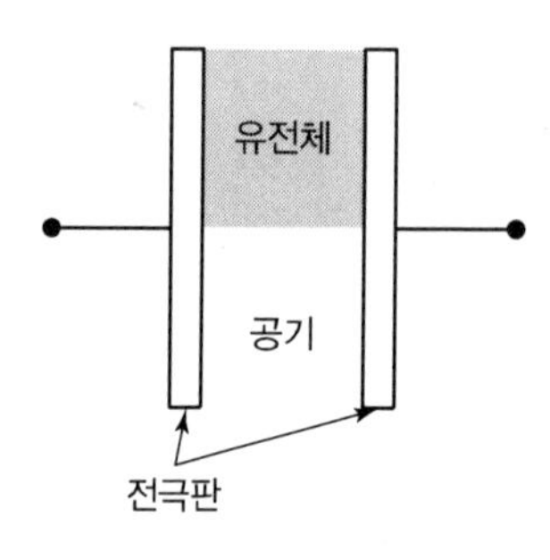

① 5 ② 6
③ 9 ④ 10

19 그림의 회로에서 I_1에 흐르는 전류는 1.5[A]이다. 회로의 합성저항[Ω]은?

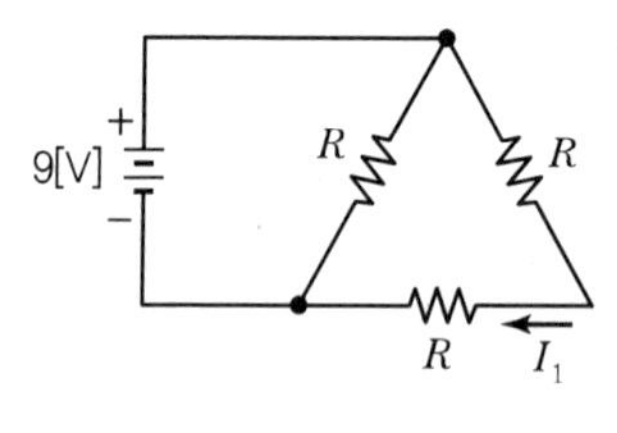

① 2 ② 3
③ 6 ④ 9

20 평형 3상 Y−Y 회로의 선간전압이 100[V_{rms}]이고 한 상의 부하가 $Z_L = 3 + j4$[Ω]일 때 3상 전체의 유효전력[kW]은?

① 0.4 ② 0.7
③ 1.2 ④ 2.1

정답 18 ② 19 ① 20 ③

2020년 서울시 9급

01 그림과 같이 1[Ω], 5[Ω], 9[Ω]의 저항 3개를 병렬로 접속하고 120[V]의 전압을 인가할 때, 5[Ω]의 저항에 흐르는 전류 I[A]는?

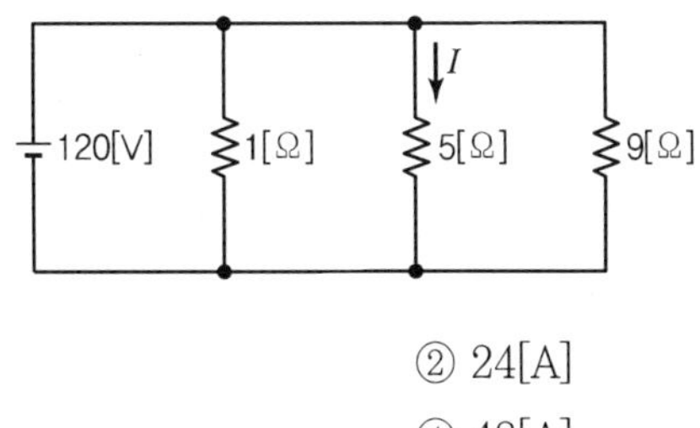

① 20[A]　② 24[A]
③ 40[A]　④ 48[A]

02 전원과 부하가 모두 Δ결선된 3상 평형 회로가 있다. 전원 전압이 80[V], 부하 임피던스가 $3+j4$[Ω]인 경우 선전류[A]의 크기는?

① $4\sqrt{3}$[A]　② $8\sqrt{3}$[A]
③ $12\sqrt{3}$[A]　④ $16\sqrt{3}$[A]

03 1개의 노드에 연결된 3개의 전류가 그림과 같을 때 전류 I[A]는?

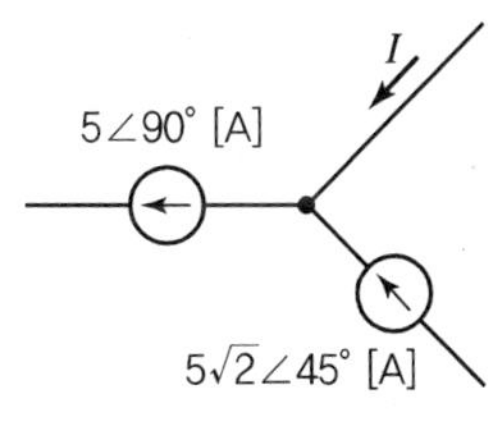

① -5[A]　② 5[A]
③ $5-j5$[A]　④ $5+j5$[A]

정답 01 ② 02 ④ 03 ①

04 그림은 이상적인 연산증폭기를 사용하는 회로이다. 두 입력 v_1과 v_2를 가할 때 출력 v_0[V]은?

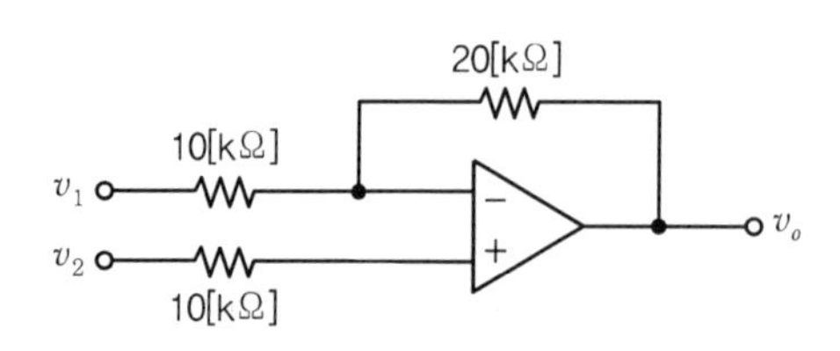

① $v_1 + v_2$[V]
② $2v_1 + 2v_2$[V]
③ $-2v_1 + 3v_2$[V]
④ $2v_1 + 3v_2$[V]

05 유전율이 ε_0, 극판 사이의 간격이 d, 정전용량이 1[F]인 커패시터가 있다. 그림과 같이 극판 사이에 평행으로 유전율이 $3\varepsilon_0$인 물질을 $2d/3$ 두께를 갖도록 삽입했을 때, 커패시터의 정전용량[F]은?

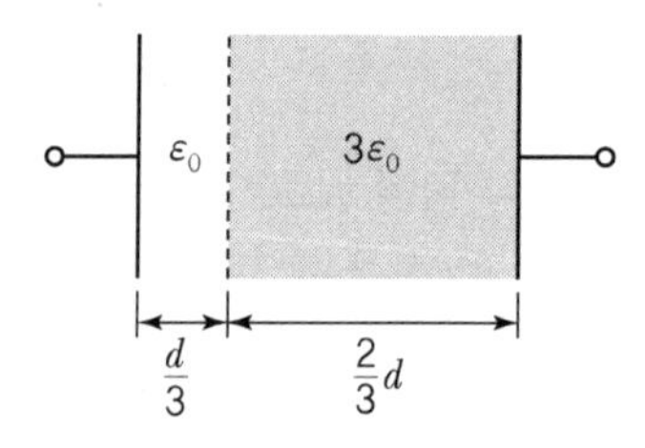

① 1.5[F]
② 1.8[F]
③ 2[F]
④ 2.3[F]

06 그림과 같이 2개의 점전하 +1[μC]과 +4[μC]이 1[m] 떨어져 있을 때, 두 전하가 발생시키는 전계의 세기가 같아지는 지점은?

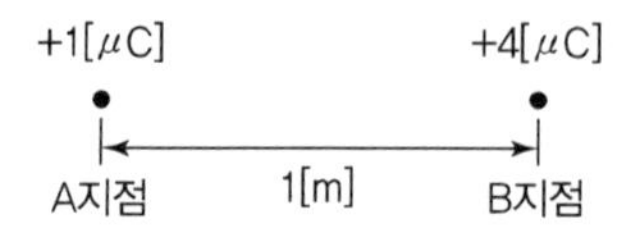

① A지점에서 오른쪽으로 0.33[m] 지점
② A지점에서 오른쪽으로 0.5[m] 지점
③ A지점에서 왼쪽으로 0.5[m] 지점
④ A지점에서 왼쪽으로 1[m] 지점

정답 04 ③ 05 ② 06 ①

07 교류 회로의 전압과 전류의 실횻값이 각각 50[V], 20[A]이고 역률이 0.8일 때, 소비전력[W]은?

① 200[W] ② 400[W]
③ 600[W] ④ 800[W]

08 무한히 긴 2개의 직선 도체가 공기 중에서 5[cm]의 거리를 두고 평행하게 놓여져 있다. 두 도체에 각각 전류 20[A], 30[A]가 같은 방향으로 흐를 때, 도체 사이에 작용하는 단위 길이당 힘의 크기[N/m]는?

① 2.4×10^{-3}[N/m] ② 15×10^{-3}[N/m]
③ 3.8×10^{3}[N/m] ④ 12×10^{3}[N/m]

09 처음 정전용량이 2[F]인 평행판 커패시터가 있다. 정전용량을 6[F]으로 변경하기 위한 방법으로 가장 옳지 않은 것은?

① 극판 사이의 간격을 1/3배로 한다.
② 판의 면적을 3배로 한다.
③ 극판 사이의 간격을 1/2배로 하고, 판의 면적을 2배로 한다.
④ 극판 사이의 간격을 1/4배로 하고, 판의 면적을 3/4배로 한다.

10 여러 개의 커패시터가 그림의 회로와 같이 연결되어 있다. 전체 등가용량 C_T[μF]은?

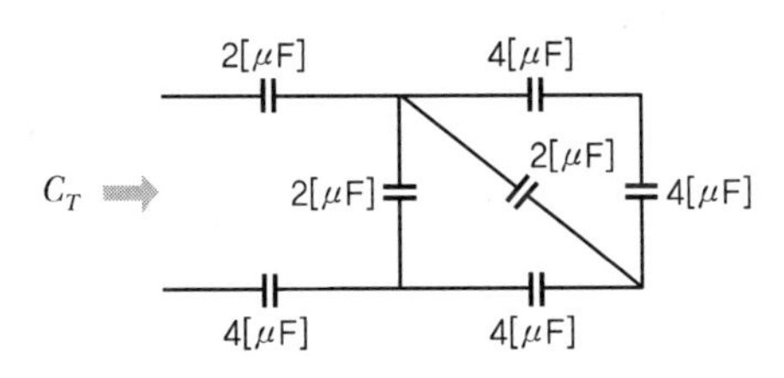

① 1[μF] ② 2[μF]
③ 3[μF] ④ 4[μF]

정답 07 ④ 08 ① 09 ③ 10 ①

11 그림의 회로에서 단자 A, B에서 본 테브난(Thévenin) 등가회로를 구했을 때, 테브난 등가저항 R_{Th}[kΩ]은?

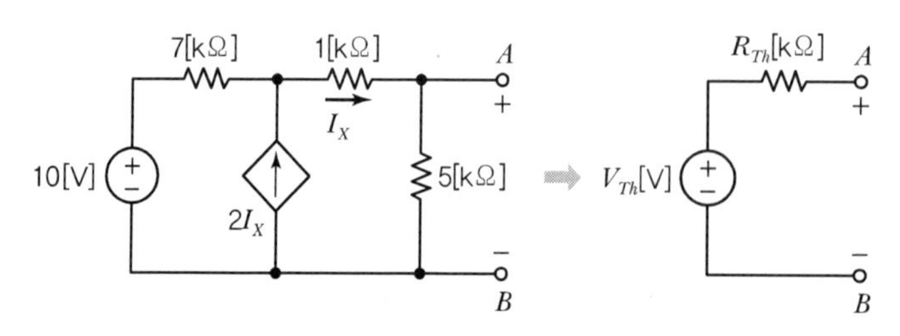

① 10[kΩ] ② 20[kΩ]
③ 30[kΩ] ④ 40[kΩ]

12 균일하게 대전되어 있는 무한길이 직선전하가 있다. 이 선으로부터 수직 거리 r 만큼 떨어진 점의 전계 세기에 대한 설명으로 가장 옳은 것은?

① r에 비례한다. ② r에 반비례한다.
③ r^2에 비례한다. ④ r^2에 반비례한다.

13 그림의 회로에서 전원의 전압이 140[V]일 때, 단자 A, B 간의 전위차 V_{AB}[V]는?

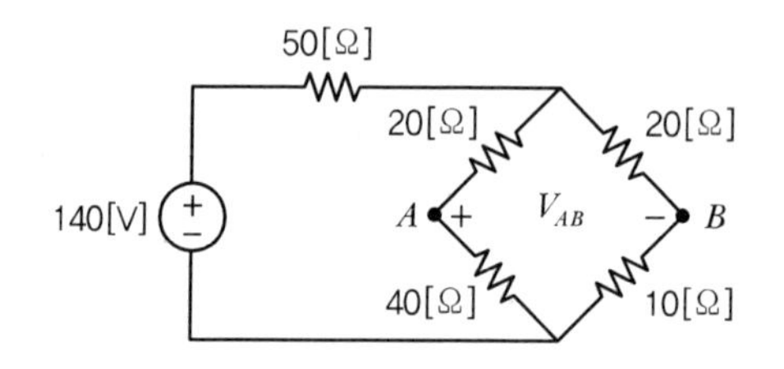

① $\frac{10}{3}$[V] ② $\frac{20}{3}$[V]
③ $\frac{30}{3}$[V] ④ $\frac{40}{3}$[V]

정답 11 ③ 12 ② 13 ④

14 그림과 같이 단면적이 S, 평균 길이가 l, 투자율이 μ인 도넛 모양의 원형 철심에 권선수가 N_1, N_2인 2개의 코일을 감고 각각 I_1, I_2를 인가했을 때, 두 코일 간의 상호 인덕턴스[H]는? (단, 누설 자속은 없다고 가정한다.)

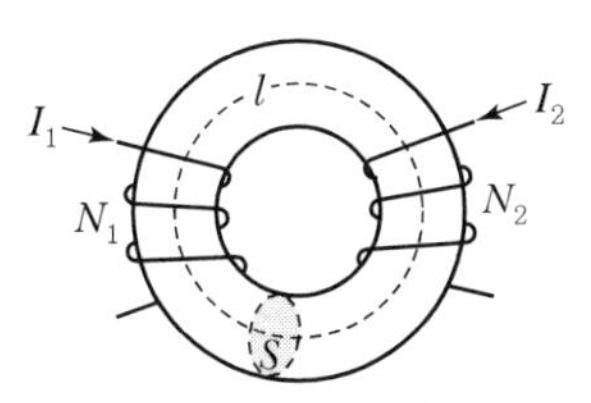

① $\dfrac{\mu S N_1 N_2}{l}$[H]

② $\dfrac{\mu S N_1 N_2}{I_1 I_2 l}$[H]

③ $\mu S N_1 N_2 l$[H]

④ $\mu S N_1 N_2 I_1 I_2 l$[H]

15 RLC 직렬 공진회로가 공진주파수에서 동작할 때, 이에 대한 설명으로 가장 옳지 않은 것은?

① 회로에 흐르는 전류의 크기는 저항에 의해 결정된다.

② 회로에 흐르는 전류의 크기는 최대가 된다.

③ 전압과 전류의 위상은 동상이다.

④ 인덕터와 커패시터에 걸리는 전압의 위상은 동상이다.

16 그림과 같은 교류 회로에 전압 $v(t) = 100\cos(2{,}000t)$[V]의 전원이 인가되었다. 정상상태(Steady State)일 때 10[Ω] 저항에서 소비하는 평균전력[W]은?

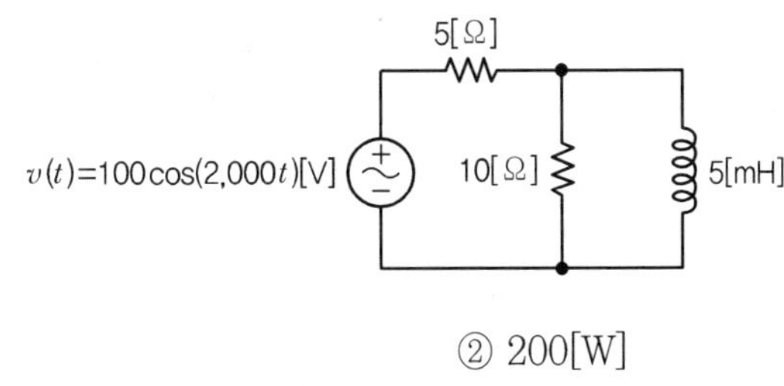

① 100[W]

② 200[W]

③ 300[W]

④ 400[W]

정답 14 ① 15 ④ 16 ②

17 서로 다른 금속선으로 된 폐회로의 두 접합점의 온도를 다르게 하였을 때 열기전력이 발생하는 효과로 가장 옳은 것은?

① 톰슨(Thomson) 효과　② 핀치(Pinch) 효과
③ 제백(Seebeck) 효과　④ 펠티어(Peltier) 효과

18 그림의 회로에서 부하 저항 R에 최대로 전력을 전달하기 위한 저항값 $R[\Omega]$은?

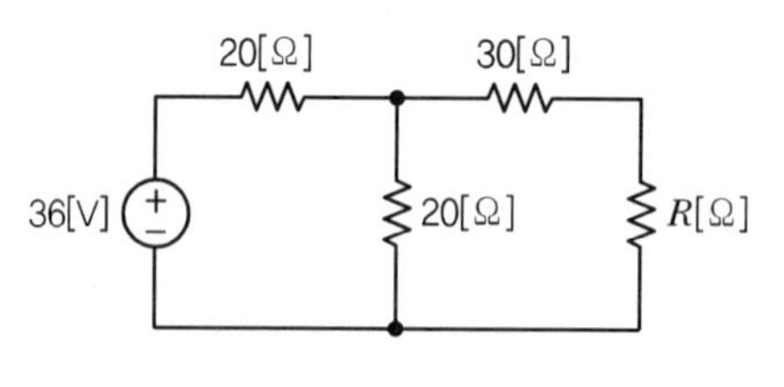

① 10[Ω]　② 20[Ω]
③ 30[Ω]　④ 40[Ω]

19 누설 자속이 없을 때 권수 N_1회인 1차 코일과 권수 N_2회인 2차 코일의 자기 인덕턴스 L_1, L_2와 상호 인덕턴스 M의 관계로 가장 옳은 것은?

① $\frac{1}{\sqrt{L_1 \cdot L_2}} = M$　② $\frac{1}{\sqrt{L_1 \cdot L_2}} = M^2$
③ $\sqrt{L_1 \cdot L_2} = M$　④ $\sqrt{L_1 \cdot L_2} = M^2$

20 인덕터 $L = 4$[H]에 10[J]의 자계 에너지를 저장하기 위해 필요한 전류[A]는?

① $\sqrt{5}$[A]　② 2.5[A]
③ $\sqrt{10}$[A]　④ 5[A]

정답 **17** ③ **18** ④ **19** ③ **20** ①

CHAPTER 17 CURRENT THEORY

2021년 국가직 9급

01 전류원과 전압원의 특징에 대한 설명으로 옳은 것만을 모두 고르면?

> ㄱ. 이상적인 전류원의 내부저항 $r = 1[\Omega]$이다.
> ㄴ. 이상적인 전압원의 내부저항 $r = 0[\Omega]$이다.
> ㄷ. 실제적인 전류원의 내부저항은 전원과 직렬접속으로 변환할 수 있다.
> ㄹ. 실제적인 전압원의 내부저항은 전원과 직렬접속으로 변환할 수 있다.

① ㄱ, ㄴ ② ㄱ, ㄷ ③ ㄴ, ㄹ ④ ㄷ, ㄹ

02 그림의 회로에 대한 설명으로 옳지 않은 것은?

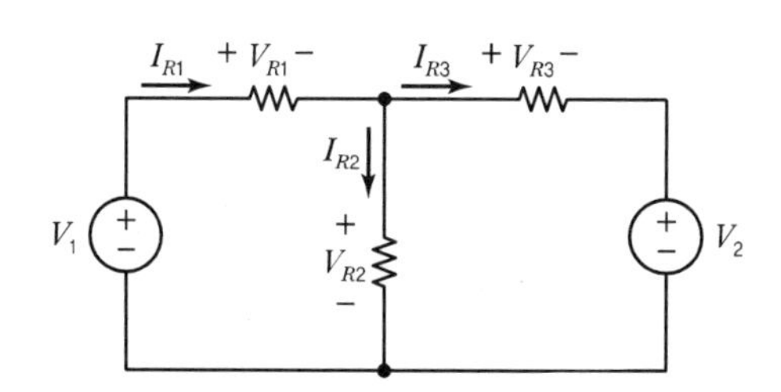

① 회로의 마디(node)는 4개다.
② 회로의 루프(loop)는 3개다.
③ 키르히호프의 전압법칙(KVL)에 의해 $V_1 - V_{R1} - V_{R3} - V_2 = 0$이다.
④ 키르히호프의 전류법칙(KCL)에 의해 $I_{R1} + I_{R2} + I_{R3} = 0$이다.

03 그림의 $R-C$ 직렬회로에서 $t=0[s]$일 때 스위치 S를 닫아 전압 $E[V]$를 회로의 양단에 인가하였다. $t = 0.05[s]$일 때 저항 R의 양단 전압이 $10e-10[V]$이면, 전압 $E[V]$와 커패시턴스 $C[\mu F]$는?(단, $R = 5,000[\Omega]$, 커패시터 C의 초기전압은 $0[V]$이다.)

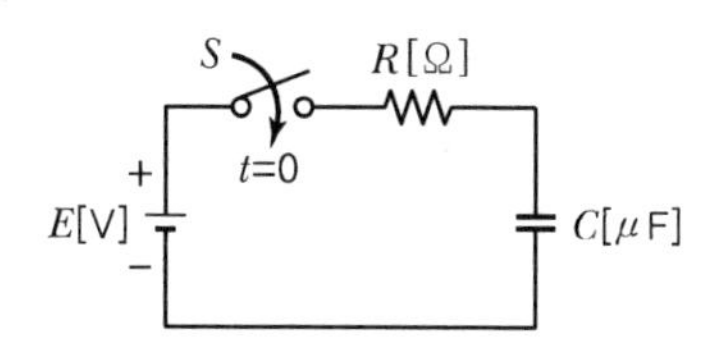

정답 01 ③ 02 ④ 03 ①

	E[V]	C[μF]		E[V]	C[μF]
①	10	1	②	10	2
③	20	1	④	20	2

04 전압 $V=100+j10$[V]이 인가된 회로의 전류가 $I=10-j5$[A]일 때, 이 회로의 유효전력[W]은?

① 650 ② 950 ③ 1,000 ④ 1,050

05 그림의 회로에서 평형 3상 △ 결선의 × 표시된 지점이 단선되었다. 단자 a와 단자 b 사이에 인가되는 전압이 120[V]일 때, 저항 r_a에 흐르는 전류 I[A]는?(단, $R_a=R_b=R_c=3[\Omega]$, $r_a=r_b=r_c=1[\Omega]$이다.)

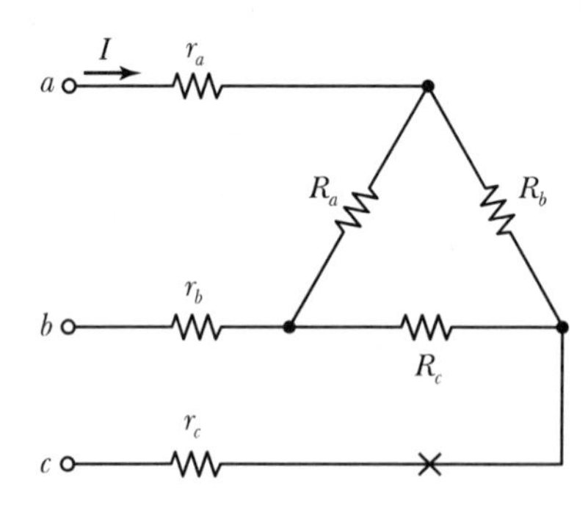

① 10 ② 20 ③ 30 ④ 40

06 그림의 회로에서 부하에 최대전력이 전달되기 위한 부하 임피던스[Ω]는?(단, $R_1=R_2=5[\Omega]$, $R_3=2[\Omega]$, $X_C=5[\Omega]$, $X_L=6[\Omega]$이다.)

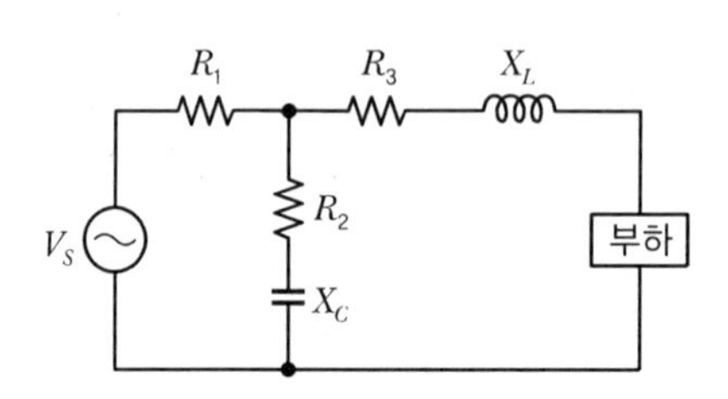

① $5-j5$ ② $5+j5$ ③ $5-j10$ ④ $5+j10$

정답 04 ② 05 ③ 06 ①

07 그림 (가)와 그림 (나)는 두 개의 물질에 대한 히스테리시스 곡선이다. 두 물질에 대한 설명으로 옳은 것은?

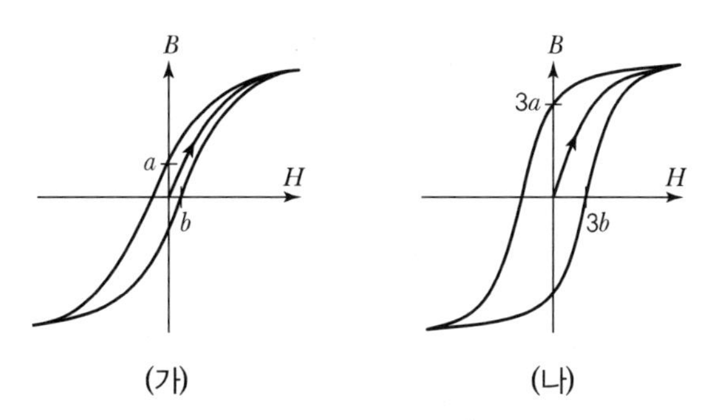

① (가)의 물질은 (나)의 물질보다 히스테리시스 손실이 크다.
② (가)의 물질은 (나)의 물질보다 보자력이 크다.
③ (나)의 물질은 (가)의 물질에 비해 고주파 회로에 더 적합하다.
④ (나)의 물질은 (가)의 물질에 비해 영구자석으로 사용하기에 더 적합하다.

08 그림의 회로가 역률이 1이 되기 위한 $X_C[\Omega]$는?

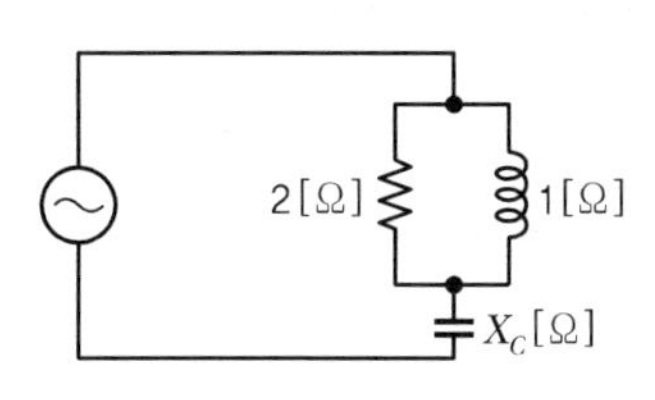

① $\frac{2}{5}$
② $\frac{3}{5}$
③ $\frac{4}{5}$
④ 1

정답 07 ④ 08 ③

09 그림의 Y－Y 결선 평형 3상 회로에서 전원으로부터 공급되는 3상 평균전력[W]은?(단, 극좌표의 크기는 실횻값이다.)

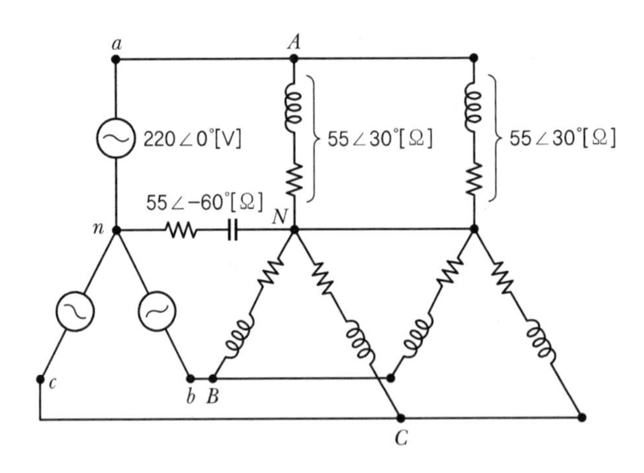

① $440\sqrt{3}$
② $660\sqrt{3}$
③ $1,320\sqrt{3}$
④ $2,640\sqrt{3}$

10 그림의 회로에서 스위치 S가 충분히 오랜 시간 동안 개방되었다가 $t=0$[s]인 순간에 닫혔다. $t>0$일 때의 전류 $i(t)$[A]는?

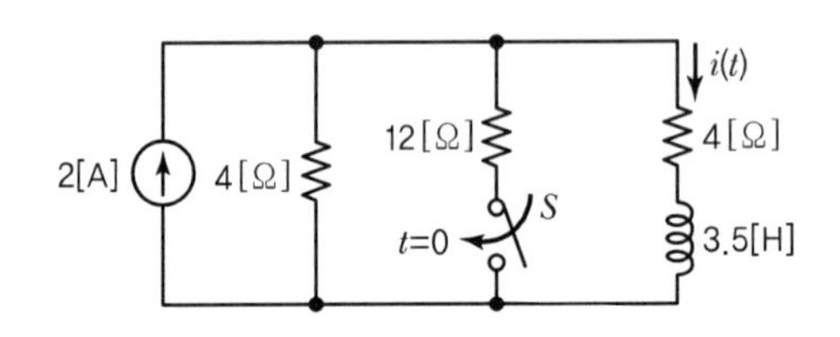

① $\frac{1}{7}(6+e^{-2t})$
② $\frac{1}{7}(6+e^{-\frac{3}{2}t})$
③ $\frac{1}{7}(8-e^{-2t})$
④ $\frac{1}{7}(8-e^{-\frac{3}{2}t})$

11 인덕턴스 L의 정의에 대한 설명으로 옳은 것은?

① 전압과 전류의 비례상수이다.
② 자속과 전류의 비례상수이다.
③ 자속과 전압의 비례상수이다.
④ 전력과 자속의 비례상수이다.

정답 09 ④ 10 ① 11 ②

12 $R-L$ 직렬회로에 200[V], 60[Hz]의 교류전압을 인가하였을 때, 전류가 10[A]이고 역률이 0.8이었다. R을 일정하게 유지하고 L만을 조정하여 역률이 0.4가 되었을 때, 회로의 전류[A]는?

① 5 ② 7.5 ③ 10 ④ 12

13 그림의 회로에서 저항 R에 인가되는 전압이 6[V]일 때, 저항 R[Ω]은?

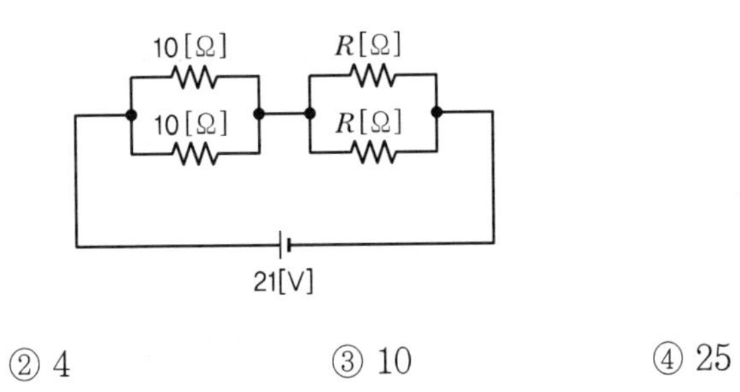

① 2 ② 4 ③ 10 ④ 25

14 그림 (가)와 같이 면적이 S, 극간 거리가 d인 평행 평판 커패시터가 있고, 이 커패시터의 극판 내부는 유전율 ε인 물질로 채워져 있다. 그림 (나)와 같이 면적이 S인 평행 평판 커패시터의 극판 사이에 극간 거리 d의 $\frac{1}{3}$ 부분은 유전율 3ε인 물질로, 극간 거리 d의 $\frac{1}{3}$ 부분은 유전율 2ε인 물질로 그리고 극간 거리 d의 $\frac{1}{3}$ 부분은 유전율 ε인 물질로 채웠다면, 그림 (나)의 커패시터 전체 정전용량은 그림 (가)의 커패시터 정전용량의 몇 배인가?(단, 가장자리 효과는 무시한다.)

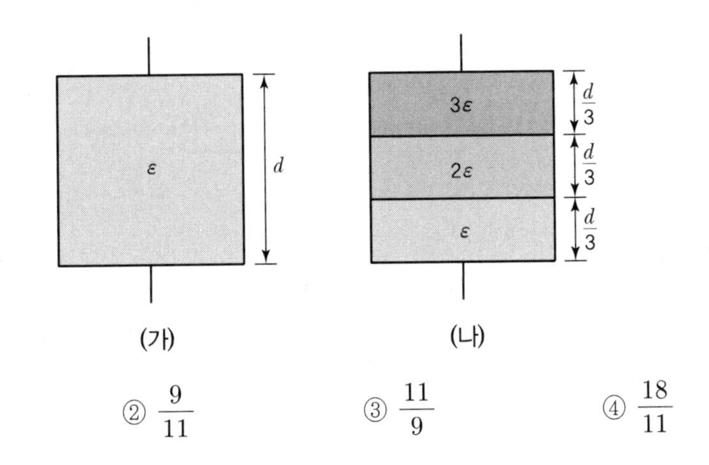

(가) (나)

① $\frac{11}{18}$ ② $\frac{9}{11}$ ③ $\frac{11}{9}$ ④ $\frac{18}{11}$

정답 12 ① 13 ② 14 ④

15 그림의 평형 3상 Y－Y 결선에 대한 설명으로 옳지 않은 것은?

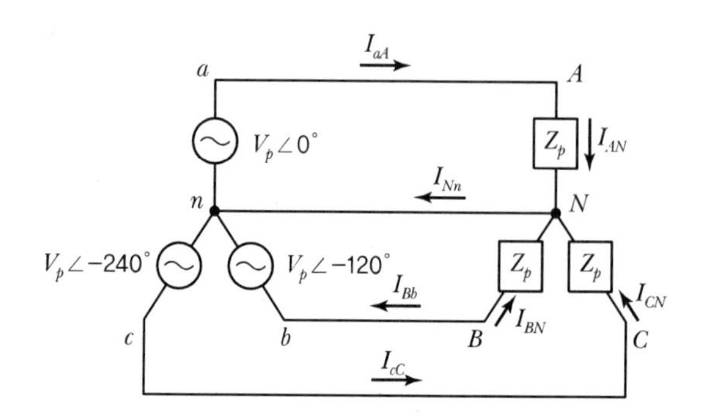

① 선간전압 $V_{ca}=\sqrt{3}\,V_P\angle-210°$로 상전압 V_{cn}보다 크기는 $\sqrt{3}$배 크고 위상은 30° 앞선다.

② 선전류 I_{aA}는 부하 상전류 I_{AN}과 크기는 동일하고, Z_p가 유도성인 경우 부하 상전류 I_{AN}의 위상이 선전류 I_{aA}보다 뒤진다.

③ 중성선 전류 $I_{Nn}=I_{aA}-I_{Bb}+I_{cC}=0$을 만족한다.

④ 부하가 △ 결선으로 변경되는 경우 동일한 부하 전력을 위한 부하 임피던스는 기존 임피던스의 3배이다.

16 그림의 회로는 동일한 정전용량을 가진 6개의 커패시터로 구성되어 있다. 그림의 회로에 대한 설명으로 옳은 것은?

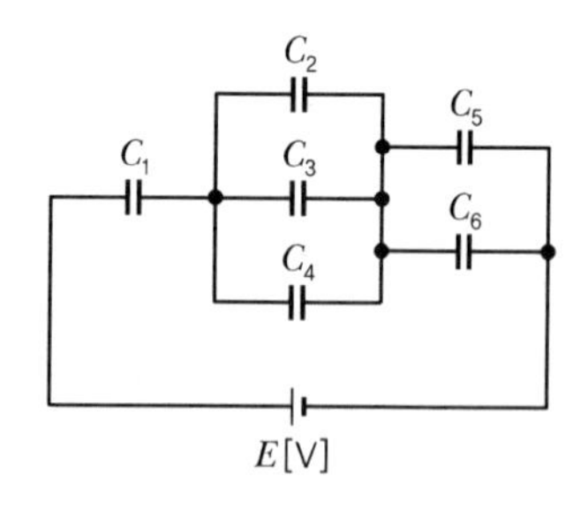

① C_5에 충전되는 전하량은 C_1에 충전되는 전하량과 같다.

② C_6의 양단 전압은 C_1의 양단 전압의 2배이다.

③ C_3에 충전되는 전하량은 C_5에 충전되는 전하량의 2배이다.

④ C_2의 양단 전압은 C_6의 양단 전압의 $\frac{2}{3}$배이다.

정답 **15** ② **16** ④

17 그림의 $R-L$ 직렬회로에 대한 설명으로 옳지 않은 것은?(단, 회로의 동작상태는 정상상태이다.)

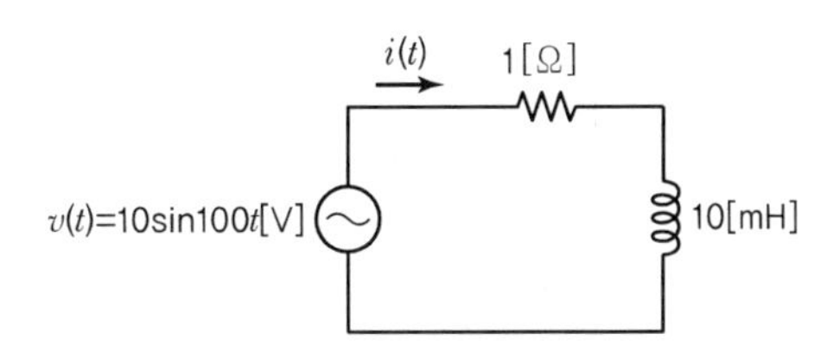

① $v(t)$와 $i(t)$의 위상차는 45°이다.
② $i(t)$의 최댓값은 10[A]이다.
③ $i(t)$의 실횻값은 5[A]이다.
④ R−L의 합성 임피던스는 $\sqrt{2}$ [Ω]이다.

18 그림의 회로에서 전류 I_x[A]는?

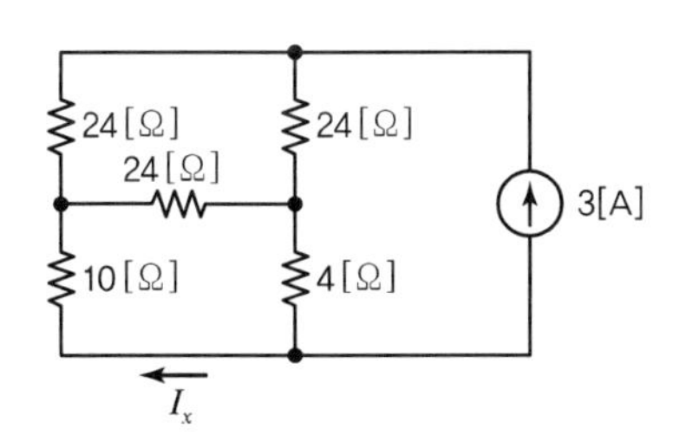

① −0.6　② −1.2　③ 0.6　④ 1.2

19 시변 전자계 시스템에서 맥스웰 방정식의 미분형과 관련 법칙이 서로 옳게 짝을 이룬 것을 모두 고른 것은?(단, E는 전계, H는 자계, D는 전속밀도, J는 전도전류밀도, B는 자속밀도, ρ_v는 체적전하밀도이다.)

	맥스웰 방정식 미분형	관련 법칙
가	$\nabla \times E = -\frac{\partial B}{\partial t}$	패러데이 법칙
나	$\nabla \cdot B = \rho_v$	가우스 법칙
다	$\nabla \times H = J + \frac{\partial E}{\partial t}$	암페어의 주회적분 법칙
라	$\nabla \cdot D = \rho_v$	가우스 법칙

① 가, 나　② 가, 라　③ 나, 다　④ 다, 라

정답 17 ② 18 ② 19 ②

20 그림과 같은 전류 $i(t)$가 4[kΩ]의 저항에 흐를 때 옳지 않은 것은?

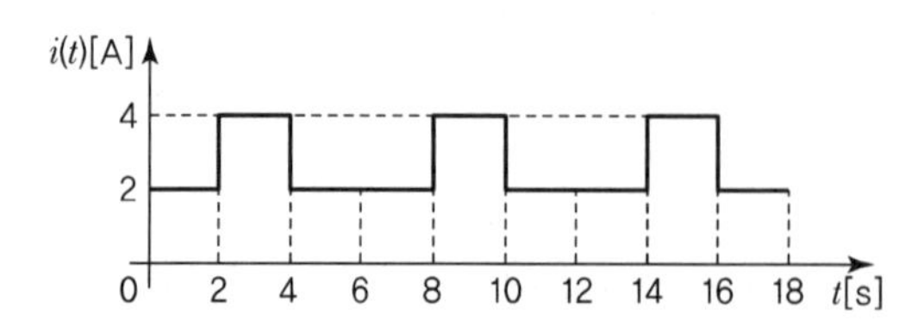

① 전류의 주기는 6[s]이다.

② 전류의 실횻값은 $2\sqrt{2}$ [A]이다.

③ 4[kΩ]의 저항에 공급되는 평균전력은 32[kW]이다.

④ 4[kΩ]의 저항에 걸리는 전압의 실횻값은 $4\sqrt{2}$ [kV]이다.

정답 20 ④

CHAPTER 18 CURRENT THEORY

2021년 지방직 9급

01 일반적으로 도체의 전기 저항을 크게 하기 위한 방법으로 옳은 것만을 모두 고르면?

ㄱ. 도체의 온도를 높인다.
ㄴ. 도체의 길이를 짧게 한다.
ㄷ. 도체의 단면적을 작게 한다.
ㄹ. 도전율이 큰 금속을 선택한다.

① ㄱ, ㄷ
② ㄱ, ㄹ
③ ㄴ, ㄷ
④ ㄷ, ㄹ

02 평등 자기장 내에 놓여 있는 직선의 도선이 받는 힘에 대한 설명으로 옳은 것은?

① 도선의 길이에 반비례한다.
② 자기장의 세기에 비례한다.
③ 도선에 흐르는 전류의 크기에 반비례한다.
④ 자기장 방향과 도선 방향이 평행할수록 큰 힘이 발생한다.

03 환상솔레노이드의 평균 둘레 길이가 50[cm], 단면적이 1[cm^2], 비투자율 $\mu_r = 1{,}000$이다. 권선수가 200회인 코일에 1[A]의 전류를 흘렸을 때, 환상솔레노이드 내부의 자계 세기 [AT/m]는?

① 40
② 200
③ 400
④ 800

정답 01 ① 02 ② 03 ③

04 그림과 같은 평형 3상 회로에서 $V_{an}=V_{bn}=V_{cn}=\dfrac{200}{\sqrt{3}}$[V], $Z=40+j30$[Ω]일 때, 이 회로에 흐르는 선전류[A]의 크기는?(단, 모든 전압과 전류는 실횻값이다.)

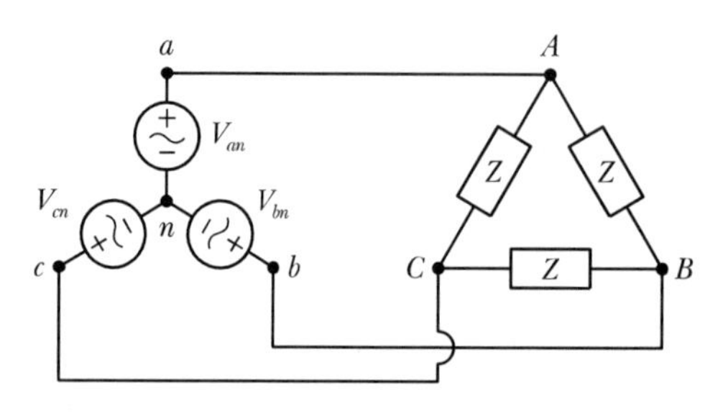

① $4\sqrt{3}$
② $5\sqrt{3}$
③ $6\sqrt{3}$
④ $7\sqrt{3}$

05 그림의 회로에서 전압 v_2[V]는?

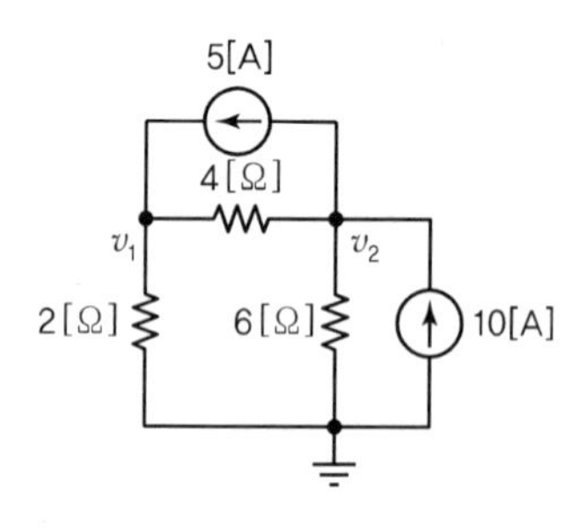

① 0
② 13
③ 20
④ 26

06 그림과 같이 미세공극 l_g가 존재하는 철심회로의 합성자기저항은 철심부분 자기저항의 몇 배인가?

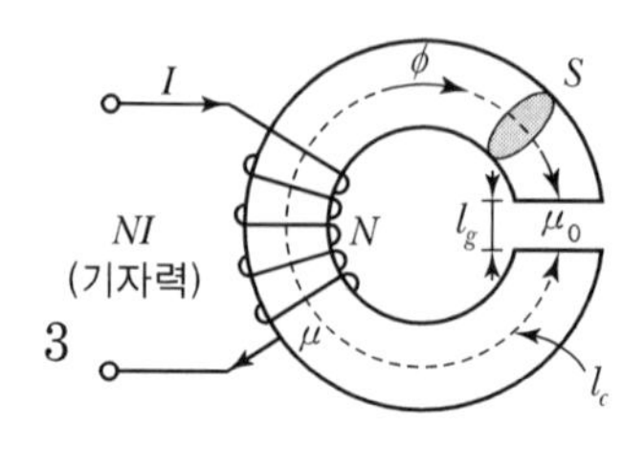

3

정답 04 ① 05 ③ 06 ②

① $1+\frac{\mu_0 l_g}{\mu l_c}$　　② $1+\frac{\mu l_g}{\mu_0 l_c}$

③ $1+\frac{\mu_0 l_c}{\mu l_g}$　　④ $1+\frac{\mu l_c}{\mu_0 l_g}$

07 그림의 직류 전원공급 장치 회로에 대한 설명으로 옳지 않은 것은?(단, 다이오드는 이상적인 소자이고, 커패시터의 초기 전압은 0[V]이다.)

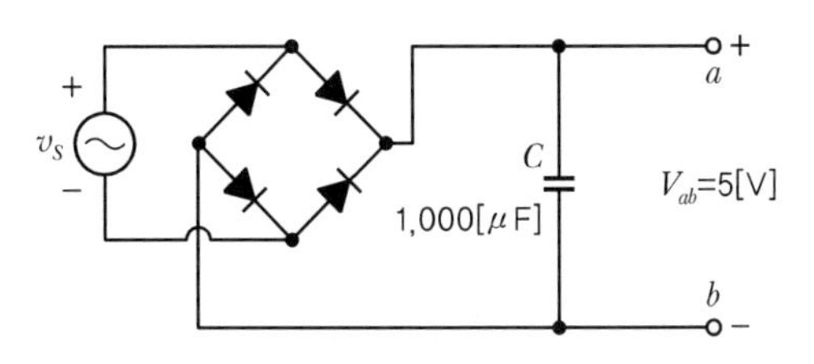

① 일반적으로 서지전류가 발생한다.
② 다이오드를 4개 사용한 전파 정류회로이다.
③ 콘덴서에는 정상상태에서 12.5[mJ]의 에너지가 축적된다.
④ C와 같은 용량의 콘덴서를 직렬로 연결하면 더 좋은 직류를 얻을 수 있다.

08 2 [μF] 커패시터에 그림과 같은 전류 $i(t)$를 인가하였을 때, 설명으로 옳지 않은 것은?(단, 커패시터에 저장된 초기 에너지는 없다.)

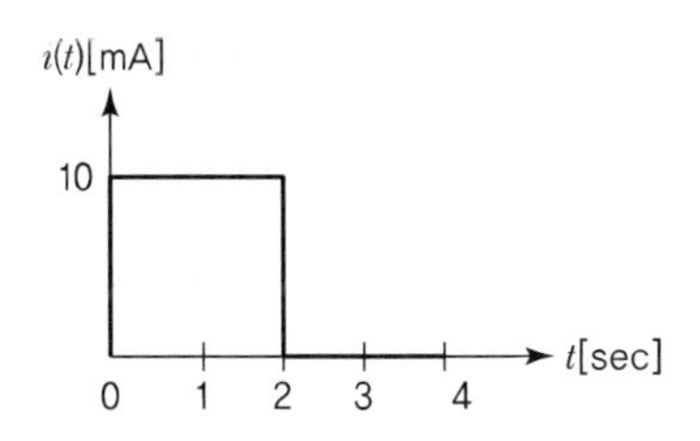

① $t = 1$에서 커패시터에 저장된 에너지는 25[J]이다.
② $t > 2$ 구간에서 커패시터의 전압은 일정하게 유지된다.
③ $0 < t < 2$ 구간에서 커패시터의 전압은 일정하게 증가한다.
④ $t=2$에서 커패시터에 저장된 에너지는 $t=1$에서 저장된 에너지의 2배이다.

정답 07 ④ 08 ④

09 그림의 교류회로에서 저항 R에서의 소비하는 유효전력이 10[W]로 측정되었다고 할 때, 교류전원 $v_1(t)$이 공급한 피상전력[VA]은?(단, $v_1(t) = 10\sqrt{2}\sin(377t)$[V], $v_2(t) = 9\sqrt{2}\sin(377t)$[V]이다.)

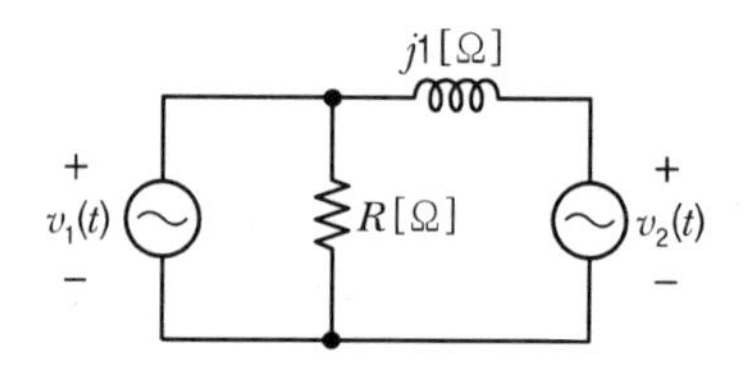

① $\sqrt{10}$　　② $2\sqrt{5}$
③ 10　　④ $10\sqrt{2}$

10 그림의 (가)회로를 (나)회로와 같이 테브냉(Thevenin) 등가변환 하였을 때, 등가 임피던스 $Z_{TH}[\Omega]$와 출력전압 $V(s)$[V]는?(단, 커패시터와 인덕터의 초기 조건은 0이다.)

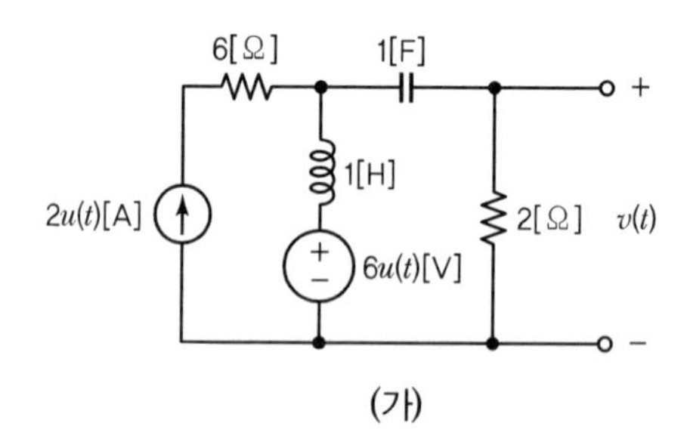

(가)

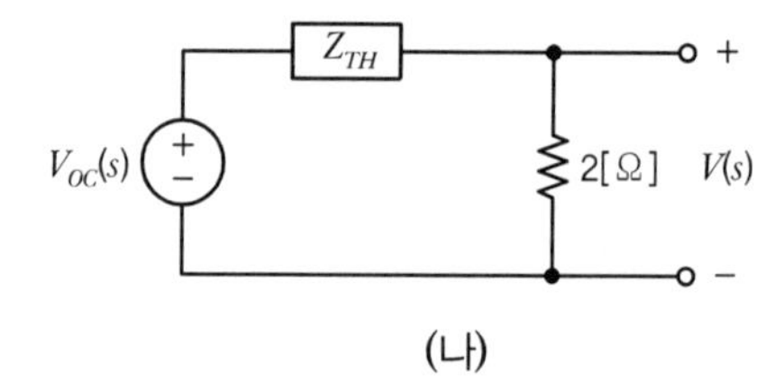

(나)

	$Z_{TH}[\Omega]$	$V(s)$[V]
①	$\frac{s}{s^2+1}$	$\frac{4(s+3)}{(s+1)^2}$
②	$\frac{s^2+1}{s}$	$\frac{4(s+3)}{(s+1)^2}$
③	$\frac{s}{s^2+1}$	$\frac{4(s^2+1)(s+3)}{s(2s^2+s+2)}$
④	$\frac{s^2+1}{s}$	$\frac{4(s^2+1)(s+3)}{s(2s^2+s+2)}$

정답 09 ④ 10 ②

11 그림의 (가)회로와 (나)회로가 등가관계에 있을 때, 부하저항 R_L[Ω]은?

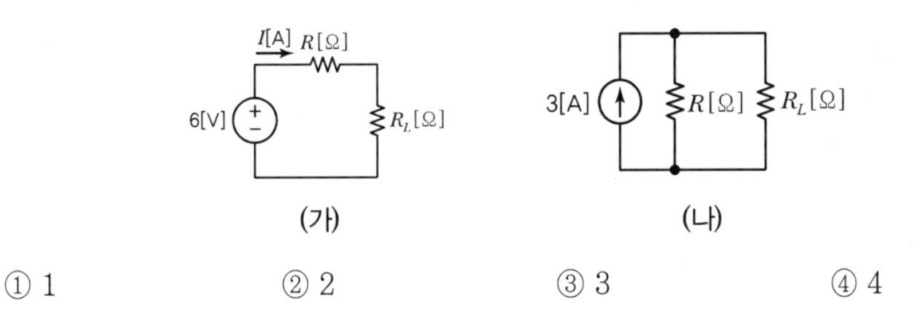

① 1 ② 2 ③ 3 ④ 4

12 그림의 회로에서 전압 V_{ab}[V]는?

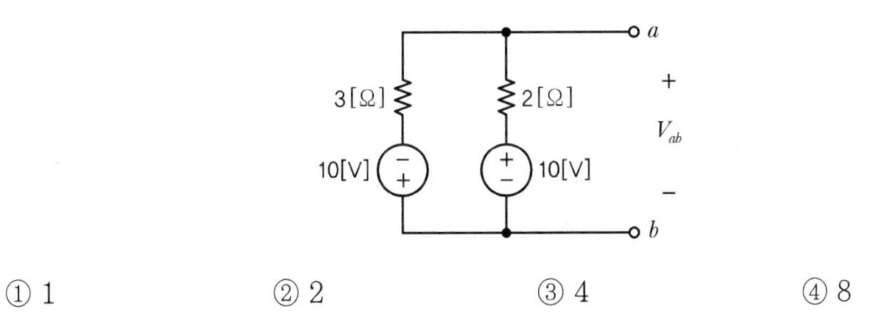

① 1 ② 2 ③ 4 ④ 8

13 $R-L$ 직렬회로에 대한 설명으로 옳은 것은?

① 주파수가 증가하면 전류는 증가하고, 저항에 걸리는 전압은 증가한다.
② 주파수가 감소하면 전류는 증가하고, 저항에 걸리는 전압은 감소한다.
③ 주파수가 증가하면 전류는 감소하고, 인덕터에 걸리는 전압은 증가한다.
④ 주파수가 감소하면 전류는 감소하고, 인덕터에 걸리는 전압은 감소한다.

14 그림의 회로에서 스위치 S가 충분히 긴 시간 동안 접점 a에 연결되어 있다가 $t=0$에서 접점 b로 이동하였다. 회로에 대한 설명으로 옳지 않은 것은?

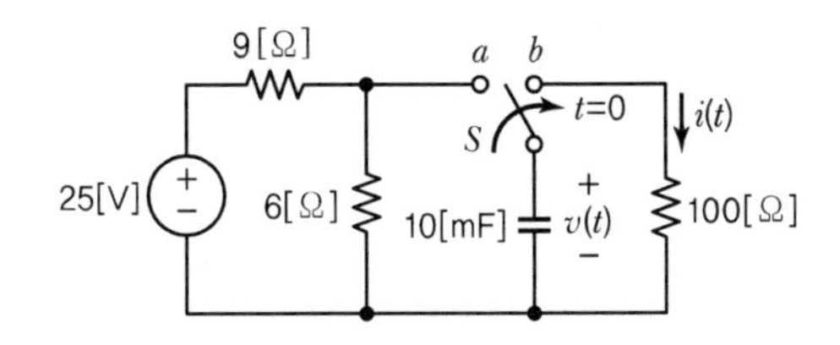

정답 11 ④ 12 ② 13 ③ 14 ②

① $v(0) = 10$[V]이다.

② $t > 0$에서 $i(t) = 10e - t$[A]이다.

③ $t < 0$에서 회로의 시정수는 1[sec]이다.

④ 회로의 시정수는 커패시터에 비례한다.

15 그림과 같이 주기적으로 변하는 전압 $v(t)$의 실횻값[V]은?

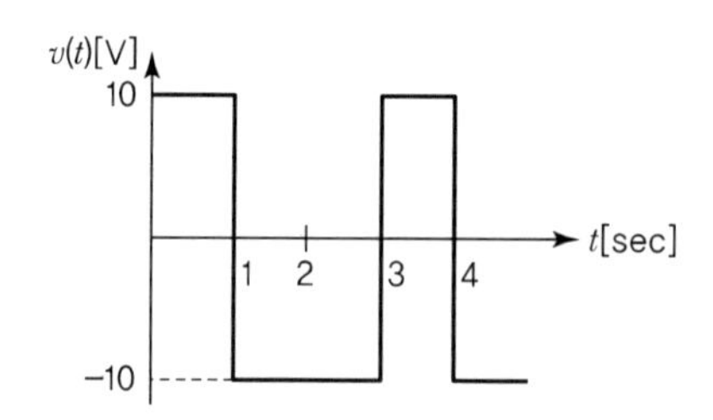

① $\frac{10}{\sqrt{5}}$　　② $\frac{10}{\sqrt{3}}$

③ $\frac{10}{\sqrt{2}}$　　④ 10

16 $R-L-C$ 직렬 공진회로, 병렬 공진회로에 대한 설명으로 옳지 않은 것은?

① 직렬 공진, 병렬 공진 시 역률은 모두 1이다.

② 병렬 공진회로일 경우 임피던스는 최소, 전류는 최대가 된다.

③ 직렬 공진회로의 공진주파수에서 L과 C에 걸리는 전압의 합은 0이다.

④ 직렬 공진 시 선택도 Q는 $\frac{1}{R}\sqrt{\frac{L}{C}}$ 이고, 병렬 공진 시 선택도 Q는 $R\sqrt{\frac{C}{L}}$ 이다.

17 그림의 회로에서 전류 I[A]의 크기가 최대가 되기 위한 X_o에 대한 소자의 종류와 크기는? (단, $v(t) = 100\sqrt{2}\sin 100t$[V]이다.)

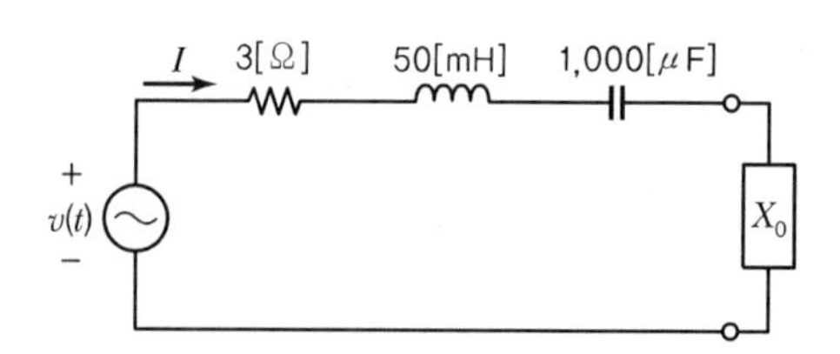

정답 15 ④ 16 ② 17 ①

	소자의 종류	소자의 크기		소자의 종류	소자의 크기
①	인덕터	50[mH]	②	인덕터	100[mH]
③	커패시터	1,000[μF]	④	커패시터	2,000[μF]

18 그림의 회로에서 스위치 S를 $t=0$에서 닫았을 때, 전류 $i_c(t)$[A]는?(단, 커패시터의 초기 전압은 0[V]이다.)

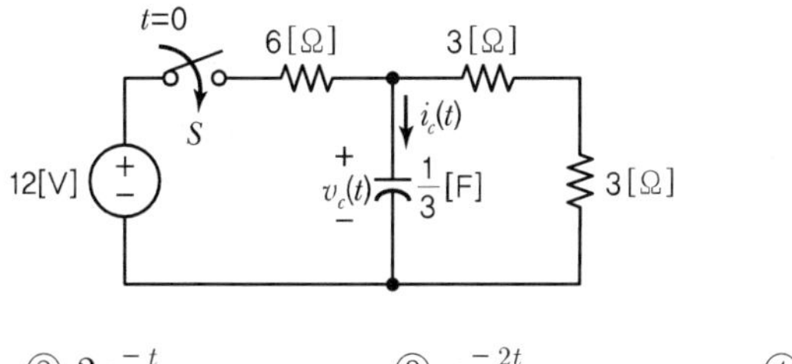

① e^{-t}　② $2e^{-t}$　③ e^{-2t}　④ $2e^{-2t}$

19 그림 (가)의 입력전압이 (나)의 정류회로에 인가될 때, 입력전압 $v(t)$와 출력전압 $v_o(t)$에 대한 설명으로 옳지 않은 것은?(단, 다이오드는 이상적인 소자이고, 출력전압의 평균값은 200[V]이다.)

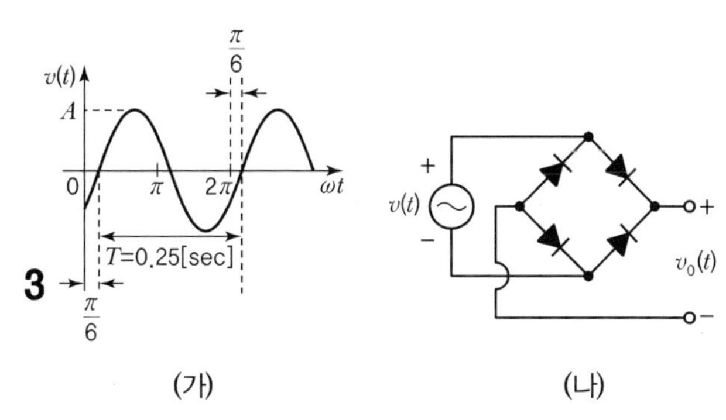

① 입력전압의 주파수는 4[Hz]이다.
② 출력전압의 최댓값은 100π[V]이다.
③ 출력전압의 실횻값은 $100\pi\sqrt{2}$[V]이다.
④ 입력전압 $v(t) = A\sin(\omega t - 30°)$[V]이다.

정답 18 ② 19 ③

20 그림의 Y－Y 결선 불평형 3상 부하 조건에서 중성점 간 전류 I_{nN}[A]의 크기는?(단, ω = 1[rad/s], $V_{an} = 100\angle 0°[V]$, $V_{bn} = 100\angle -120°[V]$, $V_{cn} = 100\angle -240°[V]$이고, 모든 전압과 전류는 실횻값이다.)

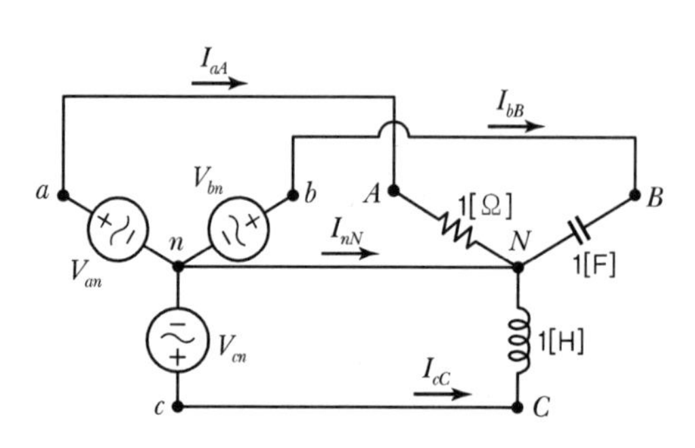

① $100\sqrt{3}$
② $200\sqrt{3}$
③ $100+50\sqrt{3}$
④ $100+100\sqrt{3}$

정답 20 ④

2021년 서울시 9급

01 전기회로 소자에 대한 설명으로 가장 옳은 것은?

① 저항소자는 에너지를 순수하게 소비만 하고 저장하지 않는다.
② 이상적인 독립전압원의 경우는 특정한 값의 전류만을 흐르게 한다.
③ 인덕터 소자로 흐르는 전류는 소자 양단에 걸리는 전압의 변화율에 비례하여 흐르게 된다.
④ 저항소자에 흐르는 전류는 전압에 반비례한다.

02 그림의 회로에서 R_L 부하에 최대 전력 전달이 되도록 저항값을 정하려 한다. 이때 부하에서 소비되는 전력의 값[W]은?

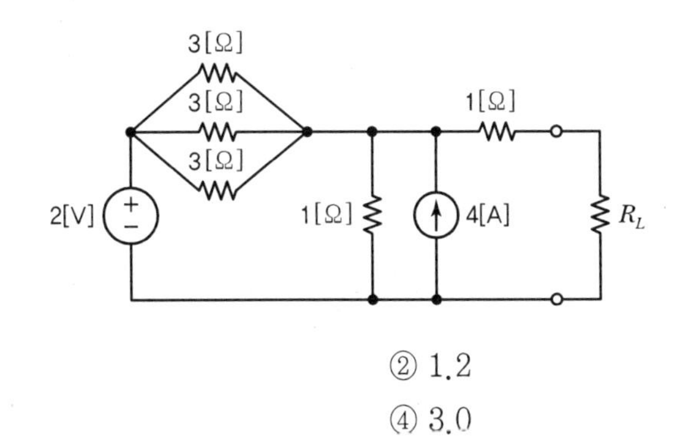

① 0.8 ② 1.2
③ 1.5 ④ 3.0

03 평판형 커패시터가 있다. 평판의 면적을 2배로, 두 평판 사이의 간격을 1/2로 줄였을 때의 정전용량은 원래의 정전용량보다 몇 배가 증가하는가?

① 0.5배 ② 1배
③ 2배 ④ 4배

정답 01 ① 02 ③ 03 ④

04 모선 L에 그림과 같은 부하들이 병렬로 접속되어 있을 때, 합성부하의 역률은?

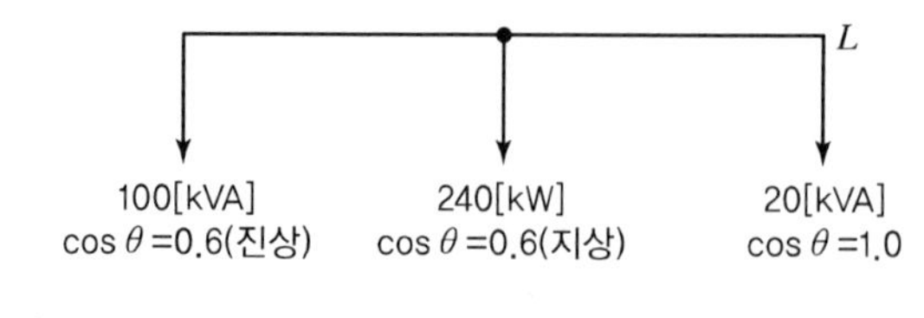

① 0.8(진상, 앞섬) ② 0.8(지상, 뒤짐)
③ 0.6(진상, 앞섬) ④ 0.6(지상, 뒤짐)

05 다음의 R, L, C 직렬 공진회로에서 전압 확대율(Q)의 값은?[단, f(femto)$=10^{-15}$, n(nano)$=10^{-9}$이다.]

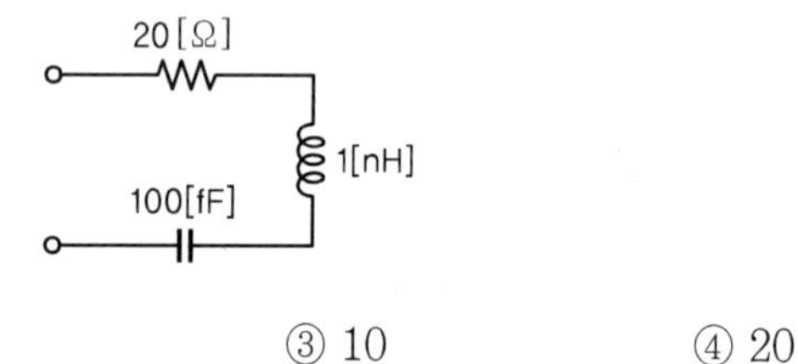

① 2 ② 5 ③ 10 ④ 20

06 다음 4단자 회로망(Two Port Network)의 Z-파라미터 중 Z_{22}의 값[Ω]은?

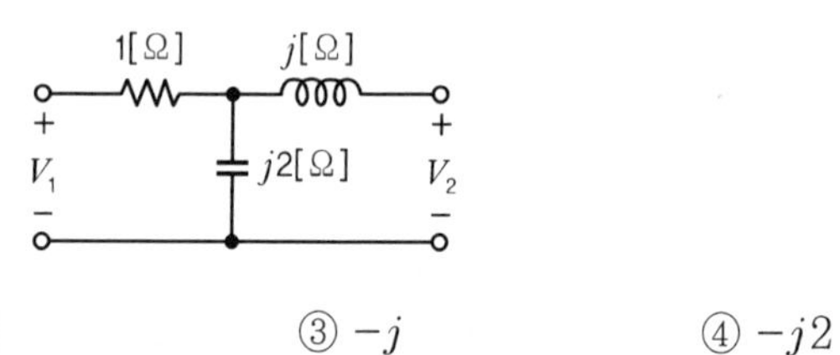

① j ② $j2$ ③ $-j$ ④ $-j2$

07 1[μF]의 용량을 갖는 커패시터에 1[V]의 직류 전압이 걸려 있을 때, 커패시터에 저장된 에너지의 값[μJ]은?

① 0.5 ② 1 ③ 2 ④ 5

정답 04 ② 05 ② 06 ③ 07 ①

08 반지름 a[m]인 구 내부에만 전하 $+Q$[C]가 균일하게 분포하고 있을 때, 구 내 · 외부의 전계(Electric Field)에 대한 설명으로 가장 옳지 않은 것은?[단, 구 내 · 외부의 유전율(Permittivity)은 동일하다.]

① 구 중심으로부터 $r = a/4$[m] 떨어진 지점에서의 전계의 크기와 $r = 2a$[m] 떨어진 지점에서의 전계의 크기는 같다.
② 구 외부의 전계의 크기는 구 중심으로부터의 거리의 제곱에 반비례한다.
③ 전계의 크기로 표현되는 함수는 $r = a$[m]에서 연속이다.
④ 구 내부의 전계의 크기는 구 중심으로부터의 거리에 반비례한다.

09 길이 1[m]의 철심(μ_s=1,000) 자기회로에 1[mm]의 공극이 생겼다면 전체의 자기저항은 약 몇 배가 되는가?(단, 각 부분의 단면적은 일정하다.)

① 1/2배　② 2배　③ 4배　④ 10배

10 진공 중에 직각좌표계로 표현된 전압함수가 $V = 4xyz^2$[V]일 때, 공간상에 존재하는 체적전하밀도[C/m³]는?

① $\rho = -2\varepsilon_0 xy$　② $\rho = -4\varepsilon_0 xy$
③ $\rho = -8\varepsilon_0 xy$　④ $\rho = -10\varepsilon_0 xy$

11 그림과 같이 이상적인 연산증폭기를 이용한 회로가 주어졌을 때, R_L에 걸리는 전압의 값[V]은?

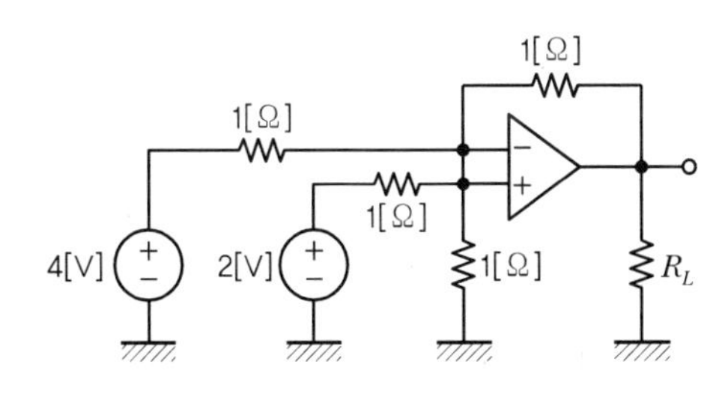

① −2.0　② −1.5
③ 2.5　④ 3.0

정답 08 ④ 09 ② 10 ③ 11 ①

12 60[Hz]의 교류발전기 회전자가 균일한 자속밀도(Magnetic Flux Density) 내에서 회전하고 있다. 회전자 코일의 면적이 100[cm^2], 감은 수가 100회일 때, 유도기전력(Induced Electromotive Force)의 최댓값이 377[V]가 되기 위한 자속밀도의 값[T]은?(단, 각속도는 377[rad/s]로 가정한다.)

① 100 ② 1
③ 0.01 ④ 10^{-4}

13 그림과 같은 회로에서 전류 $i(t)$에 관한 특성 방정식(Characteristic Equation)이 $s^2+5s+6=0$이라고 할 때, 저항 R의 값[Ω]은?(단, $i(0)=I_0$[A], $v(0)=V_0$[V]이다.)

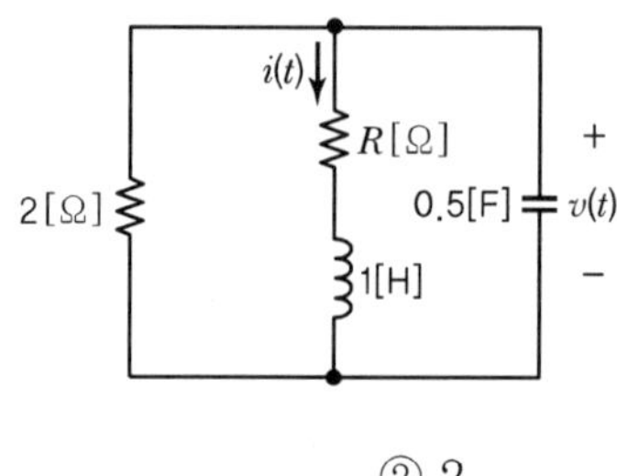

① 1 ② 2
③ 3 ④ 4

14 그림의 회로에서 스위치가 충분히 오랜 시간 동안 열려 있다가 t=0[s]에 닫혔다. $t>0$[s]일 때 $v(t)=8e^{-2t}$[V]라고 한다면, 코일 L의 값[H]은?

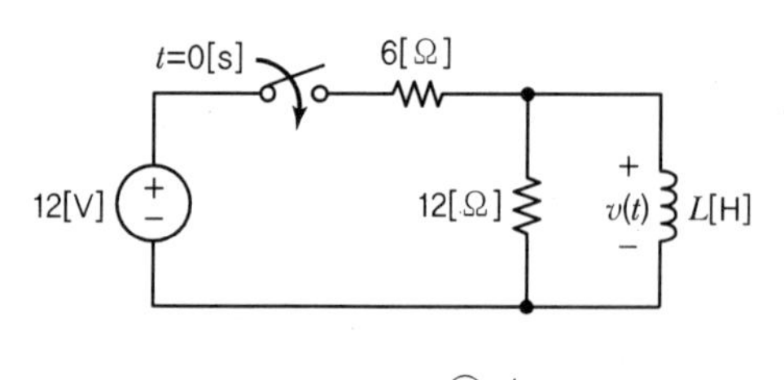

① 2 ② 4
③ 6 ④ 8

정답 12 ② 13 ④ 14 ①

15 그림과 같은 회로에서 Z_L에 최대 전력이 전달되기 위한 X의 값[Ω]과 Z_L에 전달되는 최대 전력[W]을 순서대로 나열한 것은?

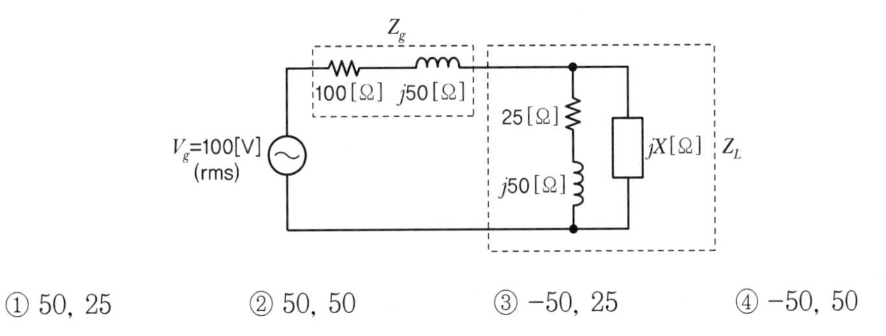

① 50, 25　　② 50, 50　　③ −50, 25　　④ −50, 50

16 그림의 회로와 같이 Δ 결선을 Y 결선으로 환산하였을 때, Z의 값[Ω]은?

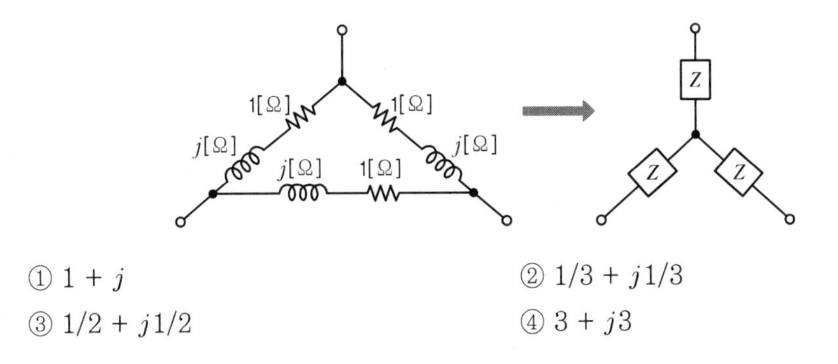

① $1 + j$　　② $1/3 + j1/3$
③ $1/2 + j1/2$　　④ $3 + j3$

17 그림과 같은 한 변의 길이가 d[m]인 정사각형 도체에 전류 I[A]가 흐를 때, 정사각형 중심점에서 자계의 값[A/m]은?

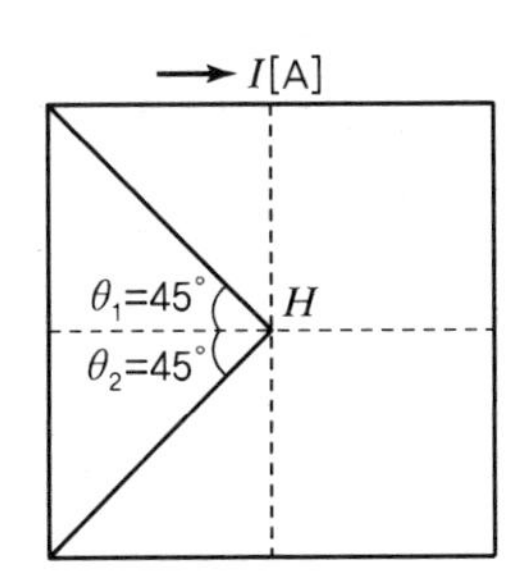

① $H=\frac{\sqrt{2}}{\pi d}I$　　② $H=\frac{2\sqrt{2}}{\pi d}I$　　③ $H=\frac{3\sqrt{2}}{\pi d}I$　　④ $H=\frac{4\sqrt{2}}{\pi d}I$

정답 15 ③ 16 ② 17 ②

18 균일 평면파가 비자성체($\mu = \mu_0$)의 무손실 매질 속을 $+x$방향으로 진행하고 있다. 이 전자기파의 크기는 10[V/m]이며, 파장이 10[cm]이고 전파속도는 1×10^8[m/s]이다. 파동의 주파수[Hz]와 해당 매질의 비유전율(ε_r)은?

	파동주파수	ε_r		파동주파수	ε_r
①	1×10^9	4	②	2×10^9	4
③	1×10^9	9	④	2×10^9	9

19 그림과 같은 진공 중에 점전하 Q=0.4[μC]가 있을 때, 점전하로부터 오른쪽으로 4[m] 떨어진 점 A와 점전하로부터 아래쪽으로 3[m] 떨어진 점 B 사이의 전압차[V]는?(단, 비례상수 $k = \dfrac{1}{4\pi\varepsilon_0} = 9 \times 10^9$이다.)

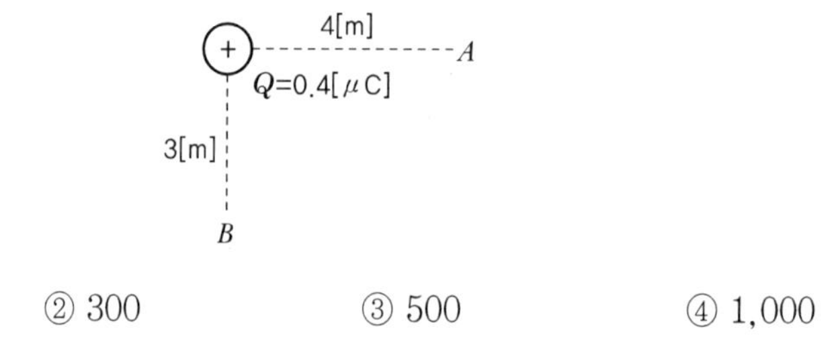

① 100 ② 300 ③ 500 ④ 1,000

20 그림의 회로에서 스위치가 오랫동안 1에 있다가 $t=0$[s] 시점에 2로 전환되었을 때, $t=0$[s] 시점에 커패시터에 걸리는 전압 초기치 $v_c(0)$[V]와 $t>0$[s] 이후 $v_c(t)$가 전압 초기치의 e^{-1}만큼 감소하는 시점[msec]을 순서대로 나열한 것은?

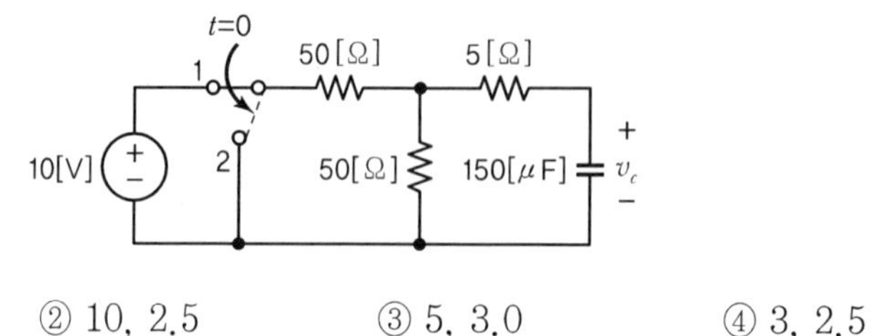

① 5, 4.5 ② 10, 2.5 ③ 5, 3.0 ④ 3, 2.5

정답 18 ③ 19 ② 20 ①

CHAPTER 20 CURRENT THEORY

2022년 국가직 9급

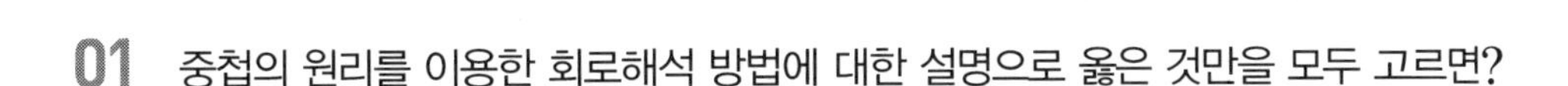

01 중첩의 원리를 이용한 회로해석 방법에 대한 설명으로 옳은 것만을 모두 고르면?

> ㄱ. 중첩의 원리는 선형 소자에서는 적용이 불가능하다.
> ㄴ. 중첩의 원리는 키르히호프의 법칙을 기본으로 적용한다.
> ㄷ. 전압원은 단락, 전류원은 개방 상태에서 해석해야 한다.
> ㄹ. 다수의 전원에 의한 전류는 각각 단독으로 존재했을 때 흐르는 전류의 합과 같다.

① ㄱ, ㄴ, ㄷ ② ㄱ, ㄴ, ㄹ
③ ㄱ, ㄷ, ㄹ ④ ㄴ, ㄷ, ㄹ

02 정전용량이 1[μF]과 2[μF]인 두 개의 커패시터를 직렬로 연결한 회로 양단에 150[V]의 전압을 인가했을 때, 1[μF] 커패시터의 전압[V]은?

① 30 ② 50
③ 100 ④ 150

03 저항 30[Ω]과 유도성 리액턴스 40[Ω]을 병렬로 연결한 회로 양단에 120[V]의 교류 전압을 인가했을 때, 회로의 역률은?

① 0.2 ② 0.4
③ 0.6 ④ 0.8

04 3상 모터가 선전압이 220[V]이고 선전류가 10[A]일 때, 3.3[kW]를 소모하기 위한 모터의 역률은?(단, 3상 모터는 평형 Y-결선 부하이다.)

① $\frac{\sqrt{2}}{3}$ ② $\frac{\sqrt{2}}{2}$
③ $\frac{\sqrt{3}}{3}$ ④ $\frac{\sqrt{3}}{2}$

정답 01 ④ 02 ③ 03 ④ 04 ④

05 그림의 $L-C$ 직렬회로에서 전류 I_{rms}의 크기[A]는?

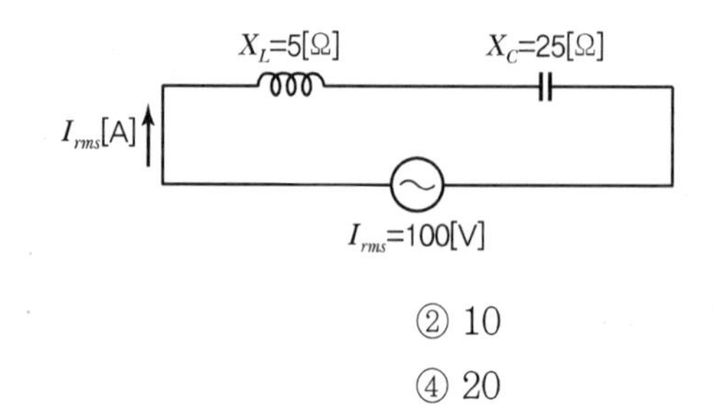

① 5　　② 10
③ 15　　④ 20

06 그림의 회로에서 전압 E[V]를 $a-b$ 양단에 인가하고, 스위치 S를 닫았을 때의 전류 I[A]가 닫기 전 전류의 2배가 되었다면 저항 R[Ω]은?

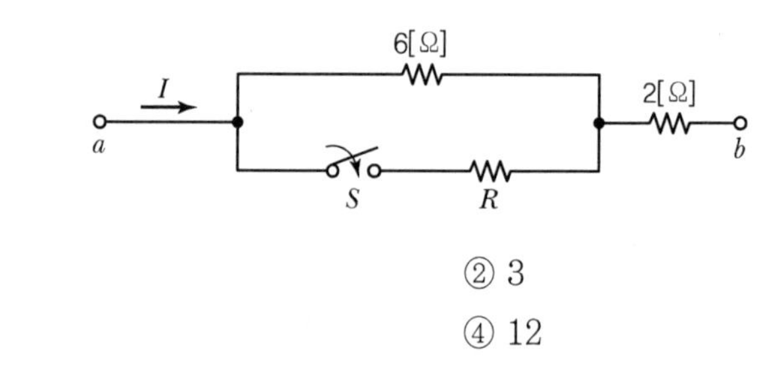

① 1　　② 3
③ 6　　④ 12

07 그림의 회로에서 저항 R_L이 변화함에 따라 저항 3[Ω]에 전달되는 전력에 대한 설명으로 옳은 것은?

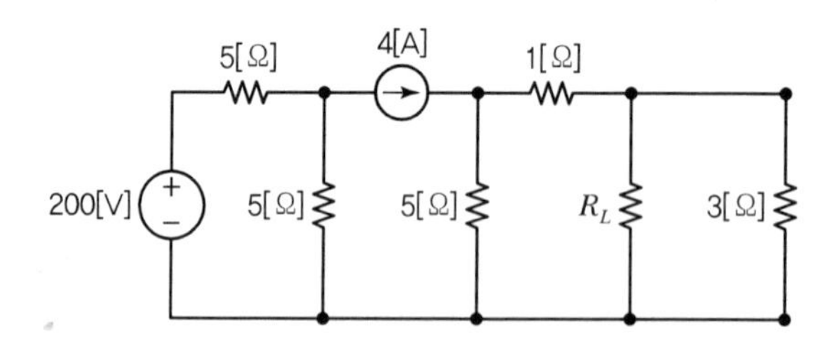

① 저항 $R_L=3$[Ω]일 때 저항 3[Ω]에 최대전력이 전달된다.
② 저항 $R_L=6$[Ω]일 때 저항 3[Ω]에 최대전력이 전달된다.
③ 저항 R_L의 값이 클수록 저항 3[Ω]에 전달되는 전력이 커진다.
④ 저항 R_L의 값이 작을수록 저항 3[Ω]에 전달되는 전력이 커진다.

정답 05 ① 06 ② 07 ③

08 그림의 회로에서 병렬로 연결된 부하의 수전단 전압 V_r이 2,000[V]일 때, 부하의 합성역률과 송전단 전압 V_s[V]는?

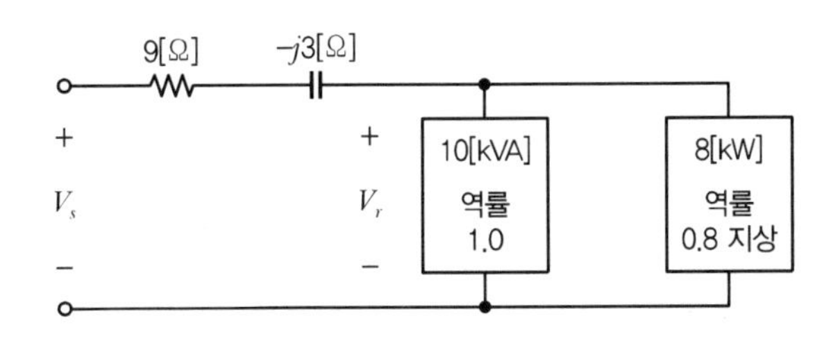

	부하합성역률	V_s [V]
①	0.9	2,060
②	0.9	2,090
③	$\frac{3\sqrt{10}}{10}$	2,060
④	$\frac{3\sqrt{10}}{10}$	2,090

09 그림의 회로에서 스위치 S가 충분히 긴 시간 동안 닫혀 있다가 $t=0$에서 개방된 직후의 커패시터 전압 $V_C(0^+)$[V]는?

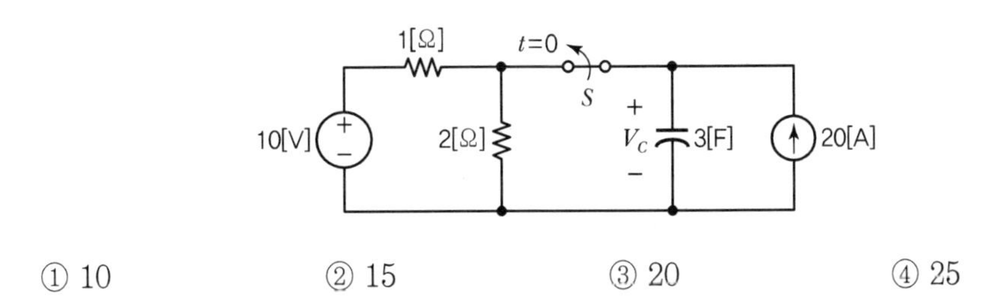

① 10　② 15　③ 20　④ 25

10 그림과 같이 4개의 전하가 정사각형의 형태로 배치되어 있다. 꼭짓점 C에서의 전계강도가 0[V/m]일 때, 전하량 Q[C]는?

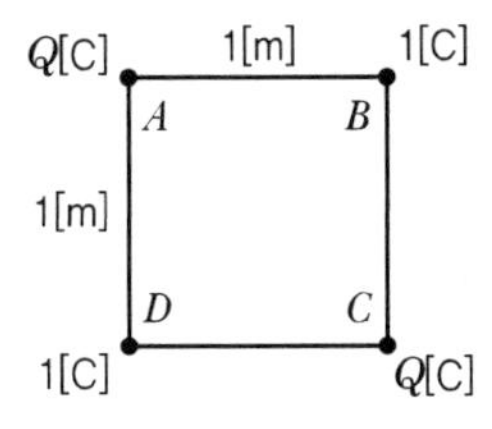

① $-2\sqrt{2}$　② -2

③ 2　④ $2\sqrt{2}$

정답 08 ④ 09 ③ 10 ①

11 이상적인 조건에서 철심이 들어 있는 동일한 크기의 환상 솔레노이드의 인덕턴스 크기를 4배로 만들기 위한 솔레노이드 권선수의 배수는?

① 0.5　　② 2
③ 4　　④ 8

12 각 변의 저항이 15[Ω]인 3상 Y－결선회로와 등가인 3상 Δ－결선 회로에 900[V] 크기의 상전압이 걸릴 때, 상전류의 크기[A]는?(단, 3상 회로는 평형이다.)

① 20　　② $20\sqrt{3}$
③ 180　　④ $180\sqrt{3}$

13 그림의 회로에서 $t=0$인 순간에 스위치 S를 접점 a에서 접점 b로 이동하였다. 충분한 시간이 흐른 후에 전류 i_L[A]은?

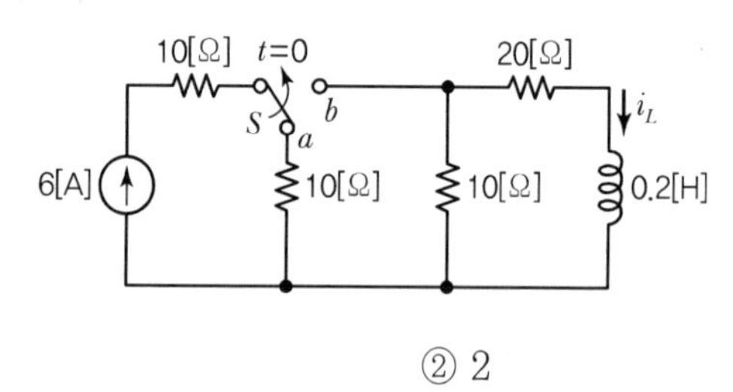

① 0　　② 2
③ 4　　④ 6

14 자극의 세기 5×10^{-5}[Wb], 길이 50[cm]의 막대자석이 200[A/m]의 평등 자계와 30° 각도로 놓여 있을 때, 막대자석이 받는 회전력[N · m]은?

① 2.5×10^{-3}　　② 5×10^{-3}
③ 25×10^{-3}　　④ 50×10^{-3}

정답 11 ② 12 ① 13 ② 14 ①

15 그림의 회로에서 인덕터에 흐르는 평균 전류[A]는?(단, 교류의 평균값은 전주기에 대한 순시값의 평균이다.)

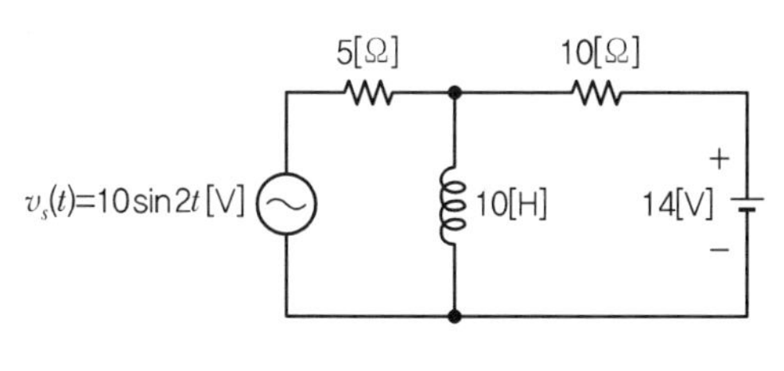

① 0
② 1.4
③ $\frac{1}{\pi}+1.4$
④ $\frac{2}{\pi}+1.4$

16 이상적인 변압기를 포함한 그림의 회로에서 정현파 전압원이 공급하는 평균 전력[W]은?

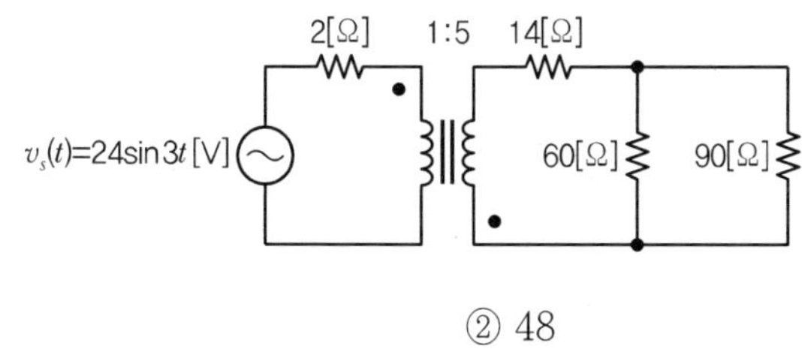

① 24
② 48
③ 72
④ 96

17 그림의 회로에서 정현파 전원에 흐르는 전류의 실횻값 I[A]는?

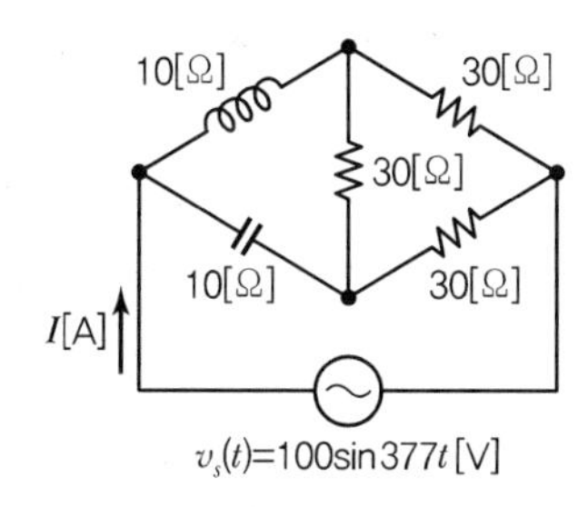

① $\frac{5\sqrt{2}}{2}$
② 5
③ $5\sqrt{2}$
④ $\frac{20}{3}\sqrt{2}$

정답 15 ② 16 ③ 17 ①

18 그림 (a)의 회로에서 50[μF]인 커패시터의 양단 전압 $v(t)$가 그림 (b)와 같을 때, 전류 $i(t)$의 파형으로 옳은 것은?

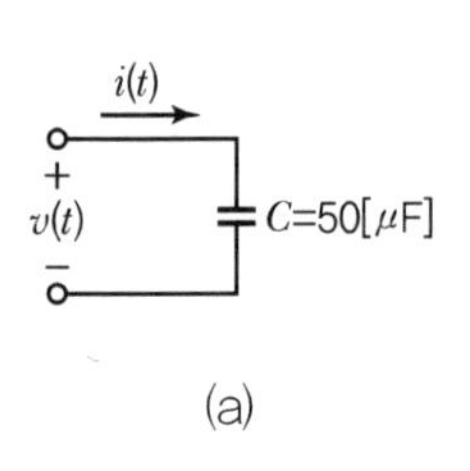

(a)

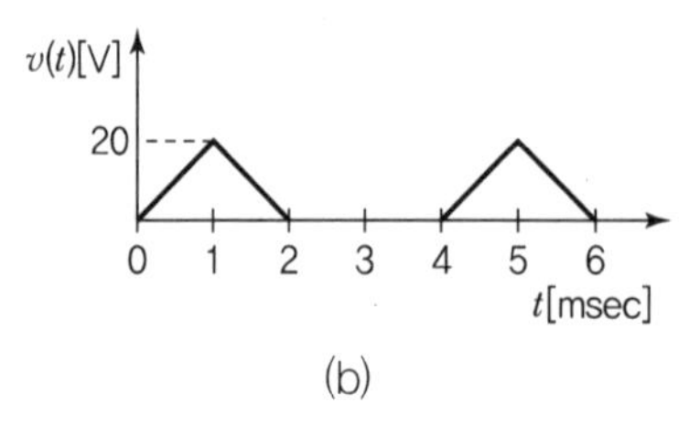

(b)

① 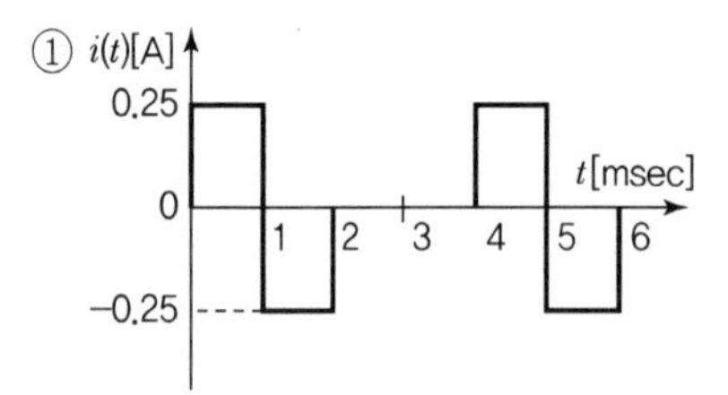

② 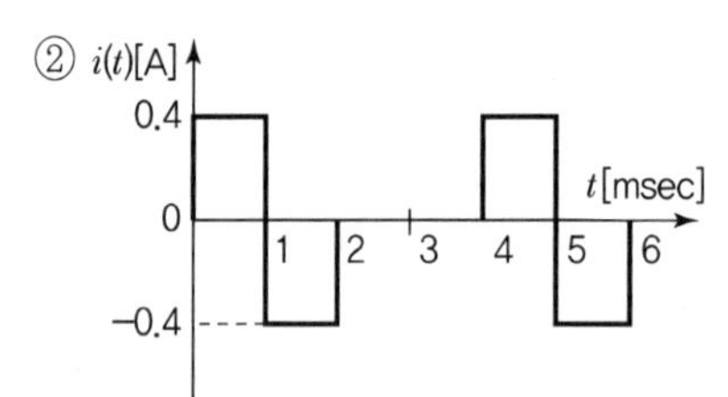

③ 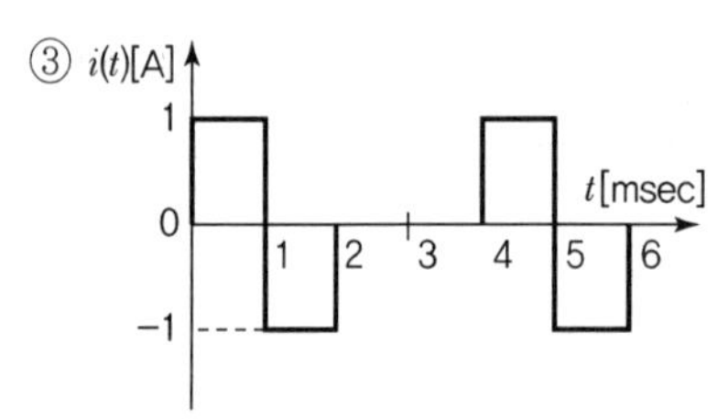

④ 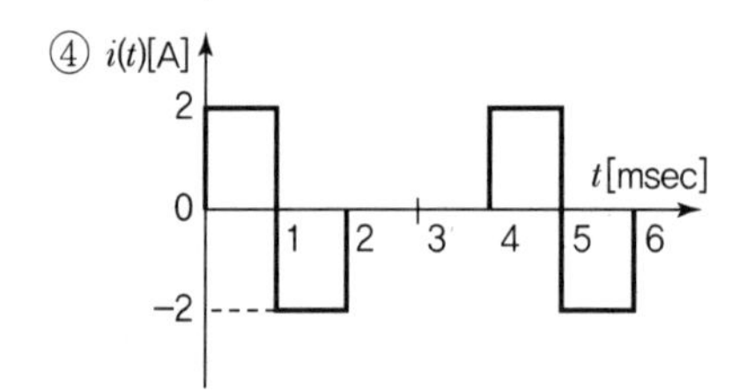

19 이상적인 연산 증폭기를 포함한 그림의 회로에서 $v_s(t) = \cos t$[V]일 때, 커패시터 양단 전압 $v_c(t)$[V]는?(단, 커패시터의 초기전압은 0[V]이다.)

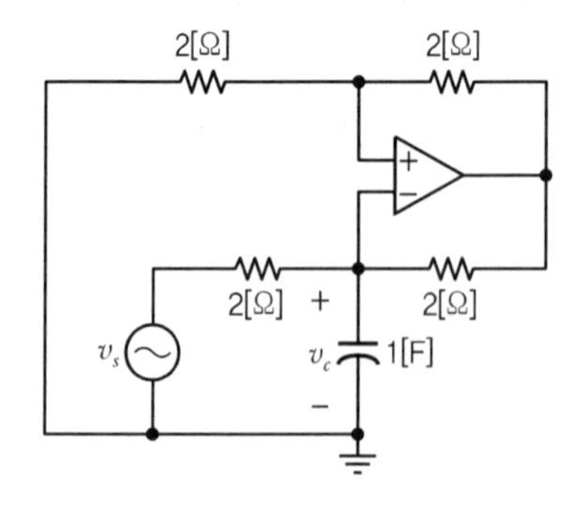

① $-\dfrac{\sin t}{2}$

② $-2\sin t$

③ $\dfrac{\sin t}{2}$

④ $2\sin t$

정답 **18** ③ **19** ③

20 그림과 같이 일정한 주기를 갖는 펄스 파형에서 듀티비[%]와 평균전압[V]은?

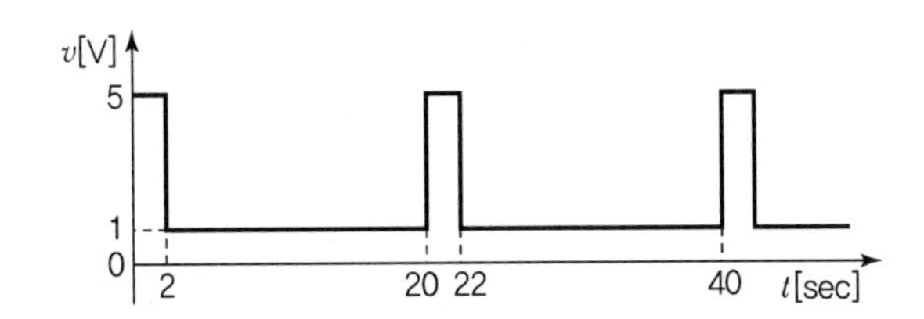

	듀티비[%]	평균전압[V]
①	10	1.4
②	10	1.8
③	20	1.4
④	20	1.8

정답 20 ①

2022년 지방직 9급

01 그림의 회로에서 등가 컨덕턴스 G_{eq}[S]는?

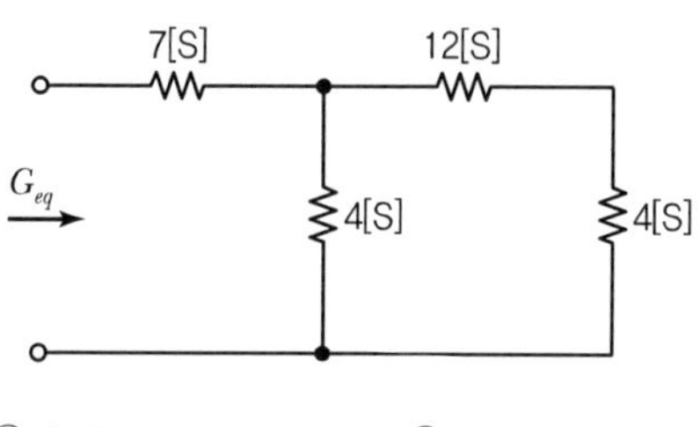

① 1.5 ② 2.5 ③ 3.5 ④ 4.5

02 그림의 회로에서 저항 1[Ω]에 흐르는 전류 I[A]는?

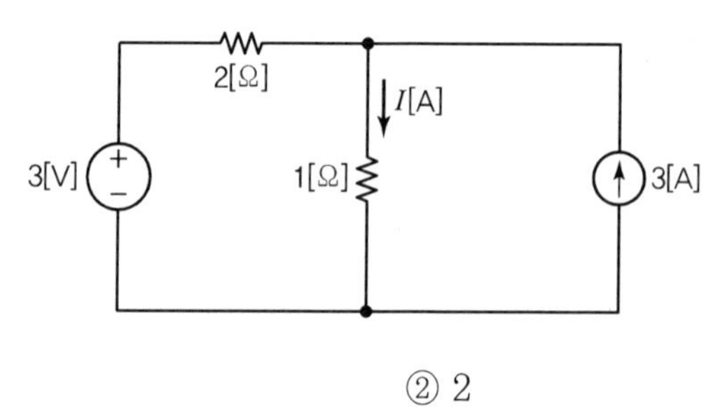

① 1 ② 2
③ 3 ④ 4

03 그림과 같이 전류와 폐경로 L이 주어졌을 때 $\oint_L \vec{H} \cdot d\vec{l}$[A]은?

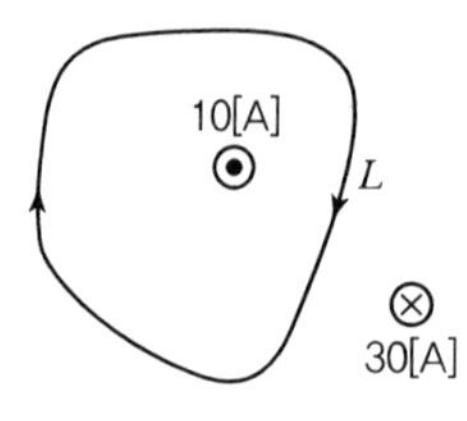

① −20 ② −10
③ 10 ④ 20

정답 01 ③ 02 ③ 03 ②

04 $R-L$ 직렬 회로에 $t=0$에서 일정 크기의 직류전압을 인가하였다. 저항과 인덕터의 전압, 전류 파형 중에서 $t>0$ 이후에 그림과 같은 형태로 나타나는 것은?(단, 인덕터의 초기 전류는 0[A]이다.)

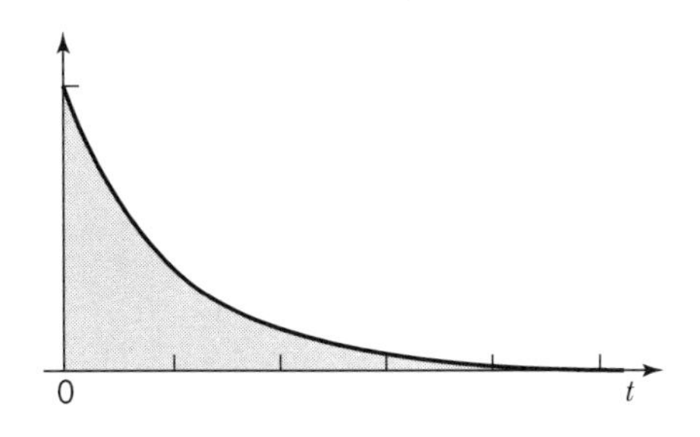

① 저항 R의 전류 파형
② 저항 R의 전압 파형
③ 인덕터 L의 전류 파형
④ 인덕터 L의 전압 파형

05 그림과 같이 내부저항 1[Ω]을 갖는 12[V] 직류 전압원이 5[Ω] 저항 R_L에 연결되어 있다. 저항 R_L에서 소비되는 전력[W]은?

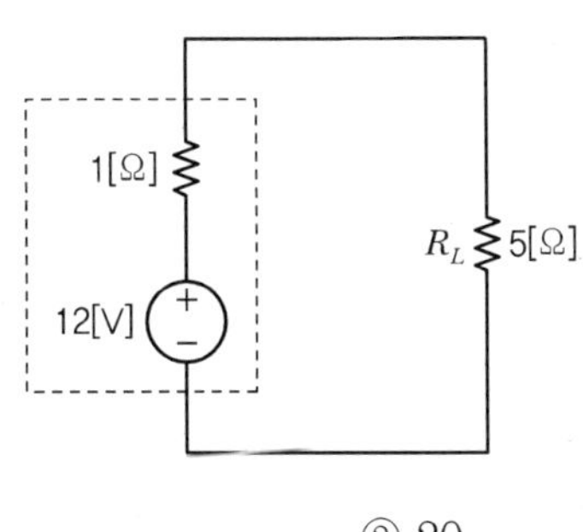

① 12
② 20
③ 24
④ 28.8

06 평형 3상 교류 회로의 전압과 전류에 대한 설명으로 옳은 것은?

① 평형 3상 Δ결선의 전원에서 선간전압의 크기는 상전압의 크기의 $\sqrt{3}$배이다.
② 평형 3상 Δ결선의 부하에서 선전류의 크기는 상전류의 크기와 같다.
③ 평형 3상 Y결선의 전원에서 선간전압의 크기는 상전압의 크기와 같다.
④ 평형 3상 Y결선의 부하에서 선전류의 크기는 상전류의 크기와 같다.

정답 04 ④ 05 ② 06 ④

07 그림의 회로에서 전압 $v(t)$와 전류 $i(t)$의 라플라스 관계식은?(단, 커패시터의 초기 전압은 0[V]이다.)

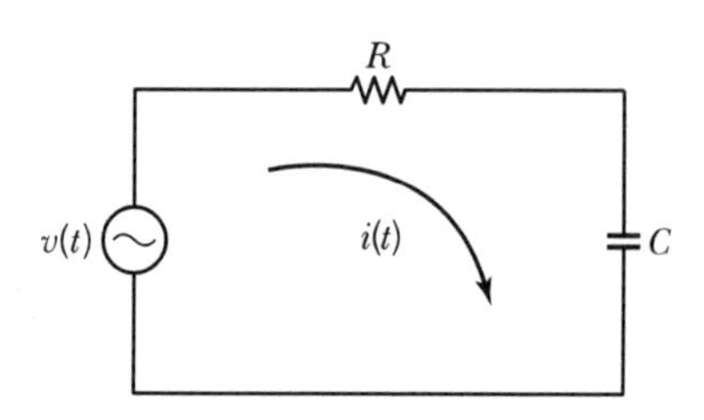

① $I(s)=\dfrac{C}{sRC+1}V(s)$
② $I(s)=\dfrac{s}{sRC+1}V(s)$
③ $I(s)=\dfrac{sR}{sRC+1}V(s)$
④ $I(s)=\dfrac{sC}{sRC+1}V(s)$

08 그림의 회로에서 역률이 $\dfrac{1}{\sqrt{2}}$이 되기 위한 인덕턴스 L [H]은?(단, $v(t)=300\cos(2\pi\times 50t+60°)$[V]이다.)

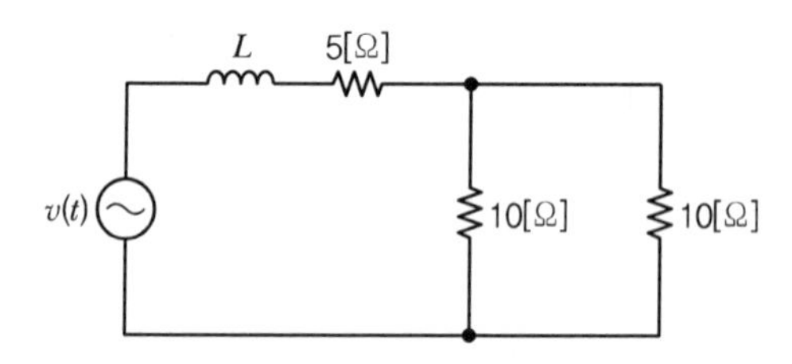

① $\dfrac{1}{\pi}$　② $\dfrac{1}{5\pi}$　③ $\dfrac{1}{10\pi}$　④ $\dfrac{1}{20\pi}$

09 그림의 $R-C$ 직렬회로에 200[V]의 교류전압 V_s[V]를 인가하니 회로에 40[A]의 전류가 흘렀다. 저항이 3[Ω]일 경우 이 회로의 용량성 리액턴스 X_C[Ω]는?(단, 전압과 전류는 실횻값이다.)

① 4
② 5
③ 6
④ 8

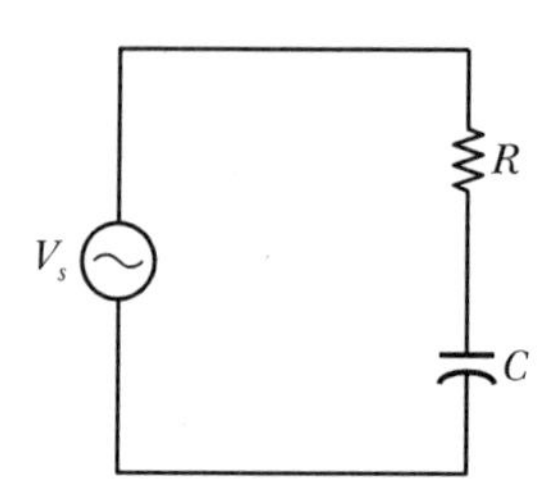

정답 07 ④ 08 ③ 09 ①

10 그림 (a)의 회로를 그림 (b)의 테브난 등가회로로 변환하였을 때, 테브난 등가전압 V_{TH}[V]와 부하저항 R_L에서 최대전력이 소비되기 위한 R_L[Ω]은?

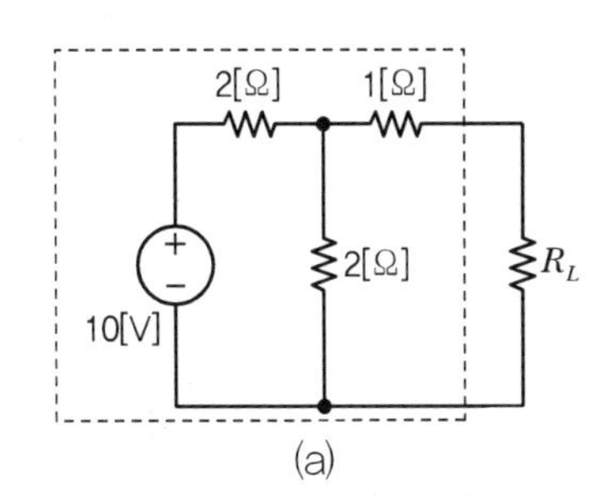

(a)

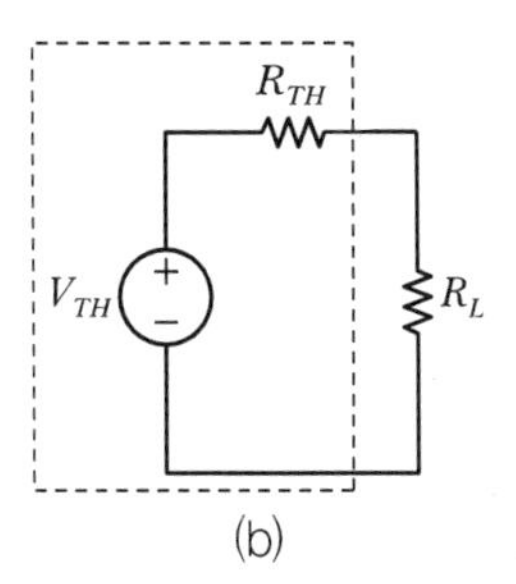

(b)

	V_{TH}	R_L
①	5	2
②	5	5
③	10	2
④	10	5

11 그림은 $t = 0$에서 1초 간격으로 스위치가 닫히고 열림을 반복하는 $R-L$회로이다. 이때 인덕터에 흐르는 전류의 파형으로 적절한 것은?(단, 다이오드는 이상적이고, $t < 0$에서 스위치는 오랫동안 열려 있다고 가정한다.)

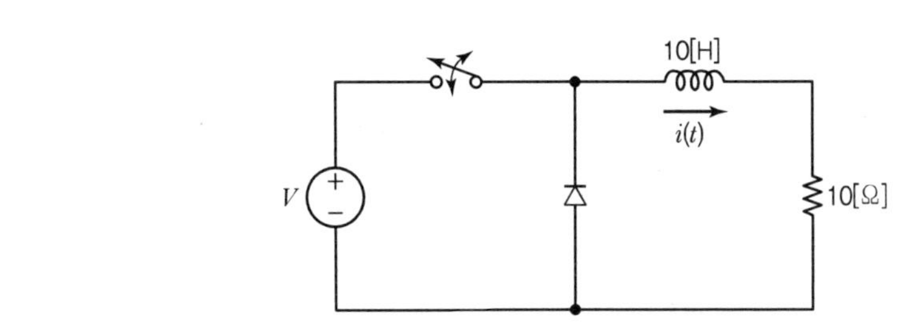

①
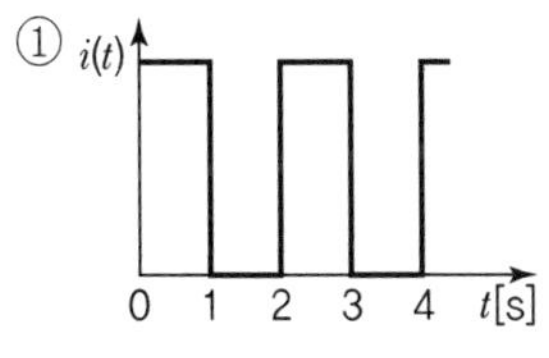

②
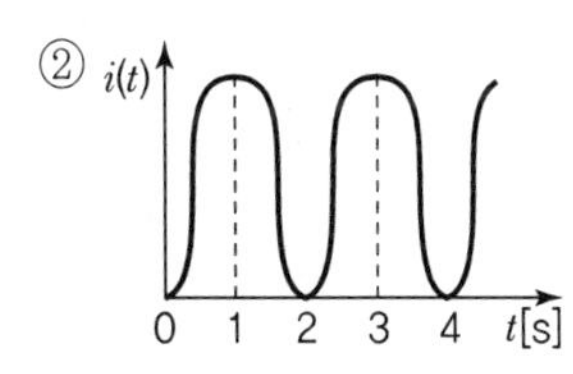

③
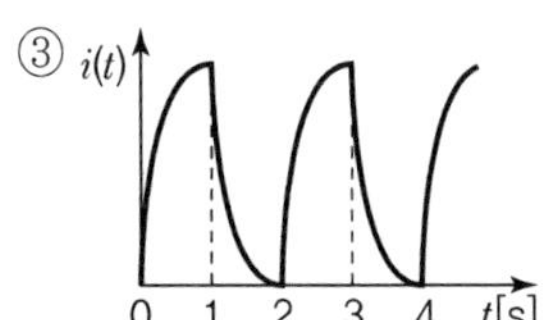

④
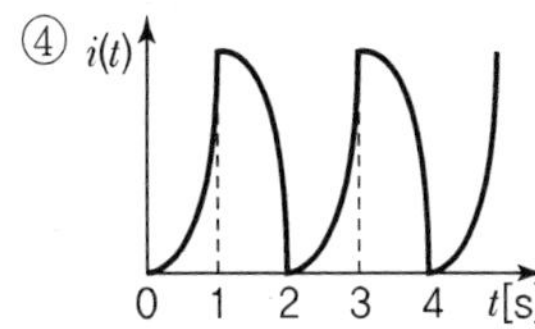

정답 10 ① 11 ③

12 $R-C$ 직렬회로에 교류전압 $V_s=40$[V]가 인가될 때 회로의 역률[%]과 유효전력[W]은? (단, 저항 $R=10$[Ω], 용량성 리액턴스 $X_C=10\sqrt{3}$[Ω]이고, 인가전압은 실횻값이다.)

	역률	유효전력		역률	유효전력
①	50	20	②	50	40
③	100	20	④	100	40

13 그림과 같은 $R-L-C$ 직렬회로에서 교류전압 $v(t)=100\sin(\omega t)$[V]를 인가했을 때, 주파수를 변화시켜서 얻을 수 있는 전류 $i(t)$의 최댓값[A]은?(단, 회로는 정상상태로 동작하며, $R=20$[Ω], $L=10$[mH], $C=20$[μF]이다.)

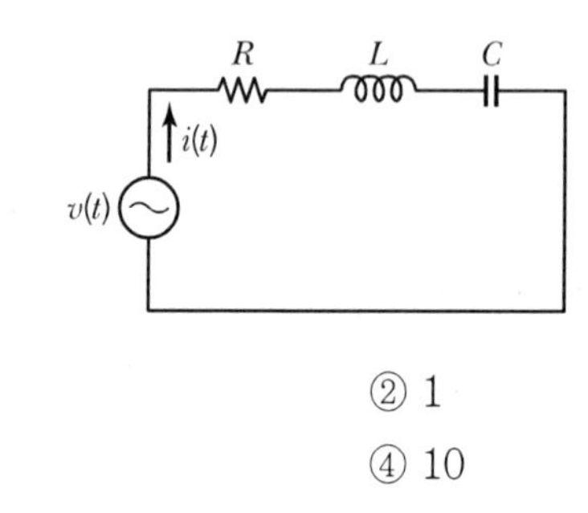

① 0.5
② 1
③ 5
④ 10

14 그림의 회로에서 합성 인덕턴스 L_o[mH]와 각각의 인덕터에 인가되는 전압 V_1[V], V_2[V], V_3[V]는?(단, 모든 전압은 실횻값이다.)

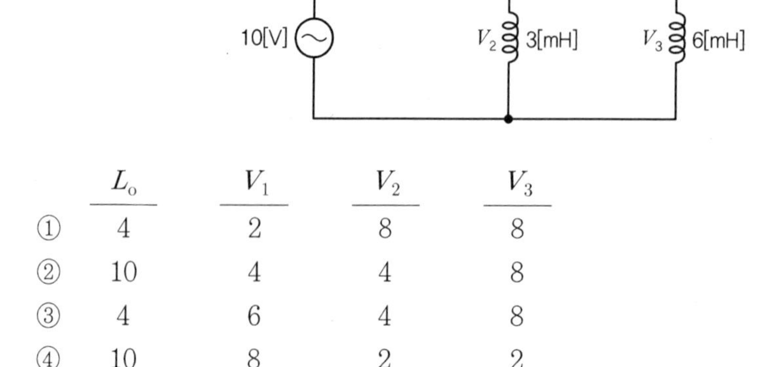

	L_o	V_1	V_2	V_3
①	4	2	8	8
②	10	4	4	8
③	4	6	4	8
④	10	8	2	2

정답 12 ② 13 ③ 14 ④

15 그림과 같이 진공 중에 두 무한 도체 A, B가 1[m] 간격으로 평행하게 놓여 있고, 각 도체에 2[A]와 3[A]의 전류가 흐르고 있다. 합성 자계가 0이 되는 지점 P와 도체 A까지의 거리 x[m]는?

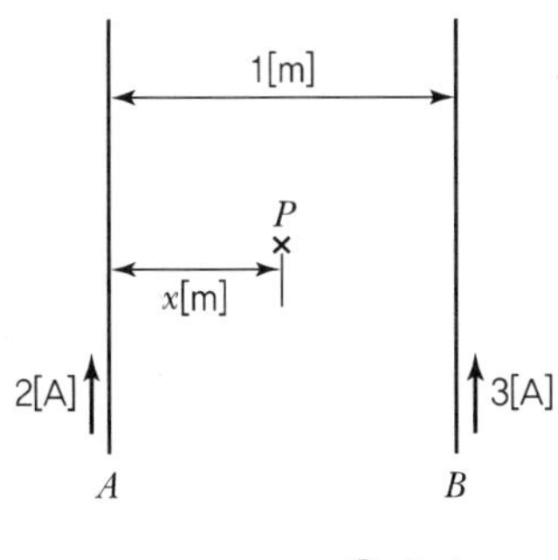

① 0.3　　② 0.4
③ 0.5　　④ 0.6

16 그림의 Y－Y 결선 평형 3상 회로에서 각 상의 공급전력은 100[W]이고, 역률이 0.5 뒤질(lagging PF) 때 부하 임피던스 Z_p[Ω]는?

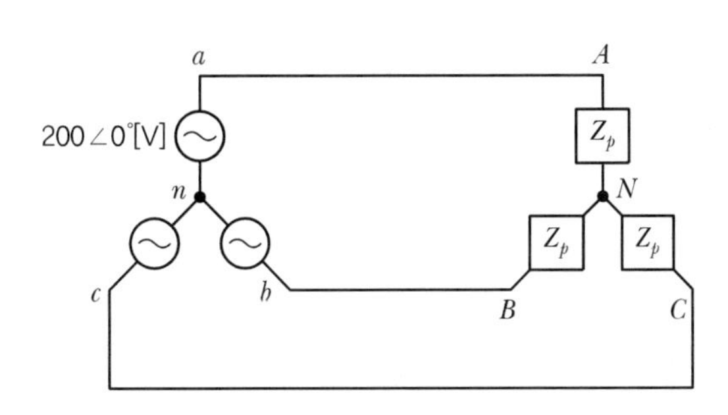

① $200\angle 60°$　　② $200\angle -60°$
③ $200\sqrt{3}\angle 60°$　　④ $200\sqrt{3}\angle -60°$

17 임의의 철심에 코일 2,000회를 감았더니 인덕턴스가 4[H]로 측정되었다. 인덕턴스를 1[H]로 감소시키려면 기존에 감겨 있던 코일에서 제거할 횟수는?(단, 자기포화 및 누설자속은 무시한다.)

① 250　　② 500
③ 1,000　　④ 1,500

정답 15 ② 16 ① 17 ③

18 다음 그림에서 $-2Q$[C]과 Q[C]의 두 전하가 1[m] 간격으로 x축상에 배치되어 있다. 전계가 0이 되는 x축상의 지점 P까지의 거리 d[m]에 가장 가까운 값은?

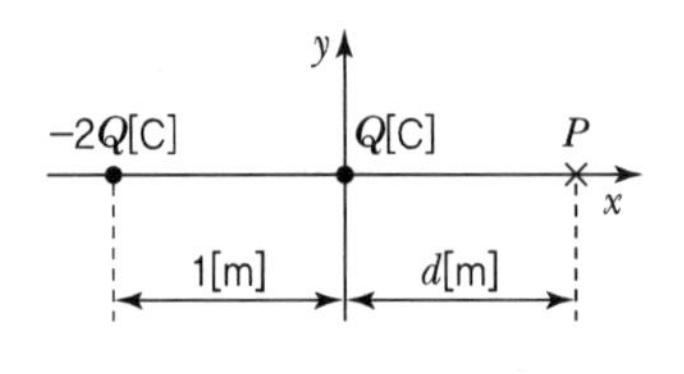

① 0.1
② 0.24
③ 1
④ 2.4

19 그림의 회로에서 전압 $v_o(t)$에 대한 미분방정식 표현으로 옳은 것은?

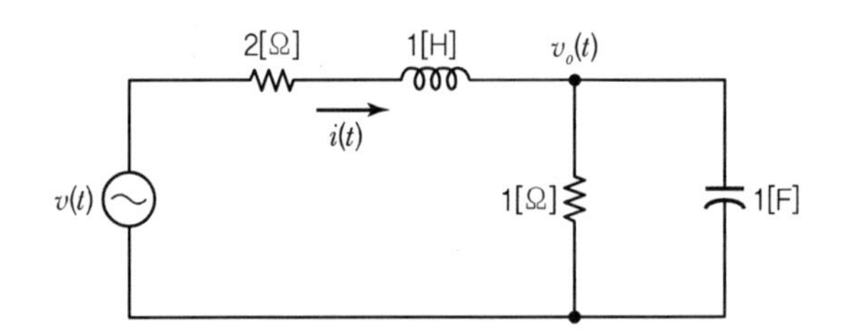

① $\dfrac{d^2v_o(t)}{dt^2}+\dfrac{1}{3}\dfrac{dv_o(t)}{dt}+\dfrac{1}{3}v_o(t)=v(t)$

② $\dfrac{d^2v_o(t)}{dt^2}+\dfrac{1}{3}\dfrac{dv_o(t)}{dt}+3v_o(t)=v(t)$

③ $\dfrac{d^2v_o(t)}{dt^2}+3\dfrac{dv_o(t)}{dt}+\dfrac{1}{3}v_o(t)=v(t)$

④ $\dfrac{d^2v_o(t)}{dt^2}+3\dfrac{dv_o(t)}{dt}+3v_o(t)=v(t)$

정답 18 ④ 19 ④

20 그림 (a)는 도체판의 면적 $S=0.1[\mathrm{m}^2]$, 도체판 사이의 거리 $d=0.01[\mathrm{m}]$, 유전체의 비유전율 $\varepsilon_r=2.5$인 평행판 커패시터이다. 여기에 그림 (b)와 같이 두 도체판 사이의 거리 $d=0.01[\mathrm{m}]$를 유지하면서 두께 $t=0.002[\mathrm{m}]$, 면적 $S=0.1[\mathrm{m}^2]$인 도체판을 삽입했을 때, 커패시턴스 변화에 대한 설명으로 옳은 것은?

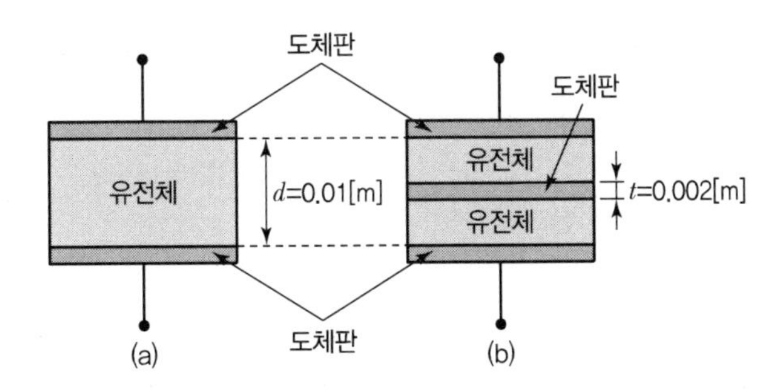

① (b)는 (a)에 비해 커패시턴스가 25[%] 증가한다.
② (b)는 (a)에 비해 커패시턴스가 20[%] 증가한다.
③ (b)는 (a)에 비해 커패시턴스가 25[%] 감소한다.
④ (b)는 (a)에 비해 커패시턴스가 20[%] 감소한다.

정답 20 ①

CHAPTER 22 CURRENT THEORY

2023년 국가직 9급

01 직각좌표계(x, y, z)에서 전위 함수가 $V=6xy+4y^2$[V]로 주어질 때, 좌표점(4, −1, 5)[m]에서 $+x$방향의 전계 세기[V/m]는?

① 6　　② 7
③ 8　　④ 9

02 자성체에 자기장을 인가할 때, 내부 자속밀도가 큰 자성체부터 순서대로 바르게 나열한 것은?

① 상자성체, 페리자성체, 반자성체
② 페리자성체, 반자성체, 상자성체
③ 반자성체, 페리자성체, 상자성체
④ 페리자성체, 상자성체, 반자성체

03 인덕턴스 20[H]를 갖는 인덕터에 전류 5[A]가 흐를 때, 저장된 자기에너지[J]는?

① 100　　② 125
③ 250　　④ 500

04 임의의 닫힌 공간에서 외부로 나가는 전기선속과 공간 내부의 총전하량의 관계를 나타내는 것은?

① 옴의 법칙　　② 쿨롱의 법칙
③ 가우스 법칙　　④ 패러데이 법칙

정답 01 ① 02 ④ 03 ③ 04 ③

05 그림과 같은 회로의 단자 a와 b에서 바라본 등가저항 R_{eq}[kΩ]는?

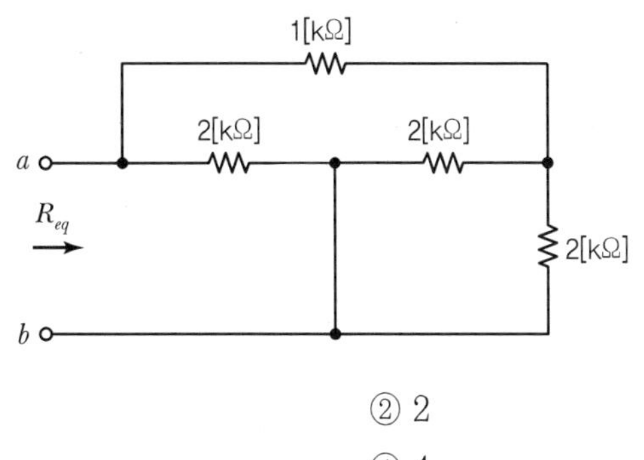

① 1
② 2
③ 3
④ 4

06 그림의 $R-L-C$ 직렬회로에서 인가한 전원전압 $v(t)$와 전류 $i(t)$의 페이저도가 다음과 같을 때, 인덕턴스 L[H]은?(단, 전원전압의 주파수는 f[Hz]이다.)

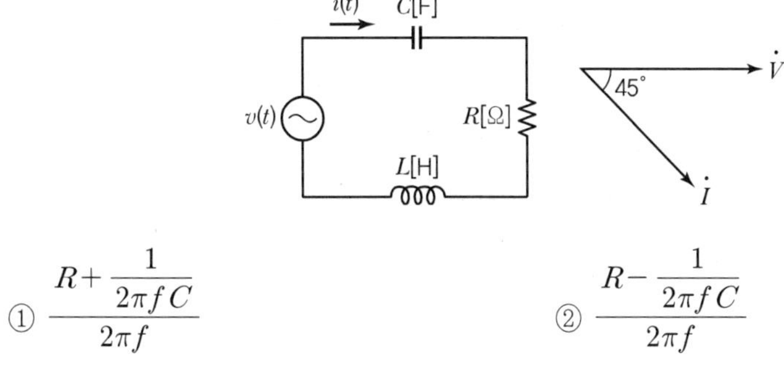

① $\dfrac{R+\dfrac{1}{2\pi f C}}{2\pi f}$
② $\dfrac{R-\dfrac{1}{2\pi f C}}{2\pi f}$
③ $\dfrac{-R+\dfrac{1}{2\pi f C}}{2\pi f}$
④ $\dfrac{R+\dfrac{1}{2\pi f C}}{\pi f}$

07 단상 교류회로에서 전압 $v(t)=100\sin\left(1{,}000t+\dfrac{\pi}{3}\right)$[V]를 부하에 인가하면, 전류 $i(t)=5\sin(1{,}000t+\theta)$[A]가 흐른다. 부하의 평균전력이 $125\sqrt{3}$ [W]일 때 θ[rad]로 가능한 것은?

① 0
② $\dfrac{\pi}{6}$
③ $\dfrac{\pi}{4}$
④ $\dfrac{\pi}{3}$

정답 05 ① 06 ① 07 ②

08 그림의 회로에서 스위치 S가 충분히 긴 시간 동안 닫혀 있다가 $t=0$에서 개방되었다. $t>0$에서 $R-L-C$ 병렬회로가 임계제동이 되기 위한 저항 R[Ω]는?

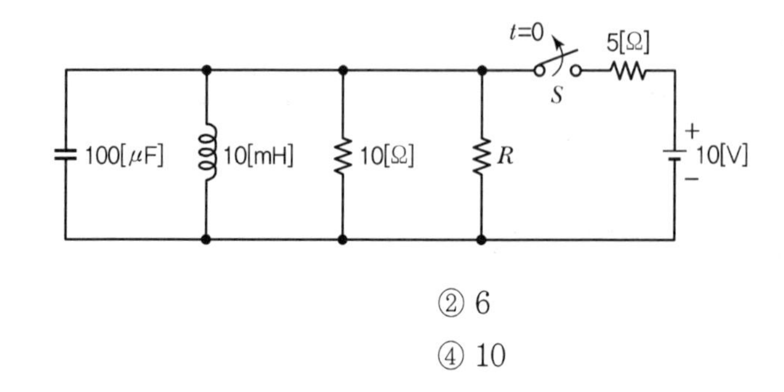

① 4
② 6
③ 8
④ 10

09 그림의 회로에서 절점 a와 b 사이의 전압 V_{ab}가 4[V]일 때, 절점 a와 c 사이의 전압 V_{ac}[V]는?

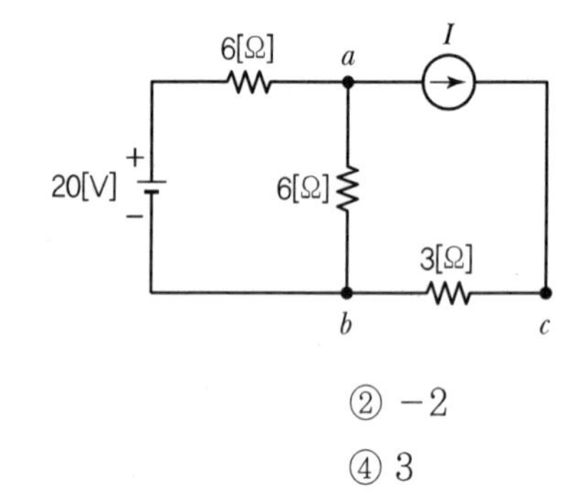

① −10
② −2
③ 1
④ 3

10 코일에 직류전압 100[V]를 인가하면 500[W]가 소비되고, 교류전압 150[V]를 인가하면 720[W]가 소비된다. 코일의 리액턴스[Ω]는?(단, 전압은 실횻값이다.)

① 10
② 15
③ 20
④ 25

정답 08 ④ 09 ② 10 ②

11 부하 임피던스 $\dot{Z}$가 $6+j8\,[\Omega]$인 평형 3상 교류회로에서 상전압 200[V]를 전원으로 인가할 때, 부하에 흐르는 상전류 $\dot{I}$의 크기[A]는?(단, 전압과 전류는 실횻값이다.)

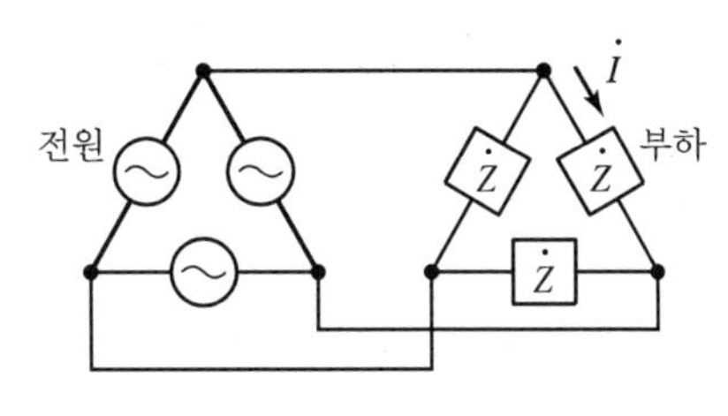

① 10 ② $10\sqrt{3}$ ③ 20 ④ $20\sqrt{3}$

12 평형 3상 Y 결선 회로에 대한 설명으로 옳지 않은 것은?

① 선간전압의 크기는 상전압 크기의 $\sqrt{3}$ 배이다.
② 선간전압과 상전압은 동상이다.
③ 선전류와 상전류의 크기가 같다.
④ 선간전압 간의 위상차는 120°이다.

13 선형 시불변 시스템의 입력이 $e^{-t}u(t)$일 때 출력은 $10e^{-t}\cos(2t)u(t)$이다. 시스템의 전달함수는?(단, $u(t)$는 단위계단함수이고 시스템의 초기조건은 0이다.)

① $\dfrac{5(s+1)}{s^2+2s+5}$ ② $\dfrac{5(s+1)^2}{s^2+2s+5}$

③ $\dfrac{10(s+1)}{s^2+2s+5}$ ④ $\dfrac{10(s+1)^2}{s^2+2s+5}$

14 그림의 회로에서 교류전압 $\dot{V}_s$와 전류 $\dot{I}$가 동상일 때, 리액턴스 $X[\Omega]$는?

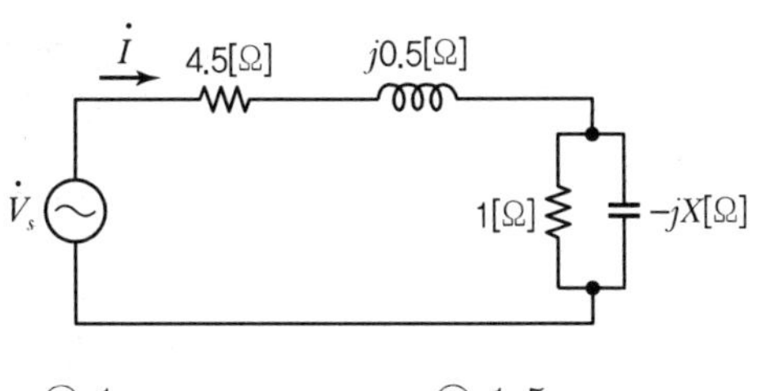

① 0.5 ② 1 ③ 1.5 ④ 2

정답 11 ③ 12 ② 13 ④ 14 ②

15 그림의 회로에서 전류 I[A]는?

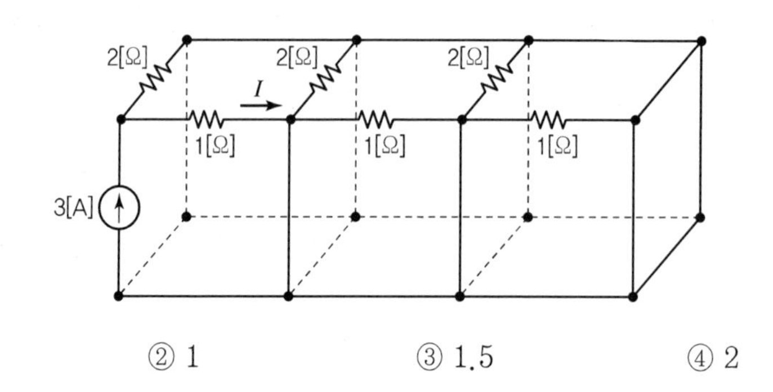

① 0.5 ② 1 ③ 1.5 ④ 2

16 그림의 회로에서 전류 I_1과 I_2에 대한 방정식이 다음과 같을 때, $a_1 + a_2$ 의 값은?

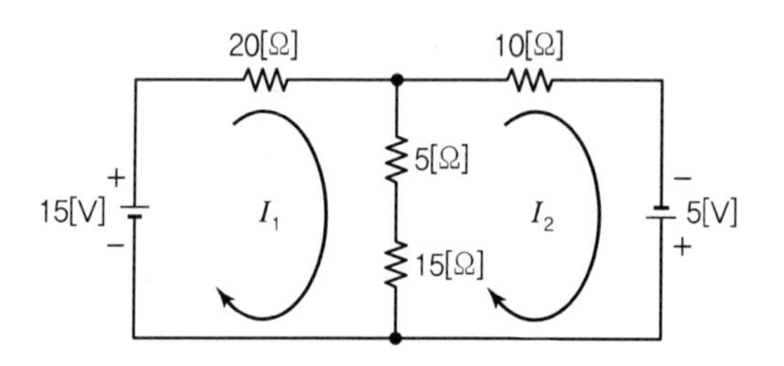

$$a_1 I_1 - 20 I_2 = 15$$
$$-20 I_1 + a_2 I_2 = 5$$

① 40 ② 50
③ 60 ④ 70

17 그림의 3상 교류 시스템에서 부하에 소비되는 전력을 2-전력계법으로 측정한 값이 P_1은 50[W]이고 P_2는 100[W]일 때, 전체 피상전력[VA]은?

① 50
② $50\sqrt{3}$
③ $100\sqrt{3}$
④ $150\sqrt{3}$

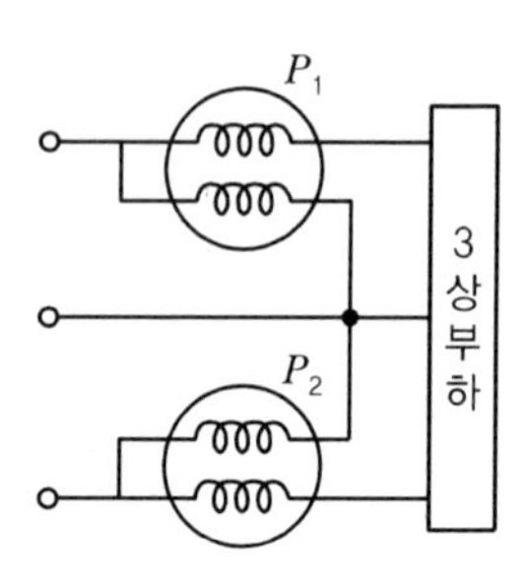

정답 15 ④ 16 ④ 17 ③

18 그림의 회로에서 전원이 공급하는 평균전력은 100[W]이고 지상 역률이 $\frac{1}{\sqrt{2}}$ 일 때, 저항 R[Ω]와 인덕턴스 L[mH]은?(단, $v(t) = 40\cos(1{,}000t)$[V]이다.)

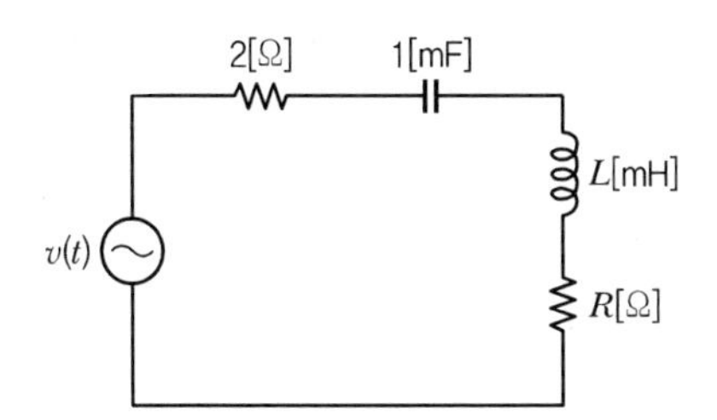

	R	L		R	L
①	1	4	②	2	5
③	3	4	④	4	5

19 그림과 같은 권선수 N, 반지름 r[cm], 길이 l[cm]을 갖는 원통 모양의 솔레노이드가 있다. 인덕턴스가 가장 큰 것은?(단, 솔레노이드의 내부 자기장은 균일하고 외부 자기장은 무시할 만큼 작다.)

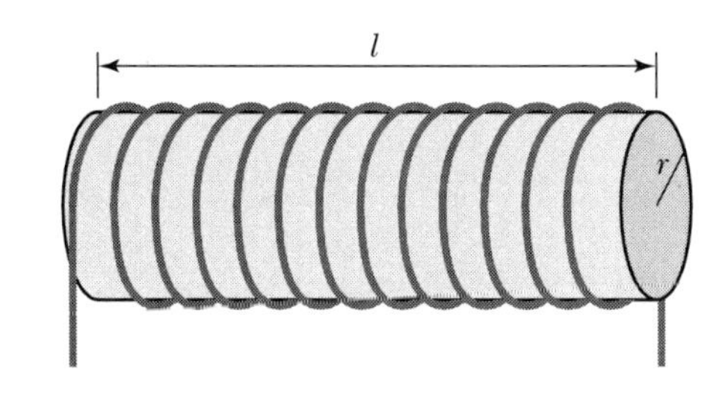

	N	r	l
①	500	0.5	25
②	1,000	0.5	50
③	2,000	1.0	100
④	3,000	0.5	150

정답 18 ② 19 ③

20 그림의 회로에서 스위치 S가 충분히 긴 시간 동안 닫혀 있다가 $t=0$에서 개방되었다. $t>0$일 때의 전류 $i(t)$[A]는?

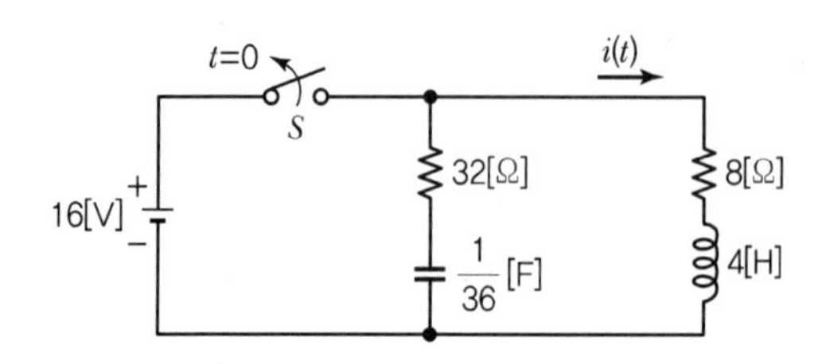

① $\frac{1}{4}e^{-t}+\frac{7}{4}e^{-9t}$

② $\frac{7}{4}e^{-t}+\frac{1}{4}e^{-9t}$

③ $\frac{9}{4}e^{-t}-\frac{1}{4}e^{-9t}$

④ $-\frac{1}{4}e^{-t}+\frac{9}{4}e^{-9t}$

정답 20 ①

CHAPTER 23 CURRENT THEORY

2023년 지방직 9급

01 정격용량 180[W]의 전기 제품을 정격용량으로 30초 동안 사용할 때 소모한 전력량[Wh]은?

① 1.5 ② 6
③ 90 ④ 5,400

02 다음 설명에서 옳은 것만을 모두 고르면?

ㄱ. 용량성 리액턴스는 전류에 비례한다.
ㄴ. 용량성 리액턴스는 주파수에 비례한다.
ㄷ. 용량성 리액턴스에는 에너지의 손실이 없다.
ㄹ. 용량성 리액턴스는 커패시턴스에 반비례한다.

① ㄱ, ㄴ ② ㄱ, ㄹ
③ ㄴ, ㄷ ④ ㄷ, ㄹ

03 $R-L-C$ 직렬공진회로에 대한 설명으로 옳지 않은 것은?

① 공진 시 전류가 최소로 된다. ② 전압과 전류가 동상이다.
③ 임피던스 $Z=R$인 회로이다. ④ $\omega L-\dfrac{1}{\omega C}=0$이다.

04 입력이 40[W]인 전원 공급기가 30[W]를 출력하고 있다. 이때 이 전원 공급기의 운전 효율[%]과 전력 손실[W]은?

	운전 효율	전력 손실
①	45	20
②	45	10
③	75	20
④	75	10

정답 01 ① 02 ④ 03 ① 04 ④

05 상호인덕턴스 M을 갖는 자기 결합회로에서 v_2 값이 다른 하나는?

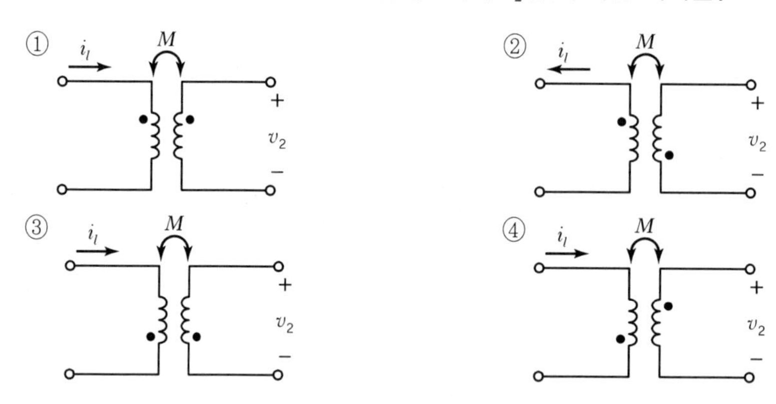

06 그림의 회로에서 $t=\infty$ 일 때, 결합 인덕터에 저장되는 에너지가 0.75[J]이다. 결합계수 k는?(단, $u(t)$는 단위계단 함수이다.)

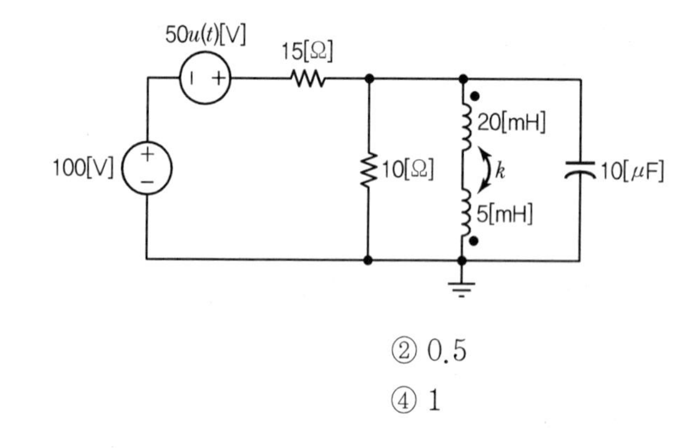

① 0.1
② 0.5
③ 0.8
④ 1

07 자기회로를 구성하는 요소에 대한 설명으로 옳지 않은 것은?

① 자기장을 형성하는 기자력은 전류와 턴수의 곱이다.
② 릴럭턴스는 투자율에 비례한다.
③ 기자력을 릴럭턴스로 나누면 자속이 된다.
④ 릴럭턴스의 역수는 퍼미언스다.

정답 05 ③ 06 ② 07 ②

08 전하량 2[C]를 갖는 금속 도체구 표면의 전위가 3×10^9[V]이면, 이 도체구의 반지름[m]은? (단, $\frac{1}{4\pi\varepsilon_0}=9\times10^9[\text{m/F}]$)

① 3 ② 4 ③ 5 ④ 6

09 그림의 회로에서 1[Ω] 저항 양단에 걸리는 전압[V]은?

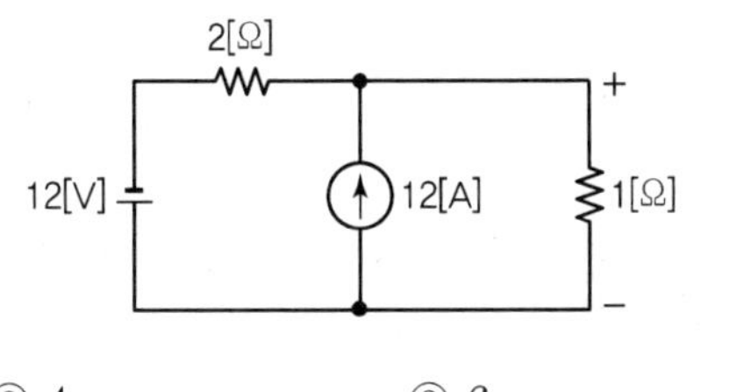

① 2 ② 4 ③ 6 ④ 12

10 그림의 회로에서 $\dot{Z}_L=10\angle60°$[Ω]일 때, 부하 임피던스 $\dot{Z}_L$에서 최대전력 10[W]를 소비한다면, 정현파 입력전압 v_{in}의 최댓값[V]은?

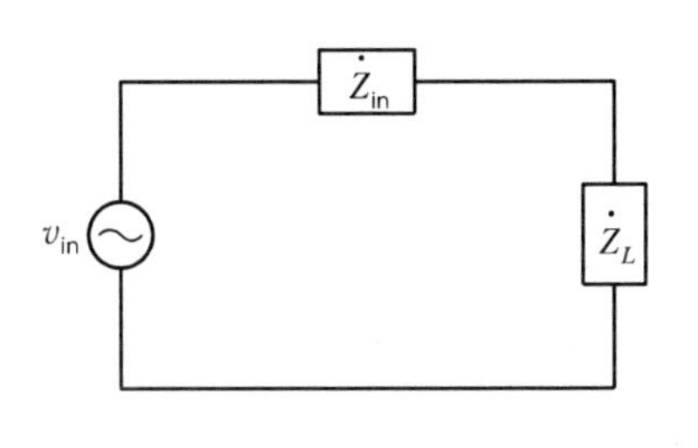

① 5 ② 10 ③ 20 ④ 40

11 그림의 교류 전원에 연결된 회로에서 전류 I[A]는?

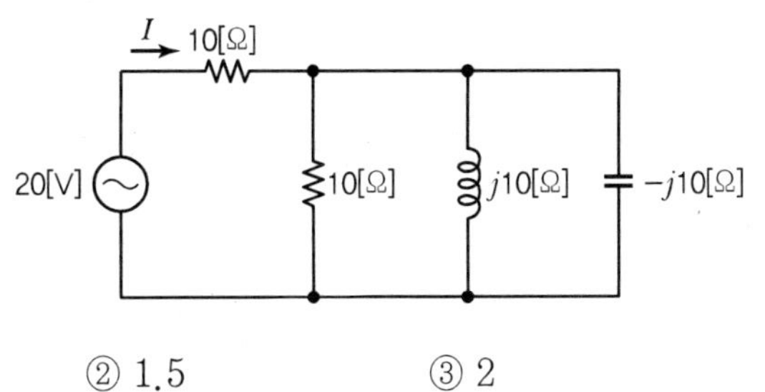

① 1 ② 1.5 ③ 2 ④ 8

정답 08 ④ 09 ② 10 ③ 11 ①

12 그림의 회로가 정상상태에서 동작할 때, 전원이 공급하는 전력[W]은?

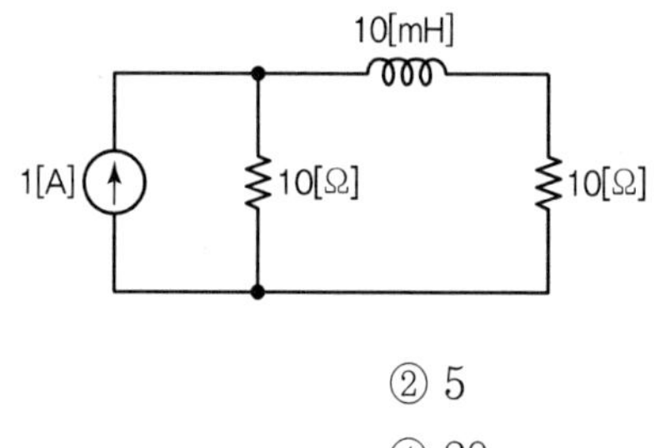

① 2.5
② 5
③ 10
④ 20

13 그림의 저항과 코일이 직렬로 연결된 회로에 $V_{rms} = 100$[V]인 교류 전압을 인가하였다. 저항 R은 6[Ω], 유도성 리액턴스 X_L이 8[Ω]일 경우 이 회로에서 소모되는 유효전력[W]은?

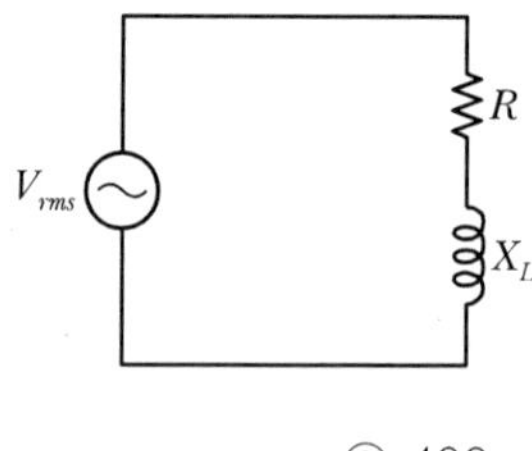

① 200
② 400
③ 600
④ 800

14 교류 전력에 대한 설명으로 옳지 않은 것은?

① 유효전력은 순시 전력의 평균값이다.
② 역률은 평균전력과 복소전력의 비율이다.
③ 용량성 부하에서는 음의 무효전력이 전달된다.
④ 정현파 부하 전압과 부하 전류의 위상차가 0°이면 역률이 최대이다.

15 단상 교류 전원에 연결된 부하의 임피던스 $\dot{Z}_L = 10e^{j\frac{\pi}{6}}$[Ω]에 전류 $I_{rms} = 10$[A]가 흐를 때 부하의 무효전력[var]은?

① 500
② $500\sqrt{3}$
③ 1,000
④ $1,000\sqrt{3}$

정답 12 ② 13 ③ 14 ② 15 ①

16 평형 3상 교류 시스템에 대한 설명으로 옳은 것은?

① 각 상의 순시 전압값을 합하면 한 상의 전압값이 된다.
② 각 상의 전압 크기가 같고 위상차는 120°이다.
③ 각 상의 주파수 값은 서로 다르다.
④ 평형 3상 부하에 흐르는 각 상의 순시 전륫값을 합하면 항상 양수가 된다.

17 한 상의 임피던스가 $\dot{Z}=40+j30[\Omega]$인 Y 결선 부하에 평형 3상 선간전압 실횻값 $100\sqrt{3}$ [V]가 인가될 때, 이 3상 평형회로의 유효전력[W]은?

① 160 ② $160\sqrt{3}$ ③ 360 ④ 480

18 권선수 2,000회인 자계 코일에 저항 12[Ω]이 직렬로 연결되어 있다. 전류 10[A]가 흐를 때의 자속은 $\Phi=6\times10^{-2}$[Wb]이다. 이 회로의 시정수[sec]는?

① 0.001 ② 0.01 ③ 0.1 ④ 1

19 $R-C$ 또는 $R-L$ 직렬회로에 계단 함수의 직류 전압이 인가될 때, 다음 중 설명이 옳지 않은 것은?

① $R-C$ 직렬회로에서 R이 작아지면 과도현상 시간이 줄어든다.
② $R-C$ 직렬회로에서 C가 커지면 과도현상 시간이 늘어난다.
③ $R-L$ 직렬회로에서 R이 작아지면 과도현상 시간이 줄어든다.
④ $R-L$ 직렬회로에서 L이 커지면 과도현상 시간이 늘어난다.

20 비정현파는 푸리에 급수식 $f(t)=a_0+\sum_{n=1}^{\infty}a_n\cos n\omega t+\sum_{n=1}^{\infty}b_n\sin n\omega t$로 표현할 수 있다. 그림의 주기함수 파형을 푸리에 급수로 표현할 때 a_0는?

① 0
② 4
③ 5
④ 10

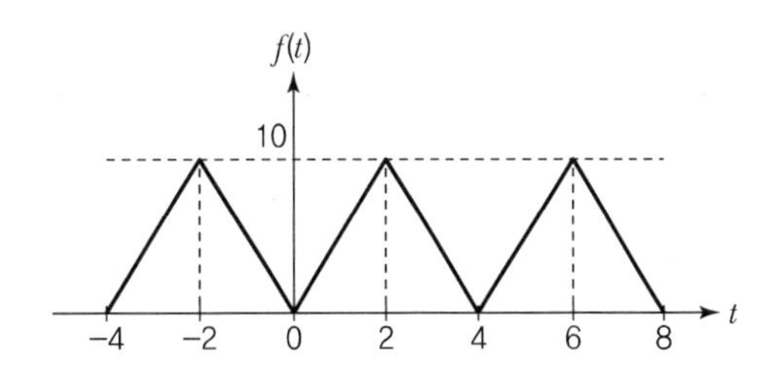

정답 16 ② 17 ④ 18 ④ 19 ③ 20 ③

전기이론

발행일 | 2017. 1. 15 초판발행
2017. 3. 5 개정 1판1쇄
2017. 8. 1 개정 2판1쇄
2018. 8. 20 개정 3판1쇄
2020. 1. 20 개정 3판2쇄
2020. 8. 20 개정 4판1쇄
2021. 8. 20 개정 5판1쇄
2023. 8. 20 개정 6판1쇄

저 자 | 최우영
발행인 | 정용수
발행처 | 예문사

주 소 | 경기도 파주시 직지길 460(출판도시) 도서출판 예문사
TEL | 031) 955-0550
FAX | 031) 955-0660
등록번호 | 11-76호

정가 : 35,000원

ISBN 978-89-274-5079-5 13560